Revit 2019 实战培训教程

240分钟
教学视频

麓山文化 编著

人民邮电出版社
北京

图书在版编目（CIP）数据

Revit 2019实战培训教程 / 麓山文化编著. -- 北京：人民邮电出版社，2021.4
ISBN 978-7-115-55862-6

Ⅰ. ①R… Ⅱ. ①麓… Ⅲ. ①建筑设计－计算机辅助设计－应用软件－教材 Ⅳ. ①TU201.4

中国版本图书馆CIP数据核字(2021)第004733号

内 容 提 要

本书是一本帮助 Revit 2019 初学者实现入门、提高到精通的学习宝典。全书分为 4 篇，第 1 篇为基础入门篇，主要介绍 Revit 的基础知识与基本操作，包括软件入门、常用的工具等；第 2 篇为创建图元篇，主要介绍各类图元的创建方法，包括标高与轴网、墙体、门、窗、幕墙、楼板、天花板、楼梯与坡道等；第 3 篇为高级应用篇，主要介绍在项目创建的后期设置项目参数的方法，包括管理对象及视图、创建明细表、渲染与漫游等；第 4 篇为综合实战篇，主要通过详细讲解实际工作中的一些经典案例来帮助初学者快速、全面地掌握 Revit。

随书附赠学习资源，包含书中实例的素材、效果文件及制作思路和制作细节的讲解视频，供读者学习。同时提供教师专享资源，包含 PPT 课件及教学大纲，供教师使用。

本书定位于 Revit 的初、中级用户，可作为广大 Revit 初学者和爱好者的专业指导书。同时，对建筑行业的技术人员来说，本书也是一本不可多得的参考书和速查手册。

◆ 编　　著　麓山文化
责任编辑　张丹阳
责任印制　马振武

◆ 人民邮电出版社出版发行　　北京市丰台区成寿寺路 11 号
邮编　100164　　电子邮件　315@ptpress.com.cn
网址　https://www.ptpress.com.cn
三河市君旺印务有限公司印刷

◆ 开本：787×1092　1/16
印张：23.25
字数：855 千字　　2021 年 4 月第 1 版
印数：1 – 2 500 册　　2021 年 4 月河北第 1 次印刷

定价：79.90 元

读者服务热线：(010)81055410　印装质量热线：(010)81055316
反盗版热线：(010)81055315
广告经营许可证：京东市监广登字 20170147 号

前言

Revit是Autodesk公司开发的一款集成二维与三维的绘图软件，是目前建筑设计行业中较为流行的绘图软件之一。

Revit可以更轻松地帮助用户实现数据设计、图形绘制等多项操作，可以提高设计人员的工作效率，已成为广大工程技术人员必备的工具之一。

一、编写目的

鉴于Revit强大的功能，我们力图编写一本全方位介绍Revit在建筑设计行业实际应用的图书。本书将以Revit的功能为脉络，以操作实战为阶梯，供读者逐步掌握使用Revit进行建筑设计的基础技能和技巧。

二、内容安排

本书主要介绍Revit 2019的功能，从简单的界面调整到实际操作，再到图元绘制与参数设置、项目创建等，内容覆盖更全面。

为了让读者更好地学习本书的知识，在编写时采取了疏导分流的措施，将本书的内容划分为4篇共19章，具体内容安排如下表所示。

篇名	内容安排
第1篇 基础入门篇	本篇主要介绍Revit的基础知识与基本操作，包括软件入门、常用的工具等。 第1章：介绍Revit基本界面的组成与基本命令的操作方法 第2章：介绍Revit的基本操作，如项目浏览器的使用、控制视图的方法、编辑图元的方法等
第2篇 创建图元篇	本篇主要介绍创建各类图元的方法，包括标高与轴网、墙体、门、窗、幕墙、楼板、天花板、楼梯与坡道等。 第3章：介绍标高与轴网的创建方法 第4章：介绍设置墙体参数、创建墙体、创建柱的方法 第5章：介绍在墙体中放置门、窗与幕墙的方法 第6章：介绍在墙体的基础上创建楼板的方法 第7章：介绍在项目中创建房间、标记面积的方法 第8章：介绍创建天花板、各类屋顶的方法 第9章：介绍创建楼梯、扶手与坡道的方法 第10章：介绍创建各类洞口的方法，如面洞口、墙洞口、垂直洞口等 第11章：介绍场地建模的方法，包括创建地形表面、放置场地构件等 第12章：介绍创建注释的方法，如尺寸标注、文字标注
第3篇 高级应用篇	本篇主要介绍在项目创建后期，设置项目参数的方法，包括管理对象及视图、创建明细表、渲染与漫游等。 第13章：介绍管理对象及视图的方法 第14章：介绍创建各类明细表的方法，包括门/窗明细表、材质提取明细表等 第15章：介绍设置设计表现参数的方法，包括设置渲染参数、创建漫游动画等 第16章：介绍布图、打印与导出的方法 第17章：介绍在Revit中开展协同设计的方法 第18章：介绍族的基本知识和创建族的方法
第4篇 综合实战篇	本篇主要通过综合性案例来回顾前面章节的内容，加强读者对Revit软件的认识和实际应用能力。 第19章：以办公楼项目为例，介绍使用Revit软件开展项目设计的方法，如绘制标高、轴网，绘制墙体，放置门、窗等

三、写作特色

为了让读者更好地学习与查阅，本书在具体编写上暗藏玄机，具体总结如下。

■ 软件与行业相结合，大小知识点一网打尽

除了基本内容的讲解，书中还分布有“延伸讲解”“答疑解惑”“知识链接”等，不忽略任何知识点。各项提示含义介绍如下。

- 延伸讲解：介绍命令中的一些扩展内容。
- 答疑解惑：解答操作中的疑问，介绍各种需引起重视的设计误区。
- 知识链接：提示操作技巧。

■ 难易安排有节奏，轻松学习乐无忧

在编写本书时特别考虑了初学者的感受，因此，对于内容有所区分。

- 重点：带有 重点 标记的内容为重点内容，是 Revit 实际应用中使用较为频繁的命令，需重点掌握。
- 难点：带有 难点 标记的内容为进阶内容，有一定的难度，适合学有余力的读者深入钻研。

其余部分则为基本内容，只要熟练掌握即可满足绝大多数的工作需要。

■ 全方位上机实训，全面提升绘图技能

读书破万卷，下笔如有神。学习 Revit 也是一样，只有多加练习才能真正掌握绘图技能。我们深知 Revit 是一款操作性的软件，因此，在书中精心准备了 77 个操作实例。其内容均通过层层筛选，既可作为命令介绍的补充，也贴合各行各业实际工作的需求。因此，从这个角度来说，本书还是一本不可多得的、能全面提升读者绘图技能的练习手册。

本书由麓山文化组织编写，由于编者水平有限，书中疏漏之处在所难免。感谢您选择本书，同时也希望您能够把对本书的意见和建议告诉我们。

编者

2020 年 10 月

资源与支持

本书由“数艺设”出品，“数艺设”社区平台（www.shuyishe.com）为您提供后续服务。

配套资源

学习资源：实例的源文件及素材、完整制作思路和制作细节讲解视频。

教师专享资源：供教学用的 PPT 课件、教学大纲，可以与图书配套使用。

资源获取请扫码

“数艺设”社区平台，为艺术设计从业者提供专业的教育产品。

与我们联系

我们的联系邮箱是 szys@ptpress.com.cn。如果您对本书有任何疑问或建议，请您发邮件给我们，并请在邮件标题中注明本书书名及 ISBN，以便我们更高效地做出反馈。

如果您有兴趣出版图书、录制教学课程，或者参与技术审校等工作，可以发邮件给我们；有意出版图书的作者也可以到“数艺设”社区平台在线投稿（直接访问 www.shuyishe.com 即可）。如果学校、培训机构或企业想批量购买本书或“数艺设”出版的其他图书，也可以发邮件联系我们。

如果您在网上发现针对“数艺设”出品图书的各种形式的盗版行为，包括对图书全部或部分内容的非授权传播，请您将怀疑有侵权行为的链接通过邮件发给我们。您的这一举动是对作者权益的保护，也是我们持续为您提供有价值的内容的动力之源。

关于数艺设

人民邮电出版社有限公司旗下品牌“数艺设”，专注于专业艺术设计类图书出版，为艺术设计从业者提供专业的图书、U 书、课程等教育产品。出版领域涉及平面、三维、影视、摄影与后期等数字艺术门类，字体设计、品牌设计、色彩设计等设计理论与应用门类，UI 设计、电商设计、新媒体设计、游戏设计、交互设计、原型设计等互联网设计门类，环艺设计手绘、插画设计手绘、工业设计手绘等设计手绘门类。更多服务请访问“数艺设”社区平台 www.shuyishe.com。我们将提供及时、准确、专业的学习服务。

目录

第5章 门、窗与幕墙

第6章 楼板

第7章 房间和面积

第8章 天花板与屋顶

第9章 楼梯、栏杆扶手与坡道

第 4 篇 综合实战篇

第 19 章 综合实例——创建办公楼项目文件

附 录 常用命令快捷键

第1篇

基础入门篇

第1章

认识Revit

本章将介绍Revit的特点、操作方法。读者在学习的过程中，请尽量练习制作实例，以便将书中的知识融会贯通，提高自身技能，增强工作能力。

学习目标

- 了解Revit工作界面的组成元素及其作用 13页
- 了解项目样板与项目 21页
- 学会修改图元的实例属性与类型属性 22页
- 学会管理对象类别 24页
- 学会添加图元实例 26页

1.1 Revit简介

Revit是建筑业BIM体系中广泛使用的系列软件，以Revit为技术平台，Autodesk公司推出了3款应用软件，分别是Revit Architecture（建筑版本）、Revit Structure（结构版本）、Revit MEP（设备版本，M：Mechanical——设备、E：Electrical——电气、P：Plumbing——给排水）。

本书将以常用的Revit Architecture为例，介绍Revit的特点、应用技巧，使读者了解这一软件的特点，并运用到具体的工作中。

1.1.1 认识BIM

BIM的中文含义为建筑信息建模，英文全称为Building Information Modeling。BIM以三维技术为基础，集成建筑项目中各种相关信息的数据模型，为设计和施工提供相互协调的、同步更新并可进行运算的信息。

Revit凭借强大的功能（超强的参数化建模能力、精确的计算、优秀的协同设计等），被广泛应用到设计行业，如设计院、设计公司、企业等。

1.1.2 Revit的应用

在Revit中，不仅可以建立真实的信息模型，还可以绘制图纸、统计模型的信息。在模型发生变更时，可以同步更新所有的信息。如建筑模型发生变化时，与其相对应的各种信息，包括图纸、统计表格、工程清单等将相应地发生更改，无须用户手动修改各部分信息。

图1-1所示为在Revit中制作完成的某建筑项目信息图，其中包含平面图、立面图、剖面图、详图、明细表等信息，修改其中一处的信息，其他类型的信息将会自动更新。

Revit因具有强大的建模能力，又可协同各专业人员一同开展工作，备受建筑师与设计师青睐。

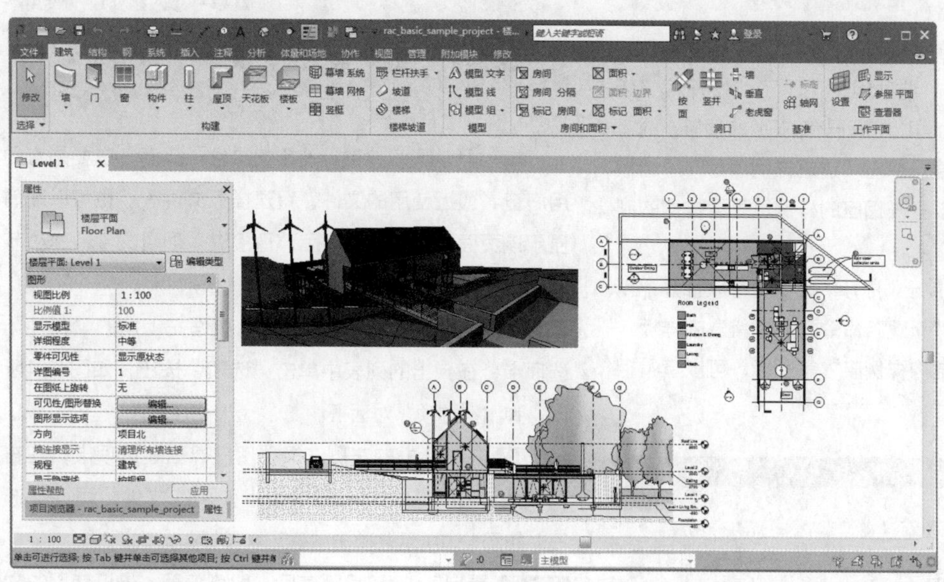

图1-1 建筑项目信息

1.2 Revit应用程序

在了解了Revit的强大功能后，本节将介绍启动Revit应用程序的操作方法，并对Revit的工作界面进行讲解。希望读者在阅读完本节后，能对Revit有一个初步的了解，方便后续章节的学习。

1.2.1 启动Revit

在计算机中成功安装Revit后，就可启动Revit应用程序，并制作建筑模型。单击“开始”→“所有程序”→“Autodesk”→“Revit 2019”→“Revit 2019”命令，即可启动Revit应用程序。

图1-2所示为Revit的启动界面，等启动界面消失，进入工作界面，表示已成功启动Revit应用程序。

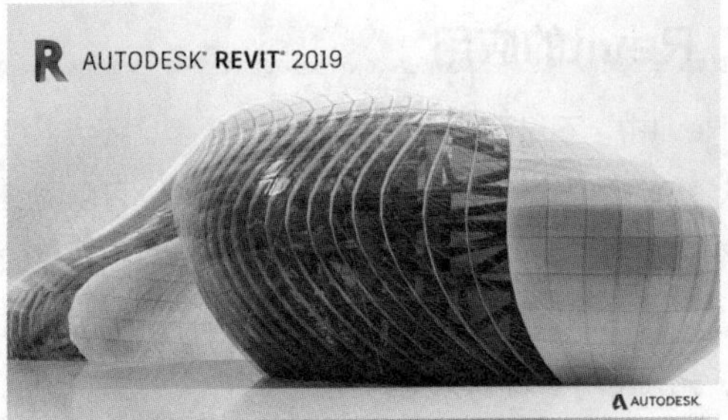

图 1-2 启动界面

延伸讲解：

安装完Revit应用程序后，通常会在计算机桌面上显示软件的快捷方式图标。双击该图标，或者选择图标后单击鼠标右键，在快捷菜单中选择“打开”命令，可以启动Revit应用程序。

启动软件后，显示图1-3所示的“最近使用的文件”页面。页面中的“项目”选项组下显示了“打开”“新建”等命令。执行命令，可以打开已有的Revit项目，或者新建样板文件与项目文件。单击“建筑样例项目”“结构样例项目”等图标，可以打开相应的样例，查看样例的制作效果。

在“族”选项组下执行“打开”命令，可以打开已创建完毕的族文件；执行“新建”命令，可以新建族样板。单击“建筑样例族”“结构样例族”等图标，可以查看相应族样例的创建效果。

延伸讲解：

“最近使用的文件”页面最多显示4个最近打开的项目文件或族文件，变更项目文件或族文件后，重新启动Revit，软件将会删除列表中的该文件，不予显示。

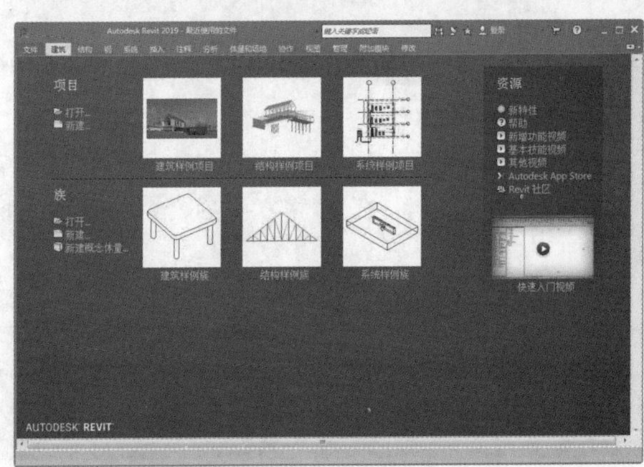

图 1-3 “最近使用的文件”页面

1.2.2 实战——取消显示“最近使用的文件”页面

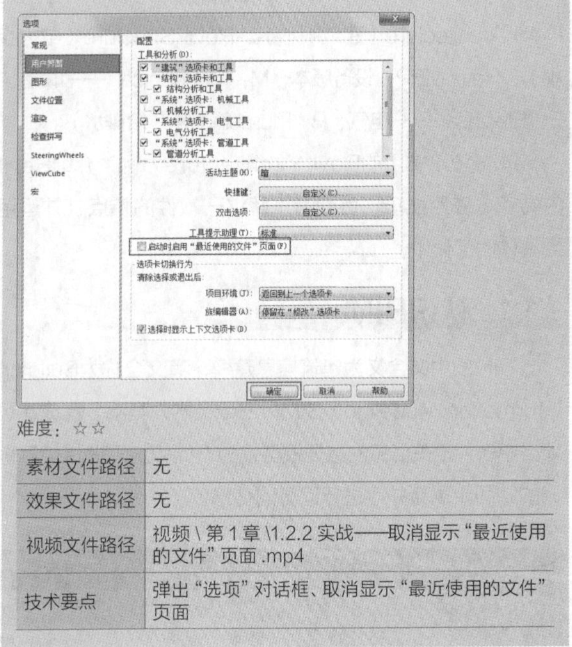

难度：☆☆

素材文件路径	无
效果文件路径	无
视频文件路径	视频 \ 第 1 章 \1.2.2 实战——取消显示“最近使用的文件”页面 .mp4
技术要点	弹出“选项”对话框、取消显示“最近使用的文件”页面

软件默认显示“最近使用的文件”页面，主要是方便用户查看最近使用的文件、新建样板文件等。也可以取消显示该页面，在启动软件后，直接进入项目文件。本小节将介绍操作方法。

Step 01 单击“最近使用的文件”页面左上角的“文件”选项卡，在弹出的列表中单击“选项”按钮，如图1-4所示。弹出“选项”对话框。

Step 02 在对话框的左侧选择“用户界面”选项卡，在右侧取消选择“启动时启用‘最近使用的文件’页面”选项，如图1-5所示。单击“确定”按钮关闭对话框。

Step 03 重启Revit应用程序后，即可隐藏“最近使用的文件”页面，直接进入项目文件。

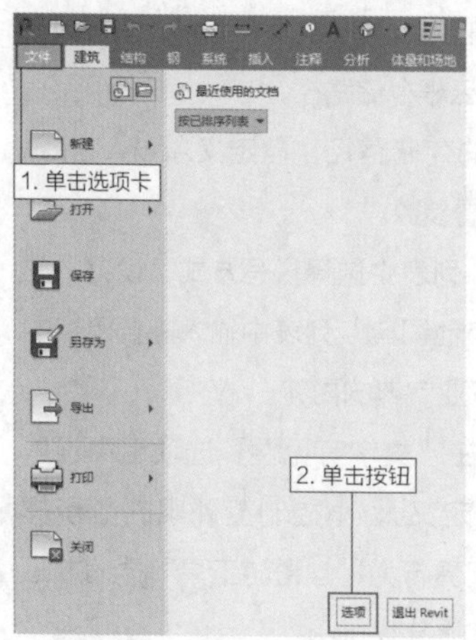

图1-4 单击“选项”按钮

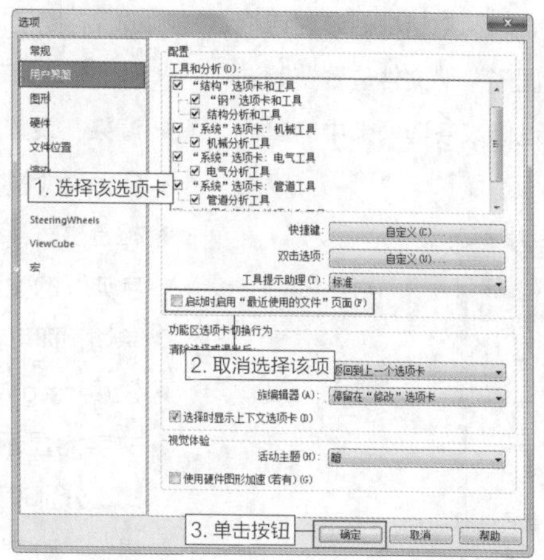

图1-5 “选项”对话框

1.2.3 Revit工作界面

Revit的工作界面如图1-6所示，由快速访问工具栏、选项卡、工具面板、文件标签、项目浏览器、“属性”选项板、视图控制栏、状态栏、绘图区等组成。

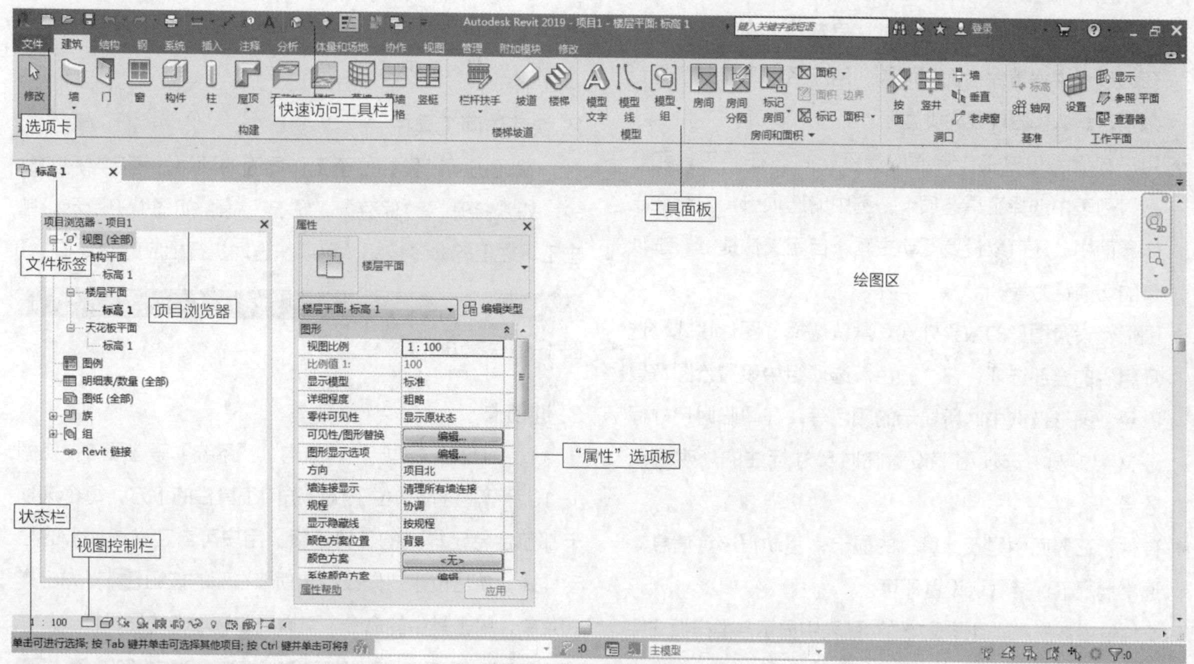

图1-6 Revit工作界面

1. “文件”选项卡

单击“文件”选项卡，弹出图1-7所示的程序菜单，其中包含多个命令，如“新建”“打开”“保存”“另存为”等。命令右侧有向下箭头，表示该命令含有子菜单。将鼠标指针置于命令按钮上，可向右弹出子菜单，其中包含若干命令。如将鼠标指针置于“新建”命令上，可以显示其子菜单，包含“项目”“族”“概念体量”等命令，单击相应命令即可执行相应的操作。

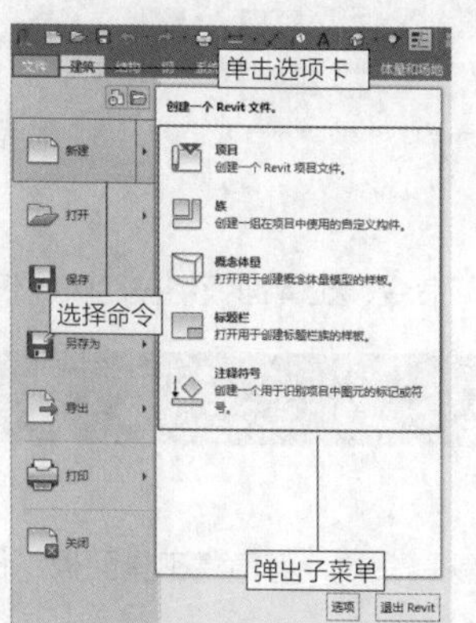

图1-7 程序菜单

单击“选项”按钮，弹出“选项”对话框。该对话框中包含“常规”“用户界面”“图形”“文件位置”等选项卡，如图1-8所示。用户可通过修改各选项卡中的属性参数，来满足使用需求。

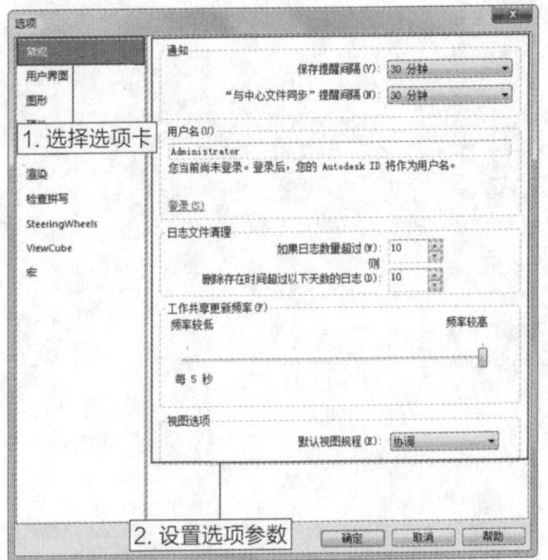

图 1-8 “选项”对话框

“选项”对话框中各选项卡的介绍如下。

◆ 常规：打开“选项”对话框默认显示“常规”选项卡，在选项卡中设置保存提醒间隔、用户名、工作共享更新频率、默认视图规程的类型等。

◆ 用户界面：设置工作界面的显示样式。在“工具和分析”列表中选择工具选项卡，选中的选项卡将显示在工作界面中。还可以设置活动主题、自定义快捷键、选项卡的切换行为等。

◆ 图形：设置图形的效果外观。默认选择“图形模式”选项组中的全部选项，在“颜色”选项组中设置绘图背景颜色、图形被选中时所显示的颜色等；在“临时尺寸标注文字外观”选项组下设置临时尺寸标注的外观显示效果。

◆ 硬件：在界面中显示计算机的显卡，驱动程序等信息，通常情况下保持默认设置即可。

◆ 文件位置：在“项目样板文件”列表中显示各类样板文件的保存路径，用户还可自定义默认的保存路径、族样板文件的默认保存路径和点云根存储路径。

◆ 渲染：设置渲染外观的存储路径，自定义ArchVision Content Manager位置参数。

◆ 检查拼写：在“设置”列表中选择拼写方式，设置“主字典”的类型，在“其他词典”列表中输入需要添加的单词，即可查看建筑行业字典的内容。

◆ SteeringWheels：在“文字可见性”选项组中设置文字的显示样式，自定义大/小控制盘外观的显示样式，分别设置“环视工具行为”“漫游工具”“缩放工具”“动态观察工具”的参数。

◆ ViewCube：在“ViewCube外观”选项组中设置ViewCube的显示位置、屏幕位置、大小及显示样式。定义“拖曳ViewCube时”的行为，选择“在ViewCube上单击时”产生的效果，设置指南针的显示效果。

◆ 宏：设置“应用程序宏安全性”参数和“文档宏安全性”参数。

2. 快速访问工具栏

快速访问工具栏位于工作界面的顶端，包含常用的命令，如“打开”“保存”“放弃”等，如图1-9所示。单击工具栏上的命令按钮，可以快速地执行相应的命令。

图 1-9 快速访问工具栏

3. 选项卡

Revit包含“建筑”“结构”“系统”等选项卡，如图1-10所示。选项卡位于快速访问工具栏的下方，每个选项卡都包含特定样式的工具面板。用户可自定义选项卡的显示样式，单击位于“修改”选项卡右侧的按钮，弹出样式菜单，单击其中的命令，可以更改选项卡的显示样式。

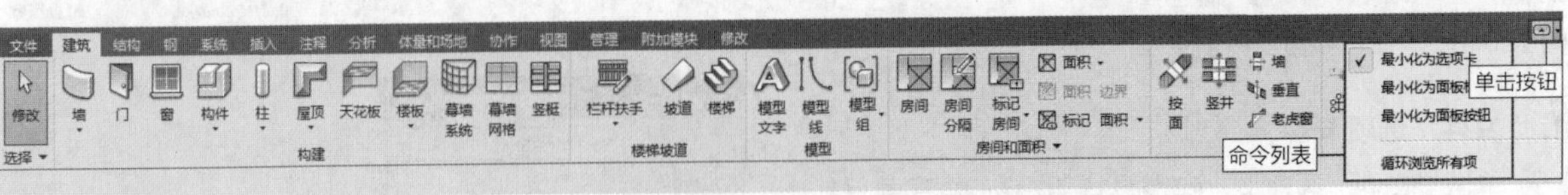

图 1-10 选项卡

单击“最小化为选项卡”命令，工具面板将被隐藏，仅显示选项卡，如图1-11所示。

图 1-11 最小化为选项卡

单击“最小化为面板标题”命令，可隐藏工具面板，仅显示面板标题，如图1-12所示。单击面板标题，在弹出的工具面板上单击按钮，即可调用相应的命令。

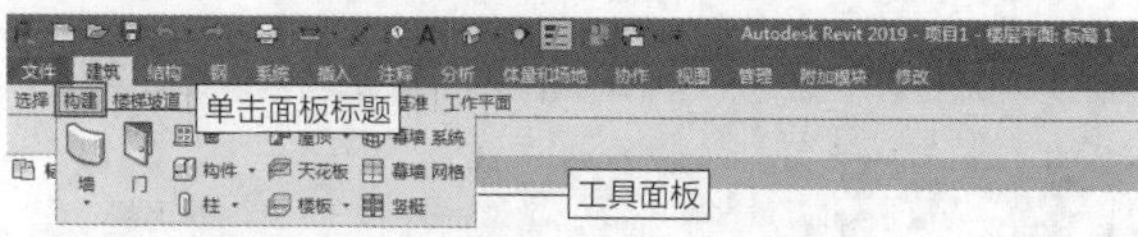

图 1-12 最小化为面板标题

单击“最小化为面板按钮”命令，可隐藏工具面板，仅显示面板按钮，如图1-13所示。将鼠标指针置于面板按钮上，可以弹出工具面板，单击面板上的按钮，可以调用命令。

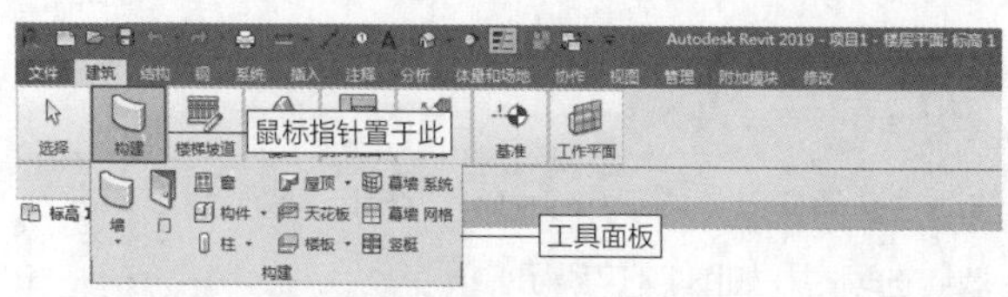

图 1-13 最小化为面板按钮

知识链接：

更改选项卡的显示样式后，在选项卡的空白处双击，可以恢复显示选项卡的默认样式。

4. 上下文选项卡

在Revit中调用命令后，可转入与该命令相对应的选项卡。如调用“墙”命令后，则可进入“修改|放置 墙”选项卡，如图1-14所示。选项卡中所包含的命令都可以在放置墙体的过程中调用，退出“墙”命令后，该选项卡将被隐藏。

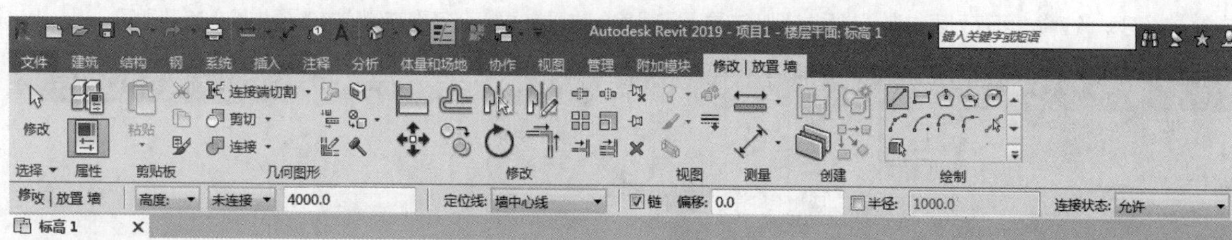

图 1-14 上下文选项卡

5. 工具面板

每个选项卡中都包含若干个工具面板，如在“注释”选项卡中，包含“尺寸标注”“详图”“文字”“标记”等工具面板，如图1-15所示。工具面板中显示常用的工具按钮，单击按钮可调用相应的命令。

单击工具面板名称右侧的向下箭头，弹出的菜单中会显示未在面板中出现的命令，单击命令即可调用。默认情况下为了使绘图区最大化，会隐藏该菜单。单击菜单左下角的按钮 ，可以固定菜单。假如想隐藏菜单，再次单击该按钮即可。

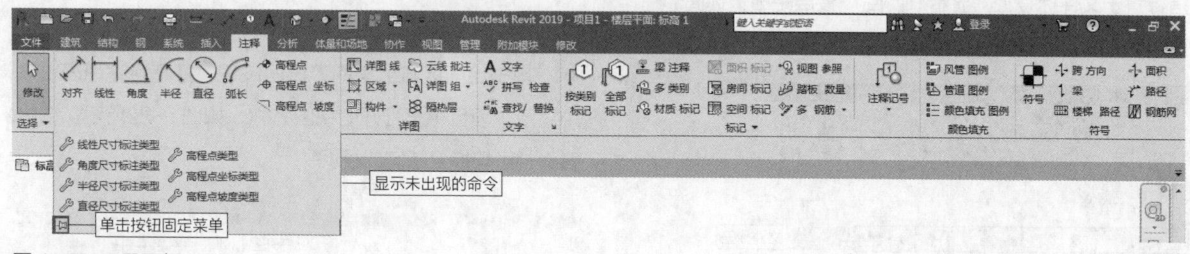

图 1-15 工具面板

6. 工具按钮

工具面板中包含各种类型的工具按钮，如“建筑”选项卡中的“构建”面板就包含“墙”“门”“窗”等工具按钮，如图1-16所示。单击工具按钮下的向下箭头，可以弹出子菜单。如单击“墙”按钮，在弹出的子菜单中显示“墙：建筑”“墙：结构”等命令，单击可调用相应的命令。

在工具按钮上单击鼠标右键，弹出快捷菜单，显示“添加到快速访问工具栏”命令，单击即可将该命令添加到快速访问工具栏。

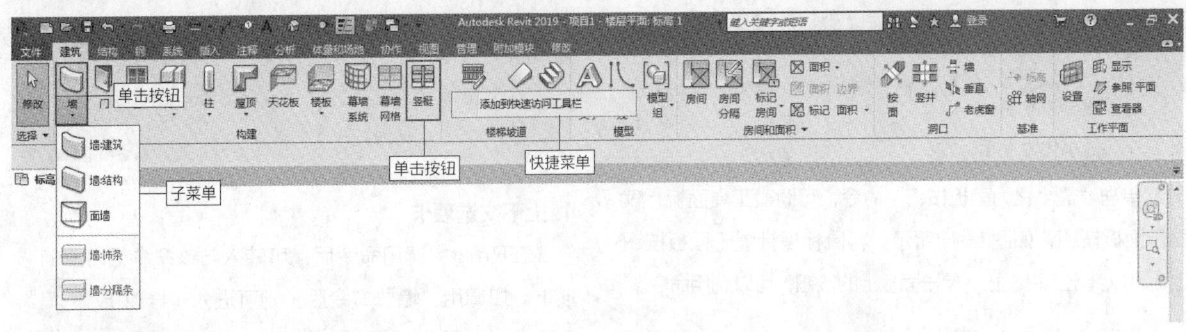

图 1-16 工具按钮

7. 选项栏

进入指定命令的上下文选项卡，可以查看与命令相对应的选项栏。同样以“墙”命令为例，调用“墙”命令，进入“修改|放置 墙”选项卡后，工具面板的下方会显示“修改|放置 墙”选项栏，如图1-17所示。

在选项栏中单击选项，在弹出的列表中选择参数类型。例如，单击“高度”选项可在列表中选择“深度”或“高度”；单击“未连接”选项，可在列表中选择楼层类型；未显示子菜单的选项，直接在名称右侧的文本框中输入参数即可。

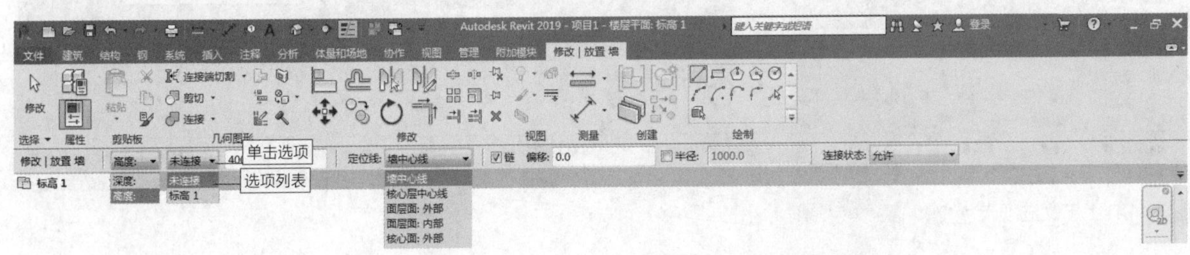

图 1-17 选项栏

8. 文件标签

2019版本的Revit在绘图区的左上角添加了文件标签，如图1-18所示。项目中打开的视图名称会显示在文件标签上。不同类型的视图，文件标签前面的图标不同，如将鼠标指针置于文件标签上，显示“项目1-楼层平面：标高1”，如图1-19所示，表示该视图为楼层平面图。

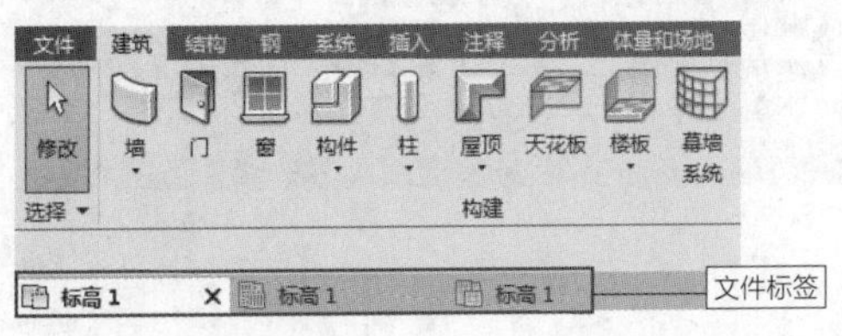

图 1-18 文件标签

图 1-19 显示视图名称 1

移动鼠标指针，置于另一文件标签上，显示“项目1-结构平面：标高1”，如图1-20所示，表示当前视图为结构平面图。

单击文件标签右侧的“关闭”按钮，如图1-21所示，可以关闭视图。

图 1-20 显示视图名称 2

图 1-21 单击按钮

单击绘图区右上角的下三角按钮，打开名称列表，其中显示了项目中已打开的视图名称，如图1-22所示。选择名称，可切换至指定的视图。

图 1-22 打开名称列表

9. 项目浏览器

项目浏览器默认显示在工作界面的左侧，在浏览器中显示当前项目文件的组成部分，如视图、明细表、图纸、族等，如图1-23所示。单击名称前的⊞图标，在展开的列表中显示所包含的子选项，如单击“楼层平面”前面的⊞图标，在展开的列表中显示当前项目中包含了“标高1”。

10. “属性”选项板

“属性”选项板与项目浏览器可以同时显示，也可以只显示其中一个。在项目浏览器的下方单击“属性”按钮，可以暂时隐藏项目浏览器，只显示“属性”选项板，如图1-24所示。在选项板中有“图形”“范围”“标识数据”“阶段化”等选项组，设置选项组中的选项参数，可调整图形的显示效果。

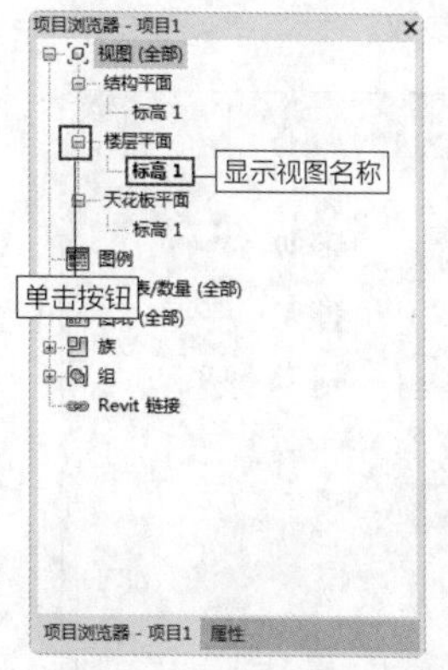

图 1-23　项目浏览器

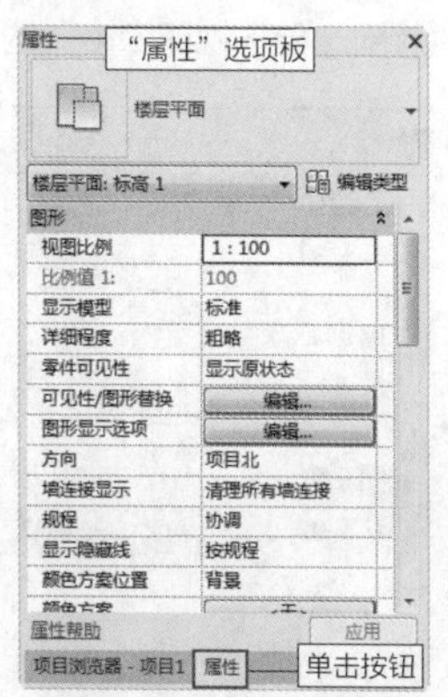

图 1-24　“属性”选项板

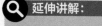

延伸讲解：

假如不小心将项目浏览器或者“属性”选项板关闭，可通过启用工具命令来打开。选择“视图”选项卡，在“窗口”工具面板中单击“用户界面”工具按钮，在弹出的列表中选择“项目浏览器”“属性”选项，如图1-25所示，即可打开项目浏览器与“属性”选项板。

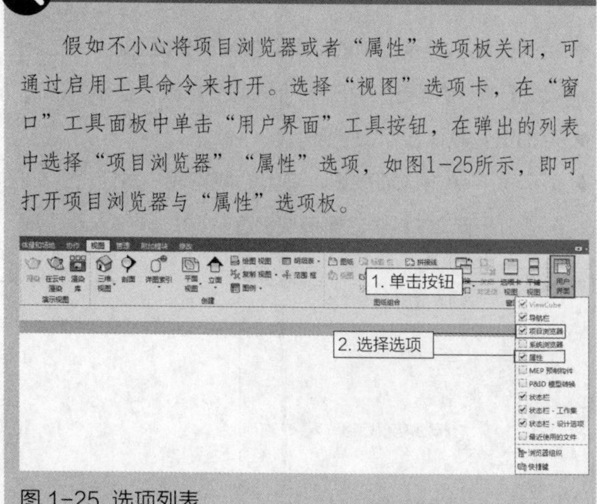

图 1-25　选项列表

“属性”选项板中各选项组含义介绍如下。

（1）“图形”选项组

- ◆ 视图比例：显示当前视图的比例，打开选项列表，在其中选择视图比例。
- ◆ 比例值1：该选项灰显，表示不能自定义参数。当更改“视图比例”时，该选项参数随之更改。
- ◆ 显示模型：选项列表中显示3种显示样式，分别是“标准”“半色调”“不显示”，通常情况下选择“标准”样式。
- ◆ 详细程度：列表中显示3种显示样式，分别是“粗略”“中等”“精细”。“粗略”样式消耗内存最小；“精细”样式消耗内存最大，运算时间也较长；“中等”样式的运行速度处于“粗略”“精细”两种样式之间。默认选择“粗略”样式，节省内存，加快显示模型的速度。
- ◆ 零件可见性：在列表中显示3种显示样式，分别是“显示零件”“显示原状态”“显示两者”，默认选择“显示原状态”样式。
- ◆ 可见性/图形替换：单击“编辑”按钮，弹出“楼层平面：标高1的可见性/图形替换”对话框，如图1-26所示。在对话框中设置“模型类别”“注释类别”“分析模型类别”“导入的类别”“过滤器”的属性参数。

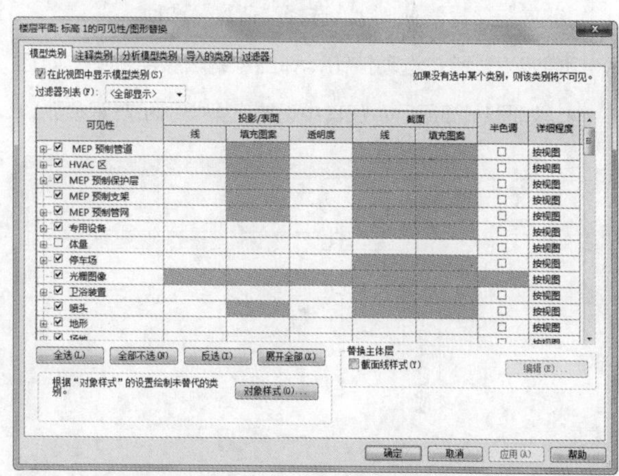

图 1-26　“楼层平面：标高 1 的可见性 / 图形替换”对话框

- ◆ 图形显示选项：单击“编辑”按钮，弹出“图形显示选项”对话框，在其中设置模型的显示参数，如图1-27所示。

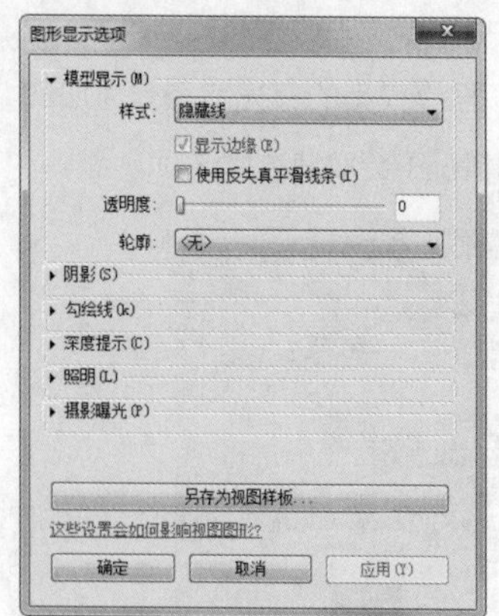

图 1-27　“图形显示选项”对话框

◆ 方向：设置模型的方向。通常选择“项目北”选项，也可选择“正北”选项。

◆ 墙连接显示：默认选择“清理所有墙连接”选项。选择“清理相同类型的墙连接”选项后，仅对同样类型的墙体连接进行清理。

◆ 规程：列表中提供了“建筑”“结构”“机械”“电气”“卫浴”“协调”6种规程。在制作建筑模型时，选择“建筑”规程。

◆ 显示隐藏线：列表中提供3种显示方式，分别是“无”“按规程”“全部”。默认选择“按规程”显示方式。

◆ 颜色方案位置：有两种位置可以供用户选择，分别是“前景”“背景”。默认选择“背景”选项。

◆ 颜色方案：单击选项按钮，弹出“编辑颜色方案”对话框，如图1-28所示，在其中设置方案类别和方案参数。

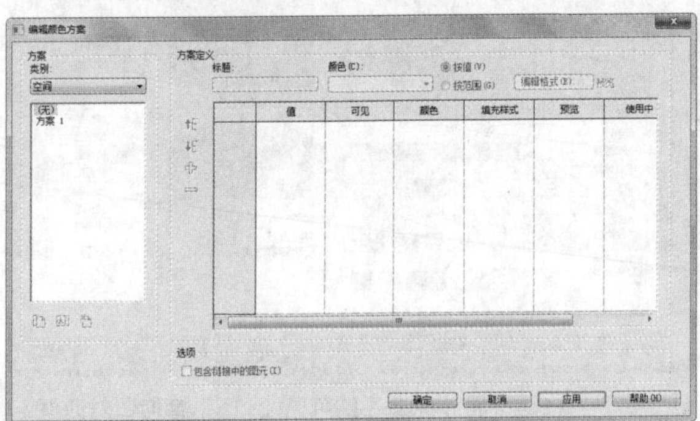

图 1-28 “编辑颜色方案”对话框

◆ 默认分析显示样式：默认显示选项参数为“无”。单击选项后的矩形按钮，弹出“分析显示样式”对话框，如图1-29所示，在其中新建样式并设置样式参数。

◆ 日光路径：选择该项，显示模型的日光路径。为加快软件的运行速度，通常情况下会取消选择该项。

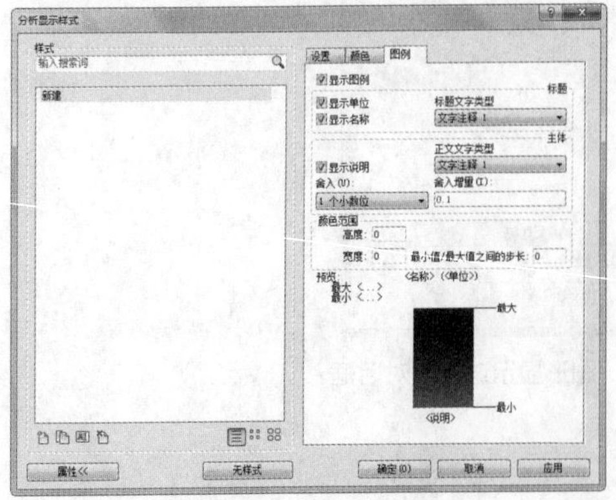

图 1-29 “分析显示样式”对话框

（2）“范围”选项组

◆ 裁剪视图：选择该项，裁剪视图。

◆ 裁剪区域可见：裁剪视图后，选择该项，使得裁剪区域可见。

◆ 注释裁剪：选择该项，裁剪注释。

◆ 视图范围：单击选项后的“编辑”按钮，弹出“视图范围”对话框，如图1-30所示。在对话框中设置“主要范围”与“视图深度”的属性参数。

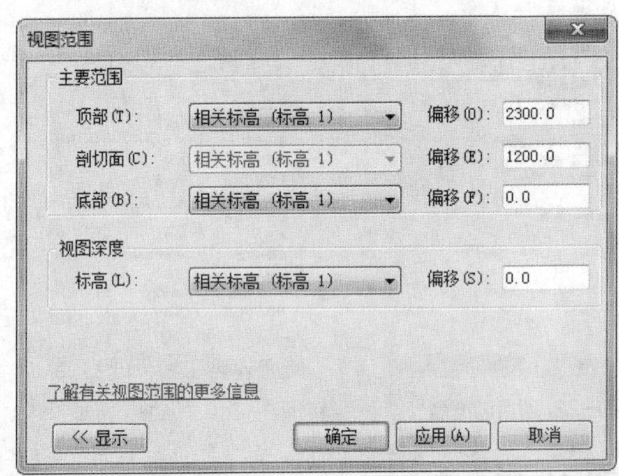

图 1-30 “视图范围”对话框

◆ 相关标高：显示当前的标高，如当前楼层为F1，显示标高为F1；楼层更改为F2，标高同步更改，显示为F2。

◆ 范围框：默认显示为“无”。

◆ 截剪裁：单击选项按钮，弹出“截剪裁”对话框，如图1-31所示，在其中设置剪裁截面的方式。

图 1-31 “截剪裁”对话框

（3）“标识数据”选项组

◆ 视图样板：显示当前视图样板的名称，假如没有使用视图样板，选项中显示“无”。单击选项按钮，弹出“指定视图样板”对话框，如图1-32所示。在对话框中选择视图样板，并设置视图属性参数。

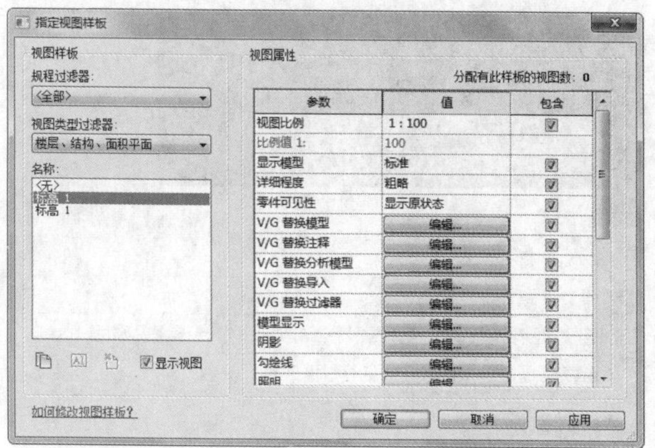

图 1-32 “指定视图样板”对话框

◆ 视图名称：显示当前视图的名称。

◆ 相关性：默认显示选项参数为“不相关”，该选项灰显，不可编辑。

◆ 图纸上的标题：显示图纸的标题名称。

◆ 参照图纸：显示参照图纸的名称。

◆ 参照详图：显示参照详图的名称。

（4）“阶段化”选项组

◆ 阶段过滤器：在列表中显示阶段过滤器的类型，如“全部显示”“显示原有+拆除”“显示原有+新建”等。选择不同的过滤器，会改变模型的显示样式。

◆ 阶段：在列表中有两种阶段类型供选择，分别是“新构造”“现有”，默认选择“新构造”选项。

11. 类型列表

在Revit中，创建构件图元时，可以在“属性”选项板中设置构件的属性参数，包括构件的类型、尺寸、材质等。打开“属性”选项板名称下的类型列表，在列表中可以显示构件的所有类型。

在创建墙体时，“属性”选项板中的类型列表中显示了各种类型的墙体，包括幕墙、基本墙、叠层墙等，如图1-33所示。选择不同类型的构件，“属性”选项板中显示的属性参数也不同。选择“幕墙”与“基本墙”，其属性参数就不相同。

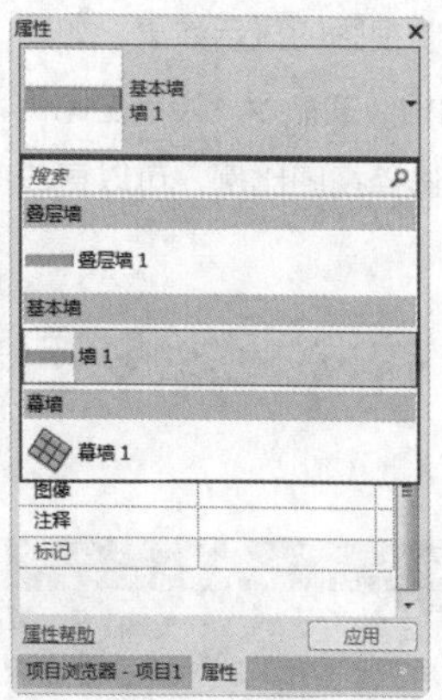

图 1-33 类型列表

12. “编辑类型”按钮

在“属性”选项板中单击右上角的“编辑类型”按钮，弹出“类型属性”对话框，在其中修改构件的类型属性。如在设置墙体属性参数时，弹出“类型属性”对话框，在其中修改墙体的类型属性。

对话框左侧为预览框，默认关闭，单击“预览”按钮，可以弹出预览框，预览墙体的设置效果，如图1-34所示。在对话框的右侧设置族与类型参数，在“类型参数”列表中设置参数。

不同的构件都有与其相对应的“类型属性”对话框，对话框的名称没有改变，但是对话框内的选项参数是不同的。

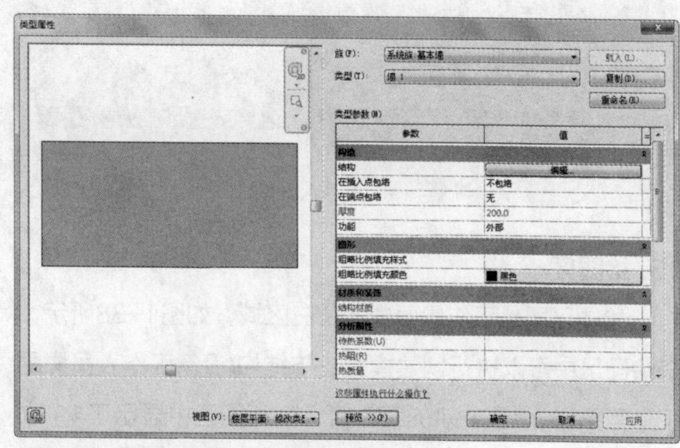

图 1-34 “类型属性”对话框

知识链接：

在“属性”选项板中设置属性参数后，在选项板中单击右下角的“应用”按钮，参数将应用到视图。

13. 视图控制栏

视图控制栏位于工作界面的左下角，状态栏的上方。

视图控制栏中的命令按钮用来控制视图的显示效果，如图1-35所示。单击按钮，可以调用相应的命令。如单击比例按钮，弹出比例列表，在列表中选择视图比例，可以更改视图的显示比例。

1 : 100

图 1-35 视图控制栏

知识链接：

关于视图控制栏的知识，在第2章会详细讲解，请读者翻阅至第2章查看关于视图控制栏的相关介绍。

14. 状态栏

状态栏位于视图控制栏的下方。在启用命令时，状态栏会显示相应的步骤提示。如在调用“窗”命令的过程中，状态栏提示相应的操作步骤，如图1-36所示。用户可以通过阅读状态栏上的提示，进行下一步操作。

单击 墙 以放置 窗

图 1-36 状态栏

知识链接：

即使是在未执行任何命令的情况下，状态栏也不是空白显示的。在状态栏中提示“单击可进行选择；按Tab键并单击可选择其他项目；按Ctrl键并单击可将新项目添加到选择集；按Shift键并单击可取消选择”，如图1-37所示，这是在Revit中最基本的操作。

单击可进行选择; 按 Tab 键并单击可选择其他项目; 按 Ctrl 键并单击可将新项目添加到选择

图 1-37 提示文字

15. 绘图区

绘图区即是工作界面中的空白区域，如图1-38所示。在绘图区中可以执行创建模型、与结构/设备工作人员协同工作等操作，是Revit的工作区。在绘图区中显示了4个立面符号，分别为东、西、南、北，可以方便用户在建模的过程中实时查看模型各方向的显示效果。

图 1-38 绘图区

1.2.4 实战——更改背景颜色

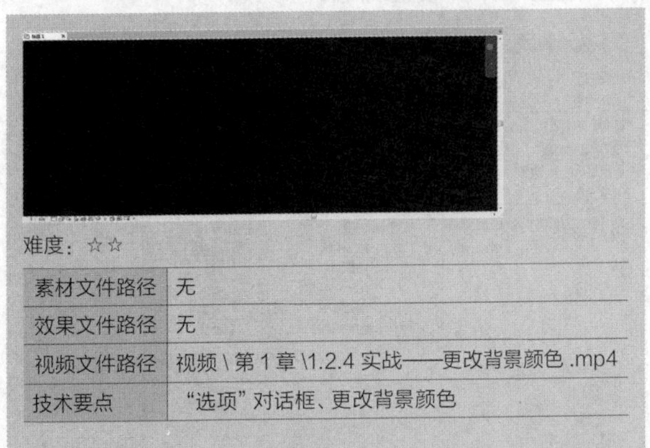

难度：☆☆

素材文件路径	无
效果文件路径	无
视频文件路径	视频 \ 第 1 章 \1.2.4 实战——更改背景颜色 .mp4
技术要点	“选项”对话框、更改背景颜色

默认情况下，Revit绘图区的颜色为白色。有的用户使用久了之后，会觉得白色的背景过于刺眼，产生视觉疲劳。因此我们可以修改背景颜色，将绘图区的颜色设置为黑色，与AutoCAD的背景颜色相同。当然，除了黑色与白色，还可以将自己喜欢的颜色设置为背景颜色。

Step 01 单击“文件”选项卡，在列表中单击“选项”按钮，弹出“选项”对话框。

Step 02 在对话框的左侧选择“图形”选项卡，在“颜色”选项组下单击“背景”按钮，如图1-39所示。随即弹出“颜色”对话框。

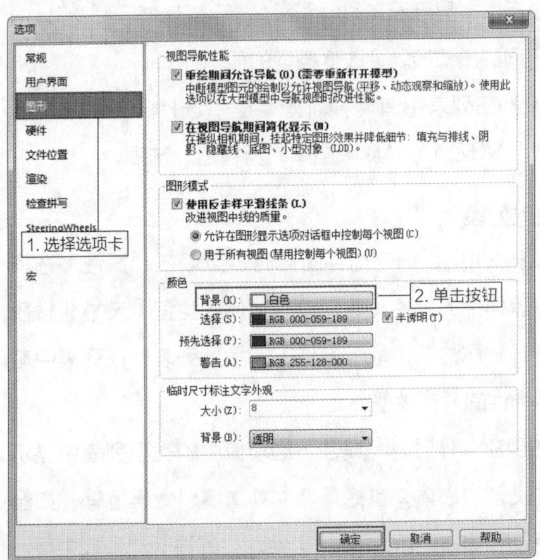

图 1-39 “选项”对话框

Step 03 在对话框中选择背景颜色，如选择黑色，单击“确定”按钮关闭对话框，如图1-40所示。

Step 04 返回“选项”对话框后，单击“确定”按钮关闭对话框，即可完成对绘图区背景颜色的更改，如图1-41所示。

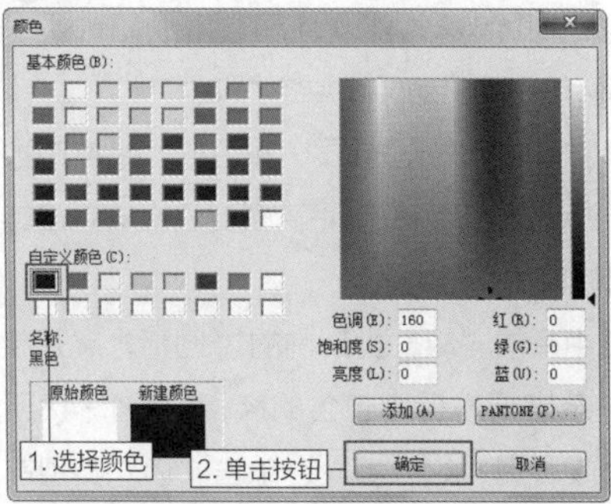

图 1-40　“颜色”对话框

图 1-41　更改颜色

知识链接：

在“颜色”对话框中，除了“基本颜色”列表中的颜色外，用户还可自定义颜色。在调色盘中单击，在调色盘下方的列表中将显示颜色参数，单击“添加”按钮，可以将选中的颜色添加到“自定义颜色”选项组。或者通过设置颜色参数来得到想要的颜色。

1.3 Revit专有名词

Revit中有很多专有名词，如“项目”“项目样板”“族”等。假如读者不了解这些名词的含义，在使用Revit应用程序时就会满头雾水，十分茫然。本节将介绍常见的Revit专有名词，帮助读者了解这些名词的含义。

1.3.1 项目样板与项目 重点

Revit项目中包含模型的所有信息，如平面图、立面图、节点详图、明细表和其他相关的信息。项目文件的后缀名称为.rvt，是项目文件的保存格式。

新建项目时，需要选择指定的项目样板，在项目样板的基础上创建项目文件。样板文件的后缀名称为.rte，Revit包含多种类型的样板文件，可以满足用户创建不同项目的需求。样板文件默认设置新建项目所需要的各种属性参数，如单位、线型、图形显示设置等。用户不仅可以选用系统自带的样板文件来创建项目，还可以自定义样板文件，并将其存储到计算机中，方便以后创建项目时调用。

1.3.2 实战——新建项目

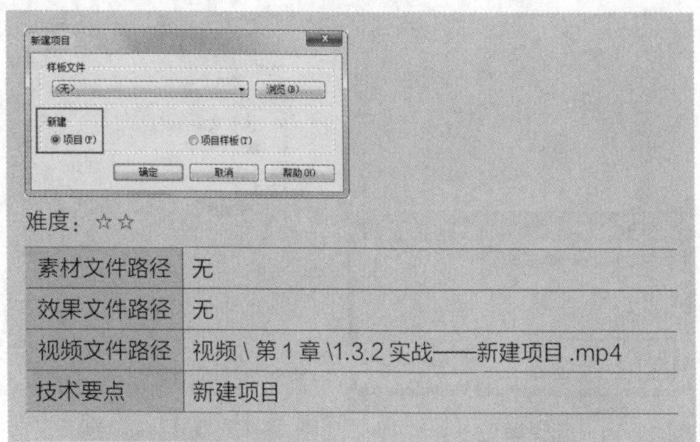

难度：☆☆

素材文件路径	无
效果文件路径	无
视频文件路径	视频\第1章\1.3.2 实战——新建项目.mp4
技术要点	新建项目

本小节介绍在Revit中新建项目文件的操作方法。2019版本的Revit在创建项目文件之初就设定了项目单位，有两种单位样式供用户选择，分别是“英制”与“公制”。

Step 01 单击“文件”选项卡，在列表中选择“新建”选项，在子菜单中选择“项目”命令，如图1-42所示。随即弹出“新建项目”对话框。

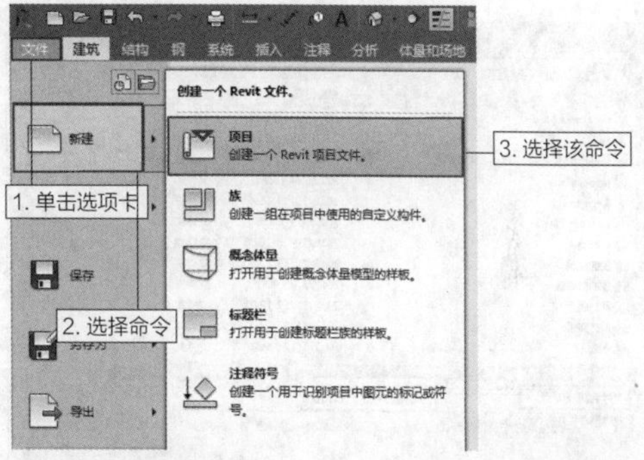

图 1-42　选择命令

Step 02 在对话框的“新建”选项组中选择“项目”选项，如图1-43所示。单击“确定”按钮，执行“新建项目”的命令。

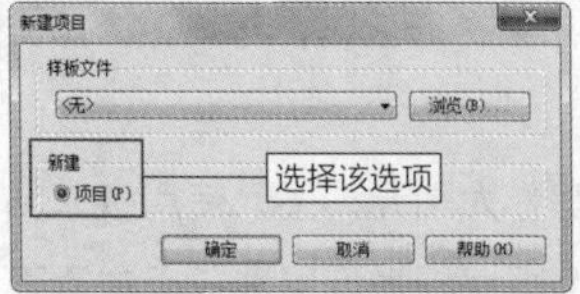

图 1-43　“新建项目”对话框

Step 03 系统弹出“未定义度量制”对话框，在其中选择“公制”选项，如图1-44所示。

Step 04 在项目浏览器中单击展开“视图（全部）”，在列表中显示当前项目文件中包含的所有视图，如图1-45所示。

Step 05 单击界面右上角的“关闭”按钮，弹出图1-46所示的“保存文件”对话框，询问用户是否保存项目文件，单击“是”按钮，弹出“另存为”对话框。

图 1-44 选择单位

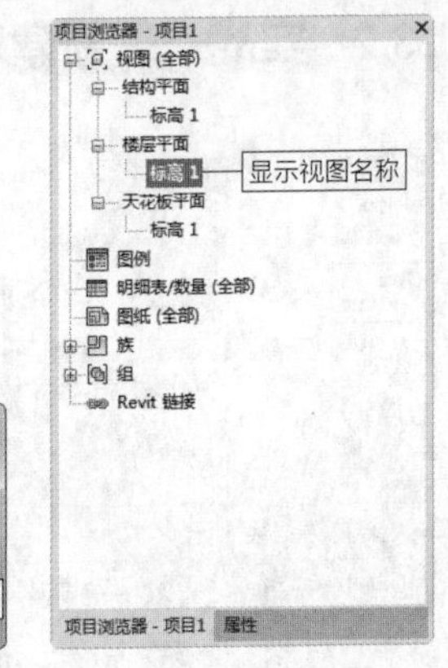

图 1-45 项目浏览器

图 1-46 “保存文件”对话框

Step 06 在对话框中设置文件名称与存储路径等，如图1-47所示。单击“保存”按钮，完成存储文件的操作。

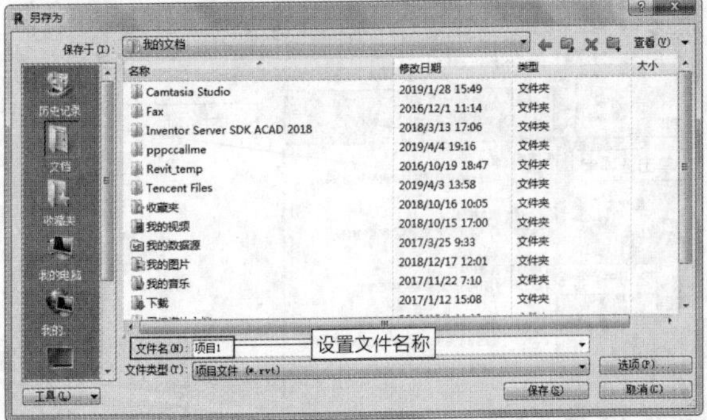

图 1-47 “另存为”对话框

1.3.3 族 重点

族是Revit中一个非常重要的概念，只有理解这个概念的含义，才能很好地运用Revit来进行工作，与其他人员交流。本小节介绍族的相关知识。

模型中的门、窗、楼梯等称为图元，图元使用族来创建。图元有两种属性，即实例属性与类型属性，用户需要明确区分实例属性与类型属性。

修改图元的实例属性时，仅能影响被选中的图元。如选中一个平开门图元，在“属性”选项板中修改“底高度”选项中的参数，结果是被选中的平开门的“底高度”发生了改变。

修改图元的类型属性时，该类型下的所有图元都会被影响。在“类型属性”对话框中选择“平开门”族，类型列表中包含名称为“PKM1021”“PKM0821”“PKM0921”的平开门。选择其中一个，如选择PKM1021，修改门高度后，会发现所有名称为PKM1021的门高度都会被修改。

通过修改族参数，如尺寸、材质、颜色等，会影响项目中对应图元的显示效果。可将族保存为RFA格式，这样就可以将族载入其他项目文件中。

在项目浏览器中单击“族”类别前的⊞图标，展开族列表，在列表中显示当前项目中包含的族，如图1-48所示。选择其中一个族类别，如“墙”，单击“墙”类别前的⊞图标，在展开的列表中显示了墙的种类，如图1-49所示。

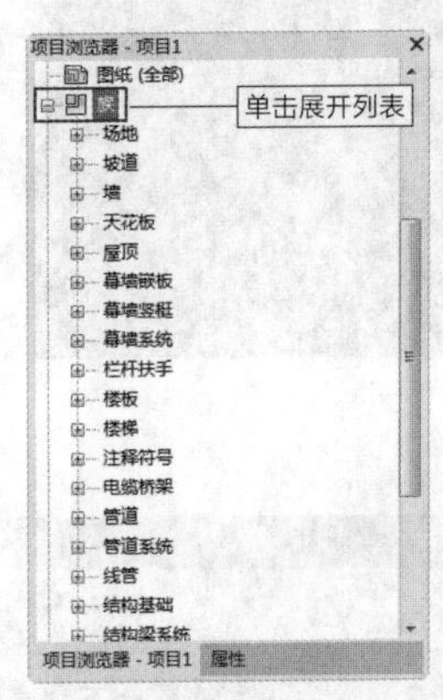

图 1-48 族类别

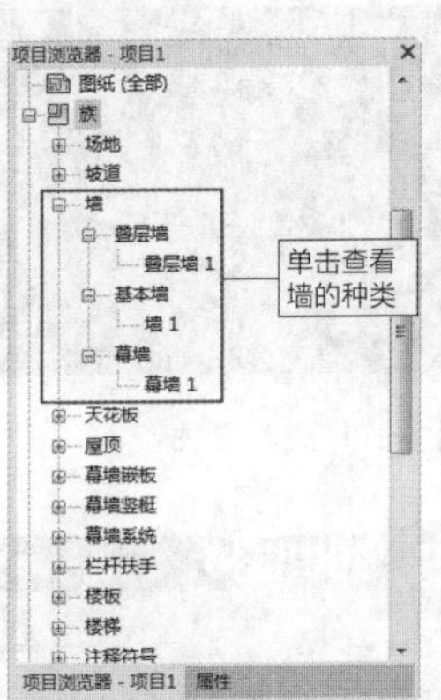

图 1-49 显示墙的种类

1.3.4 实战——修改图元的实例属性

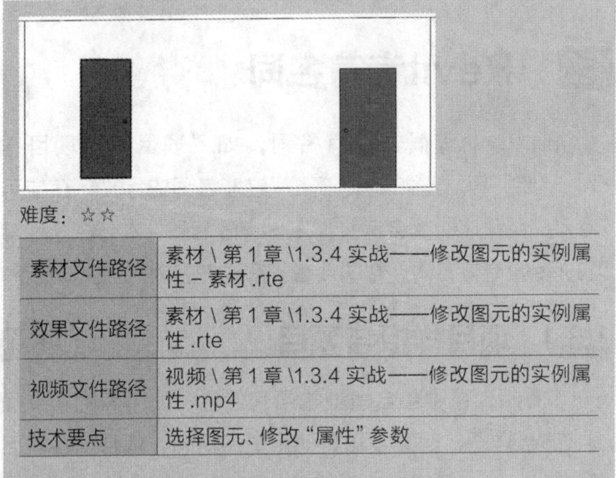

难度：☆☆

素材文件路径	素材\第1章\1.3.4 实战——修改图元的实例属性-素材.rte
效果文件路径	素材\第1章\1.3.4 实战——修改图元的实例属性.rte
视频文件路径	视频\第1章\1.3.4 实战——修改图元的实例属性.mp4
技术要点	选择图元、修改“属性”参数

修改图元的实例属性参数，仅影响选中图元，所以当需要修改单个图元的实例属性参数时，在“属性”选项板中修改就可以了。本小节介绍在“属性”选项板中修改图元实例属性参数的操作方式。

Step 01 在立面视图选择需要修改参数的左侧平开门，如图1-50所示。

Step 02 “属性”选项板中的“约束”选项组中修改“底高度”参数为200，如图1-51所示，然后单击“应用”按钮。

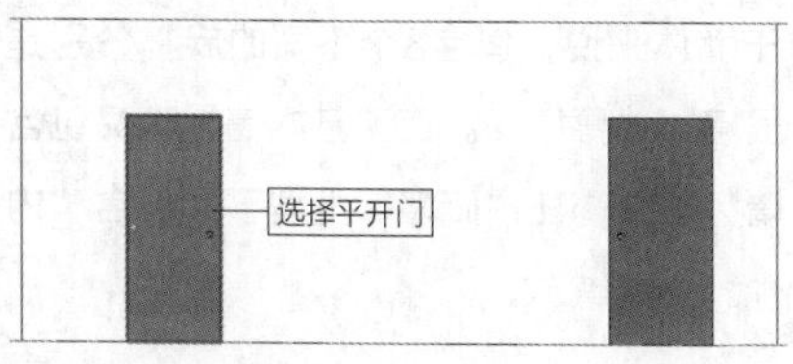

图 1-50 选择平开门

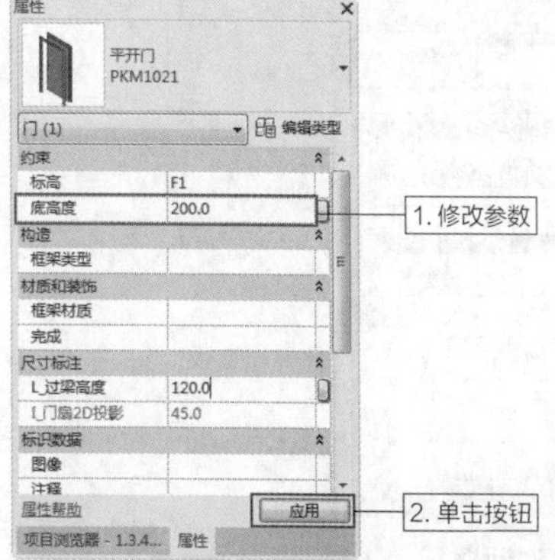

图 1-51 修改参数

Step 03 修改平开门底高度的效果如图1-52所示。由于只选中了左侧的平开门，因此修改参数后仅影响被选中的门。

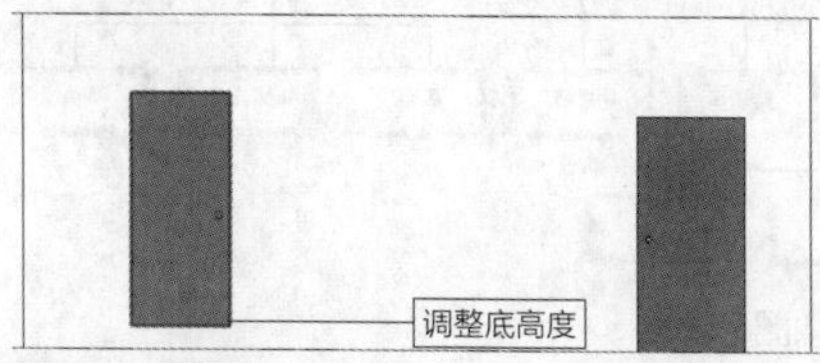

图 1-52 修改底高度

延伸讲解：

在“属性”选项板中输入参数后，也可以不单击“应用”按钮，鼠标指针离开选项板后，所设置的参数将自动应用到指定的图元上。

1.3.5 实战——修改图元的类型属性

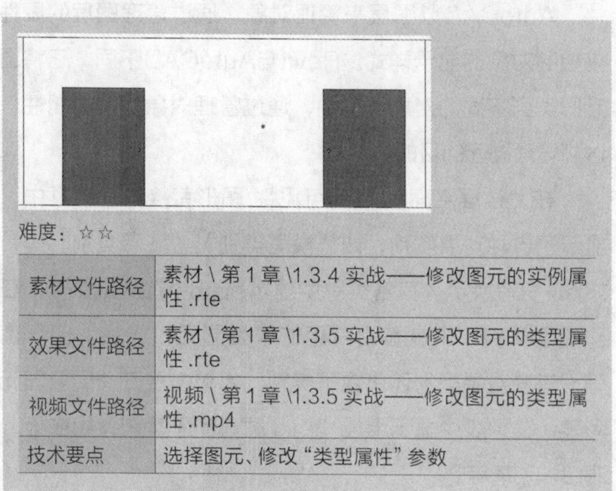

难度：☆☆

素材文件路径	素材 \ 第 1 章 \1.3.4 实战——修改图元的实例属性 .rte
效果文件路径	素材 \ 第 1 章 \1.3.5 实战——修改图元的类型属性 .rte
视频文件路径	视频 \ 第 1 章 \1.3.5 实战——修改图元的类型属性 .mp4
技术要点	选择图元、修改“类型属性”参数

修改图元的类型属性参数，就是同时修改某个类型的所有图元实例。修改图元实例属性参数只能影响单个图元，而修改类型属性参数可以批量修改相同类型的图元。本小节介绍操作方法。

Step 01 选择门图元，在“属性”选项板中单击“编辑类型”按钮，弹出“类型属性”对话框。

Step 02 “类型”列表中显示选中的门图元名称为PKM1021，在“尺寸标注”选项组下修改其“宽度”参数为1500，如图1-53所示。单击“确定”按钮关闭对话框。

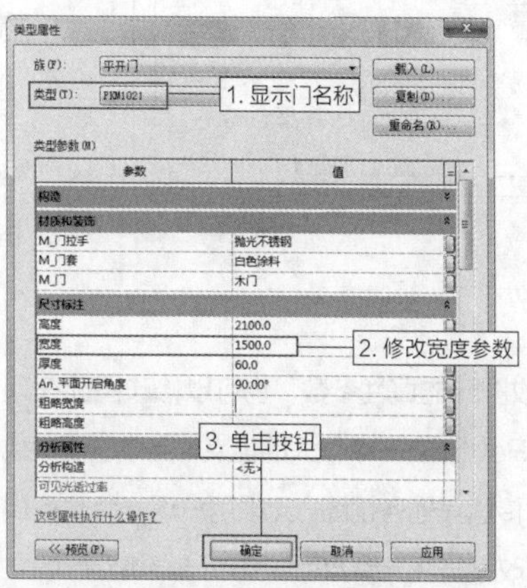

图 1-53 “类型属性”对话框

Step 03 在视图中查看修改效果，不仅选中的门图元宽度被修改了，与其同属于一个类型的门图元的宽度也被修改了，效果如图1-54所示。

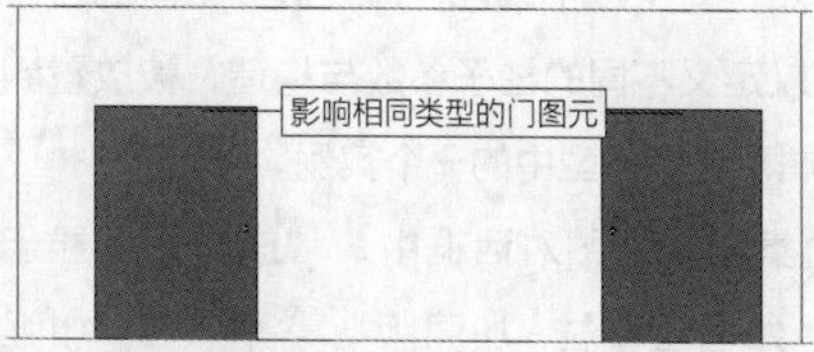

图 1-54 修改宽度

延伸讲解：

选中PKM1021后，在“类型属性”对话框中修改“宽度”参数为1500，关闭对话框后，发现视图中所有名为PKM1021的门宽度都被修改了。

1.3.6 参数化

Revit中的图元通过参数来定义，通过修改图元的参数，可以控制其显示效果。如需调整平面图中门与墙体的间距，可以通过修改其距离参数来实现。选择门图元后，显示临时尺寸标注，如图1-55所示。进入临时尺寸的可编辑模式，修改尺寸参数，即可调整门与墙体的间距，如图1-56所示。

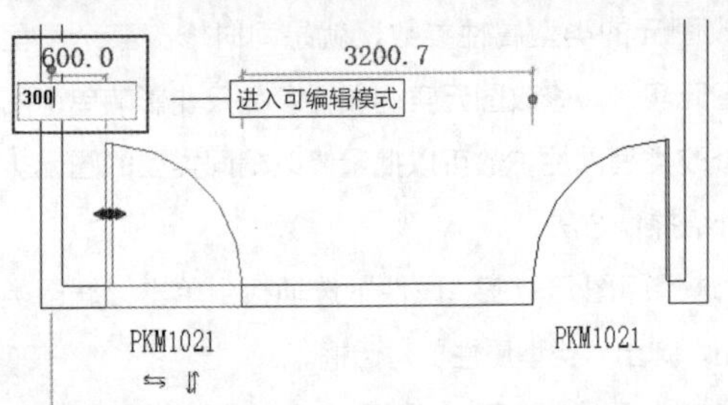

图 1-55 修改参数

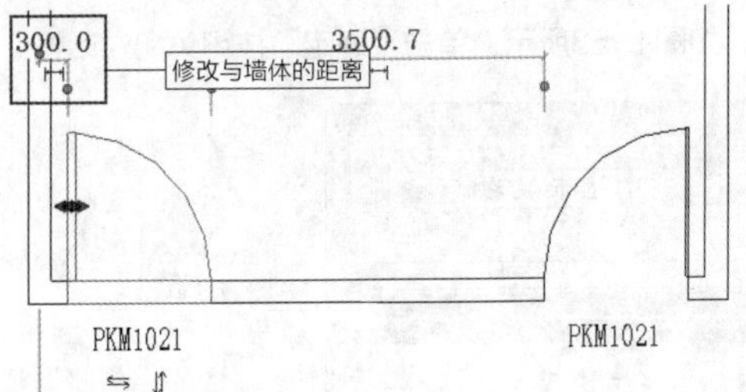

图 1-56 修改效果

用户既可以修改图元的属性参数，也可以修改图元在项目模型中显示样式。Revit还有一个很大的优点，当修改任一视图后，修改的结果将传达其他各视图，无须用户逐一修改各视图。在平面视图中修改某一图元参数后，修改结果将会影响立面视图、剖面视图、三维视图等其他各种类型的视图。

1.3.7 类型与实例 重点

Revit中的族包含不同的类型，通过设置类型参数来控制对象特性。例如，对于柱子来说，通过选择不同的族、不同的类型，可以定义不同的柱子参数与构造，被放置到模型中的图元就属于柱子类型中的一个实例。

在柱子的“类型属性”对话框中，“族”列表显示为多个族类型，如“工字柱-加强版”“十字柱-加强版”“异形柱-加强版”等。在“类型”列表中显示多个柱子类型，如“450×450mm”“450×500mm”等，如图1-57所示。分别定义族与类型参数后，被放置到视图中的柱子，即是柱子实例图形。

该柱子实例图形属于指定的族与类型。例如，在平面视图中，1号建筑柱的尺寸为450×450mm，可以在“类型”列表中找到对应的类型“450×450mm”，在“族”列表中属于“矩形柱-加强版”。

在“类型属性”对话框中修改参数，将会影响视图中该类型下所有柱子的显示效果。选中某个柱子，在“属性”选项板中修改参数，仅会影响选中的柱子。这是前面学习的知识，现在是否明白类型与实例的关系？简而言之，实例被包含在类型中，类型可以有多个实例。

图1-58所示的结构示意图，表示了墙体的类型与实例的关系。对于墙体来说，包含3个不同的族，分别是“基本墙”“叠层墙”“幕墙”。在“基本墙”下又包含“填充墙”“砖墙”类型，在“砖墙”类型下又包含“内墙”“外墙”实例。

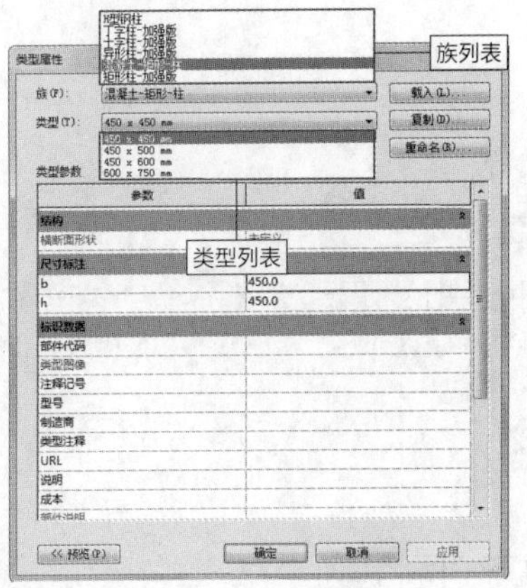

图 1-57 “类型属性”对话框

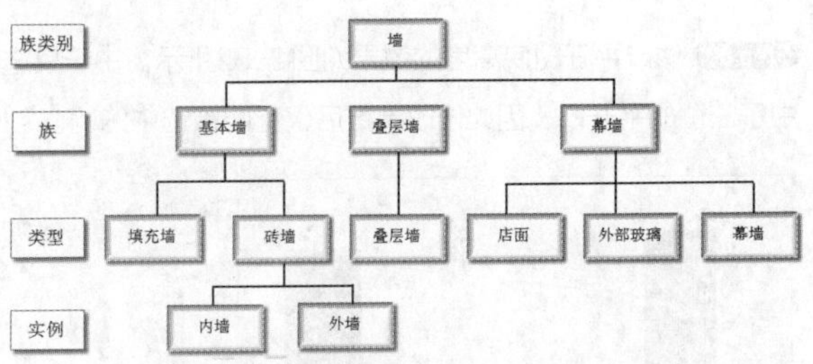

图 1-58 结构示意图

延伸讲解：

在“类型属性”对话框中，可以通过复制现有的类型，得到类型副本，修改类型参数后，就可以得到新的类型。族不能在“类型属性”对话框中创建，若需要调用外部族，则要执行“载入族”命令。

1.3.8 对象类别 难点

AutoCAD以图层来管理对象，通过管理图层的属性来控制对象的显示样式。Revit与AutoCAD不同，它将图元归类到不同的对象类别中，通过管理对象类别的属性，达到管理图元的目的。

在“楼层平面：F1的可见性/图形替换”对话框中，显示了各种对象类别，如“模型类别”“注释类别”等，如图1-59所示。在各类别中显示所包含的图元种类，在“模型类别”下就包含常用的模型图元，如墙、门、窗等。有些对象类别还包含子类别，如单击展开“门”图元列表，在列表中显示组成“门”图元的子类别，如嵌板、洞口、玻璃等。

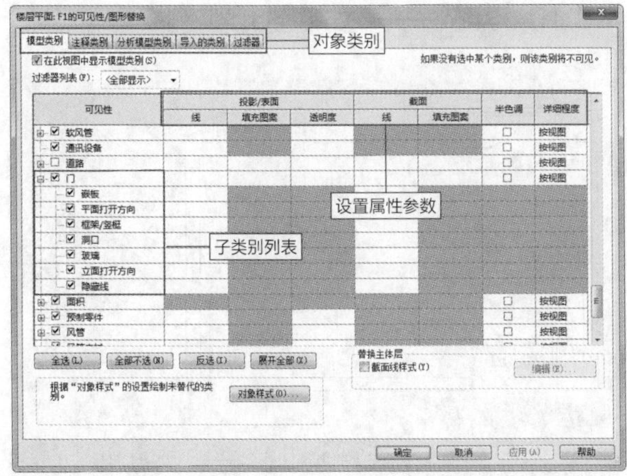

图 1-59 “楼层平面：F1 的可见性 / 图形替换”对话框

在列表中还可以设置图元的属性，如线型、线宽、填充图案、详细程度等，这些设置影响图元在视图中的显示效果。与AutoCAD中必须将图形归类到指定图层不同，在Revit中创建图元对象后，系统将自动为其归类，不需要用户自己操作。如在放置门图元后，该图元即隶属于“模型类别”。

延伸讲解：

在“导入的类别”选项卡中，显示由外部导入Revit中的文件的信息，假如未导入外部文件，就仅显示系统默认的参数。

在“过滤器”选项卡中，需要用户创建过滤器，假如没有创建过滤器，系统会在选项卡中提示用户创建一个过滤器。

1.3.9 实战——为图元添加尺寸标注

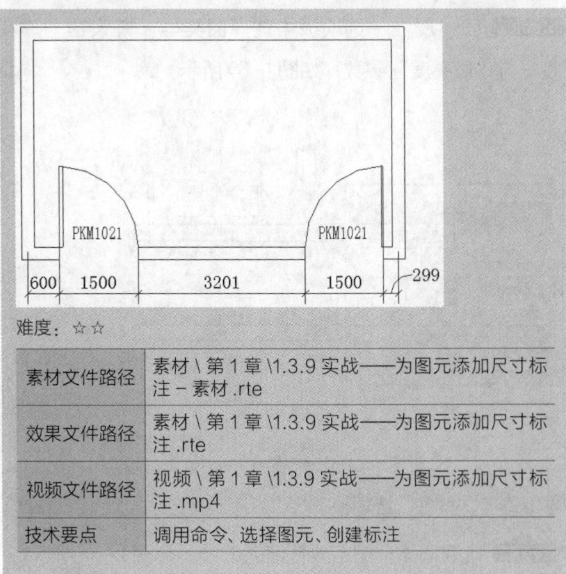

难度：☆☆

素材文件路径	素材 \ 第 1 章 \1.3.9 实战——为图元添加尺寸标注 - 素材 .rte
效果文件路径	素材 \ 第 1 章 \1.3.9 实战——为图元添加尺寸标注 .rte
视频文件路径	视频 \ 第 1 章 \1.3.9 实战——为图元添加尺寸标注 .mp4
技术要点	调用命令、选择图元、创建标注

图元的尺寸参数至关重要，不仅方便统计，也能使读图者了解图元的属性。在Revit中为图元添加尺寸参数有两种方法，一种是启用尺寸标注命令，另一种是将临时尺寸标注转换为永久性尺寸标注。本小节介绍使用尺寸标注命令，为门图元添加尺寸参数的操作方法。

Step 01 选择“注释”选项卡，在“尺寸标注”面板中单击“对齐”按钮，如图1-60所示。随即进入“修改|放置尺寸标注”选项卡。

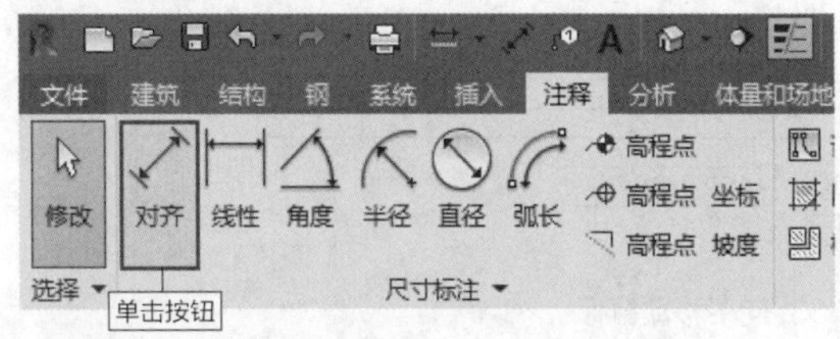

图 1-60 单击“对齐”按钮

Step 02 将鼠标指针置于左侧的墙体上，显示蓝色的参照线，如图1-61所示。

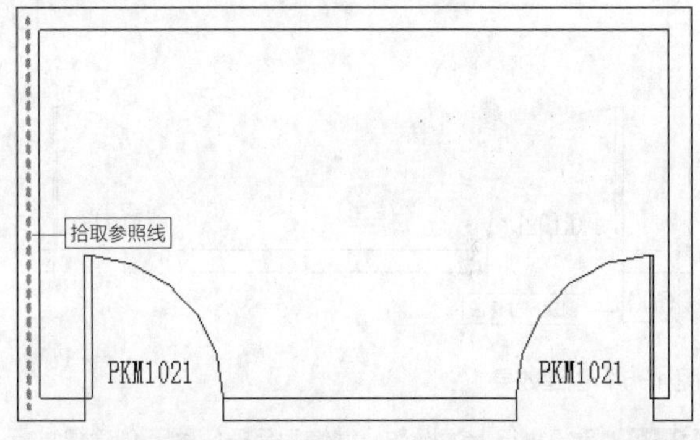

图 1-61 显示蓝色的参照线

Step 03 单击并向右移动鼠标，拾取门垛轮廓线，显示蓝色的参照线，如图1-62所示。

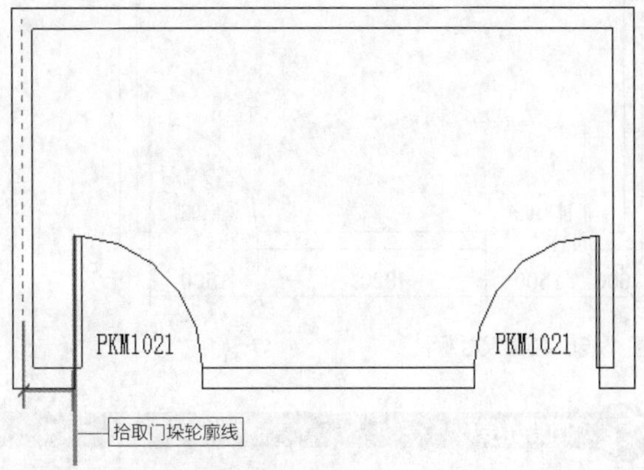

图 1-62 拾取门垛轮廓线

Step 04 单击显示尺寸标注数字，向下移动鼠标，如图1-63所示，寻找合适的位置来放置尺寸标注。

Step 05 在合适的位置单击，完成创建尺寸标注的操作，如图1-64所示。

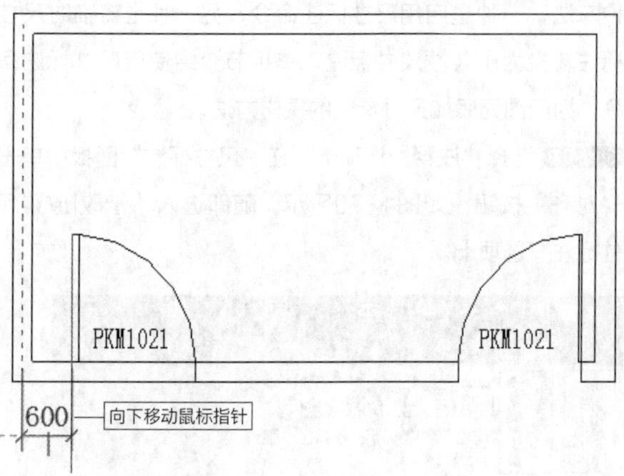

图 1-63 向下移动鼠标

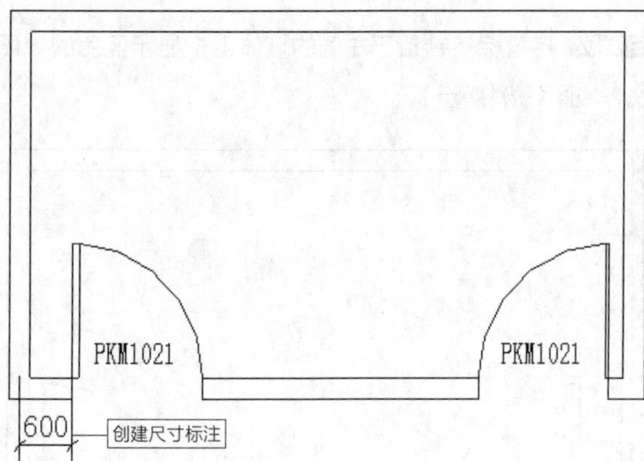

图 1-64 创建效果

Step 06 重复执行上述操作，继续为另一门图元创建尺寸标注，效果如图1-65所示。

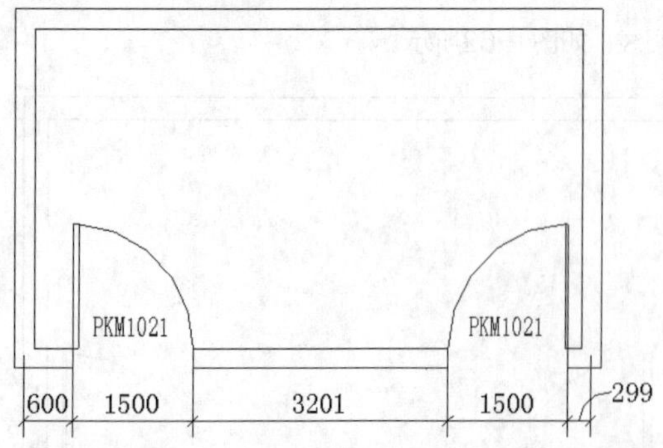

图 1-65 创建尺寸标注

知识链接：

连续指定多个参照点所创建的尺寸标注为一个整体。在本小节的操作中，指定两个参照点创建尺寸参数“600”后就退出了命令，接着再创建的尺寸参数，再创建的与“600”就不是一个整体。

1.3.10 实战——添加图元实例

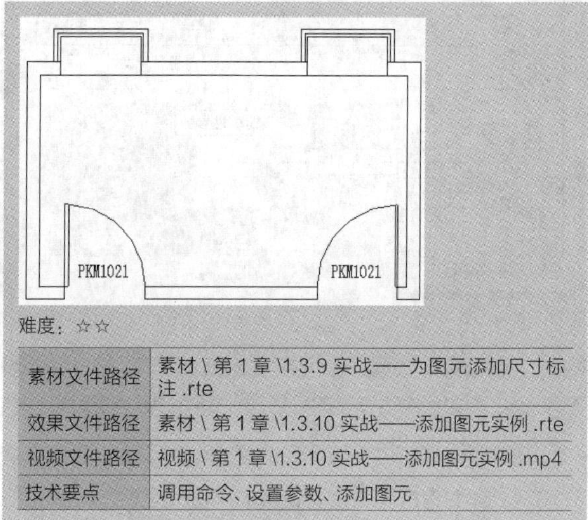

难度：☆☆

素材文件路径	素材 \ 第 1 章 \1.3.9 实战——为图元添加尺寸标注 .rte
效果文件路径	素材 \ 第 1 章 \1.3.10 实战——添加图元实例 .rte
视频文件路径	视频 \ 第 1 章 \1.3.10 实战——添加图元实例 .mp4
技术要点	调用命令、设置参数、添加图元

模型由多个图元实例组成，因此在制作模型的过程中，需要添加各种不同类型的图元。熟练掌握添加图元的方法，对于提升作图效率至关重要。在平面视图中添加窗图元后，切换至立面视图，可以查看窗的立面效果。本小节介绍在平面图中添加窗图元的操作方法。

Step 01 选择“建筑”选项卡，在“构建”面板中单击“窗”按钮，如图1-66所示。随即进入“修改|放置 窗”选项卡。

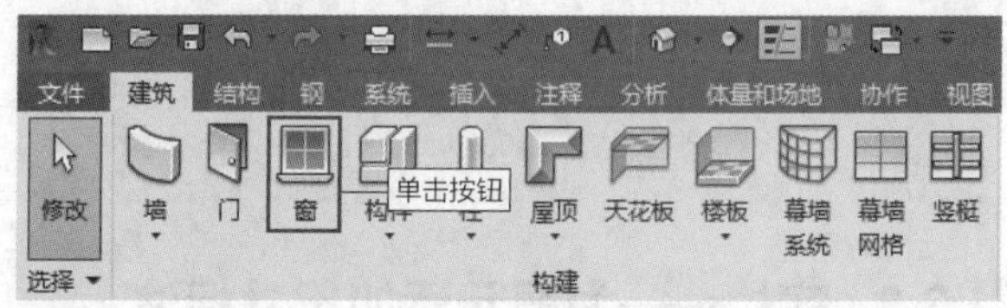

图 1-66 单击“窗”按钮

Step 02 在“属性”选项板中选择窗类型，并设置“底高度”与“顶高度”参数，如图1-67所示。

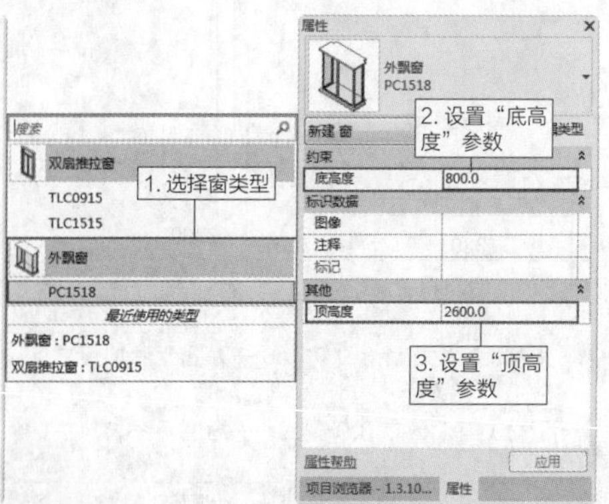

图 1-67 “属性”选项板

Step 03 拾取墙体，指定放置窗的位置，如图1-68所示。

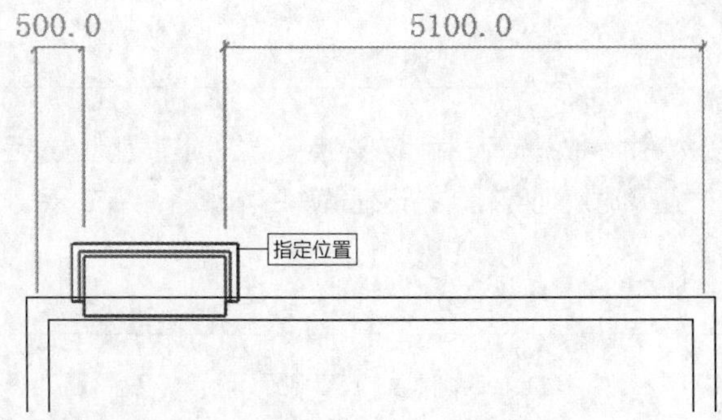

图 1-68 指定位置

Step 04 单击放置外飘窗，效果如图1-69所示。

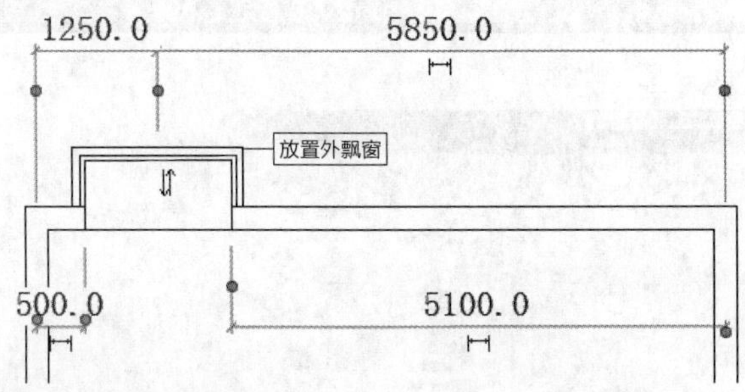

图 1-69 放置外飘窗

Step 05 重复操作，继续在墙体的另一侧放置外飘窗，效果如图1-70所示。

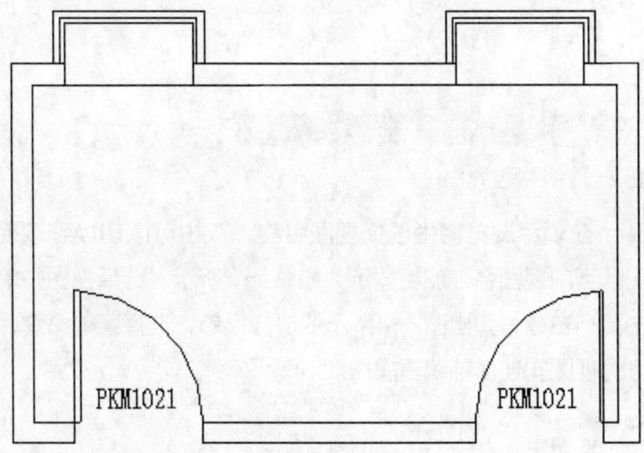

图 1-70 最终效果

知识链接：

在墙体上指定放置窗的位置时，可以通过临时尺寸标注来选择合适的位置。或者在放置窗后，通过修改临时尺寸参数，调整窗的位置。

1.4 Revit 2019新功能简介

Revit应用程序可以运用到建筑设计、结构设计、机电设计中。由于本书主要介绍Revit在建筑设计中的使用方法，所以本节仅介绍Revit在建筑设计方面的新功能。

Revit 2019新功能的介绍如下。

◆ 可在多个显示器上排列与查看视图。

◆ 在三维视图中可以显示标高，帮助用户了解和调整项目的基准高度。

◆ 过滤器新增 AND 和 OR 过滤条件。

◆ 可以全屏显示未裁剪的透视图，用户使用导航命令（如缩放、平移和动态观察）可在视图中观察图元。

◆ 可以在裁剪或曲面中应用前景填充图案和背景填充图案来传达设计意图。

◆ 允许用户使用专用工具，创建自己的钢结构连接，以进行更为详细的钢结构建模。

◆ 可以为钢结构创建准确的工程文档，包括详细的钢结构连接。

◆ 允许使用 Revit 匹配现有钢筋形状族或基于自由形式的钢筋几何图形，然后创建新的钢筋形状族。

◆ 新增专为个人和小型团队设计的数据存储功能，帮助用户安全地存储、预览和共享二维/三维设计数据。

◆ 预制大梁楼板实现自动化。

◆ 改进复杂网络的压降分析，同时支持循环系统的一级/二级分离。

◆ 可以分析循环管网中的并联泵，帮助用户轻松地根据备用泵数量计算流量。

第2章 Revit基础操作

只有了解各种编辑图元的操作方法，才能快速、准确地创建模型。在创建模型的过程中，需要从各个角度观察模型，方便及时发现问题，并迅速解决。本章将介绍在Revit中查看视图及编辑图元的操作方法。

学习目标

2.1 项目浏览器 重点

新建项目后，项目文件将自动创建平面视图、立面视图、三维视图、明细表等，这些内容全部集中在项目浏览器中。在项目浏览器中可以执行切换视图、复制视图、重命名视图和删除视图等操作。

系统默认项目浏览器显示在工作界面的左侧，用户也可以自定义位置。将鼠标指针置于项目浏览器的标题栏上，按住并拖动鼠标，将显示出一个虚线框，如图2-1所示。在合适的位置松开鼠标，完成调整项目浏览器位置的操作。

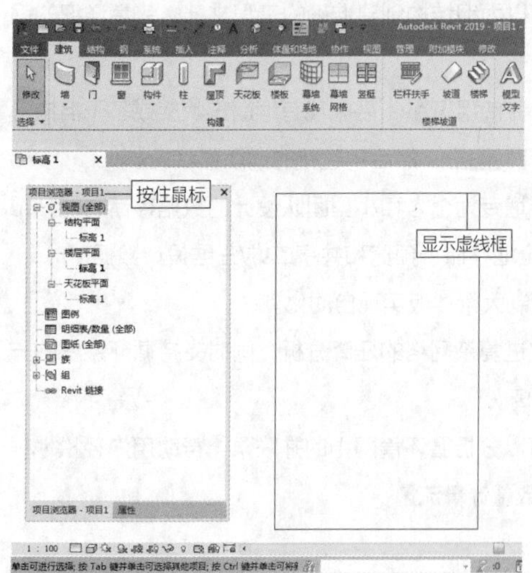

图2-1 显示虚线框

项目浏览器默认独立于工作界面，用户可以自由调整位置。如果将项目浏览器靠近工作界面的边界，则可以自动吸附边界，与工作界面连成一个整体。图2-2所示为项目浏览器吸附于工作界面的右侧边界，融入到了工作界面的版面中，不再独立于界面。项目浏览器也可以吸附上侧边界或者左侧边界，用户可以根据自己的使用习惯来定义项目浏览器的位置。

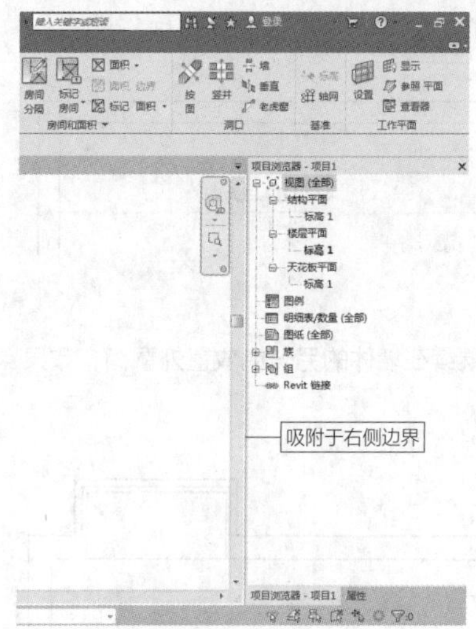

图2-2 吸附边界

在项目浏览器中选择视图名称，双击可以切换到该视图，当前视图名称加粗显示，如图2-3所示。选择视图并单击鼠标右键，弹出图2-4所示的快捷菜单，选择菜单命令，可对视图实现多种编辑操作。

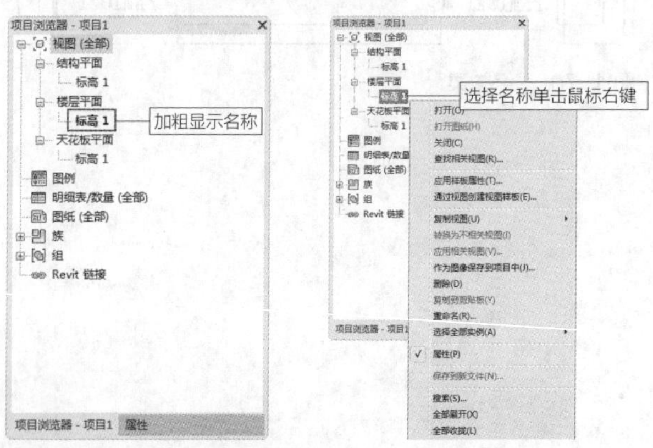

图2-3 加粗显示视图名称　　图2-4 快捷菜单

快捷菜单中各命令的介绍如下。

◆ 打开：选择该命令，打开选定的视图。

◆ 打开图纸：选择该命令，打开选中的图纸。

◆ 关闭：选择该命令，关闭视图。

◆ 查找相关视图：选择该命令，弹出图2-5所示的“转到视图”对话框，其中显示与选中的视图（如F1）相关的视图。在对话框中选择视图（如选择“立面：立面1-a”），单击“打开视图”按钮，可以切换到该视图。

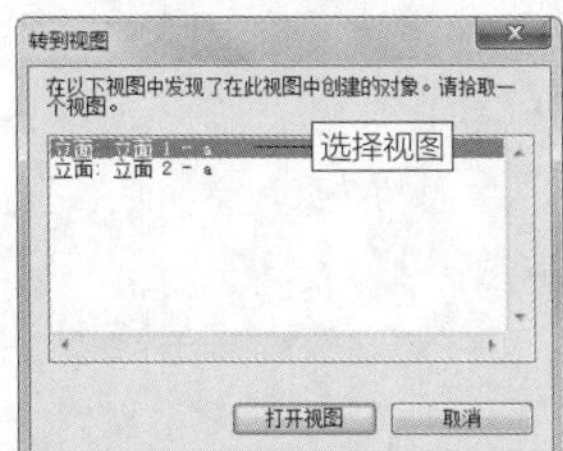

图 2-5 “转到视图”对话框

◆ 应用样板属性：选择该命令，弹出图2-6所示的“应用视图样板”对话框，其中可以选择已有的视图样板，也可以修改样板属性，并将样板应用到视图。

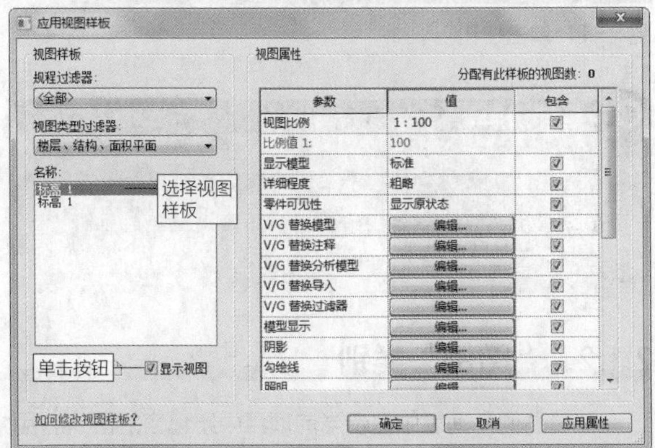

图 2-6 “应用视图样板”对话框

◆ 通过视图创建视图样板：选择该命令，弹出图2-7所示的“新视图样板”对话框，输入视图样板名称，单击“确定”按钮，即可通过当前视图创建视图样板。该样板存储在项目中，可以直接调用。

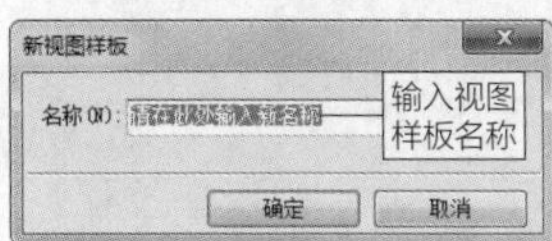

图 2-7 “新视图样板”对话框

◆ 复制视图：选择该命令，弹出子菜单，其中显示了3种复制视图的方式，如图2-8所示。用户可以选择不同的方式来复制视图。

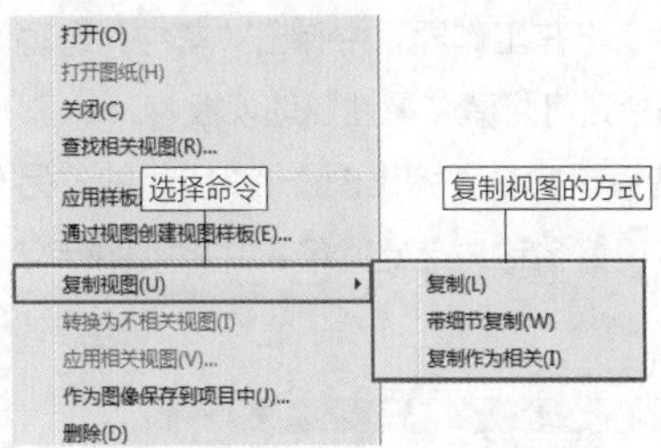

图 2-8 3 种复制方式

◆ 转换为不相关视图：选择该命令，可以取消相关性，还原视图的独立性。

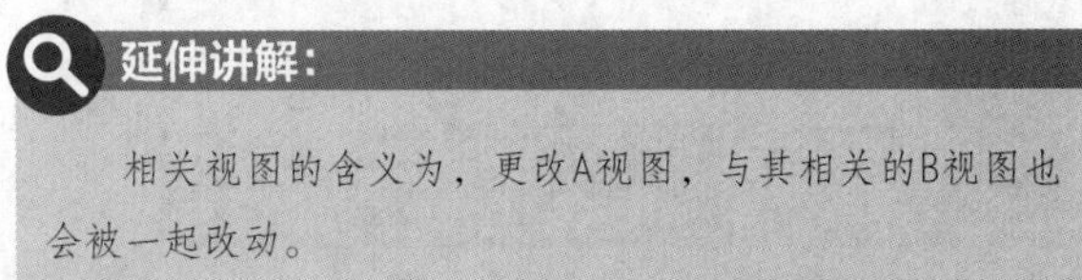

延伸讲解：

相关视图的含义为，更改A视图，与其相关的B视图也会被一起改动。

◆ 应用相关视图：将选中的视图的属性应用到与之相关的其他视图。

◆ 作为图像保存到项目中：选择该命令，弹出图2-9所示的“作为图像保存到项目中”对话框，在其中设置参数，单击“确定”按钮，可以将视图作为图像保存到项目中。

◆ 删除：选择该命令，删除视图。

◆ 复制到剪贴板：将视图复制到剪贴板。

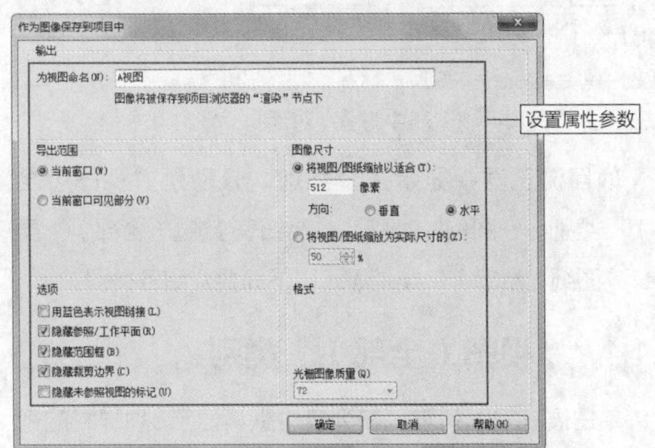

图 2-9 “作为图像保存到项目中”对话框

◆ 重命名：选择该命令，弹出图2-10所示的“重命名视图”对话框，输入名称，单击“确定”按钮，可以重命名视图。

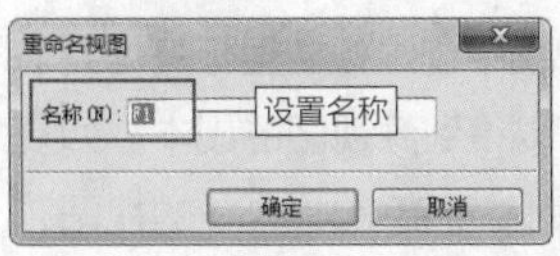

图 2-10 “重命名视图”对话框

◆ 选择全部实例：在子菜单中显示两种选择方式。第一种是“在视图中可见”方式，选择该命令，视图中所有可见的实例都会被选中；第二种是“在整个项目中”方式，选择该命令，整个项目中的实例将会被全部选中。

◆ 属性：选择该命令，可在工作界面中弹出“属性”选项板；取消选择该命令，可隐藏“属性”选项板。

◆ 保存到新文件：选择该命令，弹出图2-11所示的“另存为”对话框，可设置名称与存储路径，并将视图保存到新的文件夹。

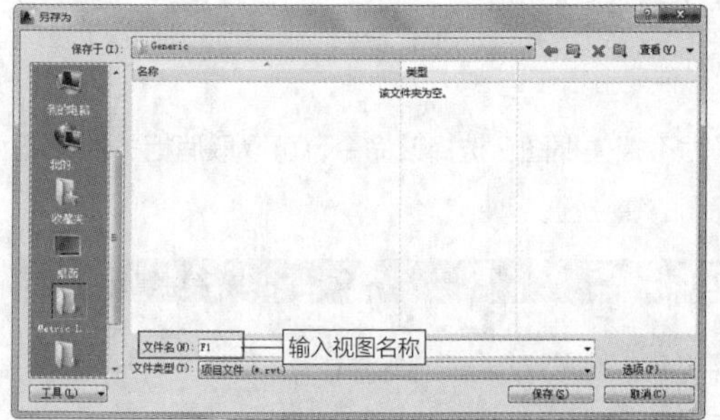

图 2-11 “另存为”对话框

◆ 搜索：选择该命令，弹出“在项目浏览器中搜索”对话框，输入搜索内容的名称（如东立面），单击“上一个”或“下一个”按钮，如图2-12所示。在项目浏览器中会显示搜索结果，单击搜索结果，可以切换到该视图。当项目浏览器中包含的内容过多时，使用“搜索”命令可以非常便利地寻找指定的内容。

图 2-12 “在项目浏览器中搜索”对话框

项目浏览器中显示多个类别，分别是“视图（全部）”类别、“图例”类别、“明细表/数量（全部）”类别、“图纸（全部）”类别等，以下简要介绍各类别。

2.1.1 “视图（全部）”类别

单击展开视图列表，在列表中默认显示3种样式的视图，即“结构平面”“楼层平面”“天花板平面”。单击视图名称前的⊞按钮，可展开视图列表，显示所有的视图。如单击“楼层平面”前的⊞按钮，在展开的列表中显示“标高1”“标高2”“标高3”“标高4”“标高5”，表示当前项目中已创建了5个平面图。

楼层平面图通过在立面视图中创建各楼层标高得到。执行“复制视图”操作后，可以得到源视图的副本。如复制标高1视图后，得到被命名为“标高1副本1”的视图，如图2-13所示。视图中所包含的内容与标高1相同。

在系统默认创建的名称为“结构平面”与“天花板平面”的视图上，双击视图名称，可以切换到相应的视图。在默认情况下，项目文件没有创建三维视图。在快速访问工具栏上单击“默认三维视图”按钮，如图2-14所示，可以切换到三维视图。与此同时，可以在项目浏览器中创建名称为“三维”的三维视图。

项目文件没有自行创建立面视图，需要用户启用“立面”命令来创建。在“立面（立面1）”列表中，默认将视图名称设置为“立面1-a”“立面2-a”“立面3-a”“立面4-a”，双击视图名称，可以切换到指定的立面视图。

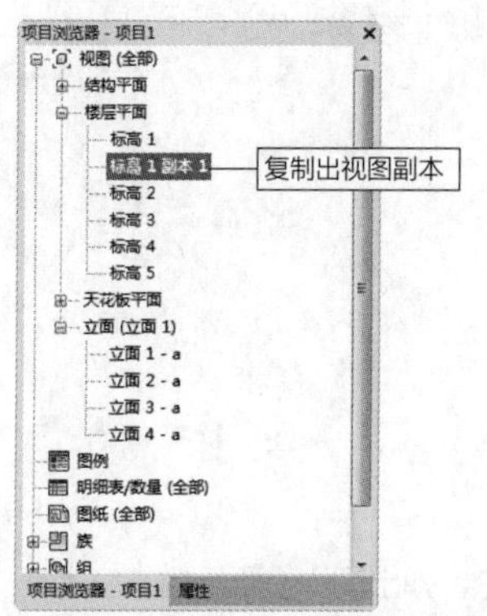

图 2-13 复制视图

图 2-14 单击按钮

延伸讲解：

系统仅默认创建结构平面图、楼层平面图与天花板平面图，当用户自行创建三维视图、立面视图与剖面图、详图后，才会在项目浏览器中显示这些视图名称。

2.1.2 “图例”类别

在“图例”列表中显示当前项目中所包含的图例，用户可单独创建“图例”视图。在“图例”类别名称上单击鼠标右键，在快捷菜单中选择“新建图例”命令，如图2-15所示。在“新建图例视图”对话框中设置名称、比例，如图2-16所示。单击“确定”按钮关闭对话框可以创建“图例”视图。

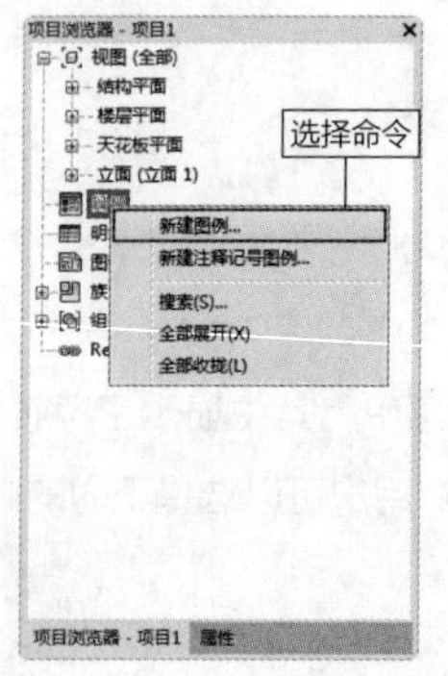

图 2-15 选择“新建图例”命令

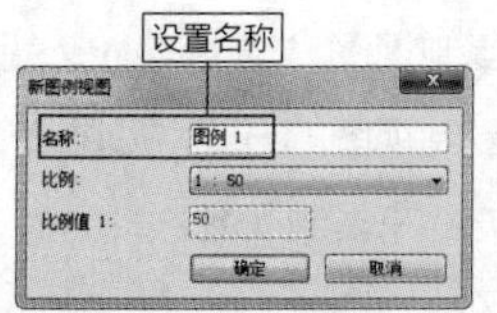

图 2-16 “新图例视图”对话框

在快捷菜单中选择“新建注释记号图例”命令，在“新建注释记号图例”对话框中设置名称，如图2-17所示。单击“确定”按钮，弹出图2-18所示的“注释记号图例属性”对话框，设置属性参数后单击“确定”按钮，完成创建“注释记号图例”视图的操作。

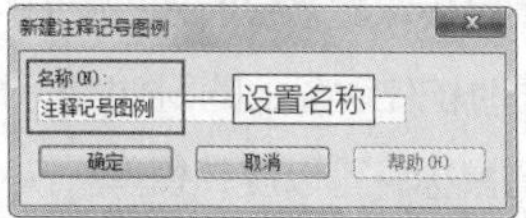

图 2-17　“新建注释记号图例”对话框

在“图例”列表中显示已创建的图例视图，如图2-19所示，双击视图名称切换至该视图。

图 2-18　“注释记号图例属性”对话框　图 2-19　显示视图

2.1.3　“明细表/数量（全部）”类别

选择“明细表/数量（全部）”类别，单击鼠标右键，在快捷菜单中选择“新建明细表/数量”命令，如图2-20所示。打开“新建明细表”对话框，在对话框中选择类别，如选择“窗”类别，系统可将明细表名称命名为“窗明细表”。接着再在“明细表属性”对话框中设置属性参数，完成创建明细表的操作。

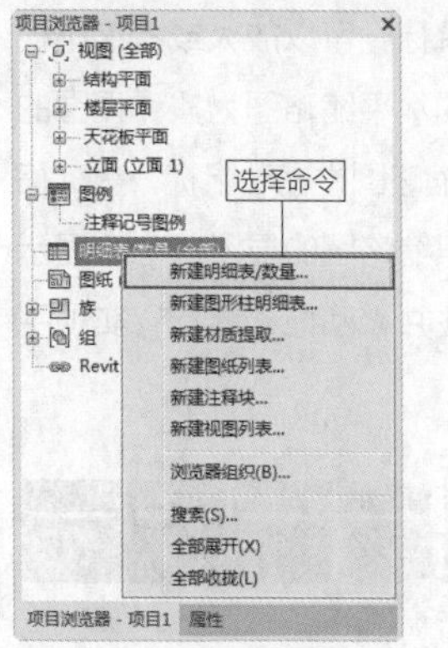

图 2-20 选择“新建明细表 / 数量”命令

创建完毕的明细表在“明细表/数量（全部）”列表中显示，如创建了“窗明细表”后，即可在列表中查找。当在项目模型中放置了窗实例图元后，双击明细表名称，可以切换至明细表视图，通过查看明细表了解窗的信息。

如在列表中双击“窗明细表”，进入明细表视图，在系统自动创建的明细表中，清楚地罗列了窗的信息，包括编号、高度、宽度、总数、标高类型等。

答疑解惑：如何理解项目文件中的门/窗明细表？

门/窗明细表用来记录建筑项目中门/窗的数据信息。在项目浏览器中单击展开“明细表/数量（全部）”类别，在列表中会显示已创建的门/窗明细表。在项目中添加门/窗构件后，构件的信息会被记录到门/窗明细表中。在“明细表/数量（全部）”类别下选择门明细表或者窗明细表，双击明细表进入“明细表”视图，就可以观察到门/窗的相关信息。用户可以修改明细表的属性，设置明细表的显示内容。

2.1.4　“图纸（全部）”类别

选择“图纸（全部）”类别，单击鼠标右键，在快捷菜单中选择“新建图纸”命令，如图2-21所示。打开“新建图纸”对话框，在其中选择标题栏样式，单击“确定”按钮，新建图纸视图。

在“图纸（全部）”类别下会显示项目中已创建的图纸视图，双击视图名称，可以进入图纸视图，并显示已插入的标题栏。

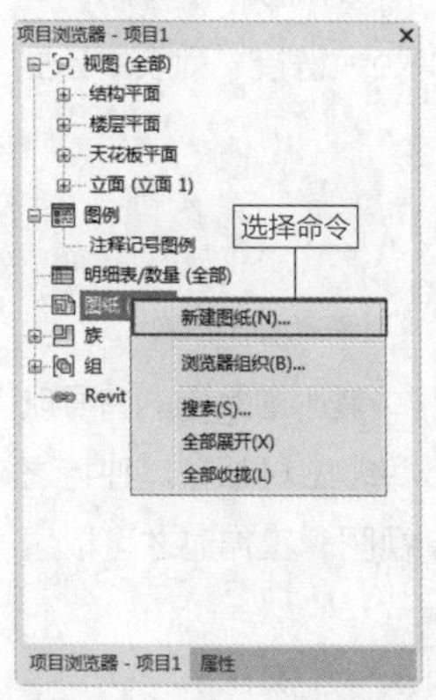

图 2-21 选择“新建图纸”命令

2.1.5　“族”类别

在“族”列表中，显示当前项目文件中所包含的族。单击族名称（如“墙”）前的⊞图标，展开列表，显示族类型（如“叠层墙”“基本墙”“幕墙”）。在族类别下选择实例（如“墙1”），单击鼠标右键，选择快捷菜单中的命令，可以对实例执行“复制”“删除”“重命名”等操作，如图2-22所示。

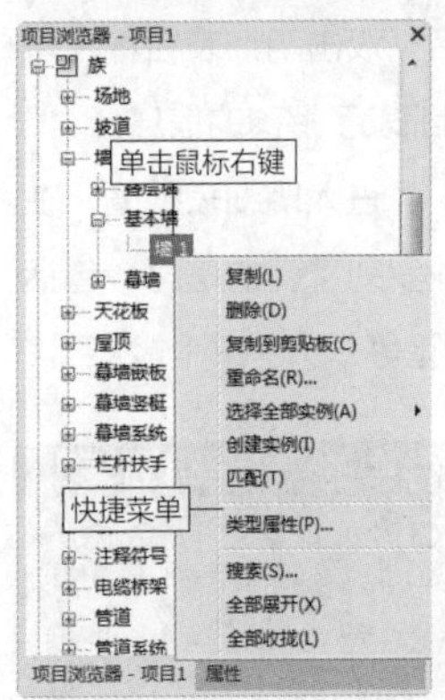

图 2-22 快捷菜单

延伸讲解：

将外部族载入项目文件后，可以到“族”列表中查看。在列表中选择实例，按住鼠标将其拖到绘图区中，可以将实例调入到视图中。

2.1.6 “组”类别

在“组”类别下有两个类型的组，分别是“模型”组与“详图”组。用户将指定的图元创建成组，可以在执行“插入组”操作后，完成一次插入多个图元的操作。

2.1.7 “Revit链接”类别

通过执行“链接Revit”或“链接CAD”操作后，可以将外部文件链接到项目中，在“Revit链接”列表中会显示链接文件的名称。

2.2 控制视图

Revit中控制视图的工具有多种，其中最常用的有导航栏、ViewCube、视图控制栏等。每个工具都有其独特之处，学会综合运用这些工具来控制视图，工作时才可以事半功倍。

2.2.1 视图导航

Revit为用户提供了视图导航工具，方便用户在建模的过程中，综合运用各种导航工具，全方位查看模型，保证建模工作的顺利进行。本小节介绍查看模型的操作方法。

1. 利用鼠标查看视图

鼠标中间的滚轮功能强大，为查看图形提供了便利。利用鼠标查看视图的操作方法介绍如下。

- 在视图中向上滚动鼠标滚轮，可以以鼠标指针所在的位置为中心放大显示当前视图；向下滚动鼠标滚轮，可以缩小显示当前视图。
- 在视图中定位鼠标指针，按住鼠标滚轮不放，当鼠标指针显示为✥时，上下左右拖动鼠标，可以在指定方向平移视图，查看视图各区域。松开鼠标滚轮，退出操作。
- 在三维视图中，同样可以运用鼠标滚轮来查看模型。在视图中按住鼠标滚轮不放，同时按住键盘上的Shift键，当鼠标指针显示为时，拖动鼠标，可以旋转模型，从各个角度观察模型。单击退出查看模型的操作。

知识链接：

当鼠标指针显示为时，可以松开键盘上的Shift键，此时仍然处于可旋转模型的状态。

2. 利用导航栏查看视图

在绘图区的右上角，默认显示导航栏。图2-23所示为导航栏的显示样式，将鼠标指针置于选项上，可以高亮显示选项。单击“二维控制盘”按钮，打开控制盘，如图2-24所示。

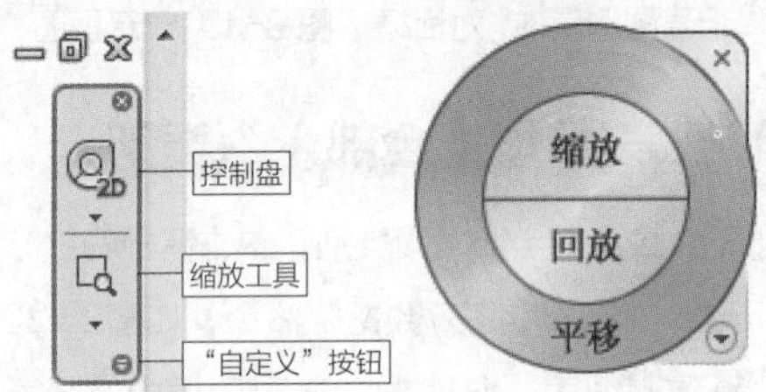

图 2-23 导航栏　　图 2-24 二维控制盘

3. 控制盘

单击控制盘上的“缩放”按钮，控制盘被暂时隐藏，此时在视图中按住并来回拖动鼠标，可以放大或者缩小视图。单击“回放”按钮，显示的水平缩略图为操作视图的历史记录，如图2-25所示。在缩略图中移动鼠标，鼠标指针经过缩略图时，视图可以按照缩略图的显示状态来显示视图。单击“平移”按钮，按住并来回拖动鼠标，实现平移视图的效果。

图 2-25 显示水平缩略图

单击控制盘右下角的按钮，弹出子菜单，选择“选项”命令，如图2-26所示。弹出“选项”对话框，在对话框的“SteeringWheels”选项卡中，可以设置控制盘的属性参数，如“文字可见性”“大控制盘外观”及“环视工具行为”等，如图2-27所示。参数设置完毕后，单击“确定”按钮关闭对话框。

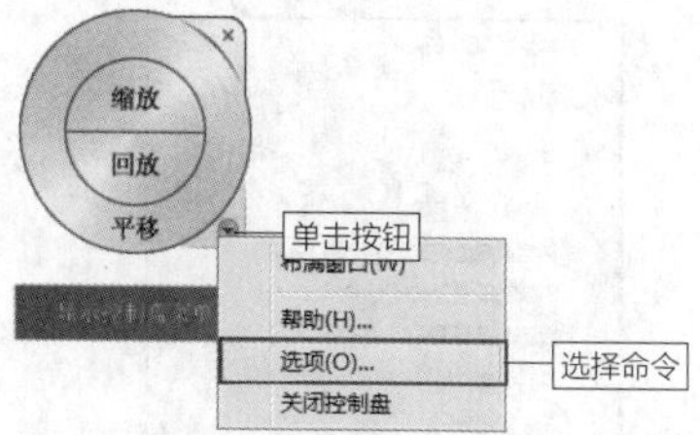

图 2-26 选择“选项”命令

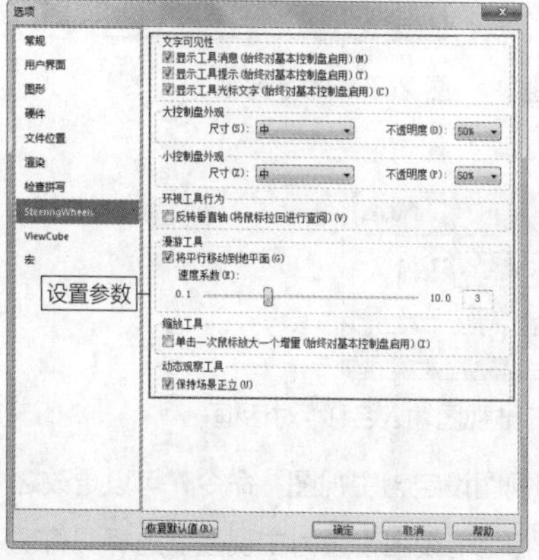

图 2-27 “选项”对话框

知识链接：

退出控制盘的方式有3种，按Esc键、按F8键或按Shfit+W组合键。

切换至三维视图，在导航栏上会显示三维控制盘。单击控制盘下方的向下箭头，弹出图2-28所示的列表。在列表中显示各种类型的控制盘，如“全导航控制盘”“查看对象控制盘（小）”“巡视建筑控制盘（小）”等。用户可参考二维控制盘的使用方法，尝试使用三维控制盘来观察三维模型，在此不赘述。

4. 缩放工具

回到二维视图，介绍导航栏中“缩放”工具的使用方法。单击“缩放”工具按钮 下方的向下箭头，弹出图2-29所示的列表，通过调用其中的命令，对视图执行相应的操作。

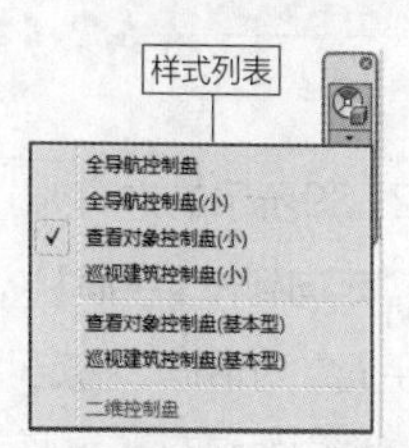

图 2-28 三维控制盘样式列表

缩放列表
区域放大
缩小两倍
缩放匹配
缩放全部以匹配
缩放图纸大小
上一次平移/缩放
下一次平移/缩放

图 2-29 缩放列表

在列表中选择“区域放大”命令，当鼠标指针显示为 时，按住鼠标不放，通过指定对角点来划定将要放大的区域范围。松开鼠标，范围内的图形将被放大显示。

选择“缩小两倍”命令，视图内的图形将缩小显示。“缩放匹配”与“缩放全部以匹配”命令的效果相差无几，通过调整图形的大小使其全部显示在窗口中。“缩放图纸大小”命令用于调整图形的大小使其以合适的大小在视图中显示。

选择“上一次平移/缩放”或“下一次平移/缩放”命令，将显示“上一次”或“下一次”的“平移/缩放”结果。需要注意的是，执行了“上一次平移/缩放”操作后，“下一次平移/缩放”命令才可使用。

5. “自定义”按钮

单击导航栏右下角的“自定义”按钮，弹出图2-30所示的命令列表。在列表中选择“SteeringWheels”“缩放”命令，可以在导航栏中显示二维控制盘和“缩放”工具。选择“固定位置”命令，在子菜单中设置导航栏在绘图区中的位置。选择“修改不透明度”命令，可在子菜单中设置导航栏的透明度。

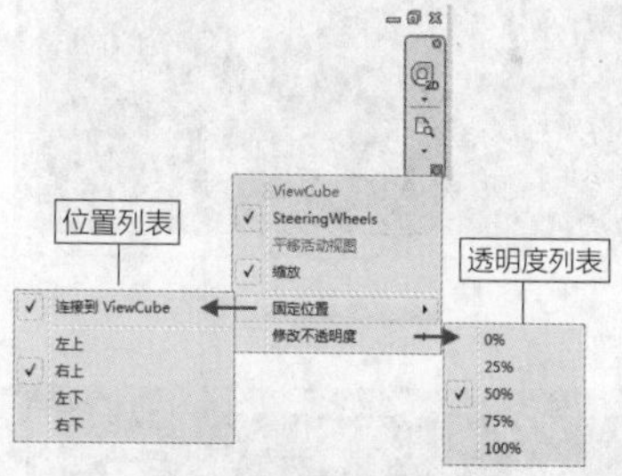

图 2-30 命令列表

2.2.2 ViewCube

ViewCube只能在三维视图中使用，所以首先要切换至三维视图。ViewCube默认位于绘图区的右上角，以立方体的样式显示，如图2-31所示。单击立方体的面、棱、顶点，可以定位到视图的不同方向；激活指南针，拖动鼠标，也可改变视图方向。ViewCube是一个方便又强大的看图工具。

图 2-31 ViewCube

激活ViewCube，如图2-32所示。将鼠标指针置于立方体的棱上，高亮显示棱，单击可转换视图方向。同理，将鼠标指针置于立方体的顶点、面上，高亮显示顶点、面，单击同样可以转换视图方向。将鼠标指针置于指南针上，高亮显示指南针，单击指南针上表示方位的文字，可转换视图方向。或者按住并拖动鼠标，也可以调整视图方向。

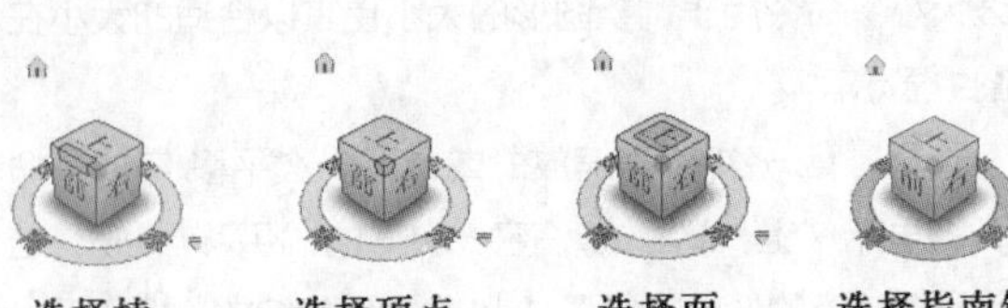

图2-32 激活 ViewCube

当ViewCube显示不同的样式时，模型的显示效果也不同。ViewCube显示为一个立方体时，可以显示模型的透视效果，如图2-33所示。ViewCube显示为一个面时，模型的显示样式转换为平面图，如图2-34所示。

图2-33 透视效果

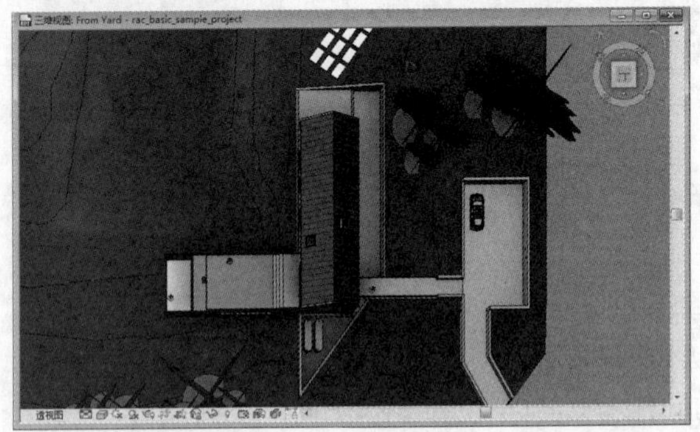

图2-34 平面图

单击ViewCube左上角的"主视图"按钮，如图2-35所示，模型会放弃当前的显示样式，切换至主视图。假如项目中的主视图为"西南等轴测"视图，单击"主视图"按钮后，可切换至西南等轴测视图。

单击ViewCube右下角的"关联菜单"按钮，弹出图2-36所示的命令列表。选择"转至主视图"命令，可以切换至主视图。选择"保存视图"命令，弹出"为新的三维视图输入名称"对话框，如图2-37所示，设置名称，单击"确定"按钮，可以保存三维视图。

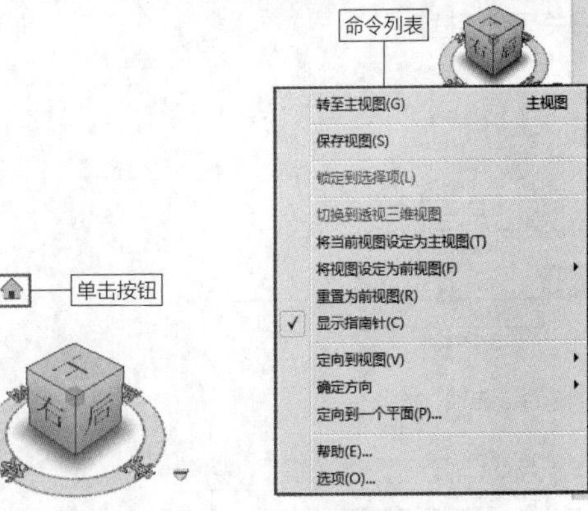

图2-35 单击"主视图"按钮　　图2-36 命令列表

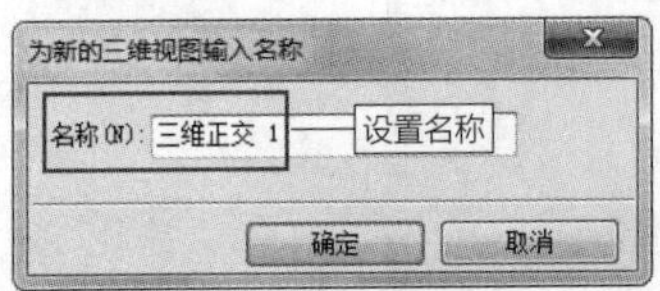

图2-37 "为新的三维视图输入名称"对话框

选择"将当前视图设定为主视图"命令，可以更改之前主视图的设置，将当前视图设置为主视图。选择"将视图设定为前视图"命令，在子菜单中显示立面视图，选择其中一个，将其设置为前视图。

选择"显示指南针"命令后，才可以在ViewCube立方体的下方显示指南针，否则仅显示ViewCube立方体。选择"定向到视图"命令，弹出子菜单，表示可以定向到"楼层平面""立面""三维视图"这3类视图，如图2-38所示。

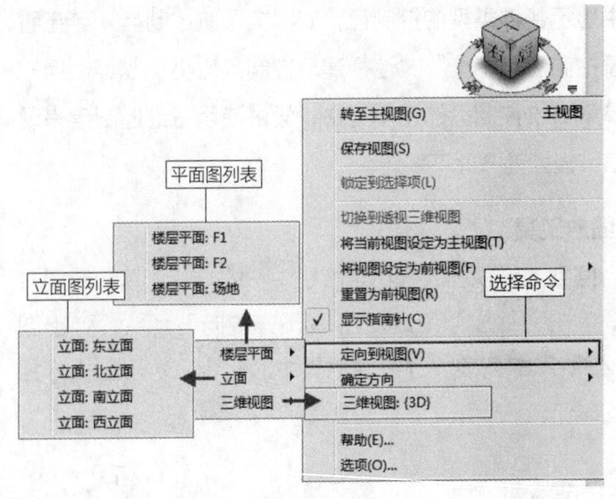

图2-38 "定向到视图"子菜单

选择"确定方向"命令，显示图2-39所示的方向列表，选择命令，指定视图的方向。选择"定向到一个平面"命令，弹出图2-40所示的"选择方位平面"对话框。指定方位平面后，单击"确定"按钮，切换至指定的视图。

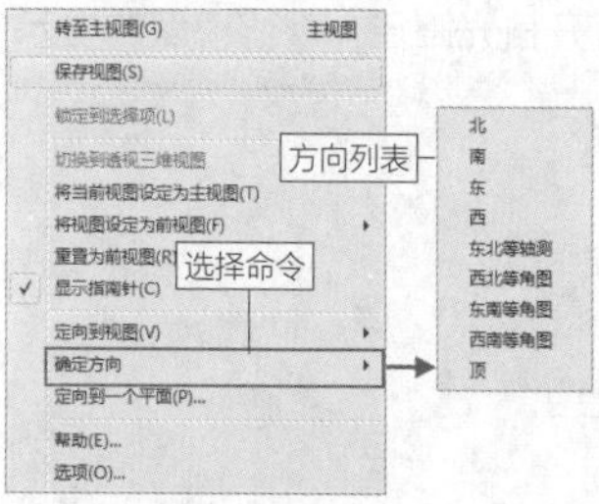

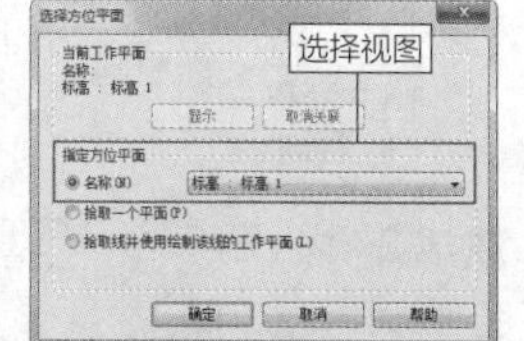

图 2-39 方向列表

图 2-40 “选择方位平面”对话框

选择“选项”命令，弹出图2-41所示的“选项”对话框。在“ViewCube”选项卡中设置属性参数，控制ViewCube的显示样式。参数设置完成后单击“确定”按钮关闭对话框。

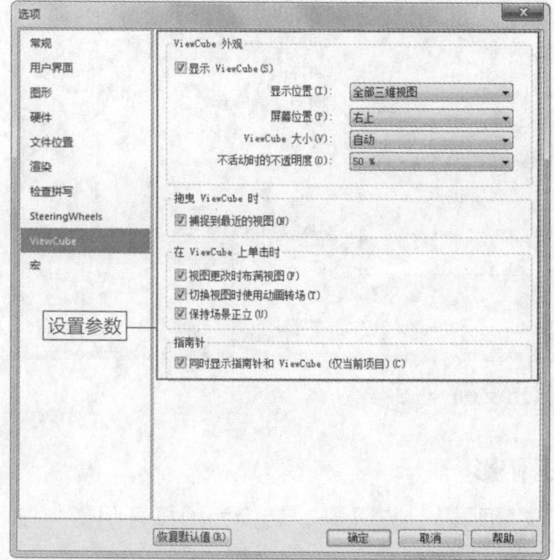

图 2-41 “选项”对话框

答疑解惑：ViewCube 的右上角显示的指示箭头有什么用?

使用ViewCube可以旋转视图的方向，让用户可以从不同的方向观察视图。当在三维视图中显示图元的平面样式时，即ViewCube显示为“左”“右”“上”“下”的时候，ViewCube的右上角会显示指示箭头，如图2-42所示。单击箭头，视图可以沿顺时针或者逆时针方向旋转，如图2-43所示。

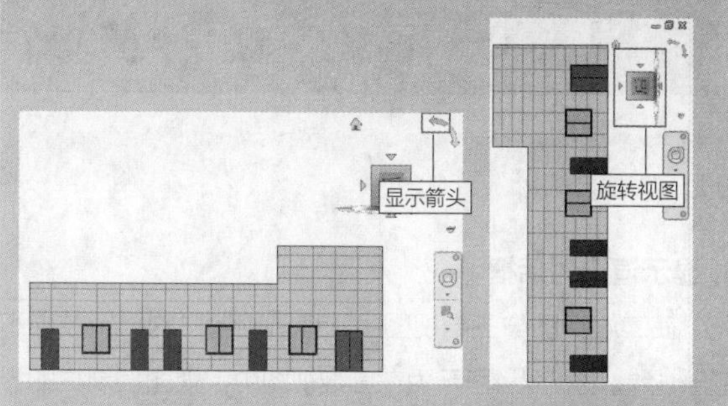

图 2-42 显示箭头　　图 2-43 旋转视图

2.2.3 视图控制栏 重点

视图控制栏位于绘图区下方，用来控制视图中图元的显示效果，控制栏上各个按钮的含义如图2-44所示。

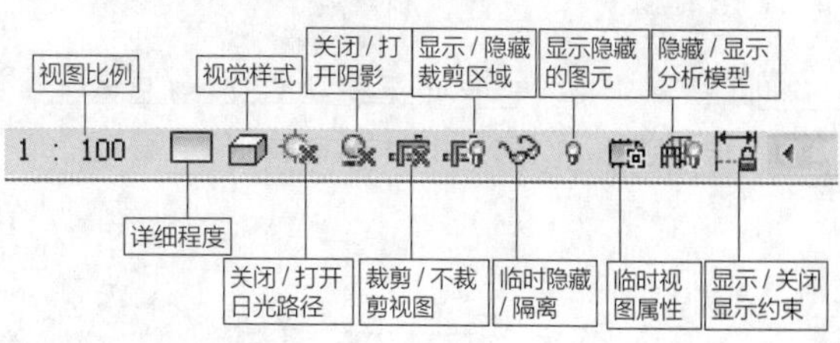

图 2-44 视图控制栏

1. 视图比例

在“视图比例”按钮中显示当前视图的比例，在制作建筑模型时，通常将比例设置为1：100。单击按钮，弹出比例列表，如图2-45所示。在列表中显示多种比例，选择其中的一种，可以更改当前视图的比例。

用户也可以自定义视图比例。在列表中选择“自定义”命令，弹出图2-46所示的“自定义比例”对话框，设置“比率”值后单击“确定”按钮关闭对话框即可。

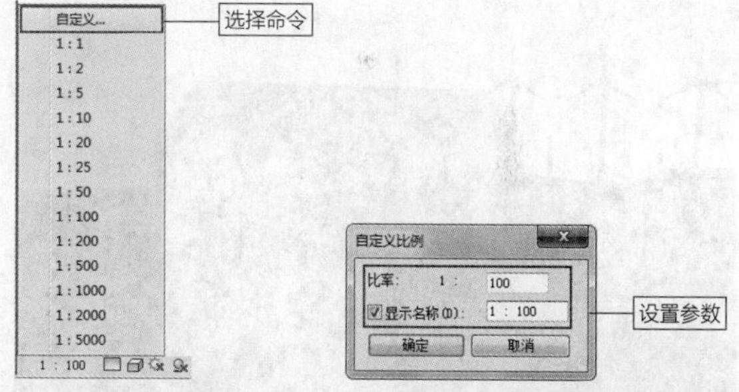

图 2-45 比例列表　　图 2-46 “自定义比例”对话框

2. 详细程度

单击“详细程度”按钮，弹出程度列表，如图2-47所示。在列表中显示图元有3种显示样式，从上至下分别是“粗略”“中等”“精细”，占用系统内存逐渐增加。在“属性”选项板中的“图形”选项组中也可设置“详细程度”。

3. 视觉样式

单击“视觉样式”按钮，弹出样式列表，如图2-48所示。选择不同的样式，模型将呈现不同的效果。如在列表中选择“隐藏线”命令，隐藏模型材质、纹理，仅显示模型轮廓线，显示效果如图2-49所示，该样式占用系统内存较少。

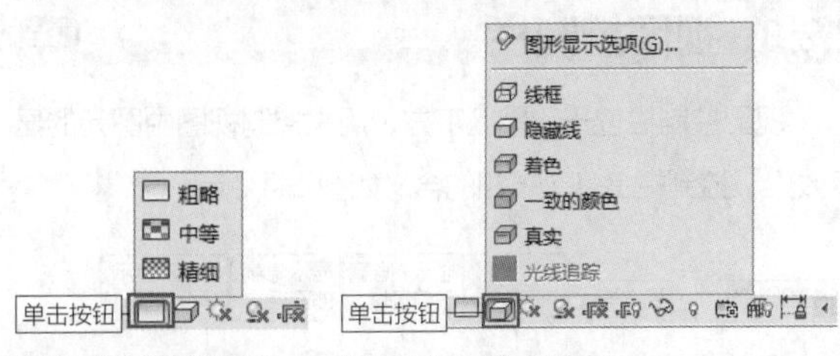

图 2-47 程度列表　　图 2-48 样式列表

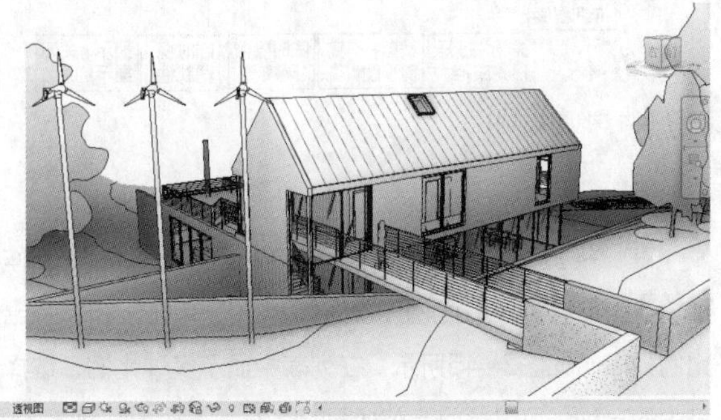

图 2-49 "隐藏线"样式

选择"真实"命令，显示模型的材质与纹理，效果如图2-50所示，该样式占用系统内存较多，运算速度较慢。

图 2-50 "真实"样式

在样式列表中提供了5种显示样式，从上往下，模型的显示效果逐渐增强，但是占用的系统内存越来越多。用户应结合当前建模阶段，选择合适的显示样式。

延伸讲解：

在建模的过程中，通常选择"隐藏线"样式来查看模型，以免占用过多的系统内存。在建模完成为模型添加材质时，可以选择"真实"样式，以方便观察为模型添加材质的效果。

4. 关闭/打开日光路径

单击视图控制栏上的"关闭/打开日光路径"按钮，在弹出的列表中选择"打开日光路径"命令，如图2-51所示，可以为当前模型添加日光效果。为了减少占用系统内存，在建模的过程中，默认是关闭日光路径的。只有在后期渲染模型的时候，才会打开日光路径，观察模型的显示效果。

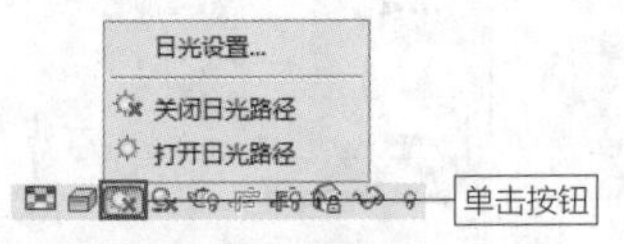

图 2-51 弹出列表

在列表中选择"日光设置"命令，弹出图2-52所示的"日光设置"对话框，在其中设置日光参数，如"地点""日期""时间"等，单击"确定"按钮关闭对话框完成设置。在后面介绍"渲染"知识时会对该对话框进行详细介绍。

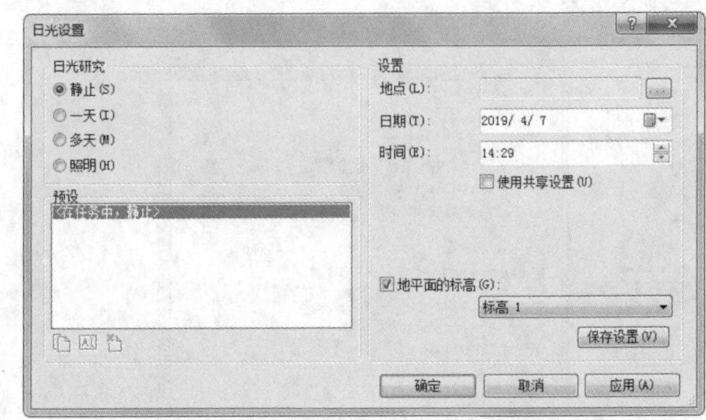

图 2-52 "日光设置"对话框

5. 关闭/打开阴影

单击"关闭阴影"按钮，转换为"打开阴影"按钮，此时可以在模型中显示阴影，如图2-53所示。为模型添加阴影后，可以增强模型的真实感。但是在模型中显示阴影，会影响编辑模型的操作，所以应该先将阴影关闭，再执行编辑模型的操作。

图 2-53 显示阴影

6. 显示渲染对话框

在二维视图与三维视图中，视图控制栏的显示效果不完全一致。图2-54所示为在三维视图中，视图控制栏的显示效果。与二维视图中的视图控制栏相比较，三维视图中的视图控制栏添加了两个按钮，“显示渲染对话框”按钮和“锁定的三维视图”按钮。

透视图　显示渲染对话框　锁定的三维视图

图 2-54　三维视图中的视图控制栏

单击“显示渲染对话框”按钮，弹出图2-55所示的“渲染”对话框。在对话框中设置质量、输出、照明等渲染参数，单击“渲染”按钮，对当前视图执行“渲染”操作。在后面的章节中将会学习如何设置渲染参数，此处仅作简单介绍。

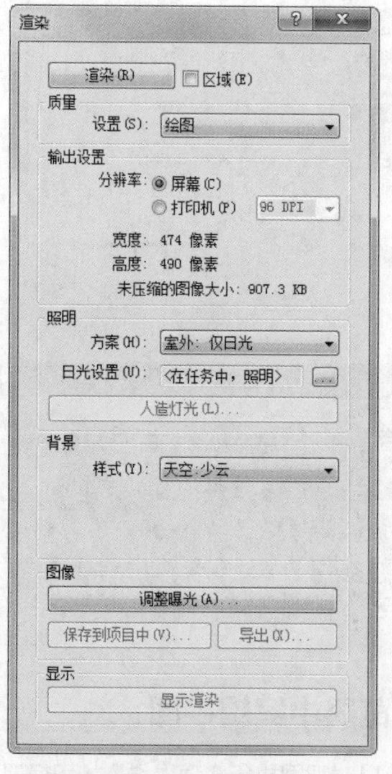

图 2-55　“渲染”对话框

7. 锁定的三维视图

“锁定的三维视图”按钮是三维视图中独有的命令按钮，单击此按钮，在弹出的列表中显示锁定视图的方式，如图2-56所示。选择其中一项，可以锁定三维视图。

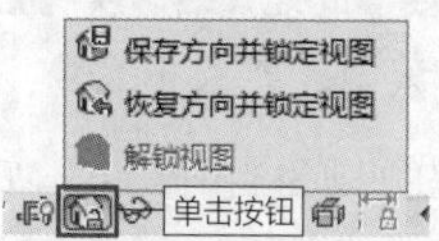

图 2-56　锁定方式列表

8. 临时隐藏/隔离

在视图中选择图元，如沙发，单击“临时隐藏/隔离”按钮，在列表中选择“隔离类别”命令，如图2-57所示，可以隔离除了沙发类别图元以外的所有模型图元。

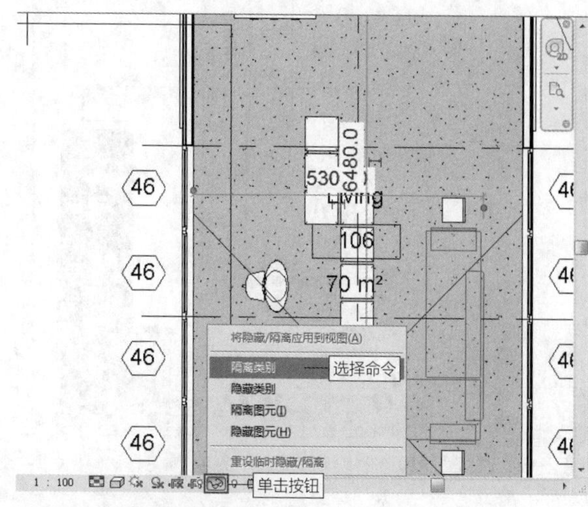

图 2-57　选择“隔离类别”命令

执行隐藏图元的操作后，临时隐藏图元的视图以蓝色边框显示，并在绘图区的左上角显示“临时隐藏/隔离”说明文字，如图2-58所示。“临时隐藏/隔离”按钮显示为时，表示当前为隐藏图元的状态。

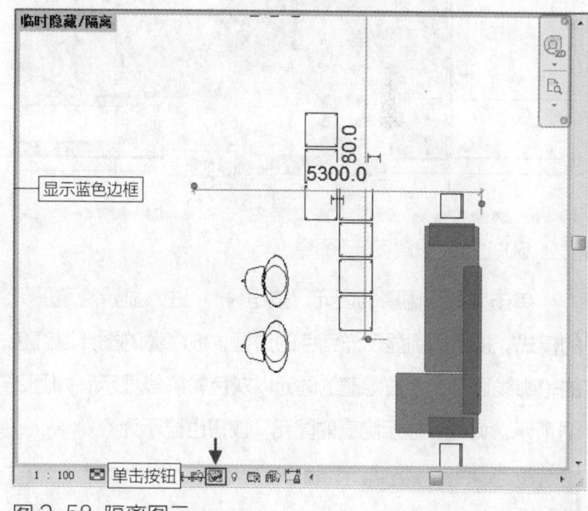

图 2-58　隔离图元

单击“临时隐藏/隔离”按钮，在列表中选择“重设临时隐藏/隔离”命令，如图2-59所示，可以重新显示被隐藏的图元。选择图元，如餐桌，在“临时隐藏/隔离”列表中选择“隐藏图元”命令，如图2-60所示，可以隐藏选中的图元。

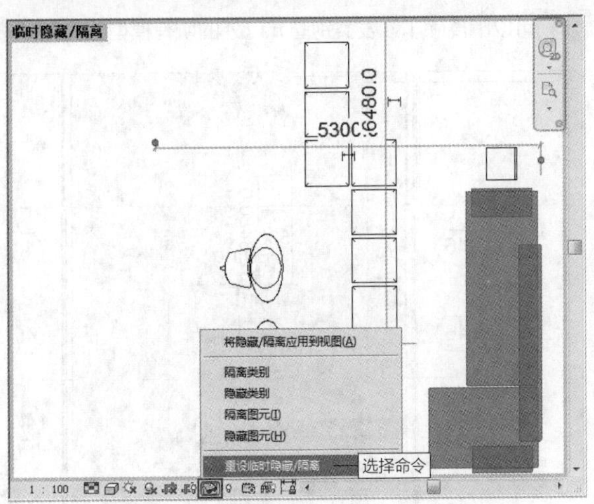

图 2-59 选择"重设临时隐藏 / 隔离"命令

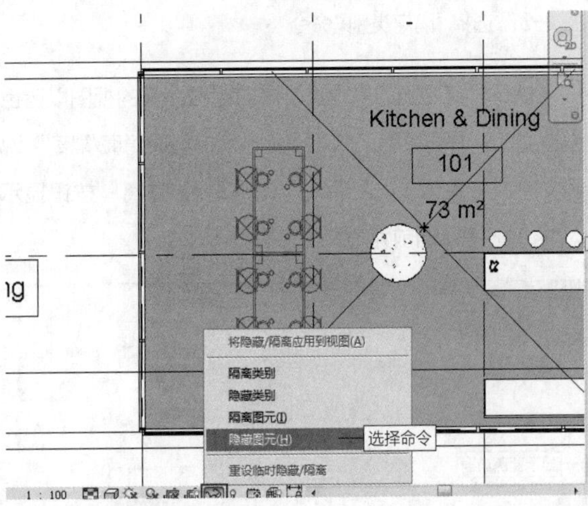

图 2-60 选择"隐藏图元"命令

单击"显示隐藏的图元"按钮，进入显示隐藏图元的模式。视图周围显示洋红色的边框，被隐藏的图元以红色的轮廓线显示，未被隐藏的图元以灰色轮廓线显示，如图2-61所示。此时"显示隐藏的图元"按钮也显示为。

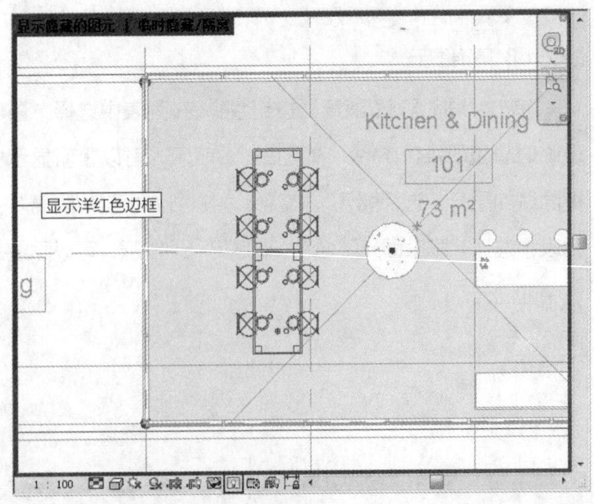

图 2-61 显示隐藏的图元的模式

选择被隐藏的图元，单击鼠标右键，在菜单中选择"取消在视图中隐藏"→"图元"命令，如图2-62所示。单击"关闭'显示隐藏的图元'"按钮，图元可恢复显示。

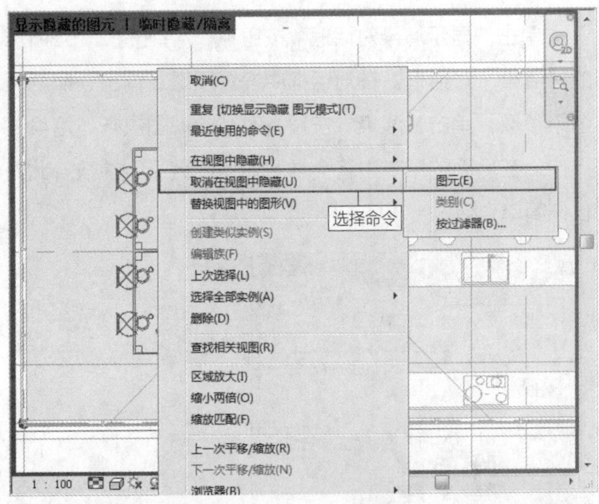

图 2-62 选择命令

知识链接：

在"临时隐藏/隔离"列表中选择"将隐藏/隔离应用到视图"命令，可以将隐藏/隔离图元的操作应用到视图。同时"临时隐藏/隔离"按钮灰色显示，不可调用，表示隐藏图元的操作已不可撤销。所以通常情况下不需要选择该项，以免操作失误不可挽回。

2.2.4 在项目浏览器中编辑视图

在项目浏览器中可以对视图执行多项操作，如切换视图、复制视图、删除视图、重命名视图等。掌握在项目浏览器中编辑视图的方法，可以大大提高工作的效率。

1. 切换视图

项目文件通常包含多个视图，通过项目浏览器来切换视图，可以实现查看各个视图的需要。此处介绍切换视图的操作方法。

在项目浏览器中，高亮显示的视图为当前视图，如当前高亮显示标高1，如图2-63所示，表示当前视图为标高1视图。指定要查看的目标视图名称，如要查看标高4视图，在"楼层平面"列表中双击标高4，此时标高4高亮显示，如图2-64所示，表示已切换至标高4视图。

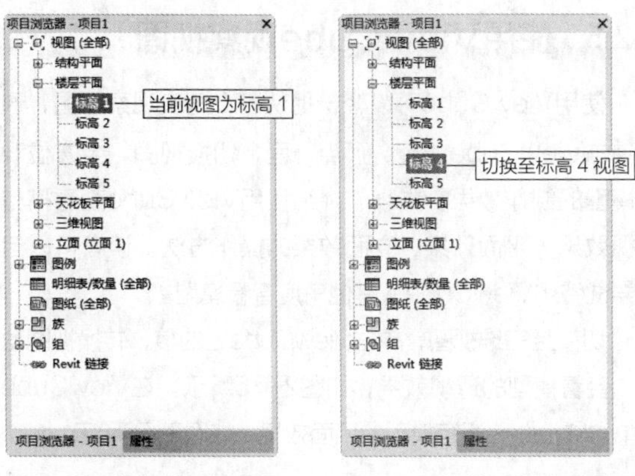

图 2-63 高亮显示标高 1　　图 2-64 切换至标高 4 视图

2. 复制视图

为视图创建副本有一个好处，当编辑修改源视图时，可以随时查看视图副本，参考视图副本，可以准确地编辑源视图。此处介绍复制视图的操作方法。

选择需要复制的视图，如选择标高4，单击鼠标右键，在菜单中选择“复制视图”→“复制”命令，如图2-65所示。执行上述操作后，得到一个视图副本，系统将其命名为“标高4副本1”，如图2-66所示。

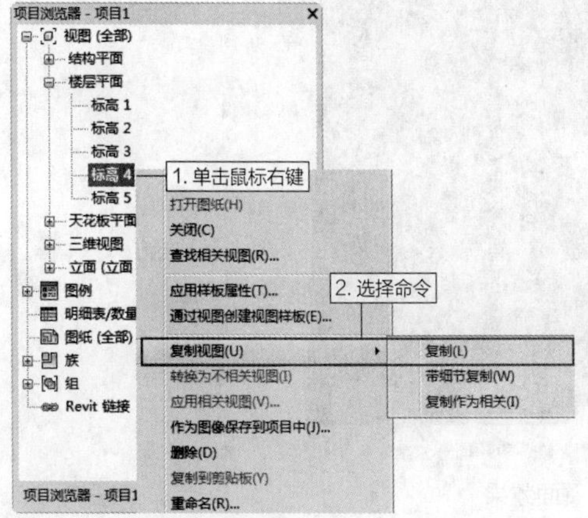

图 2-65 选择“复制”命令

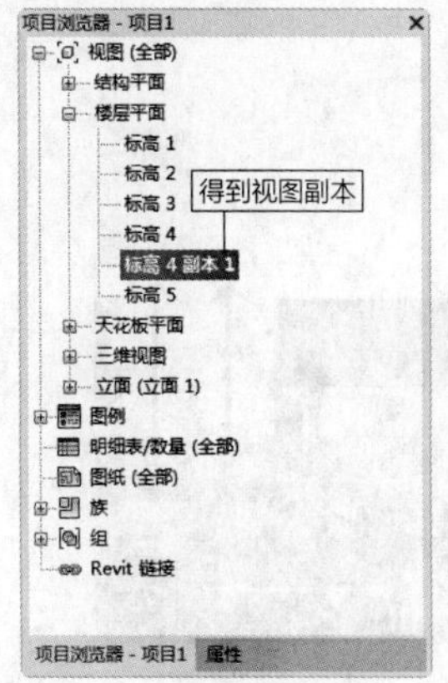

图 2-66 复制视图

3. 删除视图

在项目浏览器中可以执行删除视图的操作，但这仅仅是将视图名称从项目浏览器中删除。在立面视图中删除指定视图的标高，才可将视图完全删除。此处介绍删除视图的操作方法。

选择要删除的视图，如标高5，单击鼠标右键，在菜单中选择“删除”命令，如图2-67所示。返回项目浏览器，可以看到标高5已被删除，如图2-68所示。

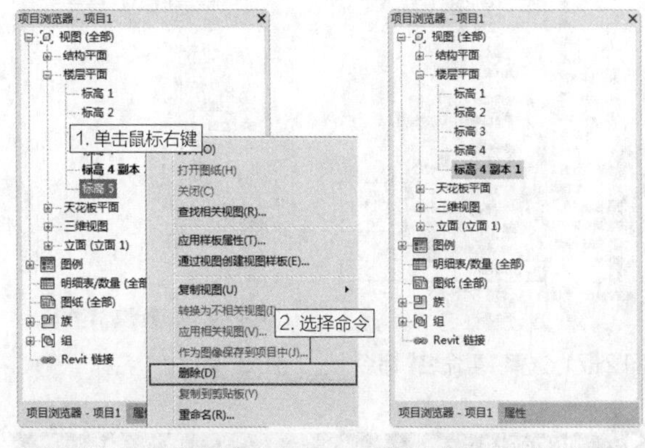

图 2-67 选择“删除”命令　　图 2-68 删除结果

以上操作仅仅是删除了列表中的视图名称，通过以下操作，才可将指定的视图完全删除。

切换至立面1-a视图，如图2-69所示，选择标高5标高线。按Delete键，弹出图2-70所示的“Autodesk Revit 2019”对话框，提示同标高一起被删除的图元和视图，单击“确定”按钮关闭对话框即可删除视图。

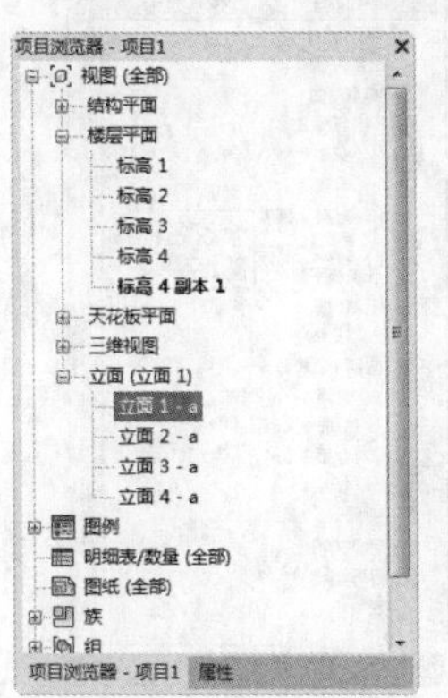

图 2-69 切换至立面视图　　图 2-70 “Autodesk Revit 2019”对话框

知识链接：

在项目浏览器中选择视图，按Delete键，也可将视图名称从列表中删除。

4. 重命名视图

系统为视图设置了默认名称，用户可以使用默认名称，也可以自定义视图的名称。此处介绍重命名视图的操作方法。

选择视图，单击鼠标右键，选择“重命名”命令，如图2-71所示。进入可编辑模式，输入视图的新名称，如图2-72所示。在空白区域单击，退出操作。

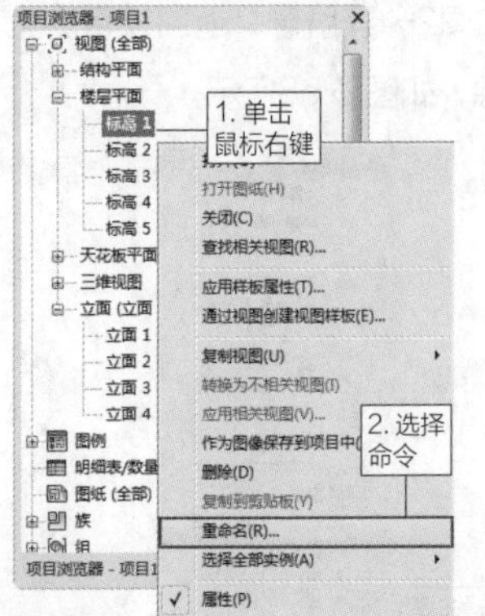

图 2-71 选择“重命名”命令

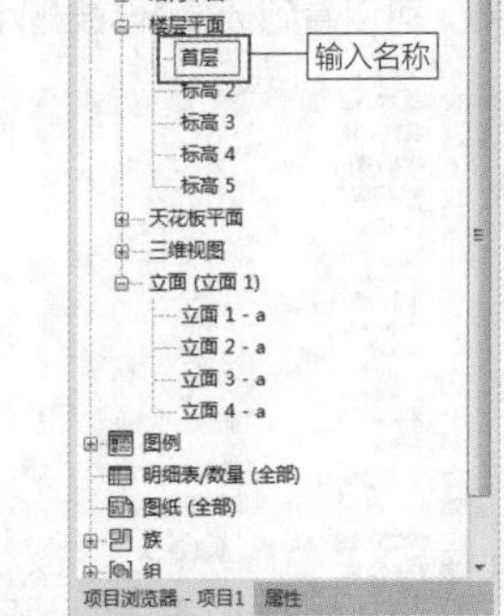

图 2-72 输入名称

知识链接：

选择视图名称，按F2键，也可进入“重命名视图”编辑模式。

弹出“Revit”对话框，提示“是否希望重命名相应标高和视图？”，如图2-73所示。单击“是”按钮关闭对话框。重命名标高与视图的结果如图2-74所示。

图 2-73 “Revit”对话框

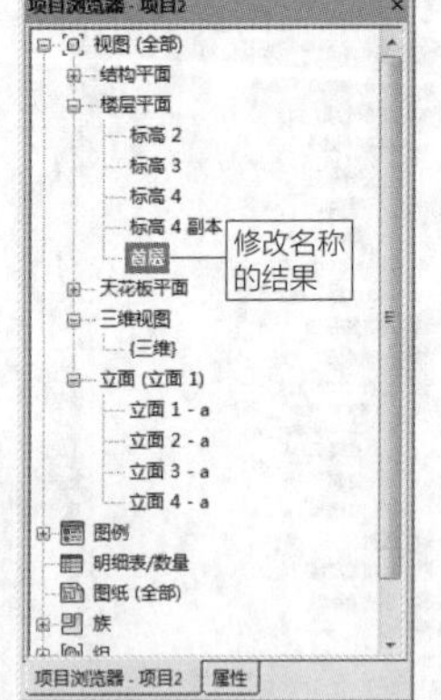

图 2-74 修改名称的结果

延伸讲解：

假如在“Revit”对话框中单击“否”按钮，结果是仅仅修改视图名称，标高名称保持不变。

2.2.5 使用ViewCube观察视图

使用ViewCube可以轻松地从各个角度观察视图，通过单击ViewCube的棱、顶点、面，切换视图，全方位观察模型的制作效果。本小节介绍使用ViewCube查看模型透视效果、平面效果、立面效果的操作方法。读者可以自行尝试使用ViewCube从其他角度查看模型。

切换至三维视图，单击ViewCube上的棱，转换视图角度，查看模型的透视效果，如图2-75所示。在ViewCube上单击“上”，观察模型的平面效果，如图2-76所示。

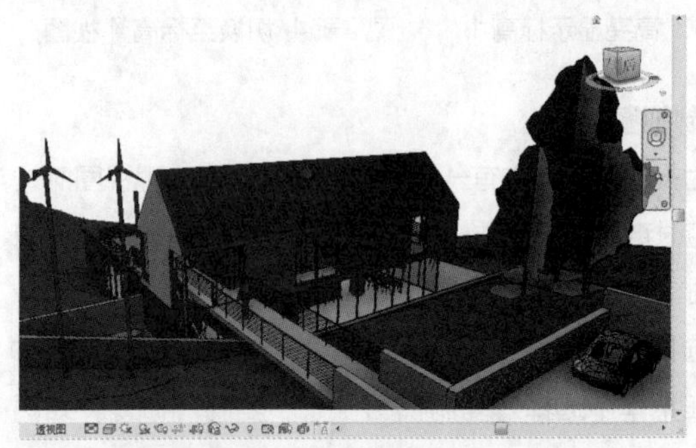

图 2-75 透视效果

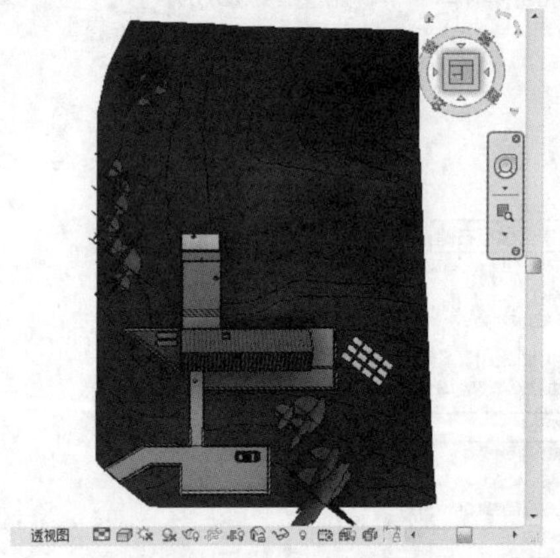

图 2-76 平面效果

在ViewCube上单击“前”，查看模型的立面效果，如图2-77所示。

图 2-77 立面效果

知识链接：

在三维视图中按住鼠标滚轮，同时按住键盘上的Shift键，可以旋转视图，从各个角度查看模型。

2.3 选择与编辑图元

编辑图元的前提是选择图元，使用过AutoCAD的读者可能了解使用选框选择图形的操作方法，但是Revit为用户提供了便利的选择图元的方式。本节介绍选择与编辑图元的方法。

2.3.1 选择图元 重点

在Revit中选择图元，可以通过单击选中，也可以通过鼠标指定对角点拖出选框选中。此外，通过运用Revit自带的选择图元命令，可以轻松地选中指定的图元。

1. 鼠标选取

将鼠标指针置于图元上，图元以蓝色显示，单击选中的图元以红色显示，并显示临时尺寸标注，如图2-78所示。

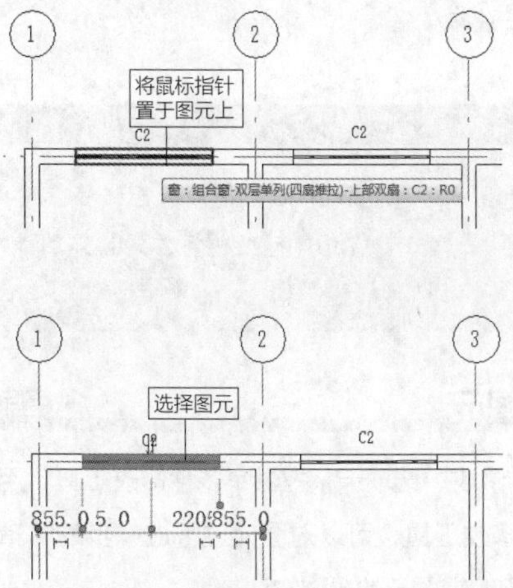

图 2-78 选择单个图元

如选择一个窗图元，按住Ctrl键不放，当鼠标指针显示为 ↖ 时，继续单击其他窗图元；松开Ctrl键后，可将指定的窗图元选中，选择多个图元的效果如图2-79所示。

当选择多个图元后，发现其中有一个或几个是误选，此时将误选的图元从选择集中去除即可。按住Shift键不放，依次单击选择需要去除的图元，被选中的图元即可从选择集中去除。

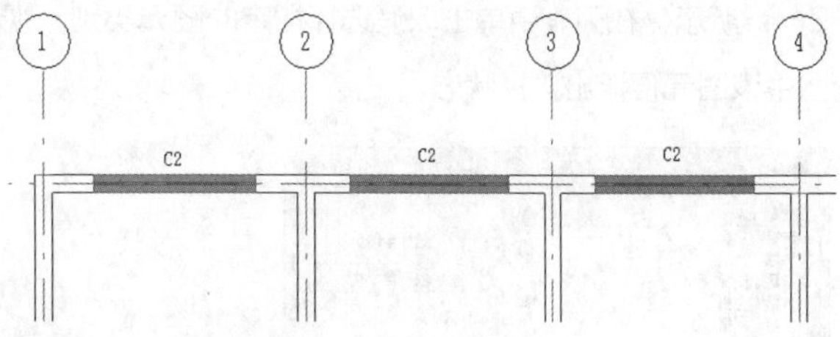

图 2-79 选择多个图元

2. 选框选取

在图元的左上角单击，指定起点，向右下角移动鼠标指针，指定终点以创建实线选框，如图2-80所示，位于选框内的全部图元被选中。

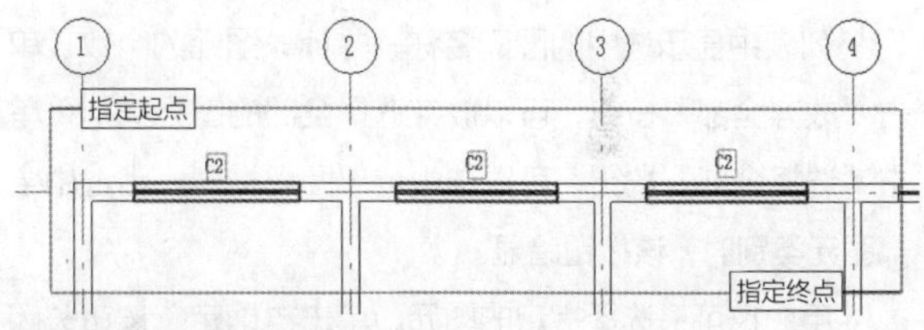

图 2-80 创建实线选框

在图元的右下角指定起点，向左上角移动鼠标指针，指定终点，创建虚线选框，与选框边界相交的图元、全部位于选框内的图元均被选中，如图2-81所示。

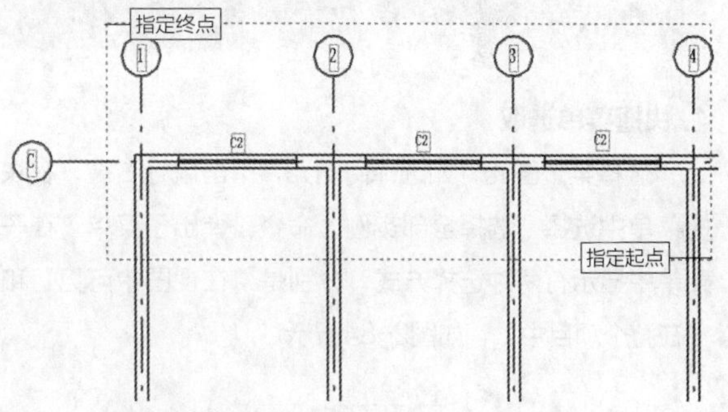

图 2-81 创建虚线选框

3. 过滤器选取

Revit提供了一个选择图元的工具，即过滤器。选择图元后，进入“修改|选择多个”选项卡，在“选择”面板中单击“过滤器”按钮，如图2-82所示，即可弹出“过滤器”对话框。

图 2-82 单击“过滤器”按钮

“过滤器”对话框中显示已选中的图元类别，如图

2-83所示。在列表中单击取消选择指定的图元类别，视图中该图元便退出选择状态。

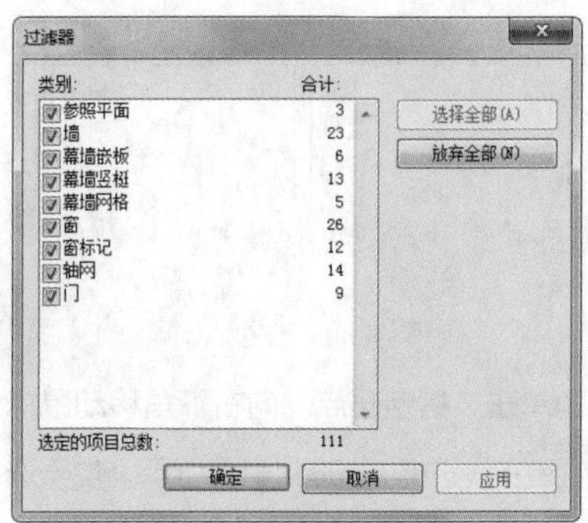

图2-83 “过滤器”对话框

列表中显示选中的图元名称，并计算图元的个数。单击“放弃全部”按钮，可以放弃选择全部的图元类别；单击“选择全部”按钮，可以选中全部图元类别。当选中全部图元类别时，该按钮暗显。

用户也可只选择指定的图元，单击“确定”按钮关闭对话框，到视图中查看图元的选择结果。

知识链接：

当需要在复杂的图纸中选择指定的图元时，可以选择所有的图元，再到“过滤器”对话框中选择指定的图元。

4. 快捷菜单选取

选择某个图元，如选择门图元，单击鼠标右键，在快捷菜单中选择“选择全部实例”命令，弹出子菜单。在子菜单中显示有两种选择方式，分别是“在视图中可见”和“在整个项目中”，如图2-84所示。

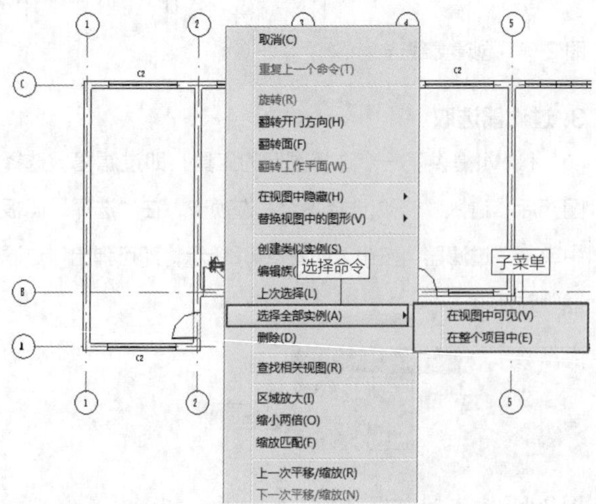

图2-84 快捷菜单

选择“在视图中可见”命令，当前视图中的门图元被全部选中。选择“在整个项目中”命令，不仅当前视图中的门图元被全部选中，其他视图中的门图元也会被全部选中。

5. Tab键选取

将鼠标指针置于外墙体上，稍作停留，待墙体亮显，可以显示墙体的名称，如图2-85所示。单击可选择墙体。保持墙体的选择状态，循环按Tab键，首尾相连的外墙体高亮显示，如图2-86所示。此时单击可选中高亮显示的外墙体。

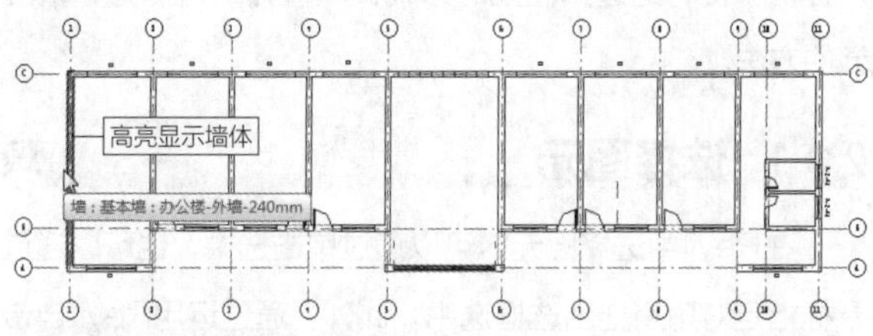

图2-85 显示墙体的名称

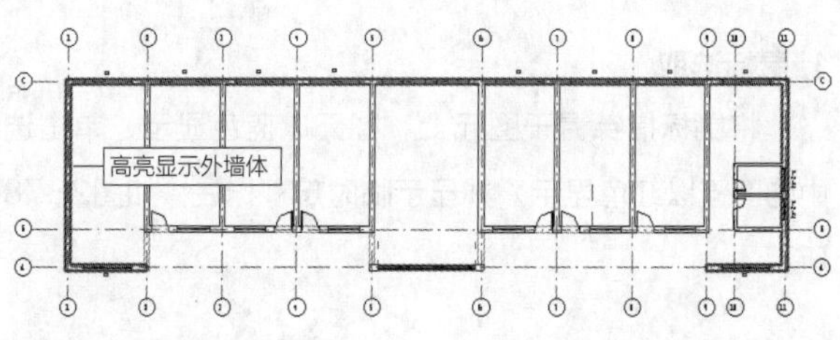

图2-86 高亮显示外墙体

知识链接：

将鼠标指针置于墙体上，墙体高亮显示后，不需要单击选择该段墙体，循环按Tab键可以选择首尾相连的外墙体。

2.3.2 编辑图元

Revit中的“修改”选项卡，提供了多种修改工具，用户通过启用这些修改工具，可以对图元进行进一步的编辑修改。本小节介绍编辑图元的操作方法。

选择“修改”选项卡，在“修改”面板中提供了“对齐”“偏移”等修改工具，如图2-87所示。单击命令按钮调用工具，可以对图元执行相应的编辑操作。

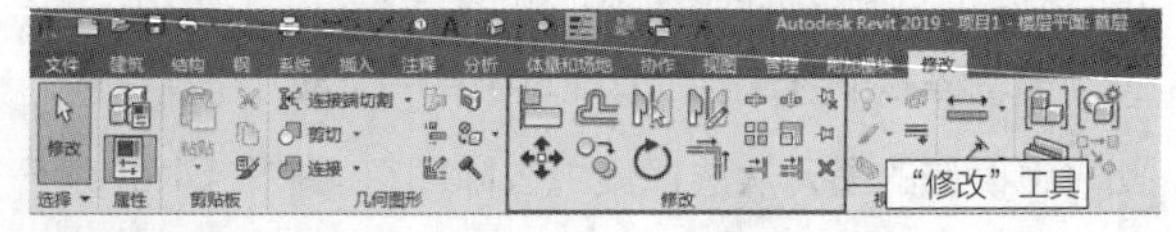

图2-87 “修改”选项卡

1. 对齐

单击“对齐”按钮，在选项栏中取消选择“多重对齐”选项，如图2-88所示。此时鼠标指针显示为 ，将鼠标指针置于二层立面窗的左侧边缘线上，单击边缘线的位置将显示蓝色的参照线，如图2-89所示。

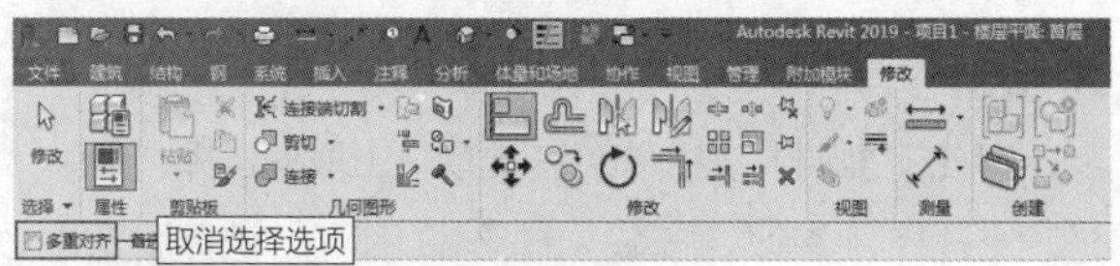

图 2-88 取消选择“多重对齐”选项

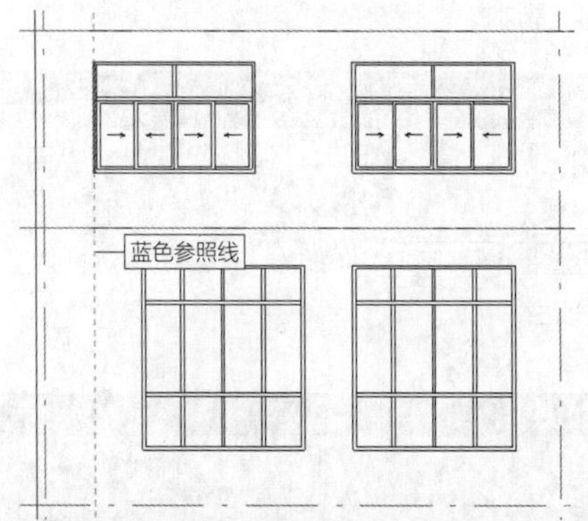

图 2-89 单击左侧边缘线

将鼠标指针移动至一层立面窗的左侧边缘线，单击向左移动立面窗，与二层立面窗对齐，如图2-90所示。在对齐参照线上显示“锁定/解锁”符号，单击符号，可以在两个相互对齐的图元之间建立对齐参数。

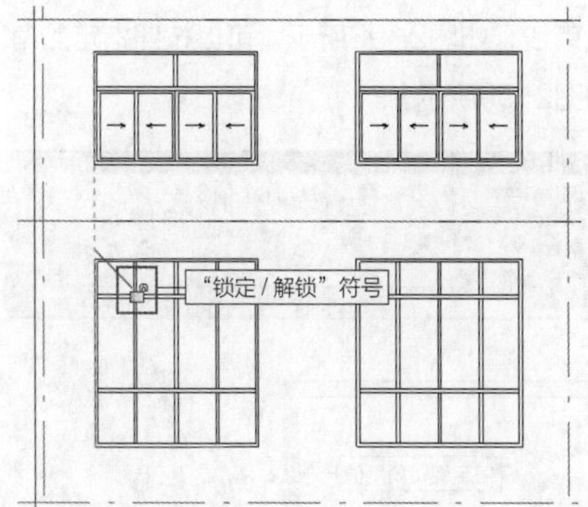

图 2-90 对齐图元

延伸讲解：

当修改具有对齐关系的图元时，系统会自动修改已经与其对齐的其他图元。

2. 偏移

单击“偏移”按钮 ，在选项栏中选择“数值方式”选项，设置“偏移”距离，选择“复制”选项，如图2-91所示。将鼠标指针置于墙体上，在墙体的一侧显示蓝色参照线，单击按照设定的“偏移”距离复制墙体，如图2-92所示。

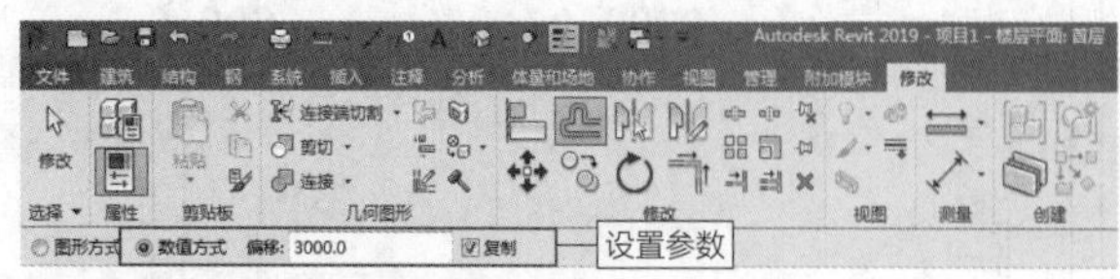

图 2-91 设置选项栏参数

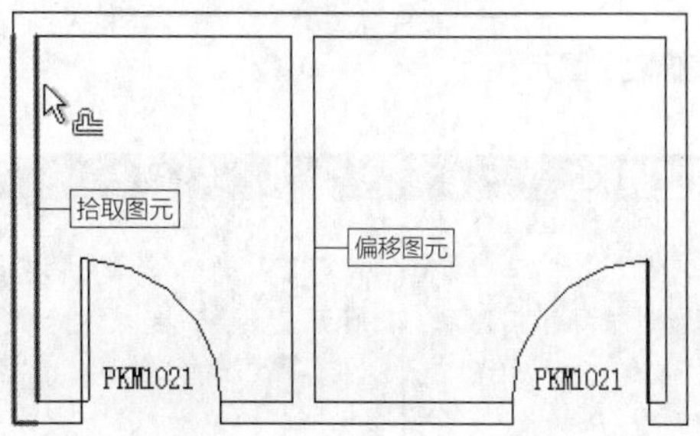

图 2-92 偏移图元

在选项栏中选择“图形方式”选项，“数值方式”选项与“偏移”数值框暗显；选择原图形，在图形的一侧单击，移动鼠标指针，在合适位置单击，即可完成“偏移”操作。

延伸讲解：

在选项栏中取消选择“复制”选项，在执行“偏移”操作后，按照指定的距离偏移图元，不会产生图元副本。

3. 镜像

“修改”面板中有两种镜像工具，一种是“镜像-拾取轴” ，另一种是“镜像-绘制轴” 。通常情况下使用“镜像-拾取轴”工具，但当没有现成的镜像轴时，使用“镜像-绘制轴”工具，绘制轴后再执行镜像操作。

单击“镜像-拾取轴” ，选择门图元，按空格键，选择镜像轴（如参照平面），如图2-93所示。

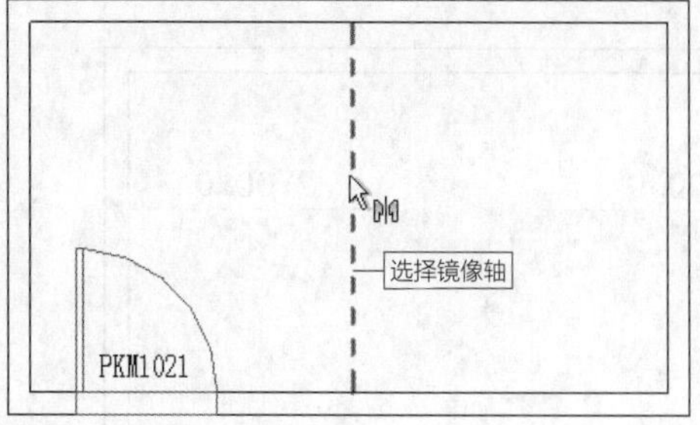

图 2-93 选择镜像轴

单击“镜像-绘制轴” ，选择图元并按空格键，指定两点绘制镜像轴，可在镜像轴的一侧复制图元，如图2-94所示。

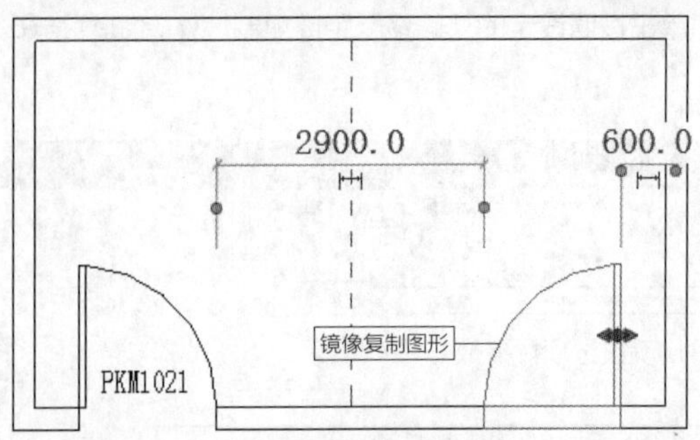

图 2-94 镜像复制图元

知识链接：

门图元与门标记是两个独立的图元。在镜像复制的过程中，假如只选择了门图元，门标记是不会一起被镜像复制的。

4. 移动

单击“移动”按钮 ，选择图元并按空格键，单击指定移动起点。移动鼠标指针，指定移动方向与距离，如图2-95所示。在指定的位置单击，完成移动图元的操作，如图2-96所示。

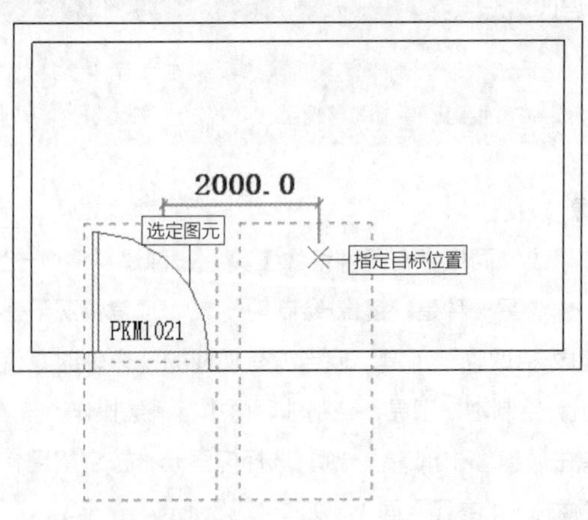

图 2-95 指定目标位置

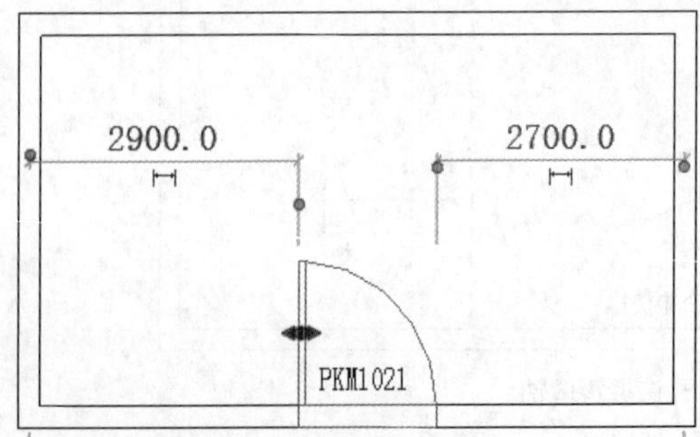

图 2-96 移动图元

知识链接：

按快捷键MV，也可以调用“移动”命令。

5. 复制

单击“复制”按钮 ，在选项栏上取消选择“约束”选项，选择“多个”选项，如图2-97所示。选择图元并按空格键，单击指定起点。移动鼠标指针，在合适的位置单击，可以得到图元副本。

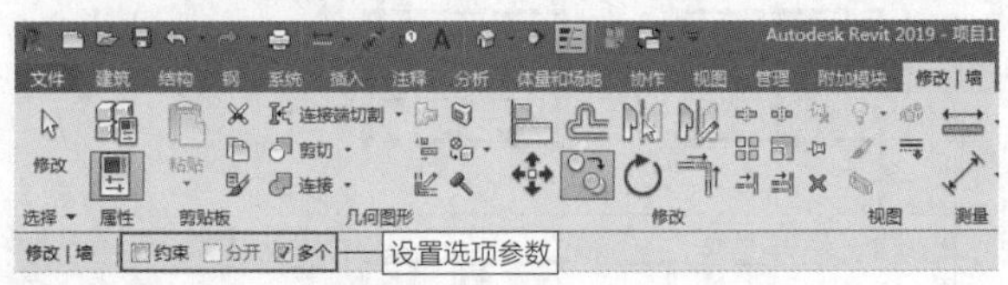

图 2-97 复制选项栏

延伸讲解：

选择“约束”选项，只能在水平方向或者垂直方向复制图元。选择“多个”选项，可以连续复制多个图元；取消选择“多个”选项，一次“复制”操作只能复制一个图元副本。

6. 旋转

单击“旋转”按钮 ，选择图元并按空格键，拖动或者单击将旋转中心移动到新位置，接着分别单击指定旋转起始线与旋转结束线，如图2-98所示。可以按照指定的角度旋转图元，如图2-99所示。

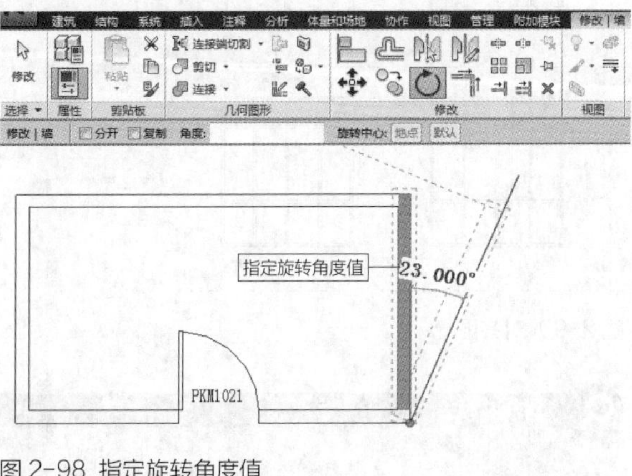

图 2-98 指定旋转角度值

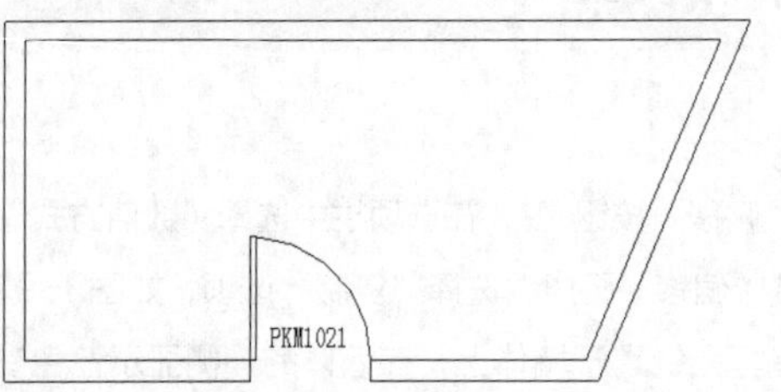

图 2-99 旋转图元

知识链接：

旋转结束线可以通过单击来指定，也可输入角度值来指定。

在“修改”面板中还提供了其他的修改工具，如“阵列”、“缩放”、“删除”等，请读者自行练习使用。在后续的章节中，会陆续使用各种修改工具，届时会结合实例进行讲解。

2.3.3 快捷键 重点

熟悉AutoCAD的读者知道，在使用AutoCAD制图时，使用快捷键可以快速地启用相关的命令。Revit也可以使用快捷键启用命令。本小节介绍Revit中关于快捷键的知识。

将鼠标指针置于工具按钮上，稍作停留，会显示提示文本框，在文本框中显示该命令的相关介绍。如将鼠标指针置于“门”按钮上，在提示文本框中显示命令的名称为“门”，名称后的括号内显示门的快捷键是“DR”，如图2-100所示。

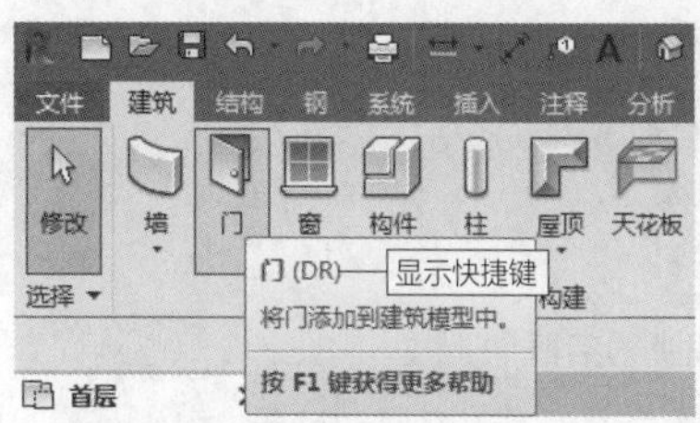

图 2-100 提示文本框

在键盘中输入DR，便可以调用“门”命令。与AutoCAD不同，在Revit中输入快捷键，不需要按空格键或回车键，便可以直接调用命令。

输入快捷键的首字母，在状态栏中提示以该字母开头的快捷键，如图2-101所示。按键盘上的方向键，可切换显示快捷键，找到需要的快捷键后，按回车键或者空格键，可以启用该命令。

图 2-101 显示快捷键

2.3.4 自定义快捷键

除了系统自定义的快捷键之外，Revit允许用户设置或删除命令快捷键，方便使用。本小节介绍在Revit中设置快捷键的操作方法。

选择“视图”选项卡，单击“窗口”面板中的“用户界面”按钮，在列表中选择“快捷键”命令，如图2-102所示。弹出“快捷键”对话框，在列表中选择命令，在“按新键”文本框中输入字母，单击“指定”按钮，如图2-103所示，可将输入的快捷键字母指定给选中的命令。

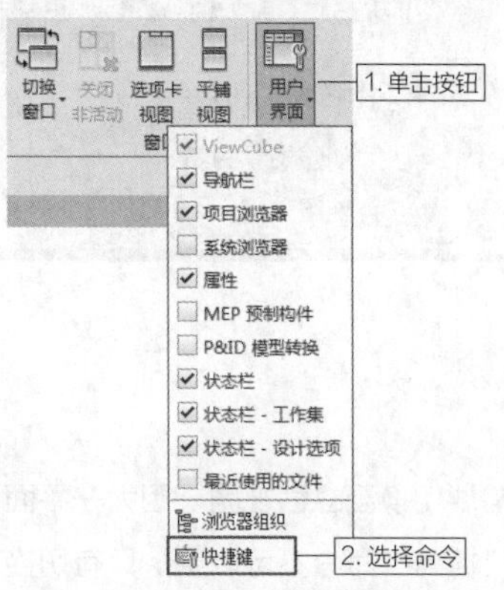

图 2-102 选择“快捷键”命令

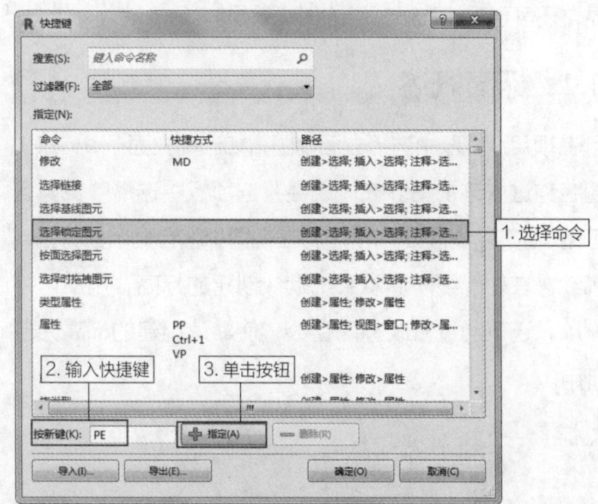

图 2-103 “快捷键”对话框

假如所指定的快捷键与已有的快捷键重复，系统会弹出图2-104所示的“快捷方式重复”对话框，提醒用户设置的快捷键已经重复。

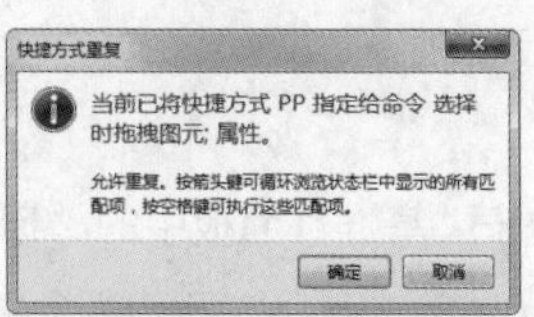

图 2-104 “快捷方式重复”对话框

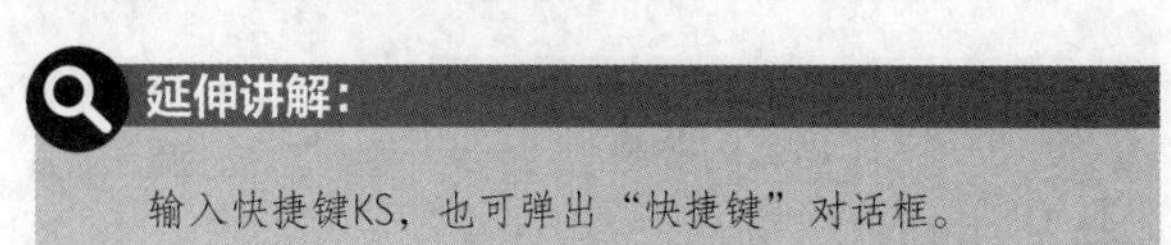

延伸讲解：

输入快捷键KS，也可弹出“快捷键”对话框。

第2篇

创建图元篇

第3章

标高与轴网

标高和轴网是Revit中重要的基准图元之一，主要用于定位。在创建项目之前，首先要创建标高与轴网，再在标高和轴网的基础上创建模型、修改模型、与其他专业（结构、MEP）开展协同设计工作。本章将介绍创建标高与轴网的操作方法。

学习目标

- 了解创建标高的方式 46页
- 掌握编辑标高的方法 48页
- 学会创建轴网 52页
- 掌握编辑轴网的方法 53页

3.1 标高

在创建标高之前，需要切换至立面视图。因为在平面视图或者三维视图中，“标高”命令不可调用。只有切换到立面视图，才可调用“标高”命令。在立面视图中创建标高，还可直观地观察标高的创建效果。

3.1.1 标高概述 重点

在项目浏览器中选择立面视图，如选择立面1-a，双击视图名称进入该视图。在“属性”选项板中选择“裁剪区域可见”选项，如图3-1所示，在视图中就会显示裁剪区域轮廓线。在轮廓线内显示系统默认创建的标高，用户可将其删除，还可通过修改标高参数，使默认创建的标高为自己所用。

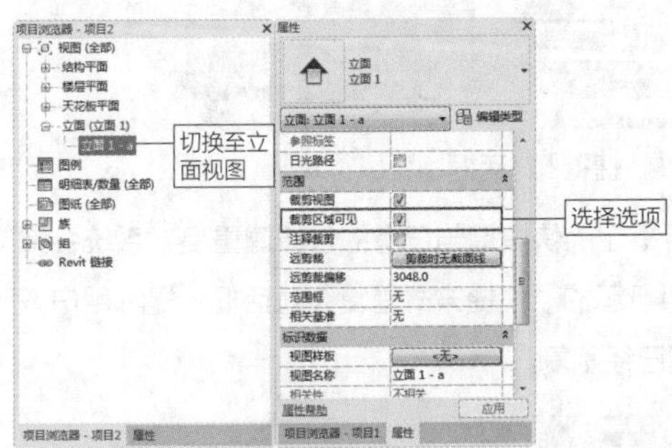

图3-1 切换至立面视图

选择“建筑”选项卡，位于“基准”面板中的“标高”命令被激活，如图3-2所示。单击命令按钮可以进入“修改|放置 标高”选项卡，开始创建标高。

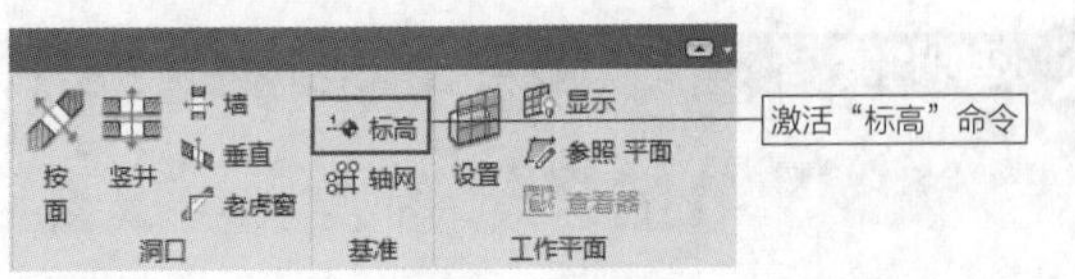

图3-2 激活“标高”命令

在“修改|放置 标高”选项栏中选择“创建平面视图”选项，如图3-3所示，在创建标高时可以同时生成平面视图。单击“平面视图类型”按钮，弹出图3-4所示的“平面视图类型”对话框。在对话框中选择需要创建的平面视图类型，默认选择“楼层平面”，若3项全部选择，则在创建标高的同时将生成“楼层平面视图”“天花板平面视图”“结构平面视图”。

图3-3 选择选项

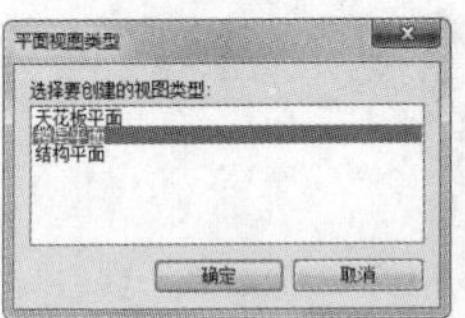

图3-4 “平面视图类型”对话框

延伸讲解：

与标高一起被创建的平面视图，名称与标高相同，用户可自定义平面视图的名称。

在“属性”选项板中选择标高类型，如选择“标高1”选项，如图3-5所示。在“修改|放置 标高”选项卡的“绘制”面板中单击“线”按钮，如图3-6所示。

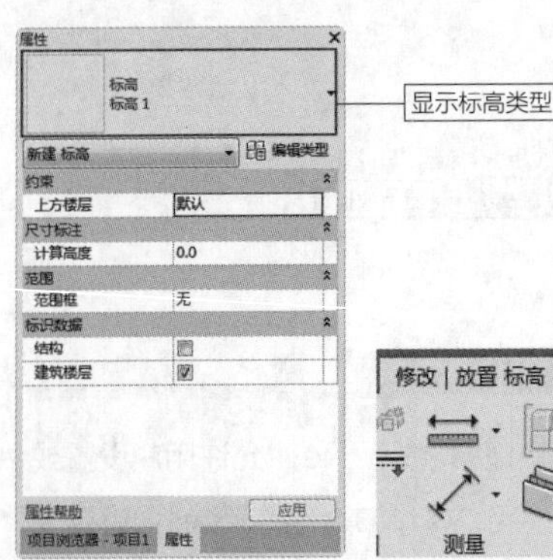

图3-5 “属性”选项板

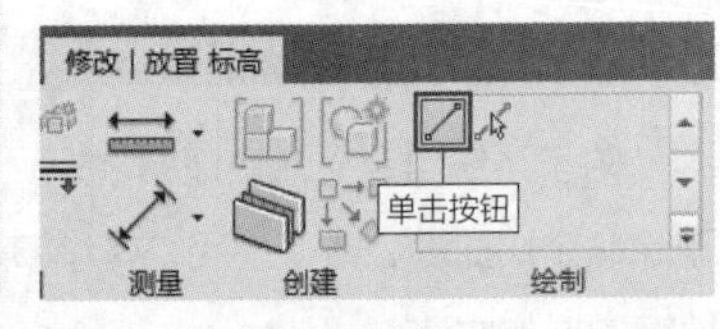

图3-6 单击“线”按钮

选择绘制工具后，进入绘制标高的状态。将鼠标指针置于标高1上方，可以显示蓝色的参照线。移动鼠标指针，根据鼠标指针位置的实时变化，将显示鼠标指针与标高1之间的距离，如图3-7所示。

单击指定放置标高的起点，向右移动鼠标指针，如图3-8所示。在合适的位置单击，指定为终点，完成创建标高的操作。

图 3-7　显示间距

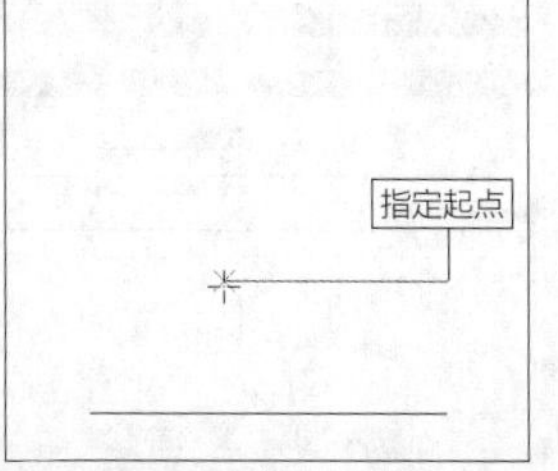

图 3-8　指定起点

延伸讲解：

与以往版本的Revit不同，2019版本的Revit取消显示标高符号，并且项目文件中也不自带标高符号，需要用户从外部文件中载入标高符号，才可以在已创建的标高上显示标高符号。

在指定标高终点时，可以捕捉已有的标高端点，通过蓝色的参照线来确定终点位置，创建标高的效果如图3-9所示。在项目浏览器中查看"楼层平面"列表，发现已经创建了名称为"标高2"的平面视图，如图3-10所示。

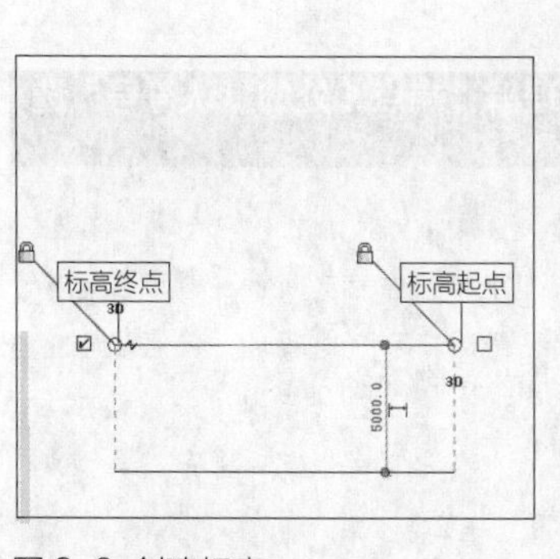

图 3-9　创建标高

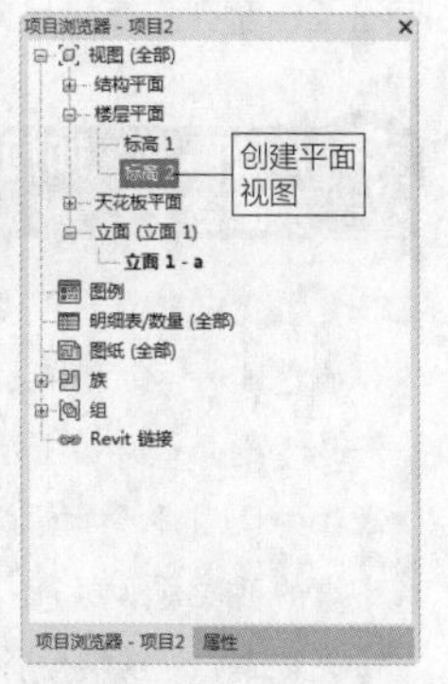

图 3-10　创建平面视图

选择标高后，可以显示与另一标高的间距。如选择标高3后，可以显示标高3与标高2之间的距离，单击临时尺寸标注，进入编辑模式，此时可以输入新的间距值，如图3-11所示。输入完毕，在空白区域单击，退出编辑模式，可以修改标高间距，如图3-12所示。当取消选择标高后，临时尺寸标注被隐藏。

除了启用"标高"命令创建标高之外，执行"复制"命令，也可以得到标高。在"修改"选项卡中单击"复制"按钮，选择标高3，指定间距值，即可完成复制标高4的操作，如图3-13所示。

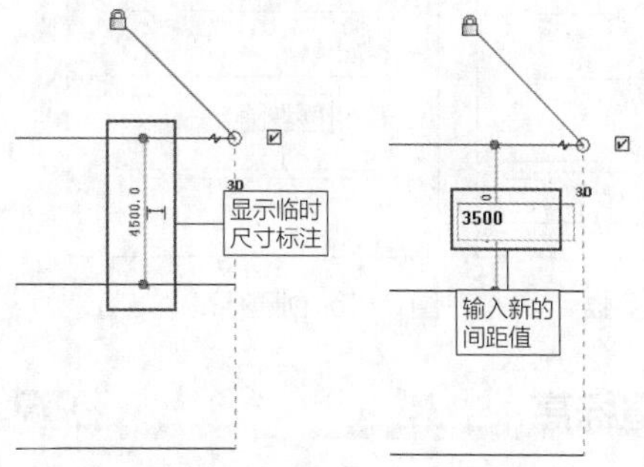

图 3-11　输入新的间距值

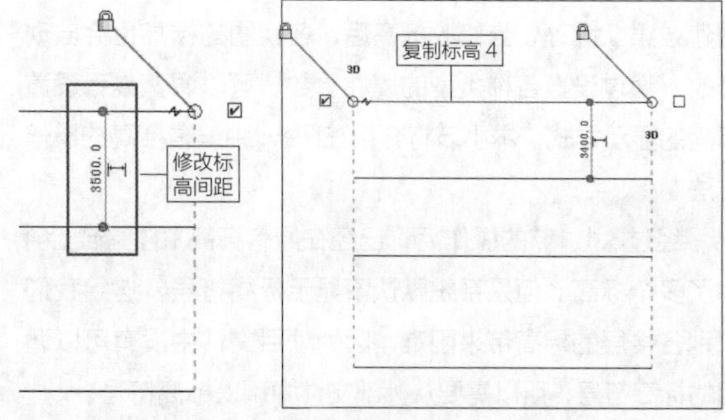

图 3-12　修改间距　图 3-13　复制标高

用户也可以在立面视图中创建标高值为负值的标高。因为标高在裁剪区域轮廓线内显示，为了避免创建的标高超出裁剪区域轮廓线，可以先调整轮廓线的大小。选择轮廓线，显示蓝色圆形端点。将鼠标指针置于端点上，按住并拖动鼠标，调整轮廓线的大小，效果如图3-14所示。

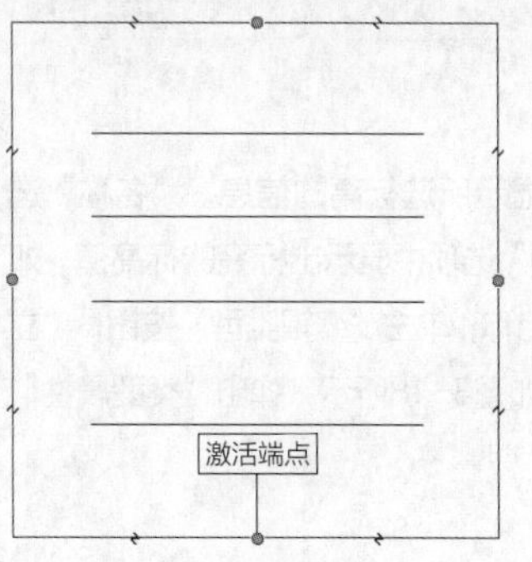

图 3-14　调整轮廓线大小

将鼠标指针置于标高1上，引出蓝色参照线，同时显示的临时尺寸标注表示鼠标指针与标高线的间距。输入参数为450，如图3-15所示，按回车键确定标高起点。向左移动鼠标指针，捕捉已有的标高端点，同时显示对齐参照虚线，单击指定标高终点，创建效果如图3-16所示。

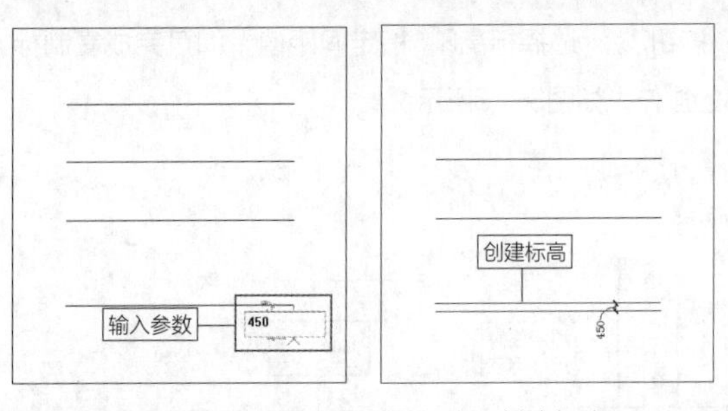

图 3-15　输入参数　图 3-16　创建标高

3.1.2　编辑标高　难点

在立面视图中创建标高后，其他立面视图也会自动创建标高。切换至立面视图，可以查看标高在各立面视图的创建效果。同理，当修改标高后，各视图的标高也会自动修改。通过设置各种类型的属性参数，可以调整或者设置标高的显示样式。本小节将介绍在Revit中编辑标高的操作方法。

经过3.1.1节的操作后，已经在原有标高1的基础上创建了多个标高。但是系统默认不显示标高符号，这给我们识别各楼层的标高带来困难。因为项目文件中没有可以调用的标高符号，所以需要从外部文件中调入标高符号。

切换至“插入”选项卡，在“从库中载入”选项组中单击“载入族”按钮，如图3-17所示，打开“载入族”对话框。在对话框中选择标高符号，单击“打开”按钮，将选中的符号载入项目文件。

图 3-17　单击按钮

“属性”选项板中会显示所选标高的信息。“名称”选项中显示标高名称，“立面”选项中显示出标高的标高值，如“标高1”即为选中标高的名称，单击“编辑类型”按钮，“立面”选项中显示参数为0，如图3-18所示，弹出“类型属性”对话框。

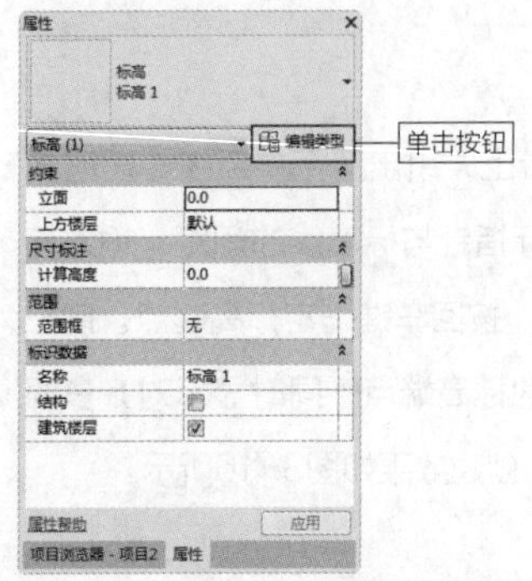

图 3-18　“属性”选项板

在“类型属性”对话框中单击“符号”选项，在列表中选择“标准标高标头：C_上标高标头”选项，同时选择“端点1处的默认符号”选项，如图3-19所示。单击“确定”按钮关闭对话框，在标高线上显示标高符号的效果，如图3-20所示。

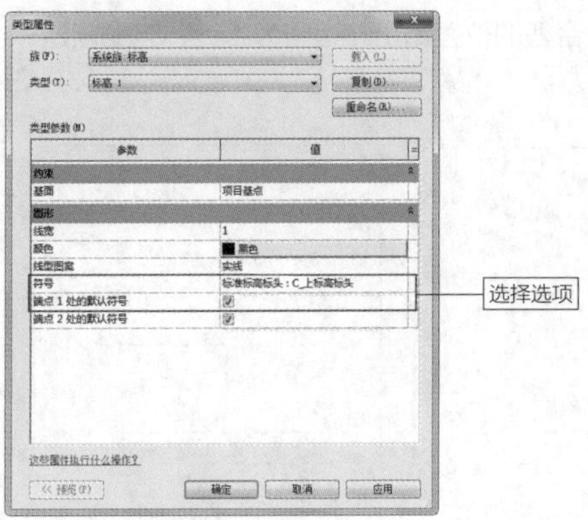

图 3-19　设置参数

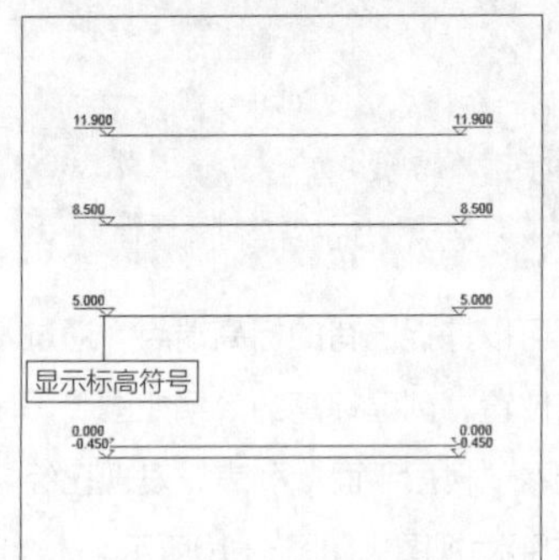

图 3-20　显示标高符号

答疑解惑：如何理解“端点 1 处的默认符号”选项的含义？

在默认情况下，“类型属性”对话框中仅选择“端点2处的默认符号”选项，即表示仅在标高线的一端添加标高符号。选择“端点1处的默认符号”选项后，就可以在标高线的两端都添加标高符号。为了方便识别，一般都在标高线的两端添加标高符号。用户也可以随时弹出“类型属性”对话框，修改标高符号在立面视图中的显示样式。

在“类型属性”对话框中修改“类型参数”列表中的选项参数，可以控制标高在视图中的显示样式。“图形”选项组中各选项介绍如下。

- ◆ 线宽：单击选项，弹出列表，在其中显示线宽编号，选择编号，控制标高线的线宽。
- ◆ 颜色：单击选项，弹出图3-21所示的“颜色”对话框，在其中显示各种样式的颜色。选择其中的一种颜色，单击“确定”按钮关闭对话框，可更改标高线的颜色，效果如图3-22所示。

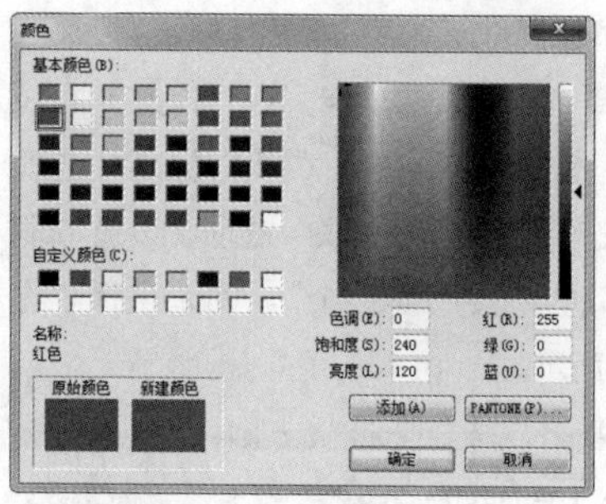

图 3-21　“颜色”对话框

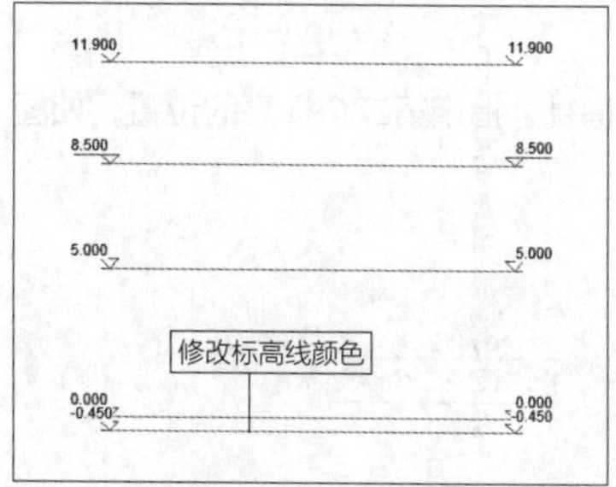

图 3-22 修改颜色

◆ 线型图案：单击选项，弹出类型列表，在其中显示各种类型的线型图案，如图3-23所示。默认选择“双划线”，用户也可选择其他样式的线型图案。

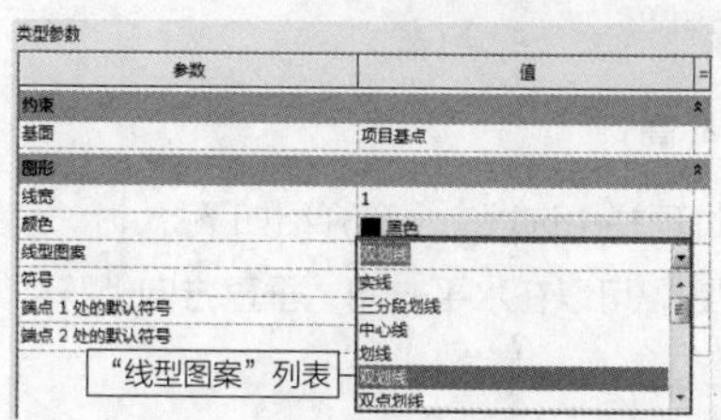

图 3-23　“线型图案”列表

◆ 符号：在符号列表中显示可用的标高符号，如图3-24所示。用户从外部载入的标高符号也在该列表中显示。

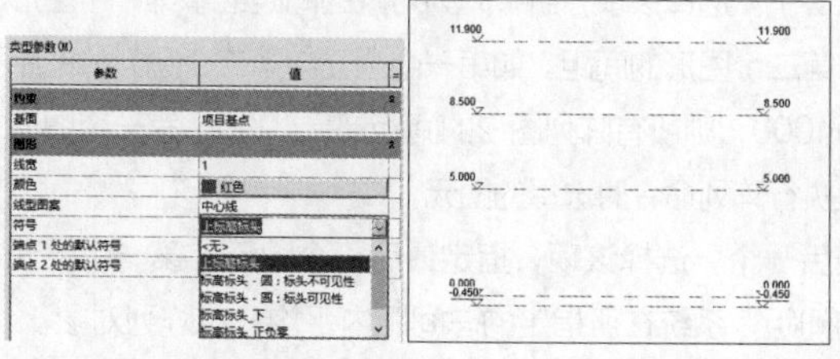

图 3-24 选择标高符号

◆ 端点1处的默认符号/端点2处的默认符号：选择两项，在标高线的左右两侧均显示标高符号。假如取消选择其中一项，则只在标高线的另一端显示标高符号。取消选择“端点1处的默认符号”选项，标高线左侧的标高符号被隐藏。

选择标高，显示图3-25所示的标记符号，每个符号都有相应的功能，具体介绍如下。

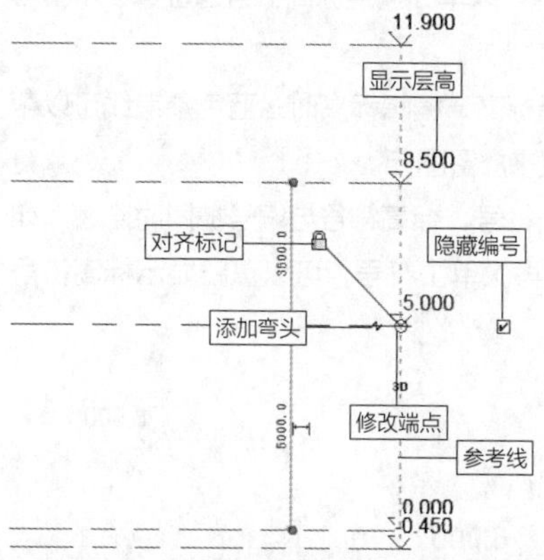

图 3-25 标记符号

◆ 切换至二维范围：单击符号，切换至二维显示样式，“约束”标记符号被隐藏，端点显示为蓝色填充的实心圆点。

◆ 修改端点：将鼠标指针置于端点上，按住并拖动鼠标，端点随之移动，如图3-26所示。在指定位置松开鼠标，可以调整标高符号的端点位置。

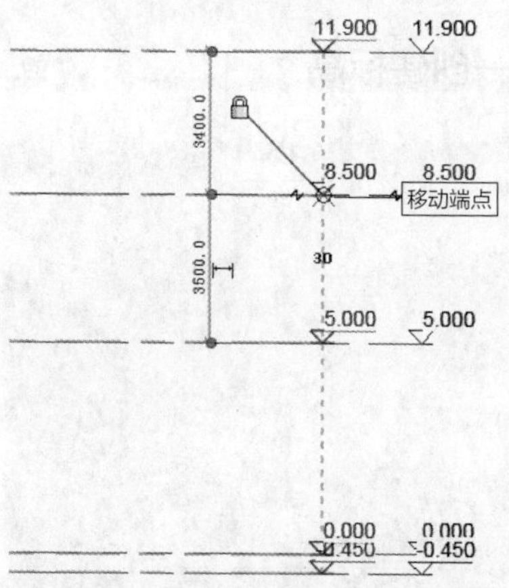

图 3-26 调整端点的位置

知识链接：

在激活端点调整标高符号位置的时候，可以参考蓝色对齐虚线，使被编辑的标高符号始终与其他标高符号对齐。

◆ 添加弯头：有时候标高的间距过小，标高符号部分重叠，使得标注文字显示不清晰，从而影响标注效果。通过添加弯头，调整标注文字的位置，可以清楚地显示标注，如图3-27所示。

- 对齐标记：在显示为“锁定标记”时，调整标高符号的位置会影响到其他标高。单击“锁定标记”，标记符号转换为，可以单独调整标高符号的位置，不会影响其他标高。
- 参考线：在创建标高、编辑标高时，蓝色参考线可以帮助用户确定位置来放置图元。
- 隐藏编号：单击符号，标高符号与编号被同时隐藏，如图3-28所示。再次单击符号，可以重新显示标高符号与编号。

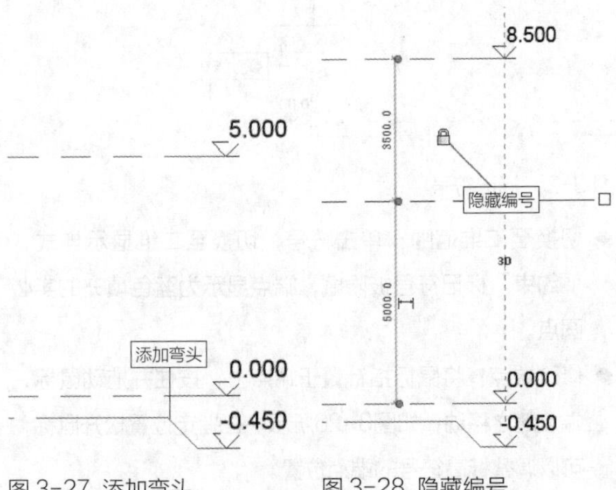

图 3-27 添加弯头　　图 3-28 隐藏编号

3.1.3 实战——创建标高

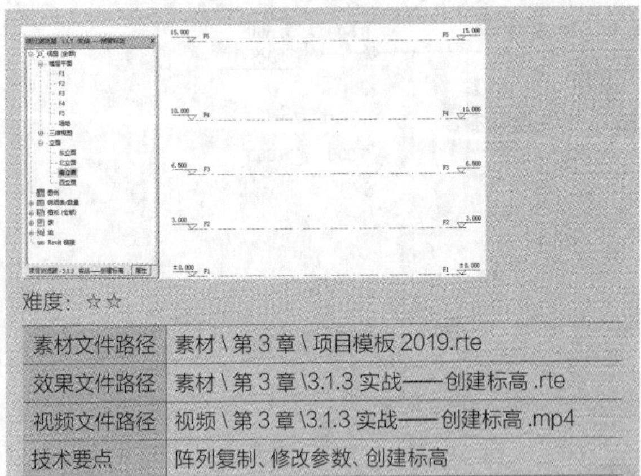

难度：☆☆

素材文件路径	素材\第 3 章\项目模板 2019.rte
效果文件路径	素材\第 3 章\3.1.3 实战——创建标高 .rte
视频文件路径	视频\第 3 章\3.1.3 实战——创建标高 .mp4
技术要点	阵列复制、修改参数、创建标高

为了方便在Revit中开展建筑项目设计，用户可以事先创建一个项目模板，在模板中设置各项参数，提升项目设计效率。本小节介绍在项目模板中为项目创建标高的操作方法。

Step 01 打开资源中的“素材\第3章\项目模板2019.rte”文件。在项目浏览器中双击“南立面”视图名称，切换至南立面视图，在南立面视图中创建项目所需要的标高。

Step 02 因为在立面图中已有项目模板创建的两个默认标高，即F1、F2，用户可以在这两个标高的基础上再执行放置标高的操作，得到项目文件所需要的标高信息。

Step 03 选择F2，选择“修改”选项卡，在“修改”面板上单击“阵列”，按空格键，进入“修改|标高”选项卡。在选项栏中取消选择“成组并关联”选项，设置“项目数”为4，选择“移动到”为“第二个”，取消选择“约束”选项，如图3-29所示。

图 3-29 设置参数

Step 04 向上移动鼠标指针，指定第二个标高的位置，如图3-30所示。

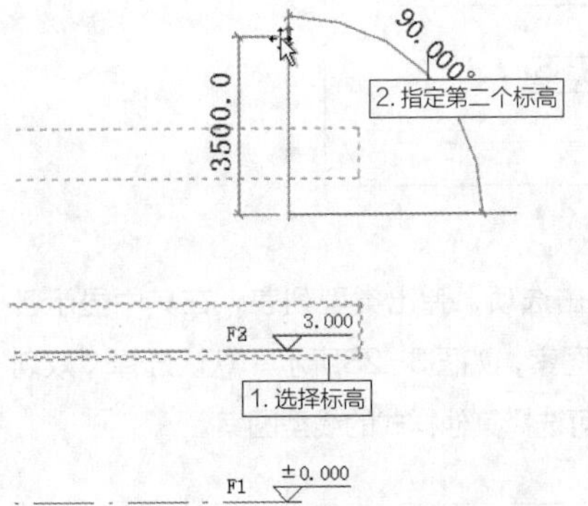

图 3-30 指定第二个标高

“修改|标高”选项栏中选项的含义介绍如下。

- 线性：单击按钮，可以在水平方向、垂直方向上阵列复制图形。
- 径向：单击按钮，环形阵列复制图形。
- 成组并关联：选择该项，阵列得到的多个图形自动成组，并相互关联。
- 项目数：设置需要通过阵列复制得到的图形数目。
- 第二个：选择该项，所有阵列对象的间距继承第一个图形与第二个图形的间距。如第一个图元与第二个图元的间距为4000，则所有阵列图形的间距都是4000。第一个图形是执行阵列命令时选择的图元。
- 最后一个：选择该项，指定最后一个图元与第一个图元的间距，系统在所指定的总间距内平均分布阵列对象。
- 约束：选择该项，限制阵列方向。

Step 05 在合适的位置单击，以相同的间距阵列复制标高，效果如图3-31所示。

Step 06 单击标高数字F5，进入可编辑模式，输入标高值为15，如图3-32所示。

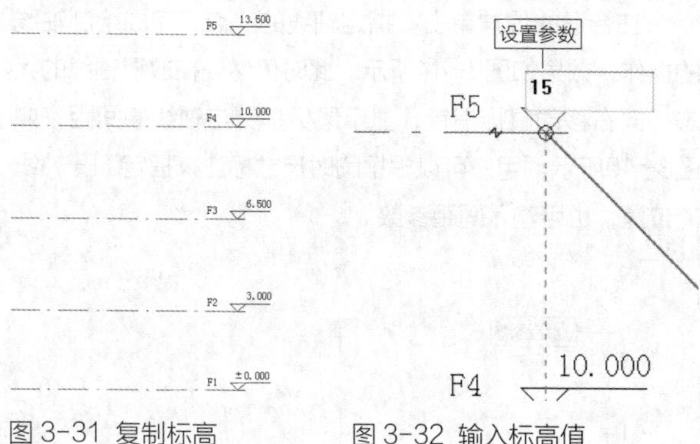

图 3-31　复制标高　　　　图 3-32　输入标高值

Step 07 按回车键，调整标高间距的效果如图3-33所示。

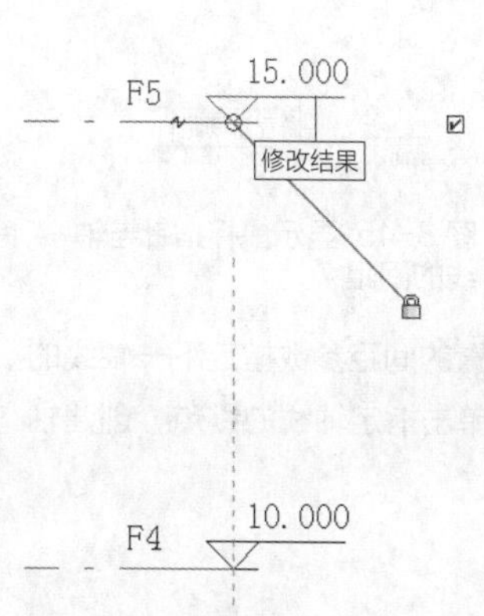

图 3-33　修改效果

Step 08 滚动鼠标滚轮缩放视图，观察标高的创建效果，如图3-34所示。

图 3-34　创建效果

Step 09 此时观察项目浏览器，发现在“楼层平面”列表中没有自动生成与新建标高相对应的楼层平面视图，如图3-35所示。

Step 10 选择“视图”选项卡，在“创建”面板上单击“平面视图”按钮，在弹出的列表中选择“楼层平面”命令，如图3-36所示。

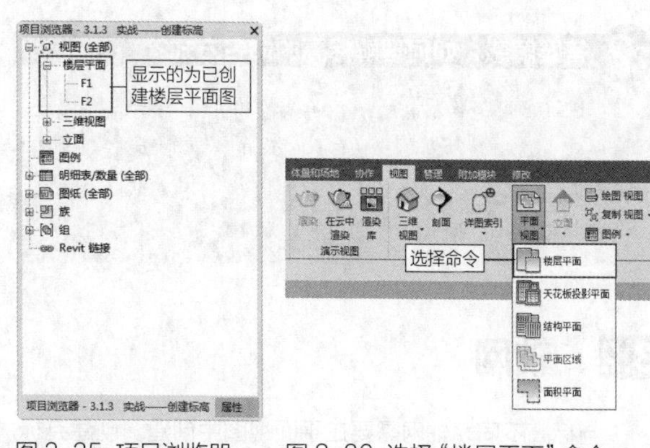

图 3-35　项目浏览器　　　　图 3-36　选择“楼层平面”命令

延伸讲解：

假如是使用“标高”命令来创建标高，可以通过“楼层平面”命令自动创建与之相对应的楼层平面，不需要用户手动创建。

Step 11 在“新建楼层平面”对话框中选择需要创建楼层平面的标高，如图3-37所示，单击“确定”按钮关闭对话框。

Step 12 系统完成楼层平面图的创建后，会将当前视图定位到最后一个创建的楼层平面图，即F5。项目浏览器中的“楼层平面”列表中也将显示出已创建的楼层平面，如图3-38所示。

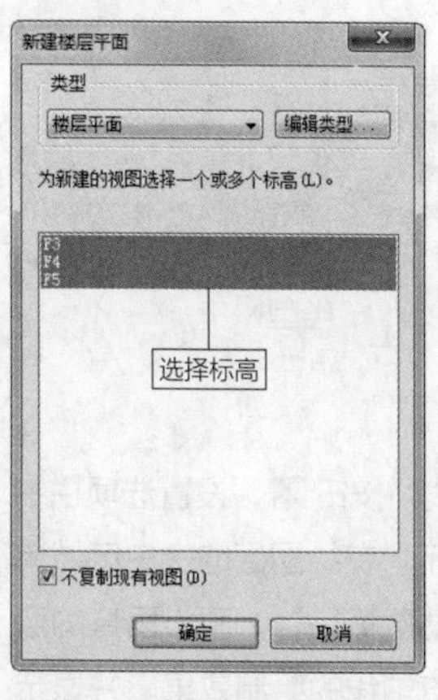

图 3-37　“新建楼层平面”对话框

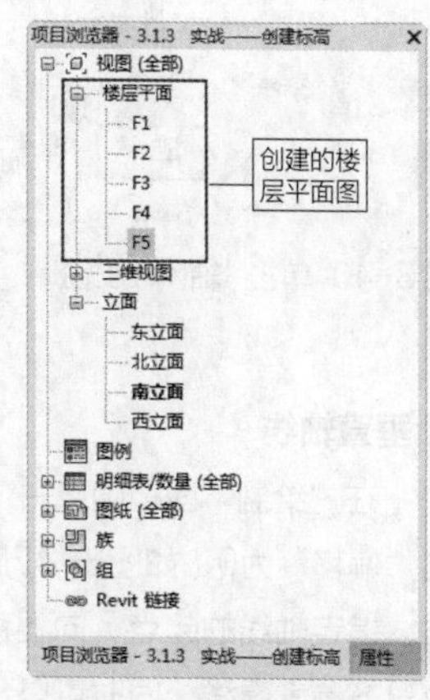

图 3-38　创建的楼层平面

Step 13 创建标高的最终效果如图3-39所示。

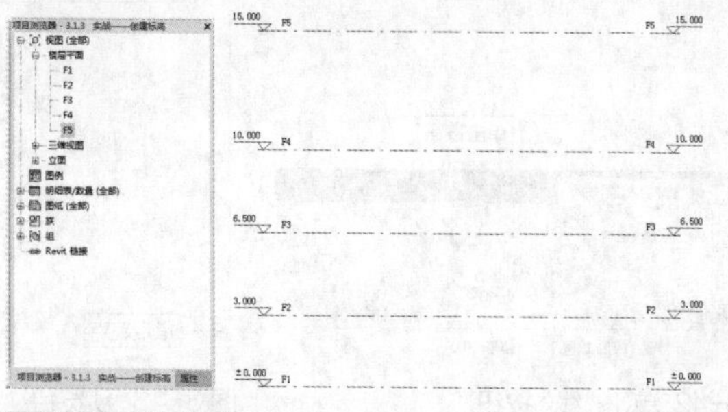

图 3-39　最终效果

资源获取验证码：70732

答疑解惑：如何理解标高的命名方式？

项目模板中已创建F1、F2标高，用户在此基础上创建的标高，会按顺序被命名为F3、F4、F5……即使所创建的标高在F1标高之下，也会按顺序来命名。用户可以自定义标高的名称，不用太在意系统自定义的标高名称。

3.2 轴网

与标高不同，轴网需要在平面视图中创建。创建完标高后，就可以开始创建轴网。轴网为绘制其他类型的图元提供定位作用，特别是在创建模型的时候，轴网更是不可或缺。本节介绍创建轴网的操作方法。

3.2.1 轴网概述 重点

选择“建筑”选项卡，单击“基准”面板中的“轴网”按钮，如图3-40所示。进入“修改|放置 轴网”选项卡，在“属性”选项板中选择轴网的类型，如图3-41所示。

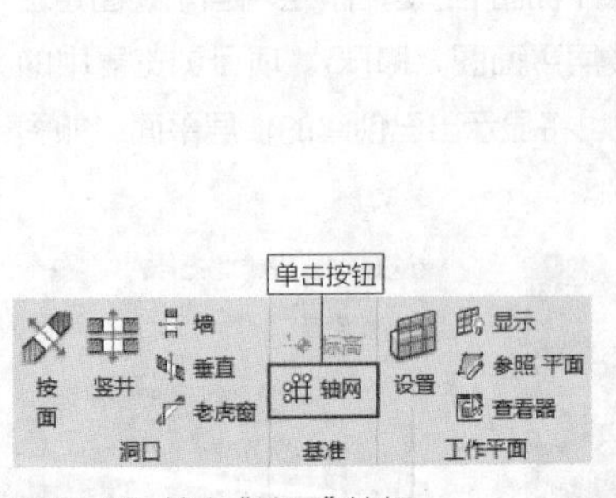

图3-40 单击“轴网”按钮

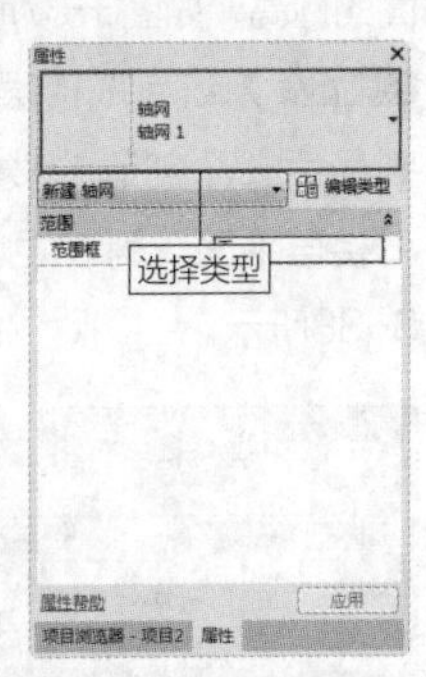

图3-41 选择轴网的类型

1. 垂直轴线

在“绘制”面板中单击“线”按钮，设置选项栏中的“偏移”为0，如图3-42所示。在绘图区的空白区域单击，指定轴线的起点，向上移动鼠标指针，引出垂直的蓝色对齐参考虚线，同时可以预览轴线的绘制效果，并显示轴线方向与水平方向之间的夹角，如图3-43所示。

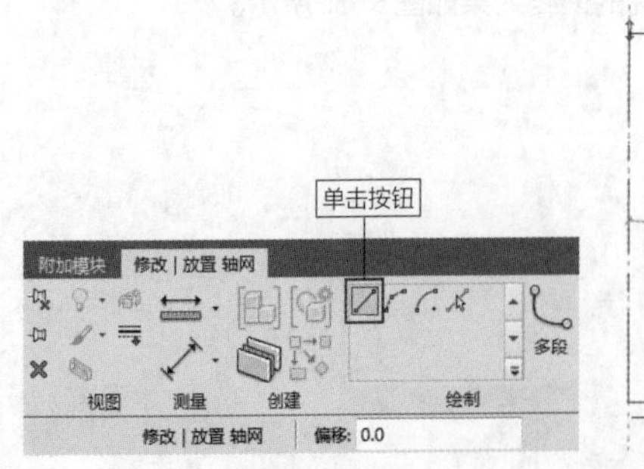

图3-42 单击“线”按钮

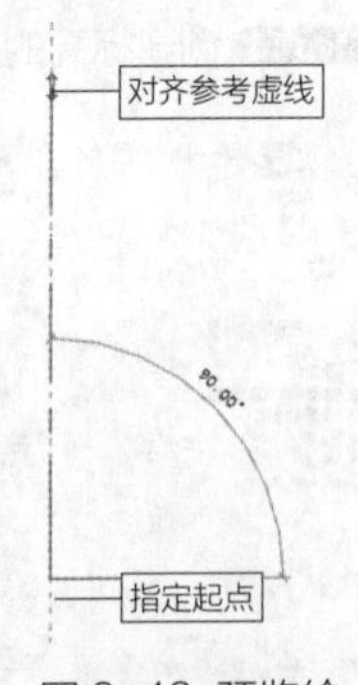

图3-43 预览绘制效果

在合适的位置单击，指定轴线的终点，完成绘制轴线的操作，效果如图3-44所示。此时仍然处在放置轴线的状态，向右移动鼠标指针，显示鼠标指针与轴线的间距，如图3-45所示。用户可以根据临时尺寸标注来指定下一轴线的位置，也可输入间距参数。

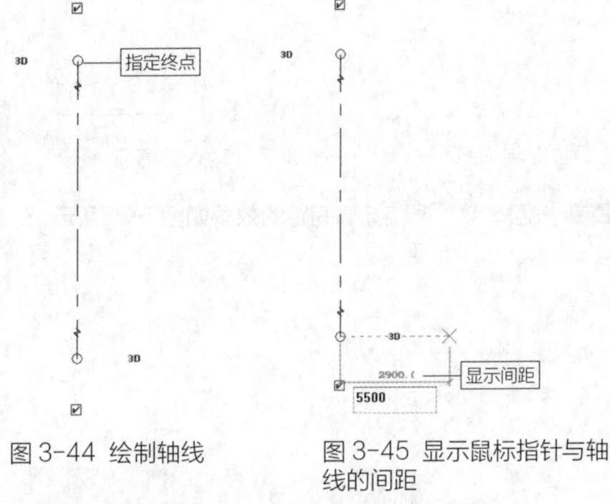

图3-44 绘制轴线　　图3-45 显示鼠标指针与轴线的间距

按回车键，根据用户设置的间距参数指定下一轴线的起点。向上移动鼠标指针，单击指定轴线的终点，创建轴线的效果如图3-46所示。

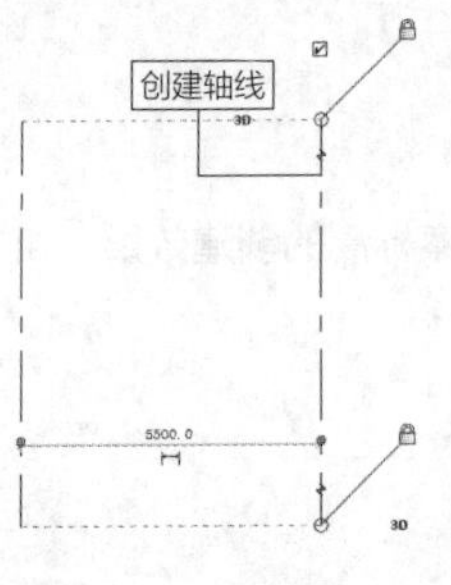

图3-46 创建轴线

2. 批量创建轴线

当需要批量创建轴线时，上述方法显然比较费时。此时可以启用修改工具来批量创建轴线。选择“修改”选项卡，单击“修改”面板中的“阵列”按钮，如图3-47所示。启用“阵列”命令，阵列复制轴线，达到批量创建轴线的效果。

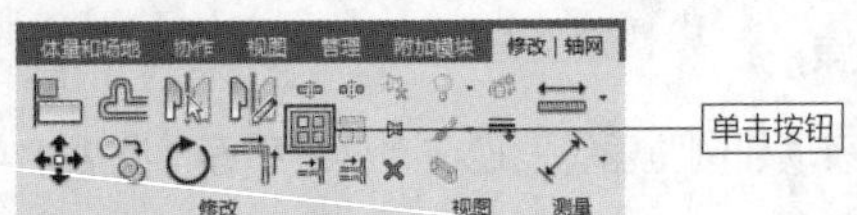

图3-47 单击“阵列”按钮

选择第2条轴线，单击“阵列”按钮，进入“修改|轴网”选项卡，在选项栏中单击“线性”按钮，选择“成组并关联”选项，设置“项目数”为6，在“移动到”选项中选择“第二个”，如图3-48所示。

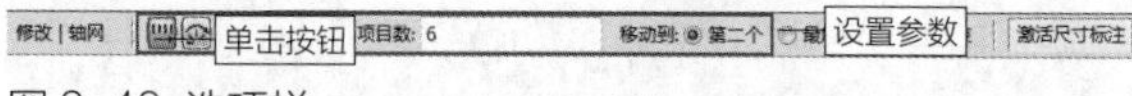

图 3-48 选项栏

在第2条轴线处单击，向右移动鼠标指针，显示临时尺寸标注，标注鼠标指针与轴线的间距，如图3-49所示。单击指定轴线的位置，系统即可按照设定的“项目数”与间距，阵列复制轴线，效果如图3-50所示。经过阵列操作得到的轴线自动成为一个组，并相互关联。

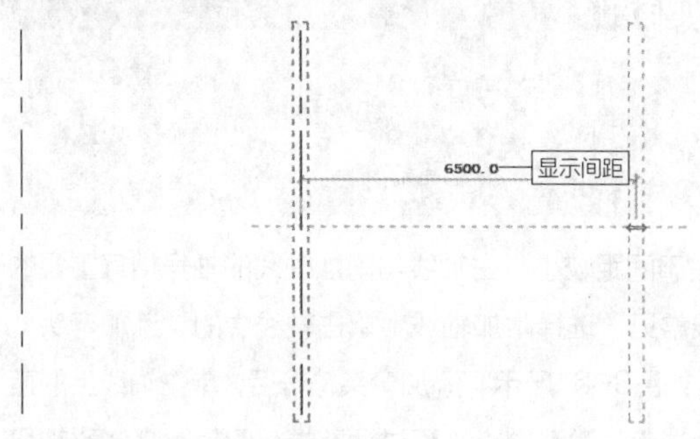

图 3-49 显示临时尺寸标注

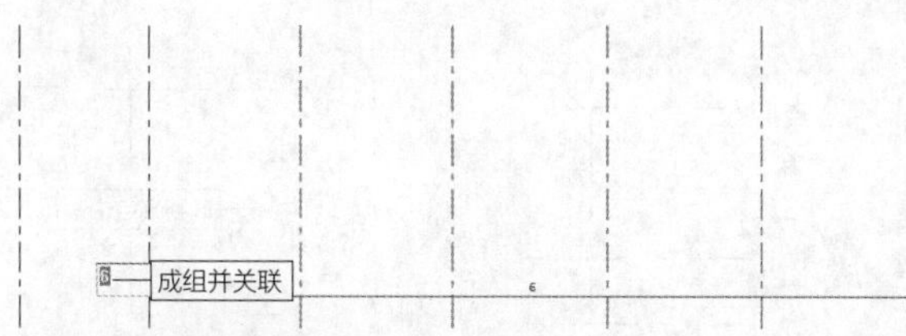

图 3-50 阵列效果

延伸讲解：

在选项栏中取消选择“成组并关联”选项，阵列效果就不是一个整体，可以单独对其进行编辑修改。

3. 水平轴线

在水平方向上单击指定轴线的起点与终点，执行创建水平轴线的操作，效果如图3-51所示。

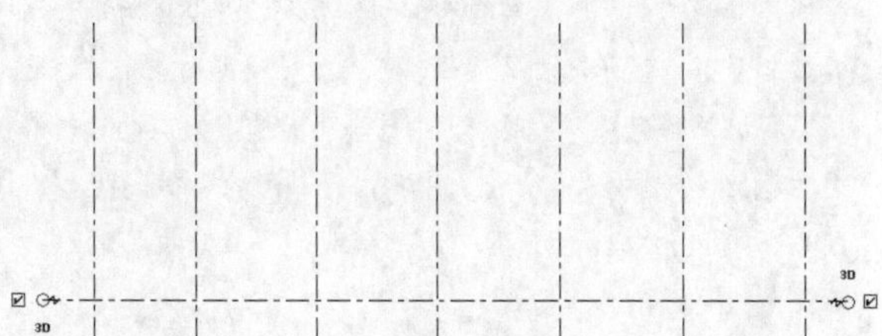

图 3-51 创建水平轴线

通过使用“复制”命令，可以在指定的方向复制轴线。选择已创建的水平轴线，启用“复制”命令，在选项栏中选择“约束”选项，限制复制方向为垂直方向。向上移动鼠标指针，指定间距，如图3-52所示。在合适的位置单击，复制轴线的效果如图3-53所示。

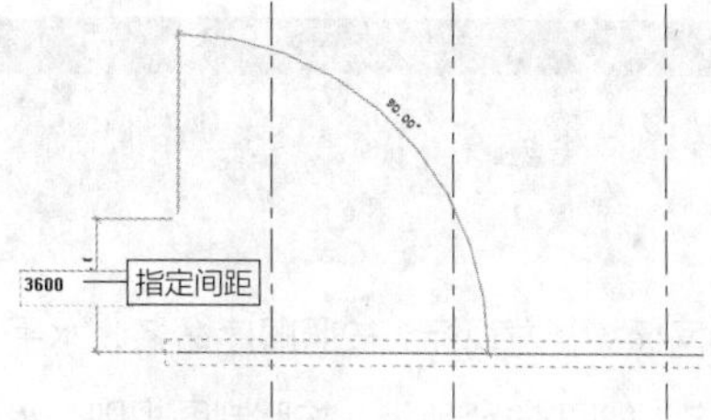

图 3-52 指定间距

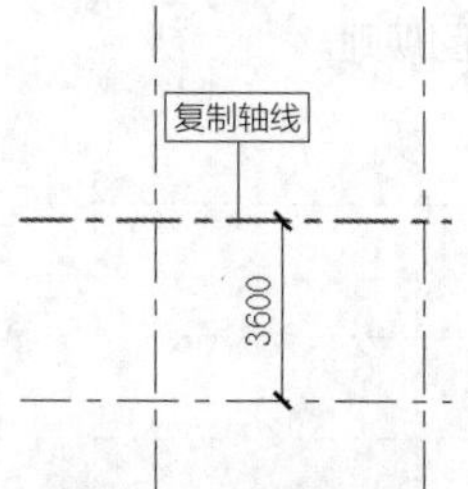

图 3-53 复制轴线

3.2.2 编辑轴网

重点

通过编辑轴网，可以设置轴网的显示样式。在3.1.1节中介绍了编辑标高的方法，编辑轴网的方法与编辑标高的方法大体一致，可以参考编辑标高的方法来编辑轴网。

1. 添加轴网标头

观察轴网的创建效果，发现在轴线的两端没有显示轴网标头。2019版本的Revit默认不添加轴网标头，需要用户从外部文件中调入族文件，才可以为轴网添加标头。

切换至“插入”选项卡，在“从库中载入”面板中单击“载入族”按钮，弹出“载入族”对话框。在其中选择轴网标头文件，单击“打开”按钮，将其载入项目文件中。

选择轴网，“属性”选项板“名称”选项中显示出轴网名称，如“名称”选项显示1，表示选中的轴网的编号为1，如图3-54所示。单击“编辑类型”按钮，弹出“类型属性”对话框。在“符号”选项中单击，在弹出的列表中选择“M_轴网标头-圆”，选择“平面视图轴号端点1（默认）”选项，单击“确定”按钮关闭对话框，如图3-55所示。

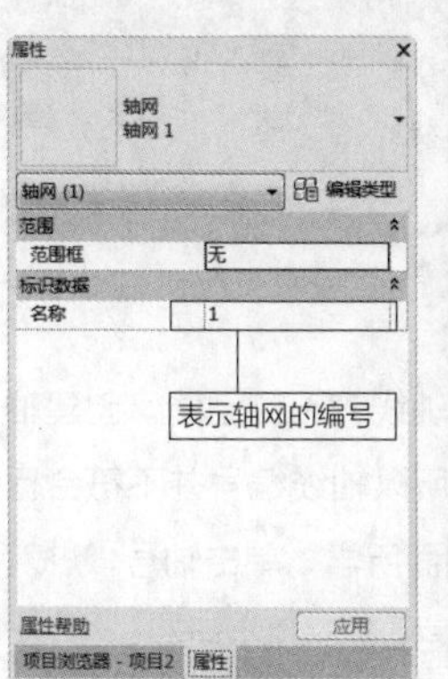

图 3-54 “属性”选项板

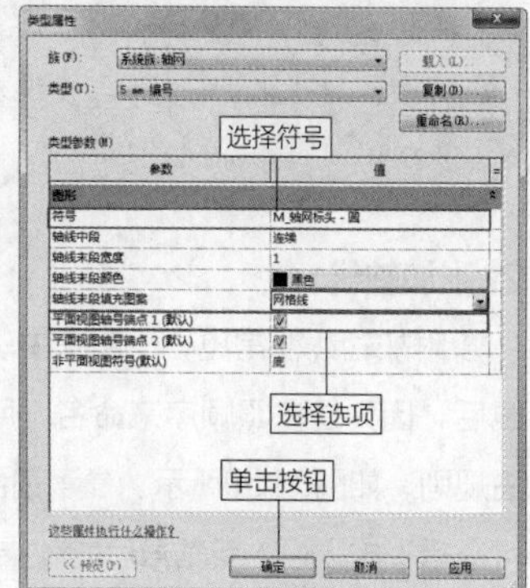

图 3-55 “类型属性”对话框

延伸讲解：

选择“平面视图轴号端点1（默认）”选项，可以同时在轴线的两端显示轴网标头。

查看添加的轴网标头，发现标头按照顺序命名，水平轴线也使用数字命名，如图3-56所示。按照制图规则，水平轴线编号应使用大写字母来表示。所以需要修改水平轴线的名称，使得轴号的标注符合制图规则。

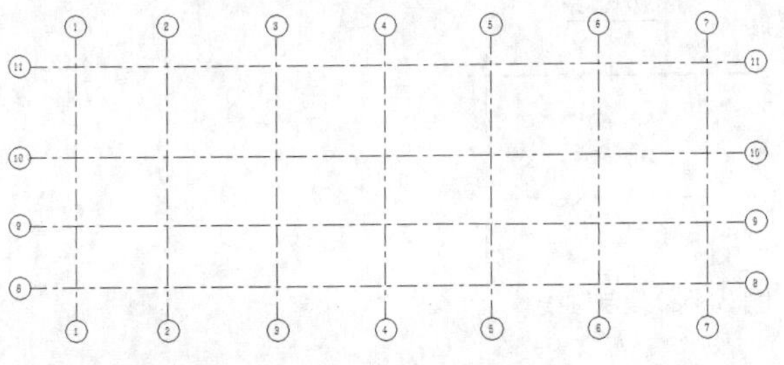

图 3-56 添加轴网标头

选择轴线8，单击轴网标头，进入可编辑模式，输入大写字母A，如图3-57所示。按回车键，完成修改轴线名称的操作。重复操作，继续修改其余水平轴线的名称，效果如图3-58所示。

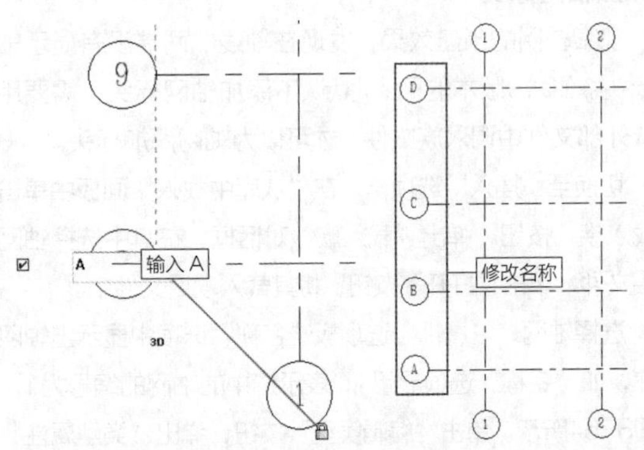

图 3-57 输入 A　　图 3-58 修改名称

知识链接：

在修改轴线名称时，注意不要使用相同的名称，否则在工作界面的右下角会弹出提示对话框，提醒用户设置一个唯一的名称。

2. 附加轴线

附加轴线很常见，一般在主轴线的一侧创建。创建轴线后，因为是按照顺序来命名，所以轴线编号并不符合标注规则，如图3-59所示。参考前面所学，单击轴号，进入可编辑模式，输入新轴号后的效果如图3-60所示。

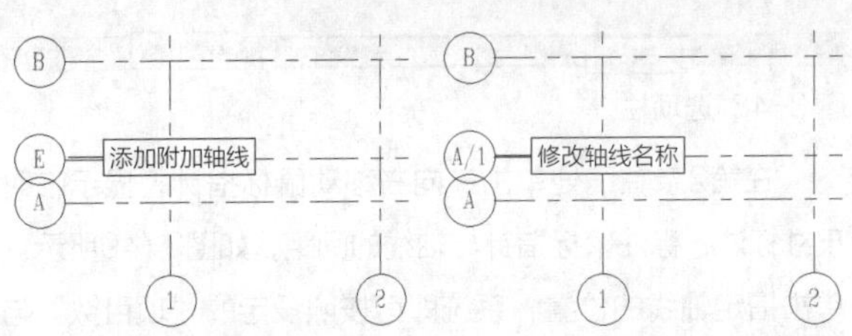

图 3-59 添加附加轴线　　图 3-60 修改名称

延伸讲解：

当项目文件中已存在轴线D后，按照顺序命名规则，再创建的水平轴线就会被命名为轴线E。作为附加轴线，其名称是不合规则的，因此需要修改。

由于间距较小，主轴线与附加轴线的轴号相互重叠的情况很常见。选择附加轴线，单击轴线中的“添加弯头”符号，如图3-61所示。添加弯头符号后，单击轴线上的蓝色圆形端点，激活端点，通过调整端点的位置来修改轴号的位置，效果如图3-62所示。

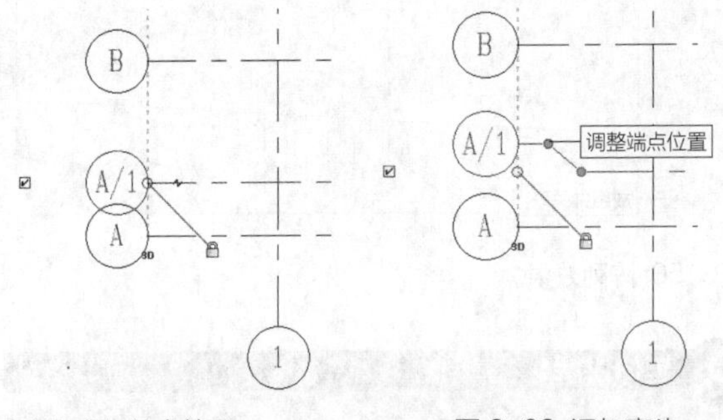

图 3-61 单击符号　　图 3-62 添加弯头

答疑解惑：为什么轴号需要单独添加弯头？

当轴线的间距过小时，轴号就会重叠。重叠的轴号会影响用户查看，此时可以通过添加弯头来调整轴号的位置。但是与修改轴号不同，一侧的轴号添加弯头后，另一侧的轴号是不受影响的，还需要再为其添加弯头。这是因为轴线两端的轴号分别显示各自的编辑符号，如“模型端点”“隐藏编号”“添加弯头”。这表示每个轴号都有其对应的编辑符号，激活各自的编辑符号，才可以对轴号执行编辑操作。所以只有激活每个轴号的“添加弯头”符号，才可以添加弯头。

3. 类型属性

选择轴线，显示各标记符号，如图3-63所示。单击激活符号，可以编辑轴线的显示样式。在“类型属性”对话框中修改参数，如“符号”“轴线中段”“轴线末段宽度”等，可以调整轴线在视图中的显示效果，“类型属性”对话框如图3-64所示。

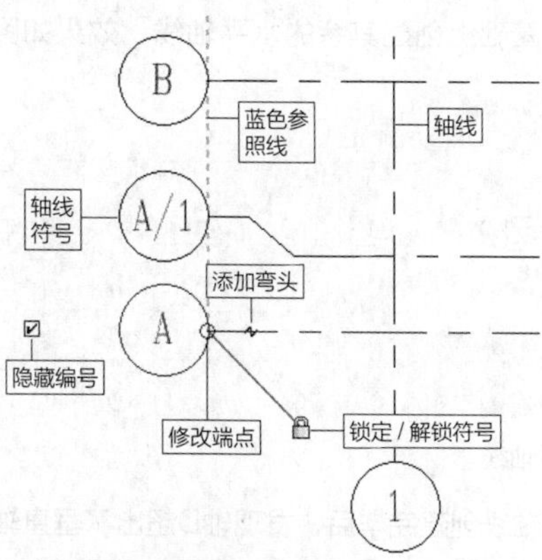

图 3-63 标记符号

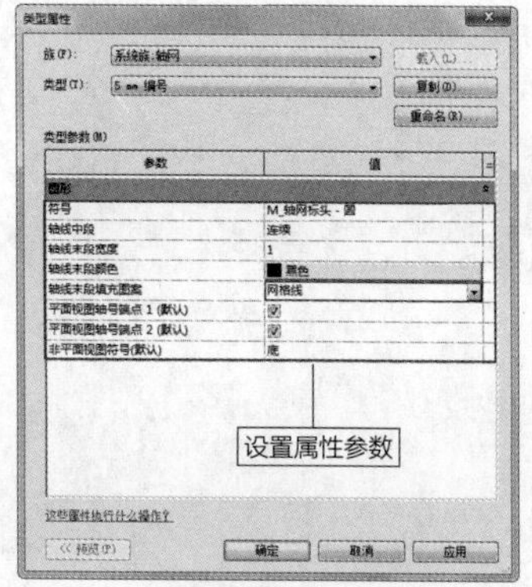

图 3-64 “类型属性”对话框

“类型参数”选项组中各选项含义介绍如下。

- ◆ 符号：显示当前轴号的样式。单击选项弹出列表，在列表中显示所有可用的符号样式。
- ◆ 轴线中段：设置轴线中段的显示样式，有3个样式供选择，分别是“连续”“无”“自定义”。选择“无”选项，隐藏轴线的中段，效果如图3-65所示；选择“自定义”选项，在列表中显示编辑选项，如“轴线中段宽度”“轴线中段颜色”等，在选项中可以设置轴线中段的线型与颜色，如图3-66所示。

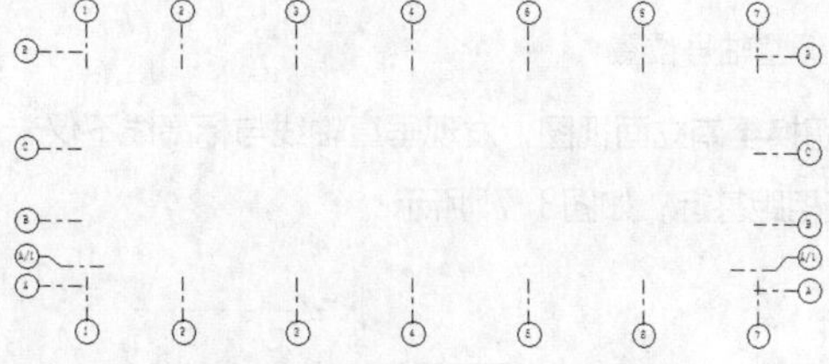

图 3-65 隐藏轴线中段

- ◆ 轴线末段宽度：设置轴线末段的宽度值。
- ◆ 轴线末段颜色：单击选项按钮，弹出“颜色”对话框，在其中选择颜色，如红色，单击“确定”按钮关闭对话框，可以修改轴线在视图中的显示颜色，效果如图3-67所示。

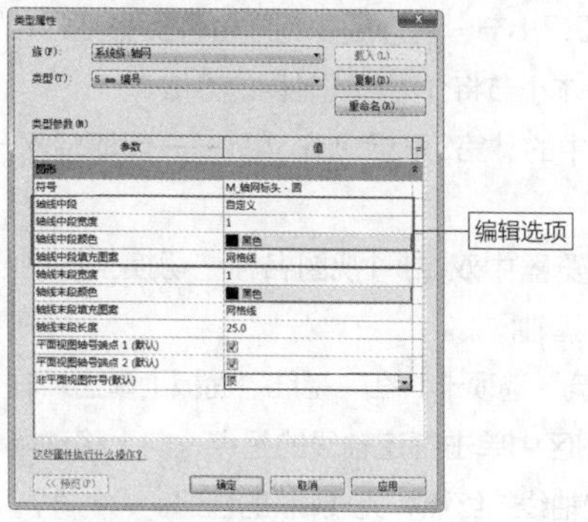

图 3-66 编辑选项

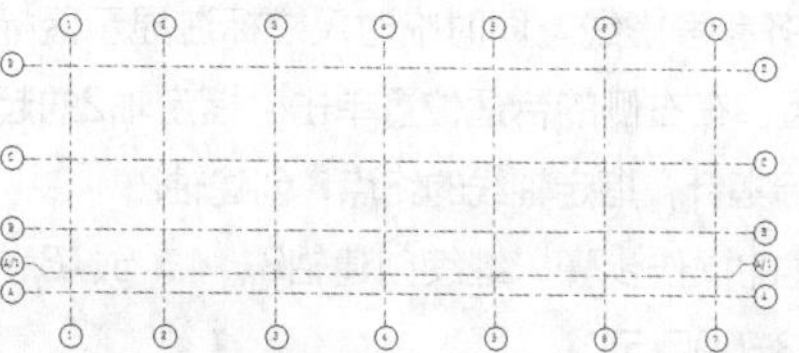

图 3-67 修改颜色

- ◆ 轴线末段填充图案：打开选项列表，在其中显示各种类型的填充图案，如图3-68所示。选择其中的一种，可以将其赋予各轴线。
- ◆ 平面视图轴号端点1（默认）/平面视图轴号端点2（默认）：同时选择两项，显示全部的轴号；取消选择其中一项，隐藏部分轴号。

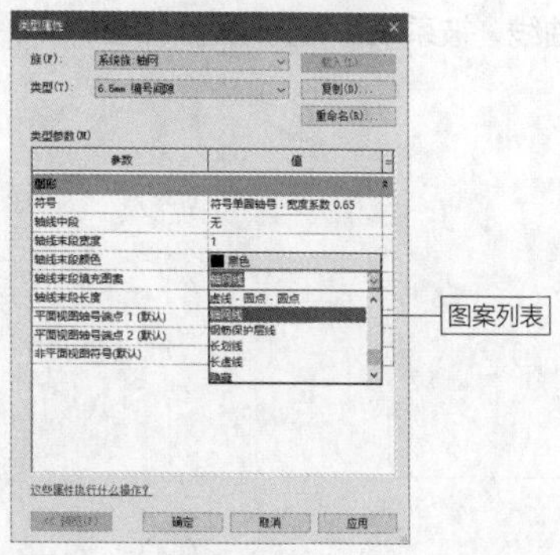

图 3-68 图案列表

3.2.3 实战——创建轴网

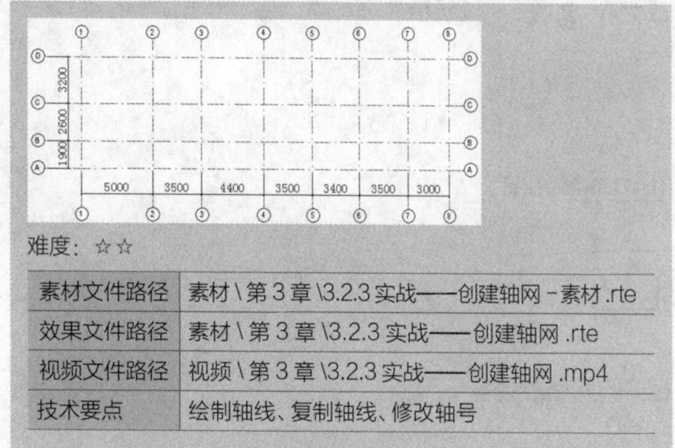

难度：☆☆

素材文件路径	素材 \ 第 3 章 \3.2.3 实战——创建轴网 - 素材 .rte
效果文件路径	素材 \ 第 3 章 \3.2.3 实战——创建轴网 .rte
视频文件路径	视频 \ 第 3 章 \3.2.3 实战——创建轴网 .mp4
技术要点	绘制轴线、复制轴线、修改轴号

在3.2.1、3.2.2小节分别介绍了创建各种类型轴网和编辑轴网的方法，本小节将介绍创建轴网的方法。

Step 01 打开资源中的“第3章\3.2.3 实战——创建轴网-素材.rte”文件。

Step 02 在项目浏览器中双击F1视图名称，切换至F1视图，在其中开始创建轴网。

Step 03 选择“建筑”选项卡，在“基准”面板上单击“轴网”按钮，在绘图区中单击指定轴线的起点，向上移动鼠标指针，单击指定轴线的终点，完成轴1的创建。

Step 04 此时仍然处在创建轴网的命令中，向右移动鼠标指针，显示蓝色对齐参考虚线，同时临时尺寸标注显示鼠标指针与轴1的间距。在右侧的合适位置单击，指定轴2的起点，向上移动鼠标指针，指定轴线的终点，创建轴2。

Step 05 依照上述的操作步骤，继续创建轴3、4、5、6、7、8，效果如图3-69所示。

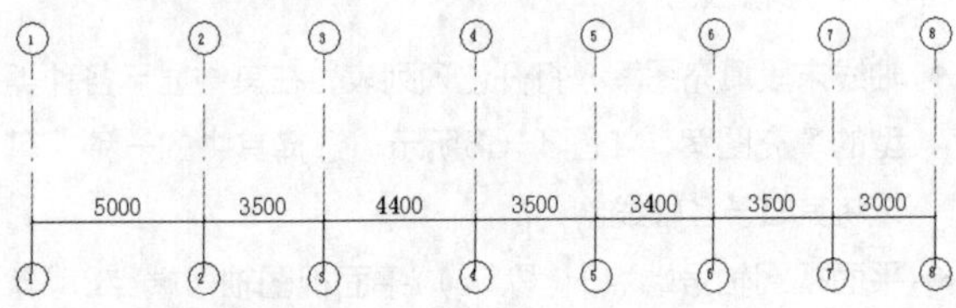

图 3-69 创建垂直轴线

Step 06 在完成垂直轴线的创建后，在轴1的左上角指定轴线的起点，创建水平轴线，被系统命名为轴9，如图3-70所示。

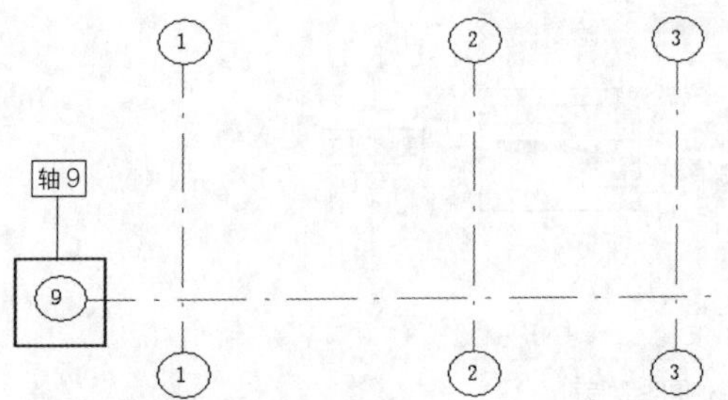

图 3-70 选择轴 9

Step 07 选择轴9，单击轴号，进入可编辑模式，将轴号更改为A，如图3-71所示。

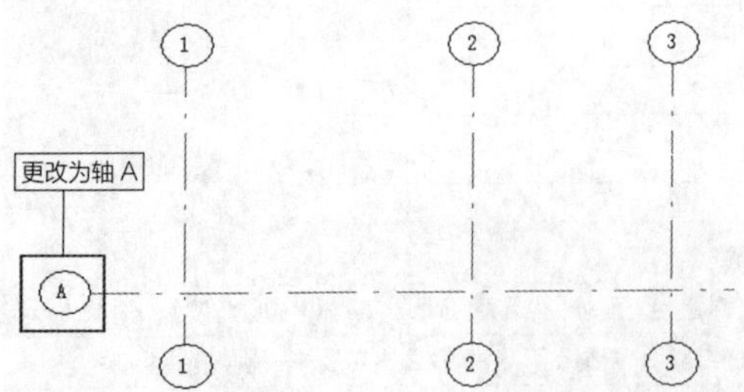

图 3-71 修改轴号

Step 08 在轴A的基础上创建其余的水平轴线，效果如图3-72所示。

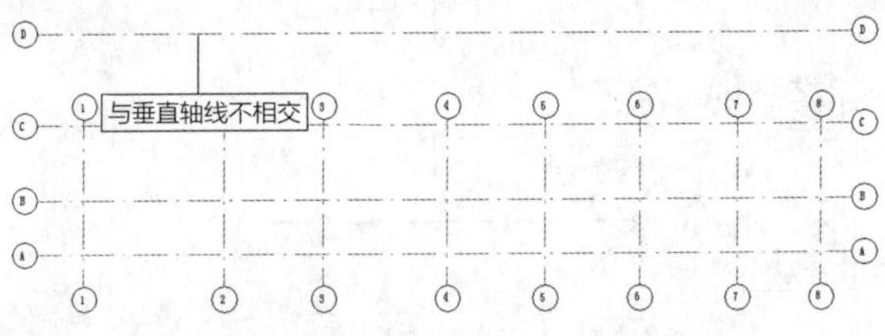

图 3-72 创建水平轴线

Step 09 等到水平轴线创建完毕后，发现轴D超出了垂直轴线的范围，没有与垂直轴线相交。选择轴1，激活轴号上的端点，如图3-73所示。

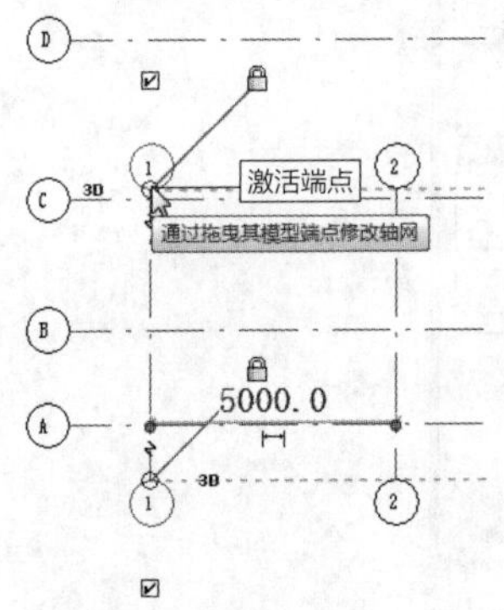

图 3-73 激活端点

Step 10 按住并向上拖动鼠标，直到垂直轴线与轴D相交为止，如图3-74所示。

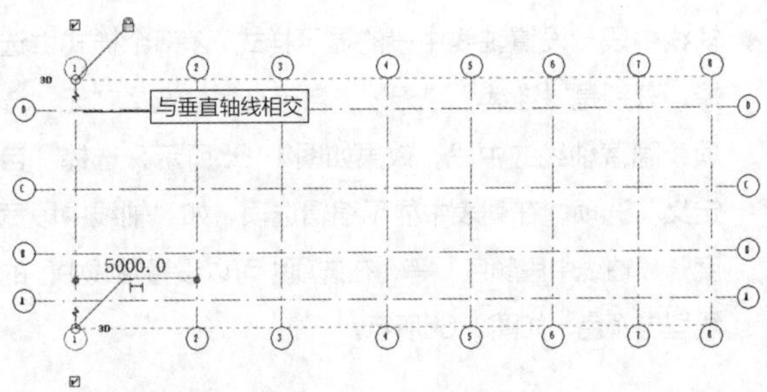

图 3-74 调整轴号位置

Step 11 切换至南立面视图，发现垂直轴线与标高线不仅未相交，还相距甚远，如图3-75所示。

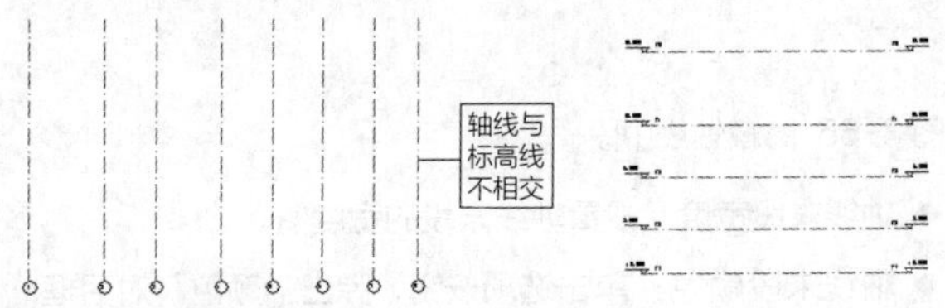

图 3-75 南立面视图

Step 12 选择标高线F5，激活左侧标高符号上的端点，如图3-76所示。

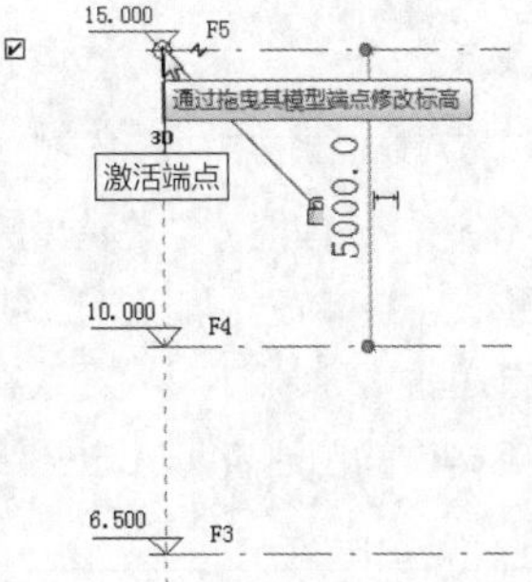

图 3-76 激活端点

Step 13 按住并向左拖动鼠标，在轴线1的左侧单击，调整左侧标高符号的位置，效果如图3-77所示。

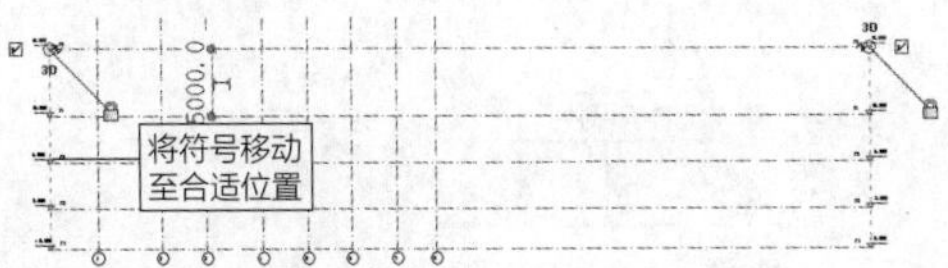

图 3-77 移动标高符号

Step 14 选择标高线F5，激活右侧标高符号的端点，如图3-78所示。

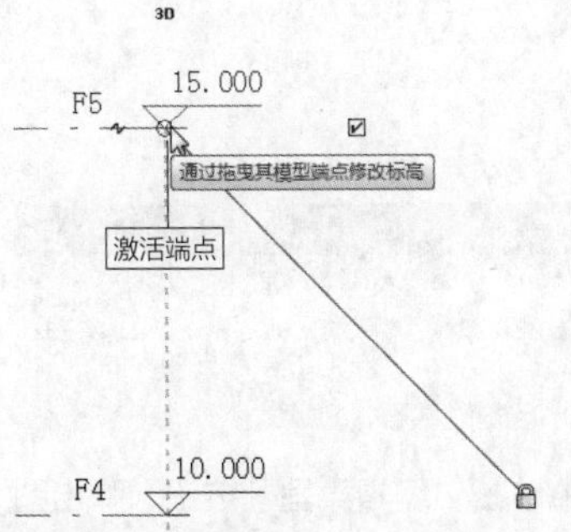

图 3-78 激活端点

Step 15 按住并拖动鼠标，调整标高符号的位置，效果如图3-79所示。

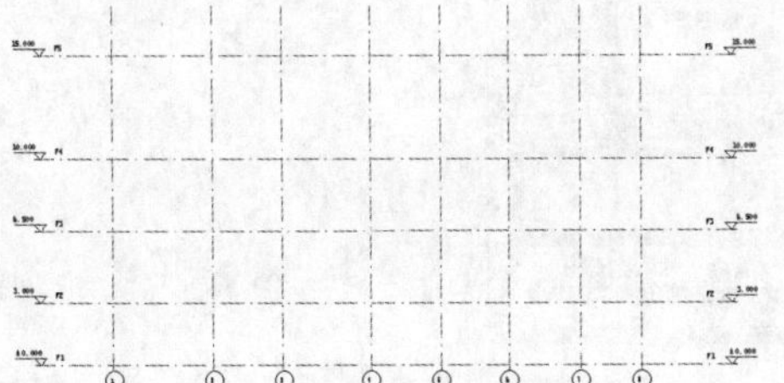

图 3-79 调整位置

Step 16 此时轴号与标高线F1相距较近，选择轴线1，激活轴号上的端点符号，如图3-80所示。

Step 17 按住并向下拖动鼠标，调整轴号的位置，使其与标高线F1有一个适当的距离，如图3-81所示。

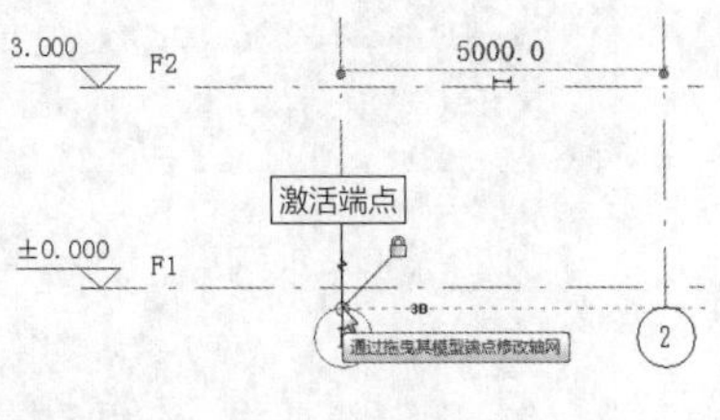

图 3-80 激活端点

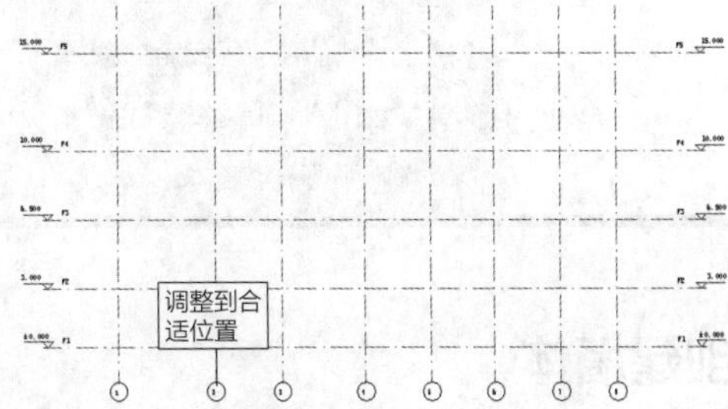

图 3-81 向下调整轴号位置

Step 18 切换至西立面视图，发现标高线过长，如图3-82所示。

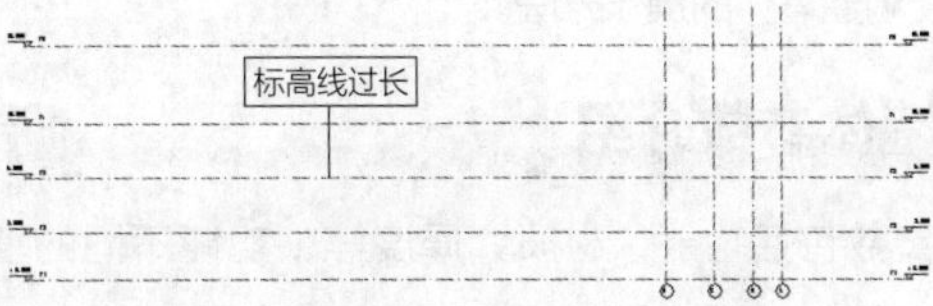

图 3-82 西立面视图

Step 19 激活标高符号上的端点，拖动鼠标，调整标高符号的位置，使得两侧的标高符号与轴线有一个合适的距离，效果如图3-83所示。

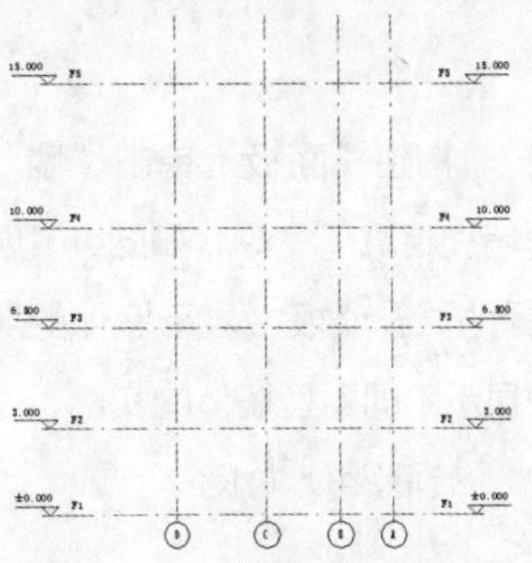

图 3-83 调整标高符号位置

Step 20 创建轴网的最终效果如图3-84所示。

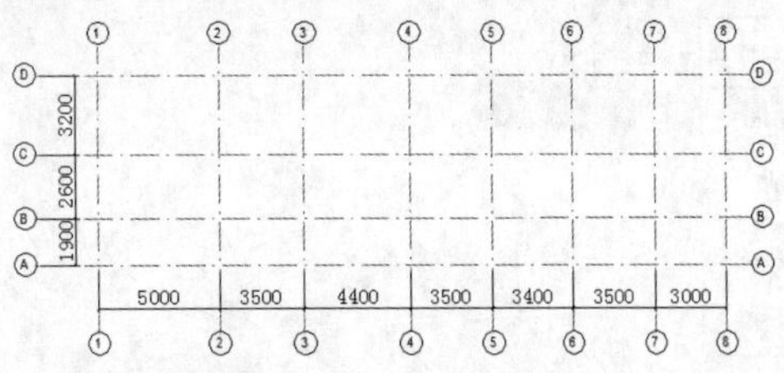

图 3-84 最终效果

第4章

墙与柱

创建标高与轴网后，就可以开始绘制墙体。墙体是建筑物基本的围护构件，也是建模的主要图元之一。可以为墙体设置不同的功能与属性，如外墙体、内墙体、钢筋混凝土墙体、轻质隔墙等。在创建墙体的过程中，设置属性参数的环节稍显复杂，不过只要认真仔细地操作，相信读者能很快掌握。本章将介绍墙体及其装饰构件的创建与编辑方法。

学习目标

4.1 创建墙体

我们常见的墙体主要有外墙体、内墙体、隔墙等。在Revit中创建不同属性的墙体，需要定义不同的属性参数。创建完毕的墙体，也可以再修改其属性参数。本节介绍设置墙体参数及创建墙体的操作方法。

4.1.1 墙体参数介绍 重点

墙体参数包括功能、材质、厚度等，功能不同的墙体，材质与厚度不相同。设定了墙体的属性参数后，再依次指定墙体的平面位置、高度值等。Revit中提供创建基本墙、叠层墙及幕墙的工具，其中最常使用的是“基本墙”工具。本小节介绍启用“基本墙”工具来设置墙体参数的操作方法。

1. 调用命令

选择“建筑”选项卡，在“构建”面板上单击“墙”按钮，在弹出的列表中选择“墙：建筑”命令，如图4-1所示，启用“墙”命令。在“属性”选项板中显示墙体的属性，打开类型列表，在列表中显示不同类型墙体的实例，如图4-2所示，如填充墙240mm、砖墙240mm等。

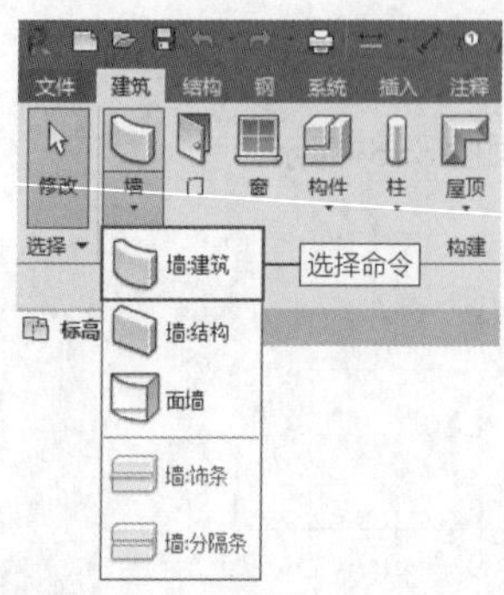

图4-1 选择“墙：建筑”命令

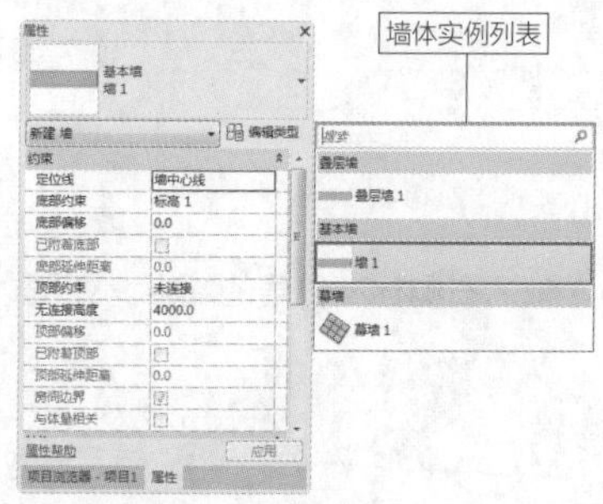

图4-2 “属性”选项板

知识链接：

在“构建”面板上直接单击“墙”按钮，也可以启用“墙”命令。

在“属性”选项板中单击“编辑类型”按钮，弹出图4-3所示的“类型属性”对话框，在“类型参数”列表中显示了墙体各项参数，如结构、功能等。此处主要介绍“结构”参数的设置。

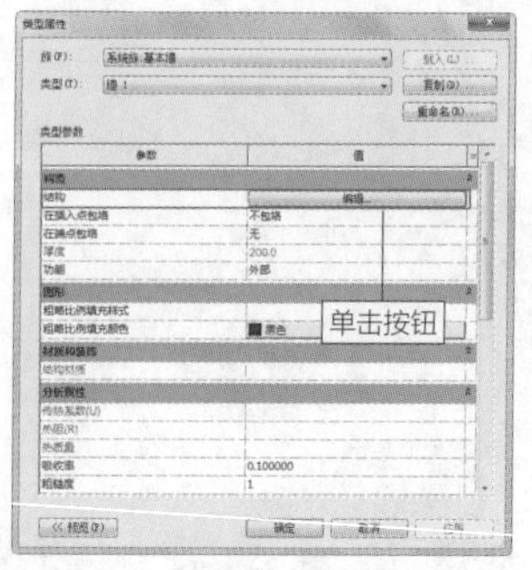

图4-3 “类型属性”对话框

在“构造”选项组中单击“编辑”按钮，弹出图4-4所示的“编辑部件”对话框。在对话框中显示墙体的构造参数，如功能、材质与厚度等。在原始构造参数的基础上执行修改操作，得到符合使用要求的墙体参数。

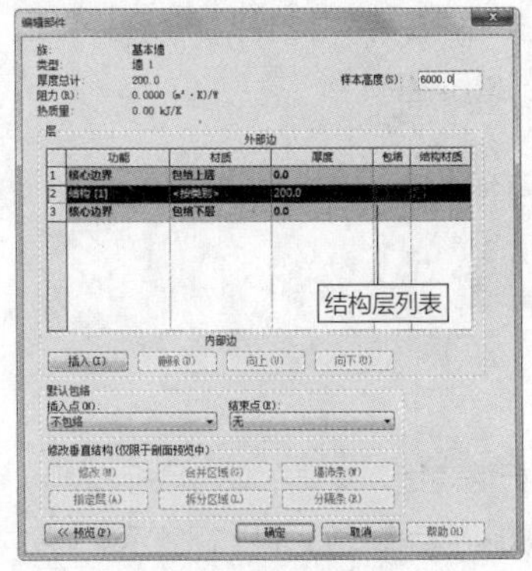

图 4-4 “编辑部件”对话框

2. “编辑部件”对话框

在开始设置墙体参数之前，有必要简单了解一下“编辑部件”对话框中各选项的含义，介绍如下。

- ◆ 功能：在功能列表中显示多种墙体功能，如结构、衬底、保温层/空气层、面层等，如图4-5所示。在列表中选择功能类型，指定墙体的属性。
- ◆ 材质：在单元格中显示墙体的材质，单击单元格右侧的按钮，如图4-6所示。弹出“材质浏览器”对话框，在对话框中设置材质参数。
- ◆ 厚度：设置墙体的厚度值。
- ◆ 包络：选择墙体是否包络。
- ◆ 结构材质：设置墙体是否为结构材质。

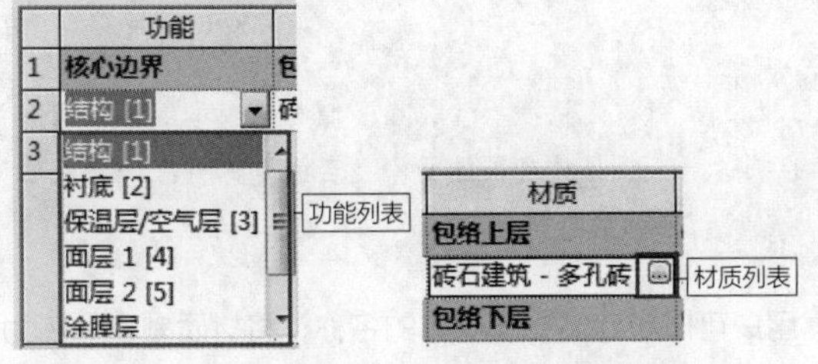

图 4-5 功能列表　图 4-6 材质列表

延伸讲解：

有时候限于单元格的宽度，文字显示不全。此时将鼠标指针置于表头的垂直表格线上，当鼠标指针显示为✥时，按住并拖动鼠标可以调整单元格的宽度。

- ◆ 插入：单击按钮，在“层”列表中插入新层。
- ◆ 删除：在“层”列表中选择层，单击按钮，删除该层。
- ◆ 向上/向下：选择层，单击按钮调整其在列表中的位置。
- ◆ 默认包络：在“插入点”与“结束点”列表中设置包络样式，如图4-7所示。

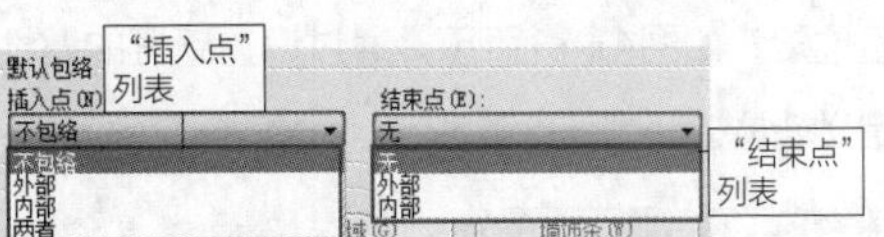

图 4-7 设置包络样式

- ◆ 预览：单击按钮，向左弹出预览窗口，在其中预览墙体属性参数的设置效果，如图4-8所示。

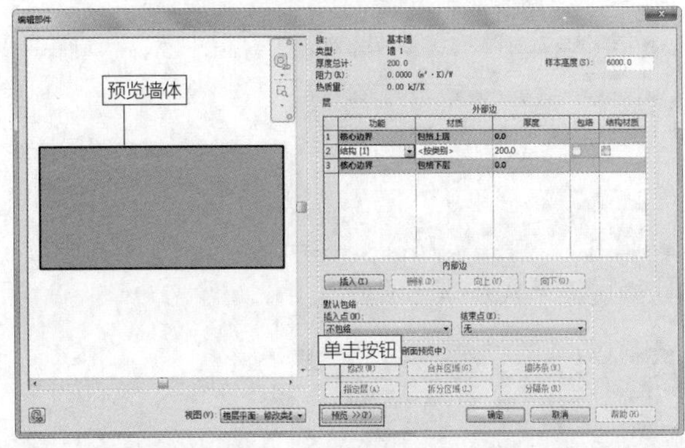

图 4-8 弹出预览窗口

- ◆ 修改垂直结构（仅限于剖面预览中）：在预览窗口的“视图”列表中选择“剖面：修改类型属性”选项，显示墙体的剖面样式，同时“修改垂直结构（仅限于剖面预览中）”选项组中的按钮高亮显示，如图4-9所示，单击按钮调用相应的命令，修改墙体的剖面样式。

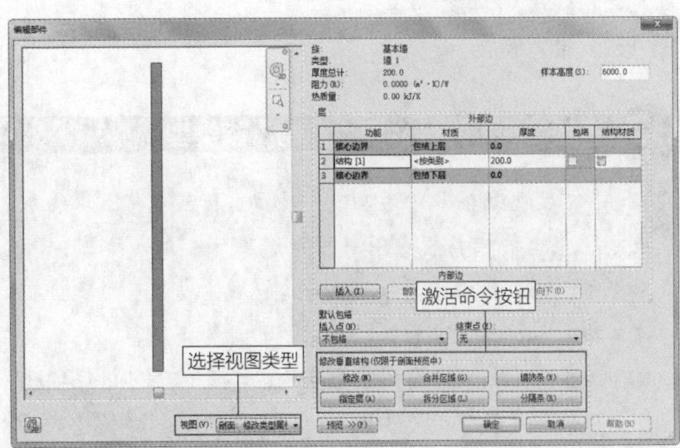

图 4-9 激活命令按钮

3. 设置材质参数

在“类型属性”对话框中选择墙体类型，单击“复制”按钮，在弹出的“名称”对话框中设置名称，复制一个类型副本，如图4-10所示。修改副本的属性参数，便可将其应用到当前的项目。

（1）复制材质副本

在“编辑部件”对话框中显示默认的墙体构造层、“核心边界”层与“结构[1]”层。单击“插入”按钮，在“层”列表中插入两个新层。单击“向上”按钮，选择新层，向上调整位置，如图4-11所示。通过设置新层的属性参数，重新定义墙体。

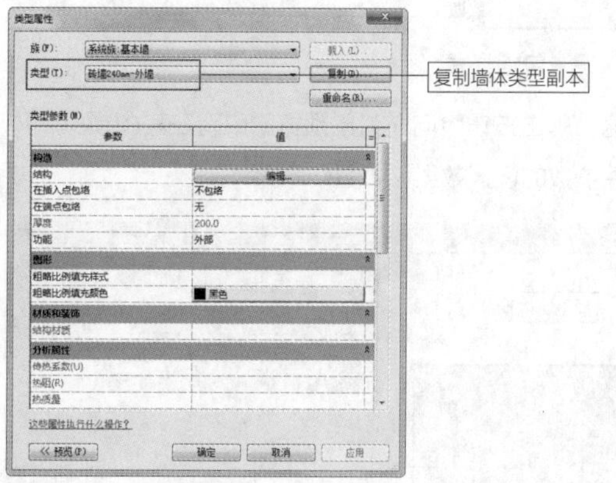

图 4-10 复制墙体类型

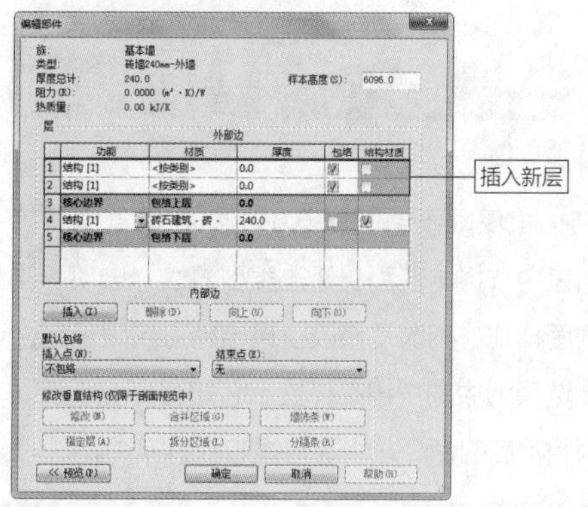

图 4-11 插入新层

答疑解惑：为什么要“复制”族类型？

在“类型属性”对话框中，显示系统族名称，以及系统族所包含的族类型。用户可以编辑已有的族类型的参数，得到一个新的族类型。但是这样做的结果就是默认创建的族类型被替代。假如“复制”已有的族类型，并修改类型参数，不仅可以得到一个新的族类型，还可以保留默认创建的族类型。以墙体为例，项目中需要创建多种不同类型的墙体，如外墙、内墙或隔墙等。通过“复制”墙类型，并将类型名称命名为“外墙”“内墙”等，就可以创建互不影响的墙类型。在修改其中某种类型的墙体（如外墙）参数时，其他类型的墙体（如内墙）不会受到影响。

向上调整新建结构层后，层编号根据层的位置自动调整。将两个新层向上调整，使其分别位于编号1与编号2，即第1行与第2行。在第1行中单击“功能”单元格，在列表中选择功能类型，如选择“面层2[5]”，如图4-12所示，即可为该层指定“面层”功能。

此时“材质”单元格中显示“<按类别>”，单击单元格右侧的矩形按钮，弹出“材质浏览器”对话框。单击左上角的“项目材质”按钮，在列表中选择“<所有>”选项，材质列表中显示全部材质名称。

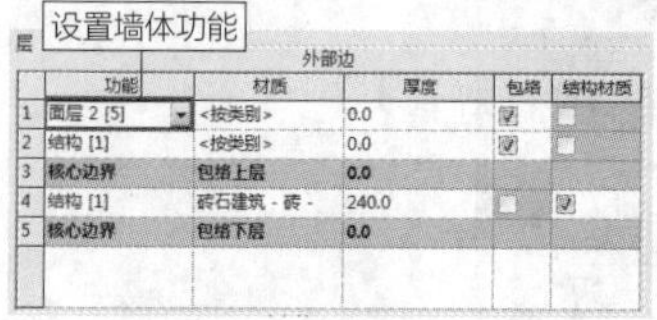

图 4-12 设置墙体功能

在列表中选择“分析墙表面”材质，单击鼠标右键，弹出快捷菜单，选择“复制”命令，如图4-13所示。在列表中显示材质副本，副本名称处于可编辑模式，如图4-14所示。

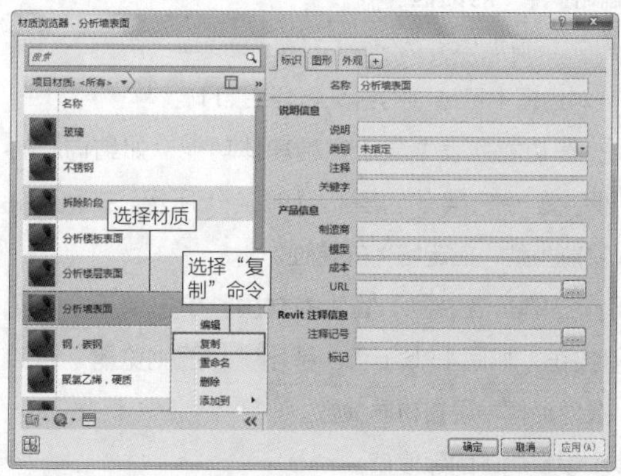

图 4-13 选择材质并复制

延伸讲解：

在“材质浏览器”对话框中不直接修改材质的默认参数，而是执行“复制”操作，在复制材质副本后，再在副本的基础上开展设置参数的操作。目的是保留原始材质的参数设置，提供参考作用。

用户可以自定义材质副本的名称，将材质副本命名为“外墙”，也可以沿用系统赋予的材质名称，如图4-15所示。

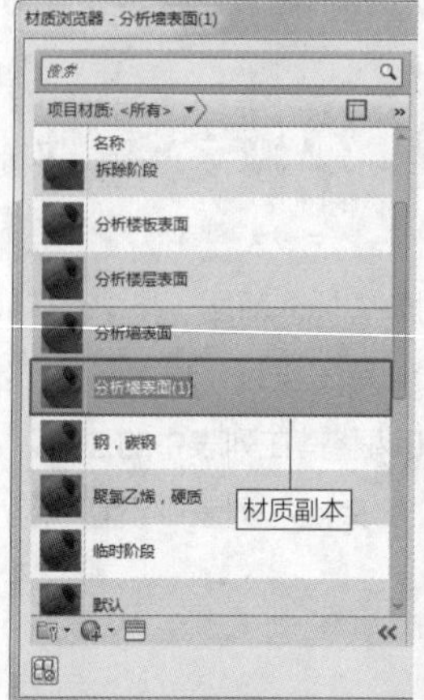

图 4-14 材质副本

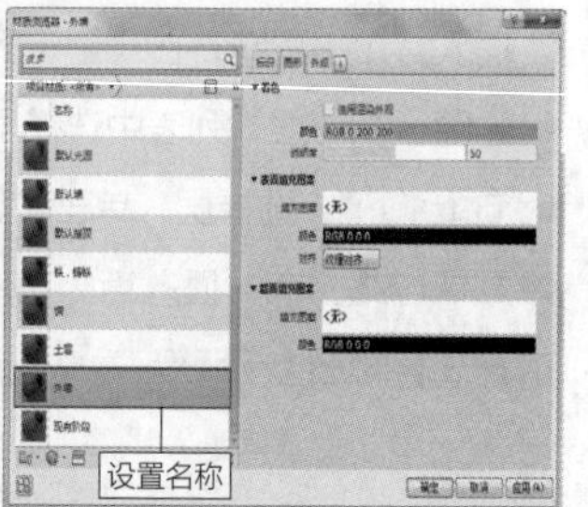

图 4-15 设置名称

(2)修改属性参数

在右侧界面中单击选择“标识”选项卡，在名称文本框中为材质设置一个名称，如“1号大楼-外墙”，如图4-16所示。为材质设置名称的作用是当项目中存在多种类型的材质时，通过搜索材质名称，可以快速地找到材质，方便应用材质或者编辑材质参数。

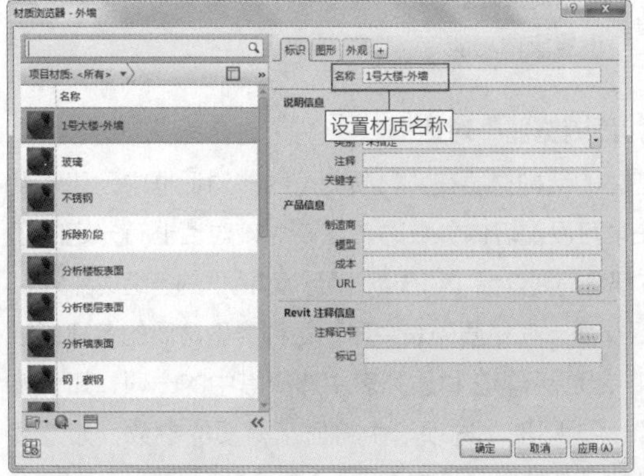

图 4-16 设置名称

选择“图形”选项卡，设置“着色”参数。单击“颜色”按钮，弹出“颜色”对话框。在对话框中设置参数，单击“确定”按钮关闭对话框，如图4-17所示。

图 4-17 设置参数

知识链接:

取消选择“颜色”按钮上方的“使用渲染外观”选项后，才可以通过单击“颜色”按钮弹出“颜色”对话框。取消选择该项后，“颜色”对话框中所设置的颜色仅用来显示墙体结构层，并不代表渲染时的材质颜色。

在“表面填充图案”选项组下单击“图案”按钮，弹出“填充样式”对话框。对话框中的“填充图案类型”选项组中选择“绘图”选项，在列表中选择“交叉填充”，如图4-18所示。单击“确定”按钮关闭对话框，在“填充图案”按钮中显示图案设置结果，如图4-19所示。

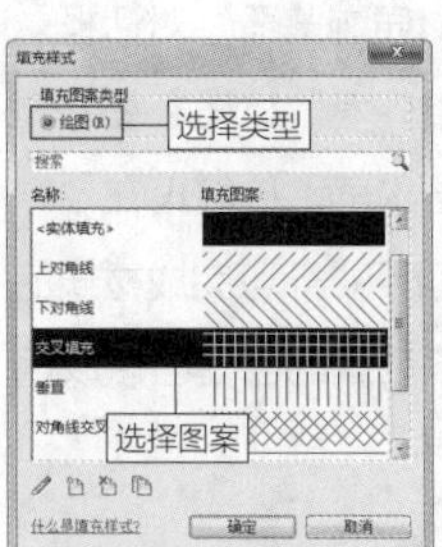

图 4-18 选择图案

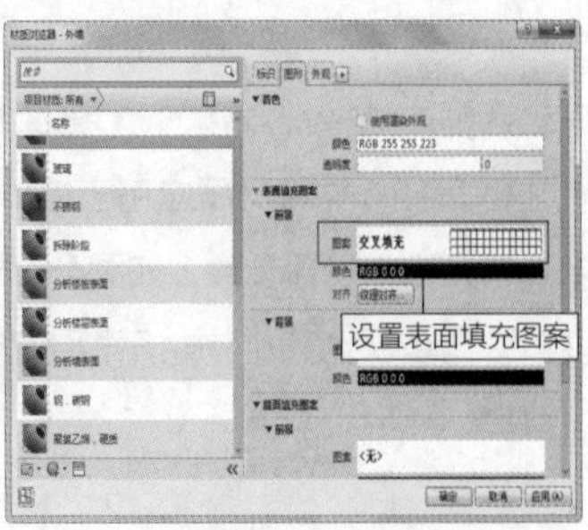

图 4-19 设置表面填充图案

在“截面填充图案”选项组中单击“图案”按钮，弹出“填充样式”对话框。在对话框中默认选择“绘图”类型的填充图案。在列表中选择截面填充图案，如选择“对角线交叉填充”，如图4-20所示。

图 4-20 设置截面填充图案

参数设置完毕后，在“材质浏览器”对话框中单击“确定”按钮，关闭对话框，返回“编辑部件”对话框。在“材质”单元格中显示已创建的材质名称，如图4-21所示。

层

	功能	材质	厚度	包络	结构材质
	外部边				
1	面层 2 [5]	1号大楼-外墙	0.0	☑	☐
2	结构 [1]	<按类别>	0.0	☑	☐
3	核心边界	包络上层	0.0		
4	结构 [1]	<按类别>	200.0	☐	☑
5	核心边界	包络下层	0.0		

显示材质名称

图 4-21 显示材质名称

延伸讲解:

可以自定义截面填充图案的类型，如“交叉填充”“垂直”“实体填充”等，本部分仅介绍如何设置填充图案，并不是说一定要选择某种样式的图案。

在“厚度”单元格中设置结构层的厚度值，如输入10，表示“面层”的厚度为10，如图4-22所示。其他结构层的材质可以在已有材质的基础上设置。将第2行的结构功能设置为“衬底[2]”，弹出“材质浏览器”对话框。在对话框中选择已创建的“1号大楼-外墙”材质，复制材质并重命名，并将材质应用于墙体结构层。接着再在“厚度”单元格中设置参数，如图4-23所示，即可完成材质的设置。与首次创建结构材质相比较，后续的创建与修改简单得多。

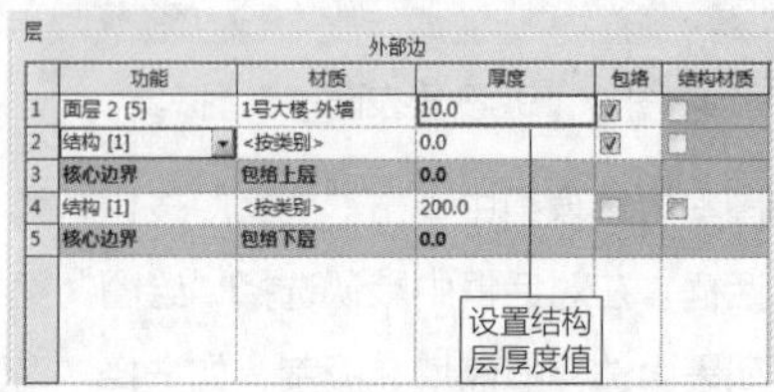

层

外部边

	功能	材质	厚度	包络	结构材质
1	面层 2 [5]	1号大楼-外墙	10.0	☑	☐
2	结构 [1]	<按类别>	0.0	☑	☐
3	核心边界	包络上层	0.0		
4	结构 [1]	<按类别>	200.0	☐	☐
5	核心边界	包络下层	0.0		

图 4-22 设置结构层厚度值

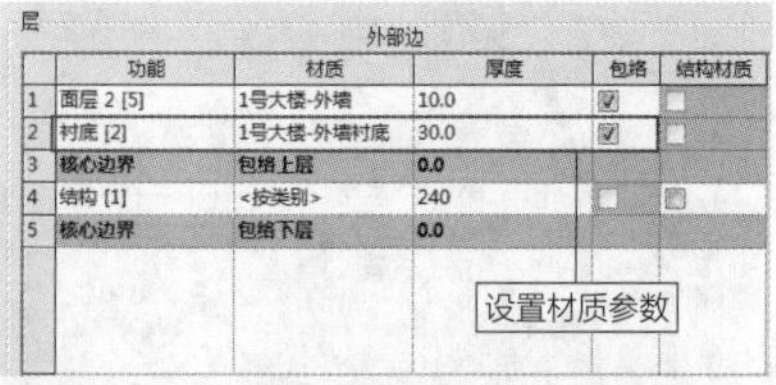

层

外部边

	功能	材质	厚度	包络	结构材质
1	面层 2 [5]	1号大楼-外墙	10.0	☑	☐
2	衬底 [2]	1号大楼-外墙衬底	30.0	☑	☐
3	核心边界	包络上层	0.0		
4	结构 [1]	<按类别>	240	☐	☐
5	核心边界	包络下层	0.0		

设置材质参数

图 4-23 设置材质参数

答疑解惑：“层”列表中结构层排列顺序的含义是什么？

弹出“墙”的“编辑部件”对话框，在“层”列表中，默认有3个结构层，分别是“核心边界”“结构[1]”“核心边界”。其中位于第1行与第3行的“核心边界”是指墙体的外墙面和内墙面，第2行的“结构[1]”是指处于“核心边界”中间的墙体结构。

在列表中新增两个结构层，即“面层2[5]”“衬底[2]”。这表示墙体的构造层由外至内的排列顺序为“面层2[5]”“衬底[2]”“核心边界”“结构[1]”“核心边界”，即在外墙面原有“核心边界”的基础上，刷一遍“衬底”层，再刷一遍“面层”，以增加外墙体抵御外部环境侵蚀的能力。

综上所述，“层”列表中结构层的从上至下的排列顺序，表示的是墙体结构层由外至内的排列顺序。

在“编辑部件”对话框中单击“确定”按钮，返回“类型属性”对话框。“厚度”选项中显示出墙体的厚度，该厚度值由“编辑部件”对话框的“层”列表中各结构层的厚度相加得到。

在“功能”选项中打开列表，显示多种功能类型，如内部、外部、基础墙等。在列表中选择“外部”选项，如图4-24所示，即将创建的墙体作为外墙体。

图 4-24 设置墙体功能

4.“材质浏览器”对话框

墙体的结构材质在“材质浏览器”对话框中创建、设置，在学习设置墙体参数时，应该对该对话框有一定的了解。本部分简要介绍“材质浏览器”对话框的各组成部分。

- 项目材质：在材质列表中显示各种类型材质的名称，如图4-25所示。在材质列表中选择其中的一项，如“玻璃”，“图形”选项卡中将显示材质的参数，如“颜色”“透明度”“填充图案”。
- 创建、打开并编辑用户定义的库。单击按钮，弹出命令列表，选择“打开现有库”命令，弹出“选择文件”对话框，选择已有的库，单击“打开”按钮，即可启用库中的材质。选择其他命令，如“创建新库”“删除库”等，可以对库执行相应的操作。
- 创建并复制材质。单击按钮，在弹出的列表中选择“新建材质”命令，可以新建一个名称为“默认为新材质”的新材质，选择新建的材质，可以执行编辑、复制、重命名等操作，如图4-26所示。选择已有的材质，在列表中选择“复制选定的材质”命令，可以执行复制操作并得到该材质的副本。

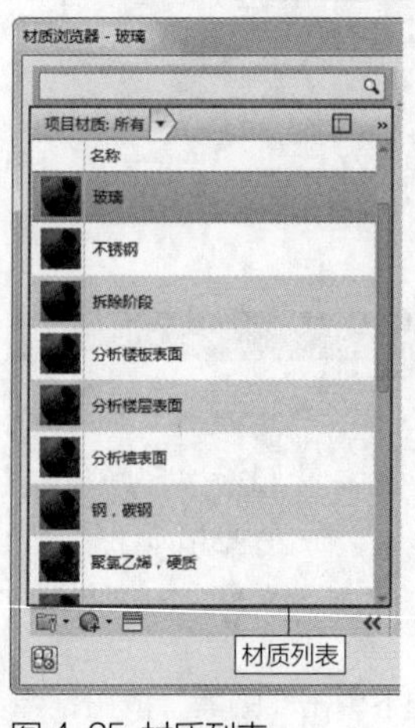
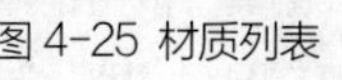

图 4-25 材质列表

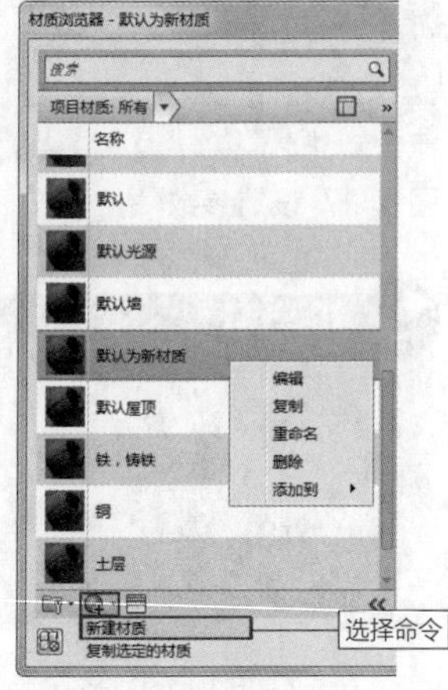

图 4-26 选择命令

- 打开/关闭资源浏览器。单击按钮，弹出图4-27所示的“资源浏览器”对话框，在其中显示物理资源及资源的详细信息，如资源名称、特征、类型和类别。

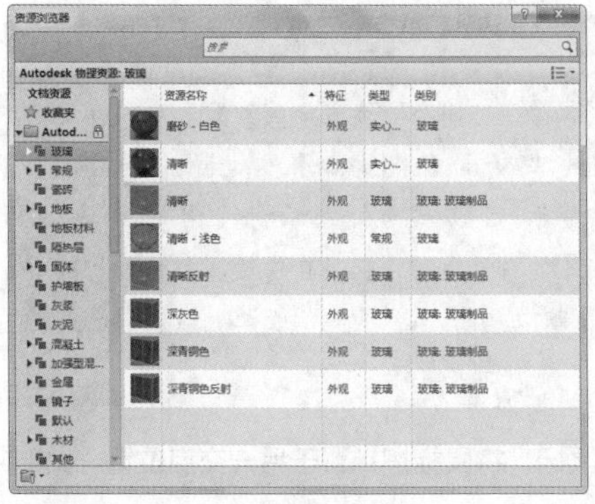

图 4-27　“资源浏览器”对话框

◆ 搜索：在文本框中输入材质名称，如输入“1号大楼”，单击文本框右侧的“搜索”按钮🔍，可以搜索并显示名称含“1号大楼”的所有材质，如图4-28所示。

◆ 显示更多选项»：单击按钮，显示“更改您的视图。”按钮☰，单击按钮，弹出类型列表，如图4-29所示。在列表中设置视图的显示样式，可以同步修改材质的显示方式。

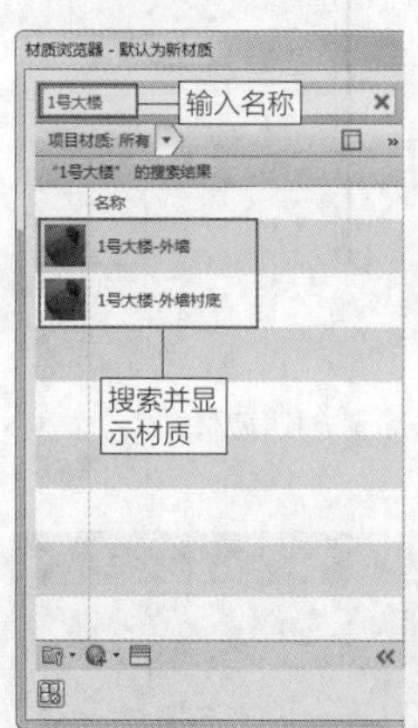

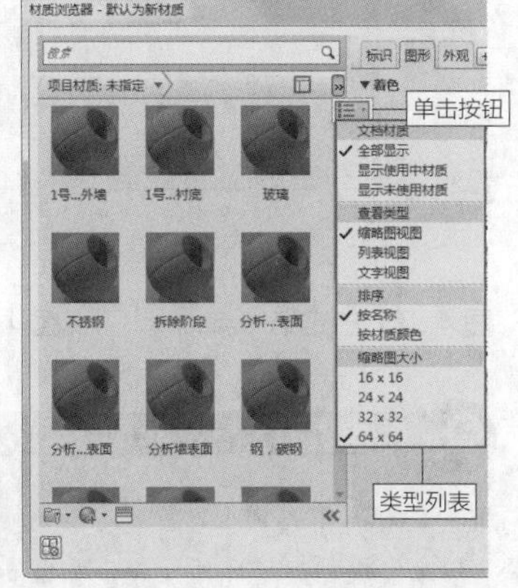

图 4-28　搜索并显示材质　　图 4-29　修改材质显示方式

延伸讲解：

在前面的知识中有讲到为材质命名，为材质指定名称后，就可以通过“搜索”文本框，搜索并显示该材质。特别是当项目中存在大量的材质时，该方法尤其适用。

◆ 显示/隐藏库面板。▣：单击按钮，在材质列表中显示库面板，如图4-30所示。用户可以自定义库面板的大小，还可查看其中材质的信息。

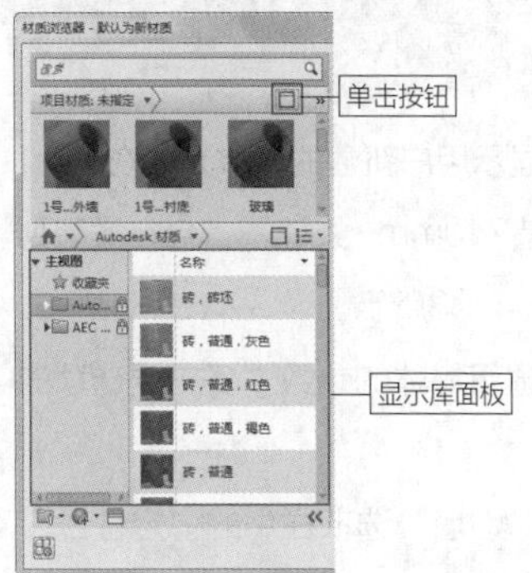

图 4-30　显示库面板

◆ 外观：在选项卡中显示选中的材质信息，如材质颜色、图像、光泽度等，如图4-31所示。用户还可自定义材质参数，如反射率、透明度、自发光等。

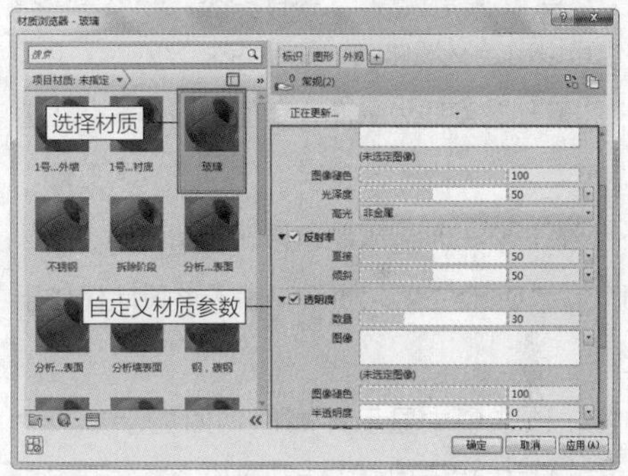

图 4-31　“外观”选项卡

“标识”和“图形”选项卡前面已有介绍，在此不赘述。

4.1.2　墙体概述　重点

在关闭“类型属性”对话框，完成墙体参数属性的设置后，就可以开始创建墙体。此时并未退出放置墙体的状态，因此可以紧接着开始创建墙体的操作。

在“修改|放置 墙”选项卡中单击“绘制”面板上的“线”按钮▱，在选项栏中设置“高度”为4000，选择“定位线”为“墙中心线”，选择“链”选项，设置“偏移”值为0，如图4-32所示。

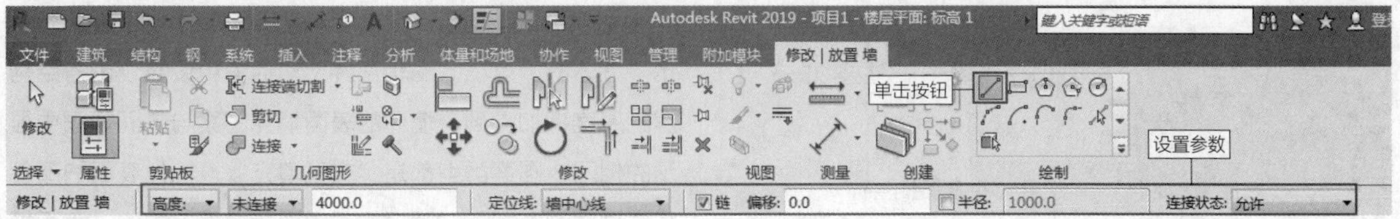

图 4-32　“修改 | 放置 墙”选项卡

延伸讲解：

选择“链”选项后，可以连续绘制多段墙体；取消选择该项后，每次只能绘制一段墙体。

“属性”选项板中会显示用户新建的墙体，如在4.1.1小节中创建的新墙体“砖墙240mm-外墙”，会在类型列表中显示该墙体名称，如图4-33所示。

在“约束”选项组下显示墙体的参数，各主要选项的含义介绍如下。

- 定位线：与在“修改|放置 墙”选项栏中的“定位线”选项相同。在选项列表中提供多种定位方式，一般选择“墙中心线”，通过拾取轴线或参照平面来创建墙体，中心线位于墙体中间。
- 底部约束：表示墙体底部的位置，通常与所在楼层相同，如在F1视图中创建墙体，“底部约束”默认显示为F1。用户也可以自定义墙体的“底部约束”。
- 底部偏移：以底部轮廓线为基准，负值向下偏移，正值向上偏移。
- 顶部约束：设置墙体的顶部限制条件，如墙体的“底部约束”为F1，“顶部约束”为F2，表示该段墙体位于F1与F2之间。
- 无连接高度：该选项中显示标高值，如显示参数为3000，表示F1与F2之间的高度为3000。系统会根据标高自动显示该参数。

通常情况下在轴网的基础上绘制墙体，也可以在参照平面上绘制。将鼠标指针放置在轴网交点上，两条相交的轴线高亮显示，并在交点位置显示交点符号，指定该点为起点，如图4-34所示。

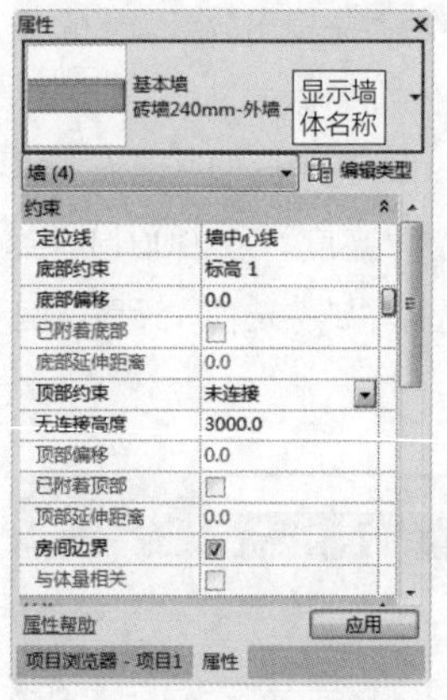

图4-33 “属性”选项板

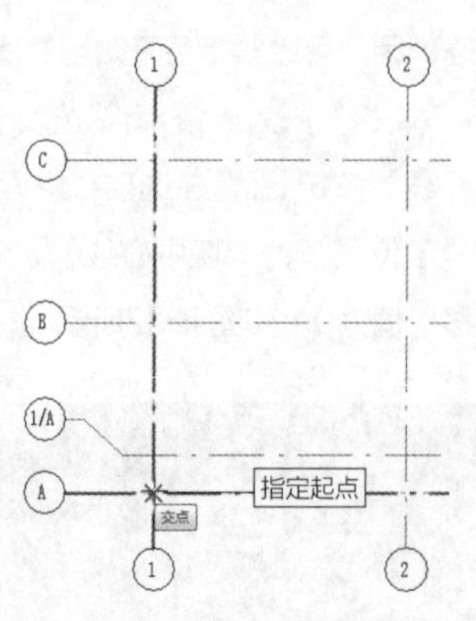

图4-34 指定起点

知识链接：

对于墙体名称，可能会有读者感到疑惑。在“材质浏览器”中设置的“1号大楼-外墙”名称，为什么不在“属性”选项板中显示？这是因为“材质浏览器”对话框中设置的名称是墙体的材质名称，仅限在“材质浏览器”对话框中使用。而墙体的名称在“类型属性”对话框中设置，并且在“属性”选项板中显示。

向上移动鼠标，将鼠标指针置于另一交点位置，此时可以显示起点与该点之间的距离及角度值，如图4-35所示。在交点处单击，指定终点，完成一段墙体的绘制。由于选择了“链”选项，此时并未退出放置墙体的状态，如图4-36所示。继续移动鼠标，单击指定下一点可以继续创建墙体。

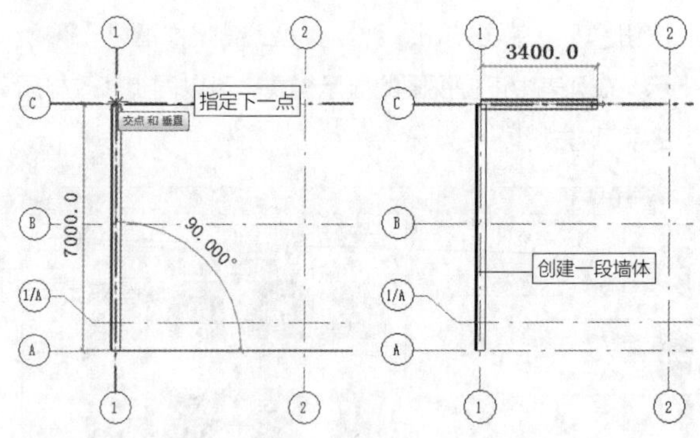

图4-35 指定下一点　　图4-36 创建墙体

延伸讲解：

Revit中允许在任意方向创建墙体，用户可以自定义方向来完成创建墙体的操作，本小节以垂直方向和水平方向为例介绍创建墙体的步骤。

在平面视图中创建墙体的同时，立面视图与三维视图中也会同步生成墙体。切换至立面视图，查看墙体的立面效果，如图4-37所示。墙体的表面填充图案在“材质浏览器”对话框中创建，材质的类型图案为“交叉填充”。在“属性”选项板中设置“底部约束”为F1，“无连接高度”为3000。在立面图中显示墙体在F1与F2之间，高度为3000。

切换至三维视图，查看墙体的三维效果，如图4-38所示。墙体的厚度在“编辑部件”对话框中设置，由各结构层的厚度相加得到。墙体的表面填充图案与立面视图中显示的相同，图案类型都是“交叉填充”。墙体表面的颜色在“材质浏览器”对话框的“图形”选项卡中的“表面填充图案”选项组中设置。

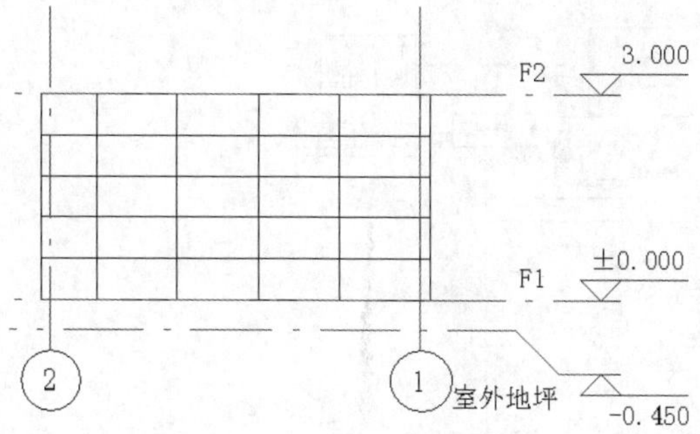

图 4-37 立面视图

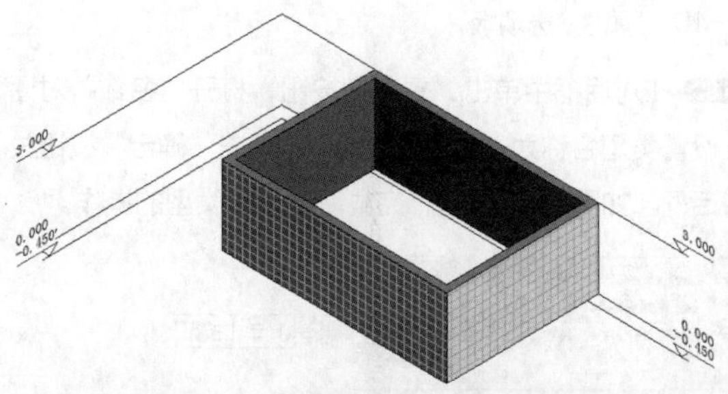

图 4-38 三维视图

知识链接：

单击快速访问工具栏中的“默认三维视图”按钮，可以快速切换至三维视图。

4.1.3 简析墙体结构 难点

在“编辑部件”对话框中为墙体的各结构层设置了相应的材质、厚度参数，绘制完成的墙体会继承这些属性参数，用户通过观察墙体的绘制效果，能够直观地了解墙体的构造。

在视图控制栏中设置视图的“详细程度”为“精细”，“视觉样式”为“真实”，如图4-39所示。在平面视图中滚动鼠标滚轮，放大视图，可查看墙体结构，如图4-40所示。

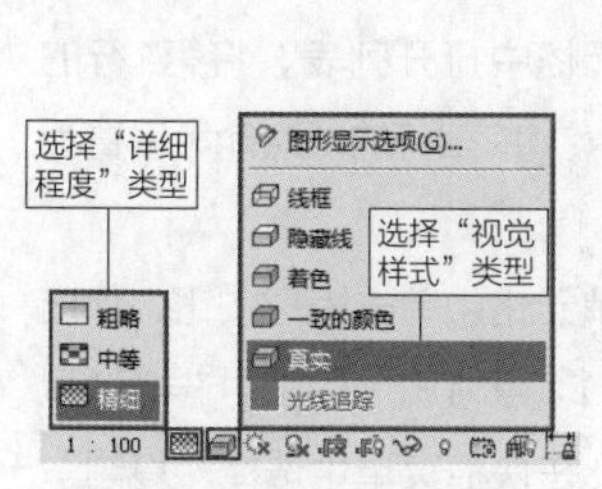

图 4-39 设置显示样式　　图 4-40 墙体结构

在“编辑部件”对话框中，结构层在列表中从上至下的排列顺序为“面层”“衬底”“核心边界”“结构”“核心边界”。在墙体中，结构层从外至内的排列顺序为“面层”“衬底”“结构层”。

核心边界用来定义墙体的核心结构与非核心结构。核心边界之间的结构层是墙体的核心结构，作为墙体存在的必要条件，不可缺少，如混凝土墙体、砖砌墙体等。核心结构以外的结构层，称为非核心结构，指墙体的装饰层，如面层、保温层、衬底等。

包络指墙体非核心构造层在端点位置的处理方式。在插入门、窗、洞口时，可按照设定的包络样式，处理墙体的开放端点。

“编辑部件”对话框中显示“核心边界”不可包络，其他结构层可以自定义包络样式。在“默认包络”选项组中设置“插入点”与“结束点”的包络样式，如在列表中选择包络样式为“外部”，如图4-41所示。

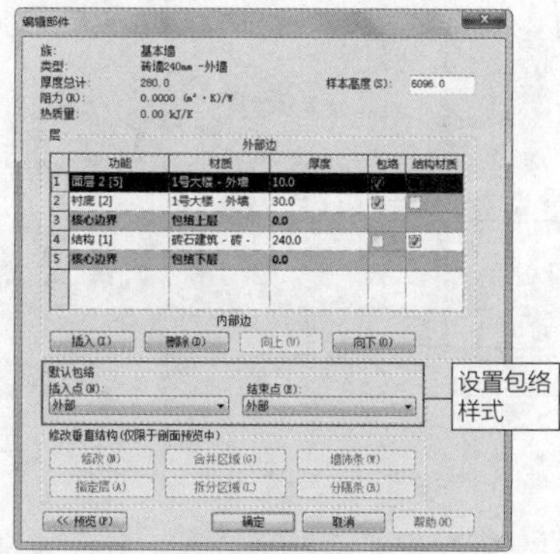

图 4-41 “编辑部件”对话框

单击“确定”按钮返回“类型属性”对话框，在“构造”选项组下显示“在插入点包络”与“在端点包络”方式均为“外部”，如图4-42所示。

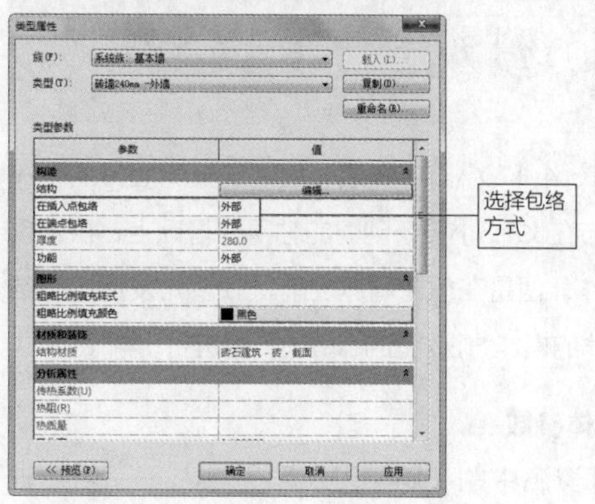

图 4-42 “类型属性”对话框

插入门图元后，开放端点的包络样式，如图4-43所示。取消墙体“包络”，插入门图元后，墙体的显示效果如图4-44所示。

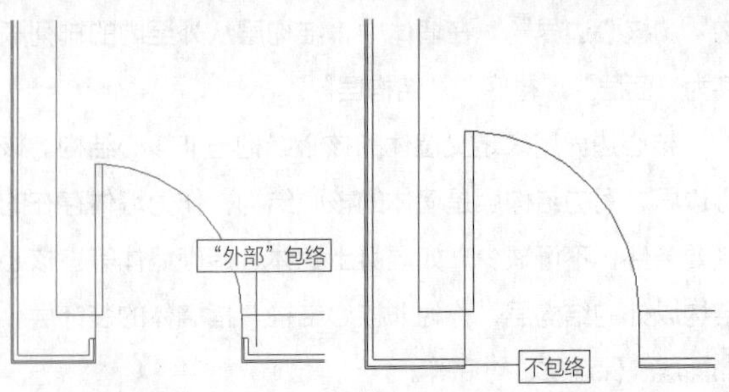

图 4-43 "外部"包络　图 4-44 "不包络"效果

在"编辑部件"对话框与"类型属性"对话框中提供了多种包络样式，如"不包络""外部""内部""两者"等，用户可以尝试选择这几种包络样式，观察效果，选择合适的样式为自己所用。

4.1.4 实战——设置墙体参数

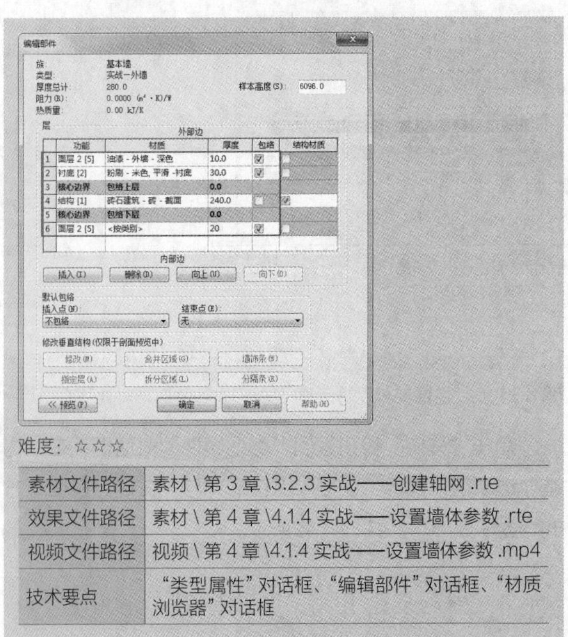

难度：☆☆☆

素材文件路径	素材\第3章\3.2.3 实战——创建轴网.rte
效果文件路径	素材\第4章\4.1.4 实战——设置墙体参数.rte
视频文件路径	视频\第4章\4.1.4 实战——设置墙体参数.mp4
技术要点	"类型属性"对话框、"编辑部件"对话框、"材质浏览器"对话框

在4.1.1、4.1.2小节中介绍了墙体参数与墙体的相关知识，本小节在3.2.3小节所创建的轴网的基础上，执行创建墙体的操作。但是在创建墙体之前，应该先设置墙体参数。创建墙体的操作方法将在4.1.5小节中进行讲解。

1. 设置外墙体参数

Step 01 打开资源中的"第3章\3.2.3 实战——创建轴网.rte"文件，在此基础上执行设置墙体参数的操作。

Step 02 选择"建筑"选项卡，在"构建"面板上单击"墙"按钮，进入"修改|放置 墙"选项卡。在"属性"选项板中选择"砖墙240mm"选项，单击"编辑类型"按钮，如图4-45所示，打开"类型属性"对话框。

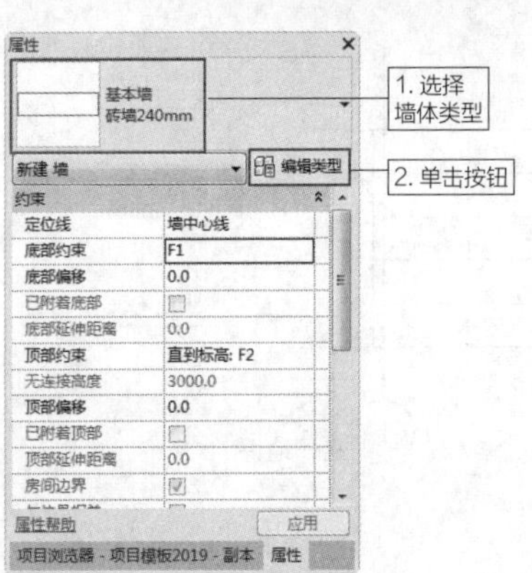

图 4-45 "属性"选项板

Step 03 在对话框中单击"复制"按钮，打开"名称"对话框，设置类型名称为"实战-外墙"，单击"确定"按钮关闭对话框，如图4-46所示，完成新建墙体类型的操作。

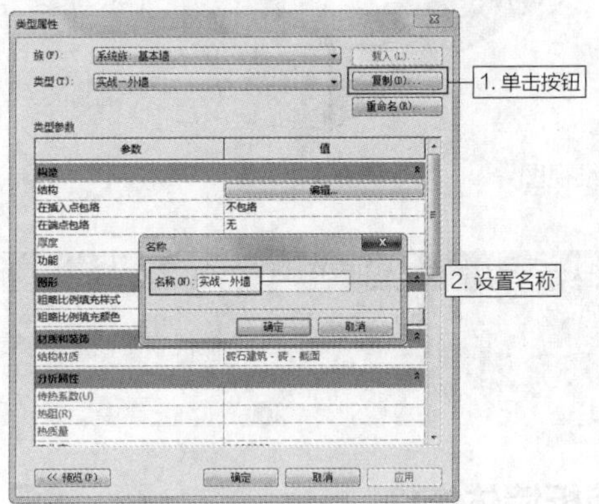

图 4-46 新建墙体类型

延伸讲解：

在"属性"选项板中选择墙体类型，在进入"类型属性"对话框后，可以以该墙体类型为基础，执行复制、重命名墙体或修改墙体参数等操作。也可以在"类型属性"对话框的"类型"列表中选择墙体类型。

Step 04 在"结构"选项中单击"编辑"按钮，打开"编辑部件"对话框。单击"插入"按钮，在列表中插入两个新层。通过单击"向上"按钮，将两个新层的位置固定在第1行与第2行。在"功能"单元格中打开列表，将第1行的"功能"设置为"面层2[5]"，将第2行的"功能"设置为"衬底[2]"，如图4-47所示。

Step 05 在第1行的"材质"单元格中单击矩形按钮，弹出"材质浏览器"对话框。在"项目材质"列表中选择"默认墙"材质，单击鼠标右键，在快捷菜单中选择"复制"命令，如图4-48所示。完成材质副本的创建。

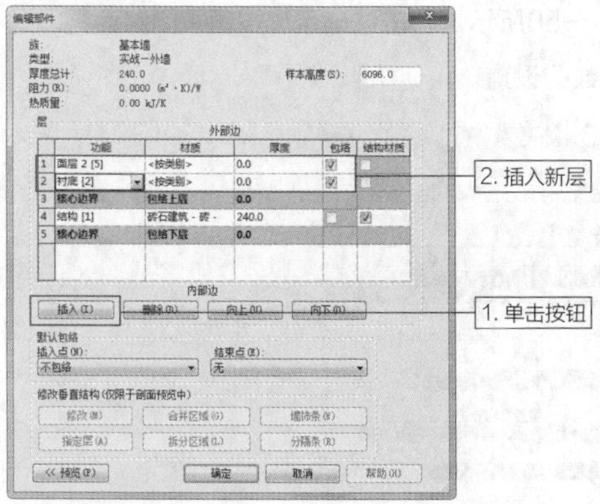

图 4-47 插入新层

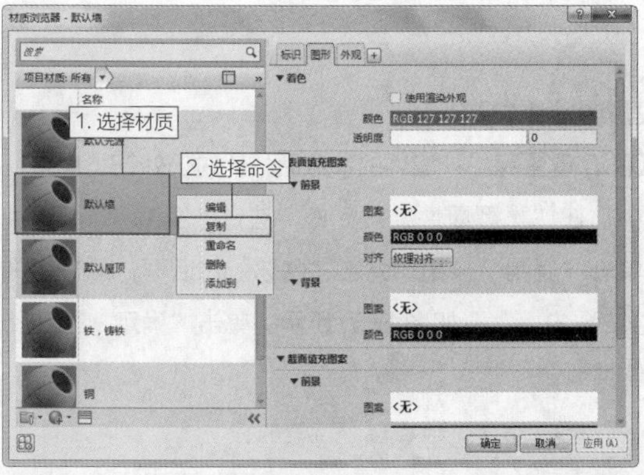

图 4-48 选择“复制”命令

Step 06 将材质副本名称命名为“墙漆-外墙-深色”，如图4-49所示。在右侧的“颜色”选项中单击，弹出“颜色”对话框。

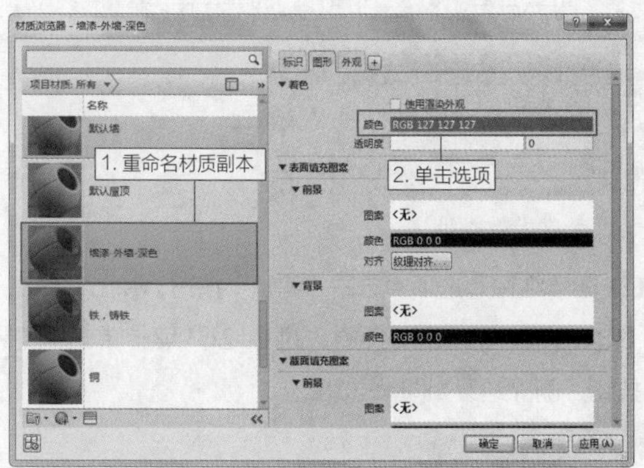

图 4-49 重命名材质副本

Step 07 在调色盘中指定颜色的种类，单击“确定”按钮返回“材质浏览器”对话框，“颜色”选项中显示出指定的颜色，如图4-50所示。

Step 08 单击“确定”按钮，关闭“材质浏览器”对话框，返回“编辑部件”对话框。

Step 09 第2行中的“材质”单元格中单击矩形按钮，弹出“材质浏览器”对话框。在材质列表中选择“墙漆-外墙-深色”材质，单击鼠标右键，选择“复制”命令，如图4-51所示。

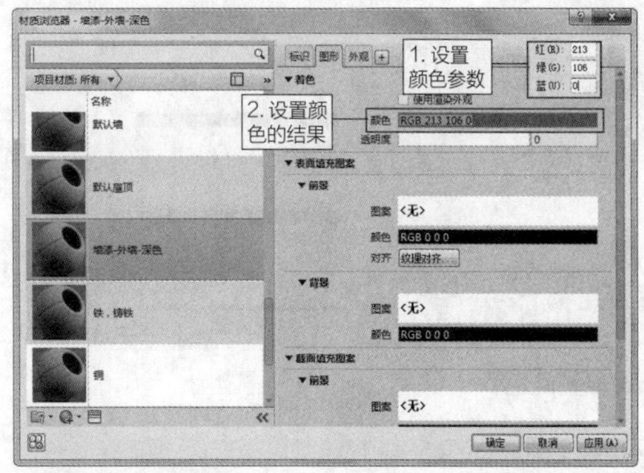

图 4-50 设置颜色

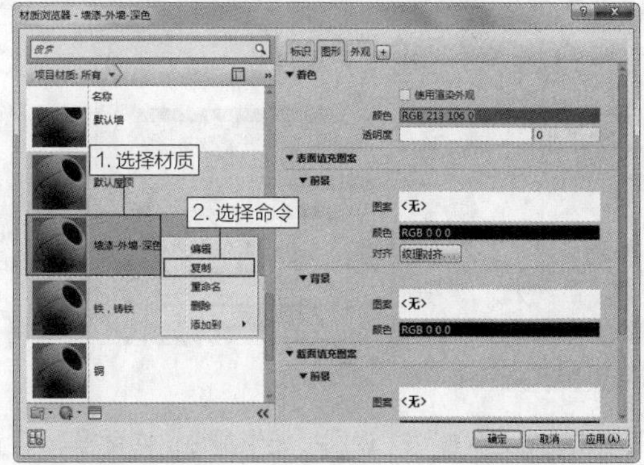

图 4-51 选择“复制”命令

Step 10 将材质副本命名为“墙漆-内墙-米色”，如图4-52所示。

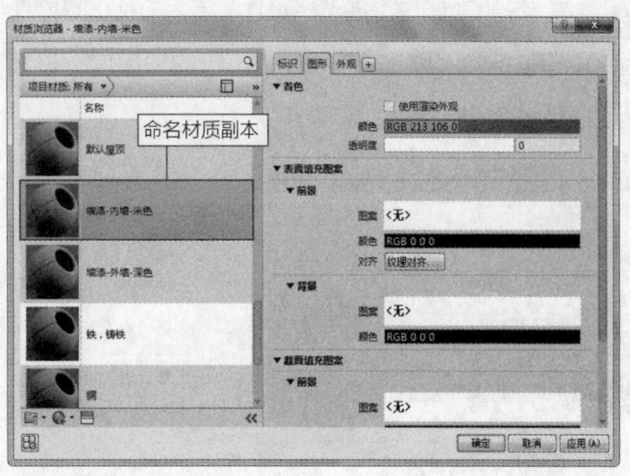

图 4-52 命名材质副本

Step 11 单击“颜色”选项，打开“颜色”对话框，指定颜色。单击“确定”按钮返回“材质浏览器-墙漆-内墙-米色”对话框，如图4-53所示。

Step 12 在“截面填充图案”选项组下单击“图案”按钮，打开“填充样式”对话框，选择“对角交叉影线”图案，单击“确定”按钮，返回“材质浏览器-墙漆-内墙-米色”对话框，设置填充图案，如图4-54所示。

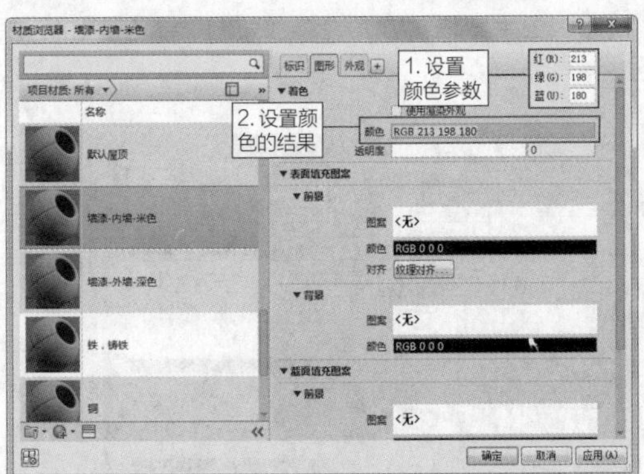

图 4-53 设置颜色

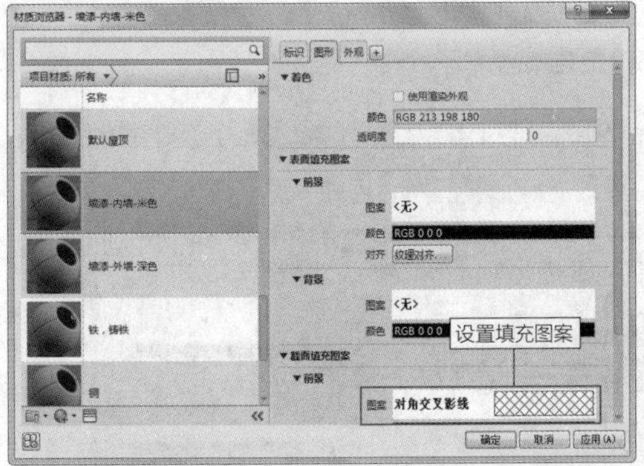

图 4-54 设置填充图案

Step 13 单击“确定”按钮，返回“编辑部件”对话框。

Step 14 单击“插入”按钮，在列表中插入一个新层。单击“向下”按钮，向下移动新插入的层，使其位于第6行。将该行的“功能”设置为“面层2[5]”。

Step 15 将第1行的“厚度”设置为10，第2行的“厚度”设置为30，第4行的“厚度”不变，第6行的“厚度”设置为20，如图4-55所示。

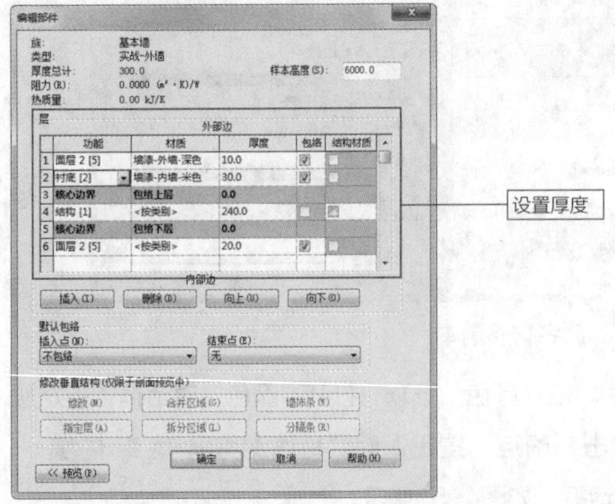

图 4-55 设置厚度

Step 16 单击“确定”按钮关闭对话框，返回“类型属性”对话框。在“厚度”选项中显示300，是外墙体的厚度，由各结构层的厚度相加得到。将“功能”设置为“外部”，如图4-56所示。单击“确定”按钮关闭对话框，完成外墙体参数的设置。

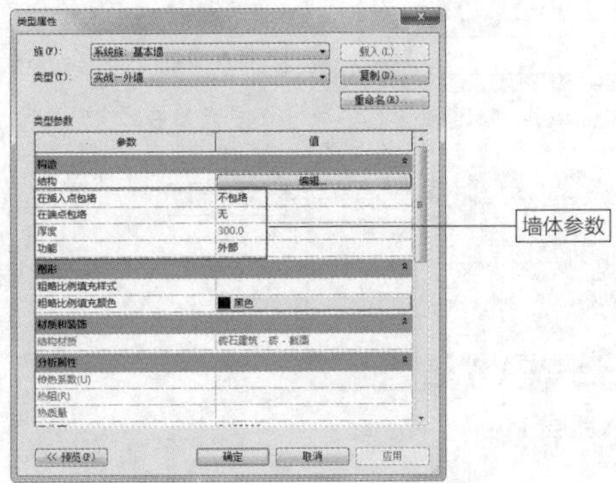

图 4-56 墙体参数

2. 设置内墙体参数

Step 01 在设置完成外墙体的参数后，此时仍处在“墙体”命令中。在“类型属性”对话框中选择“实战-外墙”类型，单击“复制”按钮，弹出“名称”对话框，设置名称为“实战-内墙”，如图4-57所示。单击“确定”按钮新建墙体类型。

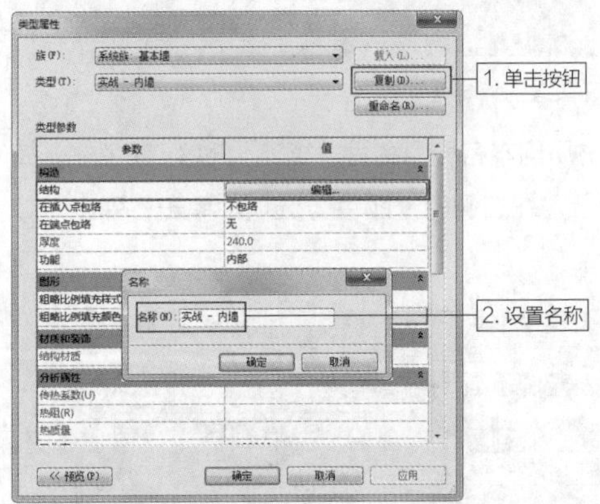

图 4-57 新建墙体类型

Step 02 在“结构”选项中单击“编辑”按钮，弹出“编辑部件”对话框。选择第2行的“衬底[2]”层，单击“删除”按钮，删除结果如图4-58所示。

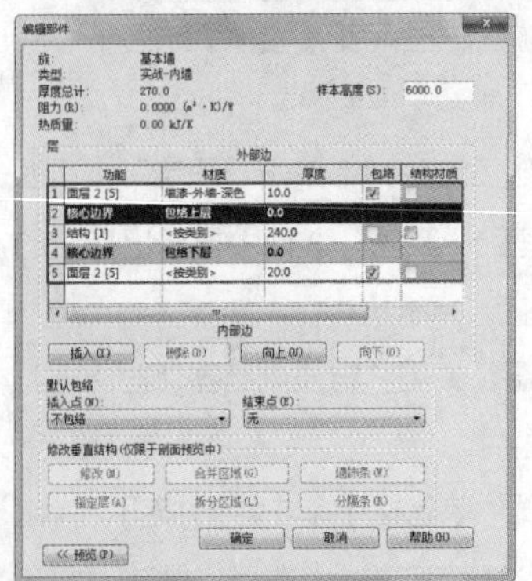
图 4-58 删除层

Step 03 在第1行中单击“材质”单元格中的矩形按钮，打开“材质浏览器”对话框。在材质列表中选择名称为“墙漆-内墙-米色”的材质，单击“确定”按钮返回“编辑部件”对话框。执行相同的操作，将“墙漆-内墙-米色”材质赋予第5行。修改第1行的“厚度”为20，第3行的厚度为200，第5行的“厚度”为20，如图4-59所示。单击“确定”按钮关闭对话框，返回“类型属性”对话框。

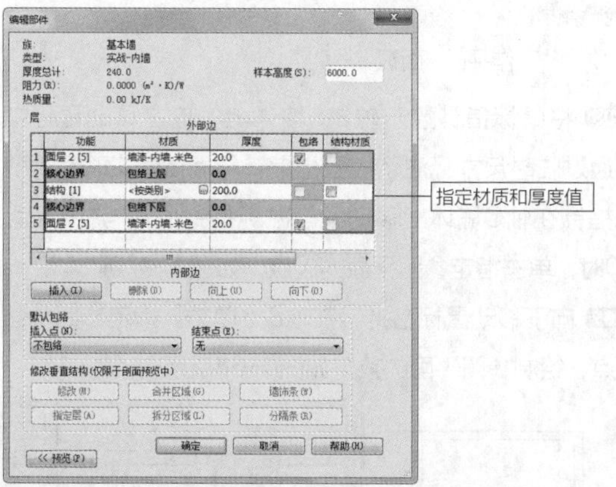

图 4-59 指定材质和厚度值

Step 04 在对话框中显示墙体的“厚度”为240，设置“功能”为“内部”，如图4-60所示。单击“确定”按钮关闭对话框，完成设置内墙体参数的操作。

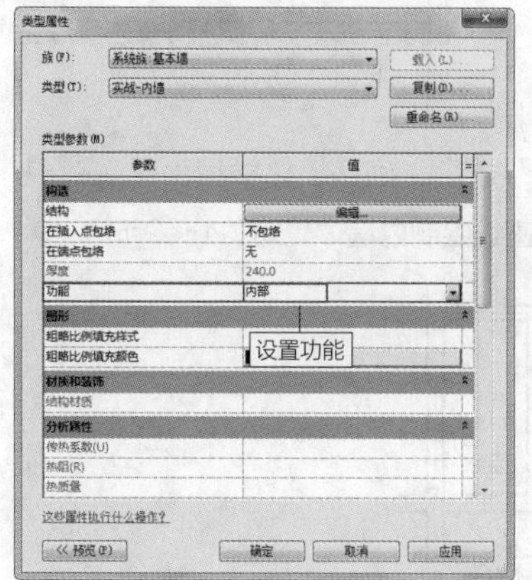

图 4-60 设置功能

4.1.5 实战——创建墙体

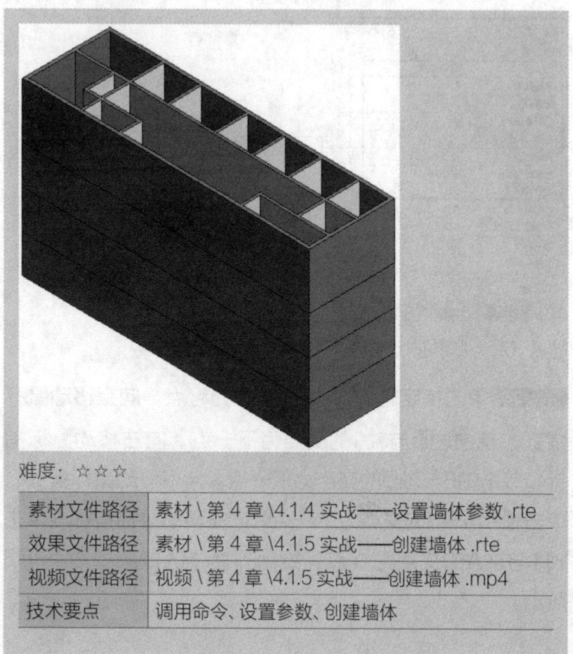

难度：☆☆☆

素材文件路径	素材 \ 第 4 章 \4.1.4 实战——设置墙体参数 .rte
效果文件路径	素材 \ 第 4 章 \4.1.5 实战——创建墙体 .rte
视频文件路径	视频 \ 第 4 章 \4.1.5 实战——创建墙体 .mp4
技术要点	调用命令、设置参数、创建墙体

在4.1.4小节中分别为外墙体与内墙体设置了属性参数，本小节在4.1.4小节的基础上，介绍创建外墙体与内墙体的操作方法。

1. 创建墙体

Step 01 打开资源中的“第4章\4.1.4 实战——设置墙体参数.rte”文件。

Step 02 选择“建筑”选项卡，在“构建”面板上单击“墙”按钮，进入“修改|放置 墙”选项卡。在“绘制”面板上单击“线”按钮，在选项栏中设置“高度”为F2、“定位线”为“墙中心线”、选择“链”选项、“偏移”值为0，如图4-61所示。

Step 03 在“属性”选项板中选择墙体类型为“实战-外墙”类型，设置“底部约束”为F1、“顶部约束”为“直到标高：F2”，如图4-62所示，表示在F1与F2之间创建墙体。

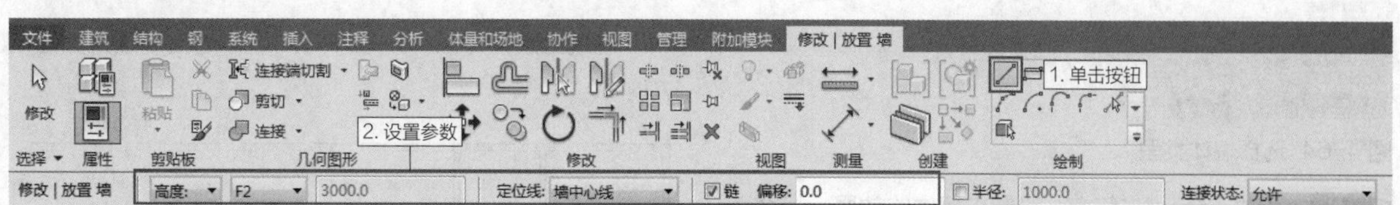

图 4-61 “修改 | 放置 墙”选项卡

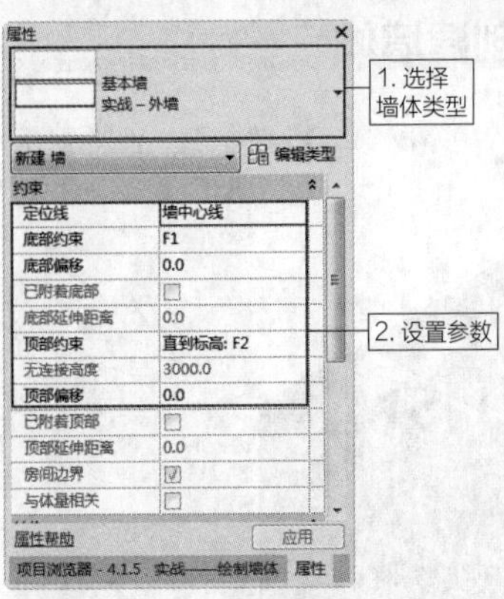

图 4-62 “属性”选项板

Step 04 单击指定轴1与轴A的交点为起点，向上移动鼠标指针，单击轴D与轴1的交点为下一点。向右移动鼠标指针，单击轴8与轴D的交点为下一点。向下移动鼠标指针，单击轴A与轴8的交点为下一点。向左移动鼠标指针，单击轴1与轴A的交点为终点，绘制外墙体的效果如图4- 63所示。

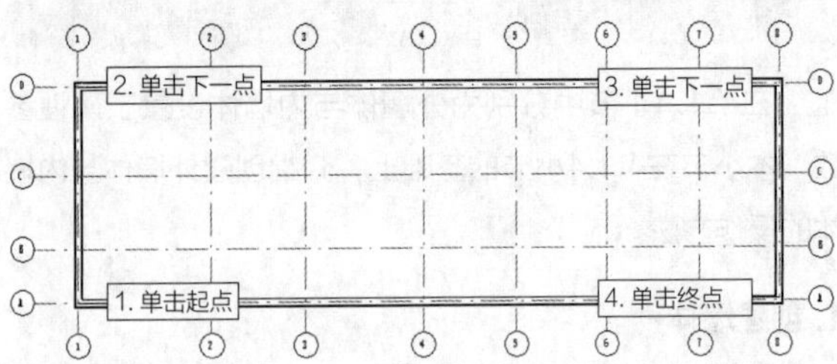

图 4-63 绘制外墙体

Step 05 按Esc键，退出绘制外墙体的操作。此时仍处在创建墙体的命令中，在“属性”选项板中更改墙体类型为“实战-内墙”，其他参数保持不变，如图4-64所示。

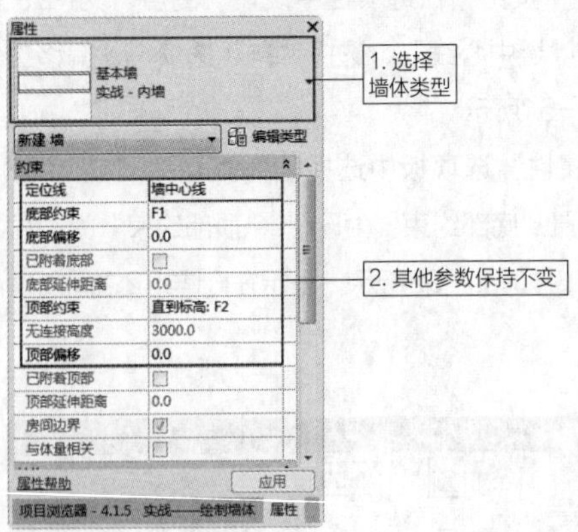

图 4-64 选择墙体类型

Step 06 分别指定起点与终点，绘制内墙体的效果，如图4-65所示。

Step 07 在“建筑”选项卡中的“工作平面”面板上单击“参照 平面”按钮，如图4-66所示。进入“修改|放置 参照平面”选项卡，在“绘制”面板上单击“线”按钮。

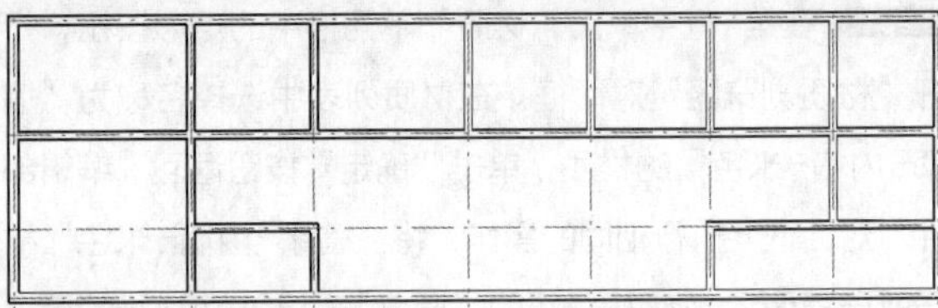

图 4-65 绘制内墙体

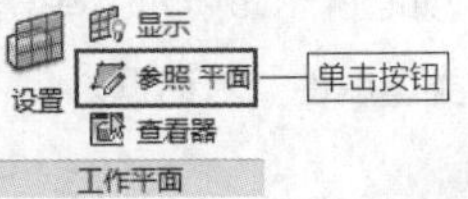

图 4-66 “工作平面”面板

Step 08 将鼠标指针置于轴2的墙体上，向左移动鼠标指针，通过临时尺寸标注了解鼠标指针与墙体的实时间距。鼠标指针在轴C墙体上移动，当鼠标指针位置与轴2相距1400时，单击指定参照平面的起点，如图4-67所示。

Step 09 向下移动鼠标指针，在轴B上单击，指定参照平面的终点，绘制参照平面的效果如图4-68所示。

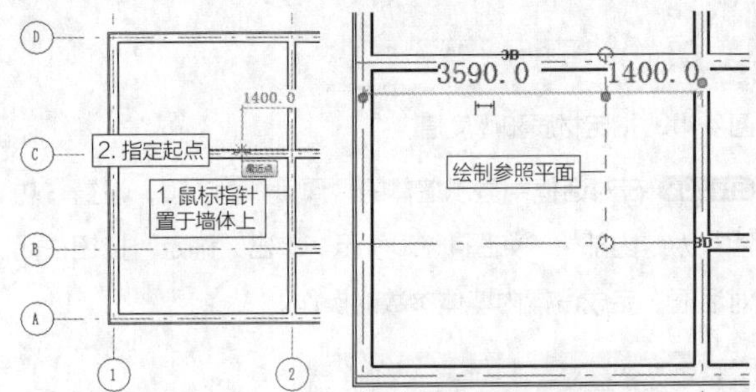

图 4-67 指定起点 图 4-68 绘制参照平面

Step 10 启用“墙体”命令，确认墙体类型为“实战-内墙”，以参照平面为基线绘制内墙体，如图4-69所示。

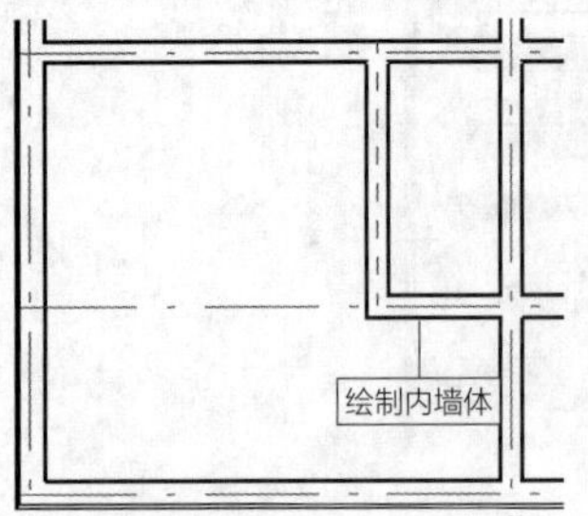

图 4-69 绘制内墙体

完成上述操作后，外墙体与内墙体的绘制效果如图4-70所示。

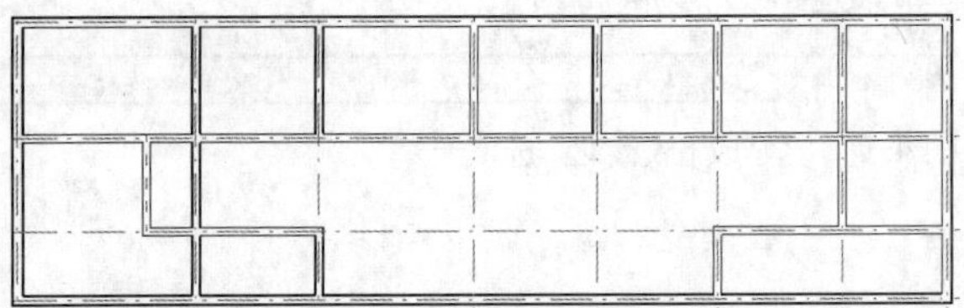

图 4-70 绘制效果

2. 复制墙体

Step 01 切换至南立面视图，观察墙体的立面效果，如图4-71所示。

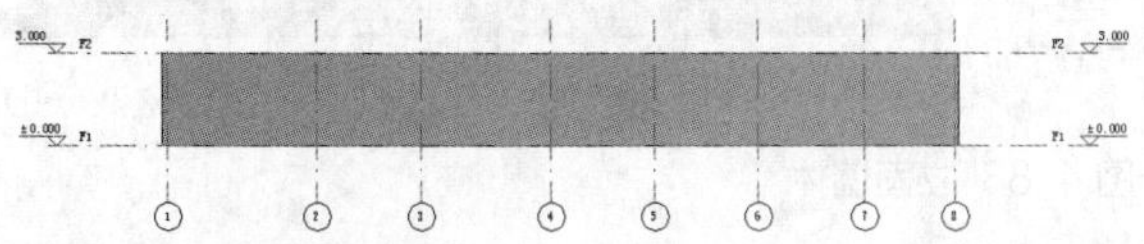

图 4-71 南立面视图

> **延伸讲解：**
>
> 视图中墙体的材质颜色是在“材质浏览器”对话框中设置的。因为已将外墙体的材质设置为“油漆-外墙-深色”，并在“颜色”选项中设置了颜色参数，所以当在立面视图或三维视图中观察墙体时，可以显示墙体的材质颜色。

Step 02 激活“基准”面板上的“标高”命令，在立面图中创建标高，与标高F1相距-0.450，系统将新标高命名为F6，如图4-72所示。

Step 03 选择标高，单击标高数字，进入编辑模式，修改标高名称为“地平面”，并激活“添加弯头”符号，为标高线添加弯头，向下移动标高符号的位置，如图4-73所示。

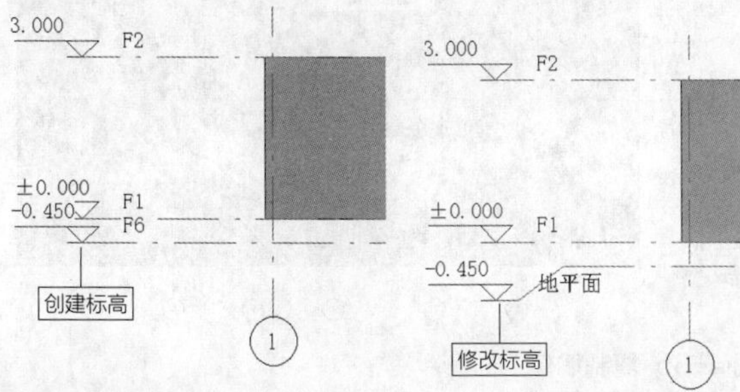

图 4-72 创建标高　　图 4-73 修改标高

> **知识链接：**
>
> 地平面与建筑物的高度差为450mm，这是为了通过台阶或者坡道建立连接，方便人们出行。

Step 04 切换至F1视图，全选墙体，如图4-74所示；在“属性”选项板中修改“底部约束”为“地平面”，如图4-75所示。将墙体的底部约束修改为“地平面”，表示墙体位于地平面与F2之间。

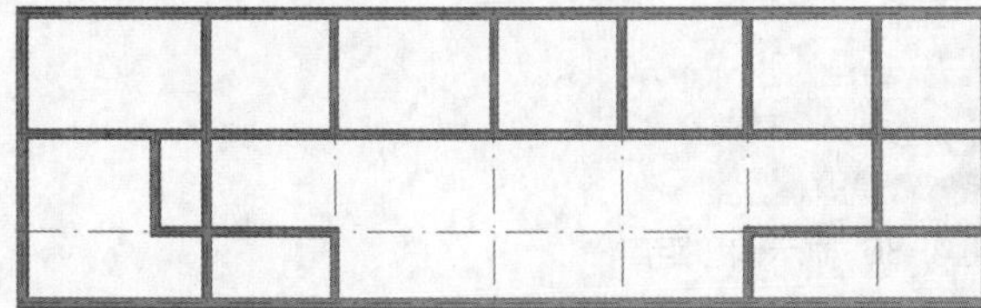

图 4-74 全选墙体

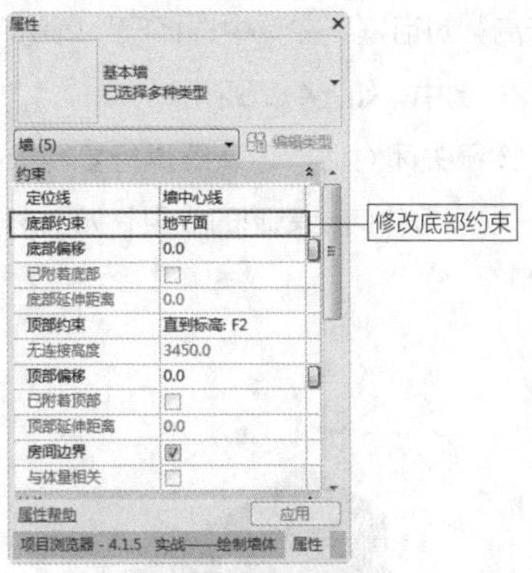

图 4-75 修改底部约束

Step 05 切换至南立面视图，观察墙体底部延伸至“地平面”的效果，如图4-76所示。

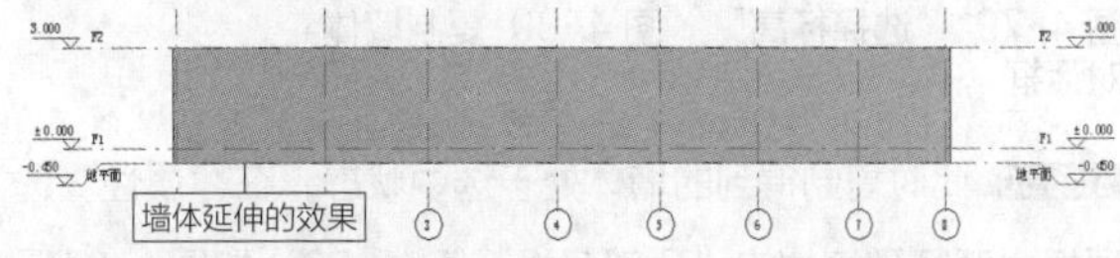

图 4-76 延伸墙体

> **延伸讲解：**
>
> 也可以在立面图中修改墙体的属性，但是立面图中并未显示所有的墙体，仅显示位于某个立面上的墙体，如南立面。而平面图中清楚地显示了所有的墙体，可以快速选择墙体并修改参数，所以通常在平面图中执行修改墙体参数的操作。

Step 06 保持墙体的选择状态不退出，在“修改|墙”选项卡中单击“剪贴板”上的“复制到剪贴板”按钮，如图4-77所示，将选中的墙体复制到剪贴板上。

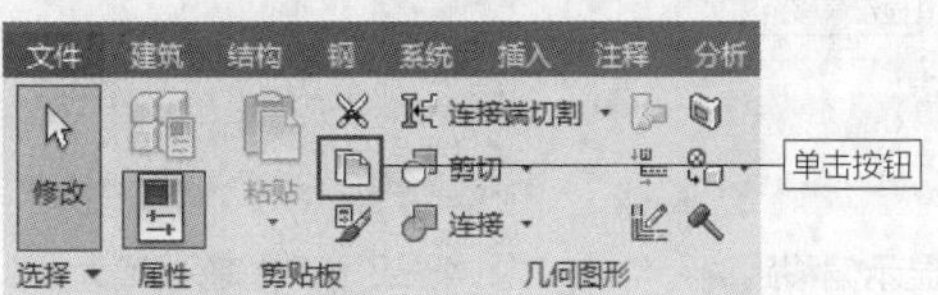

图 4-77 单击“复制到剪贴板”按钮

Step 07 单击“粘贴”按钮，在弹出的下拉菜单中选择“与选定的标高对齐”命令，如图4-78所示。

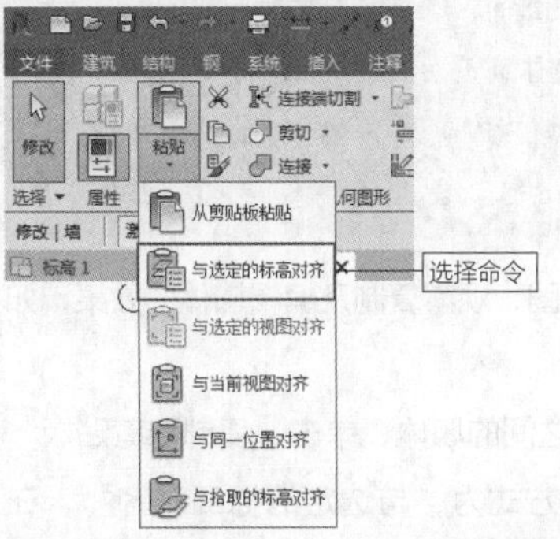

图 4-78 选择命令

Step 08 弹出“选择标高”对话框，在其中选择F2，表示将选中的墙体复制到F2视图中，如图4-79所示。

Step 09 单击“确定”按钮关闭对话框，系统执行复制操作。切换至三维视图，观察墙体向上复制的效果，如图4-80所示。

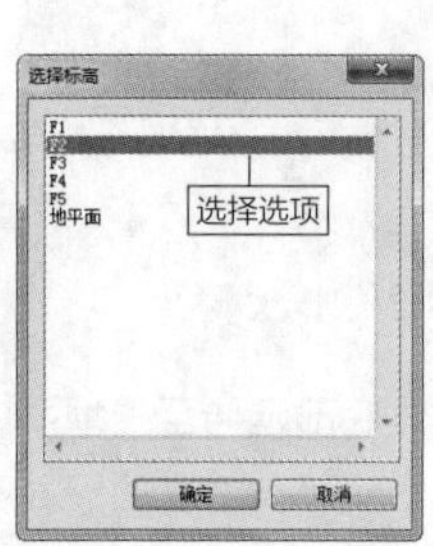

图 4-79 “选择标高”对话框

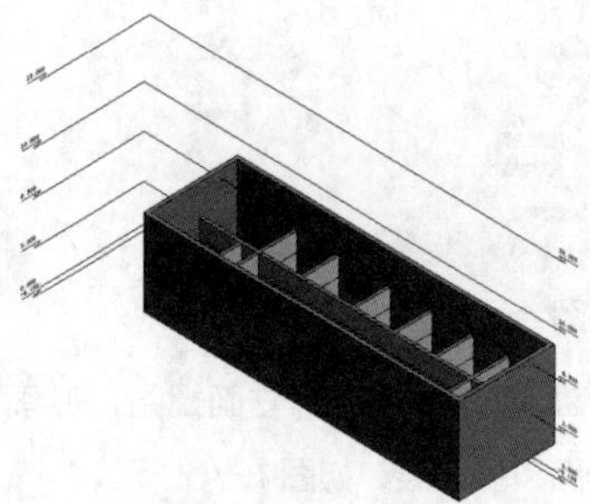

图 4-80 复制墙体

Step 10 此时复制得到的墙体处于选中状态，在“属性”选项板中观察到墙体的“顶部偏移”值为-50，如图4-81所示，表示墙体的顶部位于F3向下50mm的位置。

Step 11 修改“顶部偏移”值为0，使得墙体的顶部与F3标高线重合，如图4-82所示。

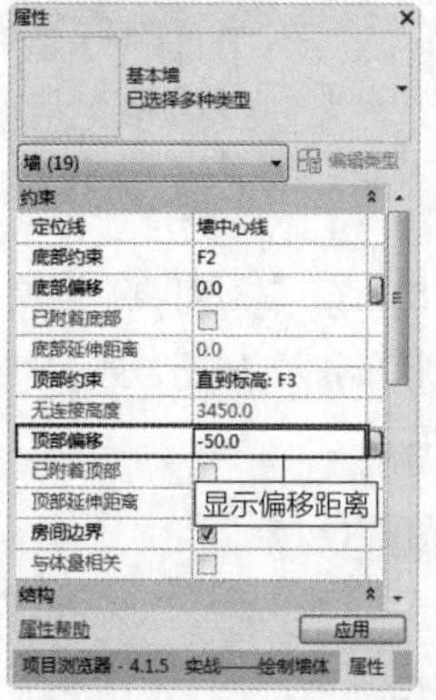

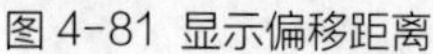

图 4-81 显示偏移距离

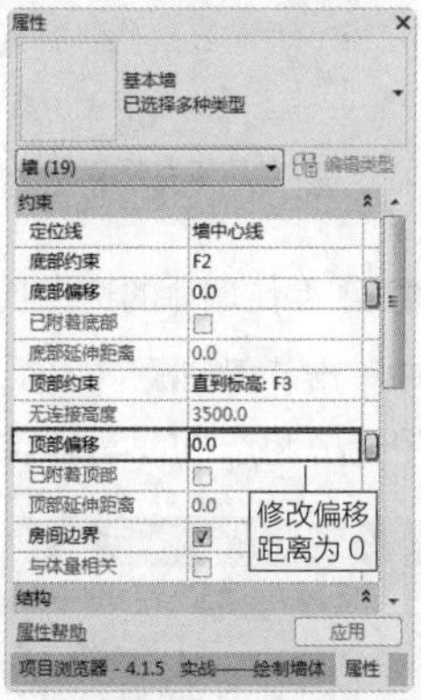

图 4-82 修改偏移距离为 0

知识链接：

已经在地平面与F2之间创建的墙体高度为3450mm，F2与F3之间的距离为3500mm。执行复制墙体的操作后，此时位于F2与F3之间的墙体高度为3450mm，需要修改墙体的“顶部偏移”值，使墙体的高度为3500mm，以适应F2与F3之间的距离。

Step 12 切换到立面视图，观察复制及编辑墙体的效果，如图4-83所示。

Step 13 选择F2与F3之间的墙体，单击“复制到剪贴板”按钮，选择“粘贴”方式为“与选定的标高对齐”，在“选择标高”对话框中选择F3、F4，如图4-84所示。

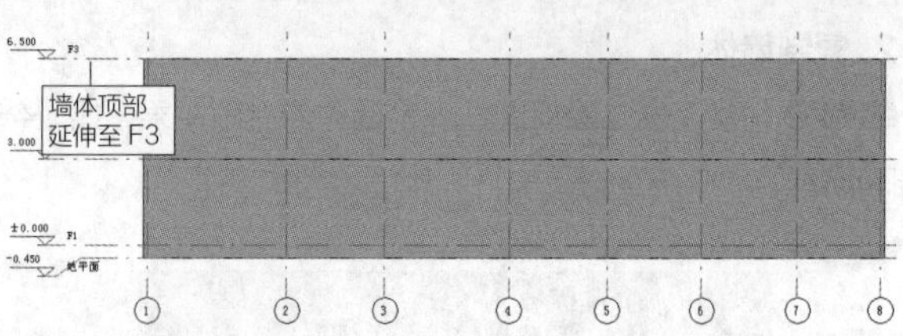

图 4-83 立面墙体

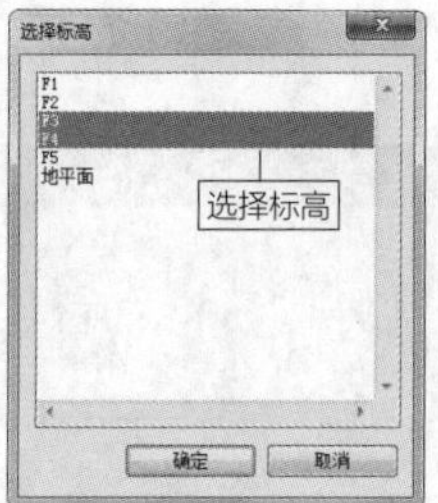

图 4-84 选择标高

Step 14 在立面视图中观察复制墙体的效果，如图4-85所示。此时，F4与F5之间的墙体明显低于F5标高线，需要修改墙体属性参数。

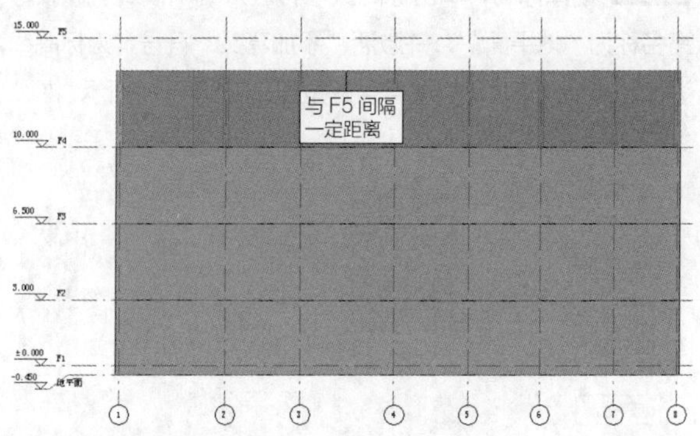

图 4-85 复制墙体

Step 15 保持F5墙体的选择状态，“属性”选项板中显示其“顶部偏移”值为-1500，如图4-86所示，表示墙体的顶部位于标高线F5向下1500mm的位置。

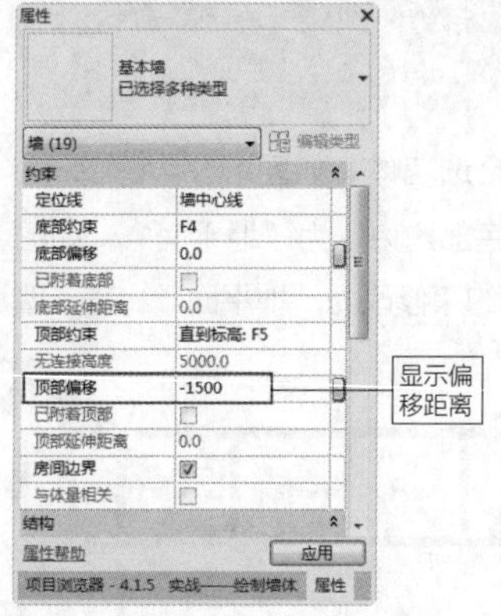

图 4-86 显示偏移距离

知识链接：

F4与F5的间距为5000mm，执行复制墙体的操作后，墙体的高度仅为3500mm，还需要修改墙体的高度，才能延伸至F5。

Step 16 将“顶部偏移”值设置为0，如图4-87所示。此时墙体向上延伸，顶部与F5标高线重合，效果如图4-88所示。

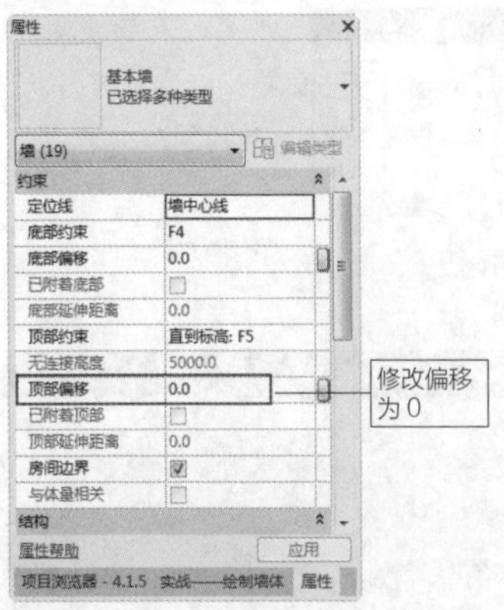

图 4-87 修改偏移为 0

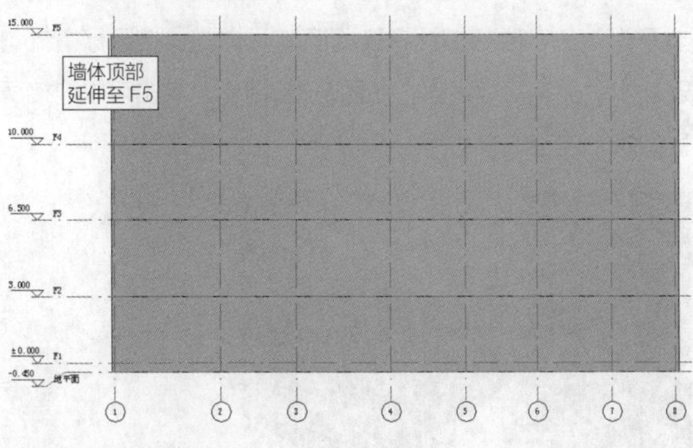

图 4-88 编辑墙体参数的效果

Step 17 切换至三维视图，可以直观地查看创建的墙体效果，如图4-89所示。

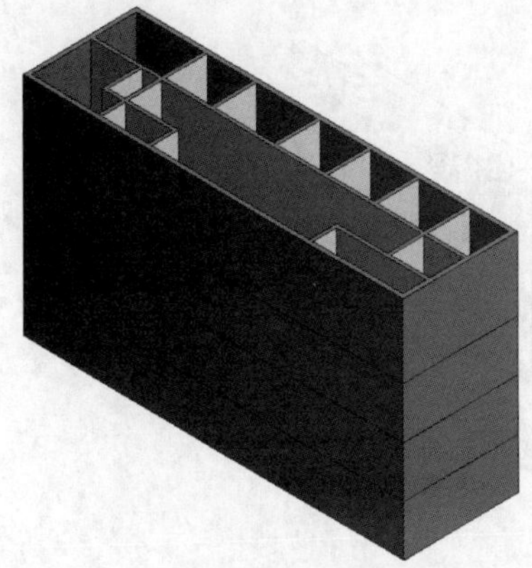

图 4-89 墙体效果

4.2 墙饰条

墙饰条依附于墙体，是沿着墙体的方向（垂直或水平方向）分布的带状模型。为墙体添加装饰时，常常需要创建各种样式的墙饰条。本节介绍创建与编辑墙饰条的操作方法。

4.2.1 墙饰条概述 重点

选择“建筑”选项卡，单击“构建”面板上的“墙”按钮，在弹出的列表中选择“墙：饰条”命令，如图4-90所示。进入放置墙饰条的状态。在“属性”选项板中显示当前墙饰条的类型，如图4-91所示。单击“编辑类型”按钮，弹出“类型属性”对话框，在其中设置墙饰条参数。

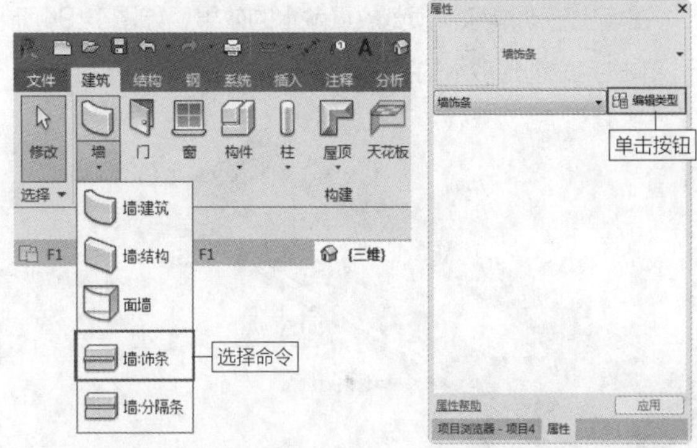

图 4-90 选择“墙：饰条”命令　　图 4-91 “属性”选项板

知识链接：

在启用“墙：饰条”命令前，应切换至三维视图或立面视图，因为在平面视图中不可调用该命令。虽然在立面视图中也可调用命令，但是在三维视图中创建墙饰条可以更加直观地查看创建效果，所以通常在三维视图中进行创建墙饰条的操作。

在对话框中单击“轮廓”选项，在列表中选择墙饰条的轮廓，如选择“散水及沟轮廓：散水及沟轮廓”选项，如图4-92所示。单击“确定”按钮关闭对话框返回绘图区。

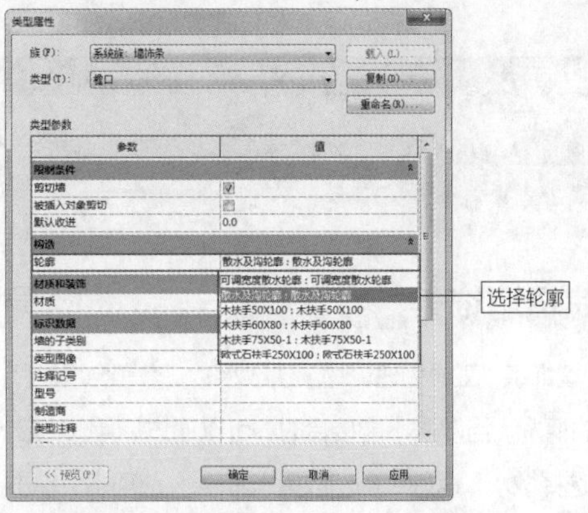

图 4-92 选择轮廓

在“修改|放置 墙饰条”选项卡中的“放置”面板上单击“水平”按钮，如图4-93所示，将沿墙体的水平方向放置墙饰条。

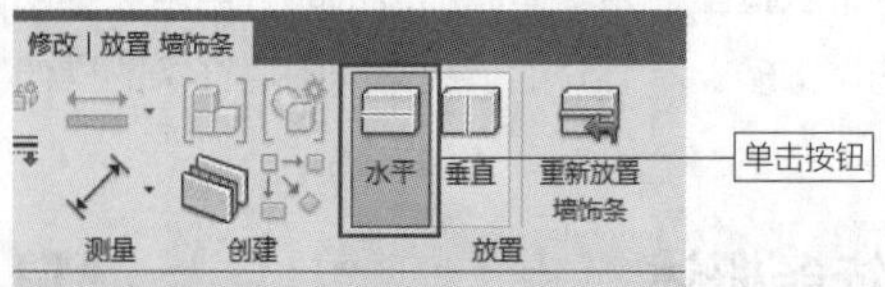

图 4-93 单击“水平”按钮

延伸讲解：

启用“载入族”命令，将外部轮廓族载入当前项目后，可以在“类型属性”对话框的“轮廓”列表中显示并调用。

在墙上移动鼠标，预览放置散水的效果，如图4-94所示。单击完成创建散水的操作，效果如图4-95所示。

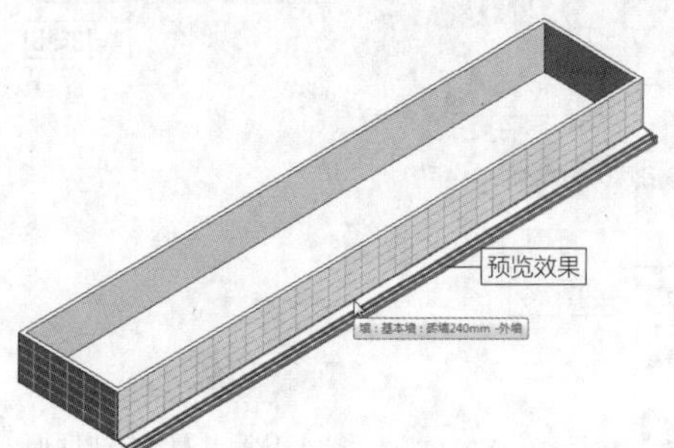

图 4-94 预览效果

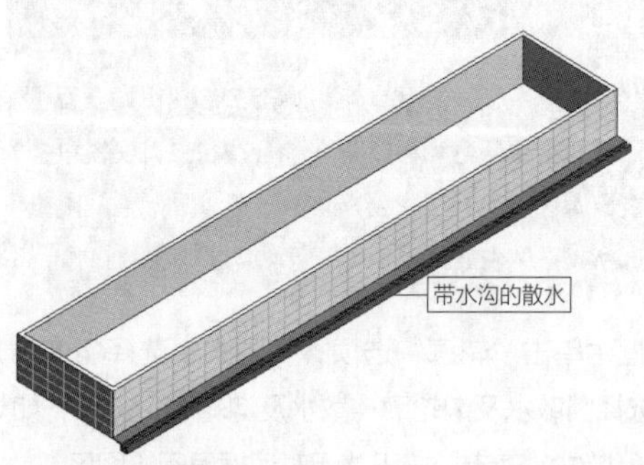

图 4-95 创建效果

延伸讲解：

“墙饰条”工具可以用来创建墙饰条，还可以创建散水、踢脚线、冠顶饰等模型。

4.2.2 编辑墙饰条 难点

使用“墙饰条”工具为建筑物创建散水时，常常会发生图4-96所示的情况。当散水不能接合时，可以通过启用修改工具来处理。选择散水，进入“修改|放置 墙饰条”选项卡，单击“墙饰条”面板上的“修改转角”按钮，如图4-97所示。

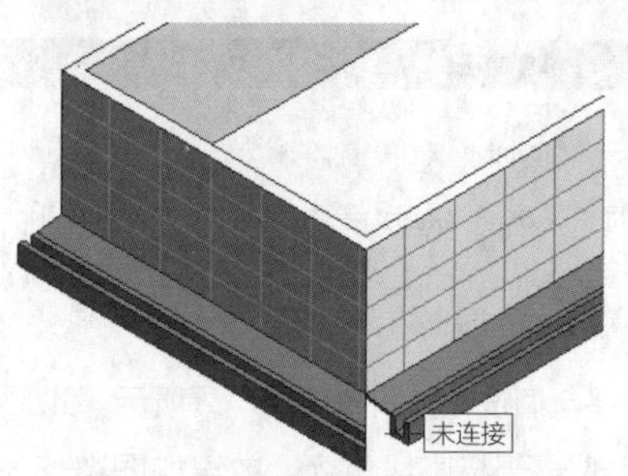

图 4-96 未连接

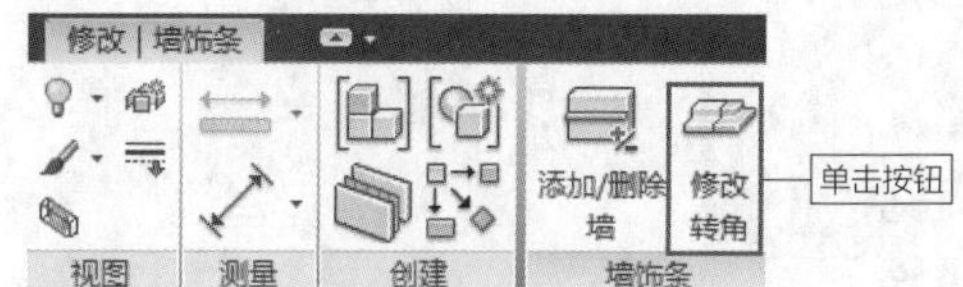

图 4-97 单击“修改转角”按钮

延伸讲解：

在“墙饰条”面板中单击“添加/删除墙”按钮，可以在其他的墙体上继续创建“墙饰条”，或从现有的“墙饰条”中删除指定的“墙饰条”模型。

此时散水的截面以蓝色的填充图案显示，边界线高亮显示为蓝色，鼠标指针转换成钢笔头样式。将鼠标指针置于散水截面来拾取截面，如图4-98所示。单击可以连接两段散水，连接效果如图4-99所示。

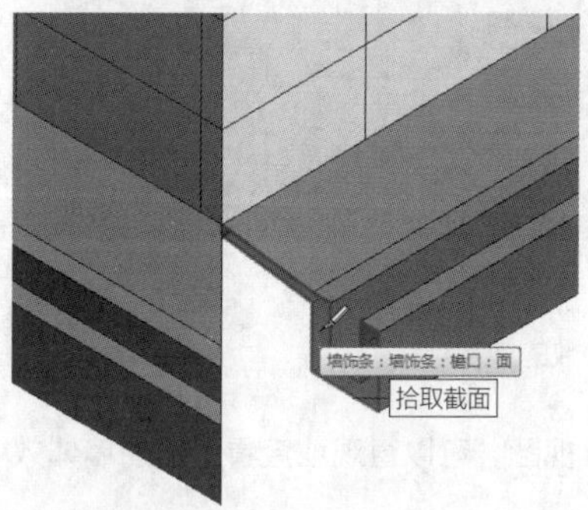

图 4-98 拾取截面

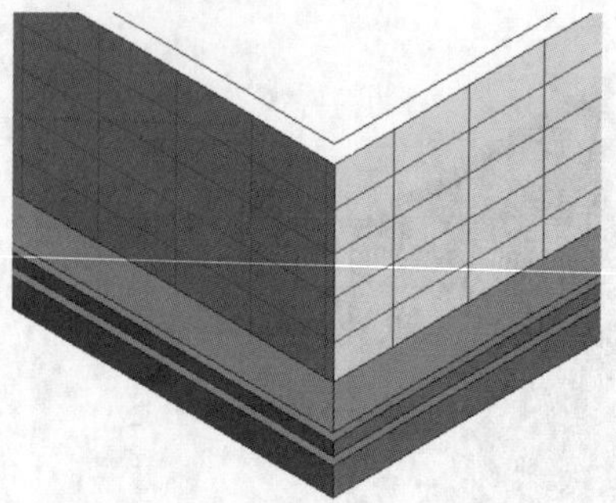

图 4-99 连接效果

4.2.3 实战——创建墙饰条

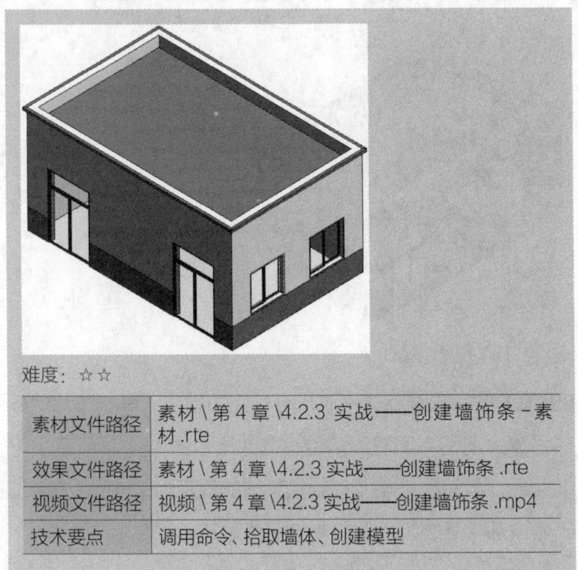

难度：☆☆

素材文件路径	素材 \ 第 4 章 \4.2.3 实战——创建墙饰条 - 素材 .rte
效果文件路径	素材 \ 第 4 章 \4.2.3 实战——创建墙饰条 .rte
视频文件路径	视频 \ 第 4 章 \4.2.3 实战——创建墙饰条 .mp4
技术要点	调用命令、拾取墙体、创建模型

在4.2.1小节中介绍了使用“墙饰条”命令来创建散水的操作方法。上述介绍的不仅是创建散水的一种方法，也是通过启用“墙饰条”命令，根据轮廓在墙体上创建模型的方法。通过为墙体创建墙饰条，可以丰富墙体的显示样式，影响整栋建筑的外观效果。本小节介绍为墙体添加指定样式墙饰条的方式。

Step 01 打开资源中的“第4章\4.2.3 实战——创建墙饰条-素材.rte”文件，如图4-100所示。

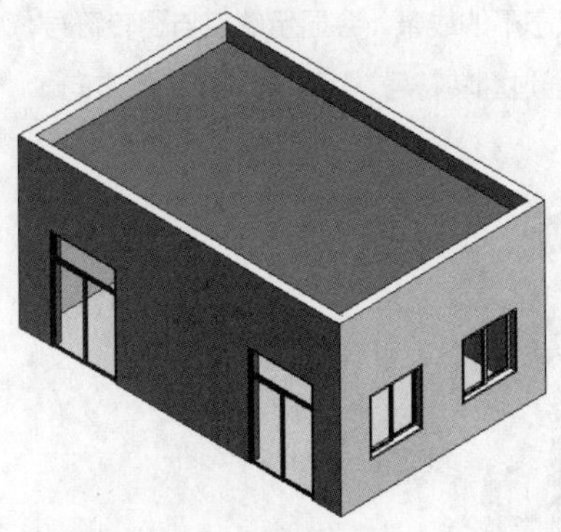

图 4-100 打开素材

Step 02 选择“建筑”选项卡，在“构建”面板上单击“墙”按钮，在列表中选择“墙：饰条”命令，进入放置墙饰条的状态。在“属性”选项板上单击“编辑类型”按钮，弹出“类型属性”对话框。

Step 03 在对话框中单击“复制”按钮，在“名称”对话框中设置类型名称，单击“确定”按钮关闭对话框，新建类型，如图4-101所示。

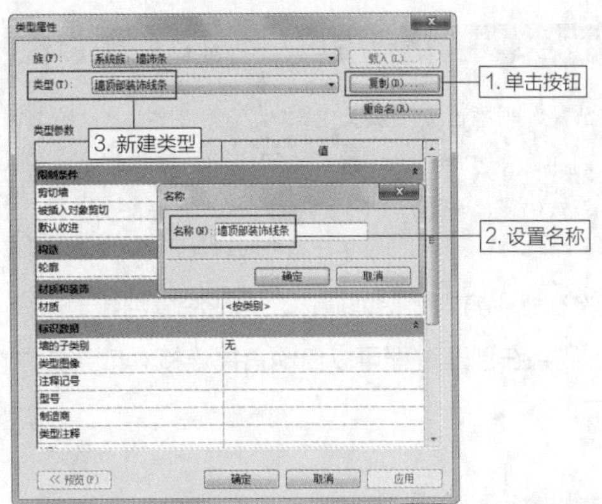

图 4-101 新建类型

延伸讲解：

因为要为墙体创建指定样式的墙饰条，所以需要新建类型，避免在更改饰条参数时，影响在其他模型上已创建的线条。

Step 04 打开“轮廓”列表，在列表中选择名称为“矩形主体放样轮廓：100×100”轮廓样式，如图4-102所示。单击“确定”按钮关闭对话框。

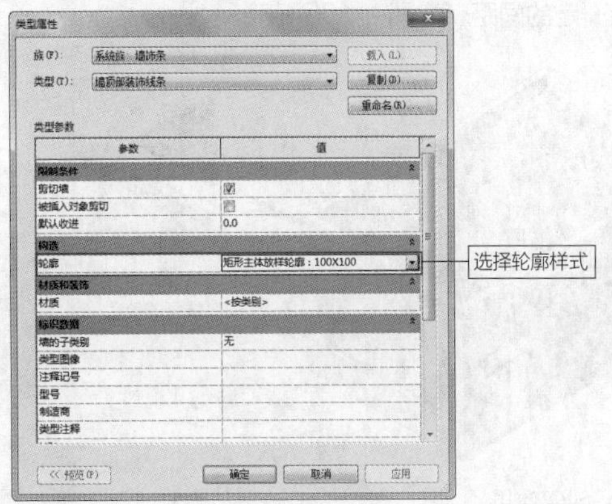

图 4-102 选择轮廓样式

Step 05 此时在“属性”选项板中显示当前线条轮廓的名称，确认“修改|放置 墙饰条”选项卡中选定的“放置”方式为“水平”，将鼠标指针置于待放置饰条的墙体上，可以预览线条的放置效果，如图4-103所示。

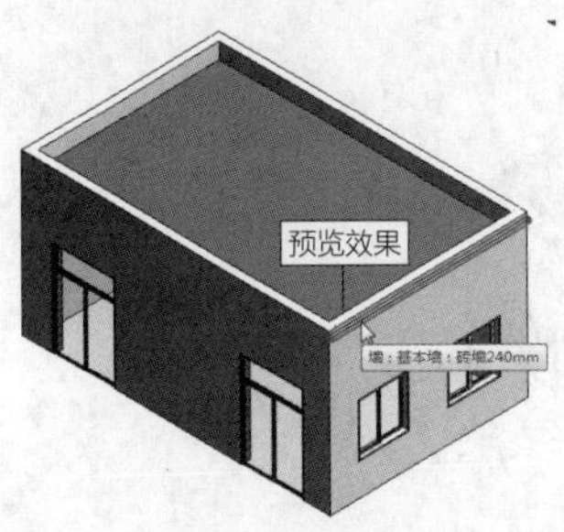

图 4-103 预览效果

知识链接：

在“放置”面板上指定放置方式为“水平”后，放置方向就被限制在水平方向上了。移动鼠标指针至墙体的垂直轮廓线时，显示编辑符号⊘，表示不能在该处放置线条。

Step 06 依次在水平方向上拾取墙边，完成沿墙创建矩形线条的操作。线条在创建过程可以自动首尾连接，效果如图4-104所示。

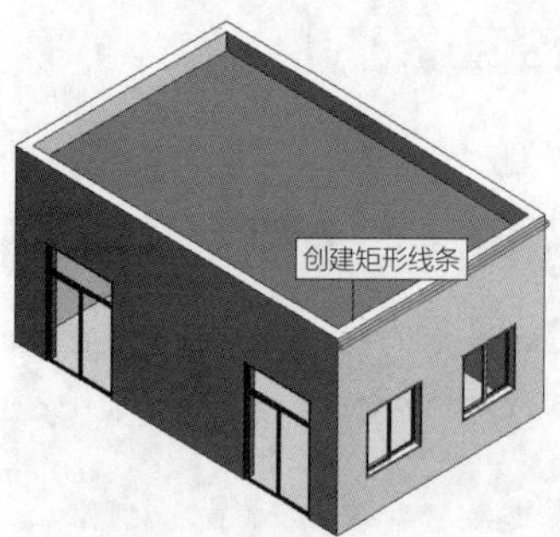

图 4-104 创建矩形线条

Step 07 按Esc键，暂时退出创建线条的状态。滚动鼠标滚轮，放大视图，查看线条的创建效果。此时发现线条与墙体顶部有一定的间距，如图4-105所示。

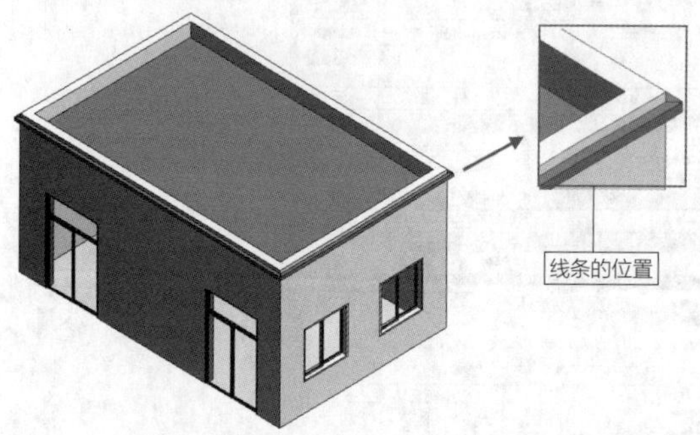

图 4-105 创建效果

Step 08 选择线条，显示的临时尺寸标注为标注线条与墙顶部、墙底部的间距，如图4-106所示。其中，显示为200的尺寸标注，表示线条距墙顶部的间距；显示为4300的尺寸标注，表示线条距墙底部的间距。

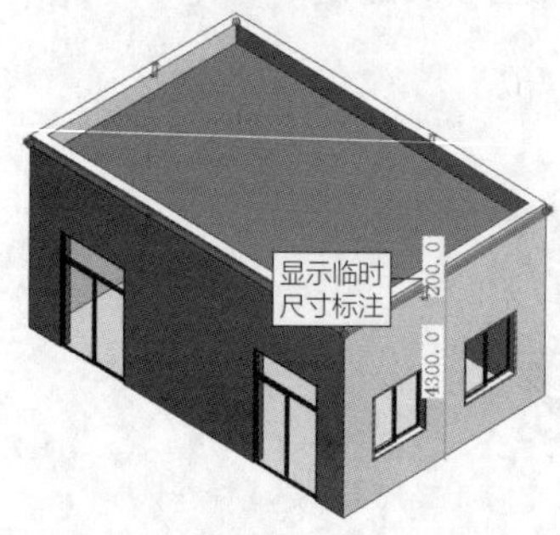

图 4-106 显示临时尺寸标注

Step 09 单击显示为200的尺寸标注，进入可编辑模式，输入0，如图4-107所示，表示向上调整线条的位置。

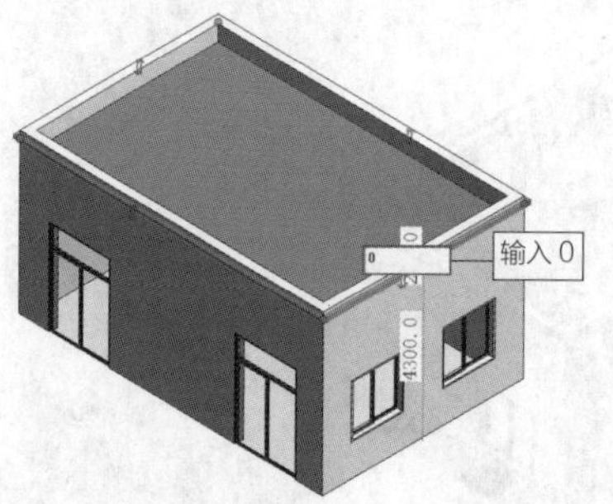

图 4-107 输入参数

Step 10 按回车键完成修改尺寸标注的操作，再次滚动鼠标滚轮放大视图，调整线条位置的效果如图4-108所示。可以发现，虽然线条与墙顶部轮廓线的间距为0，但是线条位于墙顶部轮廓线之上，并未与墙体对齐。

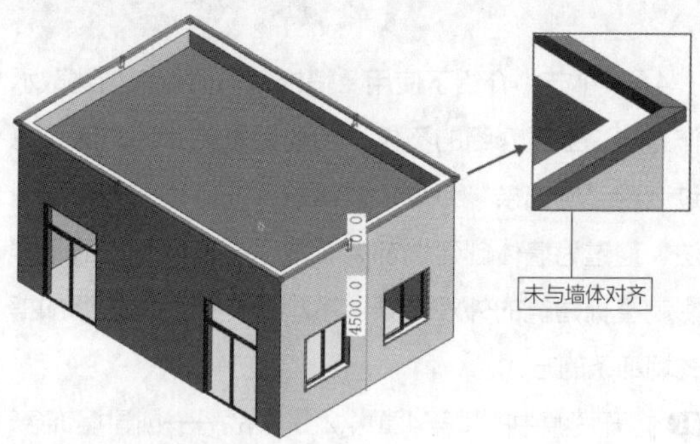

图 4-108 调整线条位置

Step 11 处于选择状态下的线条，会显示端点与翻转符号，如图4-109所示。通过翻转符号，可以翻转线条的方向。

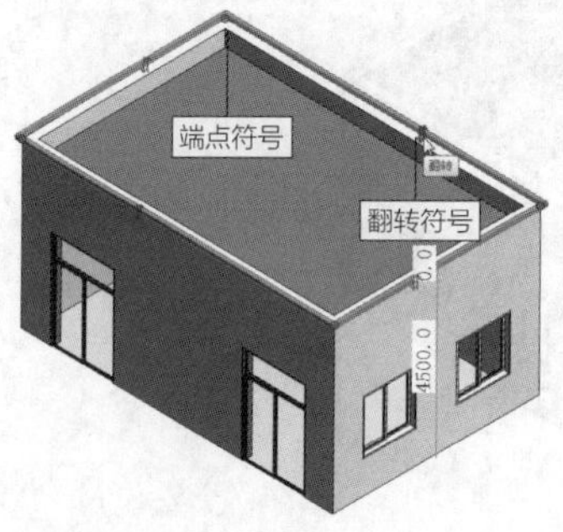

图 4-109 显示符号

Step 12 将鼠标指针置于翻转符号上，单击线条向下翻转，让线条与墙体对齐，如图4-110所示。

Step 13 目前仍然处于放置“墙饰条”的命令中，单击“属性”选项板上的“编辑类型”按钮，弹出“类型属性”对话框。

Step 14 新建名称为“墙底部装饰线条”的新类型，并在

“轮廓”列表中选择轮廓样式为“Panel：Panel”，如图4-111所示。

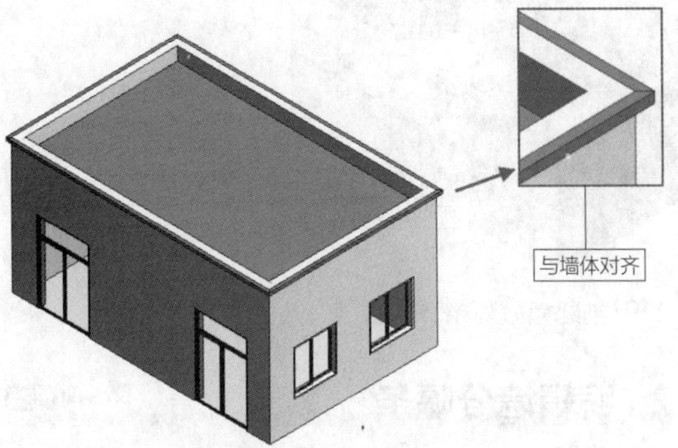

图 4-110 对齐效果

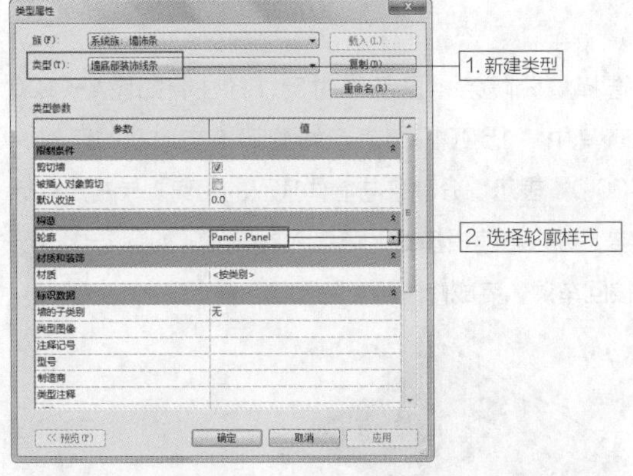

图 4-111 新建类型

延伸讲解：

“Panel：Panel”为模板自带的轮廓样式。假如用户想要观察各种轮廓样式的显示效果，选择样式后，在对话框中单击“应用”按钮，可以在绘图区中实时预览该样式的效果。

Step 15 单击“确定”按钮关闭对话框，确认当前放置方式仍为“水平”，将鼠标指针置于墙体的底部，预览线条的放置效果，如图4-112所示。

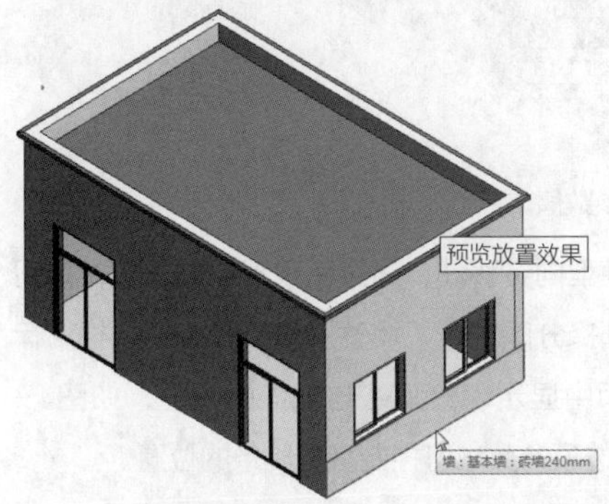

图 4-112 预览放置效果

Step 16 单击创建“Panel：Panel”样式线条，放置效果如图4-113所示。

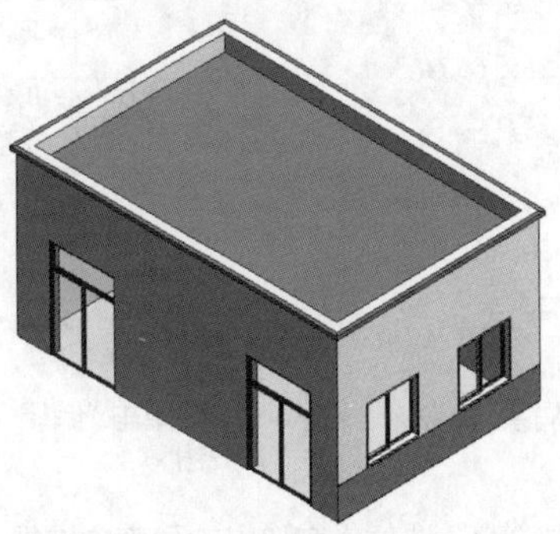

图 4-113 放置效果

知识链接：

在放置线条的过程中，如果遇到门窗洞口，系统会在洞口处自动断开轮廓线，不需要用户在后期执行修剪操作。

Step 17 依次拾取墙体底部轮廓线，完成在墙体上创建墙饰条，最终的效果如图4-114所示。

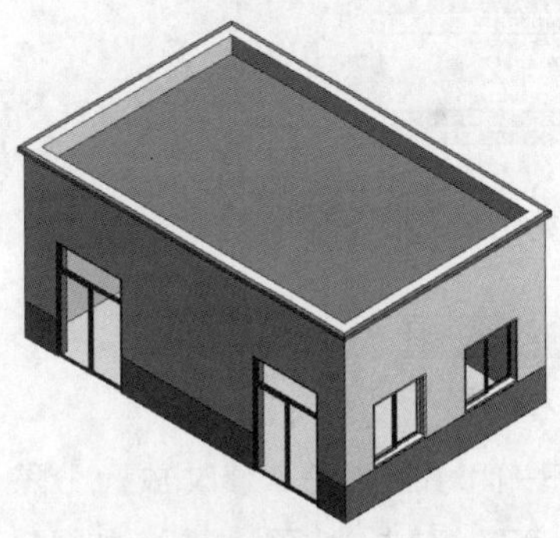

图 4-114 创建墙饰条

4.3 墙分隔条

在墙体上创建分隔条，使墙体在垂直方向上被分为几个部分，再分别对不同的墙体部分进行装饰，可以使墙体的外观样式更丰富。本节介绍创建与编辑墙分隔条的操作方法。

4.3.1 墙分隔条概述 重点

创建墙分隔条的方法与创建墙饰条的方法相似。在“墙”列表中选择“墙：分隔条”命令，如图4-115所示。进入放置“墙：分隔条”的状态，在“属性”选项板上单击“编辑类型”按钮，如图4-116所示。在弹出的“类型属性”对话框中，设置分隔条属性参数。

图 4-115 选择"墙: 分隔条"命令

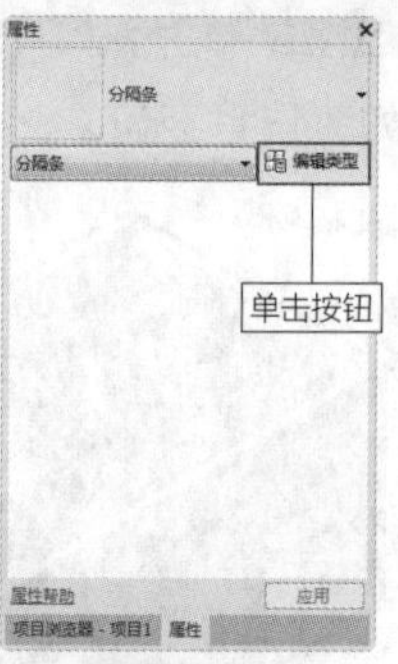

图 4-116 单击"编辑类型"按钮

在对话框中单击"轮廓"选项，在弹出的列表中选择轮廓样式，如选择"欧式石扶手250×100：欧式石扶手250×100"选项，在"默认收进"选项中设置参数，如图4-117所示，表示向墙内收进的距离。

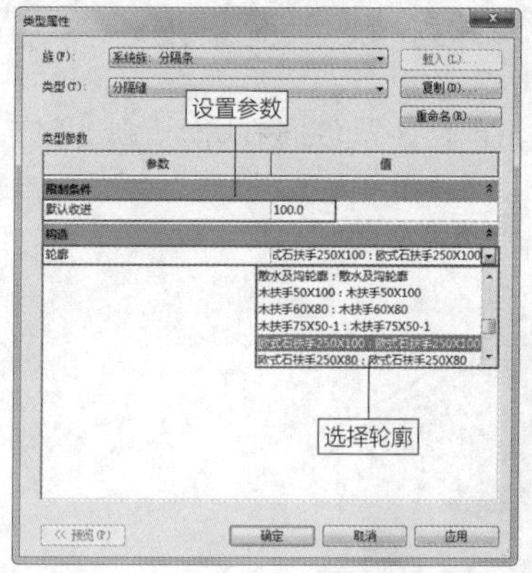

图 4-117 "类型属性"对话框

单击"确定"按钮关闭对话框，在"修改|放置 分隔条"选项卡的"放置"面板中单击"水平"按钮，如图4-118所示，即可在墙面上水平放置分隔条。

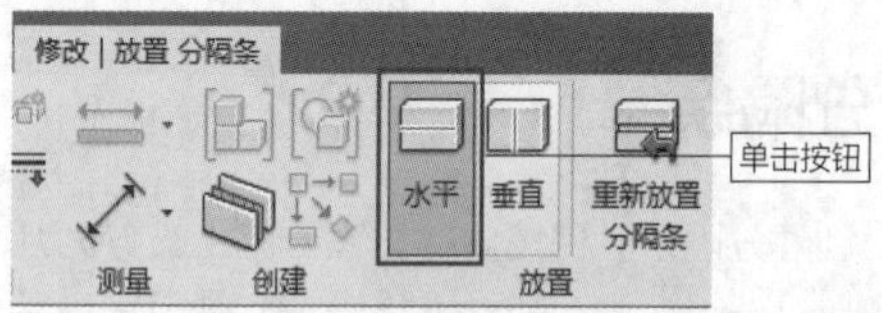

4-118 单击"水平"按钮

知识链接：

在"默认收进"选项中可以自定义分隔条嵌入墙体的深度，默认值为50。但是也不可将深度值设置得过大，应结合实际情况来设置。

将鼠标指针置于墙面上，在合适的位置单击，完成创建墙分隔条的操作，效果如图4-119所示。

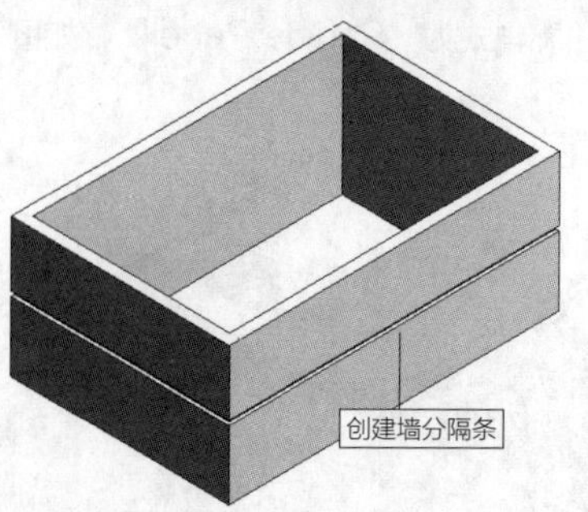

图 4-119 创建墙分隔条

4.3.2 编辑墙分隔条 难点

创建完成的墙分隔条常会有不如人意的地方，如与地面的间距、显示效果等。本小节介绍编辑墙分隔条的操作方法。

选择墙分隔条，显示临时尺寸标注，如图4-120所示。其中"1600.0"表示墙分隔条与地面的距离，"1400.0"表示墙分隔条与墙体顶面的距离。单击尺寸标注数字，进入可编辑模式，可输入参数值，如图4-121所示。按回车键，完成修改距离的操作。

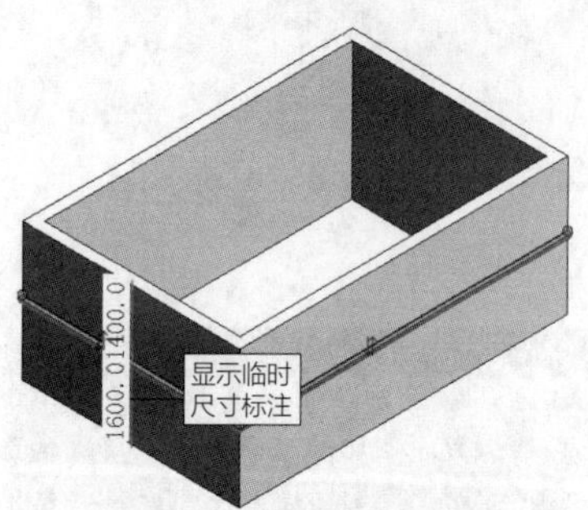

图 4-120 显示临时尺寸标注

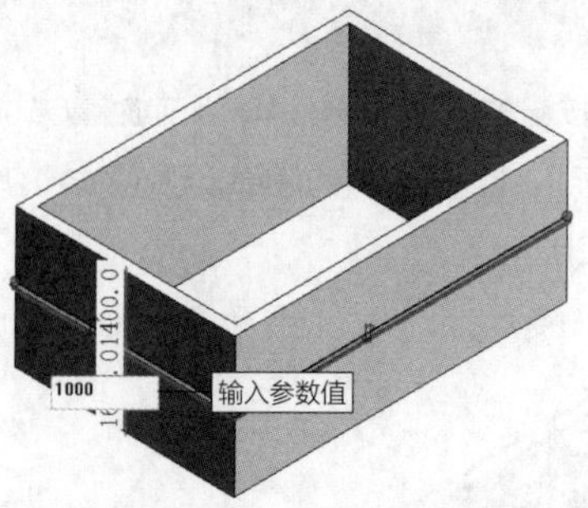

图 4-121 输入参数值

墙分隔条模型向下移动，适应所设置的间距值，如图4-122所示。选择分隔条，"属性"选项板中的"相对标高的偏移"选项中显示墙分隔条与地面的间距，如图4-123所示。修改选项参数也可控制墙分隔条的位置。

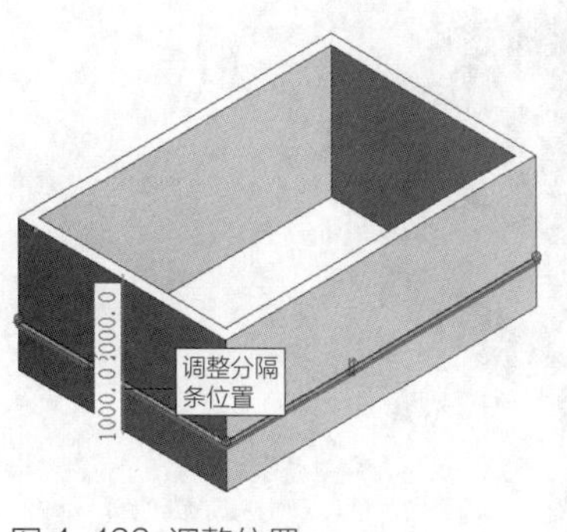

图 4-122 调整位置

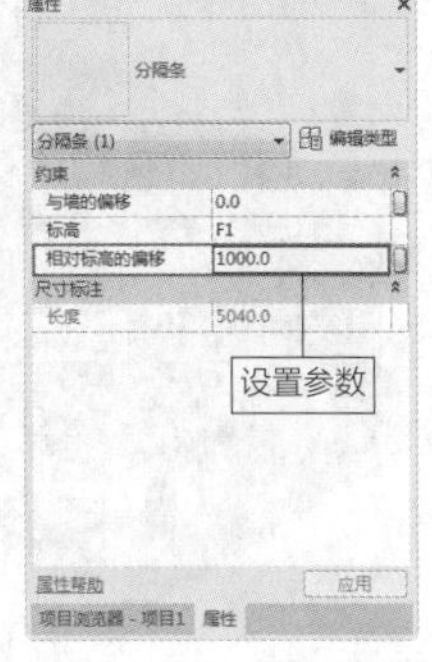

图 4-123 “属性”选项板

选择分隔条，弹出“类型属性”对话框，在其中修改轮廓样式与默认收进值。分隔条嵌入墙体的效果可以在立面视图中查看，图4-124所示为将默认收进值设置为100时分隔条嵌入墙体的效果。

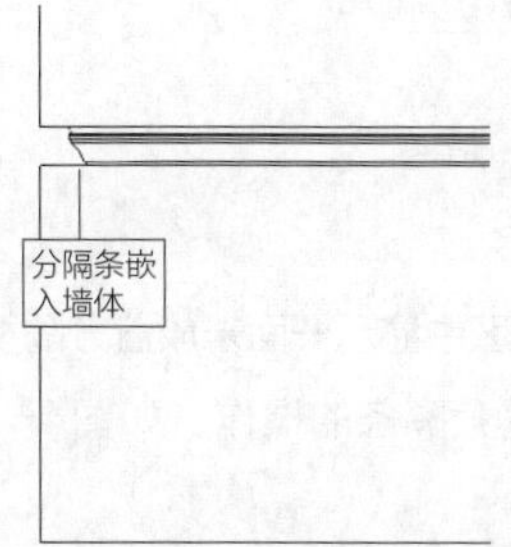

图 4-124 分隔条嵌入墙体的效果

选择分隔条，显示“翻转”符号，单击符号，可以翻转分隔条。图4-125所示为翻转分隔条的操作过程。

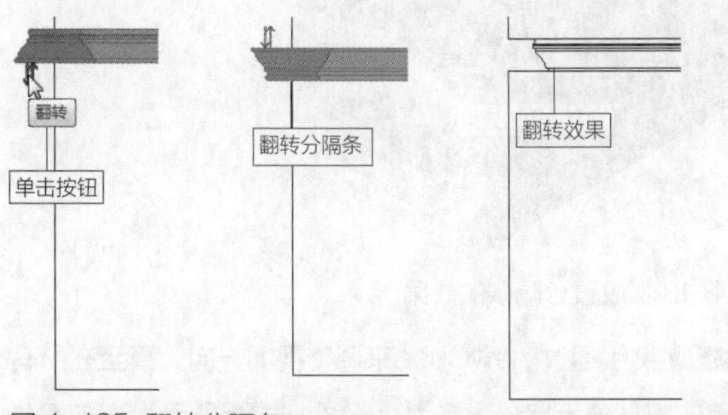

图 4-125 翻转分隔条

知识链接：

在“修改|分隔条”选项卡中同样可以执行“添加/删除墙”“修改转角”等操作，如图4- 126所示。操作方法请参考“编辑墙饰条”中的内容。

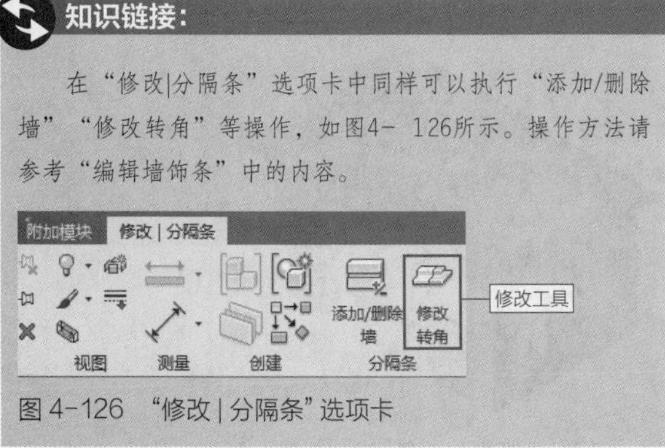

图 4-126 “修改 | 分隔条”选项卡

4.3.3 实战——创建墙分隔条

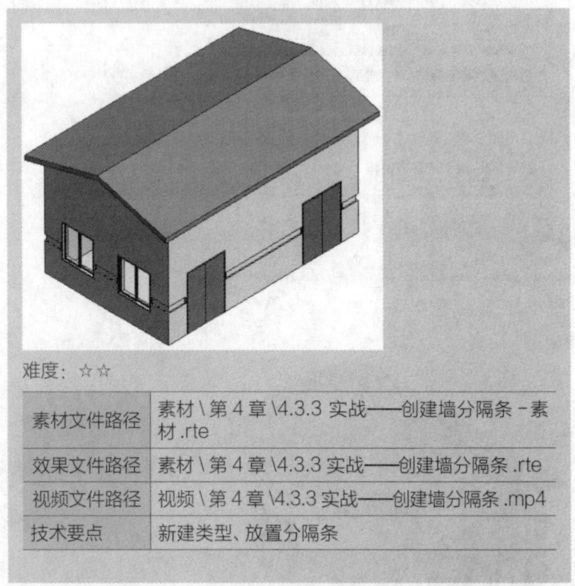

难度：☆☆

素材文件路径	素材 \ 第 4 章 \4.3.3 实战——创建墙分隔条 - 素材 .rte
效果文件路径	素材 \ 第 4 章 \4.3.3 实战——创建墙分隔条 .rte
视频文件路径	视频 \ 第 4 章 \4.3.3 实战——创建墙分隔条 .mp4
技术要点	新建类型、放置分隔条

在4.3.1、4.3.2小节中介绍了创建与编辑墙分隔条的方法。本小节以所学的知识为基础，讲解在实际绘图中，为墙体添加墙分隔条的操作方法。

Step 01 打开资源中的“第4章\4.3.3 实战——创建墙分隔条-素材.rte”文件，如图4-127所示。

图 4-127 打开素材

Step 02 选择“建筑”选项卡，在“构建”面板上单击“墙”按钮，在列表中选择“墙：分隔条”命令，进入放置分隔条的状态。在“属性”选项板中单击“编辑类型”按钮，打开“类型属性”对话框。

Step 03 在对话框中单击“复制”按钮，在弹出的“名称”对话框中设置新类型名称为“墙体装饰线条”，在“轮廓”列表中选择轮廓样式，设置“默认收进”为50，如图4-128所示。

Step 04 在“放置”面板上选择“水平”按钮，在墙体上移动鼠标指针，预览分隔条的放置效果，如图4-129所示。

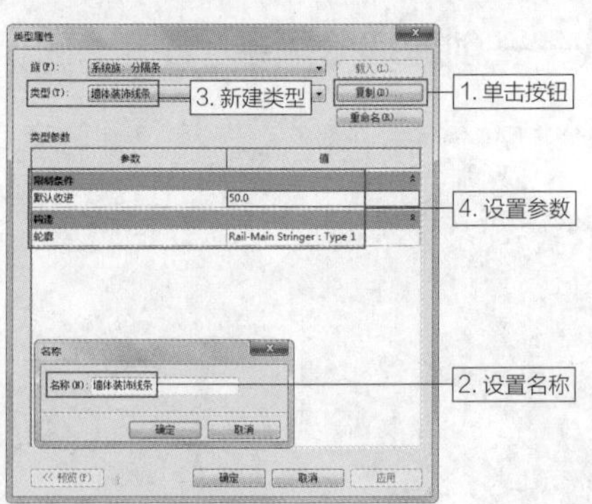

图 4-128 新建类型

图 4-129 预览放置效果

Step 05 在指定的位置单击，放置分隔条的效果如图4-130所示。

图 4-130 放置分隔条的效果

Step 06 选择分隔条，进入“修改|分隔条”选项卡，在“分隔条”面板上单击“添加/删除墙”按钮，如图4-131所示。

图 4-131 单击“添加 / 删除墙”按钮

Step 07 拾取需要添加分隔条的墙体，如图4-132所示。单击可以在该墙体上放置分隔条。所放置的分隔条与已有的分隔条自动连接。

Step 08 选择分隔条，单击ViewCube上的角点，调整视图方向，如图4-133所示。

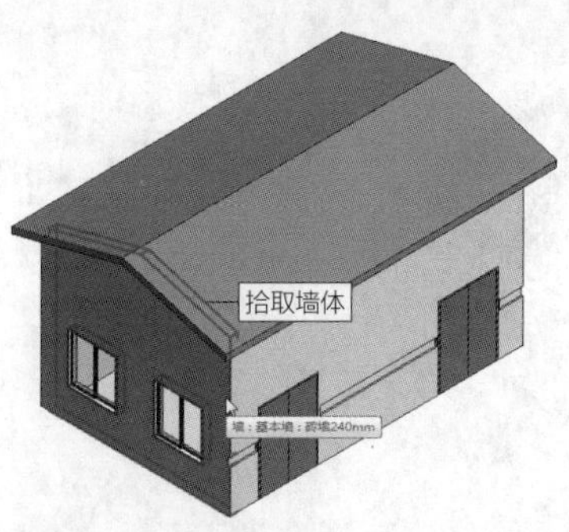

图 4-132 拾取墙体

图 4-133 调整视图方向

Step 09 调整视图方向后，在绘图区中显示一面未放置分隔条的墙体，拾取墙体，执行放置分隔条的操作，如图4-134所示。

图 4-134 放置分隔条的效果

Step 10 继续通过ViewCube来调整视图方向，直至在所有的墙体都创建上墙分隔条为止，图4-135所示为添加墙分隔条的效果。

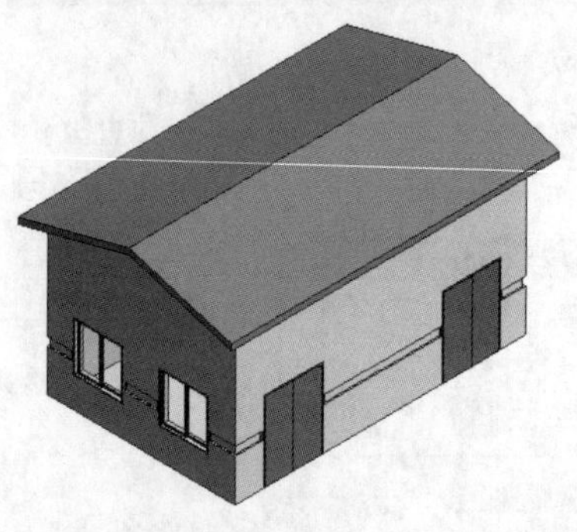

图 4-135 添加墙分隔条

4.4 编辑墙体

墙体是建筑模型中非常重要的构件，在建模的过程中，会涉及创建墙体与编辑墙体等操作。本章前面已经介绍了创建墙体的操作方法，本节将介绍编辑墙体的操作方法。

4.4.1 编辑墙体轮廓 重点

通过编辑墙体轮廓，可以改变墙体的显示样式。在编辑轮廓时，轮廓线不可以交叉、开放或重合，必须首尾相连。如果在编辑的过程中发生错误，系统会弹出警示对话框，提醒用户操作失误。

选择墙体，进入"修改|墙"选项卡，单击"模式"面板中的"编辑轮廓"按钮，如图4-136所示。进入编辑轮廓的模式，在"修改|墙>编辑轮廓"选项卡的"绘制"面板上显示了多种编辑轮廓的工具，选择其中的一种，如选择"圆形"工具，如图4-137所示。

图 4-136 单击"编辑轮廓"按钮

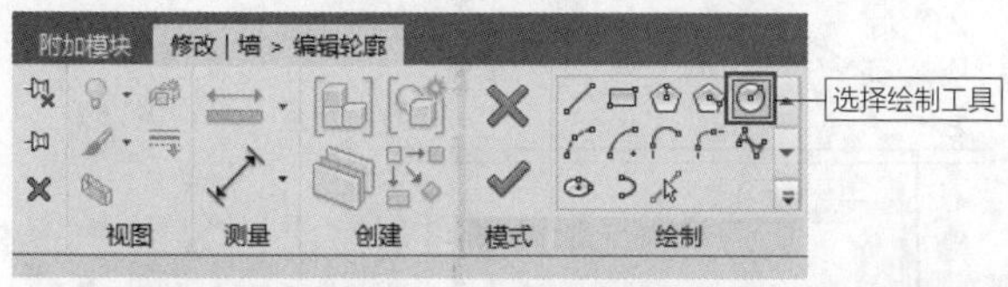

图 4-137 选择绘制工具

在墙体中绘制闭合轮廓线，如图4-138所示。单击"模式"面板上的"完成编辑模式"按钮✔，退出编辑模式。在立面视图与三维视图中观察墙体经过编辑轮廓操作后，墙体的显示样式如图4-139所示。

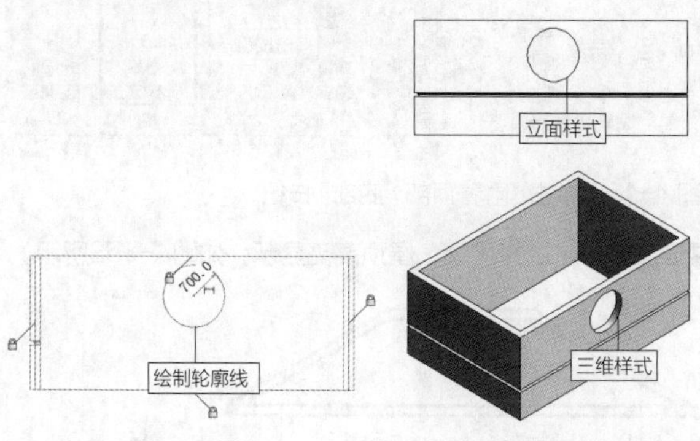

图 4-138 绘制轮廓线　　图 4-139 编辑轮廓

完成编辑轮廓操作后，再次选择墙体，发现"重设轮廓"按钮已被激活，如图4-140所示。单击"重设轮廓"按钮，可以撤销"编辑轮廓"的操作，恢复墙体本来的样式。

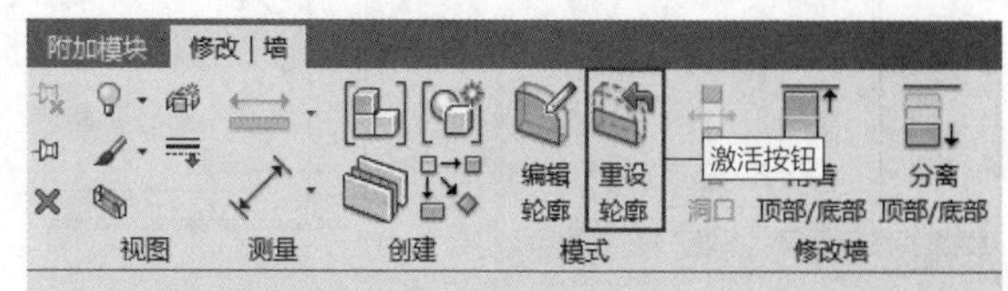

图 4-140 激活"重设轮廓"按钮

知识链接：

图4- 141所示为在编辑轮廓过程中出现的轮廓线相交的情况，此时系统会弹出图4- 142所示的警示对话框，提示用户高亮显示的线是相交的，需要用户重新绘制。

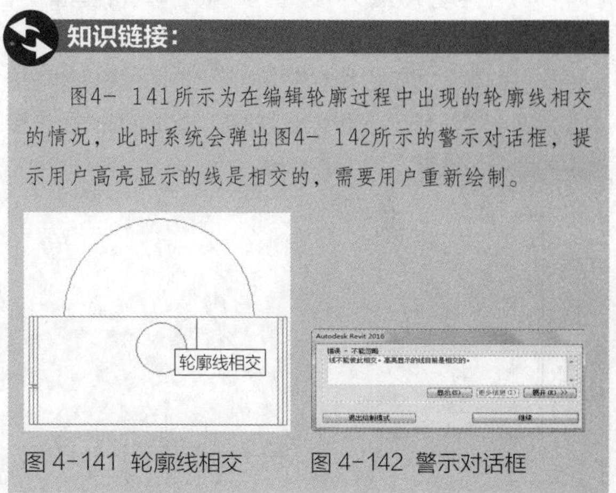

图 4-141 轮廓线相交　　图 4-142 警示对话框

4.4.2 墙连接 重点

Revit提供了3种墙连接的样式，分别是"平接""斜接""方接"。不同的连接样式，墙体会显示不同的效果。本小节简要介绍关于墙连接的知识。

选择墙体，在"修改"选项卡中单击"几何图形"面板上的"墙连接"按钮，如图4-143所示。在"配置"选项栏中选择"平接"选项，在"显示"列表中选择显示样式，选择"不清理连接"选项，如图4-144所示。

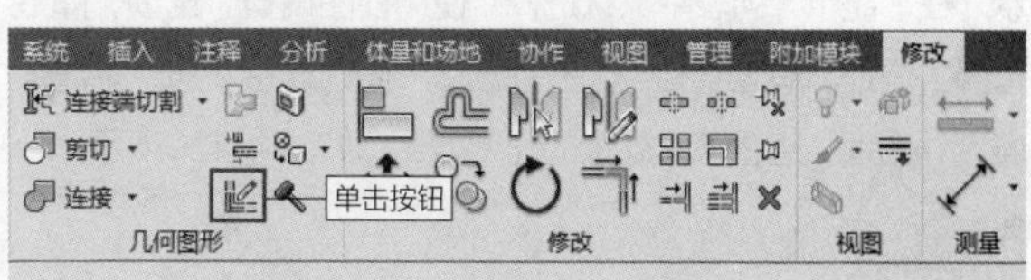

图 4-143 单击"墙连接"按钮

图 4-144 "配置"选项栏

以"平接"样式连接墙体的效果如图4-145所示。默认墙连接的样式为"允许连接"，选择"不允许连接"选项，查看墙体的显示效果，如图4-146所示。

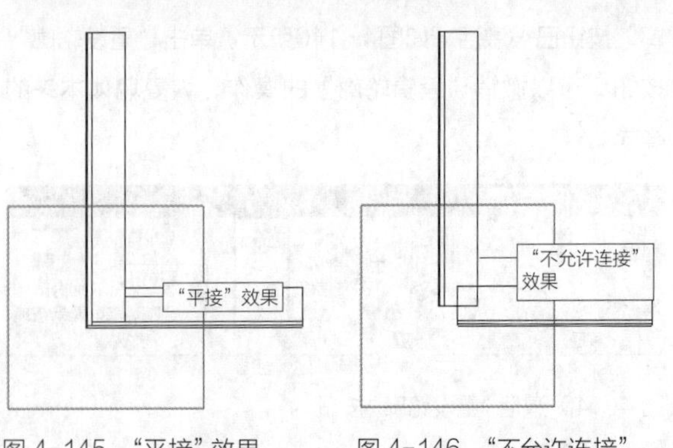

图 4-145 "平接"效果　图 4-146 "不允许连接"效果

在"配置"选项栏中选择"斜接"选项，墙体的连接效果如图4-147所示。切换至"方接"选项，墙体的连接效果如图4-148所示。

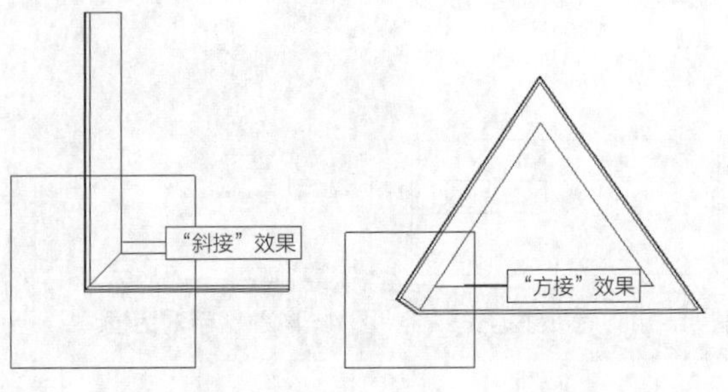

图 4-147 "斜接"效果　图 4-148 "方接"效果

知识链接：

在"配置"选项栏中单击"上一个""下一个"按钮，可以指定墙体的连接顺序或者剪切顺序，并会改变被剪切的墙体的面积。

在未选择任何图元的情况下，"属性"选项板中显示"墙连接显示"样式为"清理所有墙连接"，如图4-149所示。在"显示"列表中默认选择"使用视图设置"选项，即是选择"清理所有墙连接"。分别选择"清理连接"与"不清理连接"选项，查看墙体连接的显示效果，如图4-150所示。

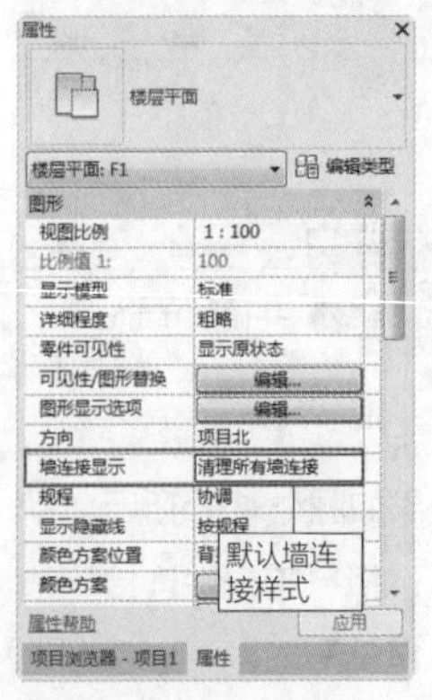

图 4-149 "属性"选项板

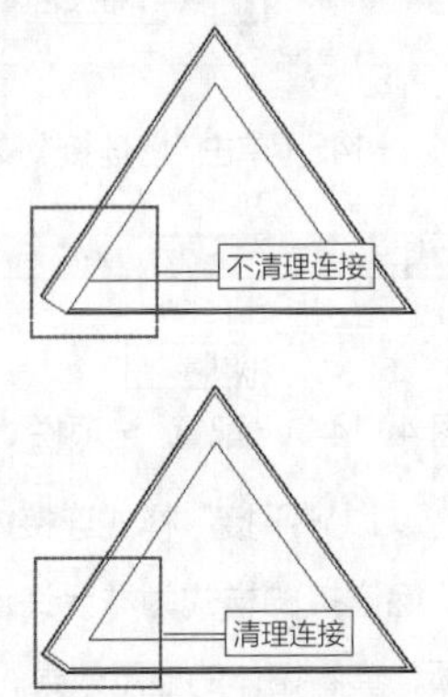

图 4-150 清理 / 不清理连接的效果对比

4.4.3 实战——附着与分离墙体

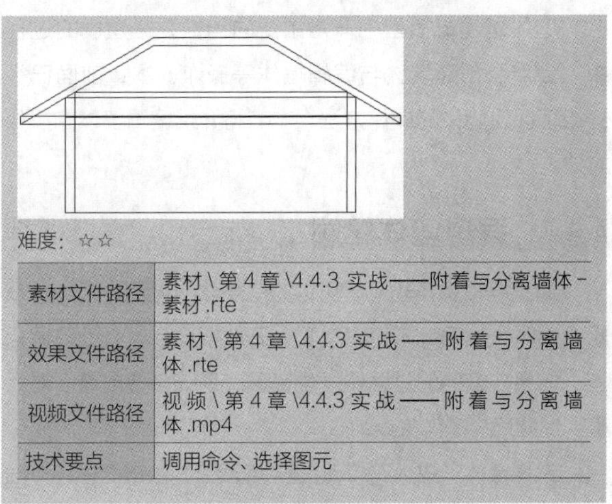

难度：☆☆

素材文件路径	素材\第4章\4.4.3 实战——附着与分离墙体-素材.rte
效果文件路径	素材\第4章\4.4.3 实战——附着与分离墙体.rte
视频文件路径	视频\第4章\4.4.3 实战——附着与分离墙体.mp4
技术要点	调用命令、选择图元

Revit中提供了"附着"工具，可以将墙体附着到指定的模型图元，如楼板、屋顶等。启用"分离"命令，可以分离已经执行附着操作的模型，使其恢复原样。本小节介绍这两种工具的使用方法。

Step 01 打开资源中的"第4章\4.4.3 实战——附着与分离墙体-素材.rte"文件。

Step 02 选择墙体，进入"修改|墙"选项卡，如图4-151所示。

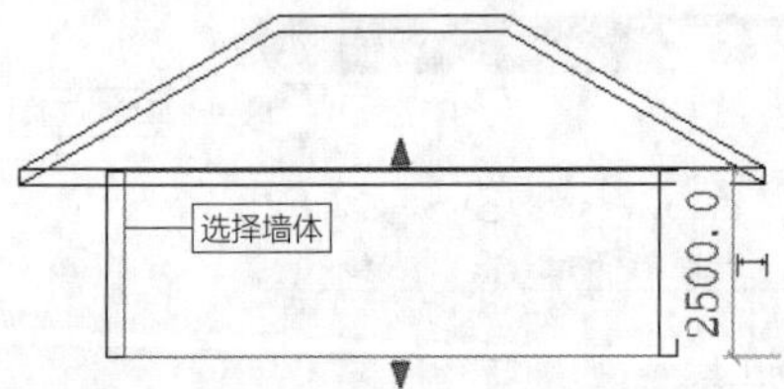

图 4-151 选择墙体

Step 03 在"修改|墙"面板中单击"附着顶部/底部"按钮，如图4-152所示。

图 4-152 单击"附着顶部 / 底部"按钮

Step 04 单击选择屋顶，屋顶高亮显示，如图4-153所示。

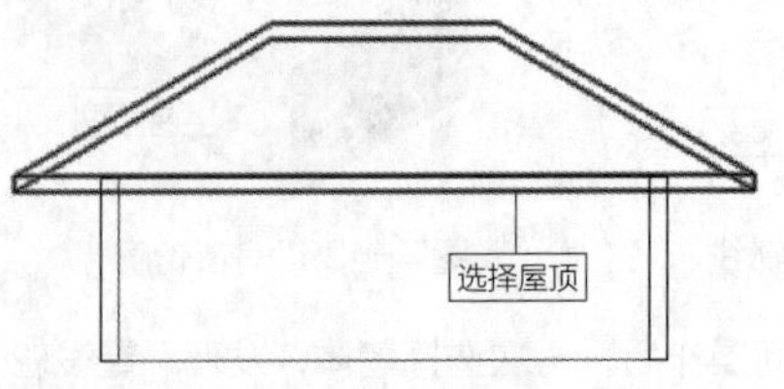

图 4-153 选择屋顶

Step 05 将墙体附着于屋顶的效果如图4-154所示。

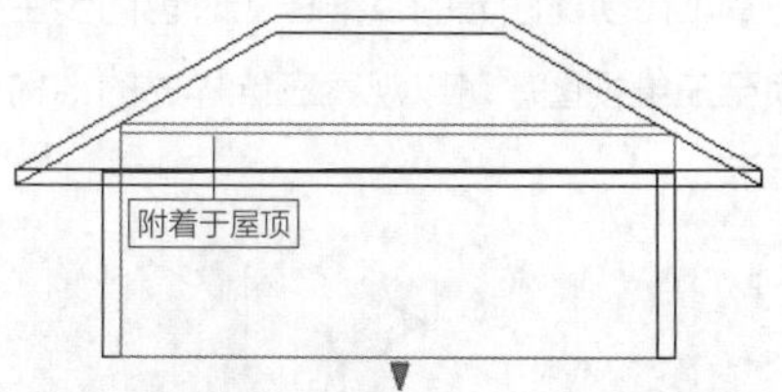

图 4-154　附着于屋顶

知识链接：

为了方便观察墙体的附着效果，本例将当前视觉样式设置为“线框”样式。

Step 06 重复操作，选择其他墙体，将其均附着于屋顶的效果如图4-155所示。

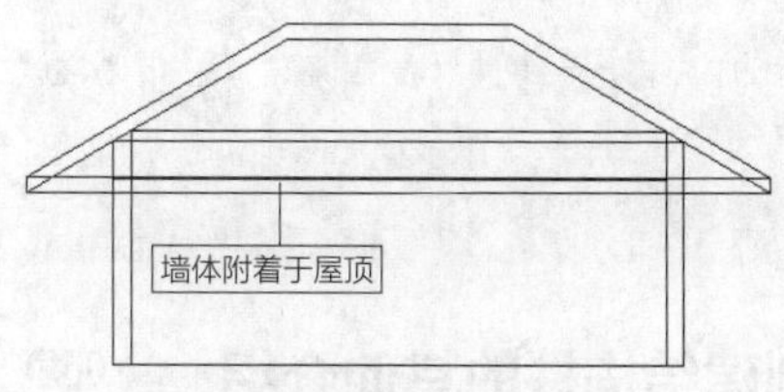

图 4-155　墙体均附着于屋顶

在“修改|墙”面板中单击“分离顶部/底部”按钮，可以对已附着的模型执行分离操作，撤销附着效果，使得模型恢复原样。

4.5　创建柱

Revit中提供了创建结构柱与建筑柱的工具，启用这两个工具，用户可以在项目中创建多种样式的结构柱与建筑柱。本节介绍创建柱的操作方法。

4.5.1　结构柱概述　重点

结构柱是承重构件，建筑师通常在建筑物中放置结构柱，以此承担建筑物的重量。在Revit中启用“结构柱”命令，可以设置结构柱的一系列属性参数，如标高、构造、材质和装饰等。本小节介绍放置结构柱的操作方法。

选择“建筑”选项卡，在“构建”面板上单击“柱”按钮，在弹出的列表中选择“结构柱”命令，如图4-156所示，启用“结构柱”命令。假如是初次放置结构柱，系统会弹出提示对话框，提醒用户“项目中未载入 结构柱 族。是否要现在载入？”，如图4-157所示。

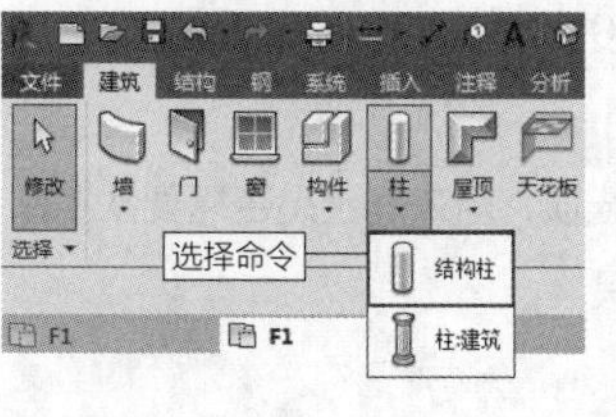

图 4-156 选择“结构柱”命令

图 4-157　提示对话框

单击“是”按钮，弹出“载入族”对话框。在对话框中选择结构柱，如图4-158所示。单击“打开”按钮，将选中的文件载入项目中。

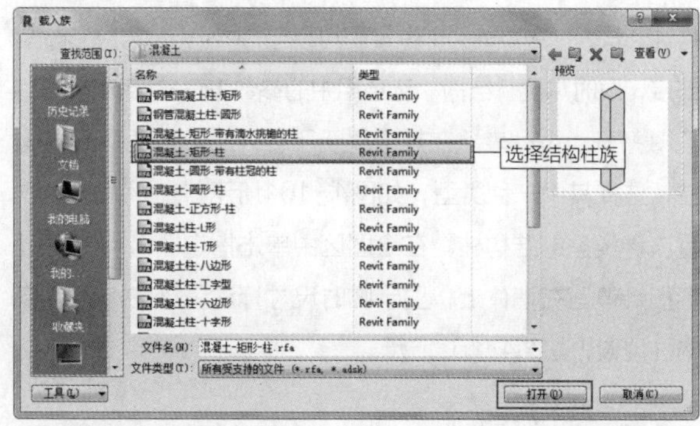

图 4-158　选择结构柱族

在“修改|放置 结构柱”选项卡中单击“垂直柱”按钮，如图4-159所示，可以在视图中的指定位置创建垂直柱。

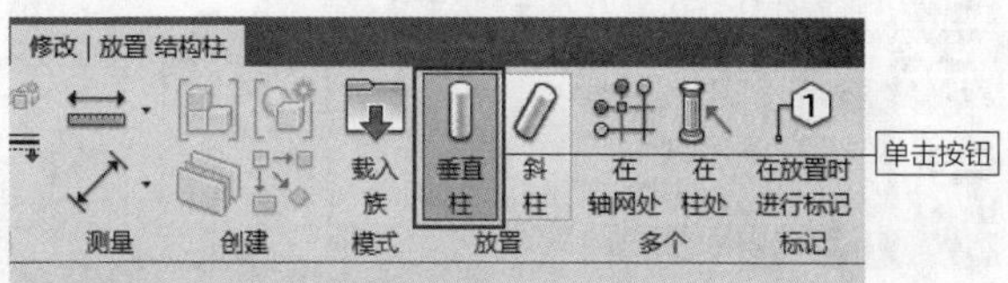

图 4-159　单击“垂直柱”按钮

延伸讲解：

直接在“构建”面板上单击“柱”按钮，可以启动“结构柱”命令，进入“修改|放置 结构柱”选项卡。

在“修改|放置 结构柱”选项栏中显示多个选项参数，如图4-160所示，通过设置参数，可定义结构柱的属性。其中3个选项的含义介绍如下。

- 放置后旋转：选择选项，在指定结构柱的插入点后，进入“旋转”状态，用户通过指定旋转基点或者输入旋转角度，调整已插入结构柱的角度。
- 高度/深度：单击选项，在弹出的列表中分别显示“高度”与“深度”选项，系统默认选择“深度”。“高度”是用从当前标高到达设置标高的方式定义结构柱的高度。“深度”是用从设置的标高到达当前标高的方式定义结构柱的高度。

◆ 房间边界：默认选择该选项，用来确定是否需要从房间面积中忽略结构柱的面积。

图 4-160 选项栏

“属性”选项板中显示了结构柱的实例参数，“结构”选项组中还显示了结构柱的结构参数，这些参数可在进行结构设计、配置钢筋时发挥作用。Revit具有协同工作的特性，Revit Architecture模型可以与Revit Structure模型链接，届时需要“结构”选项组中的参数来设置结构柱。

打开类型列表，在其中显示已载入的各种类型的结构柱，选择其中一种类型，如图4-161所示，在平面图中放置该种类型的结构柱。在绘图区中单击指定插入点，将鼠标指针停留在墙体上，显示临时尺寸标注，标注指定的结构柱位置，如图4-162所示。

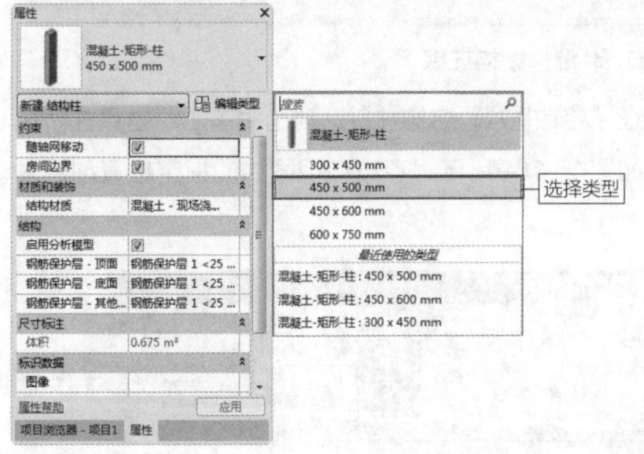

图 4-161 选择类型

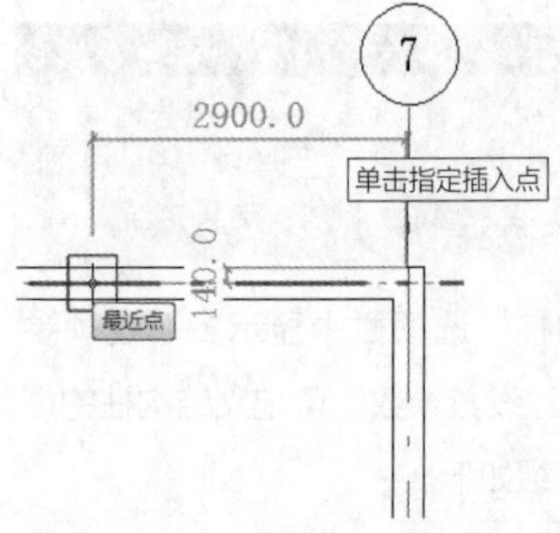

图 4-162 单击指定插入点

延伸讲解：

临时尺寸标注是Revit中一个非常有用的工具。在放置图元时，可以实时显示位置信息；完成放置图元后，选择图元，也可显示临时尺寸标注。临时尺寸还可以被修改，起到调整图元尺寸或者图元位置的目的。

在指定的位置单击，完成创建结构柱的操作，效果如图4-163所示。Revit在创建图元的二维样式时也同步生成三维样式，切换至三维视图，可以观察三维样式的结构柱，如图4-164所示。

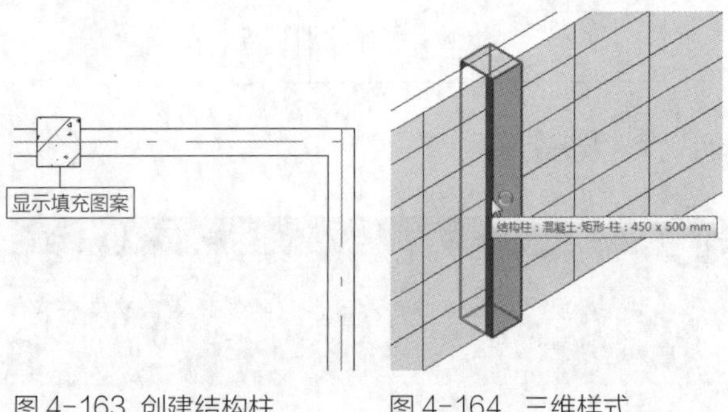

图 4-163 创建结构柱　　图 4-164 三维样式

知识链接：

结构柱在平面视图中会显示其材质图案，本小节所创建的结构柱的材质为“混凝土-现场浇注混凝土”，因此填充图案显示为“钢筋混凝土”图案。

4.5.2 关于创建结构柱的其他介绍 难点

1. 斜柱

垂直柱是最常使用的柱样式，但是在某些特殊的工程中，需要其他样式的柱子来提供支撑，如斜柱。Revit为方便用户应对这种情况，提供了创建斜柱的工具。

在“修改|放置 结构柱”选项卡中单击“斜柱”按钮，进入放置斜柱的状态。在选项栏中显示与斜柱相关的参数，如图4-165所示。因为斜柱是通过单击起点与终点来创建的，所以需要设置“第一次单击”（即起点）、“第二次单击”（即终点）的参数。

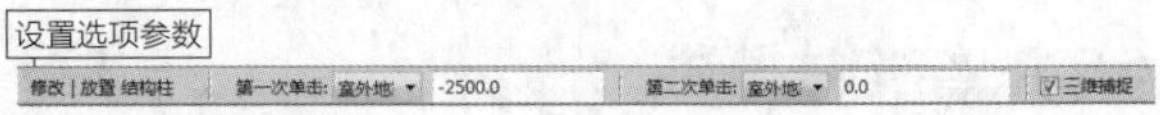

图 4-165 选项栏

在绘图区中分别指定斜柱的起点与终点，创建斜柱的效果如图4-166所示。切换至三维视图，观察斜柱的创建效果，如图4-167所示。图元常常在平面视图中创建，主要是方便指定图元的特征点。创建完毕后通过观察图元的三维样式，确认所设置的参数是否正确。

延伸讲解：

在“第一次单击”选项中设置参数值为-2500，表示斜柱的起点在放置点向上移动2500处。在“第二次单击”选择中设置参数值为0，表示斜柱的终点与放置点重合。因为斜柱的起点与终点存在高度差，所以呈现为倾斜的状态。

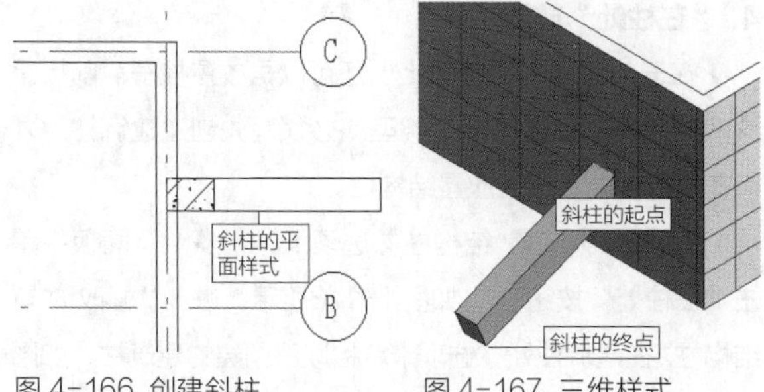

图 4-166 创建斜柱　　图 4-167 三维样式

选择斜柱，在“属性”选项板中显示实例参数，如类型、标高等。修改“顶部标高”为F2，“顶部偏移”为0，如图4-168所示。让斜柱的端点向上移动，位于F2标高上。通过修改“底部标高”与“顶部标高”参数值，调整斜柱的跨越范围，效果如图4-169所示。

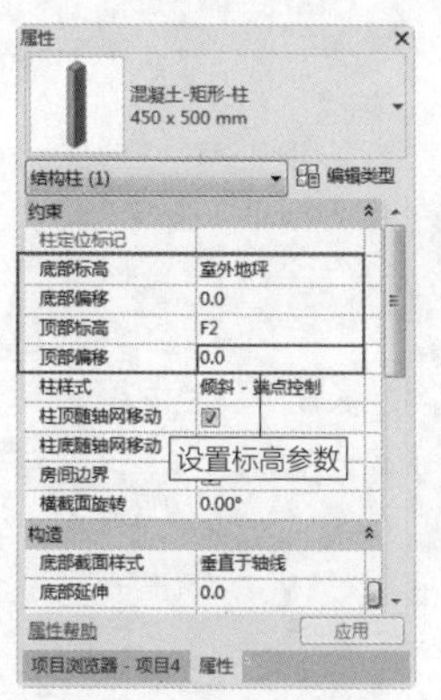

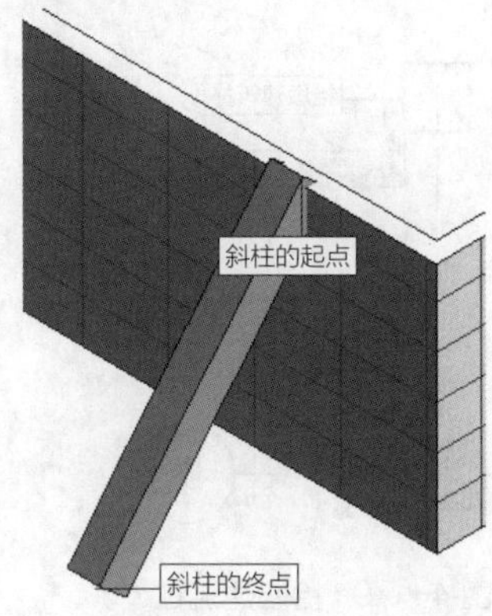

图 4-168 设置标高参数　　图 4-169 调整斜柱的跨越范围

2. 载入族

除了选择模板提供的柱子类型之外，用户还可以从本地库、联网库、Web库或其他源中载入族。在“修改|放置 结构柱”选项卡中单击“载入族”按钮，如图4-170所示。弹出“载入族”对话框，选择族文件，单击“打开”按钮，将族载入当前项目文件中。

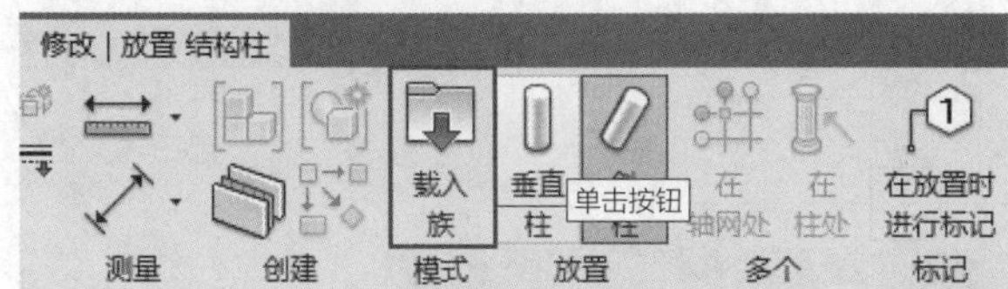

图 4-170 单击“载入族”按钮

启用“柱”命令，不能直接放置载入的族文件。在“构建”面板上单击“构件”按钮，在弹出的列表中选择“放置构件”命令，如图4-171所示，才可将该族类型的实例放置在绘图区中。

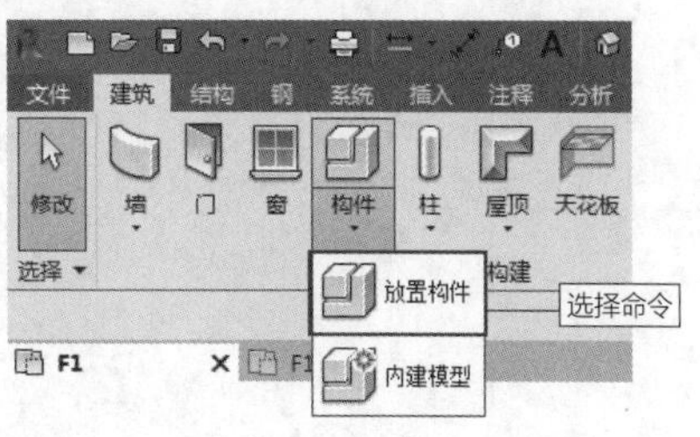

图 4-171 选择“放置构件”命令

3. “在轴网处”放置柱子

通过单击指定位置来放置柱子是最基本的创建方法，使用“在轴网处”方式来创建柱子，可以在选定的轴线的交点处创建一个柱子。

在“修改|放置 结构柱”选项卡的“多个”面板中单击“在轴网处”按钮，如图4-172所示。进入“修改|放置 结构柱>在轴网交点处”选项卡，单击选择一条轴线，如选择轴C，如图4-173所示。

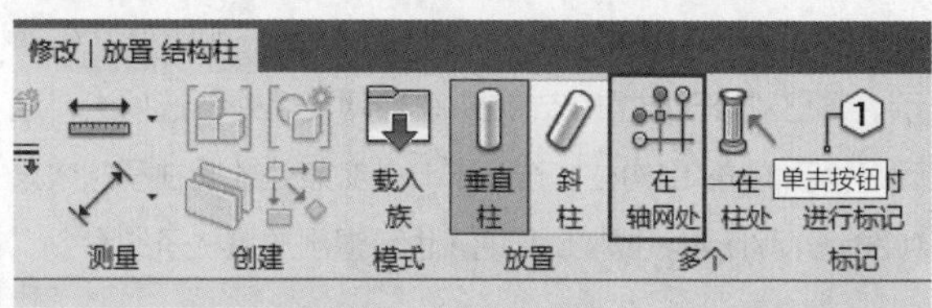

图 4-172 单击“在轴网处”按钮

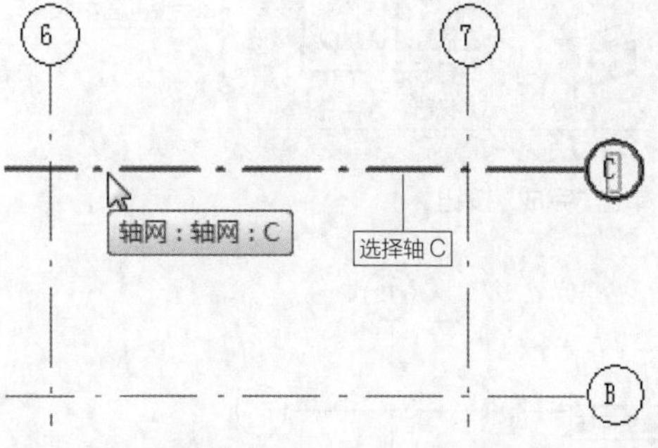

图 4-173 选择轴 C

延伸讲解：

需要选择两条方向不同的轴线，才可在它们的交点处放置柱子。可以是水平轴线与垂直轴线相交，也可以是水平/垂直轴线与倾斜轴线相交。

如单击与轴C相交的轴线，然后选择轴6，如图4-174所示。此时在轴C与轴6的交点处可以预览结构柱的创建效果，如图4-175所示。需要注意的是，此时还未退出柱子的放置操作，如果重新指定相交轴线，柱子会移动到新指定的交点处。

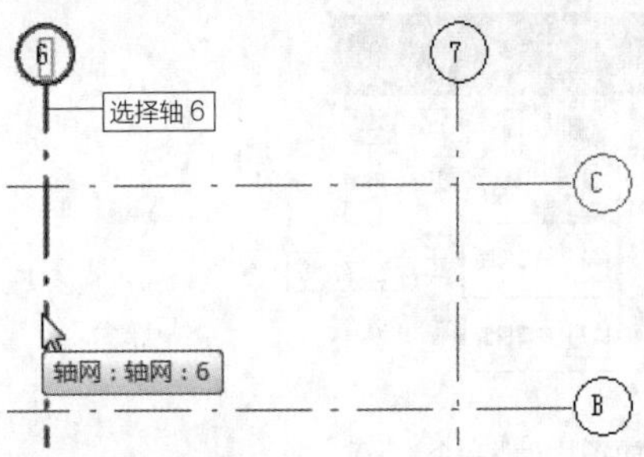

图 4-174　选择轴 6

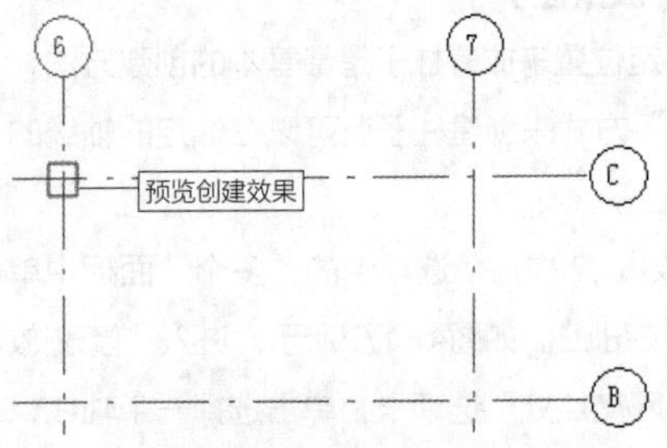

图 4-175　预览创建效果

在“多个”面板上单击“完成”按钮，如图4-176所示。退出“修改|放置 结构柱>在轴网交点处”选项卡，返回“修改|放置 结构柱”选项卡，在交点处放置柱子的效果如图4-177所示，或按Esc键，也可退出放置柱子的命令。

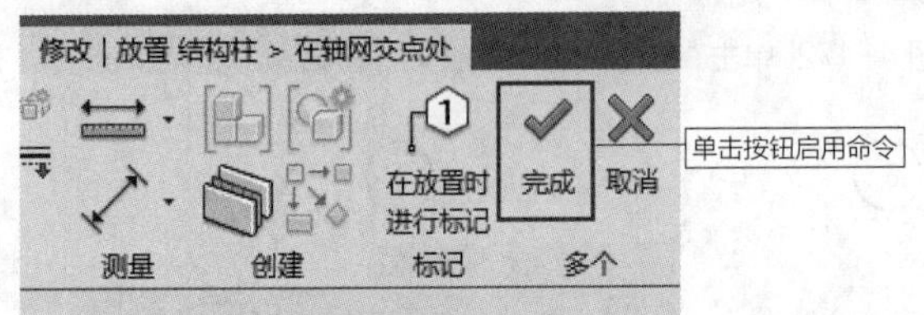

图 4-176　单击“完成”按钮

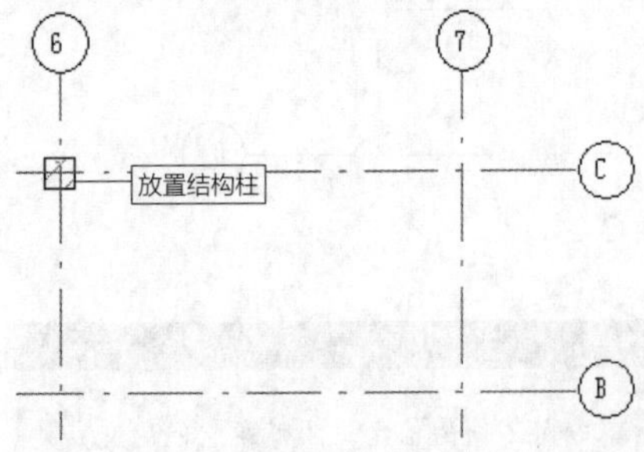

图 4-177　放置结构柱

知识链接：

使用“在轴网处”方式创建柱子，需要拾取两根轴线才可放置一个柱子，比较浪费时间，所以通过单击指定位置来创建柱子是最常用的创建方式。

4. “在柱处”放置柱子

在已放置柱子的位置上，还可以再放置柱子。前提是这两种柱子不能是同一个类型，必须是先创建建筑柱，才可在建筑柱的基础上放置结构柱。

在“修改|放置 结构柱”选项卡的“多个”面板中单击“在柱处”按钮，如图4-178所示。进入“修改|放置结构柱>在建筑柱处”选项卡，拾取已创建的建筑柱，如图4-179所示，即在该建筑柱内放置结构柱。

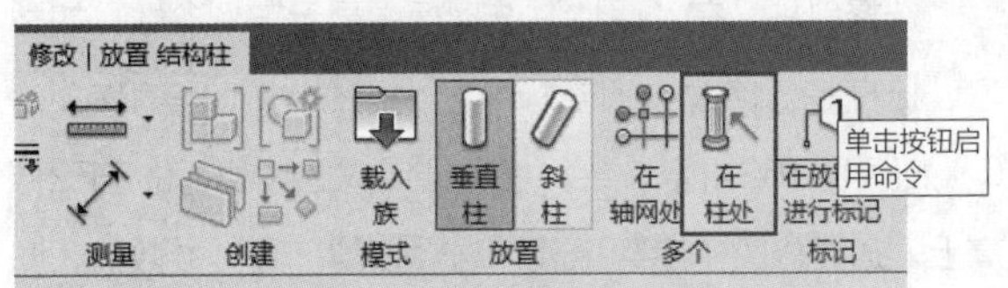

图 4-178　单击“在柱处”按钮

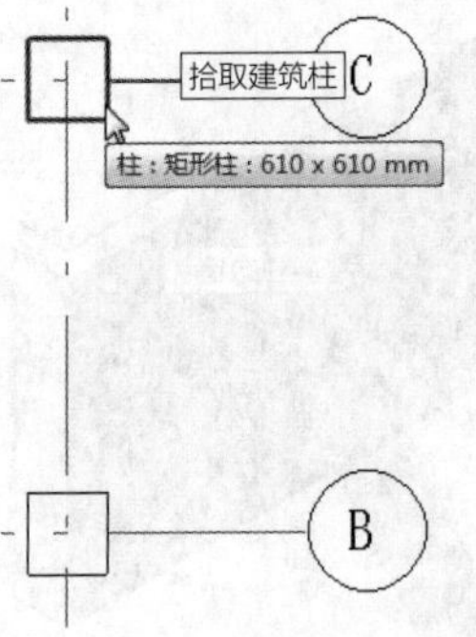

图 4-179　拾取建筑柱

在建筑柱上单击，完成放置结构柱的操作，如图4-180所示。在“多个”面板上单击“完成”按钮，如图4-181所示，返回“修改|放置 结构柱”选项卡，或按Esc键，也可退出放置柱子的命令。

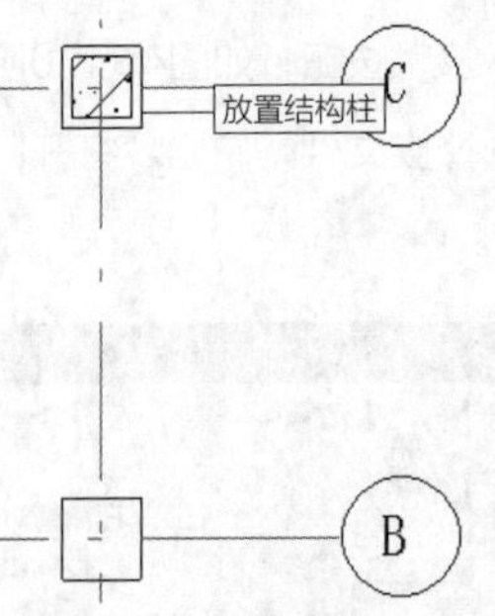

图 4-180　放置结构柱

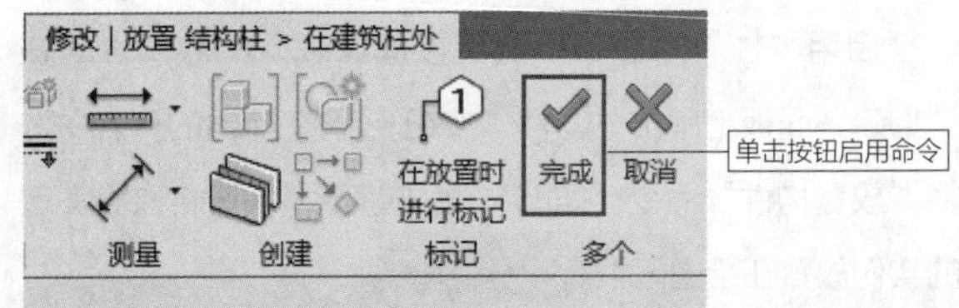

图 4-181　单击“完成”按钮

延伸讲解：

平面样式的结构柱在创建完成后会显示其材质图案，但建筑柱默认仅显示其轮廓线。如本小节中的矩形建筑柱，创建完毕后显示矩形轮廓线。

5. 在放置时进行标记

在“修改|放置 结构柱”选项卡的“标记”面板中单击“在放置时进行标记”按钮，如图4-182所示，在放置柱子的同时可以放置柱子标记。若当前项目文件中未有相应的标记，系统会弹出图4-183所示的“未载入标记”对话框，提醒用户尚未有可使用的结构标记。

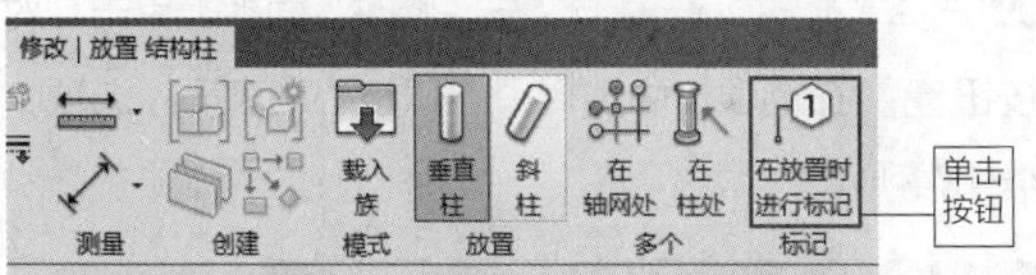

图 4-182　单击按钮

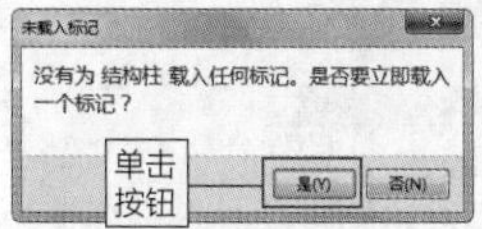

图 4-183　“未载入标记”对话框

延伸讲解：

因为Revit中有多种不同类型的图元，因此标记的种类也有很多。如在本部分中需要为结构柱创建标记，就需要载入“结构”类型的标记，其他类型的标记不能用来标记结构图元。标记的种类还有电气、管道、机械、建筑等类型。

单击“是”按钮，弹出“载入族”对话框，选择标记，单击“打开”按钮，将标记载入当前项目文件中。此时再执行放置柱的操作，可以同时放置柱子的标记。系统默认创建的标记是不带引线的，如果为了清楚地指示与标记相关的图元，可以在“属性”选项板中选择“引线”选项，如图4-184所示。为标记绘制引线的效果如图4-185所示。

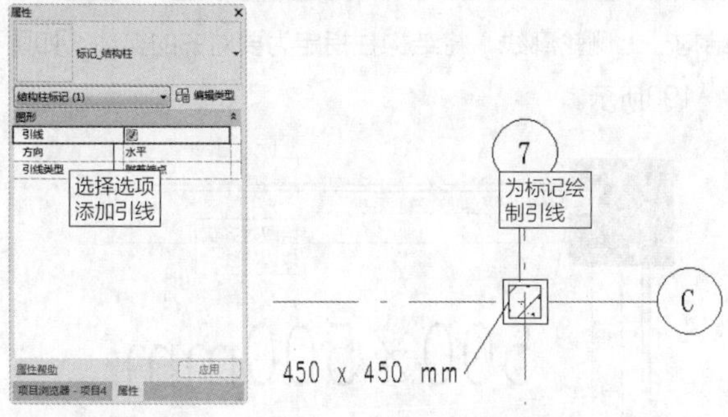

图 4-184　选择“引线”选项　图 4-185　为标记绘制引线

4.5.3　实战——放置结构柱

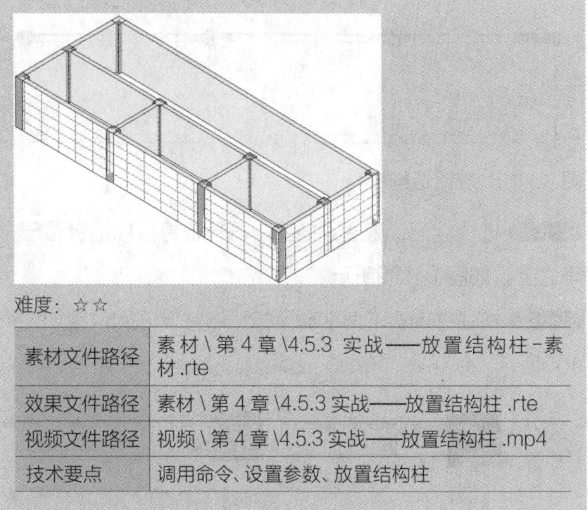

难度：☆☆

素材文件路径	素材\第 4 章\4.5.3 实战——放置结构柱-素材.rte
效果文件路径	素材\第 4 章\4.5.3 实战——放置结构柱.rte
视频文件路径	视频\第 4 章\4.5.3 实战——放置结构柱.mp4
技术要点	调用命令、设置参数、放置结构柱

在4.5.1、4.5.2小节中介绍了创建结构柱相关知识，本小节将介绍在实际的绘图工作中，放置结构柱的操作方法。

Step 01 打开资源中的“第4章\4.5.3 实战——放置结构柱-素材.rte”文件。

Step 02 选择“建筑”选项卡，在“构建”面板上单击“柱”按钮，进入“修改|放置 结构柱”选项卡。单击“垂直柱”“在放置时进行标记”按钮。在选项栏中选择“高度”选项，设置标高为F2，如图4-186所示。

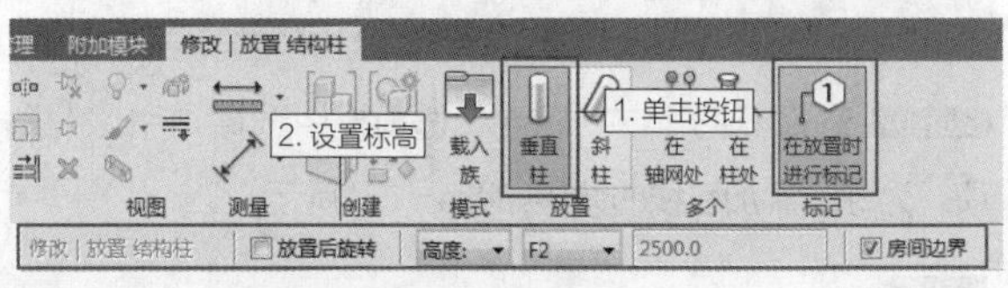

图 4-186　“修改 | 放置 结构柱”选项卡

Step 03 在“属性”选项板上单击“编辑类型”按钮，打开“类型属性”对话框。单击“复制”按钮，弹出“名称”对话框，设置新类型名称为“500×500mm”，在“尺寸标注”选项组中设置“b”为500，“h”为500，如图4-187所示。

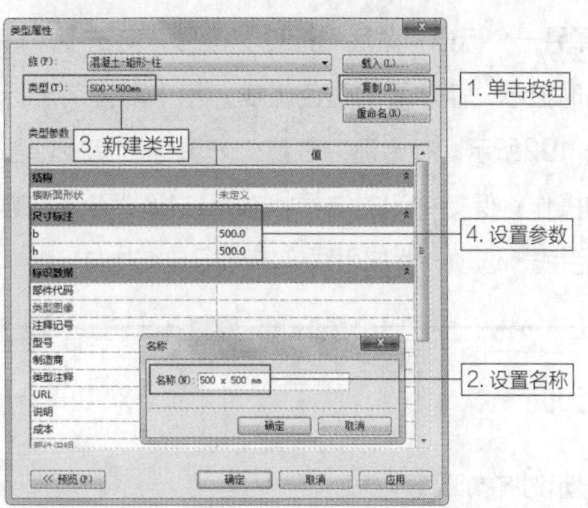

图 4-187　“类型属性”对话框

Step 04 单击“确定”按钮关闭对话框，在绘图区中依次拾取轴线交点，放置结构柱的效果如图4-188所示。

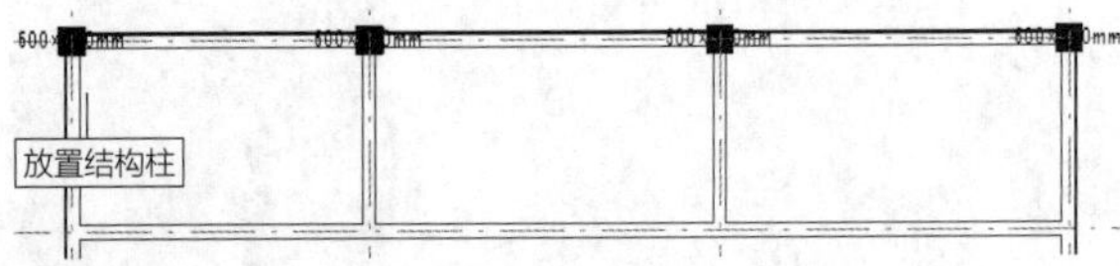

图 4-188　放置结构柱

Step 05 选择标记，激活“拖曳”符号，将鼠标指针置于符号之上，如图4-189所示。

Step 06 按住并向右下角拖动鼠标，调整标记的位置如图4-190所示。

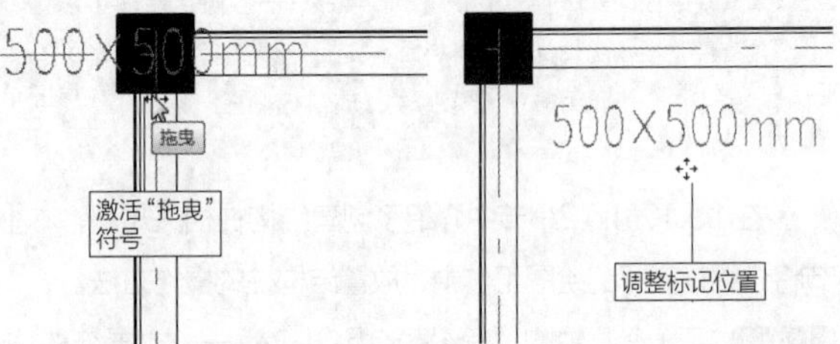

图 4-189　激活“拖曳”符号　　图 4-190　调整标记位置

延伸讲解：

结构柱与结构柱标记是两个图元，一个是模型图元，另一个是注释图元。在编辑其中一个图元时，另一个图元不受影响。

Step 07 选择标记，在“属性”选项板中选择“引线”选项，为标记添加引线的效果如图4-191所示。

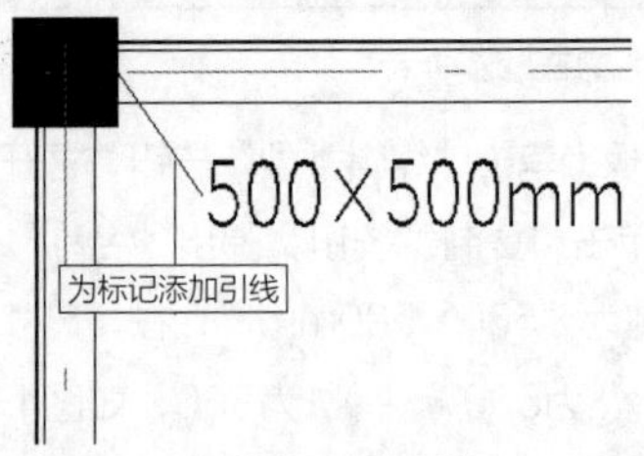

图 4-191　为标记添加引线

Step 08 选择另一个标记，激活“拖曳”符号，向右下角移动鼠标，此时显示一条水平的蓝色虚线，用来对齐前一标记，如图4-192所示。在合适的位置松开鼠标，完成调整标记位置的操作。保持标记的选择状态，选择“属性”选项板中的“引线”选项，添加引线连接标记与结构柱。

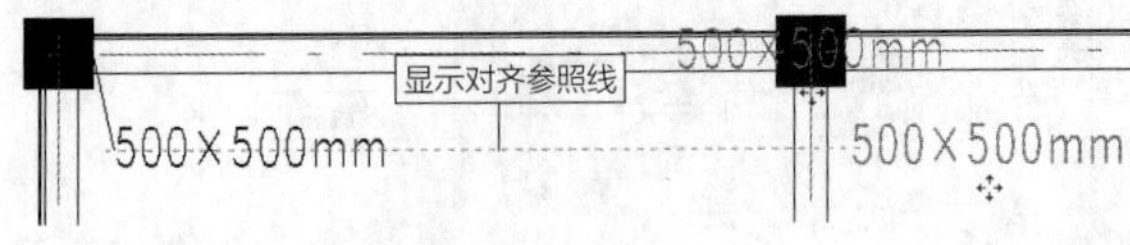

图 4-192　显示对齐参照线

知识链接：

Revit中的每个标记都是独立的，需要单独编辑。即使是相同类型的标记，也不能通过编辑其中一个来影响其他的标记。

Step 09 重复上述操作，继续调整标记的位置，并添加引线，操作效果如图4-193所示。

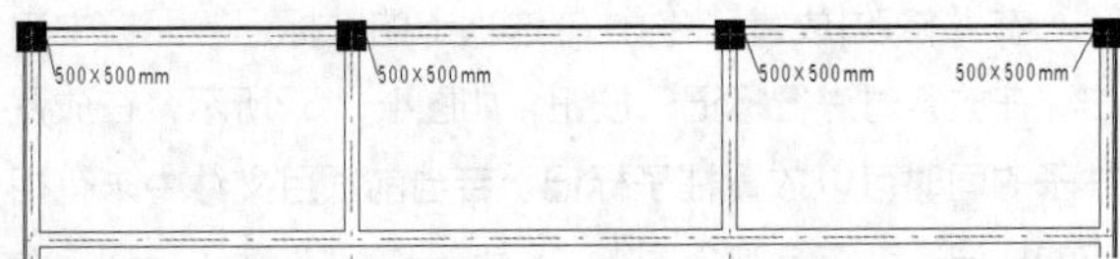

图 4-193　操作效果

Step 10 选择“修改”选项卡，在“修改”面板上单击“对齐”按钮，在选项栏中选择“参照核心层表面”选项，如图4-194所示。

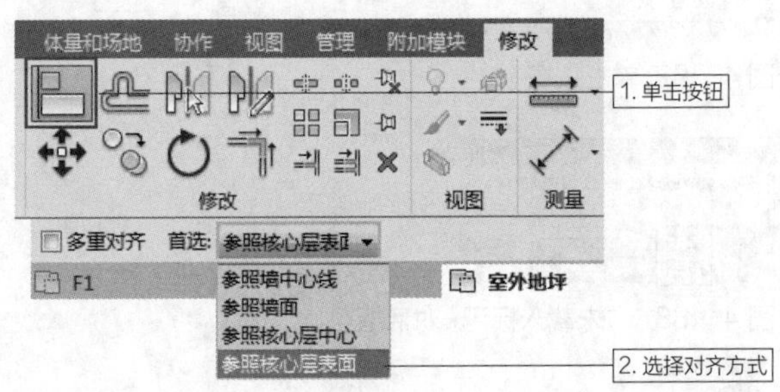

图 4-194　启用“对齐”命令

Step 11 在绘图区中单击墙体外表面轮廓线，如图4-195所示。

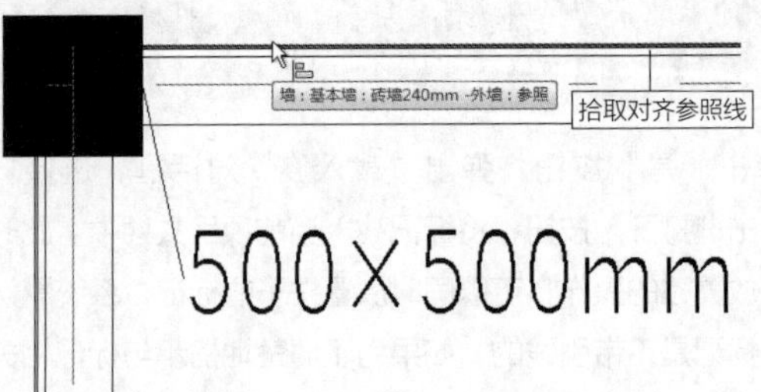

图 4-195　拾取对齐参照线

Step 12 选择参照线后，参照线以蓝色虚线显示。接着单击结构柱上侧轮廓线，将结构柱指定为要对齐的实体，如图4-196所示。

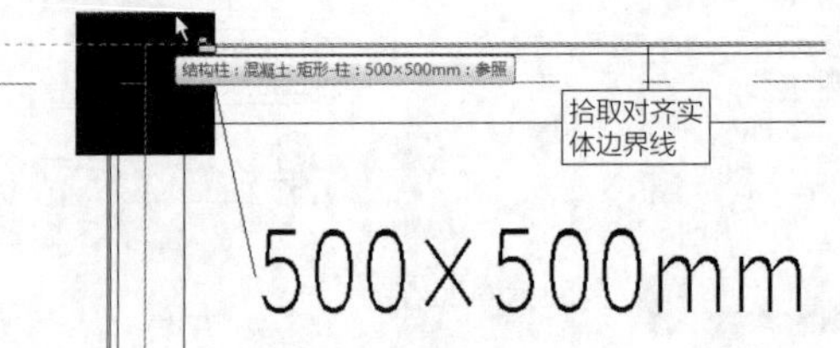

图 4-196　拾取对齐实体边界线

Step 13 向下移动结构柱，使其与墙体外表面轮廓线对齐，效果如图4-197所示。单击“锁定/解锁”符号，创建对齐约束。

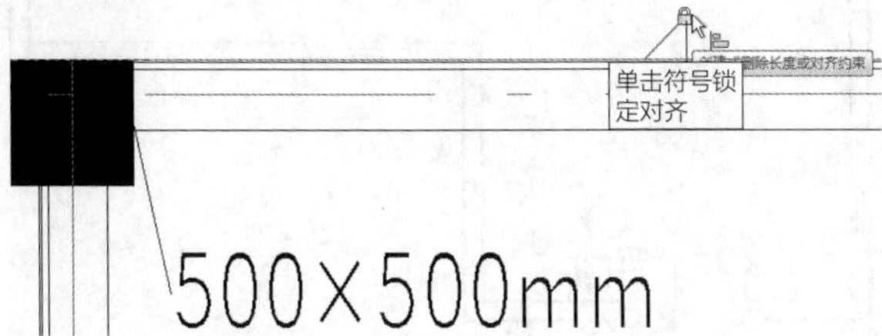

图 4-197 锁定对齐

Step 14 重复上述操作，逐一对结构柱执行对齐操作，效果如图4-198所示。

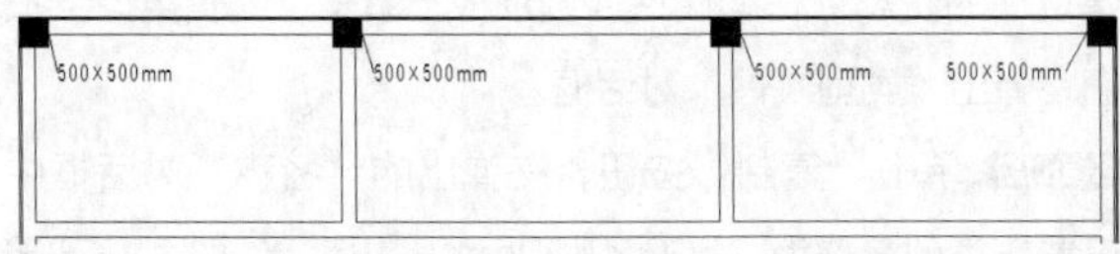

图 4-198 对齐效果

延伸讲解：

为了方便观察结构柱的对齐效果，笔者特意将轴线隐藏。读者在绘制或编辑图形的过程中，也可适时地隐藏某类图元，为创建或编辑工作提供比较简洁的画面。

Step 15 通过以上各步骤的操作，在大致了解操作及编辑流程的情况下，读者可自行尝试放置、编辑结构柱的操作。在平面图中添加结构柱的效果如图4-199所示。

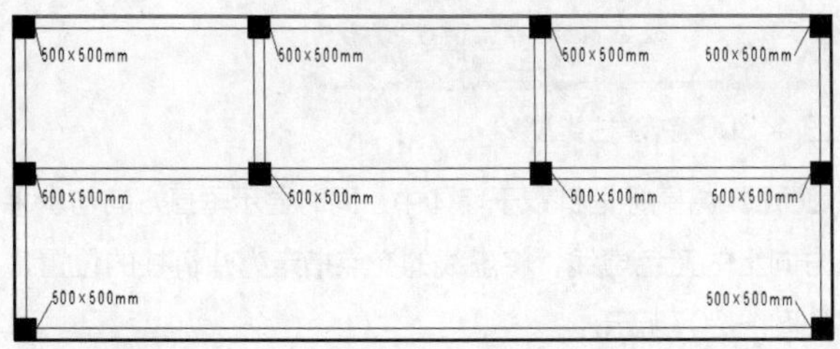

图 4-199 在平面图中添加结构柱的效果

Step 16 图4-200所示即是在建筑物的一层放置结构柱的效果。

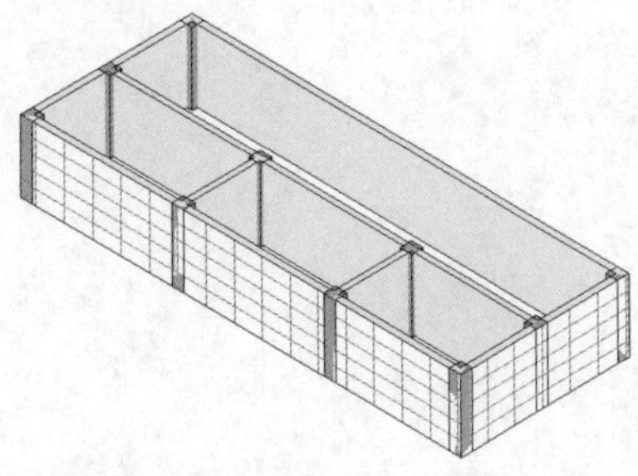

图 4-200 放置结构柱

4.5.4 建筑柱概述

放置建筑柱的操作方式与放置结构柱的方式类似，但又有不同之处。例如，可以使用几种方式放置结构柱，但是在放置建筑柱时，通常使用点取方式来放置。本小节将介绍放置建筑柱的方法。

选择“建筑”选项卡，在“构建”面板上单击“柱”按钮，在列表中选择“柱：建筑”命令，如图4-201所示。系统弹出提示对话框，提醒用户“项目中未载入柱族。是否现在载入？”，单击“是”按钮，执行载入柱族的操作。

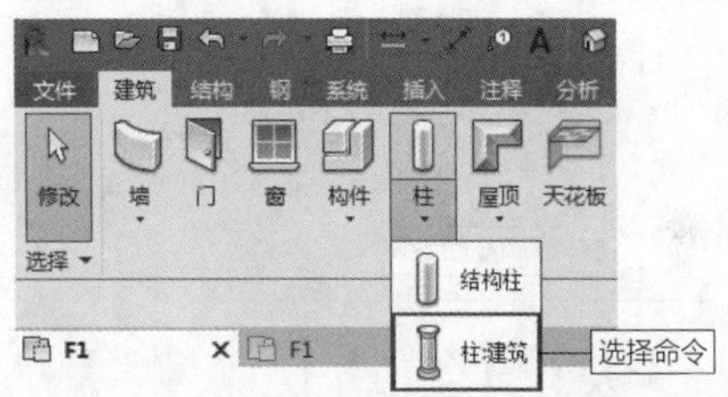

图 4-201 选择“柱：建筑”命令

进入“修改|放置 柱”选项卡，在“模式”面板中，用户也可以单击“载入族”按钮，从外部文件中载入族文件到当前项目中使用。单击“内建模型”按钮，创建项目特有的体量。通过创建一个体量族，可以将同一个体量的多个实例放置在项目中或者在多个项目中使用。

在选项栏中选择“放置后旋转”选项，在指定柱子的位置后，可以设置角度值，调整柱子的显示样式，如图4-202所示。

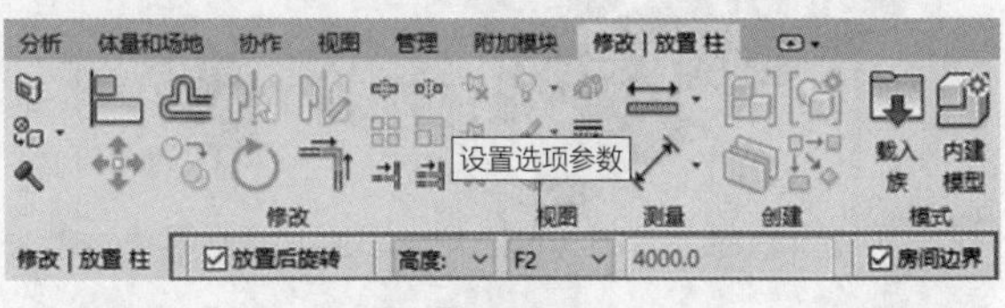

图 4-202 “修改 | 放置 柱”选项卡

延伸讲解：

与“修改|放置 结构柱”选项卡相比，“修改|放置 柱”选项卡显得很简单。用户可以通过“属性”选项板、“类型属性”对话框，设置建筑柱的尺寸、材质等参数。

在轴线交点上单击，指定该点为放置建筑柱的位置。此时进入旋转模式，移动鼠标指针，实时调整建筑柱的角度，如图4-203所示。根据所显示的角度标注来确定建筑柱的角度，也可以输入角度值进行确定。在确定建筑柱的角度后单击，旋转建筑柱的效果如图4-204所示。

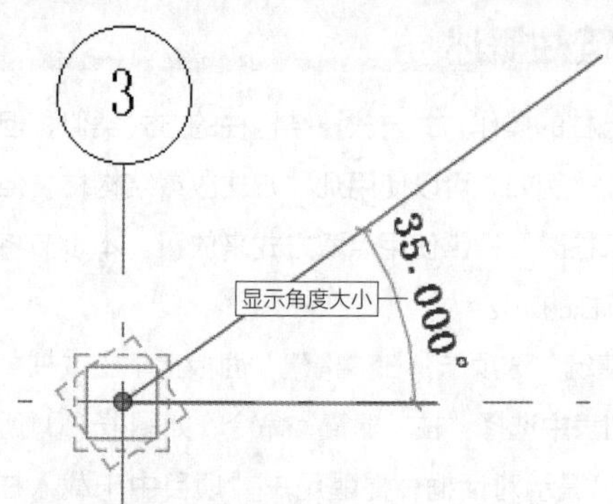

图 4-203 调整角度

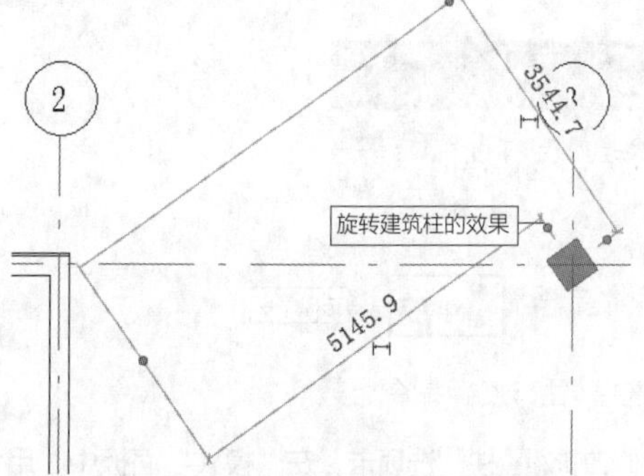

图 4-204 旋转建筑柱的效果

4.5.5 实战——放置建筑柱

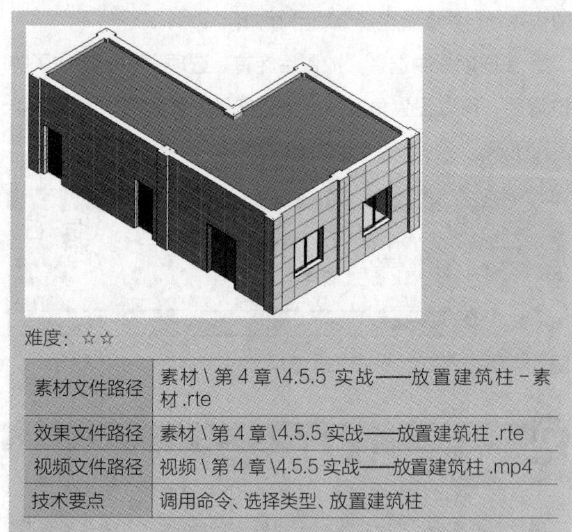

难度：☆☆

素材文件路径	素材\第4章\4.5.5 实战——放置建筑柱-素材.rte
效果文件路径	素材\第4章\4.5.5 实战——放置建筑柱.rte
视频文件路径	视频\第4章\4.5.5 实战——放置建筑柱.mp4
技术要点	调用命令、选择类型、放置建筑柱

将建筑柱放置到建筑物中后，墙的复合层会自动包络建筑柱，意思就是，建筑柱可以继承墙体的外部装饰材质。但是结构柱却不具备被墙体包络的功能。本小节将介绍放置建筑柱的操作方法。

Step 01 打开资源中的“第4章\4.5.5 实战——放置建筑柱-素材.rte”文件，如图4-205所示。

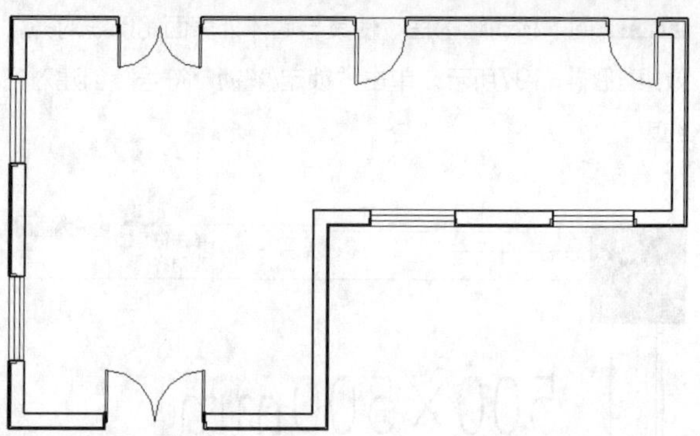

图 4-205 打开素材

Step 02 选择“建筑”选项卡，在“构建”面板上单击“柱”按钮，在列表中选择“柱：建筑”命令，进入放置建筑柱的状态。在“属性”选项板上单击“编辑类型”按钮，弹出“类型属性”对话框。

Step 03 单击“复制”按钮，在弹出的“名称”对话框中设置新类型名称为“500×500mm-实战”，如图4-206所示，单击“确定”按钮关闭对话框。

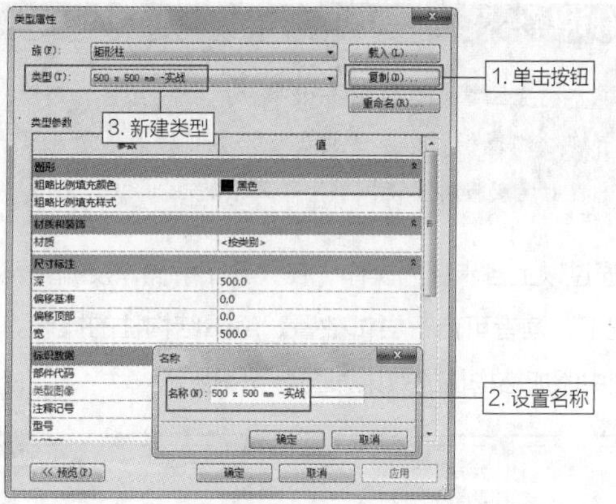

图 4-206 新建柱类型

Step 04 将鼠标指针置于墙体中，同时显示垂直方向与水平方向上的蓝色虚线，将虚线的交点指定为建筑柱的位置，如图4-207所示。

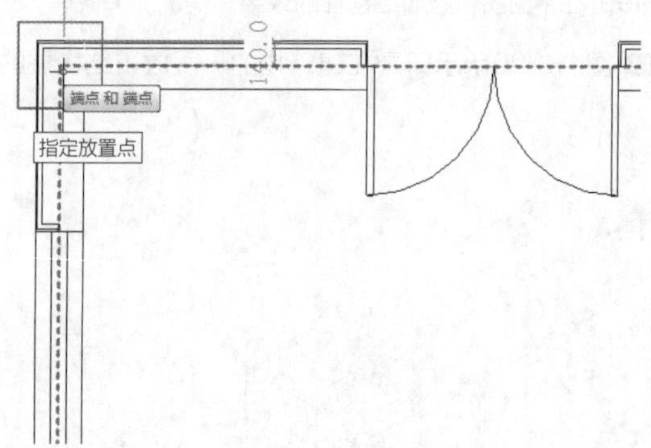

图 4-207 指定放置点

延伸讲解：

在关闭轴线的情况下，通过借助Revit提供的辅助线，也可以轻松准确地定位建筑柱的位置。

Step 05 在辅助线交点处单击，放置建筑柱，如图4-208所示。

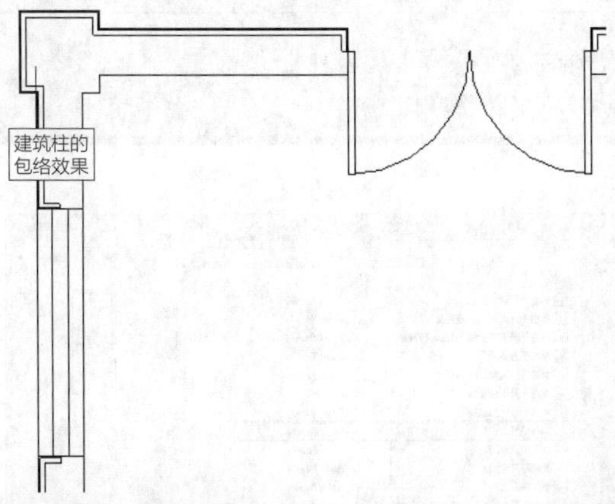

图 4-208 放置建筑柱

Step 06 选择建筑柱，在“属性”选项板中设置实例参数，修改“顶部偏移”为1000，如图4-209所示，即在F2标高的基础上，向上延伸1000。

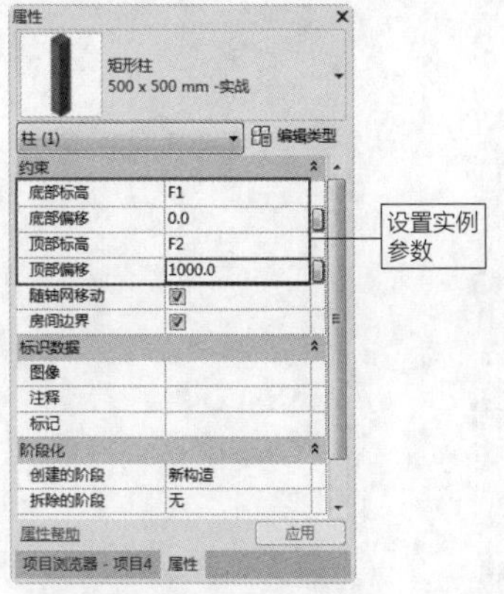

图 4-209 设置实例参数

知识链接：

观察放置建筑柱的效果，可以发现建筑柱的外侧轮廓线与墙体的外侧边界线连成了一个整体，这就是包络的效果。

Step 07 切换至三维视图，观察建筑柱的包络效果，如图4-210所示。建筑柱已与外墙融合为一个整体，继承墙体的装饰材质。

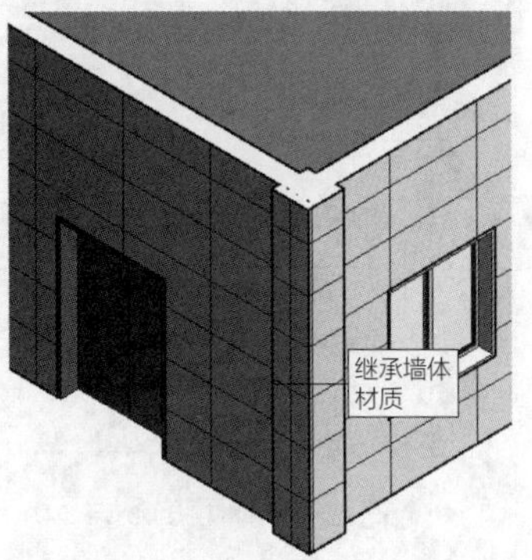

图 4-210 包络效果

Step 08 切换至F1视图，继续执行放置建筑柱的操作，效果如图4-211所示。

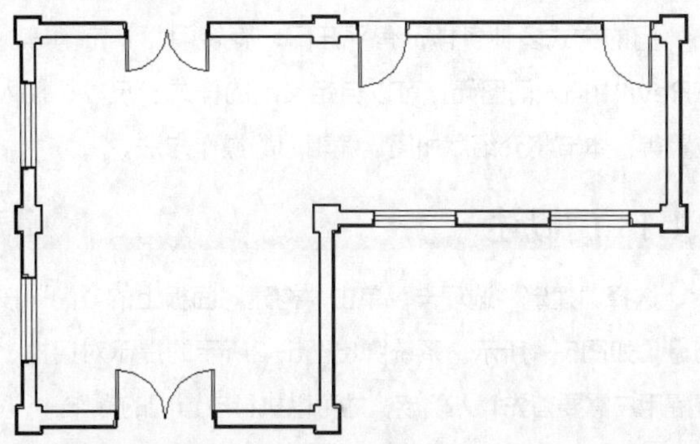

图 4-211 创建效果

延伸讲解：

在放置建筑柱时，可以预先设置其属性参数，也可以在创建完毕后，一边观察创建效果，一边调整参数，直至满意为止。

Step 09 图4-212所示为放置建筑柱的效果。

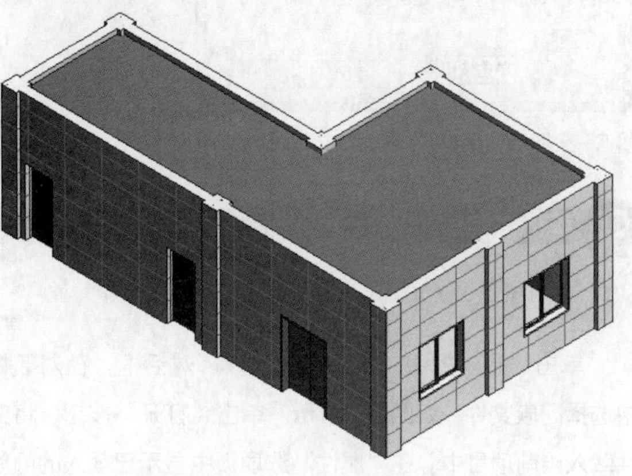

图 4-212 放置建筑柱

第5章 门、窗与幕墙

Revit中的门、窗必须附着于墙体之上。已经放置好的门、窗，可以通过修改位置、样式等控制其显示样式。项目文件提供的门、窗类型往往不能满足建模需求，需要用户调入外部族文件。本章将介绍创建门、窗、幕墙等的操作方法。

学习目标

5.1 门

门的样式多种多样，有平开门、旋转门、卷帘门等。在Revit中插入门图元，可以自定义门的样式、尺寸、插入位置等。本节将介绍添加门、编辑门的操作方法。

5.1.1 门概述 重点

选择“建筑”选项卡，单击“构建”面板上的“门”按钮，如图5-1所示。系统弹出图5-2所示的提示对话框，提醒用户需要首先载入门族，才可以执行放置门的操作。

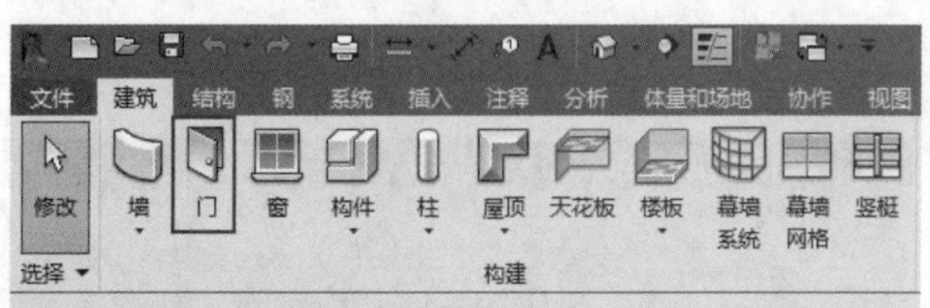

图5-1 单击“门”按钮

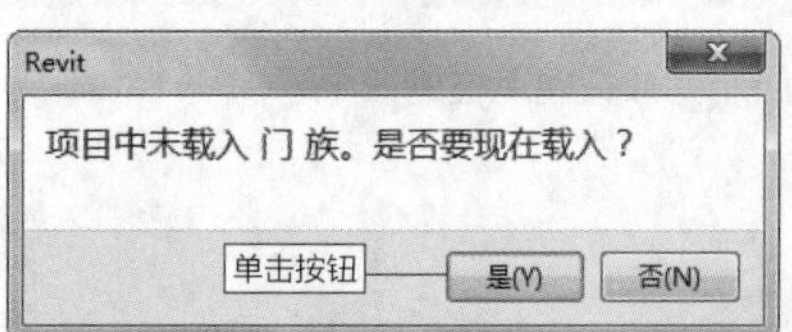

图5-2 提示对话框

延伸讲解：

可以使用快捷键DR，启用“门”命令。

单击“是”按钮，打开“载入族”对话框，在对话框中选择门族文件，如图5-3所示。单击“打开”按钮，将文件载入当前项目中。在“属性”选项板中显示已载入的门族的类型，如图5-4所示。单击“编辑类型”按钮打开“类型属性”对话框。

图5-3 “载入族”对话框

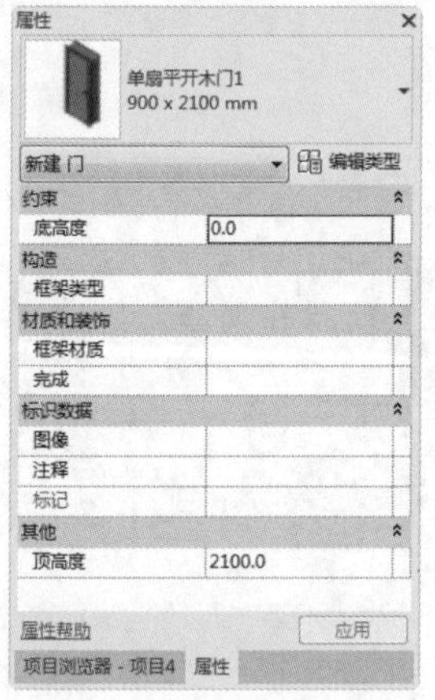

图5-4 “属性”选项板

对话框中的“尺寸标注”选项组下显示门的宽度、高度、厚度等，如图5-5所示。假如用户需要更改门的尺寸，在“尺寸标注”选项组下修改相应的参数即可。单击“确定”按钮关闭对话框，返回绘图区。

将鼠标指针置于墙体上，此时可以预览门图元的放置效果。移动鼠标指针，显示临时尺寸标注，表示即将插入的门图元与两侧墙体的间距，如图5-6所示。用户根据临时尺寸标注，可以准确地定位门的位置。

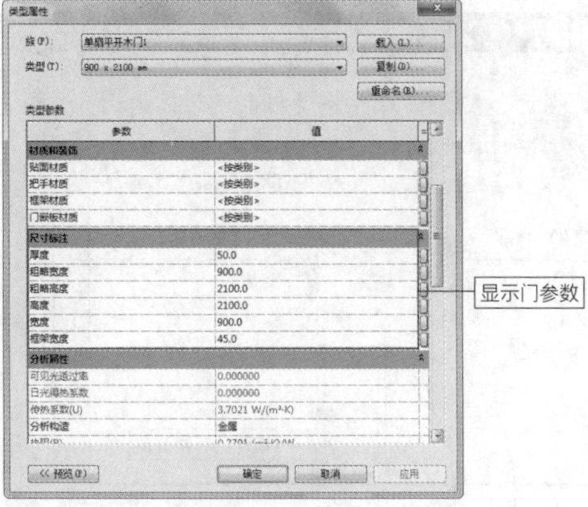

图 5-5 “类型属性”对话框

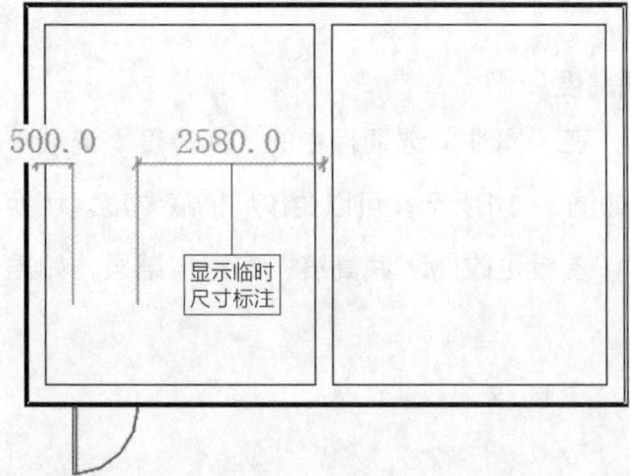

图 5-6 显示临时尺寸标注

知识链接：

“厚度”指门扇的厚度。

单击在指定的位置放置门图元，系统会显示临时尺寸标注，注明门图元与墙体的间距，如图5-7所示。在门图元的一侧，显示“翻转实例开门方向”与“翻转实例面”符号，如图5-8所示。单击符号，可以翻转实例门。

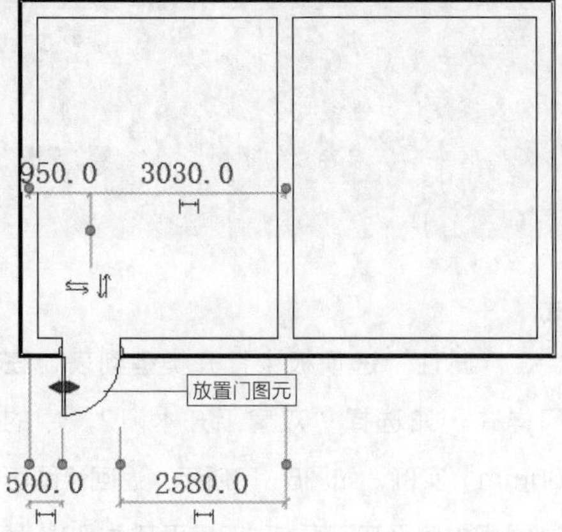

图 5-7 放置门图元

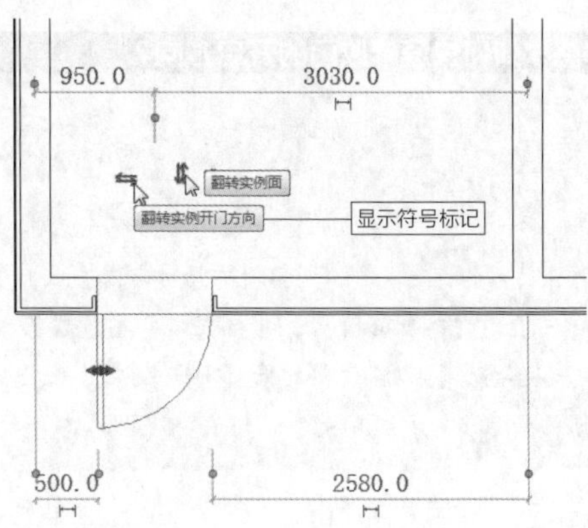

图 5-8 显示符号标记

单击“翻转实例开门方向”符号，调整门的开启方向，如图5-9所示。单击“翻转实例面”符号，翻转门的实例面，如图5-10所示。

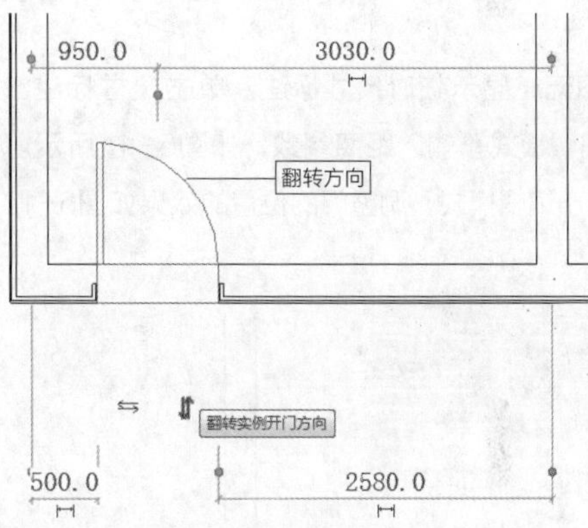

图 5-9 翻转实例开门方向

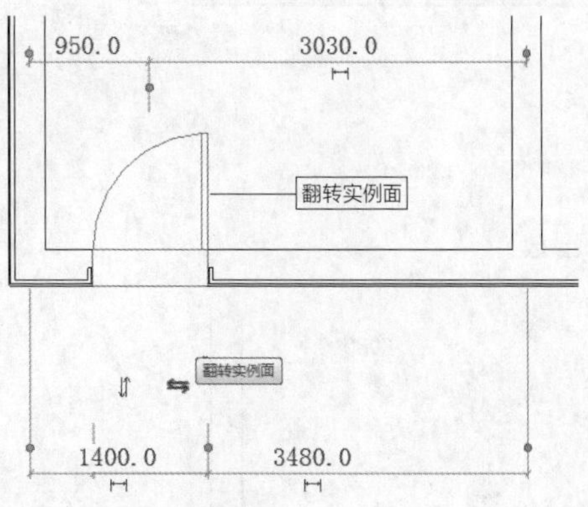

图 5-10 翻转实例面

延伸讲解：

在调整门的开启方向时，比较常使用的是“翻转实例开门方向”符号。放置门图元后，经常需要调整门的开启方向，通过单击该符号，可以快速地更改开门方向。

答疑解惑：如何快速修改门的开启方向？

有时候在墙体上放置好门图元，预览放置门的效果时，会发现门的开启方向不符合项目要求。此时可以忽略门的开启方向，继续执行放置门的操作。在操作完毕后，选择门，通过激活门的翻转符号，调整门的开启方向。

也可以在放置门之前就修改门的开启方向。在放置门的过程中，按空格键，可以修改门的开启方向。所以用户可以在确定门的开启方向后，再指定位置来放置门图元。

5.1.2　编辑门

难点

已经放置到墙体中的门图元可以进行再修改，如修改其位置、样式等，达到改变门的显示样式的目的。本小节介绍编辑门的操作方法。

1. 调整位置

选择门图元，显示临时尺寸标注。单击尺寸标注数字，进入可编辑模式，输入距离参数，如图5-11所示。按回车键，退出编辑模式，调整门的位置的效果如图5-12所示。

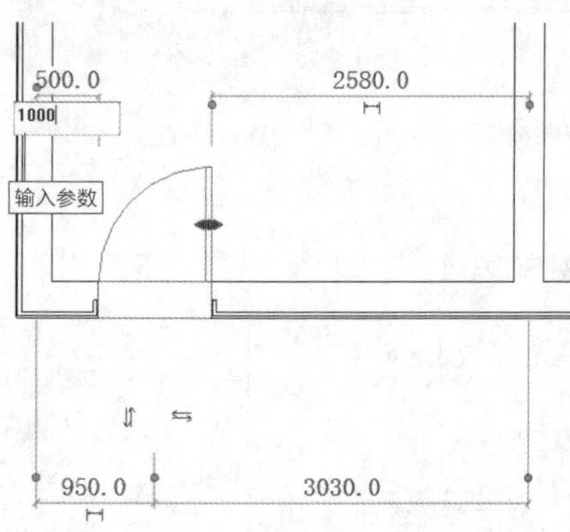

图 5-11　输入参数

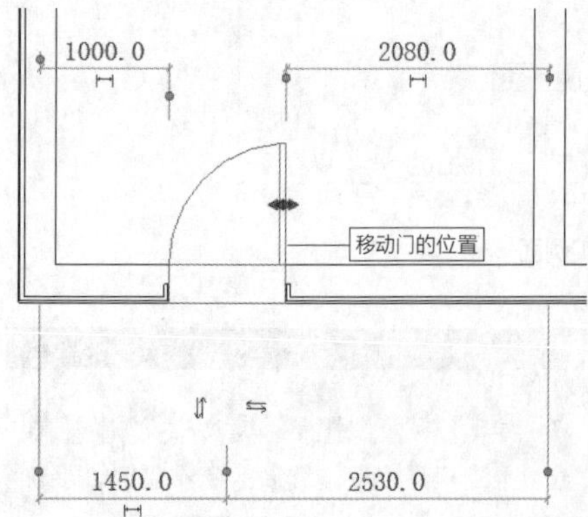

图 5-12　调整位置

延伸讲解：

选择门图元，按住鼠标并拖动门图元可以更改其在墙体上的位置，如图5-13所示。

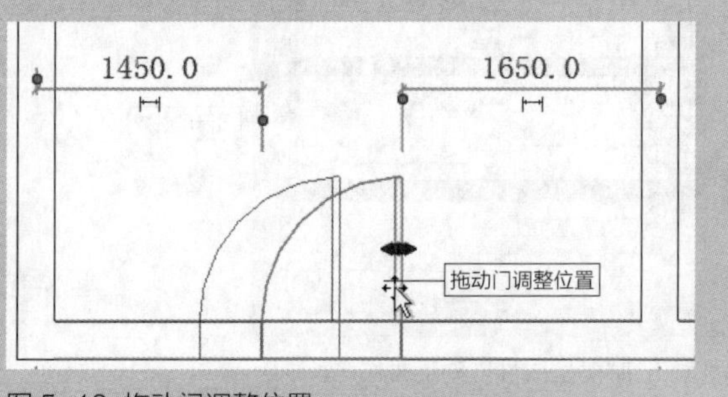

图 5-13　拖动门调整位置

2. 更改"底高度"

选择门，在"属性"选项板中的"底高度"选项中更改参数，如图5-14所示，可以更改门的底高度。切换至立面视图，查看更改门"底高度"的操作结果，如图5-15所示。

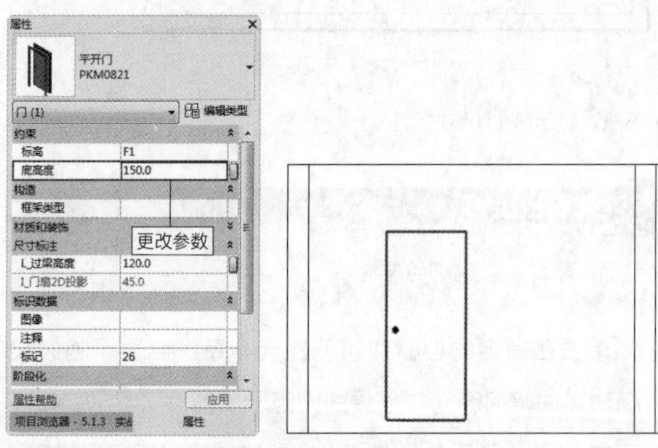

图5-14　更改"底高度"　图 5-15　操作结果

知识链接：

在"属性"面板中默认门的"底高度"为0，用户可根据项目要求自定义高度值。在更改参数时，最好先切换至立面视图，方便实时观察随着参数的不同，门位置的调整效果。

3. 更改门样式

选择门，在"属性"选项板中打开类型列表，在列表中选择门样式，如选择"双扇平开木门2"中的"1500×2100mm"实例，如图5-16所示。返回绘图区查看修改结果，发现单扇平开门已被"双扇平开木门2"替换，如图5-17所示。

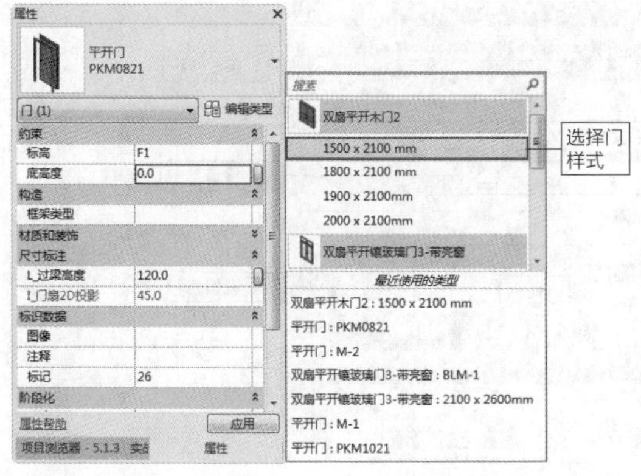

图 5-16 选择门样式

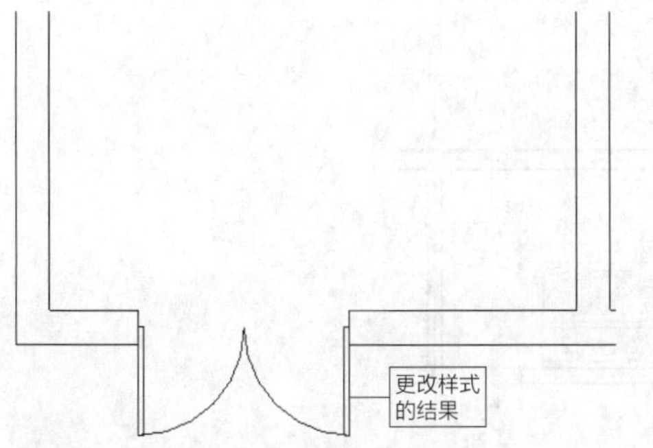

图 5-17 更改门样式

知识链接：

项目样板文件提供的门构件有限，用户需要从外部族库中调入门构件。外部族库可以是自己创建的族文件，也可以是从网络上下载的族文件。

5.1.3 实战——添加门图元

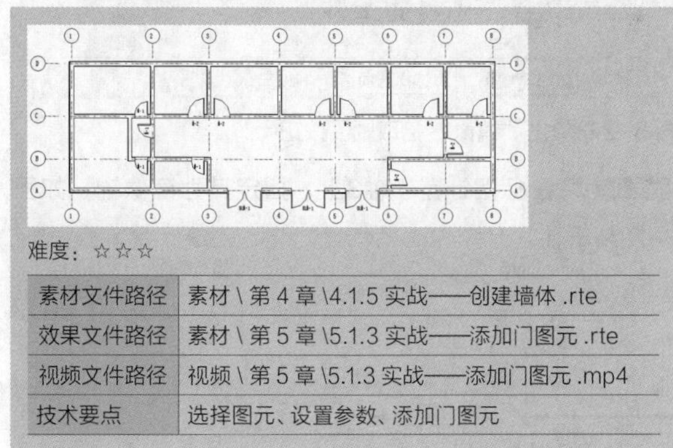

难度：☆☆☆

素材文件路径	素材 \ 第 4 章 \4.1.5 实战——创建墙体 .rte
效果文件路径	素材 \ 第 5 章 \5.1.3 实战——添加门图元 .rte
视频文件路径	视频 \ 第 5 章 \5.1.3 实战——添加门图元 .mp4
技术要点	选择图元、设置参数、添加门图元

在5.1.1、5.1.2小节中介绍了添加和编辑门图元的操作方法，本小节在4.1.5小节的基础上，介绍在项目中添加门图元的操作方法。

1. 放置M-1

Step 01 打开资源中的“第4章\4.1.5 实战——创建墙体.rte”文件，如图5-18所示。

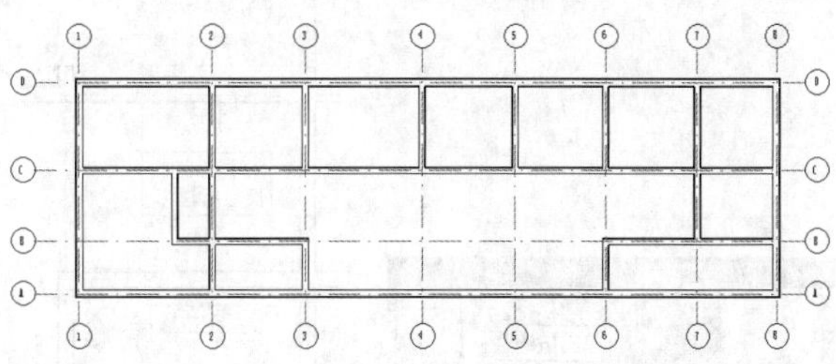

图 5-18 打开素材

Step 02 选择“建筑”选项卡，在“构建”面板上单击“门”按钮，进入“修改|放置 门”选项卡。在“属性”选项板中打开类型列表，在其中选择“PKM0821”选项，如图5-19所示。单击“编辑类型”按钮，打开“类型属性”对话框。

Step 03 在对话框中单击“复制”按钮，弹出“名称”对话框，在其中设置名称为M-1，单击“确定”按钮关闭对话框；在“高度”选项中设置参数为2100，在“宽度”选项中设置参数为800，如图5-20所示。

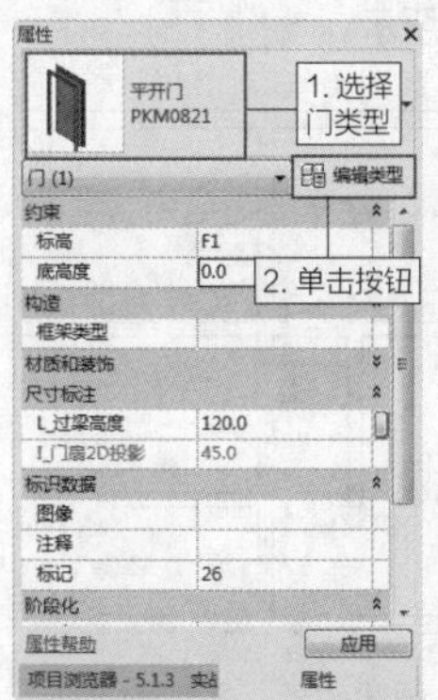

图 5-19 选择门类型

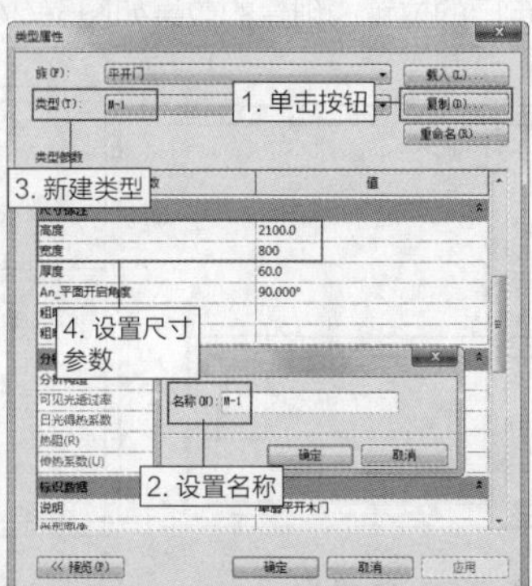

图 5-20 新建门类型

延伸讲解：

模板中提供了几种单扇平开门模型（如PKM0821、PKM0921等），用户通过复制、修改已有的门类型参数，可以得到新的门类型。

Step 04 单击“确定”按钮关闭对话框，在“修改|放置 门”选项卡中单击“在放置时进行标记”按钮，如图5-21所示，在放置门图元时，可以一起放置门标记。

Step 05 在“属性”选项板中确定“底高度”参数为0，将鼠标指针置于轴2与轴3间的水平墙体上，显示临时尺寸标注，标注门洞两侧与轴线的间距，如图5-22所示。借助临时尺寸标注，可以轻松确定门的位置。

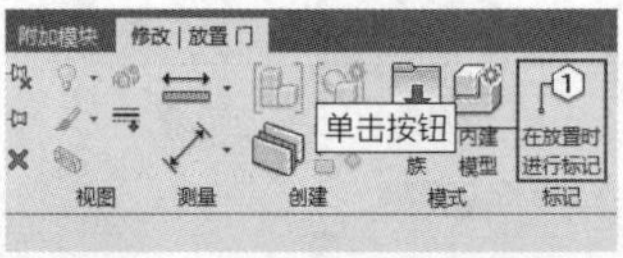

图 5-21 单击“在放置时进行标记”按钮

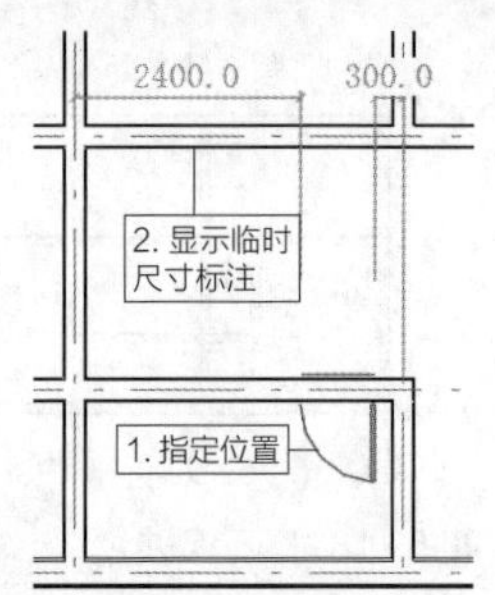

图 5-22 指定位置

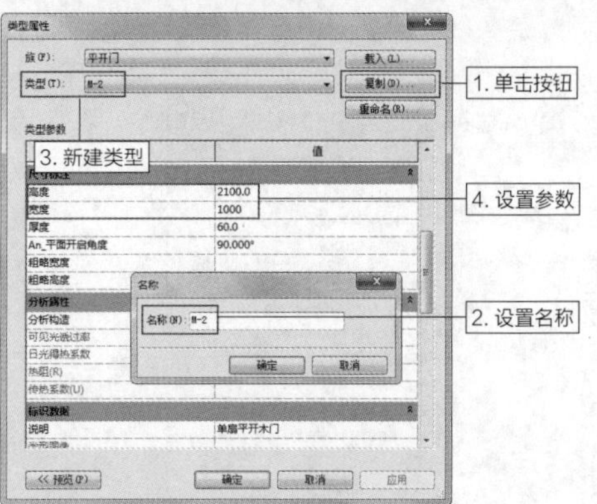

图 5-25 新建门类型

知识链接：

系统默认在放置门图元时不创建标记，所以需要用户在操作之前选择“在放置时进行标记”命令。

Step 06 在合适的位置单击，可以在指定位置放置M-1，如图5-23所示。

Step 07 此时仍然处于放置门的状态，继续在墙体上单击指定门的位置，创建的效果如图5-24所示。

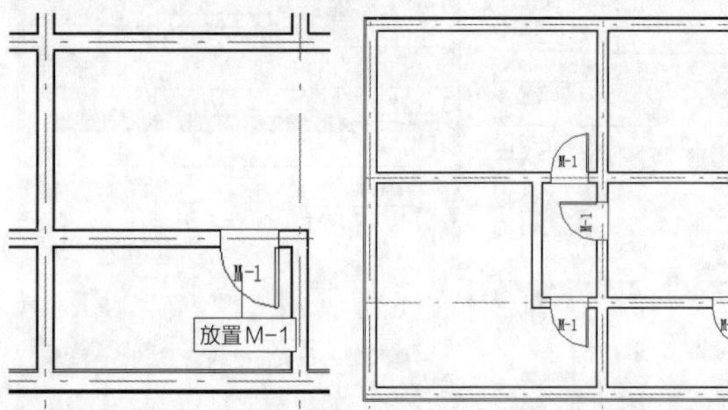

图 5-23 放置 M-1　　图 5-24 创建效果

延伸讲解：

在放置门图元前选择了“在放置时进行标记”命令，因此在放置门图元时，门标记“M-1”也被标记在门的一侧。

2. 放置M-2

Step 01 在完成放置M-1的操作后，在不退出命令的状态下，单击“属性”选项板上的“编辑类型”按钮，弹出“类型属性”对话框。单击“复制”按钮，复制门类型，并将名称设置为M-2，设置“高度”为2100，“宽度”为1000，如图5-25所示。

Step 02 将鼠标指针置于轴2与轴3间的水平墙体上，指定M-2的位置，单击放置M-2，M-2距2轴的距离为2200mm，距3轴的距离为300mm，效果如图5-26所示。

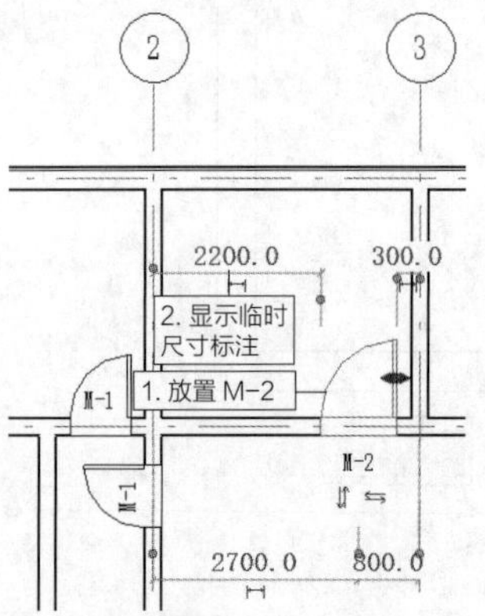

图 5-26 放置 M-2

Step 03 选择M-2，进入“修改|门”选项卡，在“修改”面板上单击“镜像-拾取轴”按钮，在选项栏中选择“复制”选项，如图5-27所示。

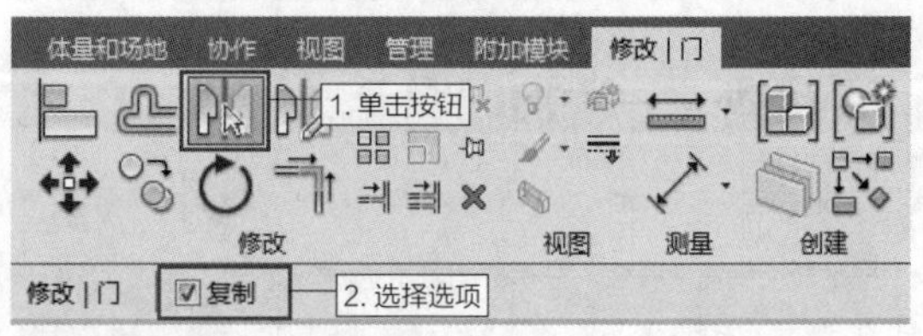

图 5-27 单击“镜像 - 拾取轴”按钮

Step 04 将鼠标指针置于轴3上，指定其为镜像轴，如图5-28所示。

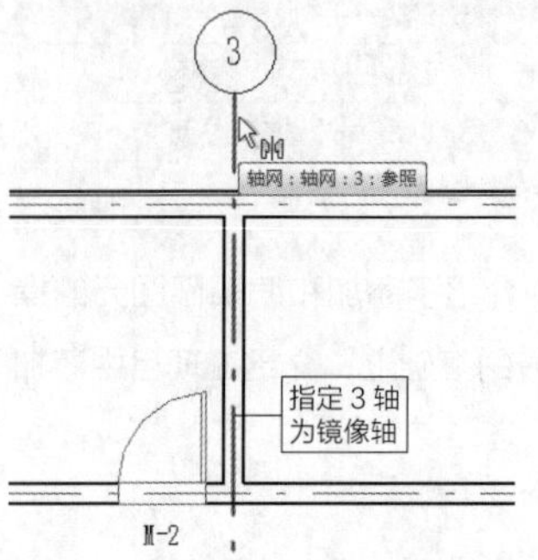

图 5-28 指定镜像轴

知识链接：

假如取消选择“复制”选项，执行“镜像”操作后，图元会被移动至镜像轴的一侧。选择“复制”选项，执行“镜像”操作时，才可以在镜像轴的一侧创建图元副本。

Step 05 在镜像轴上单击，M-2被镜像复制至轴3的右侧，如图5-29所示。让左右两侧的M-2与轴3的间距相等。

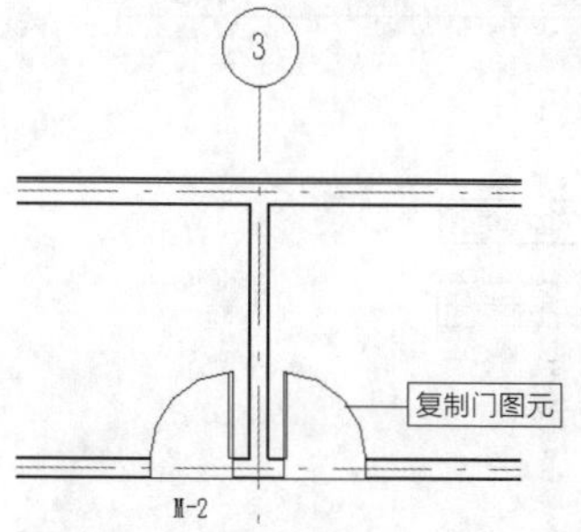

图 5-29 复制门图元

延伸讲解：

选择“约束”选项，可以约束沿标记所在墙方向复制的标记图元。若标记位置在水平墙体上，则执行复制标记操作后，复制将沿水平方向进行。复制的同时按住Shift键，通过临时取消约束，可以将图元复制到任意方向。

Step 06 之前在执行“镜像”操作时未选中门标记，因此右侧的M-2就没有门标记。选择左侧的门标记，进入“修改|门标记”选项卡，在“修改”面板上单击“复制”按钮，在选项栏中选择“约束”选项，如图5-30所示。

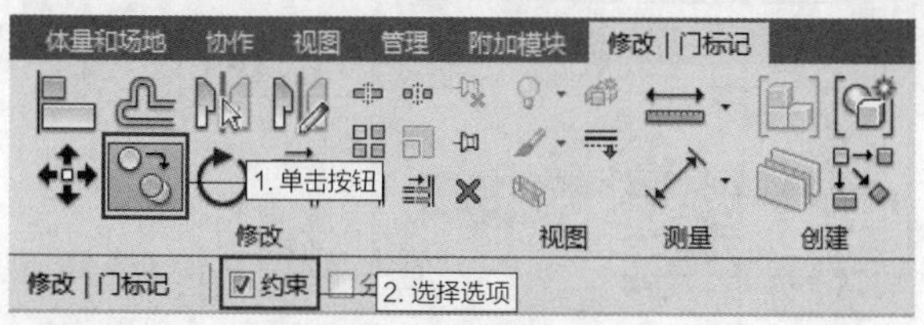

图 5-30 单击“复制”按钮

Step 07 向右移动鼠标指针，指定复制终点，在执行操作期间显示的蓝色辅助线与临时尺寸标注，可以帮助确定标记的位置，如图5-31所示。

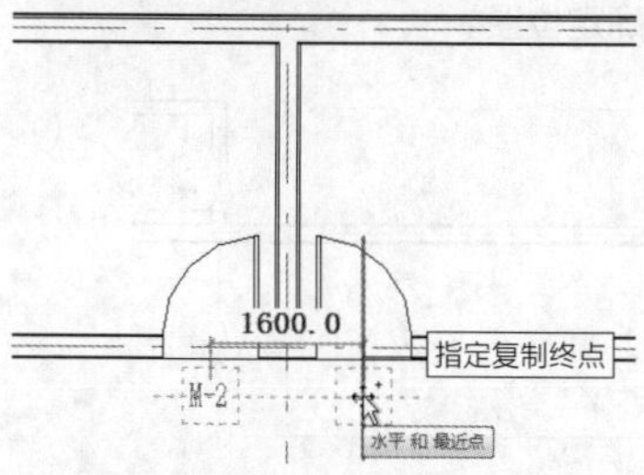

图 5-31 指定复制终点

Step 08 在合适的位置单击，向右复制标记，效果如图5-32所示。

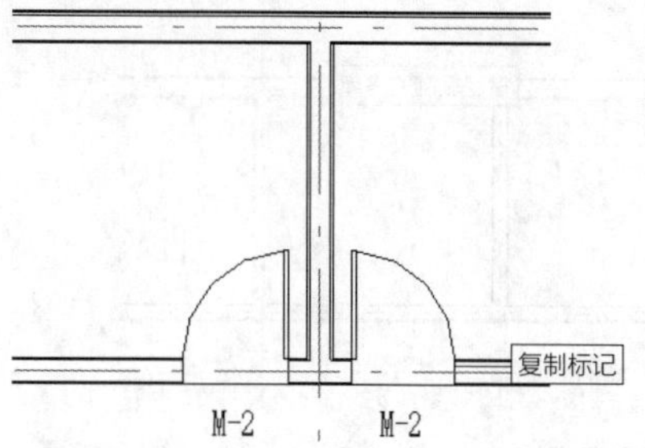

图 5-32 复制标记

Step 09 选择M-2，进入“修改|选择多个”选项卡，在“修改”面板上单击“复制”按钮，在选项栏选择“约束”选项，如图5-33所示。执行复制操作，在指定的位置复制M-2。

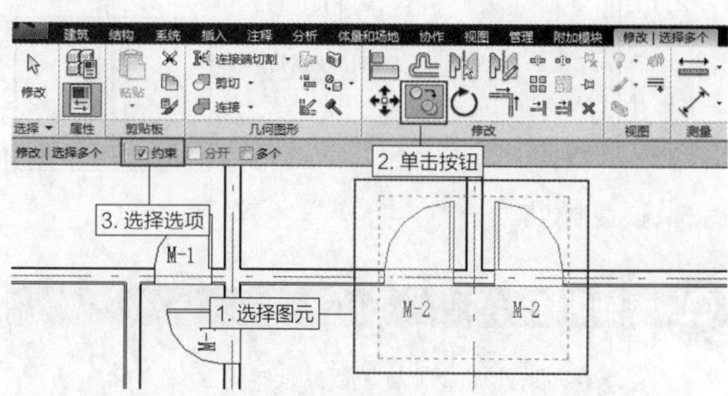

图 5-33 单击“复制”按钮

Step 10 单击轴3来指定复制的起点，如图5-34所示。

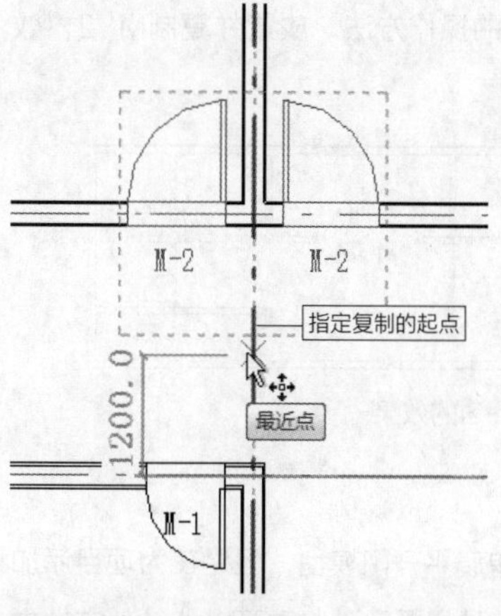

图 5-34 指定复制的起点

知识链接：

执行复制操作时，需要分别指定起点（源图元所在位置）与终点（副本图元所在位置）。

Step 11 向右移动鼠标指针，在轴5上单击指定复制终点，如图5-35所示。

Step 12 将M-2复制到指定点的效果，如图5-36所示。

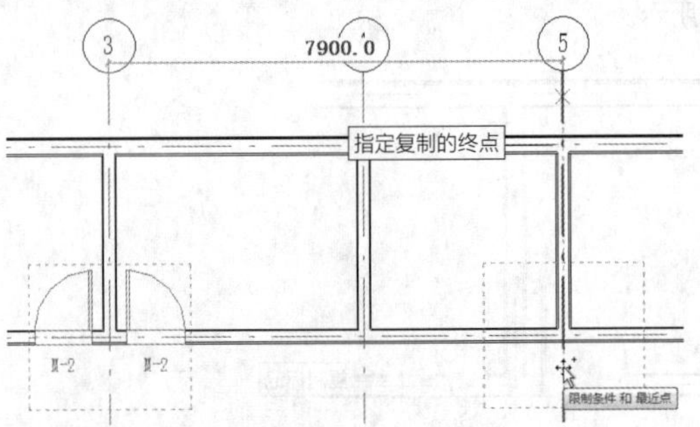

图 5-35 指定复制的终点

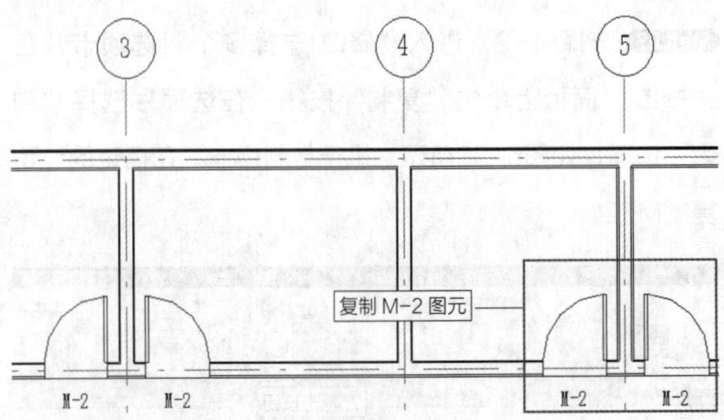

图 5-36 复制效果

延伸讲解：

在没有辅助线（如轴线）帮助准确定位终点位置时，可以通过事先绘制参照平面，或者输入距离参数值来指定终点位置。

Step 13 运用上述介绍的操作方法，放置并复制M-2，效果如图5-37所示。

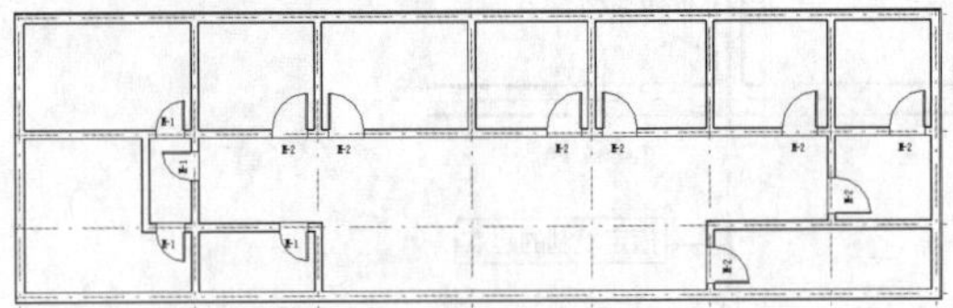

图 5-37 放置并复制 M-2 的效果

3. 绘制双扇平开门

模板中仅提供了单扇平开门模型，但是在为项目添加门图元的过程中需要多种门图元，此时可以从外部文件中导入族文件，满足项目的建模要求。

Step 01 在“修改|放置 门”选项卡的“模式”面板中单击“载入族”按钮，如图5-38所示。弹出“载入族”对话框，在对话框中选择“第5章\双扇平开镶玻璃门3-带亮窗.rfa”文件，单击“打开”按钮，执行“载入族”操作。

Step 02 在“属性”选项板中选择“双扇平开镶玻璃门3-带亮窗2100×2600mm”选项，单击“编辑类型”按钮，如图5-39所示。随即弹出“类型属性”对话框。

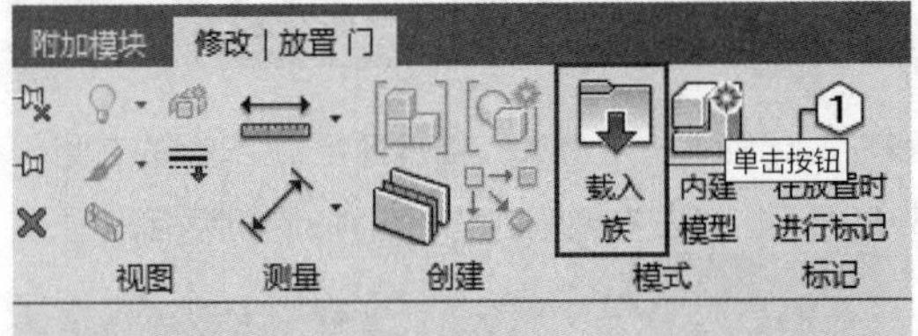

图 5-38 单击“载入族”按钮

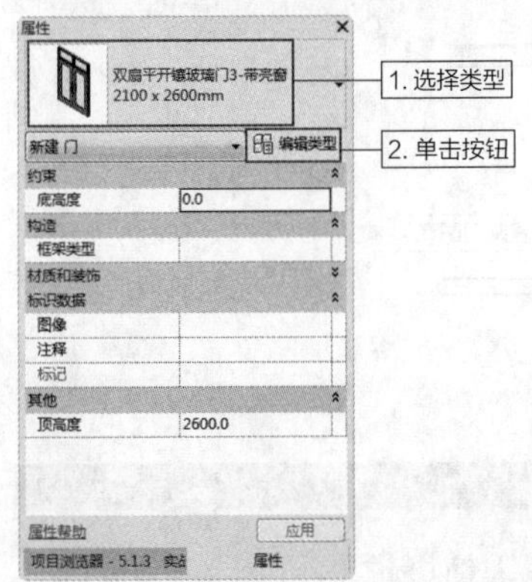

图 5-39 “属性”选项板

Step 03 在对话框中单击“复制”按钮，在“名称”对话框中设置名称为BLM-1，同时在“尺寸标注”选项组下修改尺寸参数，如图5-40所示。

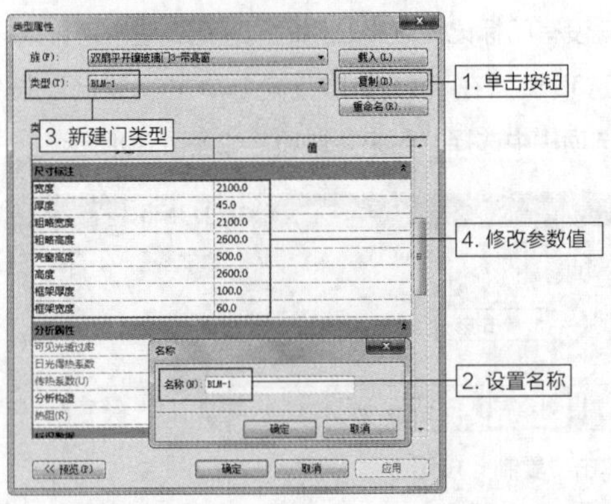

图 5-40 新建门类型

Step 04 单击“确定”按钮关闭对话框，在轴3与轴4间的水平墙体上指定门的位置，如图5-41所示。移动鼠标指针，借助临时尺寸标注确定位置。

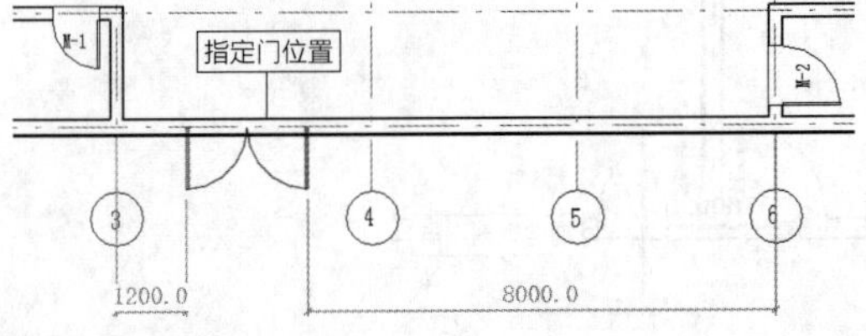

图 5-41 指定门位置

Step 05 在墙体上单击，放置BLM-1。选择门图元，显示临时尺寸标注。单击尺寸的标注数字，进入可编辑模式，输入间距1150，如图5-42所示。

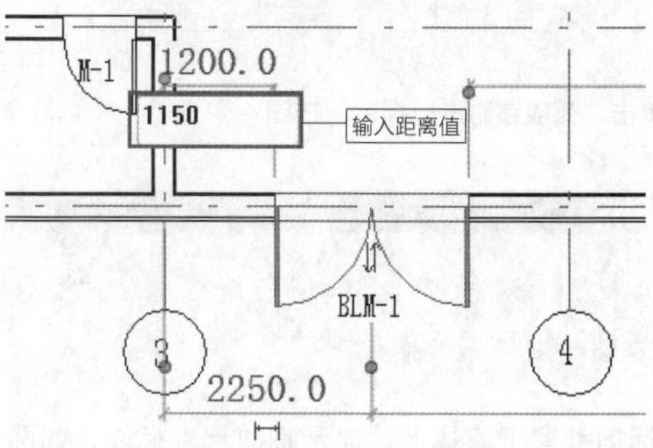

图 5-42 输入距离值

延伸讲解：

在指定放置位置时，可以通过输入参数来确定位置；或者在放置门图元后，修改指定的临时尺寸标注，也可以调整门的位置。

Step 06 按回车键，门图元按照所设定的距离调整位置，如图5-43所示，同时临时尺寸标注也因为门图元位置的移动而发生改变。

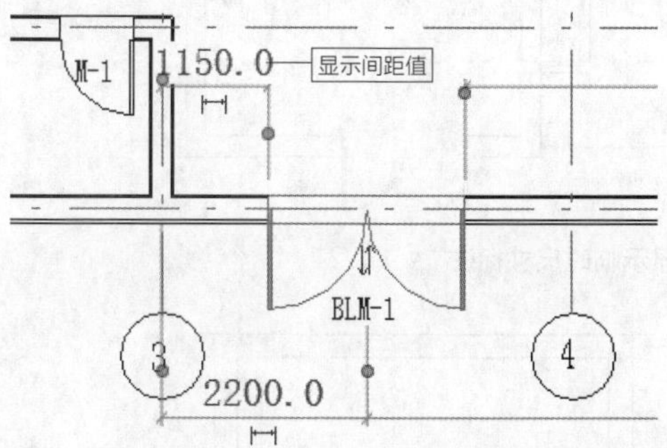

图 5-43 修改效果

Step 07 选择BLM-1，在“修改”面板上单击“复制”按钮，向右移动鼠标指针，或输入参数3950，如图5-44所示，表示在距门中点3950mm的位置放置BLM-1副本。

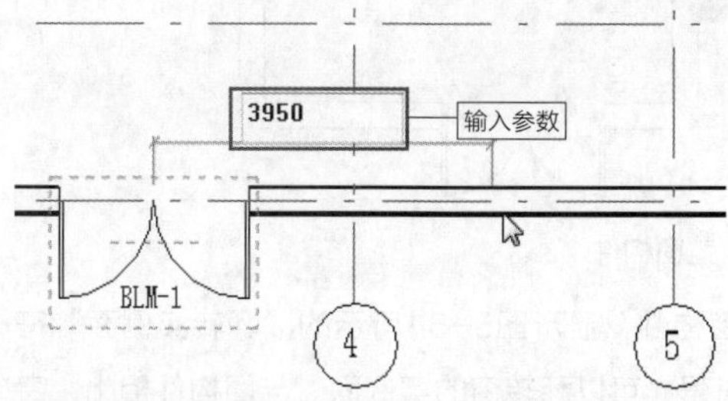

图 5-44 输入参数

Step 08 按回车键，可以在指定的位置放置一个BLM-1副本，如图5-45所示。同时显示临时尺寸标注，注明门图元与邻近图元的间距。

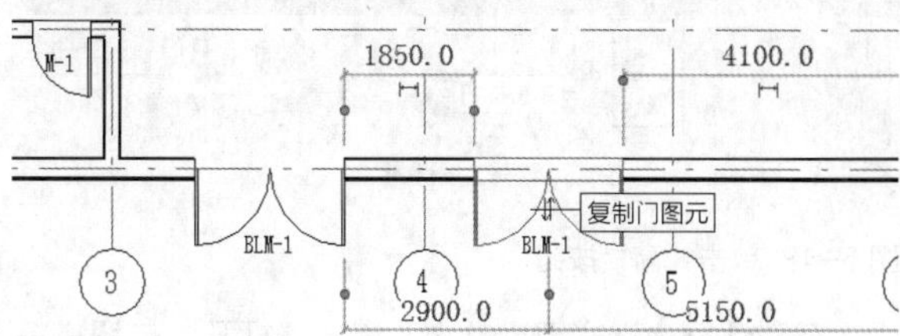

图 5-45 复制门图元

Step 09 重复执行“复制”命令，继续向右复制BLM-1图元，效果如图5-46所示。

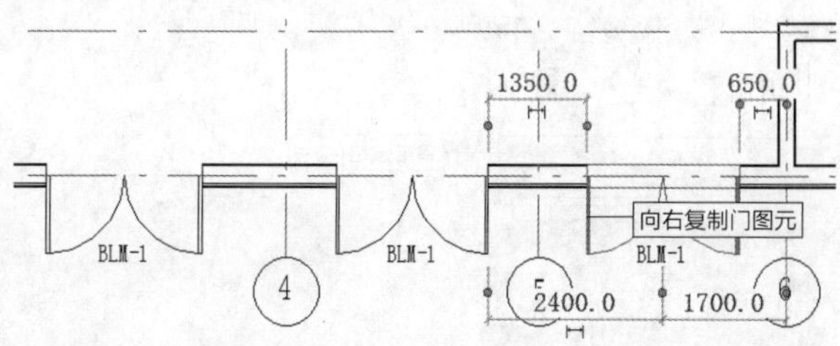

图 5-46 向右复制 BLM-1

知识链接：

也可以使用“镜像”命令来复制门图元，或再次启用“门”命令放置门图元。

Step 10 上一步骤结束后，平面图中的所有门图元均放置完毕，效果如图5-47所示。

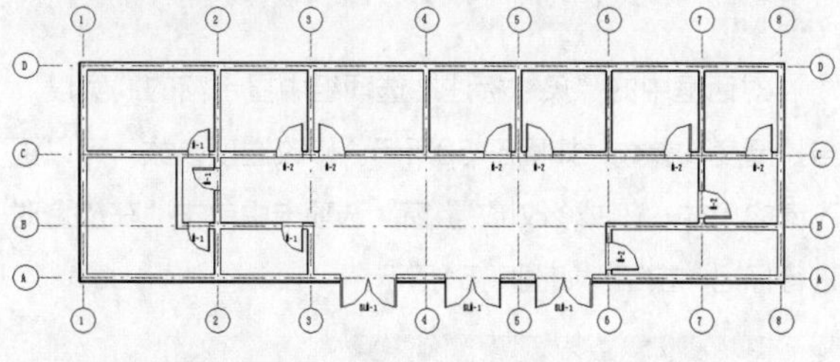

图 5-47 添加门图元

5.2 窗

窗构件与门构件类似，都需要放置在墙体上，属于“基于主体而存在的构件”。本节将介绍添加与编辑窗构件的操作方法。

5.2.1 窗概述 重点

选择“建筑”选项卡，在“构建”面板上单击“窗”按钮，如图5-48所示。随即系统弹出提示对话框，询问用户“项目中未载入 窗 族。是否要现在载入？”，单击“确定”按钮，弹出“载入族”对话框。

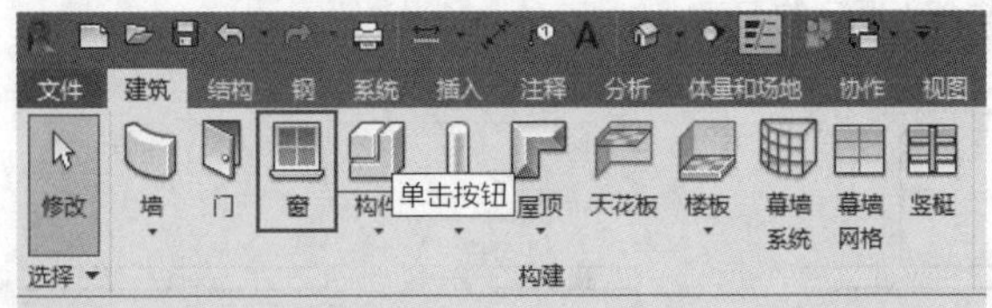

图5-48 单击“窗”按钮

在对话框中选择窗族文件，单击“打开”按钮，将其载入项目文件中。在“属性”选项板中显示窗的属性参数，如图5-49所示。单击“编辑类型”按钮，弹出“类型属性”对话框。

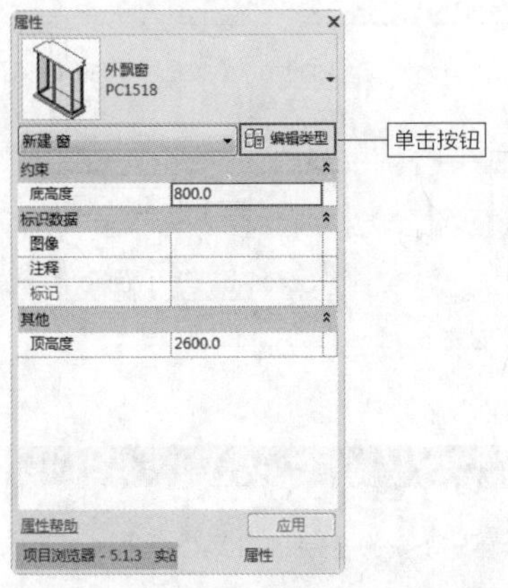

图5-49 “属性”选项板

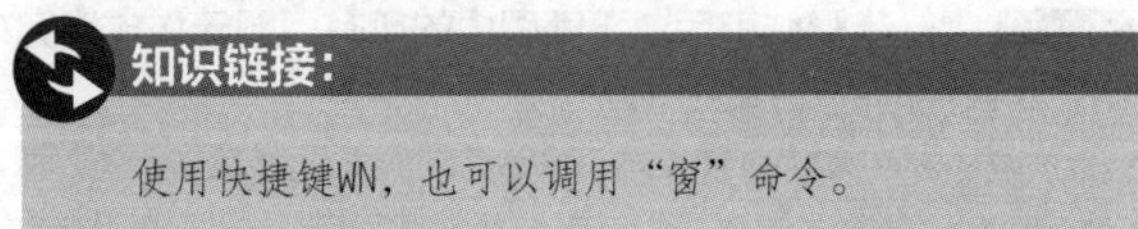

知识链接：

使用快捷键WN，也可以调用“窗”命令。

对话框中的“尺寸标注”选项组中显示窗的“宽度”与“高度”参数，如图5-50所示。修改选项参数，可以更改窗的尺寸。在“修改|放置 窗”选项卡中单击“在放置时进行标记”按钮，如图5-51所示。

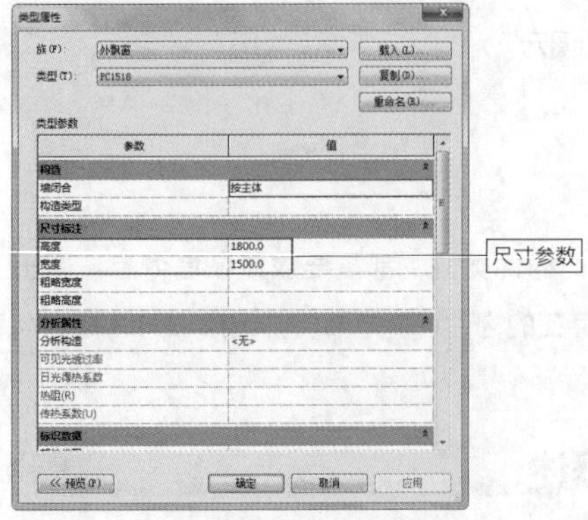

图5-50 “类型属性”对话框

图5-51 单击“在放置时进行标记”按钮

延伸讲解：

默认情况下，放置窗图元后不会进行标记。单击“在放置时进行标记”按钮后，在放置窗的同时可以放置窗标记。

将鼠标指针置于墙体上，显示临时尺寸标注，如图5-52所示。通过临时尺寸标注提供的参考作用，用户可以轻松地定位窗构件的位置。单击完成放置窗构件的操作，如图5-53所示。仔细观察操作结果，发现在放置窗的同时窗标记也被创建。

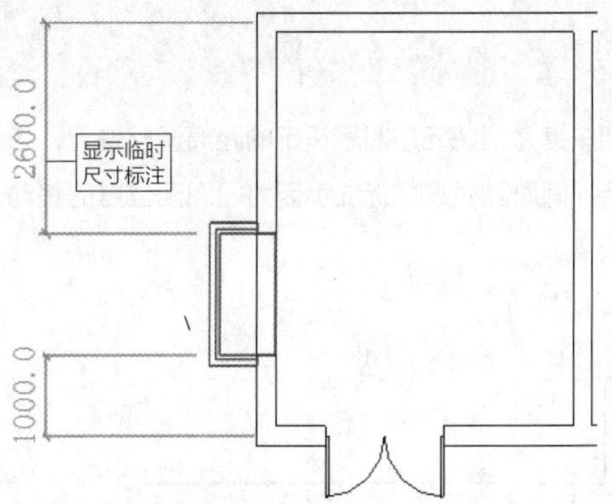

图5-52 显示临时尺寸标注

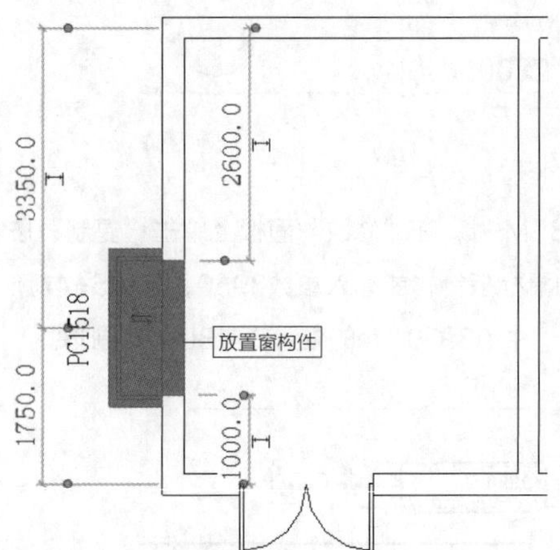

图5-53 放置窗构件

选择窗构件，显示图5-54所示的“翻转实例面”符号，单击符号，可以翻转窗的实例面。与门构件相比，窗构件没有“翻转实例开门方向”符号。

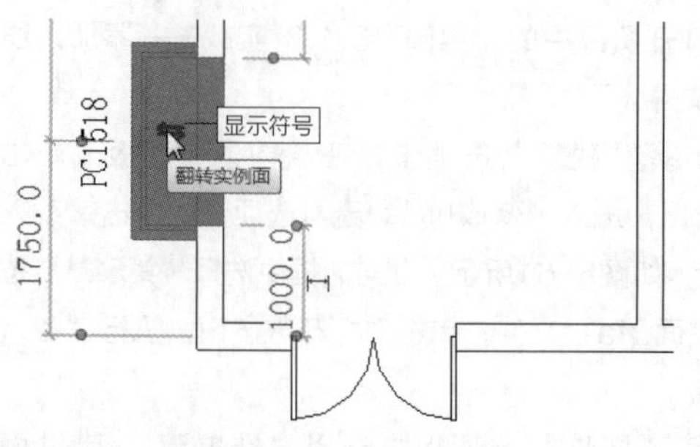

图5-54 “翻转实例面”符号

5.2.2 编辑窗 难点

与编辑门构件相似，已创建的窗构件也可以执行调整位置、修改样式等操作。本小节将介绍编辑窗构件的操作方法。

选择窗构件，显示临时尺寸标注，标注为窗在墙体上的位置。单击尺寸标注数字，进入可编辑模式，输入距离参数，如图5-55所示。按回车键，退出编辑模式，调整窗构件位置的效果如图5-56所示。

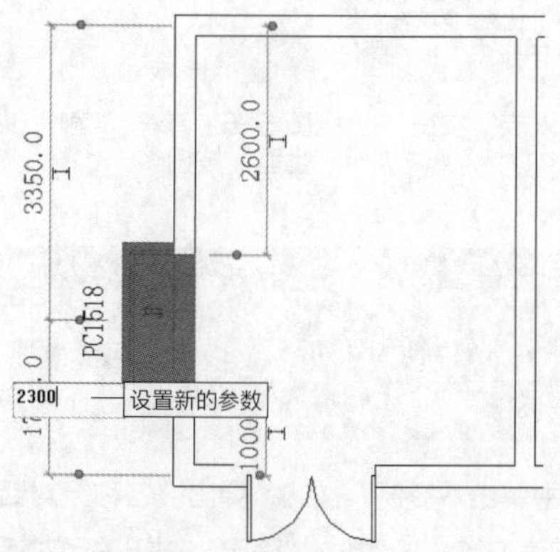

图5-55 设置新的参数

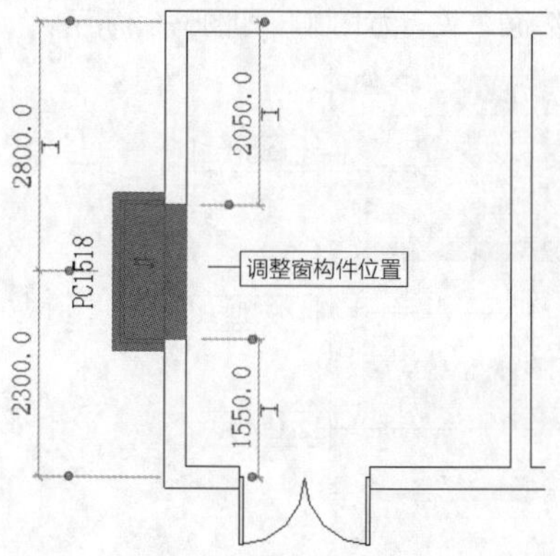

图5-56 调整窗构件位置

切换至立面视图，选择立面窗，“属性”选项板中的“底高度”选项中显示窗与底部轮廓线的间距，输入参数，如图5-57所示。调整立面窗在垂直方向上的位置，效果如图5-58所示。

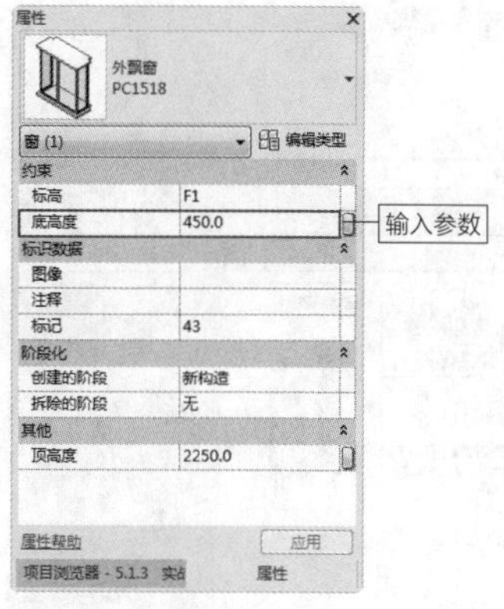

图5-57 输入参数

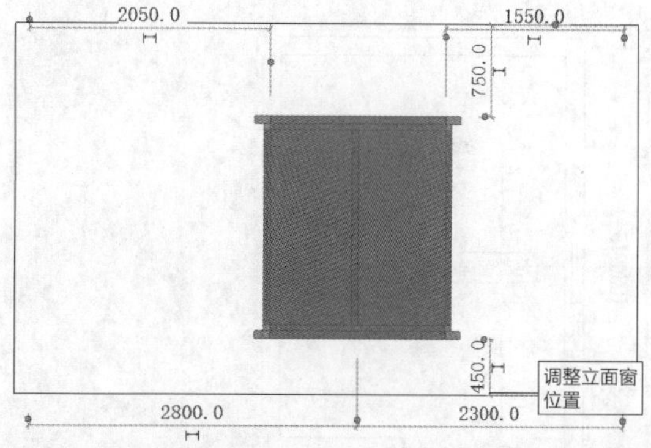

图5-58 调整立面窗位置

延伸讲解：

选择立面窗，显示临时尺寸标注，标注窗在垂直方向上的位置。修改尺寸标注数字，可以控制窗在垂直方向上的位置。

答疑解惑：如何更准确地观察与修改窗的“底高度”参数？

想要观察窗在立面上的显示效果，最好的方法是切换至立面视图。Revit中提供了4个立面视图，分别是东、西、南、北立面视图。切换至其中一个立面视图，可以观察窗在该立面上的显示效果。

选择窗，显示临时尺寸标注，通过尺寸标注，可以了解窗与相邻窗的间距，或者与墙线的间距。修改临时尺寸标注数字，可以调整窗在立面上的位置。窗的“底高度”是指窗底部轮廓线与楼层标高线的间距，在立面图中能够非常直观地观察“底高度”参数对于窗的影响。通过修改“属性”选项板中“底高度”的数值，或者修改“底高度”的临时尺寸标注，可以实时预览窗位置的变化。

选择窗，在“属性”选项板中打开类型列表，在其中选择窗样式，如选择“双扇推拉窗”中的“TLC0915”实例，如图5-59所示。指定窗样式后，系统执行替换操作，重新生成图形后显示更改效果，如图5-60所示。

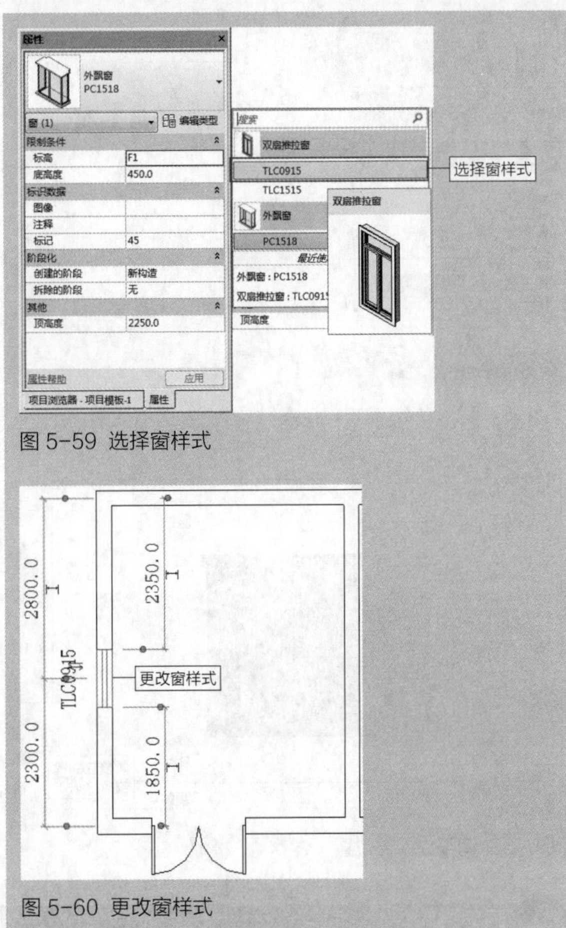

图 5-59 选择窗样式

图 5-60 更改窗样式

知识链接：

观察更改效果，发现更改窗样式后，窗标记符号也随同更改。

5.2.3 实战——添加窗图元

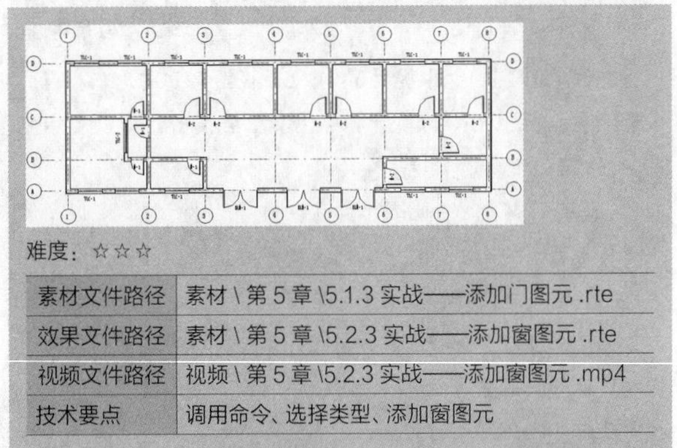

难度：☆☆☆

素材文件路径	素材\第5章\5.1.3 实战——添加门图元 .rte
效果文件路径	素材\第5章\5.2.3 实战——添加窗图元 .rte
视频文件路径	视频\第5章\5.2.3 实战——添加窗图元 .mp4
技术要点	调用命令、选择类型、添加窗图元

在5.2.1、5.2.2小节介绍了添加窗与编辑窗的操作方法，本节在5.1.3小节的基础上，介绍添加窗图元的操作方法。

Step 01 打开资源中的“第5章\5.1.3 实战——添加门图元.rte”文件。

Step 02 选择“建筑”选项卡，在“构建”面板上单击“窗”按钮，进入“修改|放置 窗”选项卡，单击“载入族”按钮，如图5-61所示。在对话框中选择“第5章\推拉窗5-带贴面.rfa”文件，单击“打开”按钮，执行“载入族”操作。

Step 03 在“属性”选项板中选择“推拉窗5-带贴面900×1200mm”选项，单击“编辑类型”按钮，如图5-62所示。随即弹出“类型属性”对话框。

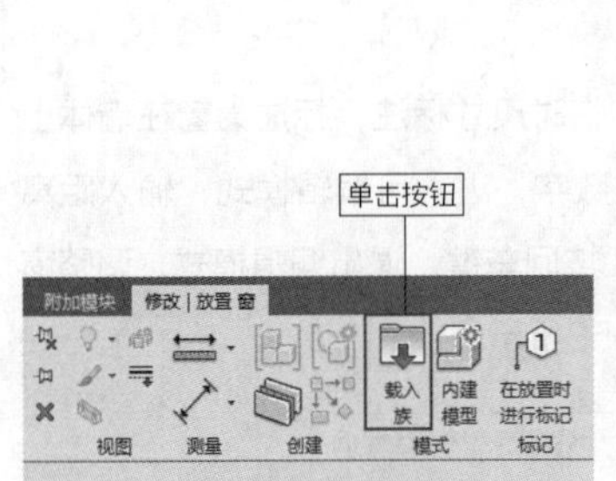

图 5-61 单击“载入族”按钮

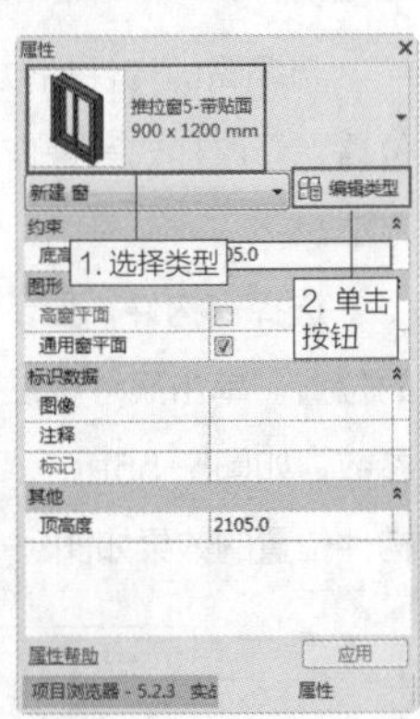

图 5-62 单击“编辑类型”按钮

延伸讲解：

因为模板提供的窗模型有限，所以需要从外部载入族来适应项目文件的要求。

Step 04 在对话框中单击“复制”按钮，弹出“名称”对话框，输入类型名称为TLC-1，单击“确定”按钮关闭对话框。修改“尺寸标注”选项组中的参数，将“粗略宽度”设置为1500，“粗略高度”设置为1800，如图5-63所示。

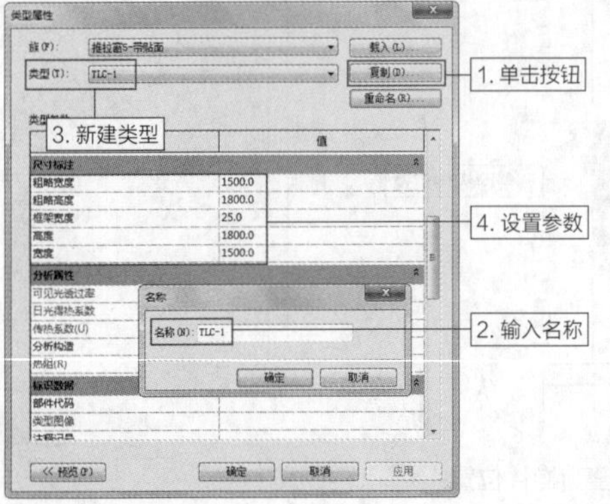

图 5-63 新建类型

Step 05 单击“确定”按钮关闭对话框，“属性”选项板中显示了新建的窗类型，即TLC-1，在“底高度”选项中设置参数为900，如图5-64所示。

图 5-64 设置参数

延伸讲解：

“底高度”的参数值表示窗的底部轮廓线与墙体底部边界线的距离。

Step 06 在“修改|放置 窗”选项卡中单击“在放置时进行标记”按钮，在轴1与轴2间的墙体上指定窗的位置，如图5-65所示。

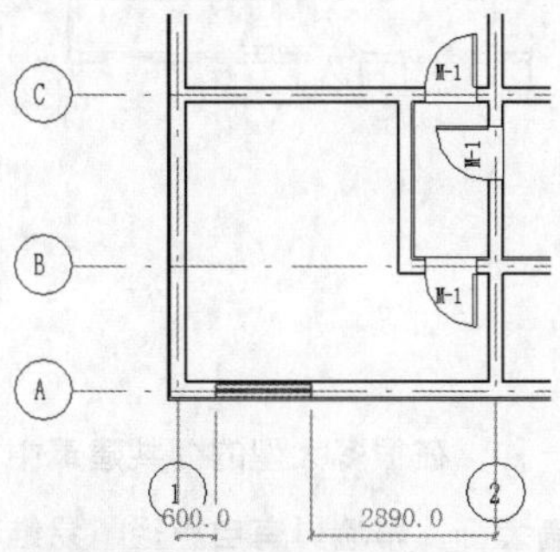

图 5-65 指定位置

Step 07 在合适的位置单击，放置TLC-1的效果如图5-66所示。通过临时尺寸标注，可以得知TLC-1距轴1的距离为600，距轴2的距离为2890。

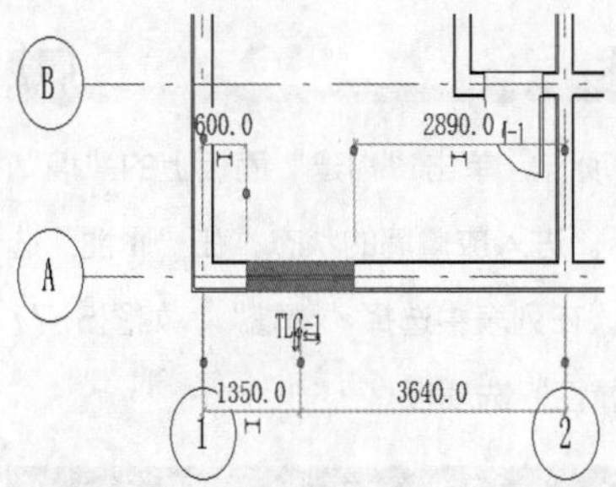

图 5-66 放置 TLC-1

Step 08 保持TLC-1的选择状态，在“修改|窗”选项卡的“修改”面板中单击“镜像-绘制轴”按钮，在选项栏中选择“复制”选项，如图5-67所示。在执行镜像操作的同时复制图元副本。

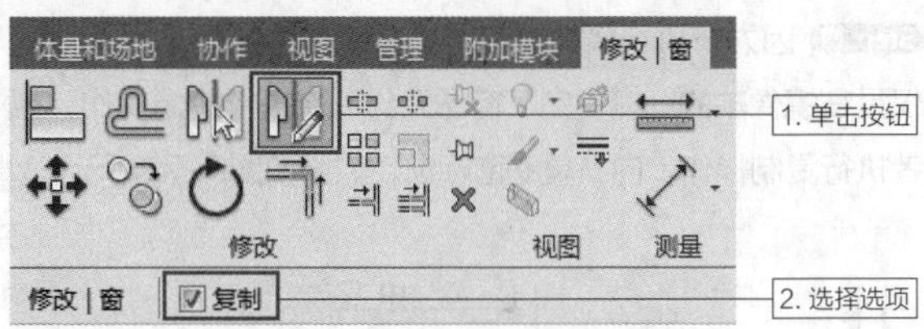

图 5-67 单击按钮调用命令

Step 09 移动鼠标指针，指定镜像轴的起点，如图5-68所示。

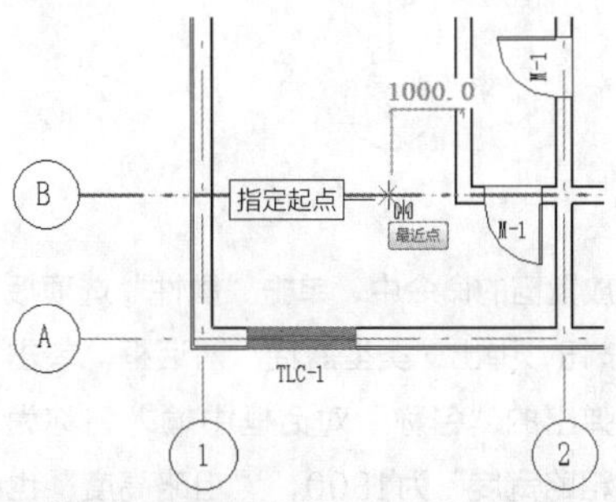

图 5-68 指定起点

知识链接：

镜像轴可以在任意方向上创建，但是通常是在水平方向或者垂直方向上创建，本例是在垂直方向上绘制镜像轴。

Step 10 向下移动鼠标指针，在合适的位置单击，指定镜像轴的终点，如图5-69所示。

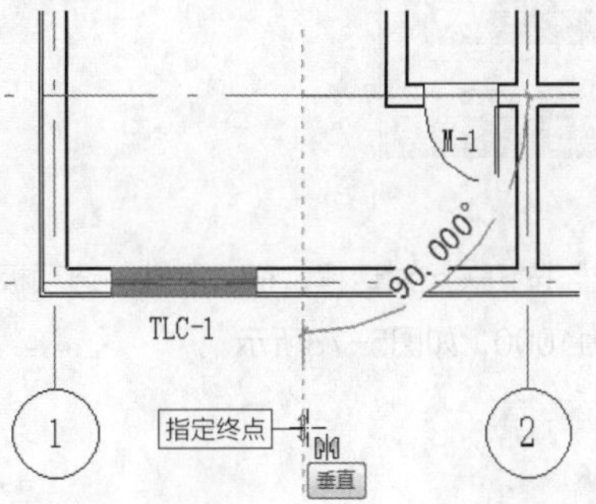

图 5-69 指定终点

Step 11 随着镜像轴起点与终点的确定，TLC-1也被镜像复制至镜像轴的右侧，如图5-70所示。

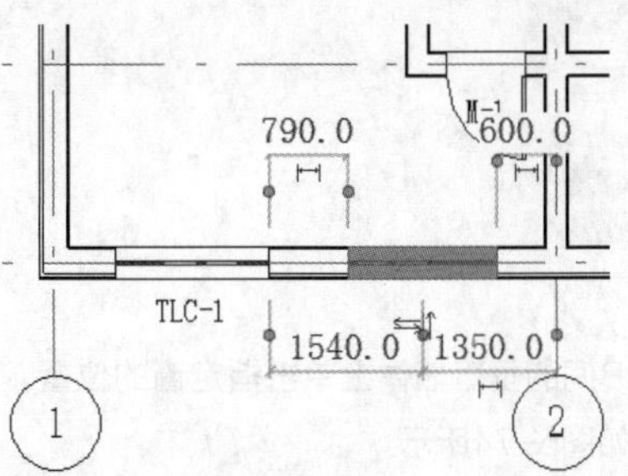

图 5-70 复制 TLC-1

Step 12 因为在执行镜像操作时，并未选中窗标记，所以仅仅是在镜像轴的一侧复制了窗图元。再次执行镜像操作，或者执行复制操作，向右复制窗标记，效果如图5-71所示。

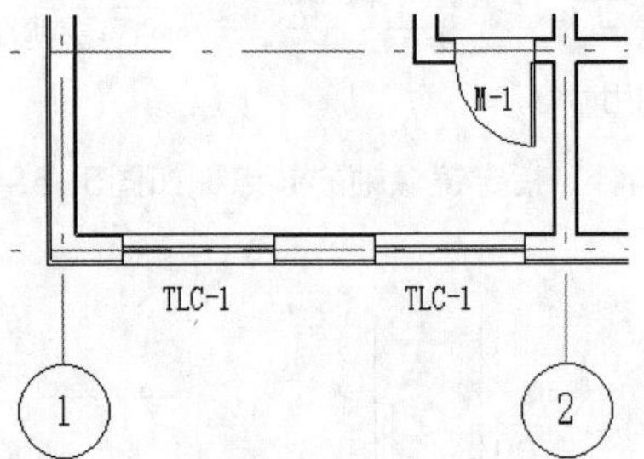

图 5-71 复制窗标记

Step 13 当前仍处于放置窗的命令中，单击“属性”选项板上的“编辑类型”按钮，弹出“类型属性”对话框。单击“复制”按钮，在弹出的“名称”对话框中输入名称为TLC-2，并修改“粗略宽度”为1800，“粗略高度”也为1800，如图5-72所示。

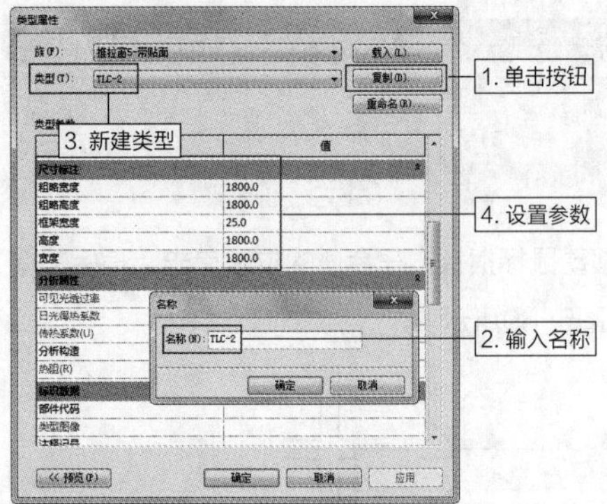

图 5-72 新建类型

Step 14 单击“确定”按钮关闭对话框，在“属性”选项板中修改“底高度”为1000，如图5-73所示。

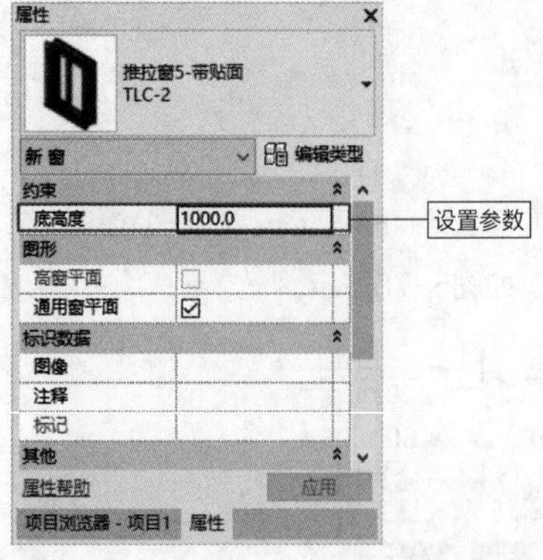

图 5-73 设置参数

Step 15 在轴C与轴B间的垂直墙体上单击指定窗的位置，放置TLC-2的效果如图5-74所示。

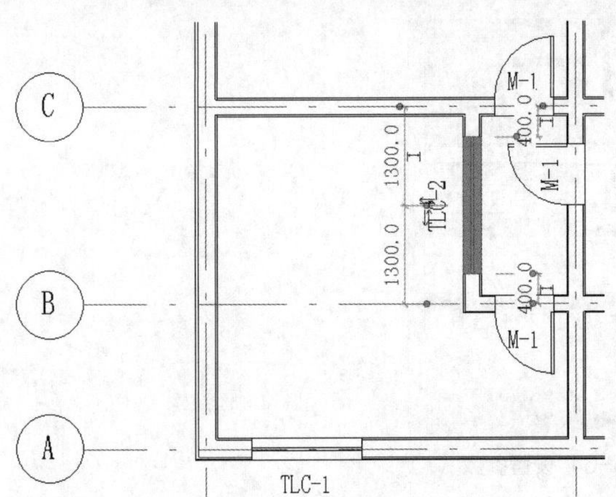

图 5-74 放置 TLC-2

Step 16 重复执行放置窗的操作，最终效果如图5-75所示。

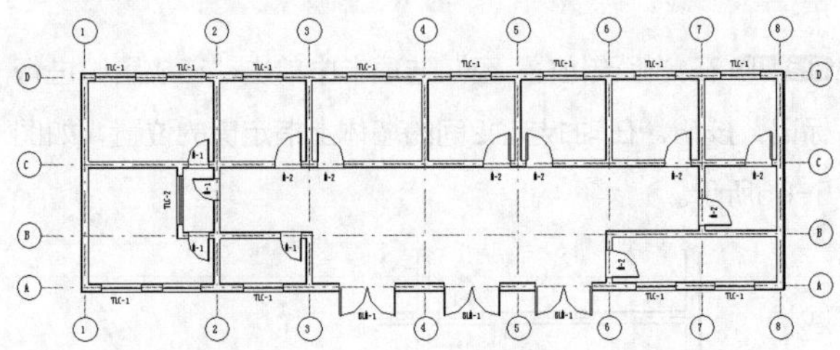

图 5-75 添加窗图元

5.3 幕墙

幕墙是建筑构件的一种，在很多大型的公共建筑中会大量使用幕墙作为外墙装饰。幕墙具有自重轻、易维护等优点，因而受到广大建筑师的青睐，并经常运用到建筑项目中。

Revit提供了创建幕墙和编辑幕墙的工具，本节将介绍这些工具的使用方法。

5.3.1 幕墙概述 重点

选择“建筑”选项卡，单击“构建”面板上的“墙”按钮，如图5-76所示。进入放置墙的状态，在“属性”选项板中打开类型列表，在列表中选择“幕墙”，如图5-77所示。切换至幕墙“属性”选项板。

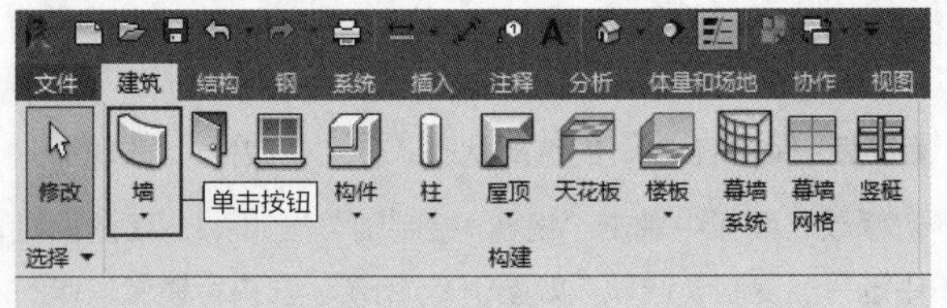

图 5-76 单击“墙”按钮

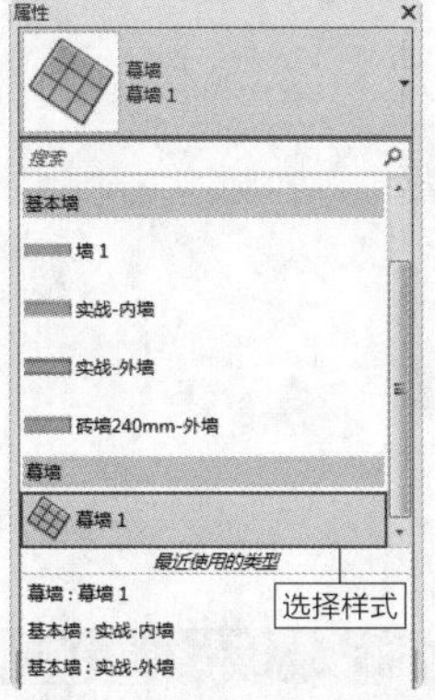

图 5-77 选择“幕墙”类型

知识链接：

因为幕墙属于墙体的一种，所以Revit中没有专门创建幕墙的工具。启用“墙”命令后，选择“幕墙”类型，再设置实例参数，就可以开始创建幕墙。

在幕墙“属性”选项板中显示幕墙的属性参数，如图5-78所示。单击“编辑类型”按钮，弹出“类型属性”对话框。对话框中的“构造”选项组中显示了幕墙的构造参数，选择“自动嵌入”选项，如图5-79所示。单击“确定”按钮关闭对话框，返回绘图区。

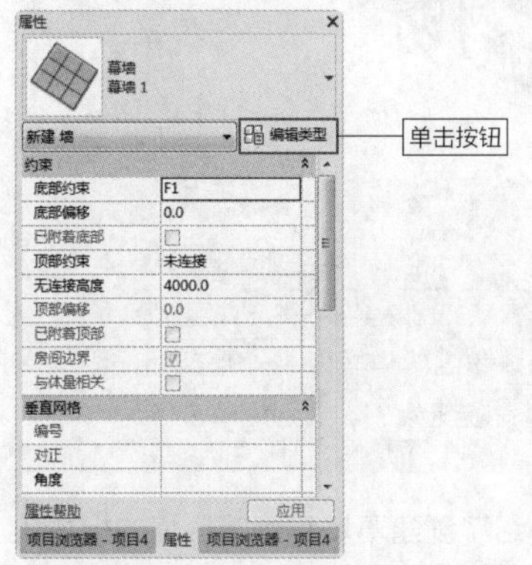

图 5-78 单击“编辑类型”按钮

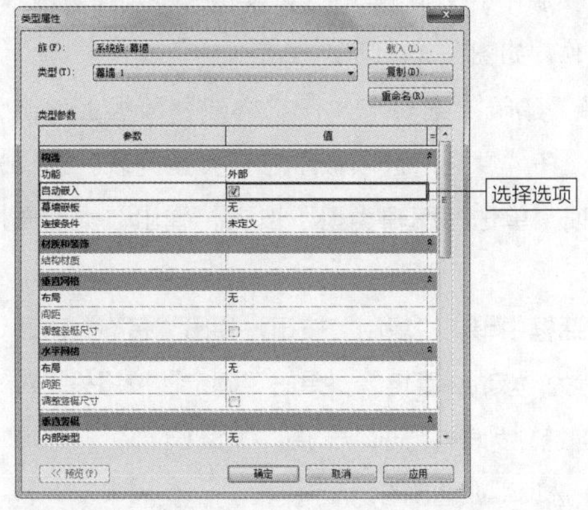

图 5-79 “类型属性”对话框

延伸讲解：

选择“自动嵌入”选项，在创建幕墙后，幕墙可以自动嵌入墙体。假如未选择该项，在创建幕墙时系统弹出图5-80所示的“警告”对话框，提醒用户高亮显示的墙重叠，并需要做出相应的处理。

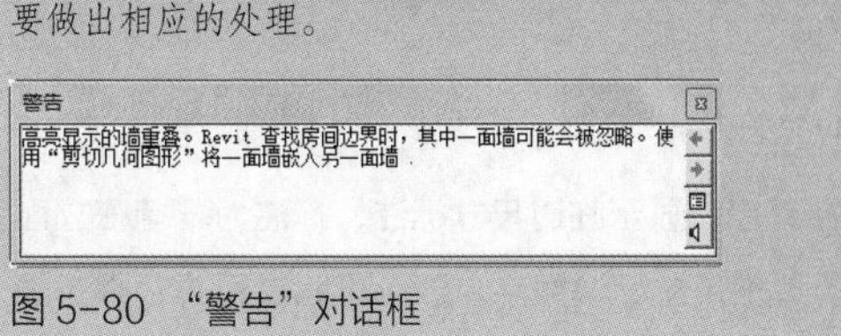

图 5-80 “警告”对话框

将鼠标指针置于墙体上，单击指定幕墙起点，如图5-81所示。单击并移动鼠标，指定幕墙终点，如图5-82所示。

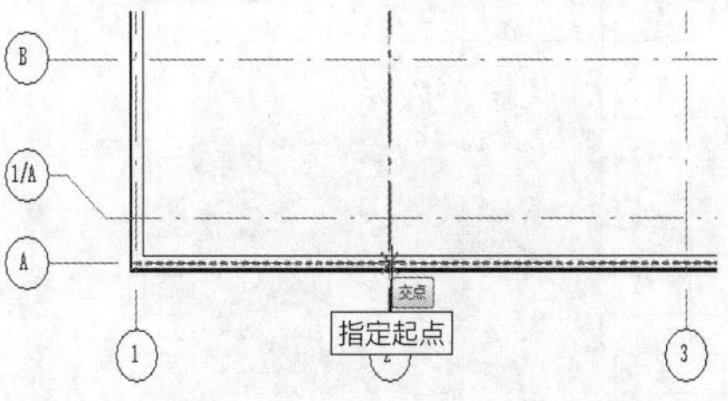

图 5-81 指定起点

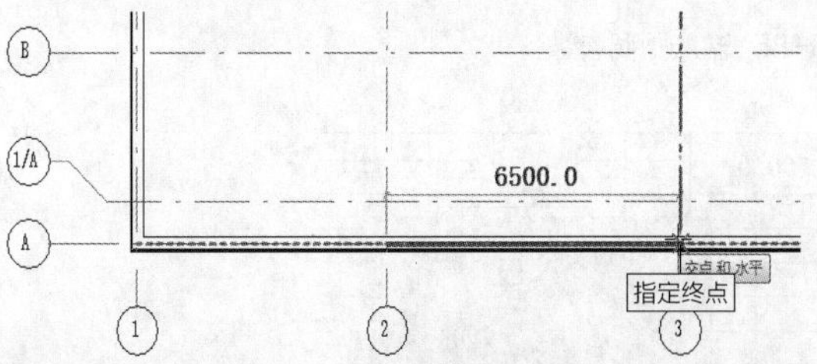

图 5-82 指定终点

知识链接：

在创建幕墙的过程中，假如不是以轴线作为参照线，应该事先绘制参照线来定位幕墙的起点与终点，如用户可以创建参照平面来指定幕墙的起点与终点。

创建完成的幕墙如图5-83所示。因为其自身墙体的性质与砖墙不同，所以显示的样式也不同。切换至立面视图，将当前的“视觉样式”设置为“着色”，观察幕墙的立面效果，如图5-84所示。

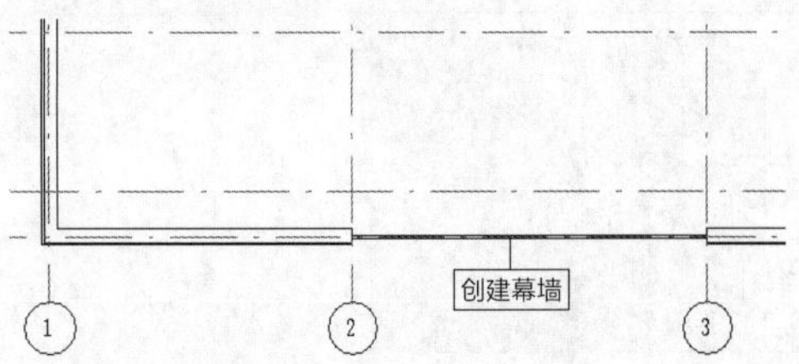

图 5-83 创建幕墙

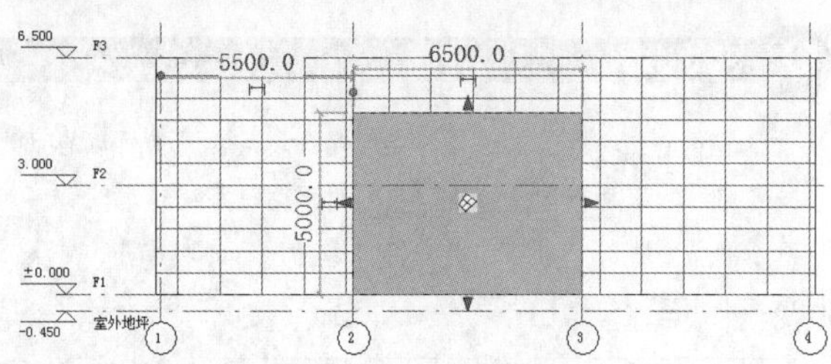

图 5-84 立面效果

选择幕墙，显示临时尺寸标注，标注为幕墙在立面上的位置。单击尺寸标注数字，进入可编辑模式，重新输入距离参数，如图5-85所示。按回车键，可以调整幕墙的位置，如图5-86所示。当发现创建完成的幕墙位置不理想，可以通过上述方式修改。

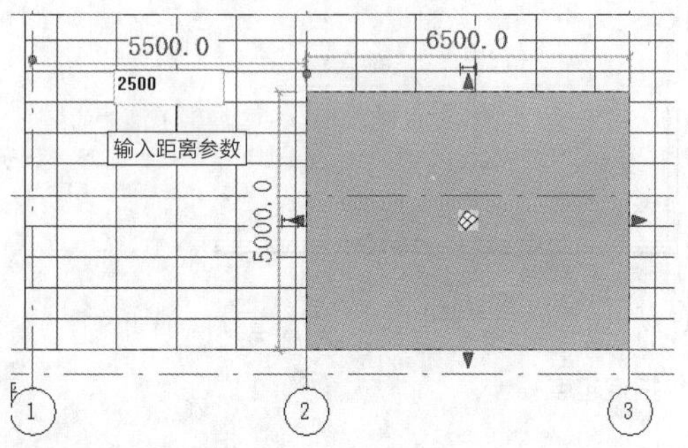

图 5-85 输入距离参数

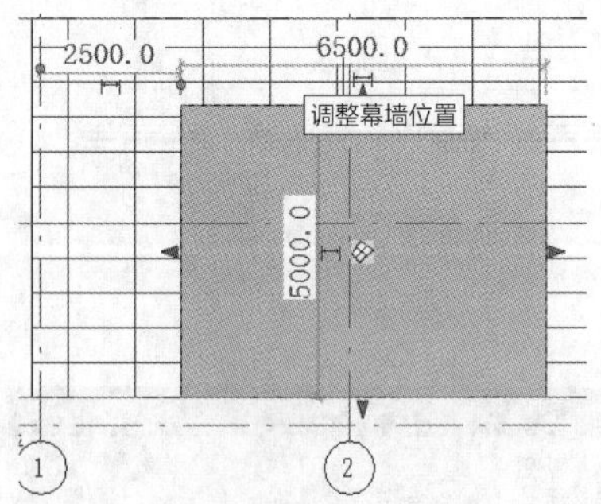

图 5-86 调整幕墙位置

幕墙的高度可以在“属性”选项板中的“无连接高度”选项中设置，也可以直接在幕墙图元上进行修改。选择幕墙，显示的临时尺寸标注标明了幕墙的宽度与高度。修改尺寸标注参数，如图5-87所示，即可修改幕墙的尺寸，如图5-88所示。

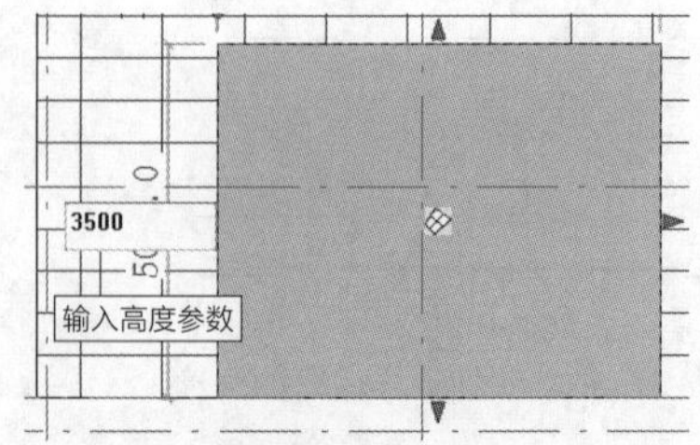

图 5-87 输入高度参数

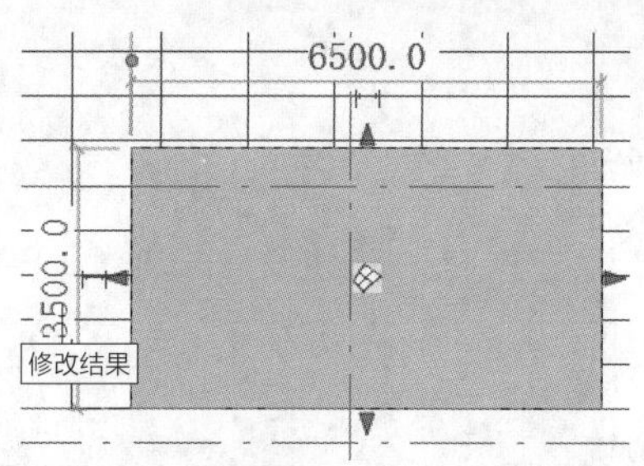

图 5-88 修改结果

延伸讲解：

上述步骤以修改幕墙的高度为例，说明可以通过修改临时尺寸标注参数，达到修改幕墙尺寸的目的。也可以使用同样的方法，修改幕墙的宽度尺寸。

5.3.2 实战——创建幕墙

难度：☆☆☆

素材文件路径	素材\ 第 5 章 \5.3.2 实战——创建幕墙 - 素材 .rte
效果文件路径	素材 \ 第 5 章 \5.3.2 实战——创建幕墙 .rte
视频文件路径	视频 \ 第 5 章 \5.3.2 实战——创建幕墙 .mp4
技术要点	调用命令、指定起点 / 终点、创建幕墙

在5.3.1小节中介绍了创建幕墙和编辑幕墙的相关知识，本小节将介绍在项目文件中创建幕墙的操作方法。

Step 01 打开资源中的“第5章\5.3.2 实战——创建幕墙-素材.rte”文件，如图5-89所示。

Step 02 选择“建筑”选项卡，在“构建”面板上单击“墙”按钮，在“属性”选项板中打开类型列表，选择“幕墙”选项。单击“编辑类型”按钮，弹出“类型属性”对话框。

Step 03 在对话框中单击“复制”按钮，弹出“名称”对话框，设置名称为“实战-幕墙”，单击“确定”按钮关闭对话框；在“构造”列表中选择“功能”为“外部”，选择“自动嵌入”选项，如图5-90所示。

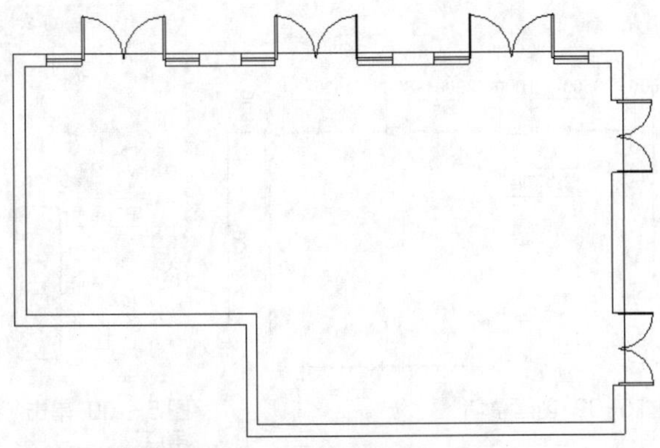

图 5-89　打开素材

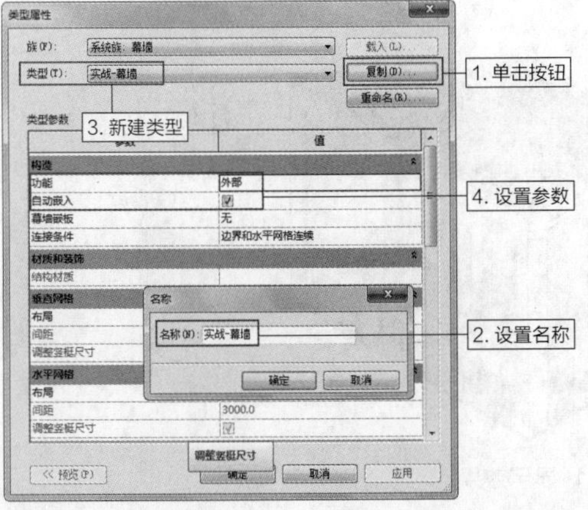

图 5-90　新建类型

Step 04 单击“确定”按钮关闭对话框，在“底部约束”选项中选择“F1”，“底部偏移”保持0不变，设置“顶部约束”为“直到标高：F4”，“顶部偏移”为-800，如图5-91所示。

Step 05 将鼠标指针置于墙体上，指定幕墙的起点，如图5-92所示。

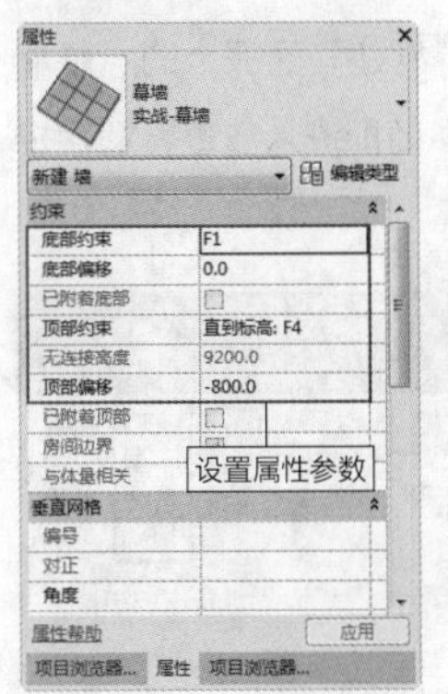

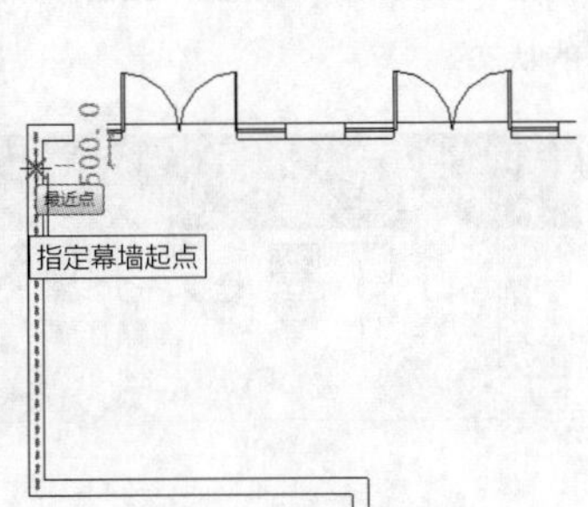

图 5-91　设置属性参数　　图 5-92　指定幕墙起点

延伸讲解：

“顶部偏移”值为-800，表示幕墙的顶部轮廓线位于标高线F4以下800mm处。

Step 06 单击指定起点，向下移动鼠标指针，根据临时尺寸标注，指定幕墙的终点，如图5-93所示。

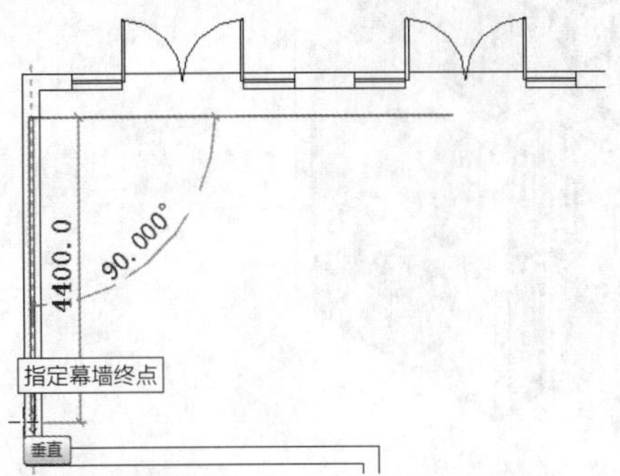

图 5-93　指定幕墙终点

Step 07 在终点处单击，完成幕墙的创建，如图5-94所示。创建完成的幕墙，在选择的时候可以显示幕墙符号，使得幕墙与窗相区别。

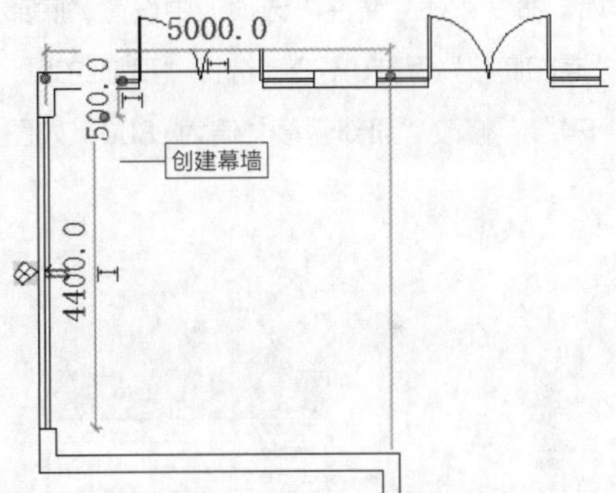

图 5-94　创建幕墙

Step 08 此时仍处于放置幕墙的状态，继续在墙体上指定幕墙的起点与终点，创建幕墙的效果如图5-95所示。

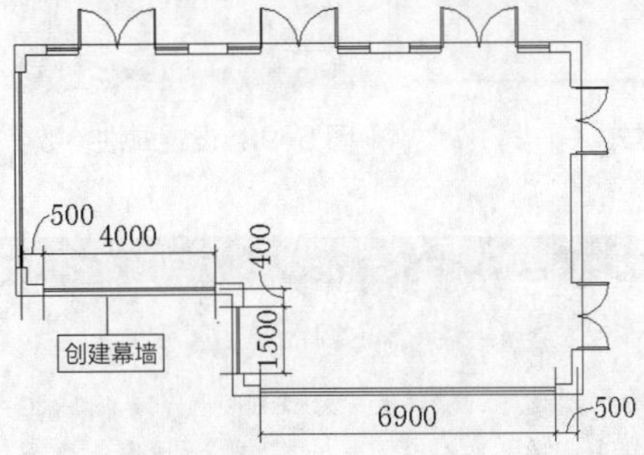

图 5-95　创建幕墙

知识链接：

在三维视图中，为了方便观察幕墙的创建效果，可以将“视觉样式”设置为“一致颜色”，或者选择其他着色方案，如“着色”“真实”，这几个视觉样式有助于更加直观地观察幕墙的创建效果。

Step 09 切换至三维视图，观察幕墙的三维样式，效果如图5-96所示。

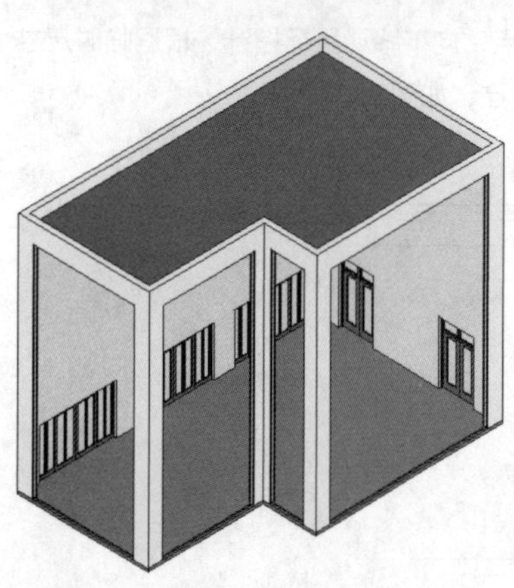

图 5-96 三维样式

Step 10 在项目浏览器中双击F2，切换至F2视图，平面图的显示样式如图5-97所示。在该平面图中创建标高的范围为从F2至F4的幕墙。

Step 11 启用“墙”命令，在“属性”选项板中设置“底部约束”为F2，“底部偏移”保持0不变，选择“顶部约束”为“直到标高：F4”，修改“顶部偏移”值为-800，如图5-98所示。

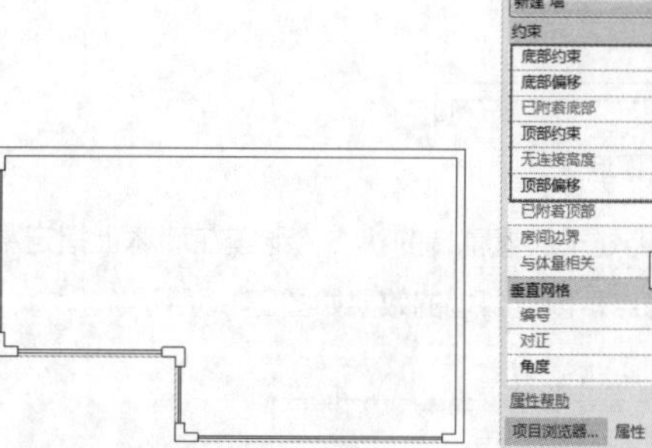

图 5-97 平面样式

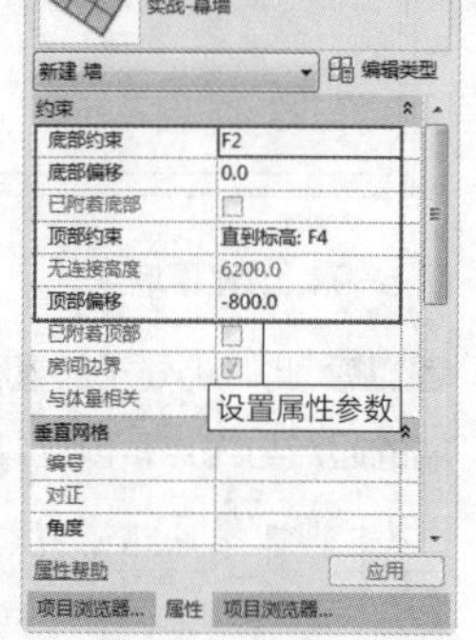

图 5-98 设置属性参数

> **延伸讲解：**
>
> 启用“墙”命令后，在“属性”选项板中会显示上一次执行“墙”命令时所选择的墙体类型。如在创建完幕墙后退出命令，再次启用“墙”命令时，在“属性”选项板中会显示上一次使用的“幕墙”类型。

Step 12 在外墙上依次指定幕墙的起点与终点，创建幕墙的效果如图5-99所示。

Step 13 使用ViewCube调整视图方向，观察幕墙的三维样式。单击ViewCube上“右”与“后”之间的角点，如图5-100所示。切换视图至合适位置，可以观察创建幕墙后建筑物的显示效果，如图5-101所示。

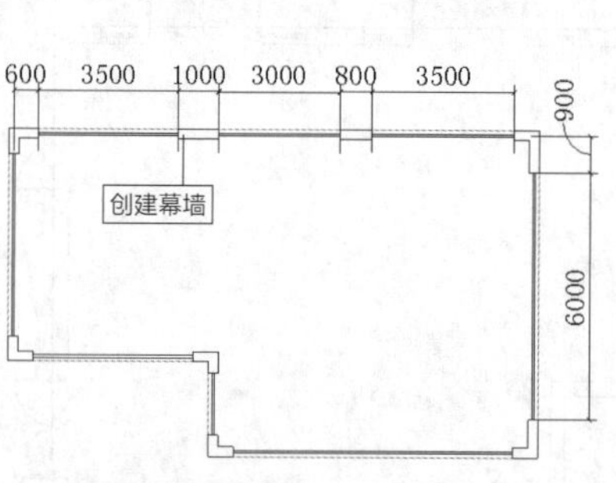

图 5-99 创建幕墙

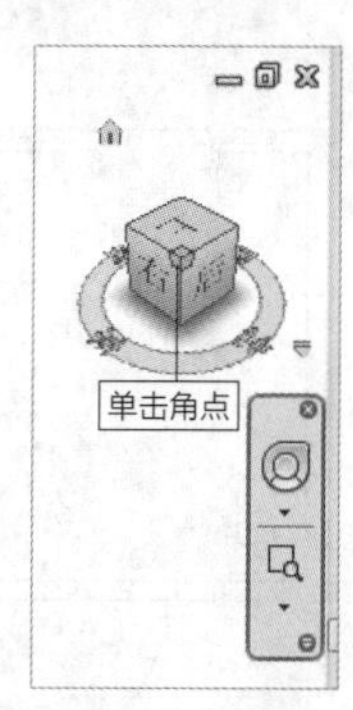

图 5-100 单击角点

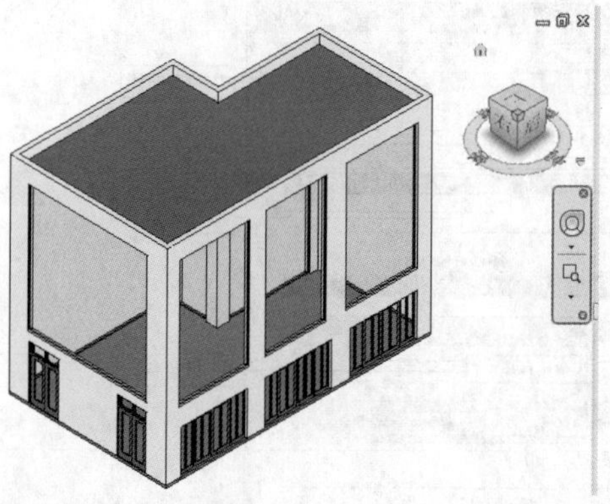

图 5-101 显示效果

5.4 幕墙网格

启用“幕墙网格”命令，可以为幕墙创建网格线，用户可以自定义网格线的方向、间距等参数。本节将介绍创建幕墙网格的操作方法。

5.4.1 创建幕墙网格 重点

选择“建筑”选项卡，单击“构建”面板上的“幕墙网格”按钮，如图5-102所示。随即进入放置幕墙网格的状态。

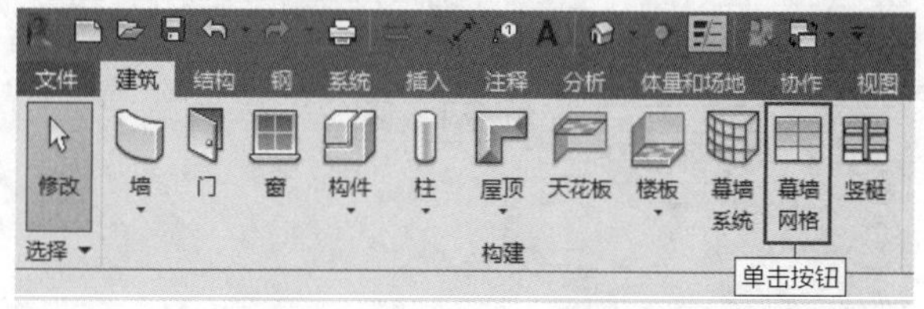

图 5-102 单击“幕墙网格”按钮

1. 全部分段

在“修改|放置 幕墙网格”选项卡中单击“放置”面板上的“全部分段”按钮，如图5-103所示，可以在所有出现预览的嵌板上放置幕墙网格线段。

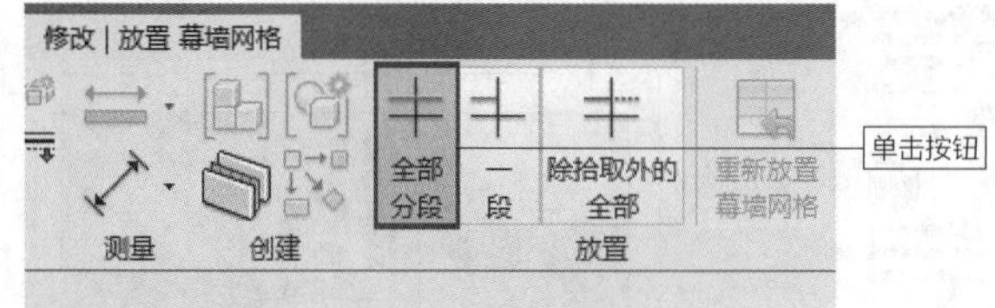

图 5-103 单击“全部分段”按钮

将鼠标指针置于网格边界线上，可以预览网格线，此时网格线以虚线显示，如图5-104所示。移动鼠标指针，临时尺寸标注的尺寸参数随之变化，帮助用户定位网格线的位置。在合适的位置单击，放置网格线的效果如图5-105所示。

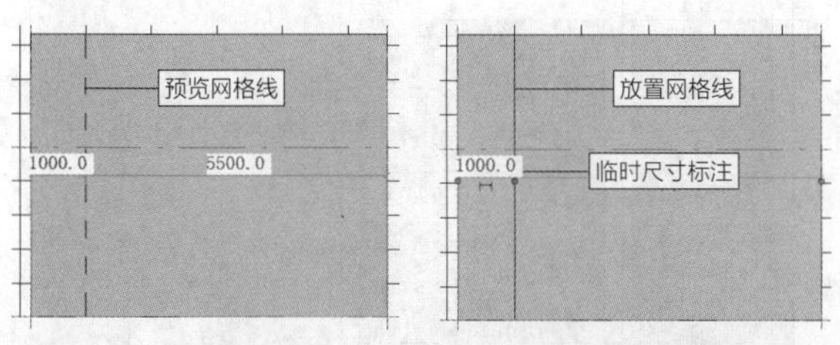

图 5-104 预览网格线　　图 5-105 放置网格线

延伸讲解：

选择放置完成的网格线，显示临时尺寸标注，修改尺寸标注参数，可以调整网格线的位置。

2. 一段

在“放置”面板上单击“一段”按钮，如图5-106所示，可以在出现预览的嵌板上放置一条网格线段。将鼠标指针置于网格线上，可以预览网格图像。通过控制网格线上预览图像的位置，改变网格的位置。

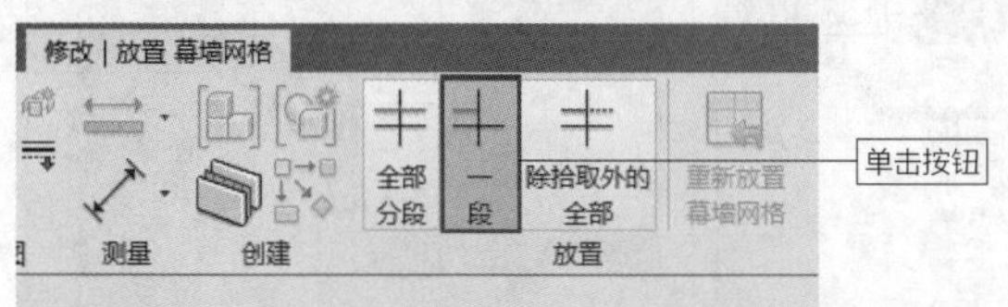

图 5-106 单击“一段”按钮

将鼠标指针置于左侧的幕墙边界线上，显示网格线预览图像，如图5-107所示，表示即将创建的网格线的位置。

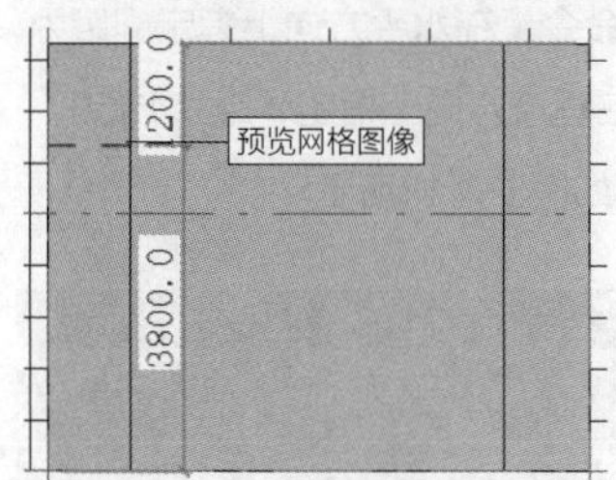

图 5-107 预览网格图像

移动鼠标指针的位置，再次预览网格图像，如图5-108所示。此时单击可以创建与预览图像相同的网格线。移动鼠标指针，实时显示网格的预览图像，如图5-109所示，单击创建网格线。

“一段”工具的优点是用户可以自定义网格线的位置，系统会根据预览图像的位置，在指定的区域内放置网格线。

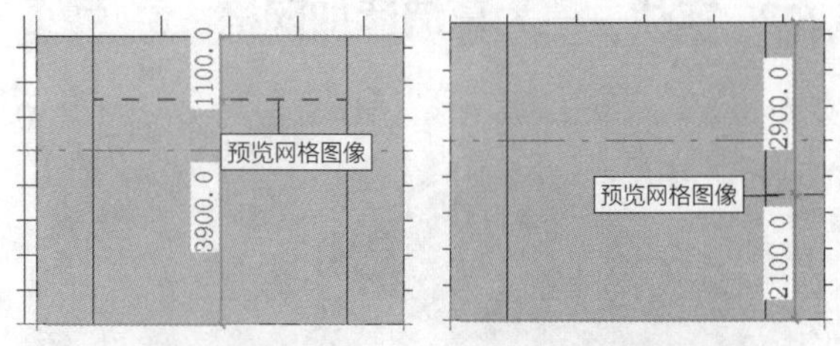

图 5-108 预览网格图像　　图 5-109 预览网格图像

3. 除拾取外的全部

在“放置”面板上单击“除拾取外的全部”按钮，如图5-110所示，可以在除了选择排除的区域之外的所有区域中放置网格线。

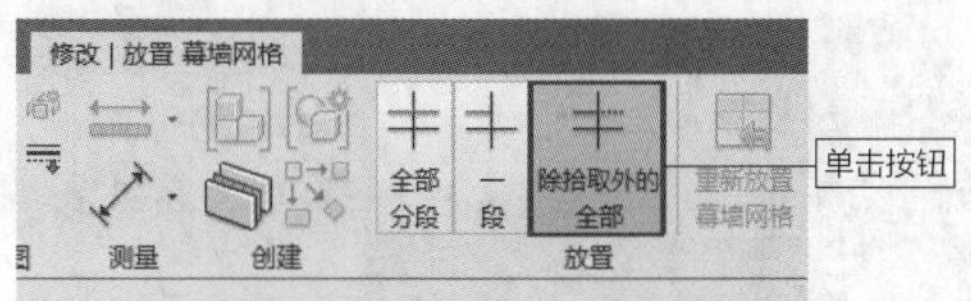

图 5-110 单击“除拾取外的全部”按钮

将鼠标指针置于幕墙中，可以预览网格图像，如图5-111所示。单击在指定的位置创建网格线，如图5-112所示。此时的网格线还处于编辑模式。

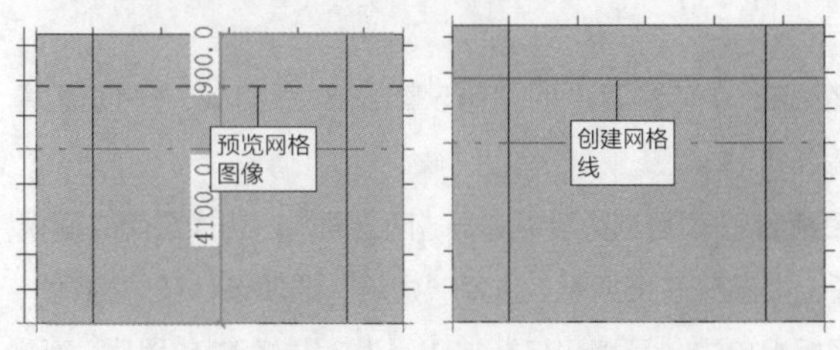

图 5-111 预览网格图像　　图 5-112 创建网格线

在网格线上单击需要删除的部分，如单击中间部分，中间部分显示虚线，如图5-113所示，表示该段将会被删除。

虚线显示的线段会被删除，经过上述操作得到的网格线如图5-114所示。“除拾取外的全部”的优点是可以排除指定的区域，在剩余的区域创建网格线。

知识链接：

选择网格线，按Delete键，可将其删除。

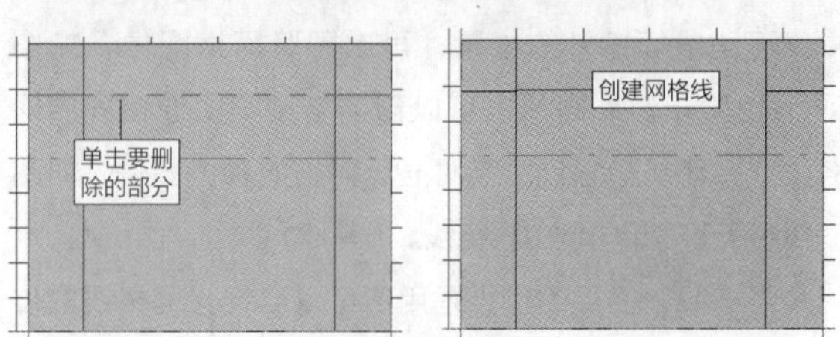

图 5-113 单击要删除的部分　图 5-114 创建网格线

5.4.2 实战——为幕墙添加网格

难度：☆☆☆

素材文件路径	素材\第5章\5.3.2 实战——创建幕墙 .rte
效果文件路径	素材\第5章\5.4.2 实战——为幕墙添加网格 .rte
视频文件路径	视频\第5章\5.4.2 实战——为幕墙添加网格 .mp4
技术要点	切换视图、绘制网格线、编辑网格线

在5.4.1小节中介绍了在幕墙中添加网格的操作方法，本小节在5.3.2小节的基础上，介绍创建幕墙网格的操作方法。

Step 01 打开资源中的“第5章\5.3.2 实战——创建幕墙.rte”文件。

Step 02 在项目浏览器中双击“南立面”，切换至南立面视图，如图5-115所示。选择“建筑”选项卡，在“构建”面板上单击“幕墙网格”按钮，进入“修改|放置 幕墙网格”选项卡，在“放置”面板上单击“全部分段”按钮，开始执行放置幕墙网格的操作。

Step 03 将鼠标指针置于幕墙的水平边界线上，在显示临时尺寸标注的同时也可以预览垂直网格线。根据临时尺寸标注，在合适的位置单击，指定垂直网格线的位置。接着移动鼠标指针，将其置于垂直幕墙边界线上，预览水平网格线，在合适的位置单击，完成绘制水平网格线的操作，效果如图5-116所示。

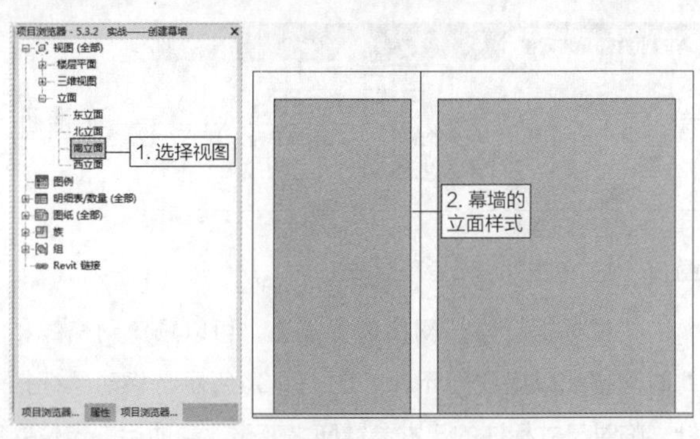

图 5-115 南立面视图

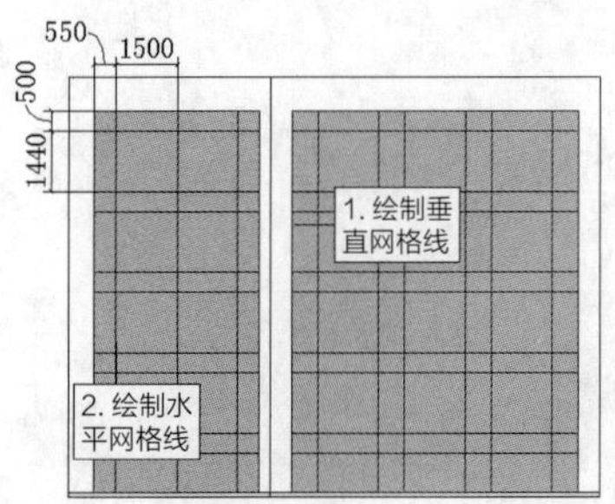

图 5-116 绘制网格线

延伸讲解：

在三维视图中也可以执行放置幕墙网格的操作，但是在立面视图中更加方便指定网格线的位置，所以本例选择在立面视图中放置网格线。

Step 04 在项目浏览器中双击“北立面”，切换至北立面视图，幕墙的立面样式如图5-117所示。

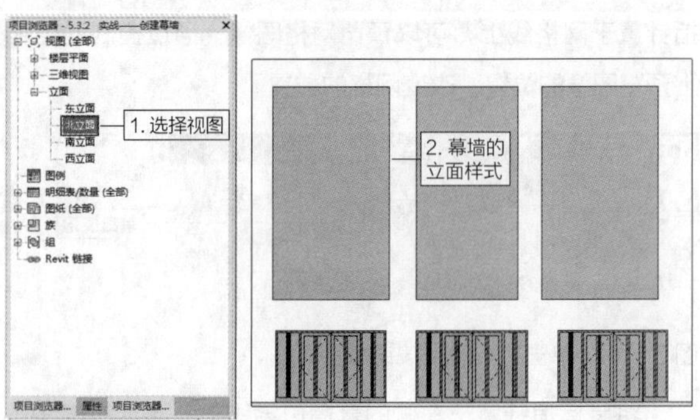

图 5-117 北立面视图

Step 05 启用“幕墙网格”命令，在水平方向上指定间距为1750，放置垂直网格线；在垂直方向上指定间距为1550，放置水平网格线，创建效果如图5-118所示。

知识链接：

因为在建筑物的各个立面都创建了幕墙，所以在放置网格线时，需要切换至各个视图为每面幕墙添加网格线。

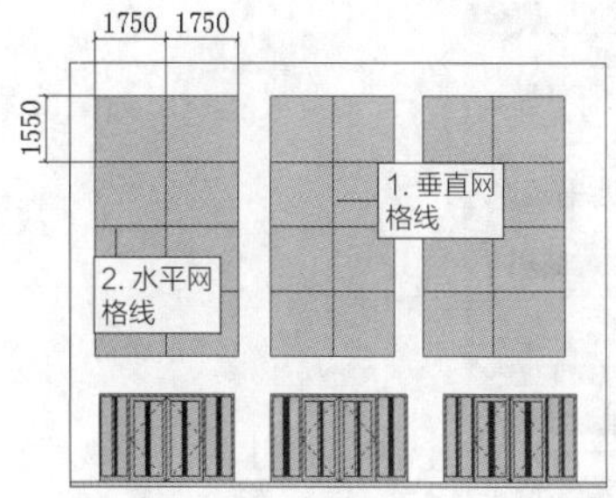

图 5-118 创建网格线

Step 06 通过项目浏览器，切换至“东立面”视图，幕墙在东立面视图中的立面样式如图5-119所示。

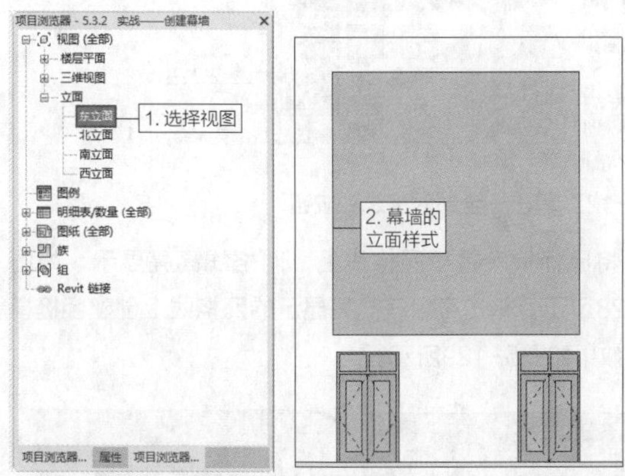

图 5-119 东立面视图

Step 07 在“构建”面板上单击“幕墙网格”按钮，指定水平间距为2000，放置垂直网格线；指定垂直间距为1550，放置水平网格线，创建效果如图5-120所示。

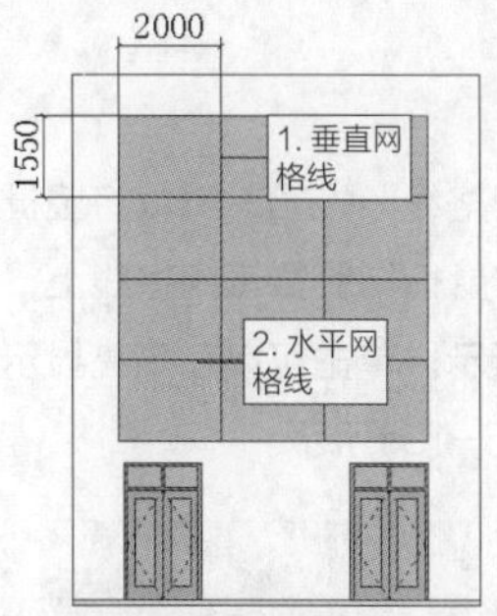

图 5-120 创建效果

延伸讲解：

三维视图中的“视觉样式”仅影响当前视图，其他视图不受影响。所以在立面视图中观察幕墙时，可以修改“视觉样式”为“着色”或“真实”，系统会自动为幕墙创建实体填充图案，可以清楚地区别幕墙与一般墙体。

Step 08 在项目浏览器中选择“西立面”，在选择的基础上再次在视图名称上单击，可以切换至“西立面”视图，幕墙的立面样式如图5-121所示。

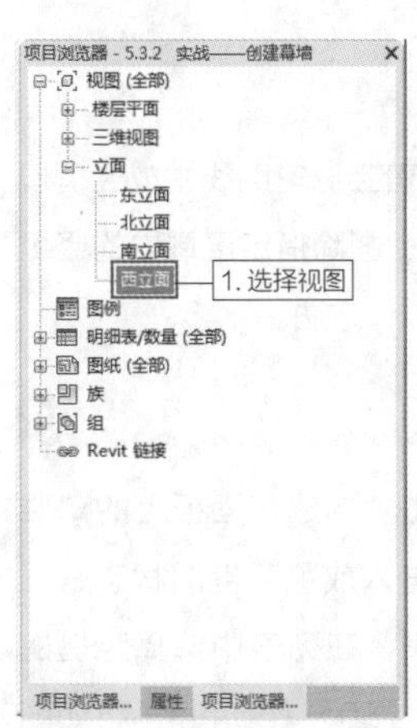

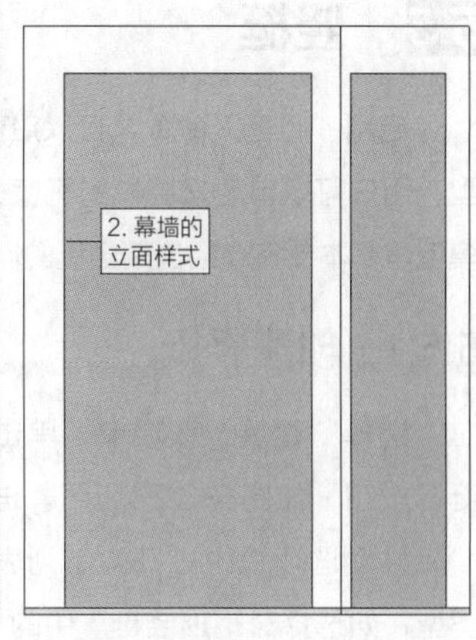

图 5-121 西立面视图

Step 09 在左侧的幕墙上指定水平间距为2200，放置垂直网格线；分别指定垂直间距为1440、500，放置水平网格线。右侧幕墙由于宽度仅为1700，就不在水平方向上分区，仅在垂直方向上指定间距来划分区域，效果如图5-122所示。

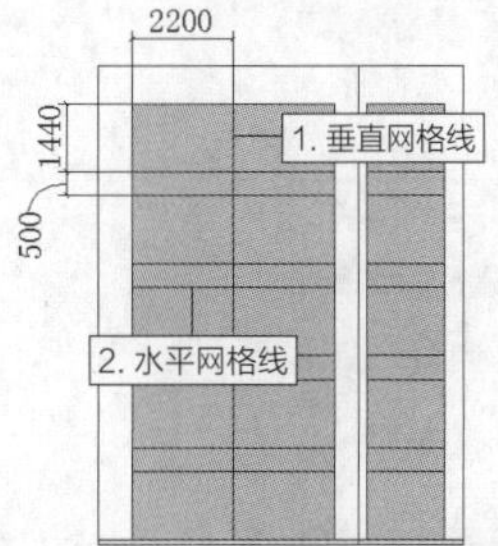

图 5-122 放置垂直与水平网格线

知识链接：

频繁地切换立面视图，其实是打开了多个视图窗口。打开多个视图窗口，会减慢系统的运算速度。此时单击快速访问工具栏上的“关闭隐藏窗口”按钮，可将隐藏的窗口全部关闭，仅保留当前视图窗口。

Step 10 为所有的幕墙都放置了网格线后，切换至三维视图，观察网格线的创建效果。单击ViewCube上的角点，转换视图方向，观察建筑物各立面中幕墙网格的创建效果，如图5-123所示。

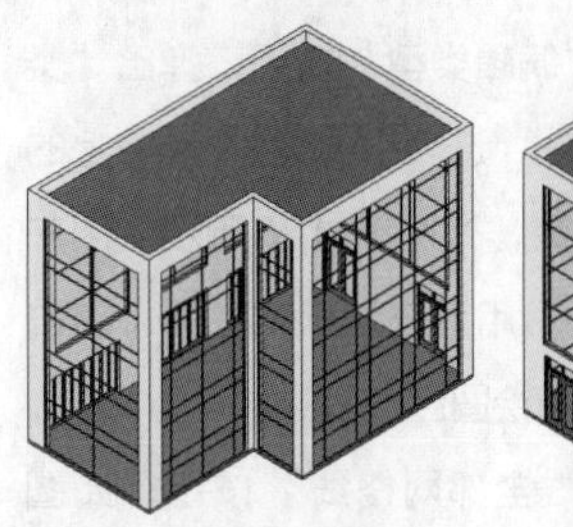
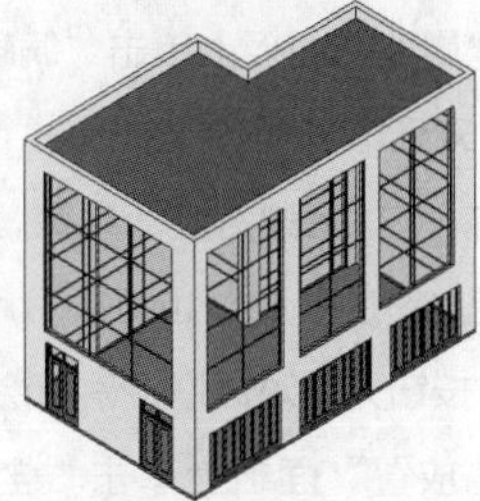

图 5-123 创建效果

5.5 竖梃

启用“竖梃”命令，可以沿着竖梃轮廓线生成竖梃模型，用户可以自定义竖梃的宽度、删除指定区域内的竖梃模型等。本节将介绍创建竖梃的操作方法。

5.5.1 创建竖梃 重点

选择“建筑”选项卡，单击“构建”面板上的“竖梃”按钮，如图5-124所示。进入放置竖梃的状态，在“属性”选项板中打开类型列表，在列表中选择竖梃的类型，如选择“矩形竖梃”中的“50×150mm”，如图5-125所示。

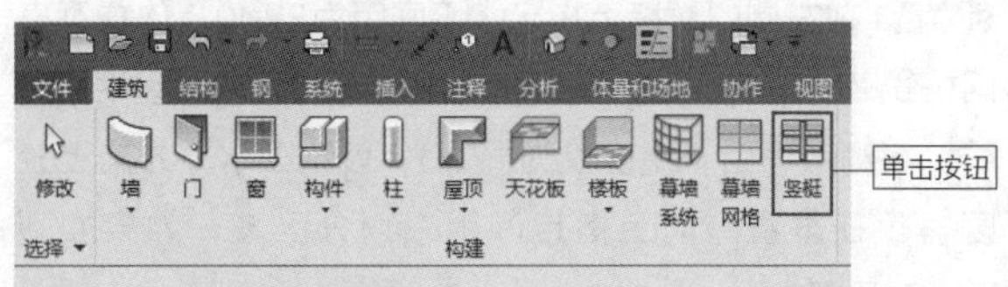

图5-124 单击“竖梃”按钮

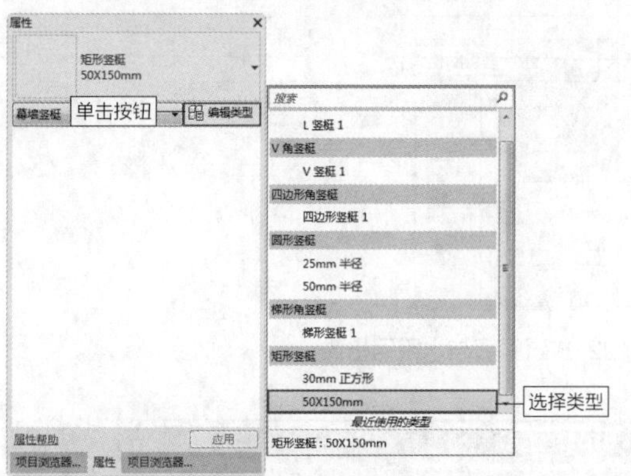

图5-125 选择竖梃的类型

> **知识链接：**
>
> “矩形竖梃”是最常用的竖梃类型，用户可以根据项目的要求，选择其他类型的竖梃，如“V角竖梃”“四边形角竖梃”等。生成模型后，放大视图查看竖梃的创建效果。假如不满意，可以实时更改竖梃的类型。

1. 全部网格线

在“属性”面板上单击“编辑类型”按钮，弹出“类型属性”对话框，在“尺寸标注”选项组中设置“边2上的宽度”与“边1上的宽度”参数，如图5-126所示。用户可以自定义宽度参数，也可以沿用系统的默认参数。单击“确定”按钮关闭对话框，返回绘图区。

在“放置”面板上单击“全部网格线”按钮，如图5-127所示，可以将竖梃放置在选定网格的所有网格线上。

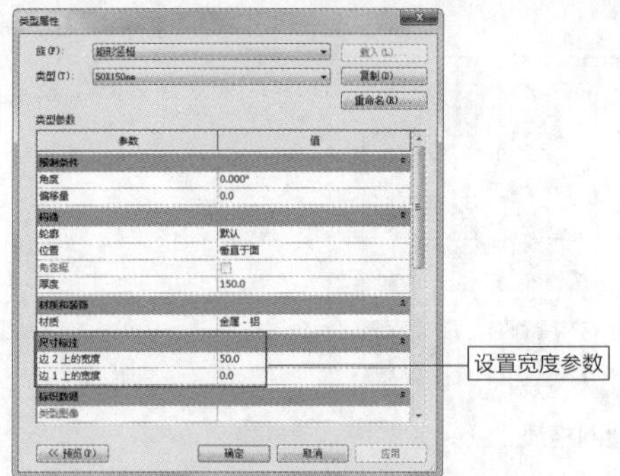

图5-126 “类型属性”对话框

图5-127 单击“全部网格线”按钮

将鼠标指针置于网格线上，网格线高亮显示，如图5-128所示。单击可以在高亮显示的网格线上创建竖梃模型，效果如图5-129所示。

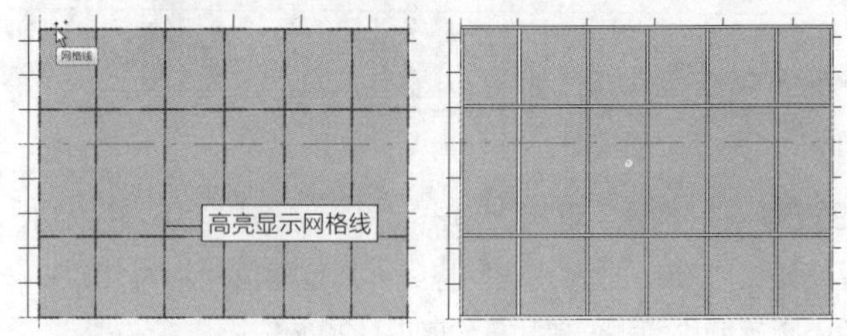

图5-128 高亮显示网格线 图5-129 创建竖梃模型

2. 网格线

在“放置”面板上单击“网格线”按钮，可以将竖梃放置在一条选定的网格线上。将鼠标指针置于网格线上，网格线高亮显示，如图5-130所示。单击可以在高亮显示的网格线上创建竖梃模型，如图5-131所示。

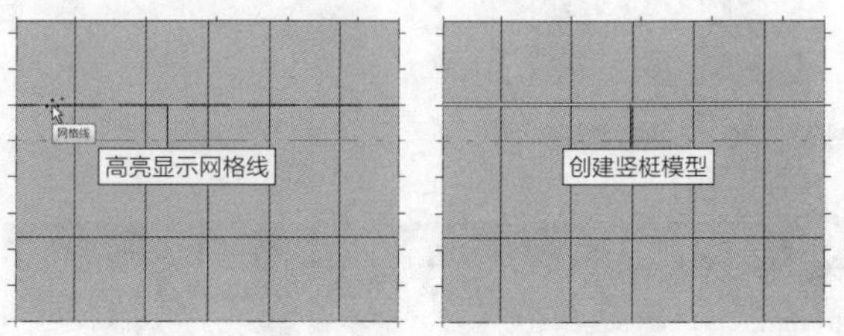

图5-130 高亮显示网格线 图5-131 创建竖梃模型

3. 单段网格线

在“放置”面板上单击“单段网格线”按钮，可以将竖梃放置在一段网格线上。将鼠标指针置于网格线上，高亮显示其中一段网格线，如图5-132所示。单击在高亮显示的这段网格线上生成竖梃模型，效果如图5-133所示。

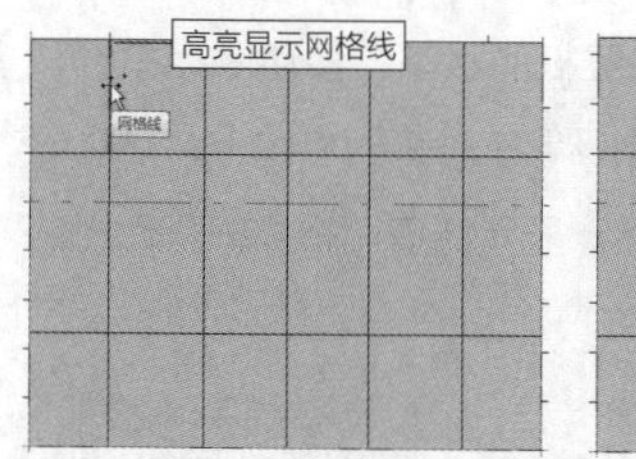

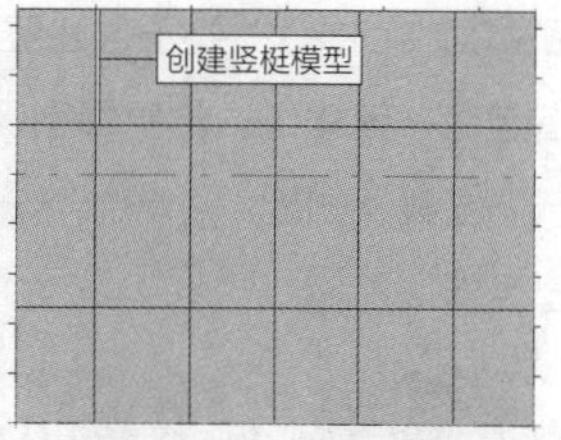

图 5-132 高亮显示网格线　图 5-133 创建竖梃模型

延伸讲解：

通常情况下选择“全部网格线”工具来创建竖梃模型。模型创建完毕后，执行修改操作，可以得到想要的结果。

4. 设置“打断”方式

将鼠标指针置于竖梃上，向前滚动鼠标滚轮，放大显示竖梃模型。在视图中垂直方向上的竖梃被水平方向上的竖梃打断，单击选择水平竖梃，高亮显示打断符号，如图5-134所示。单击符号，更改竖梃的打断方式。图5-135所示为垂直竖梃打断水平竖梃的效果。

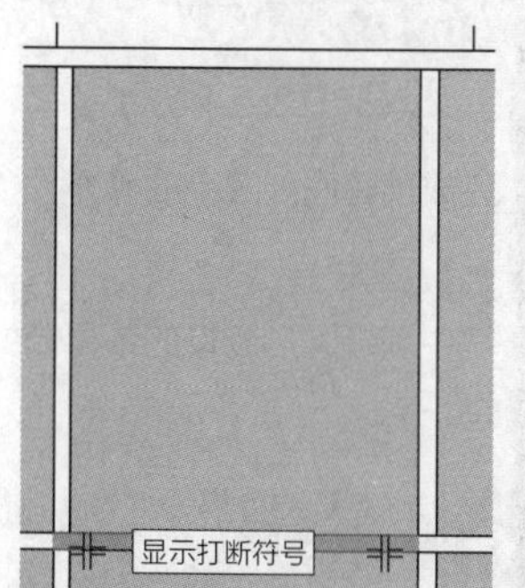

图 5-134 高亮显示打断符号　图 5-135 更改打断方式

知识链接：

选择竖梃，单击鼠标右键，在快捷菜单中选择“连接条件”命令，在其子菜单中显示两种连接方式，分别是“结合”“打断”，如图5-136所示。选择命令，可以调整竖梃的打断方式。或者选择竖梃，在“竖梃”面板中单击“结合”或“打断”按钮，如图5-137所示，同样可以执行更改打断方式的操作。

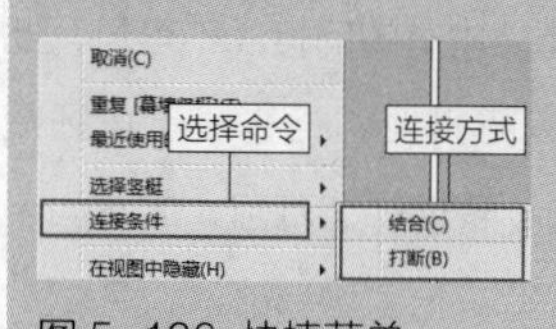

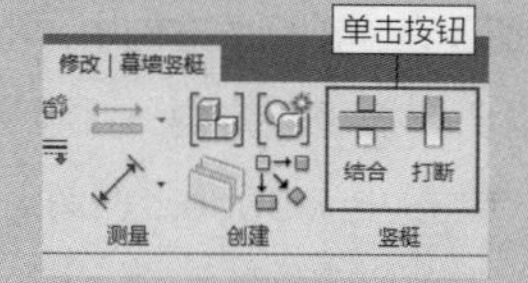

图 5-136 快捷菜单　图 5-137 “竖梃”面板

5. 选择竖梃的方式

创建完成的竖梃模型不是一个整体，在需要选择模型的时候很麻烦，容易出现漏选、错选的情况。Revit提供了便捷的选择方法，为用户解决选择模型的困难。

选择竖梃，单击鼠标右键，选择“选择竖梃”命令，弹出子菜单，在子菜单中显示多种选择竖梃的方式，用户选择其中的一种，可以按照设定的方式选中竖梃模型。选择“在垂直网格上”命令，如图5-138所示，可以选择垂直方向上的竖梃，效果如图5-139所示。

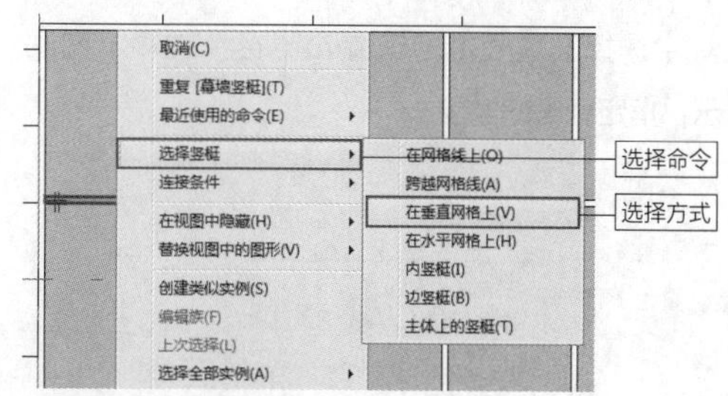

图 5-138 选择方式

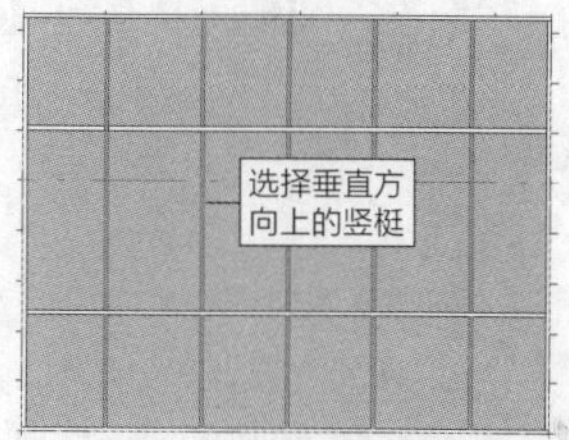

图 5-139 选择垂直方向上的竖梃

延伸讲解：

选择竖梃，弹出“类型属性”对话框，在其中可以修改竖梃的样式与尺寸参数。因篇幅有限，在此不赘述，希望读者自行练习，掌握操作方法。

5.5.2 实战——为幕墙添加竖梃

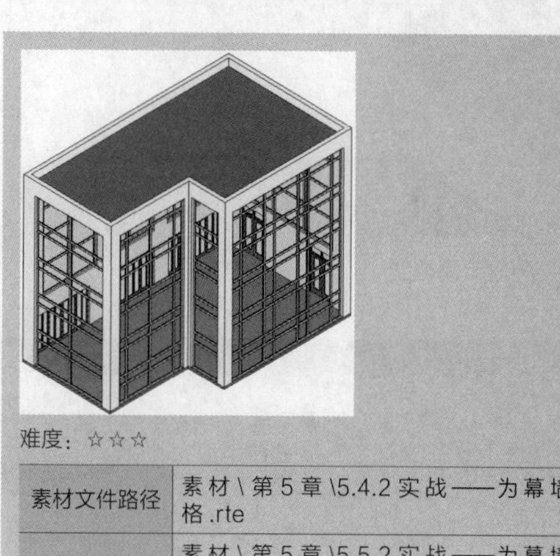

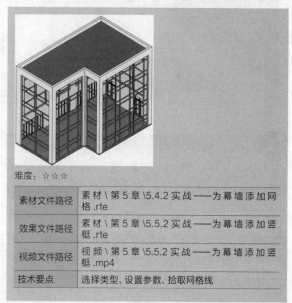

难度：☆☆☆

素材文件路径	素材 \ 第 5 章 \5.4.2 实战——为幕墙添加网格 .rte
效果文件路径	素材 \ 第 5 章 \5.5.2 实战——为幕墙添加竖梃 .rte
视频文件路径	视频 \ 第 5 章 \5.5.2 实战——为幕墙添加竖梃 .mp4
技术要点	选择类型、设置参数、拾取网格线

在5.5.1小节中介绍了各种创建竖梃的方式，本小节将在5.4.2小节的基础上，介绍为幕墙添加竖梃的操作方法。

Step 01 打开资源中的“第5章\5.4.2 实战——为幕墙添加网格.rte”文件。

Step 02 选择“建筑”选项卡，在“构建”面板上单击“竖梃”按钮，进入“修改|放置 竖梃”选项卡，在“放置”面板中单击“网格线”按钮。在“属性”选项板中打开类型列表，在其中选择圆形竖梃“50mm半径”选项，如图5-140所示，指定竖梃的类型。

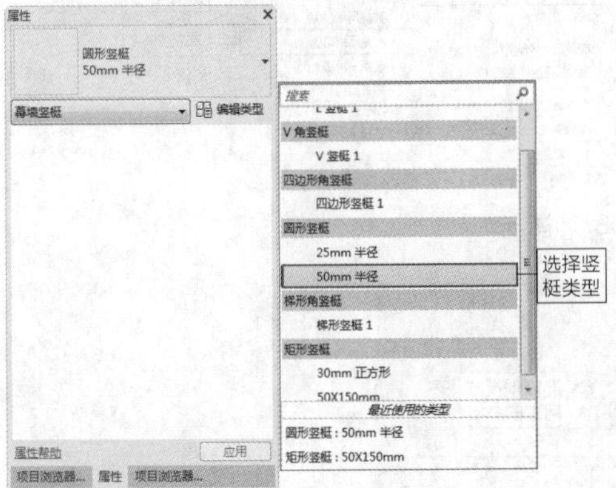

图 5-140 选择竖梃类型

Step 03 移动鼠标指针，将鼠标指针置于幕墙中的网格线上，高亮显示网格线，如图5-141所示，表示将在该网格线的基础上创建竖梃。

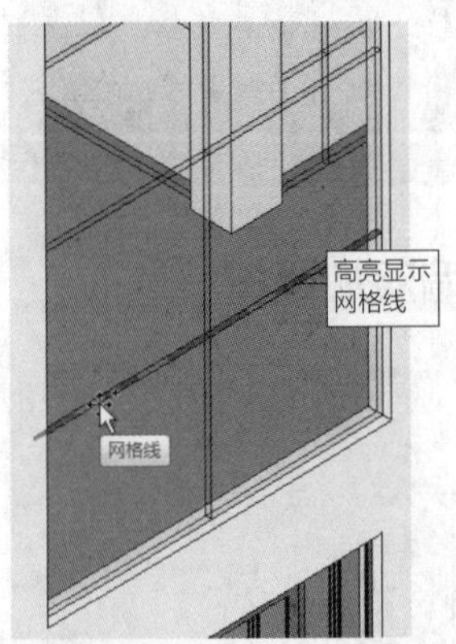

图 5-141 高亮显示网格线

知识链接：

在选择“网格线”方式来放置竖梃之前，可以先滚动鼠标滚轮，放大显示网格线，准确地选中网格线并实时观察竖梃的创建效果。

Step 04 选定网格线后，单击可以在网格线上创建圆形竖梃，效果如图5-142所示。因为选择的是水平网格线，所以创建水平方向上的圆形竖梃。

Step 05 此时仍然处于创建竖梃的状态，移动鼠标指针，指定另一网格线。将鼠标指针置于垂直网格线上，高亮显示网格线，如图5-143所示，表示在该网格线的基础上创建竖梃。

图 5-142 创建竖梃

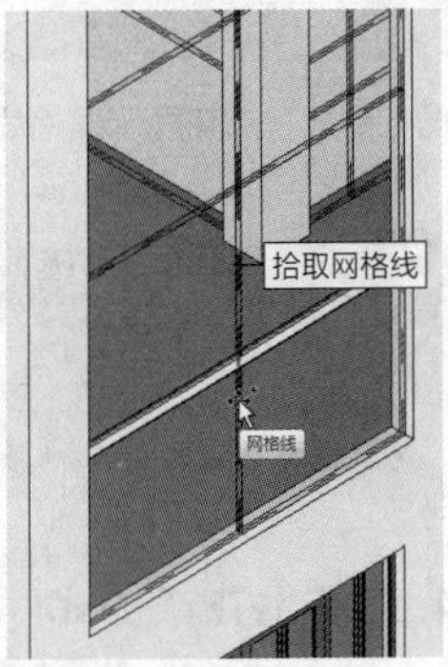

图 5-143 拾取网格线

延伸讲解：

创建竖梃的顺序并没有明确的规定，可以先在水平方向上放置竖梃，也可以先在垂直方向上放置竖梃，用户可以自由选择放置顺序。

Step 06 在垂直网格线上单击，完成创建圆形竖梃的操作，效果如图5-144所示。

Step 07 继续指定网格线，在幕墙中创建圆形竖梃的效果如图5-145所示。

图 5-144 创建竖梃

图 5-145 创建效果

Step 08 在当前视图方向中，幕墙中有的网格线不可见，此时需要转换视图方向，才可以将其他网格线显示在视图中。单击ViewCube上的角点，转换视图方向，显示尚未创建竖梃的网格线。

Step 09 将鼠标指针置于网格线上，高亮显示网格线后表示已准确定位网格线，如图5-146所示。此时单击可以在网格线上创建竖梃，效果如图5-147所示。

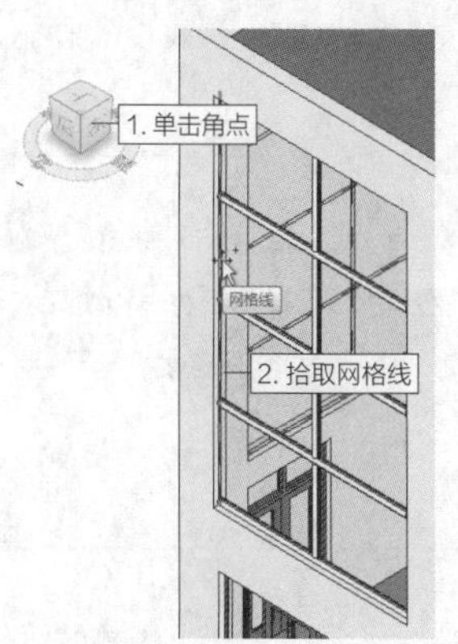

图 5-146 拾取网格线　　图 5-147 创建垂直竖梃

知识链接：

在创建竖梃的过程中，应该经常借助ViewCube来切换视图方向，观察是否有遗漏的网格线未被创建竖梃。

Step 10 在ViewCube上单击“后”与“下”之间的棱，转换视图方向，显示幕墙中未创建竖梃的网格线。将鼠标指针置于该网格线上，网格线显示为蓝色，表示该网格线已被定位，如图5-148所示。单击在网格线上执行创建竖梃的操作，效果如图5-149所示。

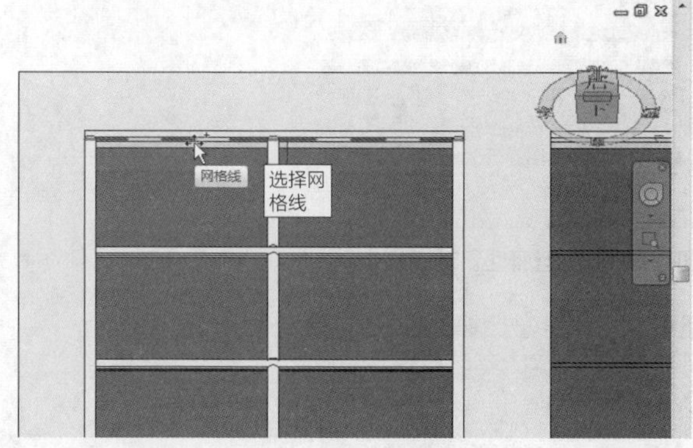

图 5-148 选择网格线

图 5-149 创建水平竖梃

Step 11 单击ViewCube上的角点，恢复建筑模型的默认视图方向。在“放置”面板上单击“全部网格线”按钮，将鼠标指针置于幕墙的边界线，高亮显示网格外轮廓线，如图5-150所示，网格外轮廓线以蓝色虚线框表示。

Step 12 此时单击可以在指定的网格线轮廓线内放置竖梃，操作结果是位于选定范围内的每一段网格线均被创建竖梃，如图5-151所示。

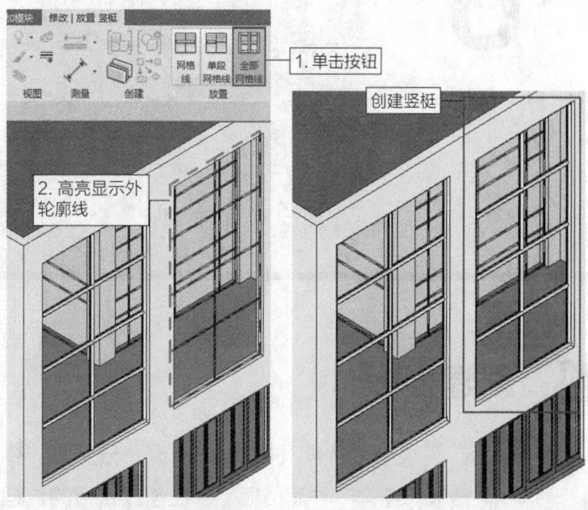

图 5-150 高亮显示外轮廓线　　图 5-151 创建竖梃

Step 13 当前仍处于放置竖梃的状态，继续选定另一网格线轮廓线，完成在该范围内创建竖梃的操作，如图5-152所示。

Step 14 完成某一建筑立面上所有竖梃的创建后，单击ViewCube上的角点，转换视图方向，如图5-153所示，继续在另一建筑立面上为幕墙创建竖梃。

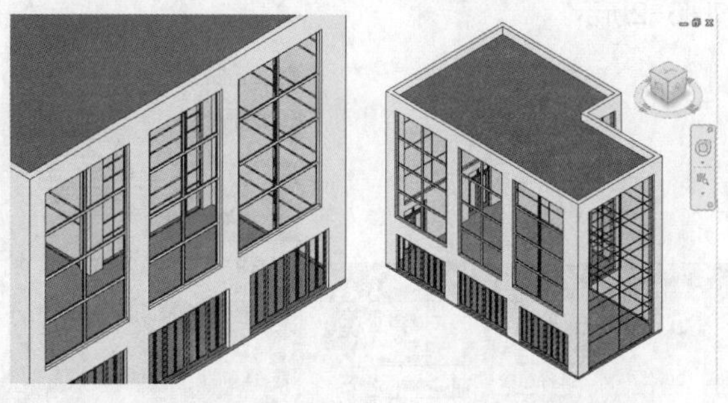

图 5-152 创建效果　　图 5-153 转换视图方向

Step 15 图5-154所示为添加竖梃后幕墙的最终效果。

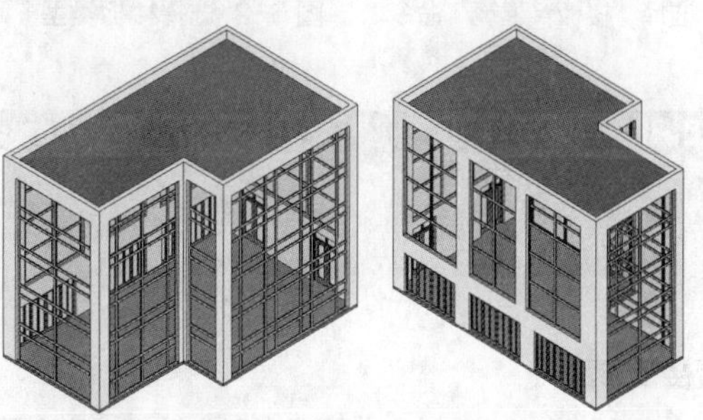

图 5-154 最终效果

第6章

楼板

楼板作为建筑中重要的承重构件，在创建的过程中需要认真仔细，出现错误会影响模型的表现。Revit中提供了3种类型的楼板，供用户自由选择。本章将介绍创建与编辑楼板的操作方法。其中楼板边用来构造楼板边缘的形状，在本章的最后一节会介绍楼板边的创建方法。

学习目标

6.1 创建楼板

在“楼板”列表中显示有3种类型的楼板，分别是“楼板：建筑”“楼板：结构”“面楼板”。在创建楼板的过程中，又可以将这些楼板划分为两种类型，即室内楼板与室外楼板。本节将介绍创建楼板的操作方法。

6.1.1 室内楼板 重点

选择“建筑”选项卡，在“构建”面板上单击“楼板”按钮，在弹出的列表中选择“楼板：建筑”命令，如图6-1所示，进入放置楼板的状态。在“属性”选项板中打开类型列表，在其中选择楼板类型，如选择“楼板1”，如图6-2所示。

图6-1 选择“楼板：建筑”命令

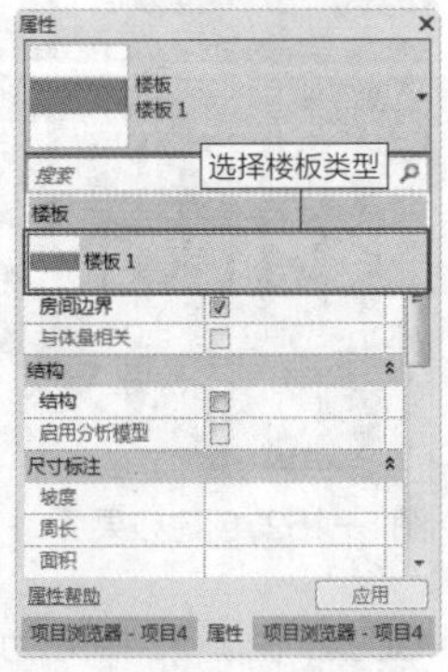

图6-2 选择楼板类型

知识链接：

在“构建”面板中直接单击“楼板”按钮，可以启用“楼板：建筑”命令。

1. 设置楼板参数

在“属性”选项板中单击“编辑类型”按钮，弹出图6-3所示的“类型属性”对话框，在对话框中显示楼板的属性参数。单击“复制”按钮，在已有楼板类型的基础上复制一个类型副本。在“名称”对话框中设置类型副本的名称，如图6-4所示。单击“确定”按钮，完成创建副本的操作。

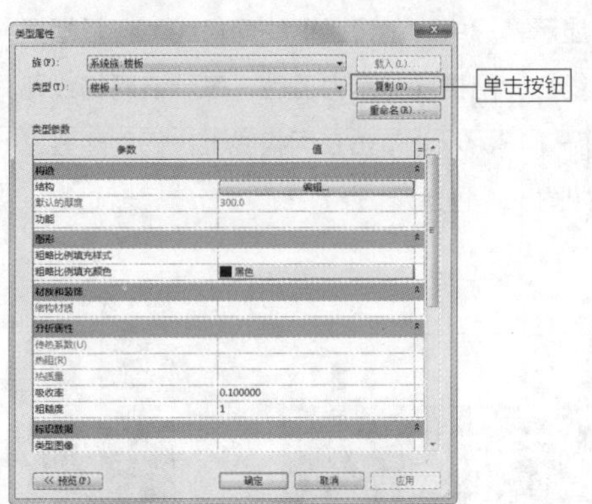

图6-3 “类型属性”对话框

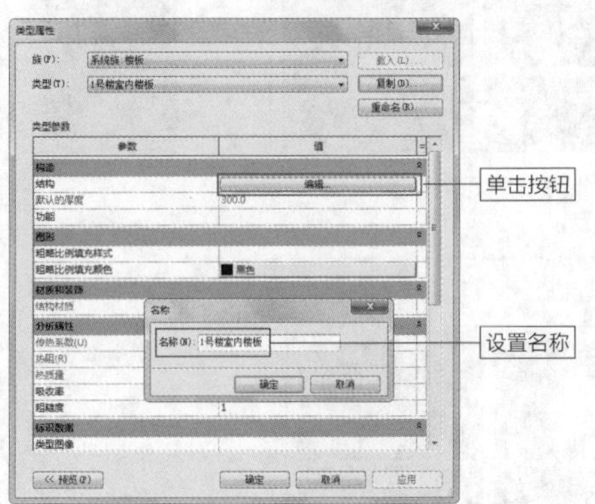

图6-4 设置名称

在“结构”选项中单击“编辑”按钮，弹出“编辑部件”对话框。在“层”列表下单击“插入”按钮，在列表中插入两个新层。接着通过启用“向上”按钮，向上调整新层，使其分别位于第1行和第2行，如图6-5所示。在

"功能"单元格中分别设置两个新层的"功能"属性，如图6-6所示。

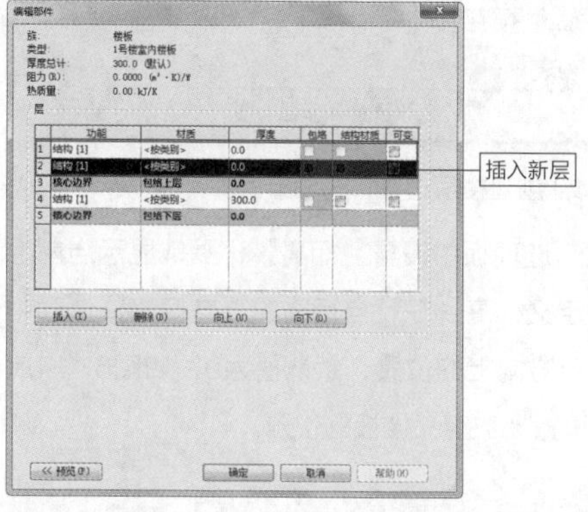

图 6-5　插入新层

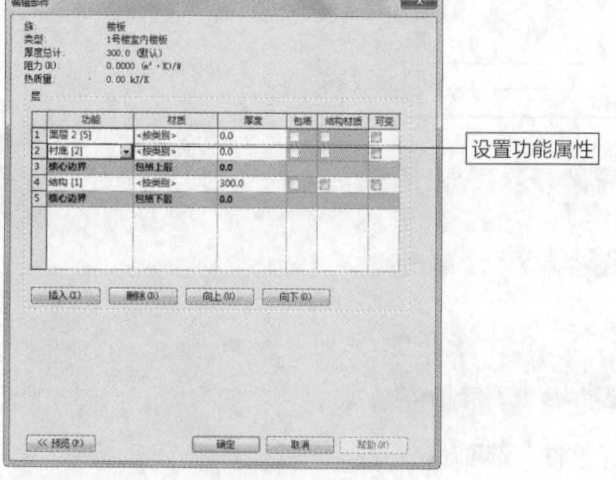

图 6-6　设置功能属性

知识链接：

设置楼板的结构层参数与设置墙体的结构层参数操作方法类似，读者可以翻阅前面的章节，在4.1.1小节中阅读设置结构参数的相关介绍。

将鼠标指针定位在第1行的"材质"单元格中，单击单元格右侧的矩形按钮，弹出"材质浏览器"对话框。在"项目材质"列表中选择名称为"分析楼板表面"的材质，单击鼠标右键，在弹出的快捷菜单中选择"复制"命令，如图6-7所示。

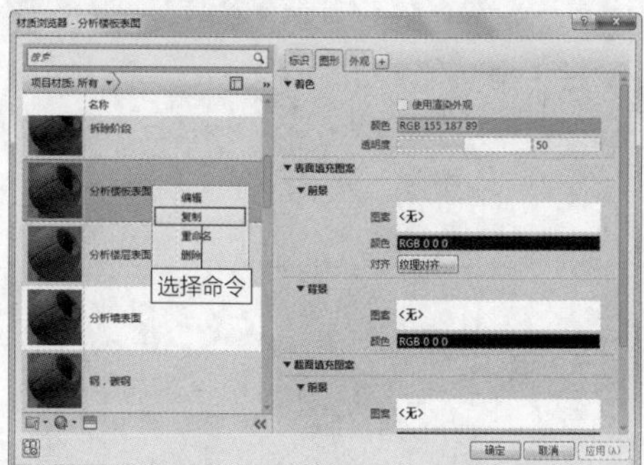

图 6-7　选择"复制"命令

修改材质副本的名称，如可将其设置为"1号楼-楼板表面"，如图6-8所示，方便以后搜索材质。在右侧的界面保持材质的默认值即可，用户也可自定义材质参数。

单击"确定"按钮返回"编辑部件"对话框，在单元格中可以显示材质名称"1号楼-楼板表面"。

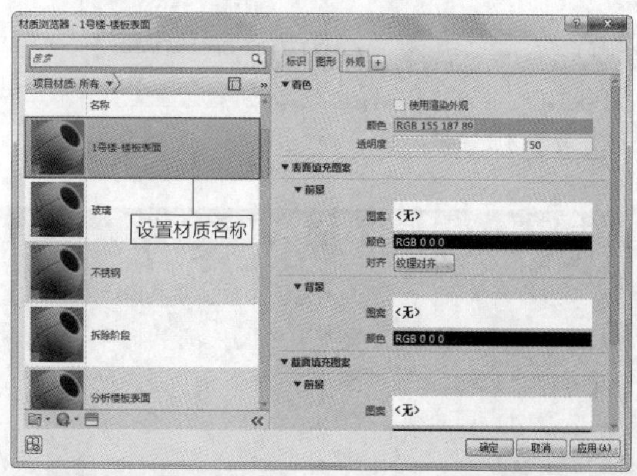

图 6-8　设置材质名称

延伸讲解：

楼板的材质并不是一定要按照书中所述来设置，此处仅提供一个方法，供用户在设置材质时参考。

将鼠标指针定位在第2行的"材质"单元格，单击单元格右侧的矩形按钮，弹出"材质浏览器"对话框。在"项目材质"列表中选择名称为"1号楼-楼板表面"的材质，单击鼠标右键，在弹出的快捷菜单中选择"复制"命令，如图6-9所示。

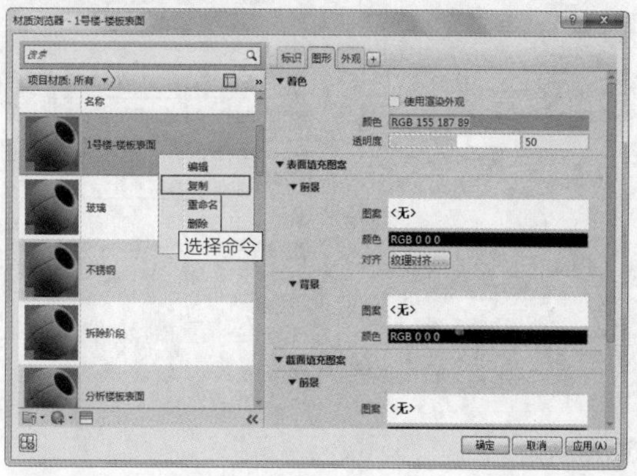

图 6-9　选择"复制"命令

修改材质副本名称为"1号楼-楼板衬底"，如图6-10所示。保持材质默认参数不变，单击"确定"按钮返回"编辑部件"对话框。在单元格中显示材质名称"1号楼-楼板衬底"。

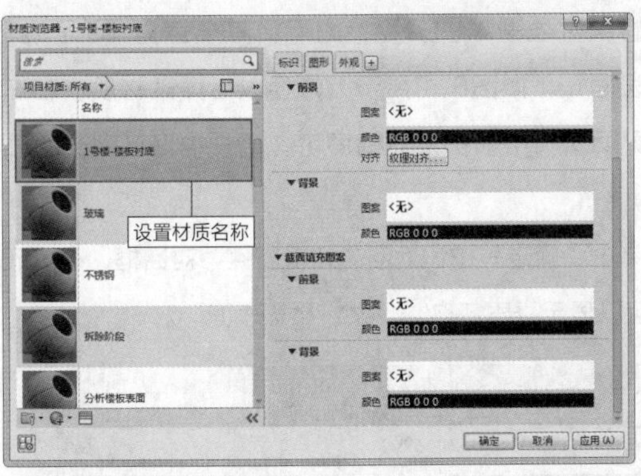

图6-10 设置材质名称

答疑解惑：为材质设置名称有什么技巧?

当项目中的墙体、楼板、天花板等构件都被赋予了指定的材质后，管理众多的材质需要耗费用户大量的时间。在设置材质名称时，为其添加前缀，可以帮助用户快速搜索指定的材质。

如在为墙体材质命名时，用户为其自定义一个前缀，如住宅楼、办公楼、1号楼等，或者直接以数字命名。在“材质浏览器”对话框的“搜索”选项中输入材质的前缀，在材质列表显示所有以该前缀命名的材质，用户可以快速地在列表中查找指定的材质。

选择第1行中的“可变”选项，分别设置“面层2[5]”“衬底[2]”“结构[1]”的厚度，如图6-11所示。单击“确定”按钮返回“类型属性”对话框，“默认的厚度”选项中显示楼板的厚度，厚度值由各结构层厚度相加得到。在“功能”选项中选择“内部”，如图6-12所示，设置楼板的功能属性。单击“确定”按钮关闭对话框，开始创建楼板。

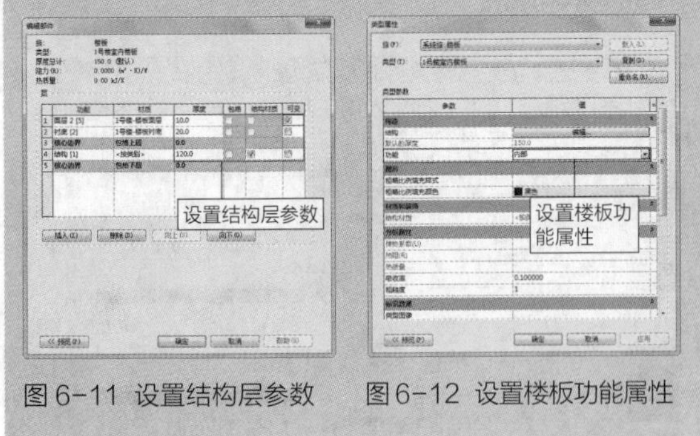

图6-11 设置结构层参数 图6-12 设置楼板功能属性

2. 创建楼板

在“修改|创建楼层边界”选项卡中单击“绘制”面板上的“边界线”按钮与“拾取墙”按钮，在选项栏中设置“偏移”值，并选择“延伸到墙中（至核心层）”选项，如图6-13所示。

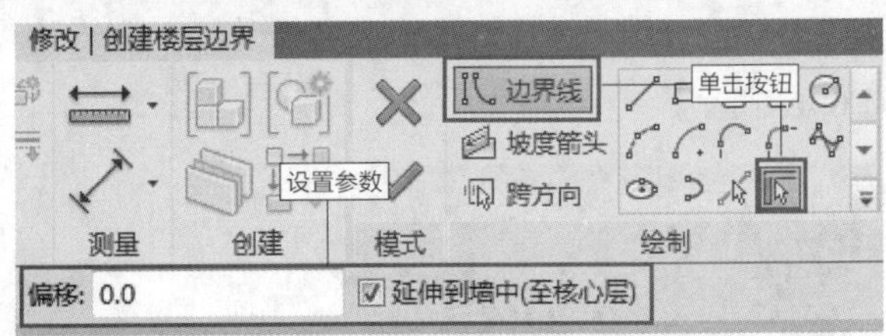

图6-13 “修改|创建楼层边界”选项卡

在“属性”选项板中设置“标高”，默认显示当前标高，用户可自定义标高。在“自标高的高度偏移”选项中设置楼板在垂直方向上的位置，默认值为0，如图6-14所示。用户通过设置参数定义楼板的位置。

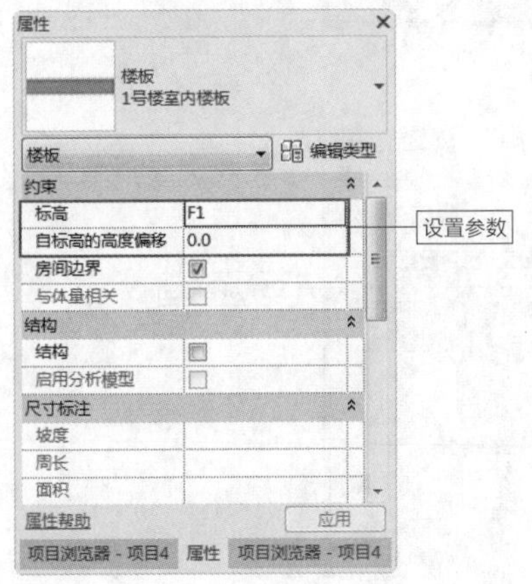

图6-14 “属性”选项板

知识链接：

选项栏中的“偏移”选项与“属性”选项板中的“自标高的高度偏移”选项相同，默认值为0。可以通过设置选项参数，调整楼板的位置。

将鼠标指针置于外墙上，高亮显示外墙，如图6-15所示。单击沿外墙边生成洋红色楼板边界线，如图6-16所示。

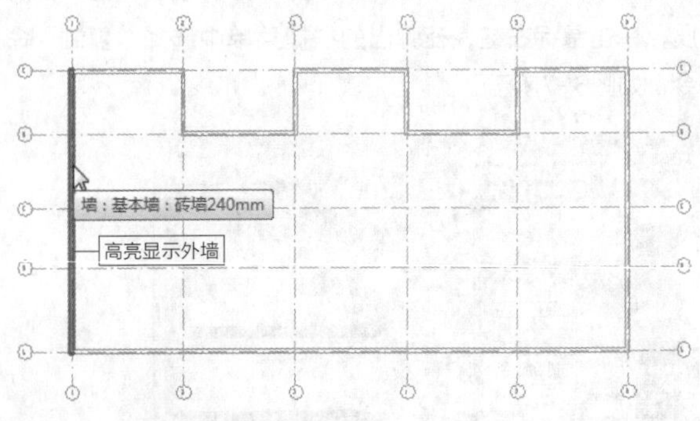

图6-15 高亮显示外墙

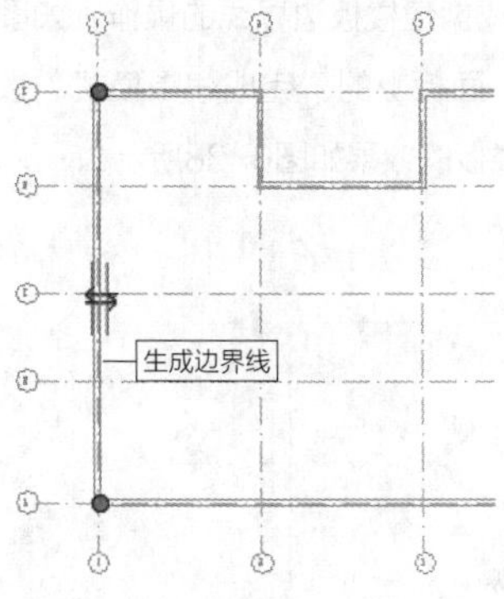

图 6-16 生成边界线

继续单击拾取外墙，可以创建首尾相连的楼板边界线，如图6-17所示。选择楼板边界线，显示“翻转”符号，单击符号，可以切换边界线，使其沿着墙核心层外表面或者外表面间切换。

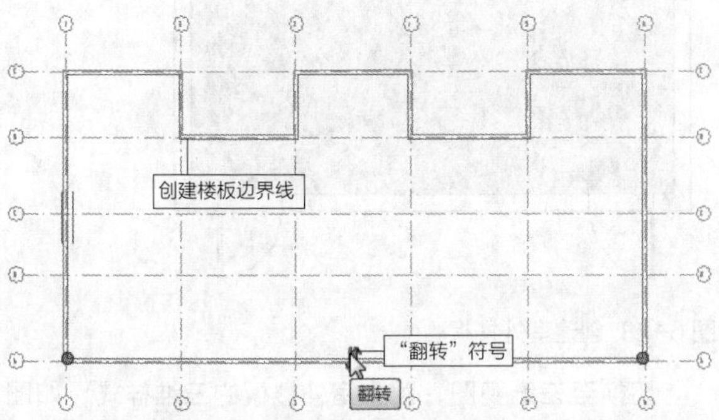

图 6-17 创建楼板边界线

延伸讲解：

楼板边界线首尾必须相连，围合成一个闭合的环。假如边界线有一端是开放的，系统会在右下角弹出警示对话框，提醒用户当前边界线为开放状态，必须闭合边界线才可创建楼板。

单击“模式”面板中的“完成编辑模式”按钮✔，退出命令，完成创建楼板的操作，如图6-18所示。切换至三维视图，查看楼板的三维样式，如图6-19所示。

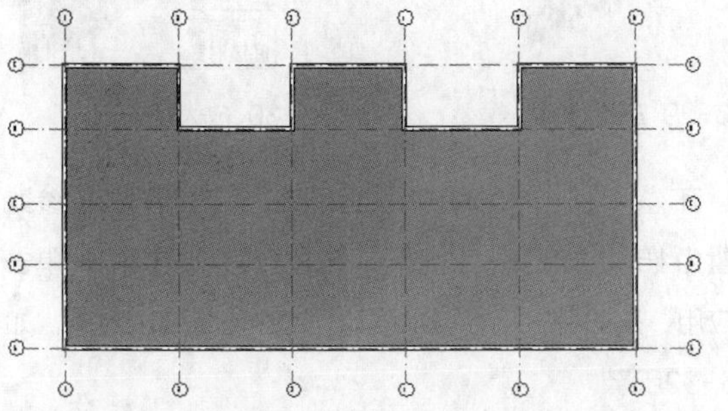

图 6-18 完成创建楼板

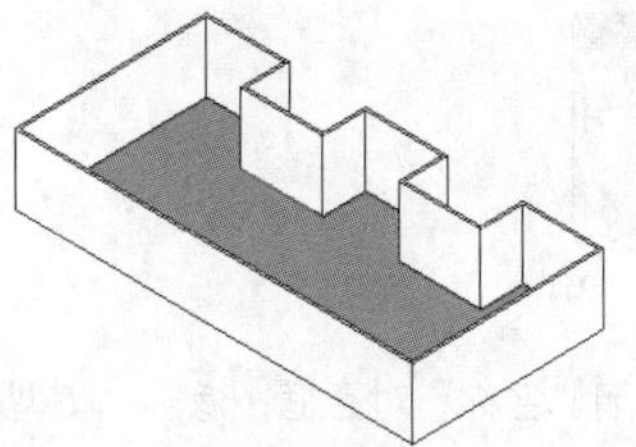

图 6-19 三维样式

通过修改“属性”选项板中的“自标高的高度偏移”选项参数，如图6-20所示，可以调整楼板的垂直高度。读者可以通过图6-21所示的楼板三维样式，在垂直方向上调整楼板位置。

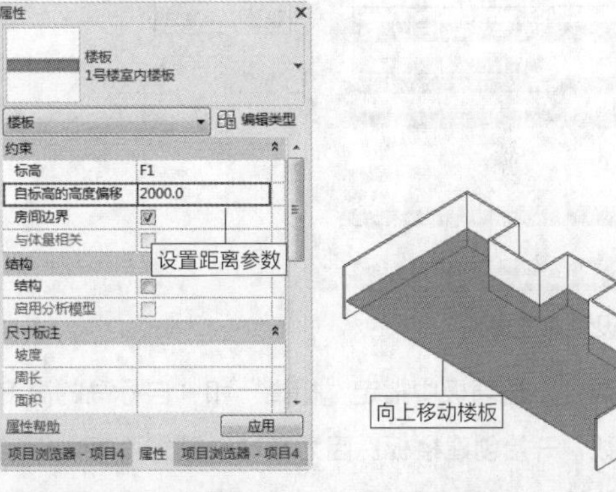

图 6-20 修改参数　　图 6-21 调整位置

知识链接：

“自标高的高度偏移”选项参数若为正值，楼板移动到标高线以上的指定位置；若为负值，楼板移动到标高线以下的指定位置。

6.1.2 室外楼板 难点

位于室外的楼板统一称为室外楼板。启用“楼板”命令，可以创建室外阳台楼板、散水、台阶或者空调搁板等多种模型。本小节将介绍创建室外楼板的操作方法。

启用“建筑：楼板”命令，进入“修改|创建楼层边界”选项卡。在“绘制”面板上单击“矩形”按钮，如图6-22所示，指定绘制楼板的方式。在“属性”选项板中单击“编辑类型”按钮，弹出“类型属性”对话框。单击“复制”按钮，复制一个楼板类型副本，在“名称”对话框中设置副本名称，如图6-23所示。

图 6-22 “修改 | 创建楼层边界”选项卡

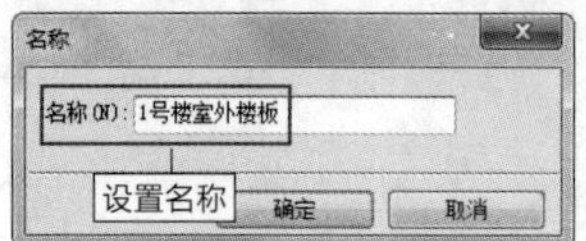

图 6-23 设置名称

单击“确定”按钮关闭“名称”对话框，返回“类型属性”对话框，在“功能”选项中选择“外部”选项，如图6-24所示。单击“确定”按钮，返回绘图区。

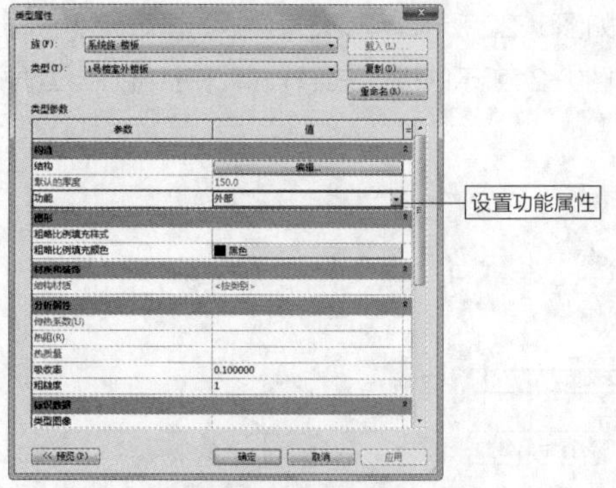

图 6-24 设置功能属性

在“属性”选项板中指定“标高”和“自标高的高度偏移”参数，开始创建楼板。因为在“绘制”面板中指定了“矩形”绘制方式，所以可以通过指定对角点创建矩形边界线。用鼠标指针指定第一个对角点，如图6-25所示。单击并向右下角移动鼠标，将鼠标指针置于另一个对角点之上，预览楼板的创建效果，如图6-26所示。同时边界线中显示临时尺寸标注，显示楼板的尺寸参数。

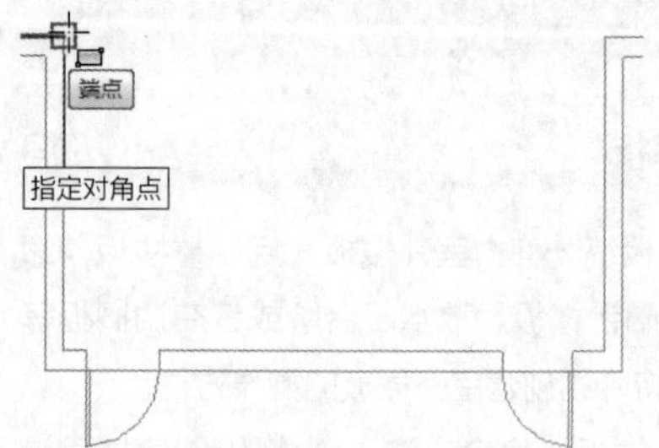

图 6-25 指定对角点

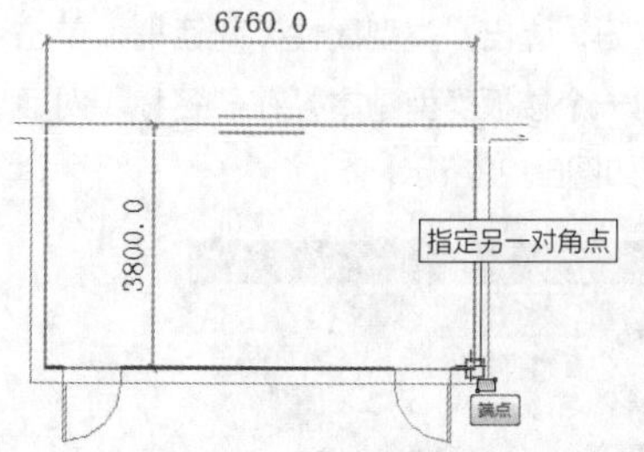

图 6-26 指定另一对角点

在对角点上单击，完成创建楼板边界线的操作，如图6-27所示。单击“模式”面板上的“完成编辑模式”按钮，退出命令，创建室外楼板的效果如图6-28所示。

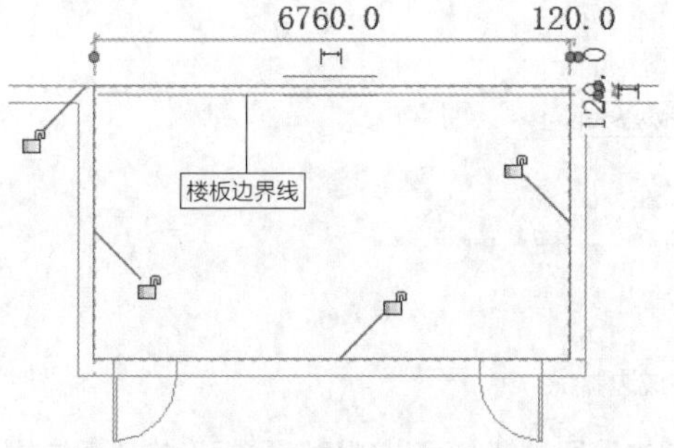

图 6-27 楼板边界线

图 6-28 创建室外楼板

切换至三维视图，观察室外楼板的三维样式，如图6-29所示。将鼠标指针置于楼板的端点，向前滚动鼠标滚轮，放大显示楼板模型。在放大的视图中可以观察到楼板底边与墙底边不在同一水平面上，如图6-30所示。这是因为在创建楼板时，将“自标高的高度偏移”的参数设置为了0。

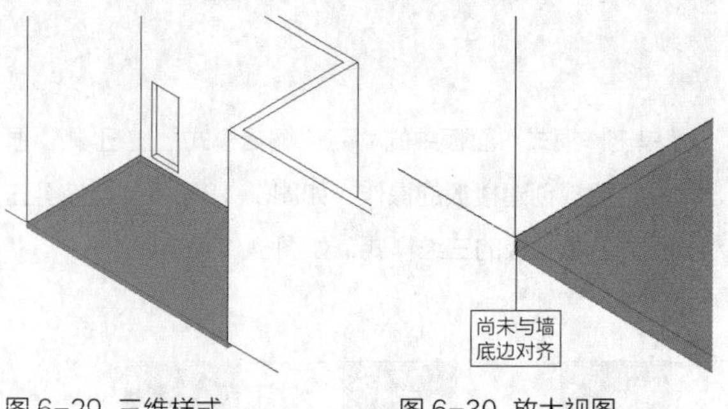

图 6-29 三维样式　　图 6-30 放大视图

在“属性”选项板中将“自标高的高度偏移”的参数设置为150，如图6-31所示，与楼板的厚度相同。单击“应用”按钮后，楼板向上移动，底边与墙底边对齐，如图6-32所示。

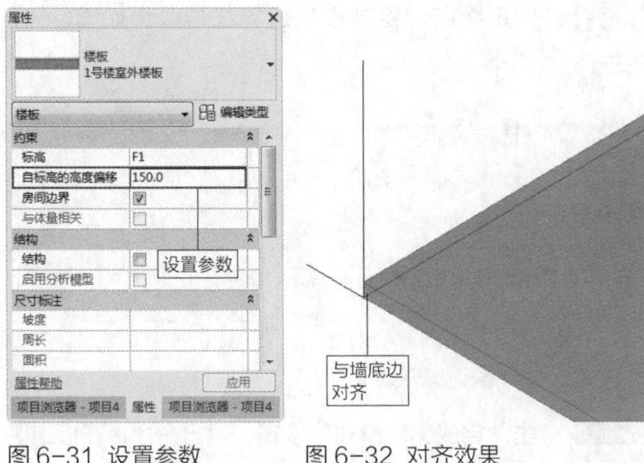

图 6-31 设置参数　　图 6-32 对齐效果

6.1.3 实战——创建楼板

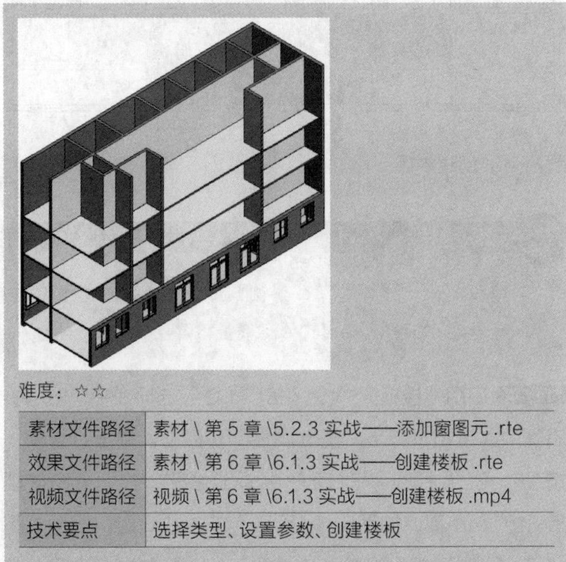

难度：☆☆

素材文件路径	素材 \ 第 5 章 \5.2.3 实战——添加窗图元 .rte
效果文件路径	素材 \ 第 6 章 \6.1.3 实战——创建楼板 .rte
视频文件路径	视频 \ 第 6 章 \6.1.3 实战——创建楼板 .mp4
技术要点	选择类型、设置参数、创建楼板

在6.1.1、6.1.2小节中介绍了设置楼板参数和创建楼板的操作方法，本小节将在5.2.3小节的基础上，介绍创建楼板的操作方法。

Step 01 打开资源中的“第5章\5.2.3 实战——添加窗图元.rte”文件，如图6-33所示。

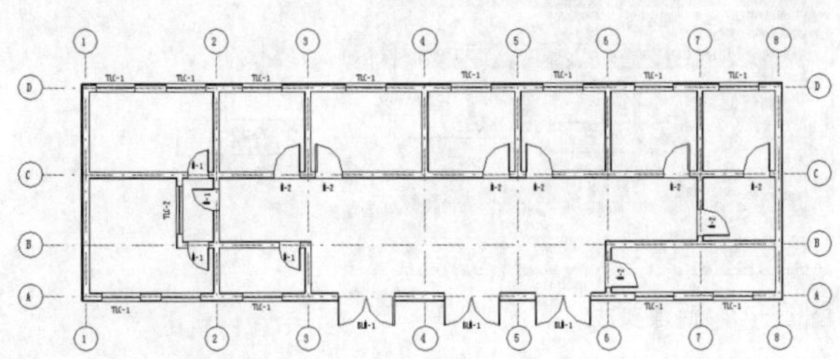

图 6-33 打开素材

Step 02 在6.1.1小节中介绍了设置楼板参数的操作步骤，所以本小节就不赘述设置参数的方法了。此处介绍选用模板文件提供的楼板类型来创建楼板的操作方法。

Step 03 选择“建筑”选项卡，在“构建”面板上单击“楼板”按钮，在“属性”选项板中选择“室内楼板-150mm”，设置“标高”为F1，“自标高的高度偏移”为0，如图6-34所示。

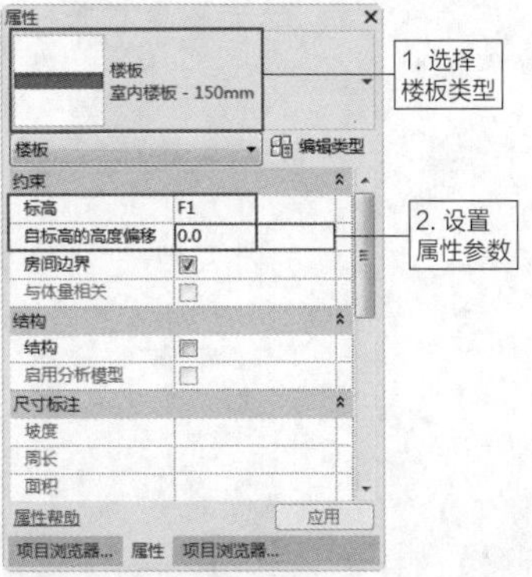

图 6-34 设置属性参数

Step 04 在“修改|创建楼层边界”选项卡中选择“边界线”，单击“矩形”按钮，如图6-35所示，通过绘制矩形来创建楼板边界线。

图 6-35 单击“矩形”按钮

延伸讲解：

将“自标高的高度偏移”设置为0，表示楼板的标高与F1对齐。

Step 05 在房间内单击指定矩形的起点，如图6-36所示。向右下角移动鼠标指针，指定矩形的终点，如图6-37所示。单击完成矩形边界线的创建。

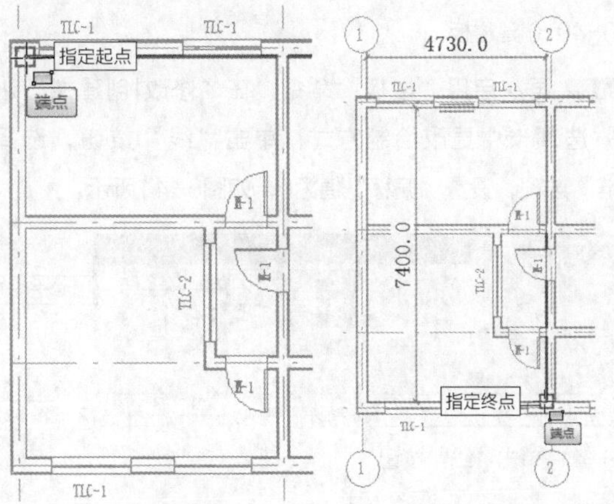

图 6-36 指定起点　　图 6-37 指定终点

Step 06 在房间内创建矩形边界线的效果如图6-38所示。此时仍然处于“修改|创建楼层边界”选项卡中，继续在房间内指定起点与终点，绘制矩形楼板边界线，效果如图6-39所示。

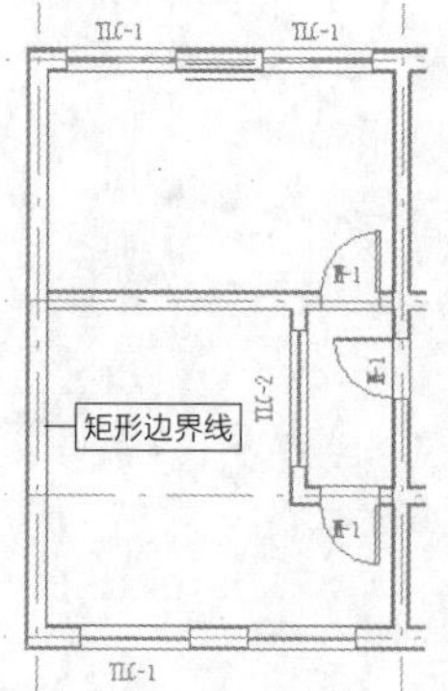

图6-38 矩形边界线

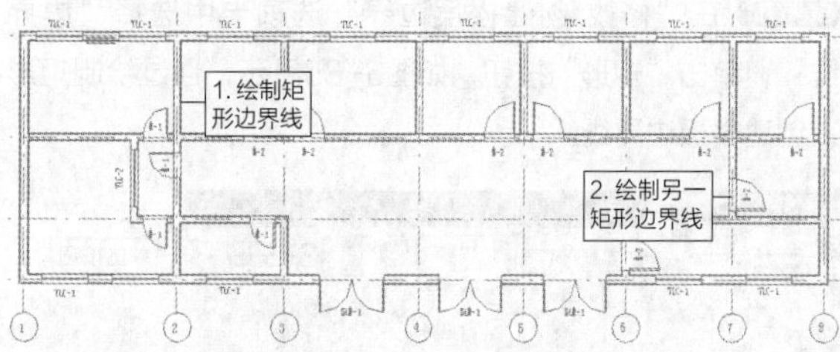

图6-39 绘制效果

Step 07 单击“完成编辑模式”按钮，退出命令，创建楼板的效果如图6-40所示。在平面图中以实体填充图案显示楼板可以与没有创建楼板的区域相区分。

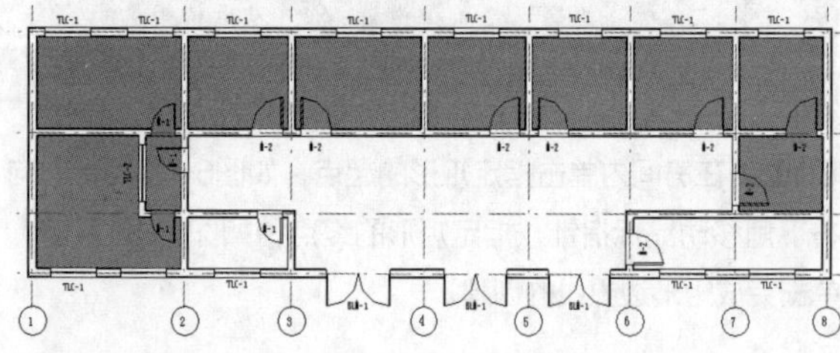
图6-40 创建楼板

Step 08 再次启用“楼板”命令，在“修改|创建楼层边界”选项卡中更改绘制方式，单击“线”按钮，选择“链”选项，设置“偏移”值为0，如图6-41所示。

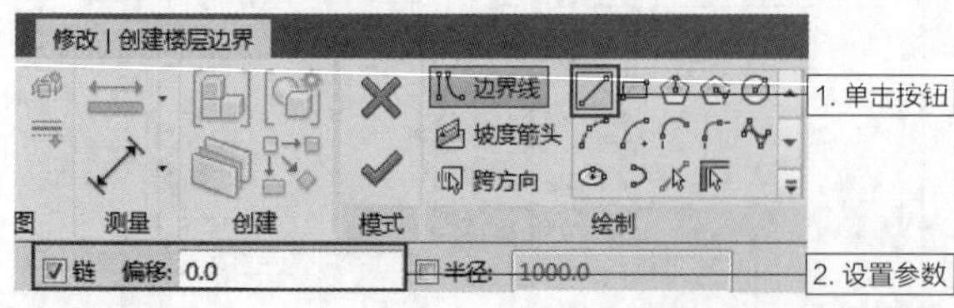

图6-41 单击“线”按钮

Step 09 在房间内的左上角单击指定边界线的起点，移动鼠标指针，指定终点，绘制楼板边界线，效果如图6-42所示。

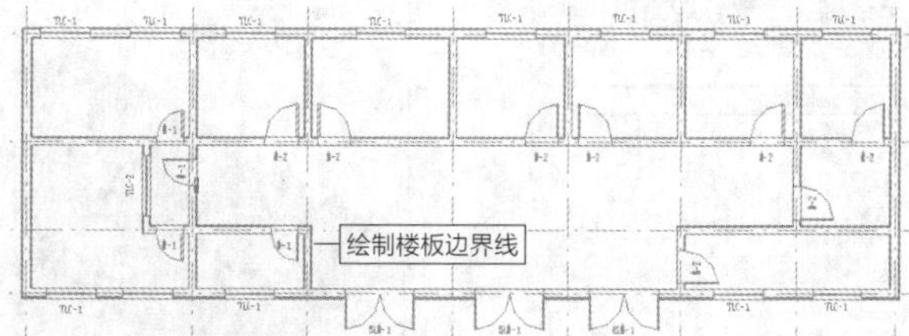

图6-42 绘制楼板边界线

Step 10 单击“完成编辑模式”按钮，退出命令，在指定区域内创建的楼板效果如图6-43所示。

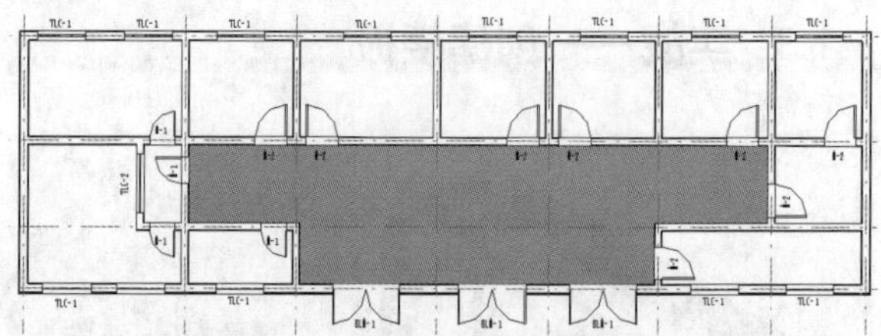
图6-43 创建楼板

知识链接：

每执行一次“楼板”命令，系统会以实体填充图案显示所创建的楼板，已经创建的楼板是不予显示的。

Step 11 启用“楼板”命令，在“属性”选项板中单击“编辑类型”按钮，弹出“类型属性”对话框。单击“复制”按钮，在“名称”对话框中设置名称为“门卫室楼板-150mm”，如图6-44所示。单击“确定”按钮关闭“名称”对话框，保持默认参数不变，再单击“确定”按钮退出“类型属性”对话框。

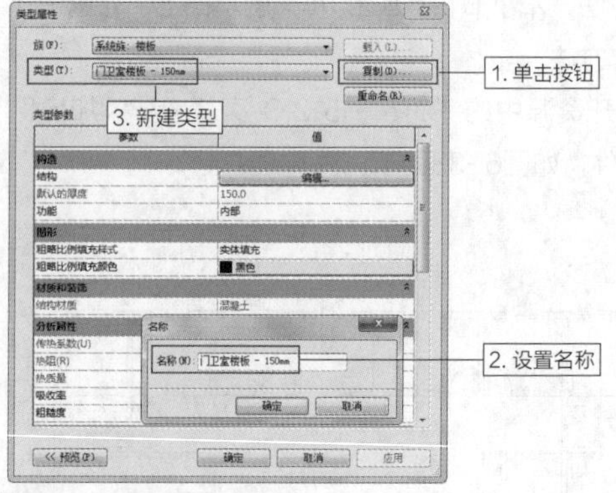

图6-44 新建类型

Step 12 在“属性”选项板中修改楼板的属性参数，保持“标高”为F1不变，修改“自标高的高度偏移”为20，如图6-45所示。

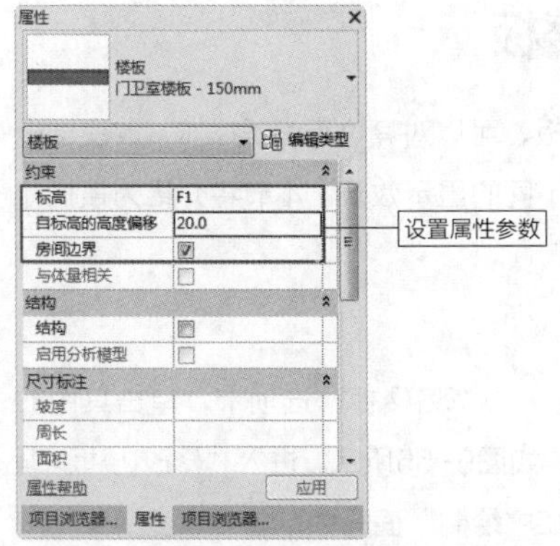

图 6-45 设置属性参数

延伸讲解：

将"自标高的高度偏移"设置为20，表示门卫室楼板在标高F1向上20mm的位置。

Step 13 因为是在规则的房间内创建楼板，所以使用"矩形"绘制方式比较快，图6-46所示为在房间内创建楼板边界线的操作。

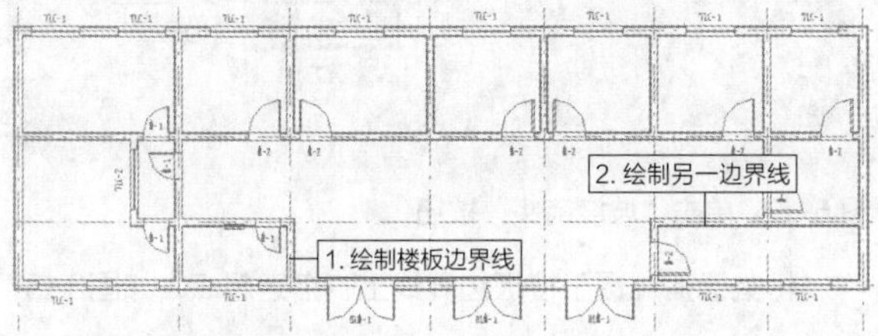

图 6-46 绘制楼板边界线

Step 14 单击"完成编辑模式"按钮，退出命令，为门卫室创建楼板的效果如图6-47所示。

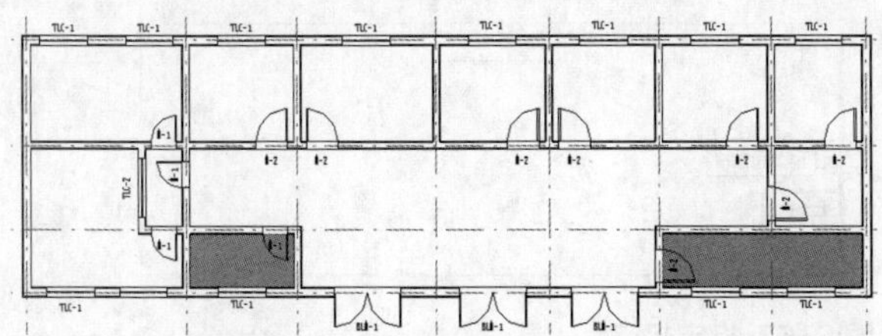

图 6-47 创建楼板

延伸讲解：

同一楼层中的楼板也会有不同的参数，如标高、材质等。当楼板属性不同时，应该新建楼板类型、设置属性参数后再执行创建操作。因为Revit中默认同一类型下的所有楼板都包含相同的属性参数，这是关于"族"的知识，在后面的章节会有介绍。

Step 15 在平面视图中选择所有的图元，进入"修改|选择多个"选项卡，在"选择"面板上单击"过滤器"按钮，如图6-48所示。随即弹出"过滤器"对话框。

答疑解惑：为什么同一楼层中需要创建多种楼板类型?

楼层中由于功能分区不同，功能区的楼板也会有所不同，包括标高、材质等。当需要绘制不同参数的楼板时，就需要新建楼板类型。在同一楼层中可以包含多种参数不同的楼板，这样可以保证各楼板之间不会相互影响。

图 6-48 单击"过滤器"按钮

Step 16 在对话框中显示选择集中所包含的图元类别，如墙、楼板、窗等。单击"放弃全部"按钮，取消选择所有的图元，单独选择"楼板"，如图6-49所示。单击"确定"按钮关闭对话框。

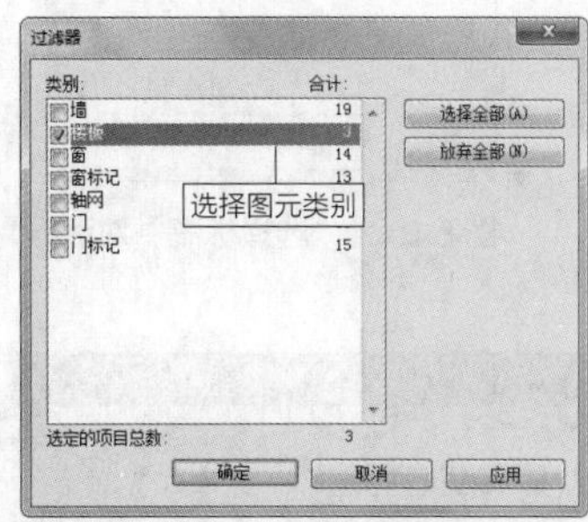

图 6-49 "过滤器"对话框

延伸讲解：

在"过滤器"对话框中单击"选择全部"按钮，可以选择所有的图元类别，在列表下方显示"选定的项目总数"；也可以仅选择指定的图元。

Step 17 平面视图中显示楼板被选中的效果，如图6-50所示。此时保持楼板的选择状态，在"剪贴板"面板上单击"复制到剪贴板"按钮，如图6-51所示，将所有的楼板复制到剪贴板。

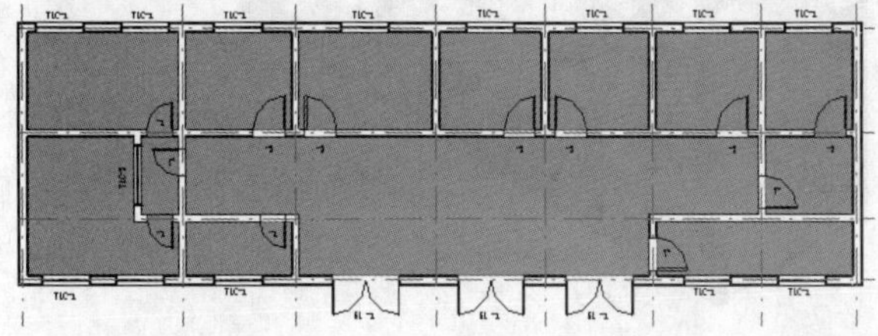

图 6-50 选择楼板

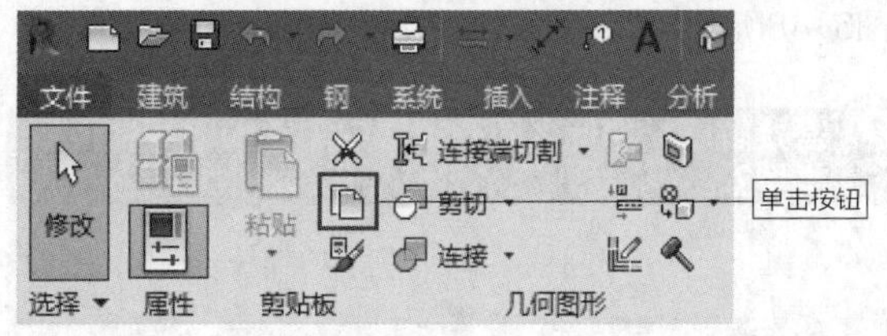

图 6-51 单击“复制到剪贴板”按钮

Step 18 单击“粘贴”按钮，在列表中选择“与选定的标高对齐”命令，如图6-52所示。弹出“选择标高”对话框，在对话框中选择F2、F3、F4，如图6-53所示，表示将剪贴板上的楼板复制到选定的标高。单击“确定”按钮，系统执行复制操作。

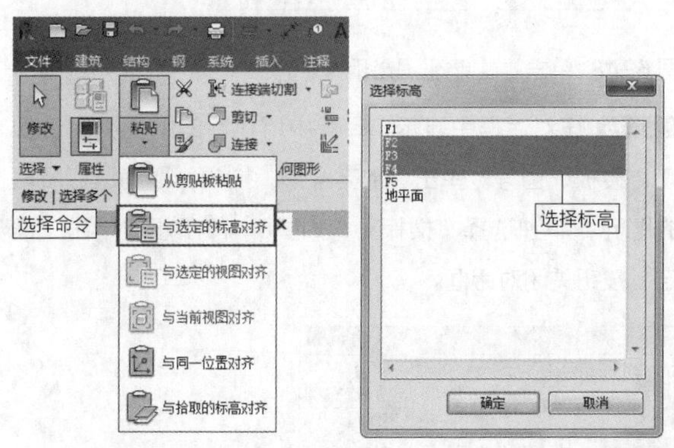

图 6-52 选择命令　　图 6-53 “选择标高”对话框

延伸讲解：

在使用不同的绘制方式创建相同类型的楼板时，不需要退出“楼板”命令也可以完成。本小节为了方便演示每次创建楼板的效果，才在绘制完某一区域的楼板时，退出命令来展示该区域创建楼板的显示效果。

Step 19 图6-54所示为创建楼板的效果。

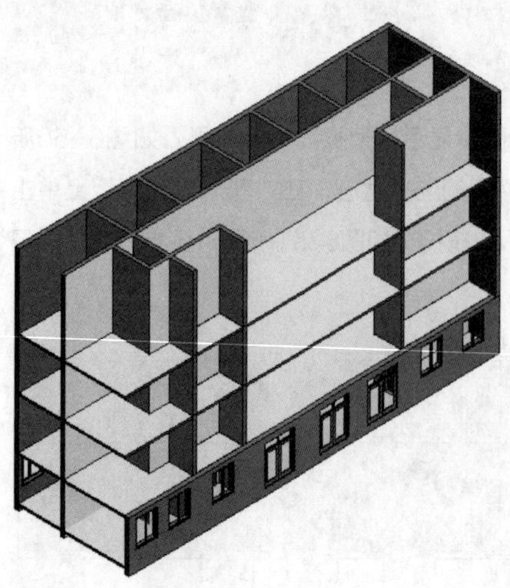

图 6-54 创建楼板

6.2 编辑楼板

创建完成的楼板，可以对其执行编辑操作，改变楼板的样式，使其呈现不同的显示效果。本节将介绍为楼板添加坡度的操作方法。

1. 绘制坡度箭头

选择楼板，进入“修改|楼板”选项卡，单击其中的“编辑边界”按钮，如图6-55所示。进入“修改|楼板>编辑边界”选项卡，在“绘制”面板中单击“坡度箭头”按钮，如图6-56所示，选择“线”绘制方式。

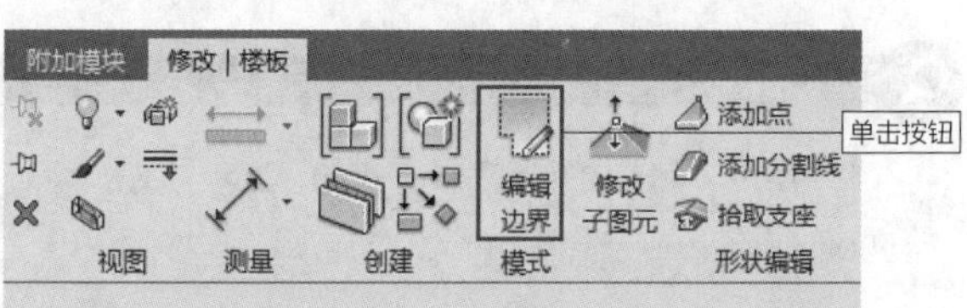

图 6-55 单击“编辑边界”按钮

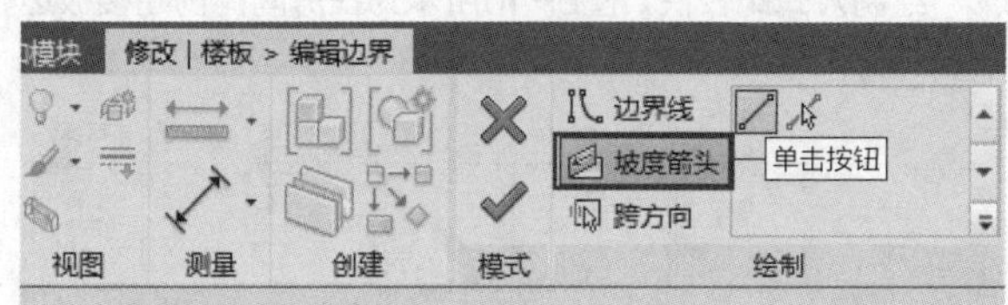

图 6-56 单击“坡度箭头”按钮

将鼠标指针置于楼板边界线上，指定起点，如图6-57所示。单击并移动鼠标指针，同时显示临时尺寸标注，实时显示鼠标指针与起点的间距，在合适位置单击，指定箭头的终点，如图6-58所示。

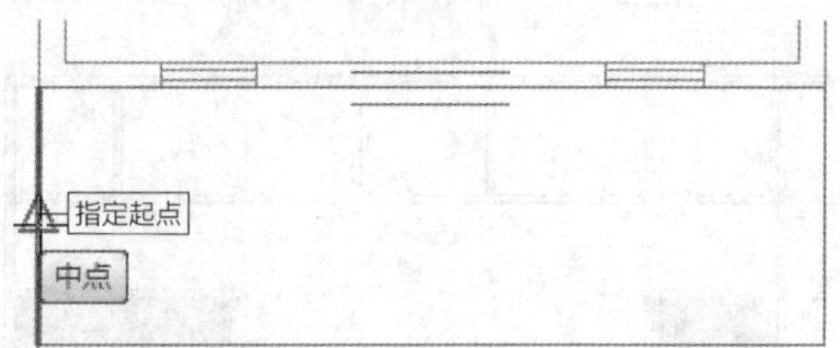

图 6-57 指定起点

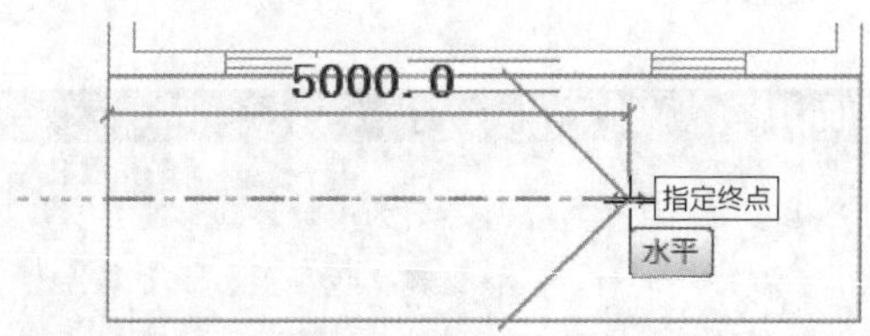

图 6-58 指定终点

最终绘制坡度箭头如图6-59所示。此时在“属性”选项板中显示箭头参数，修改参数可以控制楼板的显示样式，如图6-60所示。

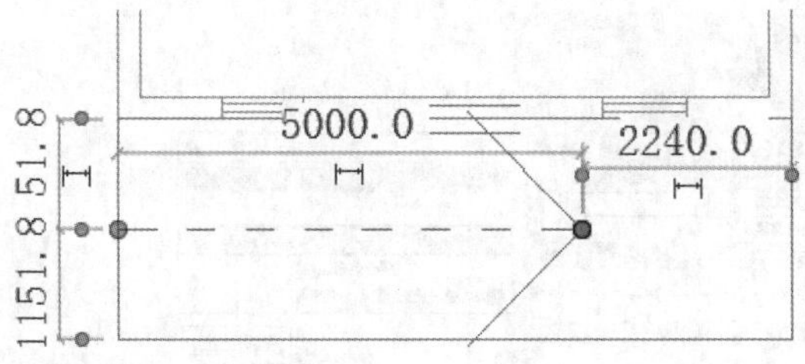

图 6-59 绘制坡度箭头

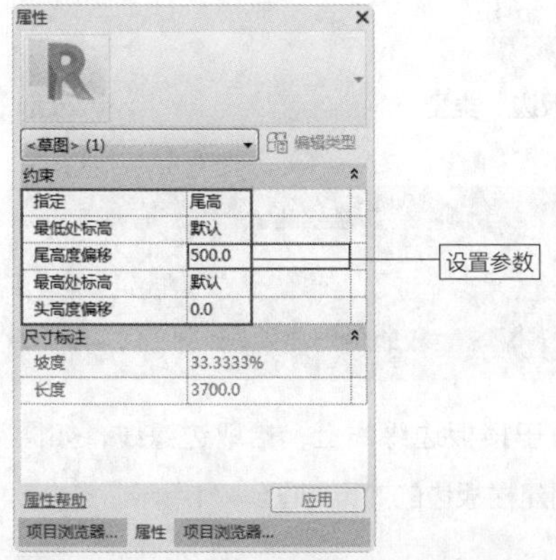

图 6-60 “属性”选项板

知识链接：

在“指定”选项中选择“尾高”。其中“最低处标高”是指坡度箭头的起点标高，“最高处标高”是指坡度箭头的终点标高。将“尾高度偏移”的参数设置为500，表示坡度箭头的起点向上移动500mm。将“头高度偏移”的参数设置为0，表示坡度箭头的终点标高不变。当“最低处标高”与“最高处标高”有差值时，楼板才能呈倾斜状态。

单击“完成编辑模式”按钮，退出命令。切换至立面视图与三维视图，查看楼板坡度的创建效果，如图6-61和图6-62所示。原本与墙底边平行的楼板在添加了坡度箭头后呈现倾斜状态。在为建筑物创建坡度，或者倾斜楼板时，可以为其添加坡度箭头，通过修改箭头的标高值，控制楼板的倾斜度。

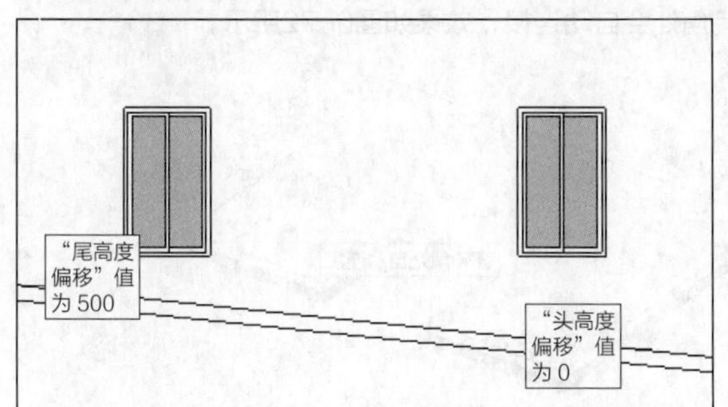

图 6-61 立面样式

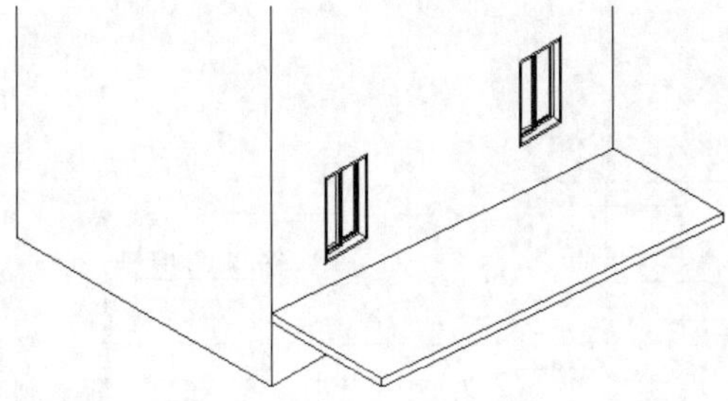
图 6-62 三维样式

2. 编辑边界线

通过设定楼板边界线的标高和偏移高度，可以创建带坡度的楼板，本部分将介绍具体的操作方法。

选择楼板，进入“修改|楼板”选项卡，单击“编辑边界”按钮。进入“修改|楼板>编辑边界”选项卡，单击选择楼板边界线，如图6-63所示。在“属性”选项板中选择“定义固定高度”选项，在“标高”列表中选择“地平面”，并设置“相对基准的偏移”参数为500，如图6-64所示。

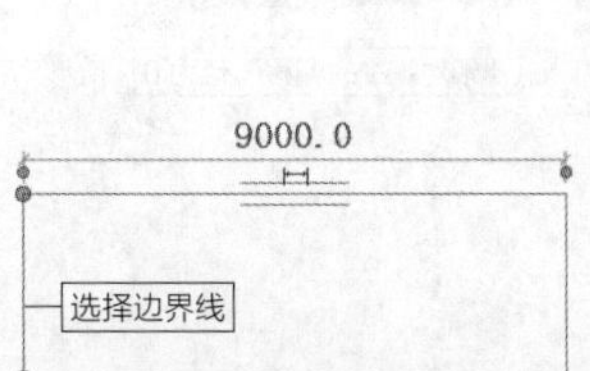

图 6-63 选择边界线

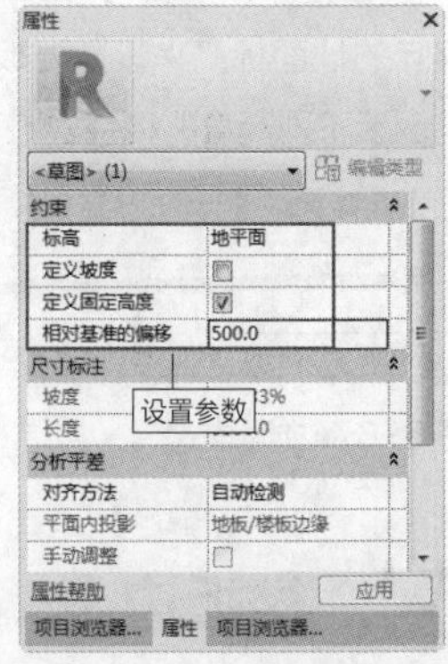

图 6-64 “属性”选项板

知识链接：

只有当选择“定义固定高度”选项后，选项组中的各选项才可编辑，否则暗显。

单击“应用”按钮，被编辑后的楼板边界线显示为虚线，如图6-65所示。选择另一边界线，继续在“属性”选项板中修改参数，如图6-66所示。

图 6-65 显示为虚线

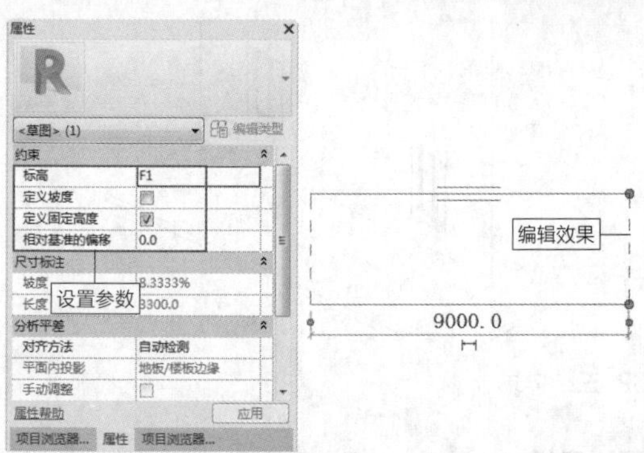

图 6-66 设置参数

延伸讲解：

只有选定的两条边界线之间存在高度差，才可以创建倾斜楼板。例如，左侧边界线的“相对基准的偏移”值为500，右侧边界线的“相对基准的偏移”值就应该比500大或者小。在实例中保持默认值0，通过创建高度差形成倾斜楼板。

切换至立面视图，查看倾斜楼板的创建效果，如图6-67所示。用户在有高度差的项目中绘制楼板，需要根据实际的地面标高来设置楼板标高。通过创建倾斜楼板，可以连接不同高度的构件。

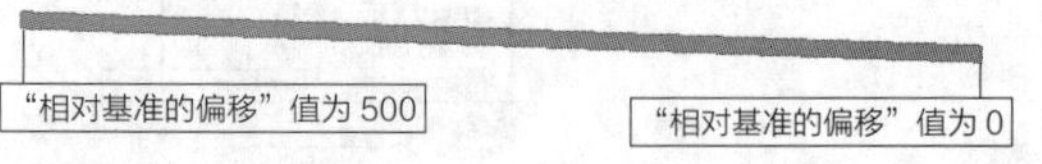

图 6-67 立面样式

6.3 楼板边

在“楼板”命令列表的末尾，显示有名称为“楼板：楼板边”的命令。启用该命令，可以定义楼板水平边缘的形状。在放置楼板边的过程中，相邻的楼板边缘在转角相遇，可以自动连接，不需要用户再次进行编辑。

6.3.1 创建楼板边 重点

在“构建”面板上单击“楼板”按钮，在列表中选择“楼板：楼板边”命令，如图6-68所示，进入放置楼板的状态。在“属性”选项板中打开类型列表，选择“楼板边”类型，如图6-69所示。

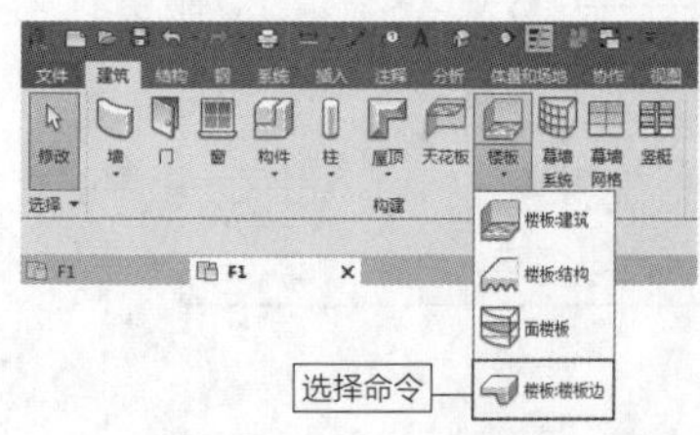

图 6-68 选择“楼板：楼板边”命令

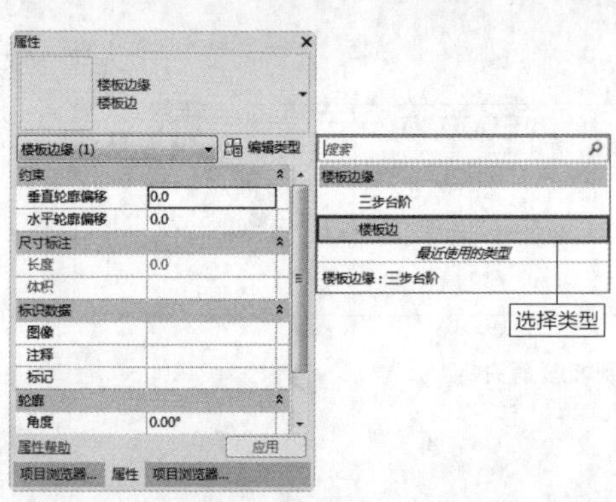

图 6-69 选择“楼板边”类型

延伸讲解：

在创建楼板边前，读者可以先切换至三维视图，方便在创建的过程中同步观察楼板边的创建效果。

将鼠标指针置于楼板边缘线上，拾取边缘线，如图6-70所示。单击创建楼板边的效果如图6-71所示。

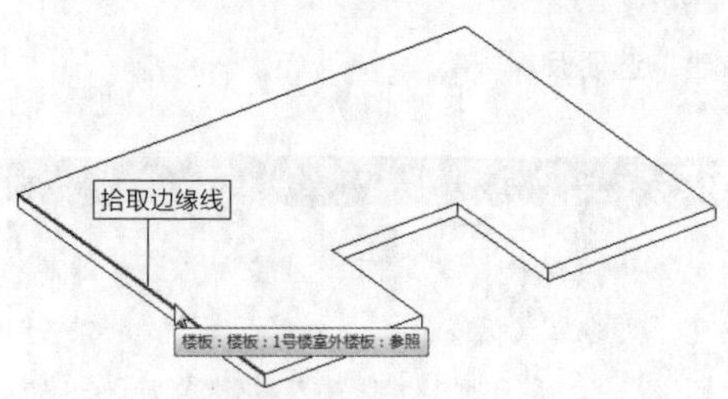

图 6-70 拾取边缘线

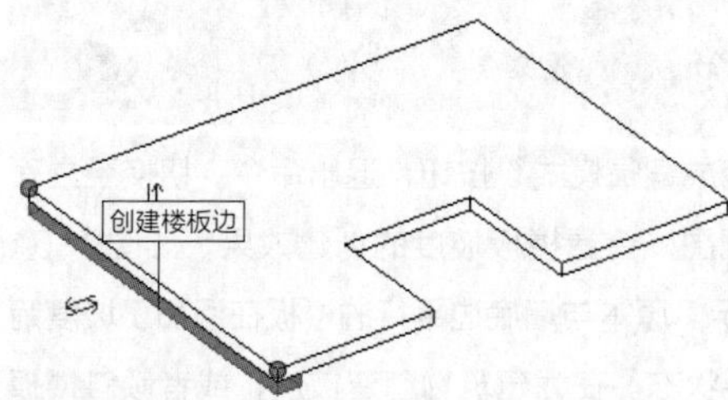

图 6-71 创建楼板边

依次单击拾取首尾相连的楼板边缘线，创建的楼板边在转角处会自动连接，效果如图6-72所示。

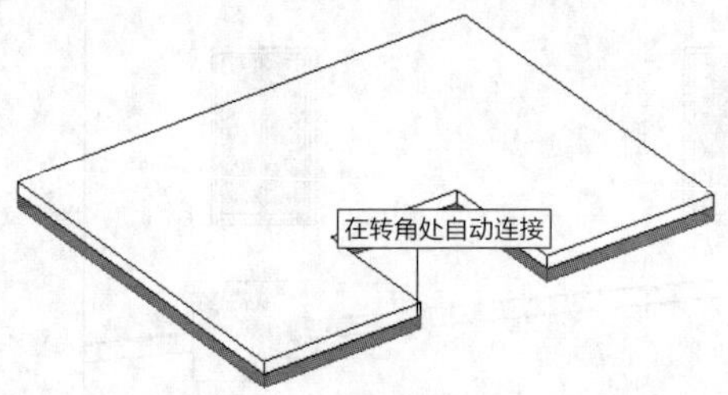

图 6-72 在转角处自动连接

知识链接：

拾取楼板的水平边缘线创建楼板边。读者可以通过拾取上方的水平边缘线，或者下方的水平边缘线，如图6-73所示，达到创建楼板边的目的。

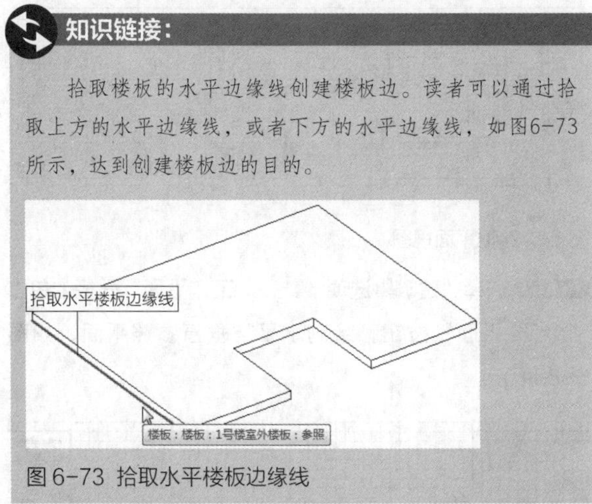

图 6-73 拾取水平楼板边缘线

6.3.2 编辑楼板边 难点

创建完成的楼板边，通过对其执行编辑操作，可以修改楼板边的样式，或者添加、删除楼板边。本小节将介绍编辑楼板边的操作方法。

1. 修改样式

选择楼板边，在“属性”选项板上单击“编辑类型”按钮，弹出“类型属性”对话框。在“轮廓”列表中显示样板文件中自带的轮廓样式，选择其中的一种，如图6-74所示。将该样式赋予选定的楼板边，效果如图6-75所示。

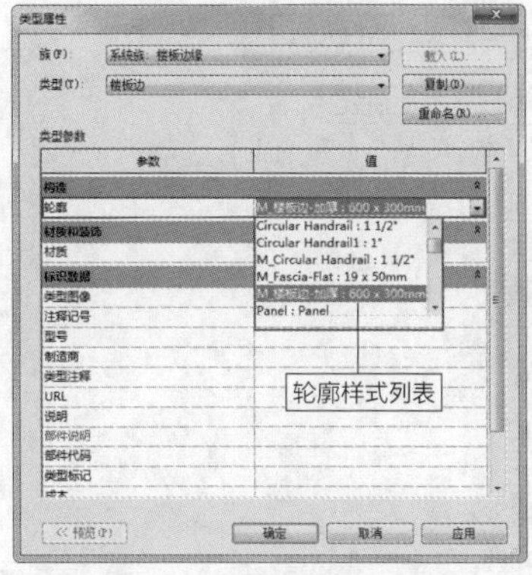

图 6-74 “类型属性”对话框

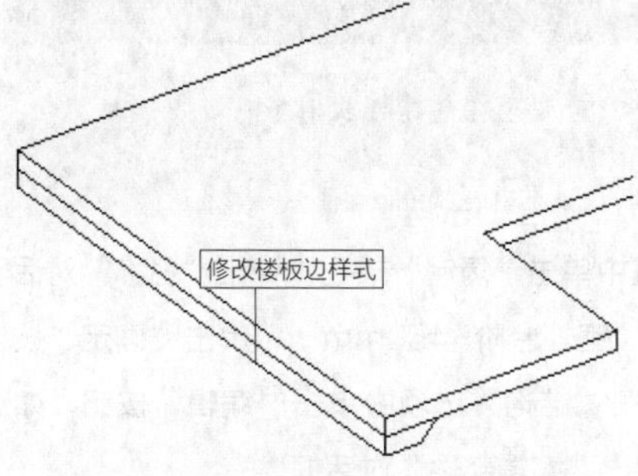

图 6-75 修改楼板边样式

2. 添加/删除线段

选择楼板边，进入“修改|楼板边缘”选项卡，单击其中的“添加/删除线段”按钮，如图6-76所示。将鼠标指针置于楼板边缘线上，高亮显示边缘线，如图6-77所示。

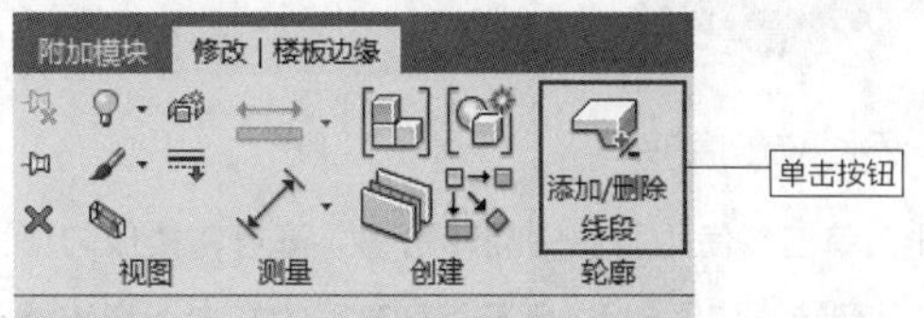

图 6-76 单击“添加 / 删除线段”按钮

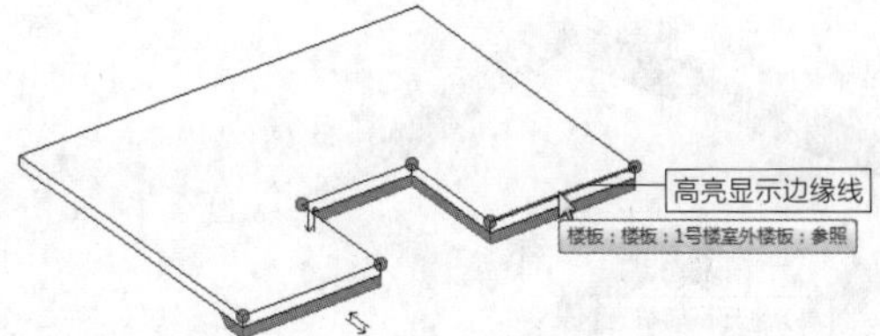

图 6-77 高亮显示边缘线

单击可以删除该楼板边缘线下的楼板边模型，如图6-78所示，其他未拾取楼板边缘线的楼板边模型不会被删除。不退出“添加/删除线段”命令，单击楼板边缘，可以继续创建楼板边模型。

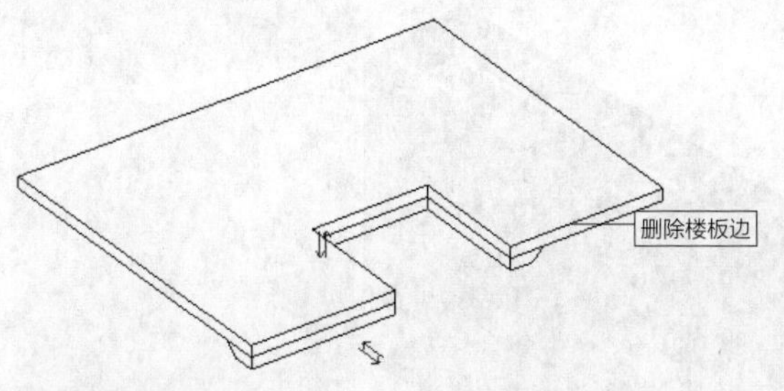

图 6-78 删除楼板边

3. 翻转楼板边

选择楼板边，显示水平方向与垂直方向上的翻转符号。将鼠标指针置于“使用水平轴翻转轮廓”符号上，如图6-79所示。单击楼板边将在水平方向上翻转，如图6-80所示。

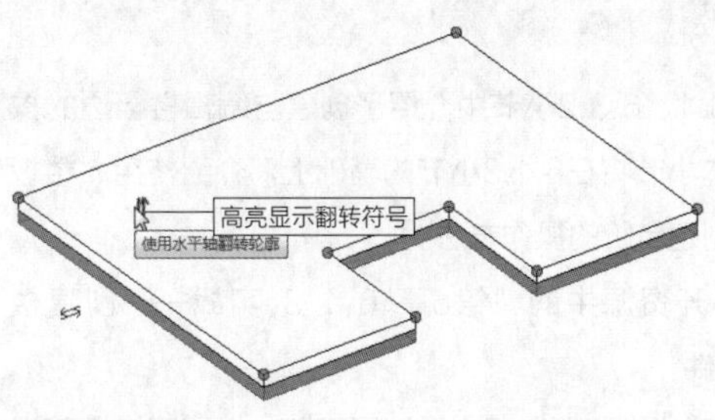

图 6-79 选择符号

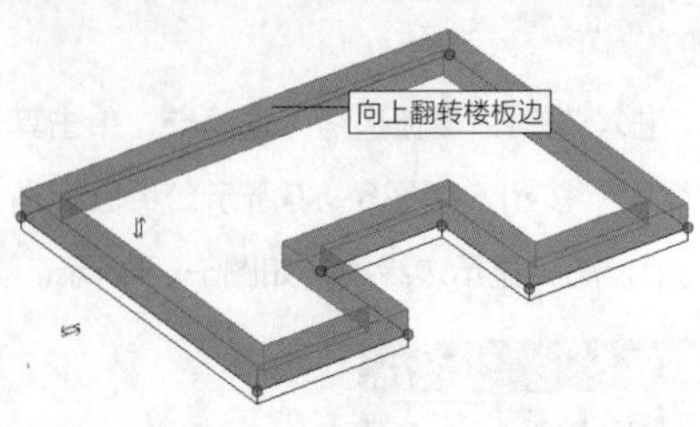

图 6-80 沿水平方向翻转

同理，单击“使用垂直轴翻转轮廓”符号，楼板边在垂直方向上翻转，如图6-81所示。在不同的方向上翻转楼板边，可以呈现不一样的效果。

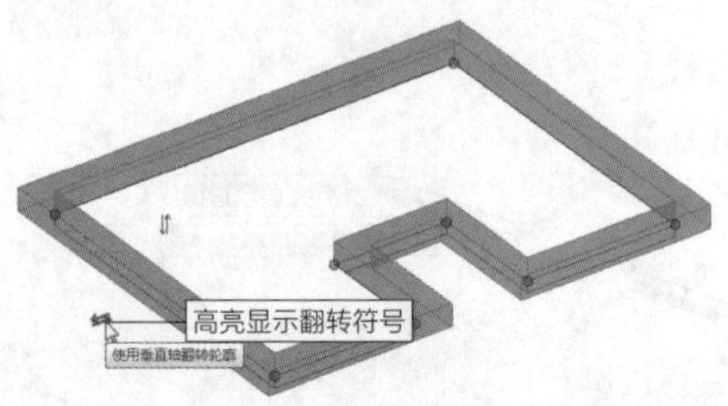

图 6-81 沿垂直方向翻转

6.3.3 实战——使用“楼板边”工具创建台阶

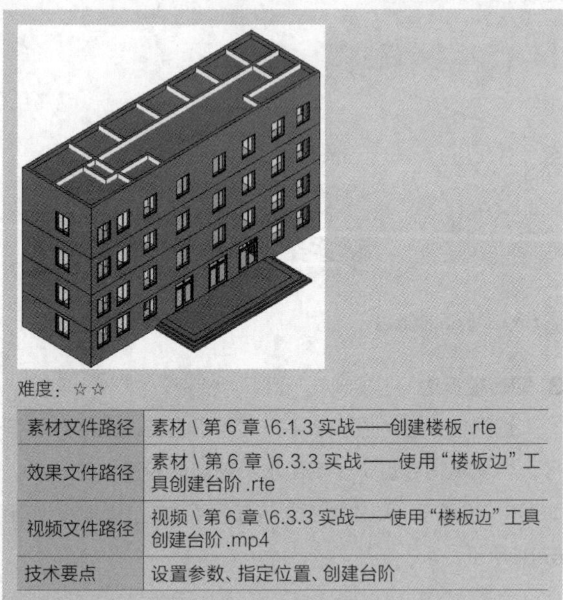

难度：☆☆

素材文件路径	素材 \ 第 6 章 \6.1.3 实战——创建楼板 .rte
效果文件路径	素材 \ 第 6 章 \6.3.3 实战——使用“楼板边”工具创建台阶 .rte
视频文件路径	视频 \ 第 6 章 \6.3.3 实战——使用“楼板边”工具创建台阶 .mp4
技术要点	设置参数、指定位置、创建台阶

在6.3.1、6.3.2小节中介绍了创建与编辑楼板边的操作方法，本小节将在6.1.3小节的基础上，介绍使用“楼板边”工具创建台阶的操作方法。

Step 01 打开资源中的“第6章\6.1.3 实战——创建楼板.rte”文件。

Step 02 在项目浏览器中双击“地平面”，切换至地平面视图，平面图的显示样式如图6-82所示。

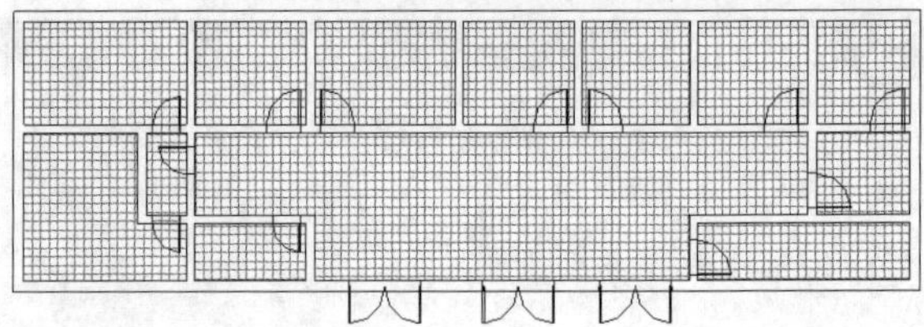

图 6-82 地平面视图

Step 03 选择“建筑”选项卡，在“工作平面”面板上单击“参照 平面”按钮，绘制水平与垂直参照平面，如图6-83所示。

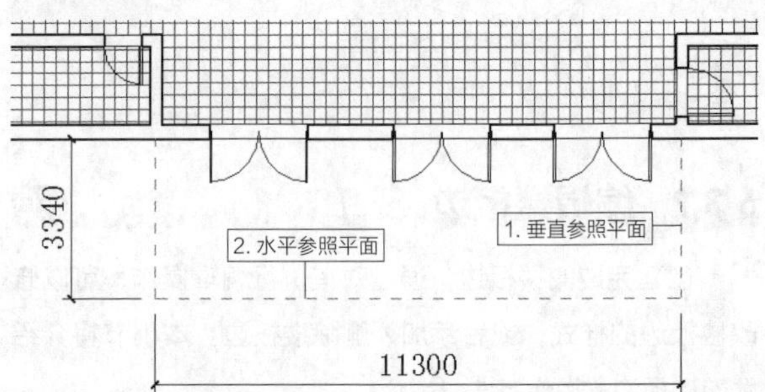

图 6-83 绘制参照平面

Step 04 在“构建”面板上单击“楼板”按钮，进入“修改|创建楼层边界”选项卡。在“属性”选项板中打开类型列表，选择“混凝土120mm”，单击“编辑类型”按钮，如图6-84所示，弹出“类型属性”对话框。

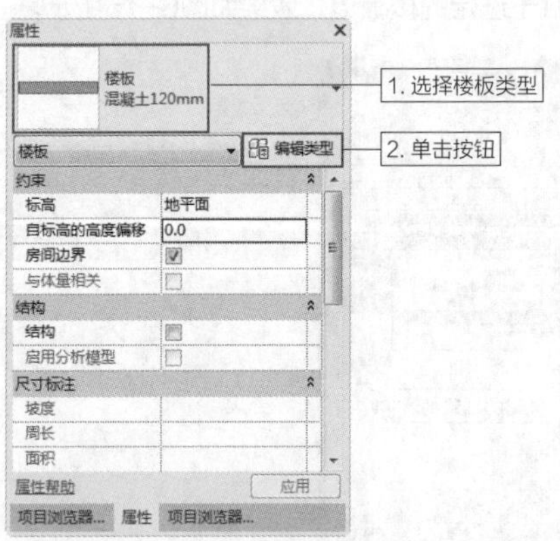

图 6-84 选择楼板类型

延伸讲解：

绘制参照平面是为了在创建楼板时能快速准确地定位楼板的位置。

Step 05 在对话框中单击“复制”按钮，弹出“名称”对话框，设置名称为“室外台阶-450mm”，单击“确定”按钮关闭对话框，在“结构”选项中单击“编辑”按钮，如图6-85所示，弹出“编辑部件”对话框。

Step 06 在对话框中单击“插入”按钮，在列表中插入两个新层，系统默认新层的“功能”为“结构[1]”，“厚度”为0，如图6-86所示。

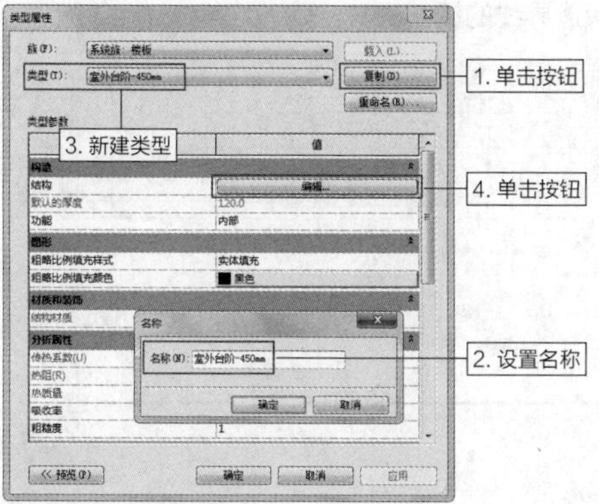

图 6-85　新建类型

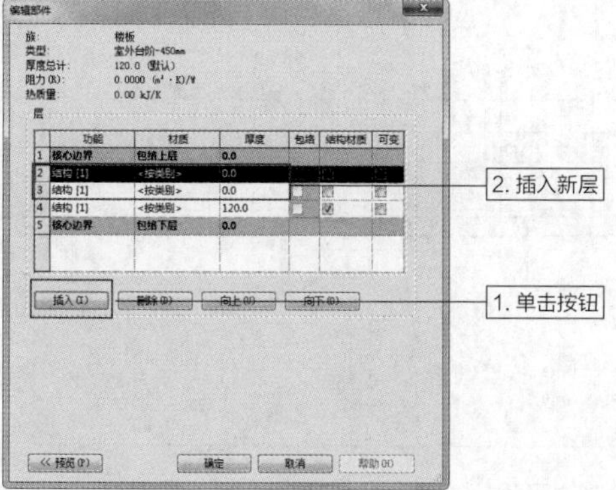

图 6-86　插入新层

Step 07 在第1行中单击“功能”单元格，在列表中选择“面层2[5]”；重复操作，在第2行的“功能”单元格中选择“衬底[2]”；最后在“材质”单元格中设置材质类型，如图6-87所示。

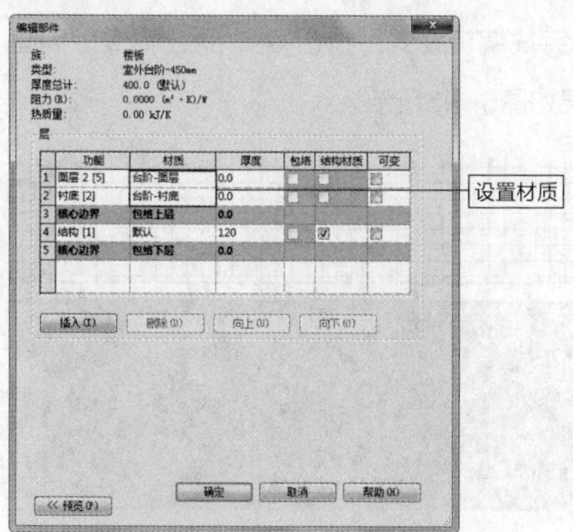

图 6-87　设置材质

Step 08 将鼠标指针定位在第1行的“材质”单元格中，单击其中的矩形按钮，弹出“材质浏览器”对话框。在“项目材质”列表中选择“混凝土”选项，在材质列表中选择“混凝土-沙/水泥砂浆面层”材质，单击“确定”按钮关闭对话框，将其赋予第1行的“面层2[5]”结构层。

Step 09 将鼠标指针定位在第4行的“材质”单元格中，单击按钮弹出“材质浏览器”对话框，在其中选择“混凝土-现场浇筑混凝土”材质，将其赋予第4行的“结构[1]”层。

Step 10 在“厚度”单元格中为各层修改参数，将第1层的“厚度”设置为30，第2层“厚度”为20，第4层“厚度”为400，如图6-88所示。

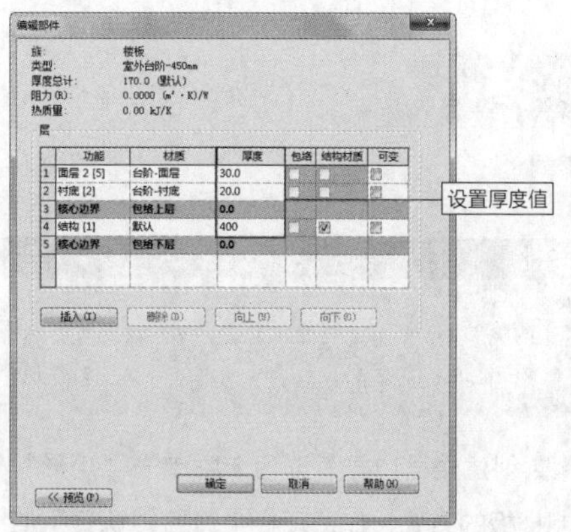

图 6-88　设置厚度值

Step 11 单击“确定”按钮返回“类型属性”对话框，单击“功能”选项，在弹出的列表中选择“外部”选项，“默认的厚度”选项中显示厚度值为450，是由各结构层的厚度相加得到的结果。单击左下角的“预览”按钮，如图6-89所示，弹出预览窗口，可以观察楼板结构层的组成。

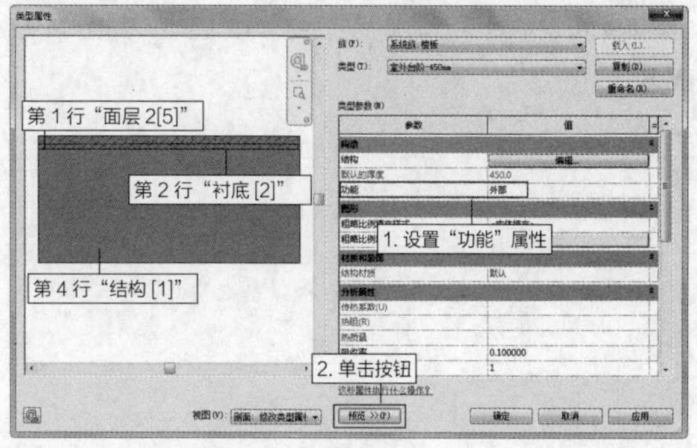

图 6-89　设置“功能”属性

Step 12 单击“确定”按钮关闭对话框，在“属性”选项板中显示新建的楼板类型，确认“标高”为“地平面”，修改“自标高的高度偏移”值为450，如图6-90所示，开始执行放置楼板的操作。

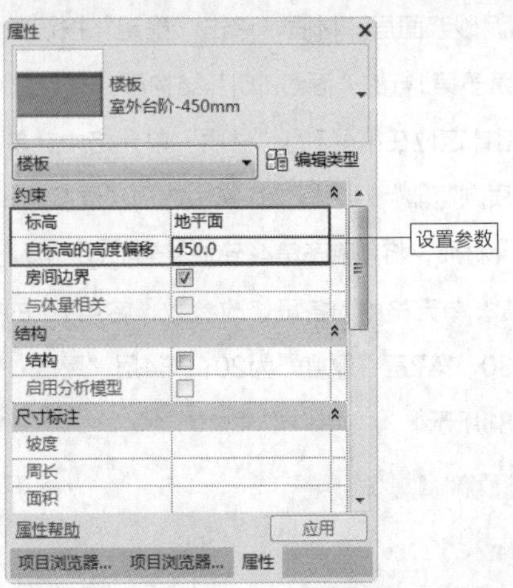

图 6-90　设置参数

知识链接：

将“自标高的高度偏移”值设置为450，表示楼板在地平面标高的基础上向上移动450mm。

Step 13 在“修改|创建楼层边界”选项卡中单击“矩形”按钮，选择绘制楼板的方式，在选项栏中设置“偏移”值为0，如图6-91所示，表示楼板边界线与起点重合。

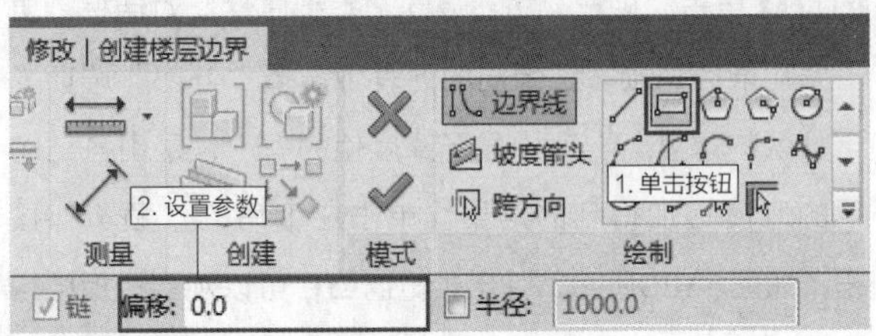

图 6-91　单击“矩形”按钮

Step 14 指定参照平面与墙面线的交点为起点，如图6-92所示。

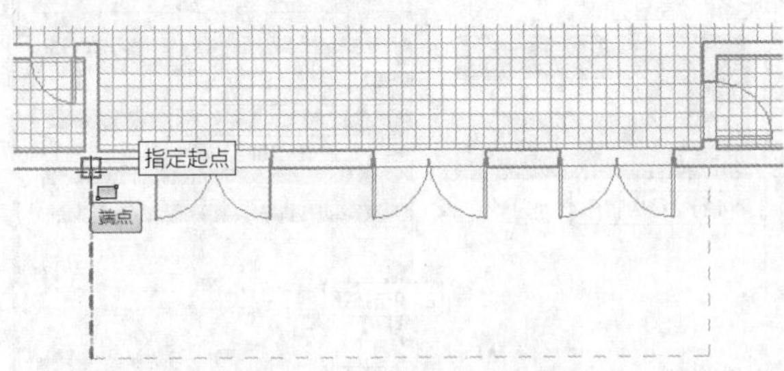

图 6-92　指定起点

延伸讲解：

不绘制参照平面作为辅助线，直接创建楼板，再通过后期的编辑调整，同样可以在指定的位置创建楼板。

Step 15 向右下角移动鼠标指针，指定水平参照平面与垂直参照平面的交点为终点，如图6-93所示。在交点处单击，完成创建楼板边界线的操作。

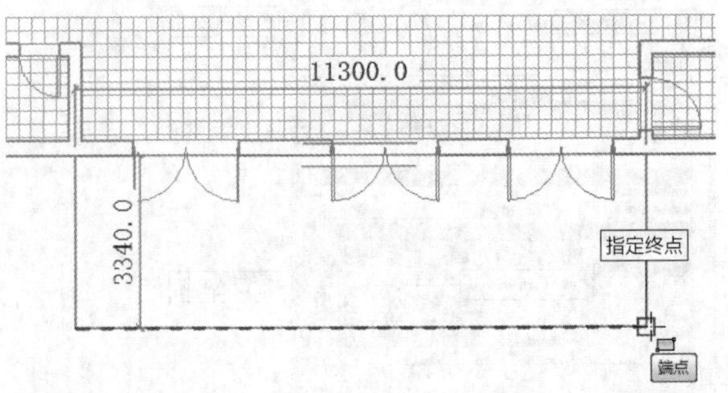

图 6-93　指定终点

Step 16 按Esc键结束绘制，楼板边界线的绘制效果如图6-94所示。

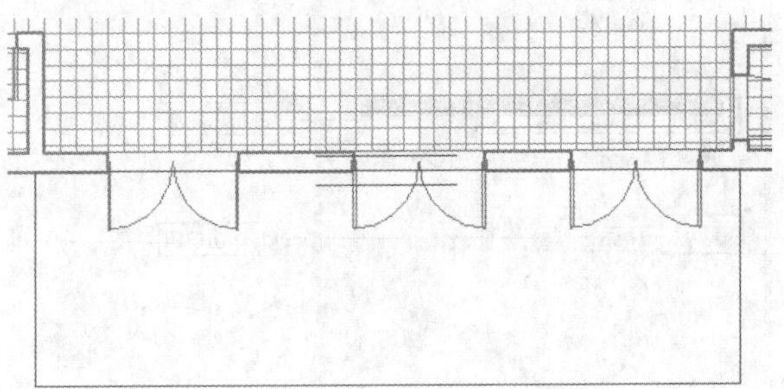

图 6-94　绘制边界线

知识链接：

在“绘制”面板中提供了多种绘制楼板边界线的方式，单击“线”按钮，通过绘制首尾相连的线段，同样可以得到图6-94所示的楼板边界线。

Step 17 单击“完成编辑模式”按钮，退出命令，创建楼板的最终效果如图6-95所示。

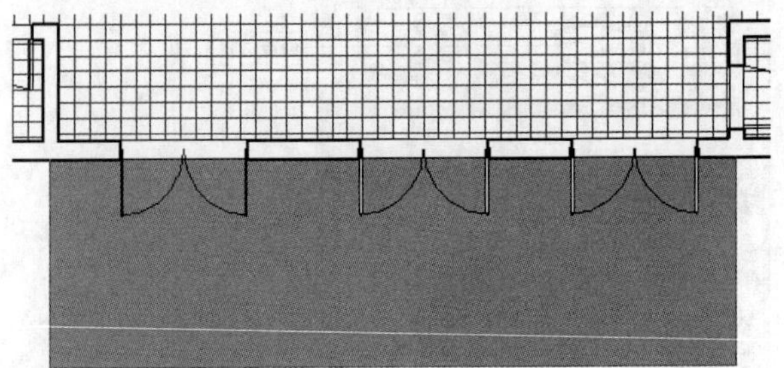

图 6-95　创建楼板

Step 18 切换至三维视图，观察矩形楼板的三维样式，如图6-96所示。

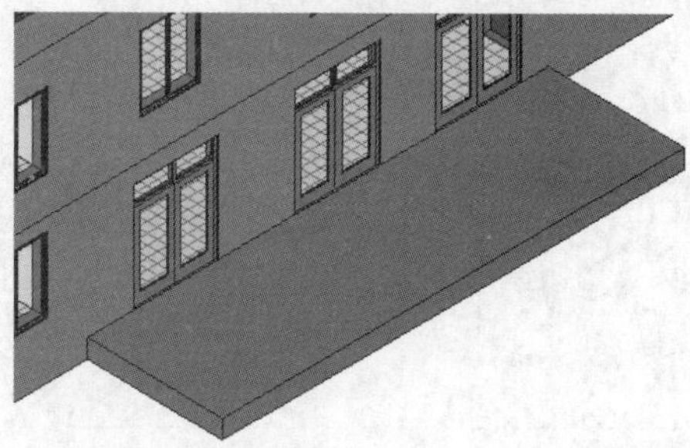

图6-96 三维样式

Step 19 在“构建”面板上单击“楼板”按钮，在弹出的列表中选择“楼板：楼板边”命令，进入“修改|放置楼板边缘”选项卡。在“属性”选项板中打开类型列表，选择“三步台阶”类型，如图6-97所示。

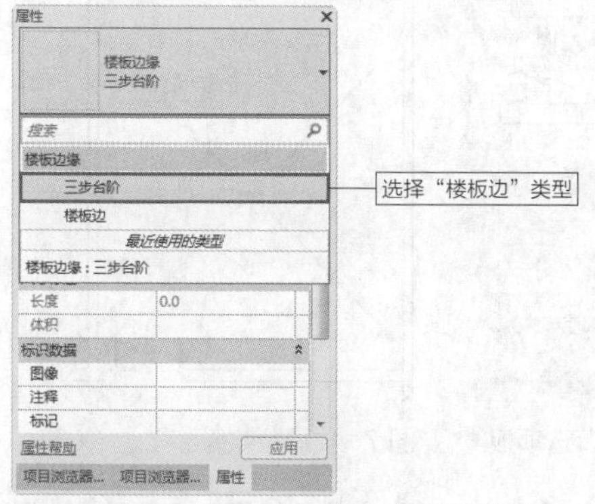

图6-97 选择“楼板边”类型

Step 20 将鼠标指针置于楼板边缘上，高亮显示边缘，单击拾取楼板边缘，如图6-98所示。

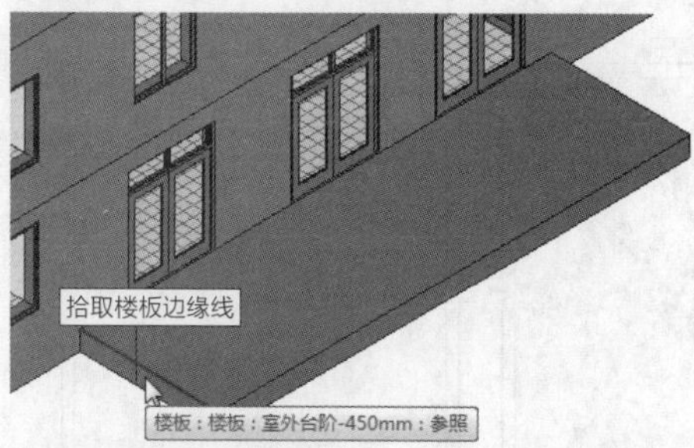

图6-98 拾取楼板边缘线

Step 21 在楼板边缘添加三步台阶的效果如图6-99所示。

Step 22 继续拾取楼板的其他边缘，执行添加三步台阶的操作。操作完成后，按Esc键退出命令。切换至南立面视图，观察三步台阶的立面样式，如图6-100所示。

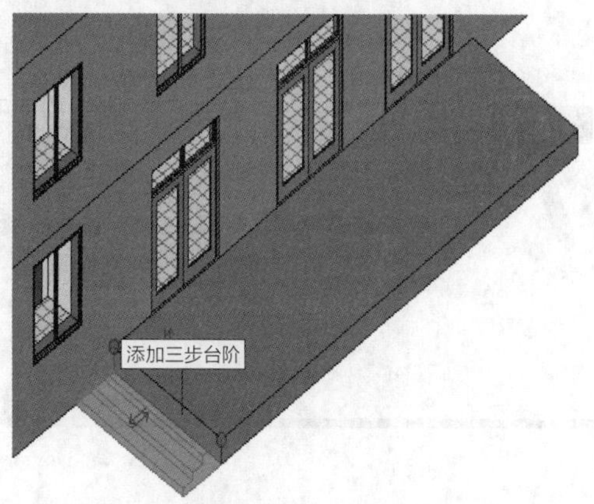

图6-99 添加三步台阶

图6-100 三步台阶的立面样式

Step 23 切换至三维视图，观察在三维视图下三步台阶的显示效果，如图6-101所示。

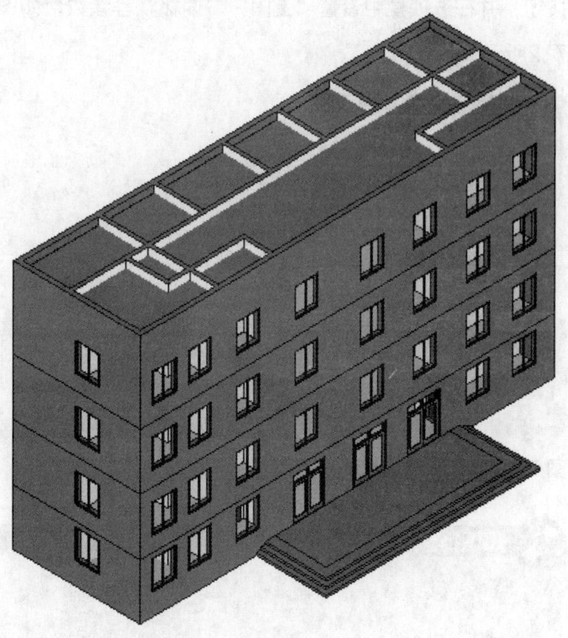

图6-101 三步台阶的三维效果

第7章 房间和面积

Revit提供了“房间”工具，用来显示项目模型中房间的分布、位置信息。使用“面积”工具，可以标注房间面积，并统计建筑面积、出租面积等。本章将介绍“房间”工具与“面积”工具的操作方法。

学习目标

- 了解创建房间的方法 132页
- 掌握面积分析的方法 141页

7.1 房间

通过在封闭的边界线内创建房间，标注房间边界、房间名称，并结合指定的填充图案，可以在平面视图中快速地识别房间对象。

7.1.1 房间概述 重点

选择“建筑”选项卡，在“房间和面积”面板中单击“房间”按钮，如图7-1所示。进入放置房间的状态，在“修改|放置 房间”选项卡中单击“在放置时进行标记”按钮，并在选项栏中设置“上限”“偏移”等参数，如图7-2所示。

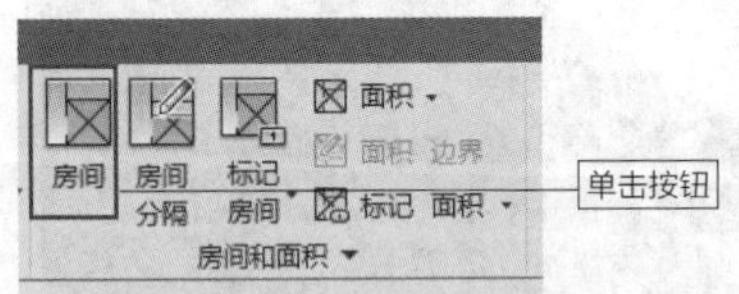

图7-1 单击“房间”按钮

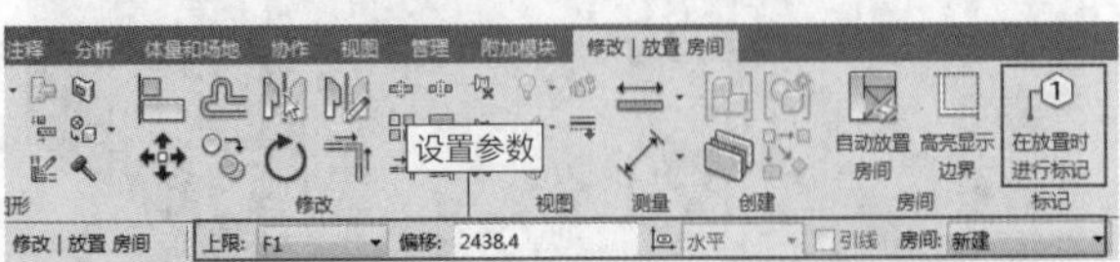

图7-2 “修改|放置 房间”选项卡

知识链接：

选择“在放置时进行标记”，在创建房间时同时放置房间标记。

在“属性”选项板中打开类型列表，在其中选择标记类型，如图7-3所示。将鼠标指针置于封闭的房间内，显示对角线，并预览标记名称，如图7-4所示。

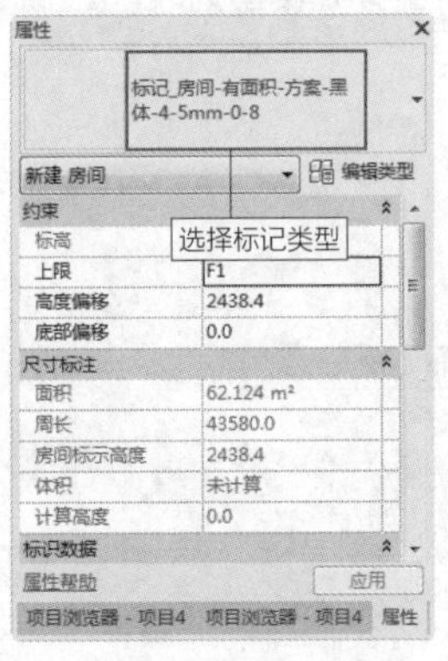

图7-3 “属性”选项板

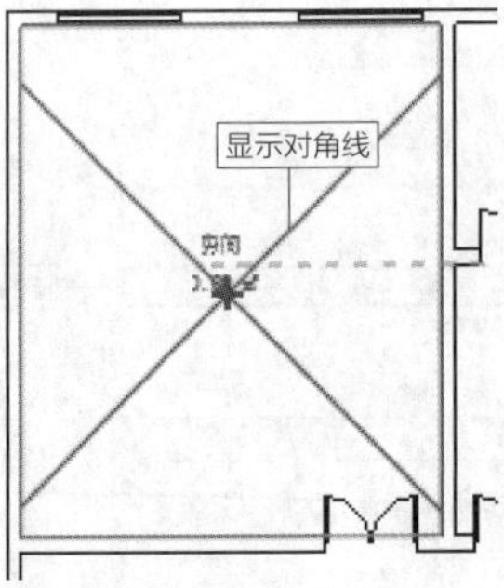

显示对角线

房间

图7-4 预览效果

单击完成创建房间的操作，效果如图7-5所示。选择创建完毕的房间对象，显示对角线和淡蓝色的填充图案。按Esc键退出选择状态，淡蓝色填充图案与对角线会消失，如图7-6所示。

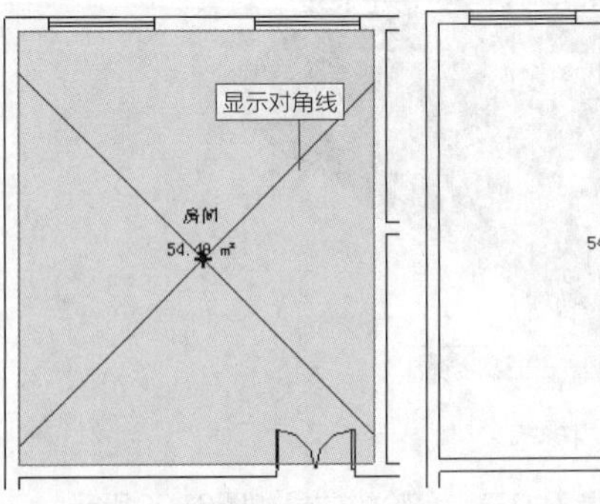

图7-5 选择房间对象

图7-6 隐藏对角线与填充图案

延伸讲解：

取消选择“在放置时进行标记”，在创建房间时仅显示对角线与边界线，如图7-7所示；选择创建完毕的房间，会显示填充图案与对角线，如图7-8所示。

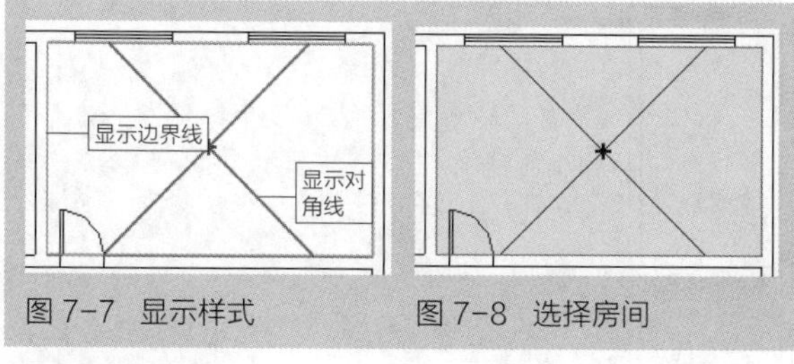

图 7-7 显示样式 图 7-8 选择房间

1. 修改房间名称

选择“在放置时进行标记”命令，在创建房间后，系统自动进行标记，并将房间标名为“房间”。这是系统的默认标记名称，显然这个名称不方便识别功能不同的房间，所以需要用户自行修改房间名称。

将鼠标指针置于房间名称上，双击进入可编辑模式，输入名称，如图7-9所示。按回车键，完成修改房间名称的操作，修改结果如图7-10所示。

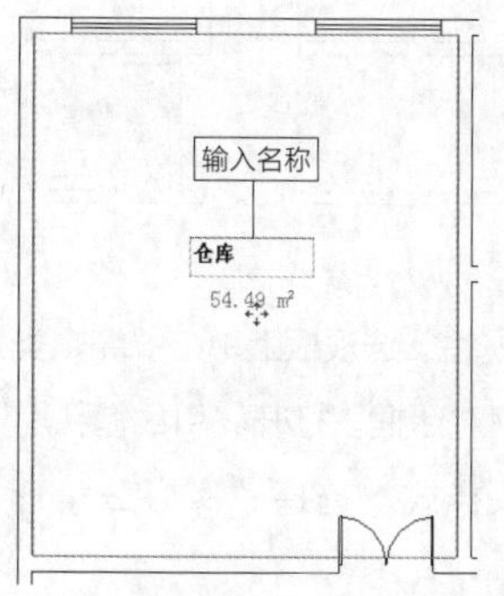

图 7-9 输入名称 图 7-10 修改结果

选择房间对象，如图7-11所示。在“属性”选项板中显示了房间对象的属性参数，展开“标识数据”选项组，在“编号”选项中为房间设置编号为4，即房间门牌号为4；在“名称”选项中设置房间名称，如图7-12所示。单击“应用”按钮，可以修改房间名称。

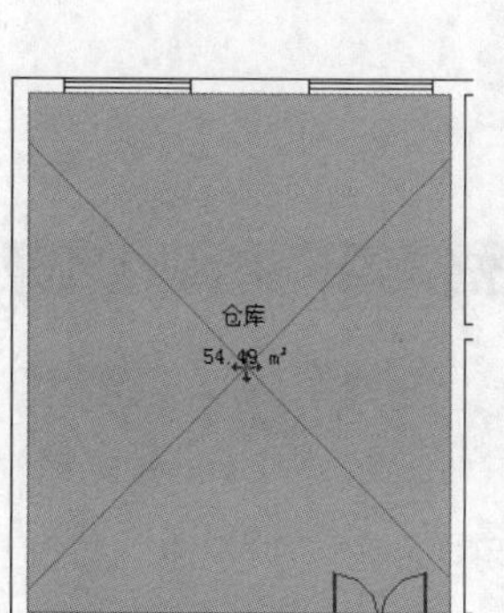

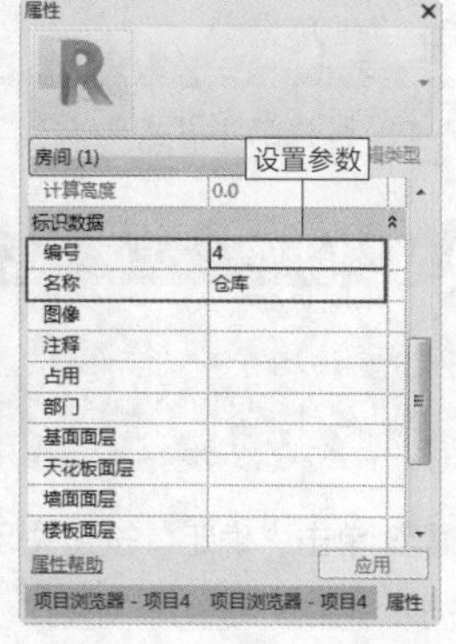

图 7-11 选择房间对象 图 7-12 “属性”选项板

延伸讲解：

房间对象与房间标记是两个不同的对象，假如将房间标记删除，房间对象不会被影响，如图7-13所示。但是将房间删除后，房间标记也会被删除，如图7-14所示。

图 7-13 提示信息 图 7-14 警告信息

2. 为标记添加引线

选择标记，在“属性”选项板中显示“引线”选项与“方向”选项，如图7-15所示。选择“引线”选项，可以为标记添加引线，如图7-16所示。在“方向”列表中提供了“水平”“垂直”“模型”3种方向，用来控制标记的方向。

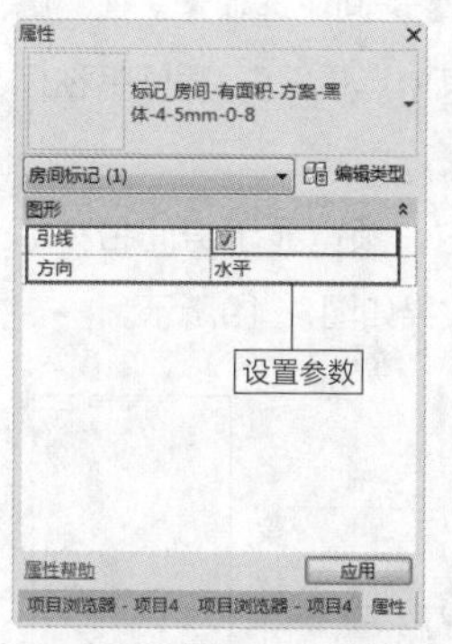

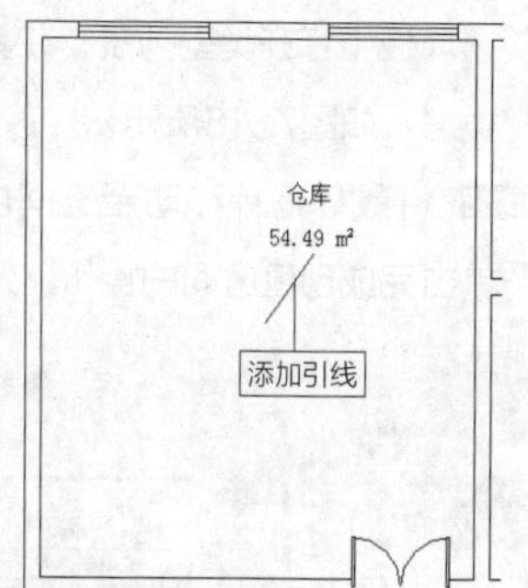

图 7-15 “属性”选项板 图 7-16 添加引线

知识链接：

在“修改|房间标记”选项栏中也提供了“方向”与“引线”选项，通过设置选项参数，同样可为标记添加引线或调整方向。

7.1.2 实战——创建房间

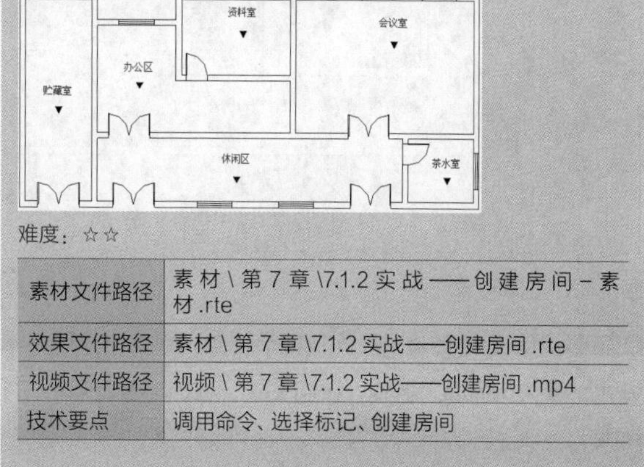

难度：☆☆

素材文件路径	素材 \ 第 7 章 \7.1.2 实战——创建房间 - 素材 .rte
效果文件路径	素材 \ 第 7 章 \7.1.2 实战——创建房间 .rte
视频文件路径	视频 \ 第 7 章 \7.1.2 实战——创建房间 .mp4
技术要点	调用命令、选择标记、创建房间

在7.1.1小节中介绍了创建房间和编辑房间名称的操作方法，本小节将介绍如何使用上述所学知识，在建筑平面图中创建房间。

Step 01 打开资源中的“第7章\7.1.2 实战——创建房间-素材.rte”文件，如图7-17所示。

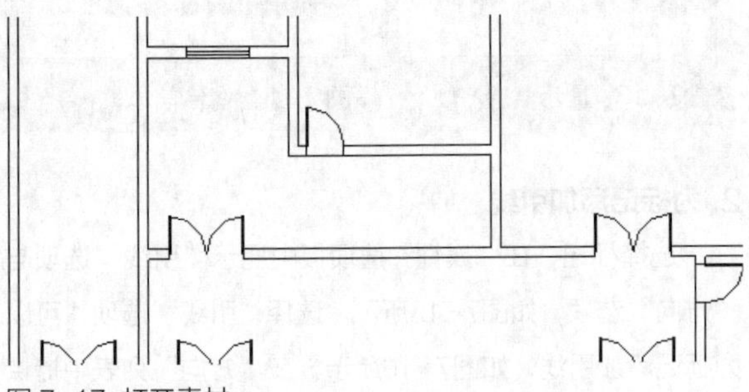

图 7-17 打开素材

Step 02 选择“建筑”选项卡，在“房间和面积”面板上单击“房间”按钮，进入“修改|放置 房间”选项卡。在“属性”选项板中打开类型列表，在其中选择“C_房间名称标记”类型，如图7-18所示。

Step 03 将鼠标指针移动至房间内，预览显示房间名称标记，单击完成创建房间的操作，效果如图7-19所示。

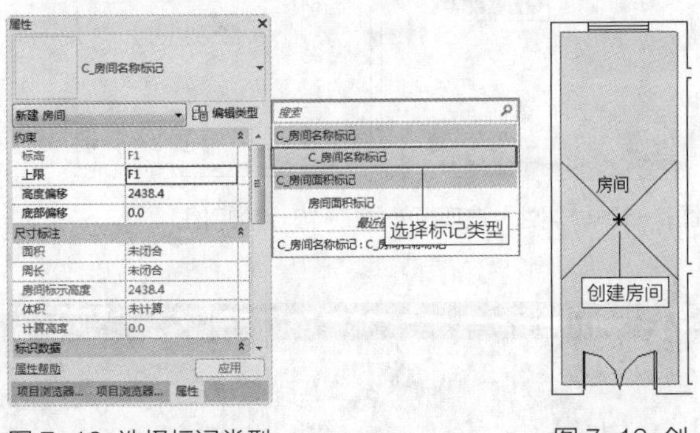

图 7-18 选择标记类型

图 7-19 创建房间

Step 04 此时仍处于创建房间的命令中，继续在其他房间内单击，创建房间的效果如图7-20所示。

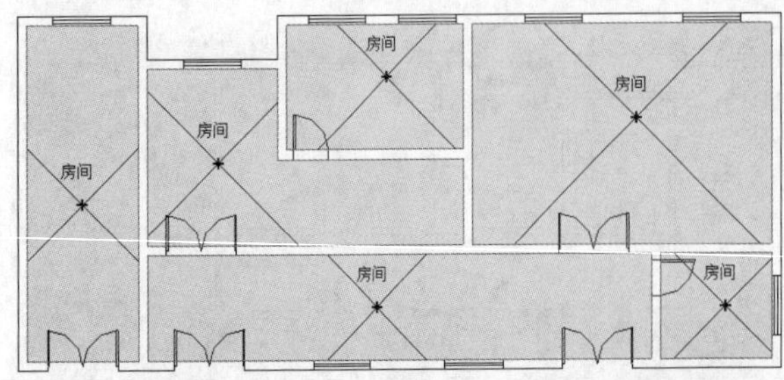

图 7-20 创建效果

Step 05 将鼠标指针置于房间名称标记上，单击进入可编辑模式，输入新的房间名称，按回车键，修改结果如图7-21所示。

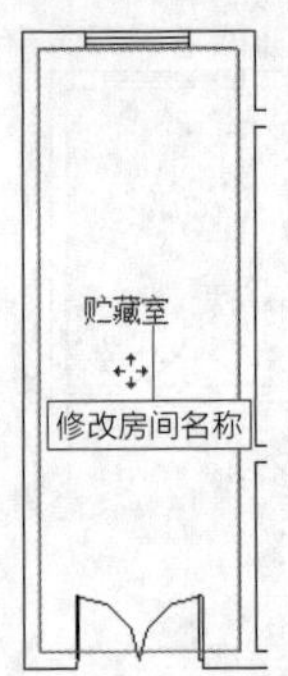

图 7-21 修改房间名称

Step 06 继续修改其他房间名称，最终效果如图7-22所示。

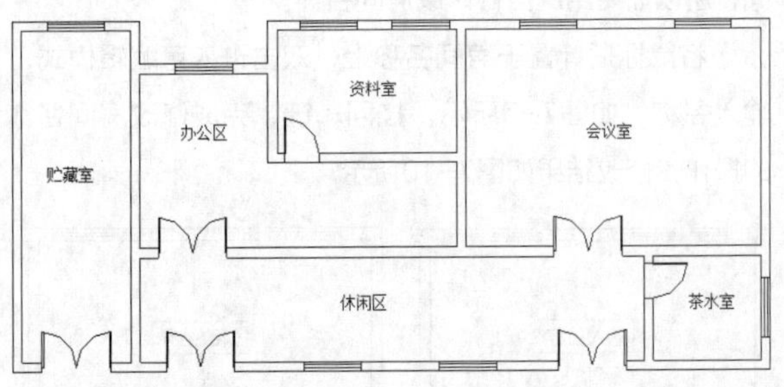

图 7-22 最终效果

Step 07 选择名称标记，在“属性”选项板上单击“编辑类型”按钮，弹出“类型属性”对话框。打开“引线箭头”列表，在其中显示各种箭头样式，选择“实心三角形2.5mm”，如图7-23所示。

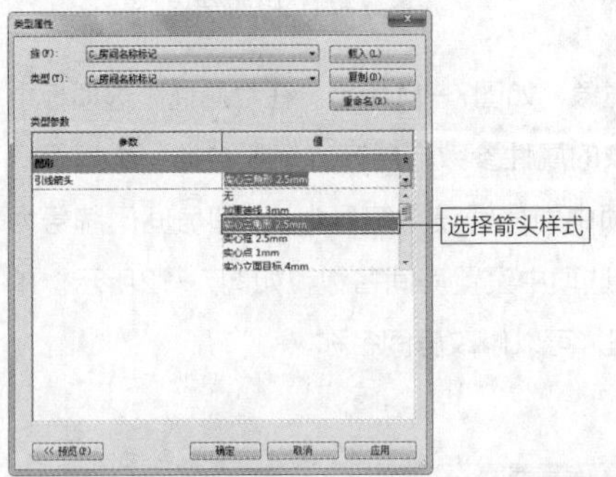

图 7-23 选择箭头样式

延伸讲解：

修改其中一个房间名称，仅影响该房间，不会影响其他房间名称。因此需要用户逐个修改房间名称。

Step 08 单击“确定”按钮关闭对话框，在“属性”选项板中选择“引线”选项，如图7-24所示。

Step 09 为名称标记添加自定义引线箭头的效果如图7-25所示。

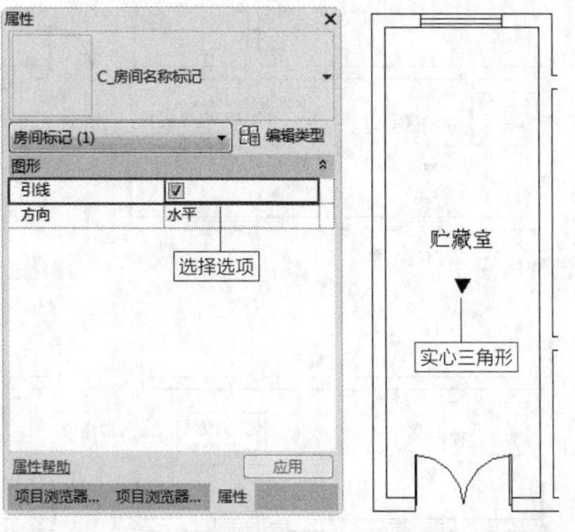

图 7-24 选择“引线”选项　　图 7-25 添加引线

知识链接：

因为将引线箭头的类型设置为“实心三角形2.5mm”，所以为视图中的所有名称标记添加引线时，均采用这一引线箭头样式。

Step 10 图7-26所示为创建房间的效果。

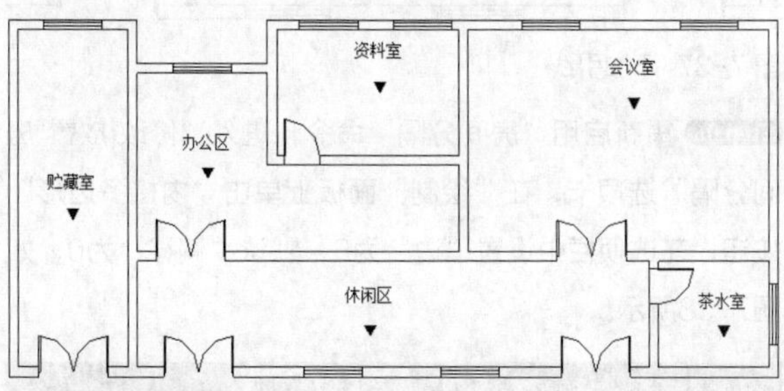

图 7-26 创建房间

7.1.3 房间分隔 重点

当对房间划分区域时，需要创建分隔线，以分隔房间内部的空间，并为各空间指定功能名称。本小节介绍创建房间分隔线的操作方法。

在“房间和面积”面板中单击“房间分隔”按钮，如图7-27所示。进入放置房间分隔线的状态，“修改|放置 房间分隔”选项卡中的“绘制”面板显示多种绘制方式，选择其中的一种，如“线”，如图7-28所示。

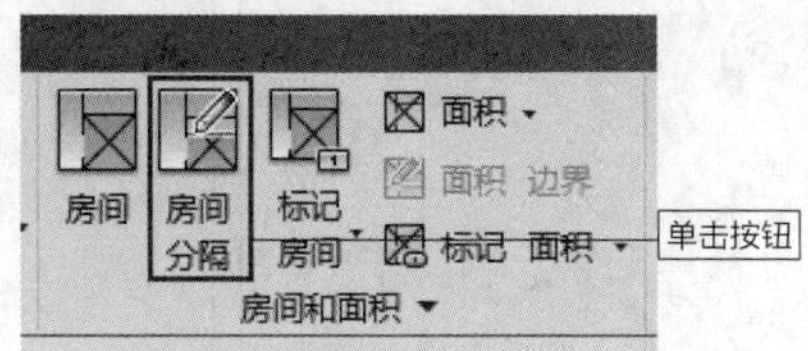

图 7-27 单击“房间分隔”按钮

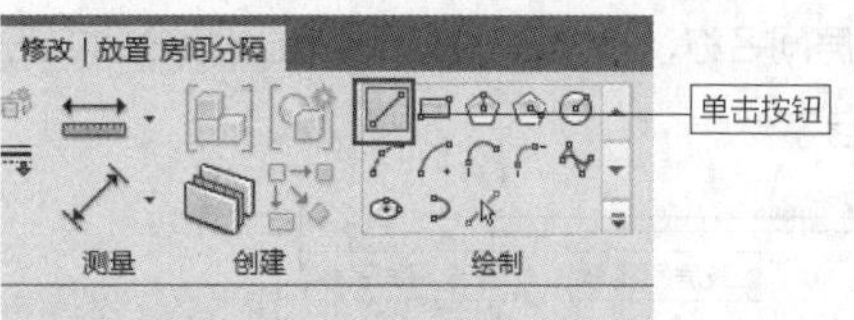

图 7-28 选择绘制方式

在房间对象内指定分隔线的起点，如图7-29所示。单击并向下移动鼠标指针，单击指定分隔线的终点，如图7-30所示。

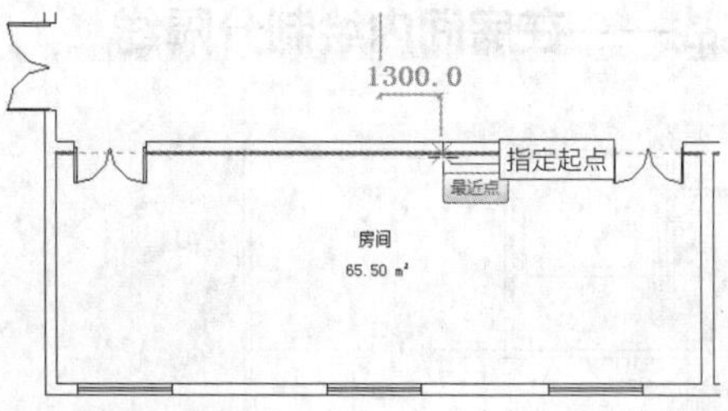

图 7-29 指定起点

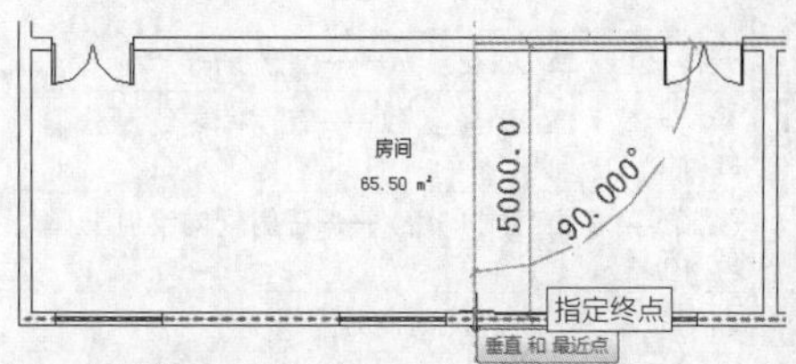

图 7-30 指定终点

创建分隔线的效果如图7-31所示。原本的房间对象被一分为二，通过观察面积标记，发现房间面积已被划分出去。创建分隔线后，需要在划分出来的空白区域内创建房间对象，如图7-32所示。

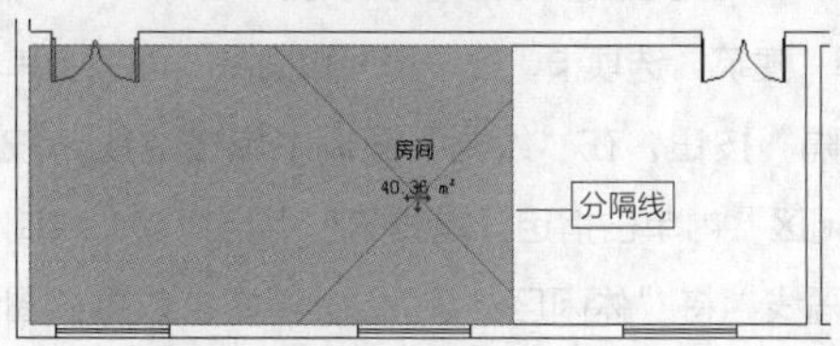

图 7-31 创建分隔线

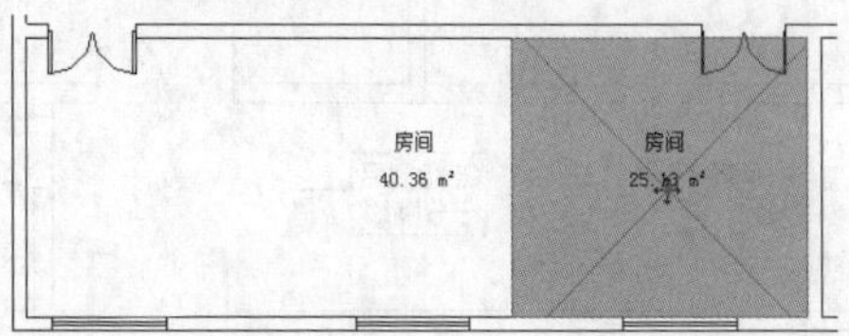

图 7-32 创建房间对象

延伸讲解：

创建分隔线后，系统不会自动在新建区域内创建房间对象。分隔线起到边界线的作用，与墙体围合成一个封闭区域，用户可在该区域内创建房间对象。

分别修改房间名称，如图7-33所示，使得划分后的房间功能分区一目了然。

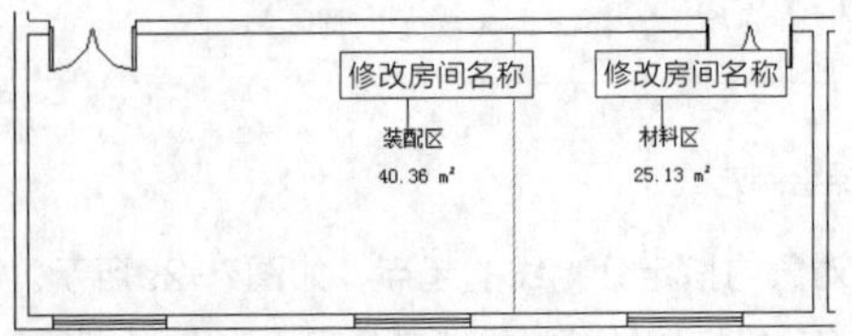

图7-33 修改房间名称

7.1.4 实战——在房间内绘制分隔线

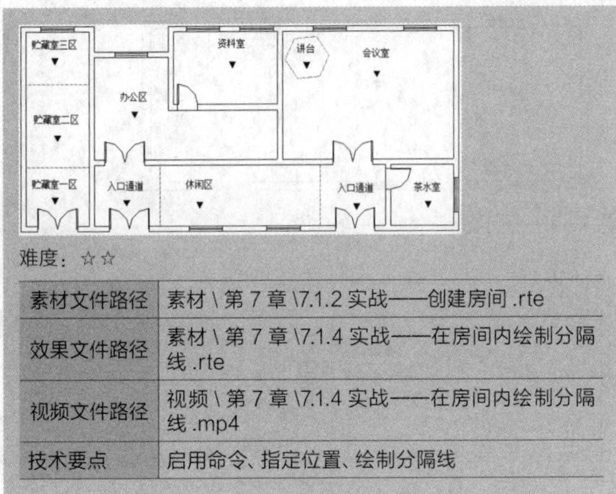

难度：☆☆

素材文件路径	素材\第7章\7.1.2 实战——创建房间.rte
效果文件路径	素材\第7章\7.1.4 实战——在房间内绘制分隔线.rte
视频文件路径	视频\第7章\7.1.4 实战——在房间内绘制分隔线.mp4
技术要点	启用命令、指定位置、绘制分隔线

7.1.2小节介绍了在平面图中创建房间。本小节将在7.1.2小节的基础上，通过在房间内部绘制分隔线，细分房间的内部功能。

Step 01 打开资源中的“第7章\7.1.2 实战——创建房间.rte”文件，在此基础上执行分隔房间的操作。

Step 02 选择“建筑”选项卡，在“房间和面积”面板上单击“房间分隔”按钮，在“绘制”面板中单击“线”按钮，在“休闲区”内单击指定分隔线的起点与终点，绘制两段垂直分隔线，将“休闲区”划为3个区域，效果如图7-34所示。

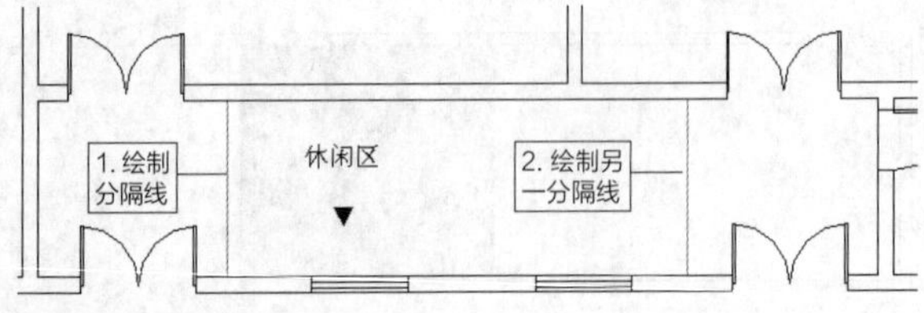

图7-34 绘制分隔线

Step 03 在“房间和面积”面板上单击“房间”按钮，在新划分的区域内创建房间，效果如图7-35所示。

Step 04 单击房间标记，进入可编辑模式，修改房间名称为“入口通道”，如图7-36所示。

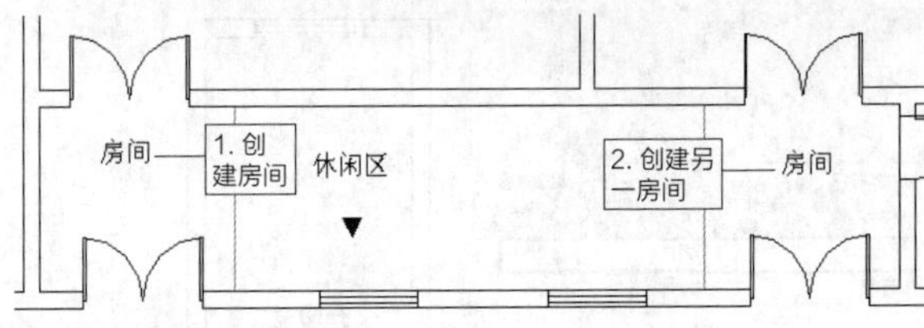

图7-35 创建房间

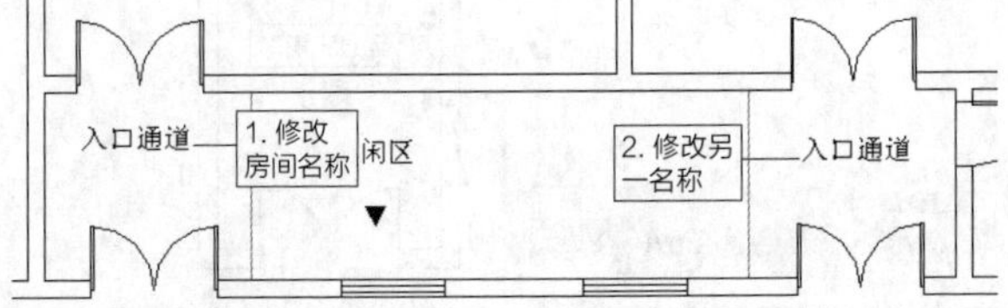

图7-36 修改房间名称

Step 05 选择标记，在“属性”选项板中选择“引线”选项，为标记添加引线的效果如图7-37所示。

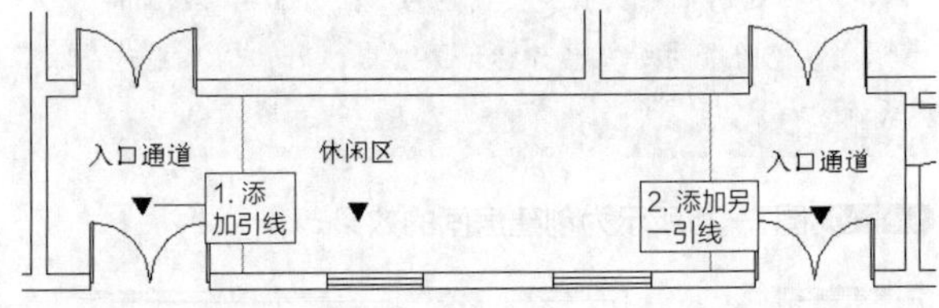

图7-37 添加引线

Step 06 重新启用“房间分隔”命令，进入“修改|放置 房间分隔”选项卡，在“绘制”面板上单击“内接多边形”按钮，在选项栏中设置“边”为6，默认“偏移”为0，如图7-38所示。

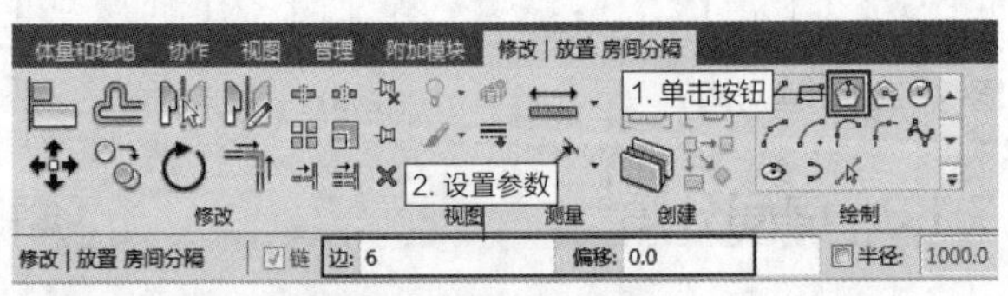

图7-38 “修改|放置 房间分隔”选项卡

Step 07 在“会议室”内的左上角单击指定多边形的圆心，拖动鼠标指针，指定半径值为1000，如图7-39所示。

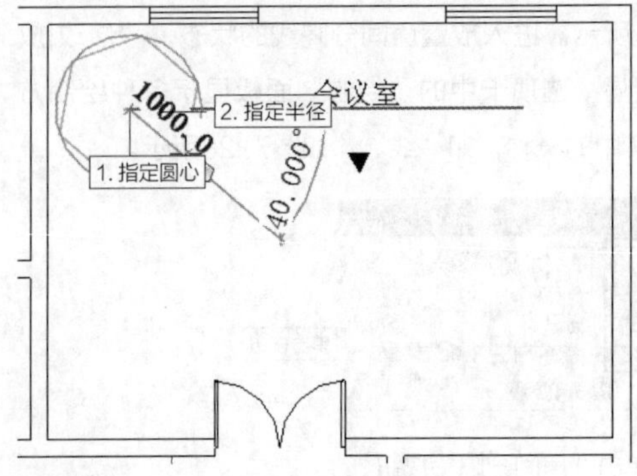

图7-39 指定圆心与半径

延伸讲解：

在房间内可以绘制指定样式的分隔线，如多边形、圆形、矩形等，该分隔线内是一个独立的区域，可以在其中执行放置房间、放置标记等操作。

Step 08 在指定位置单击，绘制半径为1000的六边形的效果如图7-40所示。

Step 09 启用“房间”命令，在六边形内创建房间，接着修改名称标记为“讲台”，并为标记添加引线，效果如图7-41所示。

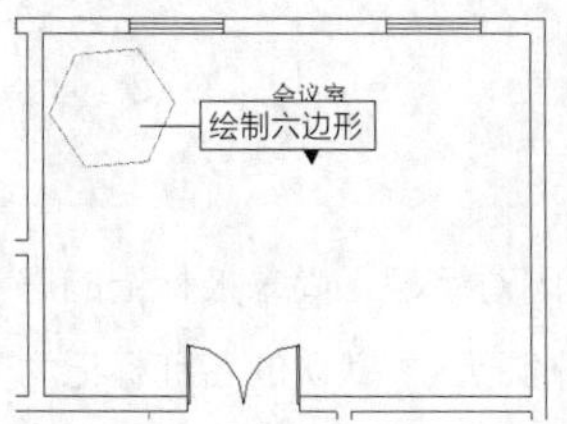

图 7-40 绘制六边形

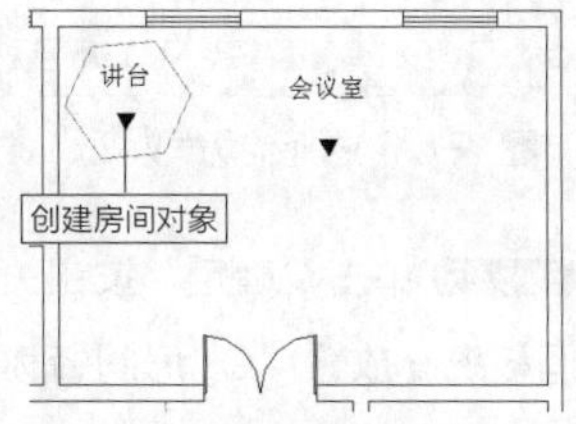

图 7-41 创建房间对象

Step 10 根据本节所介绍的方法，继续在“贮藏室”中绘制分隔线、执行分区操作等，最终效果如图7-42所示。

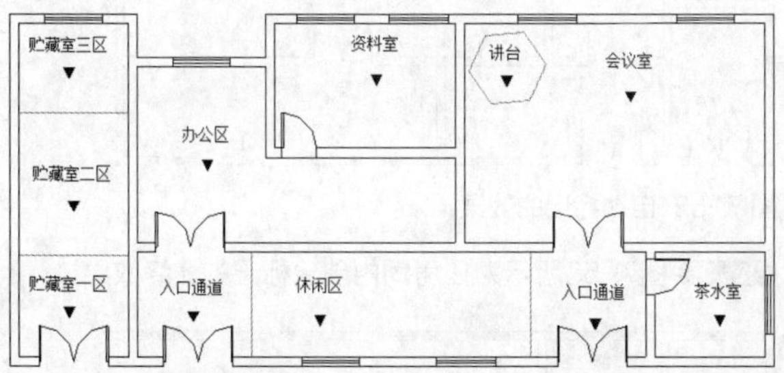

图 7-42 绘制分隔线

7.1.5 标记房间 难点

假如在创建房间对象时没有随同放置标记，在完成创建房间的操作后，就需要另外标记房间。本小节将介绍标记房间的操作方法。

在“房间和面积”面板中单击“标记房间”按钮，弹出列表，在其中选择“标记房间”命令，如图7-43所示。进入放置房间标记的状态，在“修改|放置 房间标记”选项卡中设置标记的“方向”与“引线”参数，如图7-44所示。

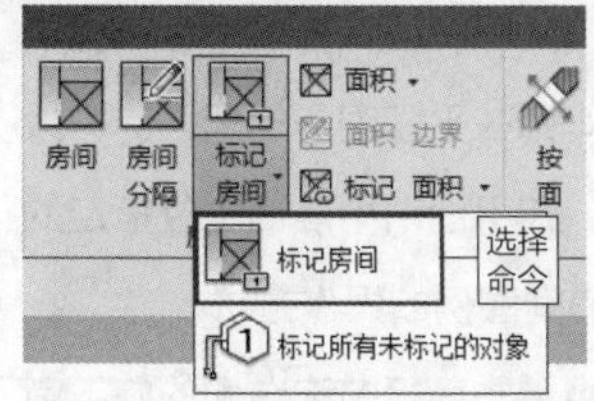

图 7-43 选择“标记房间”命令

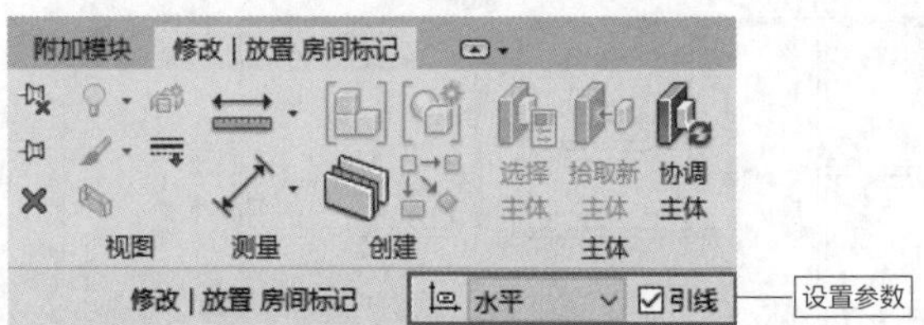

图 7-44 “修改 | 放置 房间标记”选项卡

知识链接：

默认情况下，标记不带引线，用户可以选择是否为标记添加引线。

将鼠标指针置于房间对象之上，可以预览标记的创建效果，如图7-45所示。单击完成在指定的房间内创建标记的操作，如图7-46所示。

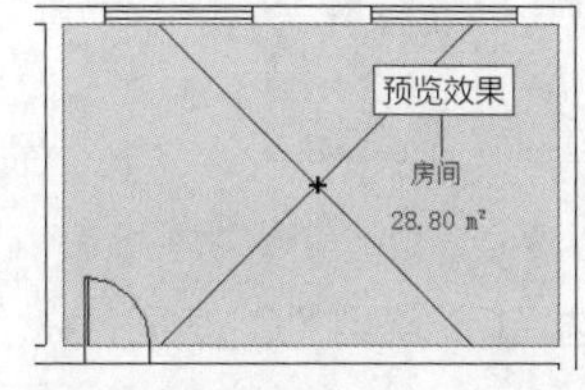

图 7-45 预览效果

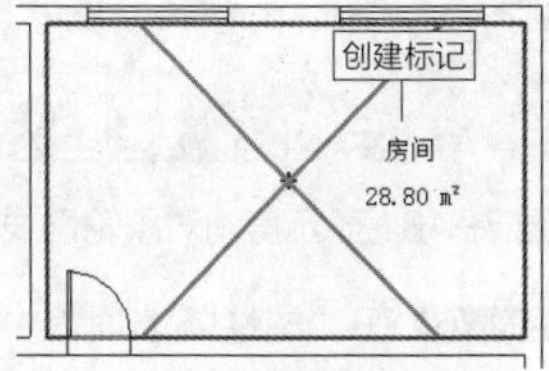

图 7-46 创建标记

延伸讲解：

用户单独为房间创建的标记时，系统也将其命名为“房间”，因此需要用户在创建完毕后修改房间名称。

7.1.6 实战——标记选定的房间

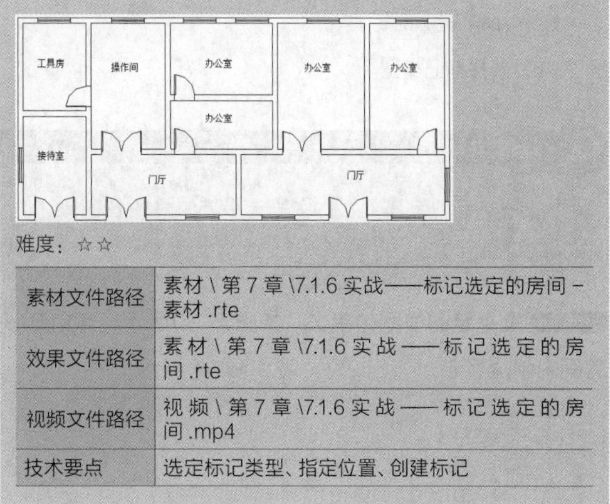

难度：☆☆

素材文件路径	素材 \ 第 7 章 \7.1.6 实战——标记选定的房间 - 素材 .rte
效果文件路径	素材 \ 第 7 章 \7.1.6 实战——标记选定的房间 .rte
视频文件路径	视频 \ 第 7 章 \7.1.6 实战——标记选定的房间 .mp4
技术要点	选定标记类型、指定位置、创建标记

在学习7.1.5小节的内容后，本小节将学习标记选定的房间的操作方法。

Step 01 打开资源中的“第7章\7.1.6 实战——标记选定的房间-素材.rte”文件，如图7-47所示。

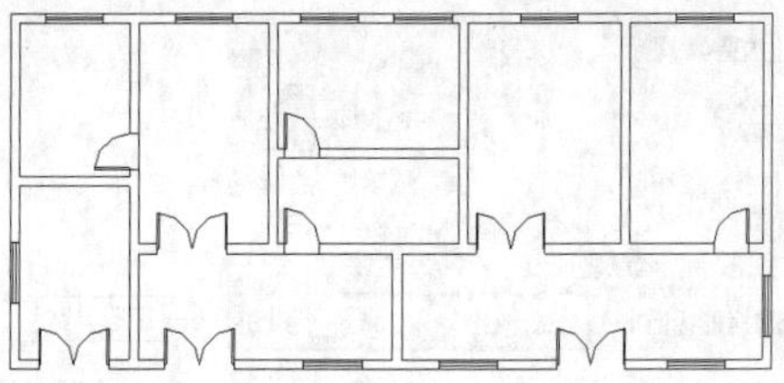

图 7-47 打开素材

Step 02 选择“建筑”选项卡，在“房间和面积”面板上单击“标记房间”按钮，进入“修改|放置 房间标记”选项卡，此时平面图显示如图7-48所示，此时显示房间对象轮廓线。

图 7-48 显示房间对象轮廓线

Step 03 在“属性”选项板中选择标记类型“C_房间名称标记”，如图7-49所示。

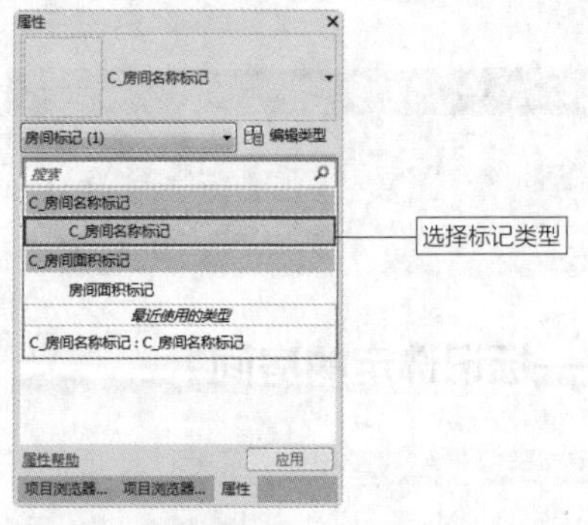

图 7-49 选择标记类型

延伸讲解：

没有标记的房间对象，在未选中时轮廓线被隐藏，只有处于选择状态下，才可同时显示填充图案和轮廓线。

Step 04 在指定的房间内单击，如图7-50所示，可以在该房间内创建标记。

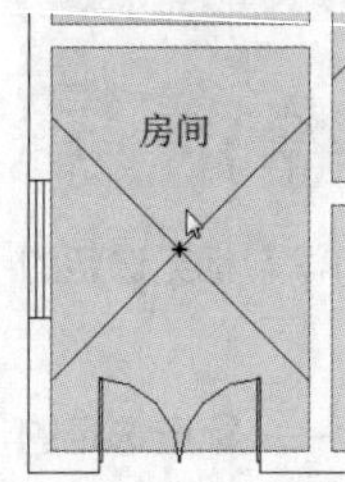

图 7-50 选定房间

延伸讲解：

另外还有一种比较便捷的创建标记的方法。单击“标记房间”按钮，在列表中选择“标记所有未标记的对象”命令，弹出图7-51所示的对话框，选择“房间标记”选项。

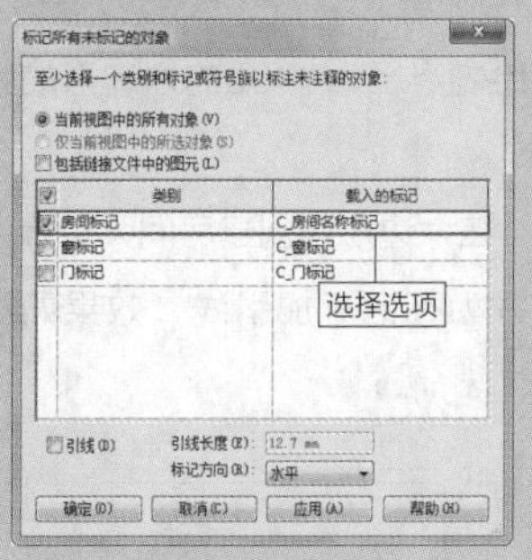

图 7-51 选择“房间标记”选项

Step 05 单击“确定”按钮关闭对话框，尚未被标记的房间被统一放置“C_房间名称标记”，默认的名称标记为“房间”，如图7-52所示。

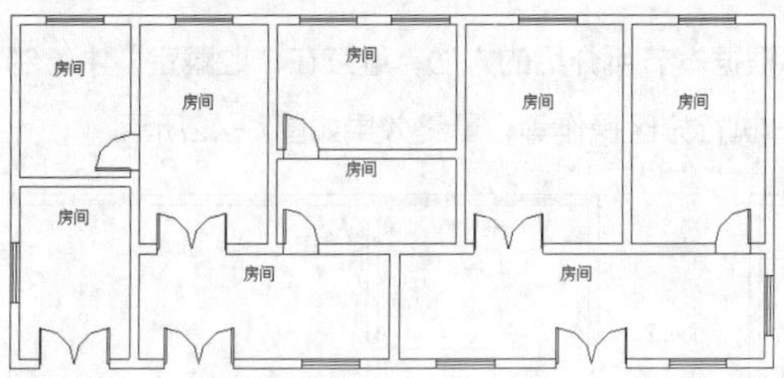

图 7-52 自动标记的效果

Step 06 图7-53所示为在房间内创建标记的最终效果。

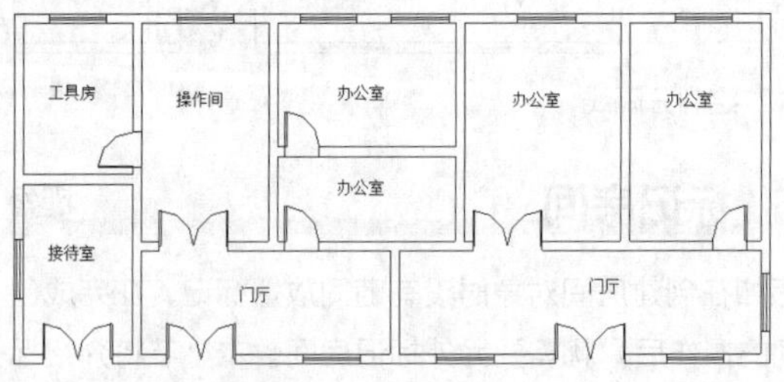

图 7-53 创建房间标记的最终效果

7.1.7 房间图例

重点

创建房间对象并标记房间后，可以清晰地显示各房间的功能分区。假如房间较多，识别起来就有一定的难度，让人眼花缭乱。因此在创建房间图例时，可以用色块标明不同的功能分区。图例还可排列在平面图的一侧，用户按照填充图案与名称进行锁定，在平面图中准确定位指定的功能区。本小节将介绍创建房间图例的操作方法。

在“房间和面积”面板中单击面板名称右侧的向下箭头，在弹出的列表中选择“颜色方案”命令，如图7-54

所示。打开“编辑颜色方案”对话框，在“类别”列表中选择“房间”选项，在“标题”文本框中设置标题名称，展开“颜色”列表，选择“名称”选项，如图7-55所示。

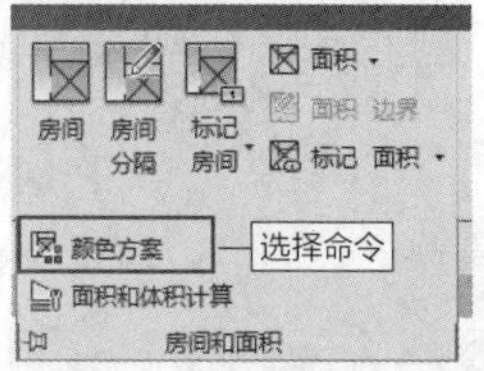

图 7-54　选择“颜色方案”命令

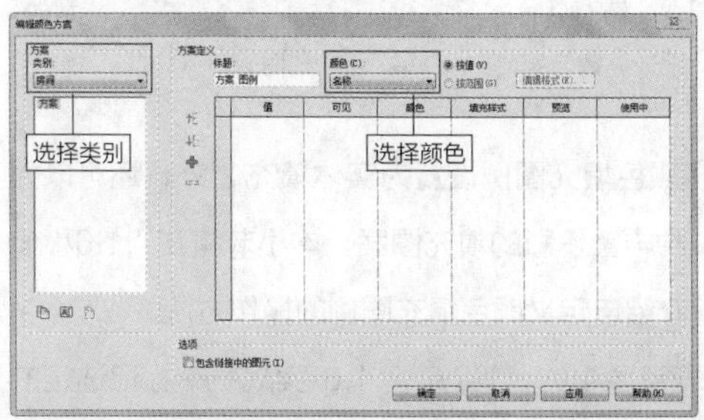

图 7-55　“编辑颜色方案”对话框

知识链接：

不选择任何图形时，“属性”选项板中会显示视图属性参数，单击“图形”选项组下的“颜色方案”按钮，如图7-56所示，可以弹出“编辑颜色方案”对话框。

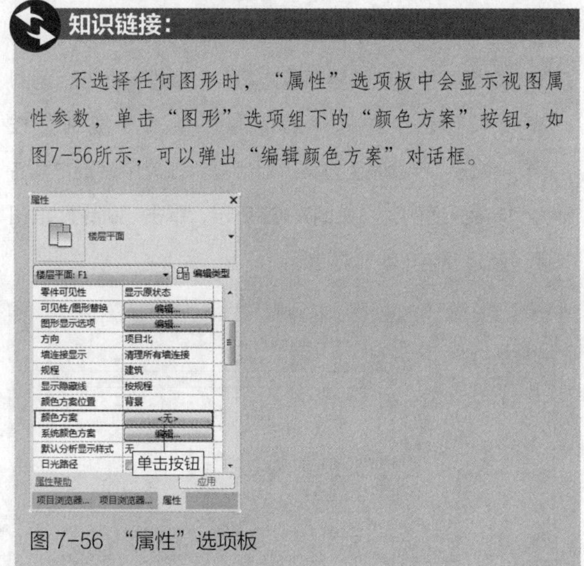

图 7-56　“属性”选项板

此时系统弹出图7-57所示的“不保留颜色”对话框，提示用户在修改颜色参数时，系统不保留颜色，单击“确定”按钮关闭对话框。系统在“编辑颜色方案”对话框中显示自动创建填充图案，如图7-58所示。

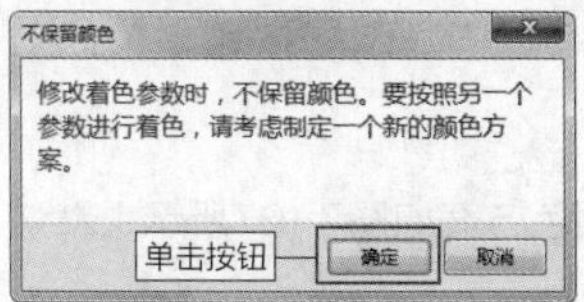

图 7-57　“不保留颜色”对话框

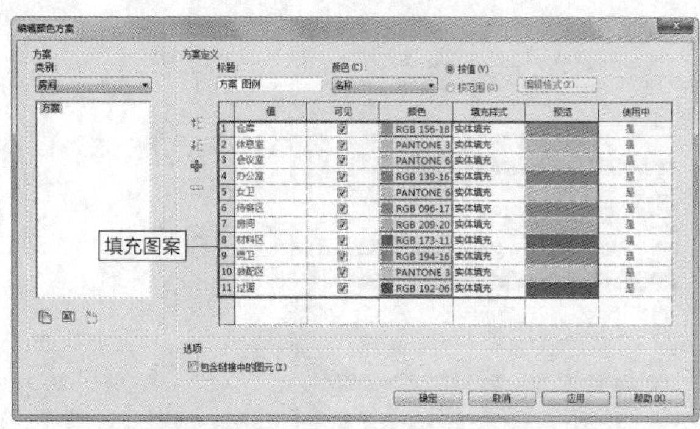

图 7-58　创建填充图案

延伸讲解：

系统根据名称的不同，生成不同样式的填充图案。在列表中单击“颜色”单元格，弹出图7-59所示的“颜色”对话框，在其中可以自定义填充图案的类型。

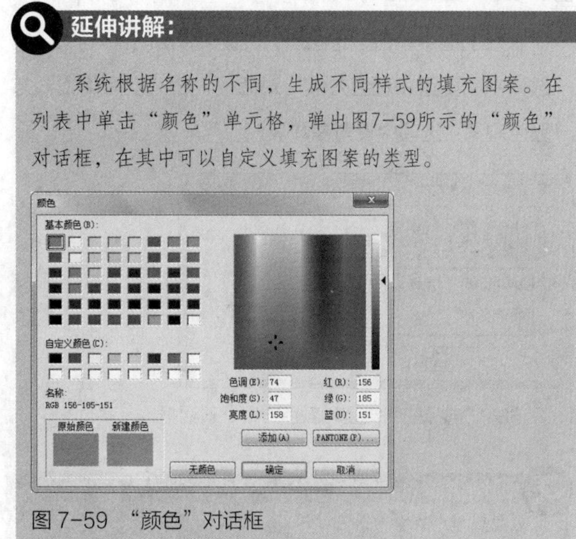

图 7-59　“颜色”对话框

选择“注释”选项卡，单击“颜色填充”面板上的“颜色填充 图例”按钮，如图7-60所示。进入放置填充图例的状态，在“属性”选项板中选择“颜色填充图例1”，如图7-61所示。单击“编辑类型”按钮，打开“类型属性”对话框。

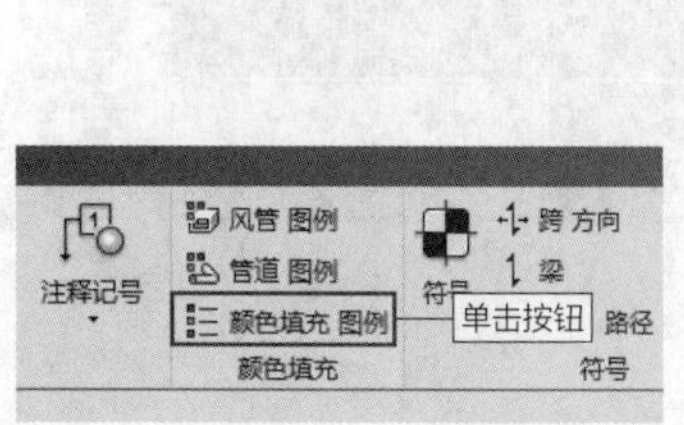

图 7-60　单击“颜色填充 图例”按钮

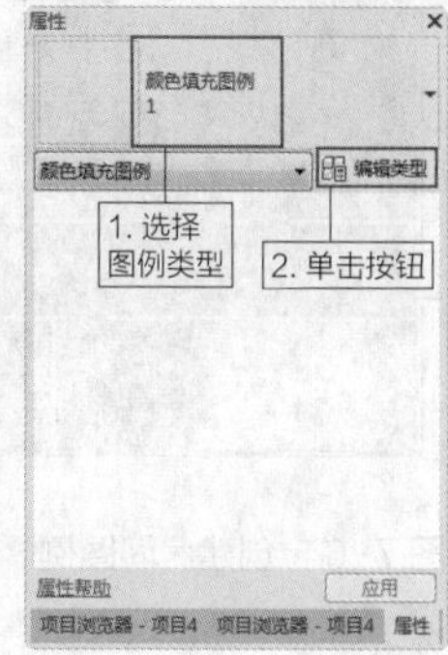

图 7-61　“属性”选项板

“类型属性”对话框中显示填充图例的属性参数，在“显示的值”选项列表中选择“按视图”，选择“显示标题”选项，如图7-62所示。单击“确定”按钮关闭对话框。

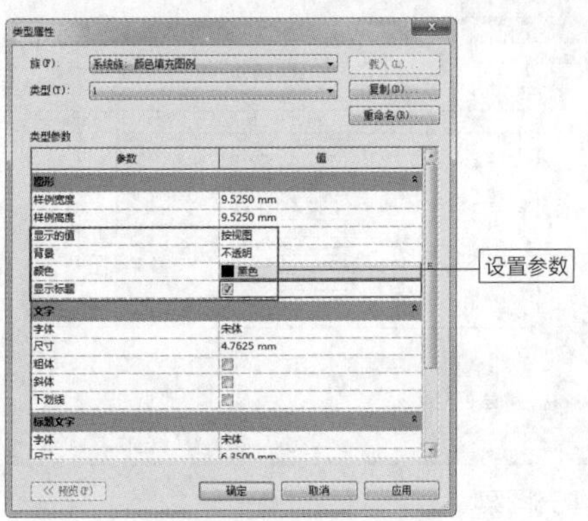

图 7-62 “类型属性”对话框

在绘图区中单击指定图例的位置，弹出图7-63所示的“选择空间类型和颜色方案”对话框，在“空间类型”与“颜色方案”选项中设置参数。

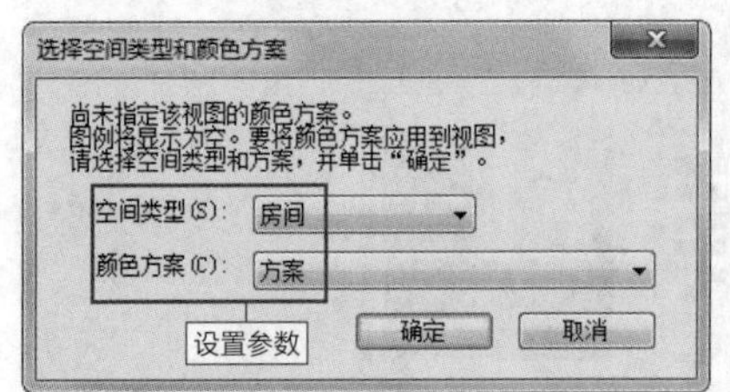

图 7-63 “选择空间类型和颜色方案”对话框

延伸讲解：

取消选择“显示标题”选项，仅创建颜色图例，图例的标题名称，即“方案图例”被隐藏。

单击“确定”按钮关闭对话框，系统执行重生成操作，为房间对象填充图案并创建颜色图例，效果如图7-64所示。

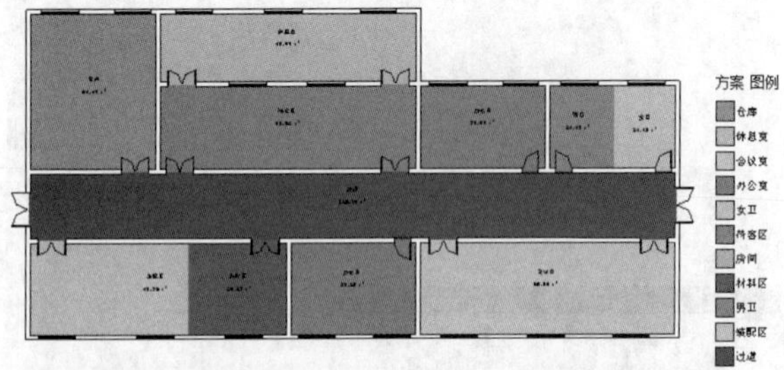

图 7-64 创建房间图例

延伸讲解：

默认情况下，颜色图例显示在平面图的右侧。在选择图例时，填充图例与名称显示为大红色，按住并拖动鼠标，可以在任意方向移动图例，将其放到合适的位置。

7.1.8 实战——自定义颜色填充图例

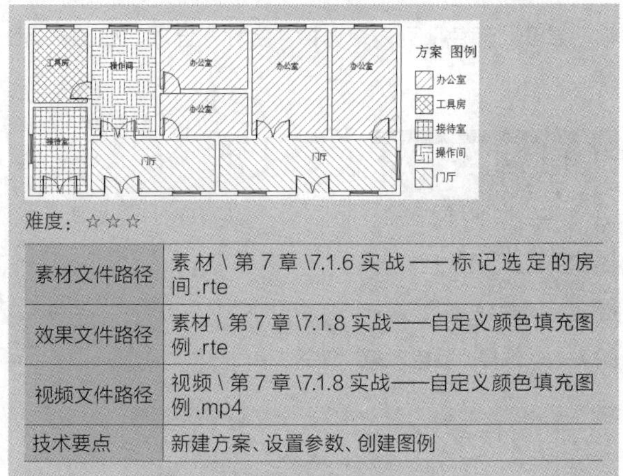

难度：☆☆☆

素材文件路径	素材\第7章\7.1.6 实战——标记选定的房间.rte
效果文件路径	素材\第7章\7.1.8 实战——自定义颜色填充图例.rte
视频文件路径	视频\第7章\7.1.8 实战——自定义颜色填充图例.mp4
技术要点	新建方案、设置参数、创建图例

除了将颜色填充图例设置为实体填充之外，还可以为图例设置多种丰富多彩的填充图案。本小节将在7.1.6小节的基础上，介绍自定义颜色填充图例的操作方法。

Step 01 打开资源中的“第7章\7.1.6 实战——标记选定的房间.rte”文件。

Step 02 选择“建筑”选项卡，在“房间和面积”面板中单击面板名称右侧的向下箭头，在弹出的列表中选择“颜色方案”命令，打开“编辑颜色方案”对话框。在左上角的“类别”列表中选择“房间”，单击“复制”按钮，弹出“新建颜色方案”对话框，在其中设置方案名称为“实战-图例”，如图7-65所示。单击“确定”按钮关闭“新建颜色方案”对话框。

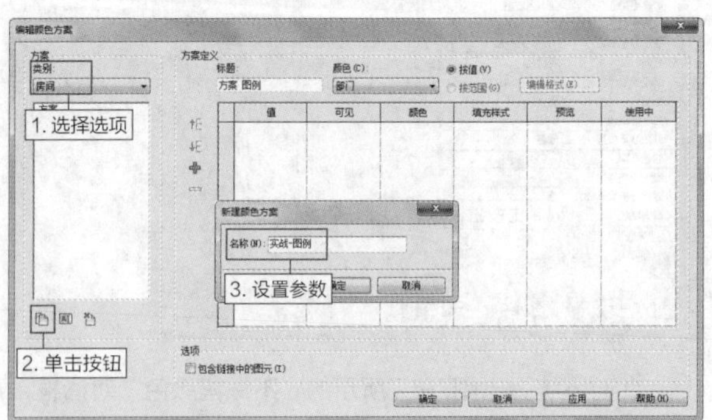

图 7-65 复制方案

Step 03 在“方案定义”选项组下打开“颜色”列表，在其中选择“名称”选项，系统弹出图7-66所示的“不保留颜色”对话框，在其中单击“确定”按钮，关闭对话框。

Step 04 系统为项目创建的颜色方案如图7-67所示，默认选择“填充样式”均为“实体填充”。

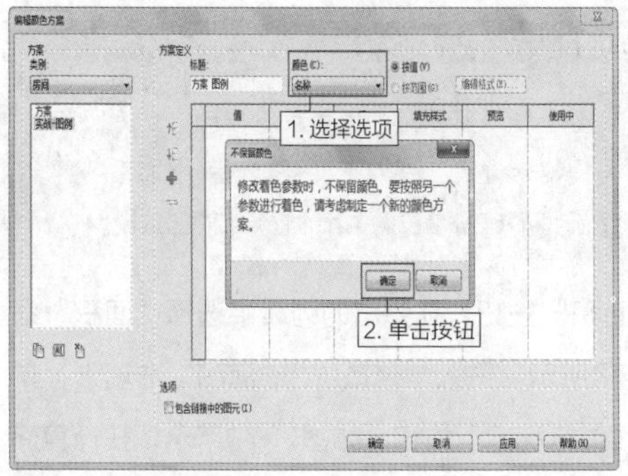

图 7-66 选择“颜色”方案

方案定义
标题: 方案 图例
颜色(C): 名称
按值(V) 按范围(G) 编辑格式(E)...

	值	可见	颜色	填充样式	预览	使用中
1	办公室	☑	RGB 156-18	实体填充		是
2	工具房	☑	PANTONE 3	实体填充		是
3	接待室	☑	PANTONE 6	实体填充		是
4	操作间	☑	RGB 139-16	实体填充		是
5	门厅	☑	PANTONE 6	实体填充		是

图 7-67 默认的颜色方案

Step 05 单击“填充样式”选项，弹出样式列表，显示多种样式的填充图案；选择名称为“斜上对角线”选项，如图7-68所示，将该样式赋予“办公室”。

	值	可见	颜色	填充样式	预览
1	办公室	☑	RGB 156-18	斜上对角线	
2	工具房	☑	PANTONE 3	对角交叉影线 1.5mm	
3	接待室	☑	PANTONE 6	对角交叉影线 3mm	
4	操作间	☑	RGB 139-16	对角线交叉填充	
5	门厅	☑	6	对角线交叉影线 1.5mm	
				斜上对角线	
				斜下对角线	

样式列表

图 7-68 选择“填充样式”

Step 06 单击“颜色”选项，弹出图7-69所示的“颜色”对话框，在其中自定义颜色的类别，如选择蓝色，单击“确定”按钮关闭对话框，可以将填充图案的颜色设置为蓝色。

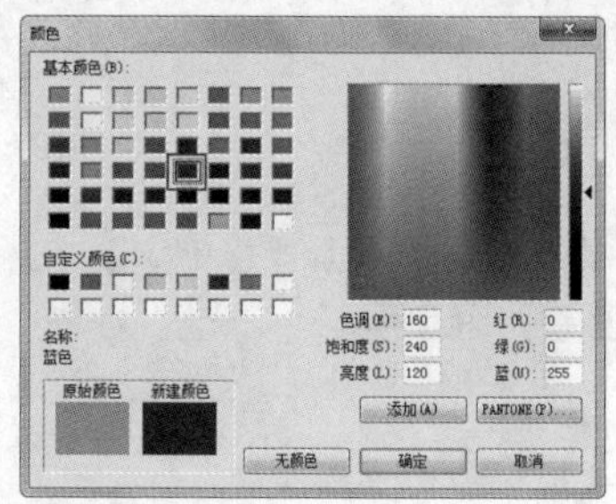

图 7-69 选择颜色

Step 07 在列表中显示修改图例颜色、填充样式的结果，如图7-70所示。

	值	可见	颜色	填充样式	预览	使用中
1	办公室	☑	蓝色	斜上对角线		是
2	工具房	☑	PANTONE 3	实体填充		是
3	接待室	☑	PANTONE 6	实体填充		是
4	操作间	☑	RGB 139-16	实体填充		是
5	门厅	☑	PANTONE 6	实体填充		是

修改结果

图 7-70 修改结果

Step 08 重复上述操作，依次为各房间指定填充图案与填充颜色，结果如图7-71所示。单击“确定”按钮，关闭“编辑颜色方案”对话框。

	值	可见	颜色	填充样式	预览	使用中
1	办公室	☑	蓝色	斜上对角线		是
2	工具房	☑	RGB 064-00	对角交叉影线		是
3	接待室	☑	RGB 128-00	交叉填充		是
4	操作间	☑	RGB 064-00	土壤		是
5	门厅	☑	RGB 176-00	斜下对角线		是

图 7-71 设置颜色方案

Step 09 选择“注释”选项卡，在“颜色填充”面板上单击“颜色填充图例”按钮，显示“没有向视图指定颜色方案”标注文字。在空白区域单击，弹出“选择空间类型和颜色方案”对话框，在“空间类型”中选择“房间”，“颜色方案”选项中显示已创建的“实战-图例”颜色方案，如图7-72所示。

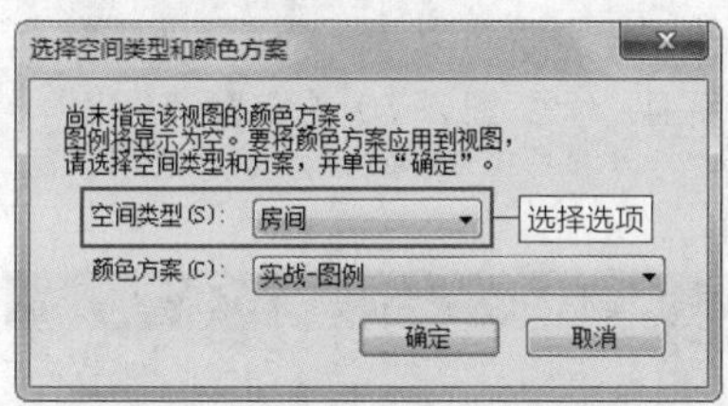

图 7-72 “选择空间类型和颜色方案”对话框

Step 10 单击“确定”按钮关闭对话框，在合适的位置单击，可以创建图例并对平面图执行图案填充操作，效果如图7-73所示。

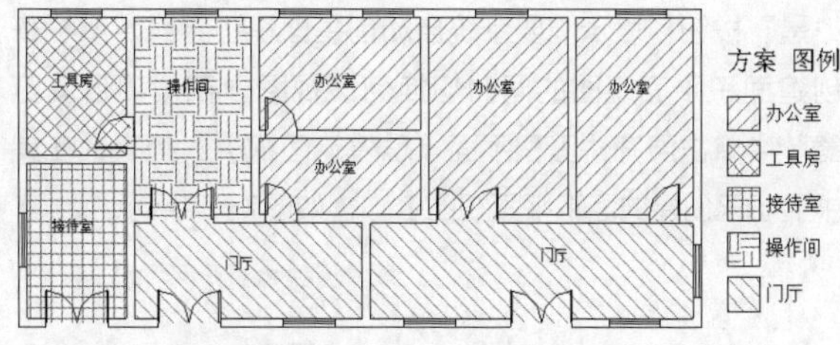

图 7-73 创建图案填充图例

7.2 面积分析

启用“面积”命令，可以计算建筑平面的面积。在计算面积之前，需要创建面积平面视图。本节将介绍计算面积分析的操作方法。

7.2.1 面积平面

重点

通过创建面积平面视图，可以定义建筑中的空间关系。创建面积方案后，在平面中定义面积可以为面积平面中的各个面积指定面积类型。

在“房间和面积”面板中单击“面积”按钮▧，在弹出的列表中选择“面积平面”命令，如图7-74所示。此时系统弹出图7-75所示的“新建面积平面”对话框，在“类型”列表中提供了3种面积类型，分别是“出租面积”“可出租”“总建筑面积”。选择其中的一种，如“总建筑面积”，在标高列表中选择标高类型，如选择F1，即在F1视图的基础上创建面积平面视图。

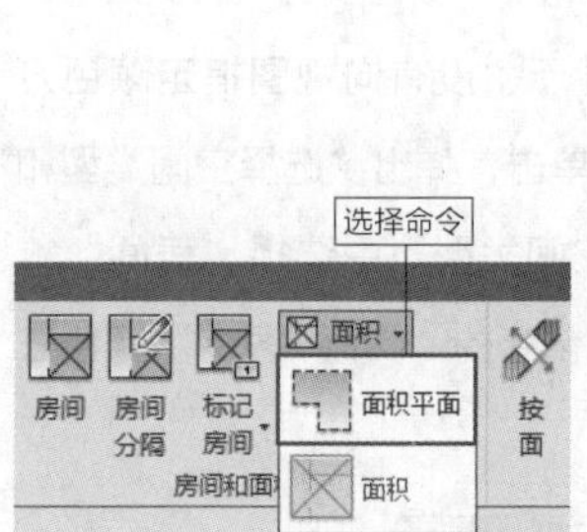

图 7-74 选择“面积平面”命令

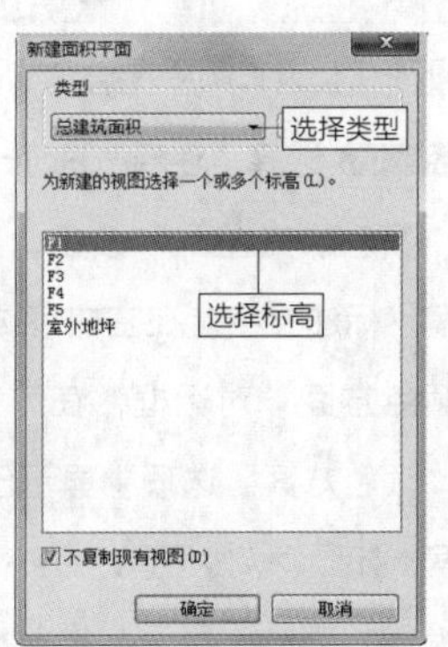

图 7-75 “新建面积平面”对话框

延伸讲解：

在“面积”命令列表中，“面积”命令是灰色显示，表示不可调用。这是因为“面积”命令只有在面积平面视图中才能被激活。

在对话框中单击“确定”按钮，弹出图7-76所示的“Revit”对话框，询问用户是否创建面积边界线，单击“是”按钮，表示需要系统自动创建面积边界线。系统在创建面积平面视图的同时切换到该视图，在“项目浏览器”中单击展开“面积平面（总建筑面积）”列表，在其中显示已创建的面积平面视图名称，如图7-77所示。

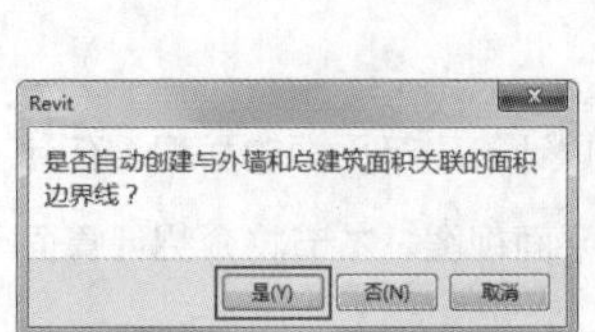

图 7-76 “Revit”对话框

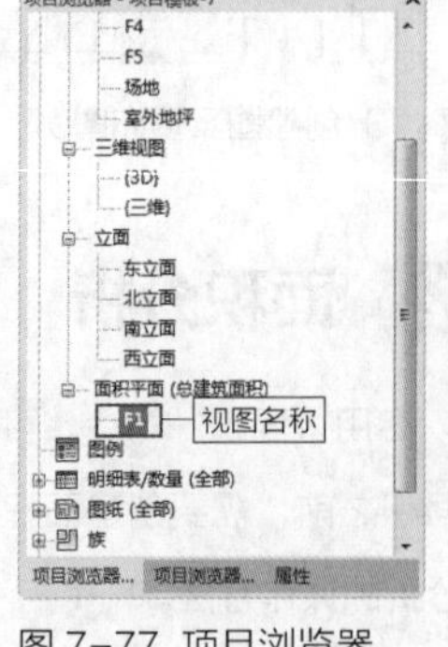

图 7-77 项目浏览器

知识链接：

在计算大型项目的面积时，假如系统自动生成的面积边界线需要较长的搜索时间，用户可以在对话框中选择“否”选项，待创建面积平面图后，再自行创建面积边界线。

单击“面积”按钮，在弹出的列表中选择“面积”命令，如图7-78所示。进入“修改|放置 面积”选项卡，单击“在放置时进行标记”按钮，如图7-79所示，在计算面积的同时可以创建面积标记。

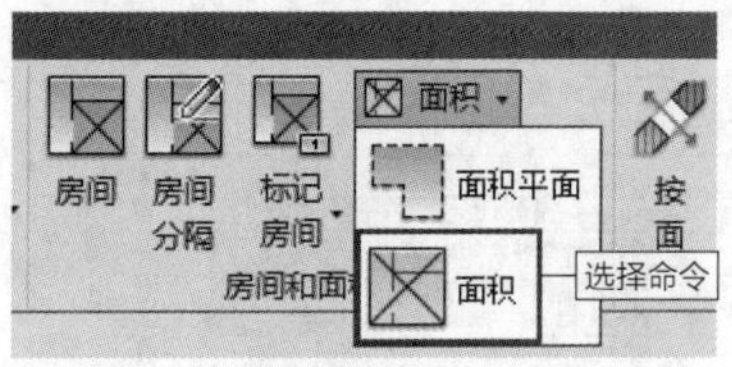

图 7-78 选择“面积”命令

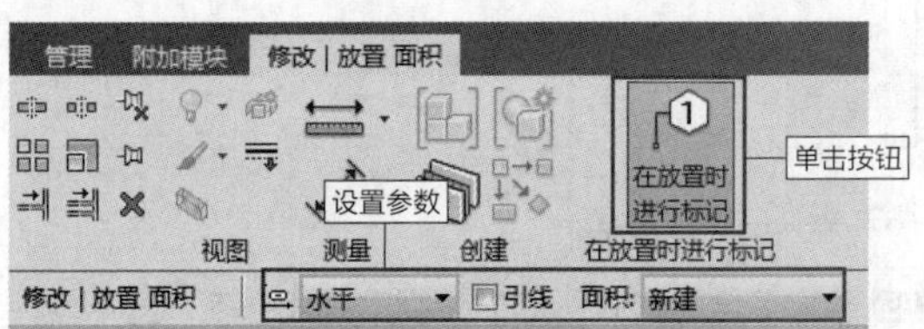

图 7-79 “修改 | 放置 面积”选项卡

延伸讲解：

此时再查看“面积”命令列表，发现“面积”命令已被激活，可以调用了。

在“属性”选项板中选择“C_面积标记”，在“名称”选项中设置面积标记的名称，在“面积类型”中显示用户定义的计算面积类型，如图7-80所示。单击“应用”按钮。

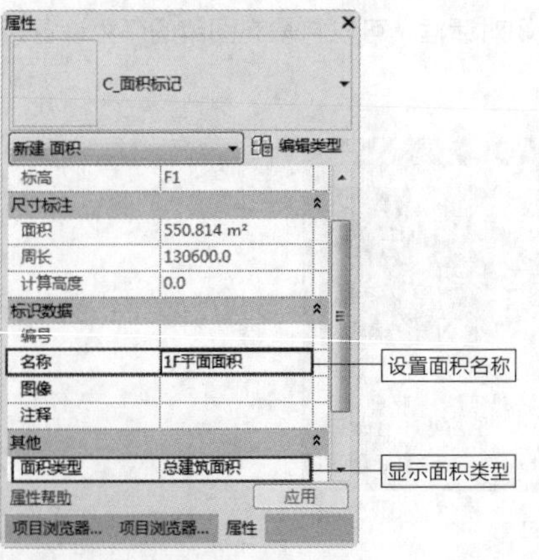

图 7-80 “属性”选项板

将鼠标指针置于平面图上，显示面积边界，在合适的位置单击，完成计算面积并进行标记的操作，如图7-81所示。

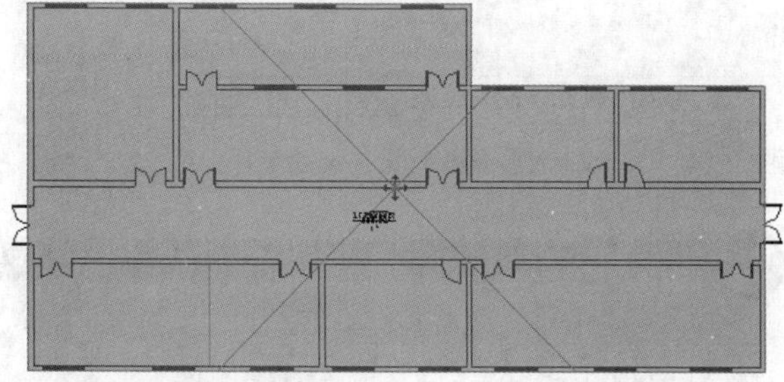

图 7-81 计算面积并进行标记

7.2.2 面积边界 难点

在创建面积视图的过程中，系统会弹出“Revit”对话框，提示用户是否需要自动创建面积边界线。假如选择了“否”选项，就需要用户手动创建面积边界线。本小节介绍创建面积边界的操作方法。

在“房间和面积”面板上单击“面积 边界”按钮，如图7-82所示。进入创建面积边界的状态，在“修改|放置 面积边界”选项卡的“绘制”面板上选择绘制方式，如单击“拾取边”按钮，在选项栏中选择“应用面积规则”选项，如图7-83所示。

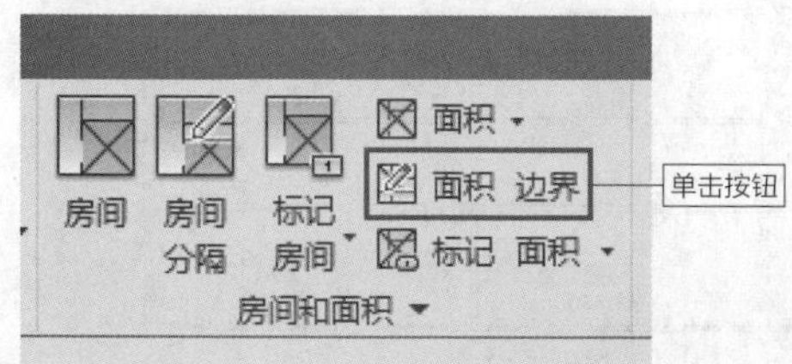

图 7-82 单击“面积边界”按钮

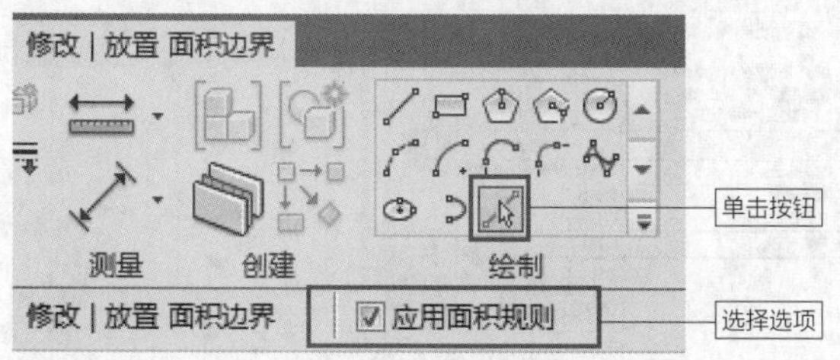

图 7-83 “修改 | 放置 面积边界”选项卡

知识链接：

选择“应用面积规则”选项后，当改变“面积类型”时，会影响最终面积的计算结果。假如取消选择该项，就算用户更改“面积类型”，也不会影响面积的计算结果。

在“属性”选项板中选择“与邻近图元一同移动”选项，如图7-84所示，单击“应用”按钮。使用拾取边的方式绘制边界线，可以根据现有的墙、线或者边创建一条线。将鼠标指针置于外墙上，高亮显示外墙，如图7-85所示。单击可以沿外墙创建面积边界线。

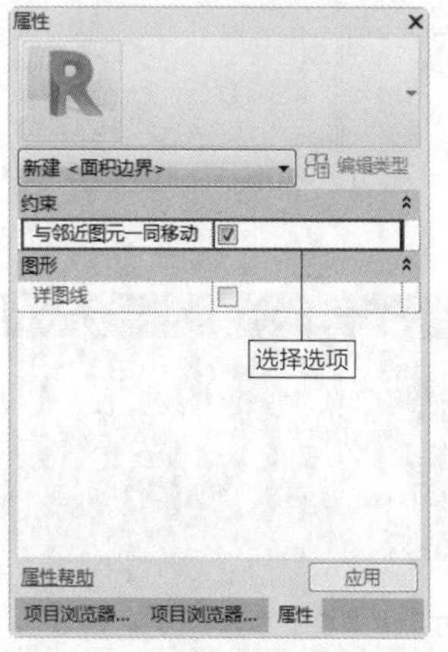

图 7-84 “属性”选项板

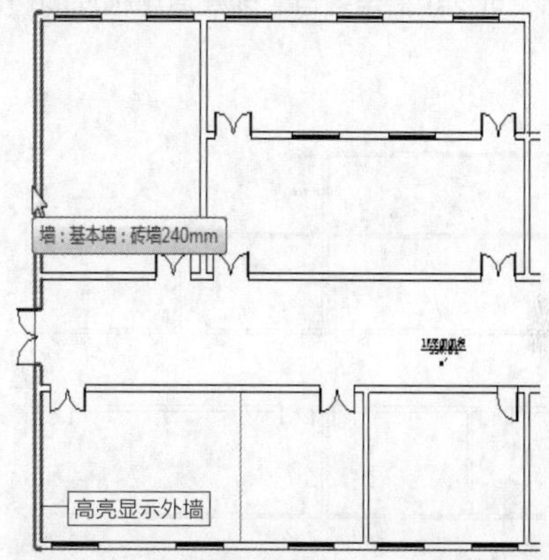

图 7-85 高亮显示外墙

延伸讲解：

选择“与邻近图元一同移动”选项后，当移动面积边界线附近的图元时，边界线也会一起被移动。默认取消选择该项，用户可自定义是否选择该项。

另外一种常用的创建面积边界线的方式是“线”。在“修改|放置 面积边界”选项卡中单击“线”按钮，在选项栏中选择“链”选项，设置“偏移”值为0，如图7-86所示。移动鼠标，指定起点，如图7-87所示。

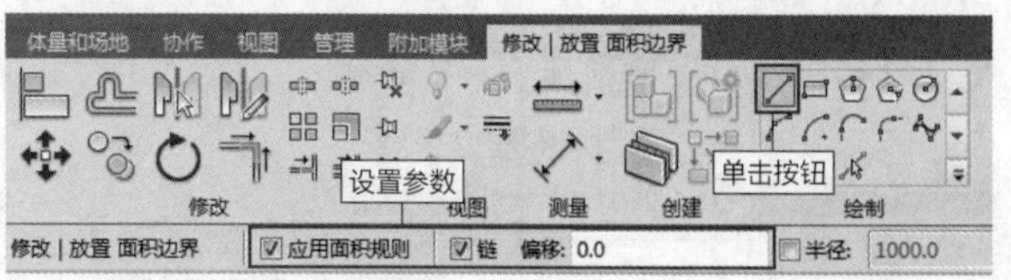

图 7-86 单击“线”按钮

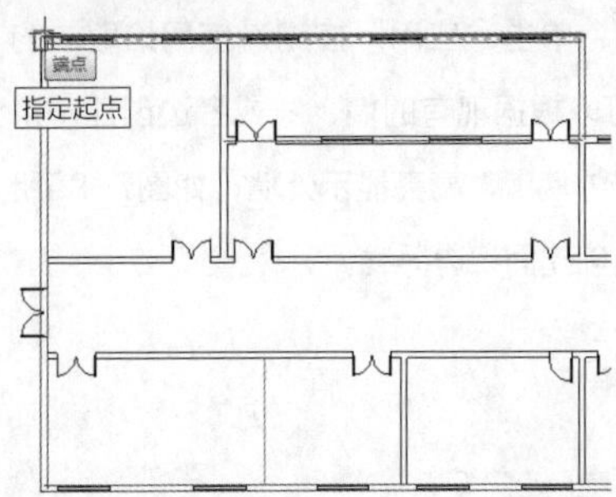

图 7-87 指定起点

延伸讲解：

选择“链”选项，可以连续绘制多段边界线。在“偏移”中设置参数为0，表示所绘制边界线与端点的距离为0，即与端点重合。

移动鼠标指针，指定下一点，如图7-88所示。因为选择了“链”选项，所以在创建完一段边界线后，仍然处于放置边界线的状态，可继续指定各点，创建首尾相连的边界线。

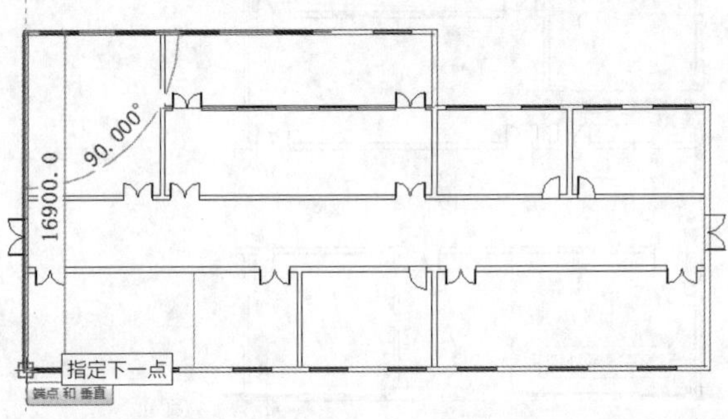

图 7-88 指定下一点

7.2.3 标记面积

重点

在计算面积时未选择“在放置时进行标记”命令，创建面积对象后不会生成面积标记，需要用户手动创建面积标记。本小节将介绍标记面积的操作方法。

在“房间和面积”面板上单击“标记 面积”按钮，在列表中选择“标记面积”命令，如图7-89所示。进入放置面积标记的状态，在“修改|放置 面积标记”选项卡中设置标记样式，如图7-90所示。

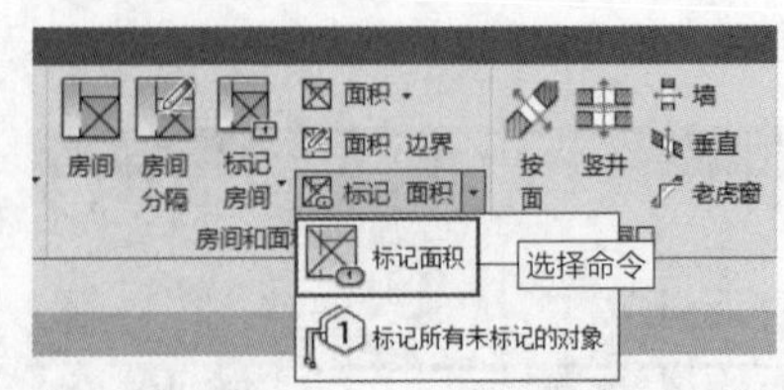

图 7-89 选择“标记面积”命令

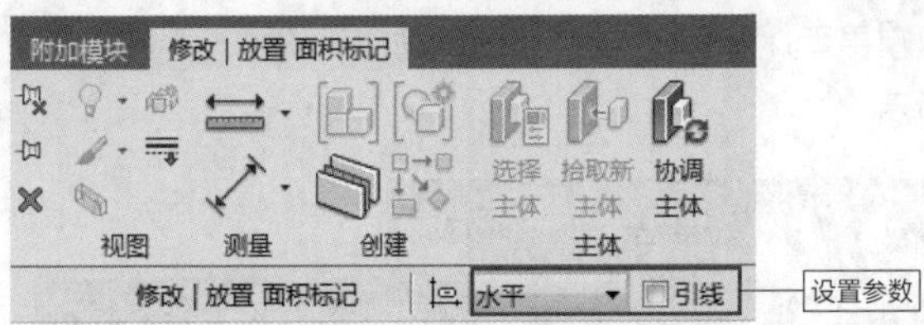

图 7-90 “修改 | 放置 面积标记”选项卡

知识链接：

只有在面积视图中“标记面积”命令才会被激活，才可以被调用。

移动鼠标指针，指定面积标记的插入点，单击完成创建面积标记的操作，如图7-91所示。在“标记面积”列表中选择“标记所有未标记的对象”命令，弹出图7-92所示的“标记所有未标记的对象”对话框，在其中选择标记的对象类型、标记的样式，单击“确定”按钮，系统将按照所设定的参数创建标记。

有些标记必须通过“载入族”操作，从外部文件中载入，这是因为项目样板文件未提供该类标记。不是所有的图形对象都可以使用“标记所有未标记的对象”命令来进行自动标记，此时就需要用户手动逐一标记。

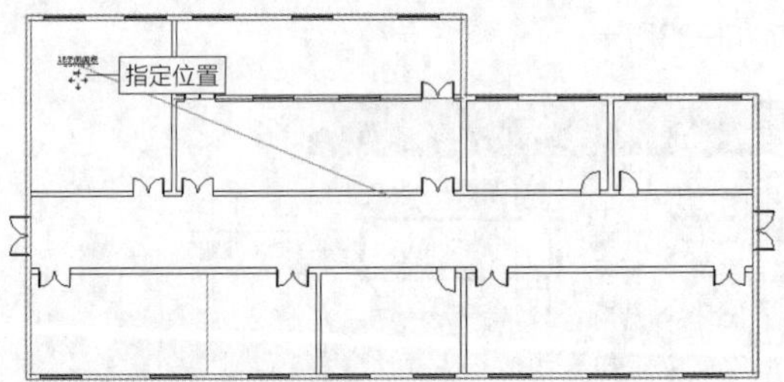

图 7-91 标记面积

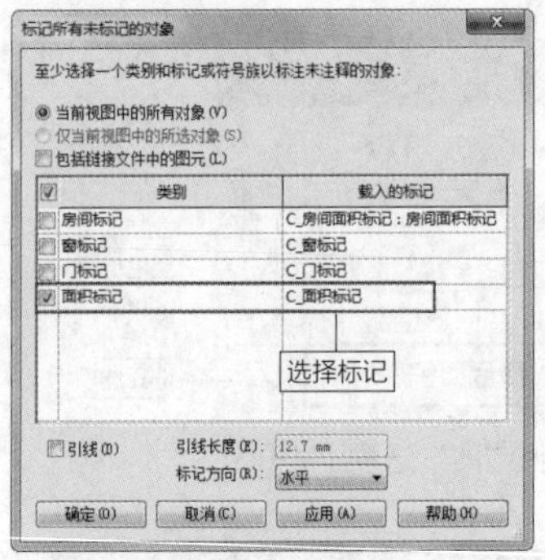

图 7-92 “标记所有未标记的对象”对话框

延伸讲解：

“标记所有未标记的对象”命令不在面积视图中也可以被调用。

7.2.4 面积图例 重点

创建面积对象后，同样可以添加面积图例，清楚地显示面积范围。不选择任何图形，在视图“属性”选项板中的“图形”选项组下单击“颜色方案”按钮，弹出“编辑颜色方案”对话框。

在“类别”列表中选择“面积（总建筑面积）”选项，在“颜色”列表中选择“名称”选项。系统弹出“不保留颜色”对话框，单击“是”按钮，在列表中显示系统创建的填充图案，如图7-93所示。单击“确定”按钮关闭对话框。

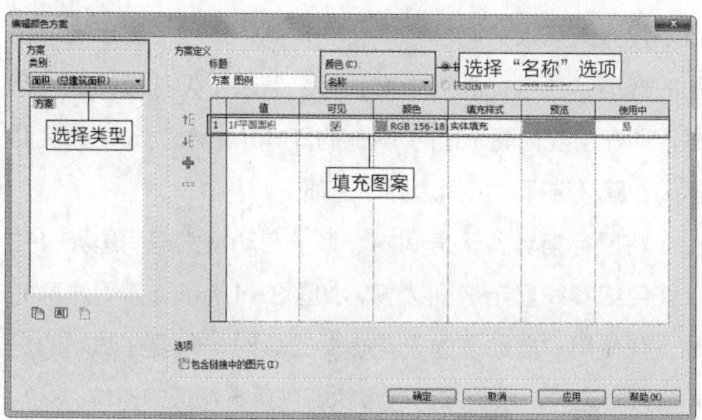

图 7-93 “编辑颜色方案”对话框

选择“注释”选项卡，单击“颜色填充”面板上的“颜色填充图例”按钮，在“属性”选项板中选择“颜色填充图例1”。在绘图区中单击，在“选择空间类型和颜色方案”对话框中设置“空间类型”与“颜色方案”参数，如图7-94所示。

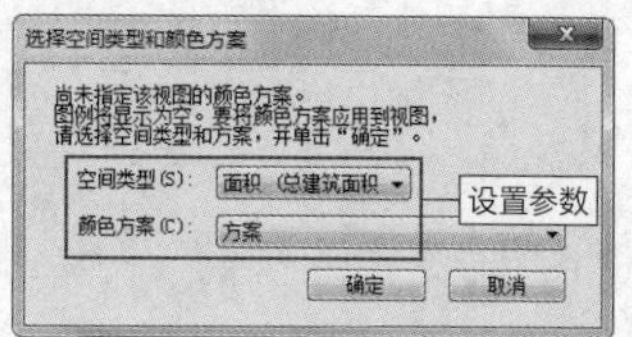

图 7-94 “选择空间类型和颜色方案”对话框

> **延伸讲解：**
>
> 创建“面积图例”的操作方法与创建“房间图例”的操作方法相同，请读者参考前面创建“房间图例”的介绍，自行练习创建“面积图例”。

单击“确定”按钮关闭对话框，在绘图区中为面积对象填充指定的图案，并在平面图一侧创建面积图例，如图7-95所示。

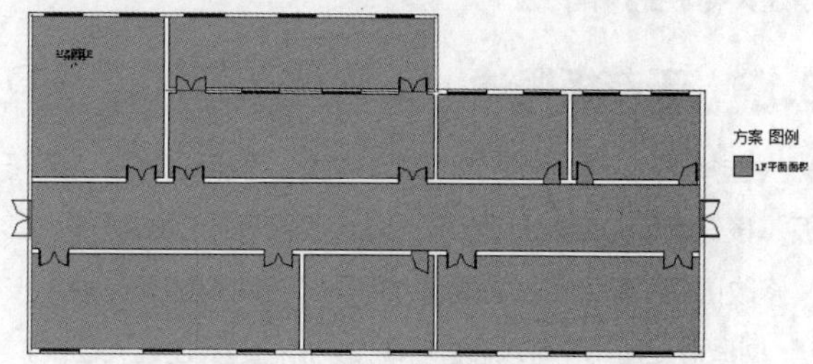

图 7-95 面积图例

第8章 天花板与屋顶

Revit中的天花板、屋顶属于系统族，可以根据所定义的草图轮廓和类型属性来创建任意形状的天花板与屋顶。Revit还提供了专门创建天花板与屋顶的工具，通过调用工具来创建天花板或屋顶。本章将介绍创建天花板与屋顶的操作方法。

学习目标

8.1 天花板

在前面的章节中读者学习了创建楼板的方法，创建天花板的方法与创建楼板的方法类似。通过查找轮廓或者自定义轮廓，可以在指定的范围内创建天花板。本节将介绍创建天花板的操作方法。

8.1.1 天花板概述 重点

选择“建筑”选项卡，在“构建”面板中单击“天花板”按钮，如图8-1所示。进入放置天花板的状态，在“修改|放置 天花板”选项卡中单击“自动创建天花板”按钮，如图8-2所示，可以通过自动搜索房间边界创建天花板。

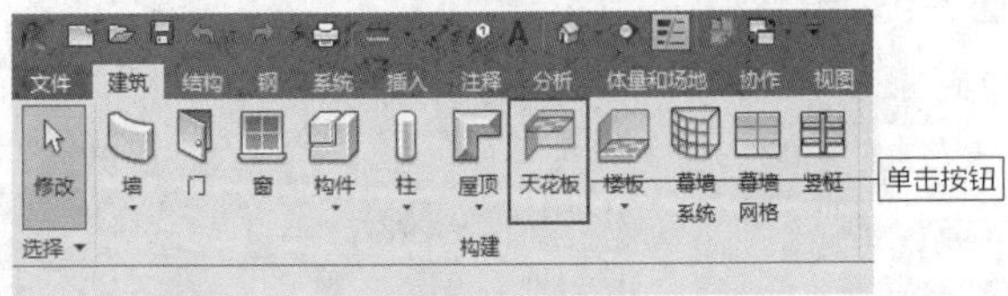

图8-1 单击“天花板”按钮

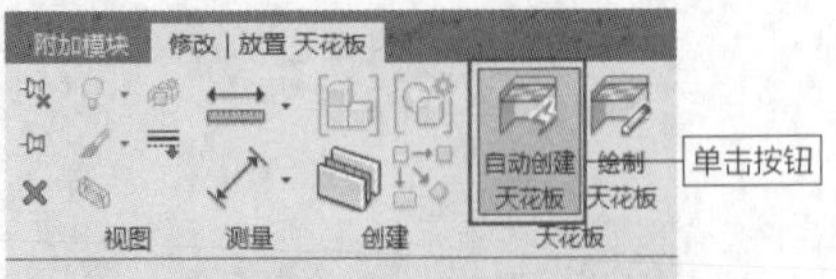

图8-2 “修改|放置 天花板”选项卡

知识链接：

系统默认在“天花板”面板中选择“自动创建天花板”命令，用户也可单击“绘制天花板”按钮，通过自定义轮廓线创建天花板。

1. 自动创建天花板

在“属性”选项板中提供了天花板的类型，选择其中一种，如“复合天花板”，如图8-3所示。在“约束”选项组中设置天花板的属性参数，“标高”选项中显示当前视图的标高；“自标高的高度偏移”值表示天花板的底面标高，即在当前标高（F1）向上的2800mm处为天花板底面标高；默认选择“房间边界”选项。

将鼠标指针置于房间内，系统自动搜索房间边界，并以红色细实线显示房间边界，如图8-4所示。值得注意的是，在使用“自动创建天花板”工具时，需要在封闭的房间内搜索边界，系统才可继续执行创建天花板的操作。

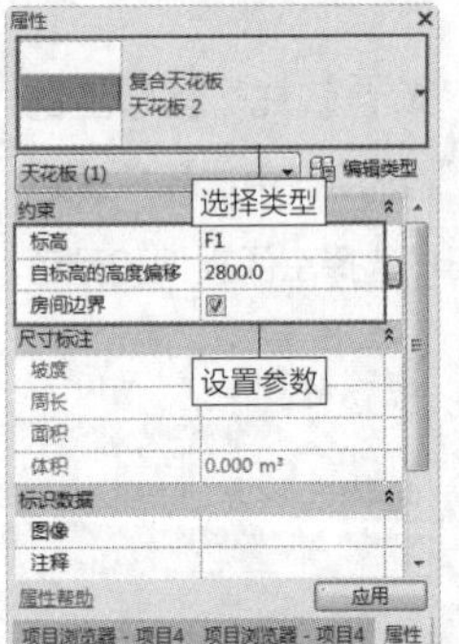

图8-3 “属性”选项板

图8-4 搜索房间边界

答疑解惑：为什么天花板的标高不能高于楼层标高？

在设置天花板的“自标高的高度偏移”值时，所设置的参数不能大于或等于当前视图的楼层标高。例如，F1的标高为3000，“自标高的高度偏移”值必须在3000以下，不能等于3000也不能大于3000。

因为天花板依附于墙体而创建，假如其标高在墙体标高之上，天花板就失去了依附的实体，结果是不能创建天花板。

在搜索的房间轮廓线内单击，完成创建天花板的操作。此时在工作界面的右下角弹出图8-5所示的“警告”对话框，提醒用户“所创建的图元在视图 楼层平面：F1中不可见……”。不需要理会该警告，单击右上角的关闭按钮，关闭对话框即可。

在快速访问工具栏上单击“默认三维视图”按钮，切换至三维视图，查看创建天花板的三维样式，如图8-6所示。

图 8-5 “警告”对话框

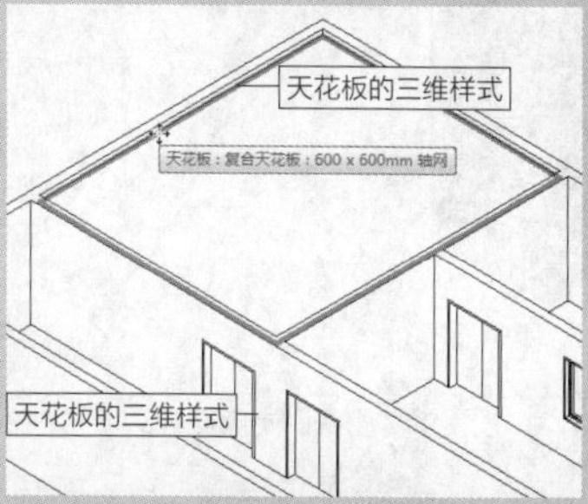

图 8-6 三维样式

知识链接：

Revit提供了“天花板视图”，用来专门查看天花板。在默认情况下，项目文件并未提供“天花板视图”，需要用户自行创建。

2. 绘制天花板

在“修改|放置 天花板”选项卡中还提供了另外一种创建天花板的方法，即“绘制天花板”命令。启用该命令后，进入“修改|创建天花板边界”选项卡。在“绘制”面板中选择绘制方式，如单击“线”按钮，通过绘制直线来创建轮廓线；在选项栏中选择“链”选项，可以连续绘制多段轮廓线，如图8-7所示。单击指定轮廓线的起点，如图8-8所示。

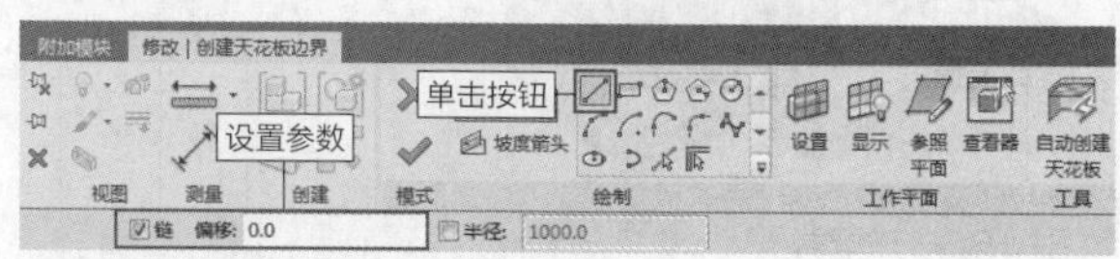

图 8-7 “修改 | 创建天花板边界”选项卡

图 8-8 指定起点

知识链接：

默认情况下“偏移”值为0，表示轮廓线与所指定的端点重合。假如将“偏移”值设置为100，表示轮廓线与起始端点相距100mm。

移动鼠标指针，继续指定下一点，如图8-9所示。因为在选项栏中选择了“链”选项，所以在绘制完一段轮廓线后，并未退出绘制轮廓线的状态。继续指定端点，绘制首尾相连的轮廓线。创建完成的轮廓线以洋红色的细实线显示，如图8-10所示。

单击“模式”面板上的“完成编辑模式”按钮，退出命令，结束绘制天花板的操作。

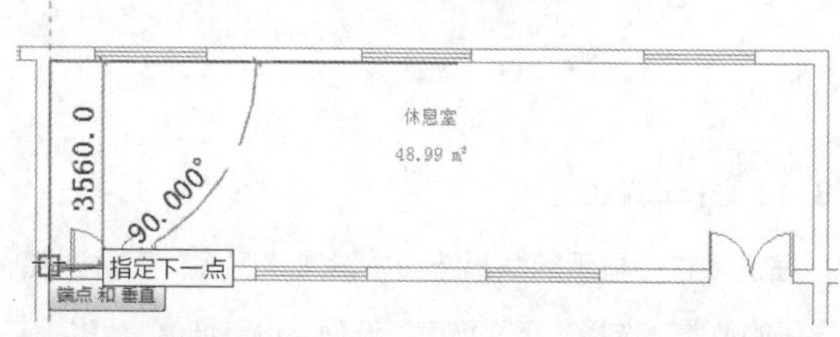

图 8-9 指定下一点

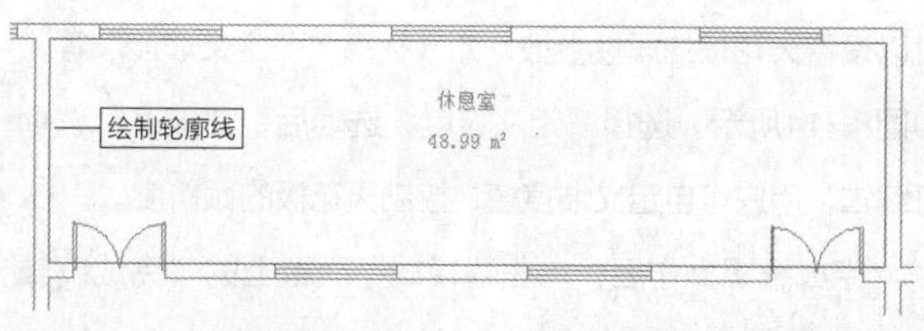

图 8-10 绘制轮廓线

延伸讲解：

假如想在指定的区域内创建天花板，一般使用“绘制天花板”工具，通过自定义轮廓线来创建天花板。但是通常情况下使用“自动创建天花板”工具来创建天花板的情况较多，因为使用该工具可以在闭合区域内迅速创建天花板。

3. 编辑天花板

选择创建完成的天花板，进入“修改|天花板”选项卡，单击“编辑边界”按钮，如图8-11所示，进入“修改|天花板>编辑边界”选项卡。此时在绘图区中显示天花板的边界，单击选择边界线，如图8-12所示。

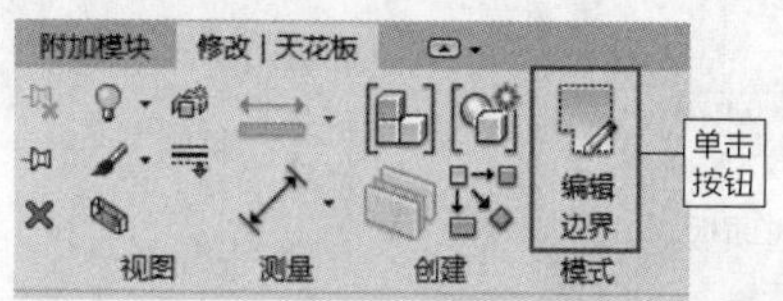

图 8-11 “修改 | 天花板”选项卡

知识链接：

进入“修改|天花板>编辑边界”选项卡后，选择天花板边界线，才可在选项栏与“属性”选项板中显示可编辑的参数选项。

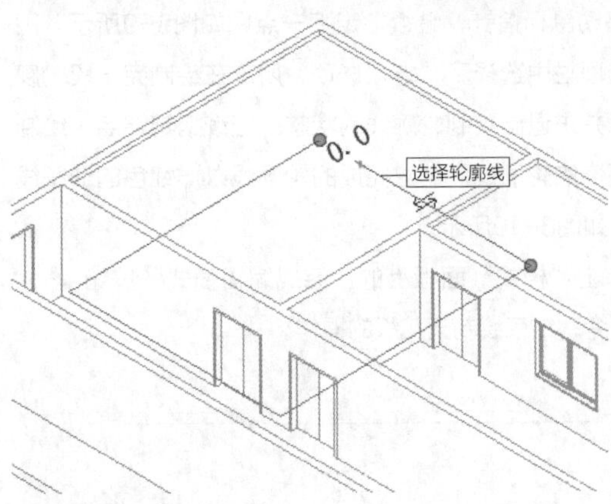

图 8-12 选择轮廓线

在选项栏中显示的编辑选项中设置“偏移”值，调整边界线的位置；选择“定义坡度”选项，设置坡度，可以创建倾斜天花板，如图8-13所示。在“属性”选项板中同样可以设置天花板的属性参数，如“标高”“定义坡度”等，如图8-14所示。选择“定义坡度”选项后，“坡度”选项可编辑，用户可自定义坡度值，控制天花板的倾斜度。

完成编辑操作后，单击“模式”面板上的“完成编辑模式”按钮✔，关闭选项卡，完成编辑操作。

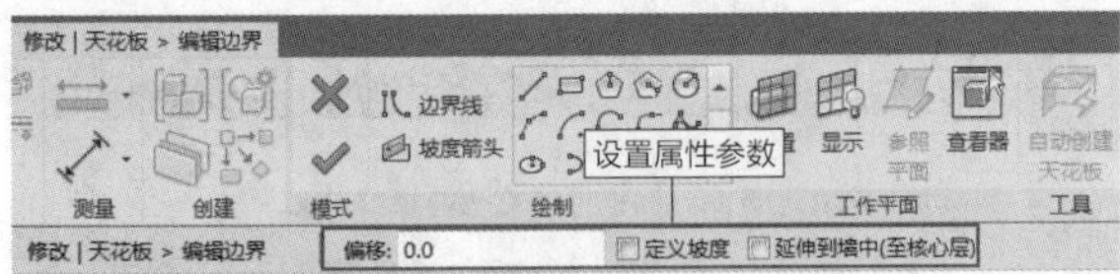

图 8-13 “修改 | 天花板 > 编辑边界”选项卡

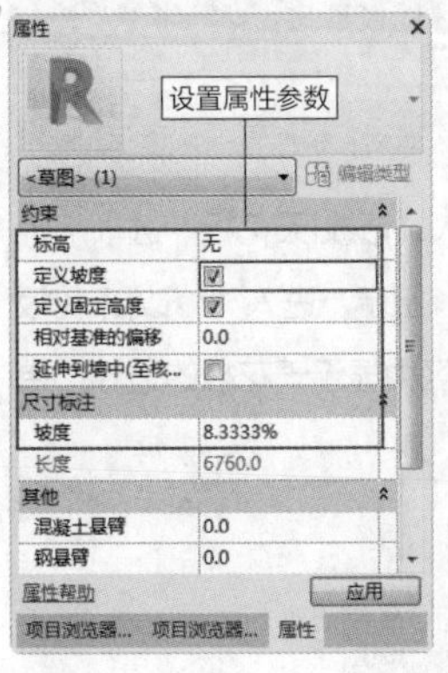

图 8-14 “属性”选项板

知识链接：

创建倾斜天花板的过程与创建倾斜楼板的过程类似，请读者参考第6章关于创建倾斜楼板的知识介绍，自行练习操作。

8.1.2 实战——创建天花板

难度：☆☆☆

素材文件路径	素材 \ 第 6 章 \6.3.3 实战——使用楼板边工具创建台阶 .rte
效果文件路径	素材 \ 第 8 章 \8.1.2 实战——创建天花板 .rte
视频文件路径	视频 \ 第 8 章 \8.1.2 实战——创建天花板 .mp4
技术要点	选择绘制方式、拾取墙体、创建天花板

在8.1.1小节中介绍了创建及编辑天花板的相关知识，本小节将在6.3.3小节的基础上，介绍创建天花板的操作方法。

Step 01 打开资源中的“第6章\6.3.3 实战——使用楼板边工具创建台阶.rte”文件，如图8-15所示。

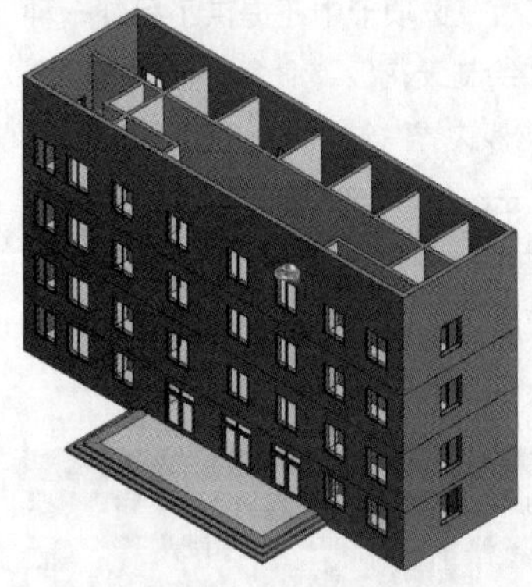

图 8-15 打开素材

Step 02 选择“建筑”选项卡，在“构建”面板上单击“天花板”按钮，进入“修改|放置天花板”选项卡。在“属性”选项板中打开类型列表，选择“复合天花板”选项，如图8-16所示，单击“编辑类型”按钮，打开“类型属性”对话框。

Step 03 在对话框中单击“复制”按钮，弹出“名称”对话框，设置名称为“实战-天花板”，单击“确定”按钮关闭“名称”对话框。单击“结构”选项中的“编辑”按钮，如图8-17所示，弹出“编辑部件”对话框。

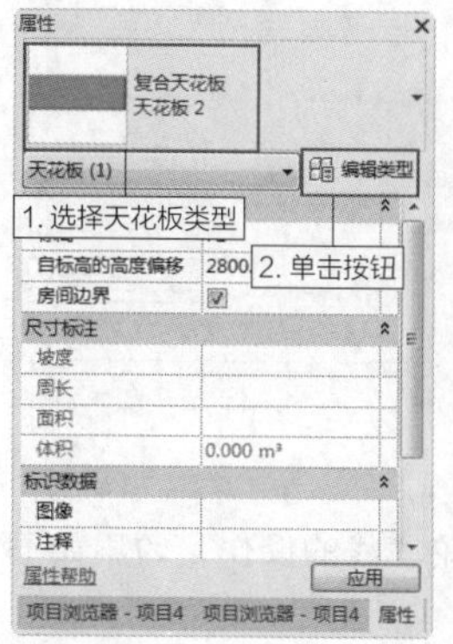

图 8-16 选择天花板类型

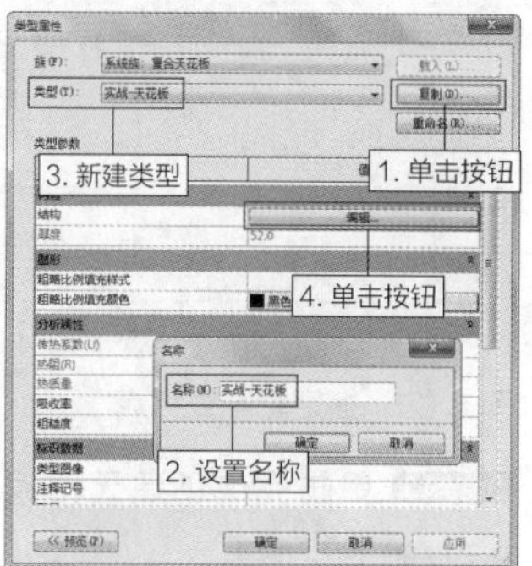

图 8-17 新建类型

Step 04 在对话框中单击“插入”按钮，在列表中插入新层。选择新层，单击“向上”按钮，向上调整新层的位置；设置新层的功能为“面层2[5]”“衬底[2]”，如图8-18所示。

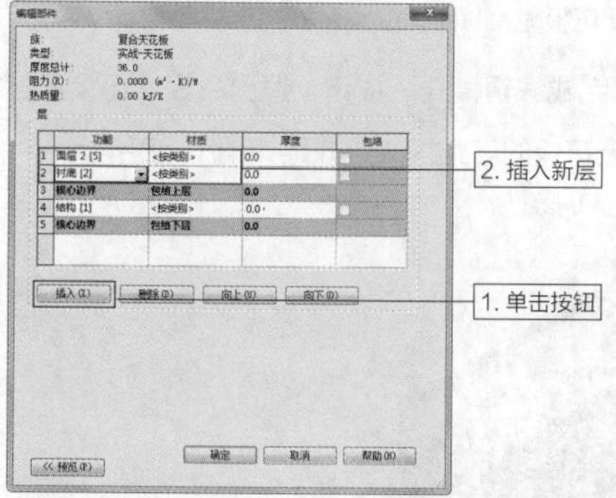

图 8-18 插入新层

Step 05 将鼠标指针定位在第1行的“材质”单元格中，单击矩形按钮，弹出“材质浏览器”对话框。在项目材质列表中选择名称为“默认楼板”的材质，执行“复制”和“重命名”操作，创建材质如图8-19所示。单击“确定”按钮返回“编辑部件”对话框。

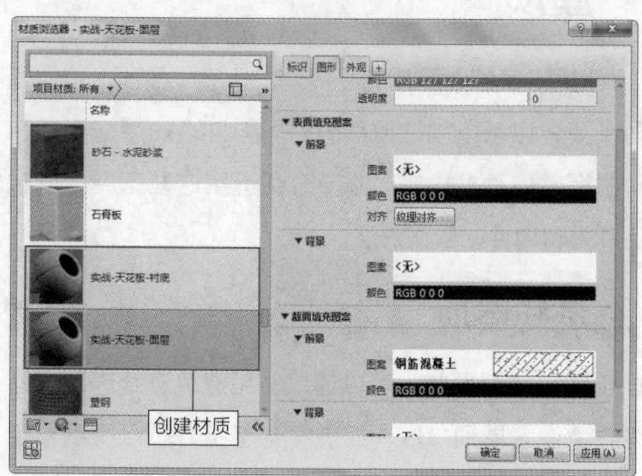

图 8-19 创建材质

Step 06 为新建结构层指定材质，结果如图8-20所示。

Step 07 修改各结构层的“厚度”值，单击“预览”按钮，在左侧的预览窗口中可以查看天花板结构层的剖面效果，如图8-21所示。

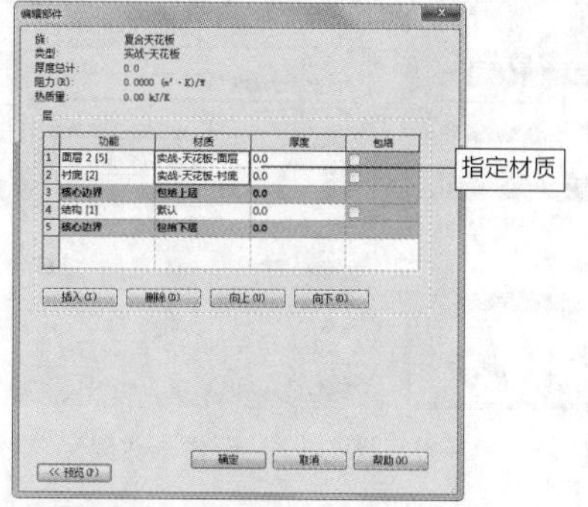

图 8-20 指定材质

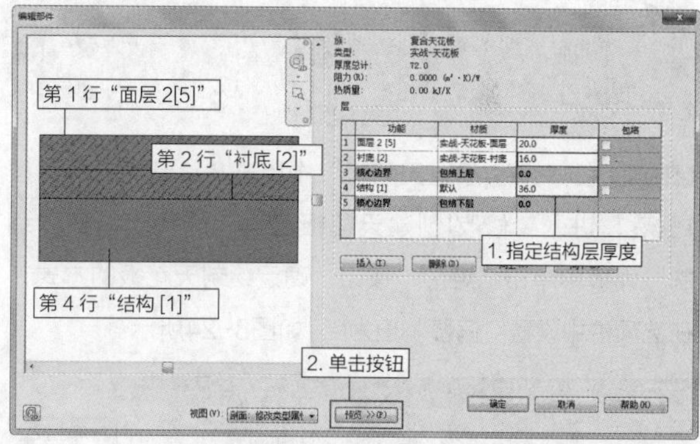

图 8-21 指定厚度

延伸讲解：

有时在弹出“材质浏览器”时，项目材质列表中没有显示“混凝土-沙/水泥砂浆面层”材质，此时单击“项目材质”按钮，弹出项目材质列表，在其中选择“混凝土”选项，可以显示“混凝土”类型的材质列表，在其中选择所需要的材质即可。

知识链接：

为了更加详细地了解天花板的组成结构，在设置完结构层的属性参数后，单击左下角的“预览”按钮，弹出预览窗口，可以观察各结构层的剖面图。

Step 08 单击“确定”按钮返回“类型属性”对话框，“厚度”选项中显示天花板的厚度为72，如图8-22所示。该参数由“厚度”为20的“面层2[5]”结构层、“厚度”为16的“衬底[1]”结构层和“厚度”为36的“结构[1]”层相加得到。

Step 09 单击“确定”按钮关闭对话框，在“属性”选项板中设置“标高”为F5，“自标高的高度偏移”值为0，如图8-23所示。然后开始执行创建天花板的操作。

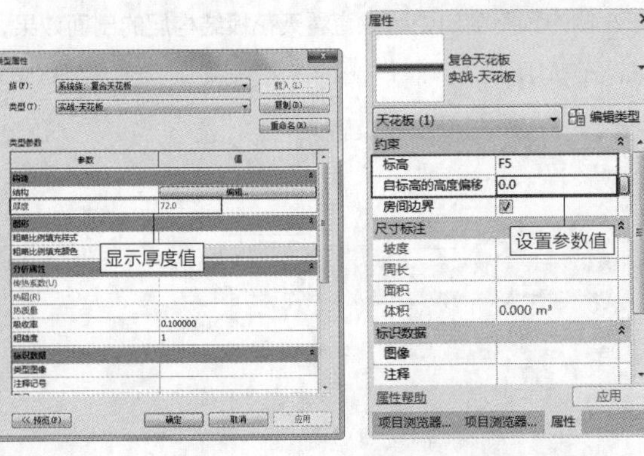

图 8-22 显示厚度值　　图 8-23 设置参数值

知识链接：

将“自标高的高度偏移”值设置为0，表示天花板与F5的间距为0。

Step 10 在“修改|放置天花板”中单击“绘制天花板”按钮，进入“修改|创建天花板边界”选项卡。在“绘制”面板中单击“矩形”按钮，确定绘制天花板的方式，在选项栏中设置“偏移”值为0，如图8-24所示。

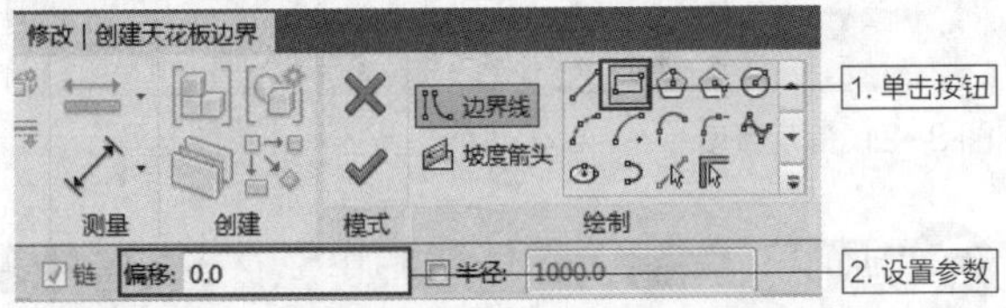

图 8-24 单击“矩形”按钮

Step 11 在左上角的房间内部指定天花板轮廓线的起点，如图8-25所示。

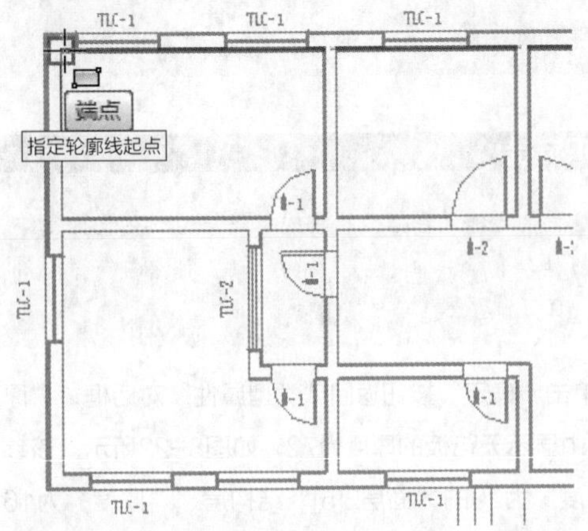

图 8-25 指定轮廓线起点

Step 12 单击指定起点，向右下角移动鼠标指针，在右下角的房间内部指定天花板轮廓线的终点，如图8-26所示。

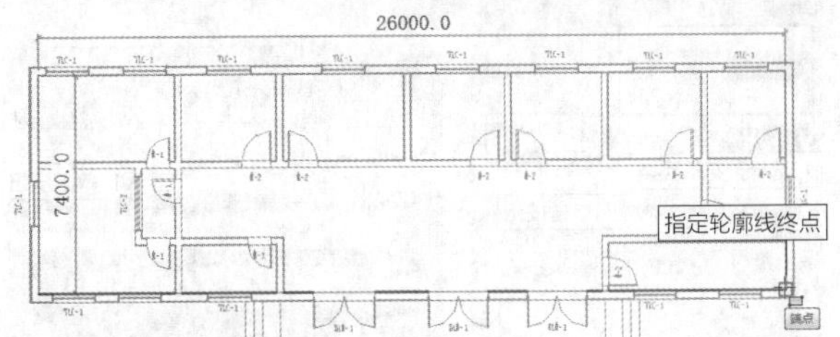

图 8-26 指定轮廓线终点

Step 13 单击完成创建天花板轮廓线的操作，效果如图8-27所示。

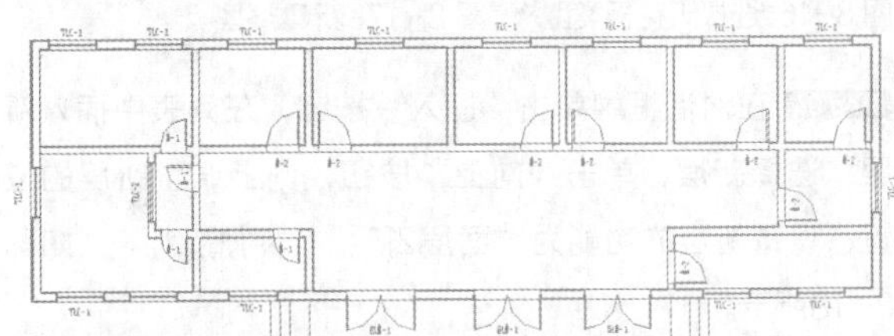

图 8-27 创建天花板轮廓线

Step 14 单击“完成编辑模式”按钮，退出命令，切换至三维视图，观察天花板的三维样式，效果如图8-28所示。

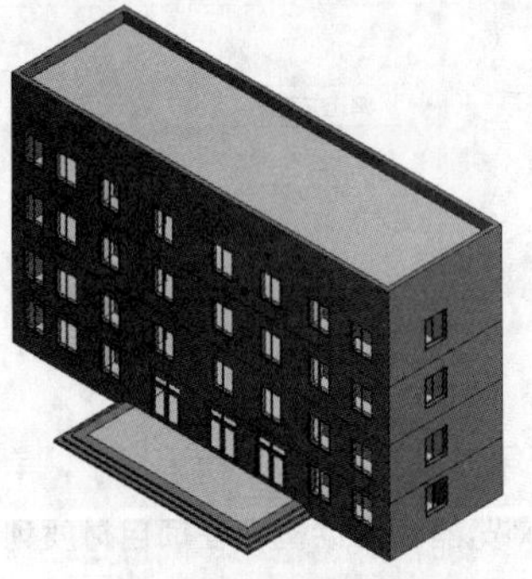

图 8-28 天花板的三维样式

8.2 屋顶

Revit提供了创建屋顶的工具，包括迹线屋顶、拉伸屋顶、面屋顶，也可以创建屋顶的附属构件，如屋檐底板、屋顶封檐板、屋顶檐槽等。本节介绍运用这些工具，创建屋顶及其附属构件的操作方法。

8.2.1 迹线屋顶 重点

在创建迹线屋顶时，可以通过使用建筑迹线来定义屋顶的边界。设置屋顶参数，如坡度与悬挑，可以得到指定样式的屋顶。本小节介绍创建迹线屋顶的操作方法。

选择“建筑”选项卡，在“构建”面板上单击“屋顶”按钮，在列表中选择“迹线屋顶”命令，如图8-29所示。进入放置迹线屋顶的状态，在“修改|创建屋顶迹线”

选项卡中选择绘制方式，在“绘制”面板上单击“线”按钮，在选项栏中选择“链”选项，设置“偏移”值为0，如图8-30所示。

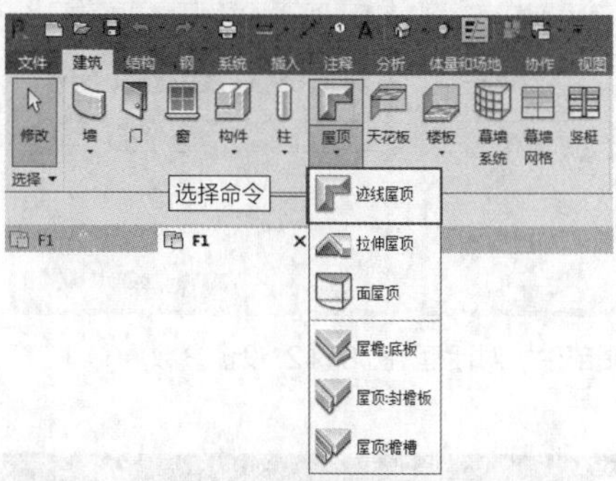

图 8-29 选择“迹线屋顶”命令

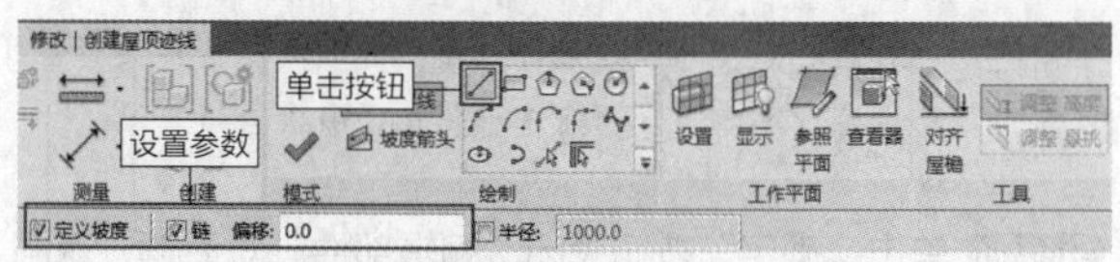

图 8-30 “修改 | 创建屋顶迹线”选项卡

在“属性”选项板中打开类型列表，选择适用的屋顶类型，默认选择“常规-400mm”类型，如图8-31所示。在“约束”选项组中设置屋顶的属性参数，如“底部标高”“房间边界”等。

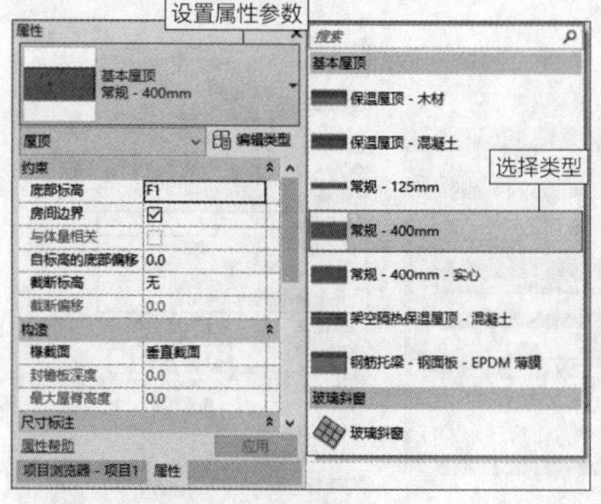

图 8-31 “属性”选项板

在绘图区中单击指定起点，因为选择了“链”选项，所以在不退出命令的情况下，可以继续创建相互连接的轮廓线，如图8-32所示。

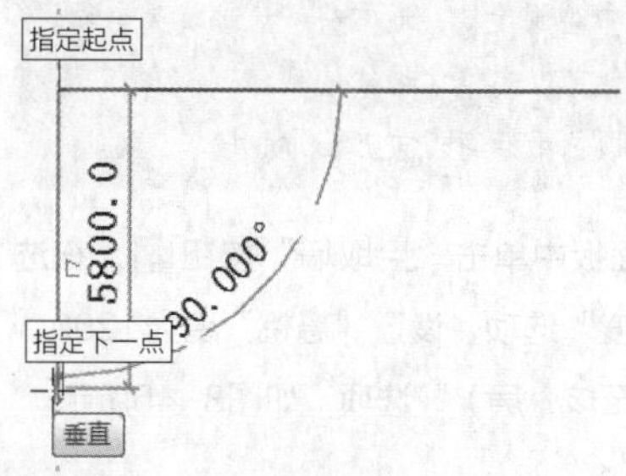

图 8-32 创建轮廓线

闭合的屋顶轮廓线创建完毕，效果如图8-33所示，每段轮廓线的一侧显示坡度符号。选择轮廓线，进入坡度值的可编辑模式，设置坡度值，控制轮廓线的坡度。单击“模式”面板上的“完成编辑模式”按钮，退出绘制屋顶的命令。迹线屋顶的平面样式如图8-34所示。

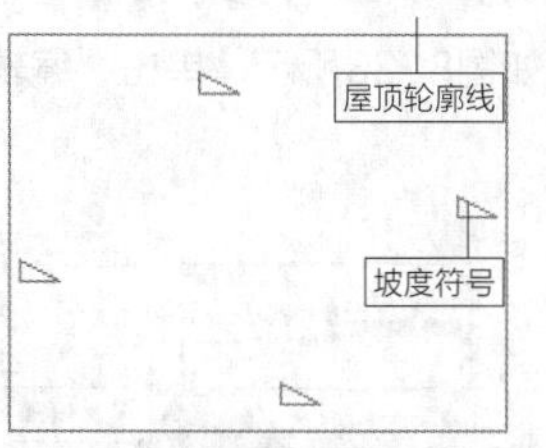

图 8-33 屋顶轮廓线

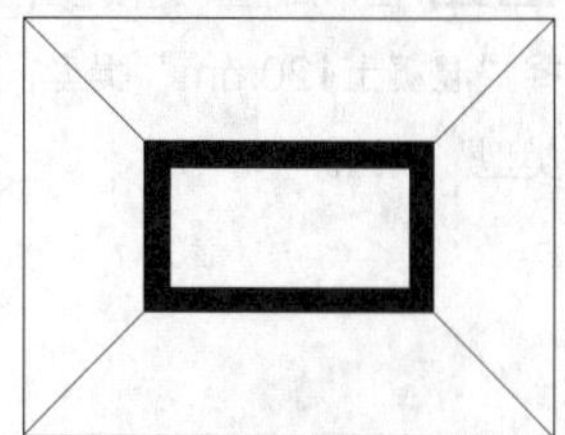

图 8-34 迹线屋顶的平面样式

切换至立面视图，查看迹线屋顶的立面样式，如图8-35所示。在快速访问工具栏上单击“默认三维视图”按钮，切换至三维视图，迹线屋顶的三维样式如图8-36所示。

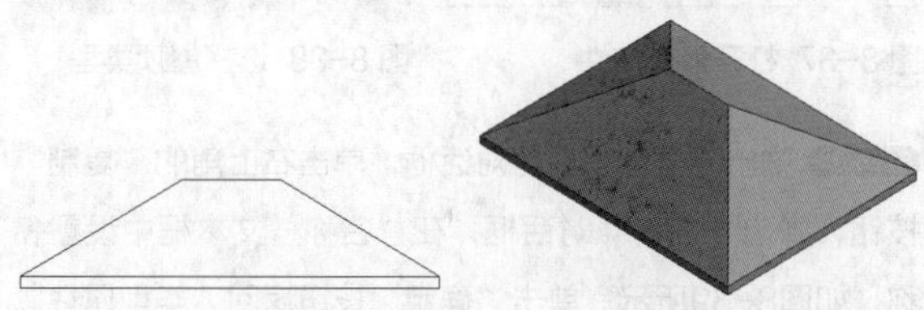

图 8-35 迹线屋顶的立面样式 图 8-36 迹线屋顶的三维样式

8.2.2 实战——创建迹线屋顶

难度：☆☆☆

素材文件路径	素材 \ 第 8 章 \8.2.2 实战——创建迹线屋顶 - 素材 .rte
效果文件路径	素材 \ 第 8 章 \8.2.2 实战——创建迹线屋顶 .rte
视频文件路径	视频 \ 第 8 章 \8.2.2 实战——创建迹线屋顶 .mp4
技术要点	设置结构参数、拾取墙体、创建迹线屋顶

8.2.1小节中介绍了创建迹线屋顶的操作方法，本小节将介绍“迹线屋顶”命令在实际绘图工作中的使用方法。

Step 01 打开资源中的“第8章\8.2.2 实战——创建迹线屋顶-素材.rte”文件，如图8-37所示。

Step 02 选择“建筑”选项卡，在“构建”面板上单击“屋顶”按钮，在列表中选择“迹线屋顶”命令，进入“修改|创建 屋顶迹线”选项卡。

Step 03 在“属性”选项板中打开“类型”列表，在其中选择“混凝土120mm”类型，如图8-38所示，单击“编辑类型”按钮。

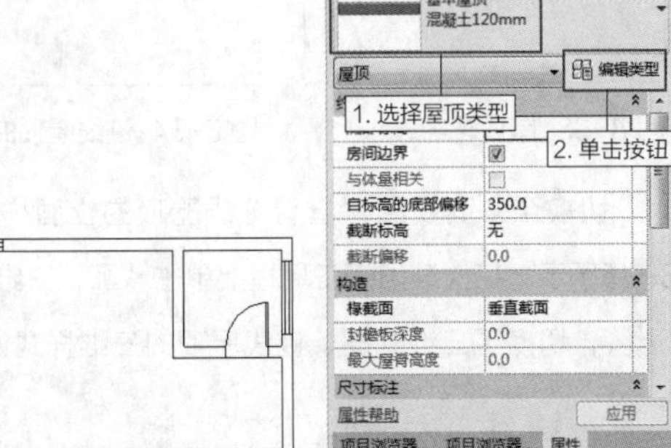

图 8-37 打开素材文件　　图 8-38 选择屋顶类型

Step 04 弹出“类型属性”对话框，单击右上角的“复制”按钮，弹出“名称”对话框，在“名称”文本框中设置名称，如图8-39所示。单击“确定”按钮返回“类型属性”对话框。

Step 05 对话框中的“类型”选项中显示出新建的屋顶类型，单击“编辑”按钮，如图8-40所示。

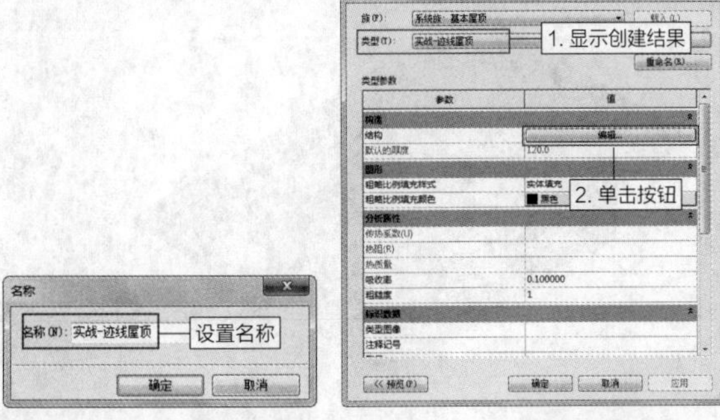

图 8-39 “名称”对话框　　图 8-40 “类型属性”对话框

Step 06 在“编辑部件”对话框中单击“插入”按钮，在列表中插入两个新层，如图8-41所示。

Step 07 分别修改两个新层的功能属性，单击“材质”单元格右侧的矩形按钮，弹出“材质浏览器”对话框。选择“默认屋顶”材质，执行“复制”和“重命名”操作，创建名称为“实战-屋顶面层”的材质。将材质赋予“面层2[5]”层，设置“面层2[5]”层的“厚度”为30，选择“可变”选项，如图8-42所示。

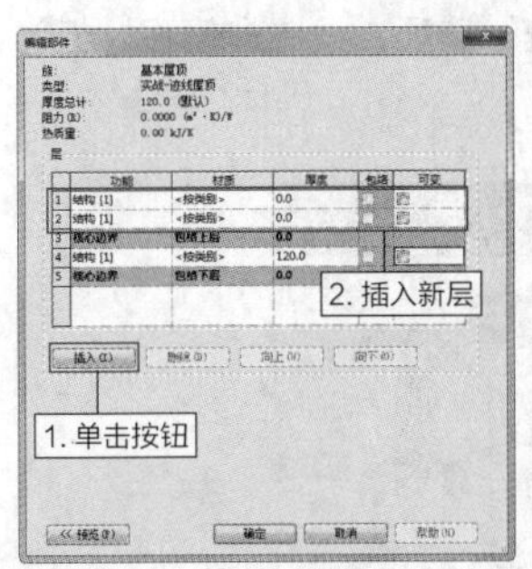

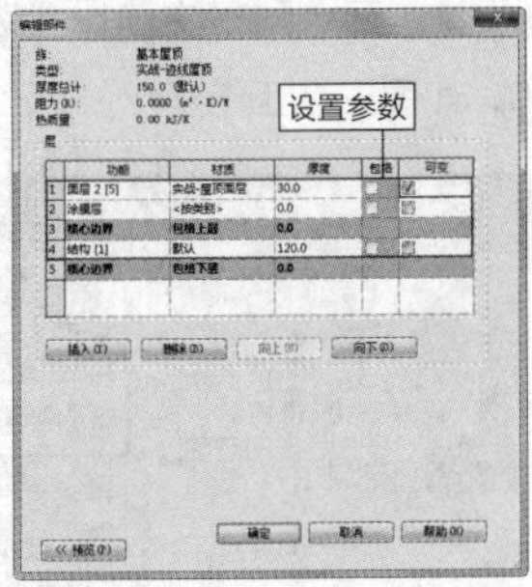

图 8-41 “编辑部件”对话框　图 8-42 设置参数

知识链接：

在介绍创建墙体的章节中已经讲解了创建材质的方法，创建屋顶材质的过程与创建墙体材质的过程类似，请读者翻阅至前面章节，查阅关于创建材质的具体操作方法。

Step 08 单击“确定”按钮关闭“编辑部件”对话框，返回“类型属性”对话框，“默认的厚度”选项中显示出屋顶的厚度值，如图8-43所示。单击“确定”按钮关闭对话框。

Step 09 在“属性”选项板中设置“底部标高”为F2，“自标高的底部偏移”值为350，单击“应用”按钮，如图8-44所示。

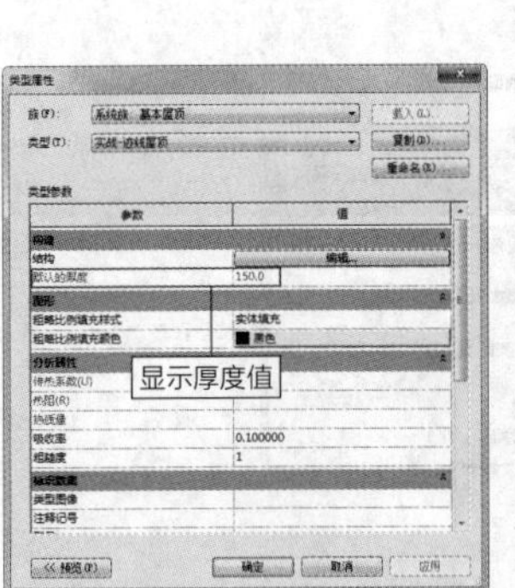

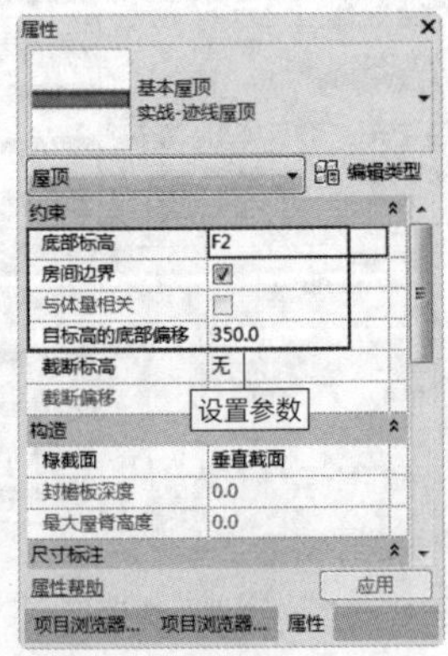

图 8-43 显示厚度值　　图 8-44 设置参数

延伸讲解：

如果是在F1视图中绘制屋顶，通常将“底部标高”设置为F2或F3，这样屋顶就可以定位在墙体的顶部。“自标高的底部偏移”值表示屋顶位于标高F2向上350mm处。

Step 10 在“绘制”面板中单击“拾取墙”按钮，在选项栏中选择“定义坡度”选项，设置“悬挑”值为1200，选择“延伸到墙中（至核心层）”选项，如图8-45所示。

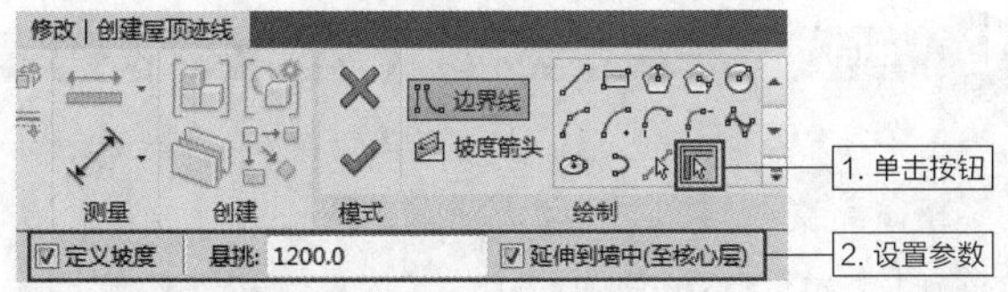

图 8-45　设置参数

Step 11 在绘图区中将鼠标指针置于外墙体上，拾取外墙体，此时可以预览虚线显示的屋顶轮廓线，如图8-46所示。

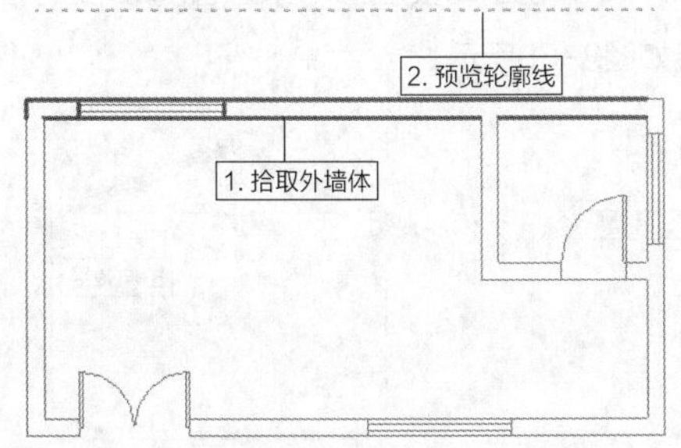

图 8-46 拾取外墙体

> **延伸讲解：**
>
> “悬挑”值的含义为屋顶轮廓线与墙体的距离。

Step 12 单击创建屋顶轮廓线，效果如图8-47所示。

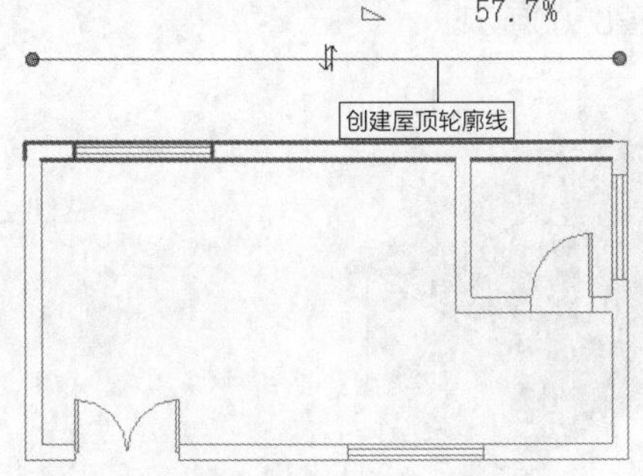

图 8-47 创建屋顶轮廓线

Step 13 继续拾取外墙体，创建闭合的屋顶轮廓线的效果如图8-48所示。

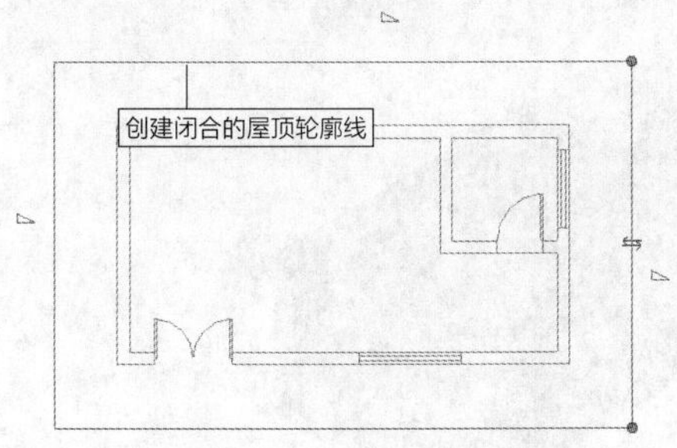

图 8-48 创建闭合的屋顶轮廓线

Step 14 单击“模式”面板上的“完成编辑模式”按钮✔，结束绘制。此时系统弹出图8-49所示的“Revit”对话框，询问用户“是否希望将高亮显示的墙附着到屋顶？”，单击“是”按钮，接受建议。

Step 15 切换至三维视图，观察迹线屋顶的创建效果，如图8-50所示。

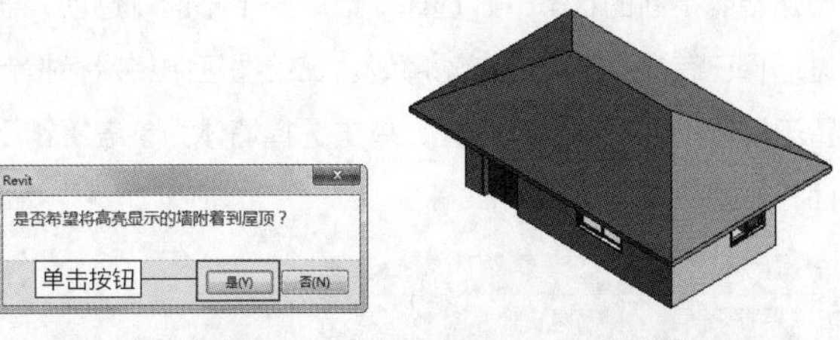

图 8-49　单击按钮　　图 8-50　创建迹线屋顶

> **知识链接：**
>
> 退出命令后，F1视图中并未显示屋顶的平面样式。因为在创建屋顶时将“底部标高”设置为F2，所以需要切换至F2视图，才可查看屋顶的平面样式。

8.2.3　拉伸屋顶　重点

启用“拉伸屋顶”命令，通过对指定的屋顶轮廓线执行拉伸操作，可以创建屋顶。用户可以自定义屋顶轮廓线的样式，屋顶的高度与轮廓线的位置有关。本小节将介绍创建拉伸屋顶的操作方法。

拉伸屋顶的轮廓线可以在立面视图或者三维视图中创建。在项目浏览器中选择立面视图，如西立面，如图8-51所示。双击切换至西立面视图。

选择“建筑”选项卡，在“构建”面板上单击“屋顶”按钮，在菜单中选择“拉伸屋顶”命令，如图8-52所示。随即进入放置拉伸屋顶的状态。

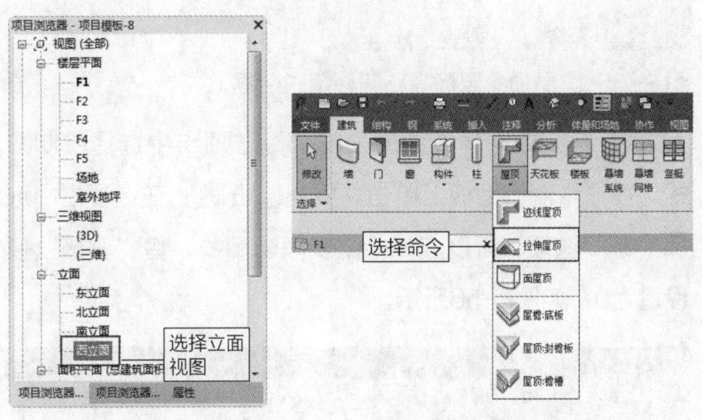

图 8-51 选择立面视图　图 8-52 选择“拉伸屋顶”命令

知识链接：

用户可以在任意的立面视图中创建屋顶轮廓线，如东立面、北立面等。本小节仅以西立面为例介绍创建屋顶轮廓线的方法。

系统弹出图8-53所示的“工作平面”对话框，在未创建参照平面的状态下，选择“拾取一个平面”选项，通过选择已有的平面来绘制轮廓线。在绘图区中将鼠标指针置于墙体上，高亮显示墙体，单击选择墙体为参考工作平面，如图8-54所示。

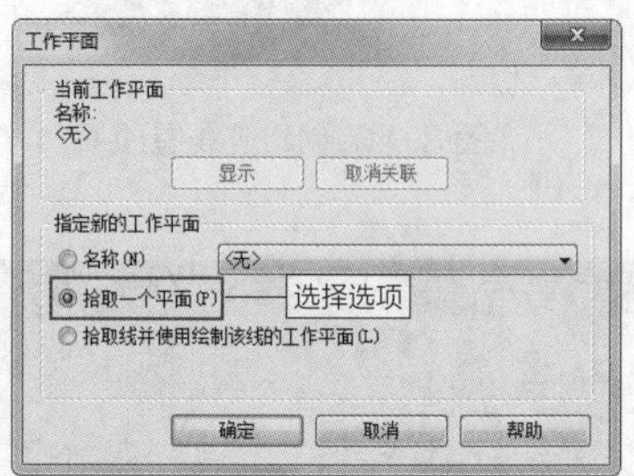

图8-53 “工作平面”对话框

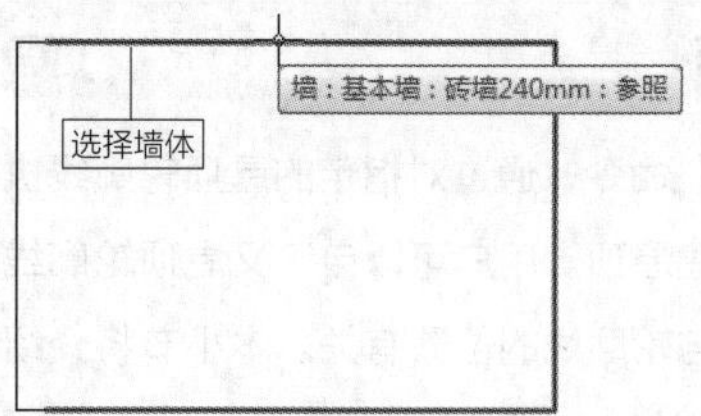

图8-54 选择墙体

紧接着系统弹出“屋顶参照标高和偏移”对话框，单击“标高”选项，在弹出的列表中选择标高，如图8-55所示。默认情况下“偏移”值为0，单击“确定”按钮关闭对话框。

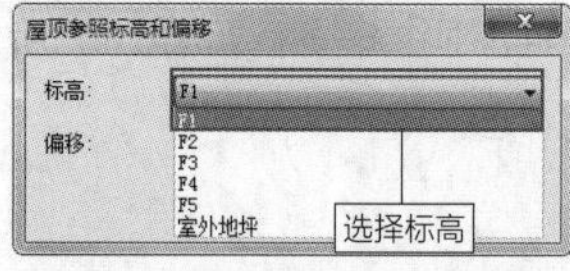

图8-55 “屋顶参照标高和偏移”对话框

在“修改|创建拉伸屋顶轮廓”选项卡中选择绘制方式，在“绘制”面板上单击“线”按钮，在选项栏中选择“链”选项，可以连续绘制多段轮廓线，将“偏移”值设置为0，如图8-56所示。

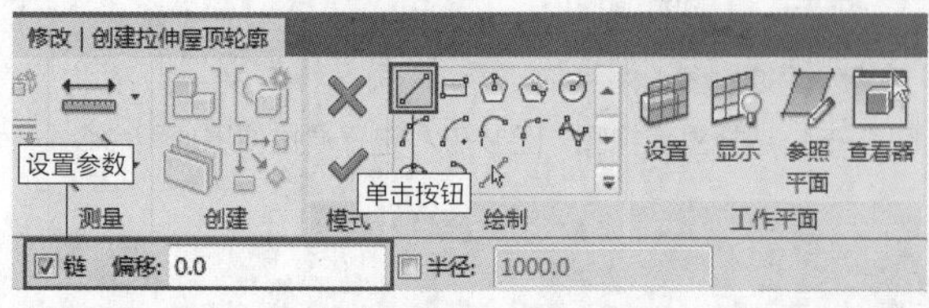

图8-56 “修改|创建拉伸屋顶轮廓”选项卡

延伸讲解：

在“屋顶参照标高和偏移”对话框中所设置的参数并不会影响屋顶的实际标高与高度。Revit为了方便管理屋顶，在创建之初会让用户设置屋顶的“标高”“偏移”参数。

在绘图区中绘制直线，创建屋顶轮廓线的效果如图8-57所示。单击“模式”面板上的“完成编辑模式”按钮✔，退出命令，系统自动根据用户创建的轮廓线执行拉伸操作，效果如图8-58所示。

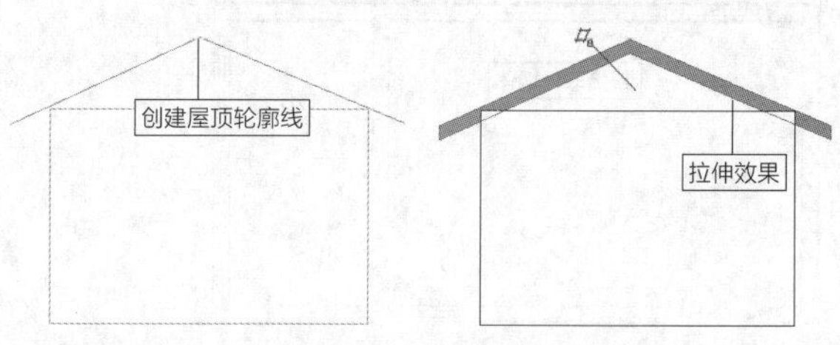

图8-57 创建屋顶轮廓线　　图8-58 拉伸效果

为了更加直观地观察拉伸屋顶的效果，可以切换至三维视图，图8-59所示为屋顶的三维样式。从效果图中可以观察到，墙体并未附着于屋顶，需要对模型执行“附着”操作。选择墙体，进入“修改|墙”选项卡，单击“修改墙”面板上的“附着顶部/底部”按钮，对墙体执行“附着”操作，如图8-60所示。

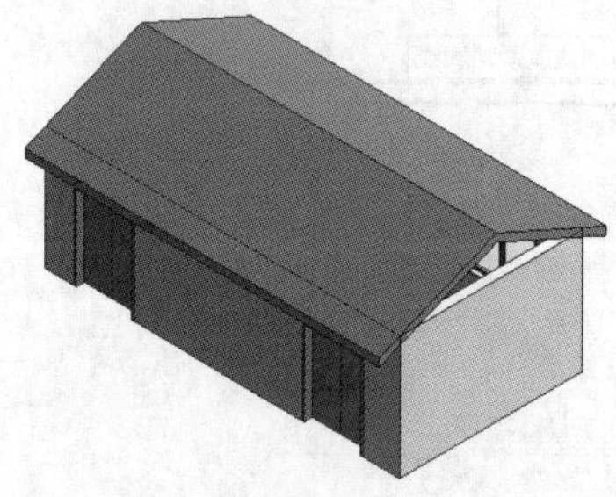

图8-59 三维样式

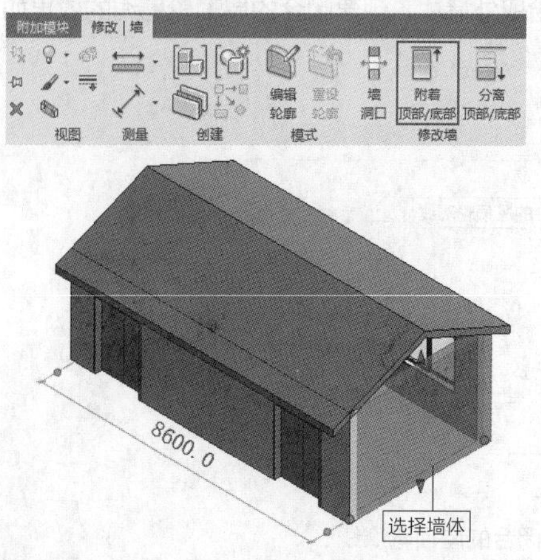

图8-60 选择墙体

将鼠标指针置于需要拉伸的屋顶上，选择屋顶，如图8-61所示。单击可以将墙体附着于屋顶上，效果如图8-62所示。转换视图方向，继续对另一侧的墙体执行“附着”操作，使其附着于屋顶。

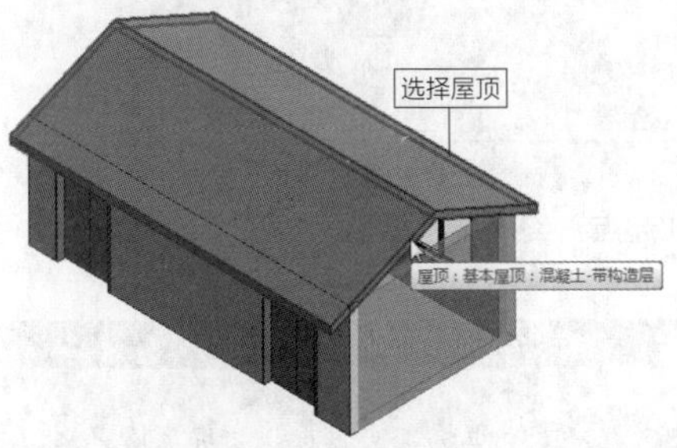

图 8-61 选择屋顶

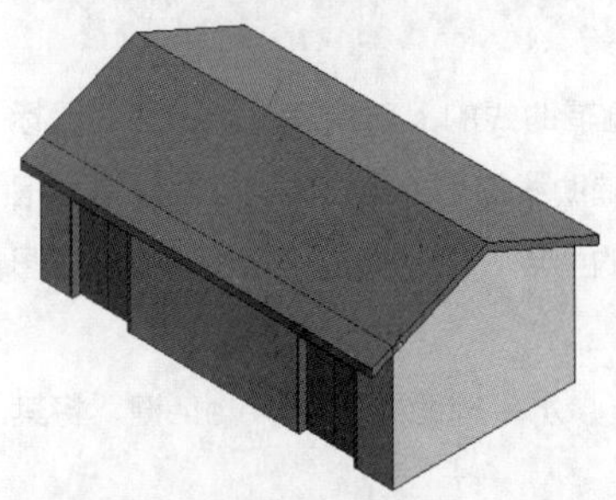

图 8-62 附着屋顶

延伸讲解：

在切换视图时，通过使用绘图区右上角的ViewCube，可以轻松地转换视图方向。ViewCube的具体使用方式，请翻阅第2章中与ViewCube相关的介绍。

8.2.4 实战——创建拉伸屋顶

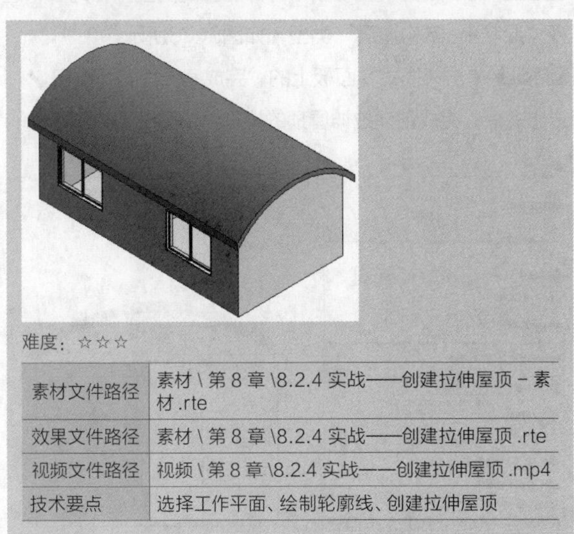

难度：☆☆☆

素材文件路径	素材 \ 第 8 章 \8.2.4 实战——创建拉伸屋顶 - 素材 .rte
效果文件路径	素材 \ 第 8 章 \8.2.4 实战——创建拉伸屋顶 .rte
视频文件路径	视频 \ 第 8 章 \8.2.4 实战——创建拉伸屋顶 .mp4
技术要点	选择工作平面、绘制轮廓线、创建拉伸屋顶

8.2.3小节中介绍了拉伸屋顶的创建方法，接着这些内容，本小节介绍在实际工作中创建拉伸屋顶的操作方法。

Step 01 打开资源中的“第8章\8.2.4 实战——创建拉伸屋顶-素材.rte”文件，如图8-63所示。

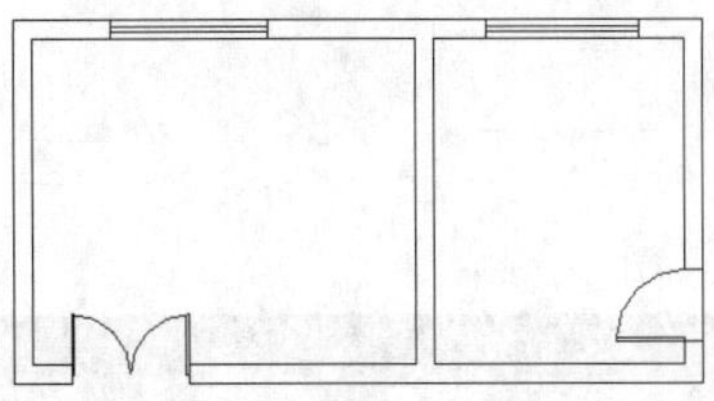

图 8-63 打开素材

Step 02 确认当前视图为F1视图，选择“建筑”选项卡，在“构建”面板上单击“屋顶”按钮，在弹出的菜单中选择“拉伸屋顶”命令。弹出“工作平面”对话框，选择“名称”选项，在列表中选择“轴网：1”选项，如图8-64所示。

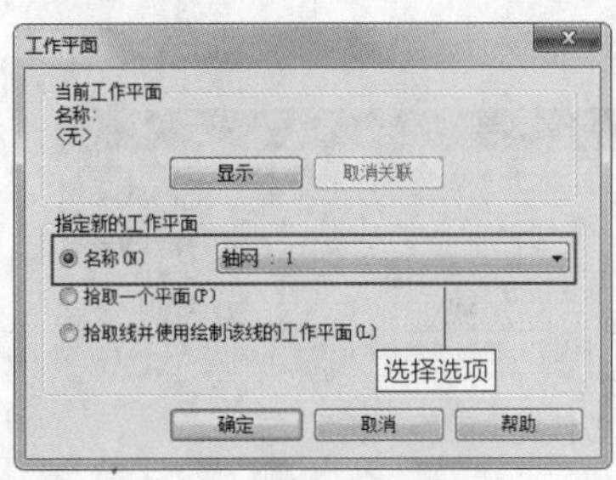

图 8-64 “工作平面”对话框

Step 03 单击“确定”按钮，弹出“转到视图”对话框，选择“立面：东立面”选项，如图8-65所示。单击“打开视图”按钮关闭对话框。

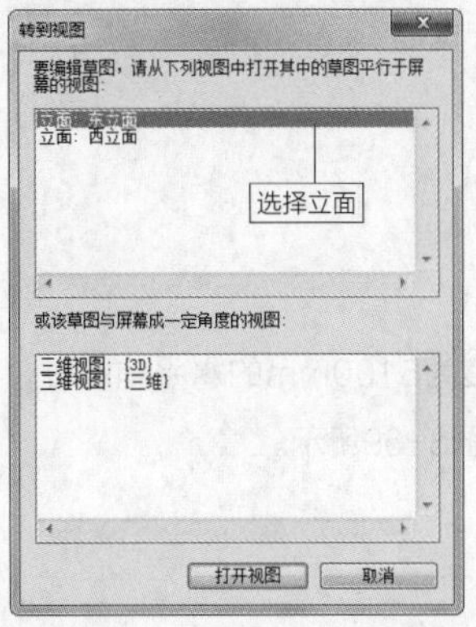

图 8-65 “转到视图”对话框

Step 04 弹出“屋顶参照标高和偏移”对话框，设置“标高”为F1，“偏移”值为0，单击“确定”按钮关闭对话框。系统自动切换至东立面视图，如图8-66所示。

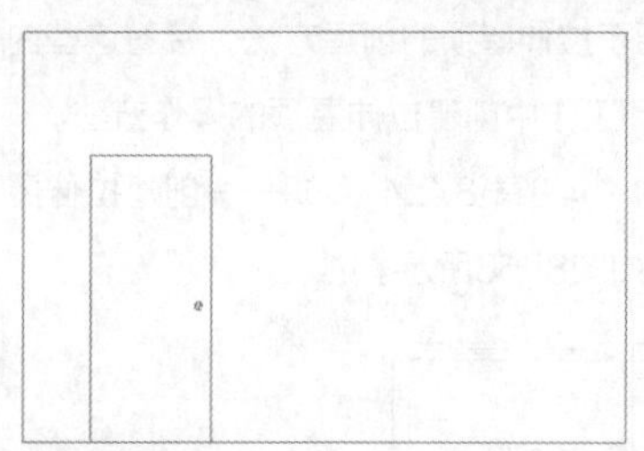
图 8-66 东立面视图

知识链接：

在平面视图或者立面视图中启用“拉伸屋顶”命令，在选择工作平面后，系统会弹出“转到视图”对话框，询问用户需要转到哪个视图执行创建拉伸屋顶的操作。假如是在三维视图中启用命令，不会弹出“转到视图”对话框。

Step 05 在“修改|创建拉伸屋顶轮廓”选项卡中选择“绘制”方式为“线”，选择“链”选项，保持“偏移”值为0，如图8-67所示。

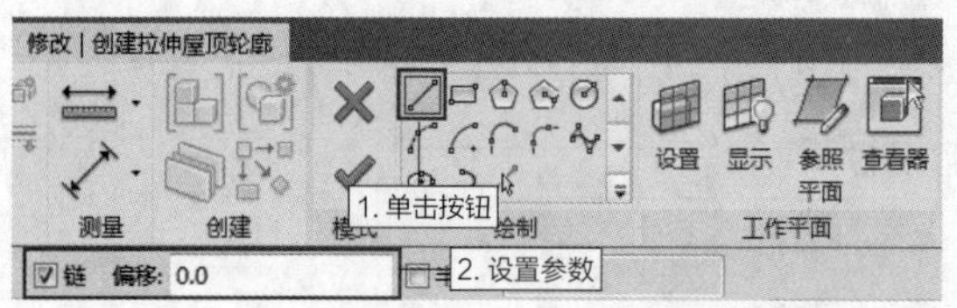

图 8-67 “修改 | 创建拉伸屋顶轮廓”选项卡

Step 06 在绘图区中绘制高度为400mm的垂直辅助线，如图8-68所示。

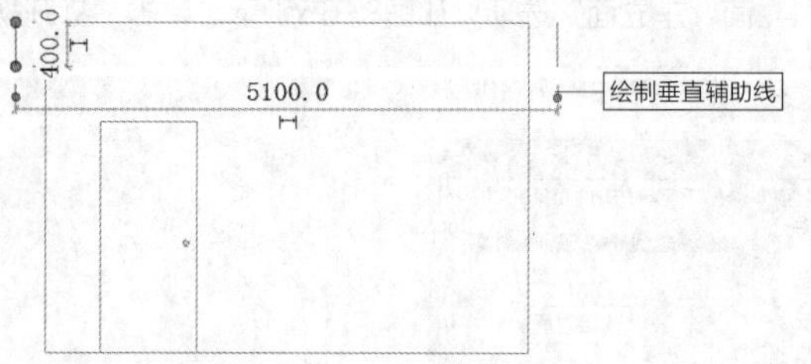

图 8-68 绘制垂直辅助线

Step 07 重复操作，绘制长度为5100mm的水平辅助线，与墙顶部相距1100mm，如图8-69所示。

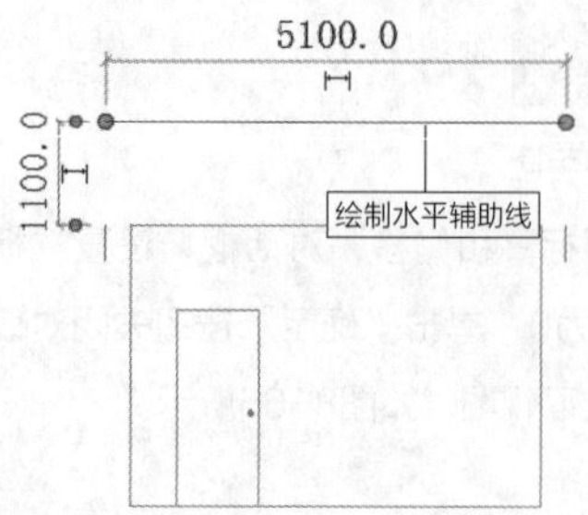

图 8-69 绘制水平辅助线

Step 08 在“绘制”面板中单击“起点-终点-半径弧”按钮，如图8-70所示，更改绘制轮廓线的方式。

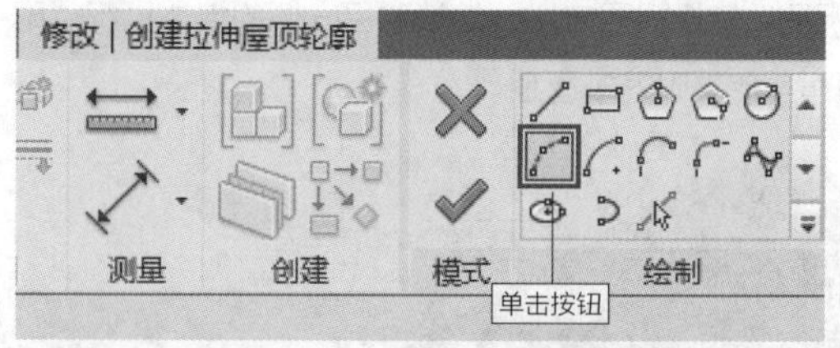

图 8-70 单击“起点 - 终点 - 半径弧”按钮

知识链接：

绘制辅助线是为了更准确地定位屋顶轮廓线的位置。绘制完成一段辅助线，按Esc键，系统不会退出命令，可以继续执行绘制操作。

Step 09 单击左侧垂直辅助线的上部端点，向右移动鼠标指针，单击右侧垂直辅助线的上部端点，向上移动鼠标指针，单击水平辅助线的中点，绘制弧形轮廓线的效果如图8-71所示。

Step 10 依次选择垂直、水平辅助线，按Delete键，将其删除，如图8-72所示。

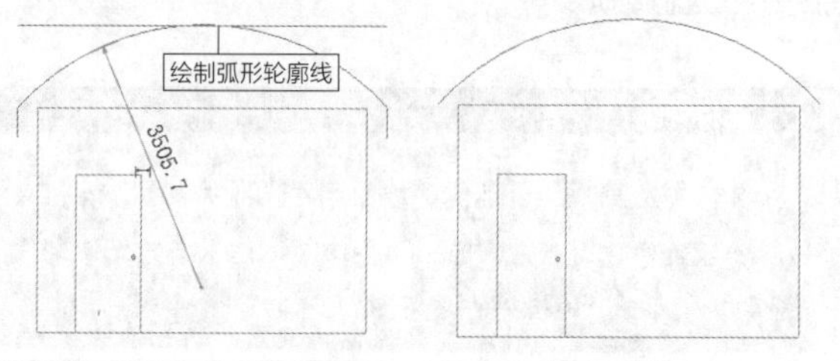

图 8-71 绘制弧形轮廓线　　图 8-72 删除辅助线

Step 11 在“属性”选项板中选择屋顶的类型，在列表中选择“混凝土-带构造层”类型，如图8-73所示。

Step 12 单击“模式”面板上的“完成编辑模式”按钮，退出命令，完成创建拉伸屋顶的操作，如图8-74所示。

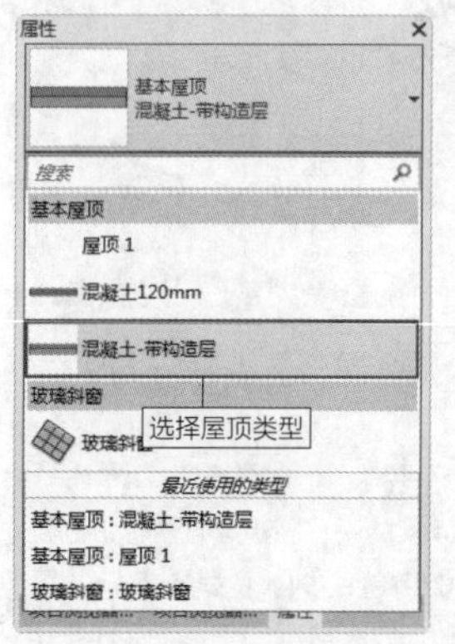

图 8-73 “属性”选项板

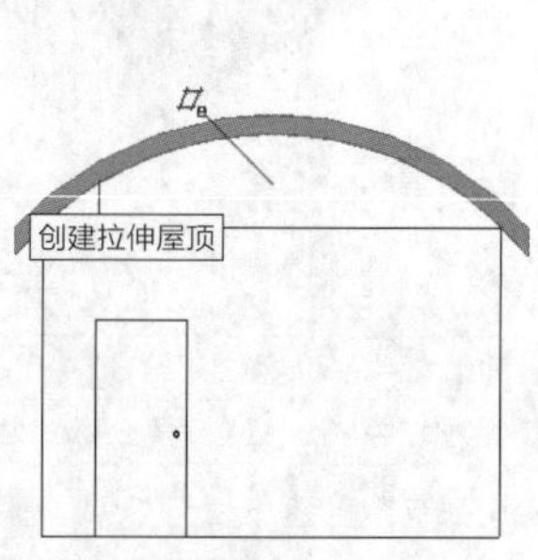

图 8-74 创建拉伸屋顶

延伸讲解：

项目模板提供了默认的屋顶类型，用户也可以自定义屋顶的结构类型，具体的操作方法请参考8.2.2小节中的内容。

Step 13 切换至三维视图，查看拉伸屋顶的三维样式，如图8-75所示。

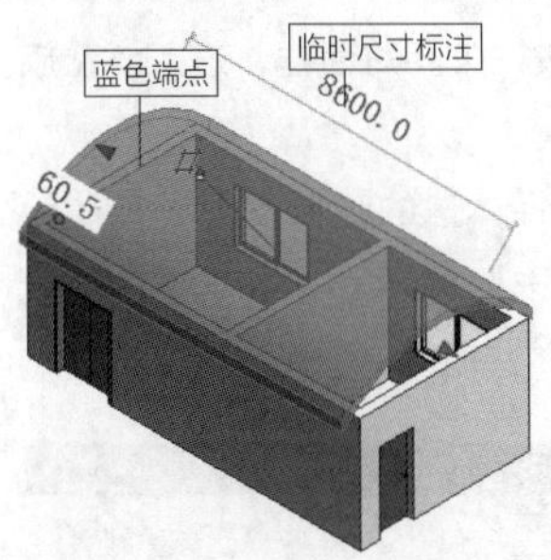

图 8-75　三维样式

知识链接：

切换至三维视图后，有时候会发现屋顶的尺寸过大或者过小。此时可以单击选中屋顶，激活屋顶左右两侧的蓝色三角形端点，按住并拖动鼠标，可以调整端点的位置来修改屋顶的长度。或者单击屋顶的临时尺寸标注，进入可编辑模式，修改尺寸标注数字，同样可以达到修改屋顶长度的效果。

Step 14 因为是在F1视图中创建的拉伸屋顶，所以需要切换至F2视图查看屋顶的平面样式。选择屋顶，通过修改屋顶的临时尺寸标注参数，达到更改屋顶平面尺寸的目的，如图8-76所示。

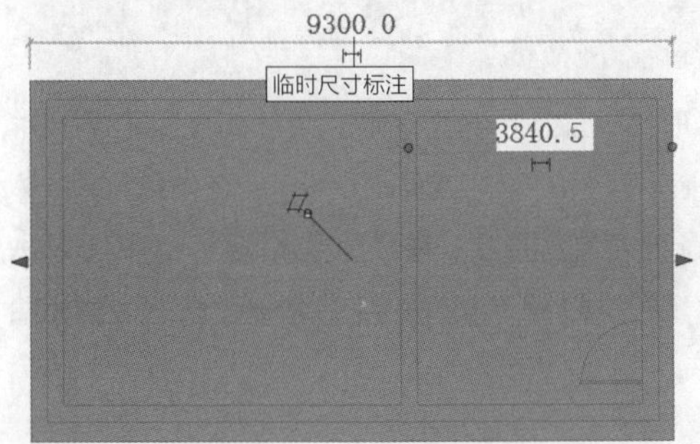

图 8-76　平面样式

Step 15 返回三维视图，选择墙体，激活“修改|墙”选项卡中的“附着顶部/底部”按钮，如图8-77所示。

Step 16 单击屋顶，使墙体附着于屋顶，效果如图8-78所示。转换视图方向，继续执行“附着”操作，使另一侧的墙体附着于屋顶。图8-79所示为创建拉伸屋顶的最终效果。

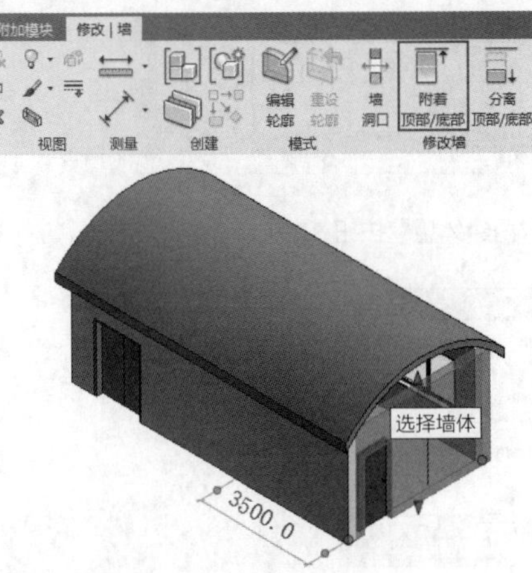

图 8-77　选择墙体

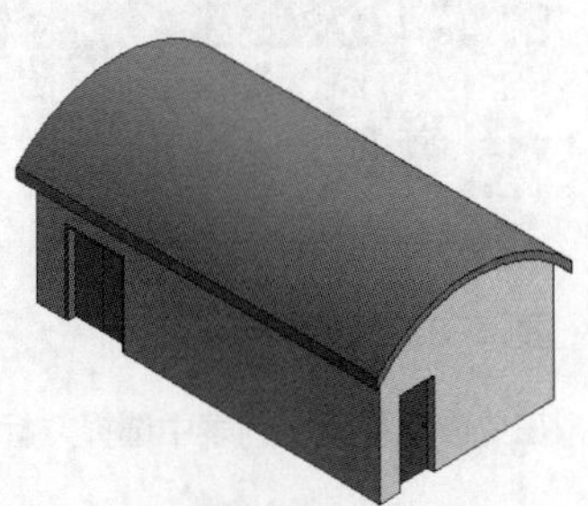

图 8-78　附着屋顶

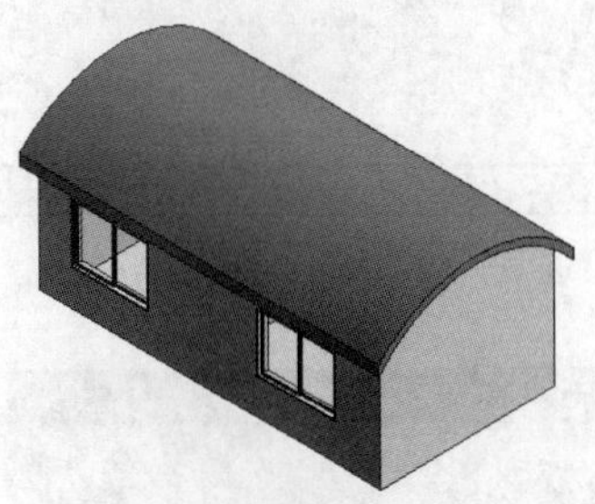

图 8-79　创建拉伸屋顶

8.2.5　面屋顶　难点

启用“面屋顶”命令，可以使用非垂直的体量面来创建屋顶。顾名思义，在创建面屋顶之前，需要创建体量。为了更加充分地说明面屋顶的创建过程，本小节先讲解创建体量的操作方法，接着介绍如何在体量的基础上创建面屋顶。

1. 创建体量

选择“体量和场地”选项卡，单击“概念体量”面板上的“内建体量”按钮，如图8-80所示，进入创建体量的状态。系统随即弹出图8-81所示的“体量-显示体量已启用”对话框，提示用户所创建的体量可见。

图 8-80 单击“内建体量”按钮

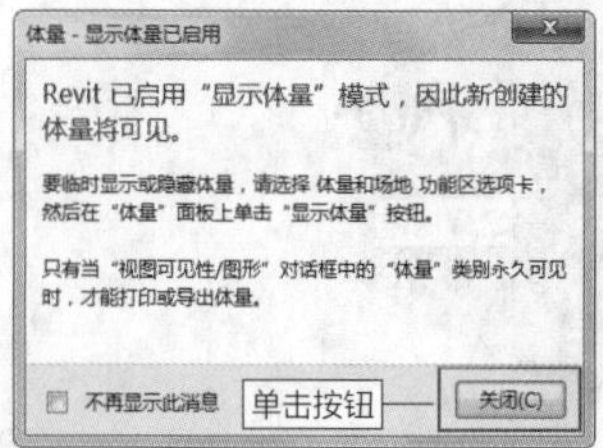

图 8-81 “体量 - 显示体量已启用”对话框

延伸讲解：

在“体量-显示体量已启用”对话框中选择“不再显示此消息”选项，在下一次启用“内建体量”命令时不会再弹出对话框。

单击“关闭”按钮，弹出图8-82所示的“名称”对话框。系统默认设置体量名称为“体量1”，用户也可以自定义体量名称。单击“确定”按钮关闭对话框，进入体量族编辑界面。

在“创建”选项卡中选择体量的绘制方式，在“绘制”面板中单击“内接多边形”按钮，如图8-83所示。随即进入“修改|放置 线”选项卡。

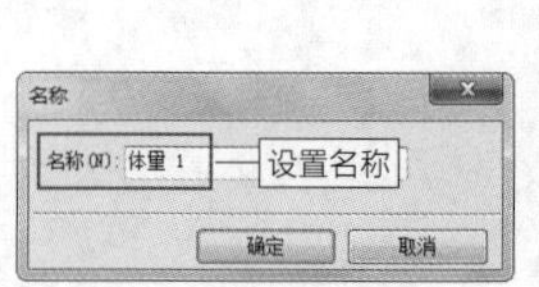

图 8-82 “名称”对话框

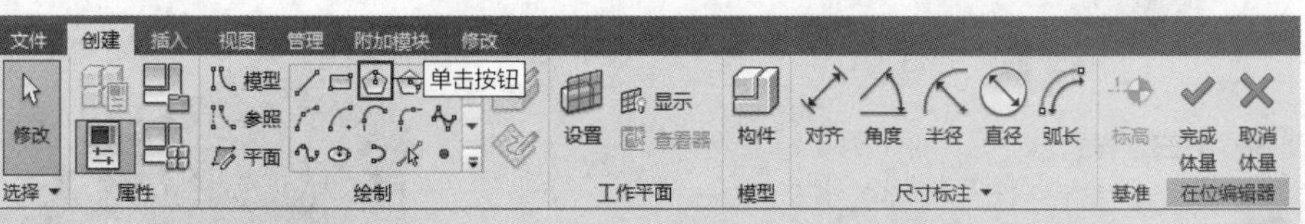

图 8-83 选择绘制方式

在选项栏中设置参数，在“放置平面”列表中选择“标高：F1”，设置“边”值为6，“偏移”值可保持默认，也可自定义，如图8-84所示。

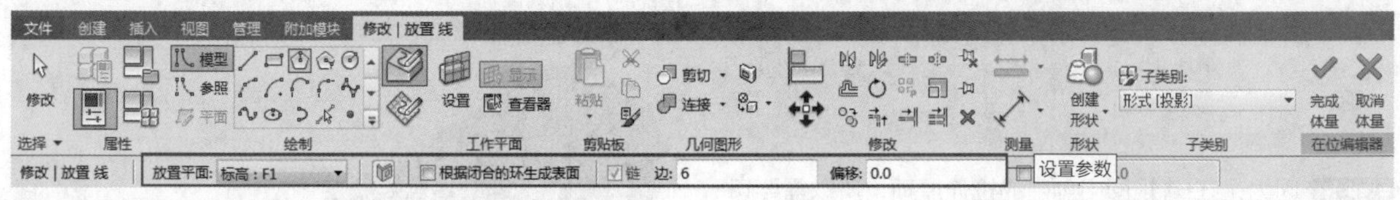

图 8-84 “修改 | 放置 线”选项卡

知识链接：

在“绘制”面板中提供多种样式的绘制工具，每一种工具都可创建不同样式的体量模型。本部分以“内接多边形”为例进行介绍，用户可以尝试选择其他工具来创建不同样式的体量。

在绘图区中单击指定多边形的中心，移动鼠标指针，指定多边形的半径，如图8-85所示。在合适的位置单击，绘制多边形轮廓线的效果如图8-86所示。

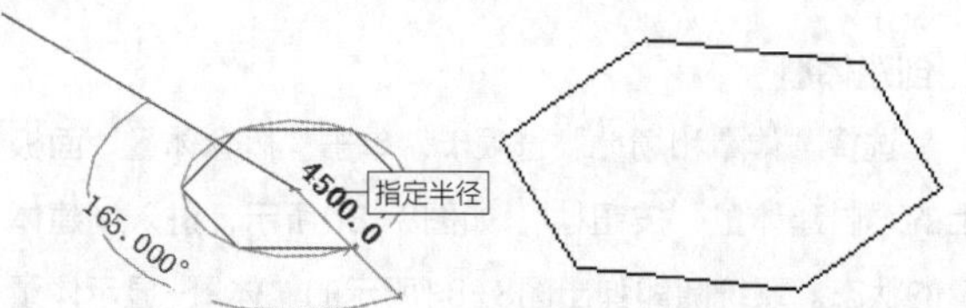

图 8-85 指定半径　图 8-86 绘制多边形轮廓线

知识链接：

单击指定多边形的起点后，移动鼠标指针，通过键盘输入半径值，也可以定义多边形的半径大小。

在“形状”面板上单击“创建形状”按钮，在列表中选择“实心形状”命令，如图8-87所示，在创建完毕的体量轮廓线上生成实心形状。在“在位编辑器”面板上单击“完成体量”按钮✔，退出命令，创建体量的效果如图8-88所示。

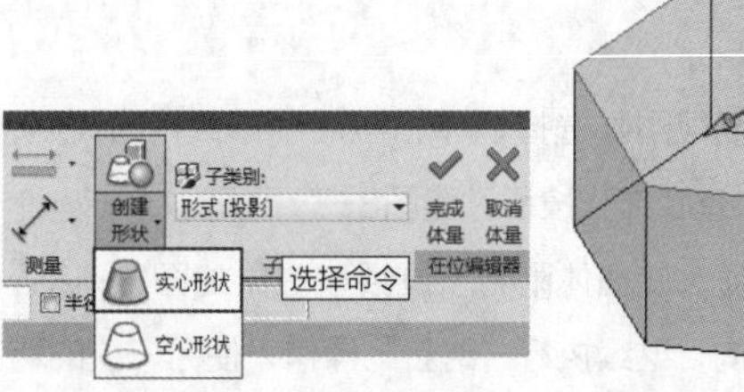

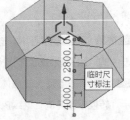

图 8-87 选择“实心形状”命令　图 8-88 创建体量

知识链接：

在体量模型上单击临时尺寸标注，进入可编辑模式，通过修改临时尺寸标注，可以调整体量模型的尺寸。

2. 创建面屋顶

选择“建筑”选项卡，在“构建”面板上单击“屋顶”按钮，在弹出的列表中选择“面屋顶”命令，如图8-89所示。进入放置面屋顶的状态，在“修改|放置面屋顶”选项卡的“多重选择”面板中单击“选择多个”按钮，并在选项栏中设置“标高”与“偏移”参数，如图8-90所示。

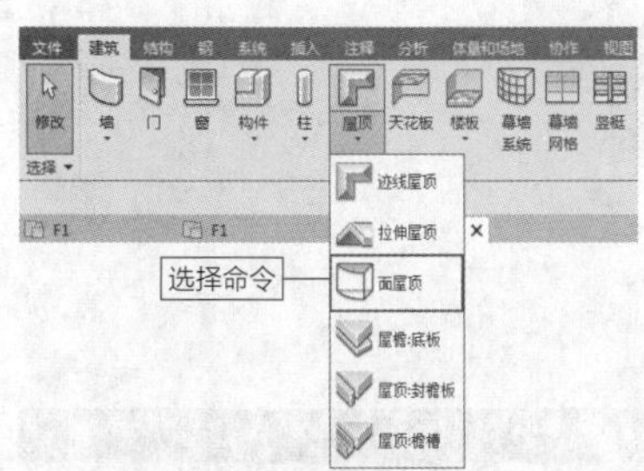

图 8-89　选择“面屋顶”命令

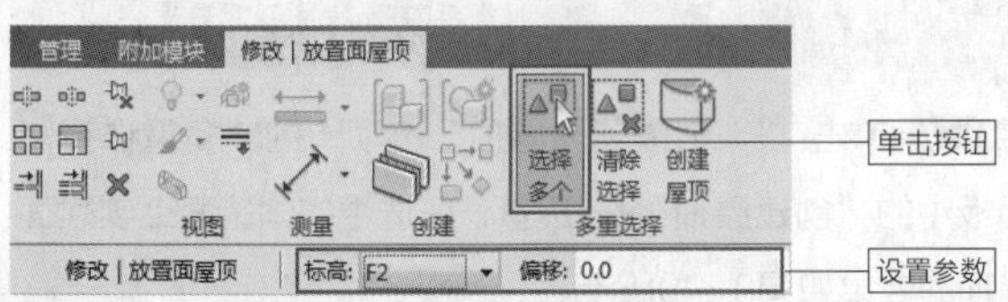

图 8-90　“修改 | 放置面屋顶”选项卡

延伸讲解：

在体量中选择面后，单击“多重选择”面板上的“清除选择”按钮，可以取消选择。

在“属性”选项板中选择屋顶类型，并在“约束”选项组中设置“参照标高”与“标高偏移”参数，如图8-91所示。将鼠标指针置于体量面上，高亮显示体量面边界线，如图8-92所示。

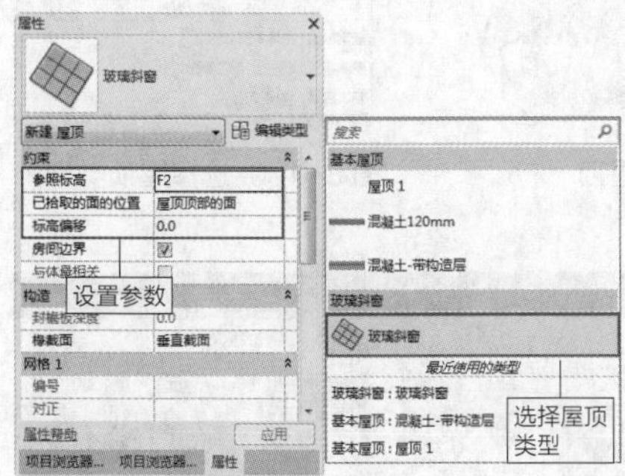

图 8-91　选择屋顶类型

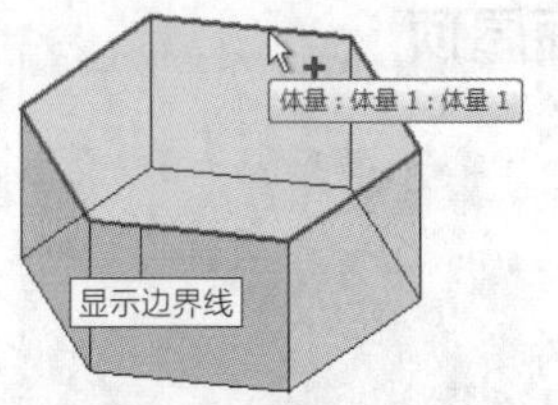

图 8-92　显示边界线

知识链接：

“属性”选项板中的“参照标高”与“标高偏移”选项，与选项栏中的“标高”“偏移”是相同的，选项栏中的参数可以应用到“属性”选项板。

单击后被选中的体量面显示为红色，如图8-93所示。单击“多重选择”面板上的“创建屋顶”按钮，将在选中的面上创建屋顶。图8-94所示为创建面屋顶的效果。因为在“属性”选项板中选择了“玻璃斜窗”的屋顶类型，所以屋顶的样式显示为透明的玻璃。用户也可以选择其他的屋顶类型来创建面屋顶。

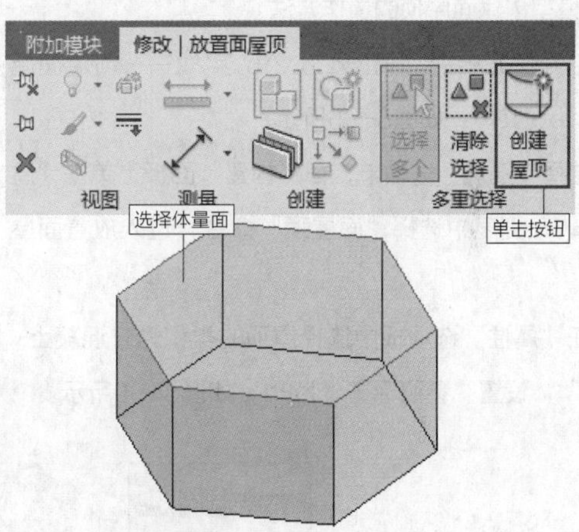

图 8-93　选择体量面

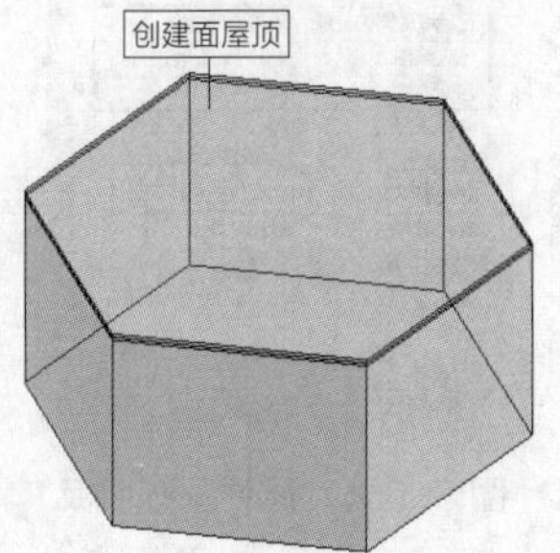

图 8-94　创建面屋顶

延伸讲解：

需要注意的是，只有在拾取体量的非垂直面时，才可以在面的基础上创建面屋顶。

8.2.6　实战——创建面屋顶

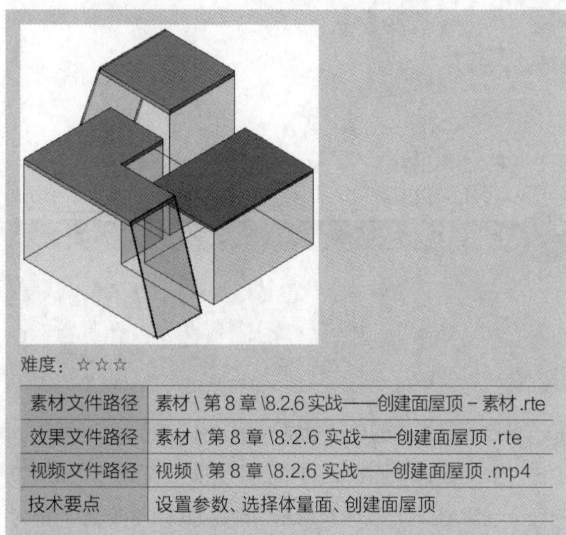

难度：☆☆☆

素材文件路径	素材\第8章\8.2.6实战——创建面屋顶-素材.rte
效果文件路径	素材\第8章\8.2.6实战——创建面屋顶.rte
视频文件路径	视频\第8章\8.2.6实战——创建面屋顶.mp4
技术要点	设置参数、选择体量面、创建面屋顶

在8.2.5小节中讲解了创建体量与在体量模型的基础上创建面屋顶的操作方法，本小节将介绍在绘图工作中为不同的体量模型创建面屋顶的操作方法。

Step 01 打开资源中的“第8章\8.2.6 实战——创建面屋顶-素材.rte”文件，如图8-95所示。

Step 02 选择“建筑”选项卡，在“构建”面板上单击“屋顶”按钮，在列表中选择“面屋顶”命令，进入放置面屋顶的状态。

Step 03 在“属性”选项板中选择屋顶的类型为“混凝土-带构造层”，设置“参照标高”为F1，如图8-96所示。

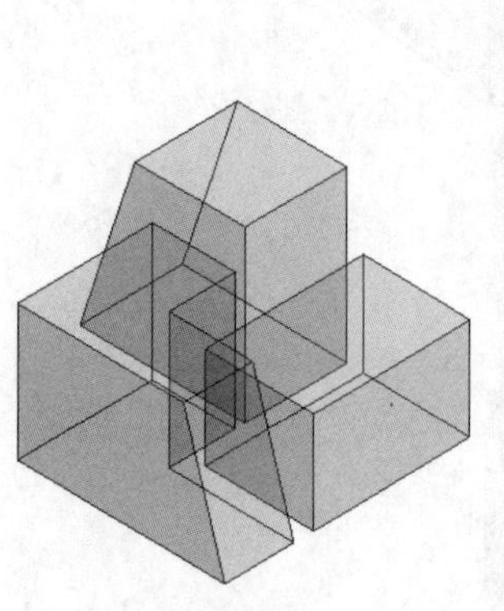

图8-95 打开素材

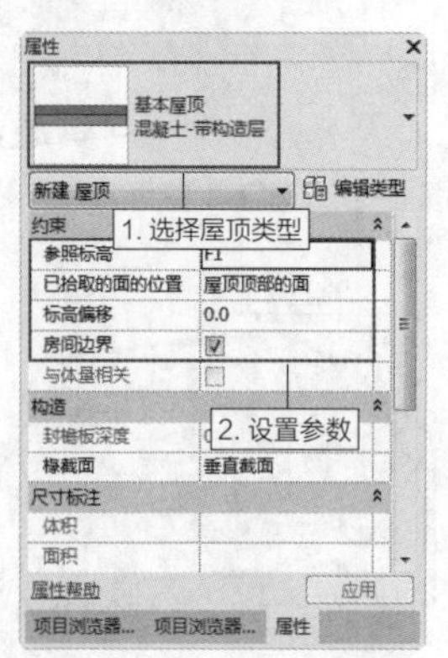

图8-96 “属性”选项板

Step 04 将鼠标指针置于体量面上，高亮显示体量面轮廓线，如图8-97所示。

Step 05 单击选中体量面，效果如图8-98所示。

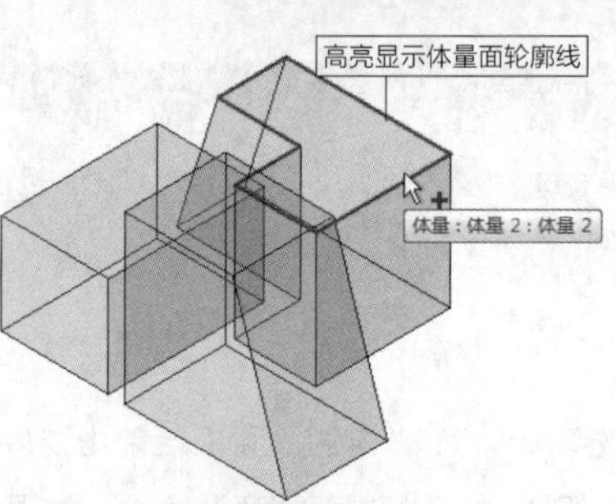

图8-97 高亮显示体量面轮廓线

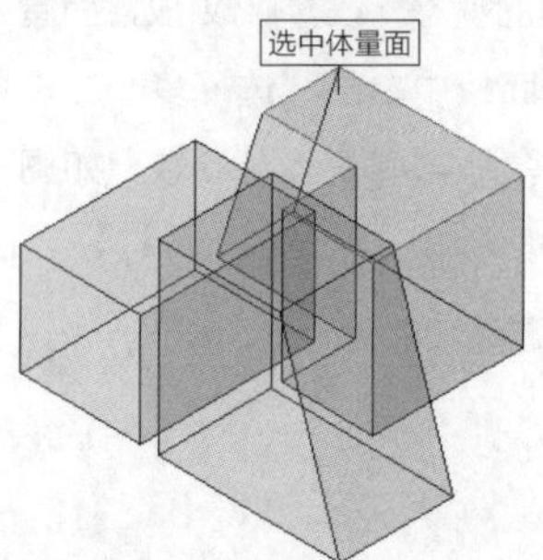

图8-98 选中体量面

延伸讲解：

将鼠标指针置于体量模型上，当鼠标指针经过非垂直面时，可以高亮显示面轮廓线。对于垂直面，是不可被选中的。

Step 06 单击“修改|放置面屋顶”选项卡的“多重选择”面板中的“创建屋顶”按钮，在选中的体量面上创建面屋顶的效果如图8-99所示。

Step 07 此时仍然处于创建面屋顶的命令中，在“属性”选项板中选择屋顶类型为“玻璃斜窗”，如图8-100所示，为另一体量面创建面屋顶。

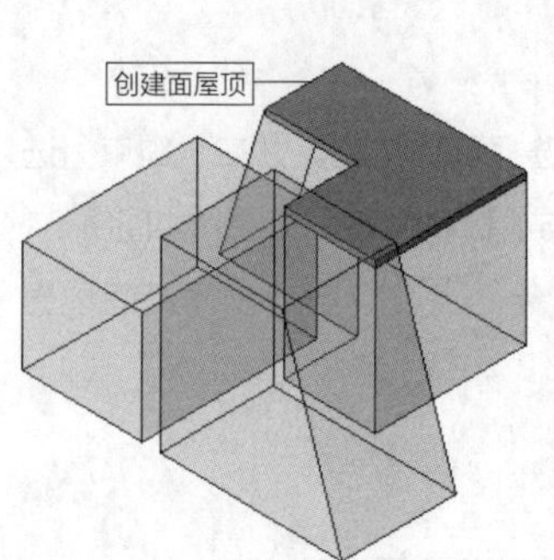

图8-99 创建面屋顶

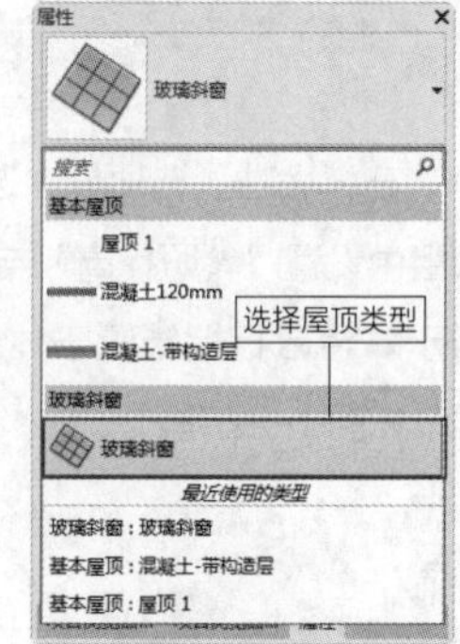

图8-100 选择屋顶类型

知识链接：

通过单击“创建屋顶”按钮创建面屋顶后，系统仍然停留在该命令中，用户可以继续执行创建屋顶的操作。假如需要退出命令，按键盘左上角的Esc键即可。

Step 08 在体量模型上选择体量面，如图8-101所示。

Step 09 单击“创建屋顶”按钮，创建面屋顶的效果如图8-102所示。观察面屋顶的位置，发现与体量面并未重合。

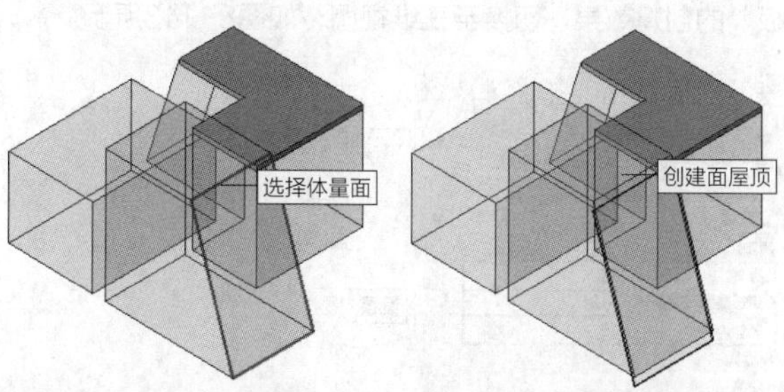

图 8-101 选择体量面　　图 8-102 创建面屋顶

延伸讲解：

在前面介绍关于创建面模型的知识时有讲到可以在“非垂直面”上创建面屋顶。倾斜面不是水平面，也不是垂直面，因此属于“非垂直面”，可以为其创建面屋顶。

Step 10 通过使用绘图区右上角的ViewCube，选择视图方向为“前”，切换至前视图，如图8-103所示。

Step 11 选择面屋顶，按键盘上的方向键，调整面屋顶的位置，使其位于合适位置，效果如图8-104所示。

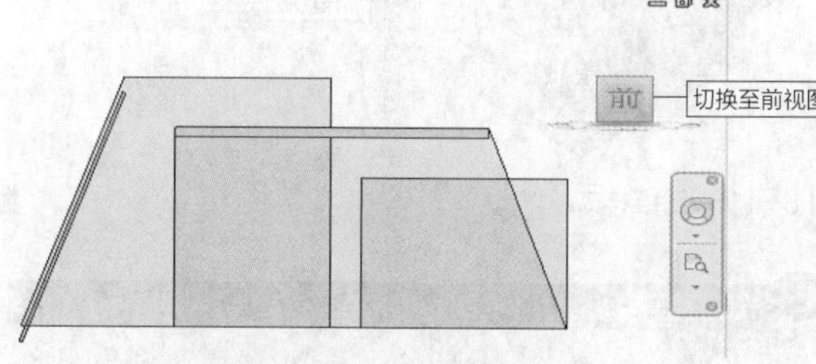

图 8-103 切换至前视图

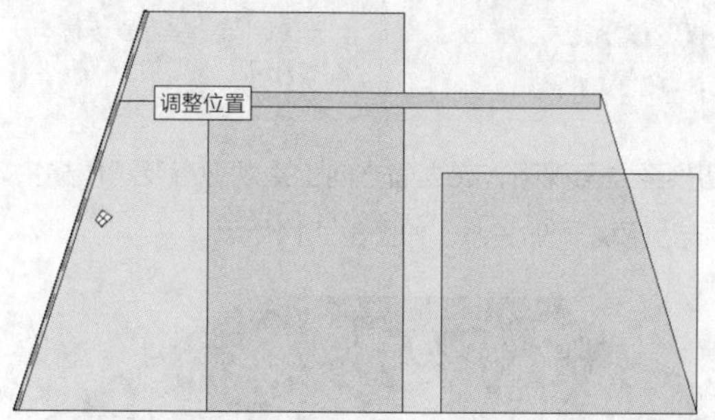

图 8-104 调整位置

Step 12 再次通过ViewCube调整视图方向，显示体量模型的三维样式，观察调整面屋顶位置后的效果，发现面屋顶已经与体量面重合，如图8-105所示。重复上述操作，为其他体量模型的非垂直面创建面屋顶。

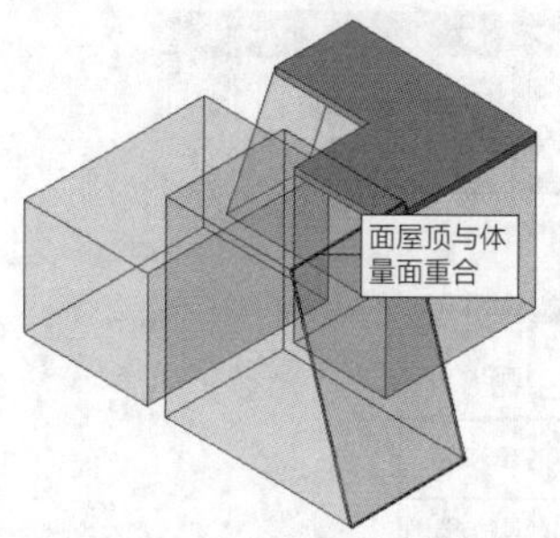

图 8-105 面屋顶与体量面重合

知识链接：

当需要调整面屋顶的位置时，应使用ViewCube来灵活调整视图方向。除了前视图，在右视图中也可以调整面屋顶的位置，如图8-106所示。应该根据具体情况，思考切换到哪个类型的视图更有利于执行调整位置的操作。

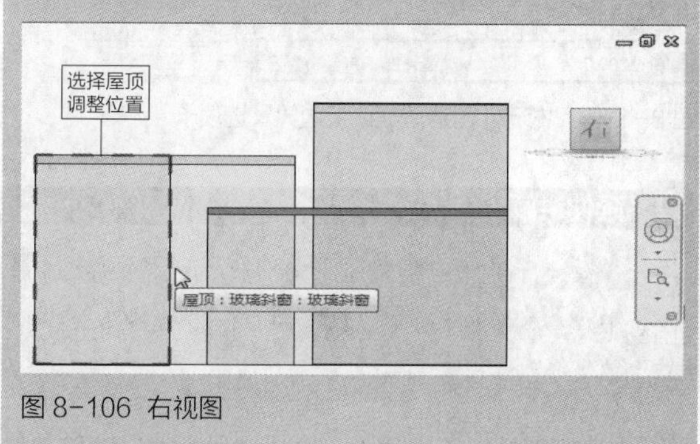

图 8-106 右视图

Step 13 图8-107所示为创建面屋顶的最终效果。

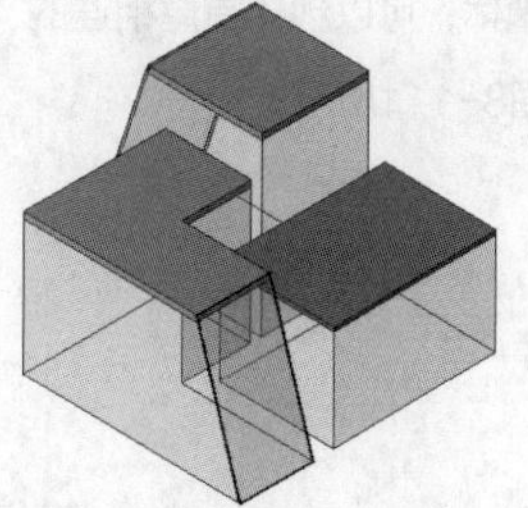

图 8-107 创建面屋顶

8.2.7 屋檐：底板 **重点**

启用“屋檐：底板”命令，通过拾取墙边或者屋顶边来创建屋檐底板。本小节介绍创建“屋檐：底板”的操作方法。

选择“建筑”选项卡，在“构建”面板上单击“屋顶”按钮，在列表中选择“屋檐：底板”命令，如图8-108所示。进入放置“屋檐：底板”的状态，在“修改|创建屋檐底板边界”选项卡的“绘制”面板中单击“拾取墙”按钮，在选项栏中设置“偏移”值为1200，如图8-109所示。

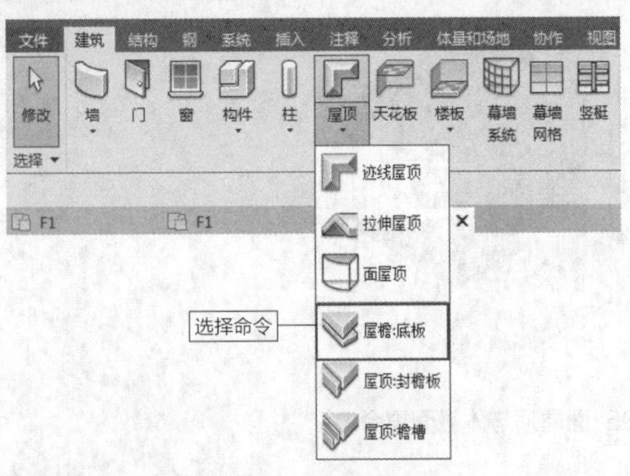

图 8-108 选择“屋檐：底板”命令

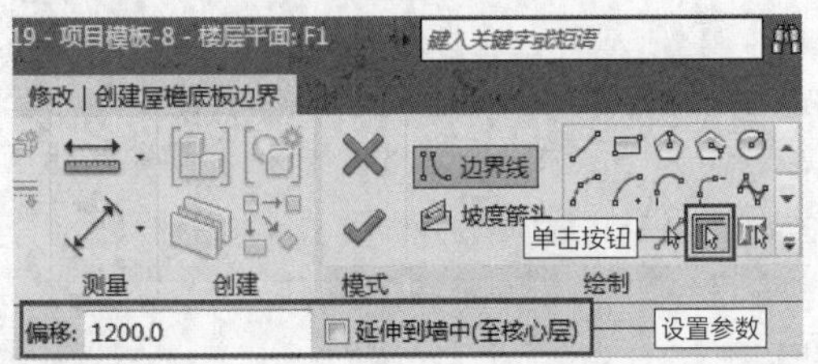

图 8-109 “修改 | 创建屋檐底板边界”选项卡

延伸讲解：

“偏移”值表示“屋檐：底板”轮廓线与外墙线的间距。假如将参数值设置为0，结果是“屋檐：底板”轮廓线与外墙线重合。

将鼠标指针置于墙体上，选择墙体，同时预览“屋檐：底板”轮廓线，如图8-110所示。单击沿选定的墙体创建一段轮廓线；连续单击来选择墙体，可以创建首尾相连的“屋檐：底板”轮廓线，效果如图8-111所示。

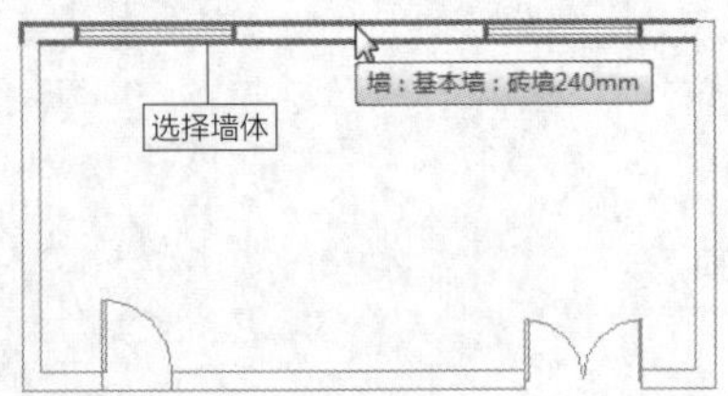

图 8-110 选择墙体

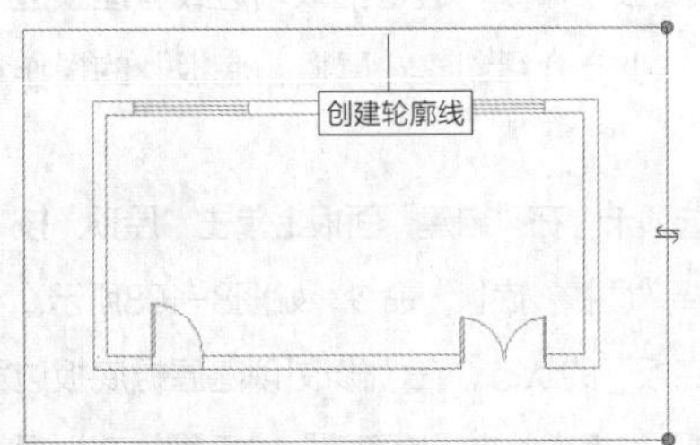

图 8-111 创建轮廓线

在“属性”选项板中选择“常规-300mm”的类型，并在“约束”选项组中设置“标高”与“自标高的高度偏移”参数，如图8-112所示。切换至F2视图，查看“屋檐：底板”的平面样式。为了更方便地观察“屋檐：底板”的创建效果，切换至三维视图，如图8-113所示。

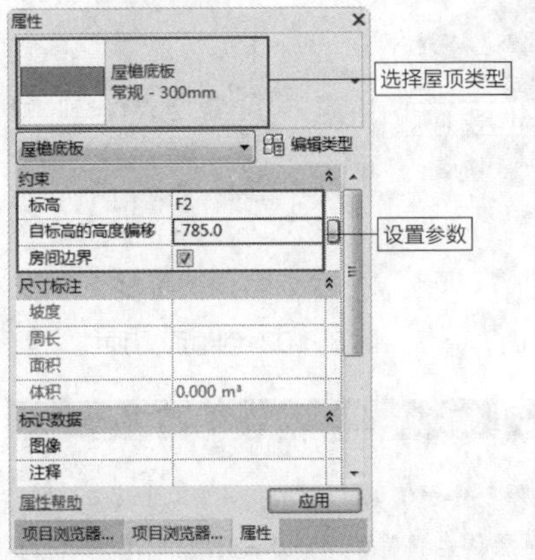

图 8-112 “属性”选项板

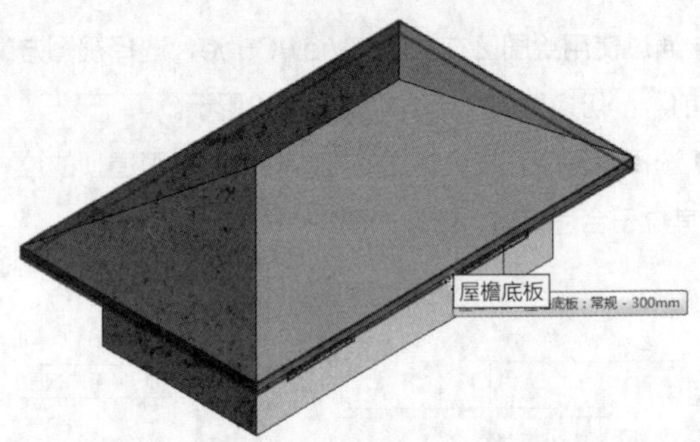

图 8-113 三维样式

知识链接：

“属性”选项板的“标高”选项中的F2表示“屋檐：底板”位于F2。“自标高的高度偏移”值表示“屋檐：底板”以F2标高线为基准线，向下移动785mm。假如参数值为正数，则“屋檐：底板”向上移动。

切换至立面视图，在立面方向上直观地感受“屋檐：底板”与屋顶之间的关系，如图8-114所示。

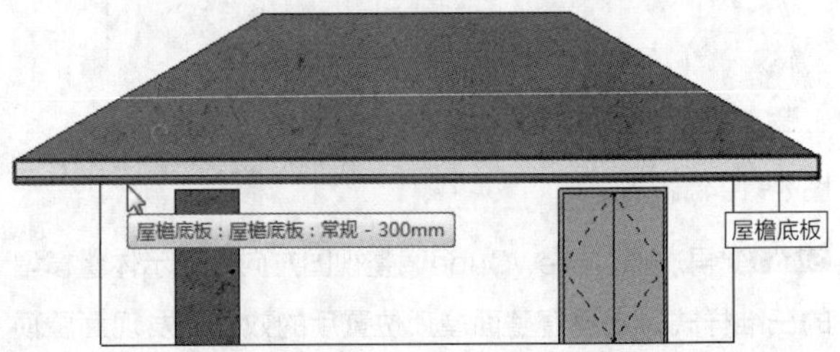

图 8-114 立面视图

8.2.8 实战——创建底板

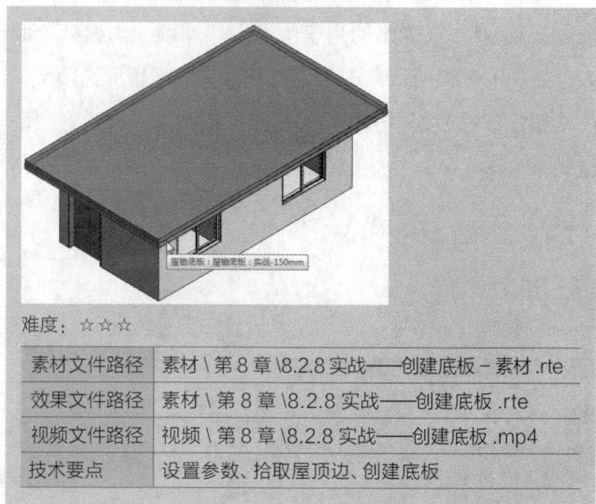

难度：☆☆☆

素材文件路径	素材 \ 第 8 章 \8.2.8 实战——创建底板 - 素材 .rte
效果文件路径	素材 \ 第 8 章 \8.2.8 实战——创建底板 .rte
视频文件路径	视频 \ 第 8 章 \8.2.8 实战——创建底板 .mp4
技术要点	设置参数、拾取屋顶边、创建底板

在8.2.7小节中，介绍了通过“拾取墙”工具来创建底板的操作方法，本小节将介绍通过“拾取屋顶边”工具为平屋顶创建底板的操作方法。

Step 01 打开资源中的“第8章\8.2.8 实战——创建底板-素材.rte”文件，如图8-115所示。

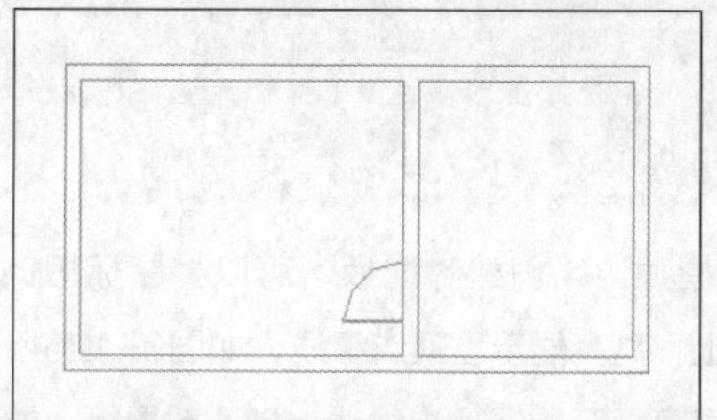

图 8-115 打开素材

Step 02 选择“建筑”选项卡，在“构建”面板上单击“屋顶”按钮，在列表中选择“屋檐：底板”命令。进入“修改|创建屋檐底板边界”选项卡，在“绘制”面板中单击“拾取屋顶边”按钮，如图8-116所示。

图 8-116 “修改 | 创建屋檐底板边界”选项卡

延伸讲解：

打开素材文件后，需要定位至屋顶所在的平面视图。例如，本例中的平屋顶位于F2楼层，就需要定位到F2视图来创建底板。

Step 03 在“属性”选项板中单击“编辑类型”按钮，弹出“类型属性”对话框。在“类型”选项中选择“常规-300mm”，单击“复制”按钮，在“名称”对话框中设置新类型的名称，如图8-117所示。

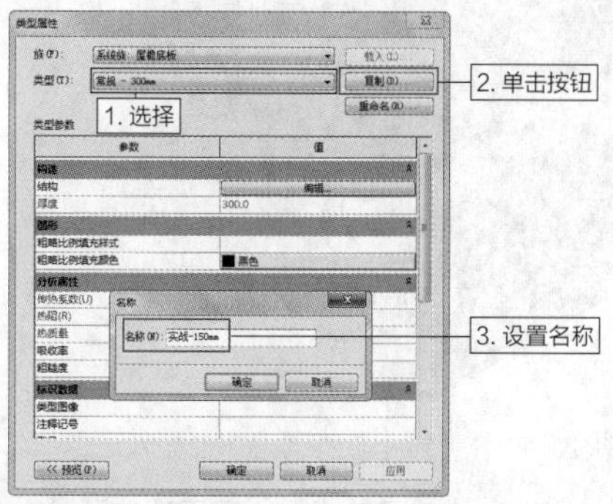

图 8-117 新建类型

Step 04 单击“确定”按钮关闭“名称”对话框。“类型属性”对话框的“类型”选项中显示出新建类型，单击“结构”选项中的“编辑”按钮，如图8-118所示。随即弹出“编辑部件”对话框。

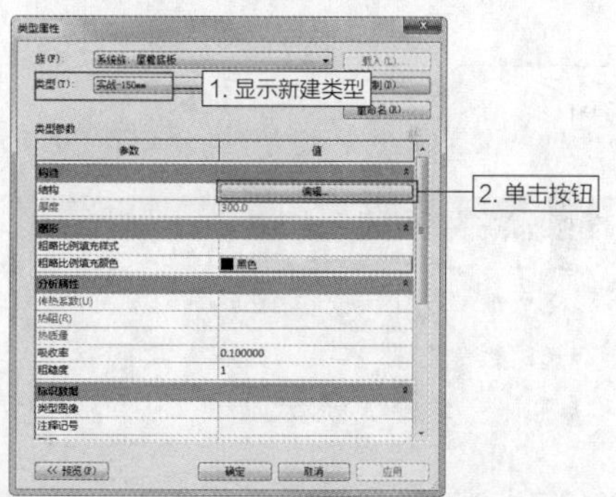

图 8-118 “类型属性”对话框

Step 05 在对话框中选择“结构[1]”层，修改“厚度”为150，如图8-119所示。单击“确定”按钮完成设置操作。

Step 06 在“属性”选项板中显示新建的底板类型，修改“标高”为F2，“自标高的高度偏移”值为-150，如图8-120所示，即底板以F2为基准，向下移动150mm。

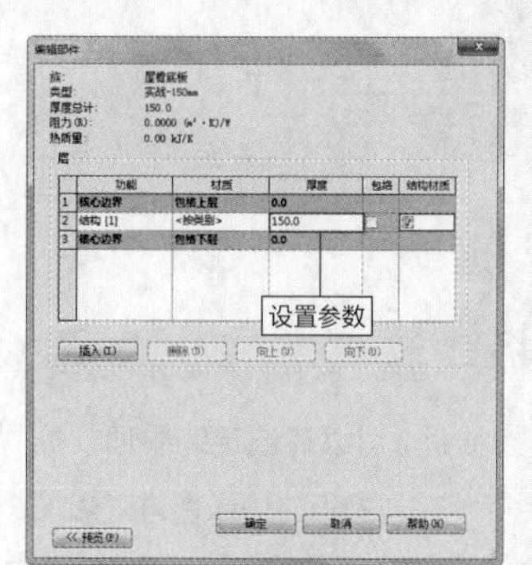

图 8-119 设置参数 1

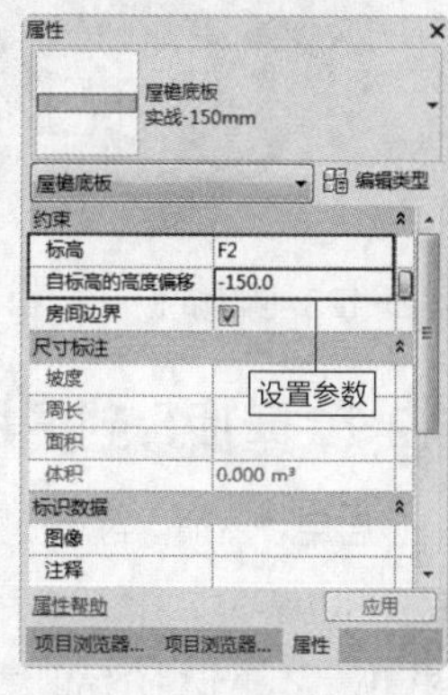

图 8-120 设置参数 2

Step 07 单击“完成编辑模式”按钮✔，结束绘制。切换至三维视图，观察底板的创建效果，如图8-121所示。

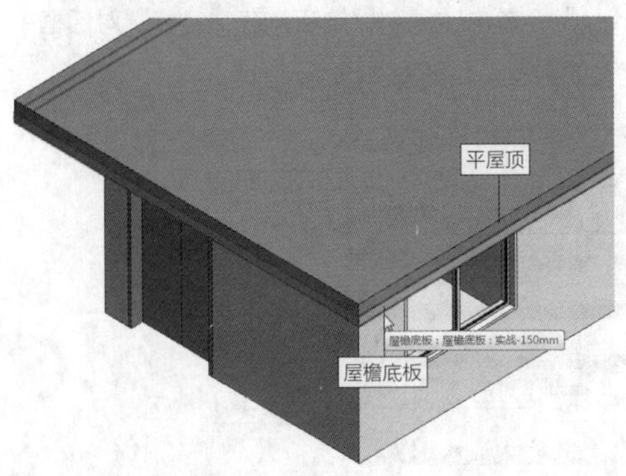

图 8-121 三维视图

Step 08 切换至立面视图，在立面方向上，平屋顶与屋檐底板的显示效果如图8-122所示。

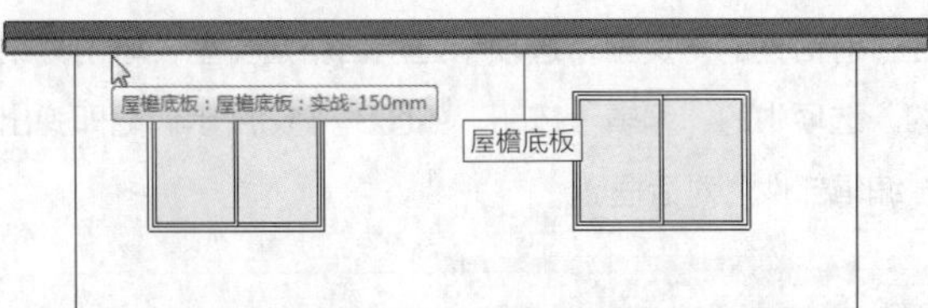

图 8-122 立面视图

延伸讲解：

假如发生屋顶与底板发生重合并且无法识别的情况，可以通过在“属性”选项板中设置“自标高的高度偏移”参数值，调整底板的位置，使其能清晰地显示。

Step 09 图8-123所示为创建底板的最终效果。

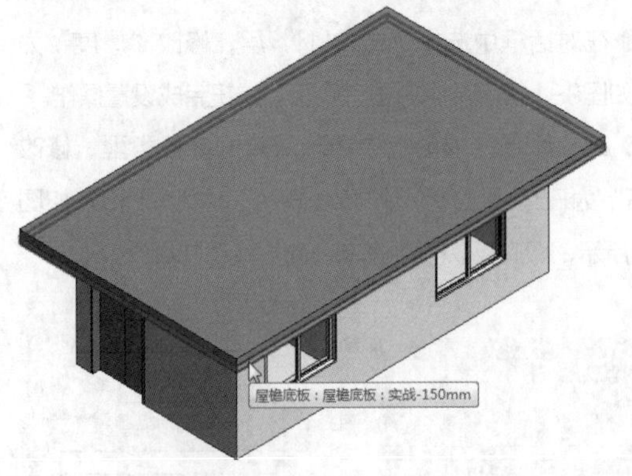

图 8-123 创建底板

8.2.9 屋顶：封檐板 重点

启用“屋顶：封檐板”命令，可以在选定的屋顶、檐底板的边缘添加封檐板。此外，在封檐板的边缘也可以添加封檐板。本小节将介绍创建“屋顶：封檐板”的操作方法。

1. 创建封檐板

选择“建筑”选项卡，在“构建”面板上单击“屋顶”按钮，在弹出的列表中选择“屋顶：封檐板”命令，如图8-124所示，进入“修改|放置封檐板”选项卡，在“属性”选项板中选择“封檐板”的类型，并设置“垂直轮廓偏移”与“水平轮廓偏移”参数，如图8-125所示。

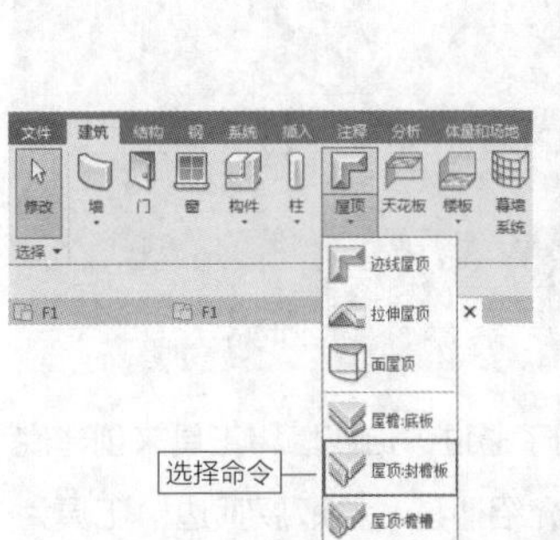

图 8-124 选择“屋顶：封檐板”命令

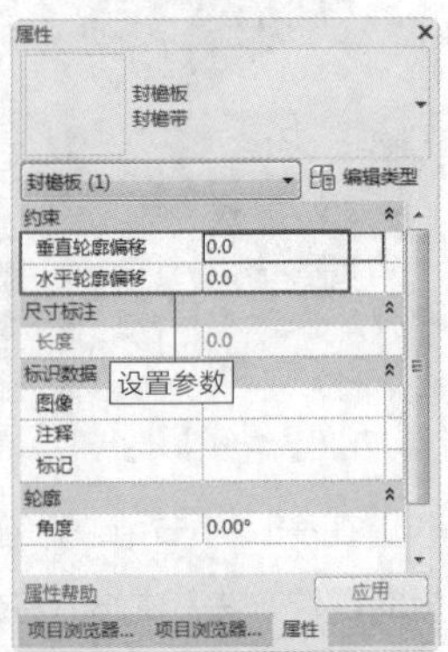

图 8-125 “属性”选项板

延伸讲解：

在放置封檐板时，最好在三维视图中操作，这样可以在创建的过程中实时预览创建效果。

假如需要在屋顶边缘创建封檐板，可以将鼠标指针置于屋顶边缘线上，高亮显示屋顶边缘线，如图8-126所示。单击可以在高亮显示的屋顶边缘线上创建封檐板，如图8-127所示。

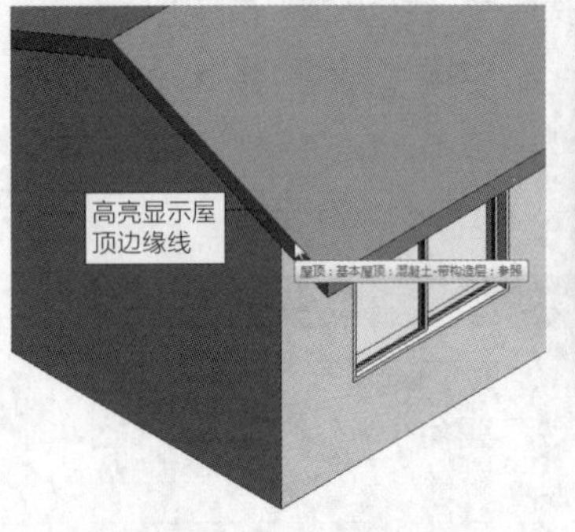

图 8-126 高亮显示屋顶边缘线

图 8-127 创建封檐板

选择连续的屋顶边缘线，如图8-128所示。单击后封檐板的线段在角部相接，可以相互斜接，效果如图8-129所示。

继续选择屋顶边缘线，创建封檐板的三维样式如图8-130所示。切换到平面视图，观察封檐板的平面样式，如图8-131所示。

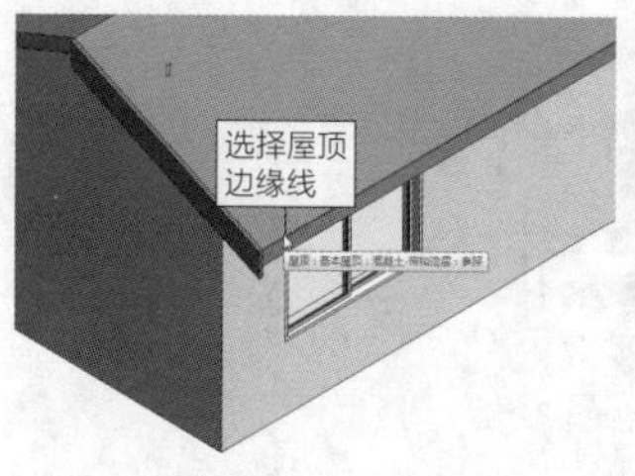

图 8-128 选择屋顶边缘线

图 8-129 相互斜接

图 8-130 三维样式

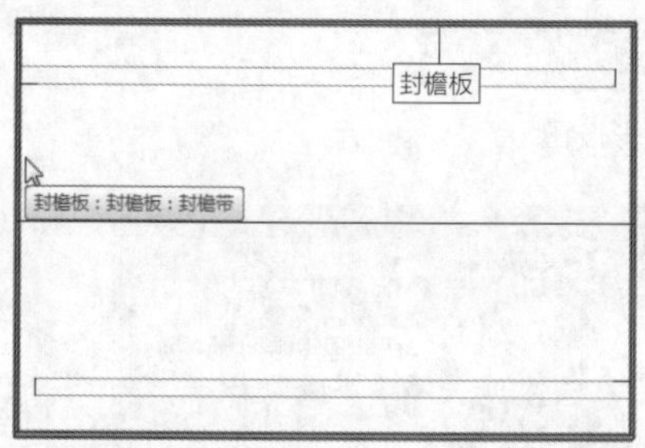

图 8-131 平面样式

2. 编辑封檐板

选择创建完成的封檐板，进入“修改|封檐板”选项卡，单击“添加/删除线段”按钮，如图8-132所示。将鼠标指针置于已添加封檐板的屋顶边缘线上，高亮显示边缘线，效果如图8-133所示。

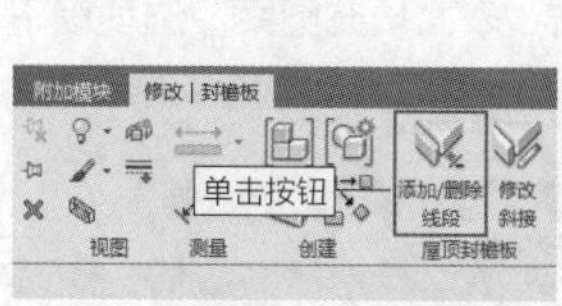

图 8-132 “修改 | 封檐板”选项卡

图 8-133 高亮显示边缘线

单击可以将附着于该屋顶边缘线的封檐板删除，如图8-134所示。此时仍然处于编辑封檐板的命令中，再次将鼠标指针置于屋顶边缘线上，如图8-135所示。单击可以在边缘线上创建封檐板。

图 8-134 删除封檐板

图 8-135 激活边缘线

选择封檐板，显示垂直方向与水平方向上的翻转符号，如图8-136所示。单击符号，可以沿指定的方向翻转封檐板。如单击“使用水平轴翻转轮廓”符号，可以向上翻转封檐板，效果如图8-137所示。

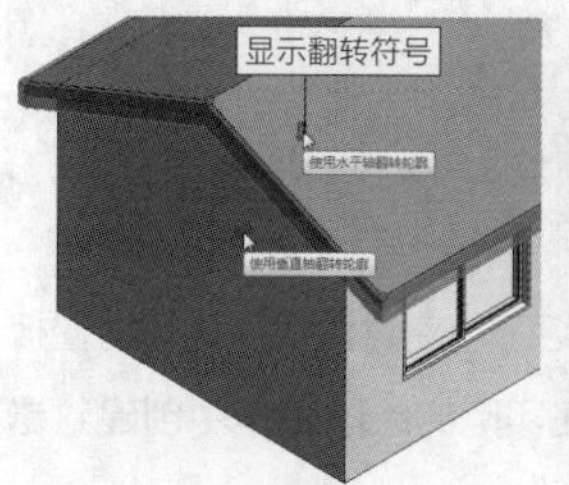

图 8-136 显示翻转符号

图 8-137 向上翻转封檐板

知识链接：

单击“使用垂直轴翻转轮廓”符号，封檐板以水平方向上移动，并嵌入屋顶。

在封檐板边缘线连接处，显示蓝色的圆形端点，如图8-138所示。单击激活端点，拖动鼠标，显示临时尺寸标注，如图8-139所示。在指定的位置松开鼠标，可以将封檐板的端点拖动到该处。或者在显示临时尺寸标注时，输入距离参数，也可以重新定义封檐板端点的位置。

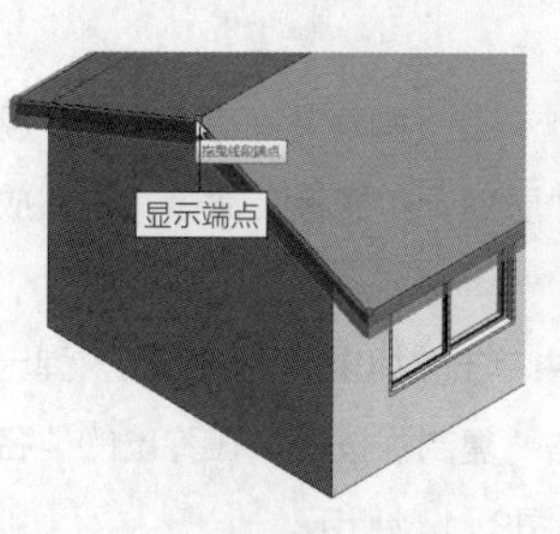

图 8-138 显示端点

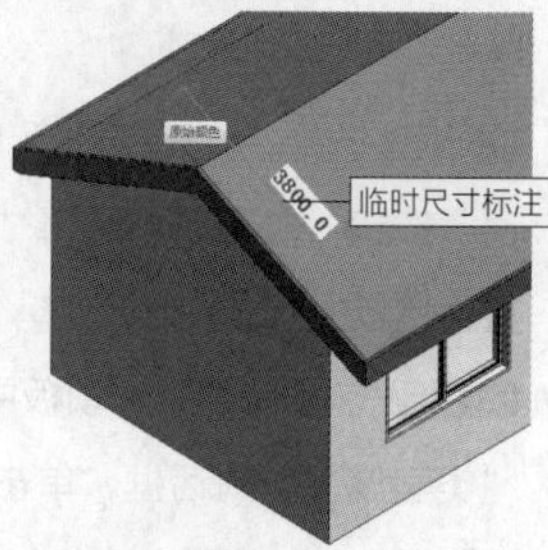

图 8-139 临时尺寸标注

延伸讲解：

在绘制一段封檐板时，可以通过激活线段端点，并调整端点的位置，来定义封檐板的长度。

8.2.10 实战——创建封檐板

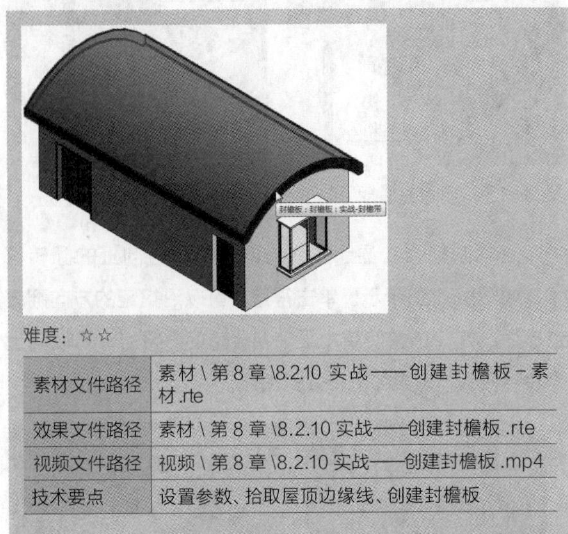

难度：☆☆

素材文件路径	素材\第 8 章\8.2.10 实战——创建封檐板 - 素材.rte
效果文件路径	素材\第 8 章\8.2.10 实战——创建封檐板 .rte
视频文件路径	视频\第 8 章\8.2.10 实战——创建封檐板 .mp4
技术要点	设置参数、拾取屋顶边缘线、创建封檐板

在8.2.9小节中，分别介绍了创建封檐板与编辑封檐板的操作方法，本小节将介绍在实际的绘图工作中创建封檐板的操作方法。

Step 01 打开资源中的“第8章\8.2.10 实战——创建封檐板-素材.rte”文件，如图8-140所示。

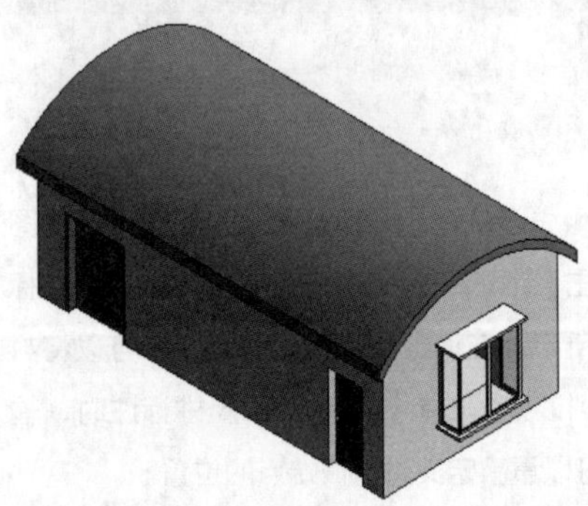

图 8-140 打开素材

Step 02 选择“建筑”选项卡，在“构建”面板上单击“屋顶”按钮，在列表中选择“屋顶：封檐板”命令，进入放置封檐板的状态。

Step 03 在“属性”选项板中单击“编辑类型”按钮，弹出“类型属性”对话框，单击“复制”按钮，在弹出的“名称”对话框中设置名称，如图8-141所示。

Step 04 单击“确定”按钮关闭“名称”对话框。“类型”选项中显示新建类型的名称，单击“材质”选项中的矩形按钮，如图8-142所示。随即弹出“材质浏览器”对话框。

Step 05 在“项目材质”列表中选择“默认”材质，单击鼠标右键，选择“复制”命令，如图8-143所示。

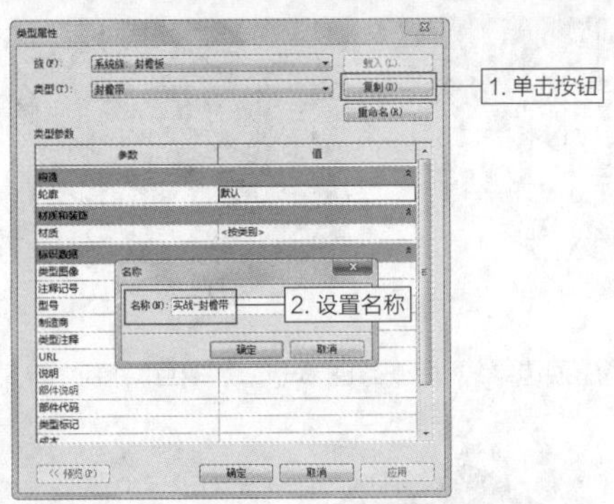

图 8-141 设置名称

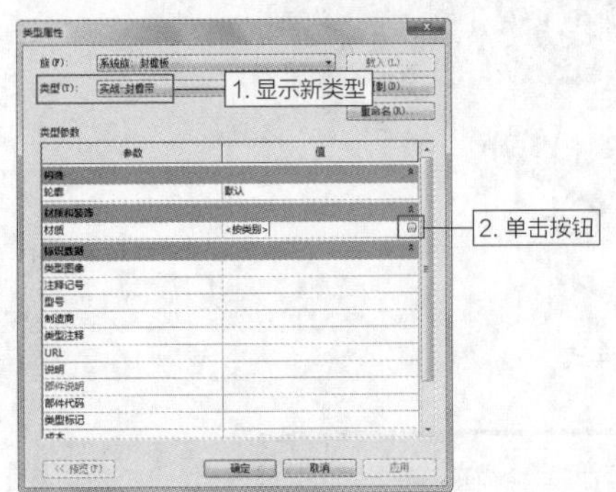

图 8-142 单击矩形按钮

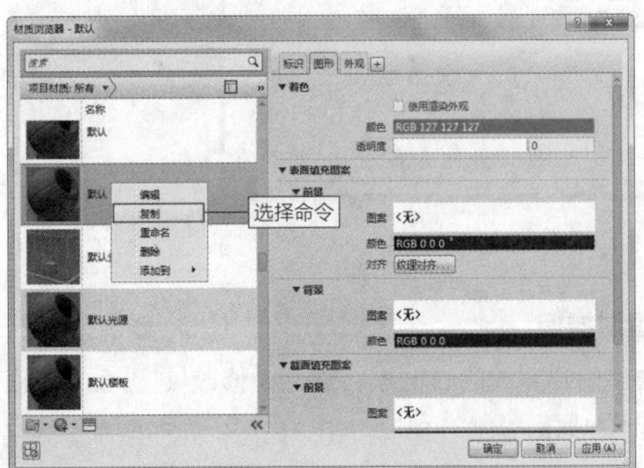

图 8-143 复制材质

Step 06 复制选中的材质后，材质名称处于可编辑模式，输入新名称；在右侧界面中单击“表面填充图案”选项组下的“图案”按钮，如图8-144所示。

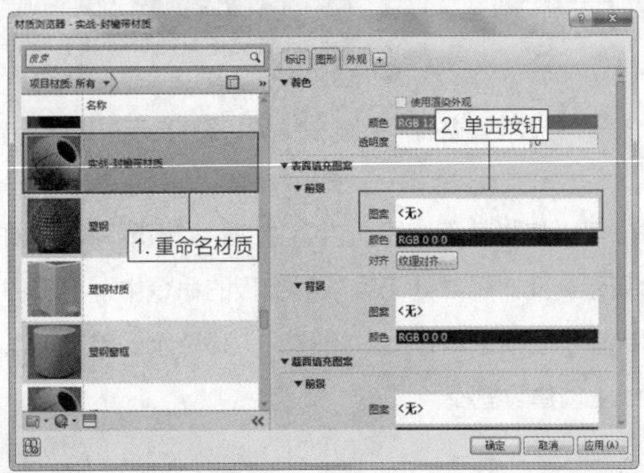

图 8-144 重命名材质

Step 07 弹出“填充样式”对话框，在“填充图案类型”选项组下选择“绘图”选项，在列表中选择“交叉影线”图案，如图8-145所示。

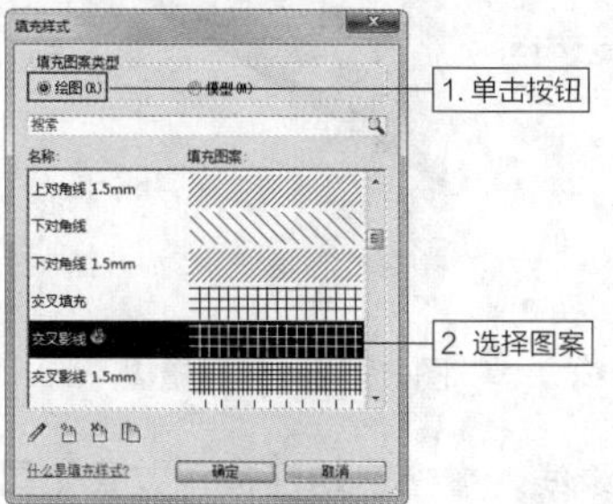

图 8-145 选择图案

Step 08 单击“确定”按钮返回“材质浏览器”对话框，“图案”选项中显示在上一步骤中选择的图案，如图8-146所示。单击“着色”选项组中的“颜色”按钮，弹出“颜色”对话框。

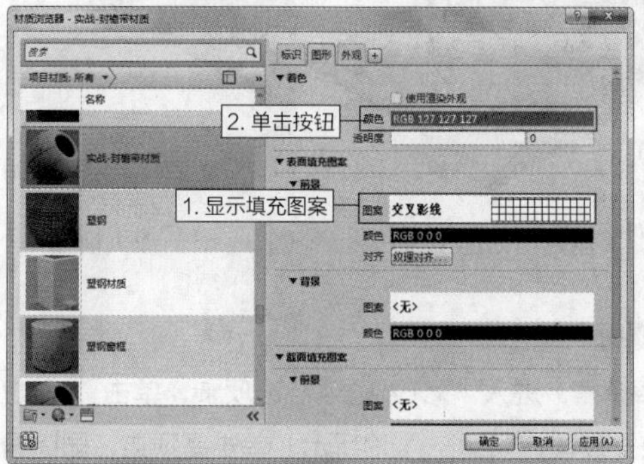

图 8-146 显示填充图案

Step 09 在对话框中设置颜色参数，如图8-147所示。单击“确定”按钮关闭对话框。

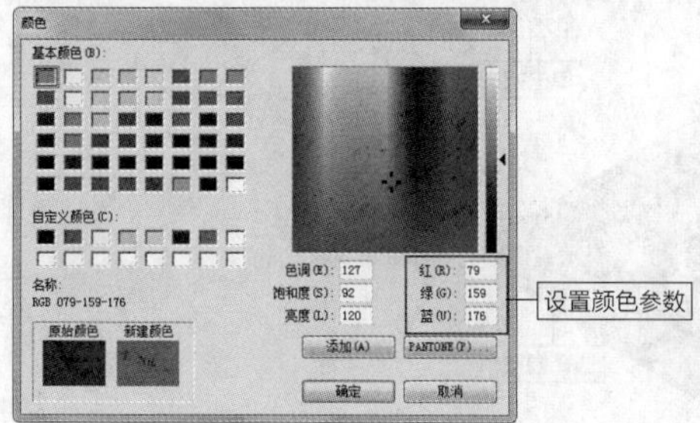

图 8-147 设置颜色参数

知识链接：

在“颜色”对话框中设置颜色属性可以使用的方式有以下几种：第一种是在右侧调色盘中单击，在左下角可以实时预览所选颜色的效果；第二种是设置“红”“绿”“蓝”选项参数，通过参数来控制颜色样式；第三种是直接选择“基本颜色”列表中的颜色。

Step 10 “颜色”选项中显示已设置的颜色样式，如图8-148所示。该颜色为封檐板模型的颜色。

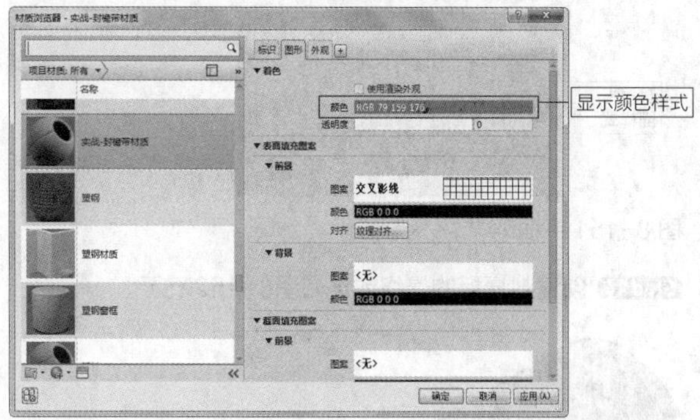

图 8-148 显示颜色样式

Step 11 单击“确定”按钮关闭“材质浏览器”对话框，返回“类型属性”对话框，观察“材质”选项，可以发现在其中显示了已创建的材质的名称，如图8-149所示。

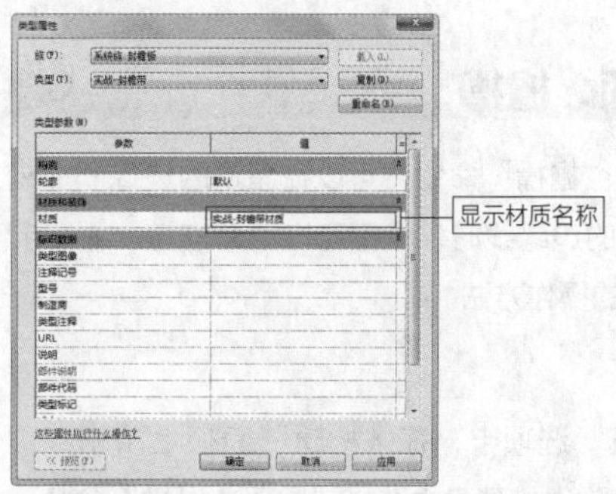

图 8-149 显示材质名称

知识链接：

在“颜色”选项中所设置的颜色，仅用来显示封檐板的模型颜色。

Step 12 单击“确定”按钮关闭“类型属性”对话框，在绘图区中依次拾取屋顶边缘线，完成封檐板的创建。放大视图，查看材质属性，发现所创建的封檐板继承了材质属性，如填充图案、颜色，如图8-150所示。

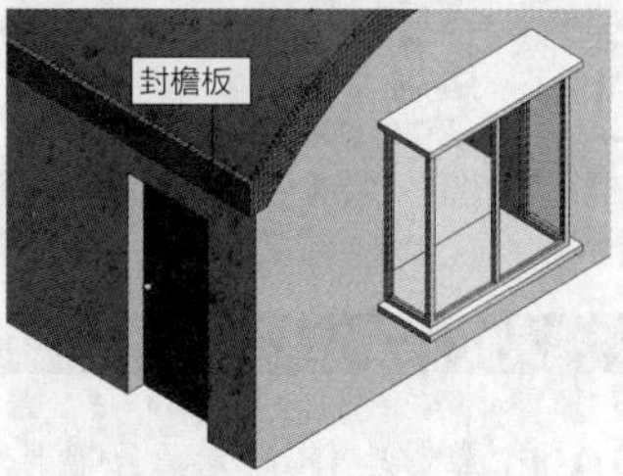

图 8-150 查看材质属性

Step 13 切换至平面视图，在其中查看封檐板的平面样式，同样可以观察到封檐板的填充图案与填充颜色，如图8-151所示。

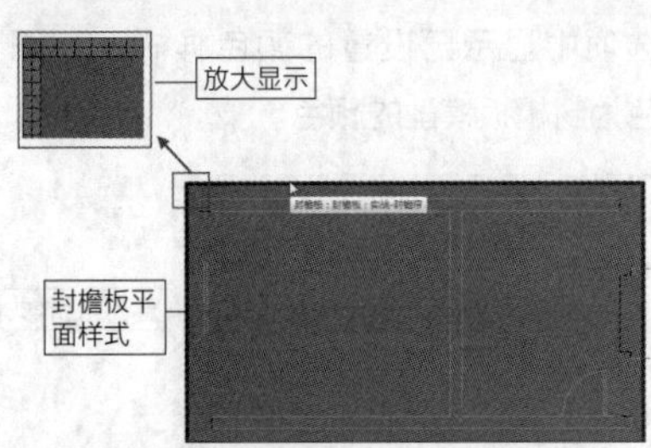

图 8-151 平面样式

Step 14 创建封檐板的最终效果如图8-152所示。

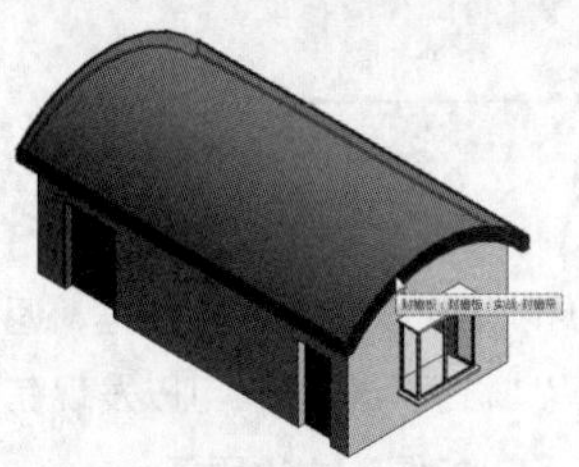

图 8-152 创建封檐板

8.2.11 屋顶：檐槽 重点

启用“屋顶：檐槽”命令，可以在屋顶的边缘添加檐槽。在选择连续的边缘线时，檐槽可以自动连接。本小节将介绍创建檐槽的操作方法。

1. 创建檐槽

选择“建筑”选项卡，在“构建”面板上单击“屋顶”按钮，在弹出的列表中选择“屋顶：檐槽”命令，如图8-153所示。进入放置檐槽的状态，在“属性”选项板中选择檐槽的类型，设置“约束”选项组中的参数，如图8-154所示。

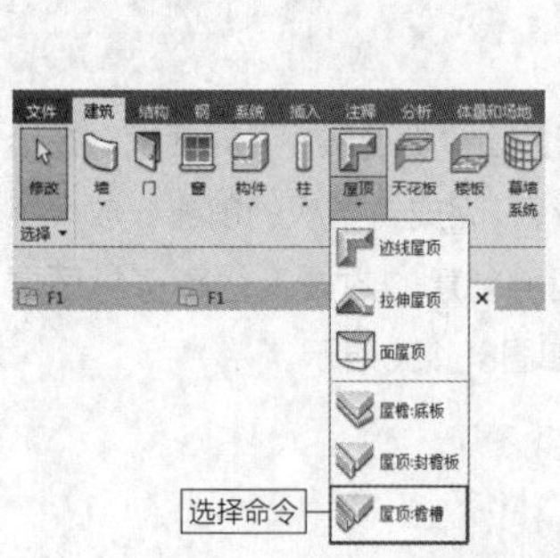

图 8-153 选择“屋顶：檐槽”命令

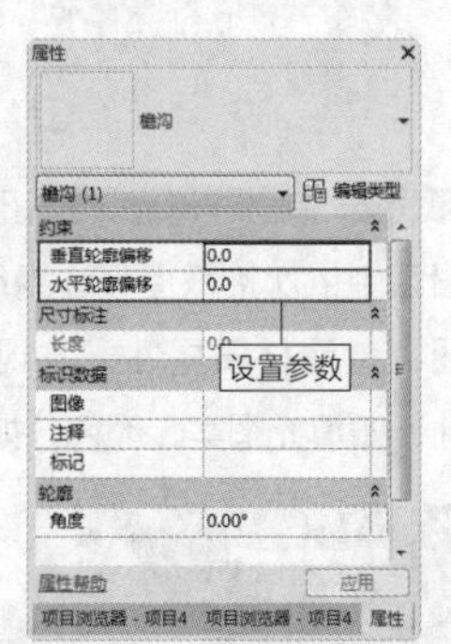

图 8-154 “属性”选项板

> **延伸讲解：**
>
> 一般保持选择默认的檐槽类型即可。将“垂直轮廓偏移”与“水平轮廓偏移”参数设置为0，可以使檐槽与边缘线相重合。

将鼠标指针置于屋顶边缘线上，高亮显示边缘线，如图8-155所示。单击创建檐槽，效果如图8-156所示。

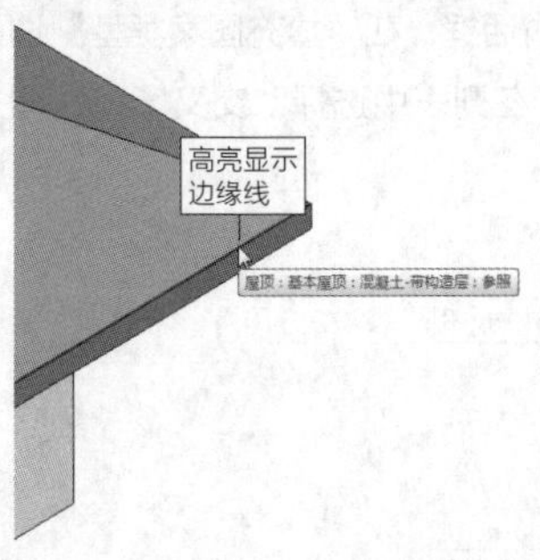

图 8-155 高亮显示边缘线

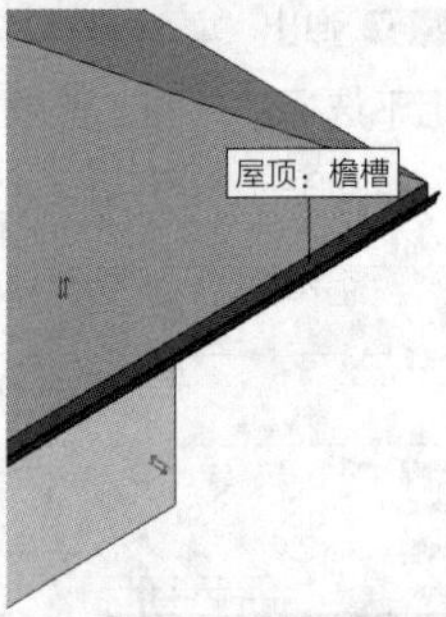

图 8-156 创建檐槽

连续单击屋顶边缘线，檐槽自动连接，效果如图8-157所示。滚动鼠标滚轮，放大视图，观察檐沟的连接效果，如图8-158所示。

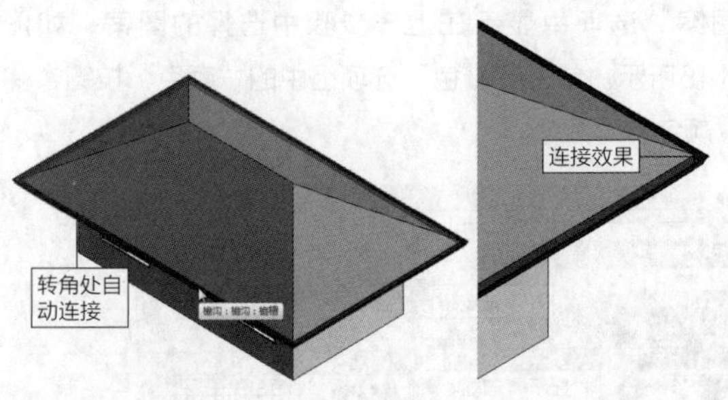

图 8-157 转角处自动连接

图 8-158 放大视图

2. 编辑檐槽

选择檐槽，进入“修改|檐沟”选项卡，单击“添加/删除线段”按钮，如图8-159所示。单击屋顶边，删除檐槽后再次单击屋顶边，可以沿屋顶边创建檐槽。

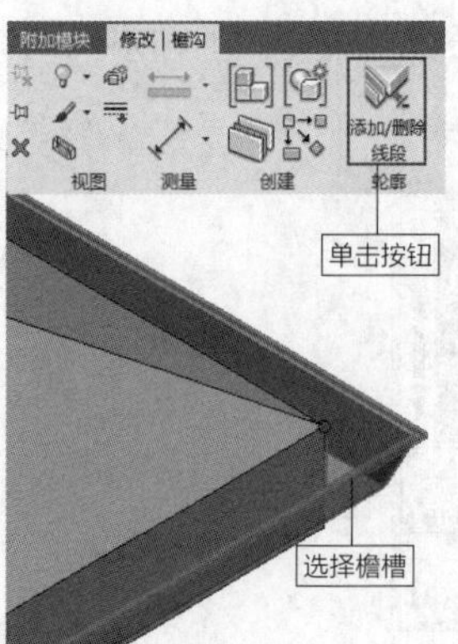

图 8-159 单击“添加/删除线段”按钮

被选中的“屋顶：檐槽”会显示编辑符号，如图8-160所示。各编辑符号的作用如下所述。

- 拖曳线段端点：该符号显示为蓝色的圆形端点，将鼠标指针置于端点上，按住并拖动鼠标，同时会显示灰色的辅助线和临时尺寸标注。将鼠标指针移动到合适的位置，松开鼠标，更改端点位置的同时，檐槽的长度也会被修改。为了更准确地修改檐槽的长度，在移动端点的过程中，输入距离参数，可以精确地定位端点的位置。

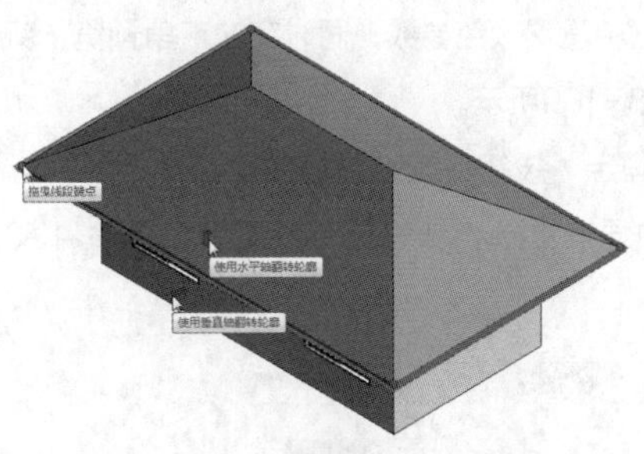

图 8-160　显示编辑符号

- 使用水平轴翻转轮廓：符号显示在檐槽的上侧，单击符号，檐槽向上移动的同时，檐槽的方向被水平翻转，显示效果如图8-161所示。此时槽沟的方向朝下，再次单击符号，恢复檐槽的默认样式。
- 使用垂直轴翻转轮廓：符号显示在檐槽的一侧，单击符号，檐槽向内移动，内嵌于屋顶中，如图8-162所示，在视图中不可见，相当于将檐槽隐藏。再次单击符号，在视图中恢复显示檐槽。

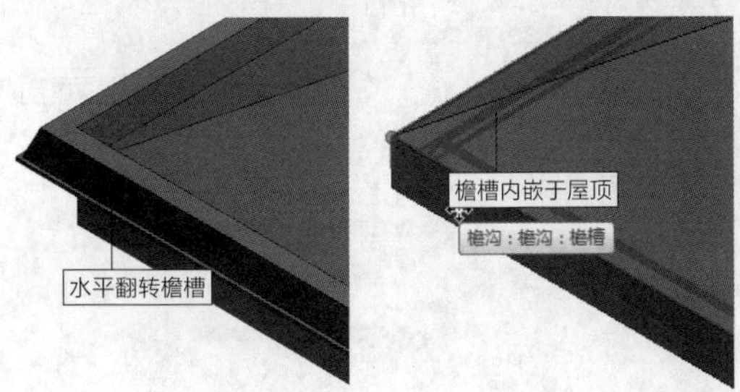

图 8-161　水平翻转檐槽　　图 8-162　垂直翻转檐槽

8.2.12　实战——创建檐槽

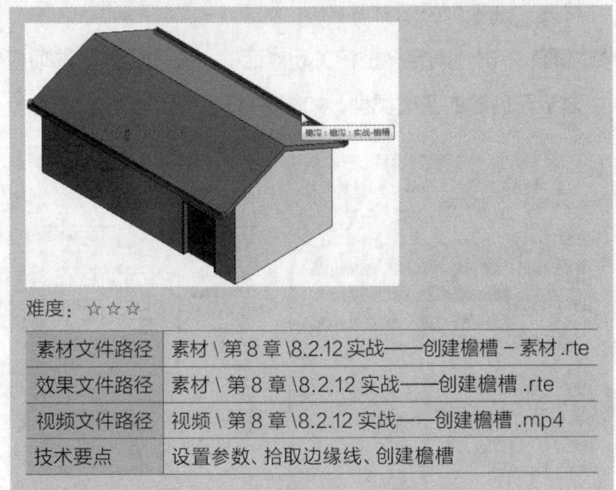

难度：☆☆☆

素材文件路径	素材 \ 第 8 章 \8.2.12 实战——创建檐槽 - 素材 .rte
效果文件路径	素材 \ 第 8 章 \8.2.12 实战——创建檐槽 .rte
视频文件路径	视频 \ 第 8 章 \8.2.12 实战——创建檐槽 .mp4
技术要点	设置参数、拾取边缘线、创建檐槽

在8.2.11小节中介绍了为迹线屋顶创建檐槽的操作方法，本小节将介绍在拉伸屋顶上创建檐槽的操作方法。为不同样式的屋顶创建檐槽是否操作步骤不同？具体请阅读本小节内容。

Step 01 打开资源中的“第8章\8.2.12 实战——创建檐槽-素材.rte”文件，如图8-163所示。

图 8-163　打开素材

Step 02 选择“建筑”选项卡，单击“构建”面板上的“屋顶”按钮，在弹出的列表中选择“屋顶：檐槽”命令，进入“修改|放置檐沟”选项卡。

Step 03 在“属性”选项板中单击“编辑类型”按钮，弹出“类型属性”对话框。单击“复制”按钮，弹出“名称”对话框，设置名称，如图8-164所示。单击“确定”按钮关闭“名称”对话框。

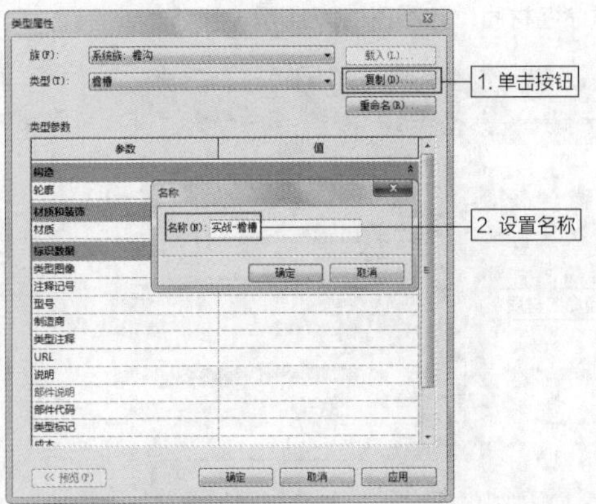

图 8-164　设置名称

Step 04 将鼠标指针定位在“材质”选项，单击矩形按钮，如图8-165所示。随即弹出“材质浏览器”对话框。

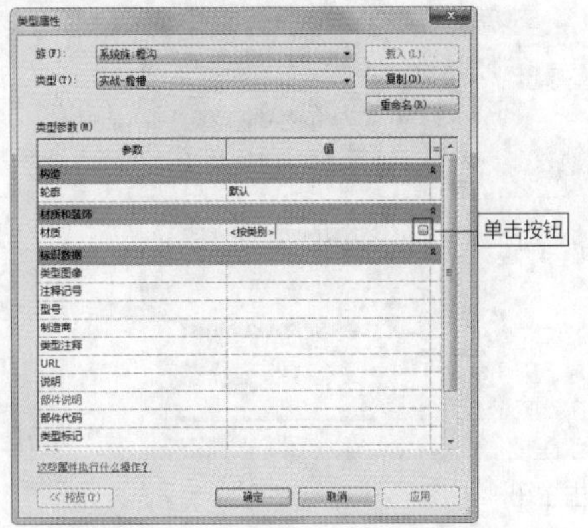

图 8-165　单击按钮

Step 05 在材质列表中选择“默认”材质，单击鼠标右键，在菜单中选择“复制”命令，如图8-166所示。

延伸讲解：

用户从外部载入的轮廓族，可在“类型属性”对话框中的“轮廓”列表中显示。选择轮廓，可将其应用到创建檐槽的操作中。

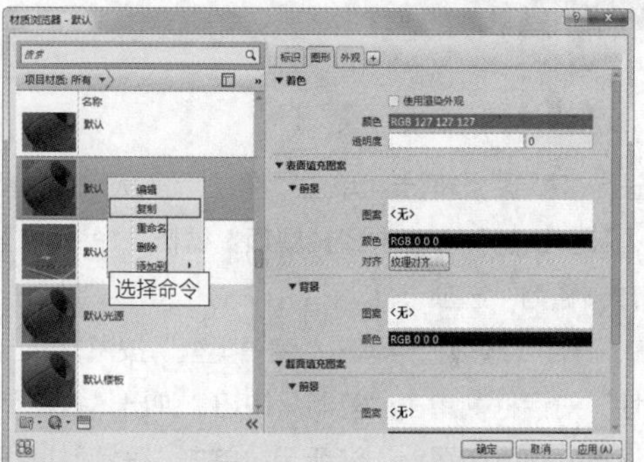

图8-166 选择命令

Step 06 重命名材质，如图8-167所示。

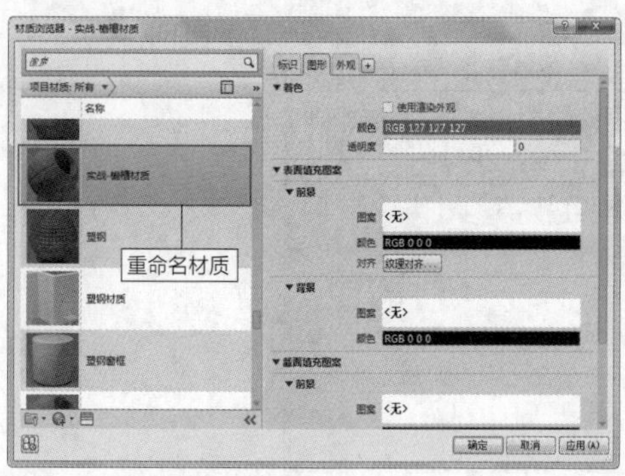

图8-167 重命名材质

Step 07 单击右侧界面中的“颜色”按钮，如图8-168所示。随即弹出“颜色”对话框。

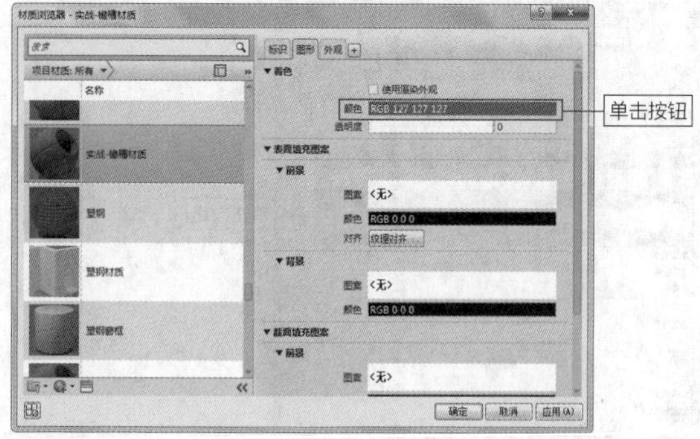

图8-168 单击按钮

知识链接：

在“8.2.10 实战——创建封檐板”一节中介绍过创建“表面填充图案”的操作方法，假如需要设置“表面填充图案”，可以参考8.2.10小节的介绍。

Step 08 在对话框中设置颜色参数，同时在左下角预览“新建颜色”，如图8-169所示。

Step 09 单击“确定”按钮返回“材质浏览器”对话框，“颜色”选项中显示上一步骤的操作结果，如图8-170所示。

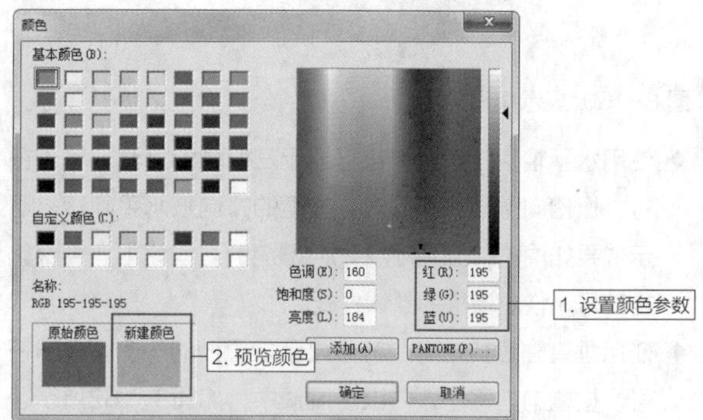

图8-169 设置颜色参数

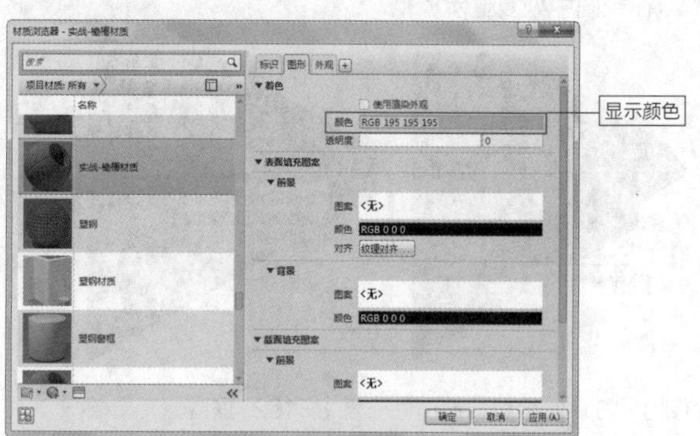

图8-170 显示颜色

Step 10 单击“确定”按钮，返回“类型属性”对话框，“材质”选项中显示材质名称，如图8-171所示。

Step 11 单击“确定”按钮关闭对话框，在“属性”选项板中显示已创建的檐槽类型，如图8-172所示。

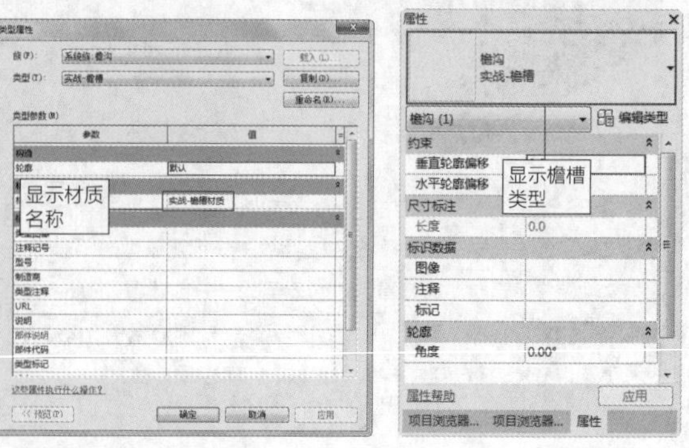

图8-171 显示材质名称　　图8-172 显示檐槽类型

Step 12 在屋顶上拾取边缘线，如图8-173所示。

Step 13 在边缘线上单击，沿边缘线创建檐槽的效果如图8-174所示。

图 8-173 拾取边缘线

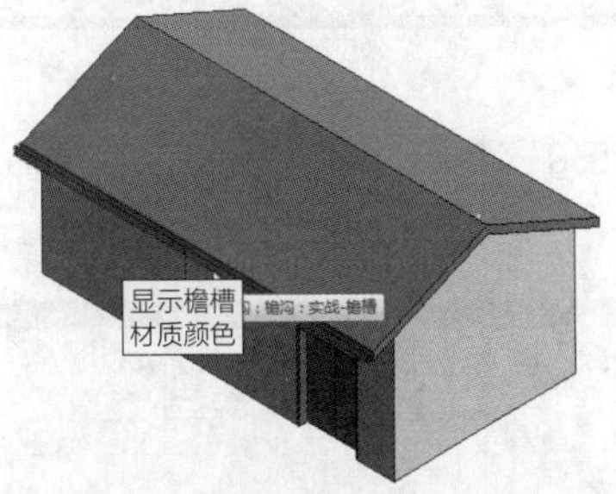

图 8-174 创建檐槽

延伸讲解：

在为人字形屋顶创建檐槽时，只可以在屋顶长边缘线创建檐槽，短边缘线不可创建。

Step 14 放大视图，查看檐槽细节，如图8-175所示。

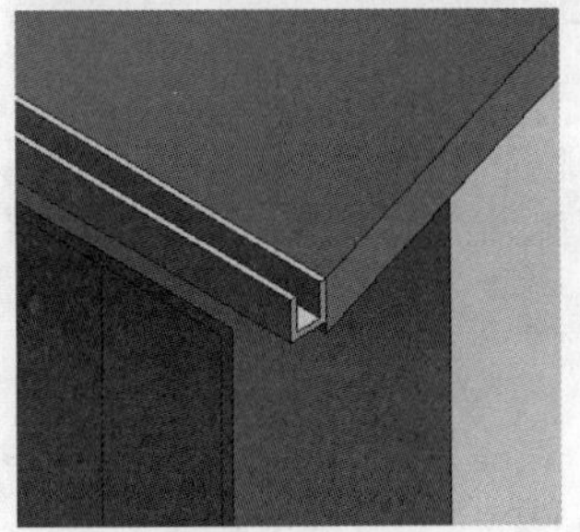

图 8-175 放大视图

Step 15 切换至平面视图，观察檐槽的平面样式，如图8-176所示。选择另一屋顶边缘线，继续创建檐槽。

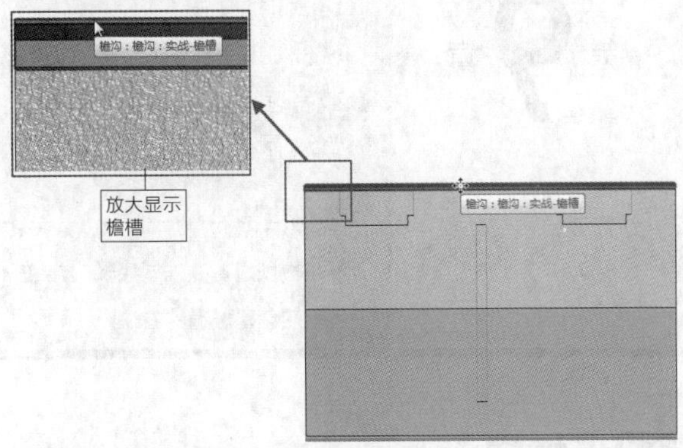

图 8-176 平面样式

延伸讲解：

在平面视图中查看檐槽的细节时，可以更改“视觉样式”的类型，如可以选择“着色”或“真实”视觉样式，通过借助不同样式的填充图案，帮助用户清楚地分辨屋顶、檐槽，或者其他图形。

Step 16 图8-177所示为在拉伸屋顶上创建檐槽的效果。

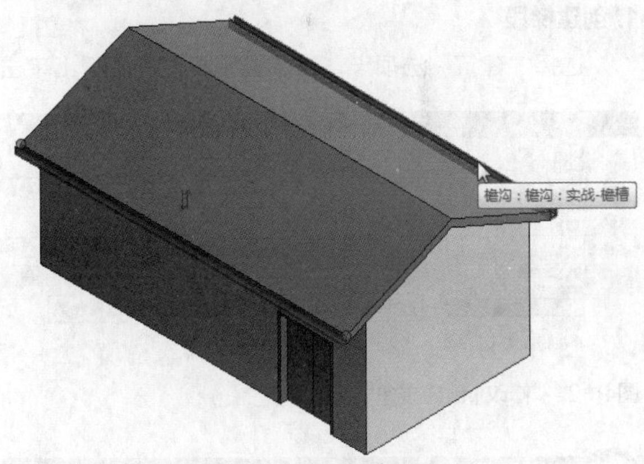

图 8-177 创建檐槽

第9章

楼梯、栏杆扶手与坡道

楼梯、栏杆扶手与坡道是建筑物重要的辅助构件，这些构件可以方便人们进出建筑物，或者在建筑物内部自由活动。Revit提供了创建楼梯、栏杆扶手与坡道的专用工具，本章将介绍使用工具创建这些构件的操作方法。

学习目标

- 掌握创建各种样式楼梯的方法 172页
- 了解创建栏杆扶手的方法 190页
- 学习创建坡道的方法 193页

9.1 楼梯

启用Revit中的“楼梯”命令，可以创建各种样式的楼梯，如直梯、螺旋楼梯、L形转角楼梯等。本节将介绍创建楼梯的操作方法。

9.1.1 直梯 重点

在绘图区中指定梯段的起点与终点，可以创建一个直线梯段。本小节将介绍创建直线梯段的操作方法。

1. 创建梯段

选择“建筑”选项卡，在“楼梯坡道”面板上单击“楼梯”按钮，如图9-1所示，随即进入创建楼梯的状态。

图 9-1 单击“楼梯”按钮

进入“修改|创建楼梯”选项卡，在“构件”面板中单击“直梯”按钮。在选项栏中设置参数，在“定位线”列表中选择“梯段：中心”选项，分别设置“偏移”与“实际梯段宽度”值，选择“自动平台”选项，如图9-2所示。

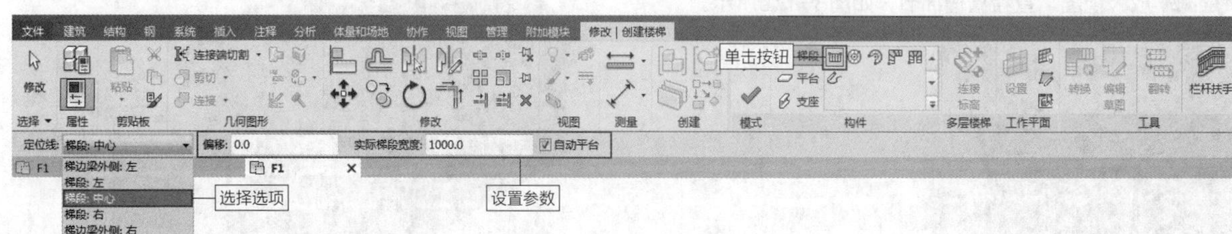

图 9-2 “修改 | 创建楼梯”选项卡

知识链接：

选择“自动平台”选项，在创建梯段的过程中，自动生成平台。

在“属性”选项板中弹出类型列表，选择梯段的类型。在“约束”选项组中设置梯段的标高与偏移值，系统会根据所设定的标高参数，在“尺寸标注”选项组中显示“所需踢面数”“实际踏板深度”等的计算结果，如图9-3所示。

在绘图区中单击指定梯段的起点，向上移动鼠标指针，同时显示临时尺寸标注，实时标注鼠标指针的移动距离，在起点处显示灰色标注文字，提示用户当前的梯段创建情况，如图9-4所示。

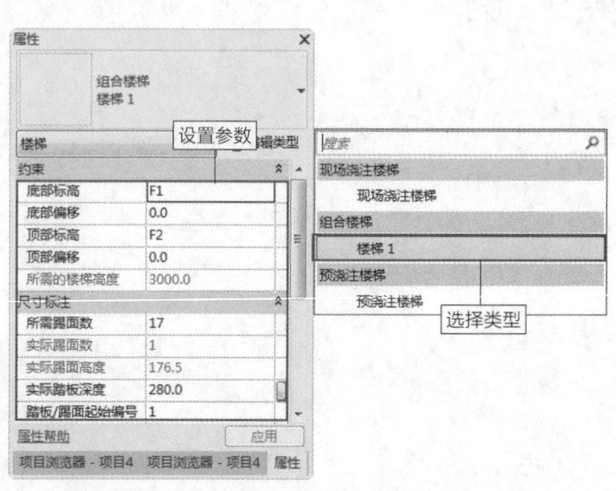

图 9-3 “属性”选项板

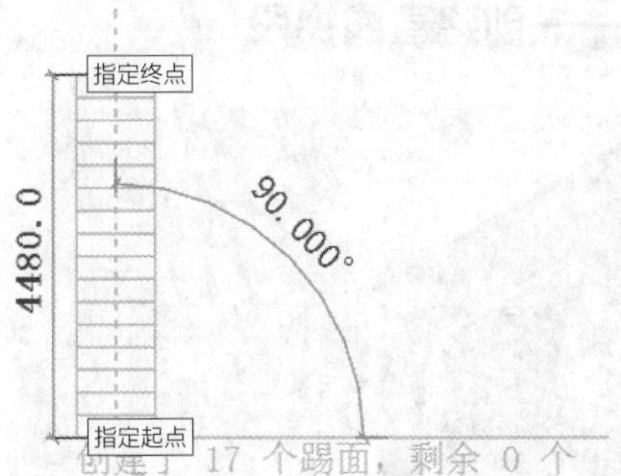

图 9-4 创建梯段

延伸讲解：

虽然“尺寸标注”选项组中的参数是系统根据标高自动生成的，但是用户也可以根据自己的需要来定义。假如所定义的参数超出常规范围，在绘制过程中系统会给予警告。

在合适的位置单击，结束梯段的绘制。在起始踏步与终止踏步的左侧显示踢面标注，如图9-5所示。单击“完成编辑模式”按钮✔，退出命令。将梯段的“底部标高”设置为F1，“顶部标高”设置为F2，在两个视图中，梯段样式不同，如图9-6所示。

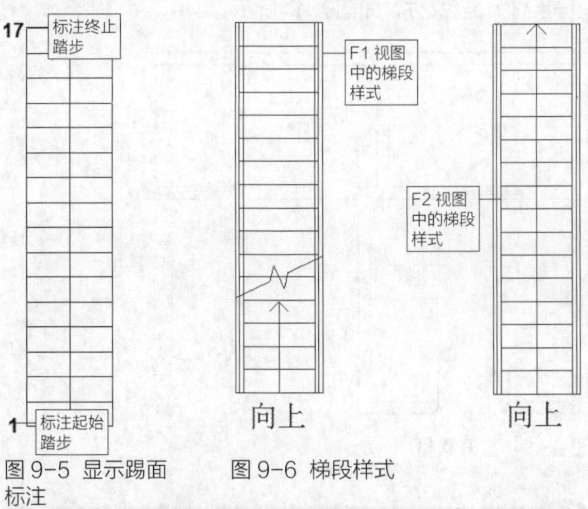

图 9-5 显示踢面标注　　图 9-6 梯段样式

答疑解惑：为什么梯段在不同的视图中显示为不同的样式？

创建完梯段后，切换至其他视图，发现梯段的显示样式有所不同。在F1视图中显示的梯段由实线与虚线构成，虚线部分表明该部分在F1视图中不可见。切换至F2视图，梯段以实线显示，表明在该楼层中，梯段全部可见。

在创建构件的二维样式的过程中，Revit会同步生成构件的三维样式。单击快速访问工具栏上的“默认三维视图”按钮，切换至三维视图，可以观察直线梯段的三维样式，如图9-7所示。

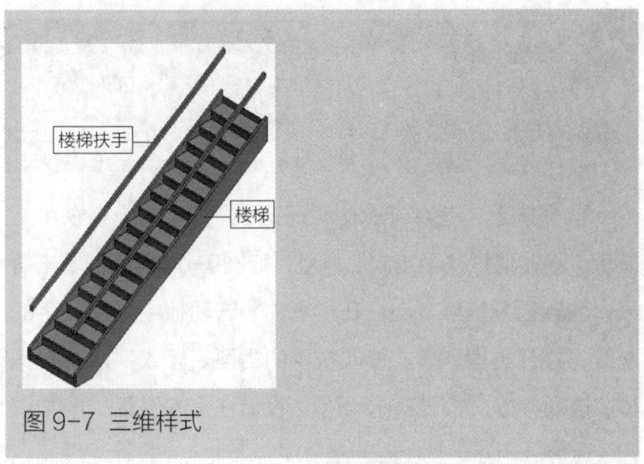

图 9-7 三维样式

2. 编辑梯段

选择梯段，进入“修改|楼梯”选项卡，如图9-8所示。单击“编辑楼梯”按钮，进入“修改|创建楼梯”选项卡。绘图区中的楼梯扶手被隐藏，仅显示楼梯，如图9-9所示。单击工具面板上的“翻转”按钮，调整梯段的方向，如图9-10所示。

编辑完成后，单击“完成编辑模式”按钮✔，保存修改结果，退出命令。

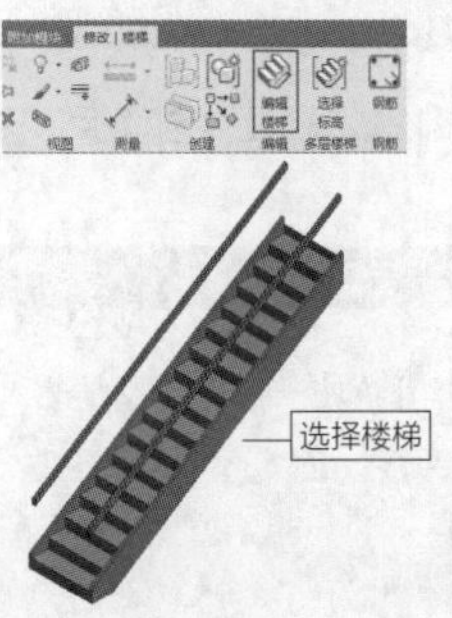

图 9-8 “修改|楼梯”选项卡

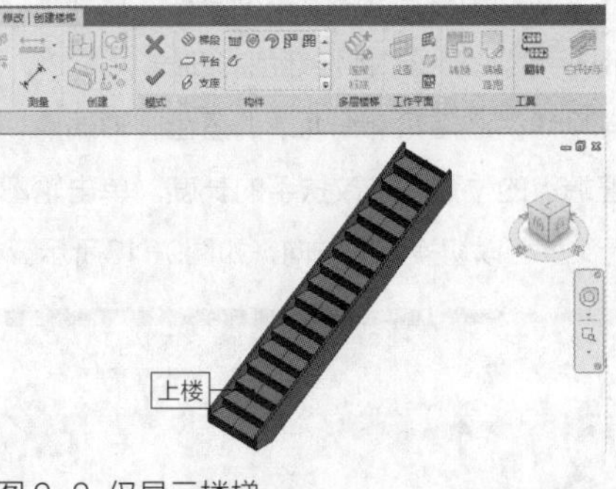

图 9-9 仅显示楼梯

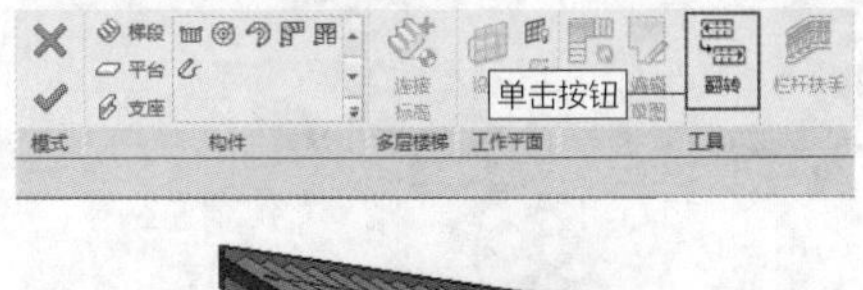

图 9-10 翻转梯段

延伸讲解：

对梯段执行“翻转”操作后，可以改变梯段的上楼、下楼方向。

选择扶手，进入“修改|栏杆扶手”选项卡，在扶手上显示“翻转栏杆扶手方向”符号，如图9-11所示，单击符号，翻转栏杆扶手方向。在“属性”选项板中显示扶手的参数，打开类型列表，修改扶手的类型。修改“从路径偏移”选项参数，如图9-12所示，设置扶手的位置。

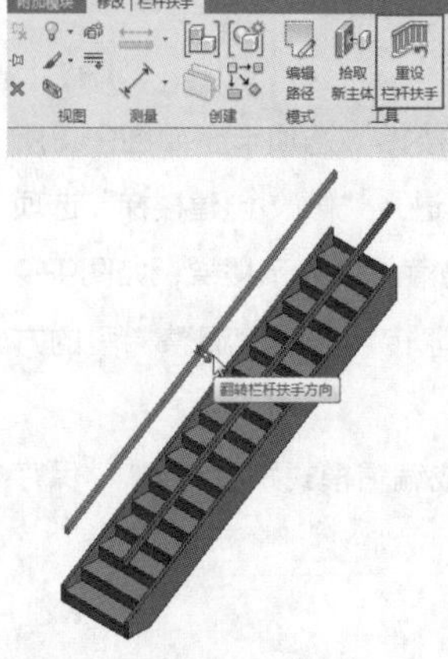

图9-11 选择扶手

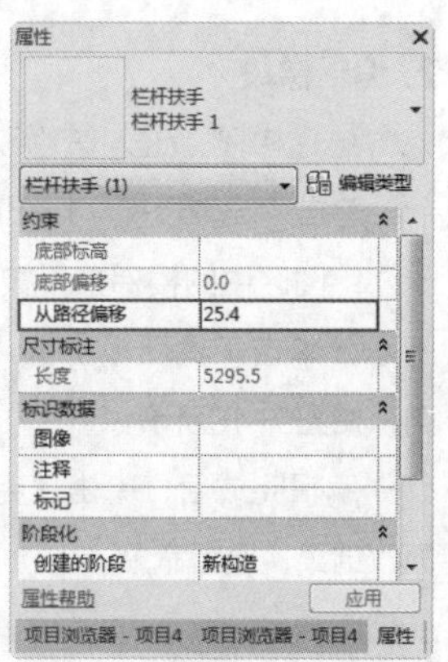

图9-12 “属性”选项板

知识链接：

在工具面板上单击“重设栏杆扶手”按钮，可以删除已经应用到栏杆扶手的所有实例或修改的类型，恢复默认值。

在“修改|栏杆扶手”选项卡的工具面板中单击“编辑路径”按钮，进入“修改|栏杆扶手＞绘制路径”选项卡。在绘图区中显示扶手的轮廓线，即洋红色的细线。

单击选中轮廓线，激活轮廓线两端的蓝色圆形端点，拖动鼠标，调整端点的位置，修改扶手的长度。单击轮廓线两端的指示箭头，可以切换草图方向，如图9-13所示。

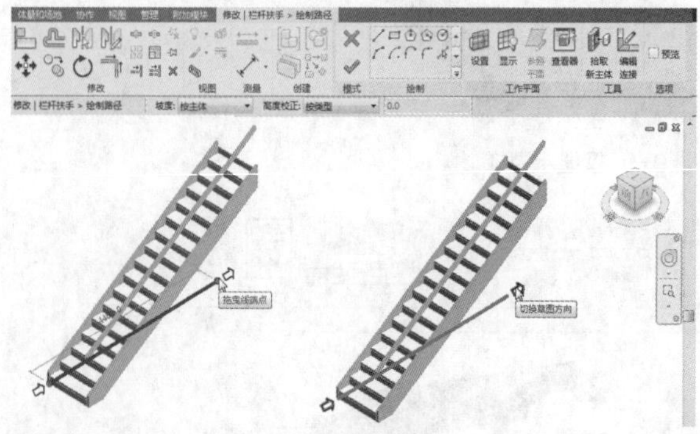

图9-13 “修改|栏杆扶手＞绘制路径”选项卡

9.1.2 实战——创建直线梯段

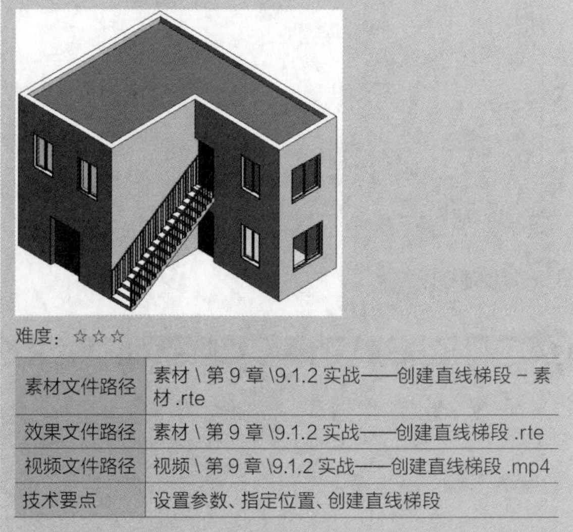

难度：☆☆☆

素材文件路径	素材\第9章\9.1.2 实战——创建直线梯段-素材.rte
效果文件路径	素材\第9章\9.1.2 实战——创建直线梯段.rte
视频文件路径	视频\第9章\9.1.2 实战——创建直线梯段.mp4
技术要点	设置参数、指定位置、创建直线梯段

在9.1.1小节中介绍了创建直线梯段与编辑直线梯段的操作方法，本小节将介绍在开展绘图工作的过程中，启用“楼梯”命令创建直线梯段的操作方法。

Step 01 打开资源中的“第9章\9.1.2 实战——创建直线梯段-素材.rte”文件，如图9-14所示。

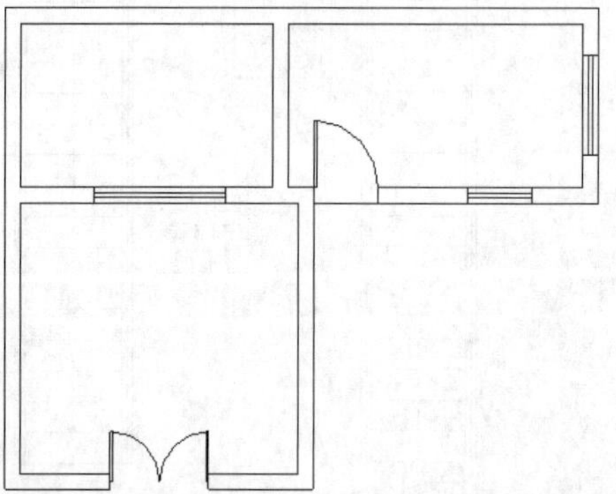

图9-14 打开素材

知识链接：

本例所创建的直线梯段位于室外，因此选择包含公共建筑构件参数的楼梯类型，即“整体板式-公共”样式。

Step 02 选择“建筑”选项卡，单击“楼梯坡道”面板上的“楼梯”按钮，进入“修改|创建楼梯”选项卡。在“构件”面板中单击“直梯”按钮，在选项栏中选择“定位线”为“梯段：中心”，保持“偏移”值为0，设置“实际梯段宽度”值为1000。

Step 03 在“属性”选项板中打开类型列表，在其中选择“整体板式-公共”楼梯类型，设置的属性参数如图9-15

所示，单击“编辑类型”按钮，弹出“类型属性”对话框。

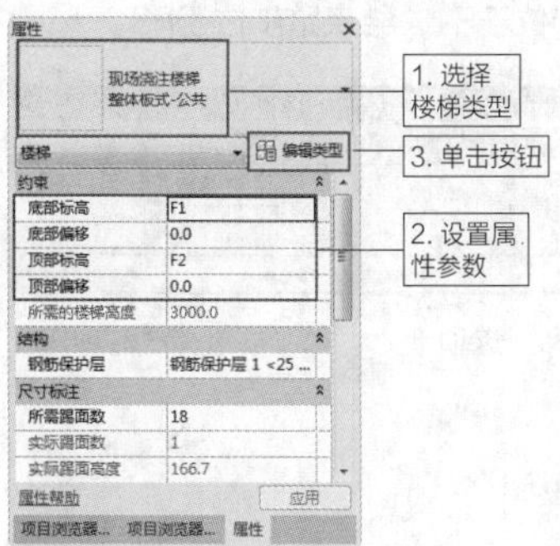

图 9-15 “属性”选项板

Step 04 在对话框中单击“复制”按钮，弹出“名称”对话框，在其中设置新类型名称，如图9-16所示。

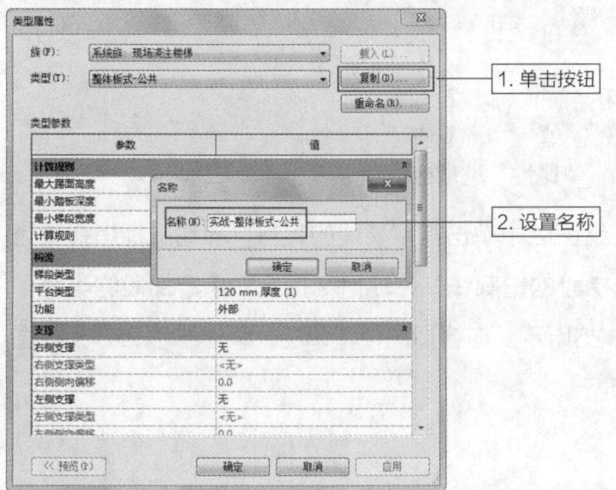

图 9-16 新建类型

Step 05 单击“确定”按钮关闭“名称”对话框，在“计算规则”与“构造”选项组中设置梯段参数，如图9-17所示。

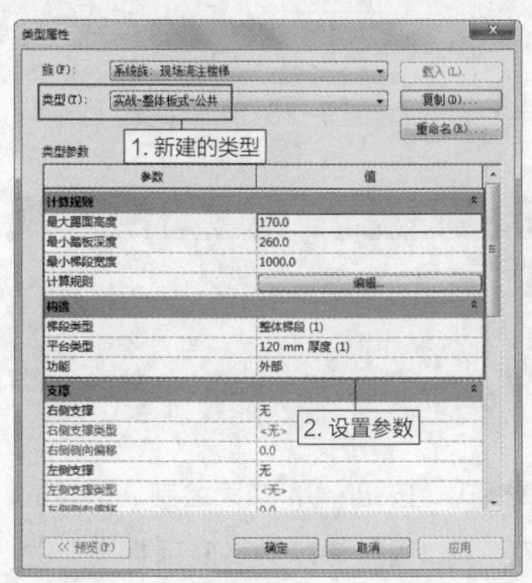

图 9-17 设置参数

延伸讲解：

在“构造”选项组下的“功能”选项中设置梯段的功能。因为选择了“整体板式-公共”样式的楼梯，所以选项中显示“外部”。创建室内梯段时，在“功能”选项中选择“内部”。

Step 06 在绘图区中指定梯段的起点，设置间距值，此为起点与墙体的间距，如图9-18所示。

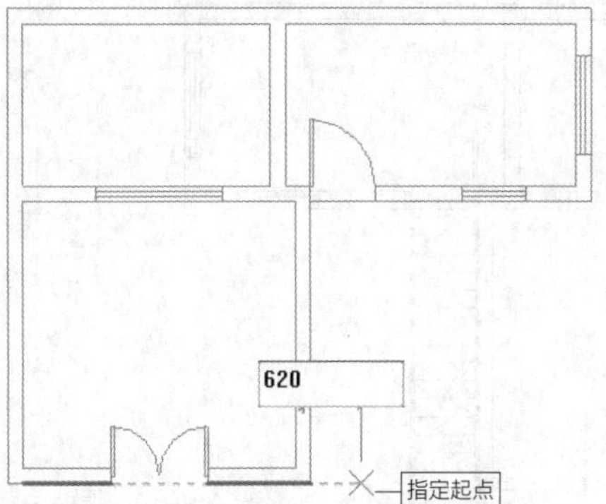

图 9-18 指定起点、设置间距值

Step 07 在起点处单击，向上移动鼠标指针，在合适的位置指定终点，如图9-19所示。

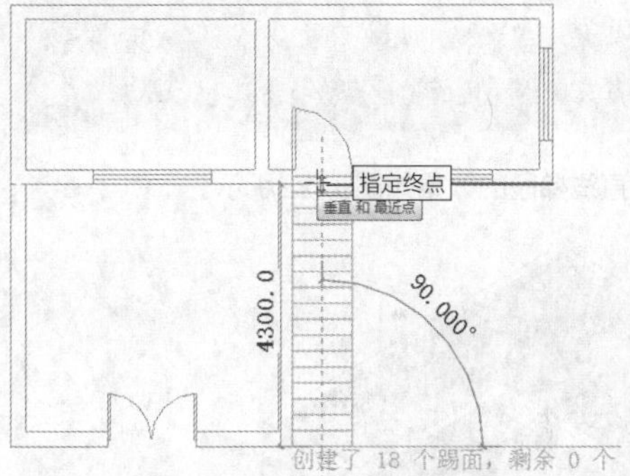

图 9-19 指定终点

知识链接：

梯段绘制完成后，可以调用“移动”命令调整梯段的位置，也可以在开始创建的时候就确定位置。

Step 08 在终点处单击，创建梯段的效果如图9-20所示。

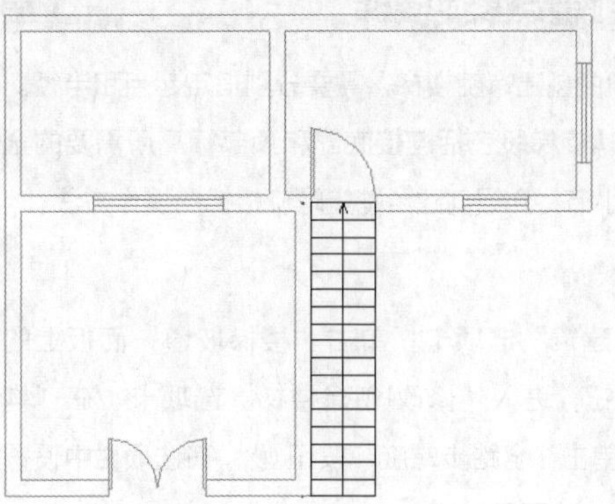

图 9-20 创建梯段

Step 09 单击“完成编辑模式”按钮 ✔，退出创建梯段的命令，效果如图9-21所示。

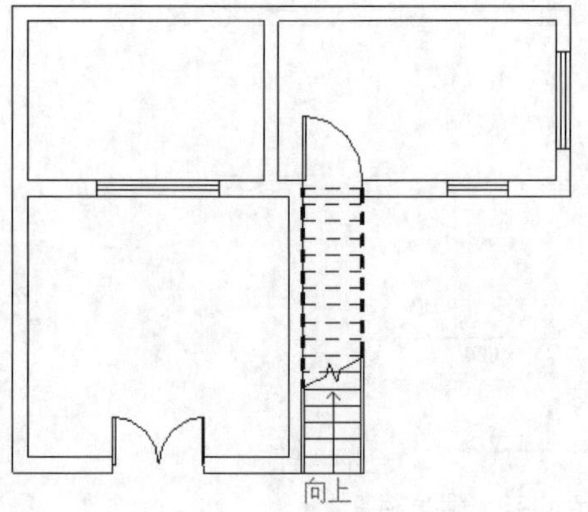

图 9-21 直线梯段

延伸讲解:

在终点处单击创建梯段效果后，此时尚未退出命令，用户还可以修改所绘梯段的属性参数，如类型、标高等。

Step 10 创建直线梯段的效果如图9-22所示。

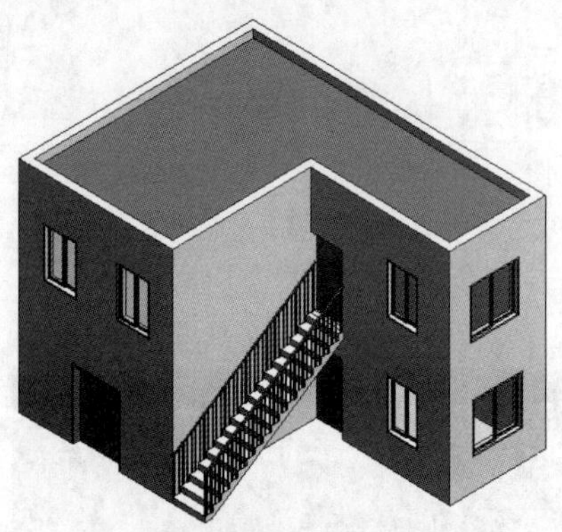

图 9-22 创建直线梯段

9.1.3 全踏步螺旋楼梯 重点

在Revit中创建螺旋楼梯，需要分别指定起点和半径。创建完成的螺旋梯段包括连接底部和顶部标高所需要的全部台阶。本小节将介绍创建全踏步螺旋楼梯的操作方法。

1. 创建梯段

选择“建筑”选项卡，单击“楼梯坡道”面板上的“楼梯”按钮，进入“修改|创建楼梯”选项卡。在“构件”面板中单击“全踏步螺旋”按钮 ◎，在选项栏中设置参数，如图9-23所示。

在“属性”选项板中打开类型列表，选择梯段的类型，如选择“整体式楼梯”选项。在“约束”选项组中设置“底部标高”为F1，“顶部标高”为F3，如图9-24所示，表示梯段的起始踏步位于F1，结束踏步位于F3。

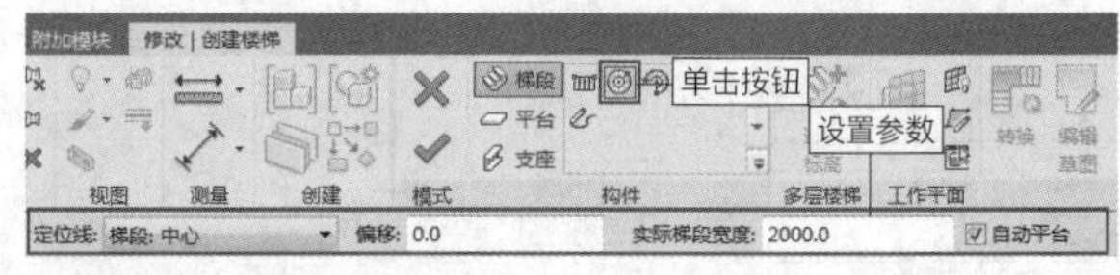

图 9-23 “修改 | 创建楼梯”选项卡

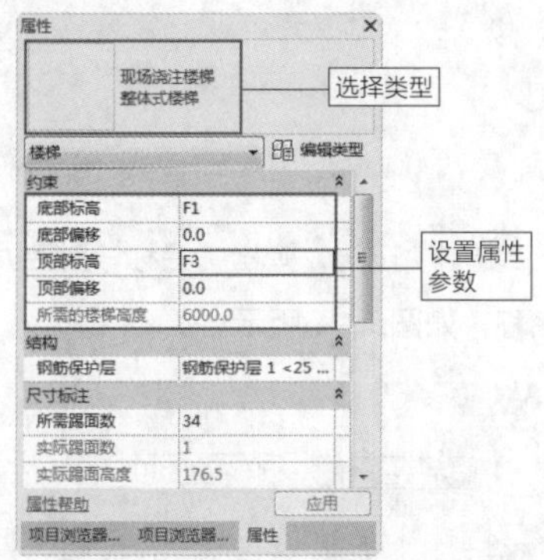

图 9-24 “属性”选项板

在绘图区中单击指定梯段的起点，移动鼠标指针，可以预览梯段的轮廓线。移动鼠标指针，指定梯段的半径，如图9-25所示。在合适的位置单击，创建梯段，效果如图9-26所示。

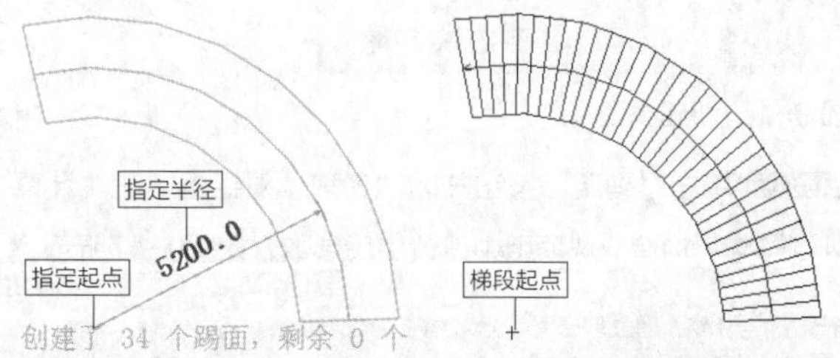

图 9-25 指定起点与半径　　图 9-26 创建梯段

知识链接:

在指定半径时，移动鼠标指针可以实时预览在不同半径值下梯段的显示效果，也可以直接输入数值来确定梯段的半径值。

单击“完成编辑模式”按钮 ✔，结束绘制，梯段的创建效果如图9-27所示。因为梯段的“底部标高”为F1，“顶部标高”为F3，所以可以分别在F1、F2、F3视图中观察梯段的显示样式。切换至F2视图，梯段的显示效果如图9-28所示，为完整显示梯段，在F2视图中以虚线表示被剖切部分。

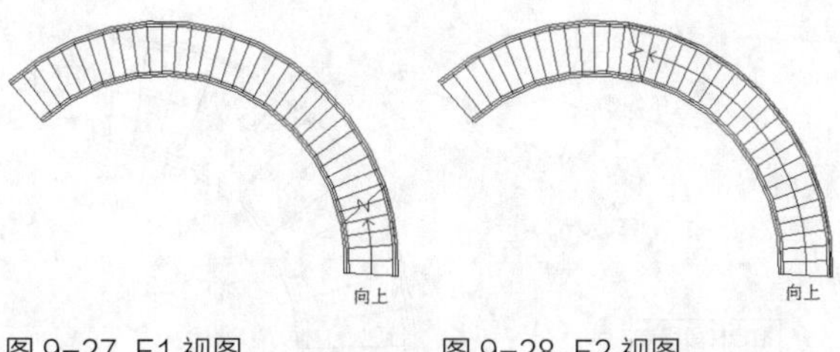

图 9-27 F1 视图　　图 9-28 F2 视图

延伸讲解：

退出命令后，楼梯显示为剖切样式，并在楼梯的两侧显示扶手。处于编辑模式的楼梯仅仅显示梯段的轮廓线，此时可对梯段执行编辑修改操作。

切换至F3视图，梯段的显示效果如图9-29所示，因为在F3视图下没有被剖切部分，所以梯段的轮廓线以实线表示。切换至三维视图，观察螺旋梯段的三维样式，效果如图9-30所示。

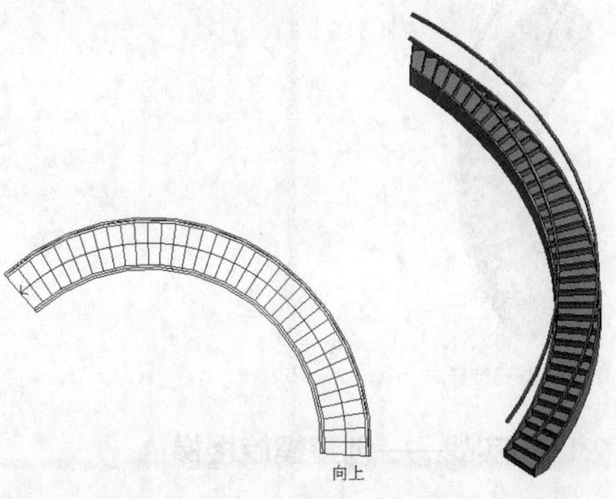

图 9-29 F3 视图　　图 9-30 三维样式

2. 编辑梯段

在分别定义起点与半径后，便可以完成梯段的创建。在未退出命令的情况下选择梯段，显示梯段的半径、梯段宽度、造型操纵柄，如图9-31所示。单击梯段宽度的临时尺寸标注，进入可编辑模式，输入参数，如图9-32所示。

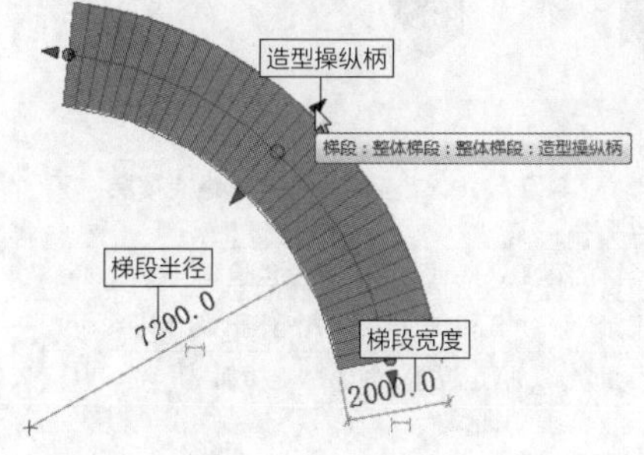

图 9-31 选择梯段

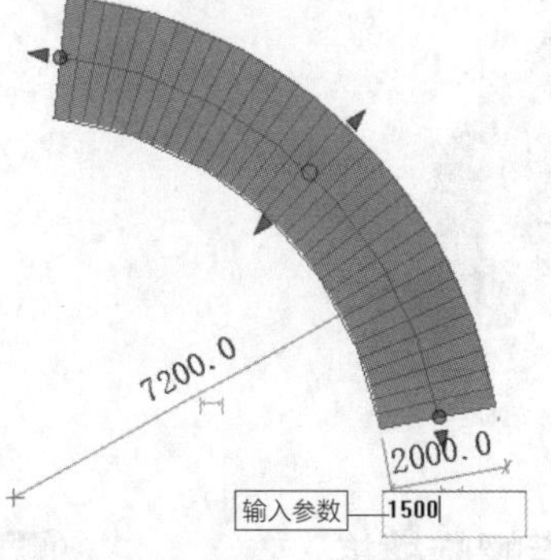

图 9-32 输入参数

按回车键，梯段按照所设定的宽度显示，如图9-33所示。单击梯段外侧圆弧轮廓线上的造型操纵柄符号◢，按住并拖动鼠标，显示矩形虚线框，如图9-34所示。

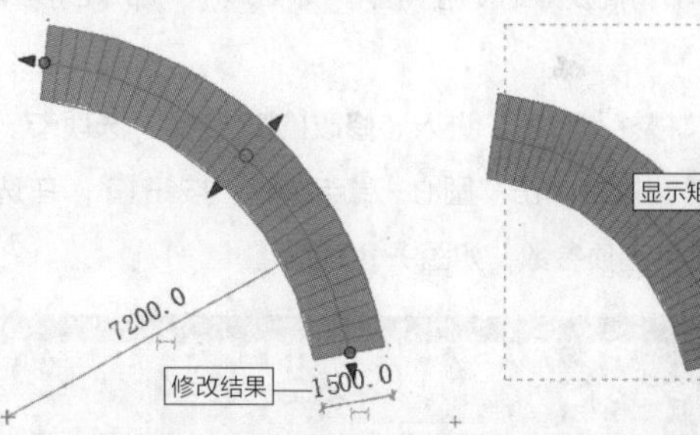

图 9-33 修改结果　　图 9-34 显示矩形虚线框

将鼠标指针移动一定的位置后松开鼠标，梯段的宽度已发生了改变，如图9-35所示。单击梯段中心圆弧轮廓线上的圆形操纵柄符号，按住并拖动鼠标，可以修改梯段的半径，如图9-36所示。

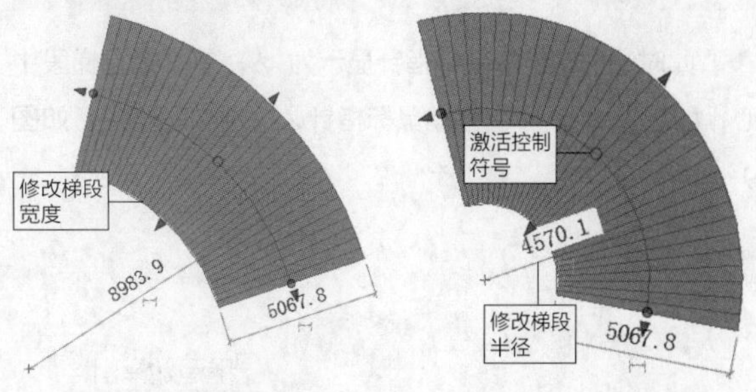

图 9-35 修改梯段宽度　　图 9-36 修改梯段半径

单击激活梯段中心圆弧轮廓线的蓝色圆形端点，移动鼠标指针，梯段的造型也会发生相应的改变，效果如图9-37所示。本小节所介绍的梯段各造型操纵柄符号，均可改变梯段的显示样式。用户在了解这些符号的操作效果后，在创建梯段时可以灵活运用，提高制图效率。

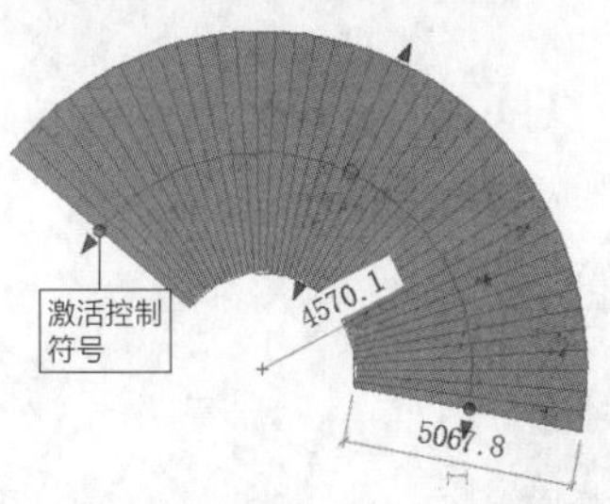

图 9-37 改变梯段造型

9.1.4 圆心-端点螺旋楼梯 重点

启用“圆心-端点螺旋”命令，可通过分别指定圆心、起点与端点，创建螺旋梯段。创建梯段的效果与使用“全踏步螺旋”命令创建梯段的效果类似，命令的操作过程也大同小异。本小节将简要介绍使用“圆心-端点螺旋”命令的操作方法。

启用“楼梯”命令，进入“修改|创建楼梯”选项卡。在“构件”面板上单击“圆心-端点螺旋”按钮，在选项栏中设置各选项参数，如图9-38所示。

图 9-38 “修改 | 创建楼梯”选项卡

延伸讲解：

选择“改变半径时保持同心”选项，在修改半径时，螺旋梯段的内外半径也会同步修改。

此时绘图区中的鼠标指针显示为，单击指定梯段中心，如图9-39所示。移动鼠标指针，指定梯段半径，如图9-40所示。

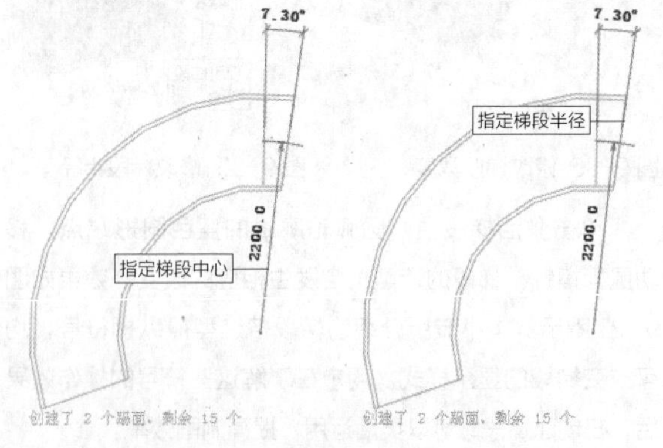

图 9-39 指定梯段中心　　图 9-40 指定梯段半径

单击指定梯段终点，如图9-41所示。单击“完成编辑模式”按钮，退出命令，梯段的显示效果如图9-42所示。

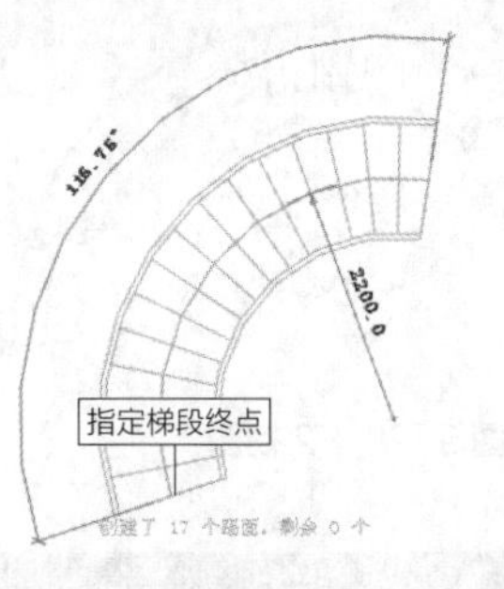

图 9-41 指定梯段终点　　图 9-42 创建梯段

单击快速访问工具栏上的“默认三维视图”按钮，切换至三维视图，查看梯段的三维样式，如图9-43所示。与使用“全踏步螺旋”工具不同，“圆心-端点螺旋”工具需要依次指定圆心、起点与端点。通过了解两种工具的不同之处，帮助用户在创建螺旋梯段时选择适用的工具。

图 9-43 三维样式

9.1.5 实战——创建螺旋楼梯

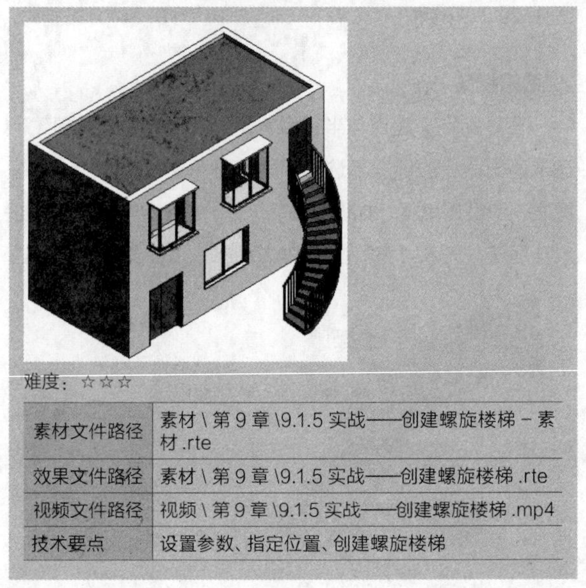

难度：☆☆☆

素材文件路径	素材 \ 第 9 章 \9.1.5 实战——创建螺旋楼梯 - 素材 .rte
效果文件路径	素材 \ 第 9 章 \9.1.5 实战——创建螺旋楼梯 .rte
视频文件路径	视频 \ 第 9 章 \9.1.5 实战——创建螺旋楼梯 .mp4
技术要点	设置参数、指定位置、创建螺旋楼梯

在9.1.3与9.1.4小节中分别介绍了使用“全踏步螺旋”工具和“圆心-端点螺旋”工具创建螺旋楼梯的操作方法。本小节将介绍通过“圆心-端点螺旋”工具创建室外螺旋楼梯的操作方法。

Step 01 打开资源中的“第9章\9.1.5 实战——创建螺旋楼梯-素材.rte”文件，如图9-44所示。

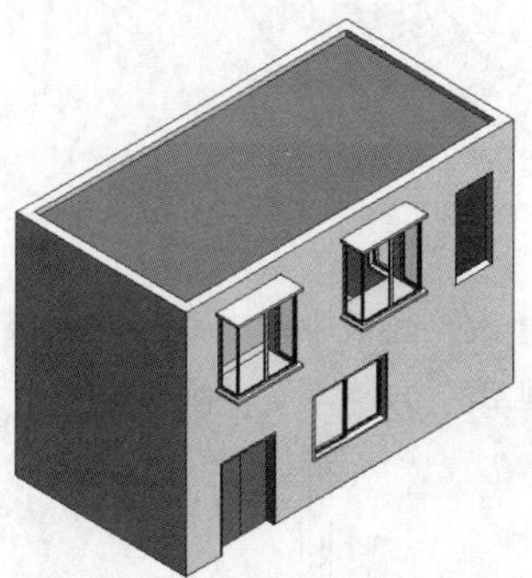

图 9-44 打开素材

Step 02 选择“建筑”选项卡，单击“楼梯坡道”面板上的“楼梯”按钮，进入“修改|创建楼梯”选项卡。在“构件”面板上单击“圆心-端点螺旋”按钮，在选项栏中选择“定位线”为“梯段：中心”，保持“偏移”值不变，修改“实际梯段宽度”值为1100，如图9-45所示。

图 9-45 “修改 | 创建楼梯”选项卡

Step 03 在“属性”选项板中选择梯段样式为“整体式楼梯”，在“约束”选项组中选择“底部标高”为F1，“顶部标高”为F2，如图9-46所示。单击“编辑类型”按钮，弹出“类型属性”对话框。

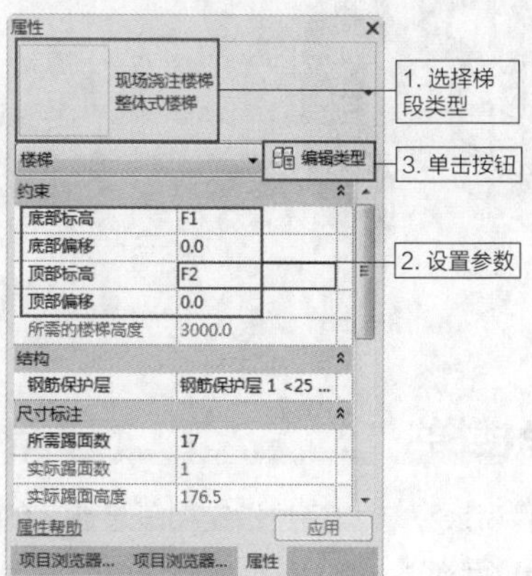

图 9-46 “属性”选项板

Step 04 在“构造”选项组中打开“功能”列表，在其中选择“外部”选项，如图9-47所示，设置梯段的功能属性为“外部”。单击“确定”按钮关闭对话框。

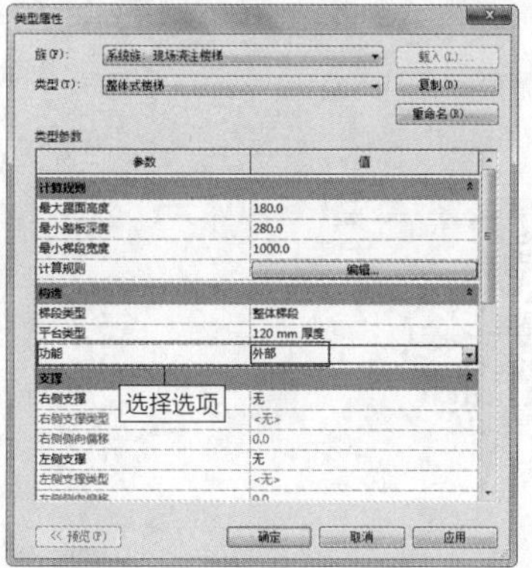

图 9-47 “类型属性”对话框

Step 05 在绘图区中移动鼠标指针，指定梯段中心，如图9-48所示。

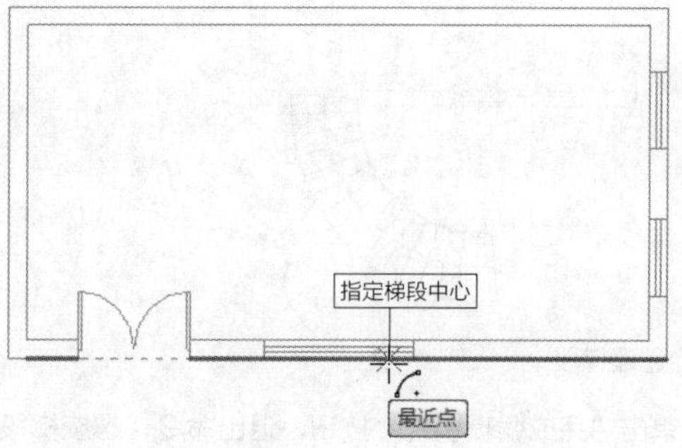

图 9-48 指定梯段中心

Step 06 移动鼠标指针，指定梯段半径，如图9-49所示。

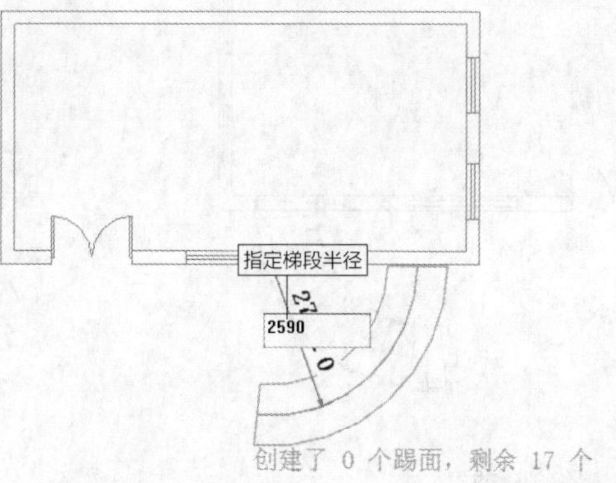

图 9-49 指定梯段半径

> **延伸讲解：**
>
> 在指定梯段中心时，可以在大概的位置指定梯段的半径。在完成创建梯段的操作后，再启用“移动”命令，调整梯段位置即可。

Step 07 移动鼠标指针，单击指定梯段终点，如图9-50所示。

Step 08 梯段的创建效果如图9-51所示。

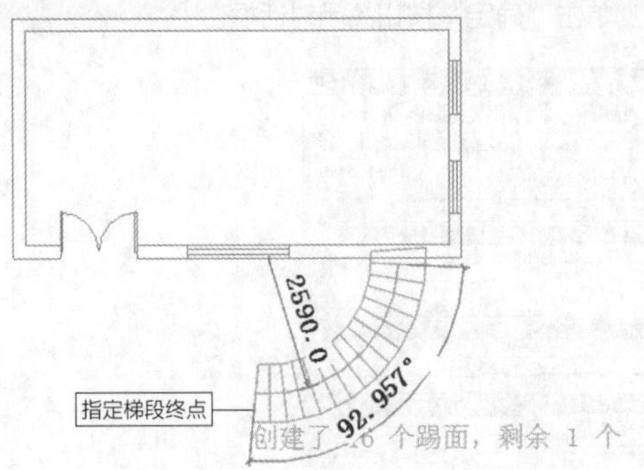

图 9-50 指定梯段终点

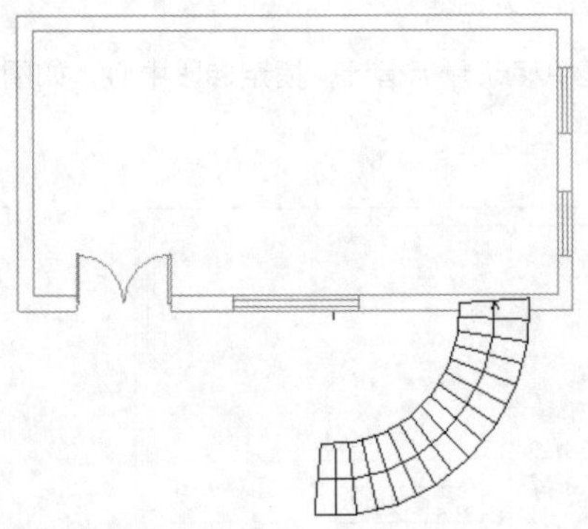

图 9-51 创建梯段

Step 09 单击"完成编辑模式"按钮，退出命令，螺旋梯段的最终创建效果如图9-52所示。

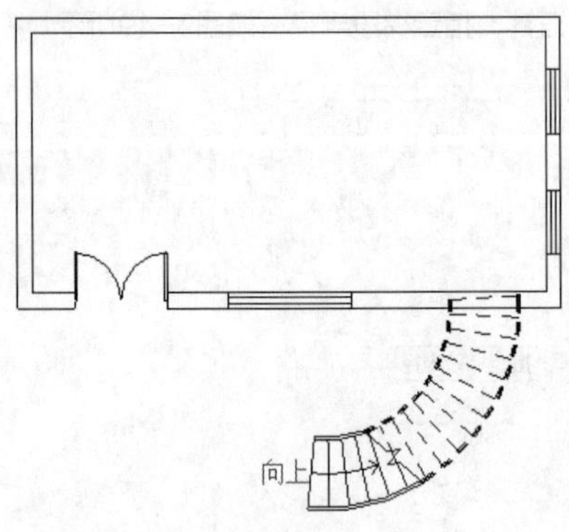

图 9-52 最终创建效果

Step 10 切换至F2视图，滚动鼠标滚轮，放大视图会发现梯段与门口的位置未对齐，如图9-53所示。

知识链接：

梯段的终止踏步在F2楼层，因此需要切换至F2视图，查看梯段与门口的对应情况。

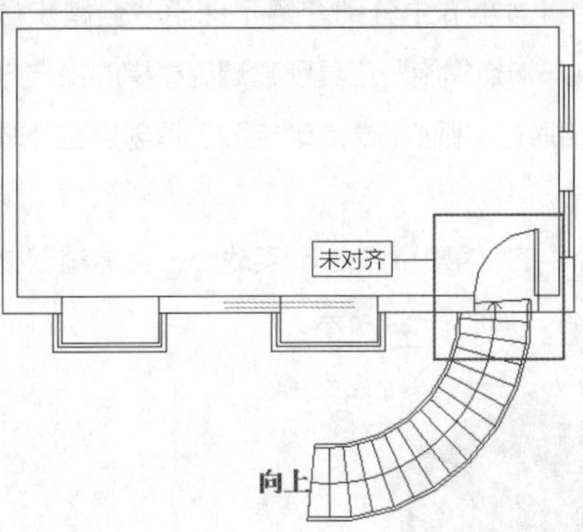

图 9-53 F2 视图

Step 11 选择梯段，在"修改"面板中单击"移动"按钮✥，调整梯段位置，使其与门口对齐，如图9-54所示。

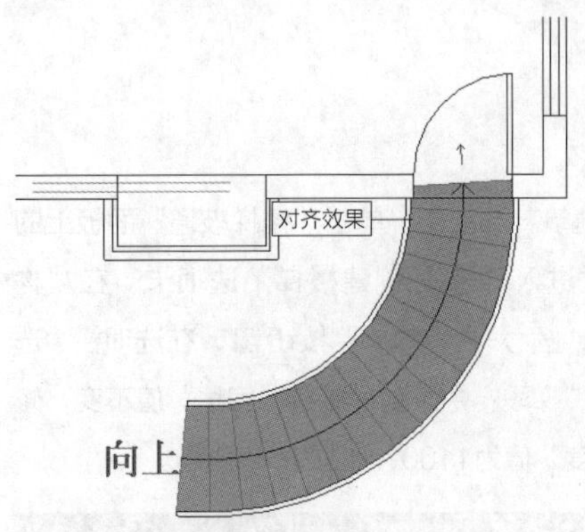

图 9-54 调整梯段位置

Step 12 切换至三维视图，查看螺旋楼梯的三维样式，如图9-55所示。

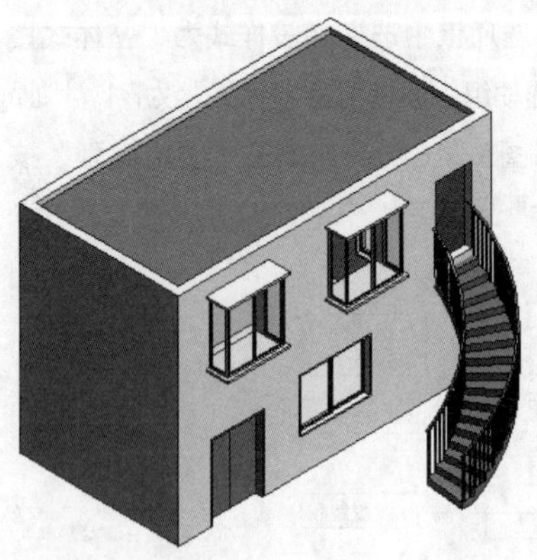

图 9-55 三维样式

9.1.6 L形转角楼梯 重点

调用"L形转角"命令，可以通过指定梯段起点，创建L形转角梯段。本小节将介绍创建L形转角梯段的操作方法。

1. 创建梯段

选择“建筑”选项卡，单击“楼梯坡道”面板上的“楼梯”按钮，进入“修改|创建楼梯”选项卡。在“构件”面板中单击“L形转角”按钮，并在选项栏中设置参数，如图9-56所示。

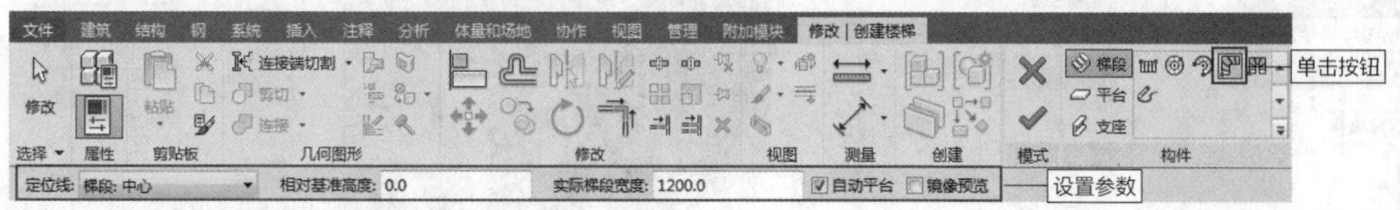

图 9-56 “修改 | 创建楼梯”选项卡

在绘图区中移动鼠标指针，单击指定梯段起点，如图9-57所示。移动鼠标指针，在指定的位置创建L形转角梯段，如图9-58所示。

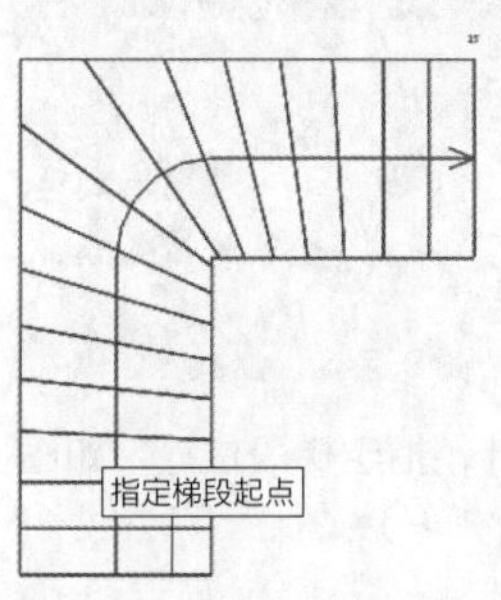

图 9-57 指定梯段起点

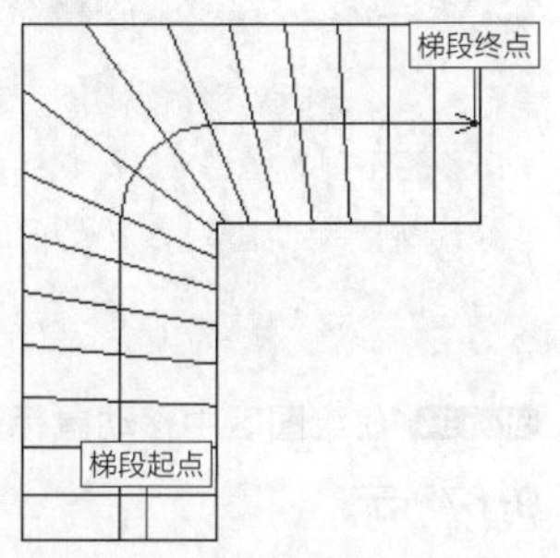

图 9-58 创建 L 形转角梯段

延伸讲解：

单击指定的点为梯段起点，梯段中箭头位置为梯段的终点。

单击“完成编辑模式”按钮，退出命令，L形转角楼梯的最终效果如图9-59所示。单击快速访问工具栏上的“默认三维视图”按钮，切换至三维视图，L形转角楼梯的三维样式如图9-60所示。

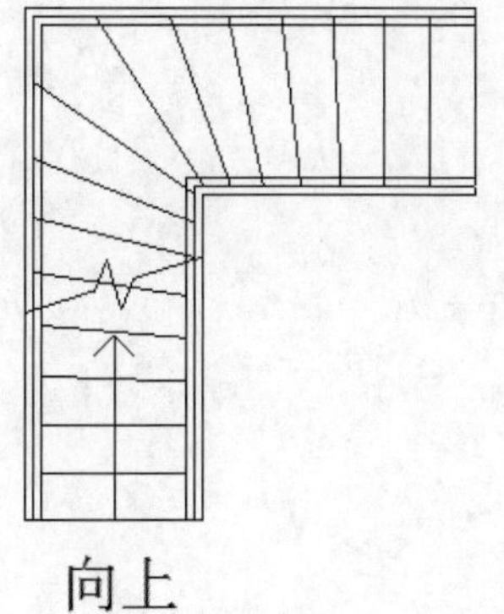

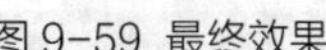

图 9-59 最终效果

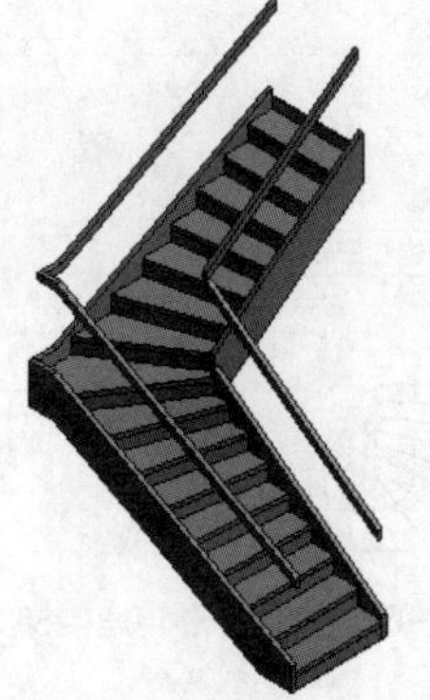

图 9-60 三维样式

2. 编辑梯段

选择梯段，在梯段的终点显示“向上翻转楼梯的方向”符号，如图9-61所示。单击符号，调整楼梯方向，效果如图9-62所示。

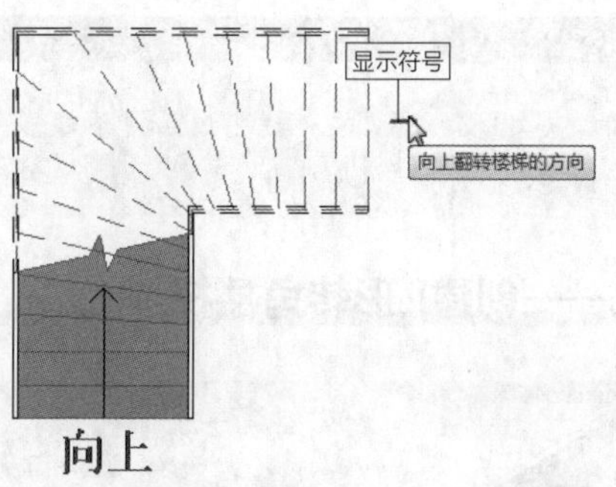

图 9-61 显示符号

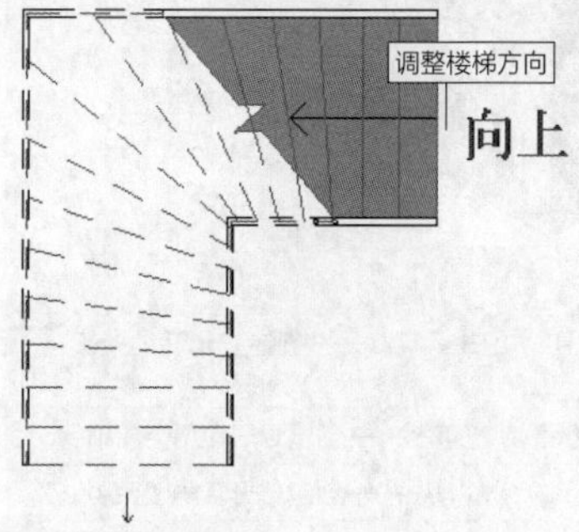

图 9-62 调整楼梯方向

延伸讲解：

在指定起点创建梯段的时候，按空格键，也可以旋转梯段。

选择梯段后进入“修改|楼梯”选项卡，单击“编辑楼梯”按钮，进入“修改|创建楼梯”选项卡。选择梯段，显示造型操纵柄符号与临时尺寸标注，如图9-63所示。单击激活造型操纵柄符号，可以调整梯段的显示样式。单击梯段宽度的临时尺寸标注，进入可编辑模式，通过修改尺寸标注，可以更改梯段的宽度。

在选择梯段的同时，“属性”选项板会显示梯段的属性参数，如图9-64所示。修改参数，可以控制梯段的显示效果。

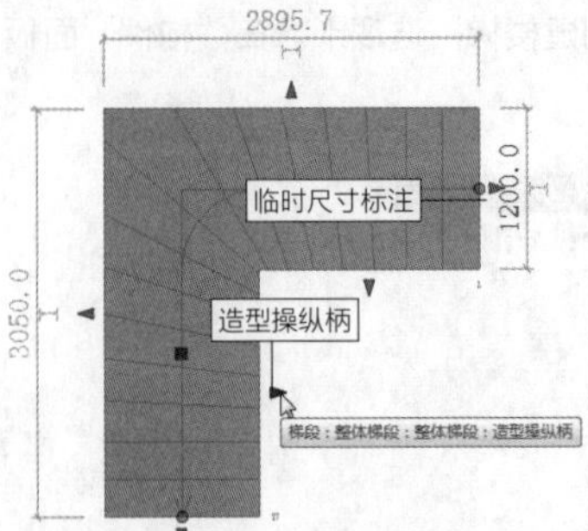

图 9-63 显示符号与标注

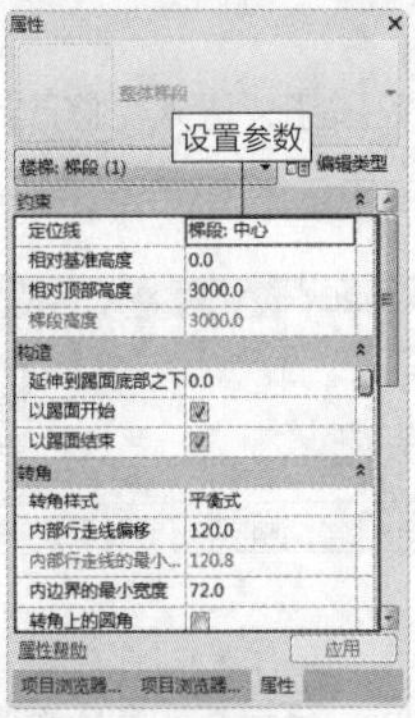

图 9-64 设置参数

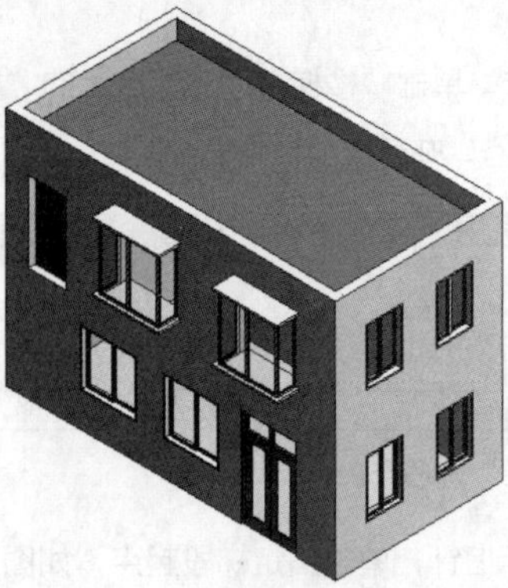

图 9-65 打开素材

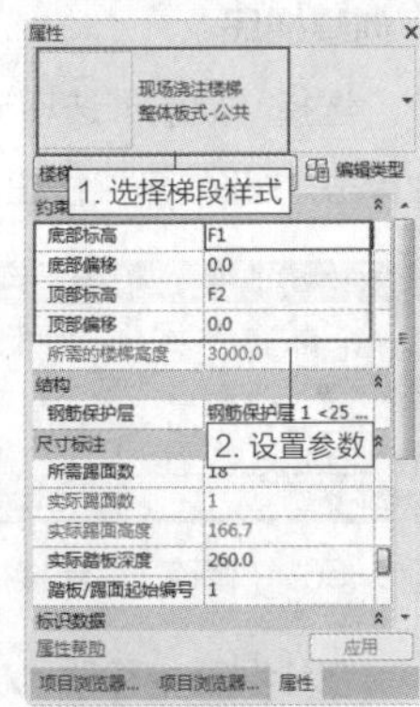

图 9-66 设置参数

知识链接：

值得注意的是，梯段的样式在创建完成后便不可修改，用户在开始创建时需要确定好梯段的样式。

9.1.7 实战——创建L形转角楼梯

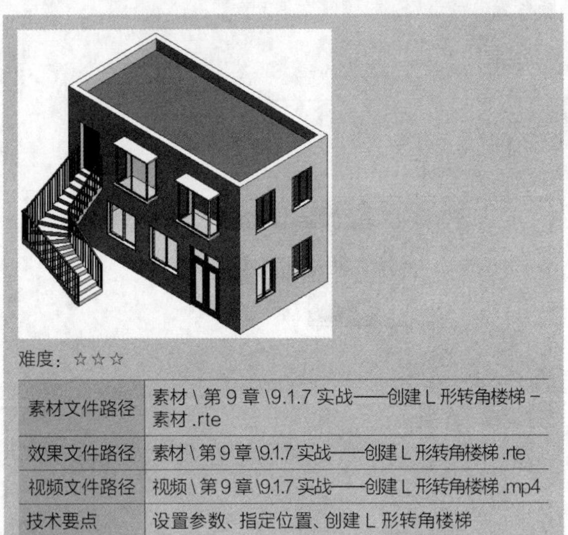

难度：☆☆☆

素材文件路径	素材\第9章\9.1.7 实战——创建L形转角楼梯-素材.rte
效果文件路径	素材\第9章\9.1.7 实战——创建L形转角楼梯.rte
视频文件路径	视频\第9章\9.1.7 实战——创建L形转角楼梯.mp4
技术要点	设置参数、指定位置、创建L形转角楼梯

在9.1.6小节中介绍了创建和编辑L形转角楼梯的操作方法，本小节将介绍为建筑物创建室外L形转角楼梯的操作方法。

Step 01 打开资源中的“第9章\9.1.7 实战——创建L形转角楼梯-素材.rte”文件，如图9-65所示。

Step 02 选择“建筑”选项卡，在“楼梯坡道”面板上单击“楼梯”按钮，进入“修改|创建楼梯”选项卡。在“构件”面板中单击“L形转角”按钮，在选项栏中选择“定位线”为“梯段：中心”，保持“相对基准高度”为0不变，设置“实际梯段宽度”为1200。

Step 03 在“属性”选项板中打开类型列表，在其中选择“整体板式-公共”类型，设置“底部标高”为F1，“顶部标高”为F2，如图9-66所示。

延伸讲解：

由于与L形转角楼梯相对应的门口位于F2楼层，因此在F2视图中创建楼梯可以方便确定楼梯的位置。但是需要手动修改梯段的“底部标高”为F1，否则系统会默认将“底部标高”设置为F2。

Step 04 在绘图区中移动鼠标指针，指定梯段位置，如图9-67所示。

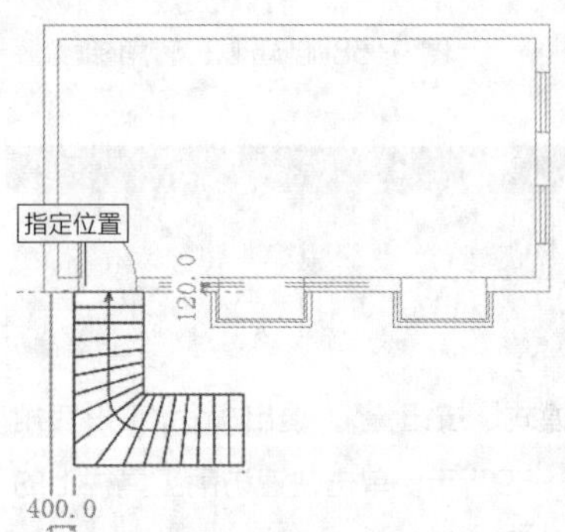

图 9-67 指定位置

Step 05 单击创建L形转角楼梯的效果如图9-68所示。

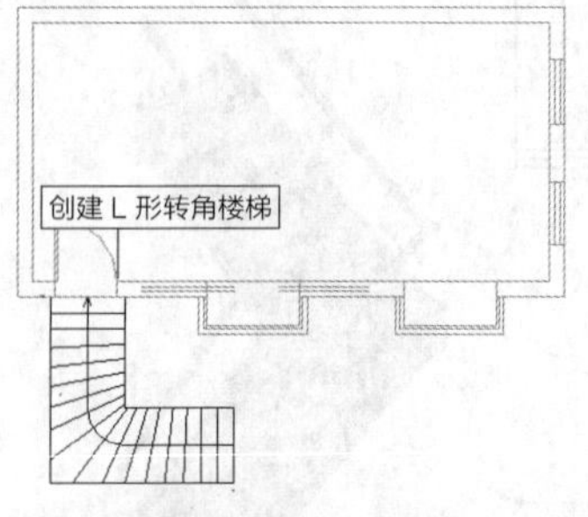

图 9-68 创建L形转角楼梯

知识链接：

在确定梯段的起点时，通过按空格键，也可调整梯段的方向；同时根据移动梯段时显示的临时尺寸标注，确定梯段的位置。

Step 06 单击“完成编辑模式”按钮，退出命令，在F2视图中L形转角楼梯的效果如图9-69所示。

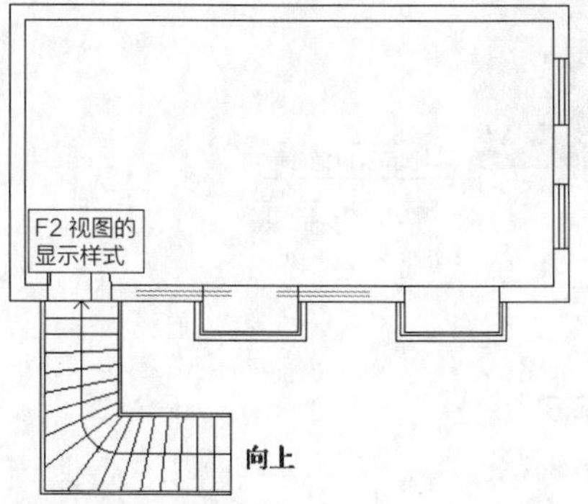

图 9-69 F2 视图

Step 07 切换至F1视图，观察梯段在该视图中的效果，如图9-70所示。

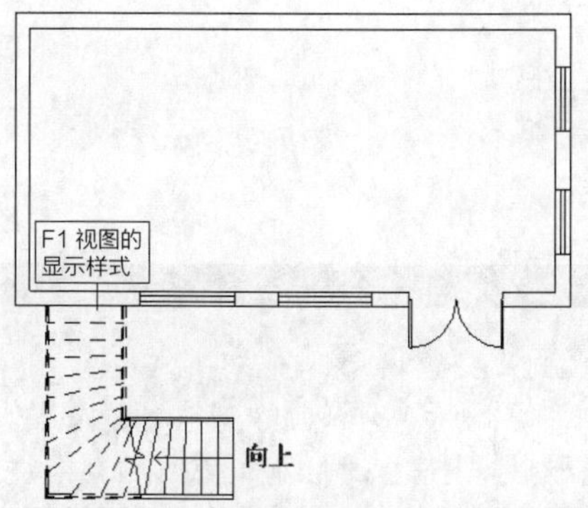

图 9-70 F1 视图

延伸讲解：

因为位于F2楼层的单扇平开门在F1视图中不可见，所以需要切换到F2视图中执行创建梯段的操作。

Step 08 单击快速访问工具栏上的“默认三维视图”按钮，切换至三维视图，查看L形转角楼梯的三维样式，如图9-71所示。

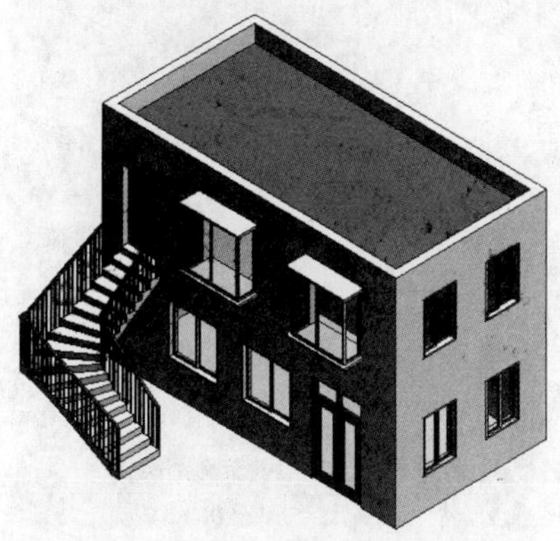

图 9-71 L 形转角楼梯的三维样式

9.1.8 U形转角楼梯 重点

启用“U形转角”命令，指定位置创建U形转角梯段。与L形转角楼梯相同，按空格键，也可以旋转梯段，更改梯段方向。本小节将介绍创建U形转角梯段的操作方法。

1. 创建梯段

选择“建筑”选项卡，单击“楼梯坡道”面板上的“楼梯”按钮，进入“修改|创建楼梯”选项卡。在“构件”面板上单击“U形转角”按钮，在选项栏中打开“定位线”列表，在其中选择“梯边梁外侧：左”选项，设置“实际梯段宽度”为1200，如图9-72所示。

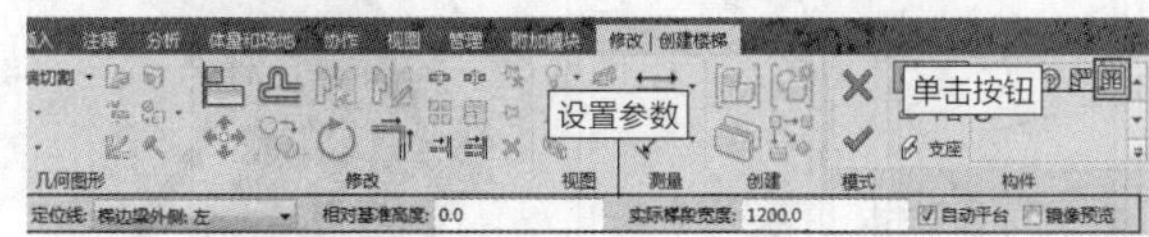

图 9-72 “修改 | 创建楼梯”选项卡

在绘图区中指定梯段的位置，如图9-73所示。此时鼠标指针的位置位于梯段的“梯边梁外侧：左”，这是因为将“定位线”设置为“梯边梁外侧：左”的原因。

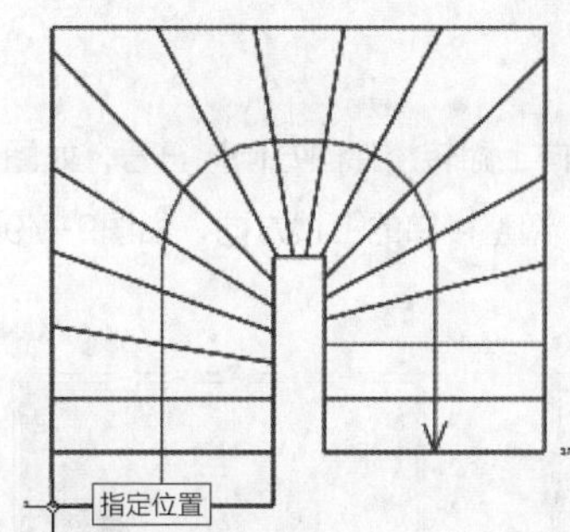

图 9-73 指定位置

单击在指定的位置创建U形转角梯段，在梯段的起始踏步与终点踏步处显示踏步编号，如图9-74所示。单击“完成编辑模式”按钮，退出命令。此时系统在工作界面的右下角弹出图9-75所示的警告对话框，单击右上角的“关闭”按钮，关闭对话框即可。

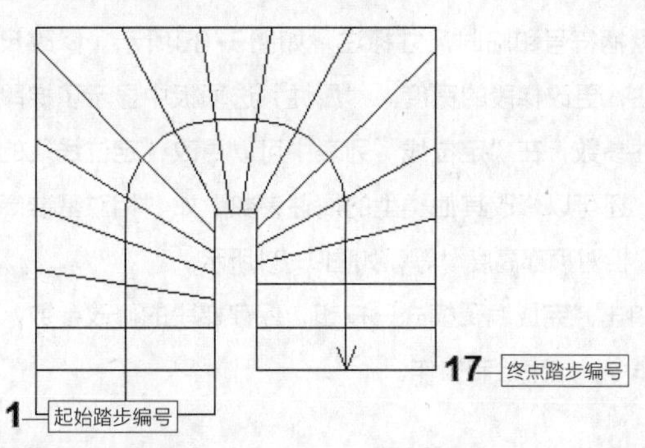

图 9-74 创建 U 形转角梯段

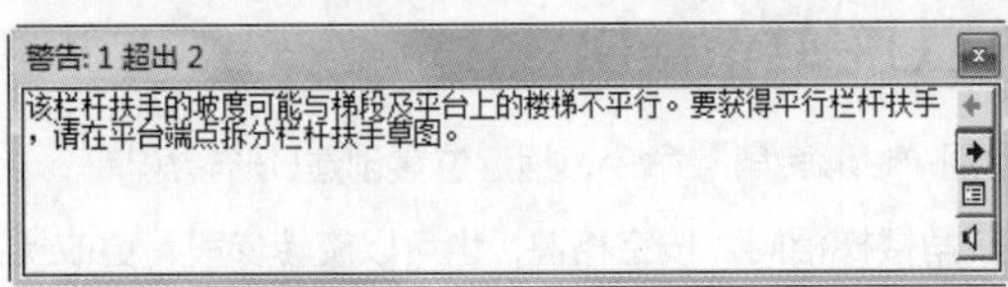

图 9-75 警告对话框

图9-76所示为U形转角梯段的最终效果。切换至三维视图，观察梯段的三维样式，如图9-77所示。

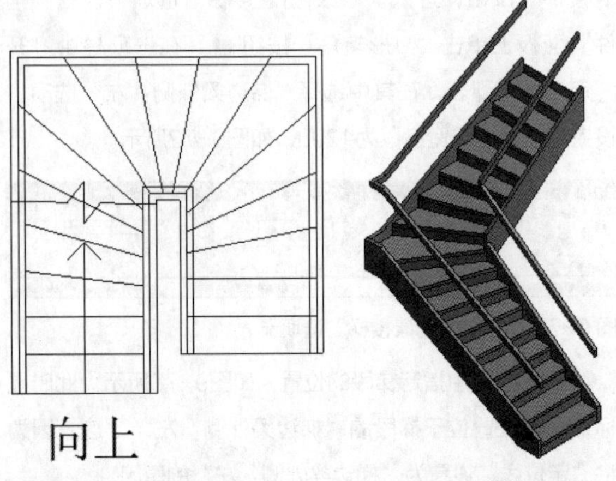

图 9-76 U 形转角梯段　　图 9-77 三维样式

2. 编辑梯段

选择梯段，显示"向上翻转楼梯的方向"符号，如图9-78所示。单击符号，调整楼梯的上楼方向，如图9-79所示。

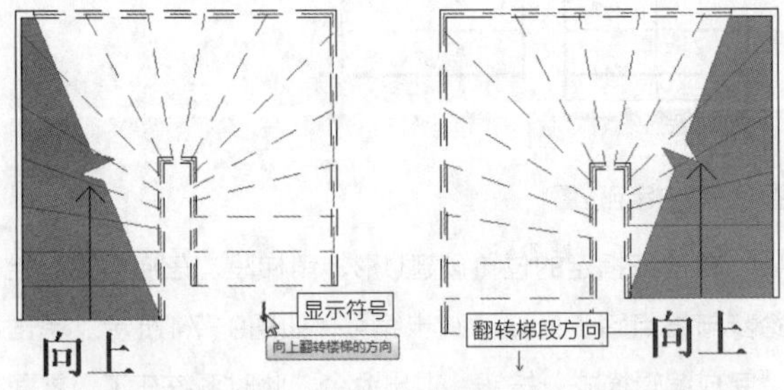

图 9-78 显示"向上翻转楼梯的方向"符号　　图 9-79 翻转梯段方向

创建完梯段后，在退出命令前，选择梯段，显示造型操纵柄符号和临时尺寸标注，如图9-80所示。修改尺寸标注，更改梯段的宽度。"属性"选项板中显示了梯段的属性参数，在"定位线"列表中可以更改"定位线"的样式，还可以修改其他类型的属性参数，如"相对基准高度""相对顶部高度"等，如图9-81所示。

单击"完成编辑模式"按钮，保存梯段的修改参数，退出命令，结束绘制操作。

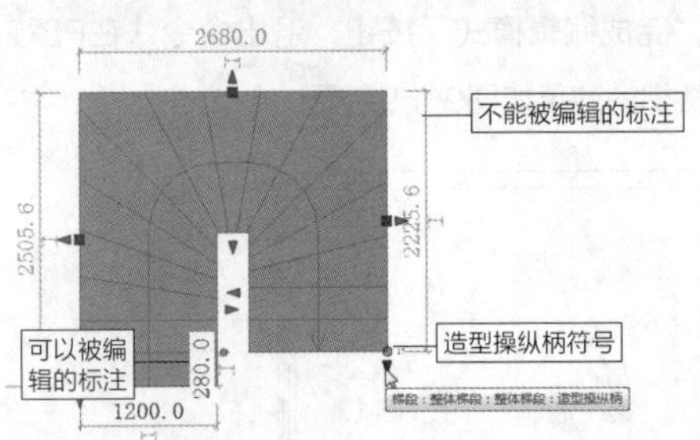

图 9-80 选择梯段

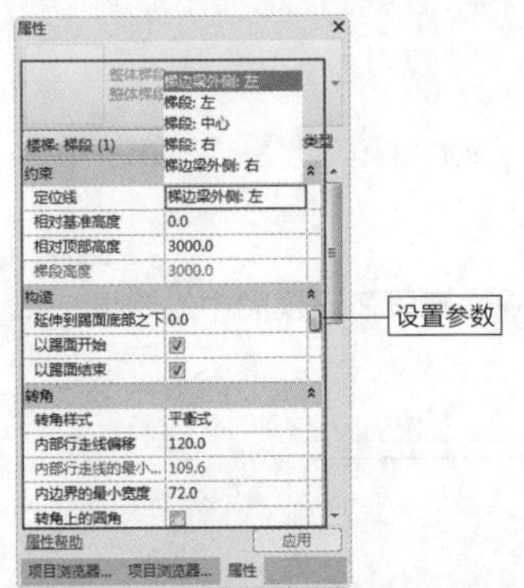

图 9-81 设置参数

延伸讲解：

需要注意，临时尺寸标注有两种类型，一种可编辑，另一种不可被编辑。显示为淡蓝色的临时尺寸标注不可被编辑，显示为蓝色的临时尺寸标注，可以被编辑，如梯段的宽度值1200，踏步宽度值280。

9.1.9 实战——创建U形转角楼梯

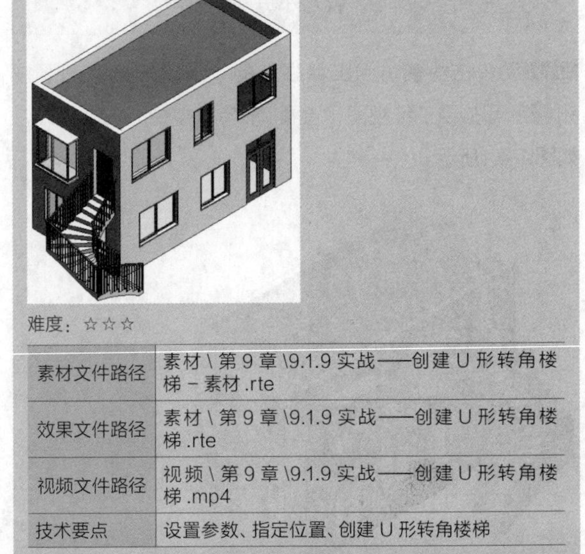

难度：☆☆☆

素材文件路径	素材\第9章\9.1.9 实战——创建U形转角楼梯-素材.rte
效果文件路径	素材\第9章\9.1.9 实战——创建U形转角楼梯.rte
视频文件路径	视频\第9章\9.1.9 实战——创建U形转角楼梯.mp4
技术要点	设置参数、指定位置、创建U形转角楼梯

在9.1.8小节中介绍了创建与编辑U形转角楼梯的操作方法，本小节将介绍在室外创建U形转角楼梯的操作方法。

Step 01 打开资源中的“第9章\9.1.9 实战——创建U形转角楼梯-素材.rte”文件，如图9-82所示。

Step 02 切换至F2视图，选择“建筑”选项卡，单击“楼梯坡道”面板上的“楼梯”按钮，进入“修改|创建楼梯”选项卡。在“构件”面板上单击“U形转角”按钮，设置“定位线”为“梯段：中心”，保持“相对基准高度”值不变，修改“实际梯段宽度”为1200。

Step 03 在“属性”选项板中选择梯段的类型为“整体板式-公共”类型，设置“底部标高”为F1，“顶部标高”为F2，如图9-83所示。

图 9-82 打开素材

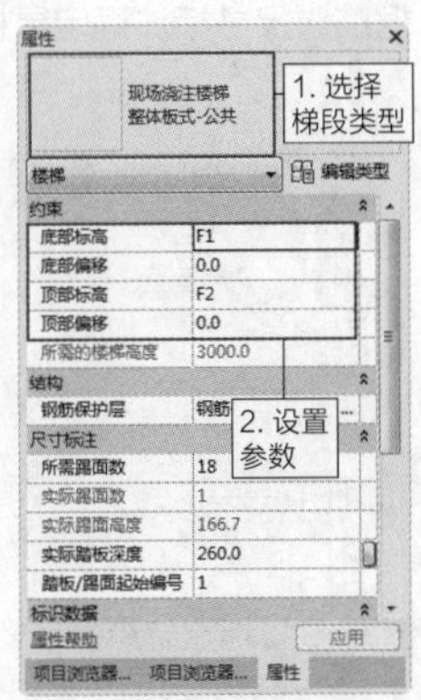

图 9-83 设置参数

Step 04 在绘图区中指定梯段位置，按空格键旋转梯段，调整梯段的上楼方向，如图9-84所示。

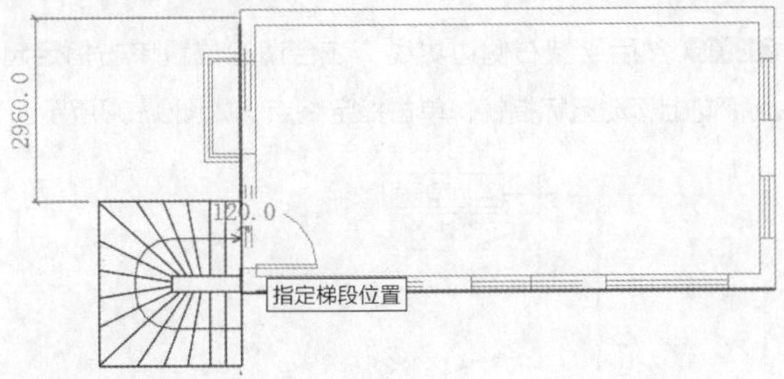

图 9-84 指定梯段位置

Step 05 单击创建梯段的效果如图9-85所示。

Step 06 单击“完成编辑模式”按钮，退出命令，梯段的最终效果如图9-86所示。因为梯段的“顶部标高”为F2，所以在F2视图中不会显示梯段的剖切样式。

Step 07 切换至F1视图，F1是梯段的“底部标高”，所以在该视图中会显示梯段的剖切样式，即虚线部分，如图9-87所示。

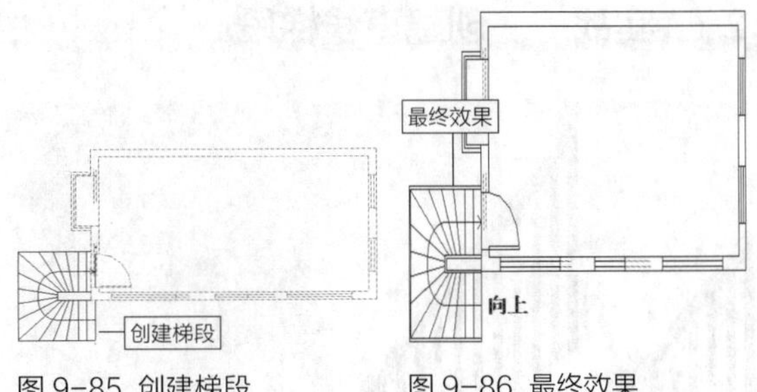

图 9-85 创建梯段

图 9-86 最终效果

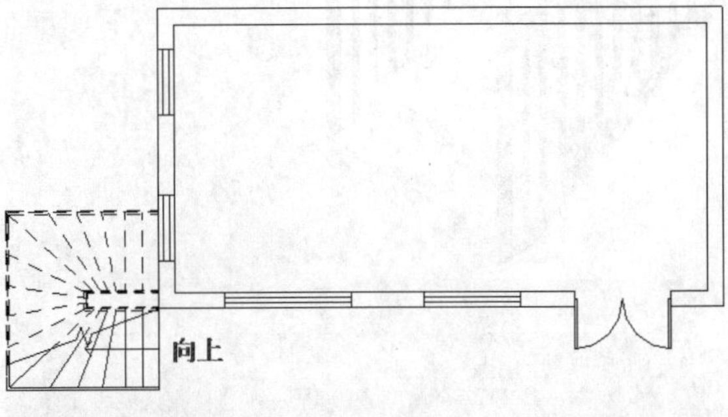

图 9-87 F1 视图

Step 08 单击快速访问工具栏上的“默认三维视图”按钮，切换至三维视图，查看U形转角楼梯的三维样式，如图9-88所示。

图 9-88 U 形转角楼梯的三维样式

延伸讲解：

假如需要对梯段执行编辑修改操作，请参考9.1.1小节中关于编辑楼梯的知识的介绍，综合运用各种工具对梯段进行编辑。

9.2 创建楼梯的其他方式

9.1节所介绍的是创建楼梯的常用方法，Revit还提供其他创建楼梯的方法，即通过创建梯段的方式来创建楼梯。本节将介绍如何运用该工具来创建楼梯。

9.2.1 实战——创建直线梯段

难度：☆☆

素材文件路径	无
效果文件路径	素材 \ 第 9 章 \9.2.1 实战——创建直线梯段 .rte
视频文件路径	视频 \ 第 9 章 \9.2.1 实战——创建直线梯段 .mp4
技术要点	设置参数、指定位置、创建直线梯段

使用“楼梯”工具，不仅可以绘制梯段创建楼梯，还可以通过自定义梯段边界线的样式、踢面参数来创建多种样式的楼梯。本小节将以创建直线梯段为例，介绍如何在自定义边界线与踢面的情况下创建楼梯。

Step 01 选择“建筑”选项卡，在“楼梯坡道”面板上单击“楼梯”按钮，进入“修改|创建楼梯”选项卡。在“构件”面板上单击“创建草图”按钮，进入“修改|创建楼梯>绘制梯段”选项卡。

Step 02 在“绘制”面板上单击“边界”按钮，选择“线”绘制方式，在选项栏中选择“链”选项，保持“偏移”值为0，如图9-89所示。

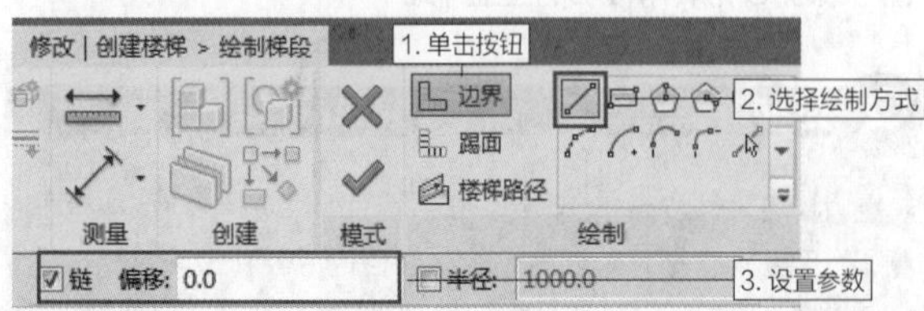

图 9-89 “修改 | 创建楼梯 > 绘制梯段”选项卡

Step 03 在“属性”选项板中选择梯段类型为“整体式楼梯”类型，设置“底部标高”为室外地坪，“顶部标高”为F1，此时系统显示“所需踢面数”为5，其他选项保持默认值，如图9-90所示。

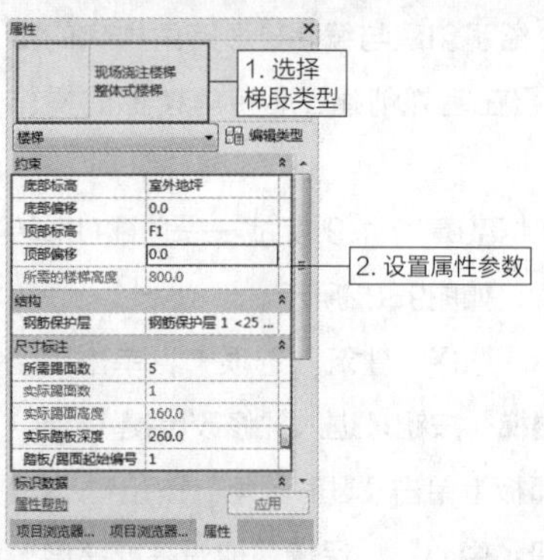

图 9-90 设置参数

Step 04 在绘图区中单击指定边界线的起点，向上移动鼠标指针，实时显示临时尺寸标注，标注鼠标指针的移动距离，在合适的位置单击指定终点，如图9-91所示。

Step 05 按Esc键，暂时退出命令。向右移动鼠标指针，根据临时尺寸标注确定鼠标指针位置，如图9-92所示。

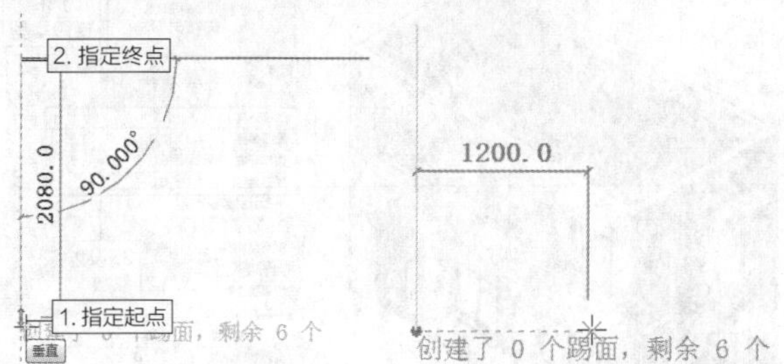

图 9-91 指定起点　　图 9-92 向右移动鼠标指针

延伸讲解：

在移动鼠标指针时，会显示蓝色的虚线，该虚线可以帮助用户对齐两段边界线的端点。

Step 06 然后绘制右侧边界线，在合适的位置单击指定起点，向上移动鼠标指针，单击指定终点，如图9-93所示。

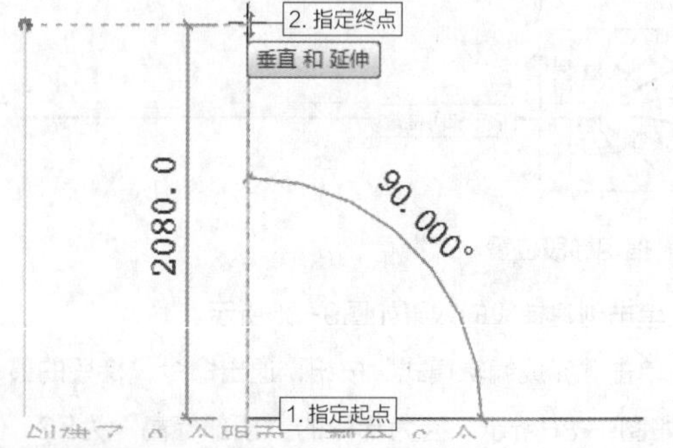

图 9-93 指定起点与终点

Step 07 梯段左右两侧边界线的绘制效果如图9-94所示。

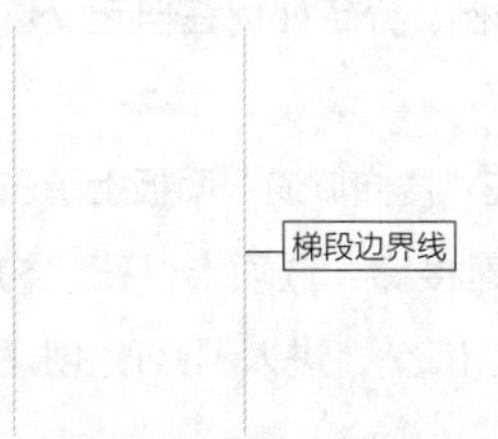

图 9-94　梯段边界线

Step 08 在“绘制”面板中单击“踢面”按钮，选择“线”绘制方式，设置参数如图9-95所示。

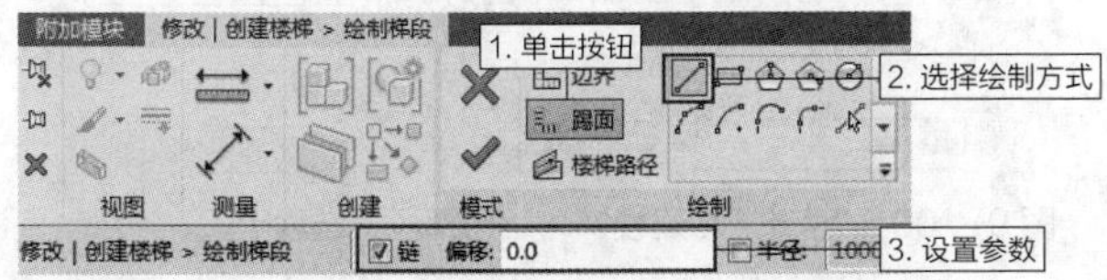

图 9-95　“修改 | 创建楼梯 > 绘制梯段”选项卡

Step 09 将鼠标指针置于左侧边界线的端点，指定踢面线的起点，如图9-96所示。

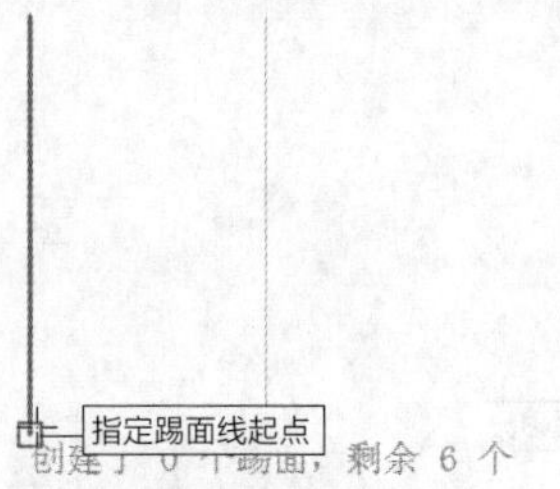

图 9-96　指定踢面线起点

Step 10 单击向右移动鼠标，指定踢面线终点，如图9-97所示。

Step 11 绘制完踢面线后，显示样式为黑色的实线，与绿色的边界线相区别，同时显示标注文字，告知用户当前踢面的创建情况，如图9-98所示。

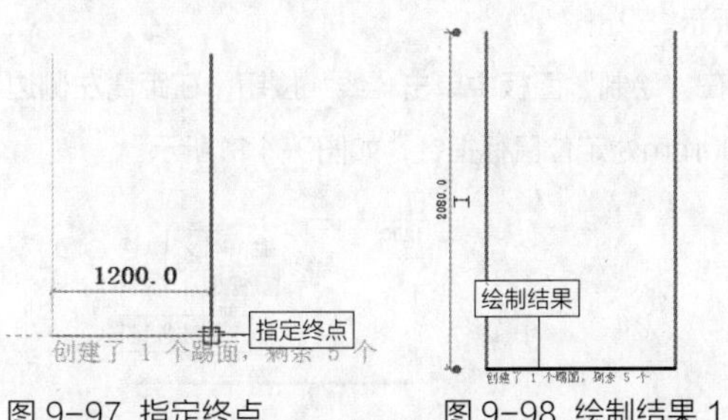

图 9-97　指定终点　　图 9-98　绘制结果 1

知识链接：

绘制完一段踢面线后，系统会自动地暂时退出命令（不需要用户按Esc键退出命令），方便用户快速开始绘制下一段踢面线。

Step 12 向上移动鼠标指针，实时显示临时标注，通过临时尺寸标注，确定踏步的宽度为300从而指定位置，如图9-99所示。

Step 13 在指定位置单击，指定踢面线的起点，向右移动鼠标指针，单击指定终点，绘制第二段踢面线的结果如图9-100所示。

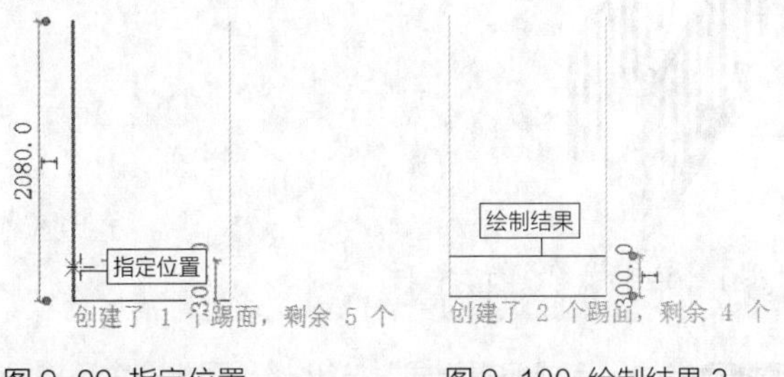

图 9-99　指定位置　　图 9-100　绘制结果 2

Step 14 重复操作，继续绘制踢面线，直至显示“创建了6个踢面，剩余0个”标注文字，如图9-101所示。

Step 15 选择左侧边界线，显示蓝色圆形端点，将鼠标指针置于顶部端点，单击激活端点，如图9-102所示。

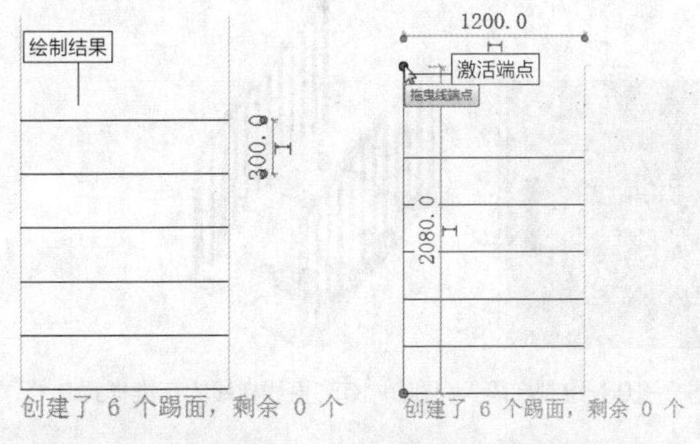

图 9-101　绘制结果 3　　图 9-102　激活端点

Step 16 按住并向下拖动鼠标，当边界线端点与踢面线端点重合时，松开后效果如图9-103所示。

Step 17 重复上述操作，调整右侧边界线顶部端点的位置，结果如图9-104所示。

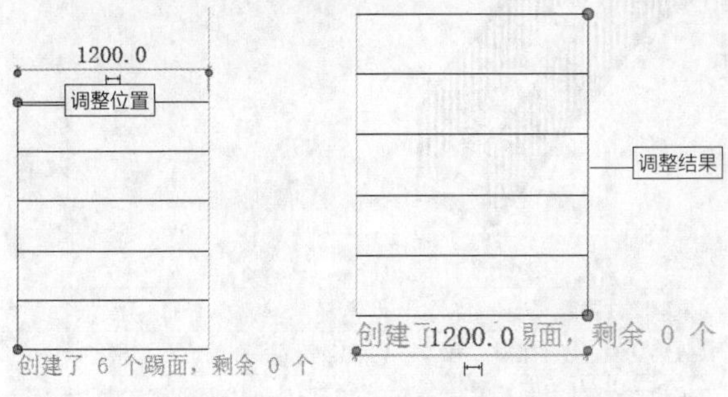

图 9-103　调整位置　　图 9-104　调整结果

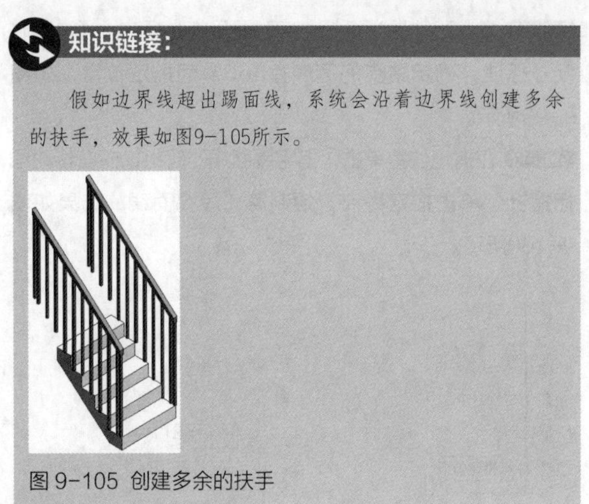

知识链接：

假如边界线超出踏面线，系统会沿着边界线创建多余的扶手，效果如图9-105所示。

图 9-105　创建多余的扶手

Step 18 单击“完成编辑模式”按钮✔，退出命令，梯段的绘制效果如图9-106所示。

Step 19 单击快速访问工具栏上的“默认三维视图”按钮，切换至三维视图，查看直线梯段的三维样式，如图9-107所示。

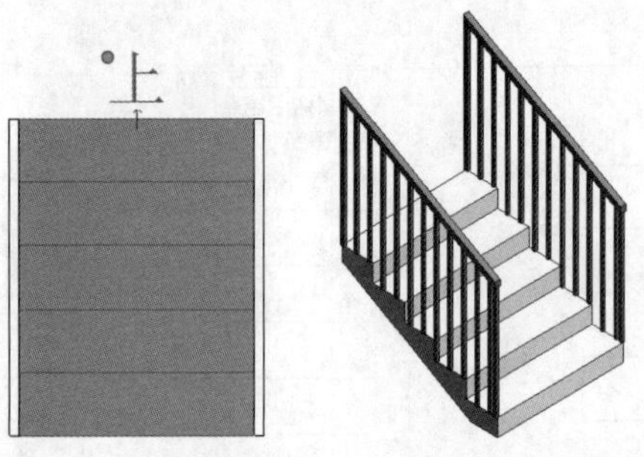

图 9-106　绘制梯段　　图 9-107　直线梯段的三维样式

9.2.2　实战——创建双跑楼梯

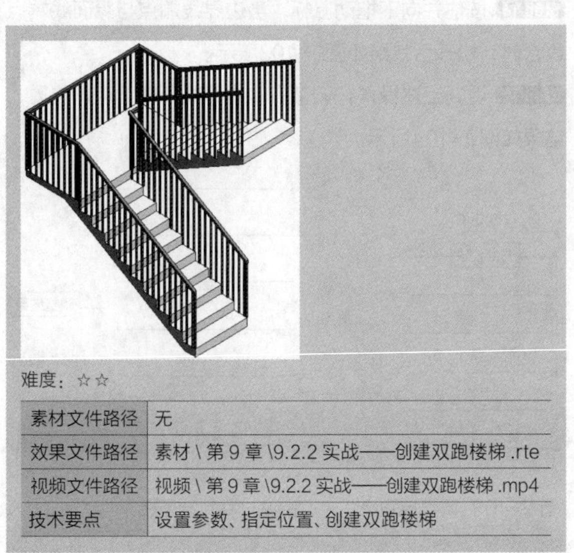

难度：☆☆

素材文件路径	无
效果文件路径	素材 \ 第 9 章 \9.2.2 实战——创建双跑楼梯 .rte
视频文件路径	视频 \ 第 9 章 \9.2.2 实战——创建双跑楼梯 .mp4
技术要点	设置参数、指定位置、创建双跑楼梯

本小节将以创建双跑楼梯为例，介绍如何在自定义边界线与踢面的情况下创建梯段。

Step 01 选择“建筑”选项卡，在“楼梯坡道”面板上单击“楼梯”按钮，进入“修改|创建楼梯”选项卡。在“构件”面板上单击“创建草图”按钮，进入“修改|创建楼梯>绘制梯段”选项卡。

Step 02 在“绘制”面板上单击“边界”按钮，选择“矩形”绘制方式，保持“偏移”值为0不变，如图9-108所示。

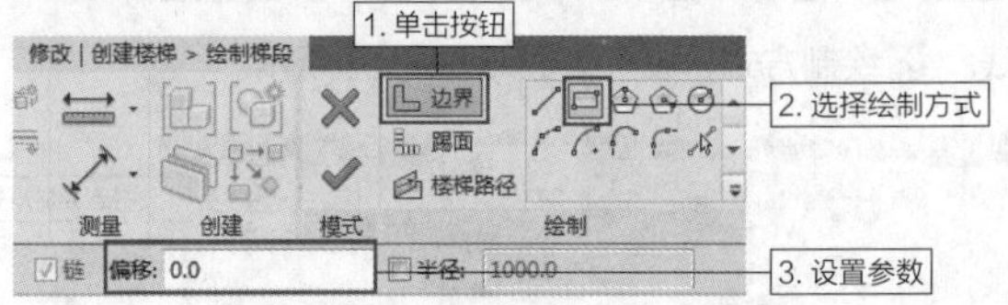

图 9-108　“修改 | 创建楼梯 > 绘制梯段”选项卡

Step 03 在“属性”选项板中选择楼梯的类型为“整体式楼梯”类型，设置“底部标高”为F1，“顶部标高”为F2，此时系统会自动计算并显示“所需踢面数”为18，如图9-109所示。

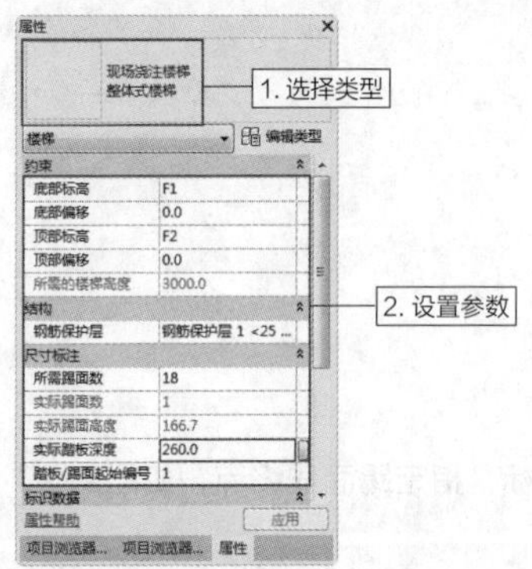

图 9-109　设置参数

Step 04 在绘图区中单击指定边界线的起点，向右下角移动鼠标指针，单击指定对角点，矩形边界线的绘制效果如图9-110所示。

Step 05 在“绘制”面板中单击“线”按钮，在距离左侧边界线1200mm处定位鼠标指针，如图9-111所示。

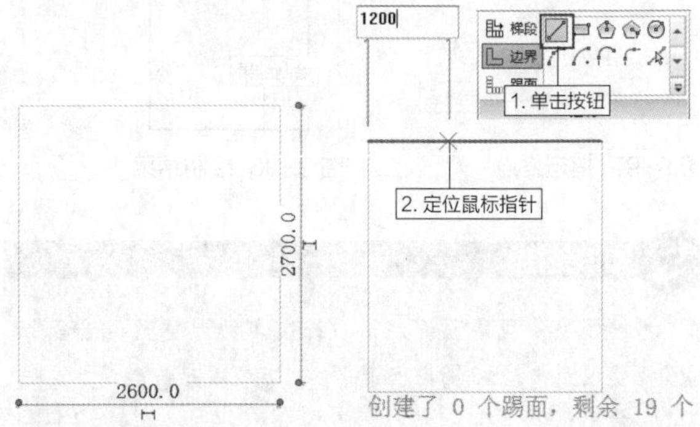

图 9-110　绘制矩形边界线　　图 9-111　定位鼠标指针

延伸讲解：

将鼠标指针先定位在左侧边界线上并向右移动鼠标，可以实时显示鼠标指针与边界线的距离。此时输入距离参数，精确定位鼠标指针位置。

Step 06 在合适的位置单击并向下移动鼠标，在下方边界线上单击，绘制垂直边界线的效果如图9-112所示。

Step 07 重复上述操作，继续绘制垂直边界线，效果如图9-113所示。

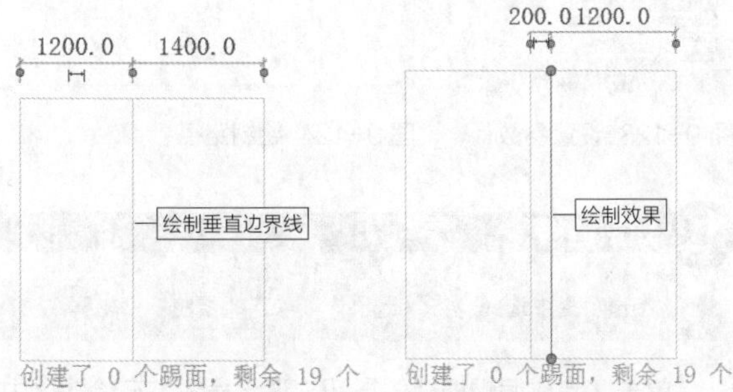

图 9-112　绘制垂直边界线　　图 9-113　绘制效果

Step 08 选择水平边界线，按快捷键DE将其删除，效果如图9-114所示。

Step 09 在“绘制”面板中单击“线”按钮，绘制图9-115所示的水平边界线。

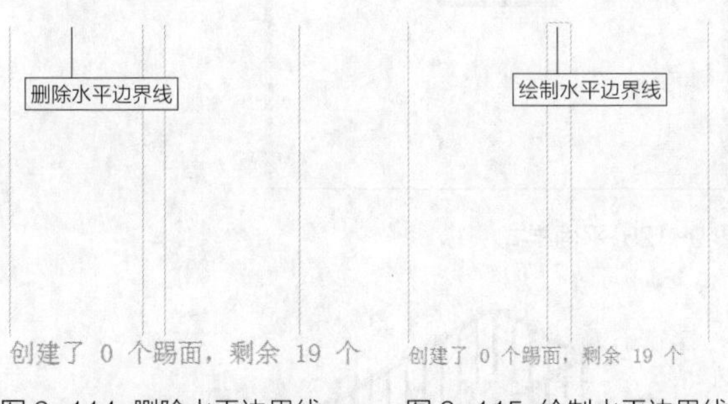

图 9-114　删除水平边界线　　图 9-115　绘制水平边界线

知识链接：

相距200mm的两段边界线作为创建栏杆扶手的轮廓线，为了创建连续的扶手，需要连接两段边界线。重新绘制水平边界线来连接垂直边界线即可。

Step 10 在“绘制”面板上单击“踢面”按钮，选择“线”绘制方式，绘制间距为300mm的踢面线，如图9-116所示。

Step 11 分别选择右边梯段的两侧轮廓线，激活端点，调整端点位置，使其与踢面线端点的位置重合，如图9-117所示。

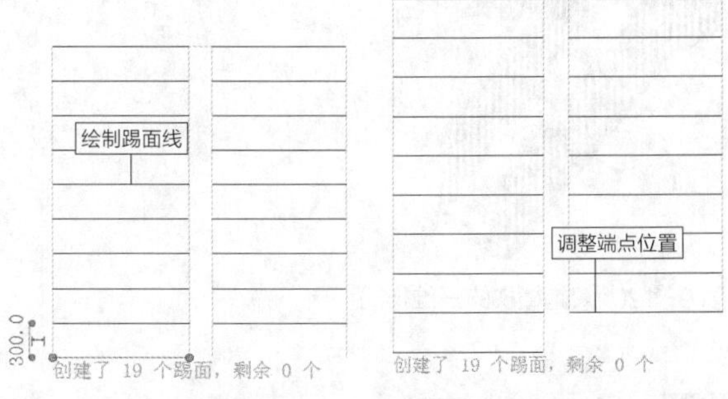

图 9-116　绘制踢面线　　图 9-117　调整端点位置

延伸讲解：

边界线不能超出踢面线，否则系统会弹出警示对话框，提醒用户当前操作发生错误。

Step 12 在“绘制”面板中单击“边界”按钮，选择“线”绘制方式，绘制高度为1200mm的垂直边界线，接着绘制水平边界线并连接垂直边界线，如图9-118所示，作为休息平台的边界线。

Step 13 单击“完成编辑模式”按钮，退出命令，双跑楼梯的绘制效果如图9-119所示。

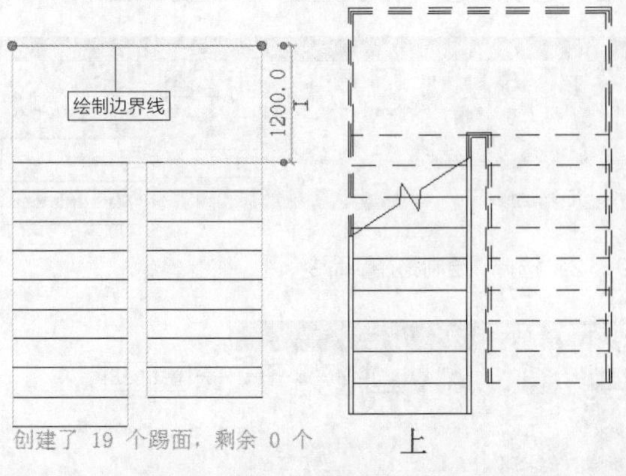

图 9-118　绘制边界线　　图 9-119　绘制效果

知识链接：

休息平台的边界线与梯段的边界线需要分开创建，这是因为系统认为梯段与休息平台是两个构件，需要有各自的边界线。

Step 14 单击快速访问工具栏上的“默认三维视图”按钮，切换至三维视图，查看双跑楼梯的三维样式，如图9-120所示。

图 9-120 双跑楼梯的三维样式

9.3 栏杆扶手

Revit提供了两种创建栏杆扶手的方法，分别是绘制路径和放置在楼梯/坡道上。使用这两种方法来创建栏杆扶手各有优点。本节将介绍创建栏杆扶手的操作方法。

9.3.1 创建栏杆扶手 重点

1. 绘制路径

选择“建筑”选项卡，单击“楼梯坡道”面板上的“栏杆扶手”按钮，在弹出的列表中选择“绘制路径”命令，如图9-121所示。进入“修改|创建栏杆扶手路径”选项卡，在“绘制”面板上单击“线”按钮，在选项栏中选择“链”选项，设置“偏移”值为0，如图9-122所示。

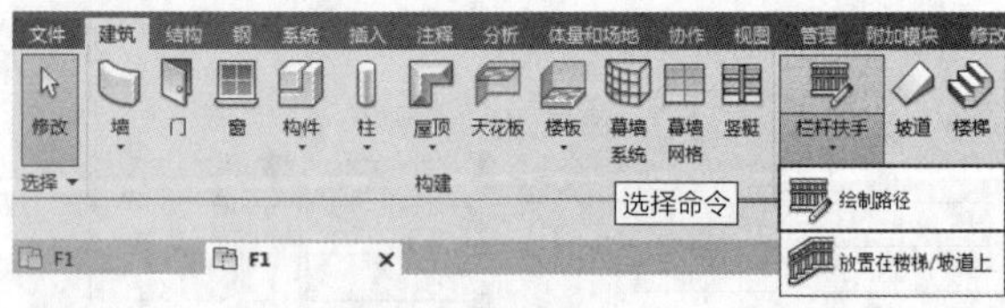

图 9-121 选择“绘制路径”命令

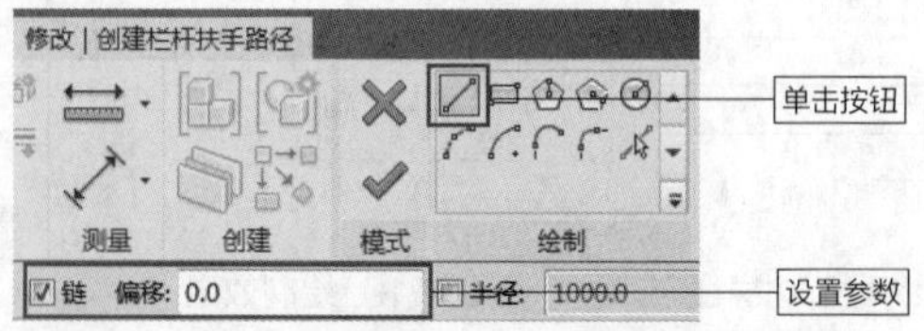

图 9-122 “修改 | 创建栏杆扶手路径”选项卡

延伸讲解：

假如要创建的栏杆扶手构件为规则的矩形或者圆形等，可以使用“矩形”工具、“多边形”工具、“圆形”工具创建栏杆扶手，但是这样创建的栏杆扶手是封闭的。

在“属性”选项板中选择栏杆扶手的类型，在“约束”选项组中设置扶手的标高和偏移值，如图9-123所示。在构件上单击指定扶手轮廓线的起点、终点，完成轮廓线的绘制（路径）轮廓线显示为洋红色，以与构件轮廓线相区别，如图9-124所示。

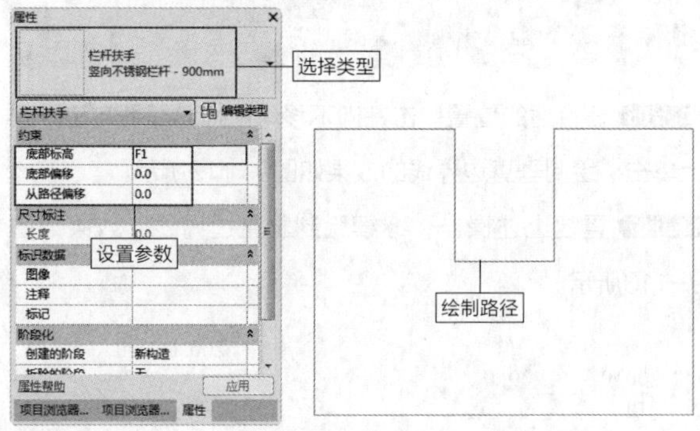

图 9-123 设置参数 图 9-124 绘制路径

知识链接：

在选项栏中选择“链”选项，可以连续绘制多段轮廓线。

单击“完成编辑模式”按钮，退出命令，在绘图区中显示栏杆扶手的平面样式，如图9-125所示。切换至三维视图，观察栏杆扶手的三维样式，如图9-126所示。

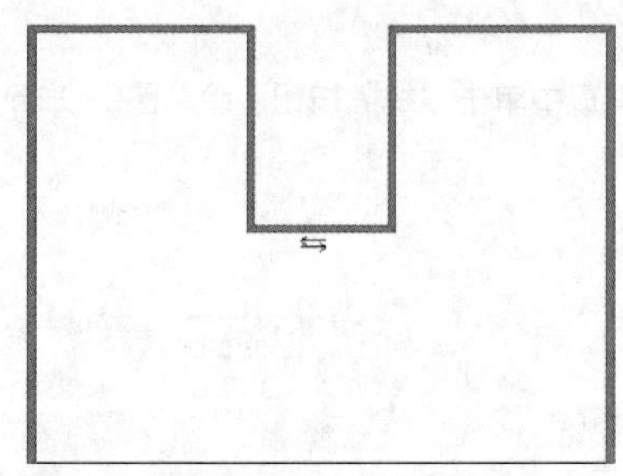

图 9-125 平面样式

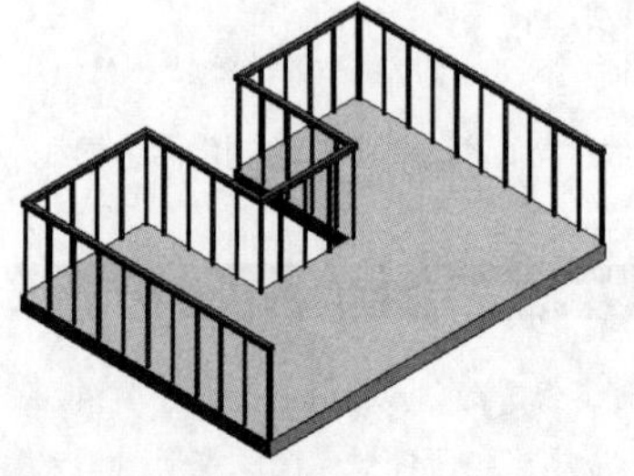

图 9-126 三维样式

2. 放置在楼梯/坡道上

在“楼梯坡道”面板上单击“栏杆扶手”按钮，在列表中选择“放置在楼梯/坡道上”命令，如图9-127所示。进入“修改|在楼梯/坡道上放置栏杆扶手”选项卡，在选项卡中单击“踏板”按钮，如图9-128所示，指定放置栏杆扶手的位置。

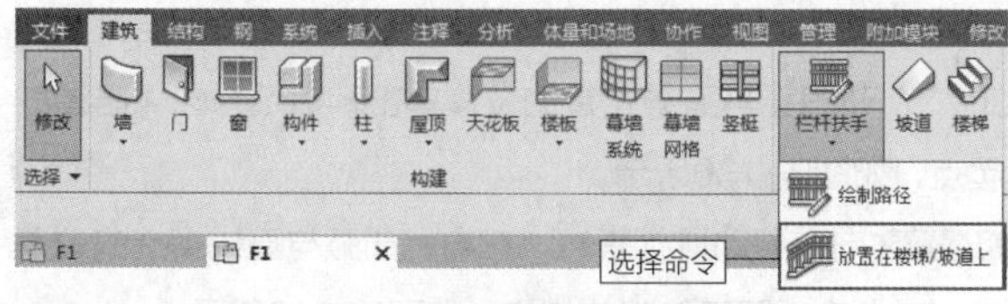

图 9-127 选择“放置在楼梯 / 坡道上”命令

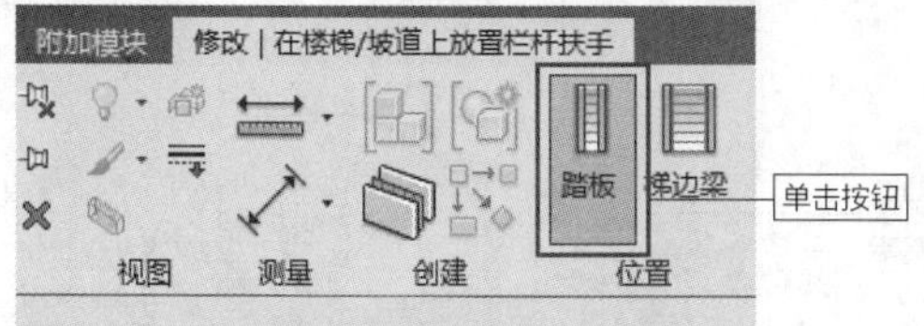

图 9-128 单击“踏板”按钮

在“属性”选项板中选择栏杆扶手的类型，并设置“底部标高”与“底部偏移”值，如图9-129所示。将鼠标指针置于实体上，会高亮显示实体，单击选择实体，如图9-130所示。

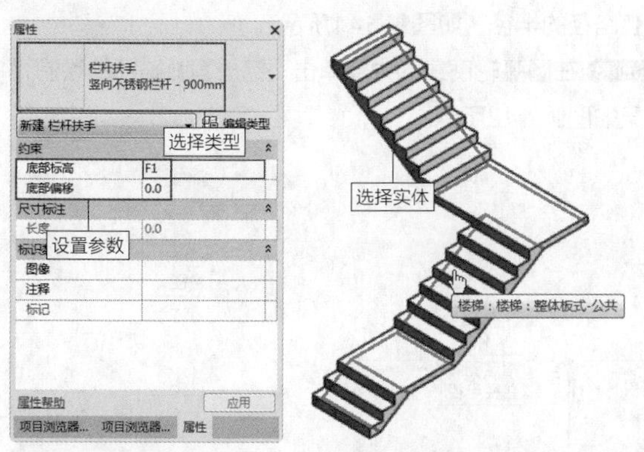

图 9-129 设置参数　　图 9-130 选择实体

按照设置的参数，在实体上创建栏杆扶手的效果如图9-131所示。在“修改|在楼梯/坡道上放置栏杆扶手”选项卡中更改放置栏杆扶手的位置为“梯边梁”，此时“属性”选项板在“约束”选项组下仅有“从路径偏移”选项可编辑，系统显示默认值为-25，如图9-132所示。

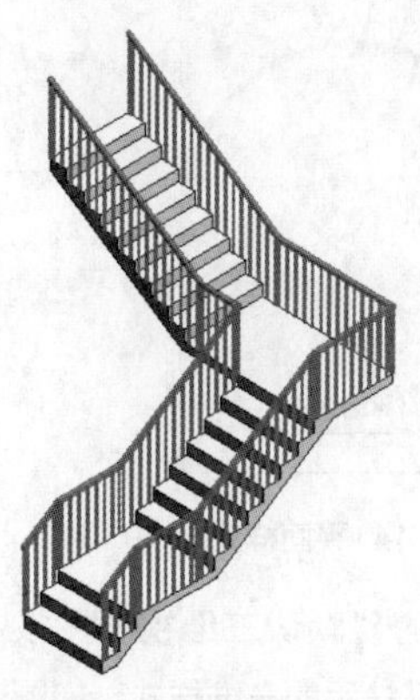

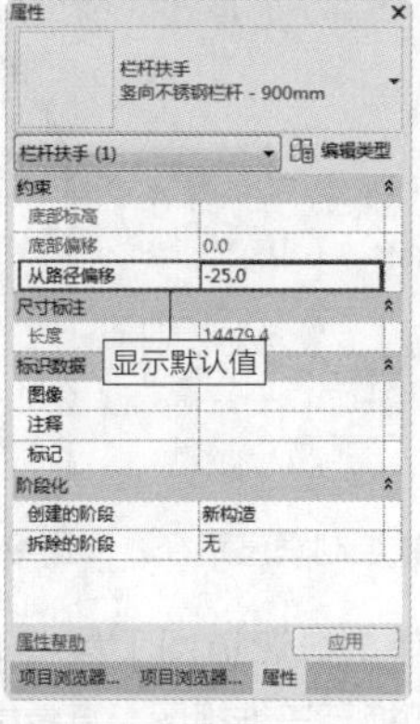

图 9-131 创建栏杆扶手　　图 9-132 显示默认值

答疑解惑：楼梯扶手的位置是固定的吗？

为梯段创建栏杆扶手后，栏杆扶手在梯段上的位置可以再次调整。在“从路径偏移”选项中，如果输入负值表示栏杆扶手以实体为基础，向外偏移；如果输入正值表示栏杆扶手以实体为基础，向内偏移。

图9-133所示为在系统的默认参数下，栏杆扶手与实体的关系，可以看到栏杆扶手并不在实体上。调整“从路径偏移”值，将其设置为正值，如100，栏杆扶手位置如图9-134所示。

图 9-133 放置效果

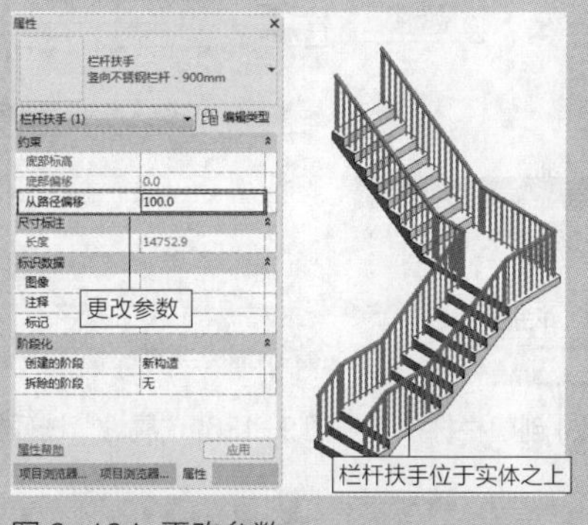

图 9-134 更改参数

9.3.2 实战——创建栏杆扶手

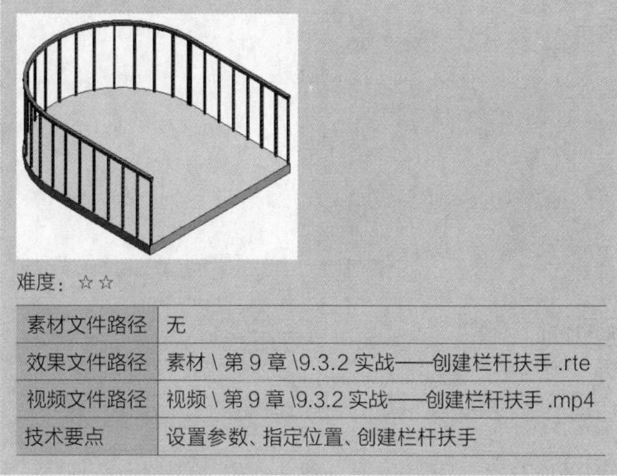

难度：☆☆

素材文件路径	无
效果文件路径	素材 \ 第 9 章 \9.3.2 实战——创建栏杆扶手 .rte
视频文件路径	视频 \ 第 9 章 \9.3.2 实战——创建栏杆扶手 .mp4
技术要点	设置参数、指定位置、创建栏杆扶手

在9.3.1小节中介绍了分别使用两种工具创建栏杆扶手的操作方法，本小节将介绍在遇到不规则的实体时，使用“绘制路径”工具来创建栏杆扶手的操作方法。

Step 01 选择“建筑”选项卡，在“楼梯坡道”面板上单击“栏杆扶手”按钮，在列表中选择“绘制路径”命令，进入“修改|创建栏杆扶手路径”选项卡。在“绘制”面板上单击“线”按钮，选择“链”选项，保持“偏移”值为0不变，如图9-135所示。

延伸讲解：

通常将栏杆扶手的底部标高设置为与实体的底部标高一致。

Step 02 在“属性”选项板中打开类型列表，选择栏杆扶手的类型为“竖向不锈钢栏杆-1100mm”，设置“底部标高”为F1，其他选项保持默认值不变，如图9-136所示。

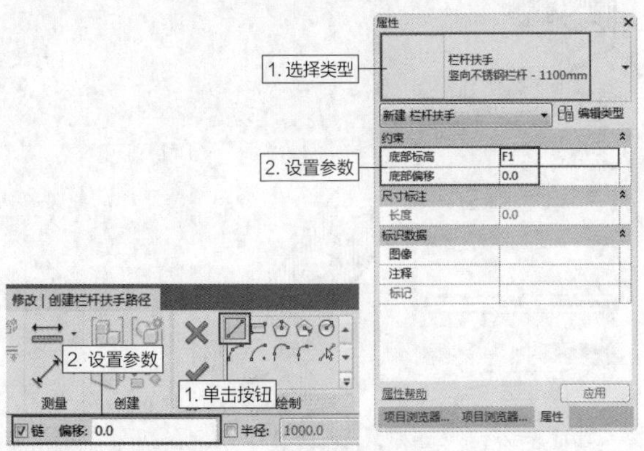

图 9-135 “修改 | 创建栏杆扶手路径”选项卡　图 9-136 “属性”选项板

Step 03 在视图轮廓线上指定路径的起点，如图9-137所示。

Step 04 向上移动鼠标指针，在圆弧与直线相接的位置单击，指定为路径的终点，绘制一段路径的效果如图9-138所示。

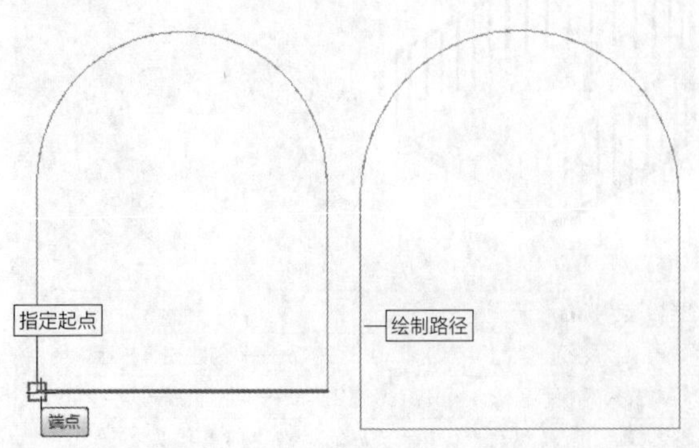

图 9-137 指定起点　图 9-138 绘制路径

Step 05 在“绘制”面板中单击“起点-终点-半径弧”按钮，在圆弧与直线相接的位置单击，指定为圆弧路径的起点，如图9-139所示。

Step 06 向右移动鼠标指针，在右侧圆弧与直线相接的位置单击，指定为圆弧路径的终点，如图9-140所示。

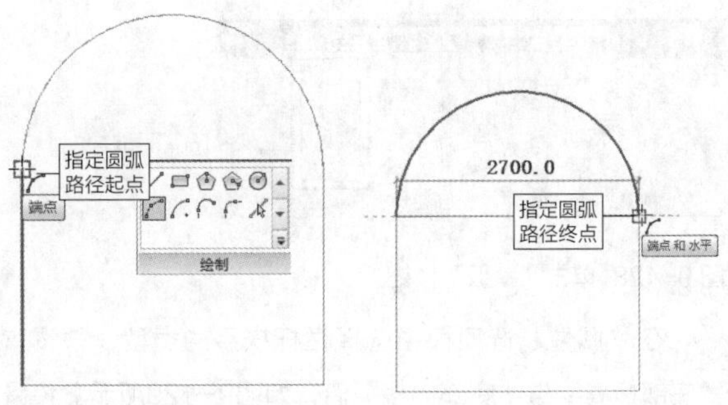

图 9-139 指定圆弧路径起点　图 9-140 指定圆弧路径终点

Step 07 向上移动鼠标指针，指定圆弧轮廓线的中点，指定圆弧路径的半径，如图9-141所示。

Step 08 在圆弧轮廓线的中点单击，完成圆弧路径的绘制，效果如图9-142所示。

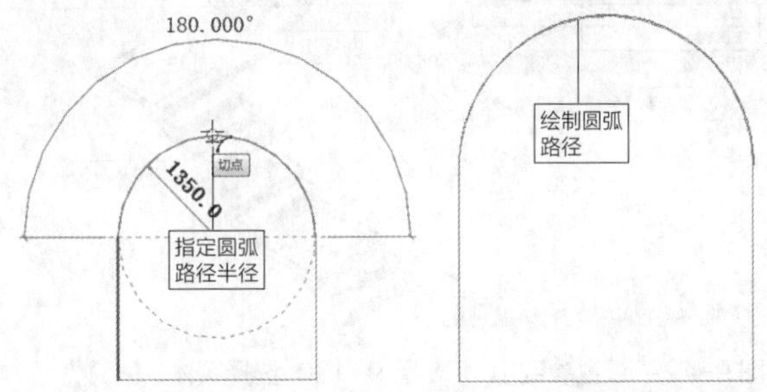

图 9-141 指定圆弧路径半径　图 9-142 绘制圆弧路径

Step 09 在“绘制”面板中单击“线”按钮，绘制右侧的垂直路径，使其与圆弧路径相接，如图9-143所示。

Step 10 完成栏杆扶手路径的绘制后，单击“完成编辑模式”按钮，退出命令，栏杆扶手的平面样式如图9-144所示。

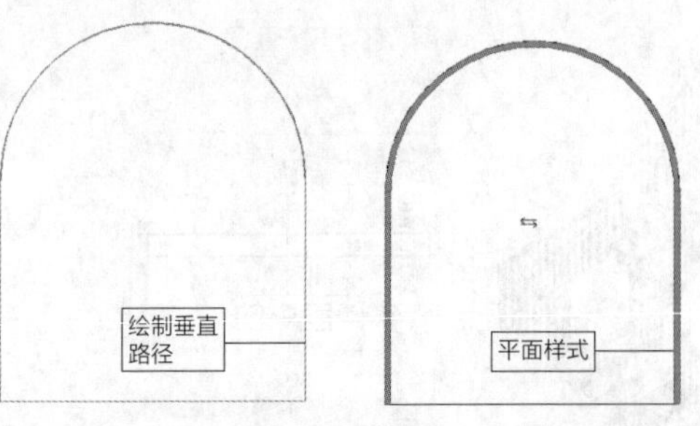

图 9-143 绘制垂直路径　图 9-144 平面样式

Step 11 单击快速访问工具栏上的“默认三维视图”按钮，切换至三维视图，查看栏杆扶手的三维样式，如图9-145所示。

图 9-145 栏杆扶手的三维样式

9.4 坡道

在Revit中可以创建直线坡道与弧形坡道，根据建筑物的具体情况，选择不同的坡道样式。本节将介绍创建坡道的操作方法。

9.4.1 直线坡道

重点

选择“建筑”选项卡，在“楼梯坡道”面板上单击“坡道”按钮，如图9-146所示。进入“修改|创建坡道草图”选项卡，在“绘制”面板中单击“梯段”按钮，选择“线”绘制方式，如图9-147所示。

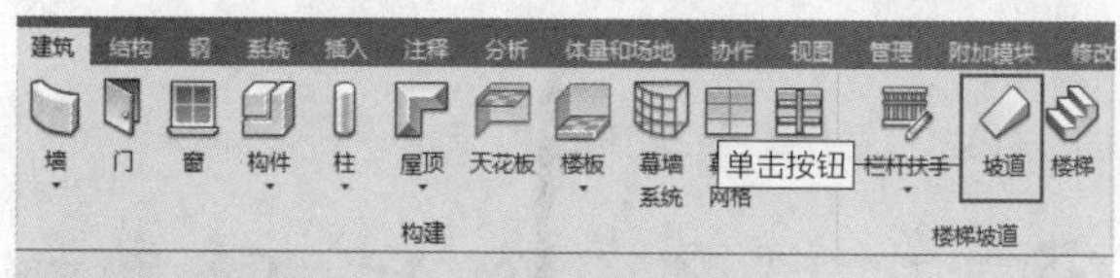

图 9-146 单击“坡道”按钮

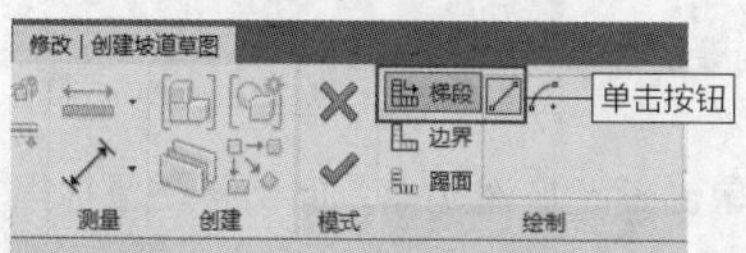

图 9-147 “修改 | 创建坡道草图”选项卡

“属性”选项板中显示了默认的坡道类型，在“约束”选项组中设置“底部标高”“底部偏移”“顶部标高”“顶部偏移”参数，如图9-148所示。在绘图区中单击指定坡道的起点，向右移动鼠标指针，通过临时尺寸标注，实时预览坡道的长度，如图9-149所示。

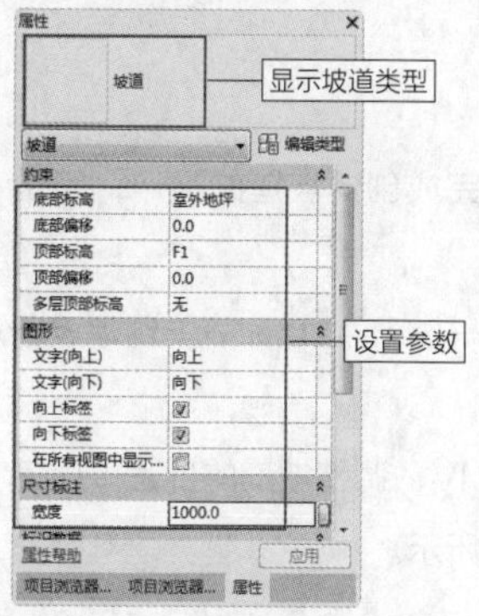

图 9-148 “属性”选项板

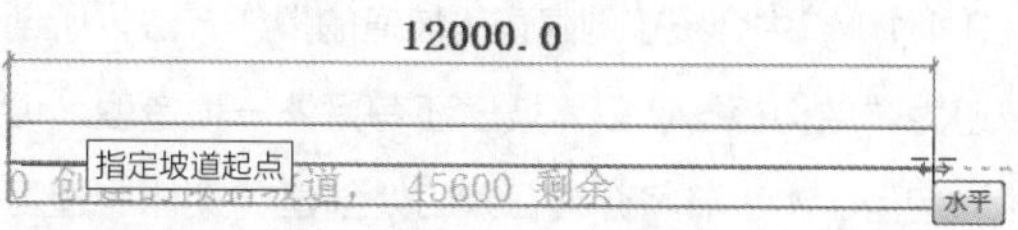

图 9-149 指定坡道起点

在合适的位置单击，完成坡道的创建，如图9-150所示。单击“完成编辑模式”按钮，退出命令，坡道的平面样式如图9-151所示。

12000 创建的倾斜坡

图 9-150 创建坡道

向上

图 9-151 平面样式

切换至三维视图，观察坡道的三维样式，如图9-152所示。由于坡道的“底部标高”设置为室外地坪，“顶部标高”设置为F1。因为两个标高之间存在高度差，所以坡道显示为倾斜状。

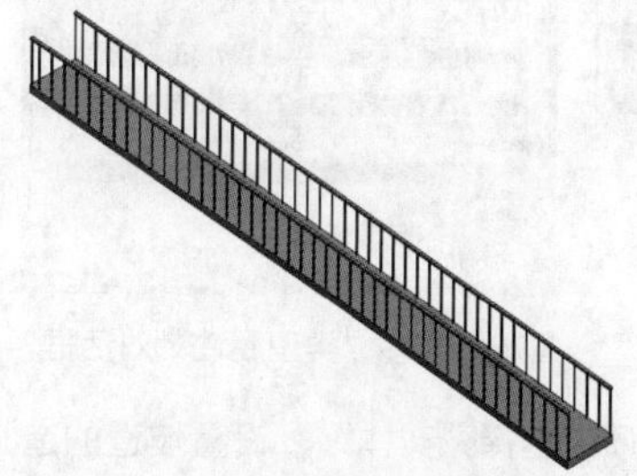

图 9-152 直线坡道的三维样式

9.4.2 实战——创建直线坡道

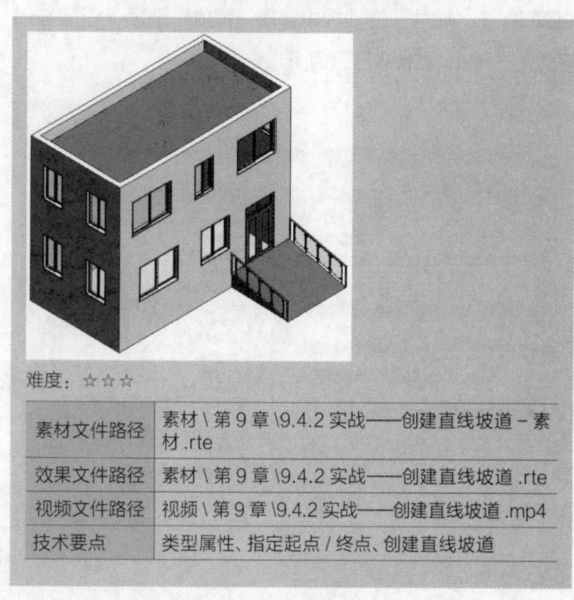

难度：☆☆☆

素材文件路径	素材 \ 第 9 章 \9.4.2 实战——创建直线坡道 - 素材 .rte
效果文件路径	素材 \ 第 9 章 \9.4.2 实战——创建直线坡道 .rte
视频文件路径	视频 \ 第 9 章 \9.4.2 实战——创建直线坡道 .mp4
技术要点	类型属性、指定起点 / 终点、创建直线坡道

在9.4.1小节中介绍了创建直线坡道的操作方法，所创建的坡道为“结构板”造型。坡道还有另外一种造型，即“实体”造型。本小节将介绍在入口处创建“实体”造型坡道的操作方法。

Step 01 打开资源中的“第9章\9.4.2 实战——创建直线坡道-素材.rte”文件，如图9-153所示。

Step 02 选择“建筑”选项卡，单击“楼梯坡道”面板上的“坡道”按钮，进入“修改|创建坡道草图”选项卡。在“绘制”面板上单击“梯段”按钮，选择“线”绘制方式。在“属性”选项板上单击“编辑类型”按钮，弹出“类型属性”对话框。

Step 03 在对话框中单击“复制”按钮，在“名称”对话框中设置类型名称，单击“确定”按钮关闭对话框，完成创建新坡道类型的操作，如图9-154所示。

图 9-153 打开素材

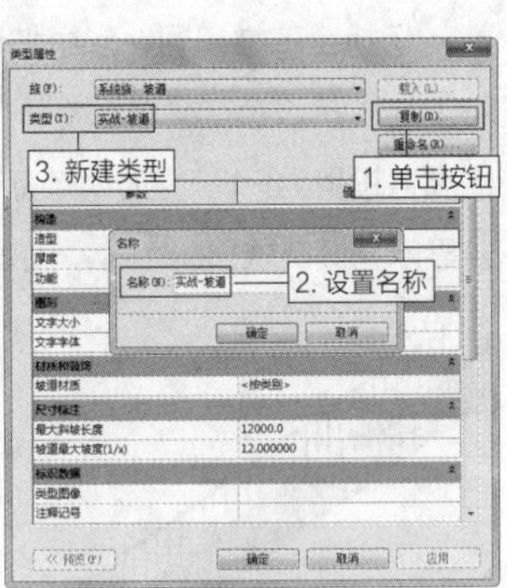

图 9-154 “类型属性”对话框

Step 04 在“造型”选项中选择“实体”，设置坡道的造型，设置“功能”为“外部”，“最大斜坡长度”为3000，“坡道最大坡度（1/x）”为5，如图9-155所示。单击“确定”按钮关闭对话框。

Step 05 在“属性”选项板中选择“宽度”选项，指定坡道宽度为3000，如图9-156所示。

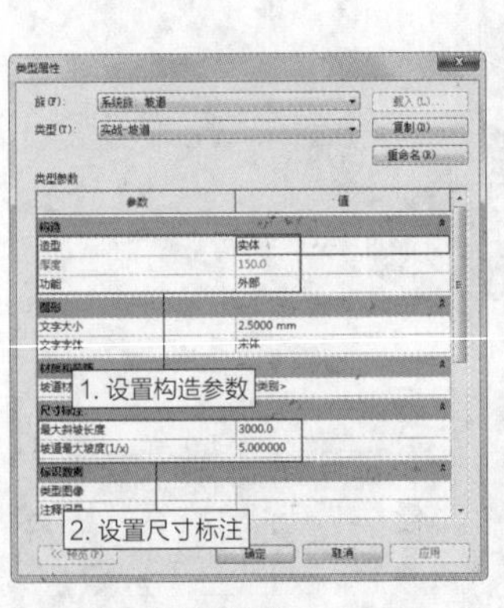

图 9-155 设置参数

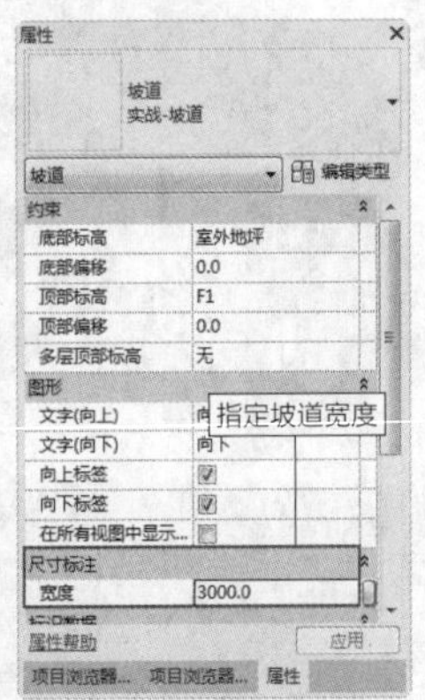

图 9-156 指定坡道宽度

知识链接：

将“坡道最大坡度（1/x）”设置为5，表示坡道的最大坡度为1/5。

Step 06 在工具面板上单击“栏杆扶手”按钮，如图9-157所示。随即弹出“栏杆扶手”对话框。

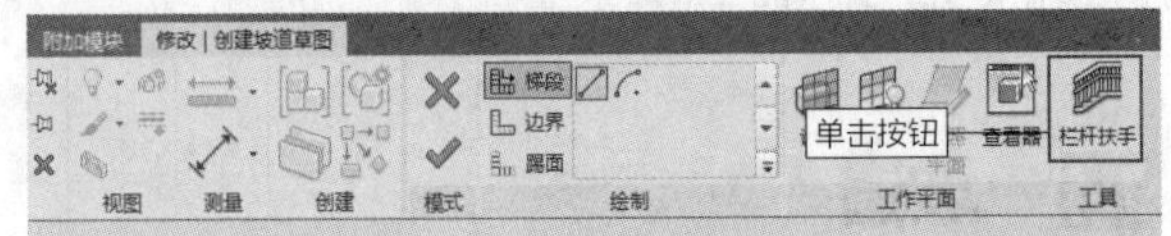

图 9-157 单击“栏杆扶手”按钮

Step 07 在列表中选择栏杆扶手类型，如选择“不锈钢玻璃嵌板栏杆-900mm”，如图9-158所示。单击“确定”按钮关闭对话框，完成设置栏杆扶手的操作。

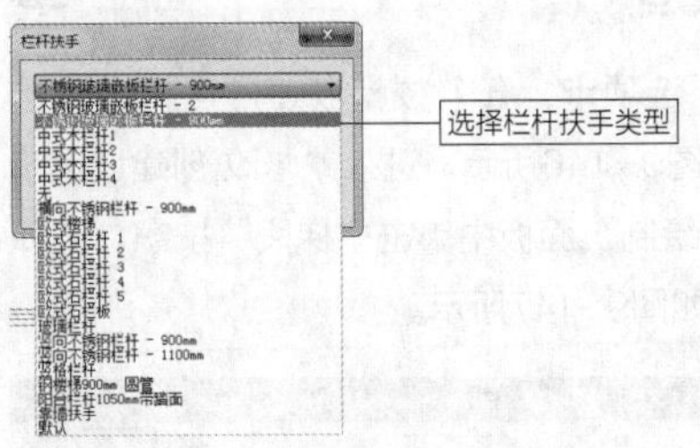

图 9-158 “栏杆扶手”对话框

延伸讲解：

假如不通过“栏杆扶手”对话框来更改栏杆扶手类型，系统将为坡道创建默认样式的栏杆扶手。

Step 08 在绘图区中单击指定坡道起点，向上移动鼠标指针，指定坡道终点，如图9-159所示。

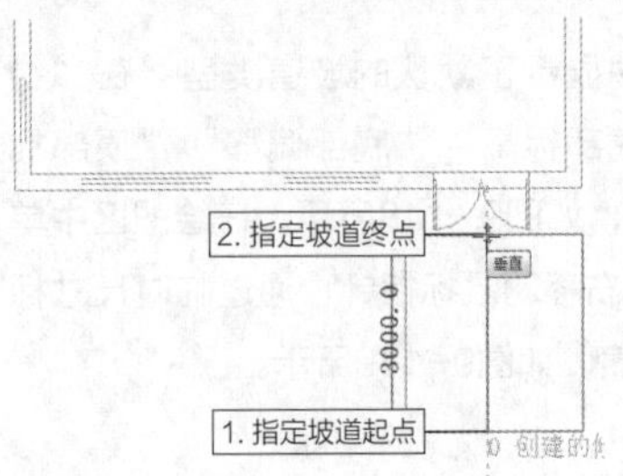

图 9-159 指定坡道起点和终点

Step 09 在合适的位置单击，完成创建坡道的操作，如图9-160所示。

Step 10 单击“完成编辑模式”按钮，退出命令，创建坡道的效果如图9-161所示。

Step 11 选择坡道，按快捷键MV，调整坡道的位置，使其与墙体相接，效果如图9-162所示。

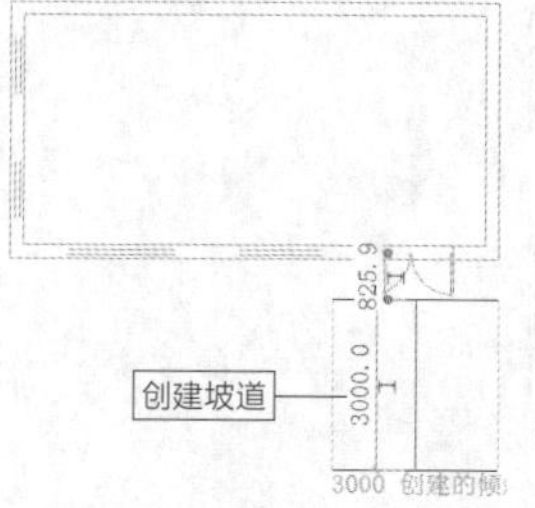

图 9-160 创建坡道

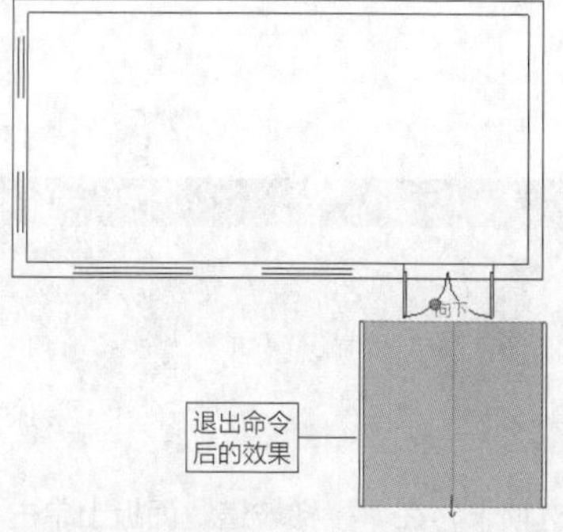

图 9-161 创建效果

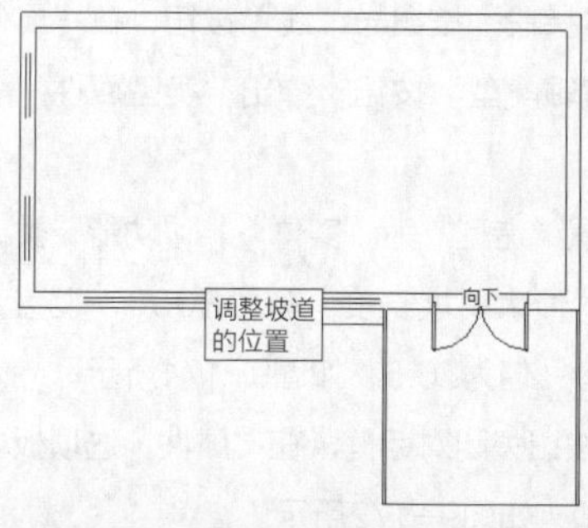

图 9-162 调整坡道的位置

延伸讲解：

选择坡道后，进入“修改|选择多个”选项卡，单击“修改”选项卡上的“移动”按钮，同样可以执行调整坡道位置的操作。

Step 12 单击快速访问工具栏上的“默认三维视图”按钮，切换至三维视图，查看坡道的三维样式，如图9-163所示。

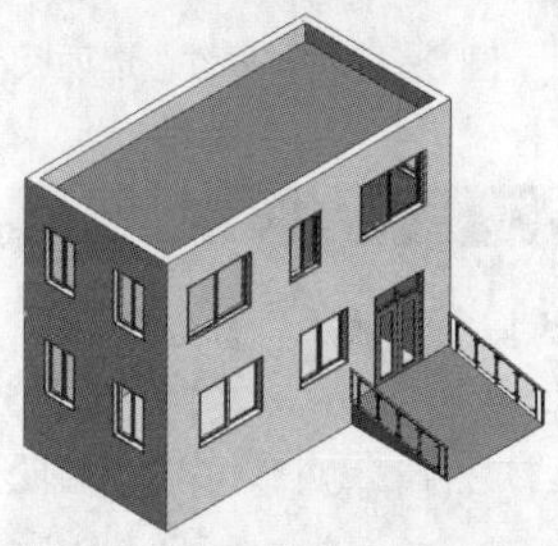

图 9-163 三维样式

9.4.3 弧形坡道

重点

启用“坡道”命令，进入“修改|创建坡道草图”选项卡，在“绘制”面板上单击“梯段”按钮，选择“圆心-端点弧”，如图9-164所示。在绘图区中单击指定圆弧的圆心，向左移动鼠标指针，输入半径值，如图9-165所示。

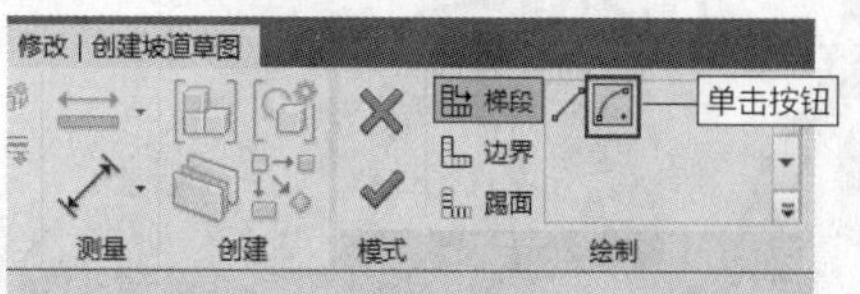

图 9-164 “修改 | 创建坡道草图”选项卡

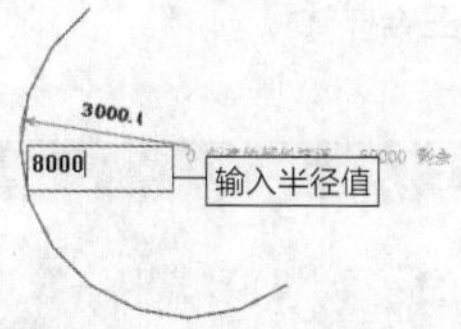

图 9-165 输入半径值

延伸讲解：

指定圆弧的圆心后，移动鼠标指针，显示临时尺寸标注，显示当前半径值的大小。也可以通过借助临时尺寸标注，在合适的位置单击，指定圆弧的半径值。

输入半径值后，按回车键指定坡道的起点。向下移动鼠标指针，指定坡道的终点，同时预览坡道的创建效果，如图9-166所示。在合适的位置单击，指定为坡道的终点，创建效果如图9-167所示。

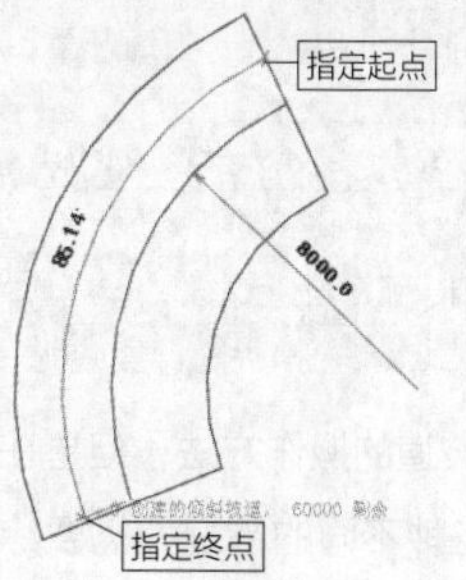

图 9-166 指定起点与终点

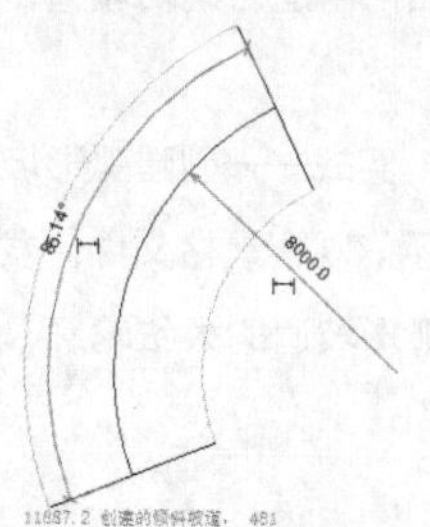

图 9-167 创建效果

单击“完成编辑模式”按钮，退出命令，创建圆弧坡道的效果如图9-168所示。切换至三维视图，观察坡道的三维样式，效果如图9-169所示。

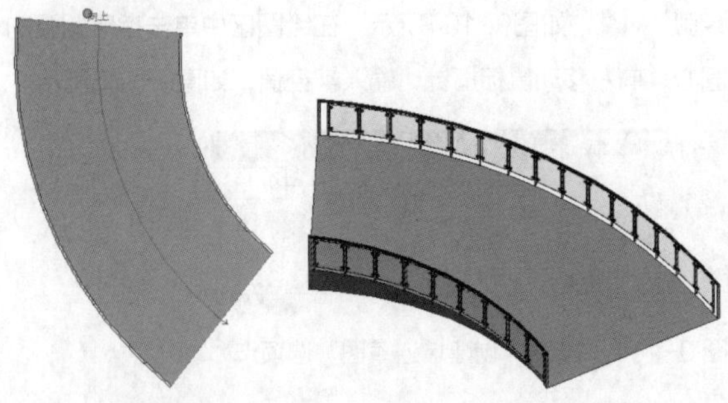

图9-168 创建坡道　　图9-169 三维样式

知识链接：

绘制方向决定了坡道的上升方向，即坡道起点标高位于终点标高之上。

9.4.4 实战——创建弧形坡道

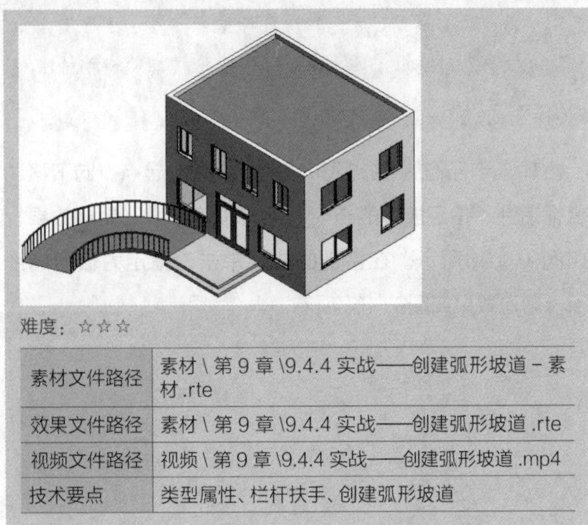

难度：☆☆☆

素材文件路径	素材 \ 第 9 章 \9.4.4 实战——创建弧形坡道 - 素材 .rte
效果文件路径	素材 \ 第 9 章 \9.4.4 实战——创建弧形坡道 .rte
视频文件路径	视频 \ 第 9 章 \9.4.4 实战——创建弧形坡道 .mp4
技术要点	类型属性、栏杆扶手、创建弧形坡道

在9.4.3小节中介绍创建弧形坡道的操作方法，但是在实际的绘图工作中，常常会遇到各种不同的情况，需要综合运用多种工具才可顺利创建图形。本小节将介绍在创建与台阶相接的弧形坡道的过程中，如何创建、编辑坡道，使其符合项目的需求。

Step 01 打开资源中的“第9章\9.4.4 实战——创建弧形坡道-素材.rte”文件，如图9-170所示。观察素材文件，发现已经预先绘制圆弧模型线，表示弧形坡道的大致轮廓，并标注了圆弧模型线的半径标注。

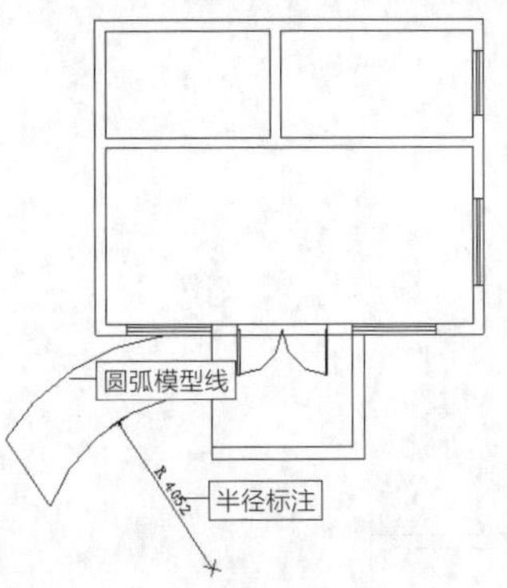

图9-170 打开素材

延伸讲解：

在素材文件中绘制圆弧模型线并标注半径是为了在创建弧形坡道的过程中提供参数，如可以将圆弧模型线的圆心指定为弧形坡道的圆心。

Step 02 选择“建筑”选项卡，在“楼梯坡道”面板上单击“坡道”按钮，进入“修改|创建坡道草图”选项卡。在“绘制”面板上单击“梯段”按钮与“线”按钮，在“属性”选项板上单击“编辑类型”按钮，弹出“类型属性”对话框。

Step 03 在对话框中设置“造型”为“实体”，“功能”类型为“外部”，修改“最大斜坡长度”值为8000，设置“坡道最大坡度（1/x）”值为26.5，如图9-171所示。

Step 04 单击“确定”按钮关闭对话框，在“属性”选项板中修改“宽度”为2500，如图9-172所示。

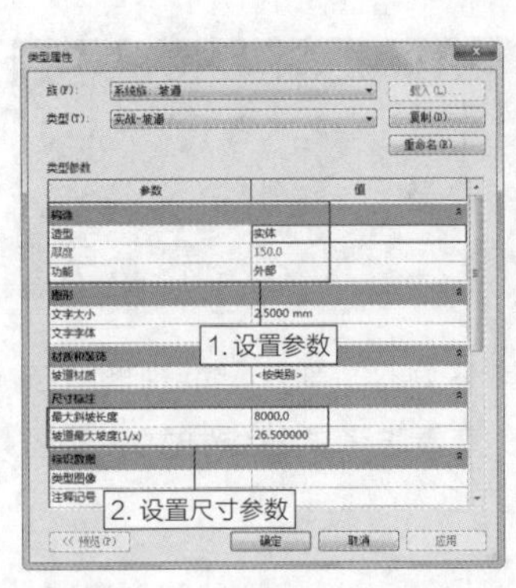

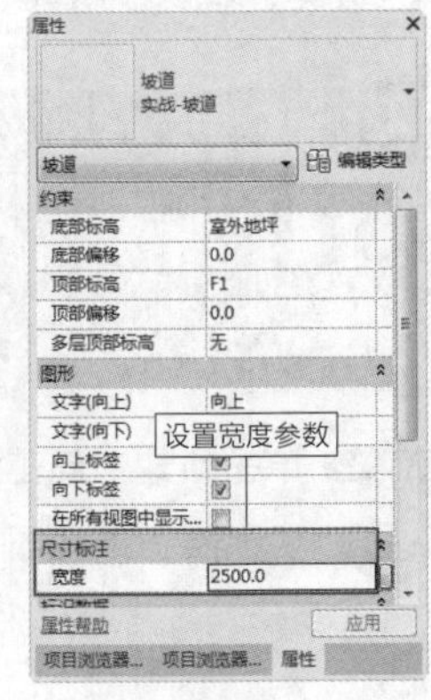

图9-171 “类型属性”对话框　　图9-172 “属性”选项板

知识链接：

用户可以自定义“坡道最大坡度（1/x）”的参数，该参数会影响坡道的坡度和坡道实体的厚度。本实战中将该参数设为26.5，可以使得坡道在与台阶相接时，因高度相同而与台阶保持水平对齐的状态。

Step 05 在工具面板中单击“栏杆扶手”按钮，如图9-173所示。随即弹出“栏杆扶手”对话框。

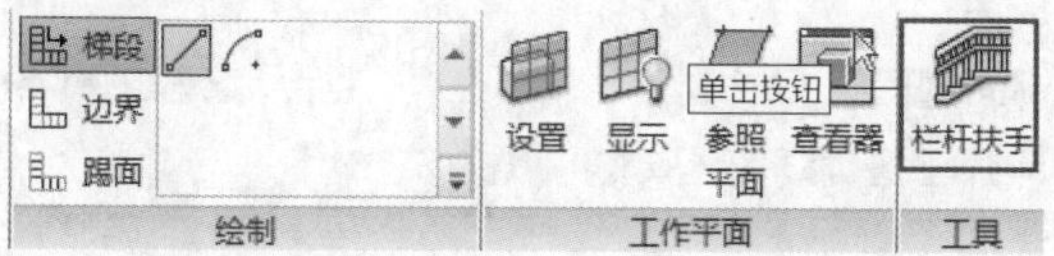

图 9-173 单击“栏杆扶手”按钮

Step 06 在对话框中打开栏杆扶手类型列表，在列表中选择“竖向不锈钢栏杆-900mm”类型，如图9-174所示。

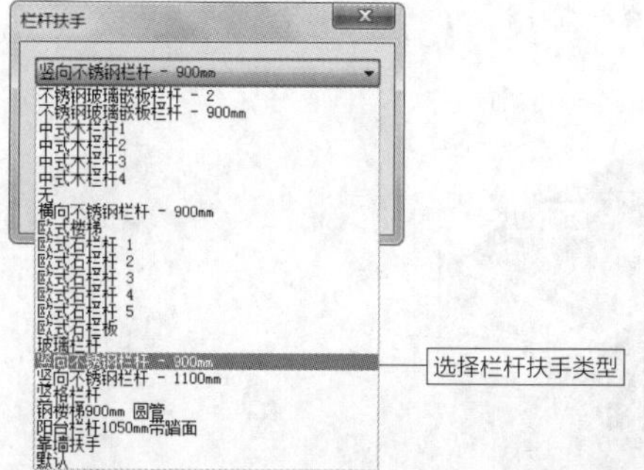

图 9-174 “栏杆扶手”对话框

知识链接：

在创建完坡道后，选择栏杆扶手，在栏杆扶手的“属性”选项板中弹出类型列表，选择栏杆扶手类型，同样可以修改栏杆扶手样式。

Step 07 将鼠标指针移动至模型线的圆心上，单击指定该点为坡道的圆心，如图9-175所示。

Step 08 移动鼠标指针，将鼠标指针定位在模型线与台阶左侧边界线的连接点上，同时输入半径值，如图9-176所示。

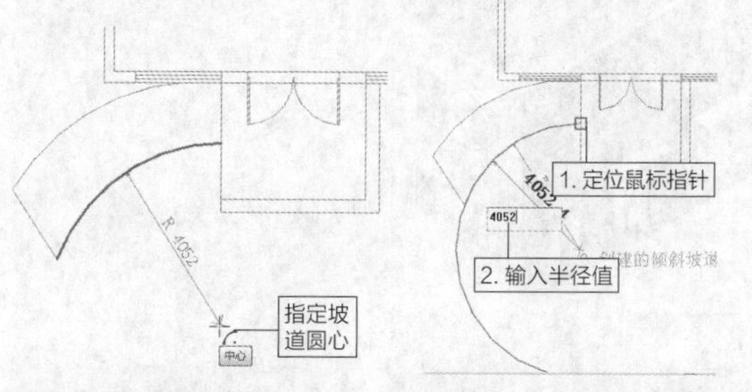

图 9-175 指定坡道圆心　　图 9-176 输入半径值

延伸讲解：

为了方便定位坡道圆心才绘制了模型线，读者也可以在不绘制模型线的情况下定位坡道圆心。假如需要调整所创建的坡道的位置，可以综合调用“移动”“旋转”等工具命令。

Step 09 按回车键完成设置半径值的操作，移动鼠标指针，指定坡道的终点，如图9-177所示。

Step 10 单击“完成编辑模式”按钮，退出命令，创建坡道的效果如图9-178所示。此时观察坡道，发现坡道方向与实际情况不符，起始方向不应该在与台阶相接的一端。

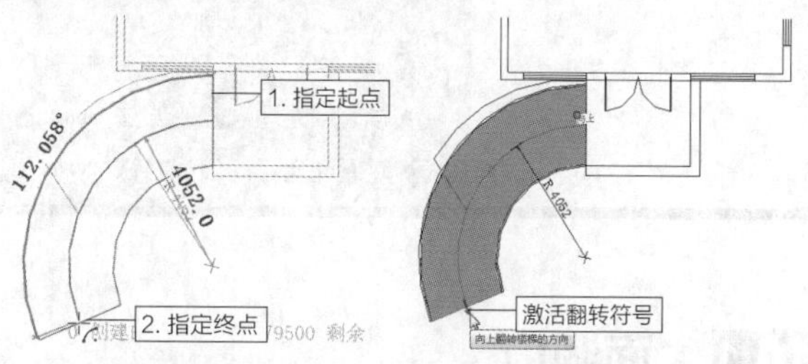

图 9-177 指定终点　　图 9-178 创建效果

Step 11 将鼠标指针置于“向上翻转楼梯的方向”符号上，单击符号，翻转坡道方向，结果如图9-179所示。

延伸讲解：

模型线与半径标注不会对所创建的坡道造成任何影响，在完成坡道的创建后，可以将其全部删除，以免影响查看坡道模型。

Step 12 选择模型线、半径标注，按快捷键DE，将其删除，效果如图9-180所示。

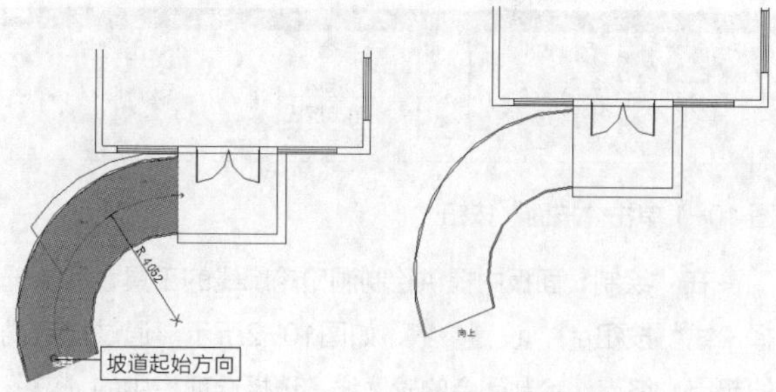

图 9-179 翻转坡道方向　　图 9-180 删除效果

Step 13 单击快速访问工具栏上的“默认三维视图”按钮，切换至三维视图，查看弧形坡道的三维样式，如图9-181所示。

图 9-181 弧形坡道的三维样式

第10章 洞口

Revit提供了创建各种洞口的工具，如面洞口、竖井洞口、墙洞口等。启用这些工具，可以在不同的构件上创建洞口。本章将介绍各类洞口工具的使用方法。

学习目标

10.1 面洞口

面洞口，指在选定的面上创建的洞口。本节将介绍使用"按面"工具创建面洞口的操作方法。

10.1.1 面洞口概述 重点

启用"按面"命令，可以创建垂直于屋顶、楼板或者天花板选定面的洞口。用户可以自定义设置洞口的样式、尺寸等属性参数。

选择"建筑"选项卡，在"洞口"面板上单击"按面"按钮，如图10-1所示。单击屋面、天花板、墙面等构件面，进入"修改|创建洞口边界"选项卡。

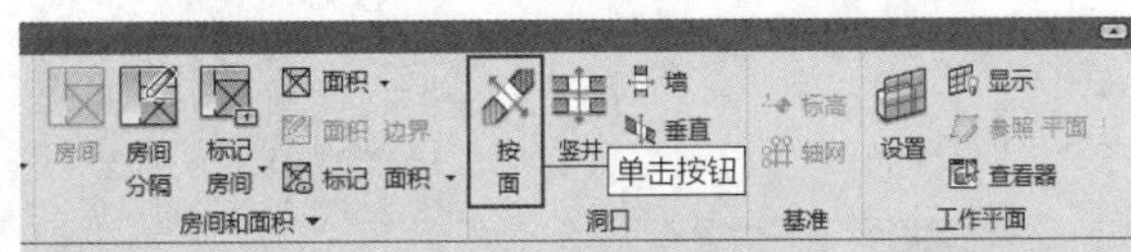

图 10-1 单击"按面"按钮

在"绘制"面板中提供绘制洞口轮廓线的工具，默认选择"线"按钮，设置参数，如图10-2所示。通过指定线的起点、终点，绘制闭合的轮廓线。选择选项栏中的"链"选项，连续在面上绘制多段相接的轮廓线。同时将"偏移"值设置为0，表示轮廓线与起点重合。绘制完毕后，单击"模式"面板上的"完成编辑模式"按钮，退出命令，观察在天花板上创建的面洞口效果，如图10-3所示。

启用"绘制"面板上的其他绘制工具，如"矩形"、"内接多边形"等，可以创建其他样式的洞口轮廓线（矩形轮廓线、多边形轮廓线等），最终完成创建面洞口的操作。

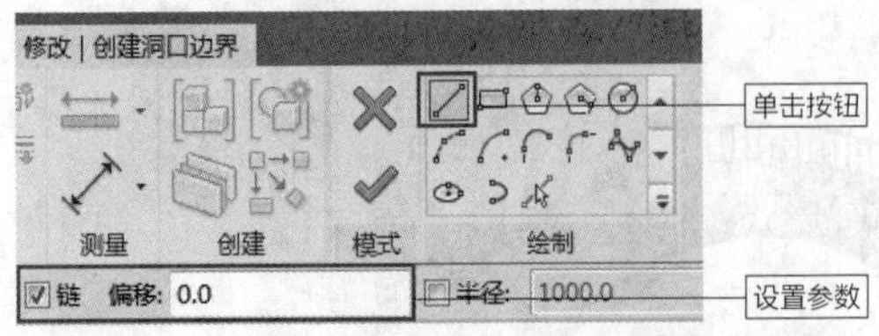

图 10-2 "修改 | 创建洞口边界"选项卡

图 10-3 面洞口

延伸讲解：

在创建面洞口时，通常在三维视图中开展，方便在创建完毕后立即浏览洞口的创建效果。

10.1.2 实战——创建面洞口

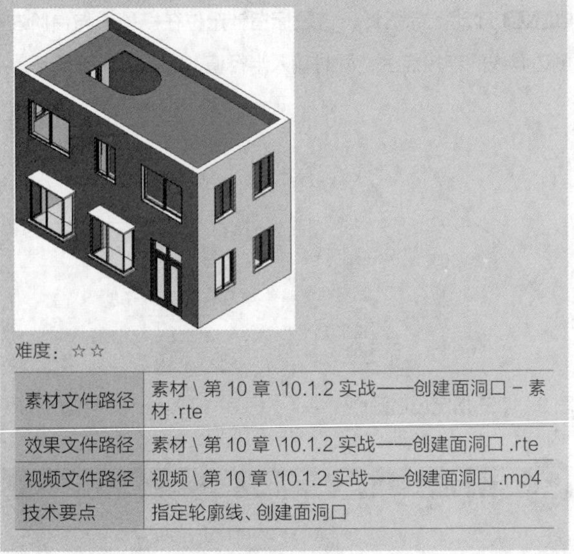

难度：☆☆

素材文件路径	素材\第10章\10.1.2 实战——创建面洞口-素材.rte
效果文件路径	素材\第10章\10.1.2 实战——创建面洞口.rte
视频文件路径	视频\第10章\10.1.2 实战——创建面洞口.mp4
技术要点	指定轮廓线、创建面洞口

经过对10.1.1小节中关于创建面洞口的学习，本小节将详细介绍创建面洞口的操作方法。

Step 01 打开资源中的“第10章\10.1.2 实战——创建面洞口-素材.rte”文件，如图10-4所示。

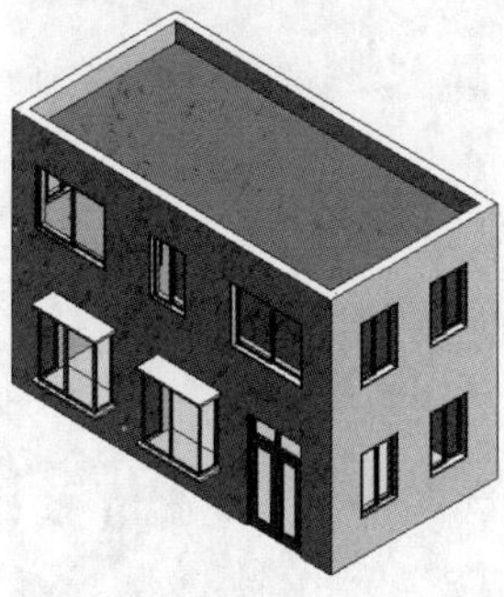

图 10-4 打开素材

Step 02 在“洞口”面板上单击“按面”按钮，将鼠标指针置于天花板上，高亮显示天花板的轮廓线，如图10-5所示。

Step 03 单击选择天花板，进入“修改|创建洞口边界”选项卡，此时模型的显示样式如图10-6所示。

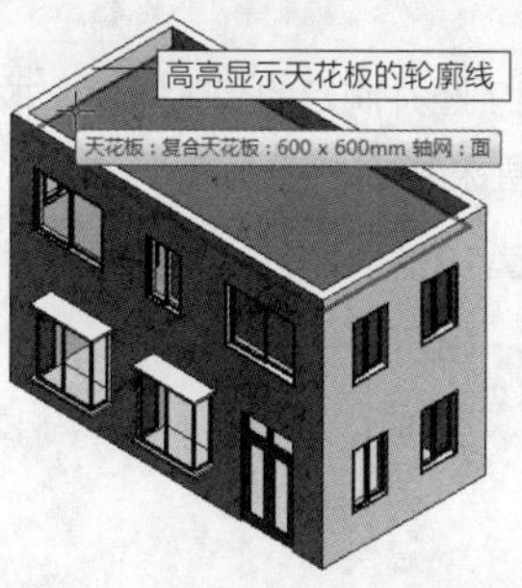

图 10-5 高亮显示天花板的轮廓线

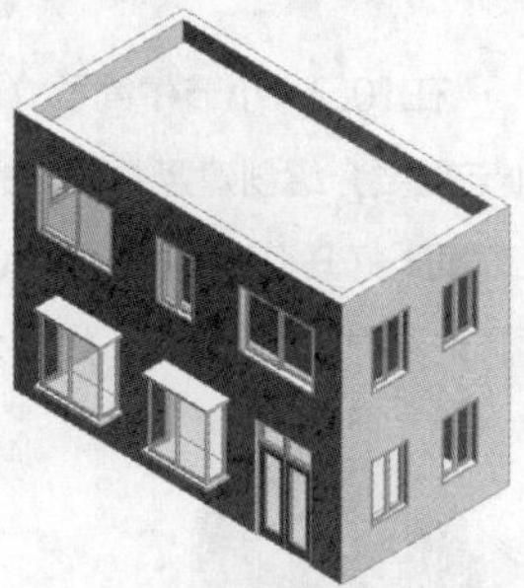

图 10-6 显示样式

延伸讲解：

启用“按面”命令后，绘图区无任何变化，也不会自动进入任何选项卡。读者注意观察状态栏上的提示文字，可以知道需要选择一个平面才可以开展创建“面洞口”的操作。

Step 04 在“绘制”面板上单击“矩形”按钮，在天花板上单击指定起点，移动鼠标指针时，显示临时尺寸标注，实时显示所绘制矩形的尺寸，如图10-7所示。确定尺寸参数后，单击完成绘制矩形轮廓线的操作。

Step 05 按Esc键，暂时退出绘制轮廓线的状态。选择一条矩形边，按Delete键，将其删除，效果如图10-8所示。

知识链接：

也可以使用“线”工具来绘制图10-8所示的轮廓线，但是使用“矩形”工具绘制轮廓线，再删除多余的边，这种方法相对比较节省时间。

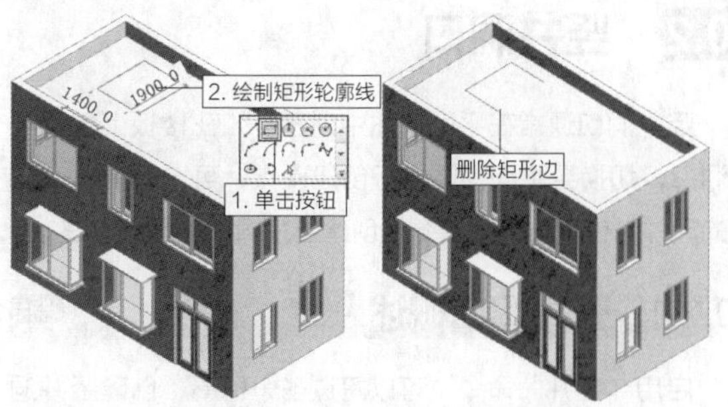

图 10-7 绘制矩形轮廓线　　图 10-8 删除矩形边

Step 06 在“绘制”面板上单击“起点-终点-半径弧”按钮，将鼠标指针置于矩形边的端点，指定该点为圆弧的起点，如图10-9所示。

Step 07 向右移动鼠标指针，指定另一矩形边端点为圆弧的终点，如图10-10所示。

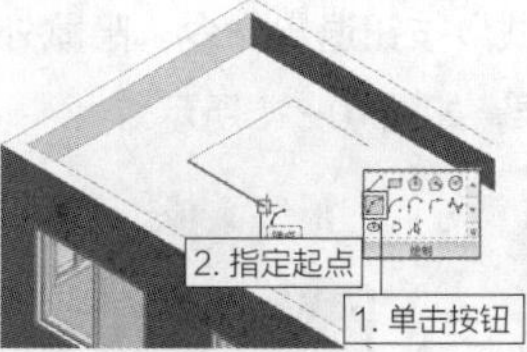

图 10-9 指定起点

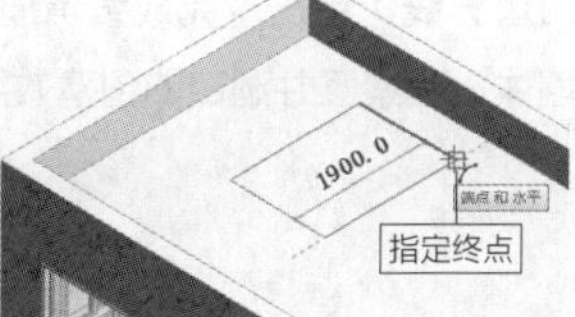

图 10-10 指定终点

Step 08 向下移动鼠标指针，指定圆弧的半径，如图10-11所示。

Step 09 在合适的位置单击，绘制的轮廓线如图10-12所示。

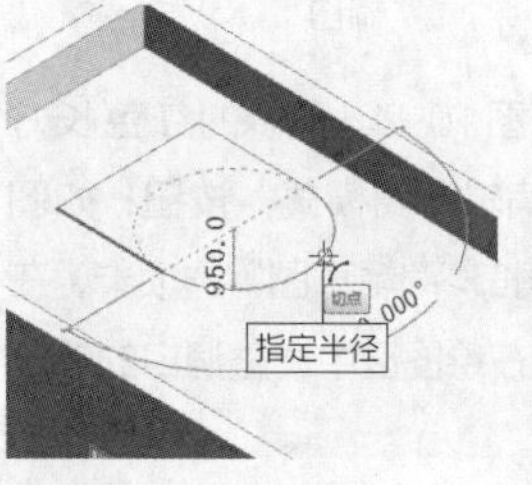

图 10-11 指定半径

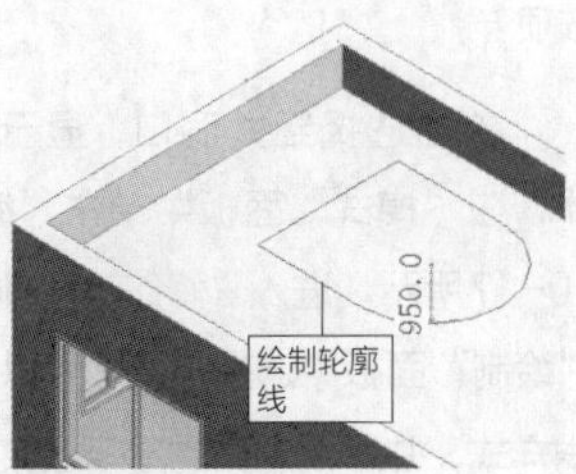

图 10-12 绘制轮廓线

Step 10 单击“完成编辑模式”按钮，退出命令，创建的面洞口如图10-13所示。

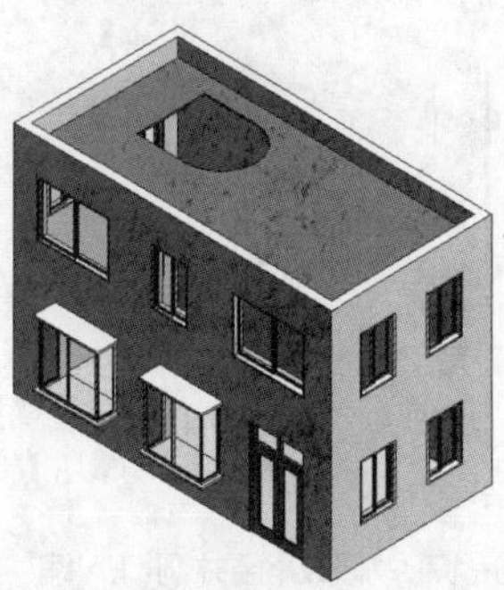

图 10-13 创建面洞口

10.2 竖井洞口

竖井洞口通常在平面视图中创建，如在楼板上创建竖井洞口，切换至平面视图执行创建操作，可以方便确定洞口的尺寸与位置。本节将介绍创建竖井洞口的操作方法。

10.2.1 竖井洞口概述 难点

启用“竖井”命令，可以跨过多个标高，创建竖井洞口。竖井洞口可以贯穿指定标高之间的屋顶、楼板和天花板，进行剪切操作。

在“洞口”面板中单击“竖井”按钮，进入“修改|创建竖井洞口草图”选项卡。在“绘制”面板上单击“矩形”按钮，指定绘制洞口的方式，保持“偏移”值为0，如图10-14所示。

在天花板（或者楼板）上指定矩形的对角点，绘制洞口边界线，单击“完成编辑模式”按钮退出命令。隐藏外墙体，观察竖井洞口的创建效果，如图10-15所示。

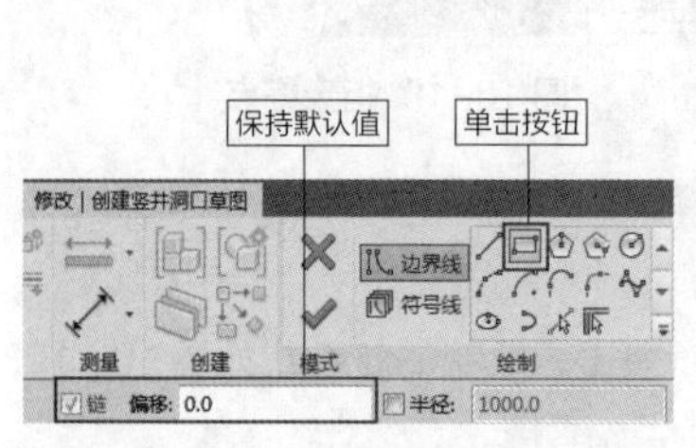

图 10-14 “修改 | 创建竖井洞口草图”选项卡

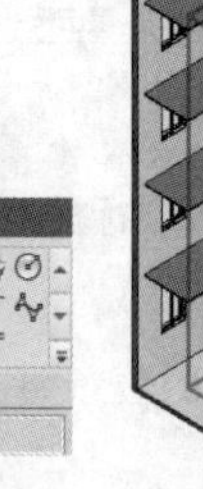

图 10-15 创建竖井洞口

单击选择竖井洞口，显示图10-16所示的红色长方体，在“模式”面板中单击“编辑草图模式”按钮，如图10-17所示。进入“修改|竖井洞口>编辑草图”选项卡，在“绘制”面板中选择按钮，可以在绘图区中调整洞口的轮廓线样式，并影响洞口的显示效果。

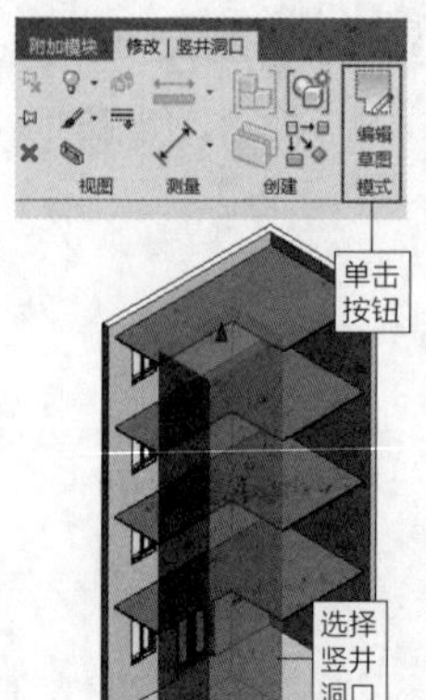

图 10-16 单击“编辑草图模式”按钮

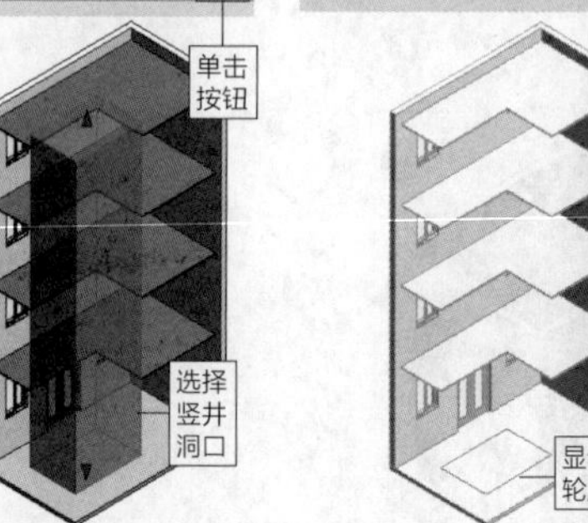

图 10-17 “修改 | 竖井洞口 > 编辑草图”选项卡

10.2.2 实战——创建竖井洞口

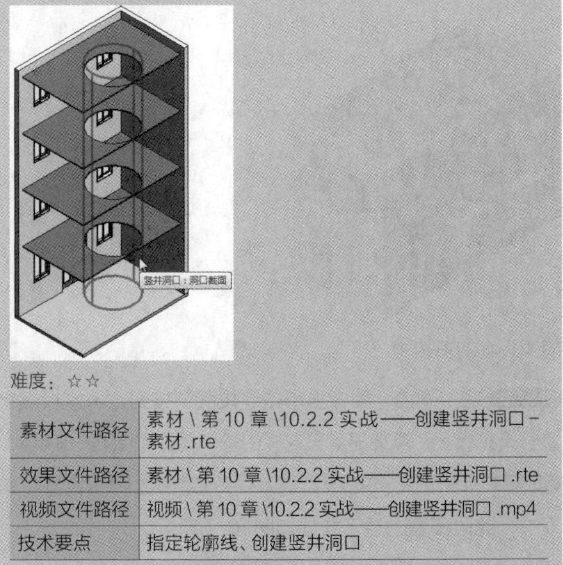

难度：☆☆

素材文件路径	素材 \ 第 10 章 \10.2.2 实战——创建竖井洞口 - 素材 .rte
效果文件路径	素材 \ 第 10 章 \10.2.2 实战——创建竖井洞口 .rte
视频文件路径	视频 \ 第 10 章 \10.2.2 实战——创建竖井洞口 .mp4
技术要点	指定轮廓线、创建竖井洞口

在10.2.1小节中简要介绍了竖井洞口的相关知识，本小节主要介绍创建竖井洞口的具体操作方法。

Step 01 打开资源中的“第10章\10.2.2 实战——创建竖井洞口-素材.rte”文件，如图10-18所示。

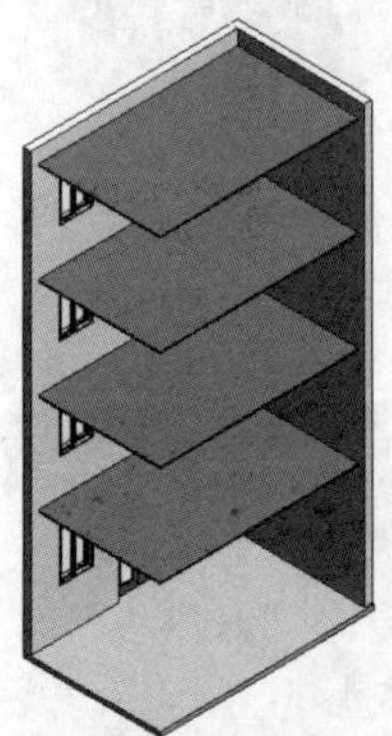

图 10-18 打开素材

知识链接：

为了方便观察竖井洞口的创建效果，已将两面外墙隐藏。

Step 02 在项目浏览器中双击F1视图名称，进入F1视图，如图10-19所示。

Step 03 启用“竖井”命令，进入“修改|创建竖井洞口草图”选项卡。在“绘制”面板上单击“圆形”按钮，在天花板上单击指定圆心，移动鼠标指针，指定半径，如图10-20所示。

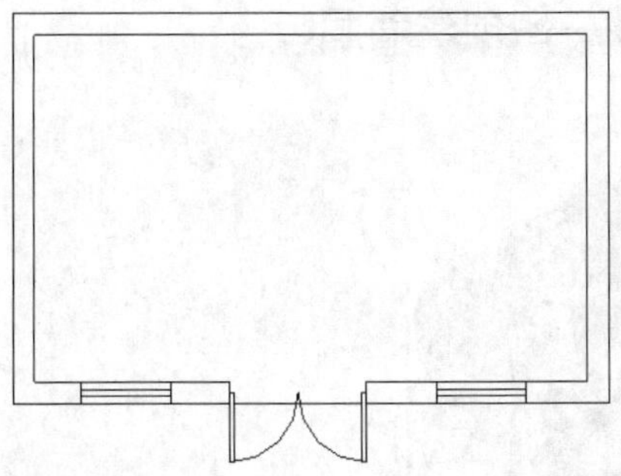

图 10-19 F1 视图

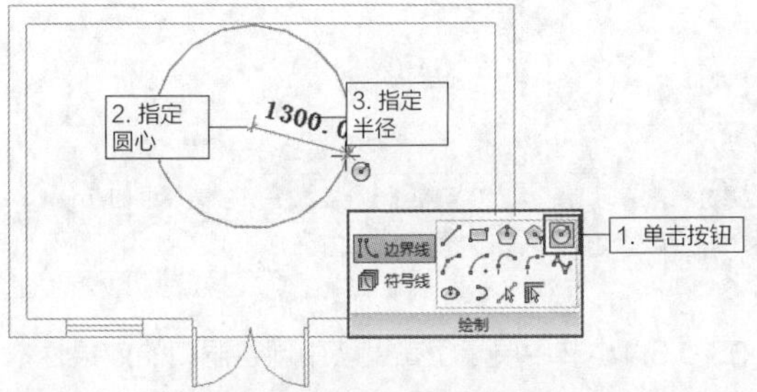

图 10-20 指定圆心与半径

延伸讲解:

可以直接输入数值指定圆形的半径。

Step 04 在合适的位置单击，绘制完成的圆形洞口轮廓线如图10-21所示。

Step 05 此时尚处在绘制洞口的命令中，在“属性”选项板中设置标高参数，如图10-22所示。

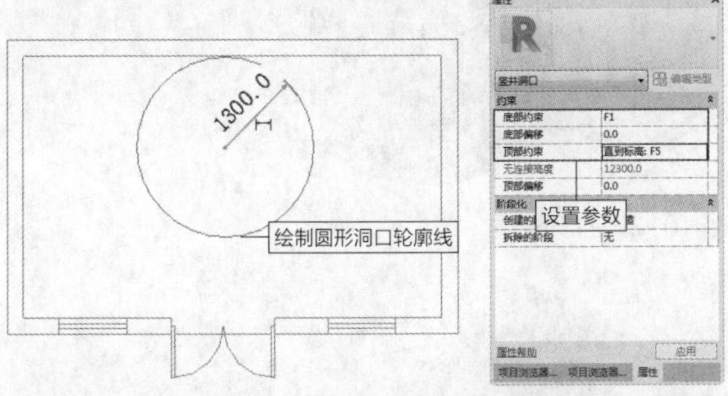

图 10-21 绘制圆形洞口轮廓线　　图 10-22 设置参数

知识链接:

将“底部约束”设置为F1，“顶部约束”设置为“直到标高：F5”，表示将在F1与F5之间创建洞口。

Step 06 轮廓线绘制完毕后，单击“完成编辑模式”按钮，退出命令，系统以红色的填充图案显示已创建的洞口，如图10-23所示。

Step 07 本例洞口在视图F1中创建，退出选择状态后，洞口不可见。切换至其他视图，如F2，查看洞口的二维样式，如图10-24所示。

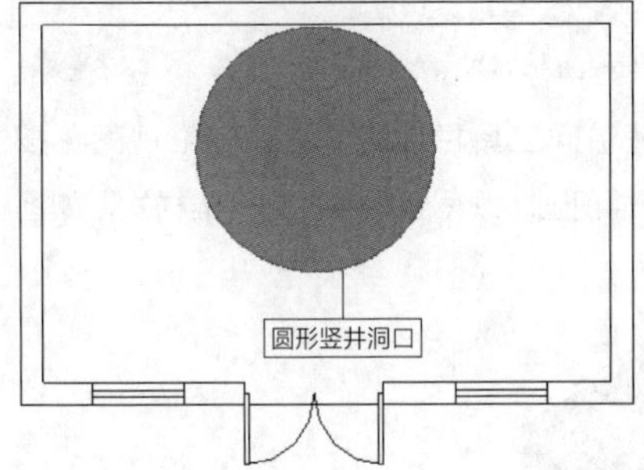

图 10-23 圆形竖井洞口

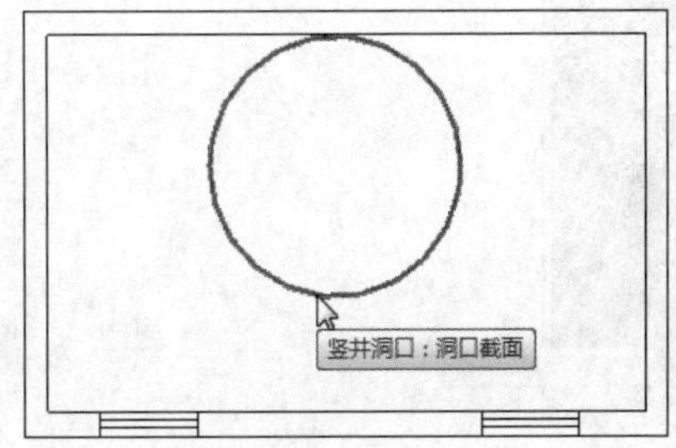

图 10-24 二维样式

Step 08 选择洞口，进入“修改|竖井洞口 > 编辑草图”选项卡，在“绘制”面板上单击“符号线”按钮，选择“线”绘制方式，在选项栏中选择“链”选项，设置“偏移”值为0，如图10-25所示。

Step 09 在洞口内单击指定符号线的起点，向左移动鼠标指针，单击指定为转折点，接着再向下移动鼠标指针并单击，完成符号线的绘制，效果如图10-26所示。

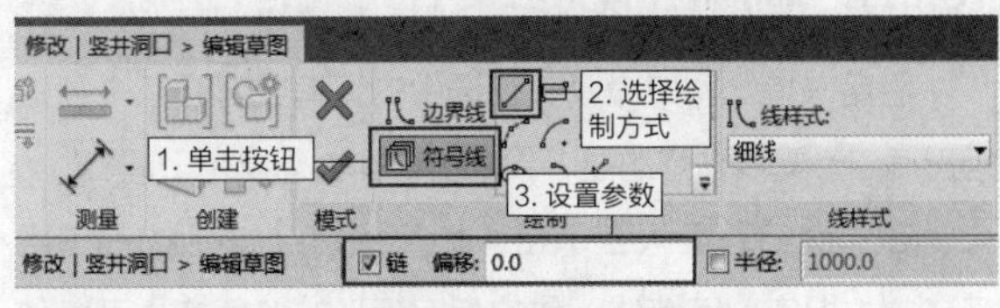

图 10-25 “修改 | 竖井洞口 > 编辑草图”选项卡

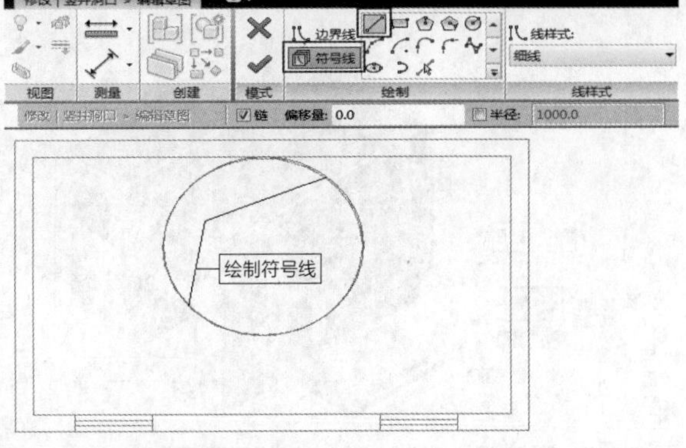

图 10-26 绘制符号线

延伸讲解：

绘制转折线的目的是，在平面视图的众多图元中明确表示该图元为洞口。

Step 10 单击快速访问工具栏上的“默认三维视图”按钮，切换至三维视图，观察竖井洞口的三维样式，如图10-27所示。

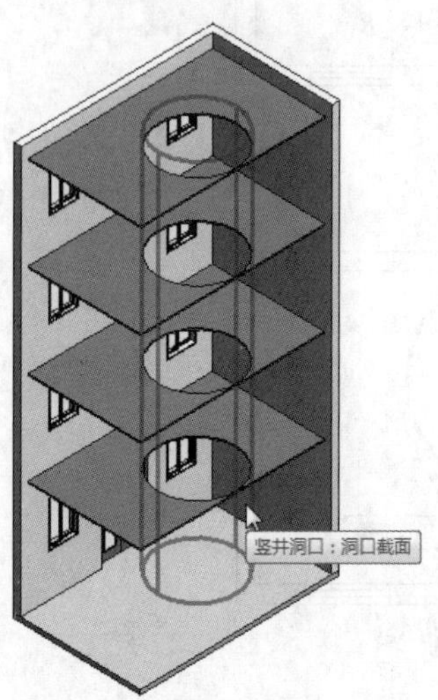

图 10-27 创建竖井洞口的三维样式

10.3 墙洞口

通过执行创建墙洞口的操作，可以在指定的墙面上创建洞口。本节将介绍创建墙洞口的操作方法。

10.3.1 墙洞口概述 难点

启用“墙”洞口命令，在选中的直墙或者弧墙中创建矩形洞口。需要注意的是，只能在墙体上创建矩形洞口。

在“洞口”面板上单击“墙”按钮，如图10-28所示。单击指定一面墙体，依次指定矩形的对角点，可以创建矩形直墙洞口，效果如图10-29所示。

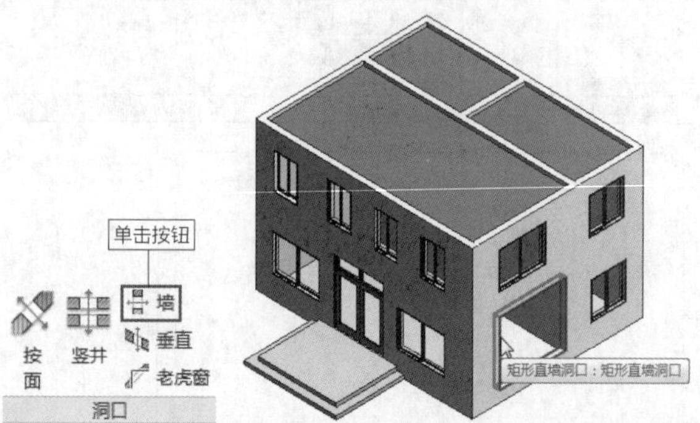

图10-28 单击“墙”按钮 图 10-29 创建矩形直墙洞口

10.3.2 实战——创建墙洞口

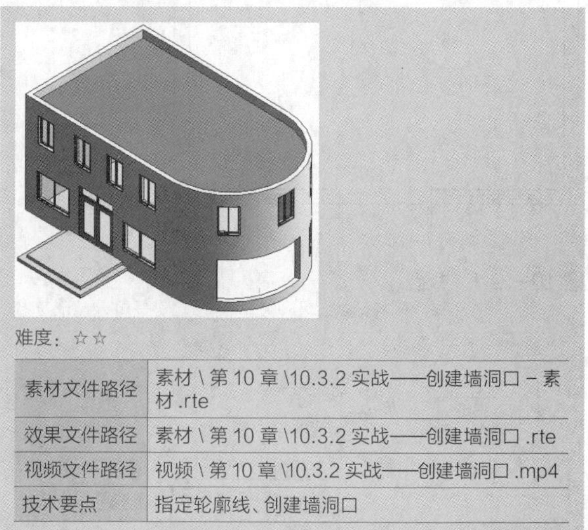

难度：☆☆

素材文件路径	素材 \ 第 10 章 \10.3.2 实战——创建墙洞口－素材 .rte
效果文件路径	素材 \ 第 10 章 \10.3.2 实战——创建墙洞口 .rte
视频文件路径	视频 \ 第 10 章 \10.3.2 实战——创建墙洞口 .mp4
技术要点	指定轮廓线、创建墙洞口

在10.3.1小节中展示了在直墙中创建洞口的效果，本小节将介绍在弧墙上创建洞口的操作方法。

Step 01 打开资源中的“第10章\10.3.2 实战——创建墙洞口-素材.rte”文件，如图10-30所示。

Step 02 在“洞口”面板上单击“墙”按钮，将鼠标指针置于弧墙上，高亮显示墙体边界线，如图10-31所示。

图 10-30 打开素材

图 10-31 高亮显示墙体边界线

Step 03 单击选中弧墙，在弧墙上指定矩形洞口的起点，如图10-32所示。

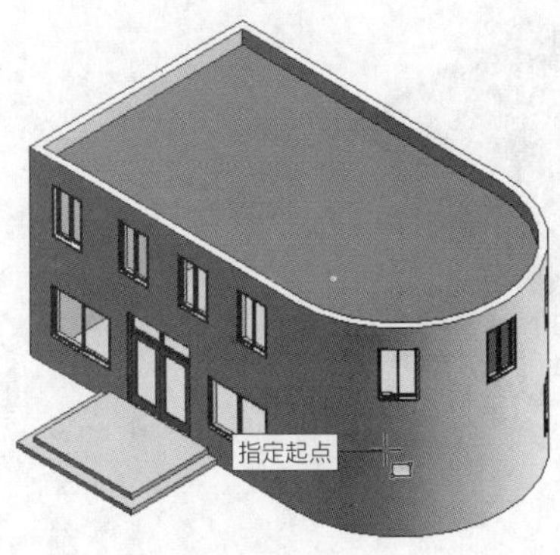

图 10-32　指定起点

Step 04 向右下角移动鼠标指针，指定对角点，如图10-33所示。

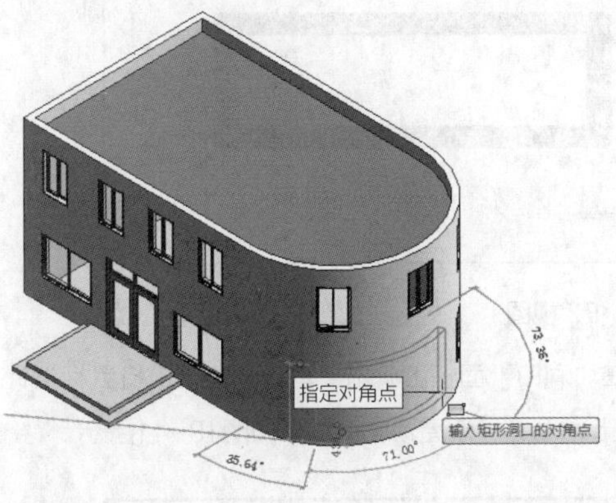

图 10-33　指定对角点

延伸讲解：

在指定对角点的过程中，会显示临时尺寸标注，用户可以通过观察尺寸标注，了解洞口尺寸的变化。

Step 05 在合适的位置单击指定对角点，完成矩形洞口的创建，切换至三维视图，观察洞口的三维样式，如图10-34所示。

图 10-34　创建矩形洞口

选择矩形洞口，会显示角度标注、底部偏移标注等临时尺寸标注，如图10-35所示。将鼠标指针置于尺寸标注上，单击进入可编辑模式，可以更改尺寸参数，调整洞口在墙体上的位置。

在选择墙体的同时，“属性”选项板中的“约束”选项组也显示相应的选项参数。“顶部偏移”值决定洞口与墙顶边的距离，“底部偏移”值决定洞口与墙底边的间距。

将“底部约束”设置为F1，“顶部约束”设置为“直到标高：F3”，表示矩形洞口被限制在F1与F3之间，如图10-36所示。

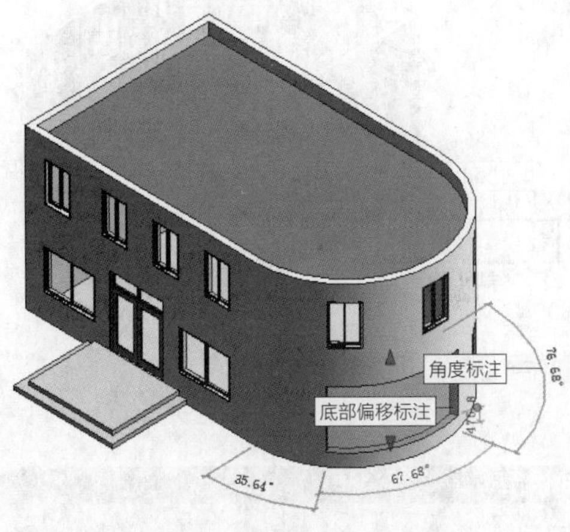

图 10-35　显示临时尺寸标注

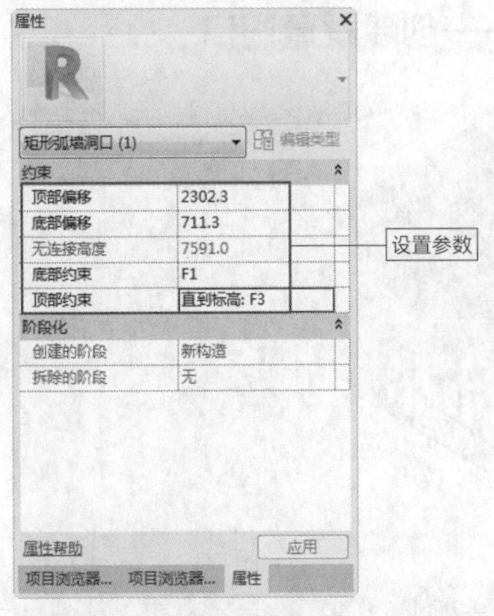

图 10-36　“属性”选项板

10.4　垂直洞口

如果需要在屋顶上创建洞口，就需要使用“垂直”洞口命令。通过启用该命令，可以在屋顶上创建各种样式的洞口。本节将介绍创建垂直洞口的操作方法。

10.4.1　垂直洞口概述　重点

启用“垂直”洞口命令，不仅可以创建贯穿屋顶的垂直洞口，也可以在楼板或者天花板上创建垂直洞口。

在“洞口”面板上单击“垂直”按钮，如图10-37所示，进入创建垂直洞口的状态。单击拾取楼板，进入“修改|创建楼板边界”选项卡，在“绘制”面板上选择绘制方式。在楼板中绘制轮廓线，单击“完成编辑模式”按钮，退出命令，垂直洞口的效果如图10-38所示。

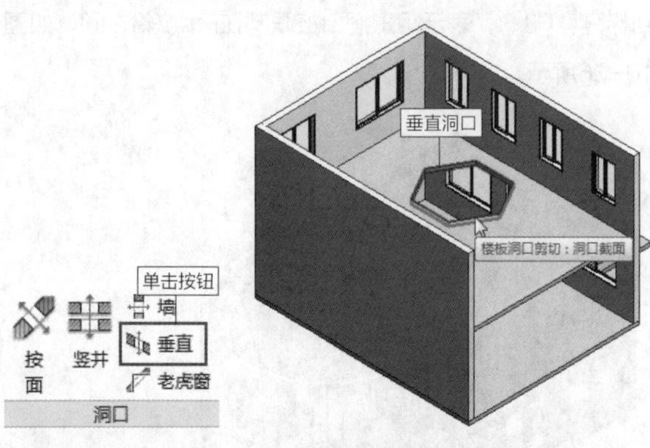

图 10-37 单击“垂直”按钮　图 10-38 创建效果

延伸讲解：

启用“按面”命令，也可以在楼板上创建洞口。

10.4.2 实战——创建垂直洞口

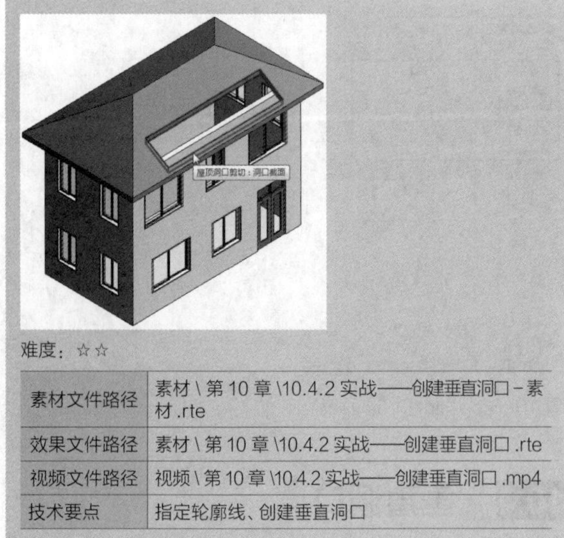

难度：☆☆

素材文件路径	素材 \ 第 10 章 \10.4.2 实战——创建垂直洞口 - 素材 .rte
效果文件路径	素材 \ 第 10 章 \10.4.2 实战——创建垂直洞口 .rte
视频文件路径	视频 \ 第 10 章 \10.4.2 实战——创建垂直洞口 .mp4
技术要点	指定轮廓线、创建垂直洞口

在10.4.1小节中展示了在楼板中创建垂直洞口的效果，本小节将介绍如何在屋顶中创建垂直洞口。

Step 01 打开资源中的“第10章\10.4.2 实战——创建垂直洞口-素材.rte”文件，如图10-39所示。

Step 02 本例中屋顶的顶部标高是F3，因此屋顶平面样式需要切换至视图F3才可见，如图10-40所示。

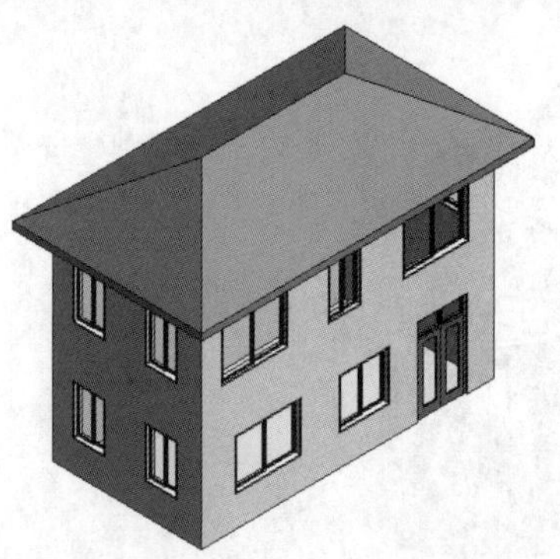

图 10-39 打开素材

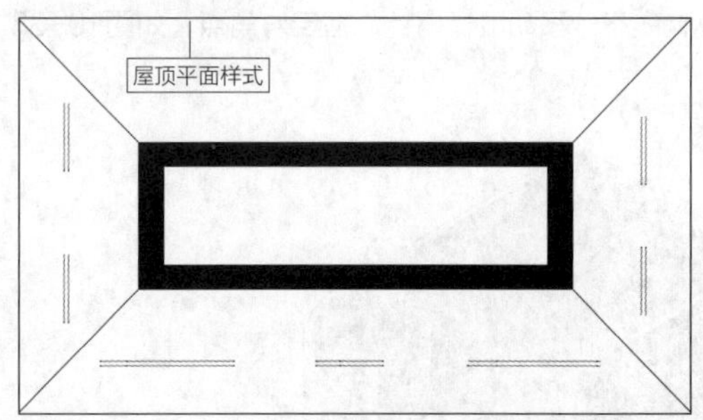

图 10-40 F3 视图

Step 03 在“洞口”面板上单击“垂直”按钮，将鼠标指针置于屋顶上，高亮显示屋顶轮廓线，如图10-41所示。

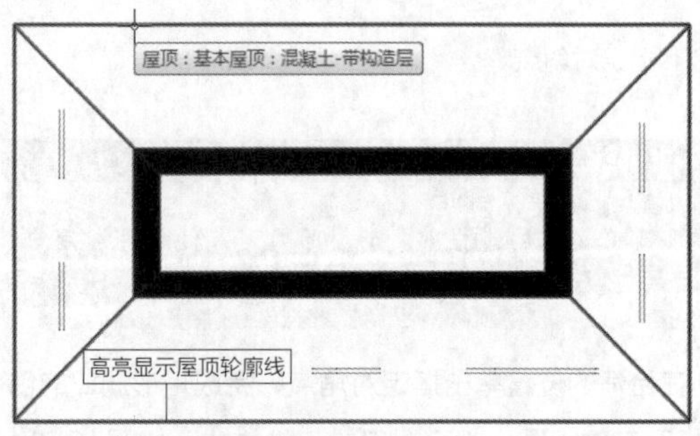

图 10-41 高亮显示屋顶轮廓线

Step 04 选择屋顶后进入“修改|创建洞口边界”选项卡，在“绘制”面板中单击“矩形”按钮，设置“偏移”值为0，如图10-42所示。

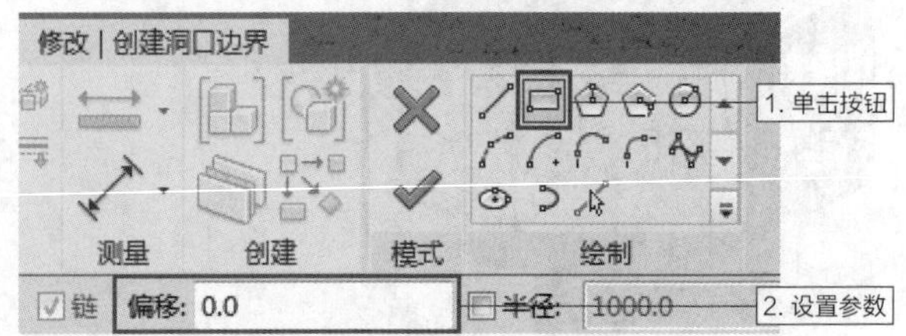

图 10-42 “修改 | 创建洞口边界”选项卡

Step 05 将鼠标指针置于屋顶上，指定矩形轮廓线的起点，如图10-43所示。

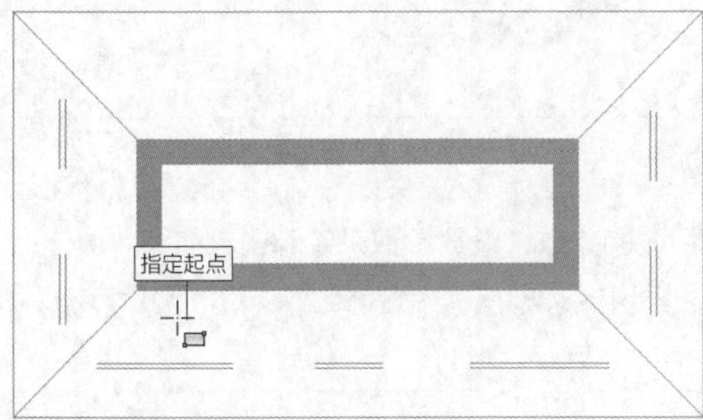

图 10-43 指定起点

Step 06 单击向右下角移动鼠标指针，指定矩形轮廓线的对角点，即终点，如图10-44所示。

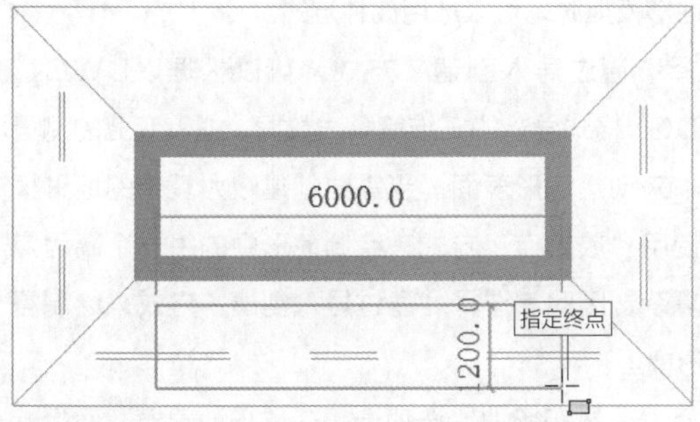

图 10-44 指定终点

Step 07 在合适的位置单击，完成创建矩形轮廓线的操作，如图10-45所示。

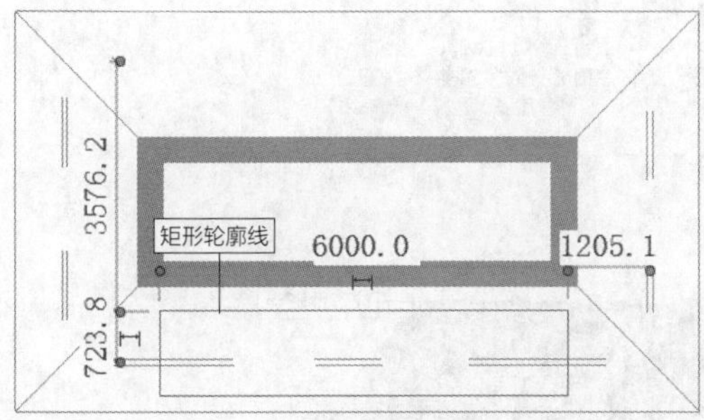

图 10-45 矩形轮廓线

Step 08 单击“完成编辑模式”按钮，退出命令，显示洞口的平面样式，效果如图10-46所示。

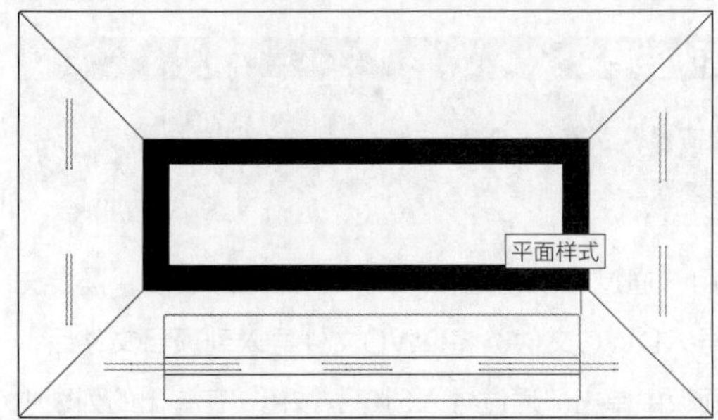

图 10-46 平面样式

延伸讲解：

选择绘制完成的洞口，进入“修改|屋顶洞口剪切”选项卡，单击“编辑草图”按钮，进入“修改|屋顶洞口剪切>编辑边界”选项卡。此时模型的显示效果如图10-47所示，用户可以修改轮廓线的样式，控制洞口的显示效果。在平面视图中进入编辑模式，屋顶的显示效果如图10-48所示，在其中同样可以执行修改轮廓线的操作。

图 10-47 三维样式

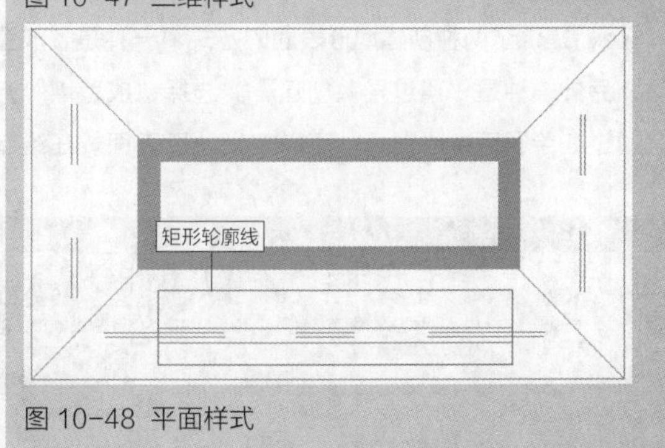

图 10-48 平面样式

Step 09 单击快速访问工具栏上的“默认三维视图”按钮，切换至三维视图，观察垂直洞口的三维样式，如图10-49所示。

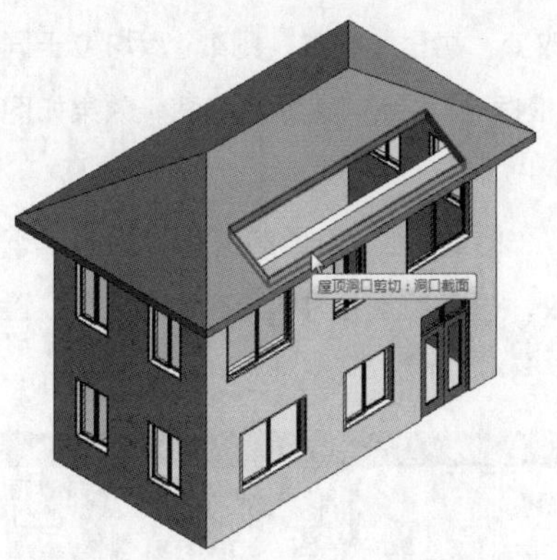

图 10-49 创建垂直洞口的三维样式

第 11 章

场地

Revit提供了场地建模的工具，可以创建地形表面、导入场地构件，绘制建筑地坪；还可以拆分表面或者合并表面，自定义子面域的参数，设置参数来绘制建筑红线。通过启用这些工具来编辑场地，可以丰富场地的表现样式。本章将介绍这些工具的使用方法。

学习目标

- 掌握创建地形表面的方法 206页
- 了解导入停车场构件的方法 213页
- 学会修改场地的各种方法 215页

11.1 场地建模

在“场地建模”面板中提供了“地形表面”“场地构件”等工具，启用这些工具，可以创建地形表面并导入构件到场地。本节将介绍“场地建模”相关工具的使用方法。

11.1.1 地形表面概述 重点

Revit提供了两种创建地形表面的方式，一种是“放置点”，另外一种是“通过导入创建”。选择“放置点”方式，通过在绘图区中放置点，可以定义地形表面。在绘制简单的地形模型时，可以选用此种方式。

选择“通过导入创建”方式，可以根据以DWG、DXF、DGN格式导入的三维等高线数据，或者专业的测量数据文本来创建地形表面。当需要创建较为复杂的地形模型时，使用“放置点”方式来绘制地形中的每一个高程点显然很复杂，因此常选择“通过导入创建”方式来绘制复杂的地形模型。

选择“体量和场地”选项卡，在“场地建模”面板上单击“地形表面”按钮，如图11-1所示。进入“修改|编辑表面”选项卡，开始执行创建“地形表面”的操作。

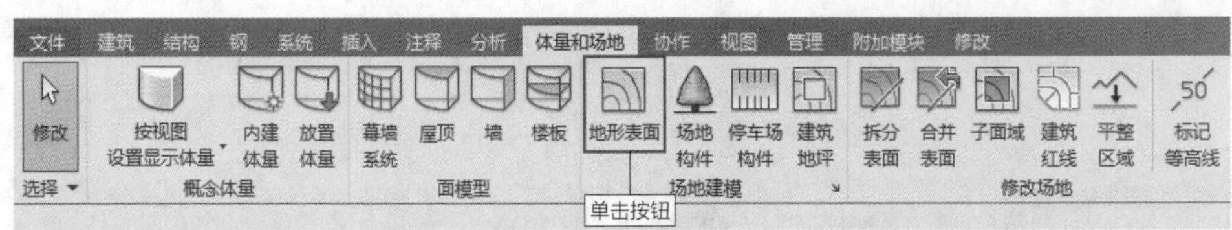

图 11-1 单击“地形表面”按钮

在工具面板上默认选择“放置点”创建方式，在选项栏中显示“高程”为0，如图11-2所示。在绘图区中单击，可以在表面放置地形点，连续单击指定多个点，如指定4个点。假如不改变“高程”参数，则4个点均位于同一个标高上。系统根据这4个点创建地形表面，效果如图11-3所示。

使用“放置点”来绘制地形表面的操作较为简单，设置“高程”参数，再在绘图区中指定地形点的位置即可。

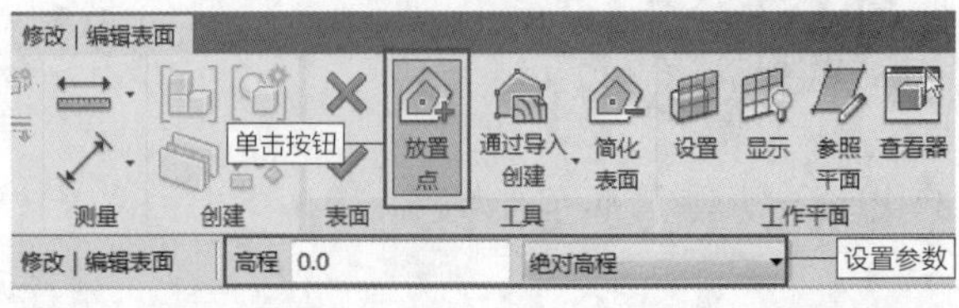

图 11-2 单击“放置点”按钮

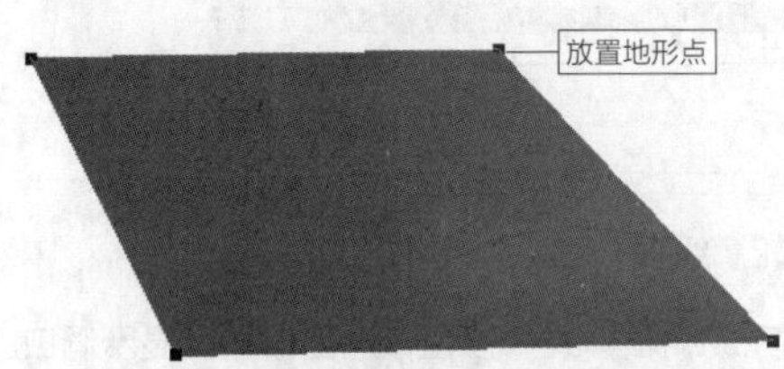

图 11-3 创建地形表面

延伸讲解：

“高程”值为0，表示将在地形点范围内创建标高为0的地形表面。

使用“通过导入创建”方式来创建地形表面，需要先从外部导入DWG文件。将DWG文件导入到项目文件后，在工具面板中单击“通过导入创建”按钮，在弹出的列表中选择“选择导入实例”命令，如图11-4所示。单击视图中已导入的DWG文件，弹出“从所选图层添加点”对话框，选择图层，单击“确定”按钮关闭对话框，系统根据等高线数据自动生成一系列等高点，创建地形表面，如图11-5所示。

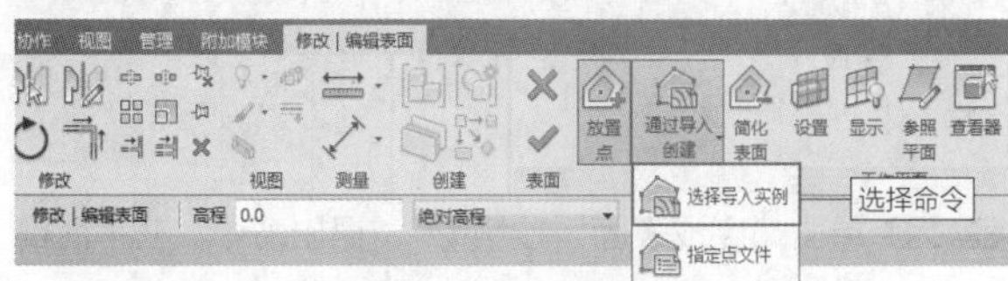

图 11-4 选择“选择导入实例”命令

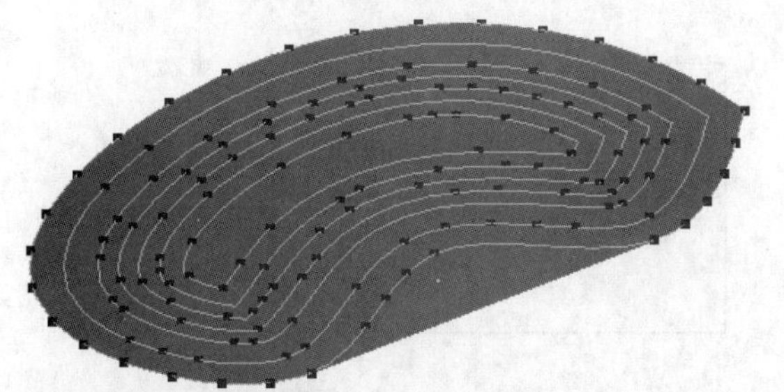

图 11-5 创建地形表面

知识链接：

DWG文件是AutoCAD绘图软件的文件存储格式。

11.1.2 实战——通过放置点创建地形表面

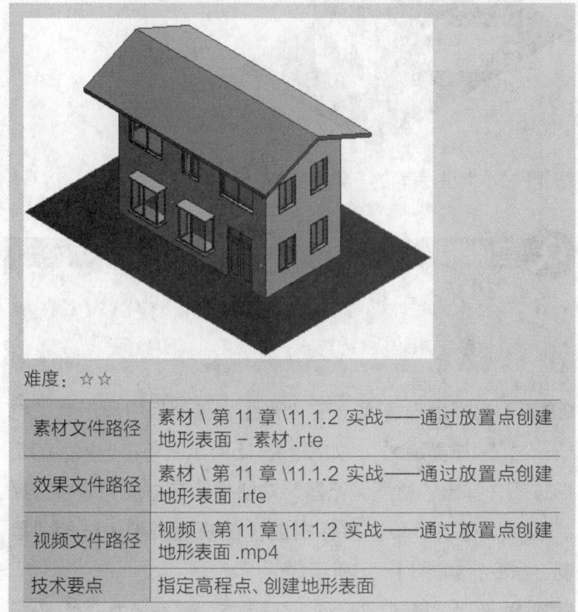

难度：☆☆

素材文件路径	素材 \ 第 11 章 \11.1.2 实战——通过放置点创建地形表面 - 素材 .rte
效果文件路径	素材 \ 第 11 章 \11.1.2 实战——通过放置点创建地形表面 .rte
视频文件路径	视频 \ 第 11 章 \11.1.2 实战——通过放置点创建地形表面 .mp4
技术要点	指定高程点、创建地形表面

在11.1.1小节中介绍了关于创建地形表面的两种方式，本小节将详细介绍通过放置点创建地形表面的操作方法。

Step 01 打开资源中的“第11章\11.1.2 实战——通过放置点创建地形表面-素材.rte”文件，如图11-6所示。

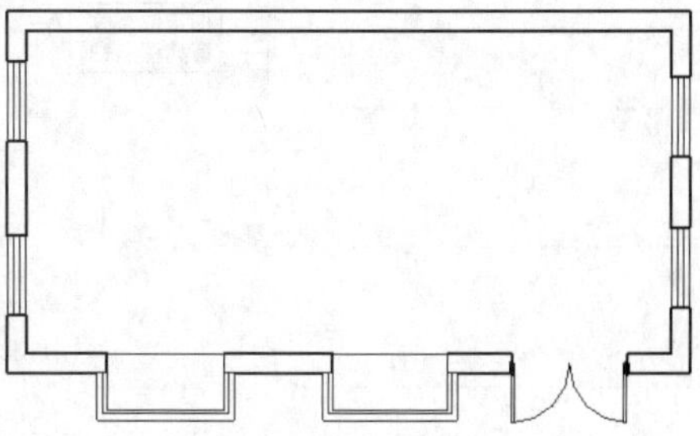

图 11-6 打开素材

Step 02 切换至“场地”视图，在其中选择“建筑”选项卡，在“工作平面”面板上单击“参照 平面”按钮，在屋顶轮廓线的周围绘制首尾相连的参照平面，如图11-7所示。

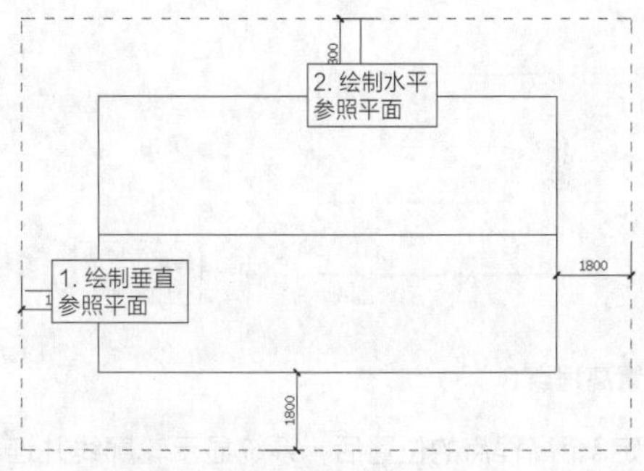

图 11-7 绘制参照平面

Step 03 启用“地形表面”命令，选择“放置点”创建方式，在选项栏中设置“高程”为0。在水平参照平面与垂直参照平面的交点处单击，指定高程点1的位置，如图11-8所示。

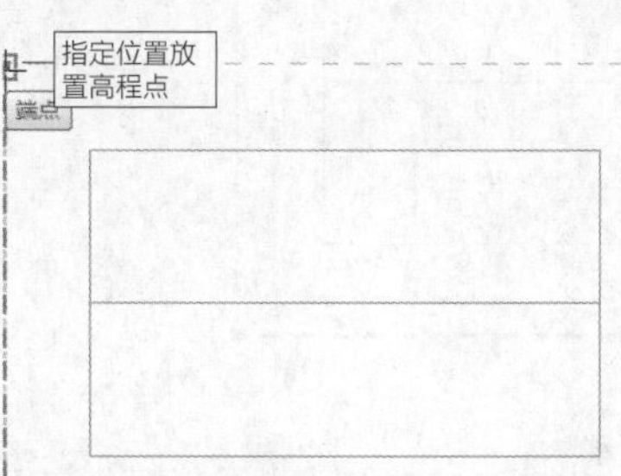

图 11-8 放置高程点 1

延伸讲解：

本例选用的建筑物包含拉伸屋顶，因此在“室外地坪”视图中会显示屋顶的平面样式。在屋顶轮廓线的四周绘制参照平面，为创建地形表面提供参考。

Step 04 向右移动鼠标指针，继续指定另一参照平面的交点来放置高程点2，如图11-9所示。

Step 05 向下移动鼠标指针，单击放置高程点3，如图11-10所示。

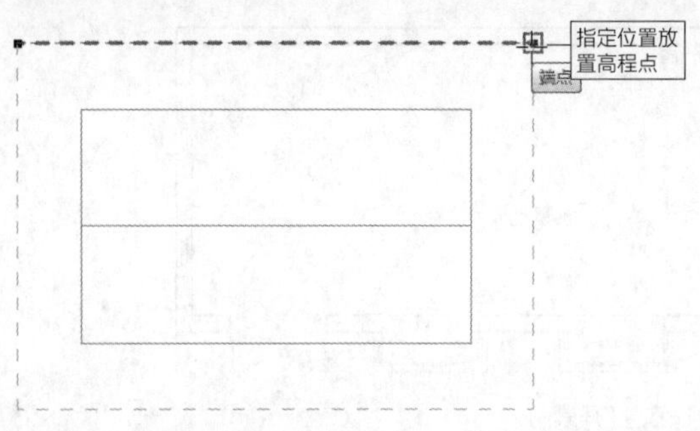

图 11-9 放置高程点 2

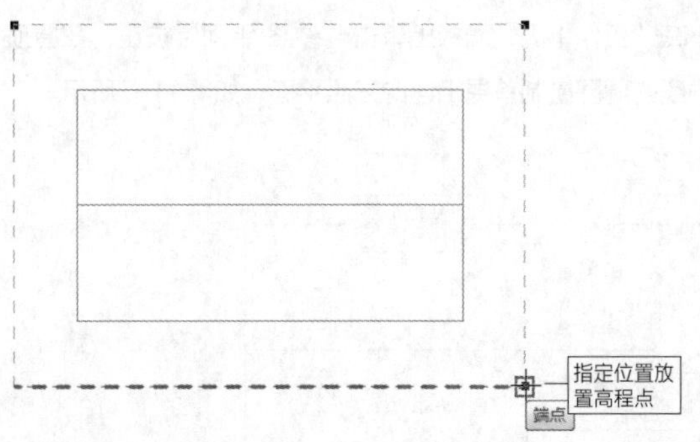

图 11-10 放置高程点 3

Step 06 在指定3个高程点的位置后，系统显示轮廓线并连接3个高程点。向左移动鼠标指针，继续单击，指定高程点4的位置，如图11-11所示。

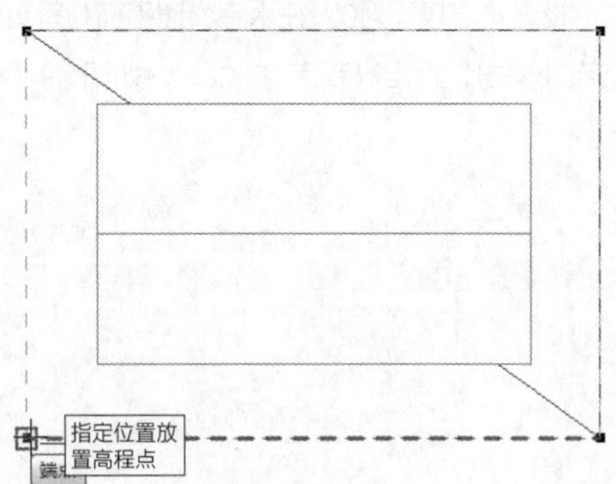

图 11-11 放置高程点 4

Step 07 指定第四个高程点的位置后，更新并显示轮廓线，如图11-12所示。

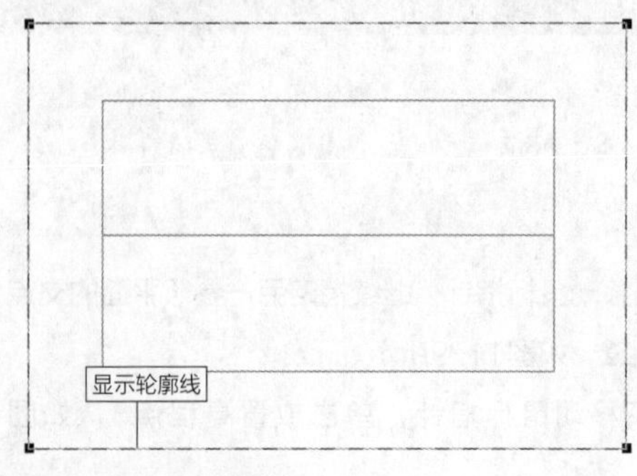

图 11-12 显示轮廓线

知识链接：

视图中包含3个高程点即可形成一个闭合的区域，此时系统会自动显示闭合区域的轮廓线。用户可以继续单击添加高程点，系统根据高程点的位置实时更新区域轮廓线的显示样式。

Step 08 单击“完成表面”按钮✔，退出命令，在平面视图中地形表面的二维样式如图11-13所示。

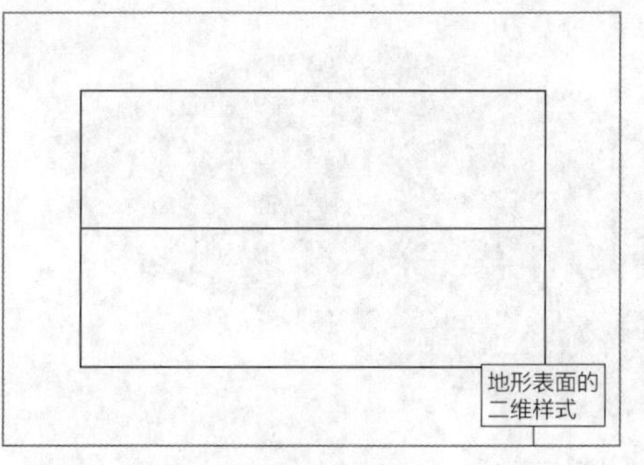

图 11-13 地形表面的二维样式

Step 09 切换至三维视图，观察地形表面的三维样式，如图11-14所示。

图 11-14 地形表面的三维样式

延伸讲解：

参照平面作为辅助线存在不会影响地形表面的显示效果。在完成地形表面的绘制后，用户也可以将参照平面删除。

Step 10 选择地形表面，在“属性”选项板中显示其“材质”为“<按类别>”，如图11-15所示。单击选项后的矩形按钮，弹出“材质浏览器”对话框。在材质列表中选择“默认”材质，单击鼠标右键，在快捷菜单中选择“复制”命令，如图11-16所示。

Step 11 选择“复制”得到的材质副本，重命名为“实战-场地材质”。在右侧的界面中单击“着色”选项组下的“颜色”按钮，在“颜色”对话框中设置颜色参数，单击“确定”按钮关闭“颜色”对话框，设置颜色的结果如图11-17所示。

Step 12 单击“确定”按钮关闭“材质浏览器”对话框。

"属性"选项板中的"材质"选项中显示材质名称，如图11-18所示。

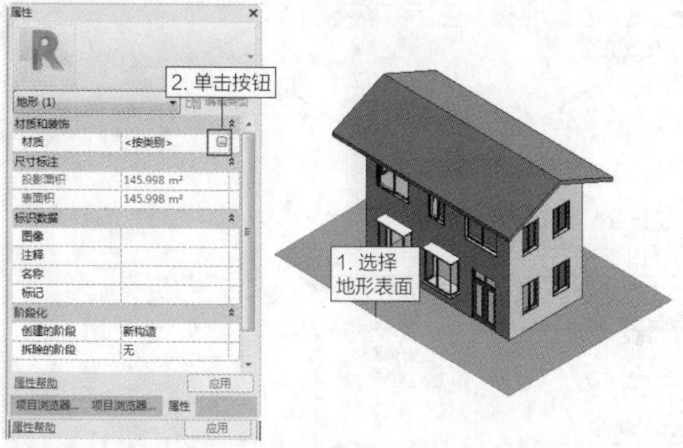

图 11-15 显示材质类别

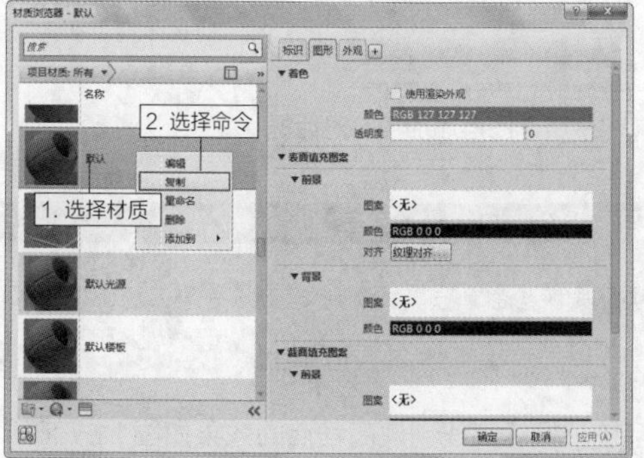

图 11-16 选择命令

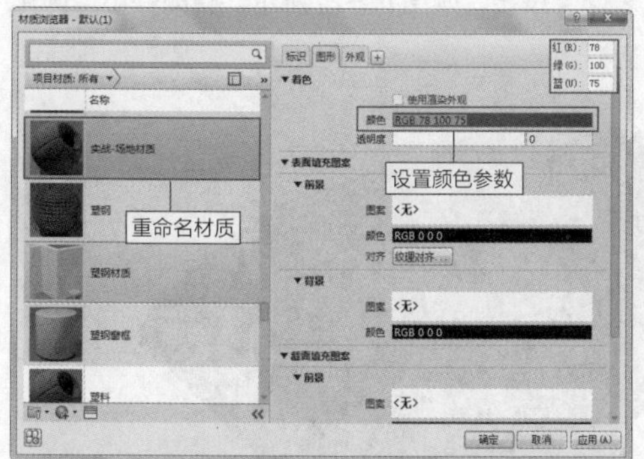

图 11-17 "材质浏览器 - 默认（1）"对话框

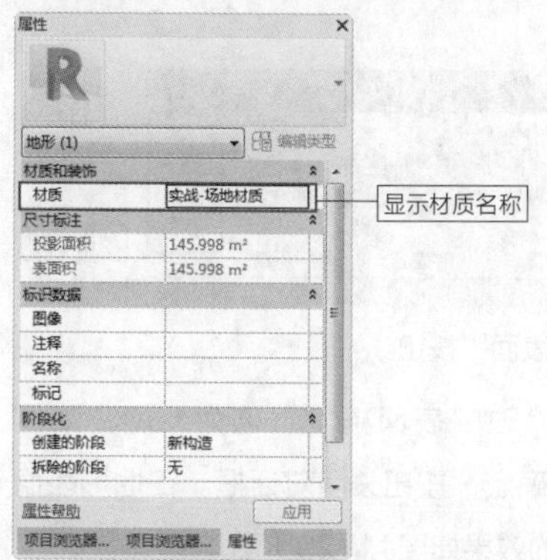

图 11-18 显示材质名称

Step 13 为地形表面修改材质类型后，可以在视图中观察其显示样式的变化，修改结果如图11-19所示。

图 11-19 修改结果

11.1.3 实战——通过导入数据创建地形表面

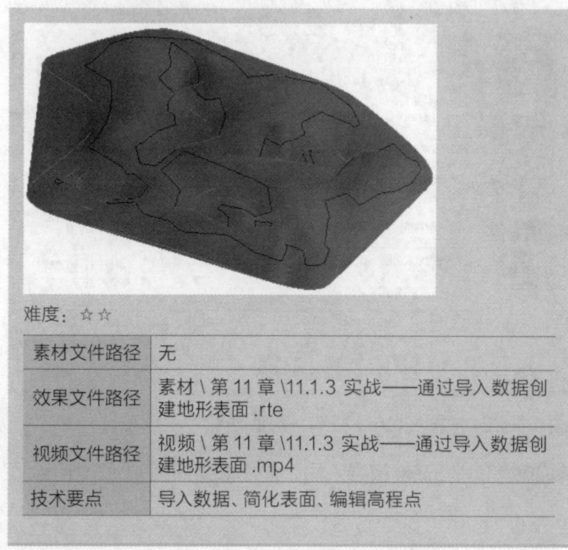

难度：☆☆

素材文件路径	无
效果文件路径	素材 \ 第 11 章 \11.1.3 实战——通过导入数据创建地形表面 .rte
视频文件路径	视频 \ 第 11 章 \11.1.3 实战——通过导入数据创建地形表面 .mp4
技术要点	导入数据、简化表面、编辑高程点

使用"通过导入创建"方式创建地形表面，需要先选择数据文件，系统才可根据数据文件创建地形表面。

Step 01 打开资源中的"第11章\11.1.3 实战——通过导入数据创建地形表面.rte"文件。

Step 02 选择"插入"选项卡，在"导入"面板中单击"导入CAD"按钮，如图11-20所示。随即弹出"导入CAD格式"对话框。

图 11-20 单击"导入 CAD"按钮

延伸讲解：

假如在导入数据文件前启用“通过导入创建”方式来创建地形表面，系统会弹出图11-21所示的提示对话框，提示用户应该先导入对象，再执行创建地形表面的操作。

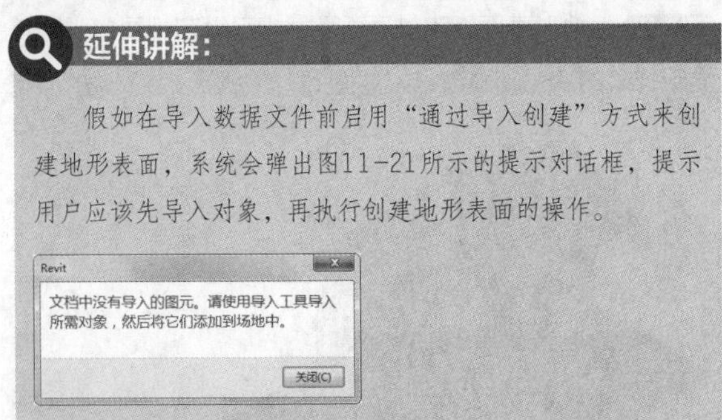

图 11-21 提示对话框

Step 03 在“导入CAD格式”对话框中选择“等高线.dwg”文件，设置“定位”方式为“自动-原点到原点”，在“放置于”选项中选择“室外地坪”，选择“定向到视图”选项，如图11-22所示。单击“打开”按钮，将DWG文件导入项目中。

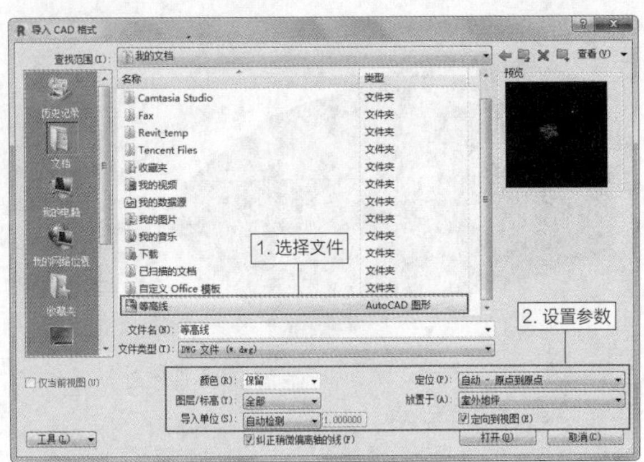

图 11-22 “导入 CAD 格式”对话框

Step 04 DWG文件被导入后，显示效果如图11-23所示。

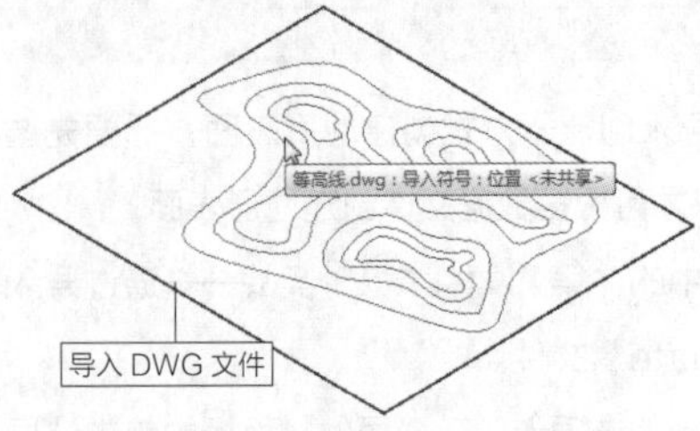

图 11-23 导入 DWG 文件

Step 05 在“体量和场地”选项卡中单击“地形表面”按钮，进入“修改|编辑表面”选项卡，在“工具”面板中单击“通过导入创建”按钮，在列表中选择“选择导入实例”命令，单击选择DWG文件，如图11-24所示。

Step 06 随后弹出“从所选图层添加点”对话框，在列表中选择“主等高线”“次等高线”图层，如图11-25所示。单击“确定”按钮关闭对话框。

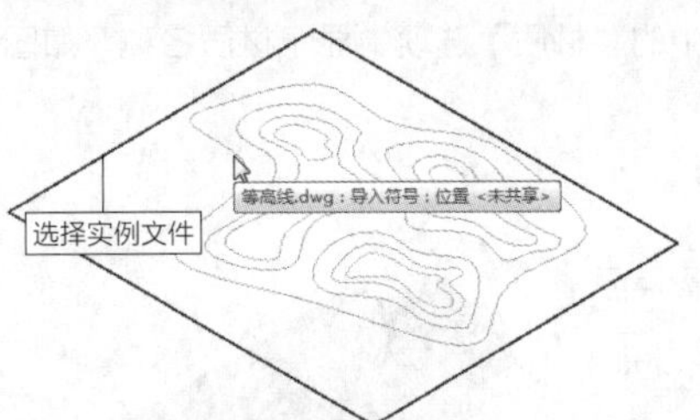

图 11-24 选择实例文件

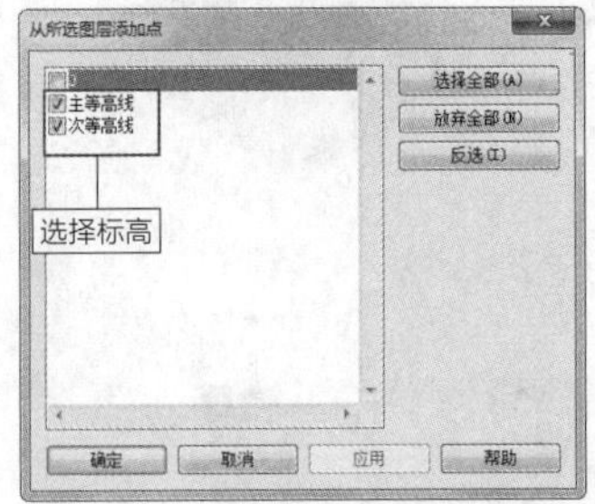

图 11-25 “从所选图层添加点”对话框

知识链接：

“从所选图层添加点”对话框显示的是导入的DWG文件中所包含的图层。

Step 07 系统根据等高线创建高程点的效果如图11-26所示。此时仍然处于“地形表面”命令中，在工具面板上单击“简化表面”按钮，如图11-27所示。随即弹出“简化表面”对话框。

图 11-26 创建高程点

图 11-27 单击“简化表面”按钮

Step 08 在对话框中修改“表面精度”值为100，如图11-28所示。单击“确定”按钮关闭对话框。在地形表面中删除多余的高程点的效果如图11-29所示。

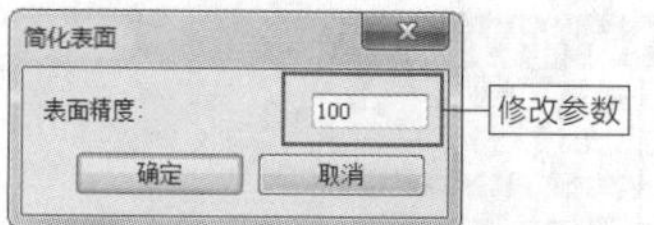

图 11-28 “简化表面”对话框

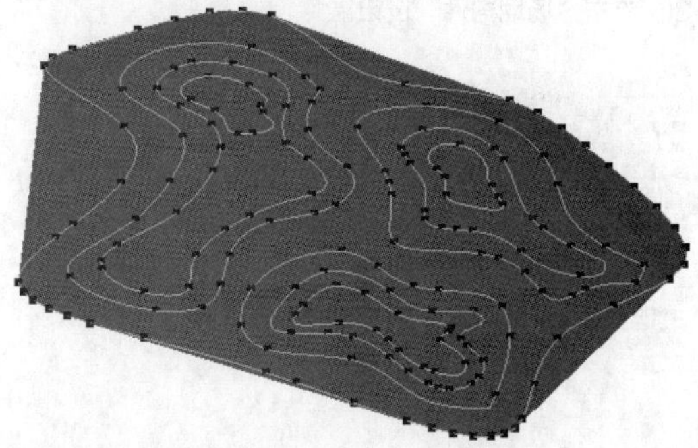

图 11-29 删除多余的高程点

Step 09 单击“完成表面”按钮，退出命令，创建地形表面的效果如图11-30所示。

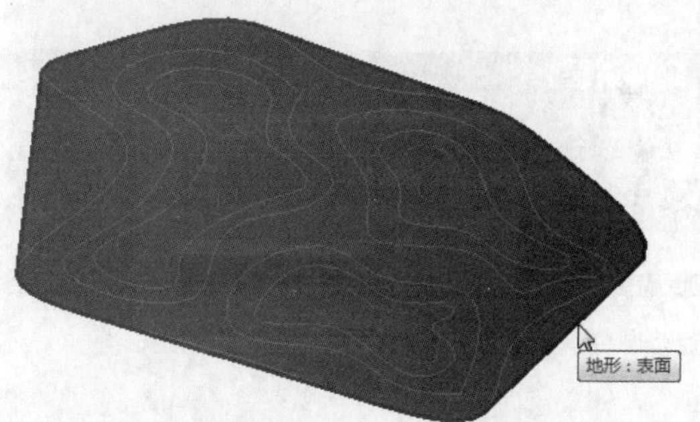

图 11-30 创建地形表面

Step 10 选择地形表面，进入“修改|地形”选项卡，单击“编辑表面”按钮，如图11-31所示。随即进入“修改|编辑表面”选项卡。

图 11-31 选择地形表面

Step 11 按Ctrl键，选择地形表面上的高程点，如图11-32所示。在选项栏中修改“高程”值为100，由于高程点高度的改变，使地形表面出现起伏，如图11-33所示。还可以选择其他的高程点，修改“高程”参数，改变地形表面的显示样式。

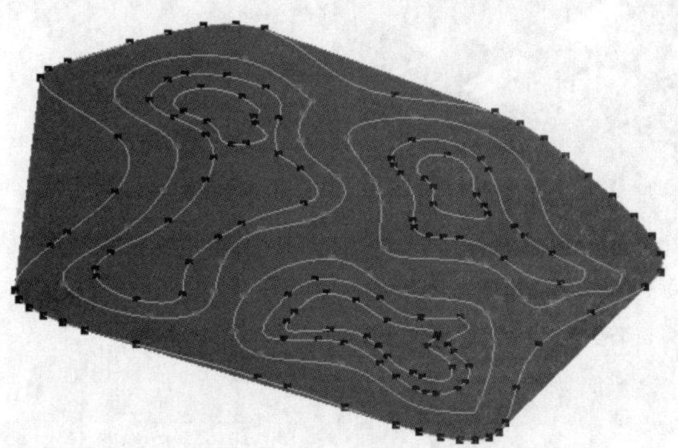

图 11-32 选择高程点

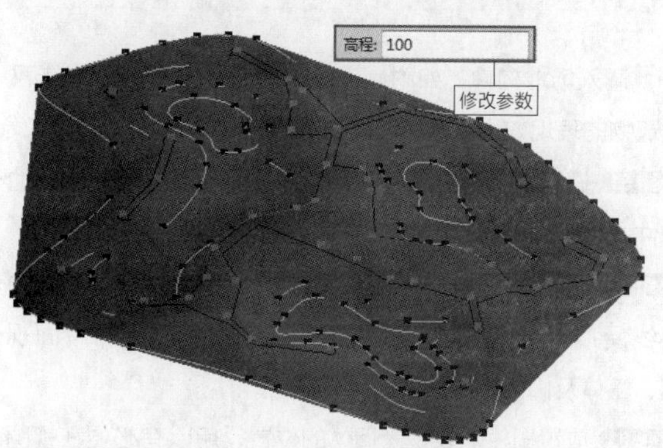

图 11-33 修改参数

在地形表面编辑完成后，选择DWG文件，按Delete键可以将其删除。

Step 12 单击“完成表面”按钮，结束修改地形表面的操作，图11-34所示为修改结果。

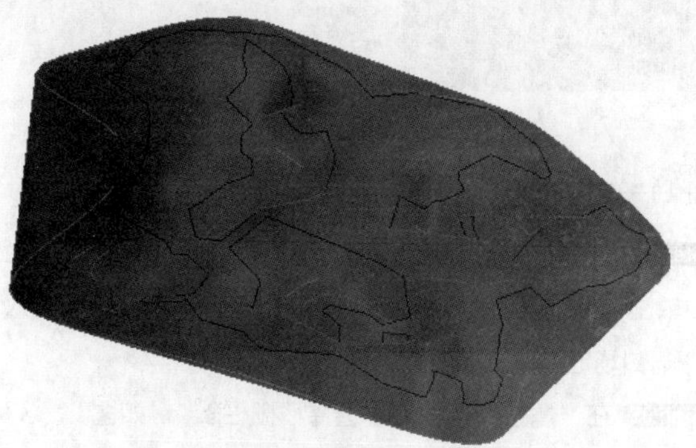

图 11-34 修改结果

11.1.4 实战——放置场地构件

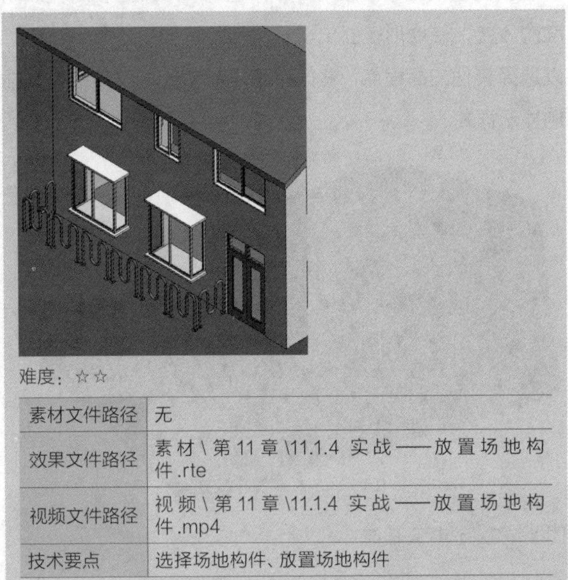

难度：☆☆

素材文件路径	无
效果文件路径	素材\第11章\11.1.4 实战——放置场地构件.rte
视频文件路径	视频\第11章\11.1.4 实战——放置场地构件.mp4
技术要点	选择场地构件、放置场地构件

调入场地构件，如附属设施、公用设施等，可以丰富建筑物的表现效果。本小节将以放置栅栏为例展开讲解。

Step 01 打开资源中的“第11章\11.1.4 实战——放置场地构件.rte”文件。

Step 02 切换至“场地”视图，因为本例的建筑物的屋顶为迹线屋顶，所以在场地视图中仅能观察到屋顶的平面视图，墙体及门窗等图元被屋顶遮挡。

Step 03 放置栅栏需要参考墙体的位置，所以有必要在视图中隐藏屋顶。选择屋顶，单击鼠标右键，在快捷菜单中选择“在视图中隐藏”→“图元”命令，如图11-35所示，可以隐藏屋顶。

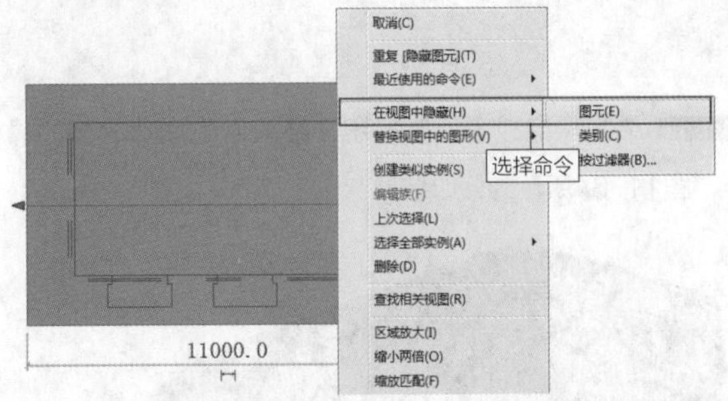

图 11-35 选择命令

Step 04 选择“体量和场地”选项卡，在“场地建模”面板中单击“场地构件”按钮，如图11-36所示。随即进入“修改|场地构件”选项卡。

Step 05 在“属性”选项板中选择“栅栏3”，如图11-37所示。

图 11-36 单击“场地构件”按钮

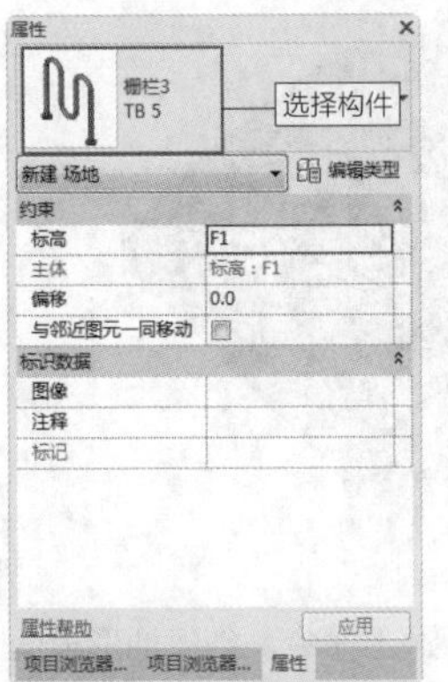

图 11-37 “属性”选项板

延伸讲解：

在放置场地构件前，应该先载入场地构件，否则系统会弹出提示对话框，提醒用户尚未载入场地构件族。

Step 06 在绘图区中的合适位置单击，放置栅栏，按空格键，旋转栅栏，放置栅栏的效果如图11-38所示。

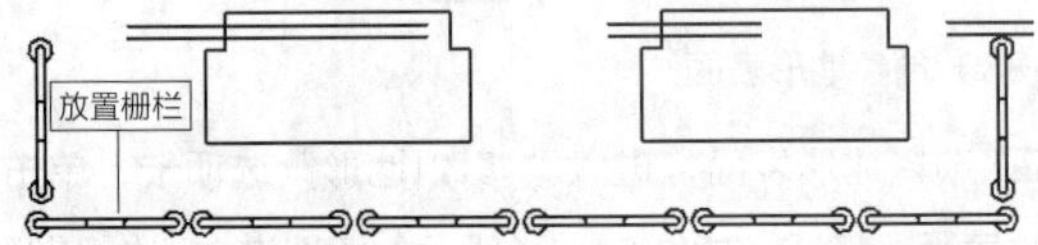

图 11-38 放置栅栏

Step 07 切换至南立面视图，观察栅栏的立面效果，如图11-39所示。

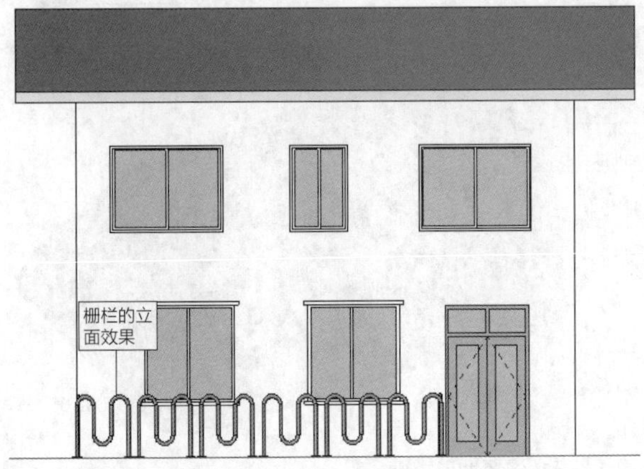

图 11-39 栅栏的立面效果

知识链接：

因为墙体、门窗的标高是F1，所以在场地视图中不能完全显示图元，但是根据图元的轮廓也可以确定放置栅栏的位置。

Step 08 切换至三维视图，栅栏的三维样式如图11-40所示。在完成放置场地构件的操作后，应该切换至其他视图，观察构件的显示效果，及时修正错误。

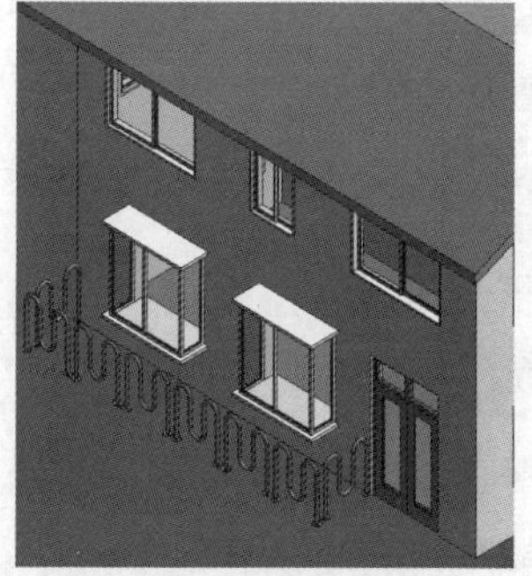

图 11-40 栅栏的三维样式

11.1.5 停车场构件 重点

启用“停车场构件”命令，可以在场地中添加停车位。选择“体量和场地”选项卡，在“场地建模”面板中单击“停车场构件”按钮，如图11-41所示。随即进入“修改|停车场构件”选项卡，并进入放置停车场构件的状态。

图 11-41 单击“停车场构件”按钮

延伸讲解：

假如当前项目文件中未载入“停车场”族，在启用“停车场构件”命令后，系统会弹出图11-42所示的提示对话框，提醒用户载入停车场族。

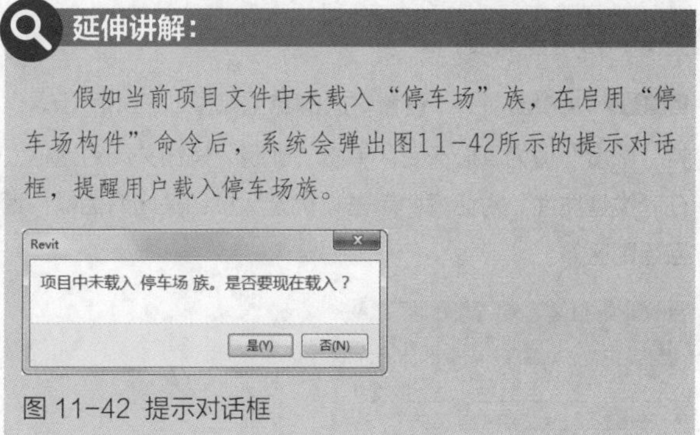

图 11-42 提示对话框

在“属性”选项板中打开类型列表，在其中显示当前项目文件中所包含的停车场类型，选择其中的一项，如“停车位-有车辆数据”类型。在“标高”选项中设置标高，如“室外地坪”，如图11-43所示。在选项栏中取消选择“放置后旋转”选项，如图11-44所示，表示在地形表面上指定停车场的位置后，停车场不会执行旋转操作。

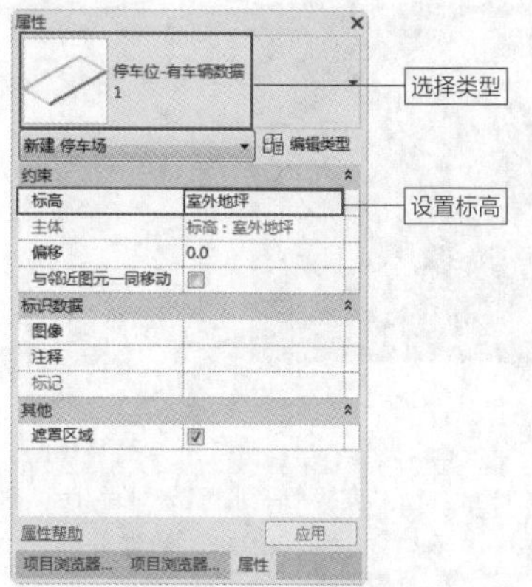

图 11-43 “属性”选项板

图 11-44 “修改 | 停车场构件”选项卡

知识链接：

选择“与邻近图元一同移动”选项，在移动停车场构件附近的图元时，停车场构件也会一起被移动。

在地形表面上单击指定停车场的位置，放置停车场构件。连续单击指定插入位置，可以放置多个停车场构件，如图11-45所示。

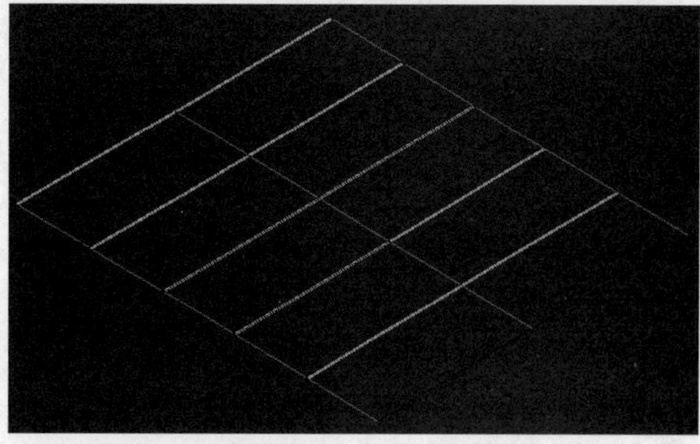

图 11-45 放置停车场构件

知识链接：

在需要创建多个停车场时，启用“镜像”“复制”命令，复制地形表面上已放置的停车场，可以快速得到多个停车场副本。

11.1.6 实战——创建建筑地坪

难度：☆☆

素材文件路径	无
效果文件路径	素材\第11章\11.1.6 实战——创建建筑地坪.rte
视频文件路径	视频\第11章\11.1.6 实战——创建建筑地坪.mp4
技术要点	绘制外轮廓、创建建筑地坪

启用“建筑地坪”命令，通过在地形表面上绘制闭合轮廓线来创建建筑地坪。地形表面上的建筑地坪是一个独立的区域，可以单独设置材质。在地形表面上制作游泳池、人行道等设施的时候，可以通过创建“建筑地坪”实现。在小区里常有小型的沙滩区供儿童玩乐，因此本小节将介绍使用“建筑地坪”命令创建椭圆形沙滩区。

Step 01 打开资源中的“第11章\11.1.6 实战——创建建筑地坪.rte”文件。

Step 02 选择“体量和场地”选项卡，在“场地建模”面板上单击“建筑地坪”按钮，如图11-46所示。随即进入“修改|创建建筑地坪边界”选项卡。

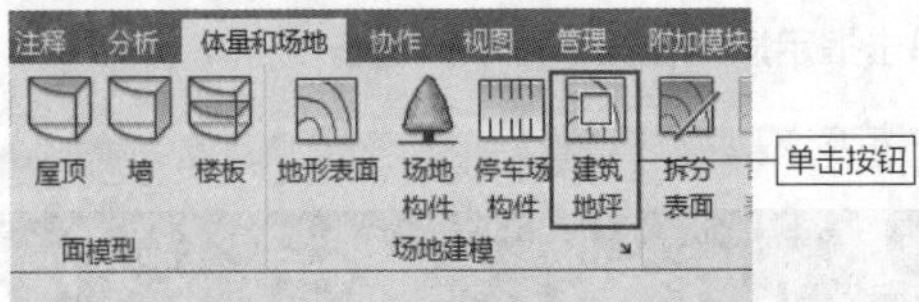

图 11-46 单击“建筑地坪”按钮

Step 03 在“属性”选项板中打开类型列表，选择“建筑地坪”选项，单击“编辑类型”按钮，如图11-47所示，弹出“类型属性”对话框。

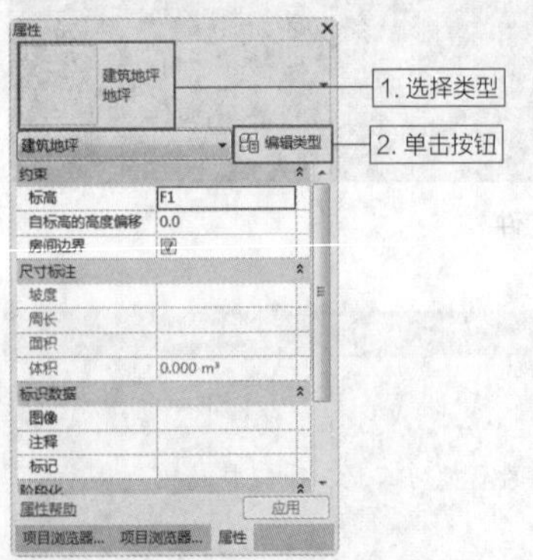

图 11-47 “属性”选项板

Step 04 在对话框中单击“复制”按钮，弹出“名称”对话框，设置“名称”为“室外地坪”，单击“确定”按钮关闭“名称”对话框；在“结构”选项中单击“编辑”按钮，如图11-48所示。随即弹出“编辑部件”对话框。

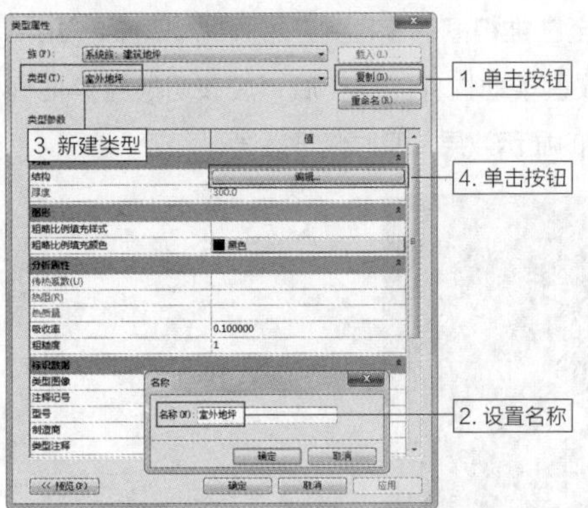

图 11-48 “类型属性”对话框

Step 05 将鼠标指针定位在第2行“结构[1]”中的“材质”单元格中，单击单元格右侧的矩形按钮，弹出“材质浏览器”对话框。在材质列表中选择“默认”材质，执行“复制”材质的操作，将新材质命名为“场地-沙”。单击“颜色”按钮，在“颜色”对话框中设置参数，指定材质颜色的结果如图11-49所示。单击“确定”按钮关闭对话框。

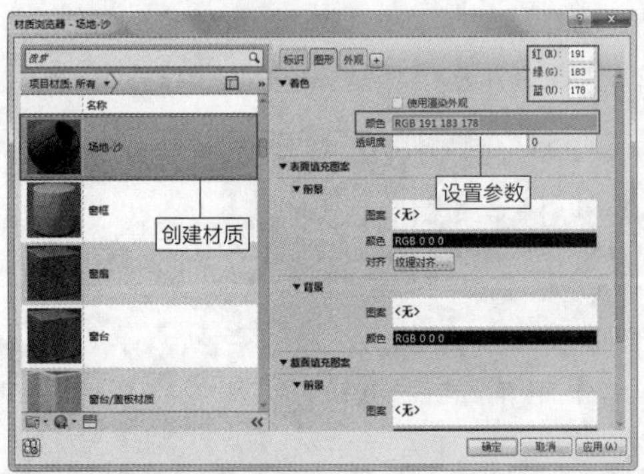

图 11-49 创建材质

Step 06 为“结构[1]”设置材质的结果如图11-50所示。保持“厚度”值为300不变，单击“确定”按钮关闭对话框。在“类型属性”对话框中单击“确定”按钮关闭对话框，返回绘图区。

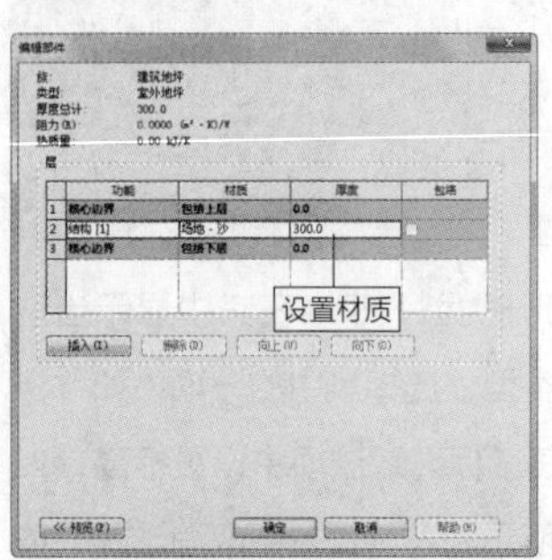

图 11-50 “编辑部件”对话框

Step 07 在“修改|创建建筑地坪边界”选项卡中的“绘制”面板中单击“椭圆”按钮，如图11-51所示，指定绘制轮廓线的方式。

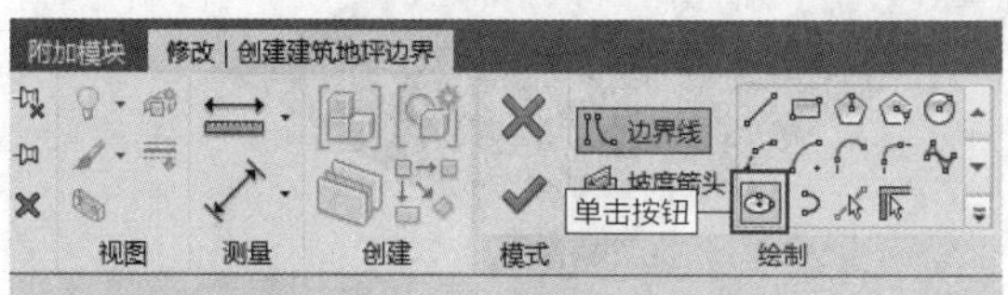

图 11-51 指定绘制轮廓线的方式

Step 08 在地形表面上单击指定椭圆的圆心，移动鼠标指针，分别指定椭圆的长轴与短轴端点，绘制的轮廓线如图11-52所示。

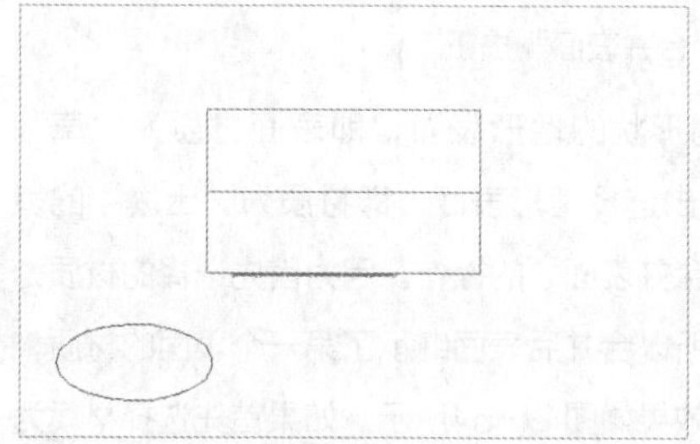

图 11-52 绘制轮廓线

Step 09 单击“完成编辑模式”按钮，退出命令，建筑地坪的最终效果如图11-53所示。

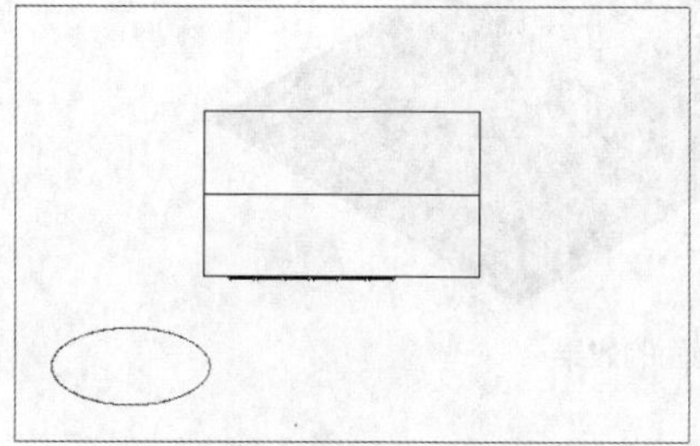

图 11-53 绘制建筑地坪

Step 10 切换至立面视图，观察建筑地坪的立面样式，效果如图11-54所示。在“属性”选项板中设置“标高”为F1，“自标高的高度偏移”值为0，即建筑地坪的顶面与F1标高持平。

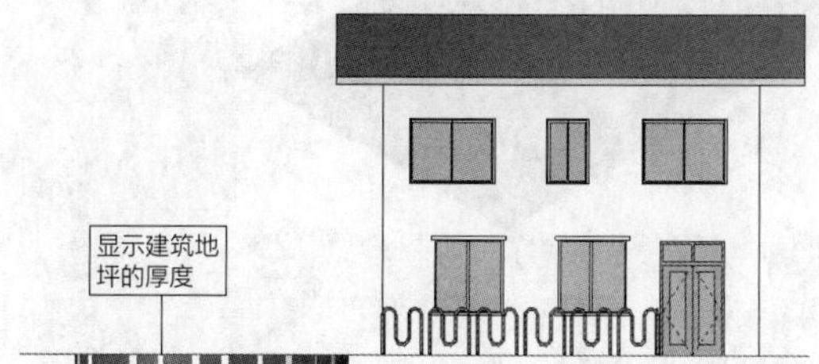

图 11-54 建筑地坪的立面样式

Step 11 切换至三维视图，观察建筑地坪的三维样式，效果如图11-55所示。

图 11-55 建筑地坪的三维样式

11.2　修改场地

通过对场地执行编辑操作，如“拆分表面”“合并表面”“创建子面域”等，可以改变场地的显示样式。本节将介绍修改场地的操作方法。

11.2.1　拆分表面　重点

拆分表面后，可以单独编辑地形表面，互相不会影响。在“修改场地”面板上单击“拆分表面”按钮，如图11-56所示。进入“修改|拆分表面”选项卡，在“绘制”面板中选择绘制方式，如单击“矩形”按钮，如图11-57所示，通过绘制矩形来指定表面轮廓线。

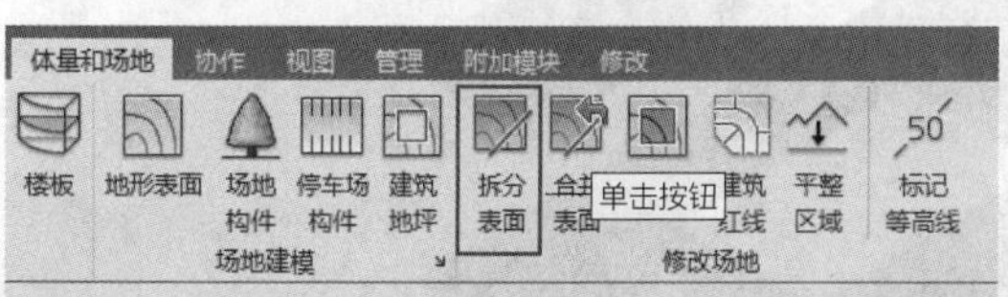

图 11-56 单击“拆分表面”按钮

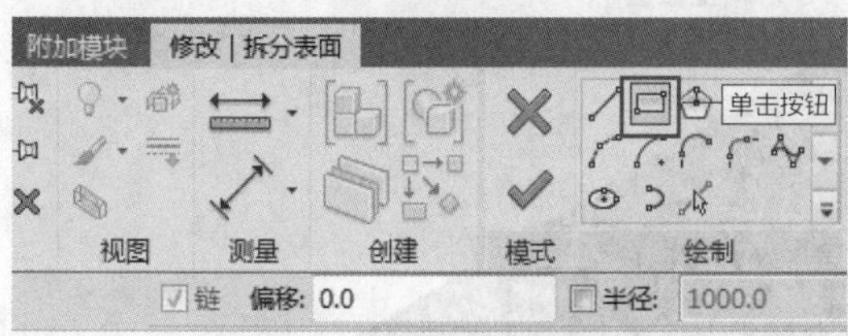

图 11-57 “修改 | 拆分表面”选项卡

延伸讲解：

根据不同的使用需求，可以选择不同的方式来绘制地形表面轮廓线，如“线”“五边形”“圆形”等。

在地形表面上绘制矩形轮廓线，如图11-58所示。矩形轮廓线内的部分将被分离出去，单独作为一个地形表面。单击“完成编辑模式”按钮，退出命令，拆分表面的效果如图11-59所示。

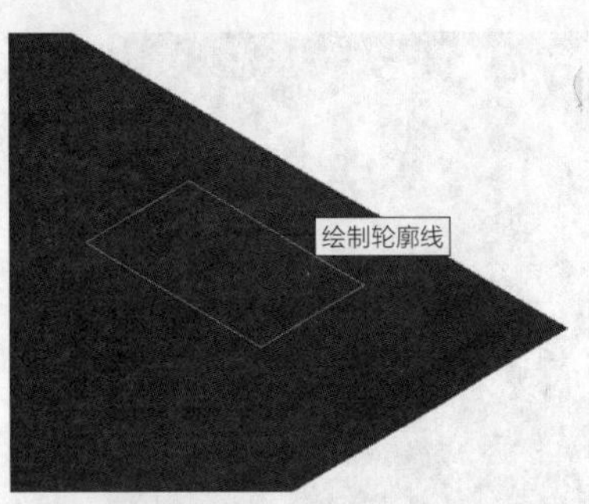

图 11-58　绘制轮廓线

图 11-59　拆分表面

选择已拆分的地形表面，按住并拖动鼠标，可以调整地形表面的位置，如图11-60所示，但是其余地形表面的位置不受影响。若是修改已拆分地形表面的材质，如图11-61所示，其余地形表面的材质不会发生变化。

图 11-60　调整位置

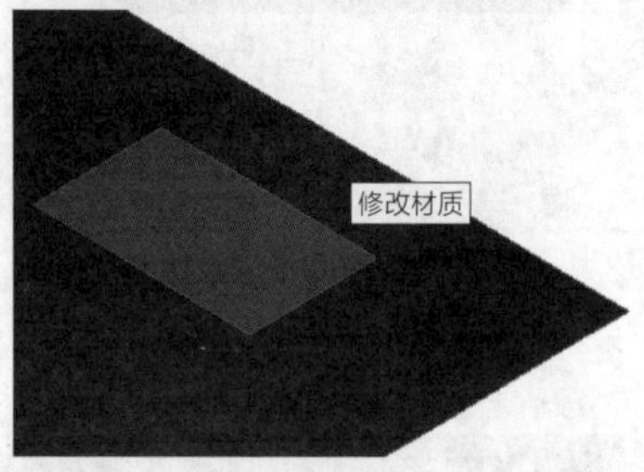

图 11-61　修改材质

11.2.2　合并表面

难点

图11-62所示的被拆分的表面可以恢复原样吗？调用"合并表面"命令可以合并选定的两个表面，其中一个表面继承另一表面的属性。在"修改场地"面板中单击"合并表面"按钮，如图11-63所示。

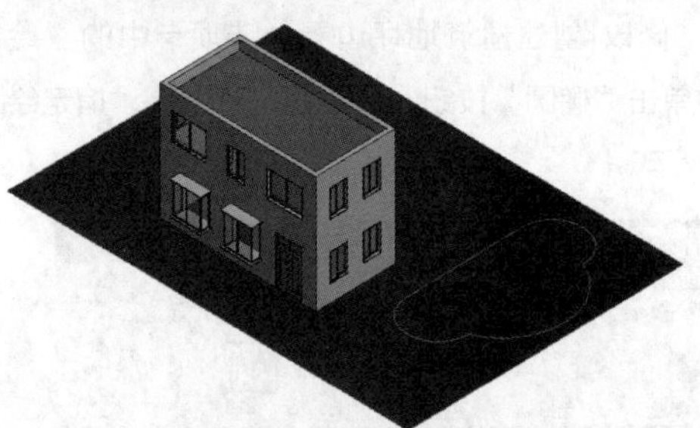

图 11-62　被拆分的表面

图 11-63　单击"合并表面"按钮

选择不规则形状的地形表面，即表面材质为"草"的表面；接着单击选择矩形表面，即材质为"土壤"的表面，系统执行"合并表面"的操作。因为首先选择的材质为"草"的表面，所以合并后表面继承了第一个表面的材质，即"草"材质，效果如图11-64所示。如果首先选择材质为"土壤"的表面，则合并后的表面的材质为"土壤"。

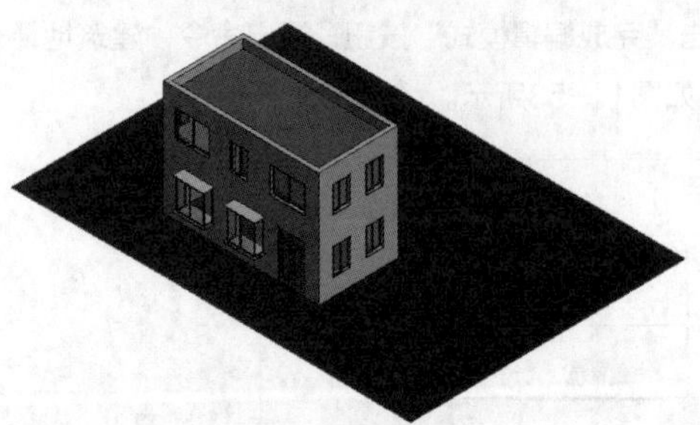

图 11-64　合并表面的效果

11.2.3　实战——创建子面域

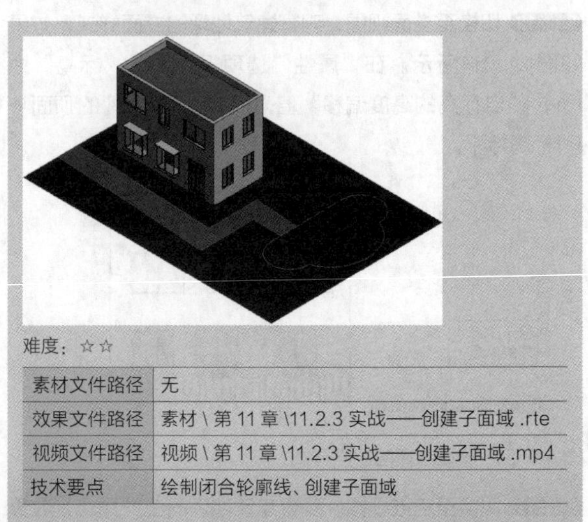

难度：☆☆

素材文件路径	无
效果文件路径	素材 \ 第 11 章 \11.2.3 实战——创建子面域 .rte
视频文件路径	视频 \ 第 11 章 \11.2.3 实战——创建子面域 .mp4
技术要点	绘制闭合轮廓线、创建子面域

启用“子面域”命令，可以在地形表面内指定一个面积。用户可以自定义面积的轮廓，但是不会生成一个独立的表面，这是与“拆分表面”的不同之处。子面域可以自定义属性参数，如材质，这是与“拆分表面”的相同之处。本小节将介绍通过创建子面域，在地形表面内制作一条通往草地的小径的方法。

Step 01 打开资源中的“第11章\11.2.3 实战——创建子面域.rte”文件。

Step 02 在“修改场地”面板中单击“子面域”按钮，如图11-65所示。随即进入“修改|创建子面域边界”选项卡。

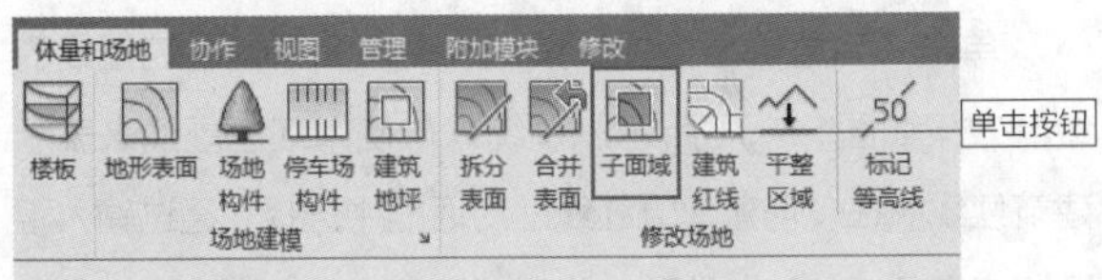

图 11-65 单击“子面域”按钮

Step 03 在“绘制”面板中单击“线”按钮，选择“链”选项，设置“偏移”值为0，如图11-66所示。

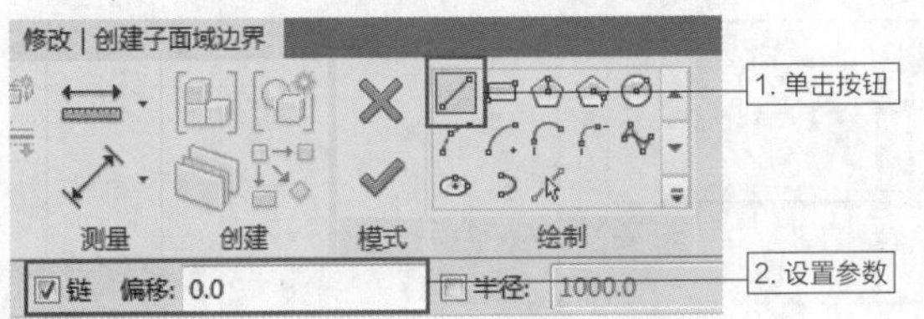

图 11-66 “修改 | 创建子面域边界”选项卡

Step 04 在地形表面中指定直线的起点和终点，绘制子面域轮廓线的效果如图11-67所示。

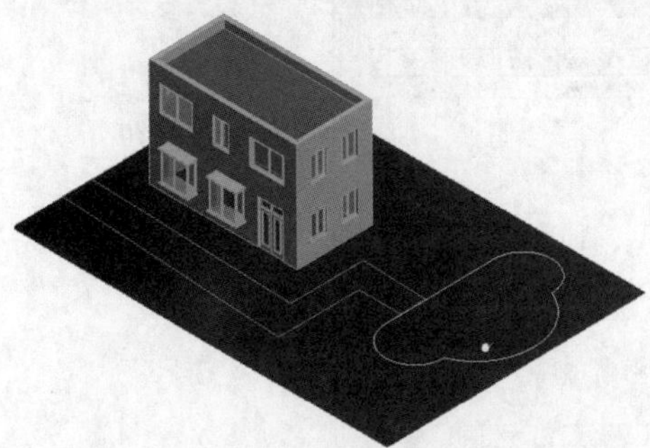

图 11-67 绘制子面域轮廓线

Step 05 单击“完成编辑模式”按钮，退出命令，创建子面域的效果如图11-68所示。

延伸讲解：

需要注意的是，在绘制轮廓线时，要确认轮廓线是否为闭合状态。假如有开放的端点，系统会在工作界面右下角弹出警告对话框，提醒用户需要闭合轮廓线才可以完成子面域的创建。

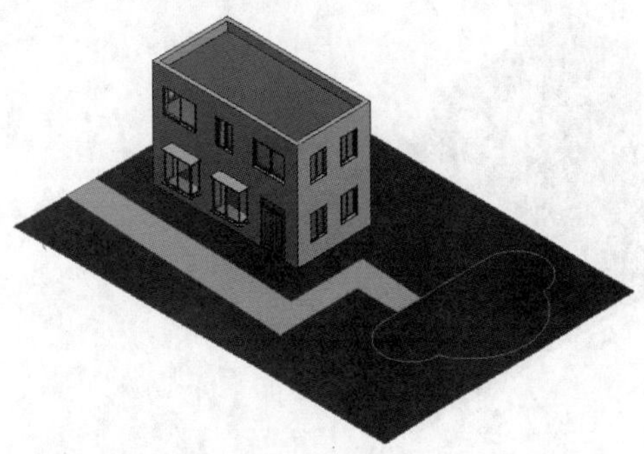

图 11-68 创建子面域

Step 06 保持子面域的选择状态，在“属性”选项板中单击“材质”选项后的矩形按钮，如图11-69所示。随即弹出“材质浏览器”对话框。

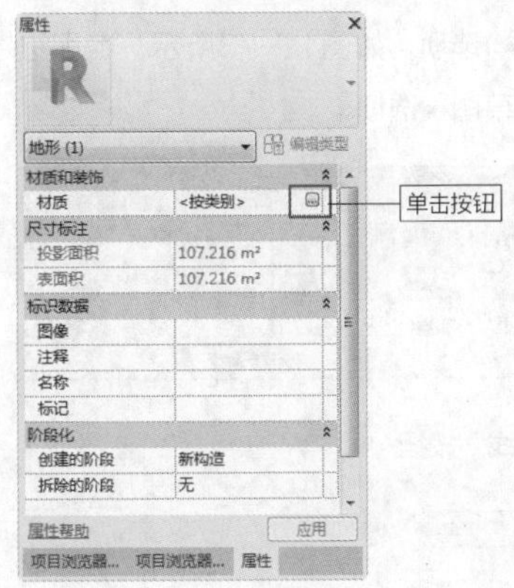

图 11-69 “属性”选项板

Step 07 在材质列表中选择名称为“默认”的材质，执行“复制”和“重命名”操作，创建名称为“场地-碎石”的材质，并在右侧的界面中设置参数指定颜色，如图11-70所示。单击“确定”按钮关闭对话框，将材质赋予子面域。

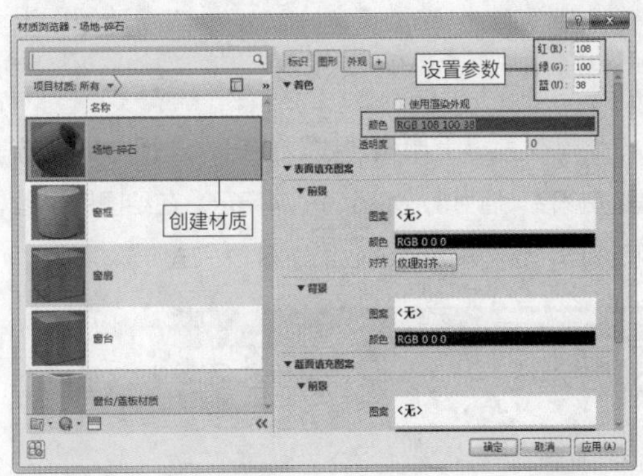

图 11-70 创建材质

Step 08 在三维视图中观察子面域的创建效果，如图11-71所示。

图 11-71 创建子面域

11.2.4　建筑红线　重点

在“修改场地”面板中单击“建筑红线”按钮，如图11-72所示。打开“创建建筑红线”对话框，在对话框中选择“通过绘制来创建”选项，如图11-73所示。随即进入“修改|创建建筑红线草图”选项卡。

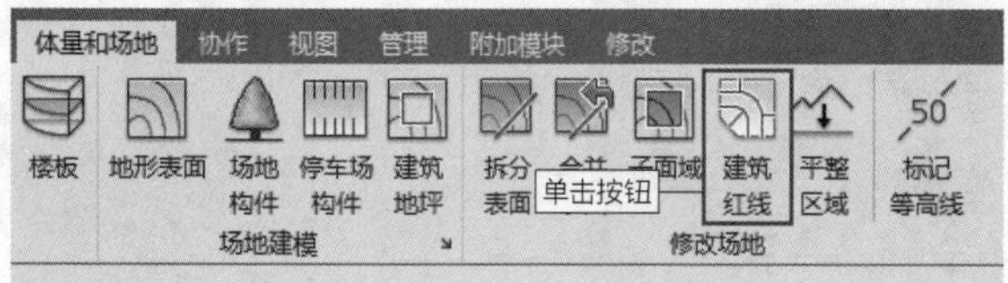

图 11-72 单击“建筑红线”按钮

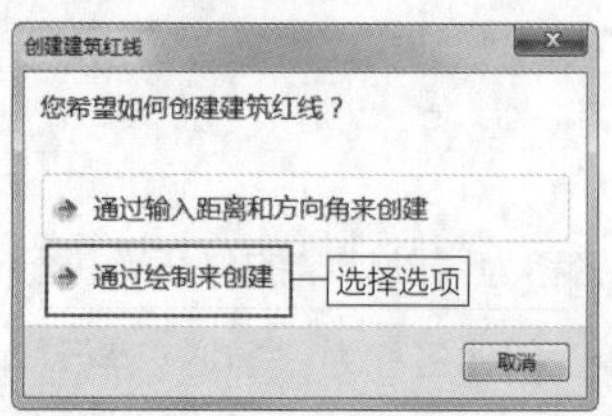

图 11-73 “创建建筑红线”对话框

延伸讲解：

建筑红线需要在平面视图中创建，在立面视图、三维视图中“建筑红线”命令不可用。

在“绘制”面板上单击“线”按钮，选择“链”选项，设置“偏移”值为0，如图11-74所示。在绘图区中指定起点和终点，绘制轮廓线的效果如图11-75所示。

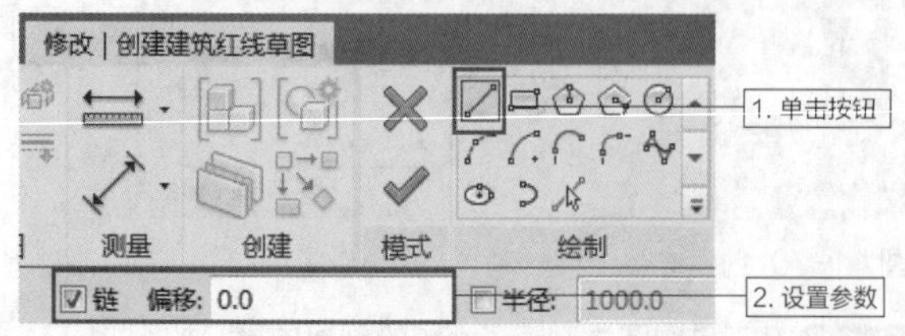

图 11-74 “修改 | 创建建筑红线草图”选项卡

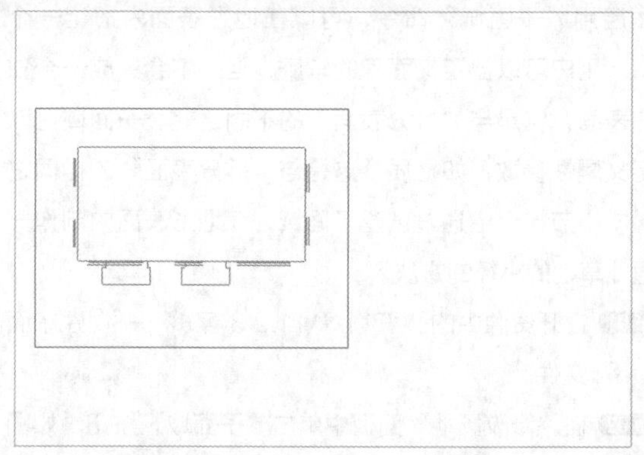

图 11-75 绘制轮廓线

单击“完成编辑模式”按钮，退出命令，建筑红线的绘制效果如图11-76所示。系统默认使用红色虚线来表示建筑红线。在“创建建筑红线”对话框中选择“通过输入距离和方向角来创建”选项，弹出“建筑红线”对话框，单击“插入”按钮，在列表中插入新行，如图11-77所示。

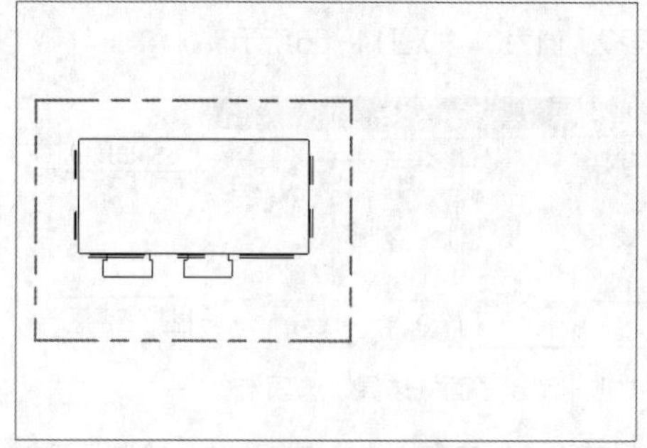

图 11-76 绘制建筑红线

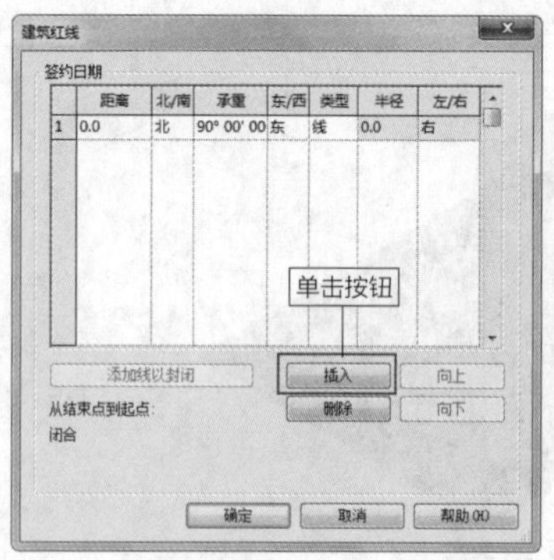

图 11-77 “建筑红线”对话框

在表行中修改“距离”“北/南”“承重”参数，即定义建筑红线长度、偏转角度和方向等，如图11-78所示。假如所设定的参数不能形成一个闭合的区域，单击列表左下角的“添加线以封闭”按钮，系统可以根据当前的参数设置情况，新增表行，并自定义参数，如图11-79所示，以此确保即将创建的建筑红线是闭合样式。

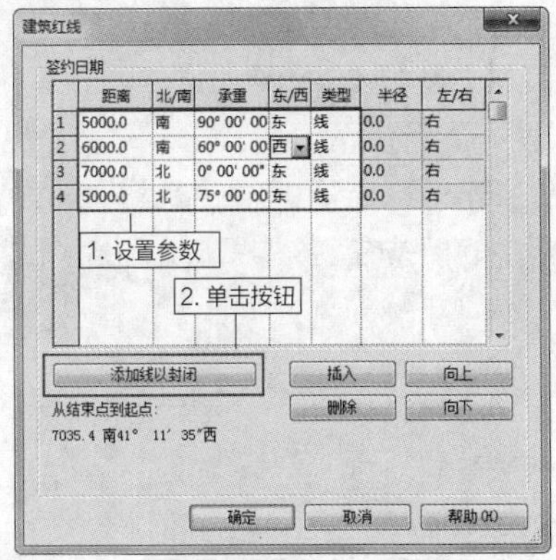

图 11-78 设置参数

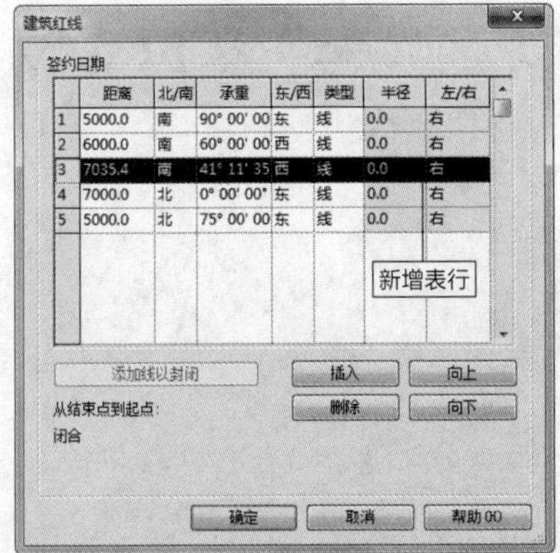

图 11-79 新增表行

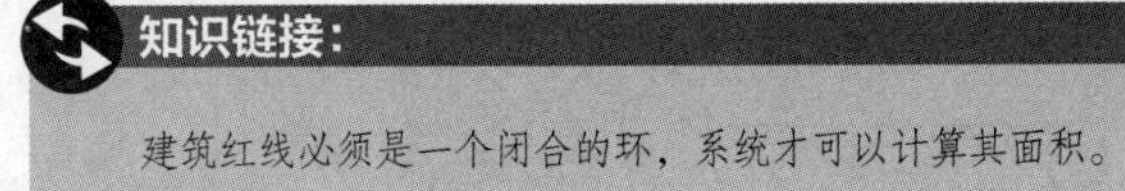

建筑红线必须是一个闭合的环，系统才可以计算其面积。

11.2.5 平整区域

在“修改场地”面板中单击“平整区域”按钮，如图11-80所示。弹出“编辑平整区域”对话框，如图11-81所示。

在对话框中选择“创建与现有地形表面完全相同的新地形表面”选项，可以根据已有的地形表面创建新的地形高程点，再将编辑完的新地形表面高程点作为平整后的地形表面。

选择“仅基于周界点新建地形表面”选项，则不复制已有的地形表面，仅仅是对内部地形表面的高程点进行编辑修改。

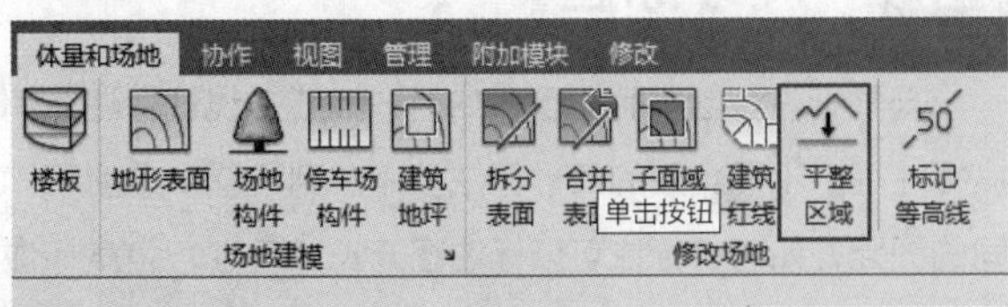

图 11-80 单击“平整区域”按钮

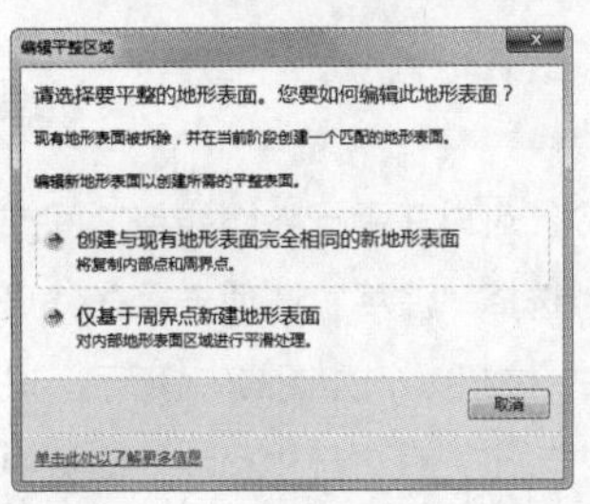

图 11-81 “编辑平整区域”对话框

第12章 注释

Revit中的注释类型有尺寸标注、文字标注、标记、符号等，当完成项目视图的设置后，就需要在视图中添加各种类型的注释，解释视图中的相关内容。本章将介绍各类注释的创建方法。

学习目标

12.1 尺寸标注

尺寸标注包含多种类型，如对齐标注、线性标注、角度标注等。不同类型的尺寸标注被添加到视图中来解释不同的图元，如对齐标注可以标注图元长宽尺寸，角度标注用来测量参照点之间的角度。本节将介绍各种类型尺寸标注的创建方法。

12.1.1 对齐标注 重点

启用“对齐”标注命令，可以在平行参照线点之间或者多点之间放置尺寸标注。选择“注释”选项卡，在“尺寸标注”面板中单击“对齐”按钮，如图12-1所示。进入“修改|放置尺寸标注”选项卡，在“尺寸标注”面板中“对齐”按钮已被高亮显示，表示当前正在执行的是创建对齐标注。在选项栏中选择“参照墙中心线”选项，设置“拾取”方式为“单个参照点”，如图12-2所示。

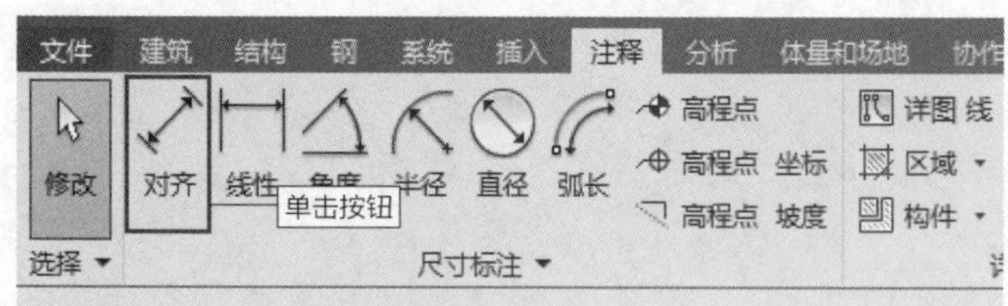

图 12-1 单击“对齐”按钮

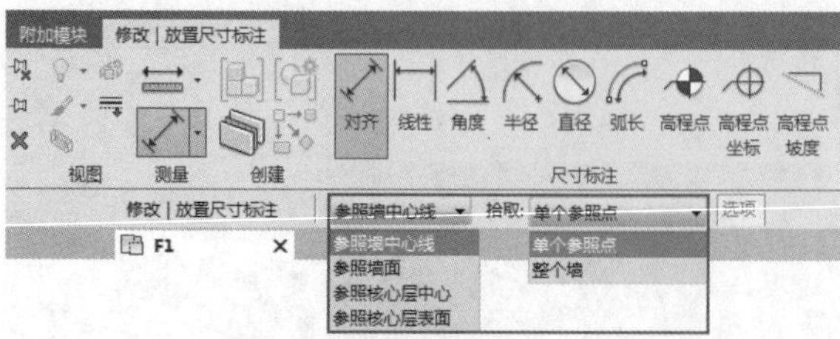

图 12-2 “修改|放置尺寸标注”选项卡

答疑解惑：“参照墙中心线”的含义是什么？

调用尺寸标注命令后，选择参照线的样式为“参照墙中心线”，表示在指定的两段墙中心线之间创建对齐标注。选择“拾取”方式为“单个参照点”，表示拾取参照线上的一个点即可确定尺寸界线的位置。

将鼠标指针移动至墙体上，高亮显示墙体中心线，单击拾取墙中心线，尺寸符号被定位在墙中心线上，如图12-3所示。向右下角移动鼠标指针，拾取另一段墙体中心线，如图12-4所示。

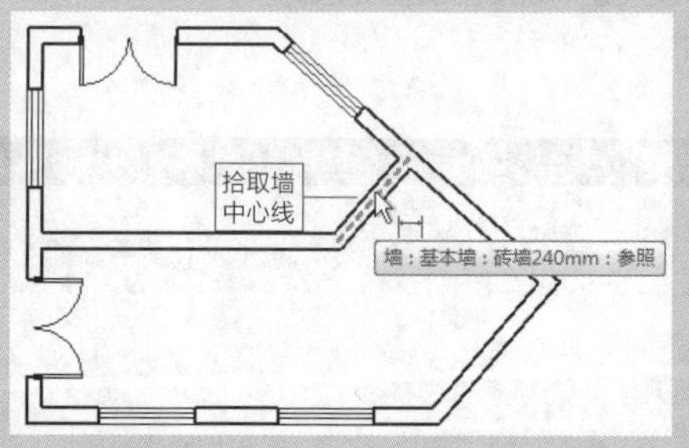

图 12-3 拾取墙中心线 1

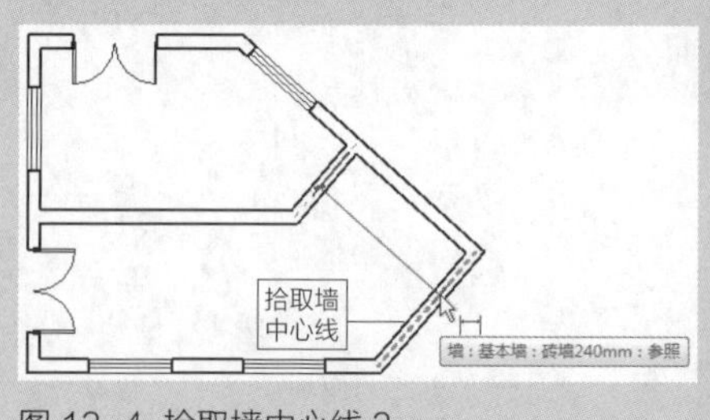

图 12-4 拾取墙中心线 2

向上移动数字，显示尺寸线和标注文字，在尺寸线上单击，确定尺寸标注的位置，如图12-5所示。创建对齐标注的效果如图12-6所示。此时仍然处于“对齐”标注命令中，可以继续拾取墙中心线来创建对齐标注。创建完毕后，按Esc键退出命令即可。

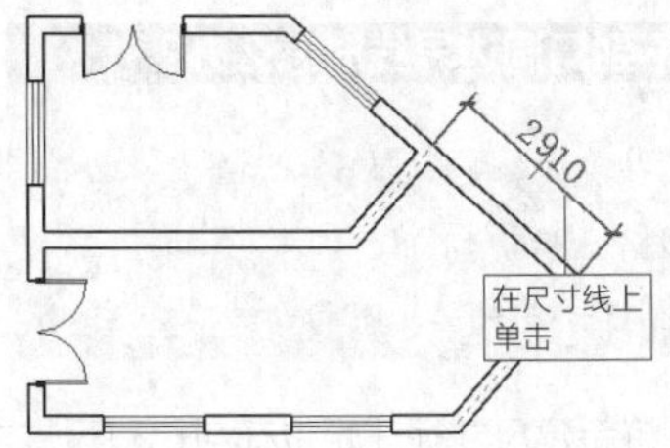

图 12-5 单击尺寸线

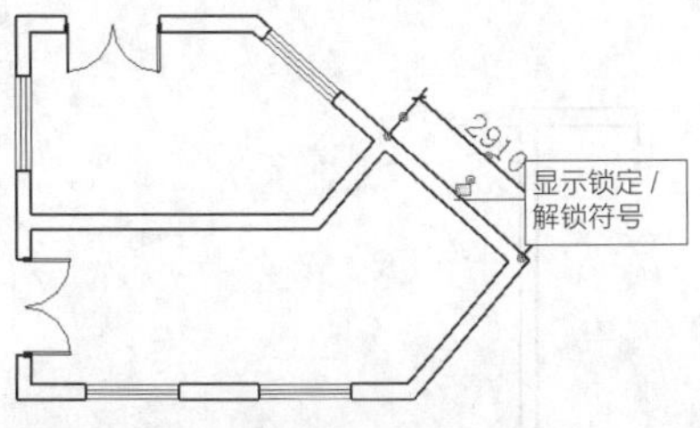

图 12-6 创建对齐标注

知识链接：

创建完成的对齐标注显示“锁定/解锁”符号，单击符号，锁定尺寸标注，此时符号显示为🔒，表示该尺寸标注所对应的区域被锁定。当删除尺寸标注时，系统将弹出图12-7所示的提示对话框，提醒用户即使将尺寸标注删除，图元仍然受到约束。

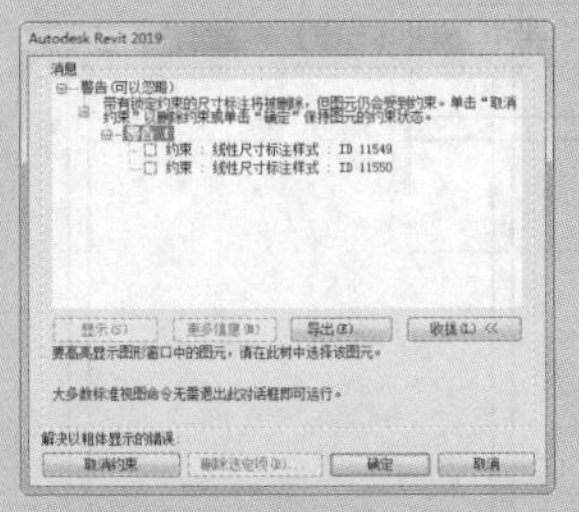

图 12-7 提示对话框

12.1.2 实战——创建对齐标注

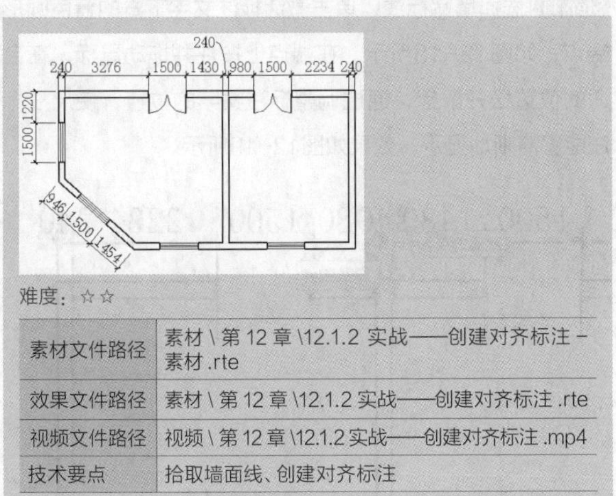

难度：☆☆

素材文件路径	素材 \ 第 12 章 \12.1.2 实战——创建对齐标注 - 素材 .rte
效果文件路径	素材 \ 第 12 章 \12.1.2 实战——创建对齐标注 .rte
视频文件路径	视频 \ 第 12 章 \12.1.2 实战——创建对齐标注 .mp4
技术要点	拾取墙面线、创建对齐标注

在12.1.1小节中介绍了关于创建对齐标注的操作方法，其实启用“对齐”标注命令也可以标注水平尺寸或垂直尺寸，这个功能与“线性”标注命令相同。本小节将介绍在平面图中创建对齐标注的操作方法。

Step 01 打开资源中的“第12章\12.1.2 实战——创建对齐标注-素材.rte”文件，如图12-8所示。

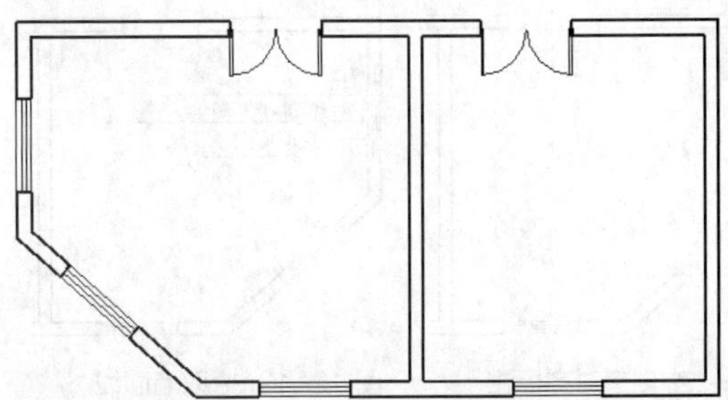

图 12-8 打开素材

Step 02 在“注释”选项卡的“尺寸标注”面板上单击“对齐”按钮，进入“修改|放置尺寸标注”选项卡。在选项栏中选择参照线的样式为“参照墙面”，如图12-9所示。

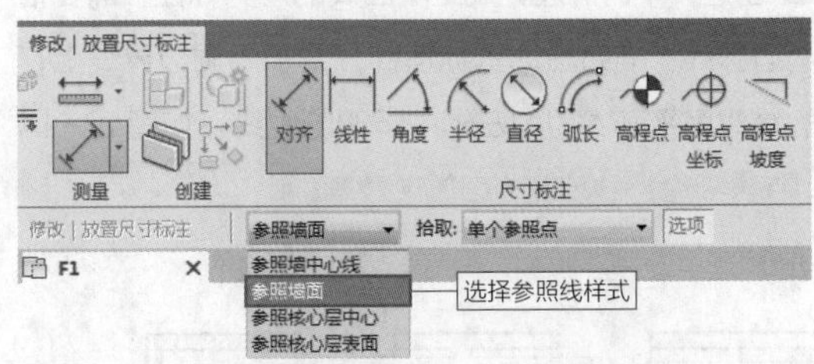

图 12-9 “修改 | 放置尺寸标注”选项卡

延伸讲解：

选择“参照墙面”选项，表示通过拾取墙面线来定位尺寸界线的位置。

Step 03 将鼠标指针置于墙面线上，高亮显示墙面线，单击拾取墙面线，如图12-10所示。

Step 04 向右移动鼠标指针，继续单击另一墙面线，如图12-11所示。已经拾取的墙面线显示为大红色。

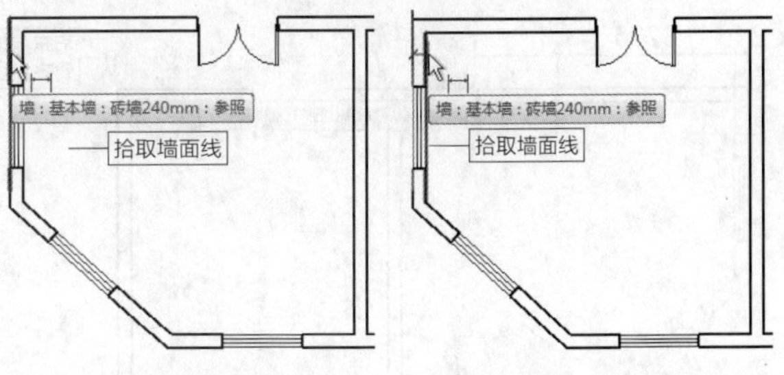

图 12-10 拾取墙面线 1　　图 12-11 拾取墙面线 2

Step 05 向上移动鼠标指针，在合适的位置单击，结束创建对齐标注的操作，如图12-12所示。

Step 06 此时结束了创建对齐标注的操作，但是仍然处在“对齐”标注命令中，可以继续单击拾取墙面线来放置另一个对齐标注。单击拾取墙面线，如图12-13所示。

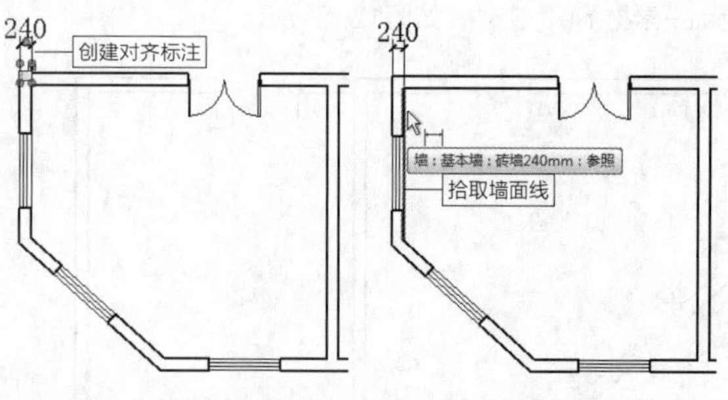

图 12-12 创建对齐标注　　图 12-13 拾取墙面线

知识链接：

同一墙面线可以作为多个尺寸标注的参照线。

Step 07 创建一个门洞边界线距墙面线的对齐标注，需要拾取门洞边界线。向右移动鼠标指针，置于门洞边界线上，拾取的是双扇平开木门的左侧门扇的轮廓线，如图12-14所示。

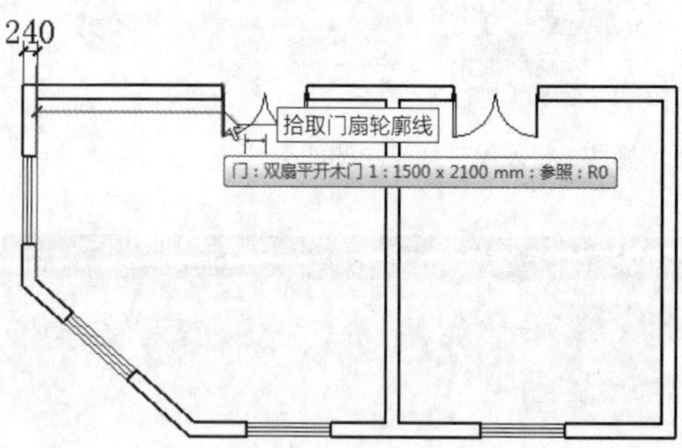

图 12-14 拾取门扇轮廓线

Step 08 在门扇轮廓线上单击，向上移动鼠标指针，此时显示蓝色对齐虚线，如图12-15所示。借助对齐虚线，可以将新建尺寸标注与已有尺寸标注对齐。

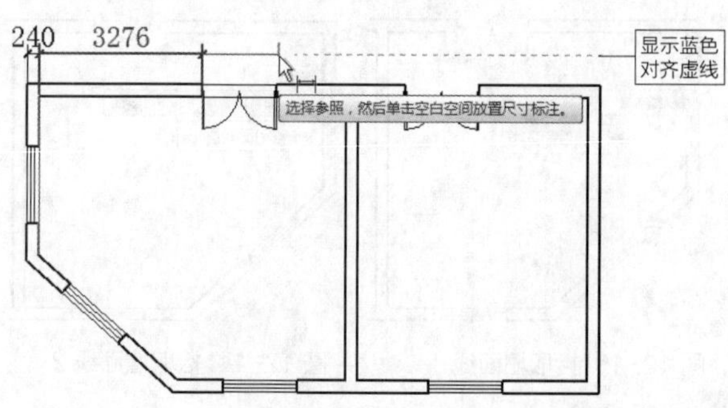

图 12-15 显示蓝色对齐虚线

答疑解惑：拾取不到门洞边界线时怎么办？

想要拾取门洞边界线却总是选择到门扇的轮廓线怎么办？此时不用着急，因为门扇轮廓线与门洞边界线处于对齐状态，所以将门扇轮廓线作为参照线来创建尺寸标注也是可以的。

Step 09 通过对齐虚线，将新建尺寸标注定位在与已有尺寸标注平齐的位置，如图12-16所示。

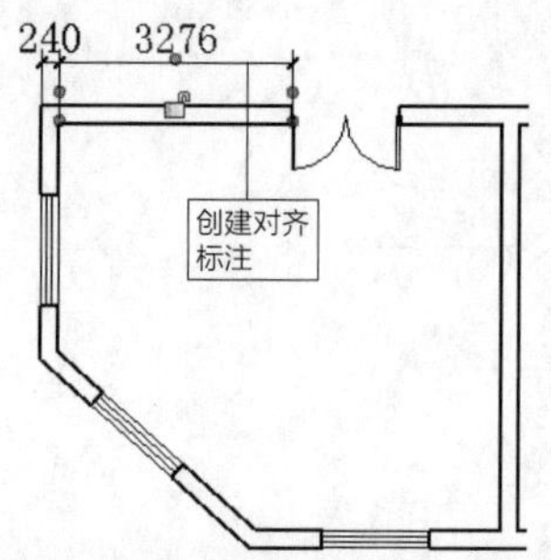

图 12-16 创建对齐标注

Step 10 继续拾取墙面线，创建对齐标注的效果如图12-17所示。观察中间墙体的墙宽标注，发现标注文字与左右两侧的文字为重合显示状态，以致尺寸标注显得混淆不清，影响标注效果。

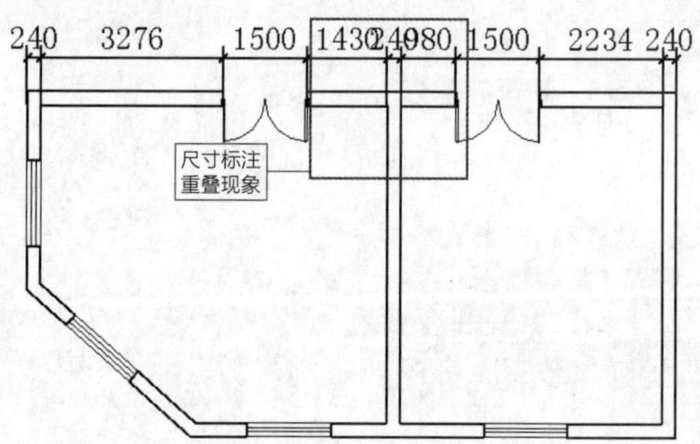

图 12-17 创建效果

Step 11 选择墙宽标注，单击激活标注文字下方的蓝色圆形端点，如图12-18所示。在端点上按住并拖动鼠标，在合适的位置松开鼠标，通过调整标注文字的位置，使尺寸标注能够清晰地显示，效果如图12-19所示。

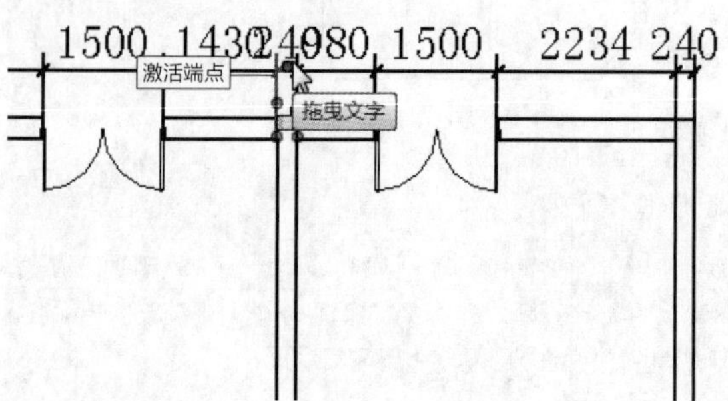

图 12-18 激活端点

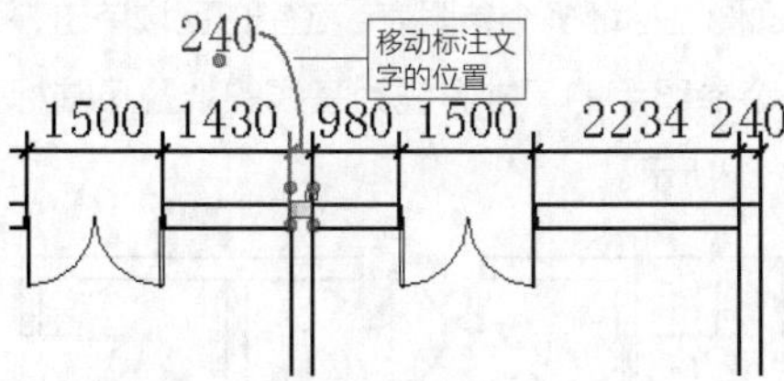

12-19 移动标注文字的位置

Step 12 默认情况下标注文字与尺寸线之间有引线相连，目的是方便将标注文字与指定的标注区间联系起来。移动标注文字的同时进入“修改|尺寸标注”选项卡，在选项栏中显示“引线”选项处于选择状态，如图12-20所示。

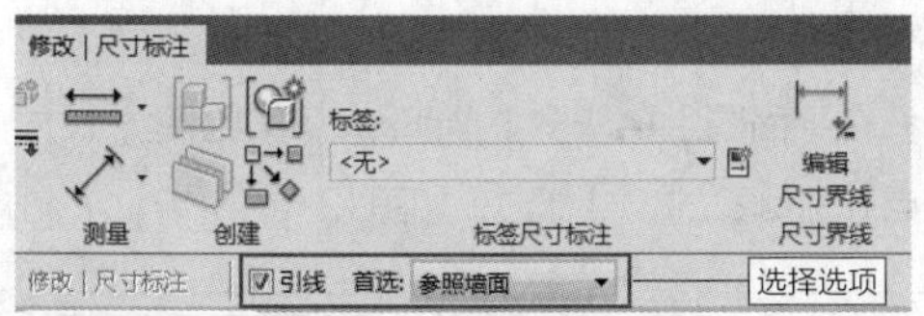

图 12-20 “修改 | 尺寸标注”选项卡

Step 13 与此同时，“属性”选项板中的“引线”选项也为选择状态，如图12-21所示。假如不需要引线来连接标注文字与尺寸线，在选项栏或“属性”选项板中取消选择“引线”选项即可。

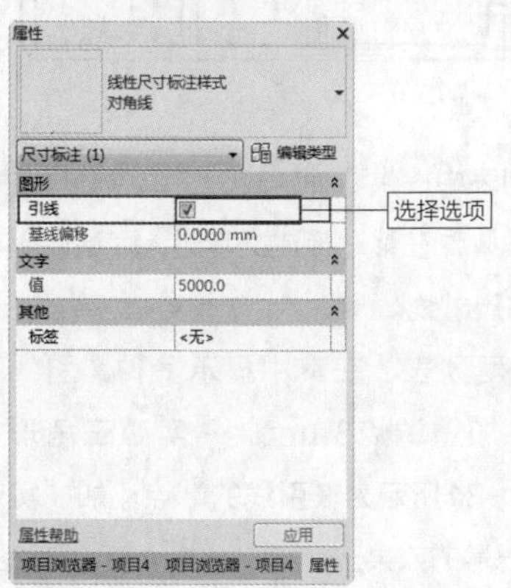

图 12-21 “属性”选项板

Step 14 按照上述的操作方法，继续为平面图创建对齐标注，最终效果如图12-22所示。

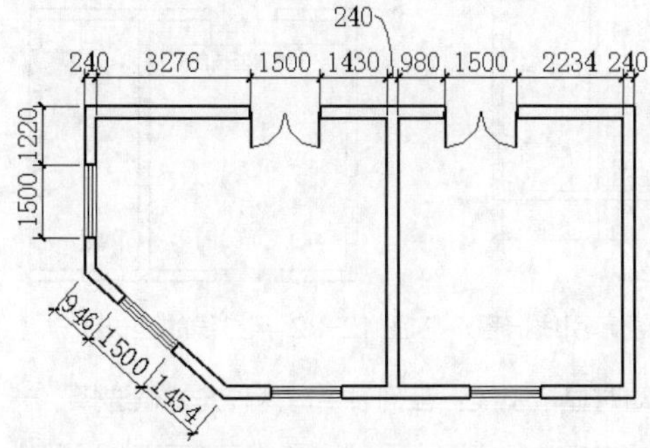

图 12-22 创建对齐标注

12.1.3 线性标注 重点

与“对齐”标注命令不同，启用“线性”标注命令，只能创建水平或垂直标注，即尺寸标注与视图的水平轴线或垂直轴线对齐。在“尺寸标注”面板上单击“线性”按钮，进入“修改|放置尺寸标注”选项卡，如图12-23所示。

图 12-23 “修改 | 放置尺寸标注”选项卡

在绘图区中依次单击选择参照点，接着在空白区域单击放置尺寸标注，创建水平尺寸标注与垂直尺寸标注的效果如图12-24所示。在创建尺寸标注的过程中，按空格键可以在水平尺寸标注与垂直尺寸标注之间进行切换。

与“对齐”标注命令相比，“线性”标注命令仅能在水平与垂直两个方向上创建尺寸标注，缺少“对齐”标注的灵活性。因此在平时的注释工作中，“对齐”标注命令的使用频率也较“线性”标注命令要高。

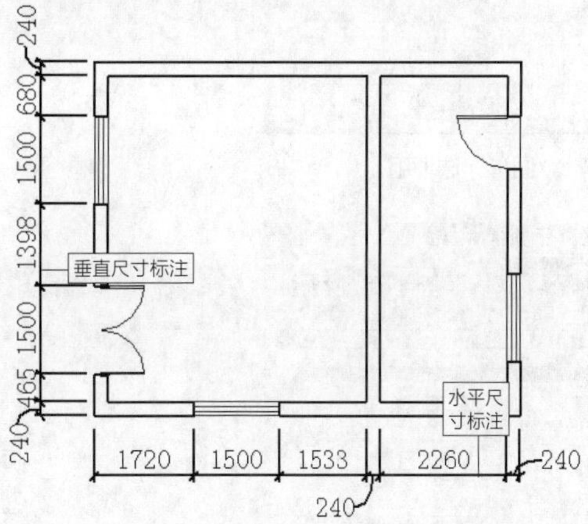

图 12-24 创建尺寸标注

将鼠标指针定位在“尺寸标注”面板名称上，名称显示蓝色实体填充样式，如图12-25所示。单击名称右侧的向下箭头，弹出图12-26所示的类型列表。在列表中单击“线性尺寸标注类型”命令，弹出“类型属性”对话框。在对话框中设置尺寸标注的类型属性参数，控制尺寸标注的显示样式。

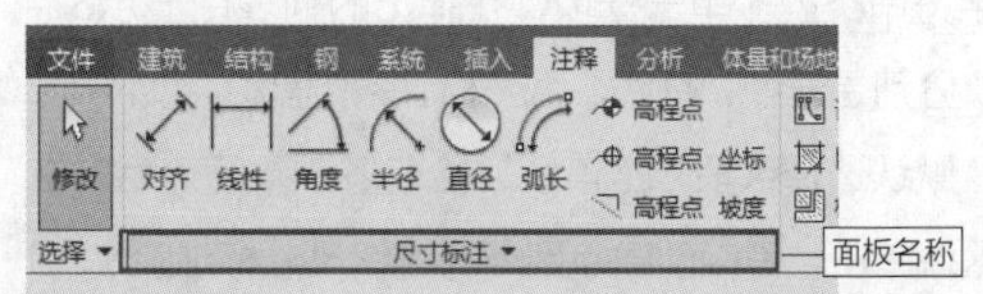

图 12-25 面板名称

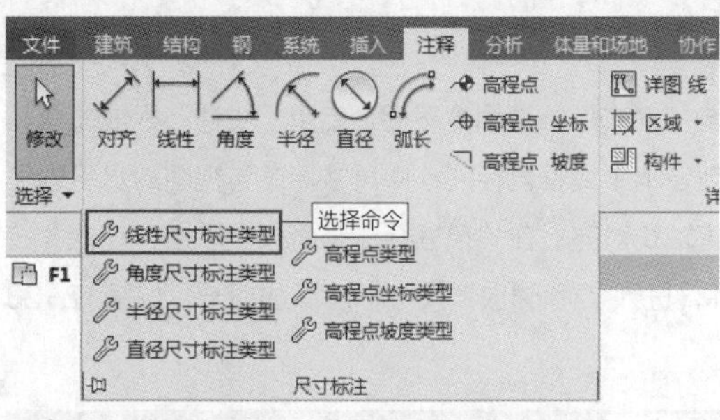

图 12-26 类型列表

“类型属性”对话框包含“图形”选项组、“文字”选项组和“其他”选项组，如图12-27、图12-28所示。通过设置各选项组中的参数，可以控制尺寸标注的显示样式。对话框中主要选项参数的含义介绍如下。

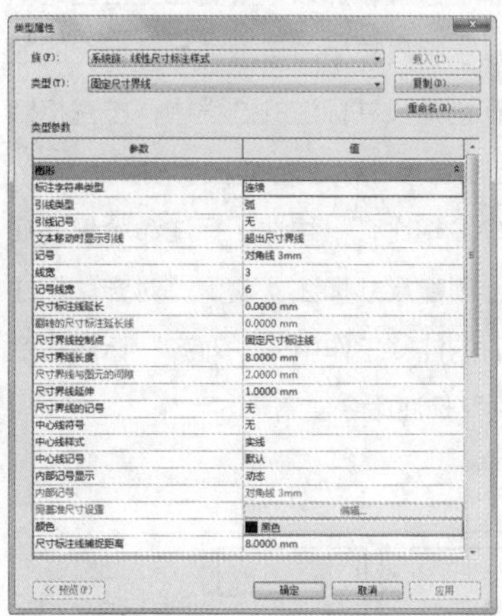

图 12-27 “图形”选项组

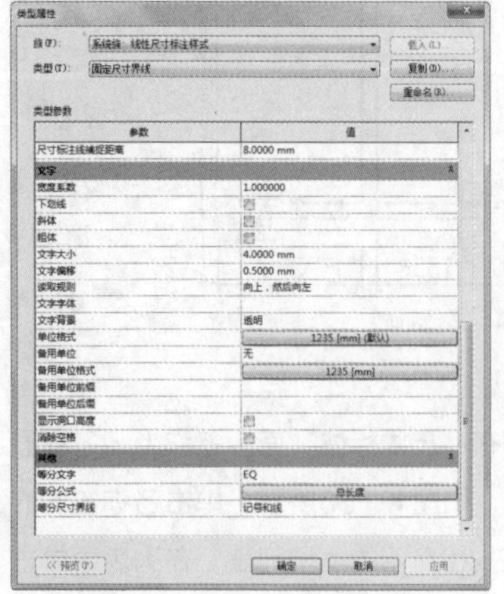

图 12-28 “文字”选项组

1.“图形”选项组

- 标注字符串类型：单击选项，在弹出的列表中显示3种类型，分别是连续、基线、纵坐标。各类型介绍如下。
- 连续：默认选择该项，“连续”拾取多个参照点后，在空白区域单击，可以创建点到点的连续尺寸标注。

基线：在平面图上拾取多个参照点，在空白区域单击，创建以第一个参照点的尺寸界线为基线的堆叠尺寸标注，如图12-29所示。

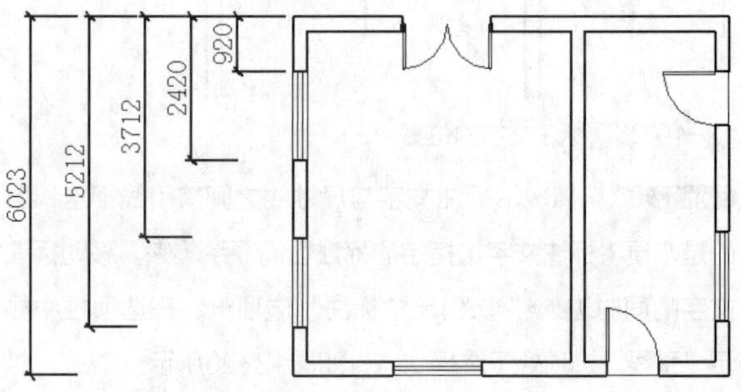

图 12-29 堆叠尺寸标注

纵坐标：在平面图上拾取多个参照点，可以创建从尺寸标注原点开始测量的尺寸标注，如图12-30所示。

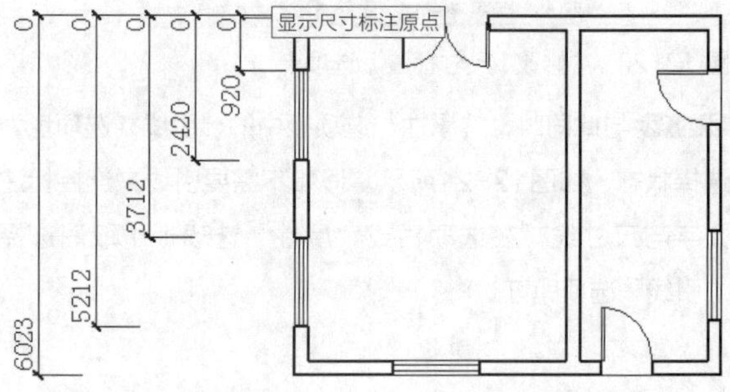

图 12-30 显示尺寸标注原点

- 引线类型：在选项列表中提供两种样式的引线供选择，分别是“弧”“直线”。在移动标注文字时，默认使用弧线连接标注文字与尺寸线。
- 引线记号：打开类型列表，在其中显示多种“引线记号”类型，如“加重端点3mm”“实心三角形2.5mm”等。图12-31所示为在引线的端点添加“实心三角形2.5mm”记号的效果。
- 尺寸标注线延长：该选项值表示尺寸线超出尺寸界线的部分，如图12-32所示。默认值为0mm，即尺寸线不超出尺寸界线。

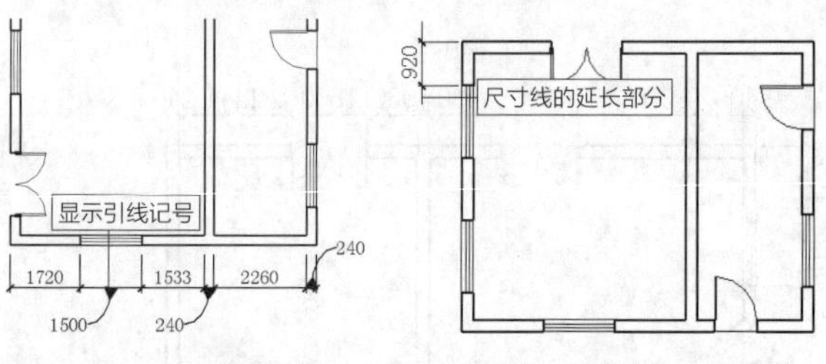

图 12-31 显示引线记号　　图 12-32 尺寸线的延长部分

- 文本移动时显示引线：在列表中有两种方式供选择，一种是“超出尺寸界线”，另一种是“远离原点”。默认选择“超出尺寸界线”，在移动文本时，引线超出尺寸界线之外。

◆ 记号：打开记号列表，在其中显示多种类型的记号，如“加重端点2mm”“对角线3mm”等，默认选择“对角线3mm”，用来设置位于尺寸界线和尺寸线交点位置的记号的样式。

◆ 线宽：打开线宽列表，在其中显示线宽代号，默认选择1，用来设置尺寸线的线宽。

◆ 记号线宽：打开线宽列表，如图12-33所示，在其中选择线宽代号，设置记号的线宽。

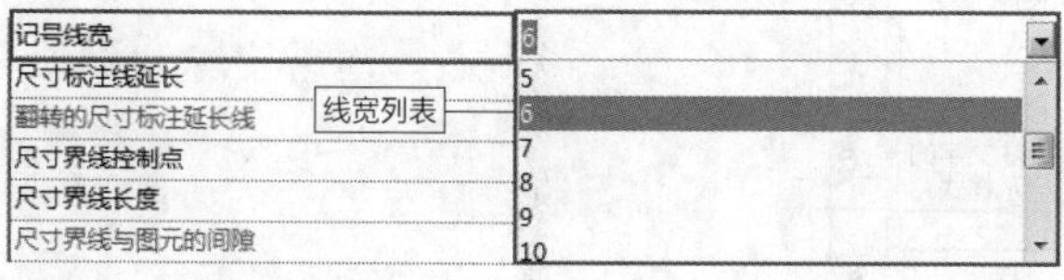

图 12-33 线宽列表

◆ 翻转的尺寸标注延长线：在“记号”选项中选择“箭头”类型的记号时，如“箭头1mm”“箭头30度”“箭头打开90度1.25mm”时，该选项可以被编辑。在需要将箭头放置于尺寸界线之外时，选项的参数值就可以指定箭头外侧尺寸延长线的长度。选择“记号”为“箭头打开90度1.25mm”，设置标注延长线为4mm时，尺寸标注的效果如图12-34所示。

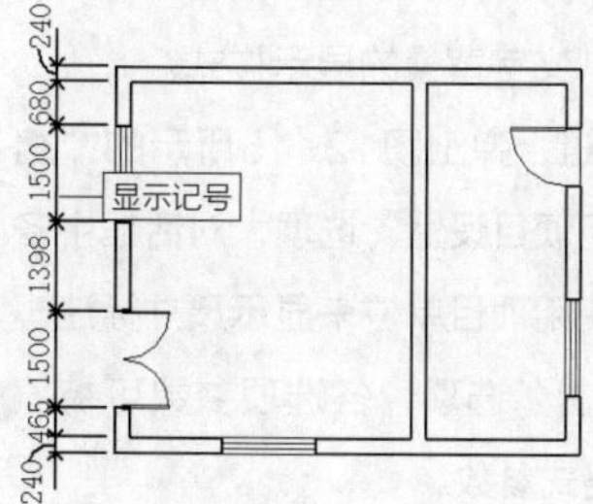

图 12-34 显示效果

◆ 尺寸界线控制点：在选项列表中显示了两种样式，一种是“固定尺寸标注线”，另外一种是“图元间隙”。

◆ 尺寸界线长度：选择“固定尺寸标注线”选项，该选项可被编辑。设置参数，用来控制尺寸界线的长度。图12-35、图12-36所示为分别将选项参数设置为8mm与20mm时，尺寸标注的显示样式。

◆ 尺寸界线与图元的间隙：选择“图元间隙”选项时，该选项可被编辑。设置参数，用来控制尺寸界线原点与被标注图元的距离。图12-37、图12-38所示为分别将选项参数设置为20mm与5mm时，尺寸标注的显示样式。

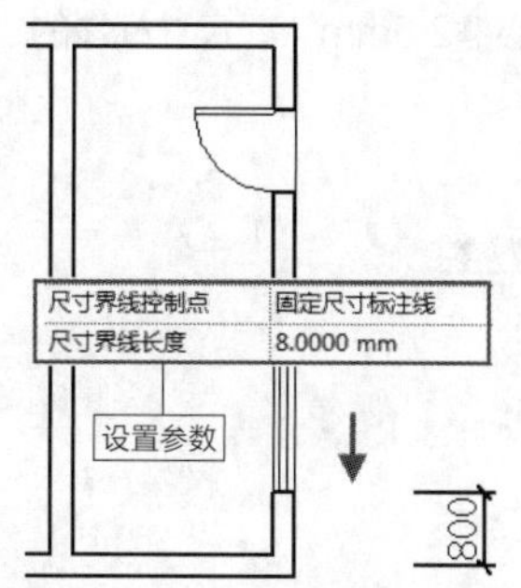

图 12-35 尺寸界线长度为8mm

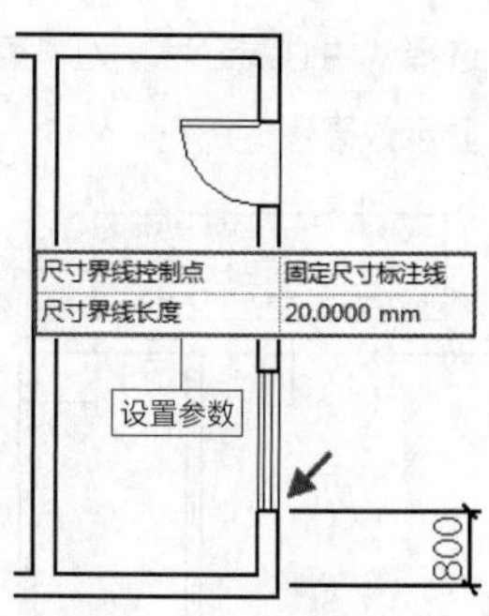

图 12-36 尺寸界线长度为20mm

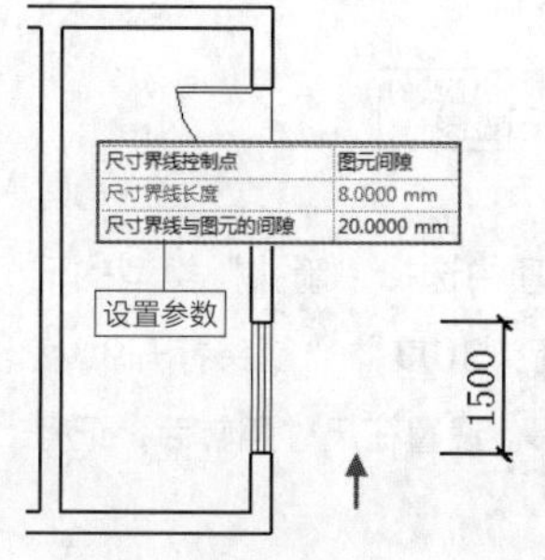

图 12-37 间隙为 20mm

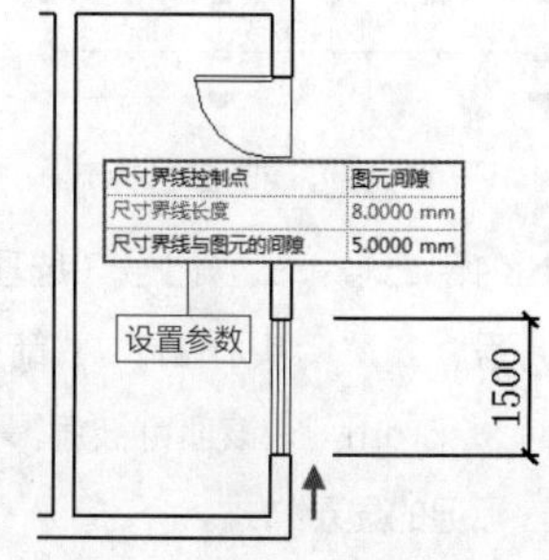

图 12-38 间隙为 5mm

◆ 尺寸界线延伸：默认值为2.4mm，表示尺寸界线超出尺寸线的长度。图12-39所示为将选项值设置为5mm时，尺寸标注的显示样式。

◆ 尺寸界线的记号：在选项列表中显示多种记号样式，如“加重端点3mm”“实心三角形2.5mm”“实心框2.5mm”等，可以为尺寸界线的原点添加记号。图12-40所示为在尺寸界线原点添加样式为“实心框2.5mm”记号的效果。

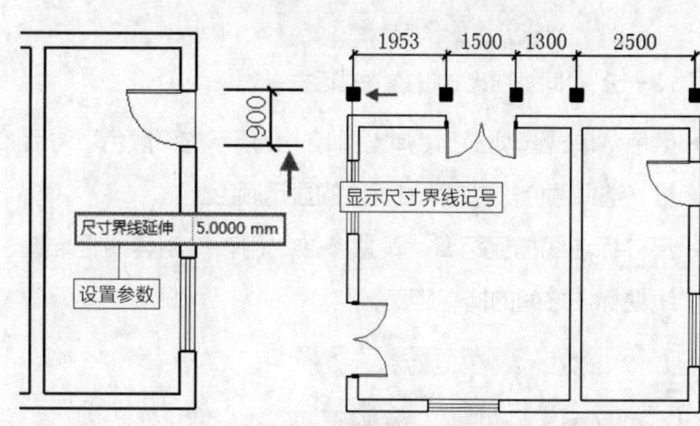

图 12-39 尺寸界线延伸5mm

图 12-40 显示尺寸界线记号

◆ 中心线符号、中心线样式、中心线记号：在创建尺寸标注时，选择参照线的样式为“参照墙中心线”，在拾取墙中心线创建尺寸标注后，显示的中心线的符号、样式和记号。图12-41所示为选择“中心线符号”为“自由标高：绝对标高”，选择“中心线样式”为“实线”，选择“中心线记号”为“实心框2.5mm”，尺寸标注的显示效果。

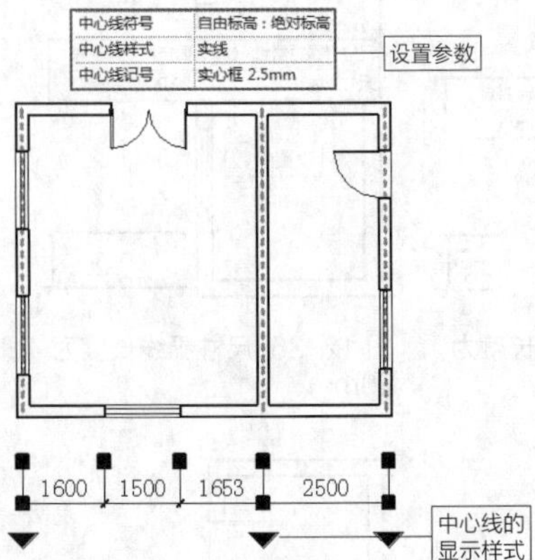

图 12-41 中心线的显示样式

◆ 内部记号：在“记号”选项中选择“箭头”类型的记号，如“箭头1mm”“箭头30度”“箭头打开90度1.25mm”，该项可被编辑，设置在尺寸翻转后，记号标记的显示样式。

◆ 同基准尺寸设置：在“标注字符串类型”选项中选择“纵坐标”选项，该项可被编辑。单击“编辑”按钮，弹出“同基准尺寸设置”对话框，修改参数，控制文字方向与位置的显示效果；还可以设置“原点可见性”“原点记号”等参数，如图12-42所示。

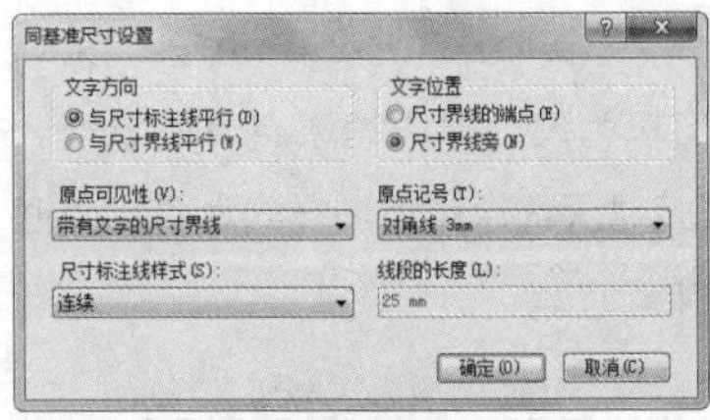

图 12-42 “同基准尺寸设置”对话框

◆ 颜色：单击选项按钮，弹出图12-43所示的“颜色”对话框，选择颜色，控制尺寸标注的显示颜色。

◆ 尺寸标注线捕捉距离：设置参数，用来控制等间距堆叠线性标注之间的捕捉距离。

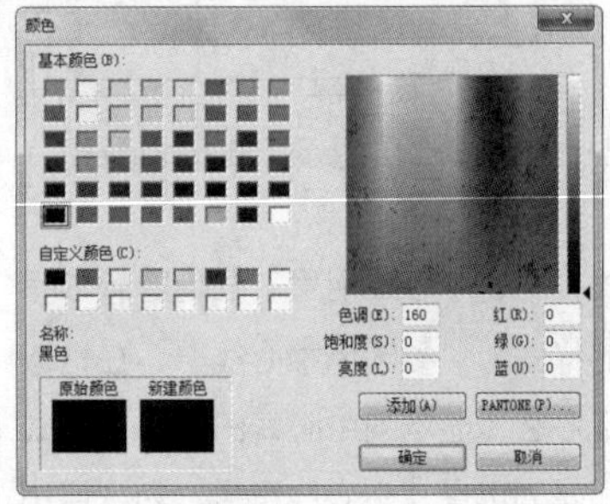

图 12-43 “颜色”对话框

2.“文字”选项组

◆ 宽度系数：修改参数，控制标注文字的宽高比，默认值为1。

◆ 下划线：选择该项，为标注文字添加下划线。

◆ 斜体：选择该项，将标注文字的字体样式设置为斜体。

◆ 粗体：选择该项，加粗显示标注文字。同时选择“下划线”选项、“斜体”选项、“粗体”选项后，标注文字的显示样式如图12-44所示。

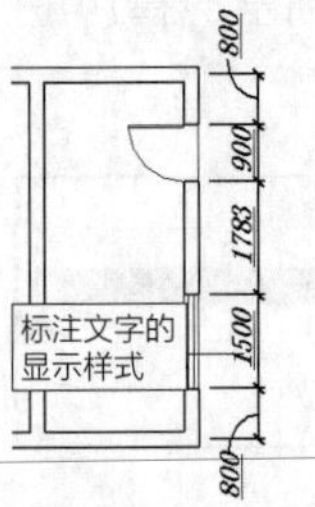

图 12-44 更改标注文字的显示样式

◆ 文字大小：设置参数，控制标注文字的大小。

◆ 文字偏移：设置参数，控制文字与尺寸线的距离。

◆ 读取规则：在列表中显示4种标注文字的读取规则，如“向上，然后向左”“向上，然后向右”等。

◆ 文字字体：在列表中显示字体样式，选择其中的一种，将其指定为标注文字的字体。

◆ 文字背景：在列表中有两种样式供选择，分别是“透明”与“不透明”，控制文字背景的显示样式。

◆ 单位格式：单击选项按钮，弹出图12-45所示的“格式”对话框。选择“使用项目设置”选项，对话框中各选项不可被编辑，表示使用项目单位来显示尺寸标注。取消选择“使用项目设置”选项，各选项参数可被编辑，用户可自定义单位格式参数。

3.“其他”选项组

◆ 等分文字：在创建等分标注时，会将尺寸标注文字隐藏，改为显示等分文字，系统默认显示EQ，如图12-46所示。在该选项中修改“等分文字”的样式，控制尺寸线上“等分文字”的显示样式。

图 12-45 “格式”对话框

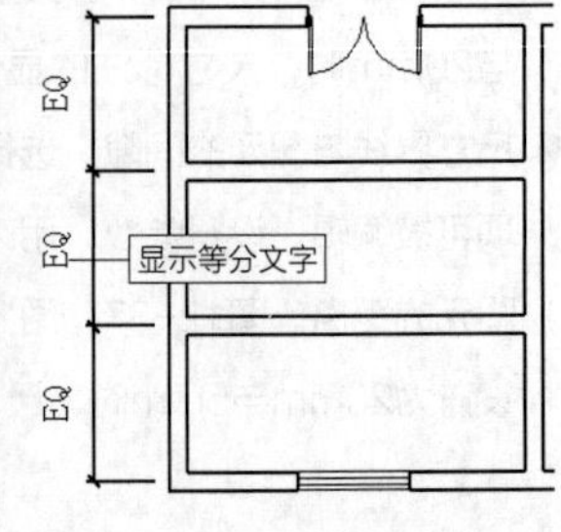

图 12-46 显示等分文字

12.1.4 角度标注 难点

启用“角度”标注命令，通过创建尺寸标注，测量参照点之间的角度。在“尺寸标注”面板上单击“角度”按钮△，如图12-47所示。进入“修改|放置尺寸标注”选项卡，在选项栏中选择参照线的类型为“参照墙中心线”，开始执行放置角度标注的操作。将鼠标指针置于墙体上，显示墙中心线，单击拾取中心线，如图12-48所示。

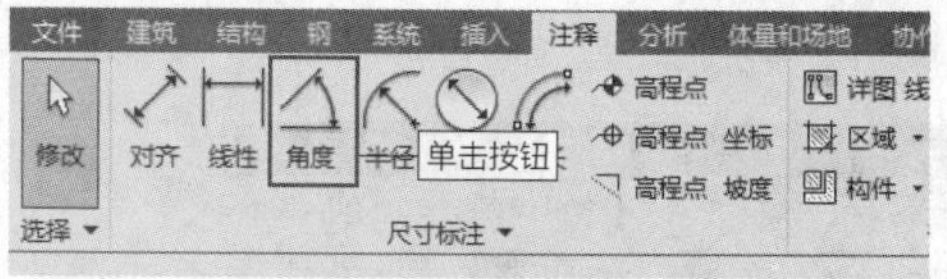

图 12-47 单击“角度”按钮

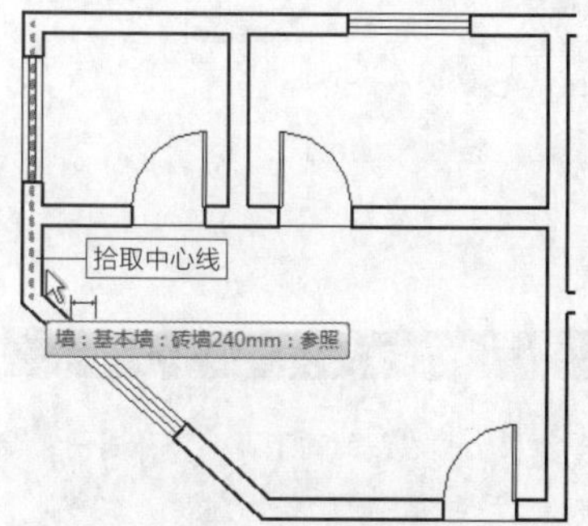

图 12-48 拾取中心线 1

延伸讲解：

假如参照线的样式为其他类型，如“参照墙面”，鼠标指针置于墙体上时不会显示墙中心线，但是会高亮显示墙面线。

被拾取的墙中心线显示为红色的虚线，移动鼠标指针至另一段墙体上，在显示墙中心线的时候，单击拾取，如图12-49所示。此时已经可以预览角度标注的创建效果，用户可以自由放置角度标注的位置。移动鼠标指针至合适的位置，单击可以完成创建角度标注的操作，如图12-50所示。

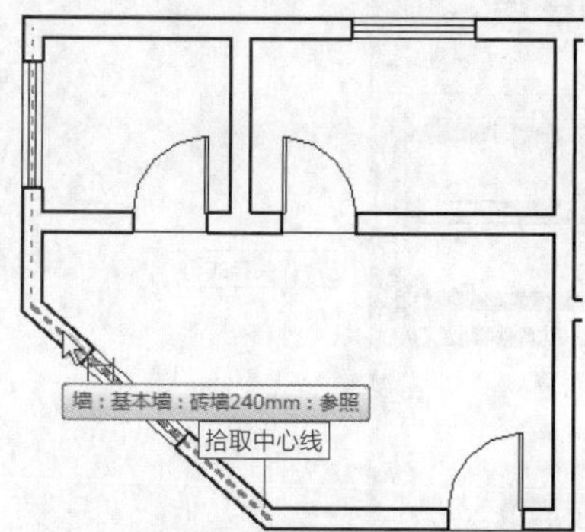

图 12-49 拾取中心线 2

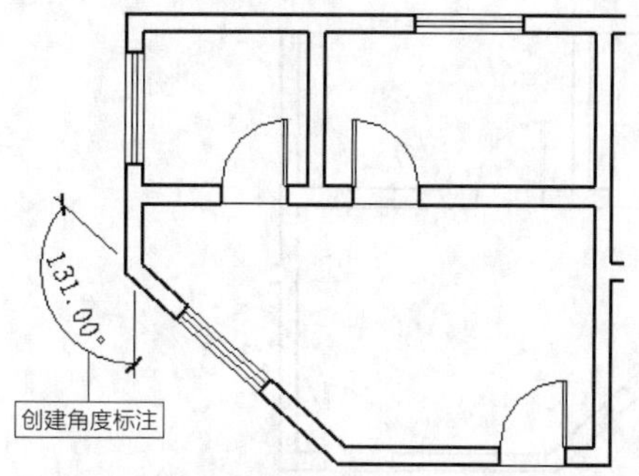

图 12-50 创建角度标注

知识链接：

角度标注创建完成后，标注文字有时候会与尺寸线或尺寸界线重叠。此时选择标注文字，激活“拖曳文字”端点，调整文字的位置，使其不与周围的图元发生重叠，清楚地显示角度标注。

Revit默认将所有类型的尺寸标注记号（即尺寸界线样式）设置为“对角线3mm”，但是角度标注的尺寸界线样式通常使用箭头样式。在创建完成角度标注后，可以通过修改它的类型属性参数，更改尺寸界线的样式。

单击“尺寸标注”面板名称右侧的向下箭头，在弹出的列表中选择“角度尺寸标注类型”选项，弹出“类型属性”对话框。将鼠标指针定位在“图形”选项组下的“记号”选项，打开记号列表，选择“实心箭头30度”样式，如图12-51所示。单击“确定”按钮关闭对话框，发现绘图区中的角度标注的尺寸界线样式已被修改为箭头样式，如图12-52所示。

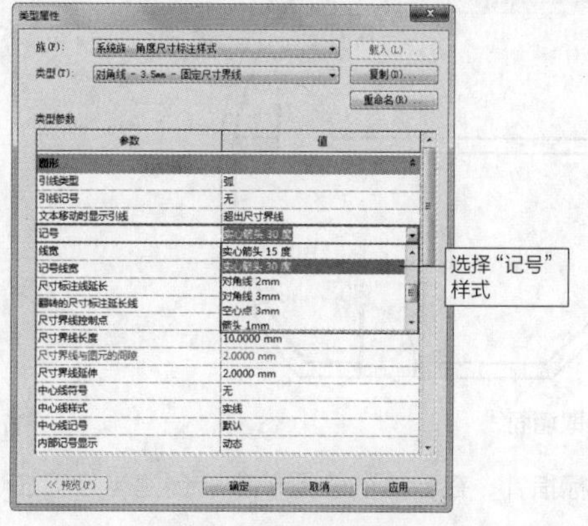

图 12-51 选择“记号”样式

知识链接：

在记号列表中还显示有其他类型的箭头样式，如“实心箭头15度”“箭头1mm”“箭头30度”等，用户可以自由选择箭头的样式。

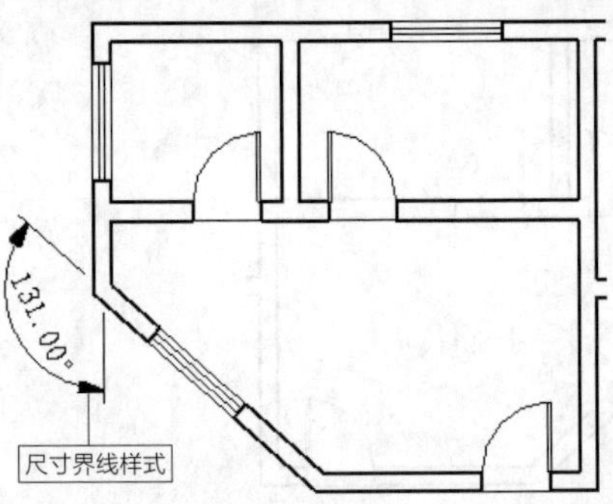

图 12-52 更改尺寸界线样式

12.1.5 半径标注　难点

启用“半径”标注命令，通过创建尺寸标注来测量内部曲线或圆角的半径。在“尺寸标注”面板上单击“半径”按钮，如图12-53所示。进入“修改|放置尺寸标注”选项卡，在选项栏中选择参照线的样式为“参照墙面”，开始执行创建半径标注的操作。将鼠标指针置于墙体上，高亮显示墙面线，单击拾取墙面线，如图12-54所示。

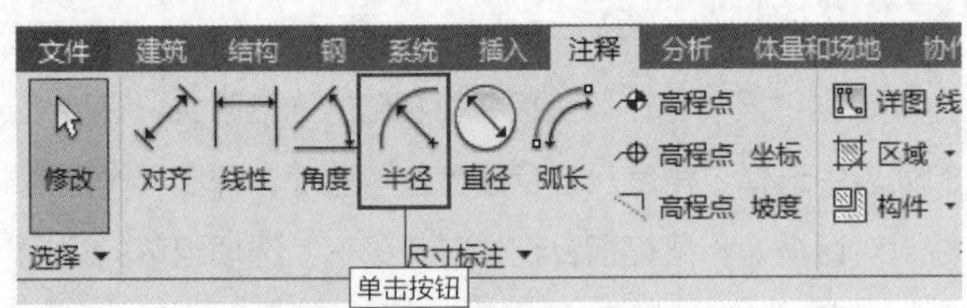

图 12-53 单击“半径”按钮

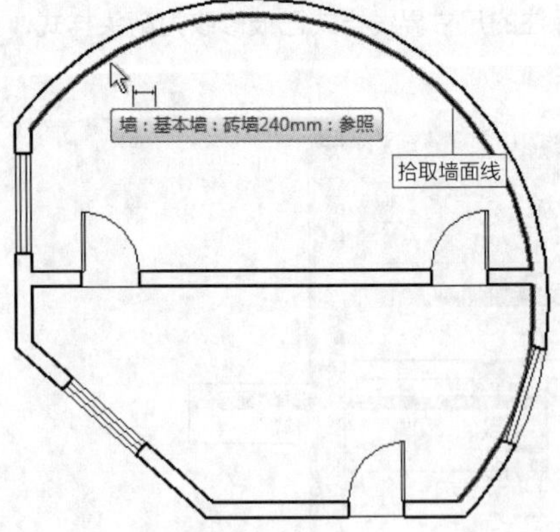

图 12-54 拾取墙面线

移动鼠标指针，在合适的位置单击，创建半径标注的效果如图12-55所示。滚动鼠标滚轮，放大半径标注，发现尺寸界线的箭头符号过小，不容易识别，可以尝试通过修改箭头符号的大小解决这种情况。单击“尺寸标注”面板名称右侧的向下箭头，在类型列表中选择“半径尺寸标注类型”命令，如图12-56所示。随即弹出“类型属性”对话框。

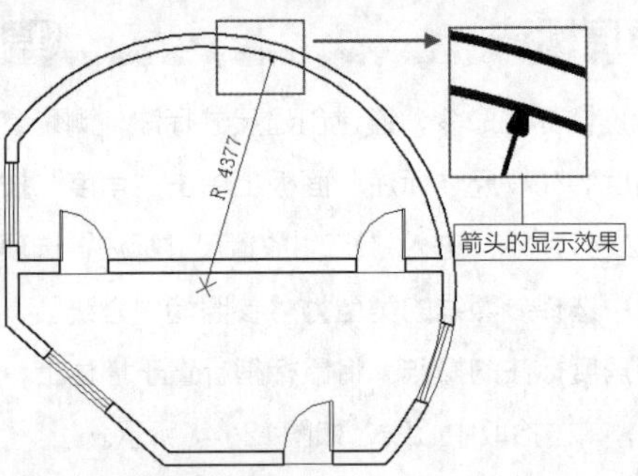

图 12-55 创建半径标注

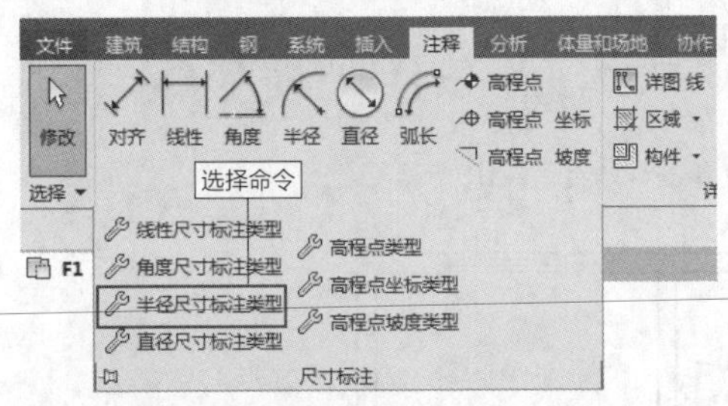

图 12-56 类型列表

延伸讲解：

单击“尺寸标注”面板名称右侧的向下箭头，弹出的列表显示了用来编辑各种类型尺寸标注属性参数的命令，其中的“半径尺寸标注类型”命令是用来编辑“半径”尺寸标注的。

观察对话框中的“图形”选项组中的各选项可以发现，并没有专门用来调整箭头大小的选项。“记号线宽”选项是用来调整记号的线宽，不能调整记号的大小。此时可以通过修改记号的类型，改变半径标注中箭头符号的显示效果。

在“记号”选项中打开列表，在其中选择其他样式的记号，如选择“箭头打开90度1.25mm”，如图12-57所示。单击“确定”按钮返回绘图区，此时因为更改了箭头样式，尺寸标注中的箭头符号变得清晰了，如图12-58所示，可以清楚地表示与尺寸标注相对应的图元对象。

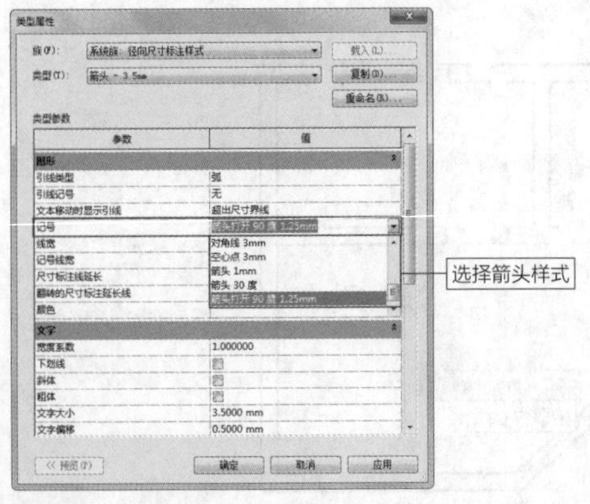

图 12-57 选择箭头样式

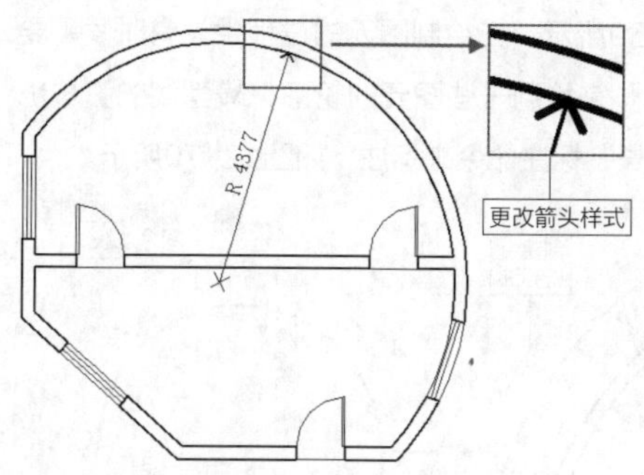

图 12-58 更改箭头样式

12.1.6 直径标注 难点

启用“直径”标注命令，通过创建尺寸标注，标注圆弧或圆的直径。在“尺寸标注”面板中单击“直径”按钮⊘，如图12-59所示。进入“修改|放置尺寸标注”选项卡，在选项栏中选择“参照墙中心线”选项，开始执行创建直径标注的操作。

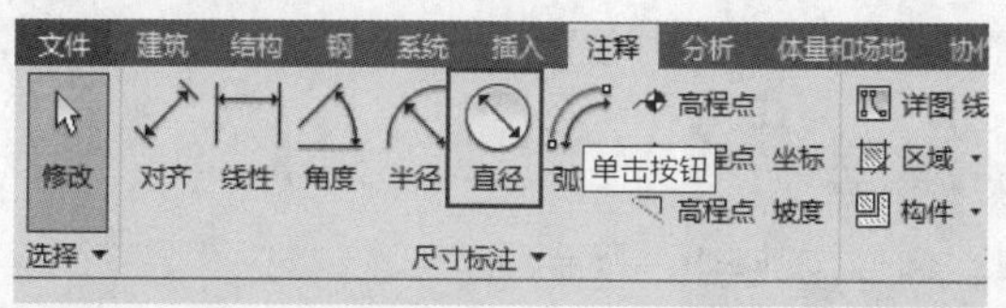

图 12-59 单击“直径”按钮

将鼠标指针置于墙体上，单击拾取墙中心线，移动鼠标指针，在空白区单击，完成直径标注的创建，如图12-60所示。滚动鼠标滚轮，放大视图观察直径标注的大小。因为标注文字过小，所以不得不放大视图来查看标注效果。

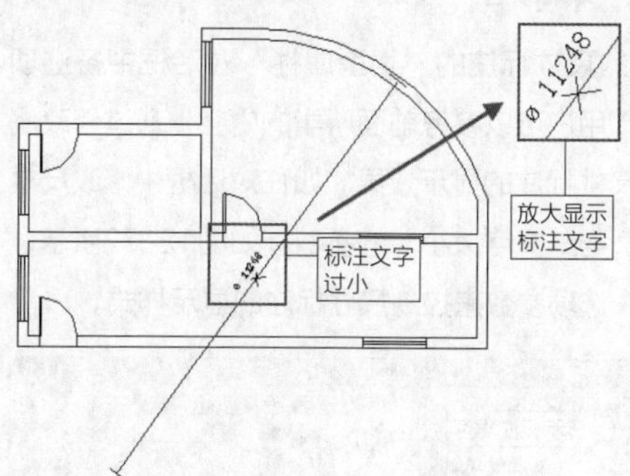

图 12-60 创建直径标注

延伸讲解：

直径标注文字的大小按照默认参数来创建。当图形过大时，标注文字会因太小而影响查看。

单击“尺寸标注”面板名称右侧的向下箭头，在弹出的列表中选择“直径尺寸标注类型”命令，打开与直径标注对应的“类型属性”对话框。在“记号”选项中默认选择“无”选项，打开列表，选择“实心箭头30度”选项，为直径标注添加箭头符号。

在“文字大小”选项中修改参数，将文字大小设置为5mm，如图12-61所示。单击“确定”按钮关闭对话框，返回绘图区。此时直径标注添加了箭头，标注文字的字号也增大了，变得更加容易识别，如图12-62所示。

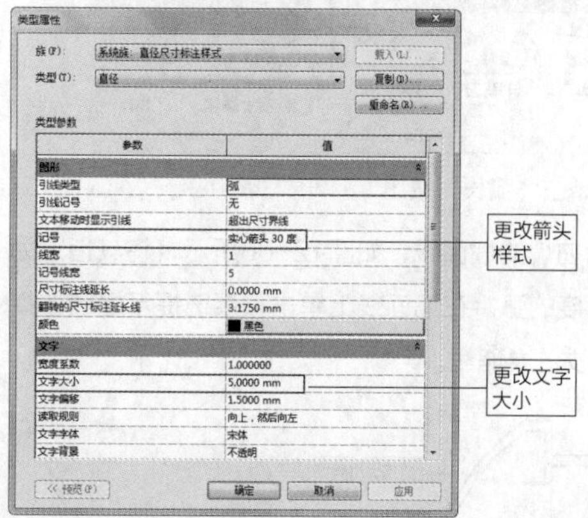

图 12-61 修改参数

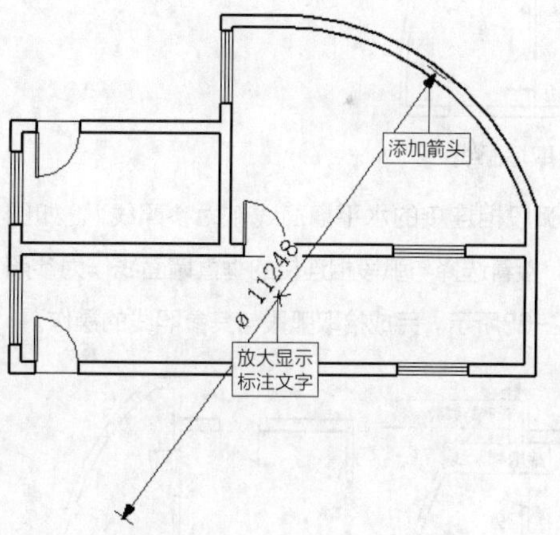

图 12-62 修改效果

使用“直径”标注命令不仅可以标注弧墙的直径，还可以标注模型线的直径。使用“模型线”创建的圆形、圆弧，同样可以使用“直径”标注命令来创建直径标注，效果如图12-63、图12-64所示。

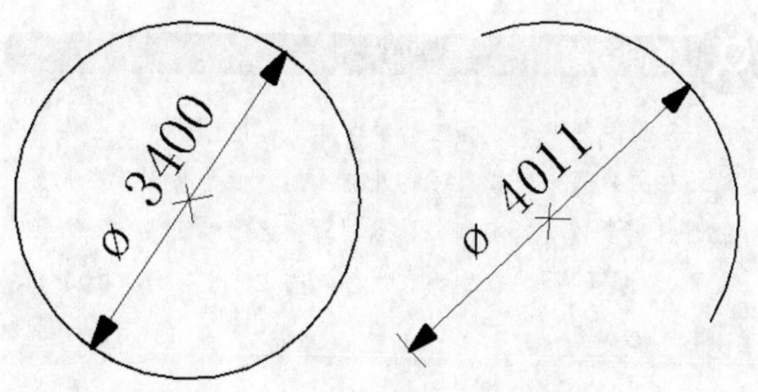

图 12-63 圆形　　图 12-64 圆弧

12.1.7 弧长标注 难点

启用“弧长”标注命令，可以通过创建尺寸标注，测量弯曲墙体或圆弧的长度。在“尺寸标注”面板中单击“弧长”按钮，如图12-65所示。进入“修改|放置尺寸标注”选项卡，在选项栏中选择参照线类型为“参照墙面”，开始执行创建弧长标注的操作。

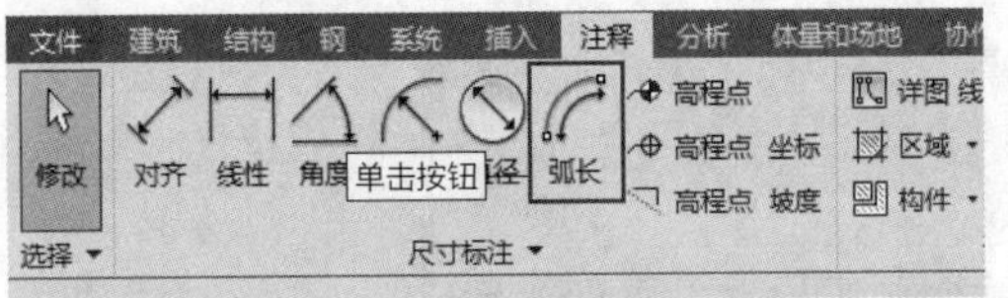

图 12-65 单击“弧长”按钮

选择弯曲墙的墙面线，如图12-66所示，将其指定为待要测量长度的弧。在墙面线上单击，系统提示继续选择与该圆弧相交的参照线。

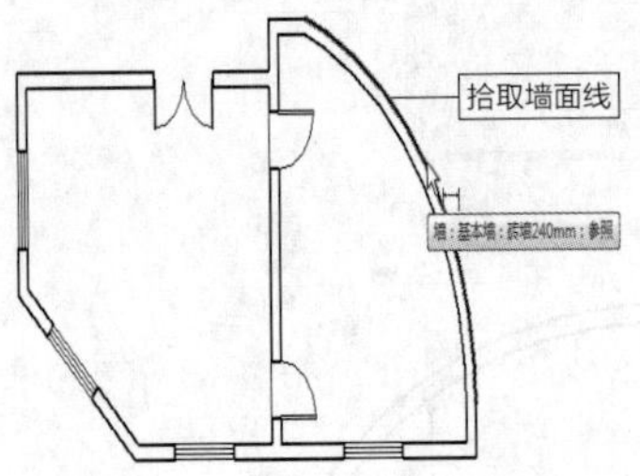

图 12-66 拾取墙面线

选择与弧段相连接的水平墙面线作为参照线1，如图12-67所示。接着选择与弧段相连接的垂直墙面线作为参照线2，如图12-68所示。完成拾取弧段与其参照线的操作。

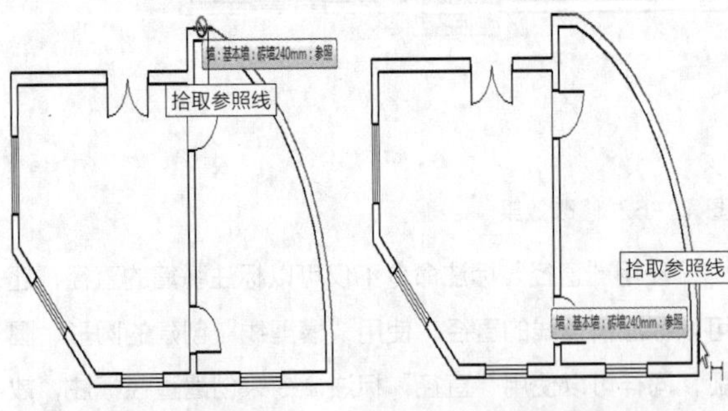

图 12-67 拾取参照线 1　　图 12-68 拾取参照线 2

延伸讲解：

常规的创建尺寸标注的步骤如下：选择图元，指定标注的位置就可以完成尺寸标注的操作。但是在创建弧长标注时，需要依次指定圆弧、与圆弧相交的参照线才可以创建弧长标注。因此在创建尺寸标注的过程中，注意状态栏中的提示文字。

移动鼠标指针，在合适的位置单击，创建弧长标注的效果如图12-69所示。在绘制图元的过程中，有时候需要使用“模型线”来绘制一些图元的轮廓，模型线的弧长也可以使用“弧长”标注命令来标注，如图12-70所示。

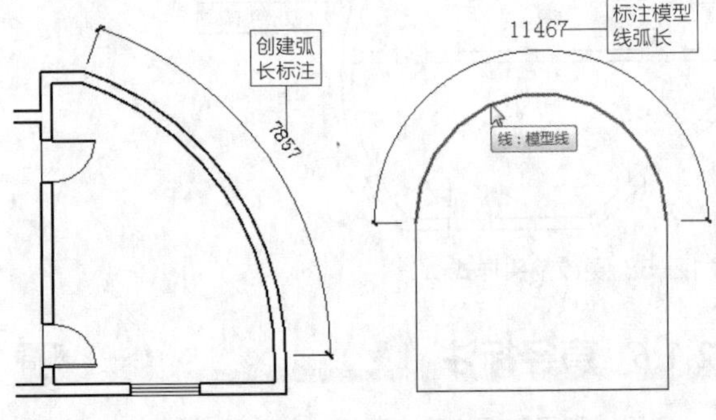

图 12-69 创建弧长标注　　图 12-70 标注模型线弧长

单击“尺寸标注”面板名称右侧的向下箭头，在弹出的列表中没有与“弧长”标注相对应的选项，那么如何修改弧长标注的属性参数？选择弧长标注，在“属性”选项板中单击“编辑类型”按钮，如图12-71所示。弹出“类型属性”对话框，在其中设置弧长标注的参数。

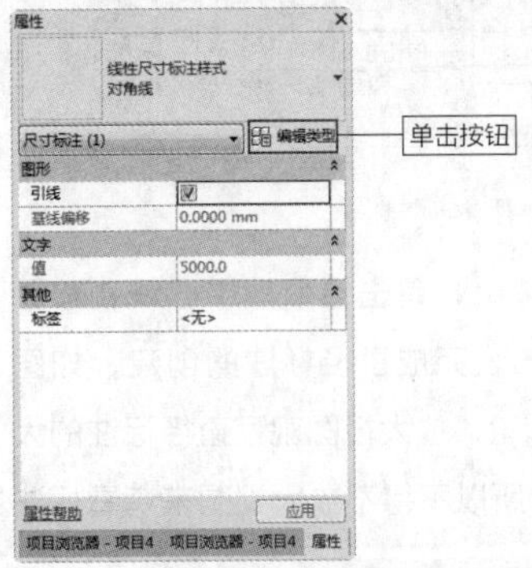

图 12-71 单击“编辑类型”按钮

不同类型的尺寸标注的“类型属性”对话框中各选项参数几乎相同，用户可以参考前面所学的内容，通过修改属性参数来更改尺寸标注的显示效果。如在对话框中修改尺寸标注的“记号”与“文字大小”的参数，如图12-72所示，通过更改这两个选项参数来控制尺寸标注的显示样式。

图 12-72 “类型属性”对话框

知识链接：

选择其他类型的尺寸标注，如半径标注、直径标注等，通过单击“属性”选项板上的“编辑类型”按钮，同样可以弹出与之相对应的“类型属性”对话框。

12.1.8 高程点标注 重点

启用“高程点”标注命令，可以在平面视图、立面视图和三维视图中创建高程点标注，经常用来获取坡道、地形表面、楼梯等的高程点。在“尺寸标注”面板中单击“高程点”按钮 ，如图12-73所示。进入“修改|放置尺寸标注”选项卡，在选项栏中选择“引线”和“水平段”选项，如图12-74所示，开始执行创建高程点标注的操作。

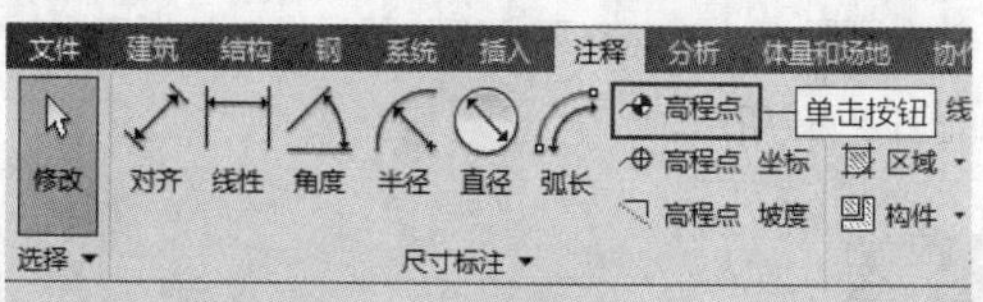

图 12-73 单击“高程点”按钮

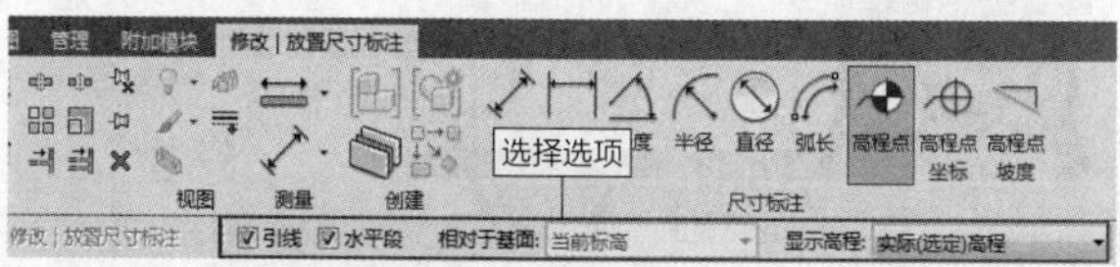

图 12-74 “修改 | 放置尺寸标注”选项卡

延伸讲解：

选择“引线”和“水平段”选项，可以在高程点标注中显示引线和水平线段；假如取消选择，则仅显示高程点符号和标注文字。

在“属性”选项板中选择高程点标注的类型，默认选择“垂直”类型，如图12-75所示。在图元上单击指定测量点，移动鼠标指针，单击指定引线的位置。继续移动鼠标指针，单击指定水平线段的位置，完成创建高程点标注的操作，可以在图元上指定多个测量点来创建高程点标注。在三维视图中为楼梯模型创建多个高程点标注的效果如图12-76所示。

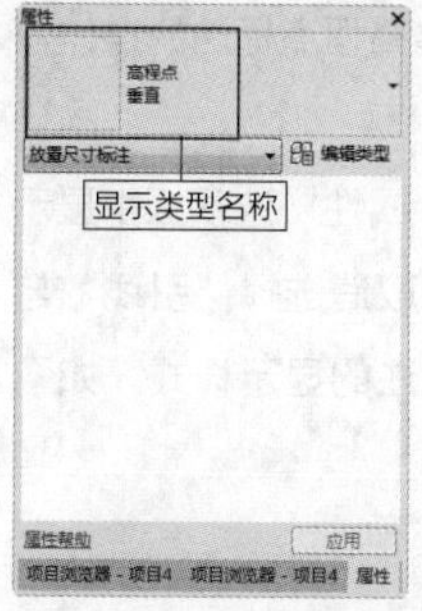

图 12-75 显示类型名称

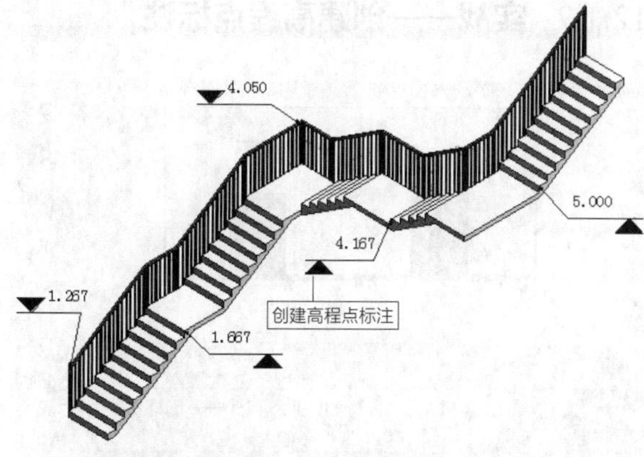

图 12-76 创建高程点标注

知识链接：

为了方便显示在楼梯平台上创建的高程点标注，已将一侧的楼梯扶手隐藏。

单击“尺寸标注”面板名称右侧的向下箭头，在弹出的列表中选择“高程点类型”命令，如图12-77所示。弹出“类型属性”对话框，观察对话框中各选项参数，可以发现与尺寸标注的“类型属性”对话框不同。其中增加了“限制条件”选项组，在“图形”选项组中减少了不必要的选项，并在“文字”选项组中添加了多个选项，如图12-78所示。通过修改对话框中的参数，可以调整高程点标注在项目中的显示样式。

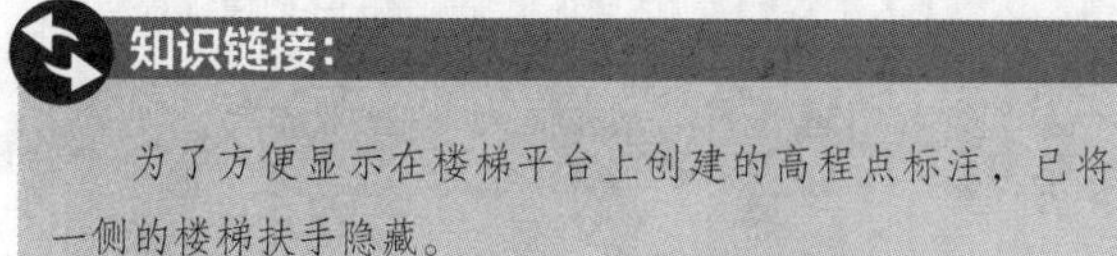

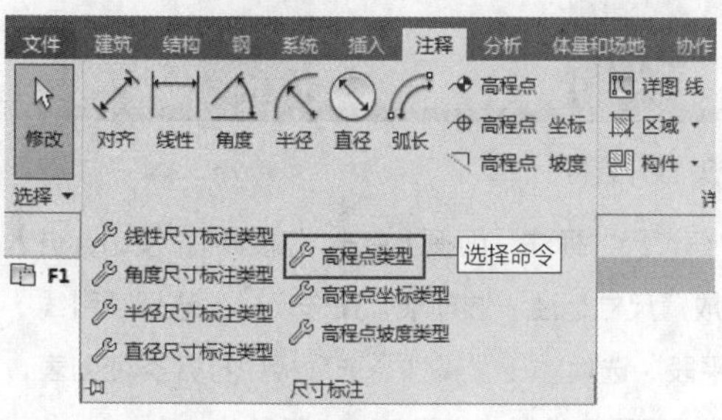

图 12-77 选择“高程点类型”命令

图 12-78 “类型属性”对话框

12.1.9 实战——创建高程点标注

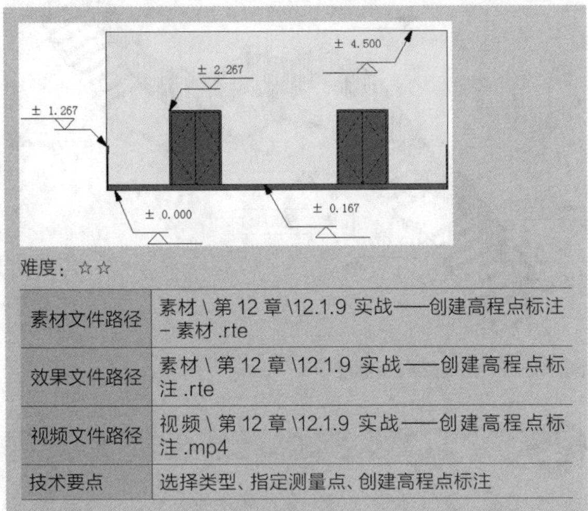

难度：☆☆

素材文件路径	素材\第12章\12.1.9 实战——创建高程点标注-素材.rte
效果文件路径	素材\第12章\12.1.9 实战——创建高程点标注.rte
视频文件路径	视频\第12章\12.1.9 实战——创建高程点标注.mp4
技术要点	选择类型、指定测量点、创建高程点标注

在12.1.8小节中介绍了在三维视图中创建高程点标注的操作方法，本小节介绍在立面视图中为坡道创建高程点标注的操作方法。

Step 01 打开资源中的“第12章\12.1.9 实战——创建高程点标注-素材.rte”文件，如图12-79所示。

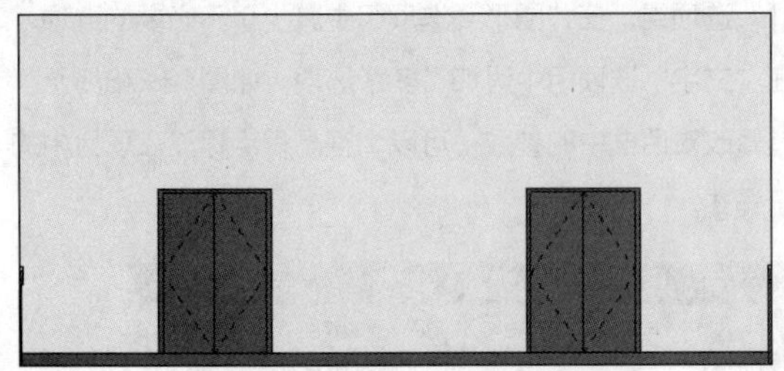

图 12-79 打开素材

Step 02 在“尺寸标注”面板上单击“高程点”按钮，进入“修改|放置尺寸标注”选项卡，在选项栏上选择“引线”与“水平段”选项。在“属性”选项板中打开类型列表，在其中选择高程点类型，如图12-80所示。

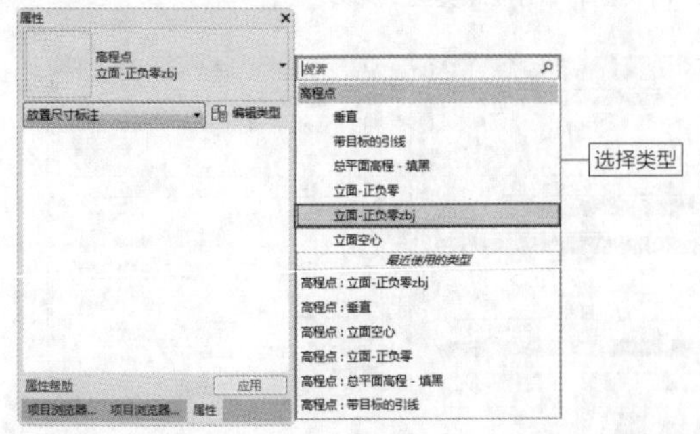

图 12-80 选择类型

Step 03 将鼠标指针置于图元上，单击指定测量点，如图12-81所示，此时可以预览高程点标注的效果。

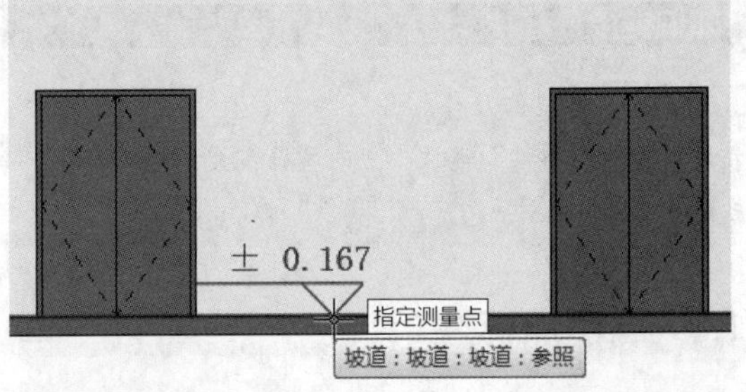

图 12-81 指定测量点

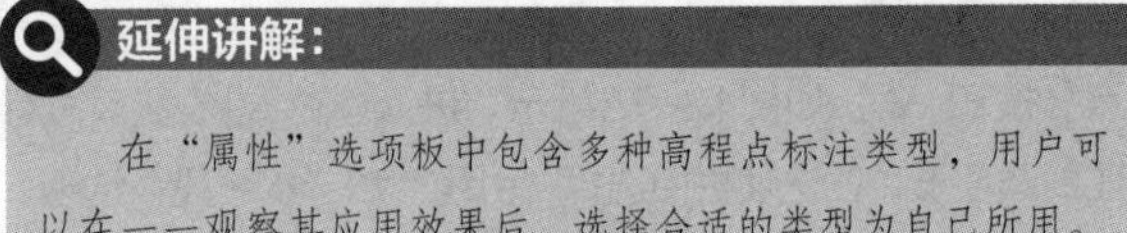

延伸讲解：

在“属性”选项板中包含多种高程点标注类型，用户可以在一一观察其应用效果后，选择合适的类型为自己所用。

Step 04 单击测量点，并向右下角移动鼠标指针，指定引线位置，如图12-82所示。

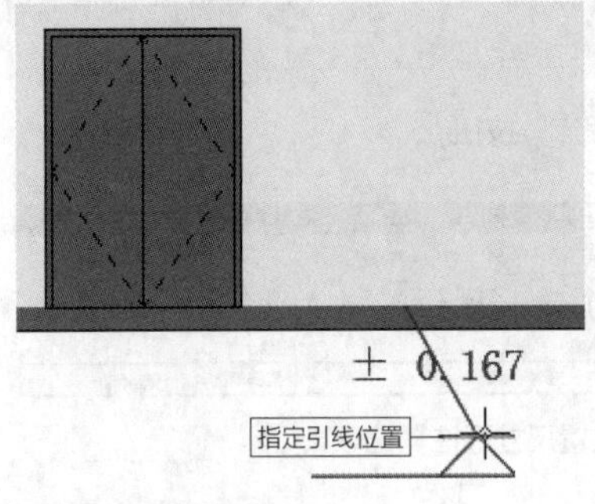

图 12-82 指定引线位置

Step 05 在合适的位置单击，确定引线的位置。向右移动鼠标指针，指定水平段位置，如图12-83所示。

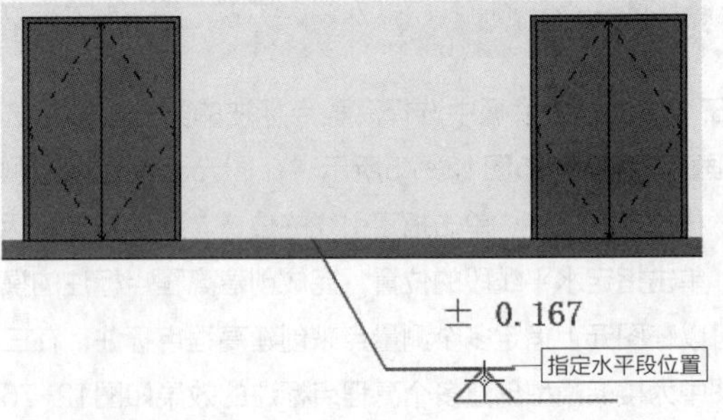

图 12-83 指定水平段位置

Step 06 在合适的位置单击，完成创建高程点标注的操作，效果如图12-84所示。

Step 07 选择完成创建的高程点，在“属性”选项板中显示属性参数，可以在“图形”选项组中取消选择“引线”与“引线水平段”选项，更改高程点标注的显示样式，如图12-85所示。

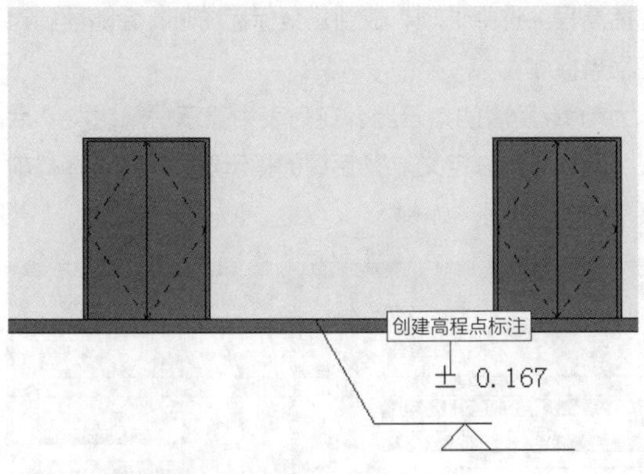

图 12-84 创建高程点标注

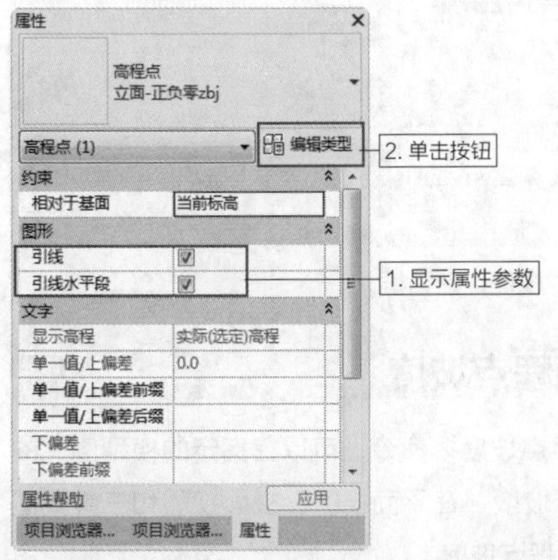

图 12-85 显示属性参数

延伸讲解：

选择高程点的同时，进入"修改|高程点"选项卡，在选项栏中可以设置高程点的标高、参照线样式等参数。

Step 08 在"属性"选项板中单击"编辑类型"按钮，弹出"类型参数"对话框，"引线箭头"选项中显示"无"，表示在默认情况下高程点标注是没有引线箭头的。打开选项列表，选择"实心箭头30度"选项，如图12-86所示，为高程点标注添加箭头。

类型参数

参数	值
限制条件	
随构件旋转	
图形	
引线箭头	实心箭头 30 度
引线线宽	1
引线箭头线宽	5
颜色	■ 黑色
符号	C_高程点符号

选择箭头样式

图 12-86 选择箭头样式

Step 09 单击"确定"按钮关闭对话框，发现绘图区中高程点标注的显示样式已经发生了变化，在引线的一端，即与测量点相接的位置添加了实心箭头，如图12-87所示。

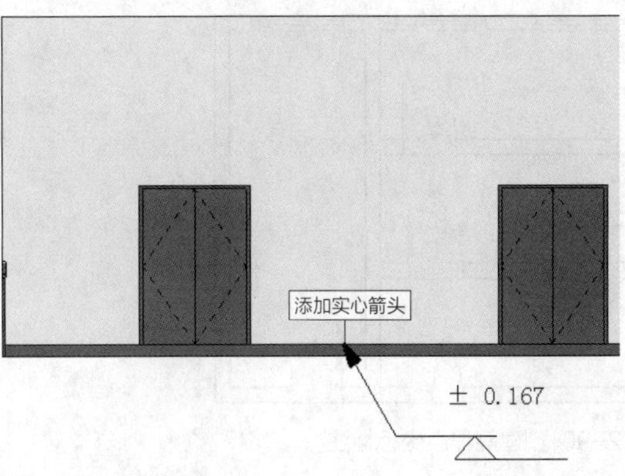

图 12-87 添加实心箭头

知识链接：

在"图形"选项组下还可以设置"引线线宽""引线箭头线宽""颜色"等参数，用户可以根据标注要求来自定义属性参数。

Step 10 重复启用"高程点"标注命令，在立面图上指定测量点，继续创建高程点标注，最终效果如图12-88所示。

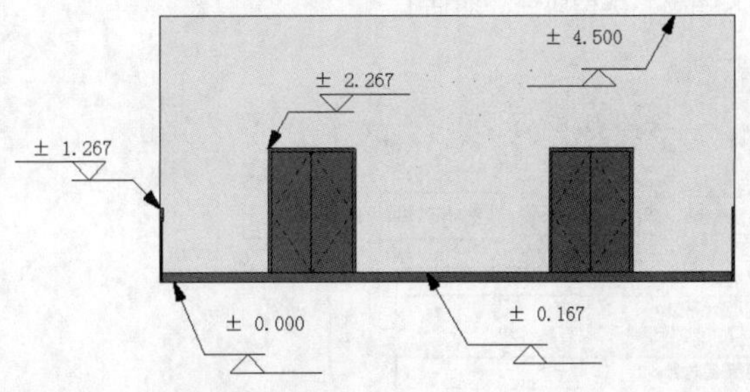

图 12-88 创建高程点标注

12.1.10 高程点坐标 重点

启用"高程点坐标"标注命令，选择测量点，可以标注该点的"北/南""东/西"坐标。在"尺寸标注"面板上单击"高程点 坐标"按钮 ，如图12-89所示。进入"修改|放置尺寸标注"选项卡，在选项栏中选择"引线""水平段"选项，开始执行创建高程点坐标的操作。

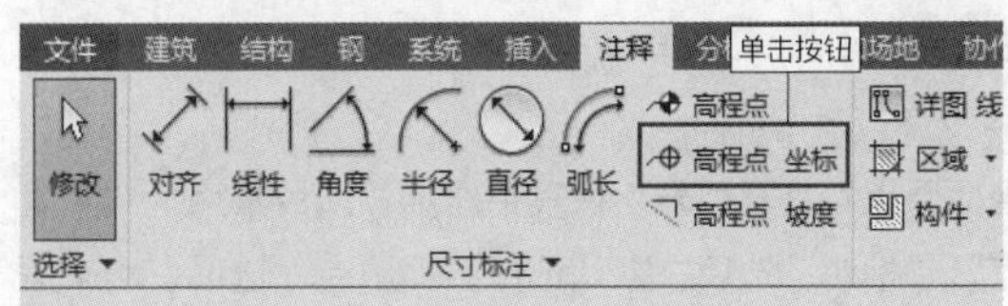

图 12-89 单击"高程点 坐标"按钮

在图元对象上单击指定测量点，向右上角移动鼠标指针，单击指定引线的方向与位置。接着向右移动鼠标指针，在合适位置单击，完成创建高程点坐标标注的操作，效果如图12-90所示。

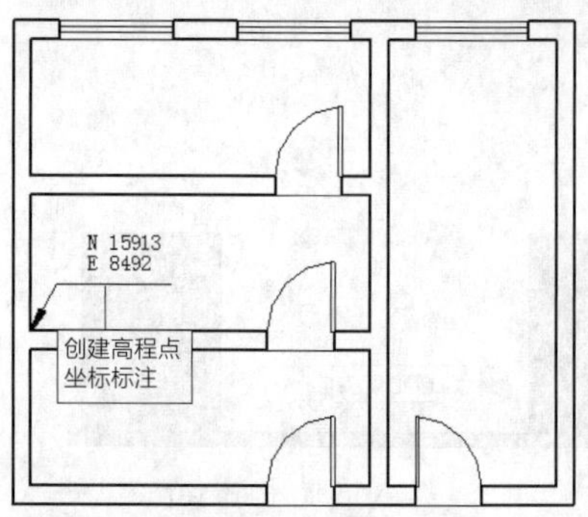

图 12-90 创建高程点坐标标注

延伸讲解：

系统默认高程点坐标标注的引线箭头的样式为“无”，即没有为标注添加引线箭头，需要用户自行添加。

选择高程点坐标标注，在“属性”选项板中显示属性参数，如图12-91所示。在“文字”选项组中可以设置标注的前缀与后缀参数，默认情况下前缀与后缀为空白状态，系统并未设置前缀与后缀参数；单击“编辑类型”按钮，弹出“类型属性”对话框。

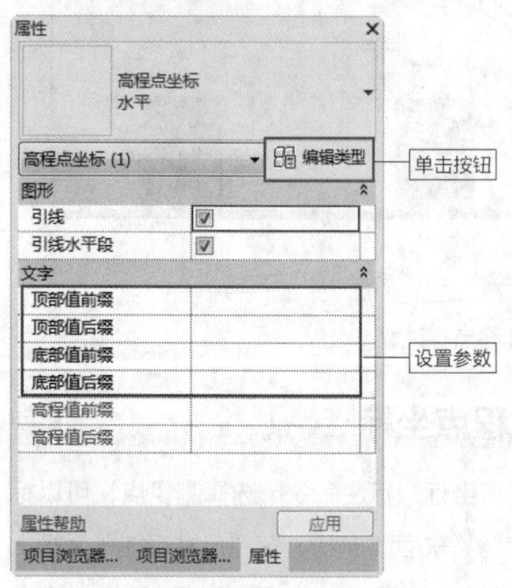

图 12-91 “属性”选项板

在“引线箭头”选项中选择箭头样式，为坐标标注添加箭头。在“文字”选项组中添加了专门用来编辑坐标标注样式的选项，如图12-92所示。对相关选项的介绍如下。

- ◆ 坐标原点：打开列表，在其中显示“项目基点”“测量点”“相对”选项，默认选择“测量点”选项，用来指定坐标原点的类型。
- ◆ 顶部值或底部值：在选项列表中显示“无”“北/南”“东/西”3项，用来设置坐标标注值的类型。
- ◆ 北/南指示器或东/西指示器：设置表示“北/南”方向与“东/西”方向的文字，默认使用大写字母来表示。
- ◆ 包括高程：选择选项，在创建坐标标注时，会随同创建高程点标注。
- ◆ 作为前缀/后缀的指示器：在列表中显示“前缀”“后缀”两项，用来定义前缀/后缀的指示器，默认选择“前缀”选项。

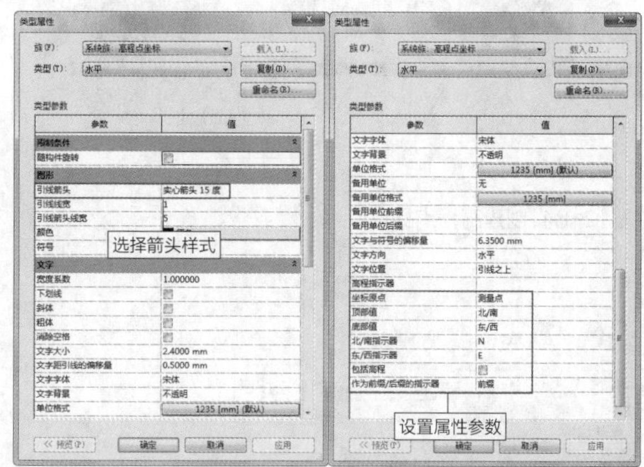

图 12-92 “类型属性”对话框

12.1.11 高程点坡度 重点

启用“高程点坡度”命令，可以在指定的模型图元的面上或边上显示坡度。在平面视图、立面视图和三维视图中都可以创建高程点坡度。

在“尺寸标注”面板上单击“高程点坡度”按钮，如图12-93所示。进入“修改|放置尺寸标注”选项卡，在选项栏中默认选择“坡度表示”为“箭头”样式，保持“相对参照的偏移”值为1.5mm不变。在室内楼板上指定测量点，单击可以创建高程点坡度标注，如图12-94所示，此时显示倾斜楼板的坡度为“5.8%”。

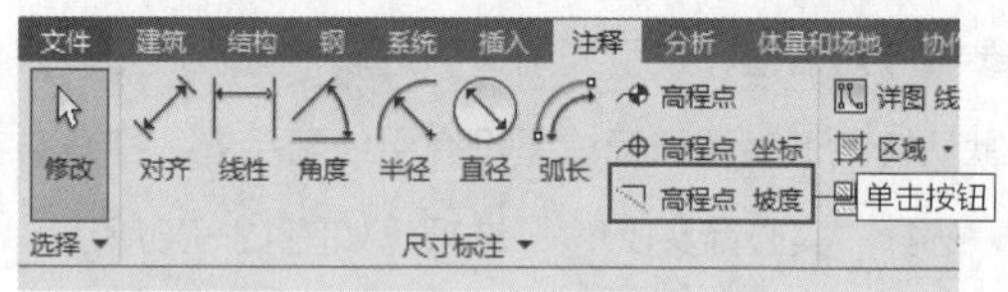

图 12-93 单击“高程点坡度”按钮

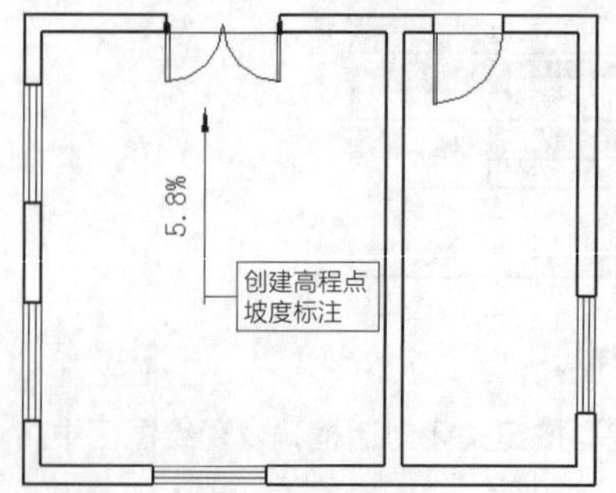

图 12-94 创建高程点坡度标注

12.1.12 实战——创建高程点坡度

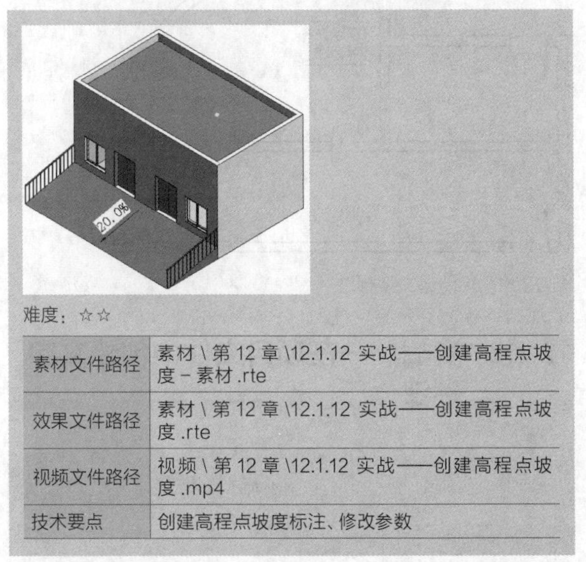

难度：☆☆

素材文件路径	素材 \ 第 12 章 \12.1.12 实战——创建高程点坡度 - 素材 .rte
效果文件路径	素材 \ 第 12 章 \12.1.12 实战——创建高程点坡度 .rte
视频文件路径	视频 \ 第 12 章 \12.1.12 实战——创建高程点坡度 .mp4
技术要点	创建高程点坡度标注、修改参数

在12.1.11小节中介绍了为平面样式的倾斜楼板创建高程点坡度的操作方法，本小节将介绍在三维视图中为坡道创建高程点坡度的操作方法。

Step 01 打开资源中的“第12章\12.1.12 实战——创建高程点坡度-素材.rte”文件，如图12-95所示。

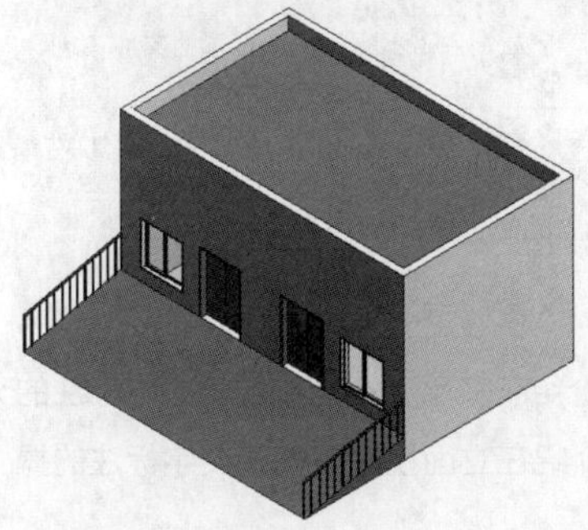

图 12-95 打开素材

Step 02 在“尺寸标注”面板中单击“高程点坡度”按钮，将鼠标指针置于坡道上拾取测量点，此时可以预览坡度标注的效果。单击可以在坡道上创建高程点坡度，效果如图12-96所示。

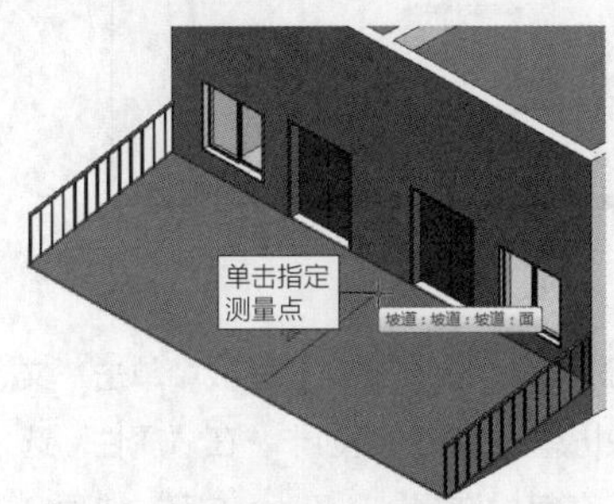

图 12-96 创建高程点坡度

Step 03 创建完毕的高程点坡度为系统的默认样式，选择标注，在“属性”选项板中单击“编辑类型”按钮，弹出图12-97所示的“类型属性”对话框。在“引线箭头”列表中可以修改坡度标注的箭头样式。假如觉得标注文字过小或过大，可以通过修改“文字大小”选项中的参数来调整文字的显示大小。

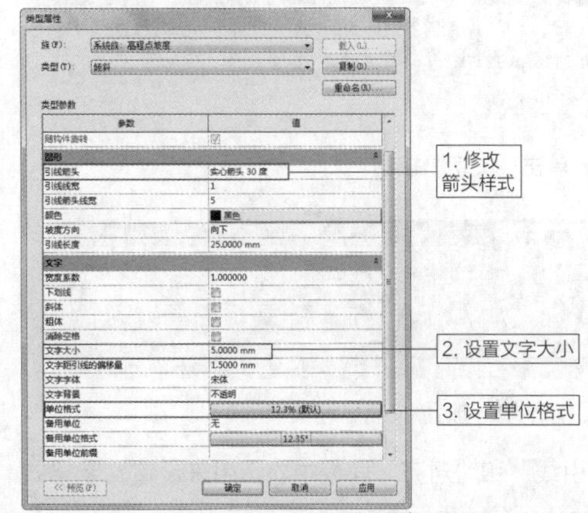

图 12-97 “类型属性”对话框

Step 04 “单位格式”选项中显示坡度标注的样式，默认单位格式为“百分比”，使用符号“%”来表示。单击选项按钮，弹出“格式”对话框，在对话框中取消选择“使用项目设置”选项，可以自由设置格式参数。

Step 05 参数设置完成后，单击“确定”按钮分别关闭“格式”对话框和“类型属性”对话框，完成设置高程点坡度标注显示样式的操作，效果如图12-98所示。

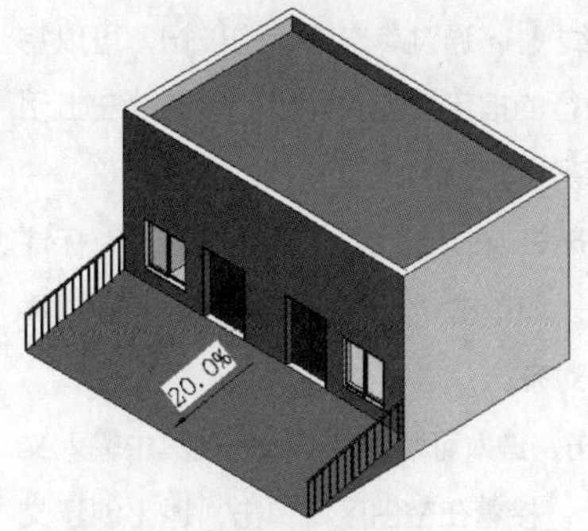

图 12-98 高程点坡度标注

12.2 文字标注

Revit提供了“文字”工具，可以将文字标注添加到当前视图中。完成创建文字标注操作后，如果视图比例被修改，文字可以自动调整尺寸大小，无须用户手动设置。本节将简要介绍“文字”工具的使用方法。

12.2.1 文字标注命令 重点

选择“注释”选项卡，在“文字”面板上单击“文字”按钮A，如图12-99所示。进入“修改|放置 文字”选项卡，在“引线”和“对齐”面板上设置文字样式，如图12-100所示，开始执行创建文字标注的操作。

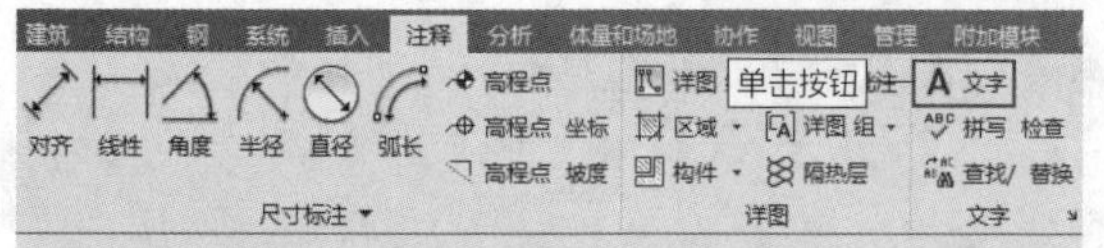

图 12-99 单击“文字”按钮

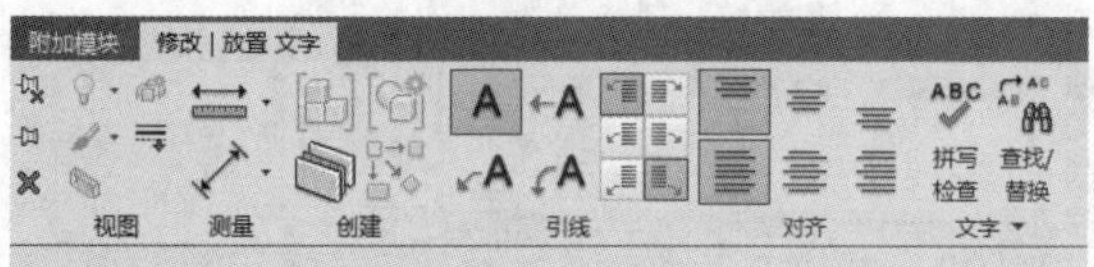

图 12-100 “修改 | 放置 文字”选项卡

在“引线”和“对齐”面板中显示用来设置文字格式的多种工具按钮，介绍如下。

- 无引线A：选择该命令，所创建的注释文字不带引线。
- 一段A：选择该命令，绘制一条直引线连接注释文字与注释对象。
- 两段A：选择该命令，绘制由两条直线段构成的一段引线，用来连接注释文字与注释对象。
- 曲线形A：选择该命令，绘制一条弯曲的引线连接注释文字与注释对象。
- 左上引线/左中引线/左下引线/右上引线/右中引线/右下引线：通过单击指定的按钮，可以将引线附着到文字顶行的指定位置。例如，单击“左上引线”按钮，可将引线附着到文字顶行的左侧。
- 左对齐/居中对齐/右对齐：单击按钮，为标注文字指定对齐方式。如单击“左对齐”按钮，可以将文字与左侧页边距对齐。

在合适的位置单击，进入可编辑文本框，在其中输入文字，如图12-101所示。接着在空白区域单击，退出创建文字标注的操作，创建文字标注的效果如图12-102所示。

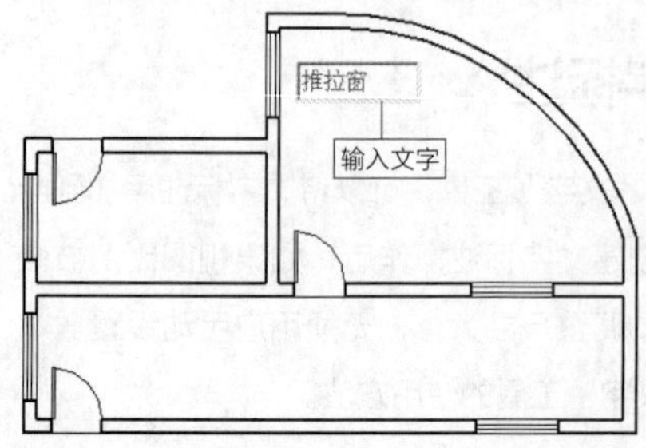

图 12-101 输入文字

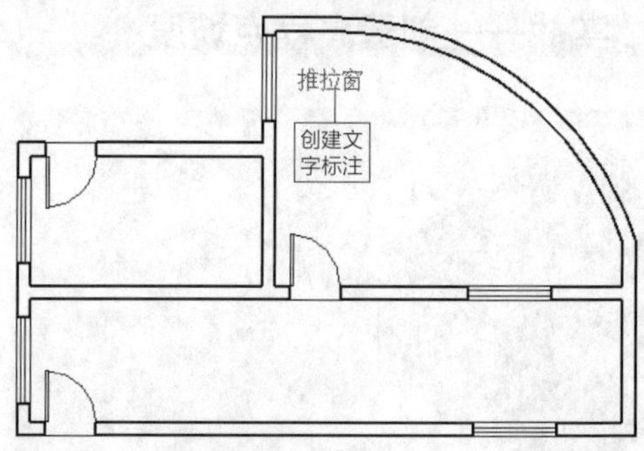

图 12-102 创建文字标注

12.2.2 实战——在项目文件中创建文字标注

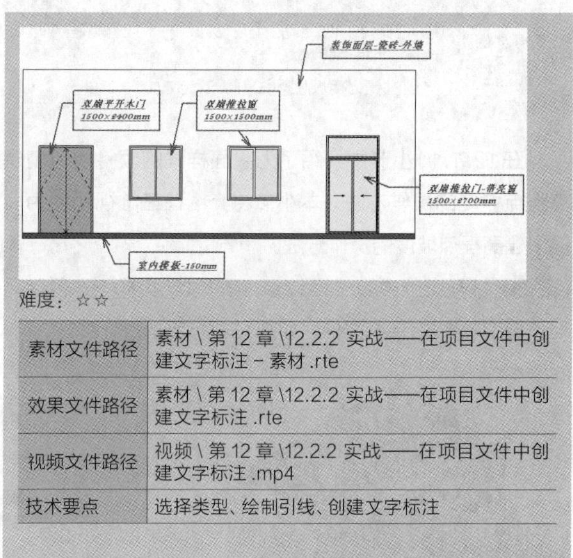

难度：☆☆

素材文件路径	素材 \ 第 12 章 \12.2.2 实战——在项目文件中创建文字标注 - 素材 .rte
效果文件路径	素材 \ 第 12 章 \12.2.2 实战——在项目文件中创建文字标注 .rte
视频文件路径	视频 \ 第 12 章 \12.2.2 实战——在项目文件中创建文字标注 .mp4
技术要点	选择类型、绘制引线、创建文字标注

在12.2.1小节中介绍了在平面视图中创建文字标注的操作方法，本小节将介绍在立面视图中创建文字标注的操作方法。

Step 01 打开资源中的“第12章\12.2.2 实战——在项目文件中创建文字标注-素材.rte”文件，如图12-103所示。

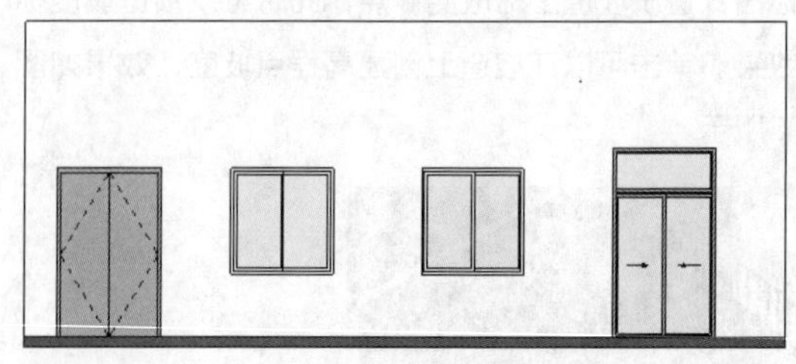

图 12-103 打开素材

Step 02 选择“注释”选项卡，在“文字”面板中单击“文字”按钮，进入“修改|放置 文字”选项卡。在“属性”选项板中打开类型列表，在其中选择“3.5mm仿宋”选项，如图12-104所示，指定文字的类型。

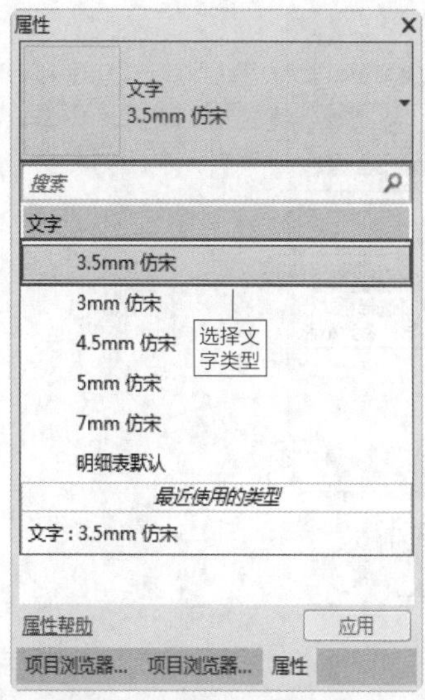

图 12-104　选择文字类型

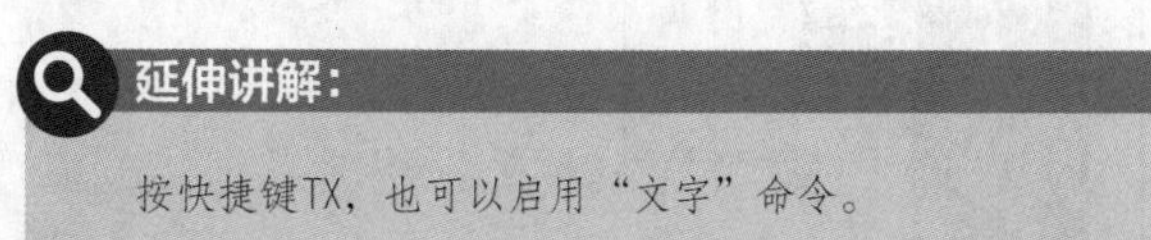

延伸讲解：

按快捷键TX，也可以启用“文字”命令。

Step 03 在“引线”面板中单击“两段”按钮，如图12-105所示，可以为注释文字添加引线。

图 12-105　单击“两段”按钮

Step 04 将鼠标指针置于待标注的图元上，如将鼠标指针定位在双扇平开木门上，单击指定引线起点，如图12-106所示。

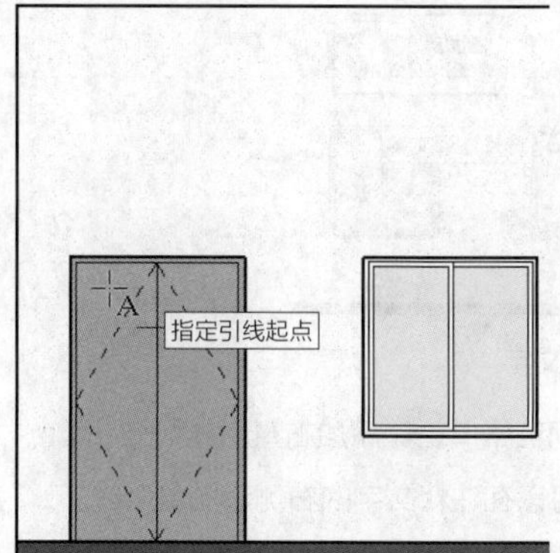

图 12-106　指定引线起点

Step 05 指定引线的起点后，向右上角移动鼠标指针，在合适的位置单击，指定引线终点，如图12-107所示。

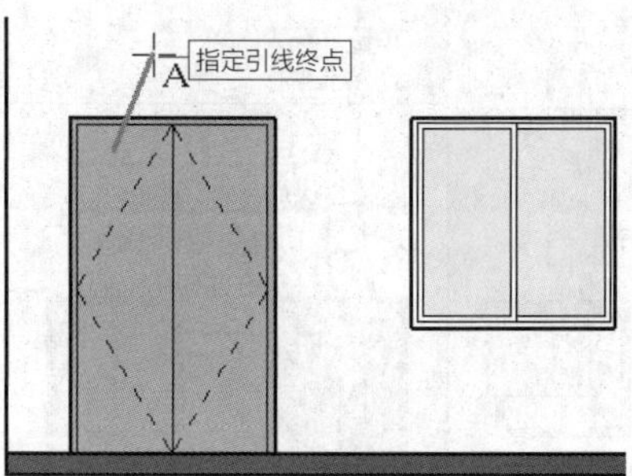

图 12-107　指定引线终点

Step 06 向右移动鼠标指针，引出水平段，在合适的位置单击，指定水平段终点，如图12-108所示。

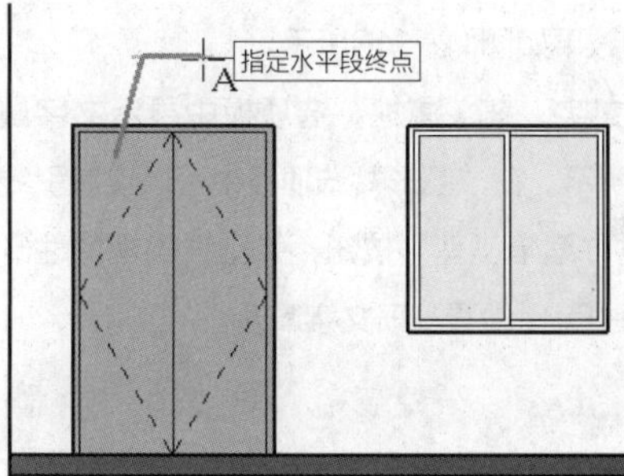

图 12-108　指定水平段终点

Step 07 当指定水平段终点后，显示一个可编辑框，如图12-109所示。

Step 08 将鼠标指针定位在可编辑框内，输入文字，如图12-110所示。

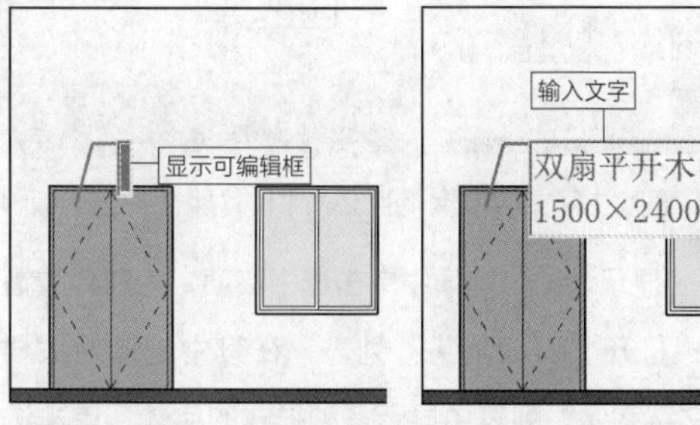

图 12-109 显示可编辑框　　图 12-110　输入文字

知识链接：

引线与注释文字的颜色都是系统默认的绿色，用户也可自定义颜色。

Step 09 完成输入文字的操作后，在空白区域单击，退出输入文字的操作。

Step 10 选择注释文字后，会显示多个符号，用户可以对文字执行移动、旋转等操作，如图12-111所示。单击激活左上角的“移动”符号，按住并向上拖动鼠标，向上调整注释文字的位置，如图12-112所示。

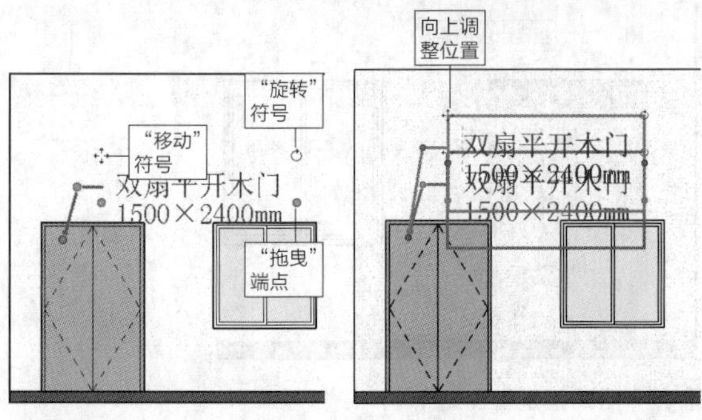

图 12-111 选择注释文字　图 12-112 向上调整注释文字的位置

Step 11 松开鼠标并按Esc键退出选择注释文字的状态，调整注释文字位置的效果如图12-113所示。

Step 12 选择注释文字，在“属性”选项板中显示文字属性，如图12-114所示。在“图形”选项组中可以设置引线的显示样式，单击“编辑类型”按钮，弹出“类型属性”对话框，在对话框中可以设置多项文字属性。

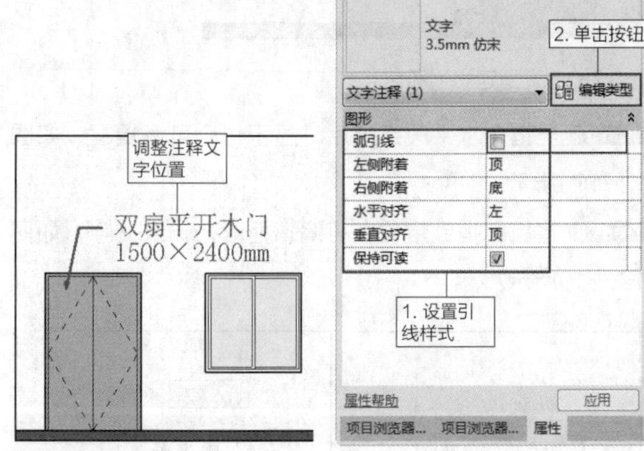

图 12-113 调整注释文字位置 图 12-114 “属性”选项板

Step 13 在“显示边框”选项中单击选中该项，为注释位置添加边框；打开“引线箭头”列表，在其中选择箭头样式；在“文字字体”列表中显示多种样式的字体，单击选择名称为“Bell MT”的样式，将其赋予注释文字；默认的“文字大小”为3.5mm，假如在创建完成注释文字后发现字号过大或者过小，可以修改选项参数来调整文字大小，在本例中将文字大小设置为2mm即可；依次选择“粗体”“斜体”“下划线”选项，将这些格式应用于注释文字，如图12-115所示。

Step 14 单击“确定”按钮关闭对话框，修改文字属性的效果如图12-116所示。

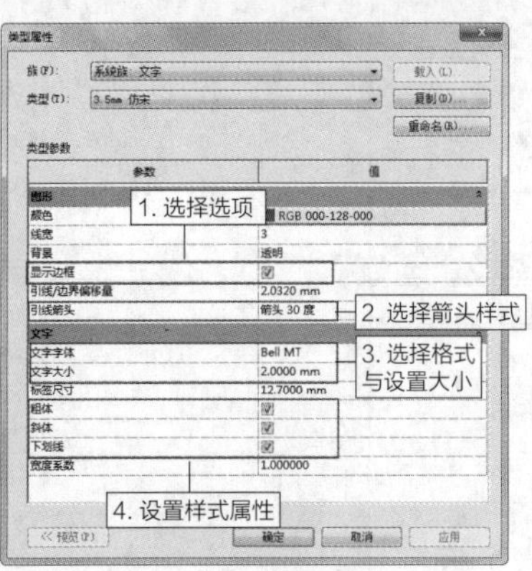

图 12-115 “类型属性”对话框

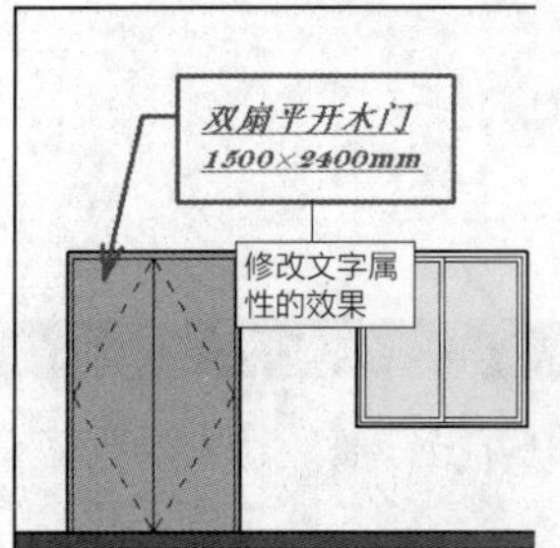

图 12-116 修改文字属性的效果

知识链接：

默认将注释文字的字体设置为“仿宋”，施工图纸中也广泛使用“仿宋”字体来创建注释文字，用户也可以自定义注释文字的格式，不必拘泥于“仿宋”样式。

Step 15 重复启用“文字”命令，为立面窗创建文字标注。选择注释文字，如图12-117所示，进入“修改|文字注释”选项卡。

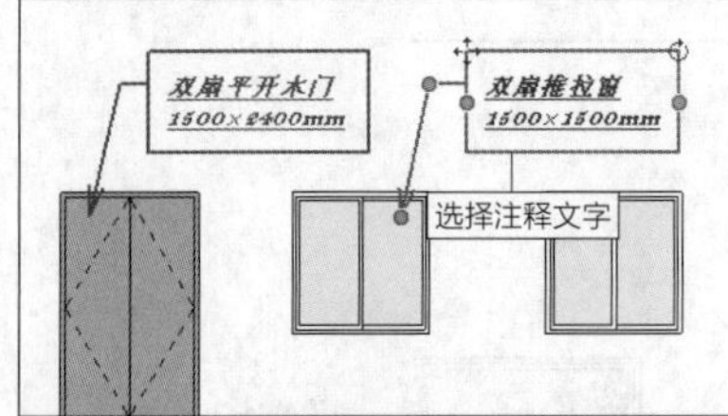

图 12-117 选择注释文字

Step 16 在“引线”面板中单击“添加右直引线”按钮，如图12-118所示，可以在注释文字的右侧添加直引线。

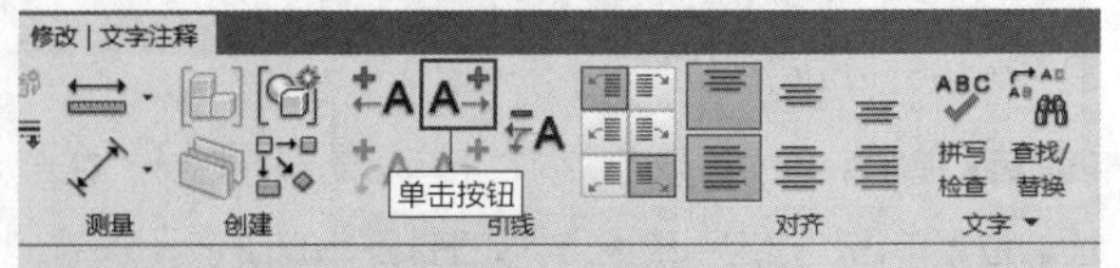

图 12-118 单击“添加右直引线”按钮

Step 17 单击激活引线箭头的蓝色圆形端点，如图12-119所示。

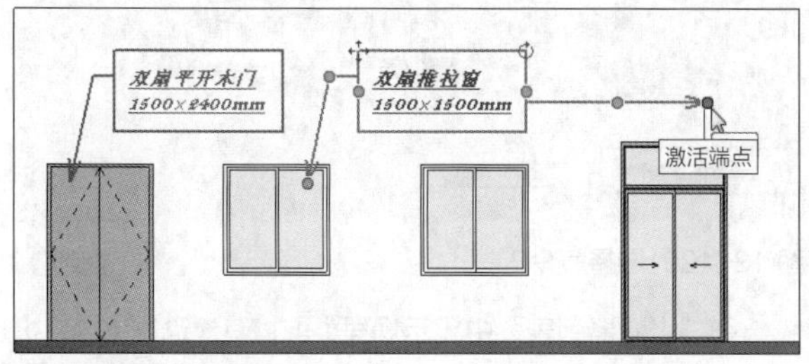

图 12-119 激活端点

Step 18 按住并拖动鼠标，移动端点至立面窗上，可以调整引线箭头的位置，使其连接注释对象（立面窗）与注释文字，如图12-120所示。

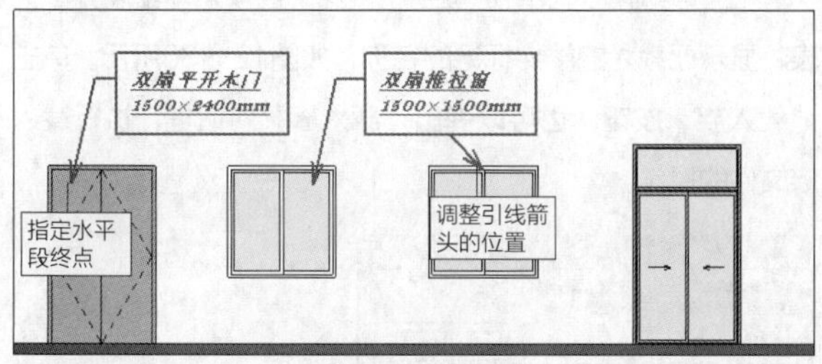

图 12-120 调整引线箭头的位置

延伸讲解：

为已有的注释文字添加引线后，引线不一定能准确地指向注释对象，还需要用户手动调整其指示方向。

Step 19 重复上述操作，继续为其他立面图元对象创建文字标注，效果如图12-121所示。

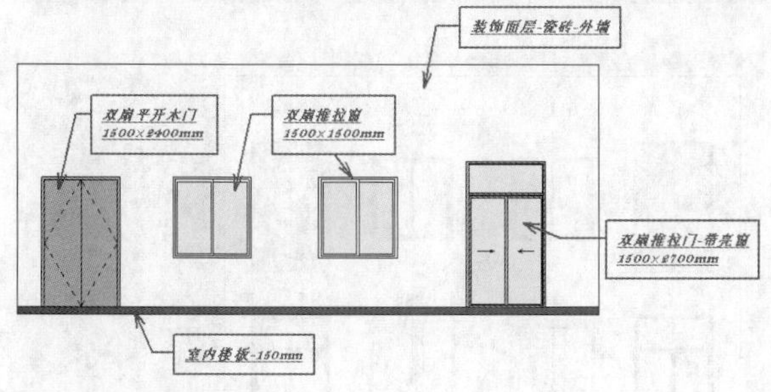

图 12-121 创建文字标注

12.3 标记

在Revit中创建图元对象时，可以选择是否在创建图元的同时创建标记，也可以在创建完图元后，再另外创建标记。在“标记”面板中提供了多种类型的标记命令，通过启用这些命令，可以创建各种标记。

12.3.1 按类别标记 难点

启用“按类别标记”命令，可以通过识别图元类别将标记添加到图元中。选择“注释”选项卡，在“标记”面板上单击“按类别标记”按钮①，如图12-122所示。进入“修改|标记”选项卡，在选项栏中提供了设置标记显示样式的参数选项，如图12-123所示。

打开方向列表，在其中显示了两种方向类型，分别是“水平”与“垂直”，默认选择“水平”，用来指定标记引线的方向。选择“引线”选项，在创建编辑时会绘制引线，否则仅创建标记文字。引线端点的样式有两种，分别是“附着端点”与“自由端点”。默认选择“附着端点”选项，表示引线端点被固定到指定位置。而选择“自由端点”选项则可以自定义引线端点的位置。

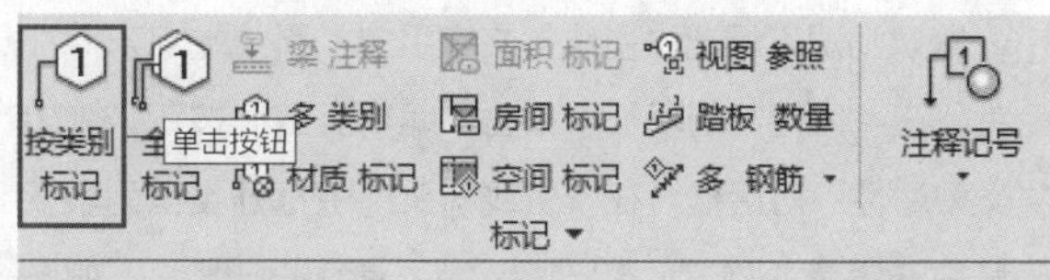

图 12-122 单击“按类别标记”按钮

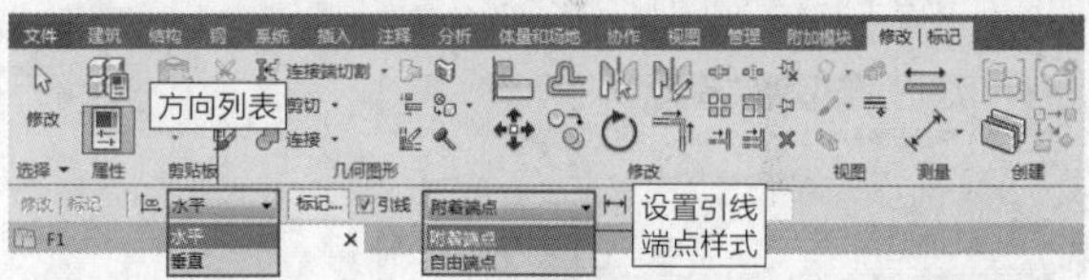

图 12-123 “修改|标记”选项卡

延伸讲解：

在为指定的图元类别创建标记时，假如当前项目模板中未载入该类型的标记，系统弹出图12-124所示的“未载入标记”对话框，提醒用户载入标记。

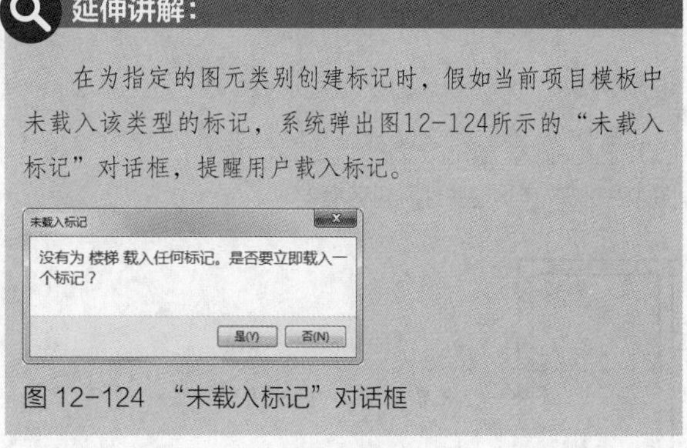

图 12-124 “未载入标记”对话框

在“未载入标记”对话框中单击“是”按钮，弹出“载入族”对话框，选择族文件，单击“打开”按钮将选定的族文件载入到项目文件中。为楼梯创建标记的效果如图12-125所示。选择标记，在“属性”选项板中显示图12-126所示的参数，取消选择“引线”选项，标记引线被隐藏；打开“方向”列表，更改引线的方向。

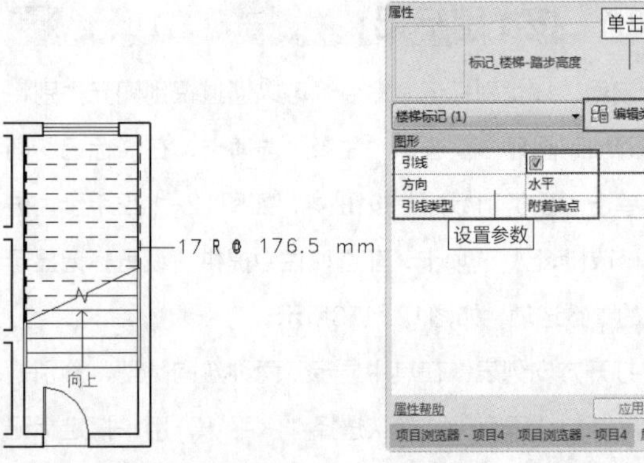

图 12-125 创建楼梯标记　　图 12-126 “属性”选项板

知识链接:

图12-125所示的标记文字的含义：17表示梯段的踏步数目，176.5mm表示踏步的高度。

默认情况下标记由引线与文字组成，引线端点未添加箭头。在“属性”选项板中单击“编辑类型”按钮，弹出“类型属性”对话框，在“引线箭头”中打开类型列表，在其中选择箭头样式，如选择“实心箭头30度”，如图12-127所示。单击“确定”按钮关闭对话框，为引线的端点添加箭头的效果如图12-128所示。

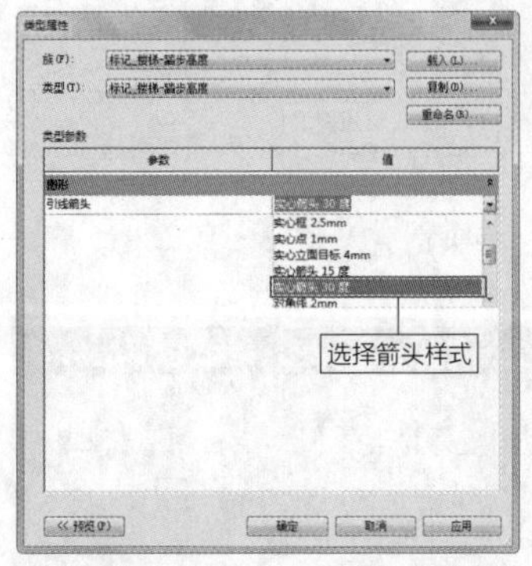

图 12-127 “类型属性”对话框

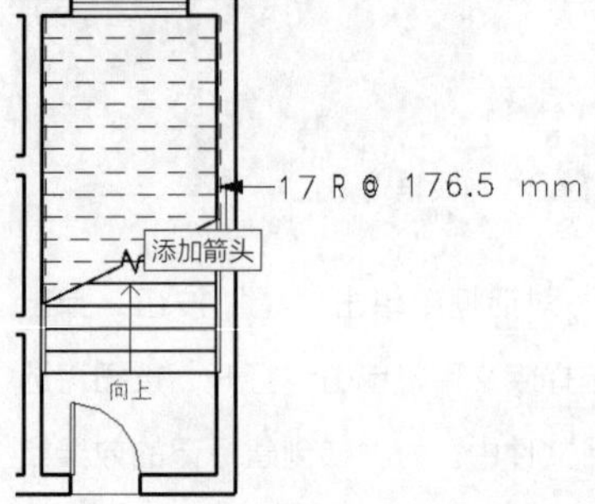

图 12-128 添加箭头

如何了解当前项目文件中载入了什么类型的标记？将鼠标指针置于“标记”面板名称上，单击右侧的向下箭头，弹出列表，选择“载入的标记和符号”命令，如图12-129所示。随即弹出“载入的标记和符号”对话框。

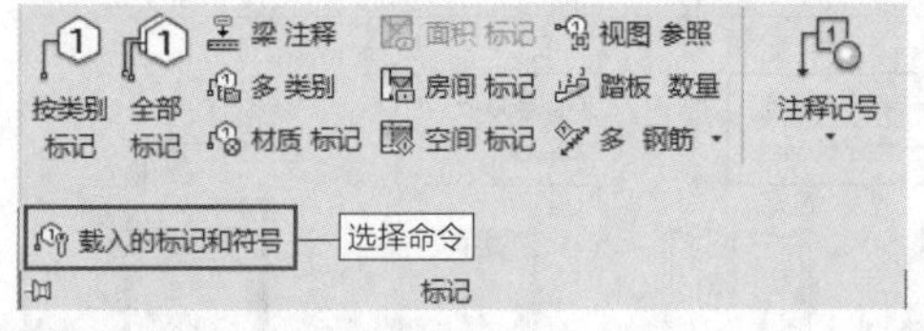

图 12-129 选择命令

在“过滤器列表”中显示规程类型，有建筑、结构、机械、电气、管道5个规程供选择，假如选择全部规程，会在选项中显示“<全部显示>”。在“类别”列表中显示标记和符号的名称，在“载入的标记”列表中显示已载入的标记的名称，在“载入的符号”列表中显示已载入的符号的名称。

在“类别”列表中定位到“楼梯”选项，单击展开子列表，显示已载入的楼梯标记的名称，如图12-130所示。单击“载入族”按钮，也可以弹出“载入族”对话框，执行载入族文件的操作。

图 12-130 “载入的标记和符号”对话框

12.3.2 实战——创建门、窗标记

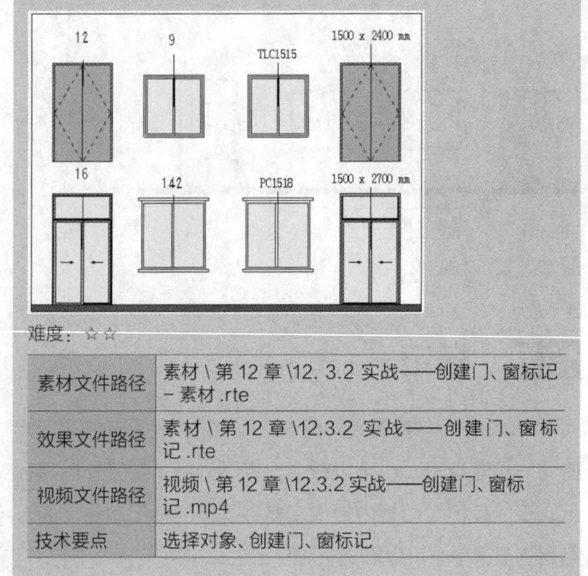

难度：☆☆

素材文件路径	素材\第 12 章\12. 3.2 实战——创建门、窗标记 - 素材 .rte
效果文件路径	素材\第 12 章\12.3.2 实战——创建门、窗标记 .rte
视频文件路径	视频\第 12 章\12.3.2 实战——创建门、窗标记 .mp4
技术要点	选择对象、创建门、窗标记

在创建门、窗模型图元时，在“标记”面板中单击“在放置时进行标记”按钮，可以在创建门、窗的同时也放置标记。也可以仅为指定的门、窗创建标记。本小节将介绍为立面样式的门、窗创建标记的操作方法。

Step 01 打开资源中的“第12章\12. 3.2 实战——创建门、窗标记-素材.rte”文件，如图12-131所示。

Step 02 在“标记”面板上单击“按类别标记”按钮，进入“修改|标记”选项卡；选择引线方向为“水平”，选择“引线”选项，设置引线端点的样式为“附着端点”样式，开始执行创建标记的操作。

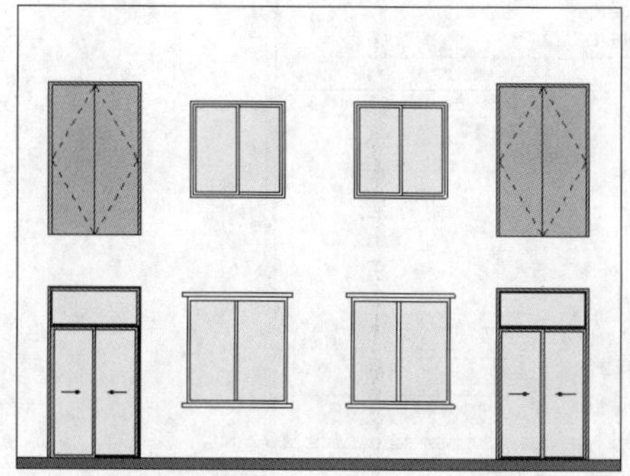

图 12-131 打开素材

Step 03 单击需要创建标注的双扇平开木门，完成创建标记的操作，如图12-132所示。

Step 04 观察创建效果，发现标记与平开木门重叠，不方便查看。选择门标记，转换为红色显示，将鼠标指针置于标记上的“移动”符号 ✥ ，如图12-133所示。按住并向上拖动鼠标。

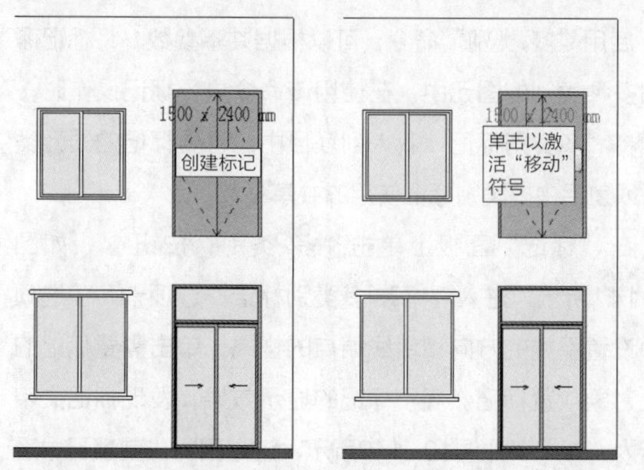

图 12-132 创建标记　　图 12-133 激活“移动”符号

Step 05 在合适的位置松开鼠标，向上调整标记位置的效果如图12-134所示。

Step 06 单击“标记”面板名称右侧的向下箭头，在弹出的列表中选择“载入的标记和符号”选项，弹出“载入的标记和符号”对话框。在“类别”列表中选择“门”选项，在“载入的标记”选项中打开“门标记”列表，在其中选择标记样式，如图12-135所示。单击“确定”按钮关闭对话框。

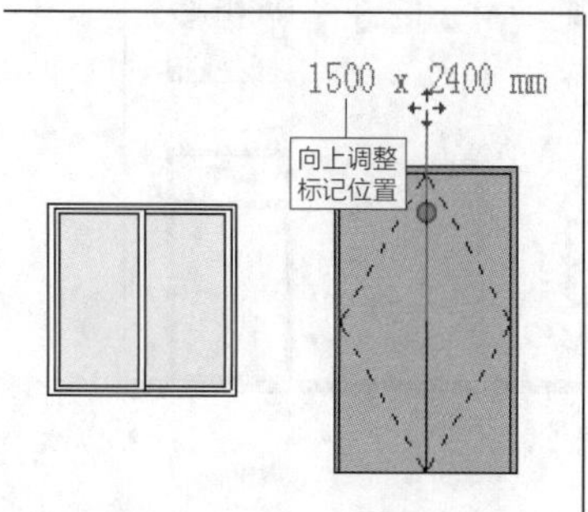

图 12-134 向上调整标记位置

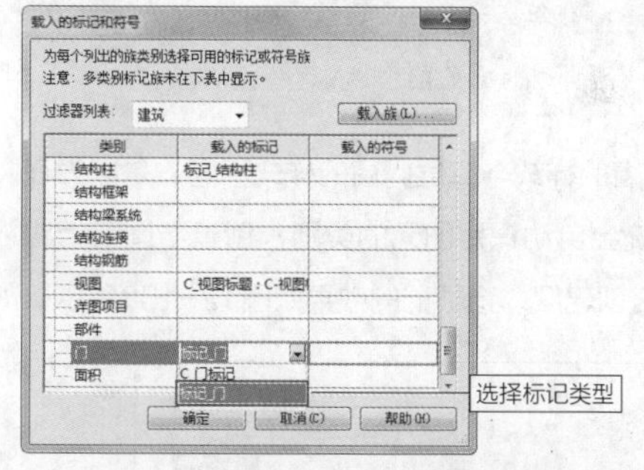

图 12-135 “载入的标记和符号”对话框

知识链接：

在“载入的标记和符号”对话框中修改标记样式后，已创建的标记不会受影响。

Step 07 启用“按类别标记”命令，为左侧的平开木门创建标记。因为更改了标记样式，所以新创建的标记将以更改后的标记样式显示，如图12-136所示。

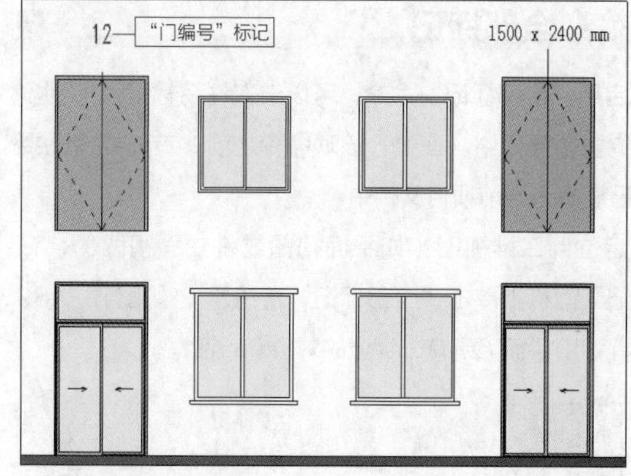

图 12-136 创建标记

Step 08 参考创建门标记的方法，为窗图元创建标记，效果如图12-137所示。

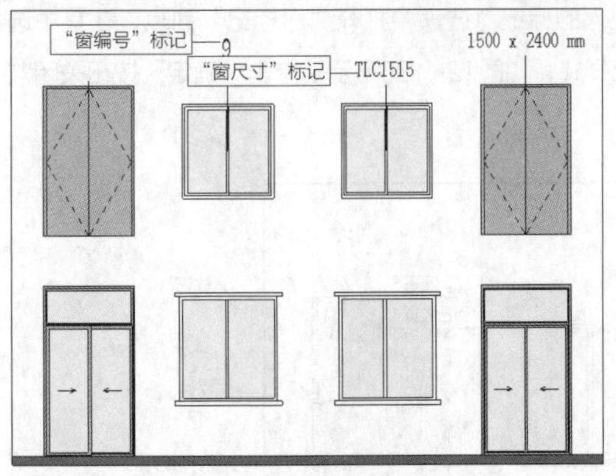

图 12-137 创建窗标记

延伸讲解：

实例中的"12"表示门编号，"1500×2400mm"表示门尺寸。作图时不同类型的标记显示的内容不同。

Step 09 一层门窗的样式与二层门窗的样式不同，是因为在创建标记时系统会自动识别图元的类别，创建与图元相对应的标记，最终创建门、窗标记的效果如图12-138所示。

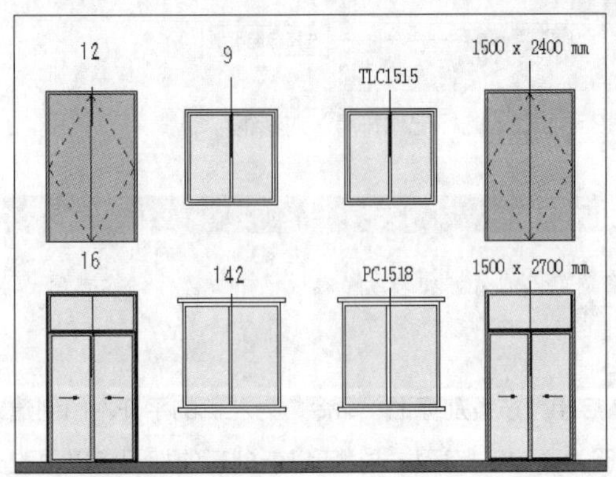

图 12-138 创建门、窗标记

12.3.3 全部标记 重点

启用"全部标记"命令，可以一次性将标记添加到多视图的多个图元中。在执行该项命令之前，首先要将需要的标记族载入当前项目文件中。

定位到二维视图（如平面视图或者立面视图），在"标记"面板上单击"全部标记"按钮，如图12-139所示，弹出"标记所有未标记的对象"对话框。

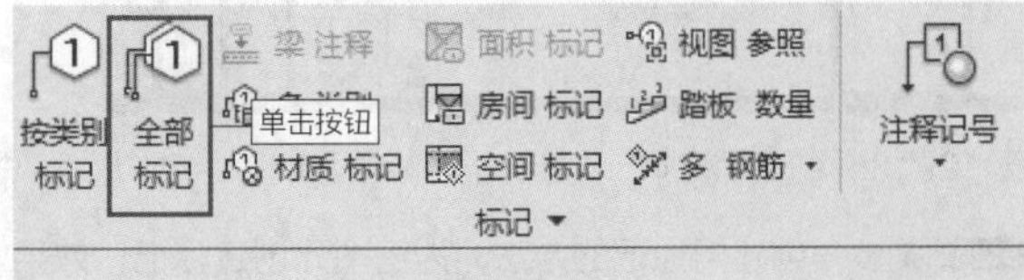

图 12-139 单击"全部标记"按钮

在对话框中会显示标记的类别与已载入的标记的名称。为指定类别的标记选择标记类型，如为"房间标记"类别选择名称为"标记_房间-有面积-方案-黑体-4-5mm-0-8"的标记，在为房间创建标记时，房间标记将以该类型进行显示。

选择"引线"选项，并设置"引线长度"与"标记方向"选项参数，单击"确定"按钮，可以执行"全部标记"的操作，如图12-140所示。

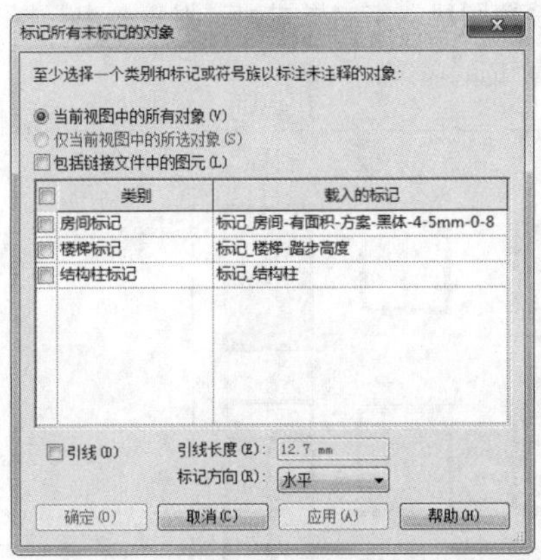

图 12-140 "标记所有未标记的对象"对话框

延伸讲解：

在执行完"全部标记"操作后，有时候会发现某些图元并没有被标记。此时可以启用"按类别标记"命令，为该图元单独创建标记。

12.3.4 多类别标记 重点

启用"多类别"命令，可以根据共享参数，将标记添加到多种类别的图元中。在使用该命令执行标记操作时，必须将"多类别标记"载入到项目中。将要标记的图元类别必须包括由多类别标记使用的共享参数。

在"标记"面板上单击"多类别"按钮，如图12-141所示。进入"修改|多类别标记"选项卡，在选项栏中设置引线的方向和引线端点的样式，单击需要标记的图元对象放置标记。观察标记的显示效果，发现标记文字显示为"？"，如图12-142所示，这是因为当前项目中没有载入"多类别标记"。

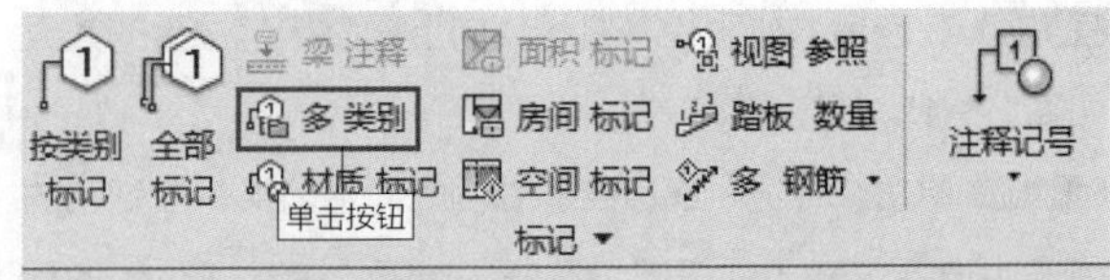

图 12-141 单击"多类别"按钮

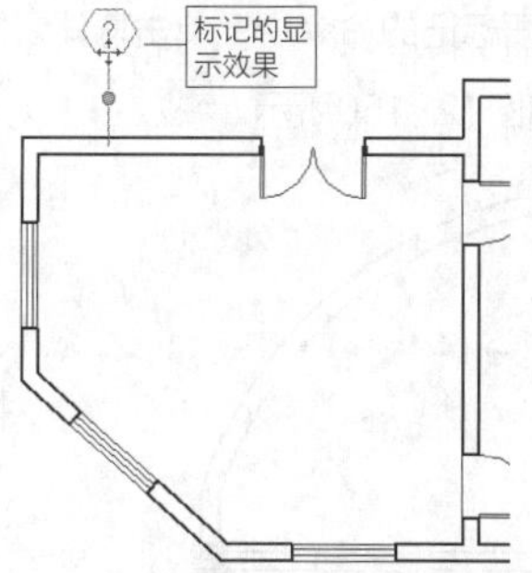

图 12-142　显示标记

执行“载入族”命令，将“标记_多类别”载入到项目文件中。弹出“标记所有未标记的对象”对话框，观察已载入的“标记_多类别”标记，如图12-143所示。此时再次执行“多类别”命令，为门、窗创建标记，效果如图12-144所示。

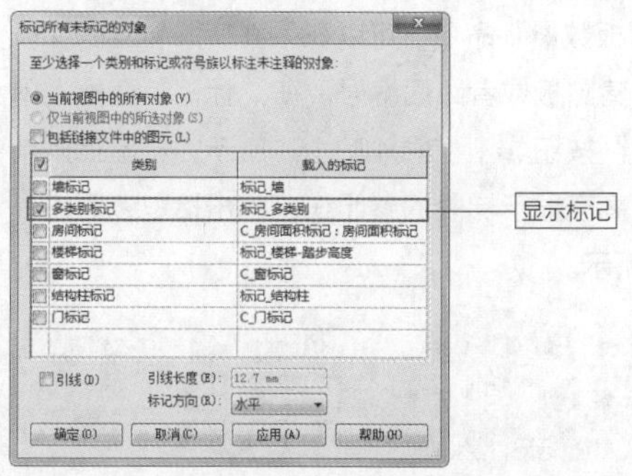

图 12-143　显示标记

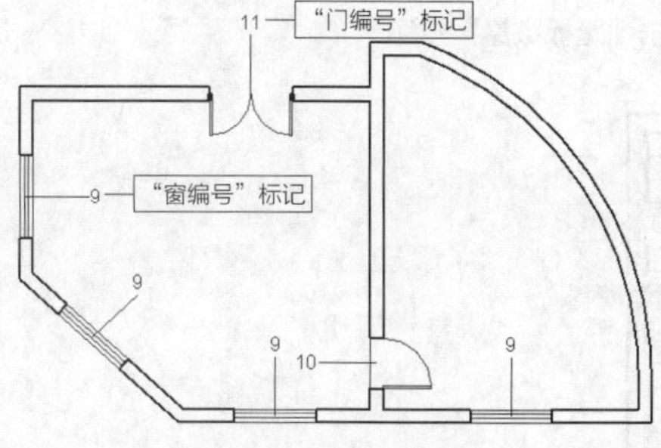

图 12-144　创建门、窗标记

延伸讲解：

图12-144所示的门、窗标记显示出门、窗的编号。

12.3.5　材质标记　难点

启用“材质标记”命令，可以为指定的图元创建标记以说明其材质。材质标记中的信息来自“材质浏览器”对话框，在“标识”选项卡的“名称”选项中显示材质名称。有时候材质标记创建完成后标记文字显示为“？”，此时可以双击问号输入材质名称。同时，“材质浏览器”对话框中“标识”选项卡的“名称”选项信息将会自动更新，信息与材质标记相同。

在“标记”面板上单击“材质 标记”按钮，如图12-145所示。进入“修改|标记材质”选项卡，在选项栏中指定引线的方向，引线端点的样式默认设置为“自由端点”样式，并且不可更改。

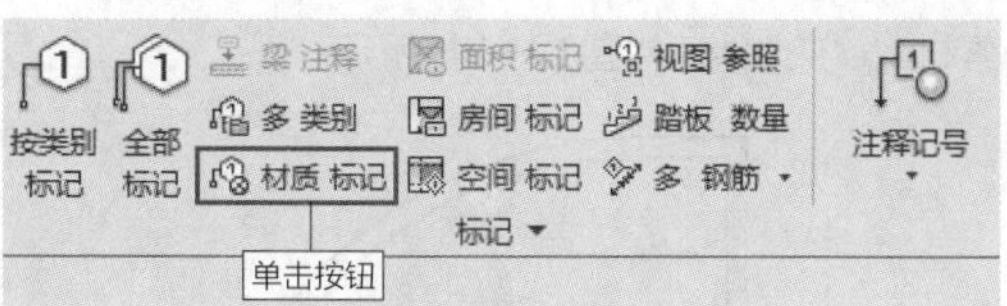

图 12-145　单击“材质 标记”按钮

在待标记的图元上单击指定引线的起点，移动鼠标指针指定引线的终点，创建楼板的材质标记的效果如图12-146所示。

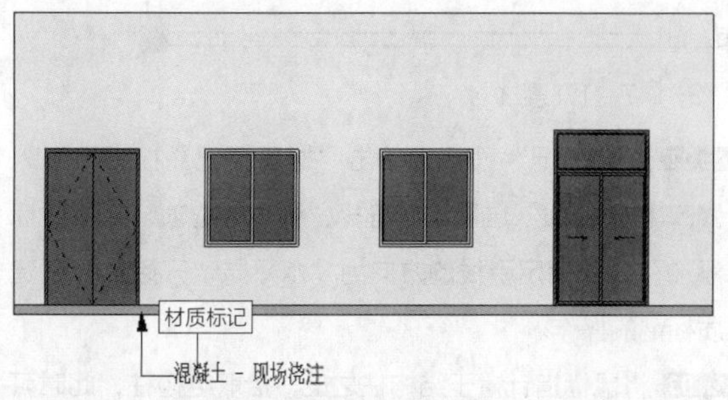

图 12-146　创建楼板的材质标记

延伸讲解：

材质标记的默认样式是不带引线箭头的，单击“属性”选项板中的“编辑类型”按钮，弹出“类型属性”对话框，打开“引线箭头”列表，在其中选择箭头样式，单击“确定”按钮关闭对话框，可以为材质标记添加引线箭头。

12.3.6　实战——创建材质标记

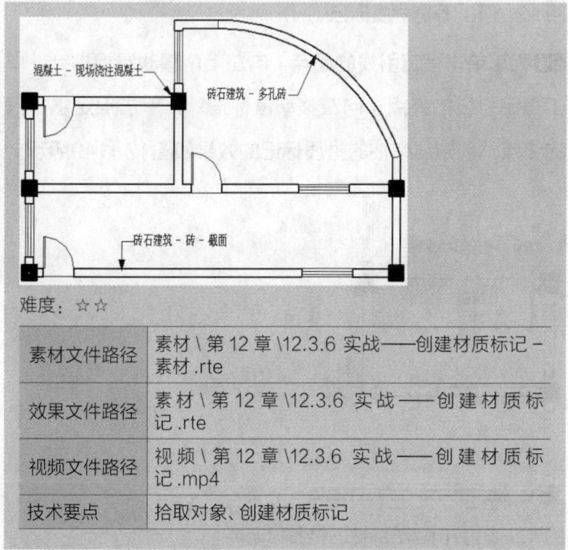

难度：☆☆

素材文件路径	素材 \ 第 12 章 \12.3.6 实战——创建材质标记 - 素材 .rte
效果文件路径	素材 \ 第 12 章 \12.3.6 实战——创建材质标记 .rte
视频文件路径	视频 \ 第 12 章 \12.3.6 实战——创建材质标记 .mp4
技术要点	拾取对象、创建材质标记

在12.3.5小节中介绍了为楼板创建材质标记的操作方法，本小节将介绍为墙体和结构柱创建材质标记的操作方法。

Step 01 打开资源中的“第12章\12.3.6 实战——创建材质标记-素材.rte”文件，如图12-147所示。

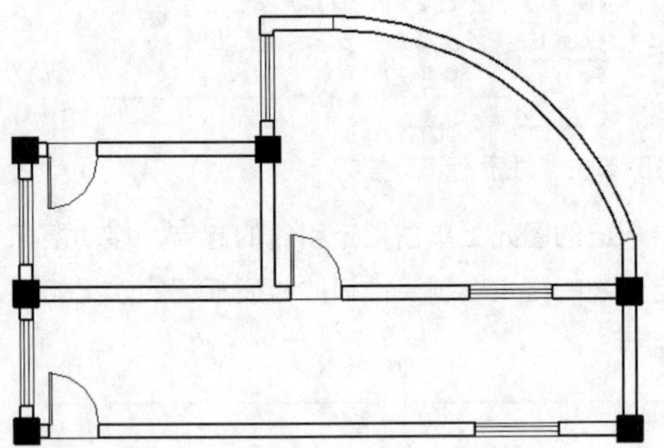

图 12-147 打开素材

Step 02 在“标记”面板上单击“材质标记”按钮，进入“修改|标记材质”选项卡，选择“引线”选项，为材质标记添加引线；指定引线的方向为“水平”，开始执行创建材质标记的操作。

Step 03 将鼠标指针置于结构柱之上，拾取结构柱，此时可以预览材质标记，效果如图12-148所示。

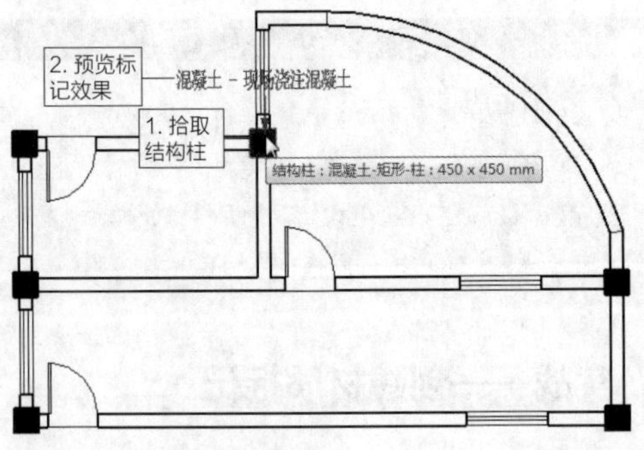

图 12-148 预览材质标记

Step 04 单击指定引线的起点，向左上角移动鼠标指针，单击指定引线的终点；向左移动鼠标指针，单击指定水平段的终点，创建结构柱的材质标记的效果如图12-149所示。

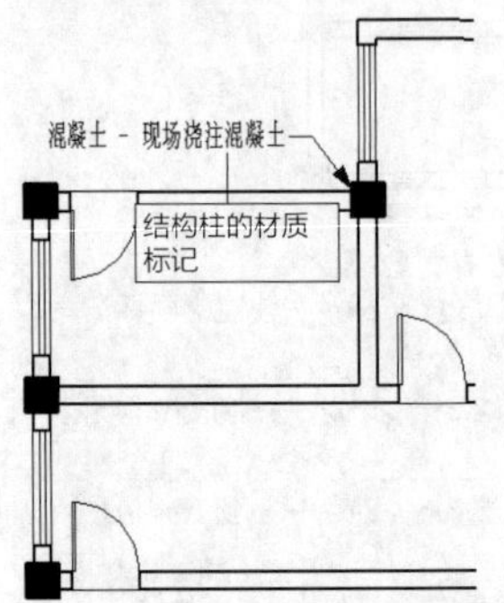

图 12-149 创建结构柱的材质标记

Step 05 此时仍然处于创建材质标记的命令中，单击墙体，为墙体创建材质标记，效果如图12-150所示。

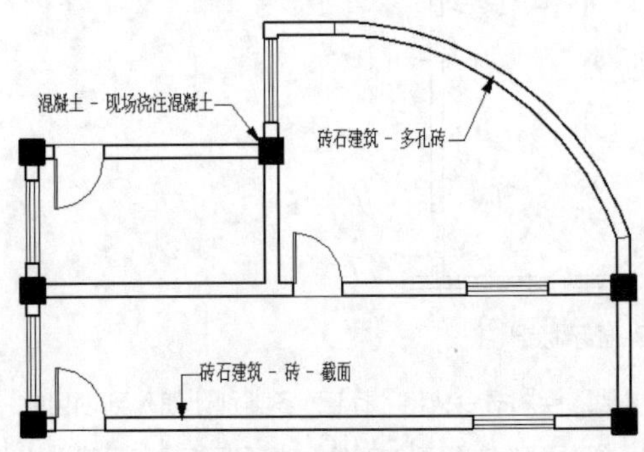

图 12-150 创建墙体的材质标记

12.3.7 标记踏板数量 重点

启用“踏板数量”命令，可以在平面梯段、立面梯段和剖面梯段创建踏板或者踢面编号。在“标记”面板上单击“踏板数量”按钮，如图12-151所示。将鼠标指针置于梯段上，高亮显示梯段的参照线，单击拾取参照线，如图12-152所示。

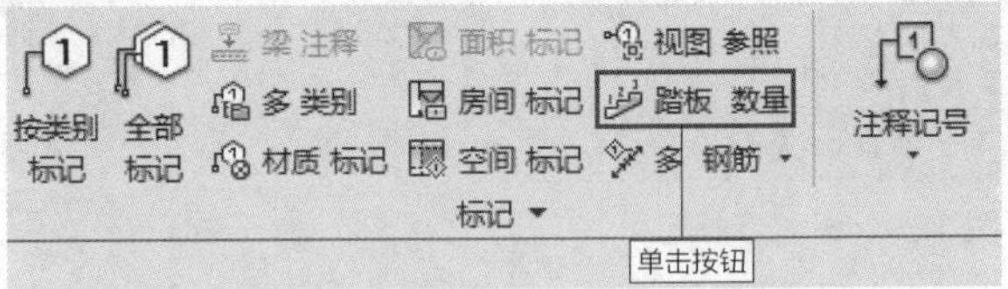

图 12-151 单击“踏板数量”按钮

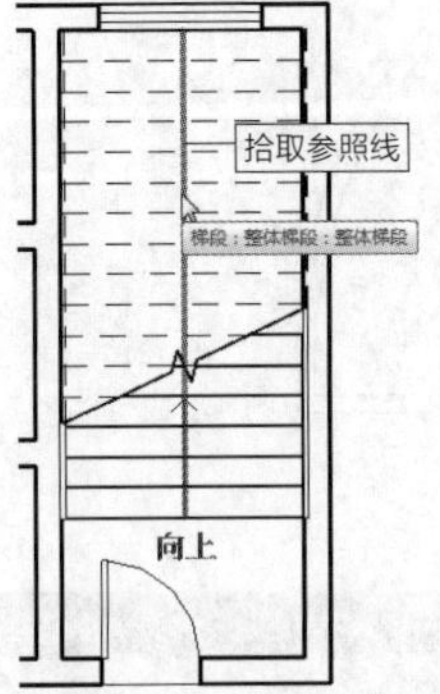

图 12-152 拾取参照线

系统以所拾取的参照线为基准，放置楼梯的踢面编号，如图12-153所示，起始编号默认为1。选择踢面编号，在“属性”选项板中显示编号的属性参数，如图12-154所示。单击“标记类型”选项，在弹出的列表中显示“踢面”和“踏板”选项，选择“踏板”选项，可以放置梯段的踏板标记。此外，通过修改其他选项参数，如“相对于参照的偏移”“对齐”等，可以定义编号的对齐方式和偏移距离等参数。

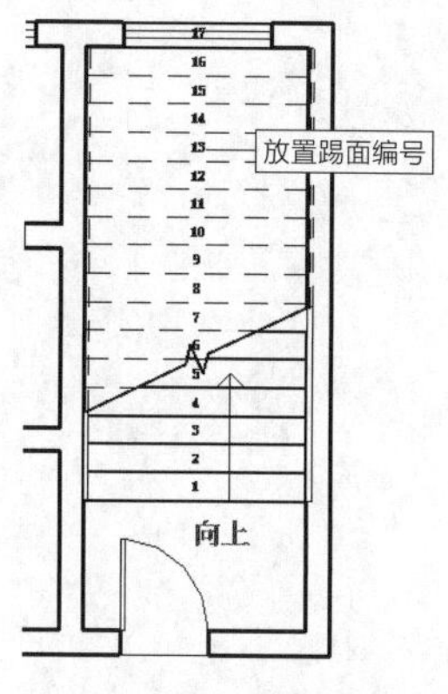

图 12-153 放置踢面编号

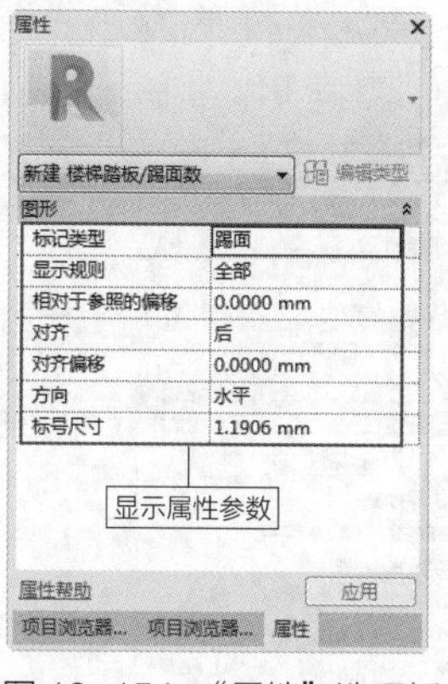

图 12-154 “属性”选项板

切换到立面视图，观察为梯段放置踢面编号的效果，如图12-155所示。在默认情况下，踢面编号紧贴着踏面轮廓线。通过修改“属性”选项板中“相对于参照的偏移”选项参数，可以调整踢面编号与踢面轮廓线的间距。

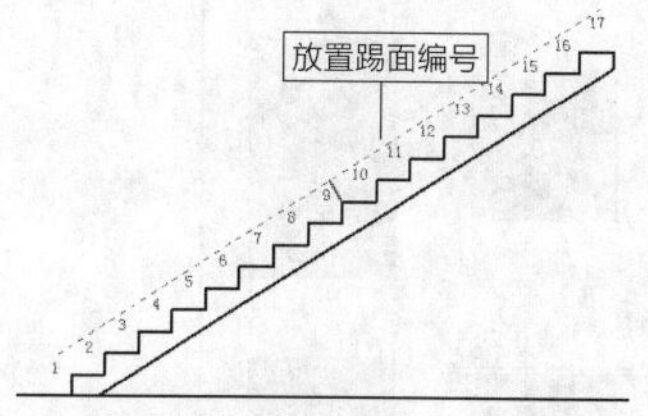

图 12-155 立面视图

选择踢面编号，进入“修改|楼梯踏板/踢面数”选项卡，可以在选项栏的“起始编号”选项中自定义参数，如图12-156所示。默认值为1，修改参数后，系统可以自动更新编号。

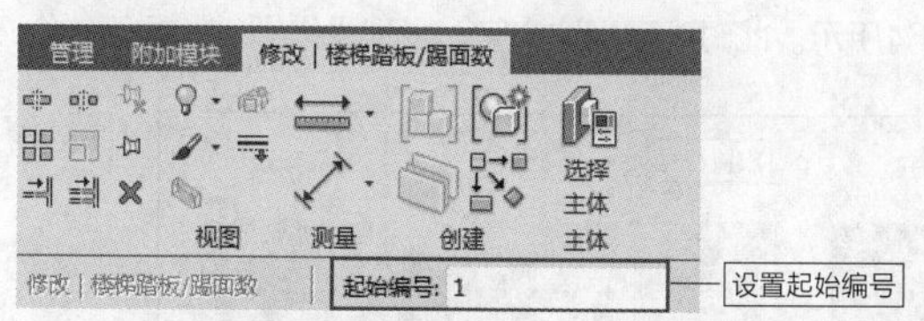

图 12-156 设置起始编号

延伸讲解：

在三维视图中，“踏板数量”命令按钮显示为灰色，表示在三维视图中该命令不可调用。

12.4 符号

启用“符号”命令，可以在二维视图中放置符号。需要注意的是，符号仅在其所在视图中显示。如在立面视图中创建的符号，在平面视图中是不可见的。在三维视图中“符号”命令是不可调用的。

12.4.1 调用“符号”命令 重点

选择“注释”选项卡，在“符号”选项卡中单击“符号”按钮，如图12-157所示。系统弹出提示对话框，提醒用户“项目中未载入常规注释族。是否要现在载入？”。单击“是”按钮弹出“载入族”对话框，选择注释族文件，单击“打开”按钮，将其载入到项目文件中。

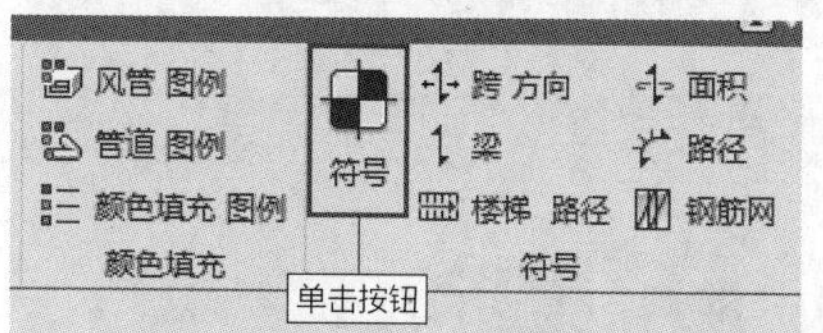

图 12-157 单击“符号”按钮

进入图12-158所示的“修改|放置 符号”选项卡，在选项栏的“引线数”选项中设置引线数目，默认引线数为0。选择“放置后旋转”选项，在指定符号的插入点后，通过定义旋转角度可以旋转符号。

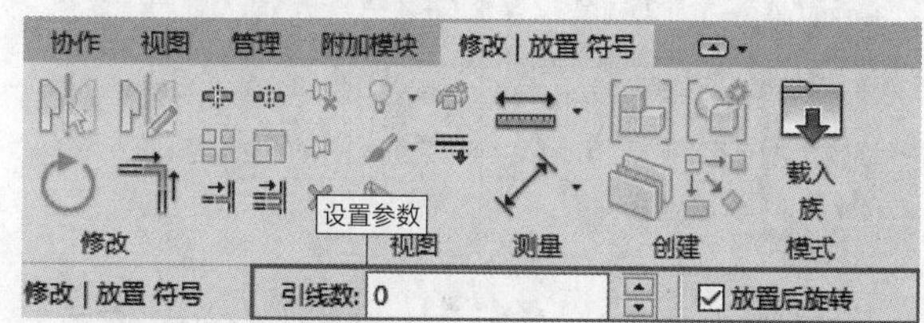

图 12-158 “修改|放置 符号”选项卡

延伸讲解：

需要载入指定的符号族，才可以通过启用“符号”命令来放置符号。单击“修改|放置 符号”选项卡的“载入族”按钮，可以从外部载入符号族。

在“属性”选项板中打开类型列表，在其中显示了项目文件中包含的各种类型的符号，如图12-159所示。选择其中的一种，在绘图区中单击插入点，可以在指定的位置放置符号。图12-160所示为放置坐标索引、指北针、排水符号和可调三角形符号的效果。

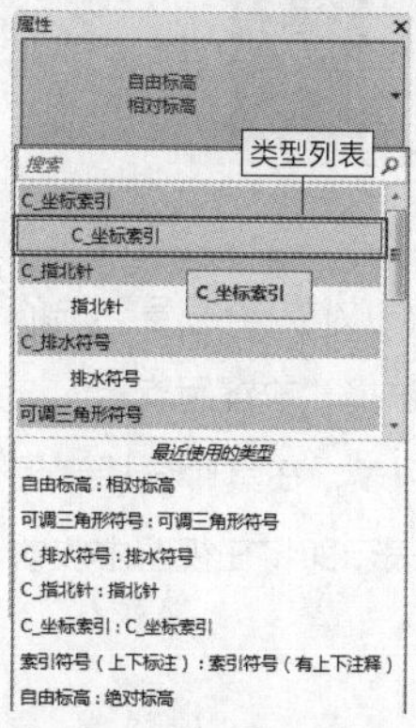

图 12-159 类型列表

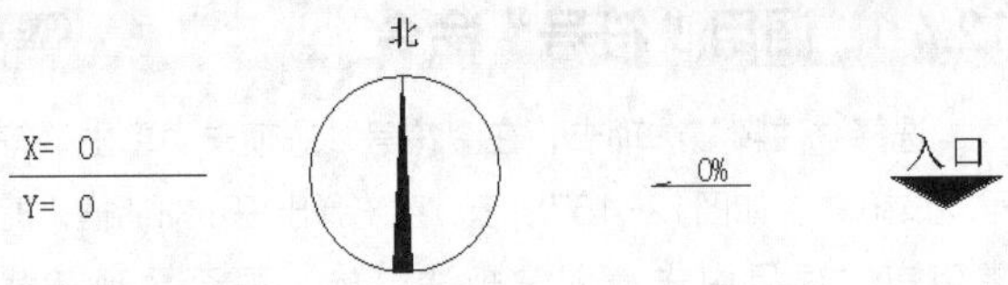

图 12-160 放置符号

12.4.2 实战——放置标高符号

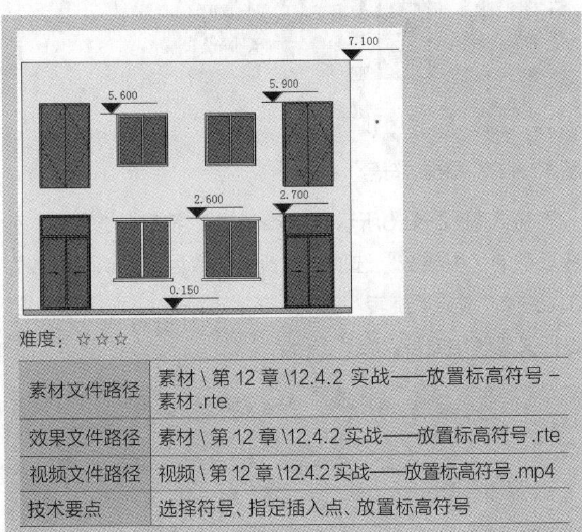

难度：☆☆☆

素材文件路径	素材 \ 第 12 章 \12.4.2 实战——放置标高符号 - 素材 .rte
效果文件路径	素材 \ 第 12 章 \12.4.2 实战——放置标高符号 .rte
视频文件路径	视频 \ 第 12 章 \12.4.2 实战——放置标高符号 .mp4
技术要点	选择符号、指定插入点、放置标高符号

通过启用“符号”命令，可以将多种类型的符号放置到二维视图中。本小节介绍运用“符号”命令将标高符号放置到立面视图的操作方法。

Step 01 打开资源中的“第12章\12.4.2 实战——放置标高符号-素材.rte”文件，如图12-161所示。

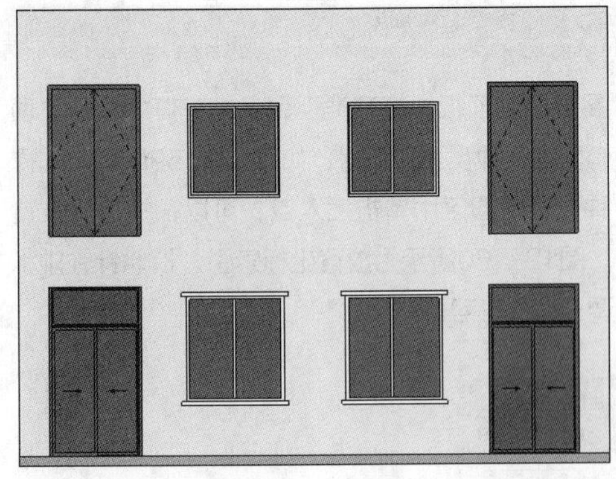

图 12-161 打开素材

Step 02 启用“符号”命令，进入“修改|放置 符号”选项卡，保持“引线数”值为0不变，不选择“放置后旋转”选项。在“属性”选项板中打开类型列表，在其中选择“相对标高”类型，如图12-162所示，表示即将在视图中放置“相对标高”符号。

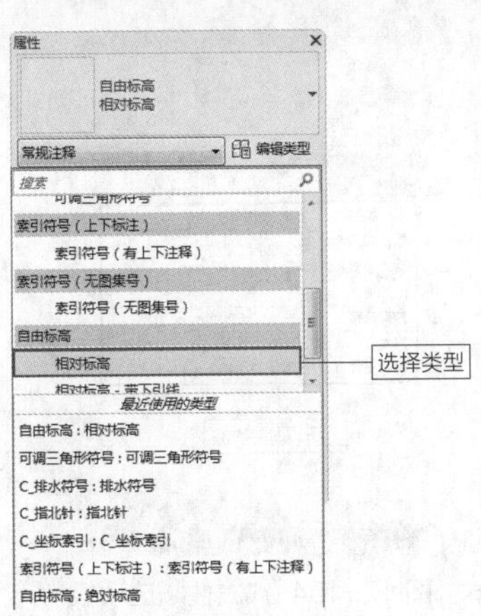

图 12-162 选择类型

Step 03 将鼠标指针置于待放置标高符号的立面窗轮廓线上，指定插入点，如图12-163所示。

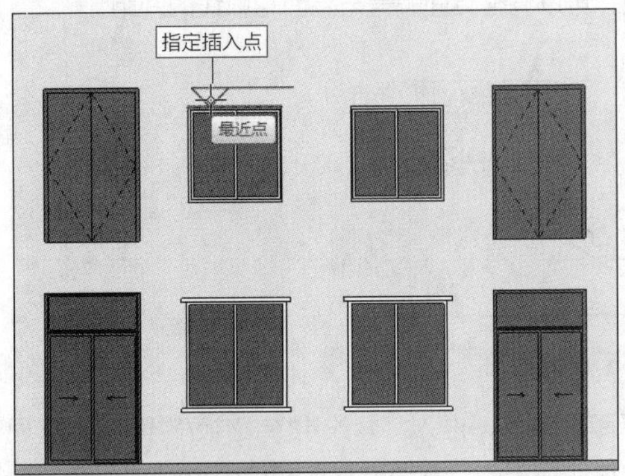

图 12-163 指定插入点

Step 04 在指定的点处单击，放置标高符号的效果如图12-164所示。此时观察标注文字，发现是以“？”显示的。

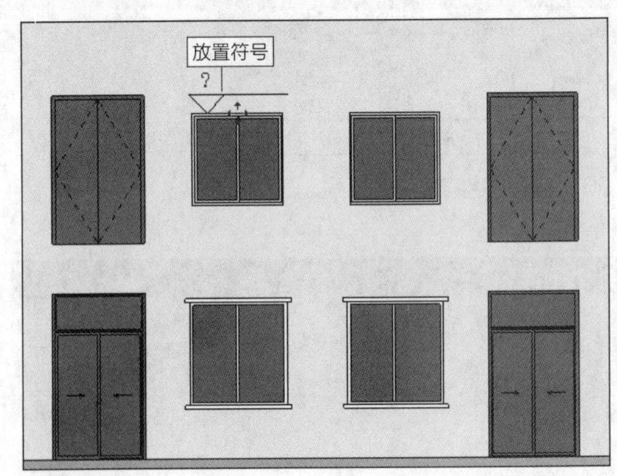

图 12-164 放置符号

Step 05 选择标高符号，单击“？”，进入可编辑模式，输入标高参数，如图12-165所示。

Step 06 在空白区域单击，退出编辑状态，修改标高参数的效果如图12-166所示。

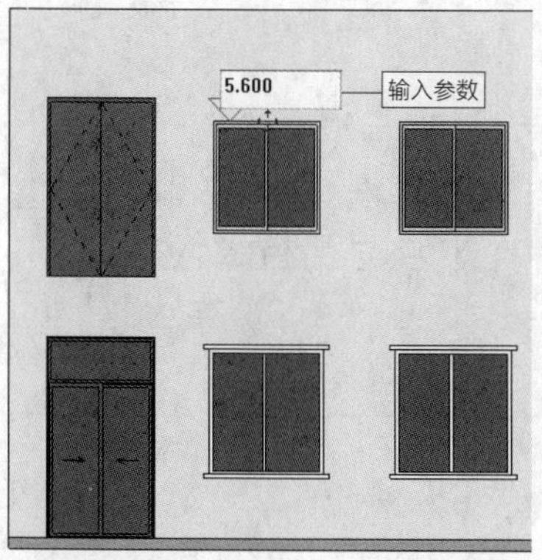

图 12-165 输入参数

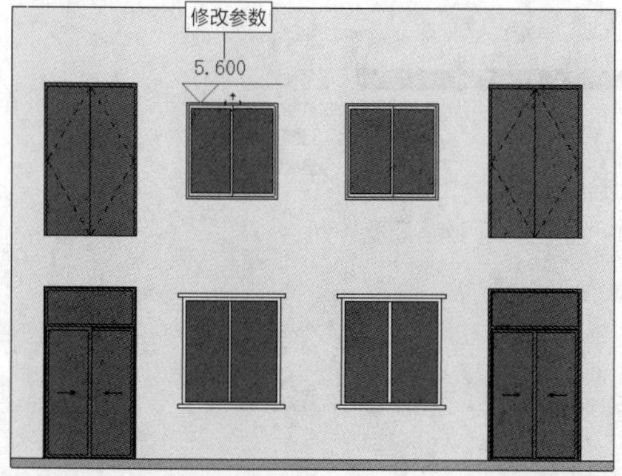

图 12-166 修改参数

Step 07 选择标高符号后，在“属性”选项板中修改“标高”选项参数，如图12-167所示。单击“应用”按钮，同样可以修改标高值。

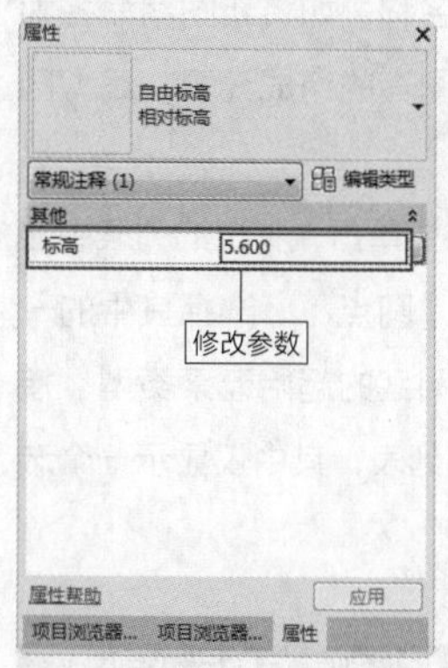

图 12-167 修改参数

Step 08 在“属性”选项板中单击“编辑类型”按钮，打开“类型属性”对话框，打开“引线箭头”选项列表，在其中选择箭头的样式为“实心立面目标4mm”；依次选择“引线打开”“填充打开”“下引线打开”选项，如图12-168所示，修改标高符号的显示样式。

Step 09 单击“确定”按钮关闭对话框，修改标高符号样式的效果如图12-169所示。

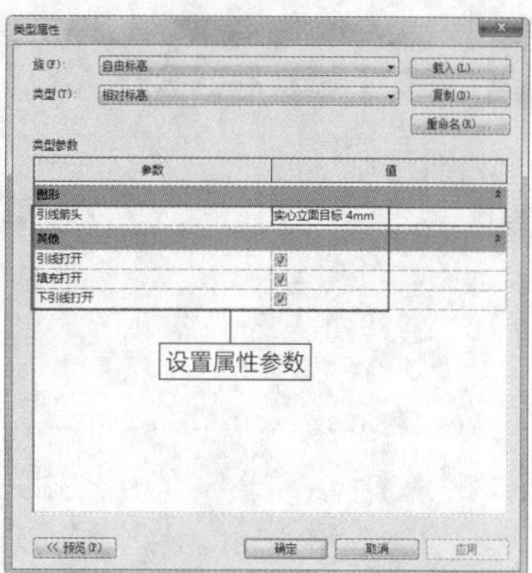

图 12-168 “类型属性”对话框

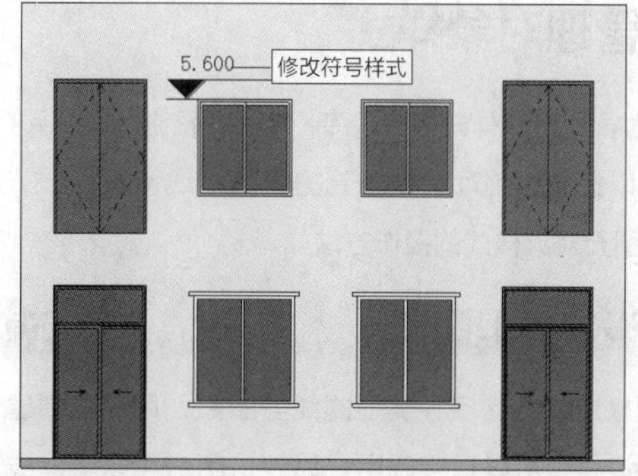

图 12-169 修改符号样式

延伸讲解：

选择“填充打开”选项，标高符号中的三角形以实体填充图案显示；选择“下引线打开”选项，在标高符号的三角形下方显示水平引线。

Step 10 再次启用“符号”命令放置“相对标高”符号，发现新建标高符号的样式与已创建的标高符号的样式相同，效果如图12-170所示。这是因为在“类型属性”对话框中修改了“相对标高”类型符号的属性，影响了所有的“相对标高”符号的显示样式。

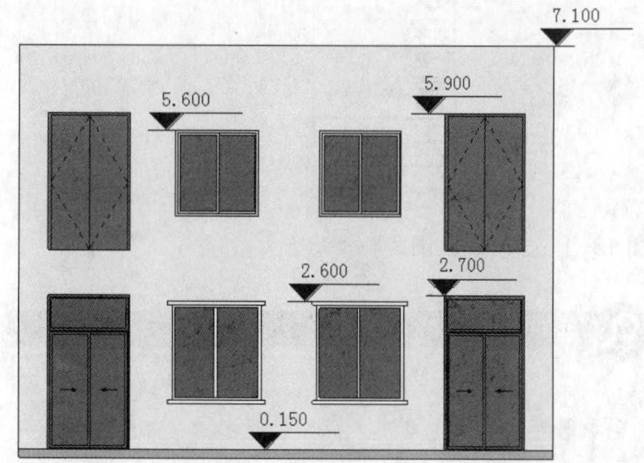

图 12-170 放置符号

第 3 篇 高级应用篇

第13章 管理对象及视图

施工图中包含多种类型的图元，这些图元的属性包括线型、线宽、颜色等，通过设置图元的属性，可以控制图元在视图中显示样式。为同一类型的图元设置相同的属性，方便管理图元。

学习目标

13.1 管理对象样式

Revit为管理对象样式提供了专门的命令，通过启用这些命令，可以控制当前项目中图元的线型、线宽等。本节将介绍设置图元对象样式的操作方法。

13.1.1 设置线型图案 重点

项目模板默认包含多种类型的线型图案，用户在创建图元对象的过程中可以直接调用。另外，用户可以新建线型图案，或者编辑、删除、重命名已有的线型图案。

选择“管理”选项卡，在“设置”面板上单击“其他设置”按钮，在弹出的列表中选择“线型图案”命令，如图13-1所示。打开“线型图案”对话框，在对话框中显示模板默认创建的各种类型的线型图案，如图13-2所示。

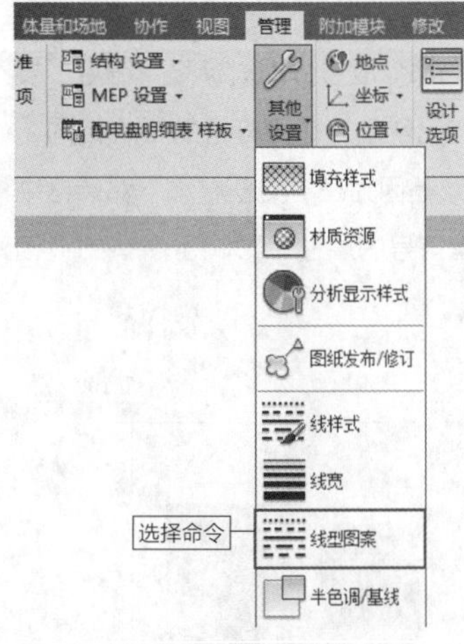

图 13-1 选择“线型图案”命令

延伸讲解：

将鼠标指针置于图案列表右侧的矩形滑块上，按住并向下拖动鼠标，可以查看列表中所有的线型图案。

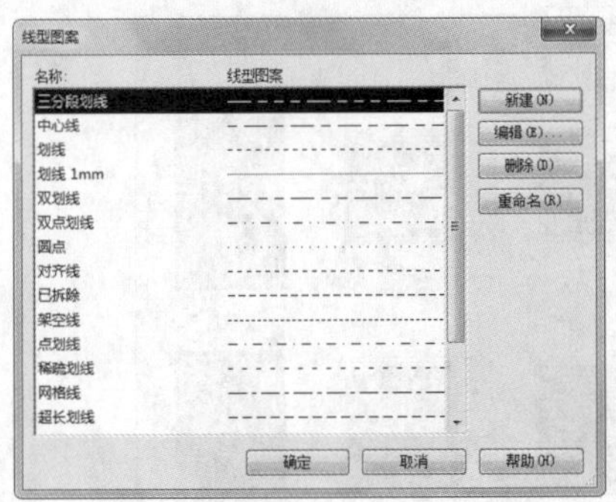

图 13-2 “线型图案”对话框

通过启用对话框右上角的命令按钮，可以新建、编辑、删除或重命名线型图案。单击“新建”按钮，弹出图13-3所示的“线型图案属性”对话框。注意阅读对话框中的说明文字，有助于了解新建线型图案的注意事项。在“名称”选项中设置线型图案的名称，如将新图案命名为“坡道轮廓线”。在列表中设置图案的组成元素，线型图案由划线、点与空格组成。

在第1行中的“类型”单元格中单击，弹出的列表中显示两个选项，分别是“划线”与“圆点”。选择其中的一项，如选择“划线”选项，定义图案的起始元素类型。接着在第2行的“类型”选项中打开列表，其中仅显示一个选项，即“空间”选项。

答疑解惑：第 3 行中的“类型”列表又显示“划线”与“圆点”选项，这是为什么？

这是因为，在第1行与第3行中将图案类型设置为“划线”或者“圆点”后，这两个图案之间需要存在一定的距离，才可以被识别。所以第2行的“类型”选项中仅“空间”一项供选择。同理，因为第3行与第5行的图案也需要设置一定的间隔，所以第4行中也只有“空间”选项。

在“值”选项中设置参数，表示线型图案被打印到图纸上的长度值。视图中线型图案的显示效果受到视图比例的影响，因此当调整视图比例时，系统会自动调整线型图案的显示效果。

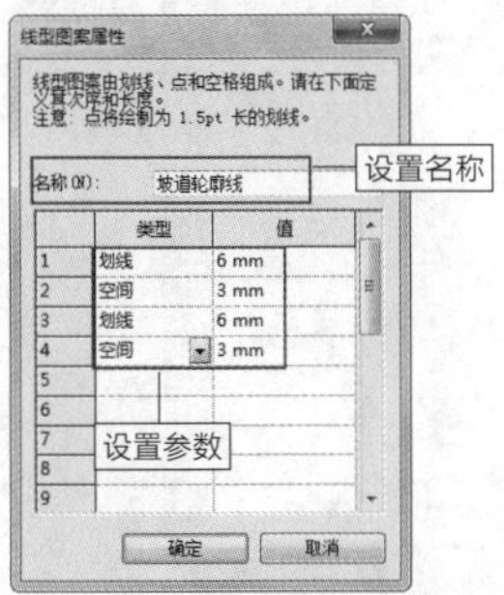

图 13-3　“线型图案属性”对话框

单击“确定”按钮关闭“线型图案属性”对话框，返回“线型图案”对话框。在列表中显示新建的线型图案“坡道轮廓线”，如图13-4所示。

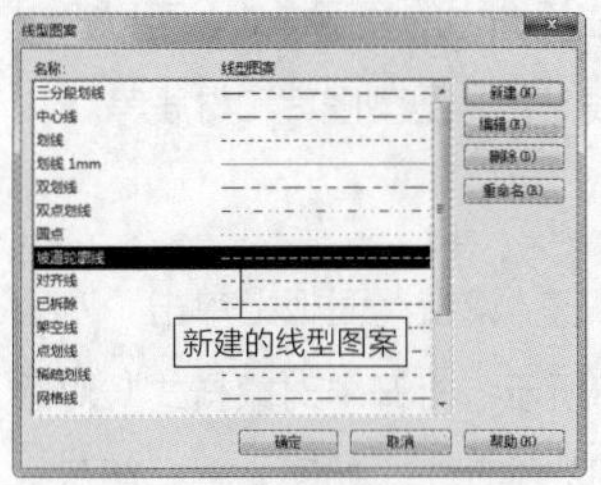

图 13-4　新建的线型图案

知识链接：

要为图元应用指定的线型图案，需要在“设置”面板中单击“对象样式”按钮，弹出“对象样式”对话框，在其中执行修改图元线型图案的操作。

在列表中选择线型图案，单击右侧的“编辑”按钮，弹出“线型图案属性”对话框，如图13-5所示。在其中设置图案名称与属性参数，单击“确定”按钮关闭对话框，完成修改线型图案属性参数的操作。

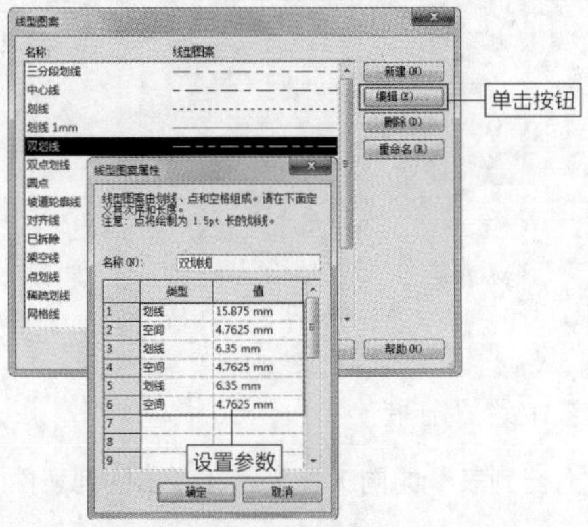

图 13-5　修改线型图案属性

单击“重命名”按钮，弹出“重命名”对话框，如图13-6所示。在其中显示线型图案的旧名称，在“新名称”选项中设置新名称，单击“确定”按钮关闭对话框，完成重命名线型图案的操作。

图 13-6　重命名线型图案

13.1.2　设置线宽　重点

选择“管理”选项卡，在“设置”面板上单击“其他设置”按钮，在弹出的列表中选择“线宽”命令，如图13-7所示。打开“线宽”对话框，默认选择“模型线宽”选项卡，在其中显示了16种模型线宽，如图13-8所示。线宽用来控制墙与窗等图元对象的线宽，列表中的每一种线宽都可以满足不同的视图线条要求。

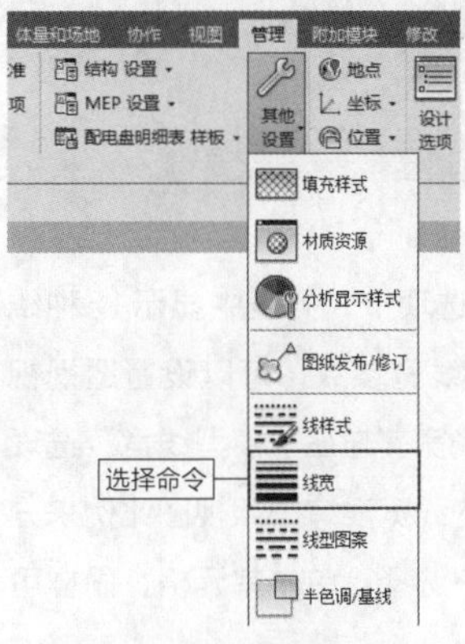

图 13-7　选择“线宽”命令

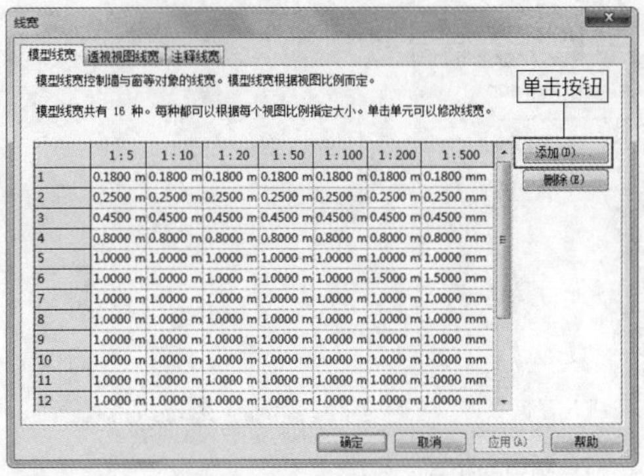

图 13-8　“线宽”对话框

在列表的右侧单击“添加”按钮，弹出“添加比例”对话框。在“比例”选项上打开比例列表，列表中显示多种视图比例，选择其中的一种，如选择1:2，如图13-9所示。单击“确定”按钮关闭对话框，在线宽列表中添加了一个以1:2命名的新表列，如图13-10所示。在表列中显示16种线宽参数，单击单元格，可以修改线宽参数。

在列表中选择任一表列，单击右侧的“删除”按钮，可以删除选中的表列，其余的表列会自动向前调整位置。

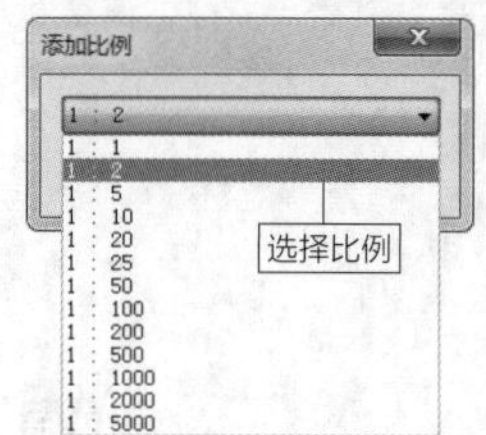

图 13-9 选择比例

图 13-10 添加新的线宽参数

选择“透视视图线宽”选项卡，列表中显示16种线宽，如图13-11所示。修改线宽参数，可以设置透视视图中的墙与窗等图元对象的线宽。与在“模型线宽”选项卡中不同，“透视视图”中的线宽没有按照视图比例来分类，仅仅提供多种线宽供用户选择。单击单元格，同样可以自定义线宽参数。

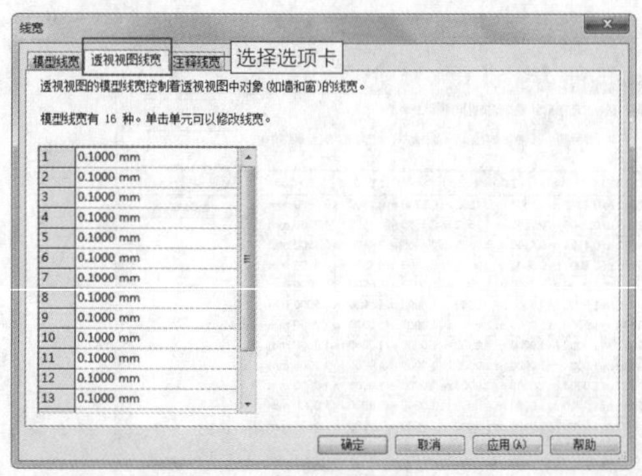

图 13-11 “透视视图线宽”选项卡

选择“注释线宽”选项卡，如图13-12所示。通过设置线宽参数，调整注释对象在视图中的显示效果。用户可以使用默认的线宽参数，也可以通过单击单元格，进入可编辑模式，自定义线宽参数。

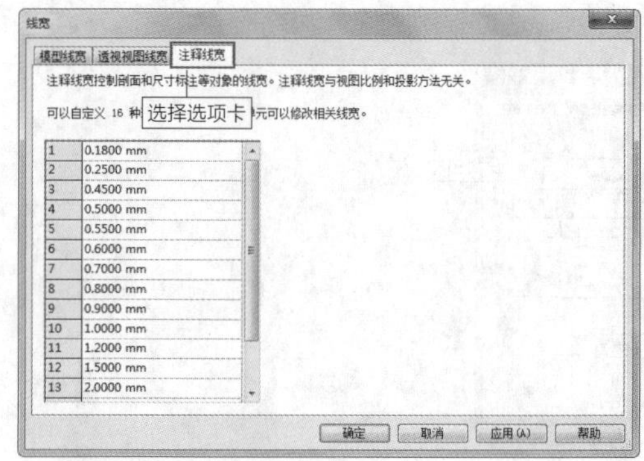

图 13-12 “注释线宽”选项卡

13.1.3 设置对象样式 重点

在“对象样式”对话框中可以设置指定图元对象的各种样式参数，最终影响对象在视图中的显示样式。可以设置的对象样式属性包括线宽、线颜色、线型图案和材质等。

1.“对象样式”对话框

选择“管理”选项卡，在“设置”面板上单击“对象样式”按钮，如图13-13所示。打开“对象样式”对话框，在对话框中包含4个不同的选项卡，如图13-14所示，分别是“模型对象”选项卡、“注释对象”选项卡、“分析模型对象”选项卡和“导入对象”选项卡。选择不同的选项卡，可以为不同类型的对象设置样式参数。

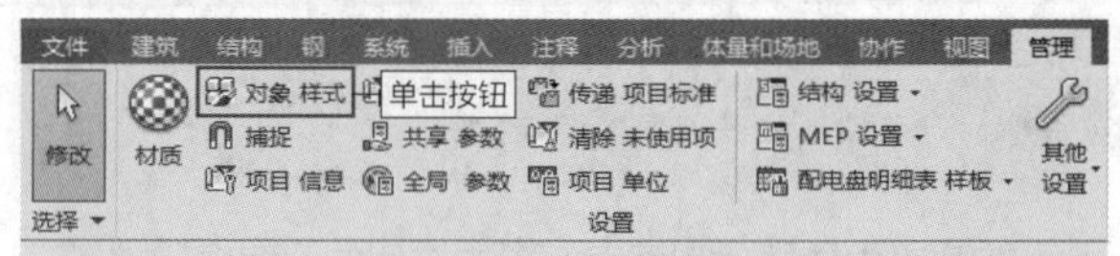

图 13-13 单击“对象样式”按钮

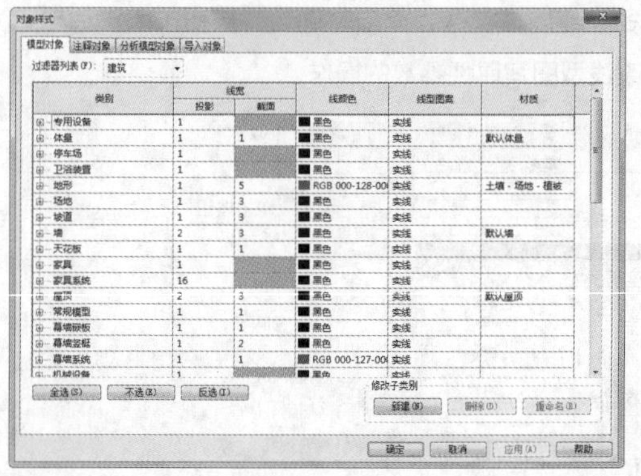

图 13-14 “对象样式”对话框

单击“过滤器列表”的向下箭头，在弹出的列表中显示5种规程供用户选择，分别是“建筑”“结构”“机械”“电气”“管道”，如图13-15所示。默认选择“建筑”规程，同时在列表中显示多种建筑对象，如墙体、门、窗、楼梯、坡道等。

全选列表中的5个规程，“过滤器列表”选项中显示“<全部显示>”选项，如图13-16所示。同时列表中对象的种类与类别实时更新，同时显示5个规程中的所有图元对象。

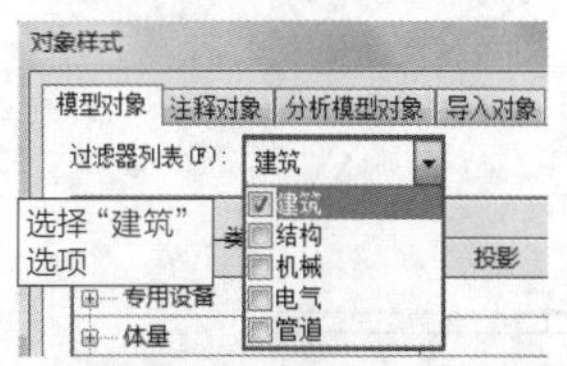

图 13-15 选择“建筑”选项

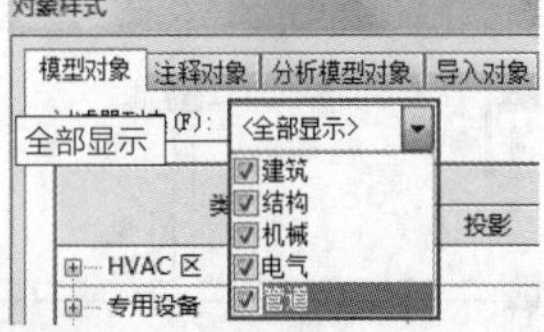

图 13-16 全部显示

延伸讲解：

如果在列表中不选择任何规程，那么在“过滤器列表”中显示“<均不显示>”选项，并且列表显示为空白。

选择“注释对象”选项卡，并在“过滤器列表”中选择规程，如选择“建筑”选项，在列表中显示多种建筑注释对象，如图13-17所示。与“模型对象”选项卡中的显示内容不同，在“注释对象”选项卡中没有“截面”列与“材质”列。因为注释对象与模型对象不同，不具备截面，而且也不需要为“注释对象”设置材质。

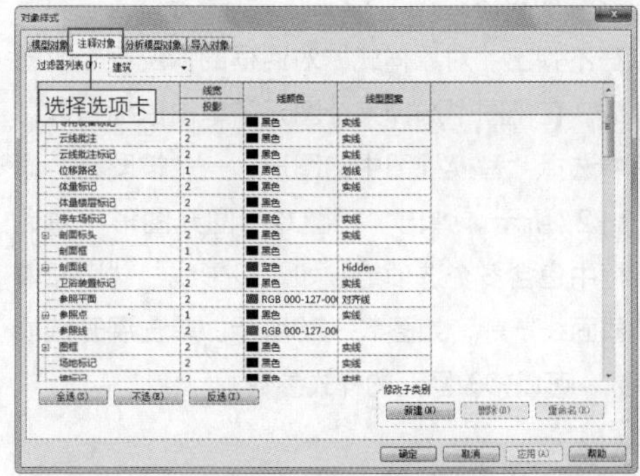

图 13-17 “注释对象”选项卡

选择“分析模型对象”选项卡，在其中取消了“过滤器列表”选项，仅显示各种类型分析模型的样式参数，如图13-18所示。列表中灰色显示的单元格表示不可编辑，如“截面”列呈灰色显示，表示该列参数不可被编辑。

选择“导入对象”选项卡，在其中显示导入的对象的信息。例如，启用“导入CAD”命令，从外部文件中导入CAD文件，在“导入对象”选项卡中就可以显示CAD图纸的相关信息，如图13-19所示。单击展开导入图纸的信息列表，可以显示图纸包含的内容。例如，展开导入的CAD图纸，可以显示图纸中包含的所有图层。

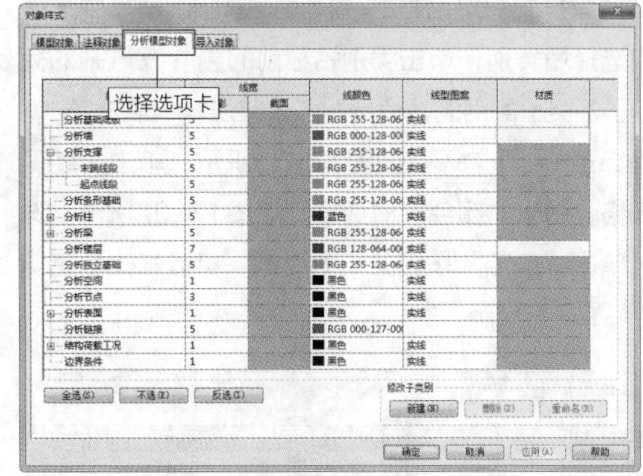

图 13-18 “分析模型对象”选项卡

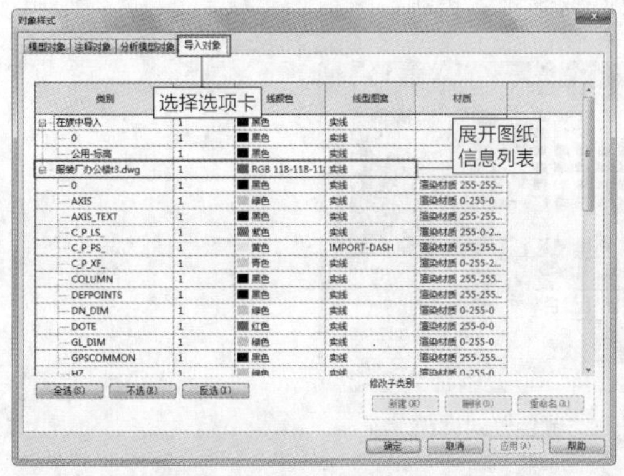

图 13-19 “导入对象”选项卡

单击“修改子类别”选项组中的“新建”按钮，弹出图13-20所示的“新建子类别”对话框。在“名称”选项中设置子类别的名称，打开“子类别属于”列表，在其中选择类别，如选择“墙”类别，则新建的子类别位于“墙”类别中。新建子类别后，可以自定义其线宽、线颜色与线型图案等参数。

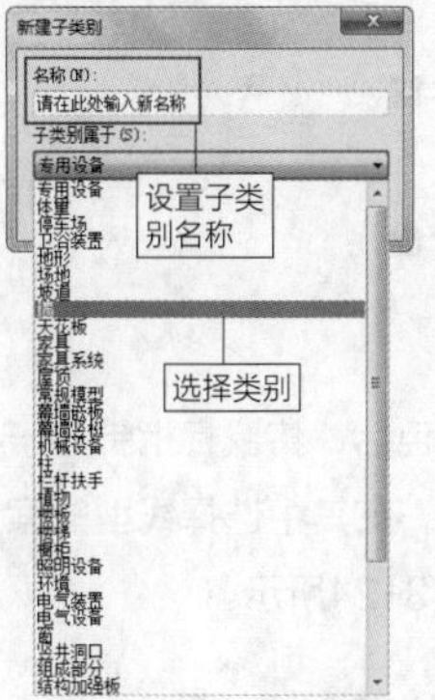

图 13-20 “新建子类别”对话框

知识链接：

在“导入对象”选项卡中也可以显示从外部链接到Revit中的文件的信息，如链接的Revit明细和CAD图纸。

2. 修改对象样式

在“对象样式”对话框的“模型对象”选项卡中选择类别，如选择墙类别，单击类别名称前的⊞，在展开的列表中显示了各类子类别的名称，如“公共边”“墙饰条-檐口”“墙饰条-贴面”等，如图13-21所示。单击“线颜色”单元格，弹出“颜色”对话框，如图13-22所示。选择颜色，单击“确定”按钮关闭对话框，可以修改指定类别的颜色。

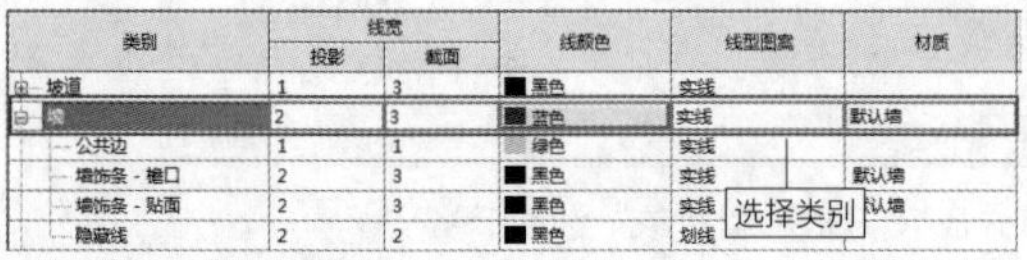

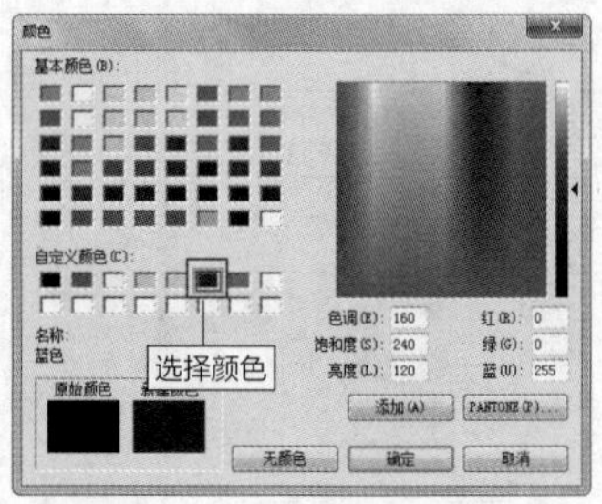

图 13-21 选择“墙”类别

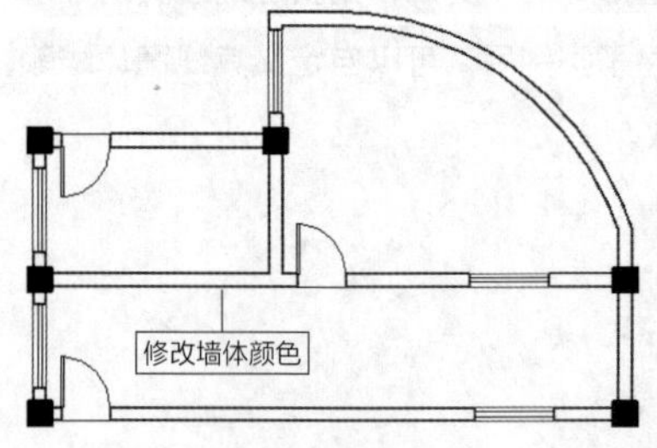

图 13-22 “颜色”对话框

经过上述操作后，将“墙”类别的颜色设置为蓝色。单击“确定”按钮关闭对话框，观察视图中墙体颜色的显示效果，发现墙体的颜色已被修改为蓝色，如图13-23所示。默认情况下将墙体的“线型图案”设置为“实线”，在“线型图案”列表中选择图案样式，可以修改墙体的线型图案。

图 13-23 修改墙体颜色

选择“窗”类别，在设置其颜色后，将鼠标指针置于“线型图案”单元格中，打开列表，在其中选择线型图案类型，如选择“虚线”类型，如图13-24所示。

图 13-24 修改参数

单击“确定”按钮关闭对话框，发现窗图元的颜色和线型图案均被修改，效果如图13-25所示。通过执行上述的操作，可以修改指定图元的样式参数，如颜色、线型图案等。平面图中还包含其他各种类型的图元，如门、柱等，图13-26所示为将门图元的颜色修改为“洋红”的效果。通过设置图元对象在视图中的显示效果，可以丰富图纸的表现形式，不拘泥于黑白的显示样式。

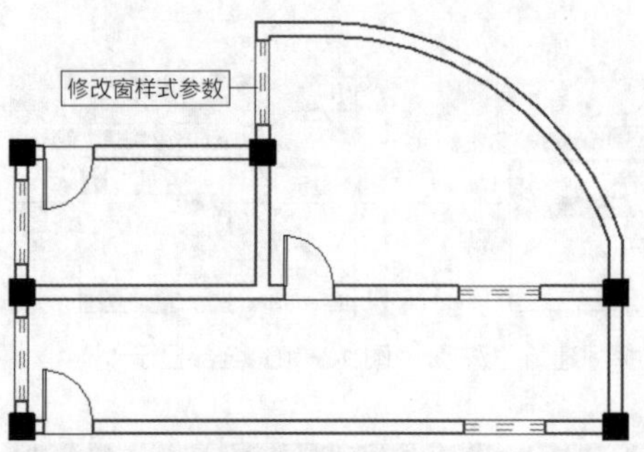

图 13-25 修改窗样式参数

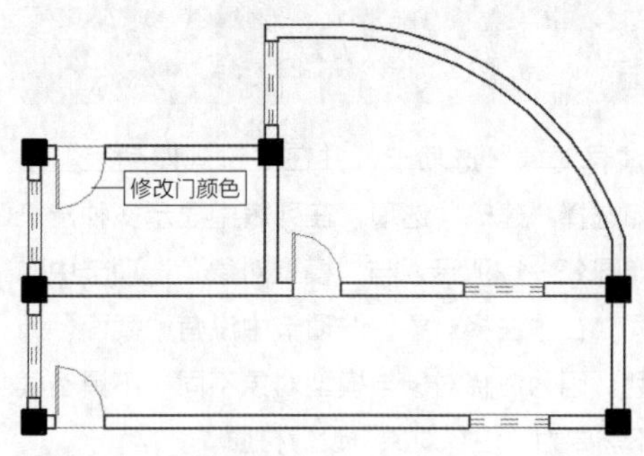

图 13-26 修改门颜色

也可以在不弹出“对象样式”对话框的情况下修改图元的样式参数。在视图中选择某个图元，单击鼠标右键，在快捷菜单中选择“替换视图中的图形”→“按图元”命令，如图13-27所示。弹出“视图专用图元图形”对话框，在对话框中包含多个选项组，如“投影线”“表面填充图案”“截面线”等，如图13-28所示。单击展开选项组，修改参数，可以修改图元的样式参数。

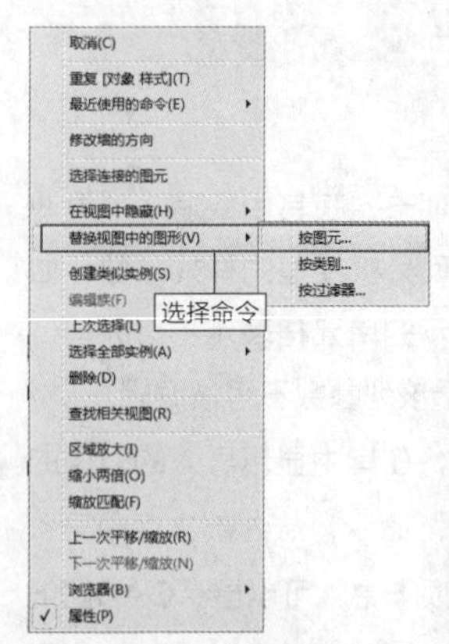

图 13-27 选择命令

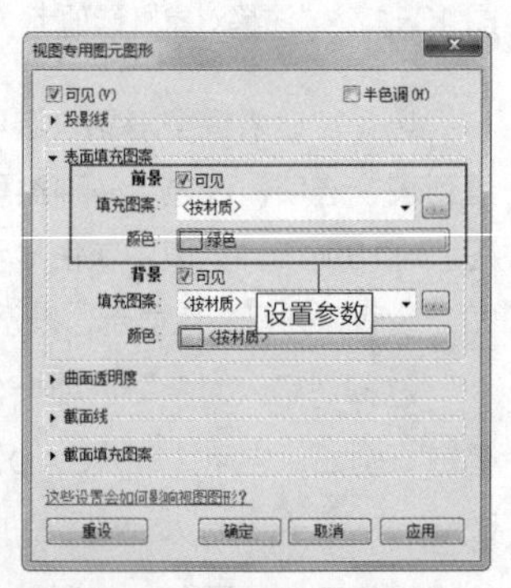

图 13-28 “视图专用图元图形”对话框

13.2 控制视图

Revit中的视图类型有平面视图、立面视图、剖面视图、三维视图等，这些视图中包含的内容来自三维模型的剖切截面轮廓线或者投影轮廓线，在不同类型的视图中显示不同的样式。可以根据需要来设置视图的属性，如视图比例、详细程度等。

13.2.1 设置视图的显示属性 难点

在视图中不选择任何图形，在“属性”选项板中显示的就是当前视图的属性，如图13-29所示。“楼层平面”选项中显示“楼层平面：F3”，表示当前视图是F3视图。单击“编辑类型”按钮，弹出“类型属性”对话框，如图13-30所示。在对话框中显示当前视图属于“系统族：楼层平面”中的一个名称为“楼层平面”的族类型。

“详图索引标记”选项中显示索引标记的类型为“详图索引标头，包括3mm转角半径”。在“查看应用到新视图的样板”选项中显示当前视图所应用的样板的名称，假如没有应用任何样板，选项中显示为“<无>”。单击弹出“指定视图样板”对话框，在其中为视图指定样板，或者修改样板的参数。

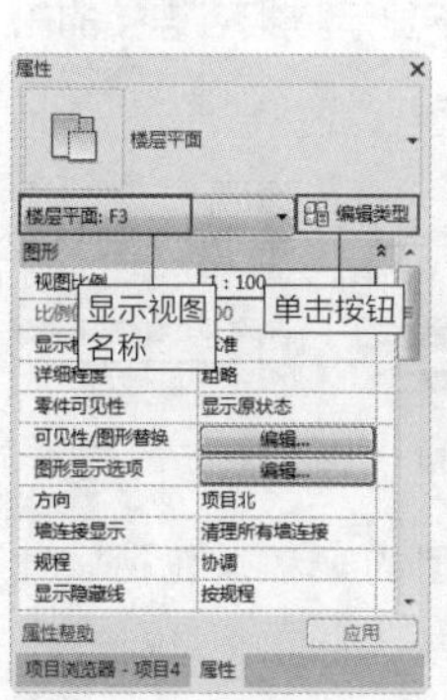

图 13-29 “属性”选项板

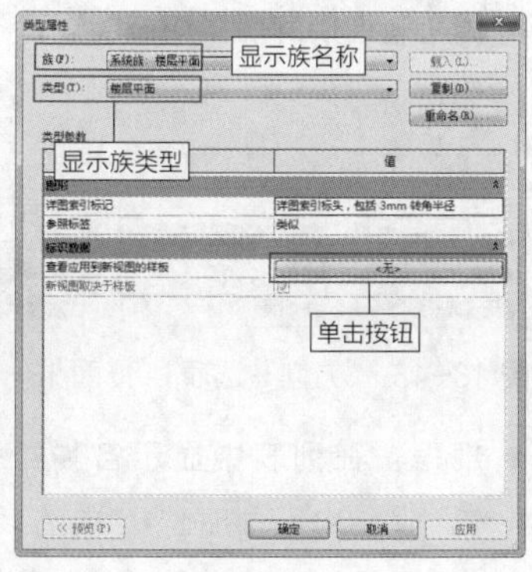

图 13-30 “类型属性”对话框

“图形”选项组中各选项的含义介绍如下。

- 视图比例：显示当前视图的比例，默认视图比例为1：100。打开比例列表，在列表中选择比例，可以更改当前视图的比例，如图13-31所示。
- 比例值1：该选项由系统来定义，用户不可自定义。在“视图比例”选项中设置视图比例后，该选项参数随之更新。将“视图比例”设置为1:100，该选项值显示为“100”。
- 显示模型：设置模型在视图中的显示样式，默认选择“标准”样式，如图13-32所示。选择“半色调”选项，模型在视图中显示样式为半透明。用户可以自定义“半色调”参数。选择“管理”选项卡，在“设置”面板上单击“其他设置”按钮，在弹出的列表中选择“半色调/基线”命令，如图13-33所示。弹出“半色调/基线”对话框，在对话框的“半色调”选项中设置“亮度”值，控制模型在视图中的显示样式，如图13-34所示。

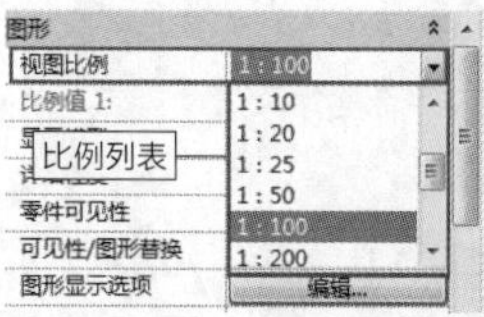

图 13-31 “视图比例”列表

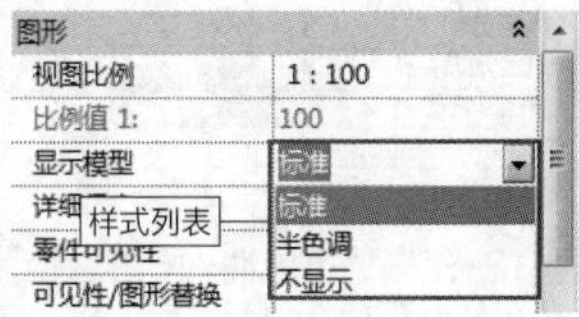

图 13-32 “显示模型”列表

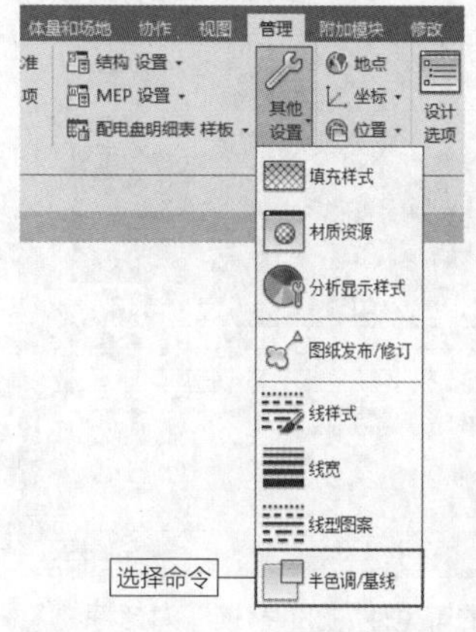

图 13-33 选择“半色调/基线”命令

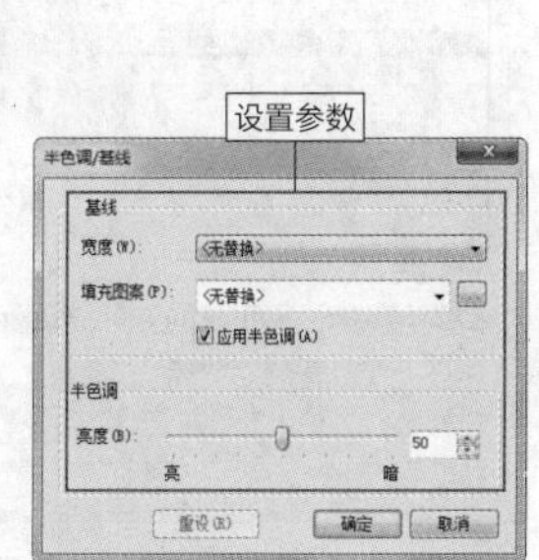

图 13-34 “半色调/基线”对话框

- 详细程度：设置模型的显示程度，默认选择“粗略”样式，如图13-35所示。打开列表，显示3种样式供选择，分别是“粗略”“中等”“精细”。“粗略”样式占用的系统内存较少，“精细”样式占用的系统内存较多。
- 零件可见性：设置零部件的显示样式，默认选择“显示原状态”样式，如图13-36所示。在列表中提供3种显示样式供选择，分别是“显示零件”“显示原状态”“显示两者”。

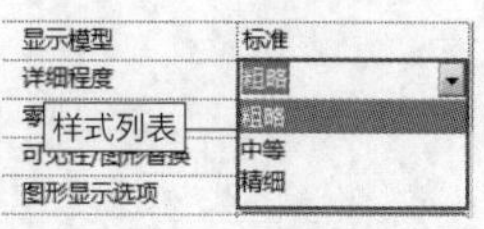

图 13-35 “详细程度”列表

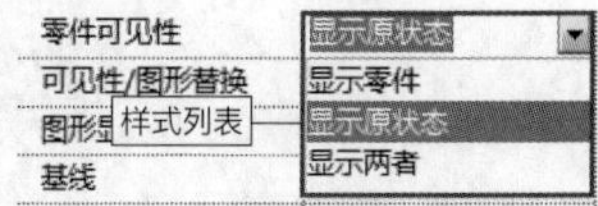

图 13-36 “零件可见性”列表

- 可见性/图形替换：单击“编辑”按钮，如图13-37所示。弹出“楼层平面：F3的可见性/图形替换”对话框，在列表中选择任一类别，如选择“停车场”类别，展开子类别列表。在列表中显示“停车场”子类别的名称，如“停车场布局”“停车场规划”等。单击选择其中的选项，在选项前显示“√”，如图13-38所示，表示该项被选中，即该项在视图中可见。例如，“停车场布局”“停车场规划”“参照线”选项未被选中，这3项在视图中不可见；“带”“条纹”“隐藏线”3项被选中，这3项在视图中为可见状态。

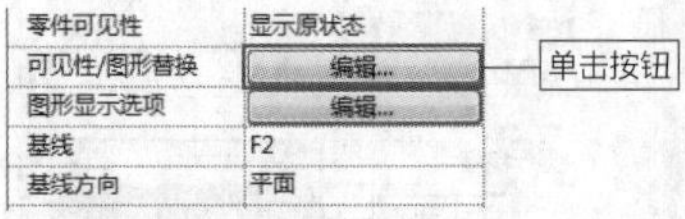

零件可见性	显示原状态
可见性/图形替换	编辑...
图形显示选项	编辑...
基线	F2
基线方向	平面

单击按钮

图 13-37 “可见性 / 图形替换”选项

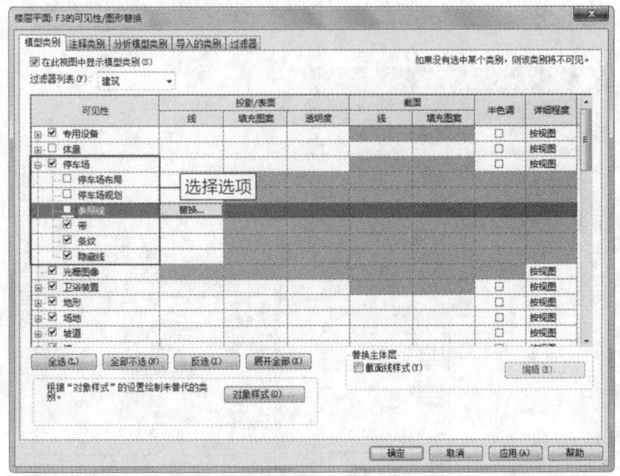

图 13-38 “楼层平面：F3 的可见性 / 图形替换”对话框

◆ 图形显示选项：单击“编辑”按钮，如图13-39所示。弹出“图形显示选项”对话框，该对话框中包含“模型显示”“阴影”“勾绘线”“照明”“摄影曝光”多个选项组，如图13-40所示。单击展开选项组，设置各选项的参数，影响图形在视图中的显示效果。

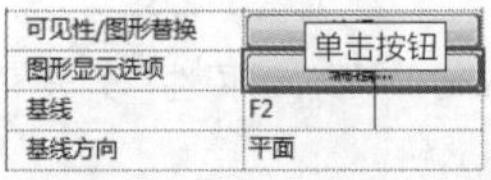

可见性/图形替换	编辑...
图形显示选项	编辑...
基线	F2
基线方向	平面

单击按钮

图 13-39 “图形显示选项”选项

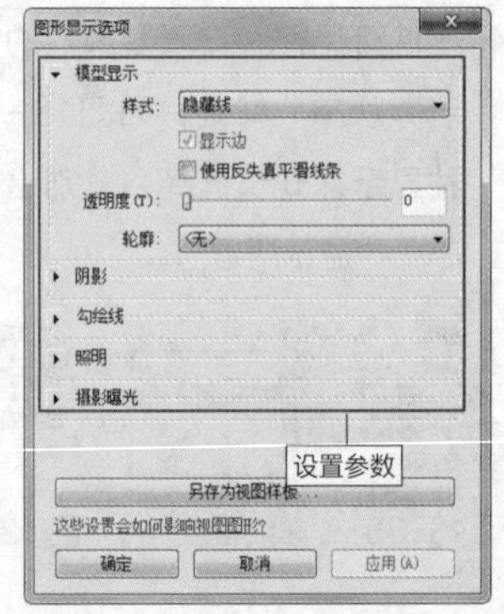

图 13-40 “图形显示选项”对话框

◆ 基线：打开列表，选择视图类型，如图13-41所示，将其作为基线。例如，当前视图为F3视图，将“基线”设置为F2，就可以在F3视图中观察到F2视图中的图形，但是F2视图中的图形是以灰色来显示的，并且不可以被选中、也不可以被编辑。设置“基线”可以提供参考作用。

◆ 基线方向：打开列表，在其中显示“基线方向”的类型，包括“平面”“天花板投影平面”，如图13-42所示。选择“平面”选项，表示将平面视图作为“基线”；选择“天花板投影平面”选项，表示将天花板平面视图作为“基线”。

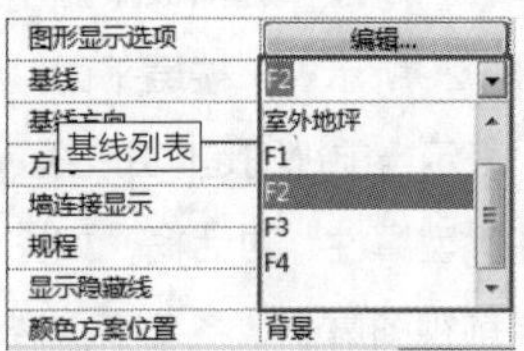

图 13-41 “基线”选项

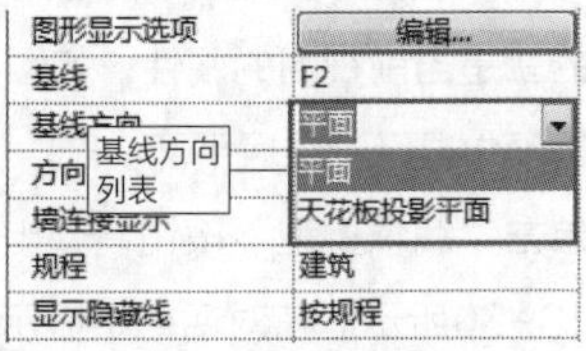

图 13-42 “基线方向”选项

◆ 方向：打开列表，在其中显示两种方向供选择，分别是“项目北”与“正北”，如图13-43所示，用来设置项目的方向。

◆ 墙连接显示：在列表中提供两种墙体的连接样式，分别是“清理所有墙连接”和“清理相同类型的墙连接”，如图13-44所示。默认选择“清理所有墙连接”选项，即所有连接的墙体均被清理，不显示其相互连接的轮廓线。

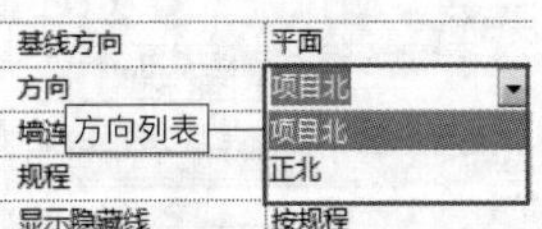

图 13-43 “方向”选项

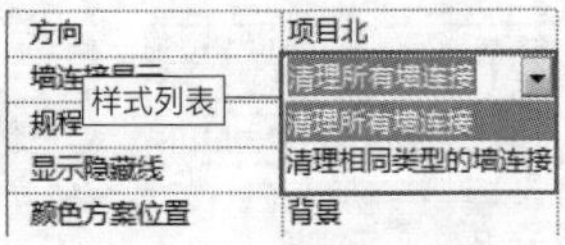

图 13-44 “墙连接显示”选项

◆ 规程：在列表中显示各种类型的规程，包括“建筑”“结构”“机械”“电气”等，如图13-45所示。在绘制建筑图纸时，选择“建筑”规程；绘制结构图纸则选择“结构”规程，以此类推。

◆ 显示隐藏线：打开列表，在其中显示“显示隐藏线”的样式，包括“无”“按规程”“全部”3种样式，如图13-46所示。默认选择“按规程”样式，即按照该规程的设置来定义隐藏线的显示样式。

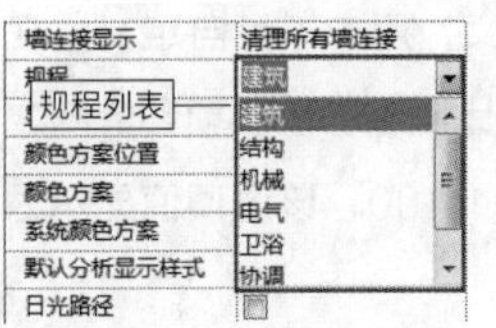

图 13-45 “规程”选项

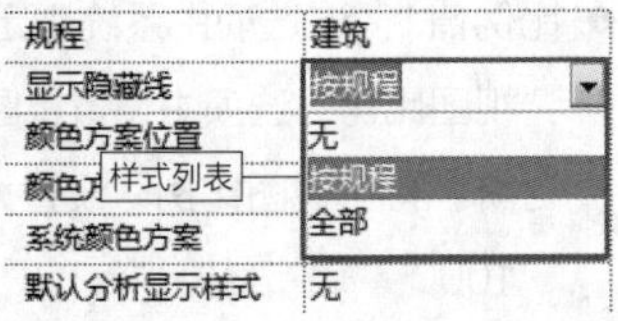

图 13-46 “显示隐藏线”选项

◆ 颜色方案位置：在列表中显示两种位置供选择，分别是“背景”“前景”，如图13-47所示。默认选择“背景”选项，表示颜色方案作为背景在视图中显示。

◆ 颜色方案：在选项中显示当前视图中使用的颜色方案的名称。假如未使用颜色方案，显示为“<无>”，如图13-48所示。单击按钮，弹出“编辑颜色方案”对话框，在其中新建和编辑颜色方案。

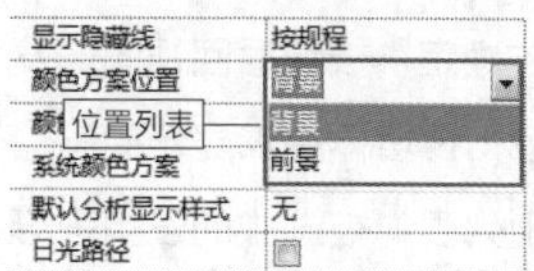

图 13-47 “颜色方案位置”选项

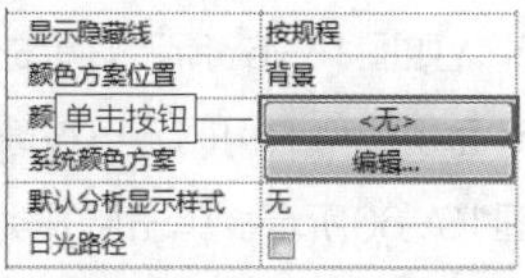

图 13-48 “颜色方案”选项

◆ 系统颜色方案：单击“编辑”按钮，如图13-49所示。弹出“颜色方案”对话框，在其中显示“管道”与“风管”类别。单击“颜色方案”选项中的按钮，弹出“编辑颜色方案”对话框，在其中设置系统方案参数。该选项在绘制MEP图纸时使用较多，主要用来设置管道的颜色方案。

◆ 默认分析显示样式：显示当前“分析显示样式”的名称。假如没有为当前视图设置分析样式，选项中显示“<无>”，如图13-50所示。单击选项后的矩形按钮，弹出“分析显示样式”对话框，在对话框中新建样式、编辑样式属性参数。

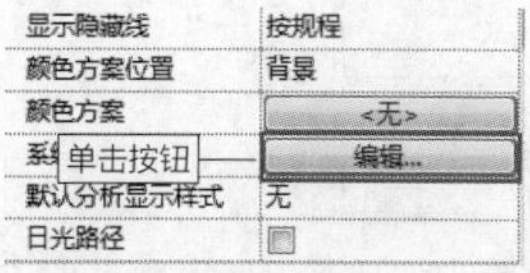

图 13-49 “系统颜色方案”选项

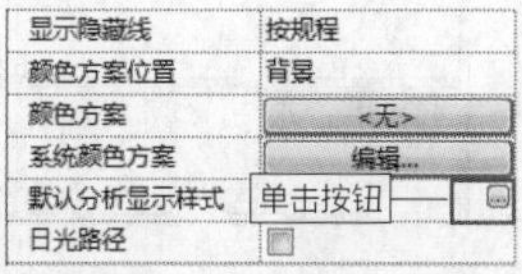

图 13-50 “默认分析显示样式”选项

◆ 日光路径：在进行日照分析时，选择该项，如图13-51所示，在视图中显示日光路径。通常情况下不会选择该项，目的是减少占用系统内存，提高软件的运行速度。

◆ 裁剪视图：选择该项，如图13-52所示，执行裁剪视图操作。

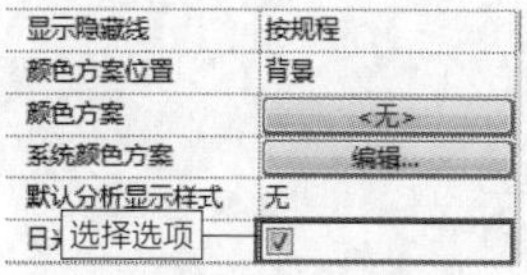

图 13-51 “日光路径”选项

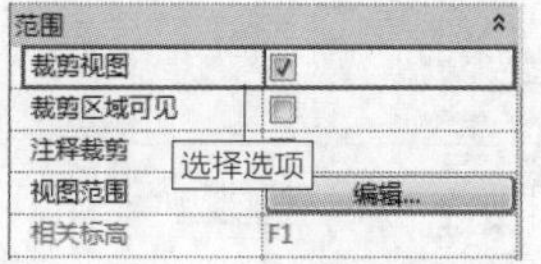

图 13-52 “裁剪视图”选项

◆ 裁剪区域可见：选择选项，如图13-53所示，显示裁剪区域。

◆ 注释裁剪：选择选项，如图13-54所示，注释裁剪区域。

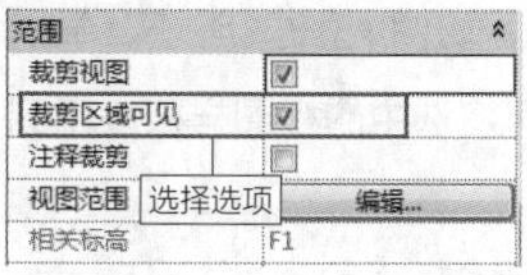

图 13-53 “裁剪区域可见”选项

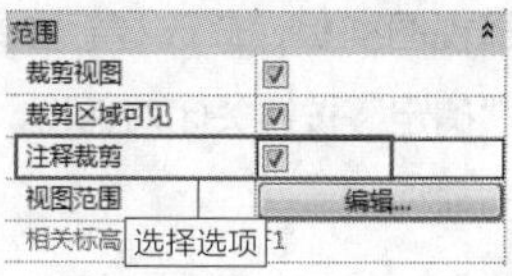

图 13-54 “注释裁剪”选项

◆ 视图范围：单击“编辑”按钮，如图13-55所示。弹出图13-56所示的“视图范围”对话框，“主要范围”选项组中包含“顶”“剖切面”“底”3个选项。“顶”选项与“底”选项中的参数用来定义视图范围的最顶部和最底部位置。“剖切面”选项参数用来定义视图中某些图元可视剖切高度的平面。通过设置这3个选项参数，可以定义视图范围的主要范围。

延伸讲解：

“视图深度”选项参数用来设置视图主要范围之外的附加平面。通过修改视图深度的标高，可以显示位于底剪裁平面之下的图元。在默认情况下，该标高与“底”标高相重合。

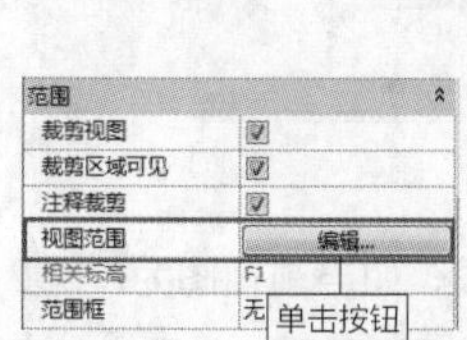

图 13-55 “视图范围”选项

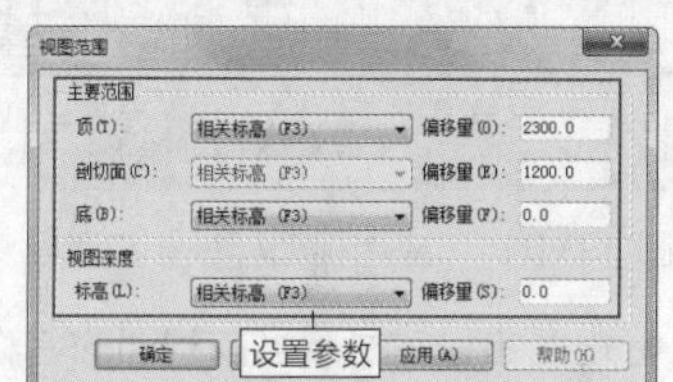

图 13-56 “视图范围”对话框

◆ 范围框：显示范围框的名称。假如当前视图中没有范围框，则显示“无”，如图13-57所示。

◆ 截剪裁：单击选项按钮，如图13-58所示。弹出“截剪裁”对话框，在对话框中显示3种方式的“截剪裁”，分别是“不剪裁”“剪裁时无截面线”“剪裁时有截面线”，如图13-59所示。选择选项，如选择“不剪裁”选项，单击“确定”按钮关闭对话框，可以在“截剪裁”选项中显示剪裁样式的名称。

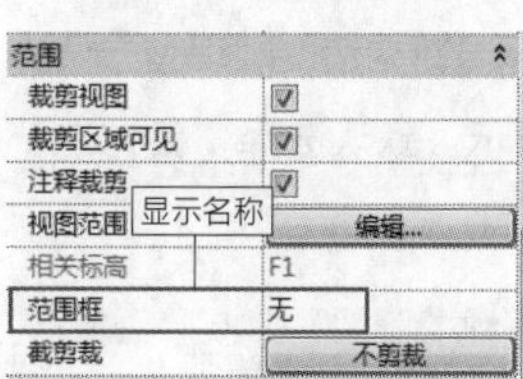

图 13-57 “范围框”选项

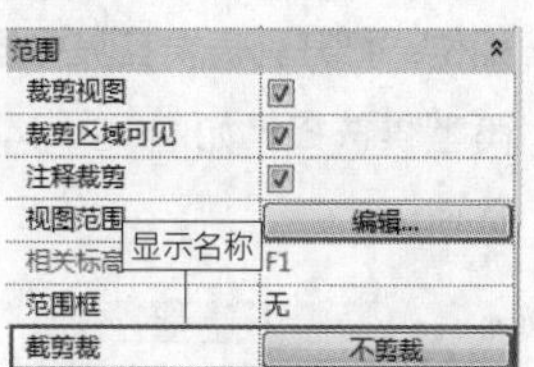

图 13-58 “截剪裁”选项

◆ 视图样板：在选项中显示当前视图样板名称，假如未应用视图样板，显示为“<无>”，如图13-60所示。单击按钮，弹出“应用视图样板”对话框，在对话框中选择视图样板、修改样板参数，如图13-61所示。单击“确定”按钮关闭对话框，可将选中的视图样板应用到当前视图。

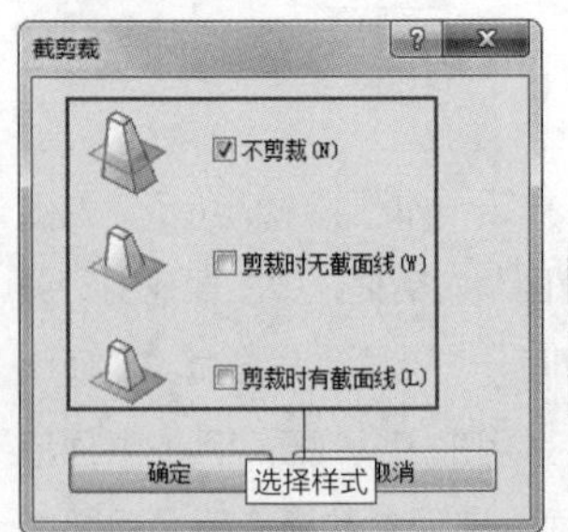

图 13-59 “截剪裁”对话框

显示名称

标识数据	
视图样板	<无>
视图名称	F1
相关性	不相关
图纸上的标题	
参照图纸	
参照详图	

图 13-60 “视图样板”选项

应用视图样板

视图样板

规程过滤器：<全部>

视图类型过滤器：楼层、结构、面积平面

名称：<无> 场地平面 建筑平面 - 详图视图 结构基础平面 结构构架平面

视图属性 分配有此样板的视图数：0

参数	值	包含
视图比例	1 : 100	☑
比例值 1:	100	
显示模型	标准	☑
详细程度	粗略	☑
零件可见性	显示原状态	☑
V/G 替换模型	编辑...	☑
V/G 替换注释	编辑...	☑
V/G 替换分析模型	编辑...	☑
V/G 替换导入	编辑...	☑
V/G 替换过滤器	编辑...	☑
模型显示	编辑...	☑
阴影	编辑...	☑
勾绘线	编辑...	☑
照明	编辑...	☑
摄影曝光	编辑...	☑
基线方向	平面	

显示视图 确定 取消 应用 帮助(H)

图 13-61 “应用视图样板”对话框

◆ 视图名称：显示当前视图的名称，如当前视图为F1视图，则选项中显示F1，如图13-62所示。

标识数据	
视图样板	<无>
视图名称	F1
相关性	不相关
图纸上的标题	
参照图纸	
参照详图	

显示名称

图 13-62 “视图名称”选项

◆ 阶段过滤器：打开列表，在其中显示多种阶段类型，如“无”“Show All”“仅显示拆除”等，如图13-63所示。默认选择“完全显示”类型，表示在视图中完全显示各阶段图形。

◆ 相位：打开列表，在其中显示“新构造”“现有”两种类型供选择，如图13-64所示。默认选择“新构造”选项。

图 13-63 “阶段过滤器”选项

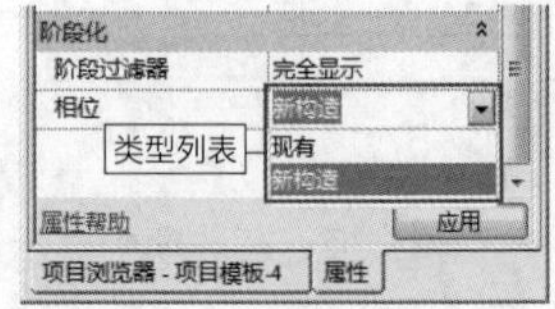

图 13-64 “相位”选项

13.2.2 显示/隐藏图元 重点

控制图元的显示与隐藏有两种方式，一种是通过对话框，另一种是通过快捷菜单。在视图中不选择任何图元，单击“属性”选项板的“可见性/图形替换”选项中的“编辑”按钮，弹出“楼层平面：F1的可见性/图形替换”对话框。在列表中选择类别，如定位到“门”类别，单击取消选择，如图13-65所示。单击“确定”按钮返回视图，发现平面视图中的门图元已被隐藏，在墙体中仅显示门洞，如图13-66所示。单击展开类别列表，被选中的子类别可以在视图中显示，未选中的子类别被隐藏。

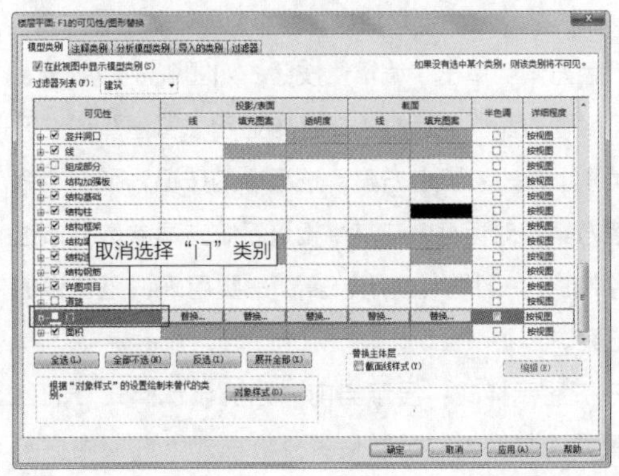

图 13-65 “楼层平面：F1 的可见性 / 图形替换”对话框

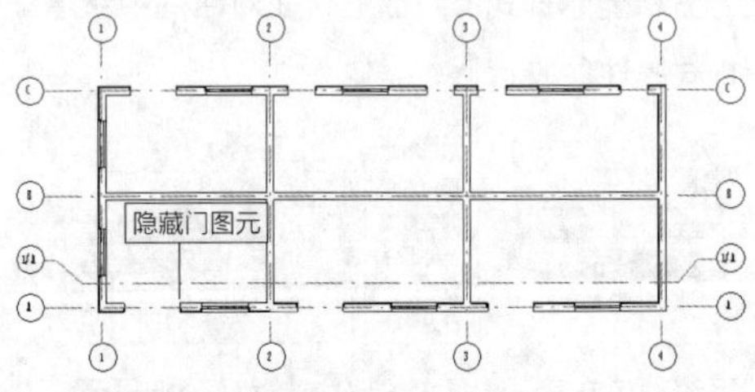

图 13-66 隐藏门图元

选择图元，如选择平面视图中的门图元；单击鼠标右键，在快捷菜单中选择“在视图中隐藏”命令，在弹出的子菜单中选择“图元”命令，可以将选中的门图元隐藏，如图13-67所示。

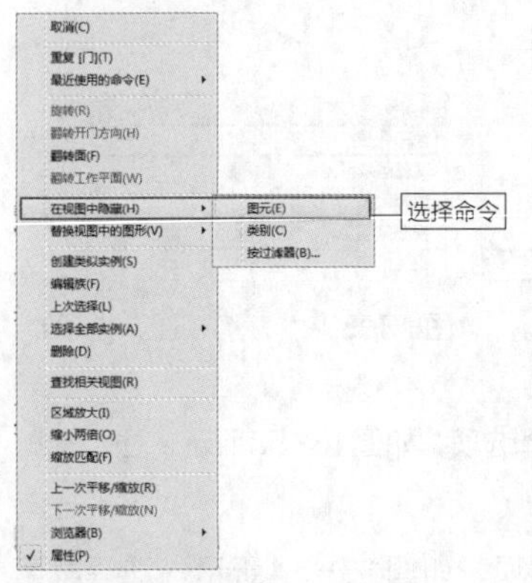

图 13-67 快捷菜单

在视图控制栏上单击“显示隐藏的图元”按钮，如图13-68所示。进入“显示隐藏的图元”窗口，在其中可以观察被隐藏的图元。

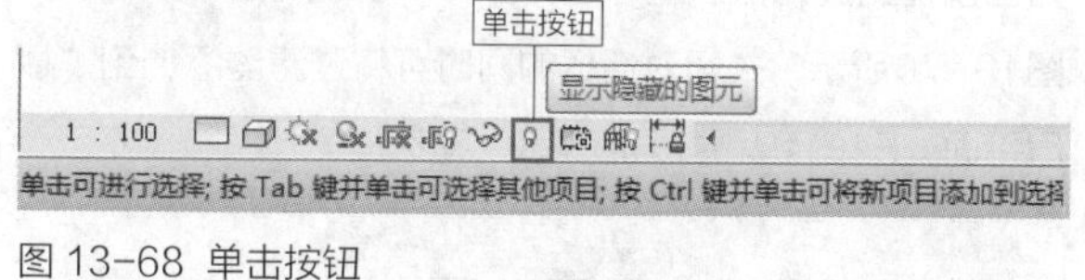

图 13-68 单击按钮

为了方便区别显示对象与隐藏对象，显示对象显示为灰色，不可以被选中；隐藏对象显示为洋红色，可以被选中并执行编辑操作，如图13-69所示。假如想要重新显示门图元，确认门图元为选择状态后，单击鼠标右键，在快捷菜单中选择“在视图中隐藏”命令，向右弹出子菜单，选择“图元”命令，可以恢复显示门图元，如图13-70所示。

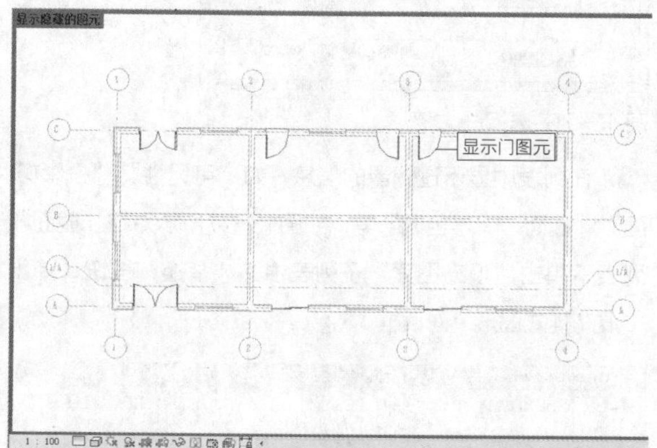

图 13-69 “显示隐藏的图元”窗口

单击视图控制栏中的“关闭‘显示隐藏的图元’”按钮，退出“显示隐藏的图元”窗口，到视图窗口中观察重新显示门图元的效果。假如要批量控制图元的显示/隐藏，弹出“楼层平面：F1的可见性/图形替换”对话框，选择/取消选择指定的类别，可以轻松达到显示/隐藏指定图元的效果。

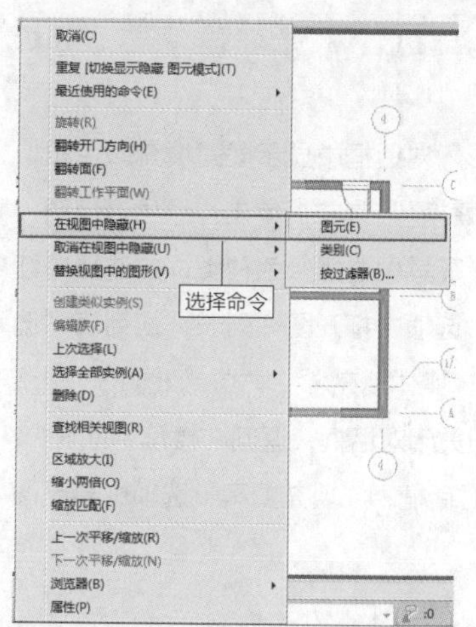

图 13-70 快捷菜单

在视图中选择某种类型的图元（如门图元、窗图元等），单击鼠标右键，选择“选择全部实例”命令，在弹出的子菜单中选择“在视图中可见”命令，可以选择视图中所有与选中图元相同类型的其他图元。例如，选择门图元，当选择“选择全部实例”→“在视图中可见”命令后，视图中所有的门图元都会被选中，此时执行“在视图中隐藏”→“图元”命令，可以隐藏选中的图元。

13.2.3 使用视图过滤器 难点

在视图中创建过滤器，通过设置过滤条件，控制指定图元在视图中的显示样式。选择“视图”选项卡，在“图形”面板中单击“过滤器”按钮，如图13-71所示。打开“过滤器”对话框，在“过滤器”对话框中单击“新建”按钮，开始执行创建过滤器的操作，如图13-72所示。

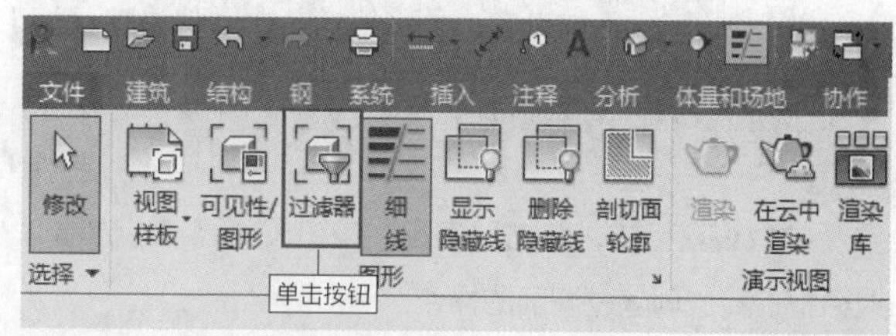

图 13-71 单击“过滤器”按钮

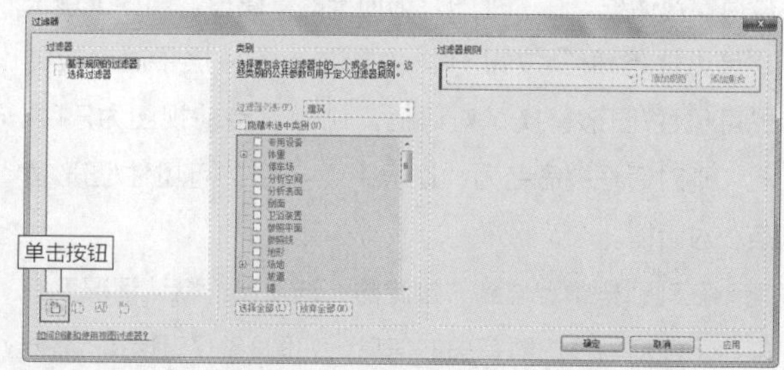

图 13-72 “过滤器”对话框

在“过滤器名称”对话框中为过滤器设置名称，例如，可以将名称设置为“墙体”，表示所创建的过滤器与墙体有关，如图13-73所示。单击“确定”按钮，返回“过滤器”对话框。在“过滤器”列表中显示当前正在编辑的过滤器的名称，在中间的类别列表中选择“墙”选项，表示过滤器用来控制墙体的显示样式。

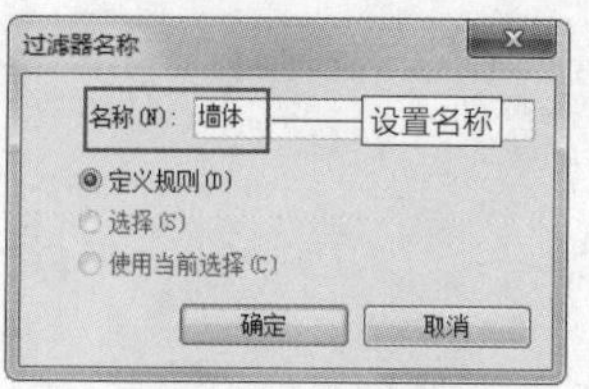

图 13-73 “过滤器名称”对话框

在“过滤器规则”列表中单击“厚度”选项，在弹出的列表中选择“厚度”选项，同时将判断条件设置为“等于”，判断值设置为240，如图13-74所示。这表示过滤器仅对满足条件的墙体有效，即“厚度”为240mm的墙体。

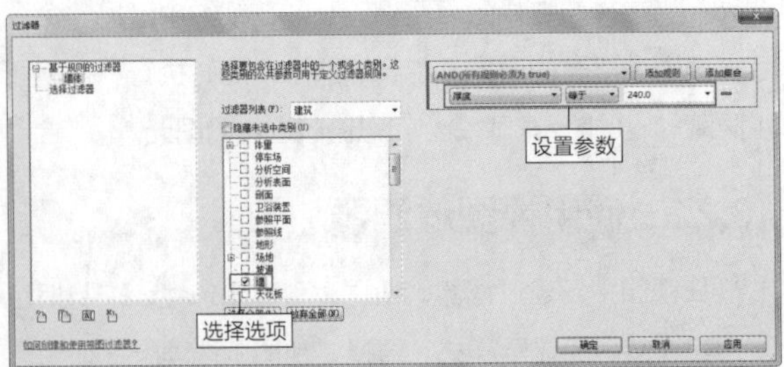

图 13-74 设置参数

延伸讲解：

在“过滤条件”列表中提供了多个选项供选择，如“体积”“功能”等。在针对不同类型的图元创建过滤器时，需要选择不同的过滤条件。

参数设置完成，单击“确定”按钮，关闭“过滤器”对话框，完成创建过滤器的操作。

如何将过滤器应用到视图？需要通过“可见性/图形替换”对话框。在“视图”选项卡的“图形”面板上单击“可见性/图形”按钮，弹出与当前楼层平面对应的“可见性/图形替换”对话框。例如，当前视图为F1视图，则对话框被命名为“楼层平面：F1的可见性/图形替换”对话框。

在对话框中定位到“过滤器”选项卡，默认情况下并未显示任何与过滤器有关的信息，如图13-75所示。需要单击“添加”按钮，将已创建的过滤器添加进来，才可将过滤器应用到视图。

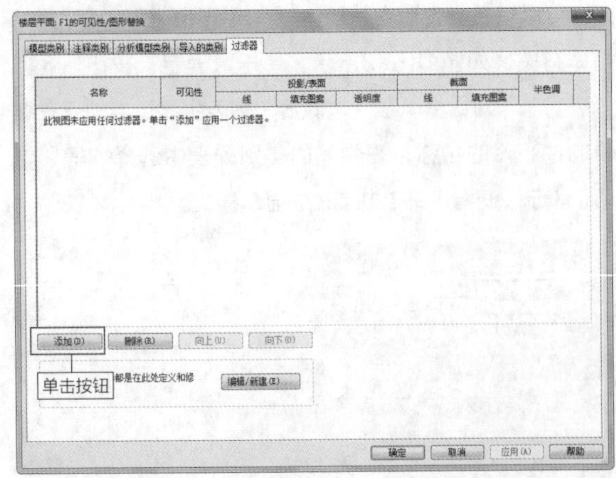

图 13-75　单击“添加”按钮

单击“添加”按钮后，弹出“添加过滤器”对话框，其中显示已创建的过滤器名称。例如，“墙体”过滤器即为已创建的过滤器。选择过滤器，单击“确定”按钮，如图13-76所示，关闭对话框的同时可将过滤器添加到“楼层平面：F1的可见性/图形替换”对话框。

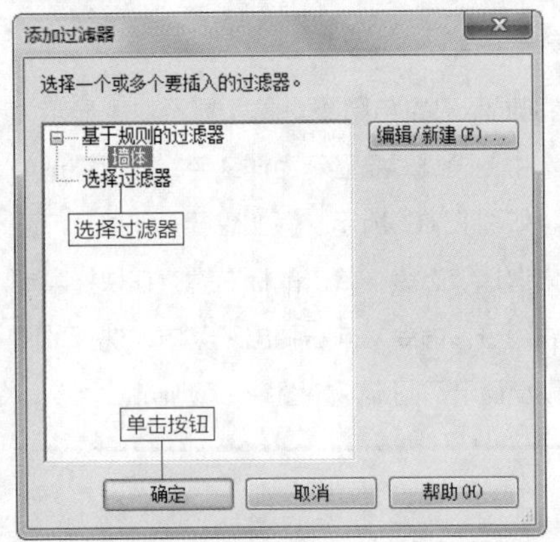

图 13-76 选择过滤器

在列表中显示过滤器的信息，如“可见性”“投影/表面”“截面”“半色调”等，如图13-77所示。在“截面”列表下单击“填充图案”子列表中的“替换”按钮，弹出“填充样式图形”对话框。

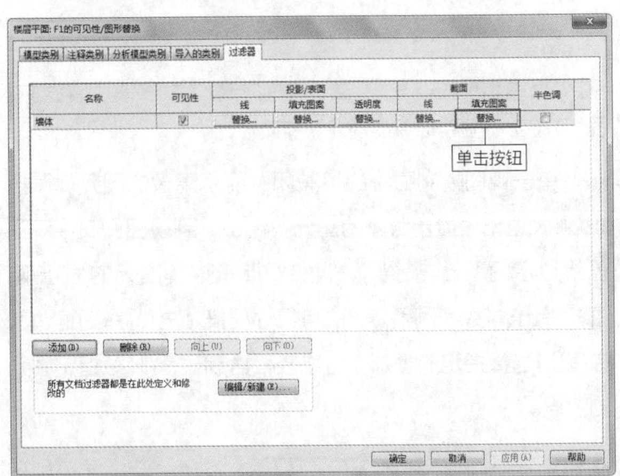

图 13-77 单击按钮

在“填充样式图形”对话框中显示截面填充颜色和填充图案，默认为“<无替换>”样式。单击“颜色”按钮，弹出“颜色”对话框，在其中选择颜色种类，如选择“红色”。在“填充图案”选项中打开图案列表，在列表中选择图案类型，如选择“<实体填充>”样式，如图13-78所示。单击“确定”按钮关闭对话框，返回“楼层平面：F1的可见性/图形替换”对话框，“填充图案”选项中显示图案的填充效果。

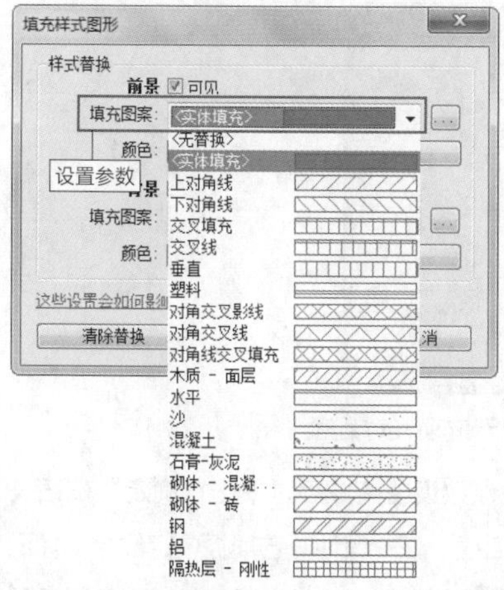

图 13-78 选择填充图案

单击“确定”按钮关闭“楼层平面：F1的可见性/图形替换”对话框，在视图中观察符合过滤器条件的墙体的显示样式，发现墙体已被添加了红色的填充图案，显示效果如图13-79所示。

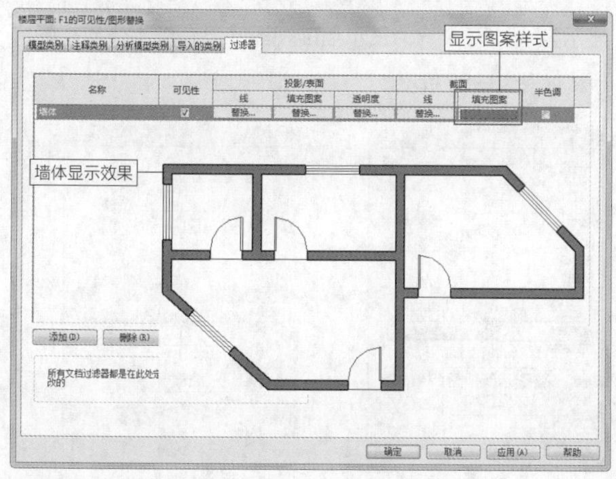

图 13-79 显示效果

切换到三维视图，发现该视图中的墙体没有任何的变化。这是因为每个视图中的过滤器仅对当前视图有效，如在F1视图中添加的过滤器仅影响F1视图中的所有图元，其他视图中的图元不受影响。

重新单击“可见性/图形”按钮，弹出“三维视图：{三维}的可见性/图形替换”对话框。将鼠标指针定位到“投影/表面”列表的“填充图案”单元格中，弹出“填充样式图形”对话框，在其中设置填充颜色与图案，效果如图13-80所示。选择“半色调”选项，设置图元在视图中以半色调的样式显示。单击“确定”按钮关闭对话框，观察应用过滤器后墙体显示样式的变化，如图13-81所示。

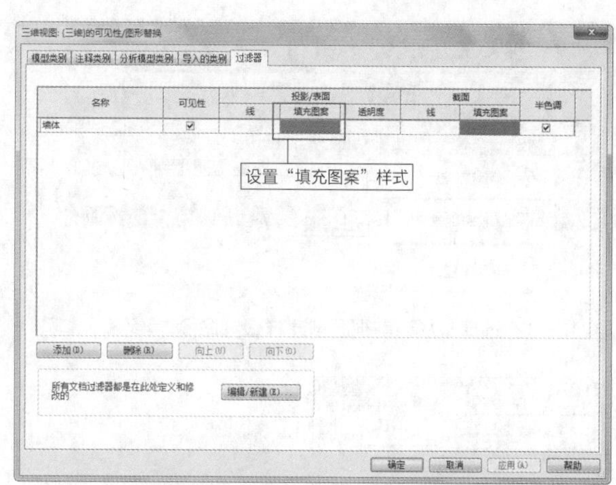

图 13-80 设置“填充图案”样式

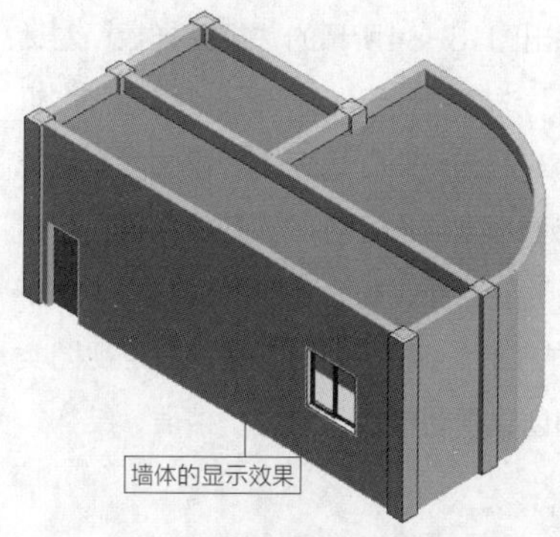

图 13-81　应用过滤器

知识链接：

因为选择了“半色调”的显示样式，所以墙体的显示效果为半透明样式。取消选择“半色调”，可以恢复墙体正常的显示样式。

13.3 应用视图样板 重点

在需要批量控制视图中图元对象的显示效果的时候，使用“过滤器”显然局限性很大，因为需要为每个视图指定“过滤器”。在大型项目中会包含多个视图，逐个视图来创建或者指定“过滤器”会非常浪费时间。此时可以通过为视图应用视图样板，达到批量设置图元对象显示样式的目的。

选择“视图”选项卡，在“图形”面板中单击“视图样板”按钮，在弹出的列表中选择“从当前视图创建样板”命令，如图13-82所示。打开“新视图样板”对话框，在“名称”选项中设置样板名称，如将名称设置为“标准层视图样板”，如图13-83所示。单击“确定”按钮关闭对话框，完成新建样板的操作。

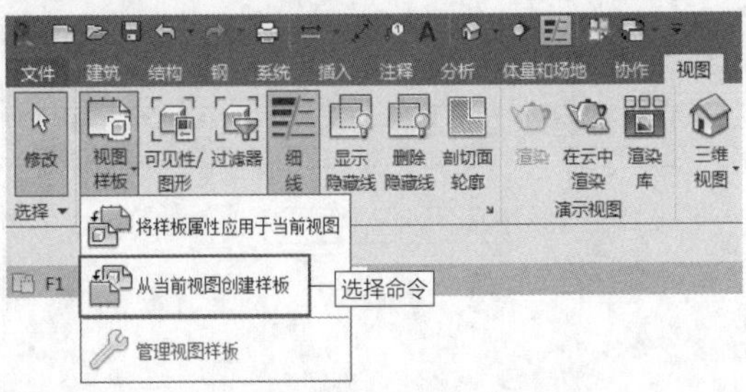

图 13-82 选择“从当前视图创建样板”命令

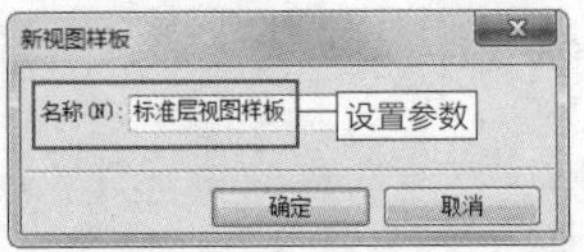

图 13-83 “新视图样板”对话框

新建样板后，弹出图13-84所示的“视图样板”对话框。在“规程过滤器”选项中显示“建筑”“结构”“机械”等规程，默认选择“<全部>”选项。“视图类型过滤器”选项中显示3种视图类型，分别是“天花板平面”“楼层、结构、面积平面”“立面、剖面、详图视图”。为不同类型的视图创建样板时，需要在该选项中指定视图类型。为楼层平面视图创建视图样板，选择“楼层、结构、面积平面”视图类型。

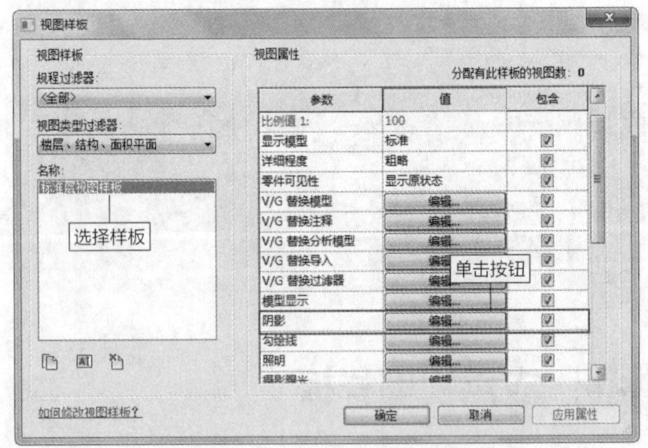

图 13-84 “视图样板”对话框

“名称”列表中显示模板文件默认创建的视图样板，新建视图样板也在其中，如“标准层视图样板”。右侧的“视图属性”列表中显示视图各类型属性，修改选项参数，指定视图样板的属性。通过直接修改选项参数或者弹出相对应的对话框来设置视图属性。如在“视图比例”选项中，打开列表可以修改视图比例。在“阴影”选项后显示“编辑”按钮，单击按钮，弹出与之对应的“图形显示选项”对话框，如图13-85所示，在对话框中自动展开“阴影”选项组，设置参数后单击“确定”按钮关闭对话框，完成该选项参数的设置。

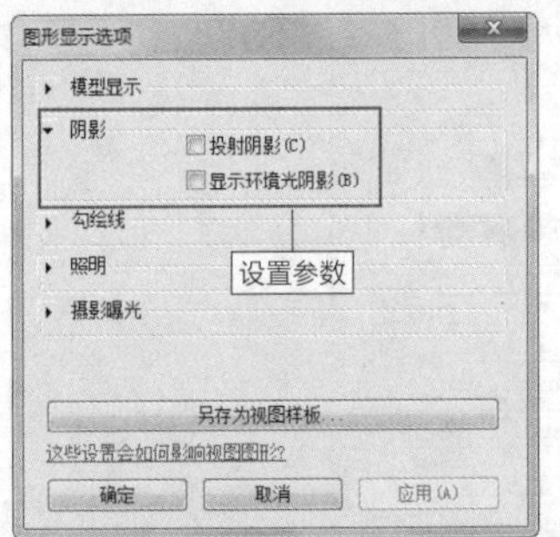

图 13-85 “图形显示选项”对话框

视图样板属性参数设置完成后，单击“确定”按钮关闭“视图样板”对话框。在“属性”选项板中定位至“标识数据”选项组的“视图样板”选项，发现在其中显示新视图样板的名称，如图13-86所示。单击名称按钮，弹出“视图样板”对话框，在其中可以对样板参数执行再定义。

为F1视图指定了视图样板后，并不能影响其他视图，仅能影响F1视图中图元对象的显示效果。切换至F2视图，在“属性”选项板中观察“视图样板”选项参数，发现显示为“<无>”，表示当前视图并没有应用任何视图样板，如图13-87所示。

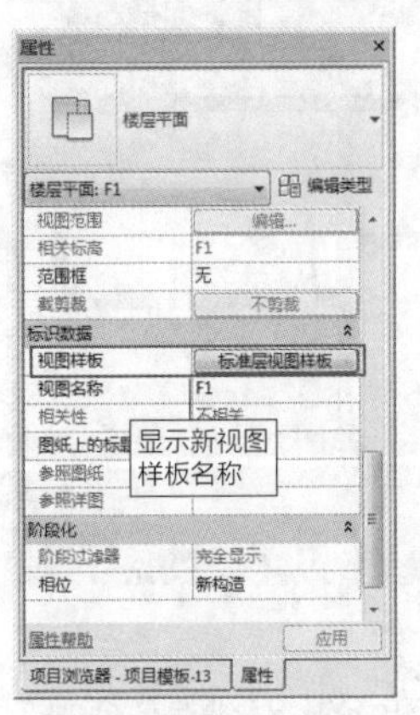

图 13-86 显示新视图样板名称

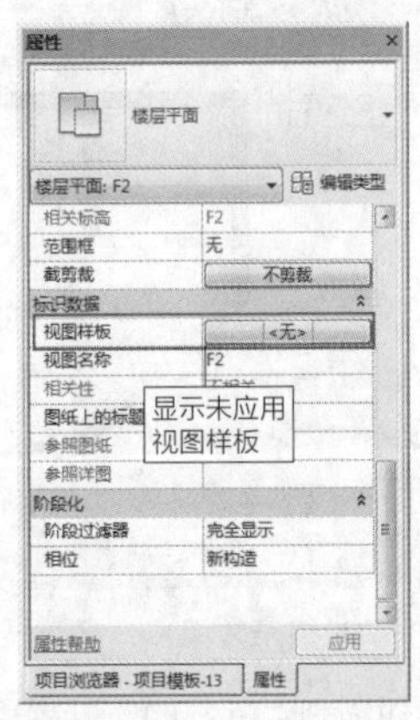

图 13-87 显示未应用视图样板

单击“视图样板”选项后的按钮，弹出“指定视图样板”对话框，在其中可以为F2视图指定视图样板。一般情况下，平面视图都使用一个相同的视图样板，使得图元对象以相同的样式显示。在“名称”列表中选择与F1视图相同的视图样板，即“标准层视图样板”，如图13-88所示。单击“确定”按钮关闭对话框，完成指定视图样板的操作。

为F2指定视图样板后，观察“属性”选项板中各选项参数的变化。通过观察发现，选项板中某些选项显示为灰色，如图13-89所示。灰色显示的选项不可以被编辑，这是为什么？因为在为视图指定了视图样板后，就不可以随便修改视图属性，以便在视图样板的控制下，使得所有的图元对象显示为相同的效果。

如果要修改视图样板的属性，需要回到“视图样板”对话框中，修改参数后影响所有受视图样板控制的视图。

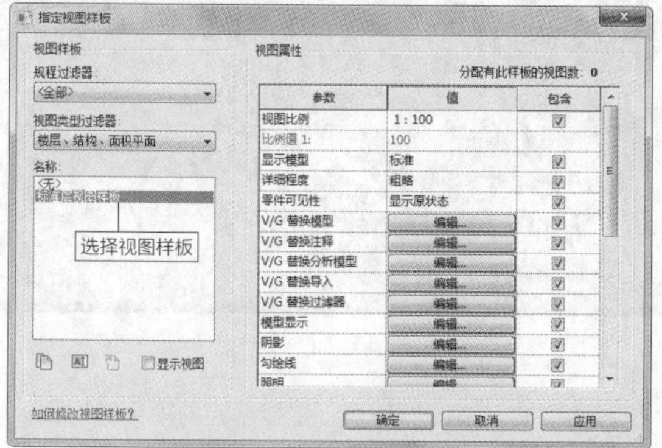

图 13-88 “指定视图样板”对话框

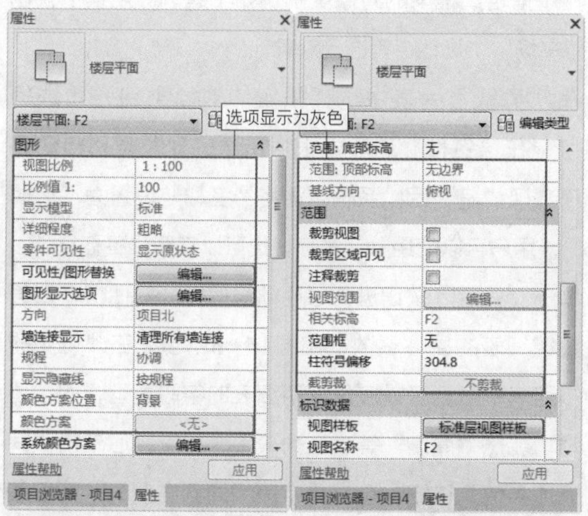

图 13-89 应用视图样板

在“项目浏览器”中选择其他视图，如选择F3视图，单击鼠标右键，在快捷菜单中选择“应用样板属性”命令，如图13-90所示。弹出“应用视图样板”对话框，在对话框的“名称”列表的右下角选择“显示视图”选项，可以在列表中显示当前项目所包含的所有视图，如图13-91所示。选择F2视图，单击“确定”按钮，可以将F2视图作为样板应用到F3视图。

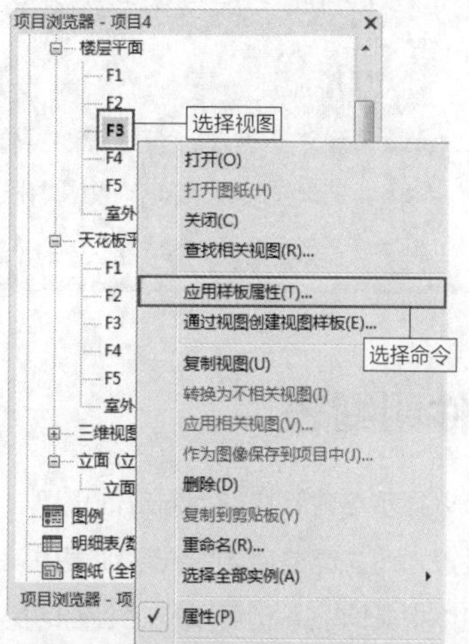

图 13-90 弹出快捷菜单

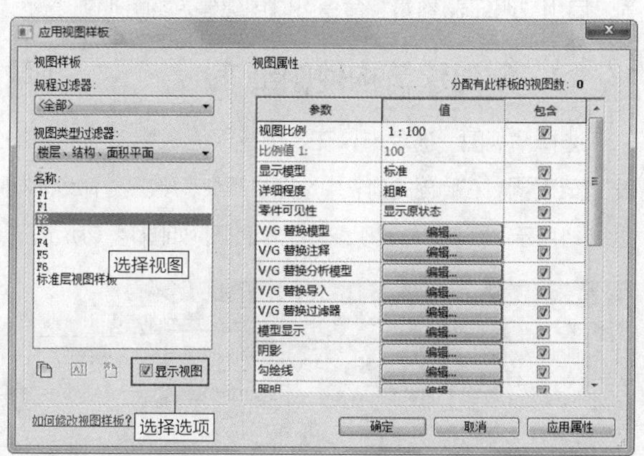

图 13-91 选择视图

第14章 创建明细表

启用Revit中的“明细表”工具，可以创建各种类型的明细表，如建筑构件明细表、材质提取明细表、图纸列表等。明细表不仅可以统计项目信息，还可以作为设计工具，在协同工作的过程中为其他设计人员提供帮助。

学习目标

- 熟悉创建建筑构件明细表的方法 262页
- 学会创建图形柱明细表 270页
- 掌握创建材质提取明细表的方法 272页
- 了解创建图纸列表的方法 273页
- 学会创建注释块明细表 274页
- 掌握创建视图列表的方法 276页

14.1 建筑构件明细表

建筑构件明细表可以显示与建筑构件相对应的信息。如将建筑构件的类型设置为门、窗或墙体，在明细表中就可以显示与门、窗或墙体相关的信息，可以是门、窗的类型、尺寸、个数等，也可以是墙体的材质、高度、厚度等。启用“明细表/数量”命令可以创建建筑构件明细表。

14.1.1 创建建筑构件明细表 重点

选择“视图”选项卡，在“创建”面板中单击“明细表”按钮，在弹出的列表中选择“明细表/数量”命令，如图14-1所示。打开“新建明细表”对话框，如图14-2所示。

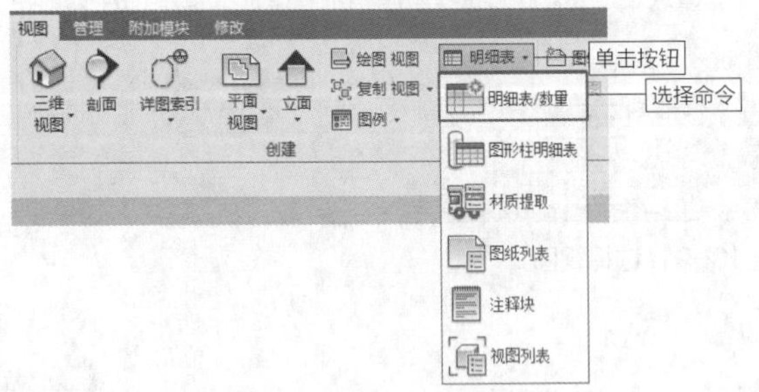

图14-1 选择“明细表/数量”命令

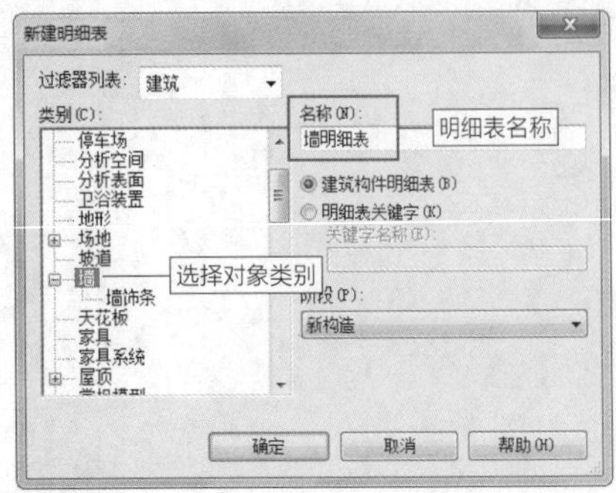

图14-2 “新建明细表”对话框

在对话框的“过滤器列表”中显示当前项目的规程，单击弹出列表，可以选择其他类型的规程。在“类别”列表中显示指定规程下的对象类别，如“建筑”规程下就包含“停车场”“场地”等图元对象。

在“类别”列表中选择指定的对象类别，如选择“墙”，在“名称”选项中根据所选的对象类别自动命名。在选择“墙”后，系统自动将“名称”设置为“墙明细表”，用户可以使用默认名称，也可以自定义名称。

单击“确定”按钮进入“明细表属性”对话框，在其中设置明细表的属性参数，如图14-3所示。在“可用的字段”列表中显示可以应用到明细表的字段类型，如“体积”“功能”“厚度”等。在列表中选择字段后单击中间的“添加参数”按钮，可以将字段添加到右侧的“明细表字段（按顺序排列）”列表中，如图14-4所示。

如果不小心添加了不必要的字段，在“明细表字段（按顺序排列）”列表中选择字段，单击中间的“移除参数”按钮，可以将字段返还到“可用的字段”列表。

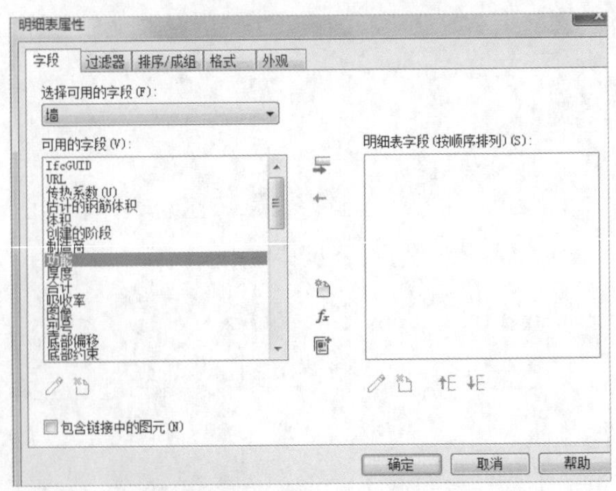

图14-3 “明细表属性”对话框

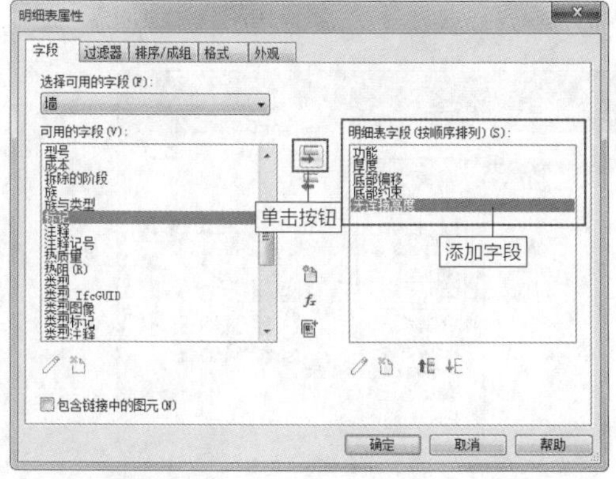

图 14-4 添加字段

单击“确定”按钮关闭对话框，系统按照所设置的参数创建明细表。自动切换至明细表视图，在其中显示“墙明细表”的详细信息，如图14-5所示。在A、B、C、D、E列中依次显示在“明细表字段（按顺序排列）”列表中显示的字段，如“功能”“厚度”“底部偏移”等。

<墙明细表>

A	B	C	D	E
功能	厚度		底部约束	无连接高度
外部	200	0	F1	4000
外部	200	0	F1	4000
外部	200	0	F1	4000
外部	200	0	F1	4000
外部	200	0	F1	4000
外部	200	0	F1	4000
外部	200	0	F1	4000
外部	200	0	F1	4000
外部	200	0	F1	4000
外部	200	0	F1	4000
外部	200	0	F1	4000
外部	200	0	F1	4000
外部	200	0	F1	4000
外部	200	0	F1	4000
外部	200	0	F1	4000
外部	200	0	F1	4000
外部	200	0	F1	4000
外部	200	0	F1	4000

明细表名称

明细表字段

显示墙体详细信息

图 14-5 墙明细表

在明细表中按照一定的排序方式，逐项列举墙体实例，详细地表示了墙体的相关信息。在“属性”选项板中也显示了明细表的属性信息，在“其他”选项组下提供了设置明细表的显示样式的选项，如“字段”“过滤器”等，如图14-6所示。单击选项后的“编辑”按钮，弹出“明细表属性”对话框，在其中修改相应的属性参数。

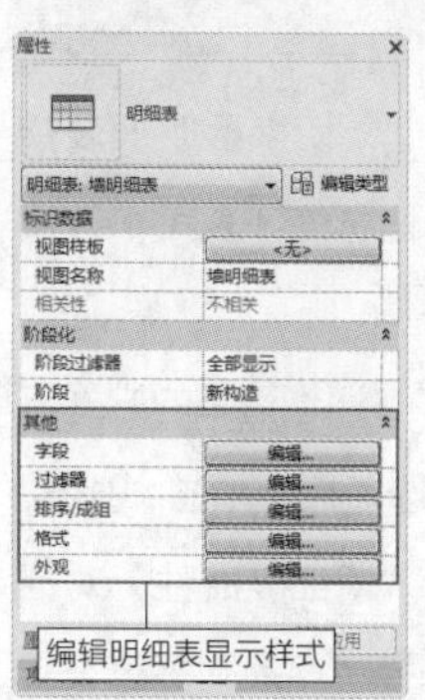

图 14-6 “属性”选项板

14.1.2 实战——创建门/窗明细表

实际上，门/窗明细表是模板默认创建的，但是用户也可以通过自定义明细表参数来创建门/窗明细表。本节介绍创建门/窗明细表的方法。

1. 创建门明细表

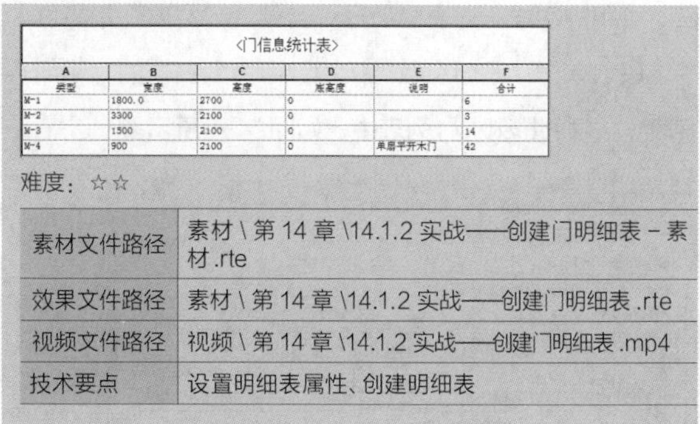

<门信息统计表>

A	B	C	D	E	F
类型	宽度	高度	底高度	说明	合计
M-1	1800.0	2700	0		6
M-2	3300	2100	0		3
M-3	1500	2100	0		14
M-4	900	2100	0	单扇平开木门	42

难度：☆☆

素材文件路径	素材 \ 第 14 章 \14.1.2 实战——创建门明细表 - 素材 .rte
效果文件路径	素材 \ 第 14 章 \14.1.2 实战——创建门明细表 .rte
视频文件路径	视频 \ 第 14 章 \14.1.2 实战——创建门明细表 .mp4
技术要点	设置明细表属性、创建明细表

Step 01 打开资源中的“第14章\14.1.2 实战——创建门明细表-素材.rte”文件。

Step 02 选择“视图”选项卡，在“创建”面板上单击“明细表”按钮，在弹出的列表中选择“明细表/数量”命令，打开“新建明细表”对话框。在“类别”列表中选择“门”，“名称”选项中显示系统自定义的明细表名称，如图14-7所示。

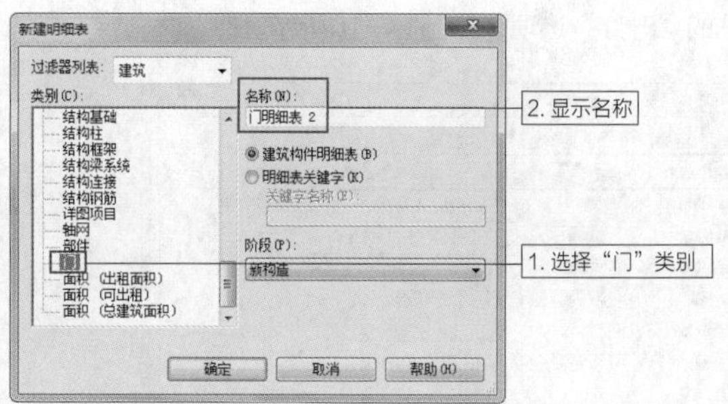

图 14-7 “新建明细表”对话框

Step 03 将鼠标指针定位在“名称”选项中，修改明细表的名称，效果如图14-8所示。

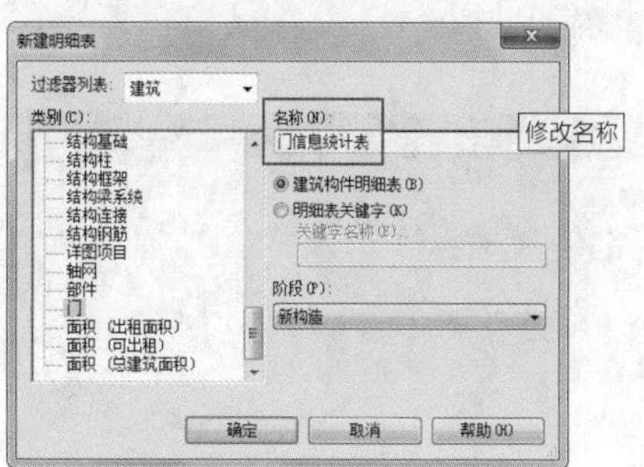

图 14-8 修改名称

延伸讲解：

因为模板默认创建了"门明细表"，所以在选择"门"类别后，将名称设置为"门明细表2"，目的是与默认创建的"门明细表"相区别。

Step 04 单击"确定"按钮，进入"明细表属性"对话框。在"可用的字段"列表中选择"类型""宽度""高度"等字段，单击"添加参数"按钮，添加到右侧的"明细表字段（按顺序排列）"列表中，如图14-9所示。

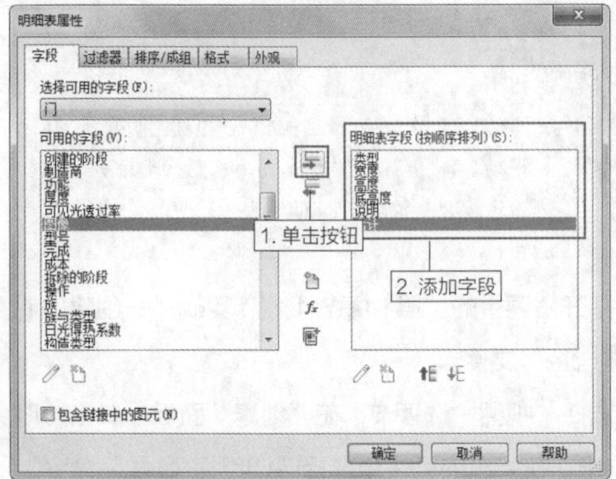

图 14-9 添加字段

Step 05 选择"排序/成组"选项卡，在"排序方式"选项中单击弹出列表，在列表中选择"类型"选项，单击选中后面的"升序"选项，如图14-10所示。

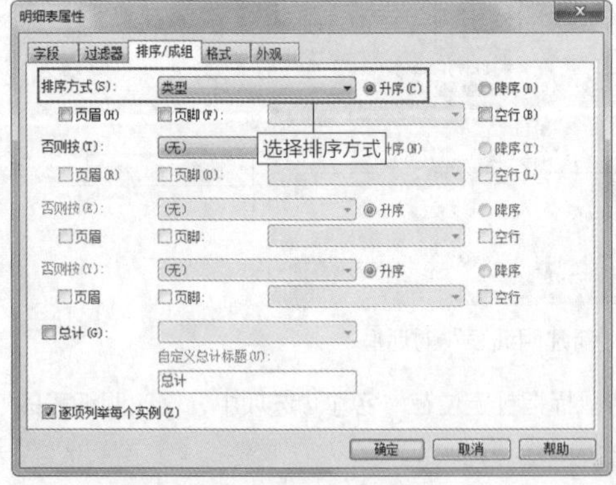

图 14-10 设置"排序 / 成组"参数

知识链接：

在"明细表字段（按顺序排列）"列表中选择某个字段，单击列表下方的"上移参数""下移参数"按钮，可以调整字段在列表中的位置，同时也可以影响字段在明细表中的位置。

Step 06 选择"格式"选项卡中设置字段的显示格式，如选择"类型"字段，在右侧的面板中设置"标题方向"为"水平"，"对齐"方向为"左"，如图14-11所示。

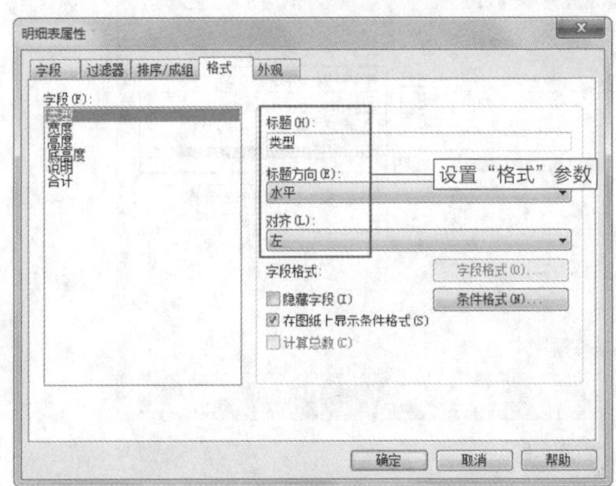

图 14-11 设置"格式"参数

Step 07 选择"外观"选项卡，保持"网格线"的样式参数不变，选择"轮廓"选项，单击弹出线型列表，在其中选择"中粗线"选项，修改轮廓线的线样式。在"文字"选项组下设置"标题文本""标题"和"正文"的字体，如图14-12所示。

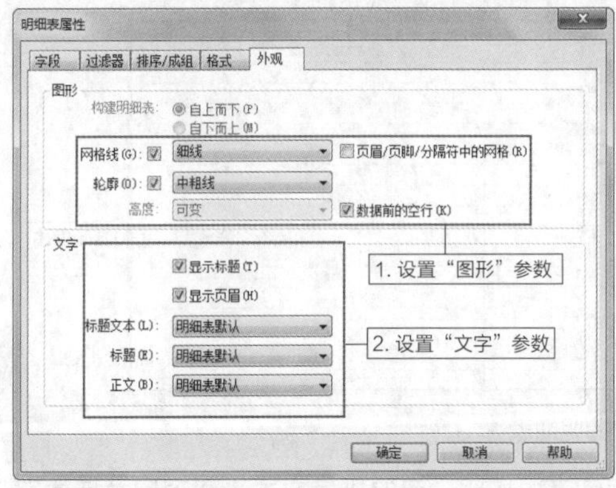

图 14-12 设置"外观"参数

延伸讲解：

在"标题文本""标题"和"正文"选项中均提供了多种类型的字体供用户选择，用户也可以使用"明细表默认"的字体。

Step 08 单击"确定"按钮关闭对话框，切换至明细表视图，显示按照设定的参数创建的"门信息统计表"，效果如图14-13所示。

Step 09 项目文件中包含的门对象很多，逐项列举的方式不方便观察及统计门信息。在"属性"选项板中单击"排序/成组"选项后的"编辑"按钮，弹出"明细表属性"对话框。在"排序/成组"选项卡中取消选择"逐项列举每个实例"选项，如图14-14所示。

〈门信息统计表〉					
A	B	C	D	E	F
类型	宽度	高度	底高度	说明	合计
M-1	1800	2700	0		1
M-1	1800	2700	0		1
M-1	1800	2700	0		1
M-1	1800	2700	0		1
M-1	1800	2700	0		1
M-1	1800	2700	0		1
M-2	3300	2100	0		1
M-2	3300	2100	0		1
M-2	3300	2100	0		1
M-3	1500	2100	0		1
M-3	1500	2100	0		1
M-3	1500	2100	0		1
M-3	1500	2100	0		1
M-3	1500	2100	0		1
M-3	1500	2100	0		1
M-3	1500	2100	0		1
M-3	1500	2100	0		1
M-3	1500	2100	0		1
M-3	1500	2100	0		1
M-3	1500	2100	0		1
M-3	1500	2100	0		1
M-3	1500	2100	0		1
M-3	1500	2100	0		1
M-4	900	2100	0	单扇平开木门	1
M-4	900	2100	0	单扇平开木门	1
M-4	900	2100	0	单扇平开木门	1
M-4	900	2100	0	单扇平开木门	1
M-4	900	2100	0	单扇平开木门	1

图 14-13 门信息统计表

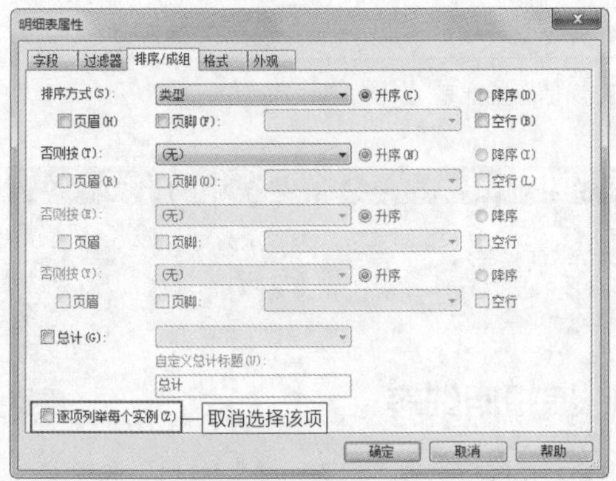

图 14-14 “明细表属性”对话框

?? 答疑解惑：为什么明细表里有很多相同内容的表行？

因为在“明细表属性”对话框的“排序/成组”选项卡中选择了“逐项列举每个实例”选项，所以在明细表中会逐项列举项目中门对象的信息，即使是相同参数的门图元也会被逐项列举。

Step 10 观察图14-13的明细表，发现表头与数据行之间存在一个空行，可以通过修改属性参数，取消显示空行。在“明细表属性”对话框中选择“外观”选项卡，在“图形”选项组中取消选择“数据前的空行”选项，如图14-15所示。

Step 11 单击“确定”按钮关闭“明细表属性”对话框，发现明细表的显示样式发生了变化。相同类型的门对象参数显示在一个表行中，“合计”选项中显示该类型门图元的个数。取消显示表头与数据行之间的空行，以使内容的排版更加紧凑，修改效果如图14-16所示。

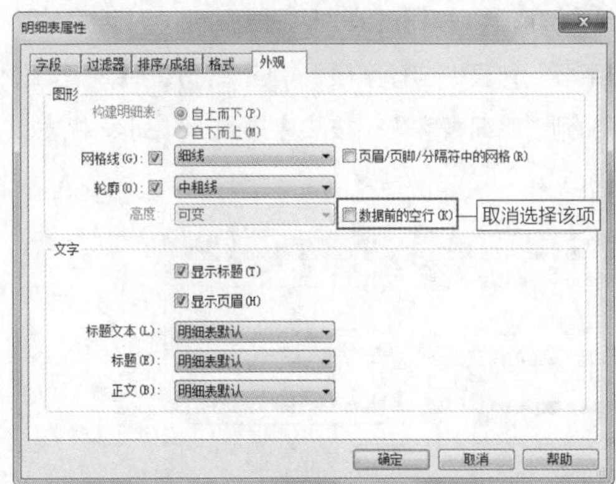

图 14-15 修改“外观”参数

〈门信息统计表〉					
A	B	C	D	E	F
类型	宽度	高度	底高度	说明	合计
M-1	1800.0	2700	0		6
M-2	3300	2100	0		3
M-3	1500	2100	0		14
M-4	900	2100	0	单扇平开木门	42

图 14-16 修改效果

2. 创建窗明细表

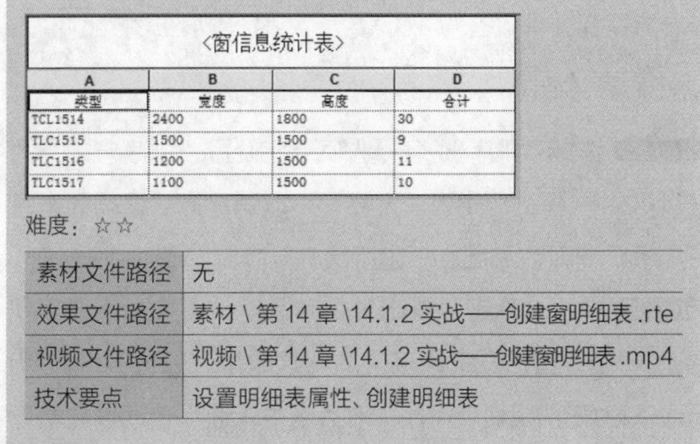

〈窗信息统计表〉			
A	B	C	D
类型	宽度	高度	合计
TCL1514	2400	1800	30
TLC1515	1500	1500	9
TLC1516	1200	1500	11
TLC1517	1100	1500	10

难度：☆☆

素材文件路径	无
效果文件路径	素材\第 14 章\14.1.2 实战——创建窗明细表 .rte
视频文件路径	视频\第 14 章\14.1.2 实战——创建窗明细表 .mp4
技术要点	设置明细表属性、创建明细表

Step 01 在“新建明细表”对话框的“类别”列表中选择“窗”选项，在“名称”选项中设置名称，结果如图14-17所示。

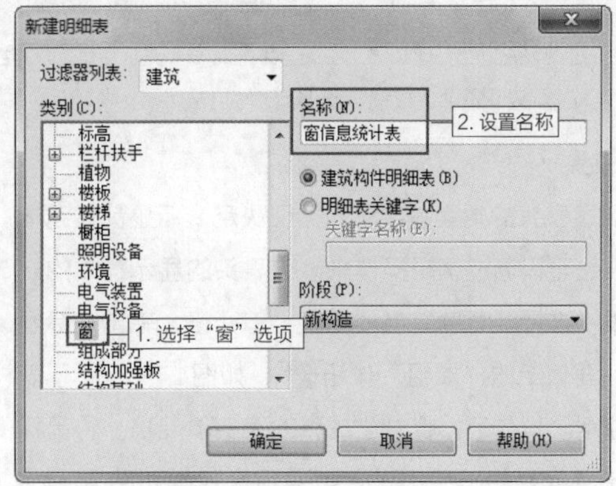

图 14-17 设置名称

Step 02 单击“确定”按钮进入“明细表属性”对话框，在“可用的字段”列表中选择字段，单击“添加参数”按钮将字段添加到“明细表字段（按顺序排列）”列表中，如图14-18所示。

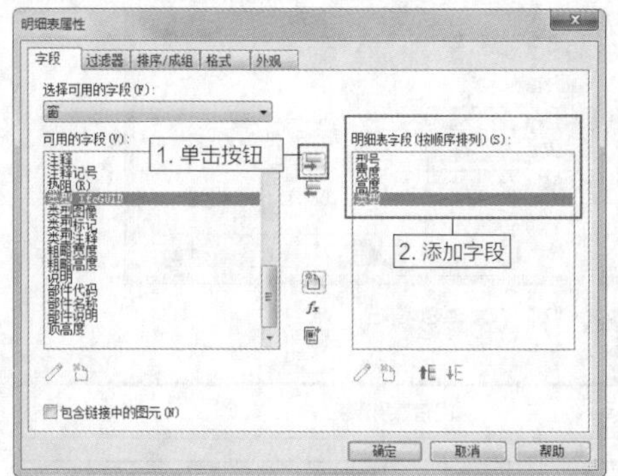

图 14-18 添加字段

答疑解惑：为什么要调整明细表字段的排序?

弹出“明细表属性”对话框，定位至“字段”选项卡，在“明细表字段（按顺序排列）”列表中设置字段从上至下的排列顺序，会影响字段在明细表中从左至右的排列样式。用户可自定义字段在明细表中的位置。

Step 03 选择“排序/成组”选项卡，设置“排序方式”为“类型”，排列顺序为“升序”，取消选择“逐项列举每个实例”选项，如图14-19所示。

Step 04 单击“确定”按钮关闭对话框，切换至明细表视图，观察“窗信息统计表”的创建效果，如图14-20所示。因为在“明细表属性”对话框中未选择“逐项列举每个实例”选项，所以在明细表中将相同类型的窗对象信息显示在一个表行中。

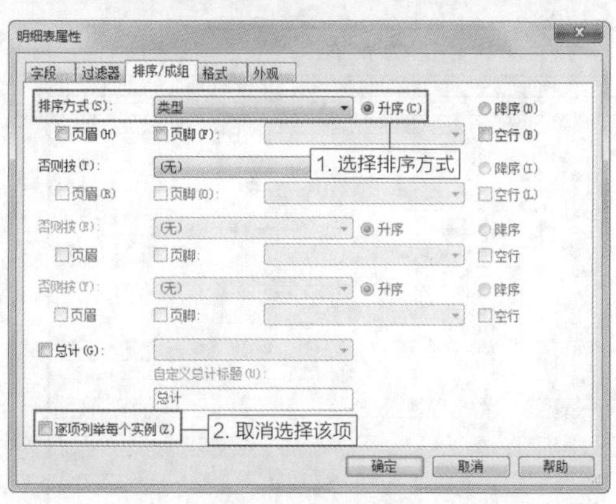

图 14-19 设置“排序 / 成组”参数

〈窗信息统计表〉

A	B	C	D
类型	宽度	高度	合计
TCL1514	2400	1800	30
TLC1515	1500	1500	9
TLC1516	1200	1500	11
TLC1517	1100	1500	10

图 14-20 窗信息统计表

知识链接：

窗明细表的“格式”参数与“外观”参数在“明细表属性”对话框中进行设置，请参考“1.创建门明细表”中的介绍。

14.1.3 编辑明细表 重点

在明细表视图中选择“修改明细表/数量”选项卡，在其中显示各种用来编辑明细表的工具，如“插入”“删除”等，如图14-21所示。通过启用这些工具，可以修改明细表的显示样式。本小节以14.1.2小节创建的窗明细表为例，介绍编辑明细表的操作方法。

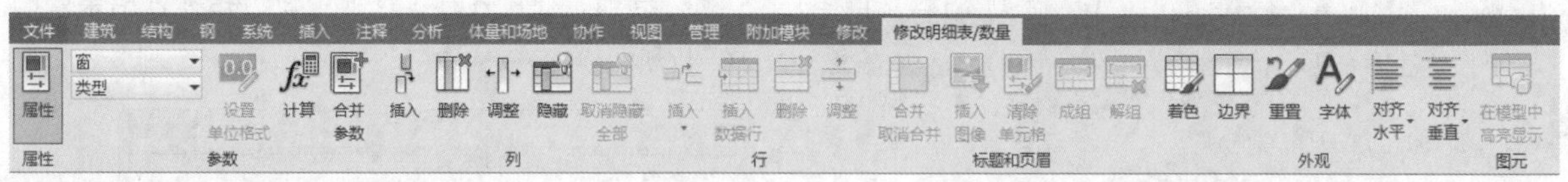

图 14-21 “修改明细表 / 数量”选项卡

1. 修改表头

明细表表头的类型由字段的类型决定，但是创建完毕的明细表是可以通过编辑操作来修改表头的显示样式的。在明细表中选择“宽度”与“高度”单元格，单击“标题和页眉”面板上的“成组”按钮，如图14-22所示。执行“成组”操作后，合并生成新的表头单元格，将鼠标指针置于单元格中，单击进入可编辑模式，如图14-23所示。

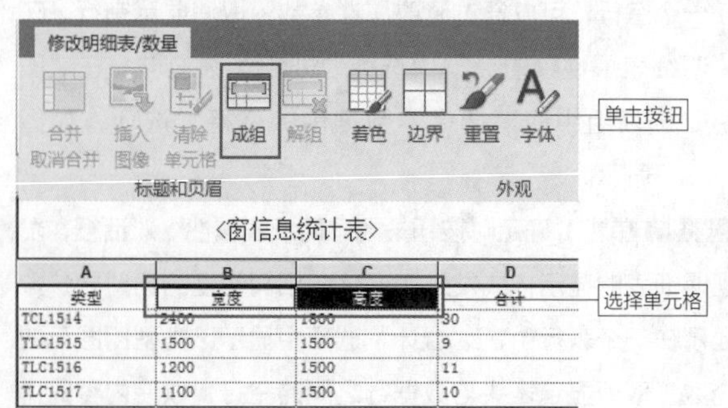

图 14-22 选择单元格

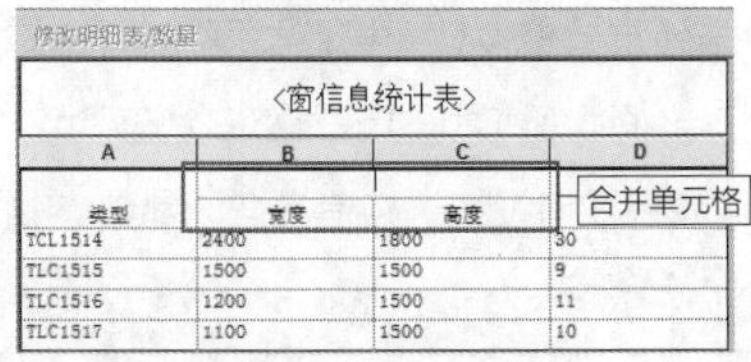

〈窗信息统计表〉			
A	B	C	D
类型	宽度	高度	
TCL1514	2400	1800	30
TLC1515	1500	1500	9
TLC1516	1200	1500	11
TLC1517	1100	1500	10

图 14-23　合并单元格

延伸讲解：

一次性选择两个单元格的操作步骤为：将鼠标指针定位在“宽度”单元格中，按住并向右拖动鼠标至“高度”单元格中，松开后可以选择这两个单元格。

在单元格中输入表头名称，如图14-24所示。不仅可以修改合并单元格的名称，也可以修改其他表头单元格的名称，如进入编辑“类型”单元格的模式，将名称修改为“窗编号”，如图14-25所示。

〈窗信息统计表〉			
A	B	C	D
	尺寸参数		
类型	宽度	高度	
TCL1514	2400	1800	30
TLC1515	1500	1500	9
TLC1516	1200	1500	11
TLC1517	1100	1500	10

输入名称

图 14-24　输入名称

〈窗信息统计表〉			
A	B	C	D
	尺寸参数		
窗编号	宽度	高度	合计
TCL1514	2400	1800	30
TLC1515	1500	1500	9
TLC1516	1200	1500	11
TLC1517	1100	1500	10

修改名称

图 14-25　修改名称

2. 显示指定的信息

有时候明细表会同时显示许多关于对象的各种信息，当需要显示其中某一类对象的信息时怎么操作？此时可以使用“过滤器”功能来实现。在“属性”选项板中单击“过滤器”选项后的“编辑”按钮，弹出“明细表属性”对话框，自动定位到“过滤器”选项卡。

在“过滤条件”选项中设置参数，如选择“宽度”选项；“条件”选项中显示有多种条件可以选择，如“等于”“大于”等，这里选择“等于”；“值”选项中显示符合“宽度”的参数，如1200、2400等，这些参数表示窗的宽度。

图14-26所示的“过滤条件”的含义为即将在明细表中显示“宽度”等于1200的窗对象。单击“确定”按钮关闭对话框，明细表视图更新后的显示效果如图14-27所示。此时发现“宽度不等于1200”的窗对象被排除在外，仅显示“宽度”为1200的窗对象。

图 14-26　设置过滤条件

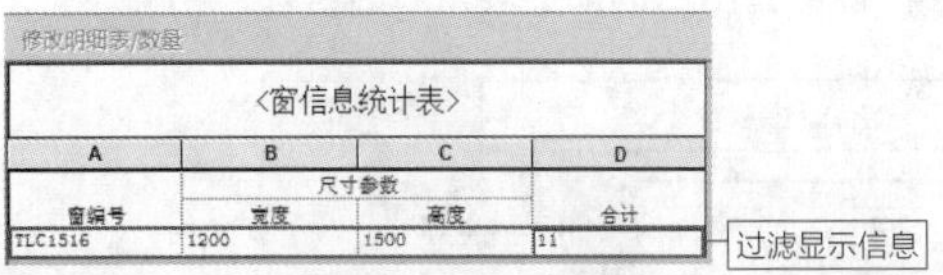

〈窗信息统计表〉			
A	B	C	D
	尺寸参数		
窗编号	宽度	高度	合计
TLC1516	1200	1500	11

图 14-27　过滤显示信息

3. 在视图中显示指定的模型

在查阅明细表中信息的同时，又想了解与信息相对应的模型的显示样式，该怎么操作？此时可以在表格中选择表行，在“图元”面板中单击“在模型中高亮显示”按钮，如图14-28所示。打开视图，在其中以红色填充样式显示与信息相对应的窗图元，同时弹出“显示视图中的图元”对话框，如图14-29所示。单击“显示”按钮，切换视图，在各视图中显示指定的窗图元。

在视图中单击“关闭”按钮，关闭“显示视图中的图元”对话框，并停留在当前视图。

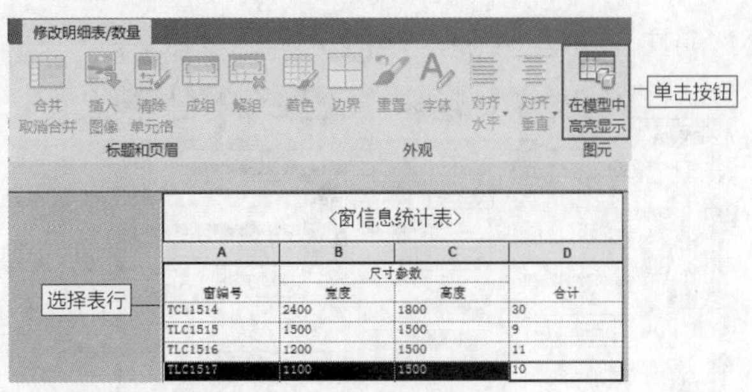

〈窗信息统计表〉			
A	B	C	D
	尺寸参数		
窗编号	宽度	高度	合计
TCL1514	2400	1800	30
TLC1515	1500	1500	9
TLC1516	1200	1500	11
TLC1517	1100	1500	10

图 14-28　单击“在模型中高亮显示”按钮

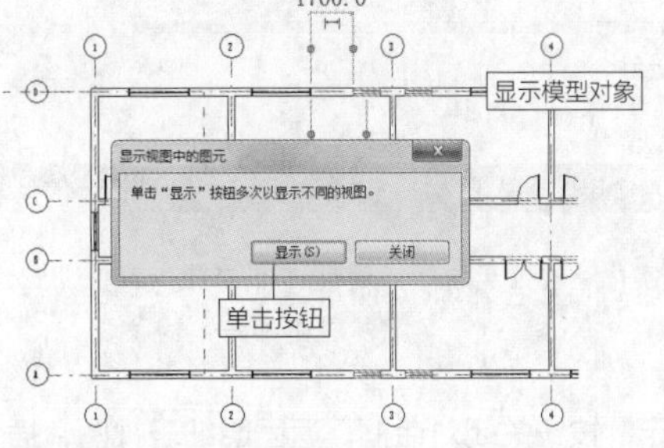

图 14-29　显示模型对象

知识链接：

在明细表中选择表行，打开快捷菜单，选择“删除行”选项，可以删除选中的行，同时与表行对应的对象在视图中也会被删除。

4. 插入新列

为明细表插入新列，可以在新列中添加内容，增加明细表的信息。在表格中选择一列，如选择最后一列，单击鼠标右键，在弹出的列表中选择“插入列”命令，如图14-30所示。随即弹出“选择字段”对话框。

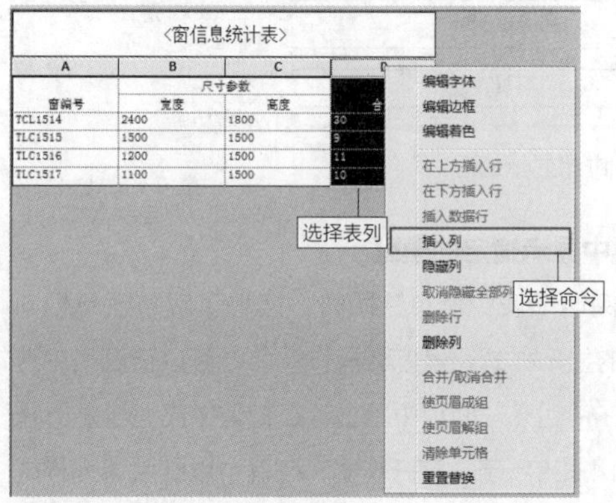

图 14-30 选择“插入列”命令

在对话框的“可用的字段”列表中选择名称为“构造类型”的字段，单击“添加（A）-->”按钮，将其添加到“明细表字段（按顺序排列）”列表中。单击“上移”按钮，向上调整字段的位置，使其位于“高度”字段与“合计”字段之间，如图14-31所示。

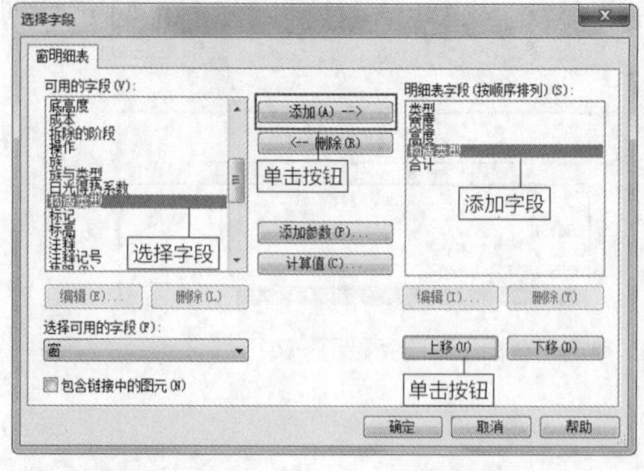

图 14-31 添加字段

延伸讲解：

新添加的字段一般位于末尾，通过单击“上移”按钮，调整在列表中的位置，同时也影响其在明细表中的位置。

单击“确定”按钮关闭对话框，返回明细表视图，插入的新列如图14-32所示。与字段在“明细表字段（按顺序排列）”列表中的排列方式相似，“构造类型”字段位于“高度”与“合计”之间。新增列显示为空白状态，这是因为与其相对应的对象并没有设置“构造类型”参数。

修改明细表/数量

<窗信息统计表>

A	B	C	D	E
	尺寸参数			
窗编号	宽度	高度	构造类型	合计
TCL1514	2400	1800		30
TLC1515	1500	1500		9
TLC1516	1200	1500		11
TLC1517	1100	1500		10

插入新列

图 14-32 插入新列

返回到平面视图中，选择窗对象，在“属性”选项板中单击“编辑类型”按钮，弹出“类型属性”对话框。将鼠标指针定位在“构造”选项组的“构造类型”选项，输入说明文字，如“组合窗”，如图14-33所示。单击“确定”按钮关闭对话框，完成设置“构造类型”参数的操作。

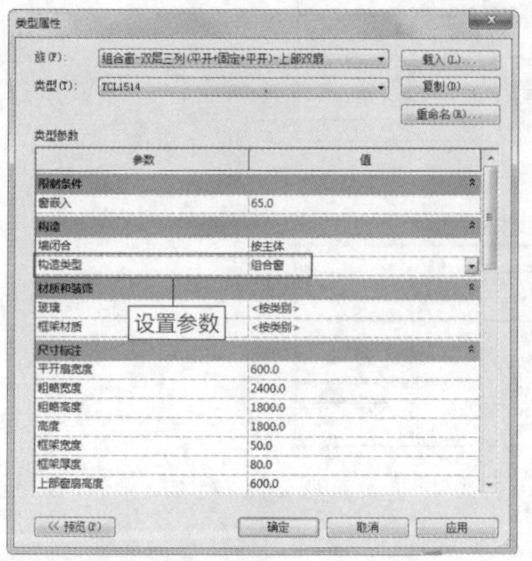

图 14-33 设置参数

在明细表中观察设置“构造类型”参数的效果，如图14-34所示。因为仅修改了某个对象的“构造类型”参数，所以其他对象并不受影响。重复弹出指定对象的“类型属性”对话框，设置“构造类型”参数，在明细表中显示设置参数的效果如图14-35所示。当包含两种以上的“构造类型”时，单击“构造类型”单元格，可以弹出类型列表，显示已有的“构造类型”参数，单击可以选用。

修改明细表/数量

<窗信息统计表>

A	B	C	D	E
	尺寸参数			
窗编号	宽度	高度	构造类型	合计
TCL1514	2400	1800	组合窗	30
TLC1515	1500	1500		9
TLC1516	1200	1500		11
TLC1517	1100	1500		10

显示参数

图 14-34 显示参数

〈窗信息统计表〉				
A	B	C	D	E
窗编号	尺寸参数		构造类型	合计
	宽度	高度		
TCL1514	2400	1800	组合窗	30
TLC1515	1500	1500	双扇推拉窗	9
TLC1516	1200	1500	双扇推拉窗	11
TLC1517	1100	1500	双扇推拉窗	10

类型列表：双扇推拉窗、组合窗

图 14-35　“构造类型”列表

5. 计算洞口面积

在墙体上放置窗图元时，系统自动创建窗洞口，不需要用户手动创建。通过在明细表中执行“计算”操作，可以得到洞口面积。在“属性”选项板中单击“字段”选项后的“编辑”按钮，如图14-36所示。弹出“明细表属性”对话框，在对话框中单击“添加计算参数”按钮，如图14-37所示。随即弹出“计算值”对话框。

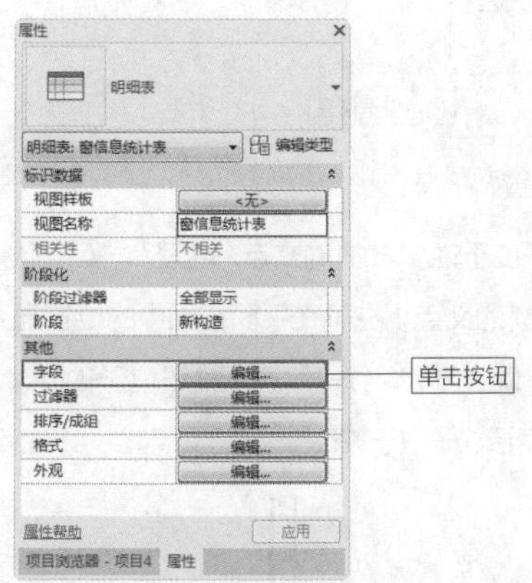

图 14-36　单击“编辑”按钮

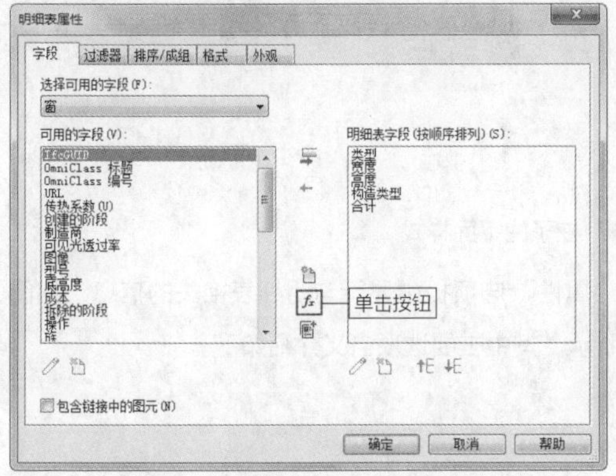

图 14-37　单击“添加计算参数”按钮

在“名称”选项中设置名称，该名称在明细表中表示为表头名称；打开“类型”列表，选择“面积”选项，表示即将执行计算面积的操作。在“公式”选项后单击矩形按钮▭，如图14-38所示。随即弹出“字段”对话框。

在对话框中选择“宽度”字段，如图14-39所示。单击“确定”按钮返回“计算值”对话框，“宽度”字段被显示在“公式”文本框中。因为一次只能在“计算值”对话框中选择一个字段，所以还需要单击矩形按钮▭，再次弹出对话框。在其中选择“高度”字段，将该字段添加到“公式”文本框中，完成添加字段的操作。

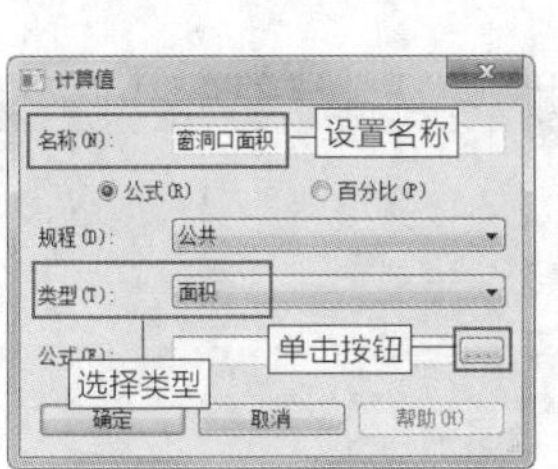

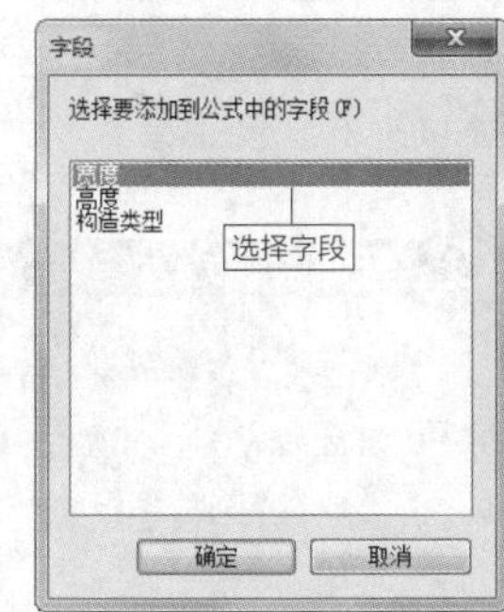

图 14-38　“计算值”对话框　　图 14-39　选择字段

添加字段的结果如图14-40所示。但是公式不能仅由文字组成，还需要添加符号才可以定位运算规则。将鼠标指针定位在“宽度”与“高度”之间，在键盘上按Shift+8组合键，输入符号“*”，如图14-41所示。

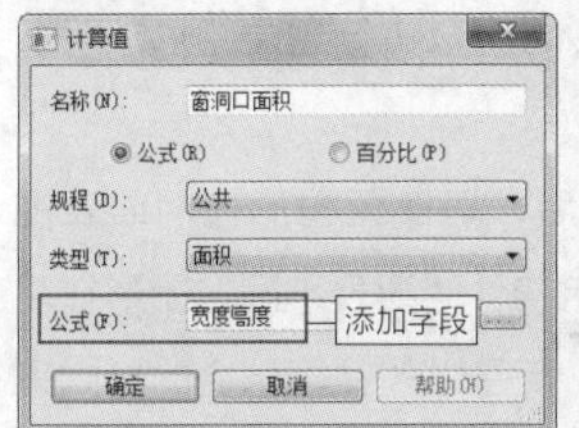

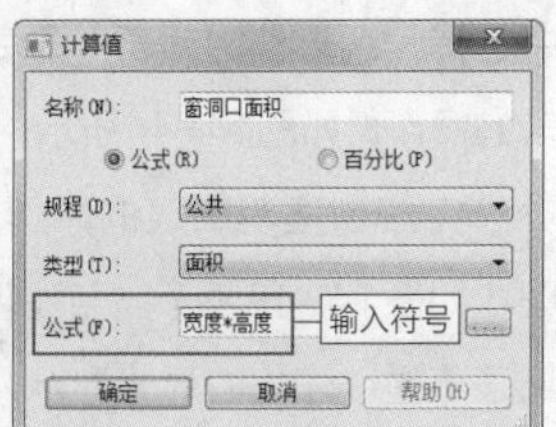

图 14-40　添加字段　　图 14-41　输入符号

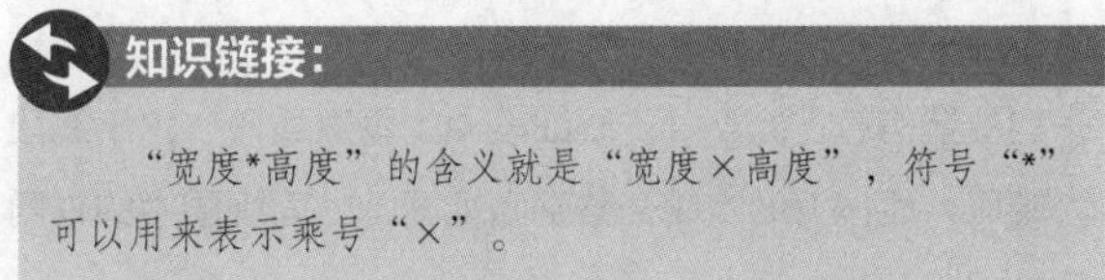

“宽度*高度”的含义就是“宽度×高度”，符号“*”可以用来表示乘号“×”。

单击“确定”按钮返回“明细表属性”对话框，在“明细表字段（按顺序排列）”列表中显示新增的“窗洞口面积”字段，如图14-42所示。单击“确定”按钮关闭对话框，明细表中插入名称为“窗洞口面积”的列，并显示面积参数，如图14-43所示。

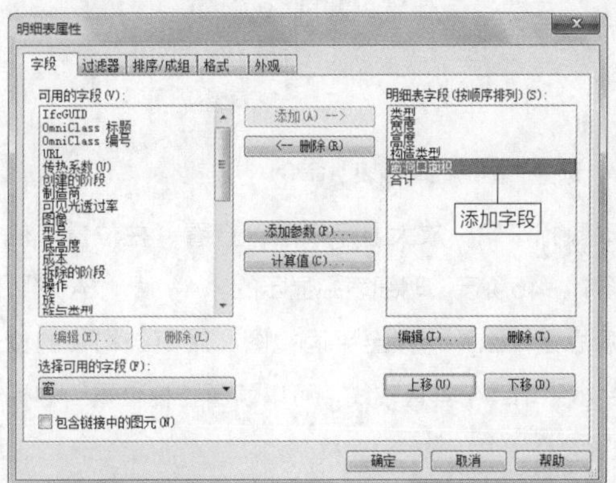

图 14-42　添加字段

<窗信息统计表> 显示面积参数					
A	B	C	D	E	F
	尺寸参数				
窗编号	宽度	高度	构造类型	窗洞口面积	合计
TCL1514	2400	1800	组合窗	4.32 m²	30
TLC1515	1500	1500	双扇推拉窗	2.25 m²	9
TLC1516	1200	1500	双扇推拉窗	1.80 m²	11
TLC1517	1100	1500	双扇推拉窗	1.65 m²	10

图 14-43 显示面积参数

延伸讲解：

通常情况下常常将“合计”列置为最后一列，显示对该类型对象的统计情况。但是并无硬性规定，用户也可以自由定义各个列的位置。

14.2 创建图形柱明细表

通过为项目中的柱子创建明细表，可以在明细表中观察柱子的显示样式及其属性参数。选择“视图”选项卡，在“创建”面板上单击“明细表”按钮，在弹出的列表中选择“图形柱明细表”命令，可以执行创建图形柱明细表的操作，如图14-44所示。

完成创建明细表的操作后，切换至图形柱明细表视图，如图14-45所示。与建筑构件明细表不同，图形柱明细表不是以表格的形式显示，而是以图文相结合的形式来显示。

在明细表的两侧，显示标高名称和层高。中间的图形表示柱子的截面图形，在柱子图形下方的矩形框中显示柱子的位置信息，如A-1。明细表中的垂直线段、水平线段为轴网，线型为细实线，与平面视图、立面视图中的轴网线型相区别。

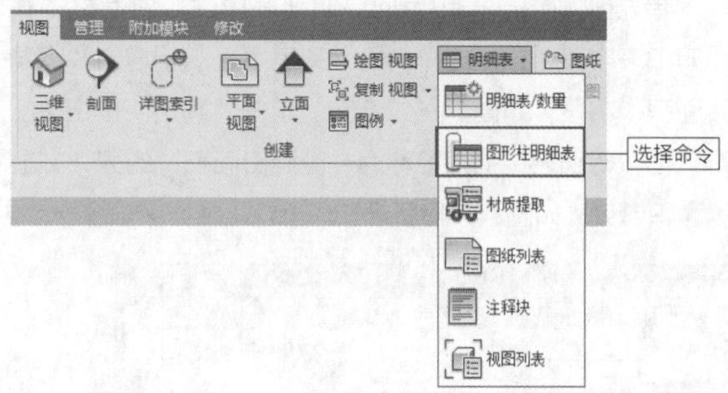

图 14-44 选择“图形柱明细表”命令

滚动鼠标滚轮，放大显示视图，查看“柱位置”信息，如图14-46所示。明细表中显示的“A-1”“A-7”表示的意思是什么？切换至平面视图，观察结构柱的位置，结合水平轴线与垂直轴线，可以读懂“柱位置”中标注文字的含义。

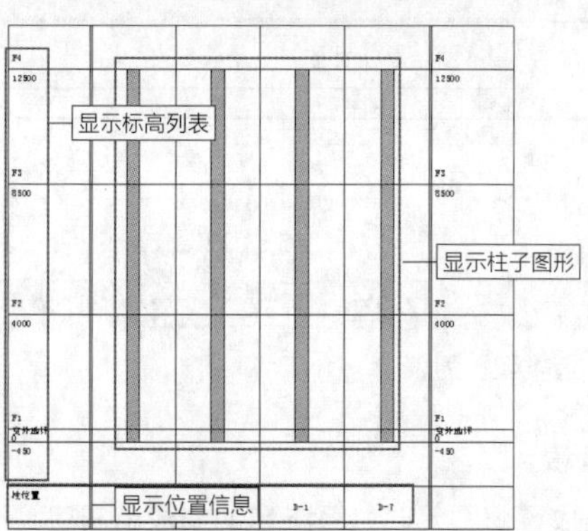

图 14-45 图形柱明细表

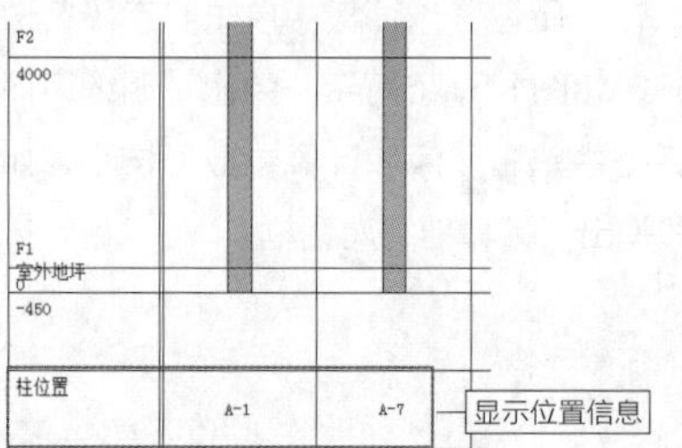

图 14-46 查看“柱位置”信息

“A-1”表示柱子位于轴A与轴1的交点，同理，“A-7”表示柱子位于轴A与轴7的交点，柱子在平面视图中的位置显示如图14-47所示。以此类推，“D-1”表示柱子位于轴D与轴1的交点，“D-7”表示柱子位于轴D与轴7的交点。

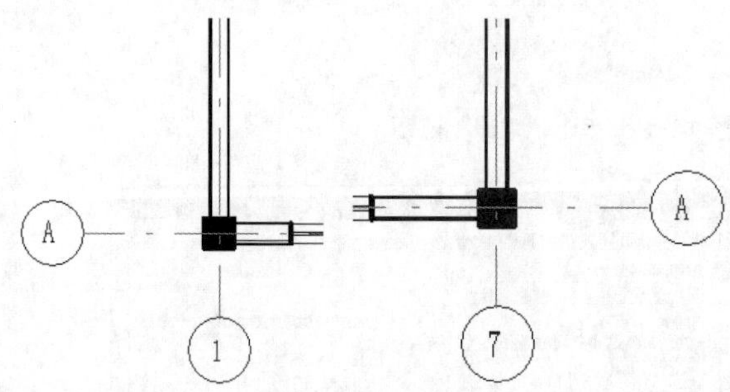

图 14-47 柱子的平面样式

在“属性”选项板中显示与明细表相关的信息，如图14-48所示。其中主要选项含义介绍如下。

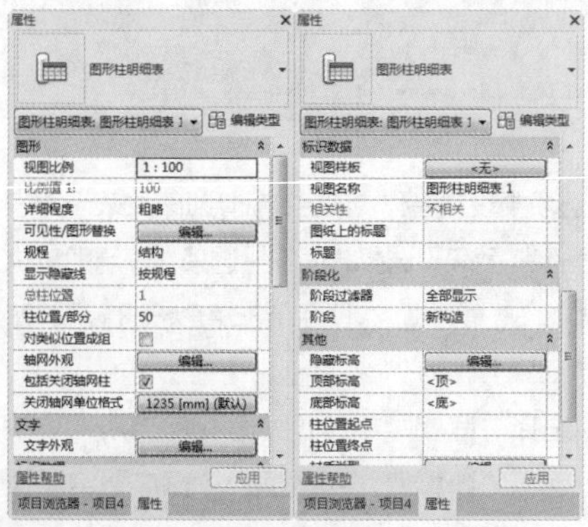

图 14-48 “属性”选项板

◆ 对类似位置成组：选择选项，合并显示位于类似位置的柱子，如选择该项后，结构柱合并显示的效果如图14-49所示。

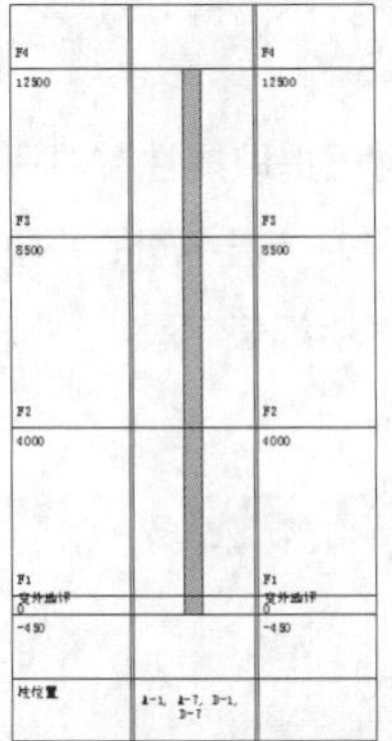

图 14-49 合并显示的效果

◆ 轴网外观：单击选项的“编辑”按钮，弹出“图形柱明细表属性”对话框，在选项卡分别设置轴网在“水平宽度”与“垂直宽度”上的显示样式，如图14-50所示。

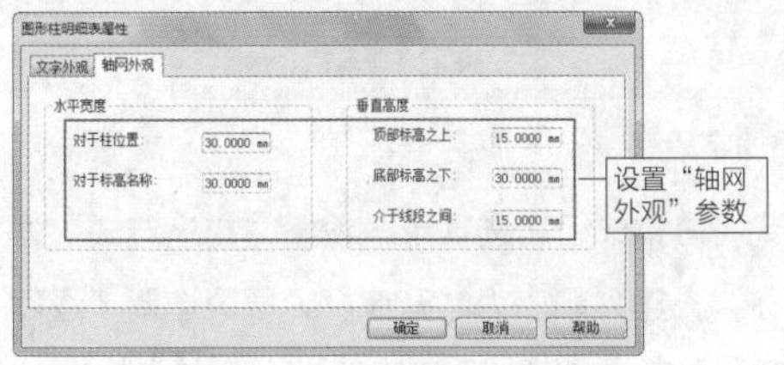

图 14-50 设置“轴网外观”参数

◆ 关闭轴网单位格式：单击选项按钮，弹出“格式”对话框。默认情况下，选择“使用项目设置”选项，所有选项显示为灰色，表示不可编辑选项参数，采用项目设置。取消选择“使用项目设置”选项，全部选项可以被编辑，用户可以自由设置格式参数，如图14-51所示。

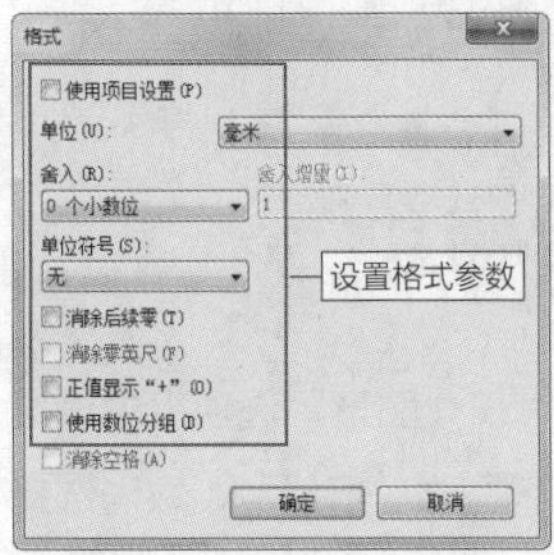

图 14-51 “格式”对话框

◆ 文字外观：单击选项的“编辑”按钮，弹出“图形柱明细表属性”对话框，如图14-52所示。在其中分别设置“标题文字”“标高文字”“柱位置”来标注文字的显示样式，样式参数的类型有“字高”“字体”“字宽”等。

图 14-52 设置“文字外观”参数

◆ 隐藏标高：默认情况下，在明细表中显示全部标高。单击选项中的“编辑”按钮，弹出“隐藏在图形柱明细表中的标高”对话框，如图14-53所示，选择标高，单击“确定”按钮关闭对话框，该标高在明细表中不可见。

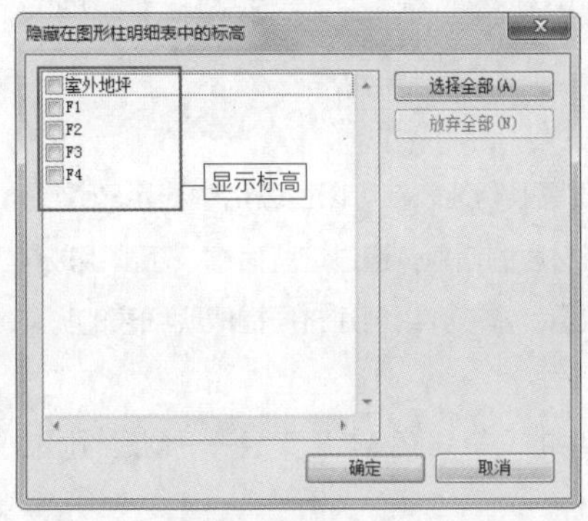

图 14-53 显示标高

◆ 顶部标高/底部标高：默认将“顶部标高”设置为“<顶>”，将“底部标高”设置为“<底>”。在选项中单击，弹出标高列表，选择标高，修改顶部/底部标高类型。

◆ 柱位置起点/柱位置终点：在选项中单击，会显示位置列表，如图14-54所示。在列表中选择选项，自定义柱位置的起点与终点。

◆ 材质类型：单击选项的“编辑”按钮，弹出图14-55所示的“结构材质”对话框。选择材质，单击“确定”按钮关闭对话框，将选中的材质赋予柱子。

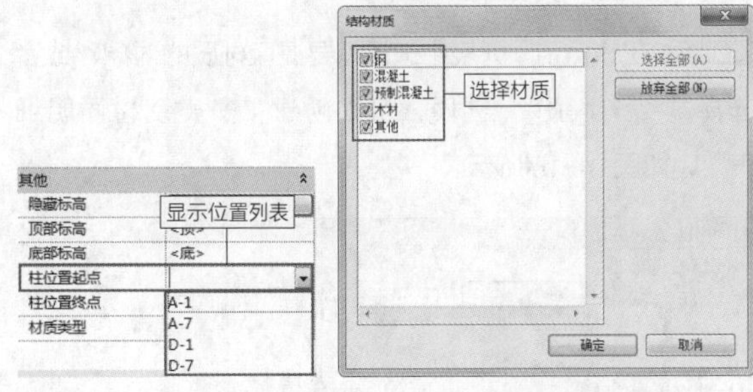

图 14-54 显示位置列表 图 14-55 “结构材质”对话框

14.3 实战——创建材质提取明细表

<多类别材质提取>

A	B	C	D	E
材质：名称	材质：说明	类别	族与类型	类型
1号大楼 - 外墙	外部面层			
1号大楼 - 外墙衬底	外部面层	墙	基本墙：砖墙2	砖墙240mm -外
抛光不锈钢		门	平开门：M-4	M-4
木门		门	平开门：M-4	M-4
混凝土 - 现场浇注混凝土		结构柱	混凝土-矩形-柱	450 x 450 mm
玻璃				
白色涂料		门	平开门：M-4	M-4
砖石建筑 - 砖 - 截面				
窗套		窗		
窗框		窗		
默认		天花板	复合天花板：6	600 x 600mm

难度：☆☆☆

素材文件路径	无
效果文件路径	素材\第14章\14.3 实战——创建材质提取明细表.rte
视频文件路径	视频\第14章\14.3 实战——创建材质提取明细表.mp4
技术要点	设置参数、创建材质提取明细表

通过创建材质提取明细表，可以在表格中显示Revit族类别的子构件或者材质的信息，通过这些信息，了解组成构件部件的材质与数量。本节介绍创建材质提取明细表的操作方法。

Step 01 打开资源中的“第14章\14.3 实战——创建材质提取明细表.rte”文件。

Step 02 选择“视图”选项卡，在“创建”面板上单击“明细表”按钮，在弹出的列表中选择“材质提取”命令，如图14-56所示。随即弹出“新建材质提取”对话框。

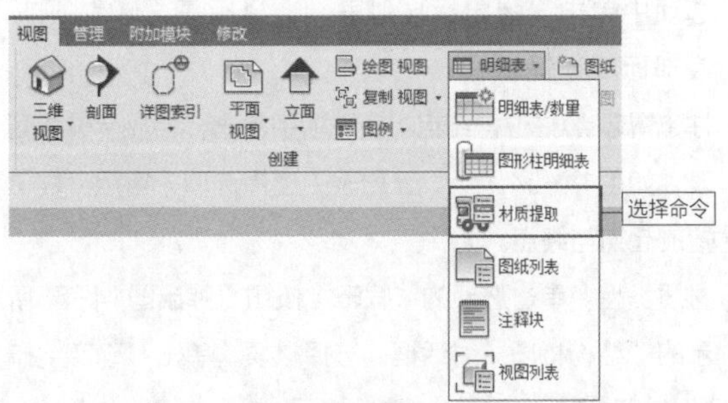

图 14-56 选择“材质提取”命令

Step 03 在“类别”列表中选择需要提取材质的对象，或者选择“<多类别>”选项，可以创建“多类别材质明细表”，如图14-57所示。

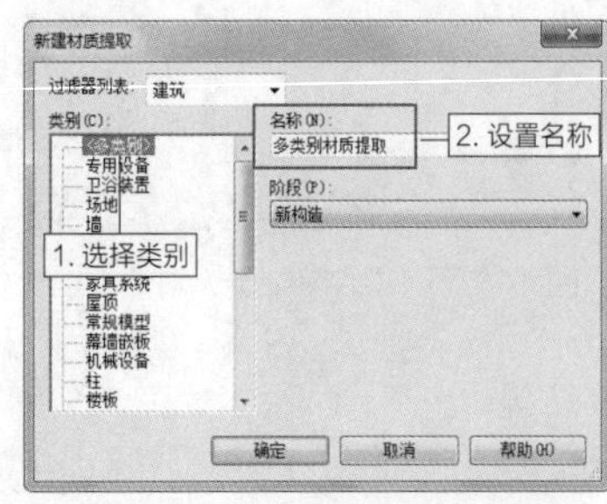

图 14-57 “新建材质提取”对话框

延伸讲解：

“多类别材质明细表”可以将项目中所有的材质信息罗列在明细表中。假如选择指定的类别，则仅在表格中显示该类别的材质信息。

Step 04 单击“确定”按钮，进入“材质提取属性”对话框。在“可用的字段”列表中选择字段，单击中间的“添加参数”按钮，将字段添加到右侧的“明细表字段（按顺序排列）”列表中，如图14-58所示。

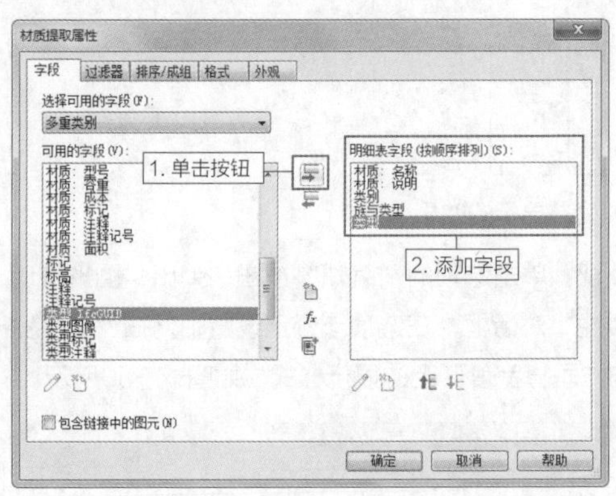

图 14-58 添加字段

Step 05 选择“排序/成组”选项卡，设置“排序方式”为“材质：名称”，排列顺序为“升序”，取消选择“逐项列举每个实例”选项，如图14-59所示。

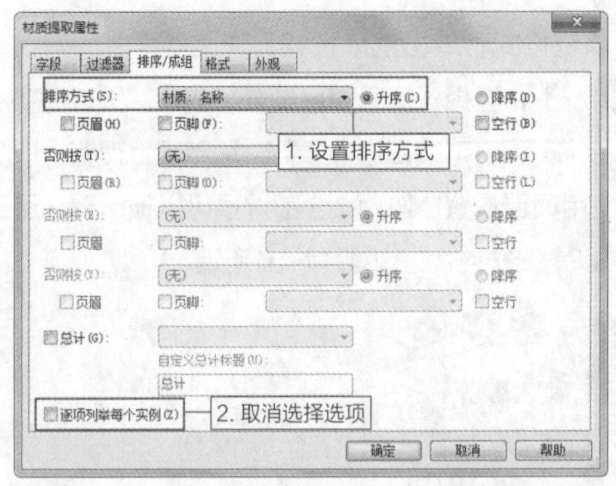

图 14-59 设置排序方式

Step 06 选择“外观”选项卡，在“图形”选项组中设置“网格线”为“细线”，“轮廓”为“细线”，取消选择“数据前的空行”选项，“文字”选项组的参数保持默认值即可。

知识链接：

“多类别材质提取明细表”的编辑方法与“门/窗明细表”的编辑方法相同，请参考本章14.1.3小节中的内容。

Step 07 单击“确定”按钮关闭对话框，切换至明细表视图，多类别材质提取明细表的创建效果如图14-60所示。

<多类别材质提取>				
A	B	C	D	E
材质：名称	材质：说明	类别	族与类型	类型
1号大楼 - 外墙	外部面层			
1号大楼 - 外墙衬底	外部面层	墙	基本墙：砖墙2	砖墙240mm -外
抛光不锈钢		门	平开门：M-4	M-4
木门		门	平开门：M-4	M-4
混凝土 - 现场浇注混凝土		结构柱	混凝土-矩形-柱	450 x 450 mm
玻璃				
白色涂料		门	平开门：M-4	M-4
砖石建筑 - 砖 - 截面				
窗套		窗		
窗框		窗		
默认		天花板	复合天花板：6	600 x 600mm

图 14-60 多类别材质提取明细表

14.4 创建图纸列表

通过创建图纸列表，可以在表格中列举项目包含的所有图纸信息，如图纸编号、图纸名称、绘图者等，可以将图纸列表用作施工图集的目录。

在“项目浏览器”中单击展开“图纸（全部）”选项列表，在其中显示项目文件所包含的图纸，如图14-61所示。其中，“001-总平面图”与“002-一层平面图”由模板默认创建。在即将创建的图纸列表中，包含位于“图纸（全部）”列表中的图纸的信息。

选择“视图”选项卡，在“创建”面板上单击“明细表”按钮，在弹出的列表中选择“图纸列表”命令，开始执行创建图纸列表的操作，如图14-62所示。

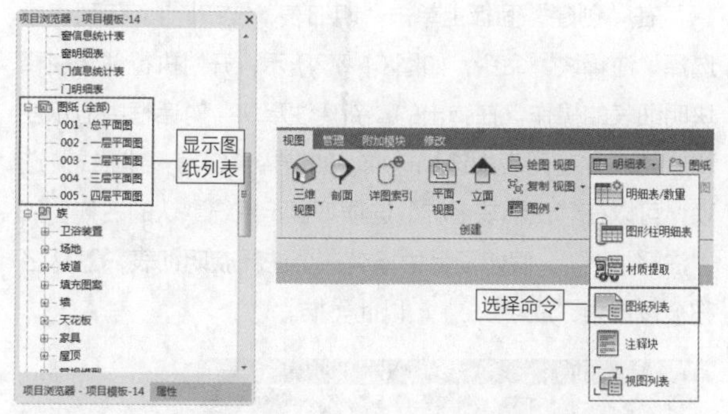

图14-61 “图纸（全部）”列表　图 14-62 选择“图纸列表”命令

选择“图纸列表”命令后，打开“图纸列表属性”对话框。在“可用的字段”列表中选择字段，如“图纸发布日期”“图纸名称”“图纸编号”等，单击中间的“添加参数”按钮，将其添加到右侧的“明细表字段（按顺序排列）”列表中，如图14-63所示。

保持“排序/成组”“外观”等选项卡的默认值不变，单击“确定”按钮进入明细表视图。根据所定义的参数生成的图纸列表如图14-64所示，在表列中显示了与图纸有关的信息，如“图纸发布日期”“图纸编号”“图纸名称”等。

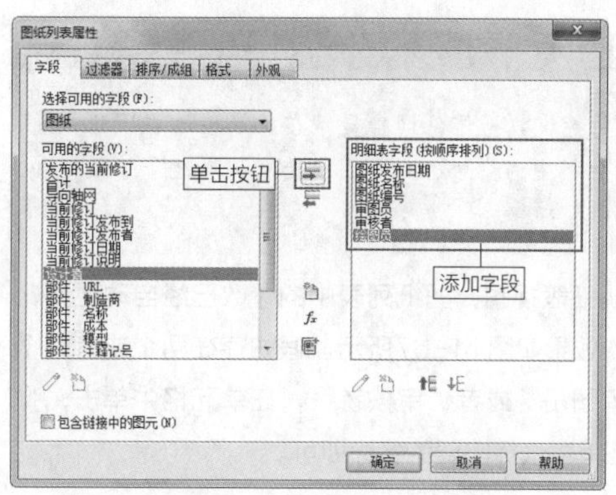

图 14-63 选择字段

<图纸列表>					
A	B	C	D	E	F
图纸发布日期	图纸编号	图纸名称	审图员	审核者	设计者
09/16/09	001	总平面图	审图员	审核者	设计者
09/26/09	002	一层平面图	审图员	审核者	设计者
05/14/17	003	二层平面图	审图员	审核者	设计者
05/14/17	004	三层平面图	审图员	审核者	设计者
05/14/17	005	四层平面图	审图员	审核者	设计者

图 14-64 图纸列表

延伸讲解：

通过选择不同的字段，可以影响明细表最终显示的内容。用户根据项目要求，自定义字段的类型，可以得到指定的图纸列表。

通过观察图纸列表，发现在“审图员”“审核者”“设计者”3个表列中显示的参数为默认值。切换至图纸视图，在“属性”选项板中查看图纸的“标识数据”的信息，如图14-65所示。“审核者”“设计者”“审图员”3个选项在用户没有修改参数前，均保持默认值。将鼠标指针定位在选项中，如定位在“审核者”选项中，单击进入可编辑模式，输入名称。此时选项会显示“无匹配”提示文字，用户无须理会。结束输入参数的操作后，发现选项参数均被修改，效果如图14-66所示。

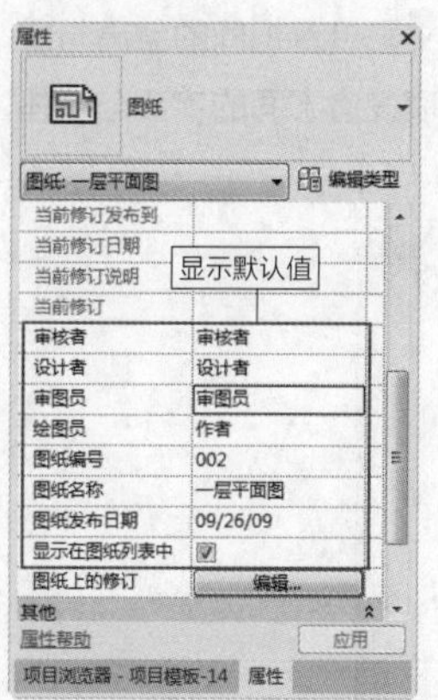

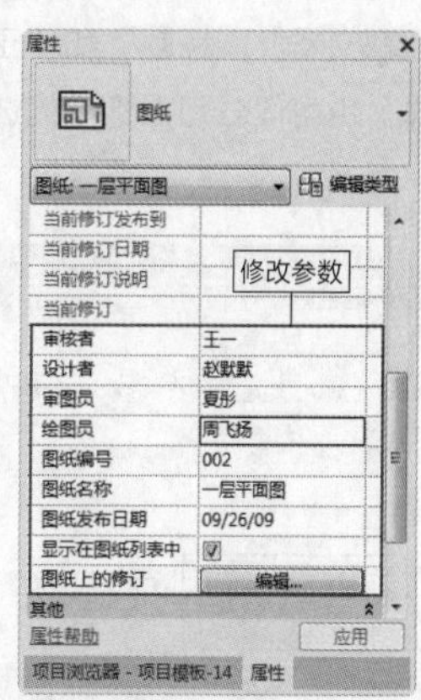

图 14-65 显示默认值　图 14-66 修改参数

知识链接：

图纸的标识数据信息同样显示在标题栏的右下角，通过修改标题栏中的信息，可以同步更新“属性”选项板和图纸列表中的信息。

返回明细表视图，图纸列表中的参数已经自动更新，修改参数的效果如图14-67所示。假如存在两个或者两个以上的“审图员”或者“审核者”，在单元格中单击，弹出列表，在其中选择需要的名称即可。

<图纸列表>

修改参数

A	B	C	D	E	F
图纸发布日期	图纸编号	图纸名称	审图员	审核者	设计者
09/16/09	001	总平面图	夏彤	王一	赵默默
09/26/09	002	一层平面图	夏彤	王一	赵默默
05/14/17	003	二层平面图	夏彤	王一	赵默默
05/14/17	004	三层平面图	夏彤	王一	赵默默
05/14/17	005	四层平面图	夏彤	王一	赵默默

图 14-67 修改参数的效果

项目模板默认的明细表文字字体过小，长时间编辑或者查看明细表的信息，容易产生视觉疲劳。通过修改字体高度，可以缓解由此带来的困扰。

在“属性”选项板中单击“外观”选项的“编辑”按钮，如图14-68所示。弹出“图纸列表属性”对话框，自动定位到“外观”选项卡，在“文字”选项组中修改字体参数。

图 14-68 单击按钮

打开“标题文本”列表，在列表中选择选项，设置字体和字体高度，如选择“5mm仿宋”选项，表示字体的高度为5mm，字体样式为“仿宋”，如图14-69所示。可以为“标题文本”“标题”和“正文”设置相同的字高与字体样式，也可以分别为不同的选项设置不同的字高与字体样式。

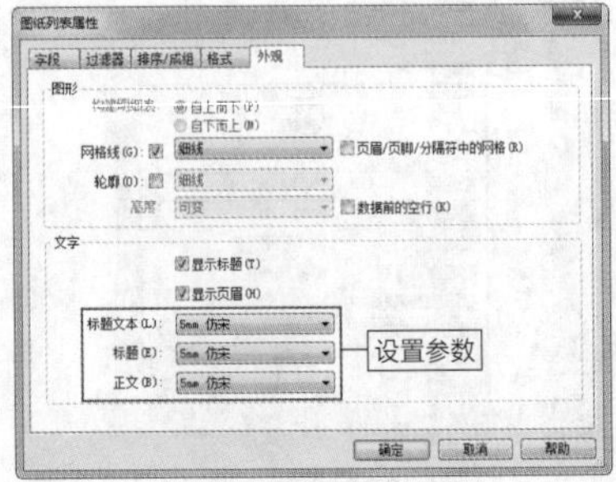

图 14-69 设置参数

单击“确定”按钮返回明细表视图，图纸列表更新显示的效果如图14-70所示。在明细表中修改参数，可以实时影响图纸视图的信息。删除选中的表行，弹出图14-71所示的提示对话框，提醒用户选定的图纸将被删除。单击“确定”按钮，表行和与其对应的图纸被删除。

<图纸列表>

A	B	C	D	E	F
图纸发布日期	图纸编号	图纸名称	审图员	审核者	设计者
09/16/09	001	总平面图	夏彤	王一	赵默默
09/26/09	002	一层平面图	夏彤	王一	赵默默
05/14/17	003	二层平面图	夏彤	王一	赵默默
05/14/17	004	三层平面图	夏彤	王一	赵默默
05/14/17	005	四层平面图	夏彤	王一	赵默默

图 14-70 修改效果

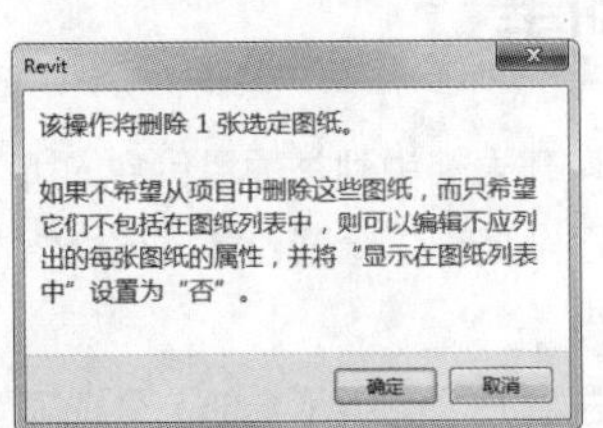

图 14-71 提示对话框

14.5 创建注释块明细表

创建注释块明细表，可以在表格中列出指定图元符号的信息。值得注意的是，必须是使用“符号”命令来添加的注释，才可以被列为注释块明细表的对象。

在“创建”面板上单击“明细表”按钮，在列表中选择“注释块”命令，如图14-72所示，开始执行创建注释块明细表的操作。在弹出的“新建注释块”对话框中显示注释族列表，在列表中选择选项，如选择“符号-剖断线”选项，可以在“注释块名称”选项下显示系统默认的名称，如“注释块1”。假如项目中已有一个注释族明细表，默认名称被设置为“注释块2”，以此类推。

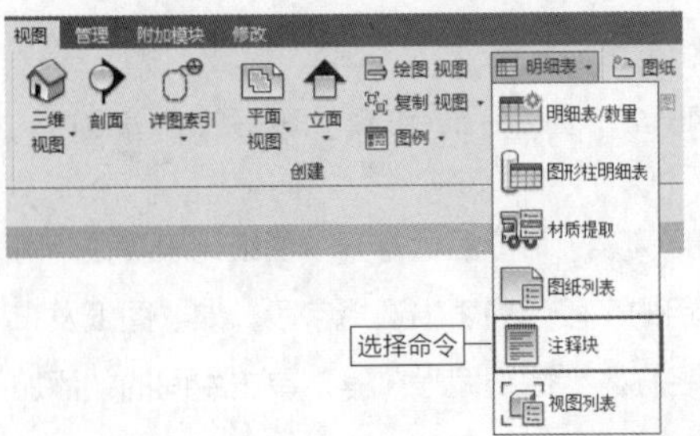

图 14-72 选择“注释块”命令

延伸讲解：

在“新建注释块”对话框中一次只能选择一个注释族类型，也就是说，即将创建的“注释块”列表仅显示一种类型的注释符号的信息。

为了更加清楚地表示明细表包含的信息，可以修改“注释块名称”，如修改名称为“剖断线列表”，表示该列表中包含与“剖断线”有关的信息，如图14-73所示。单击“确定”按钮进入“注释块属性”对话框，在“明细表字段（按顺序排列）”列表中添加字段的效果如图14-74所示。在列表中选择字段，单击“上移参数”“下移参数”按钮，调整字段在列表中的位置。

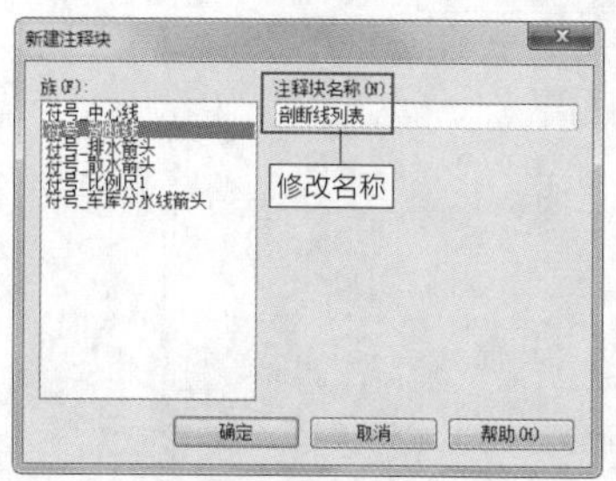

图 14-73 修改名称

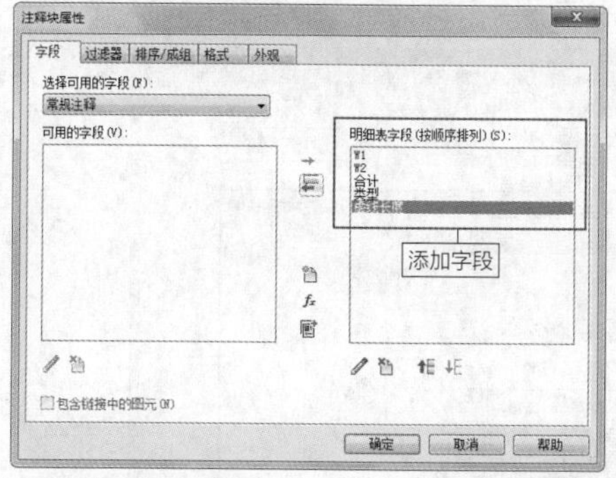

图 14-74 添加字段

选择“外观”选项卡，勾选“轮廓”选项，打开列表，选择“中粗线”选项，修改轮廓线样式；取消选择“数据前的空行”选项，修改表格样式；设置“文字”选项组下的参数，依次在“标题文本”“标题”“正文”选项中修改字高/字体样式参数，结果如图14-75所示。单击“确定”按钮进入明细表视图，“剖断线列表”的创建效果如图14-76所示。

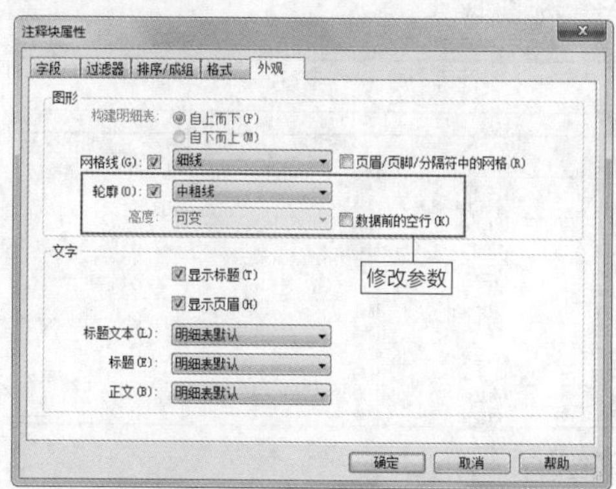

图 14-75 设置“外观”参数

〈剖断线列表〉

A	B	C	D	E
W1	W2	合计	类型	虚线长度
2	4	1	符号_剖断线	2
2	4	1	符号_剖断线	2
2	4	1	符号_剖断线	2
2	4	1	符号_剖断线	2
2	4	1	符号_剖断线	2

图 14-76 剖断线列表

知识链接：

在默认情况下，数据行与表头之间被插入一个空行，这里为了使数据行与表头的排版更加紧凑，取消选择“数据前的空行”选项。用户可以自定义是否需要插入空行。

当项目中包含多种类型的符号时，就需要重复执行“注释块”命令，为指定的注释块创建明细表。在“新建注释块”对话框中选择“排水箭头”选项，设置“注释块名称”为“排水箭头列表”，即将其指定为明细表的名称。在“注释块属性”对话框中的“可用字段”列表中显示多个与“排水箭头”有关的字段，这里将全部字段添加到“明细表字段（按顺序排列）”列表中，表示将在明细表中显示这些字段。“排水箭头列表”的创建效果如图14-77所示。

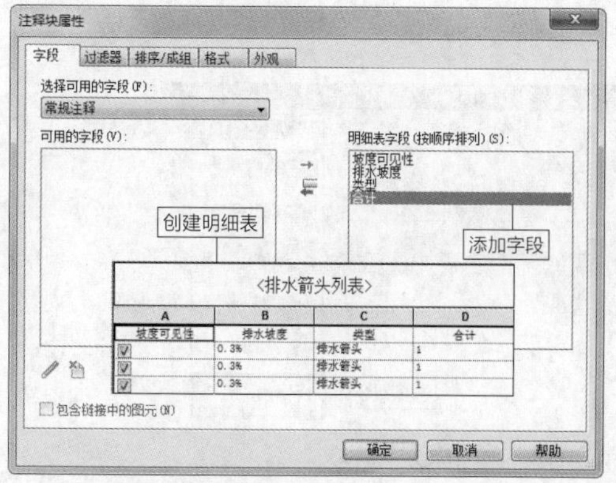

图 14-77 排水箭头列表

创建“车库分水线箭头列表”的操作方法与创建“排水箭头列表”相似。在“新建注释块”对话框中选择“车库分水线箭头”选项，设置“注释块名称”为“车库分水线箭头列表”。在“注释块属性”对话框中执行添加字段的操作，调整字段在列表中的位置，单击“确定”按钮执行创建明细表的操作。图14-78所示为“车库分水线箭头列表”的创建效果。

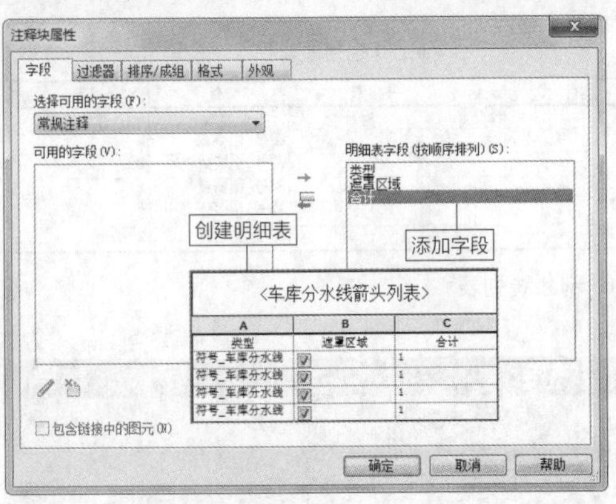

图 14-78 车库分水线箭头列表

14.6 创建视图列表

通过创建视图列表，可以创建项目中所有视图的明细表，在表格中按照类型、标高、视图名称等参数对视图执行排序及分组。在“创建”面板中单击“明细表”按钮，在列表中选择“视图列表”命令，开始执行创建视图列表的操作，如图14-79所示。

弹出“视图列表属性”对话框，在其中选择字段，将需要在明细表中显示的字段添加至“明细表字段（按顺序排列）”列表中，如添加“类型”“规程”“视图名称”等字段，如图14-80所示。

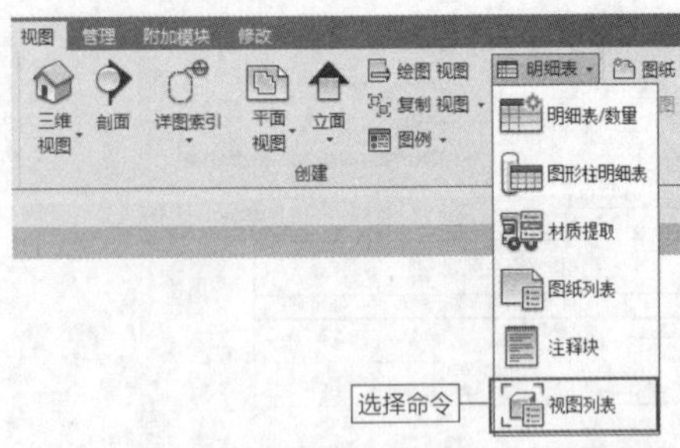

图 14-79 选择“视图列表”命令

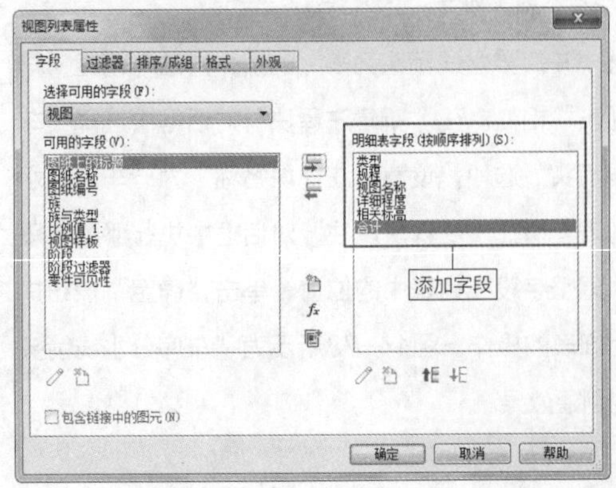

图 14-80 “视图列表属性”对话框

选择“排序/成组”选项卡，在“排序方式”列表中选择“类型”选项，指定排列顺序为“升序”，选择“逐项列举每个实例”选项，在明细表中逐项列举各视图信息，如图14-81所示。选择“外观”选项卡，设置轮廓线样式和文字样式参数，如图14-82所示。

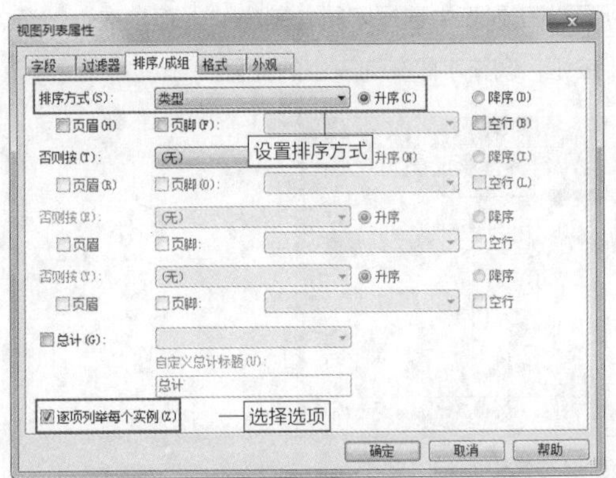

图 14-81 设置“排序 / 成组”参数

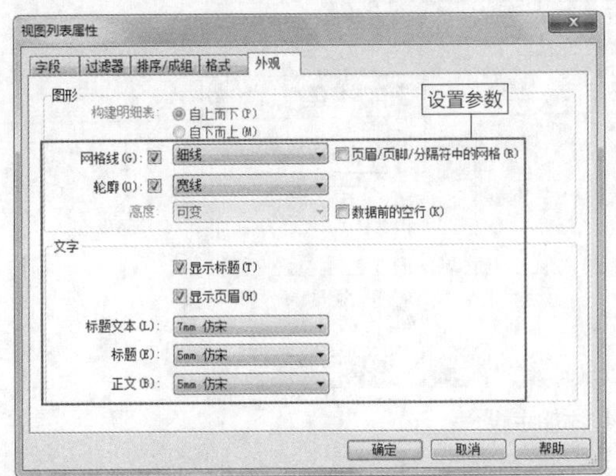

图 14-82 设置“外观”参数

单击“确定”按钮关闭“视图列表属性”对话框，进入明细表视图。“视图列表”的创建效果如图14-83所示。以第一行为例，其中包含的信息有，视图的类型为“三维视图”，属于“建筑”规程，“视图名称”为“{ 3D }”，三维模型的“详细程度”为“精细”样式，在项目中共有一张图纸。

<视图列表>

A	B	C	D	E	F
类型	规程	视图名称	详细程度	相关标高	合计
三维视图	建筑	{3D}	精细		1
三维视图	协调	{三维}	中等		1
图形柱明细表	结构	图形柱明细表 1	粗略		1
楼层平面	建筑	F1	粗略	F1	1
楼层平面	建筑	场地	粗略	F1	1
楼层平面	建筑	F2	粗略	F2	1
楼层平面	建筑	F3	粗略	F3	1
楼层平面	建筑	室外地坪	粗略	室外地坪	1
楼层平面	协调	F4	粗略	F4	1
立面	建筑	北立面	粗略		1
立面	建筑	东立面	粗略		1
立面	建筑	南立面	粗略		1
立面	建筑	西立面	粗略		1

图 14-83 视图列表

第15章

渲染与漫游

在绘制项目图纸的过程中，需要实时观察模型的创建效果。通过设置模型的显示样式，可以观察多种模型效果，还可以为模型创建日光分析、漫游动画，观察模型在自然环境下的显示效果。设计师在各种情况下观察模型，可以实时调整自己的设计方案，也可以使用Revit提供的各种模型表现形式来与合作伙伴进行交流。

学习目标

- 了解图形的表现形式 277页
- 掌握设置渲染的方法 280页
- 学会创建漫游动画 290页

15.1 图形的表现形式

在Revit中绘制图元，可以同时创建图元的二维样式与三维样式。Revit为用户提供了几种观察模型的样式，用户通过切换不同的样式来观察模型，了解模型的各种表现形式。

15.1.1 图形显示样式 重点

切换至三维视图，可以更加直观地观察模型在不同样式下的显示效果。在视图控制栏上单击“视觉样式”按钮，弹出的列表中显示各种显示样式，如“线框”“隐藏线”“着色”等，如图15-1所示。

1.“线框”样式

选择“线框”样式，显示组成模型的轮廓线，如图15-2所示，包括内部轮廓线和外部轮廓线。

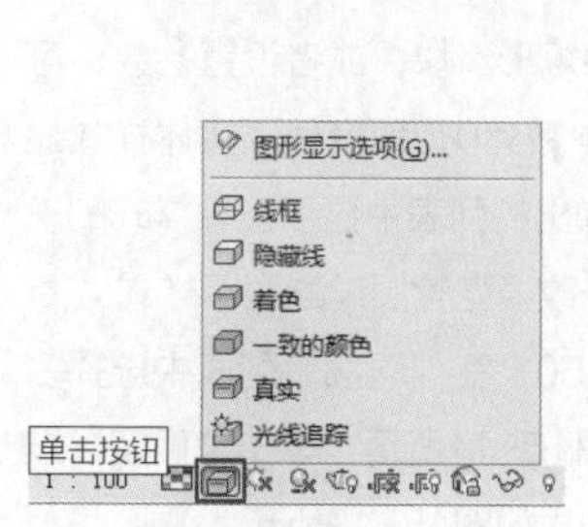

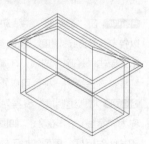

图 15-1 样式列表 图 15-2 “线框”样式

2.“隐藏线”样式

默认情况下以该样式显示模型，效果如图15-3所示。在该样式下，模型的内部轮廓线被隐藏，显示外部轮廓线，同时显示轮廓线与轮廓线之间的连接面。选择该样式，不仅可以观察模型的三维效果，而且比其他样式更节省系统内存。

3.“着色”样式

选择该样式，模型的显示效果如图15-4所示。因为考虑了日光的影响，所以在模型上显示了明暗面。观察模型，可以发现暗面在左侧，明面在右侧，日光应该从模型的右侧向左侧投射。

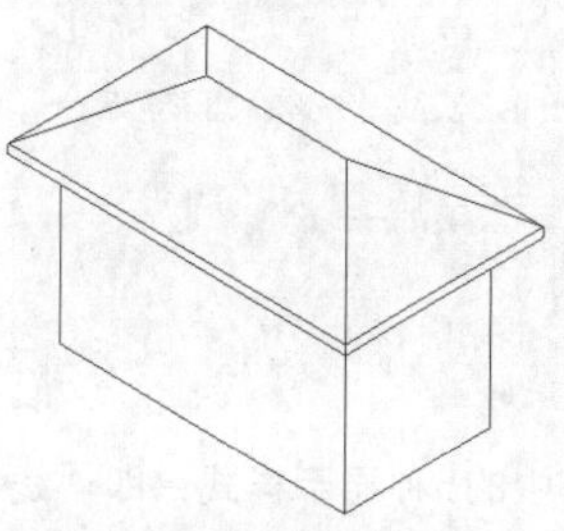

图 15-3 “隐藏线”样式 图 15-4 “着色”样式

4.“一致的颜色”样式

在该样式中，模型的显示效果如图15-5所示。模型每个面的显示颜色都一致，墙体的颜色均为白色，屋顶的颜色则统一显示为深灰色。与“着色”样式不同，“一致的颜色”样式不考虑日光的投射方向。

5.“真实”样式

切换至该样式，模型的显示效果如图15-6所示。在该样式中，模型的显示颜色在“材质浏览器”对话框的“外观”选项卡中设定。

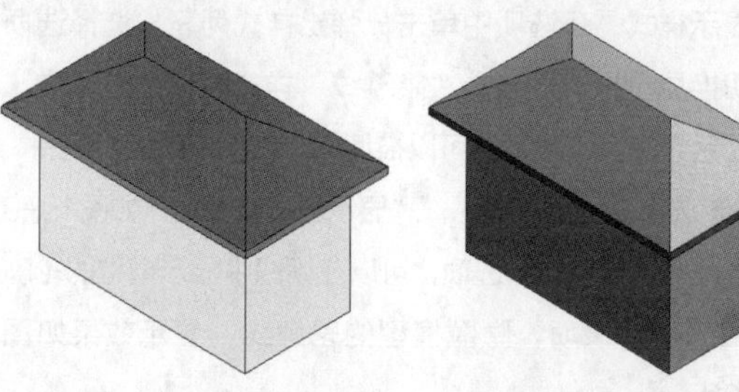

图 15-5 “一致的颜色”样式 图 15-6 “真实”样式

答疑解惑：选择图形显示样式有什么技巧？

选择不同的图形显示样式，可以得到不同的视觉效果。在创建项目的不同阶段，选择合适的图形显示样式，可以帮助用户正确地理解模型。“真实”样式所占用的系统内存较大，选择“隐藏线”模式可以很好地观察模型的三维效果，又可避免因为占用内存而影响计算机的运行速度。

15.1.2 实战——设置图形显示参数

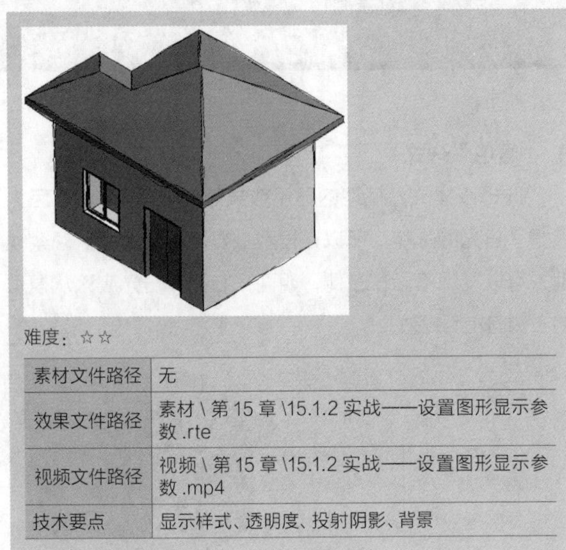

难度：☆☆

素材文件路径	无
效果文件路径	素材 \ 第 15 章 \15.1.2 实战——设置图形显示参数 .rte
视频文件路径	视频 \ 第 15 章 \15.1.2 实战——设置图形显示参数 .mp4
技术要点	显示样式、透明度、投射阴影、背景

模板文件为15.1.1小节中的5种显示样式，即“线框”“隐藏线”“着色”等，设置了显示参数。通常情况下直接选择显示样式就可以观察模型显示效果的不同。但是用户也可以自定义图形显示样式的参数，进一步控制模型的显示效果。本小节介绍在“图形显示选项”对话框中设置图形显示参数的方法。

Step 01 在视图控制栏上单击“视觉样式”按钮，在弹出的列表中选择“图形显示选项”，如图15-7所示。随即弹出“图形显示选项”对话框。

Step 02 对话框中包含多个选项组，如“模型显示”选项组、“阴影”选项组和“勾绘线”选项组等。单击展开“模型显示”选项组，“样式”选项中显示当前视图中的图元显示样式，在选项中单击，弹出样式列表，选择选项可以切换显示样式。选择“隐藏线”样式时，“显示边”选项显示为灰色，表示不可以被编辑，如图15-8所示。

Step 03 选择“着色”样式，“显示边”被激活，如图15-9所示。选择“显示边”选项，可以在视图中显示模型的轮廓线；取消选择该项，隐藏模型的轮廓线，显示效果如图15-10所示。

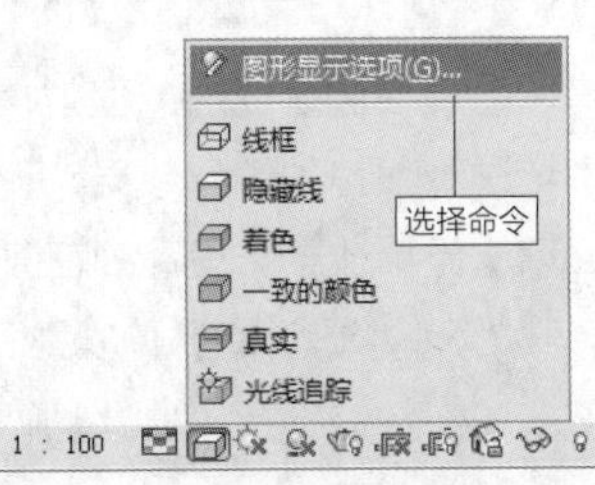

图 15-7 选择“图形显示选项”命令

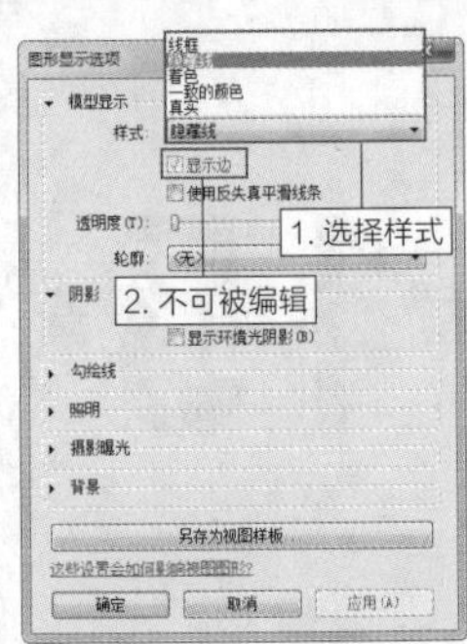

图 15-8 “图形显示选项”对话框

图 15-9 选择选项

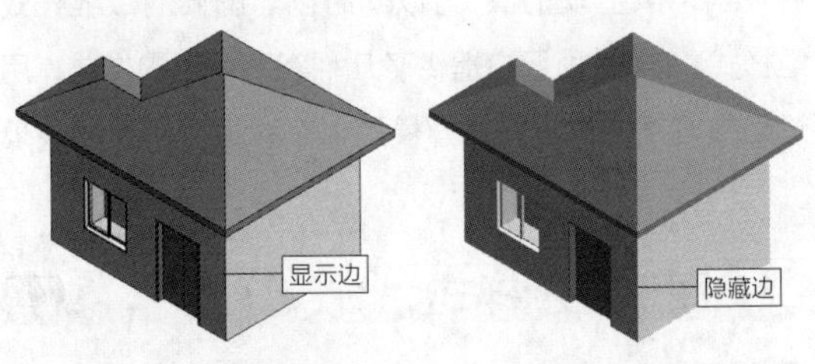

图 15-10 显示效果

答疑解惑：为什么通常情况下都不选择“使用反失真平滑线条”选项？

因为选择“使用反失真平滑线条”选项后，可以调整模型轮廓线的显示样式，使得轮廓线以更为平滑的样式显示，但是也相应地占用更多的系统内存。除非必要，否则不选择该选项。

Step 04 在“透明度”中滑动矩形滑块，或者设置参数，可以控制模型的透明度。默认参数为0，即模型以实体样式显示。单击“轮廓”选项，在弹出的列表中显示各种样式的轮廓线，选择其中一种，可以修改模型轮廓线的显示样式。

Step 05 将“透明度”设置为50，在“轮廓”列表中选择名称为“宽线”的轮廓线，如图15-11所示。单击“确定”按钮关闭对话框，模型的显示效果如图15-12所示。

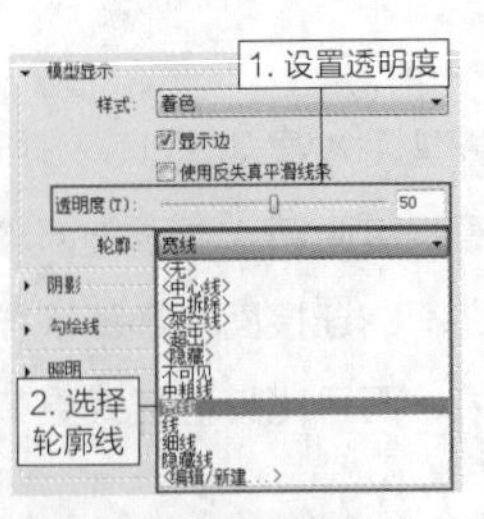

图 15-11 设置参数

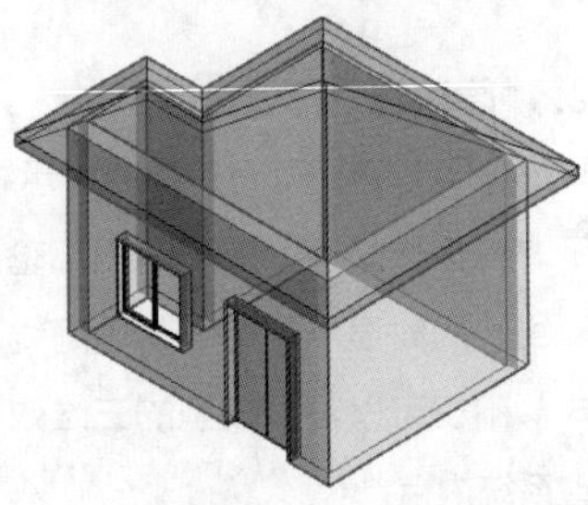

图 15-12 显示效果

Step 06 单击展开"阴影"选项组，选择"投射阴影"选项，如图15-13所示。返回视图中观察开启投射阴影后模型的显示样式，效果如图15-14所示。阴影的方向是根据当前的日光投射方向来定义的。默认情况下"投射阴影"选项被关闭，目的是方便观察模型的创建效果。

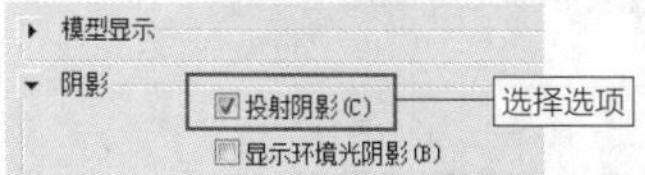

图 15-13 选择"投射阴影"选项

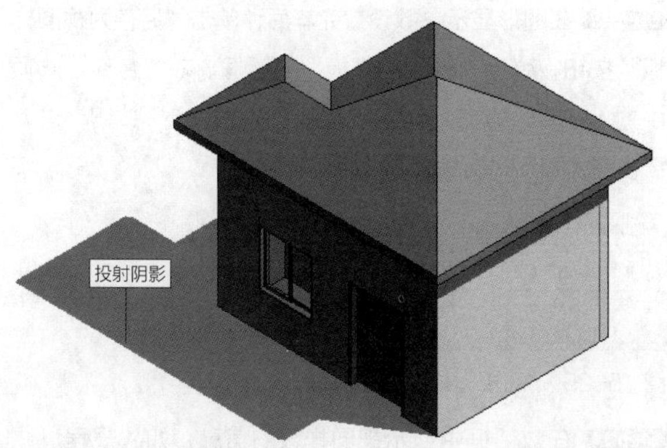

图 15-14 投射阴影

知识链接：

在"阴影"选项组中选择"显示环境光阴影"选项，可以在投射阴影的基础上，显示模型与周围物体相近或者相交时因遮挡而产生的环境光，丰富阴影的层次，增强真实感。

Step 07 在视图控制栏中单击"关闭阴影"按钮，如图15-15所示。当按钮显示为时，如图15-16所示，表示阴影已被开启。

单击按钮
1 : 100

图 15-15 单击按钮

开启阴影
1 : 100

图 15-16 开启阴影

Step 08 在"图形显示选项"对话框中单击展开"勾绘线"选项组，选择"启用勾绘线"选项，并设置"抖动"和"延伸"参数，如图15-17所示。返回视图区域，发现模型的轮廓线发生了变化，以勾绘线的样式来显示，效果如图15-18所示。"抖动"值越大，线条越潦草。

图 15-17 设置参数

图 15-18 启用勾绘线

延伸讲解：

"抖动"值的范围在0~10，假如输入的数值超过10，系统弹出提示对话框，提醒用户需要重新输入指定范围内的参数。

Step 09 单击展开"照明"选项组，在其中显示"日光设置""人造灯光"等选项，用来为建筑物设置光源参数，如图15-19所示。单击"日光设置"选项中的矩形按钮，弹出"日光设置"对话框。在对话框中选择日光的类型，如"静止""一天""多天"等，在"设置"选项组中设置日光的"方位角"和"仰角"，如图15-20所示。

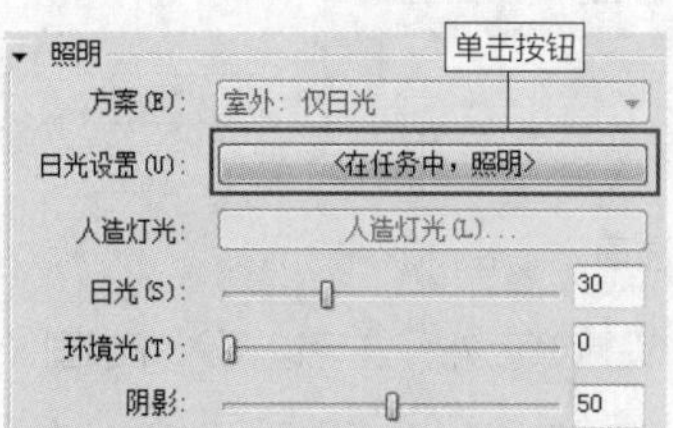

图 15-19 "照明"选项组

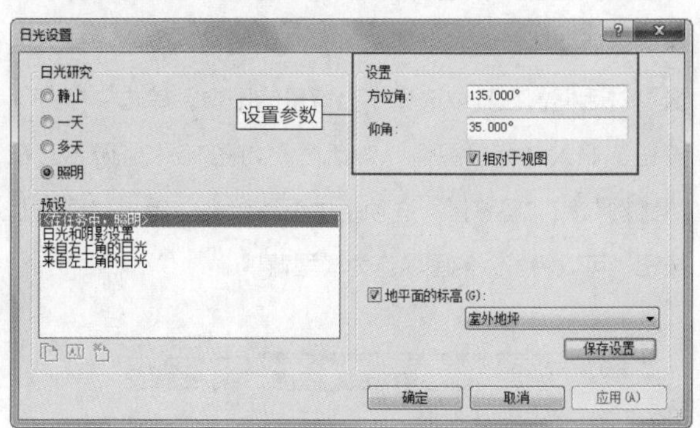

图 15-20 "日光设置"对话框

"照明"选项组中主要选项介绍如下。

- ◆ 日光：在选项中输入参数值（0~100），或者滑动矩形滑块，直接修改光的亮度。

◆ 环境光：输入范围在0~100的参数，修改漫反射光的强度。

◆ 阴影：输入范围在0~100的参数，修改投射阴影的暗度，需要在“阴影”选项组中选择“投射阴影”选项，才可以观察该选项参数的设置效果。

Step 10 单击展开“背景”选项组，“背景”选项中显示当前的背景样式，默认选择“无”样式。打开样式列表，若选择“天空”选项，若在选项的下方显示“地面颜色”选项，如图15-21所示。单击选项，弹出“颜色”对话框，在其中设置“地面颜色”参数。

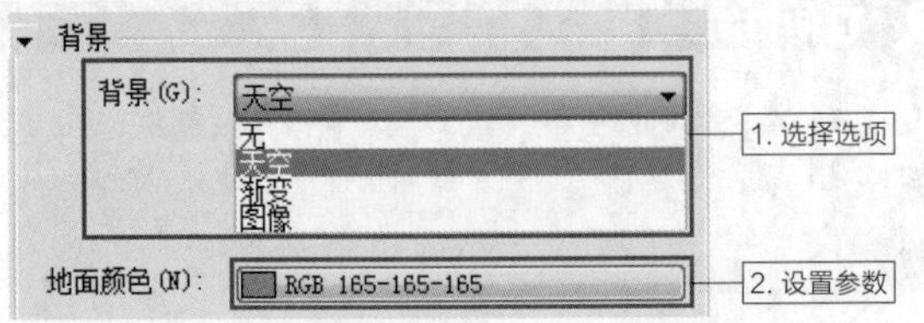

图 15-21 选择“天空”选项

Step 11 若在“背景”选项中选择“渐变”选项，将显示“天空颜色”“地平线颜色”“地面颜色”3个选项，如图15-22所示。通过设置这3个选项参数，调整“背景”的渐变效果。

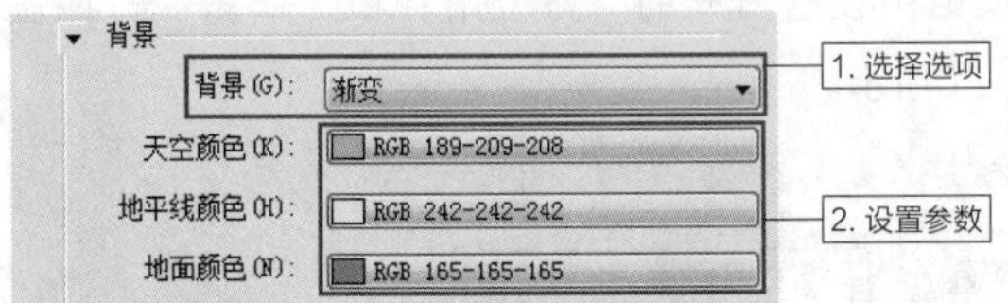

图 15-22 选择“渐变”选项

Step 12 除了为“背景”设置颜色外，还可以调入外部图像来作为背景。在“背景”列表中选择“图像”选项，单击“自定义图像”按钮，如图15-23所示。弹出“背景图像”对话框，单击右上角的“图像”按钮，弹出“导入图像”对话框，在其中选择作为背景的图像，单击“打开”按钮，调入“背景图像”对话框，如图15-24所示。在“比例”和“偏移量”选项组中设置参数，单击“确定”按钮，可以将导入的图像作为模型背景。

图 15-23 单击“自定义图像”按钮

图 15-24 “背景图像”对话框

Step 13 在图形显示参数设置完毕后，单击“另存为视图样板”按钮，弹出“新视图样板”对话框。在“名称”选项中输入名称，如图15-25所示。单击“确定”按钮，进入“视图样板”对话框。

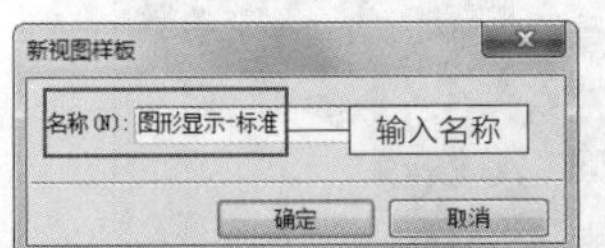

图 15-25 “新视图样板”对话框

Step 14 在对话框中显示视图样板的信息，如“规程过滤器”“视图类型过滤器”等，在“视图属性”列表中还可以进一步设置样板的属性参数，如图15-26所示。单击“确定”按钮关闭对话框，可存储为视图样板，方便随时调用。

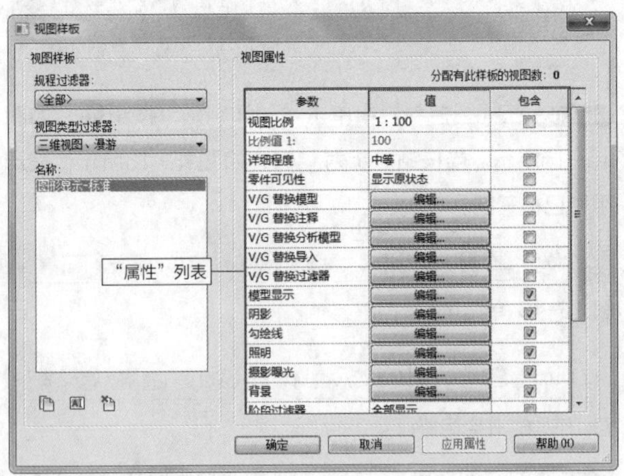

图 15-26 “视图样板”对话框

15.2 渲染

在三维视图中使用“着色”样式观察模型，可以显示模型的材质颜色。但是在渲染过程中，还需要对材质进行设置。因为材质的颜色与渲染的颜色是分开的，互不影响。材质颜色仅用于观察模型，需要赋予模型“渲染材质”才可以在渲染输出时为模型着色。

15.2.1 赋予材质渲染外观 难点

模型的材质在“材质浏览器”对话框中设置，渲染材质也在其中设置。切换至三维视图，选择外墙体，如图15-27所示。此时在“属性”选项板中显示该墙体的名称为“砖墙240mm-外墙”，如图15-28所示。单击“编辑类型”按钮，打开“类型属性”对话框，开始执行为模型设置渲染材质的操作。

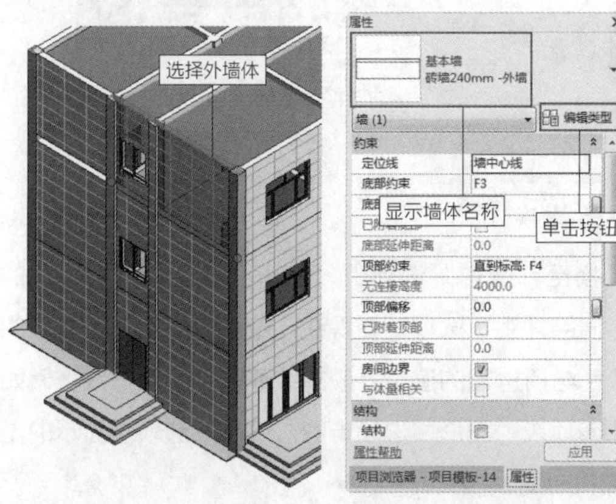

图 15-27 选择外墙体　　图 15-28 “属性”选项板

延伸讲解：

虽然在选择了其中的一面外墙体后就开始执行设置渲染材质的操作，但是设置结果依然可以影响项目中所有的外墙体。这是因为所有的外墙体都被设置了统一的“类型属性”参数，当其中一面墙体的“类型属性”参数被修改时，其他的墙体也会同步更新。

在“类型属性”对话框中显示选中的外墙体的参数，单击“结构”选项中的“编辑”按钮，如图15-29所示。弹出“编辑部件”对话框，在“层”列表中显示外墙体的所有结构层，如“面层2[5]”“衬底[2]”等。将鼠标指针定位在第一行“面层2[5]”的“材质”单元格中，此时可以显示右侧的矩形按钮，如图15-30所示。单击按钮，弹出“材质浏览器”对话框。

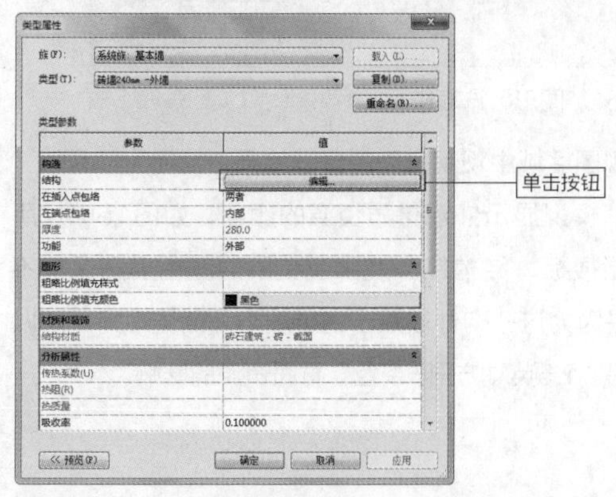

图 15-29 “类型属性”对话框

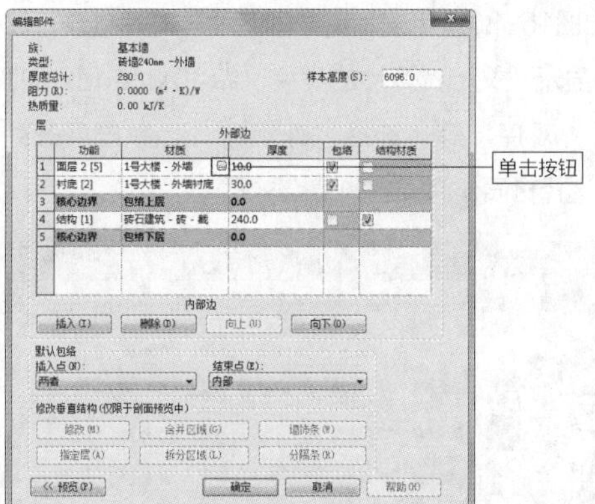

图 15-30 “编辑部件”对话框

知识链接：

选择“管理”选项卡，在“设置”面板中单击“材质”按钮，如图15-31所示。同样可以弹出“材质浏览器”对话框，但是需要在资源列表中查找指定的资源。通过在“编辑部件”对话框的“材质”单元格中单击矩形按钮，可以在稍后弹出的“材质浏览器”对话框中快速定位需要的材质。

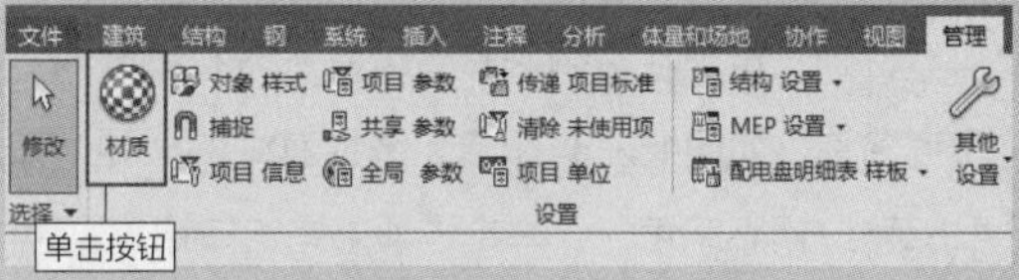

图 15-31 单击“材质”按钮

在“材质浏览器”对话框左侧的材质列表中选择了名称为“1号大楼-外墙”的材质，这是“面层2[5]”的材质。在右侧的参数界面中单击选择“外观”选项卡，在其中为模型指定渲染材质，如图15-32所示。在“信息”“陶瓷”等选项组中，显示材质的属性参数。

图 15-32 “材质浏览器”对话框

在对话框的左下角单击“打开/关闭资源浏览器。”按钮，弹出图15-33所示的“资源浏览器”对话框。在左侧的列表中显示“文档资源”的类型，如“Autodesk 物理资源”“外观库”等。选择“外观库”，单击展开列表，在其中选择材质作为模型的渲染材质。

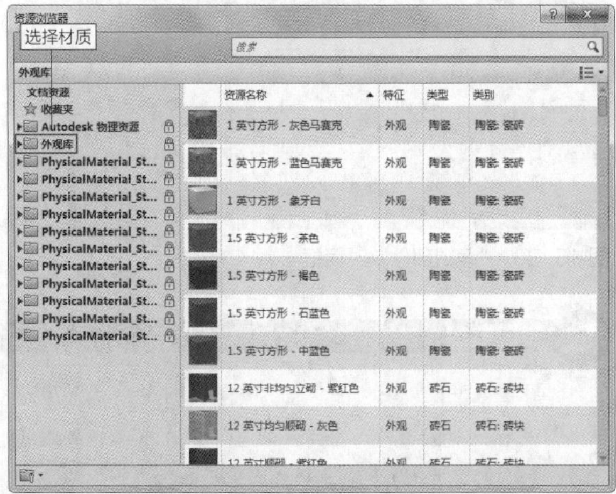

图 15-33 “资源浏览器”对话框

在“外观库”列表中显示多种类型的材质，如“混凝土”“金属”“金属漆”等，单击选择其中一种，如选择“瓷砖”选项，可以在右侧的界面中显示所有类型的“瓷砖”资源名称，如图15-34所示。选择其中的一种，如选择“1.5英寸方形-茶色”，单击选项末尾的按钮，可以将该资源替换为编辑器中的当前资源。

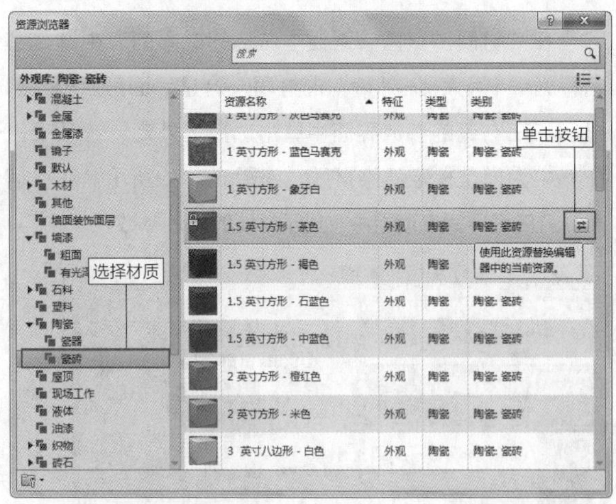

图 15-34 选择材质

此时观察“材质浏览器”对话框中当前材质被替换的情况，如图15-35所示。在“外观”选项卡中显示“1.5英寸方形-茶色”材质资源的属性参数，如“名称”“类型”“图像”等。在右侧界面还显示材质的预览效果，同时左侧的材质列表中，材质图像也同步更新。

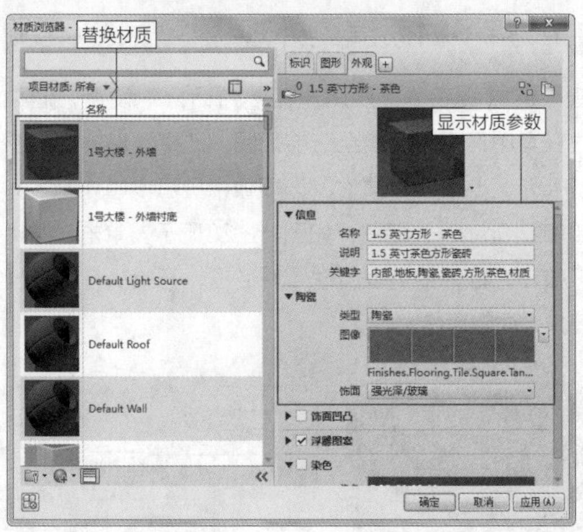

图 15-35 替换材质

切换至“图形”选项卡，选择“着色”选项组中的“使用渲染外观”选项，使得在“着色”样式下，模型的显示颜色与所选定的渲染外观的纹理图片颜色一致。假如不选择该项，“图形”选项卡的“颜色”选项中显示的是材质本来的颜色。

选择选项后，“颜色”选项中显示外观材质的颜色，即“1.5英寸方形-茶色”材质资源的颜色，如图15-36所示。通过单击“确定”按钮，依次关闭“材质浏览器”对话框、“编辑部件”对话框、“类型属性”对话框。

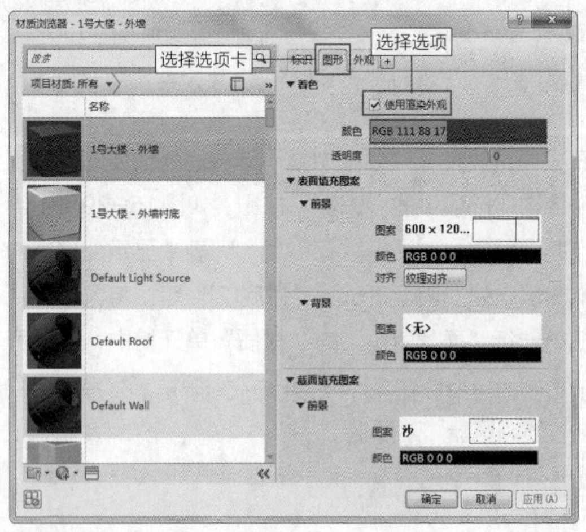

图 15-36 “图形”选项卡

在视图区域中观察模型的显示效果，发现在“着色”样式下，模型显示外观材质资源的颜色，如图15-37所示。但是楼板、结构柱、散水及台阶的颜色仍然保持不变，这是因为这些构件被赋予的材质与外墙体不同，所以没有受到“1.5英寸方形-茶色”材质资源的影响。

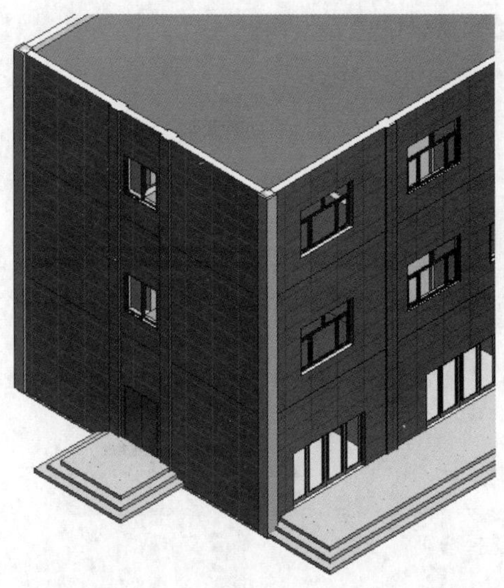

图 15-37　显示效果

以上介绍了为墙体赋予渲染材质的操作方法。还有其他各种类型的构件也需要赋予渲染材质，操作方法可以参考上述介绍。门构件在建筑项目中是一个重要的组成部分，门的材质有许多类型，木门、玻璃门、卷帘门等。在模型中放置门对象后，门的显示样式是其默认的材质，效果如图15-38所示。通过修改材质参数，可以调整门在项目中的显示效果。

图 15-38　显示门的默认材质

选择门，在“属性”选项板中单击“编辑类型”按钮，弹出“类型属性”对话框。与墙体的“类型属性”对话框不同，门的“类型属性”对话框直接显示了门的材质，如图15-39所示。在“材质和装饰”选项组中显示了“贴面材质”“把手材质”“框架材质”等，对应门各组成构件的材质。

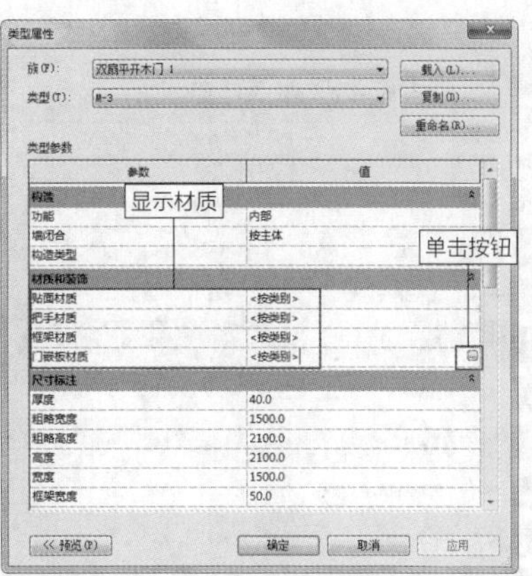

图 15-39　“类型属性”对话框

延伸讲解：

系统为构件指定了材质，并统一将默认材质名称设置为“<按类别>”。

在“类型属性”对话框中单击“门嵌板材质”选项的矩形按钮▭，弹出与其相对应的“材质浏览器-门 嵌板”对话框。在对话框中不会自动定位到“门 嵌板”材质，在材质列表中滚动鼠标滚轮，查找“门 嵌板”材质。

选择“门 嵌板”材质，选择“外观”选项卡，显示系统默认的材质参数，如图15-40所示。可以使用系统默认的材质，也可以自定义材质。弹出“资源浏览器”对话框，在“外观库”列表中选择“木材”选项，显示木材资源列表。

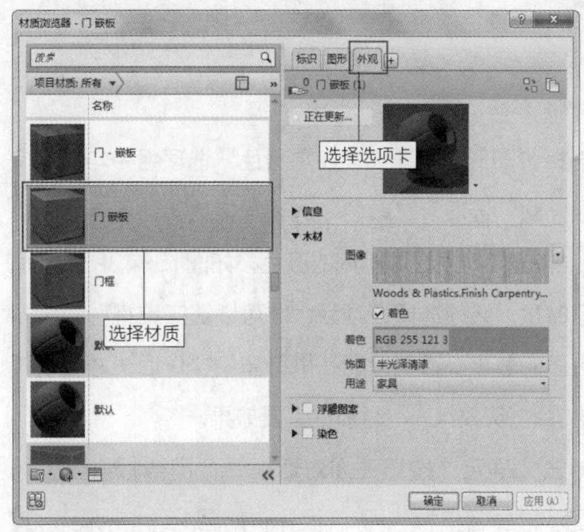

图 15-40　选择“外观”选项卡

在众多的木材资源中选择任意一种，如选择“胡桃木-天然抛光”选项，单击按钮⇄，替换系统默认的资源，如图15-41所示。

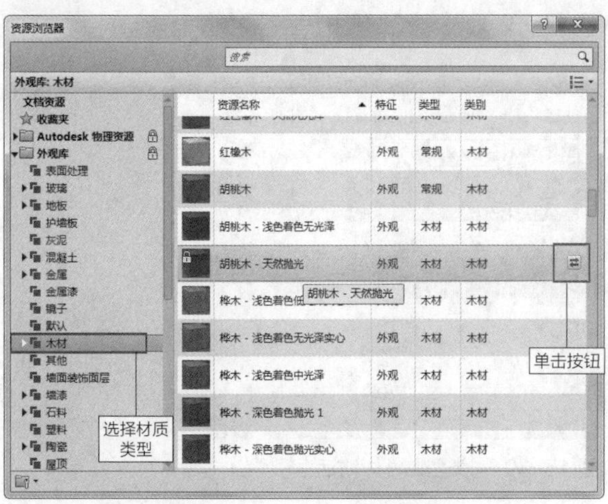

图 15-41 选择材质

执行替换资源的操作后，系统更新材质的显示。在“外观”选项卡和资源列表中同步显示替换资源，即“胡桃木-天然抛光”，如图15-42所示。

图 15-42 替换材质

选择“图形”选项卡，在“着色”选项组中勾选“使用渲染外观”选项，“颜色”选项同步更新显示与“胡桃木-天然抛光”材质资源相同的颜色，如图15-43所示。值得注意的是，必须选择该项后，才可以在三维视图中观察替换材质的效果。否则只能在执行渲染操作后，才可以观察“胡桃木-天然抛光”材质的设置效果。

单击“确定”按钮关闭对话框，“门嵌板材质”选项中显示材质名称为“门 嵌板”，如图15-44所示。其他未执行替换资源操作的材质选项，仍然显示材质类型为“<按类别>”，表示仍然使用系统默认的材质。单击“确定”按钮关闭对话框，观察门替换材质后的显示效果，如图15-45所示。与该门同属一个类型的门图元也会应用相同的材质资源，并同步更新显示效果。

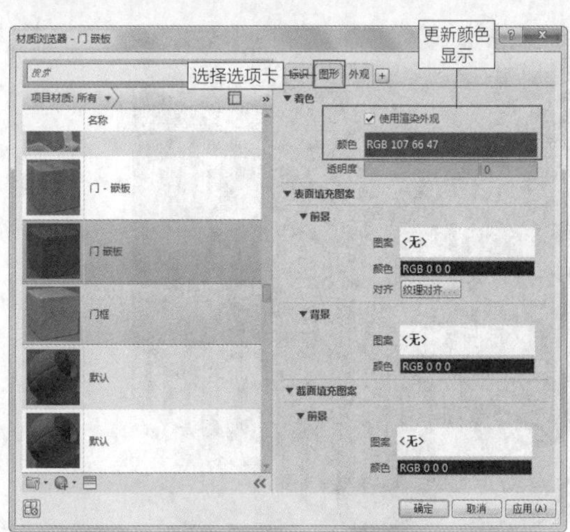

图 15-43 选择选项

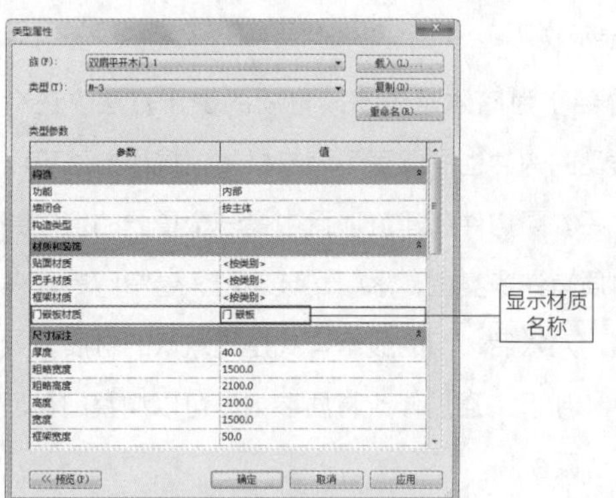

图 15-44 显示材质名称

图 15-45 替换材质后的显示效果

知识链接：

与门对象类似，窗也由各种构件组成，如窗框、窗套、玻璃等。用户可以按照本小节的操作方法逐一指定构件的材质，也可以直接使用系统的默认材质。

15.2.2 贴花 重点

启用“贴花”命令，可以在建筑模型的表面放置贴花（即图像），通过执行渲染操作，可以显示图像。在制作标志或者需要在模型表面创建图案时，常常需要使用“贴花”工具。在放置贴花之前，需要为在建筑模型中使用的每一个图像创建一种贴花类型。

选择“插入”选项卡，在“链接”面板上单击“贴花”按钮，在弹出的列表中选择“贴花类型”命令，如图15-46所示。随即弹出“贴花类型”对话框。假如项目中还未创建过“贴花类型”，对话框显示为空白，即没有任何关于贴花的信息。

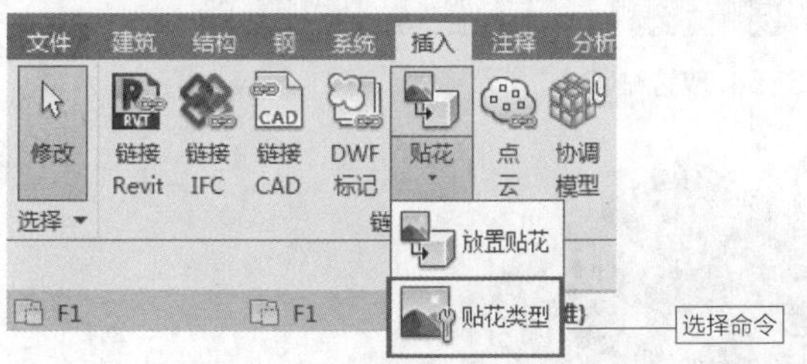

图 15-46 选择“贴花类型”命令

在对话框的左下角单击“新建贴花”按钮，弹出“新贴花”对话框。在“名称”选项中设置名称，如将名称设置为“装饰画”，如图15-47所示。单击“确定”按钮返回“贴花类型”对话框。

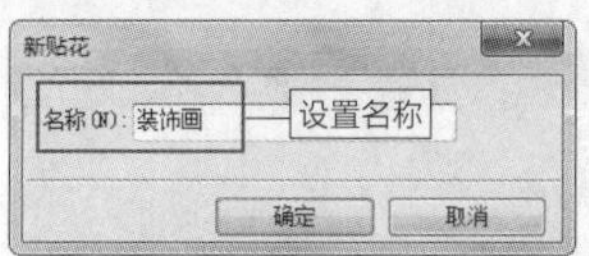

图 15-47 “新贴花”对话框

在对话框的右上角单击矩形按钮，弹出“选择文件”对话框。在对话框中选择图像，单击“打开”按钮，将图像载入“贴花类型”对话框。载入图像后，选项参数被激活，图像也可以像材质一样，设置“亮度”“反射率”“透明度”等参数，如图15-48所示。单击“确定”按钮关闭对话框，完成创建贴花类型的操作。

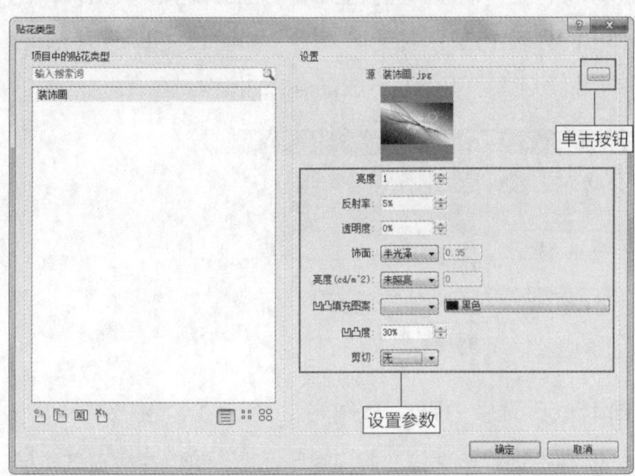

图 15-48 “贴花类型”对话框

创建了贴花类型后，就可以开始放置贴花。在“贴花”列表中选择“放置贴花”命令，进入“修改|贴花”选项卡，在选项栏中显示贴花的“宽度”和“高度”选项参数，如图15-49所示。

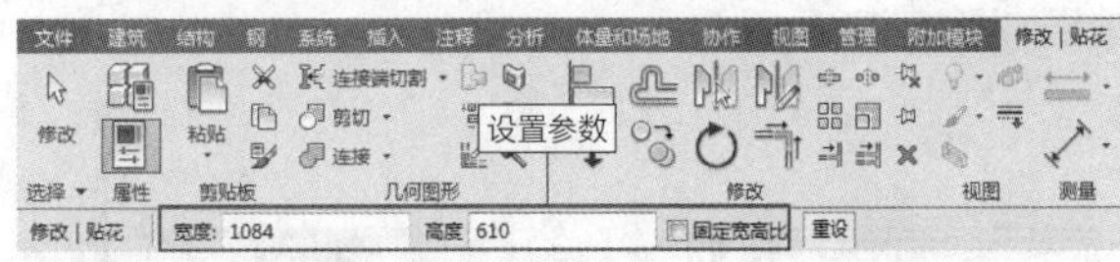

图 15-49 “修改 | 贴花”选项卡

延伸讲解：

默认情况下，“固定宽高比”选项被选中，表示在调整贴花高度或者宽度时，另一参数也会随同变化。

假如项目中有多个贴花类型，就需要在“属性”选项板中打开选项列表，选择需要使用的贴花类型。将鼠标指针置于室内墙体上，指定位置来放置贴花，此时可以预览贴花的轮廓线，如图15-50所示。贴花的图像是不可被预览的。

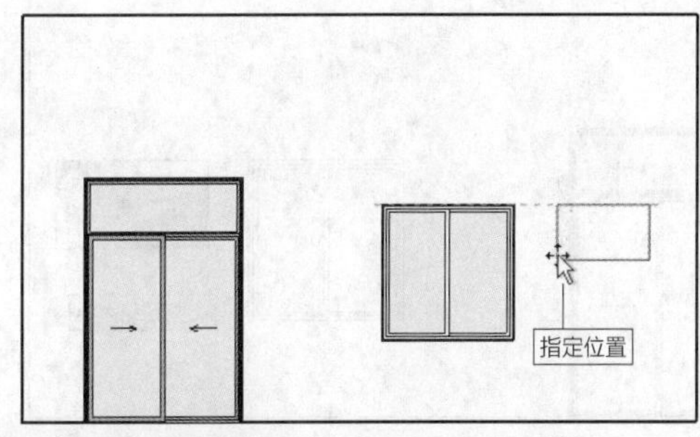

图 15-50 指定位置

单击指定贴花的插入点，在墙体上放置贴花的效果如图15-51所示。

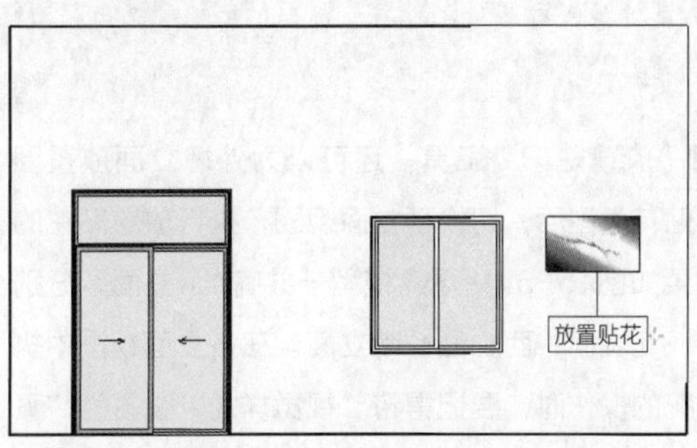

图 15-51 放置贴花

知识链接：

有时候在放置贴花后却没能显示贴花，这个时候请检查当前的“视觉样式”是否为“真实”样式。只有在“真实”样式下才可以显示贴花。

选中贴花，进入“修改|常规模型”选项卡，在选项栏中取消选择“固定宽高比”选项。激活贴花轮廓线的蓝色圆形端点，按住并拖动鼠标，可以放大或者缩小贴花，如图15-52所示。在合适的位置松开鼠标，调整贴花大小的效果如图15-53所示。

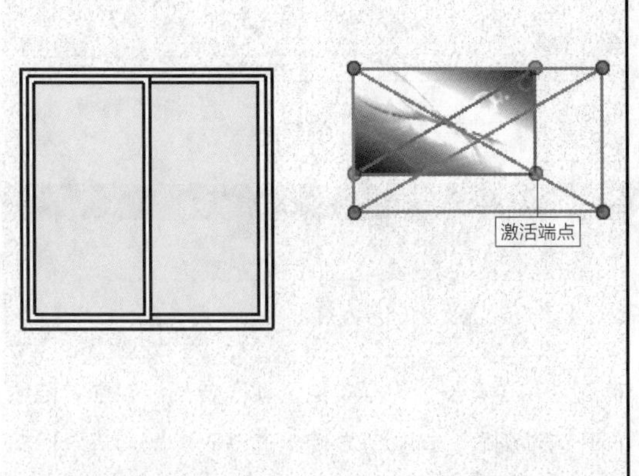

图 15-52 激活端点

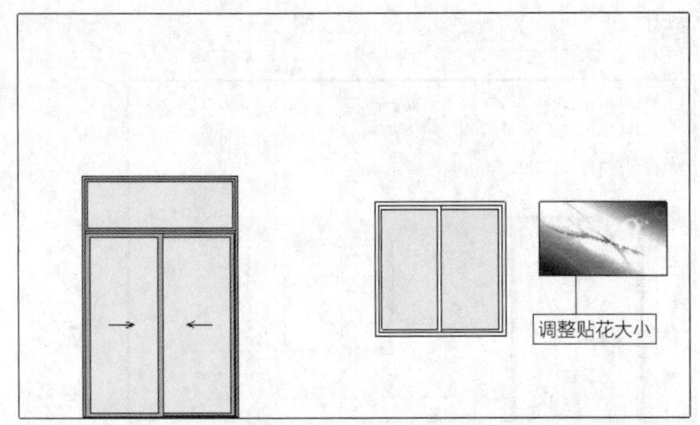

图 15-53 调整贴花大小

延伸讲解：

取消选择“固定宽高比”选项，可以单独调整贴花的高度或者宽度，而不用担心受到牵制。

使用“放置贴花”工具，还可以为外墙立面放置图案。创建贴花类型后，切换至立面视图，执行放置贴花的操作，效果如图15-54所示。模型一共有4个立面，分别是东立面、北立面、西立面、南立面。在各立面视图中执行放置贴花的操作时，要记得将“视觉样式”设置为“真实”样式，方便在创建的过程中预览贴花图像。

当在4个立面全部完成放置贴花的操作后，切换至三维视图，观察为墙体放置贴花的效果，如图15-55所示。除了本小节的介绍之外，还可以使用“贴花”工具为其他模型放置贴花，请多加练习，以便熟练运用这个工具。

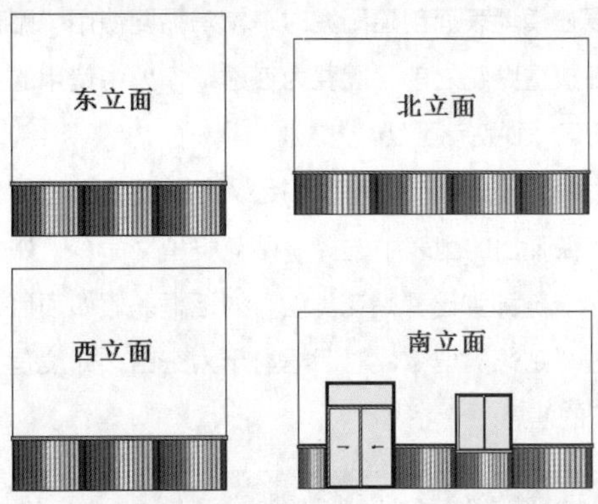

图 15-54 放置贴花

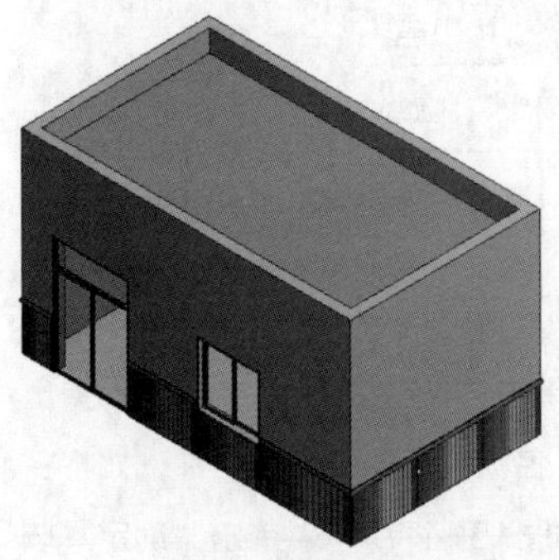

图 15-55 为墙体放置贴花

延伸讲解：

之所以要通过切换到各立面视图中执行放置贴花的操作，是为了在指定贴花的插入位置、调整贴花大小时能够更加准确地操作。假如在三维视图中执行放置、编辑操作，有很大的局限性，容易出现错误。

15.2.3 创建透视图 重点

渲染输出之前，需要先创建透视图，以便生成渲染场景，通过在项目中放置相机来创建透视图。选择“视图”选项卡，在“创建”面板上单击“三维视图”按钮，在弹出的列表中选择“相机”命令，如图15-56所示。激活“相机”工具，开始执行放置相机的操作。

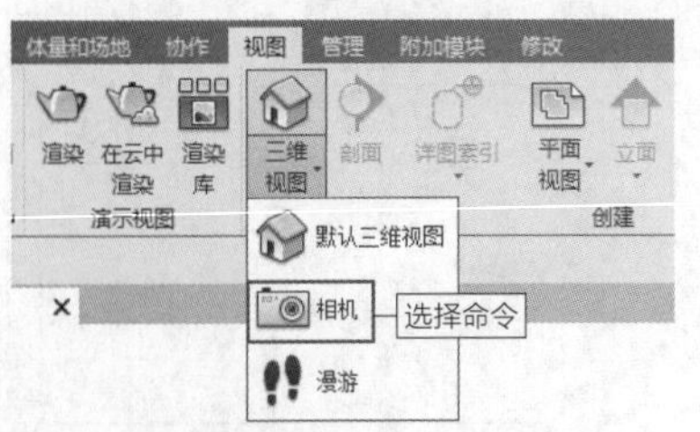

图 15-56 选择“相机”命令

在选项栏中选择“透视图”选项，可以在放置相机后生成透视图，如图15-57所示。假如取消选择该项，所创建的视图为正交视图。

图 15-57 选择“透视图”选项

知识链接：

默认将“偏移量”选项参数设置为1750，表示相机的高度为1750mm。

此时鼠标指针显示为相机图标，在绘图区中指定相机的位置，即视点的位置，如图15-58所示。指定位置后，按住并向右上角拖动鼠标，指定目标点的位置。在移动鼠标的过程中，显示三角形轮廓线，轮廓线范围即是可视范围。在合适的位置单击，该位置即被指定为目标点，效果如图15-59所示。

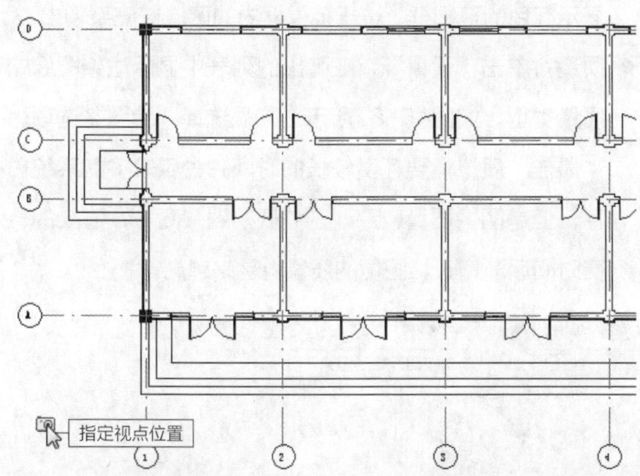

图 15-58 指定视点位置

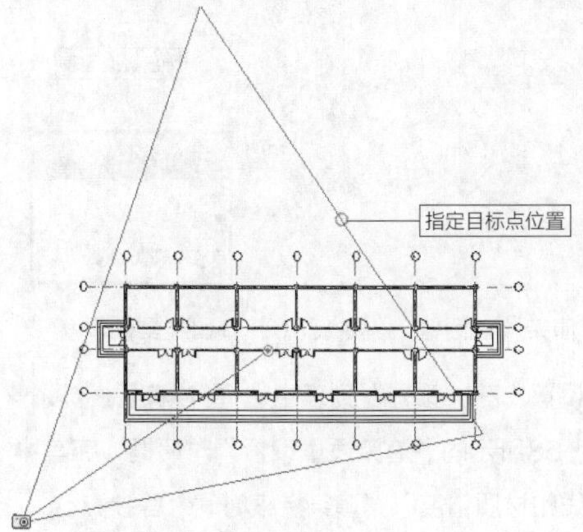

图 15-59 指定目标点位置

完成创建相机的操作后，在项目浏览器中单击展开“三维视图”列表，在其中显示新建的透视图名称，即“三维视图1”，如图15-60所示。因为是项目中的第一个透视图，所以默认添加编号1。

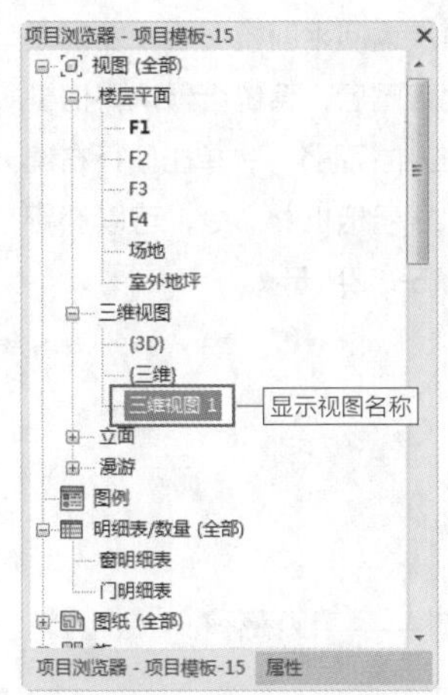

图 15-60 显示透视图名称

双击视图名称，切换到该视图，图15-61所示为透视图的创建效果。在模型的周围显示视图范围框，选中范围框，其轮廓线显示为红色。同时每一段轮廓线上显示蓝色的圆形端点，将鼠标指针置于端点上，激活端点可以调整视图范围框的大小。

图 15-61 透视图

将鼠标指针置于端点上，按住并拖动鼠标，调整端点的位置，使得模型全部在视图范围框内显示，效果如图15-62所示。有时候仅需要显示模型的部分内容，也可以通过控制视图范围框的大小来实现。

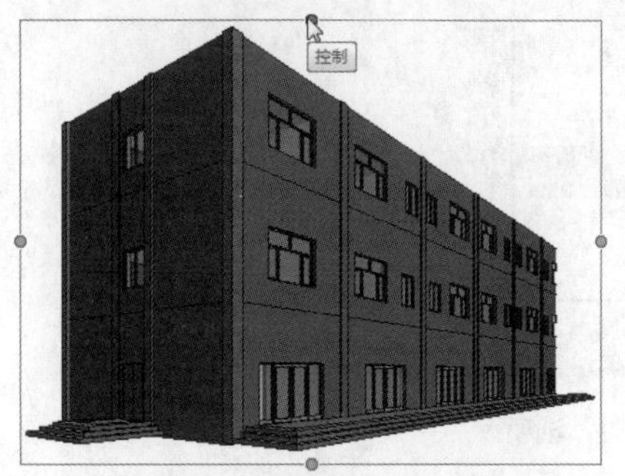

图 15-62 调整端点位置

返回平面视图，通过调整相机的位置，可以控制透视图中模型的显示样式。但是再次返回平面视图后，发现相机不见了。当用户切换到其他视图后，系统会默认将相机隐藏。在项目浏览器中选择“三维视图1”，单击鼠标右键弹出快捷菜单，在其中选择“显示相机”命令，可以重新在平面视图中显示相机，如图15-63所示。

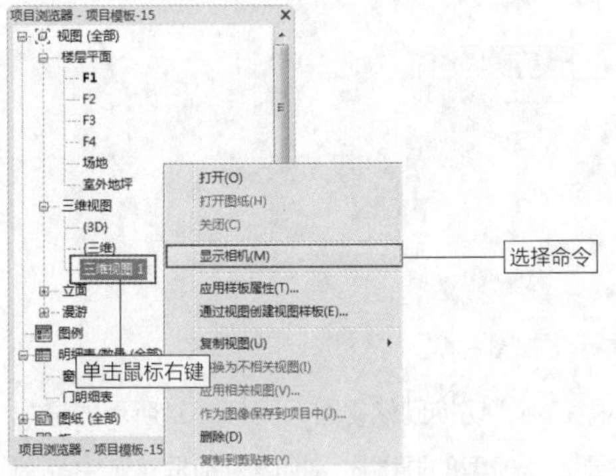

图 15-63 选择命令

延伸讲解：

在透视图中是不会显示相机的。当需要修改透视图的显示效果时，必须回到放置相机的平面视图。

重新在视图中显示相机后，将鼠标指针置于相机上，按住并拖动鼠标可以调整相机的位置，再次返回透视图中观察调整相机位置后模型的显示效果。如此重复操作，直至透视图中的显示效果满意为止。

选择相机，在“属性”选项板中显示相机的属性参数，如图15-64所示。相机的显示范围显示为三角形样式，其中三角形的底边指远端的视距。取消选择“属性”选项板中的“远剪裁激活”选项，视距会变为无穷远，不会以三角形底边为界。因为无穷远的视距会影响查看模型的效果，所以通常情况下都是选择“远剪裁激活”选项的。

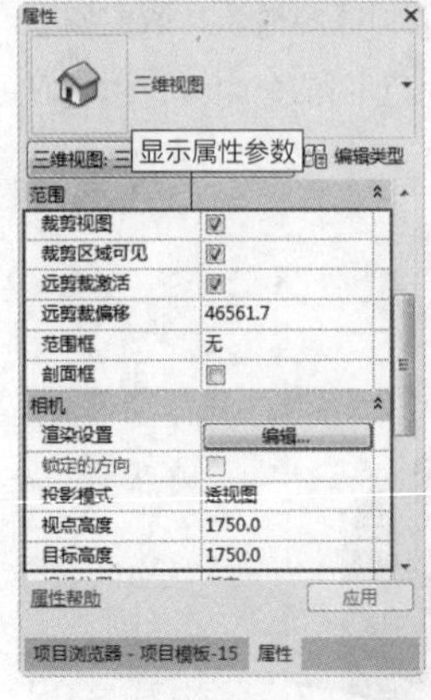

图 15-64 “属性”选项板

“视点高度”选项参数用来设置“相机高度”，“目标高度”选项参数则用来控制“视线终点高度”。默认值统一为1750，用户可以按照项目的实际情况来设置参数值。

15.2.4 设置渲染参数 难点

通过设置渲染参数，可以控制图像渲染输出的效果。切换至透视图，在视图控制栏中单击“显示渲染对话框”按钮，如图15-65所示。弹出“渲染”对话框，在其中设置各项参数，调整渲染效果，如图15-66所示。对话框中主要选项介绍如下。

单击按钮

透视图

图 15-65 单击按钮

- 渲染：参数设置完毕后单击按钮，开始执行渲染操作，同时显示“渲染进度”对话框，显示当前的渲染进度。
- 区域：有时只需要渲染指定区域，选择该项，在视图中显示红色的范围框，位于范围框内的区域被渲染输出。
- 质量：单击“设置”，在弹出的列表中显示渲染图像的质量类型，如图15-67所示。默认选择“绘图”选项，“最佳”质量需要耗费较长的时间并占用较多的系统内存，但是图像质量较高。从“低”到“高”，渲染的耗费时间逐渐增长，图像的质量也越来越高。

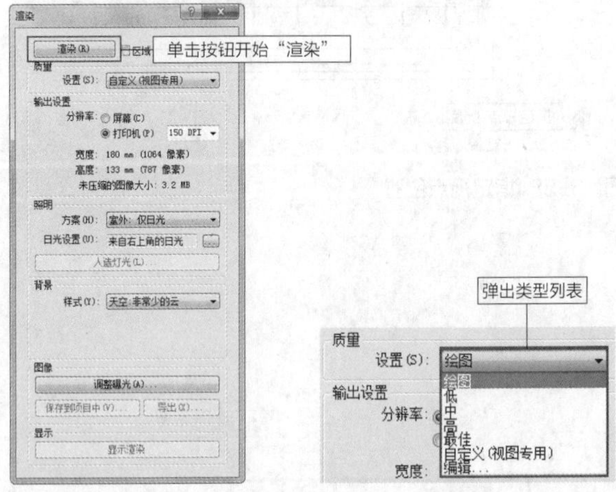

图 15-66 “渲染”对话框　图 15-67 弹出类型列表

- 渲染质量设置：在“设置”列表中选择“编辑”选项，弹出图15-68所示的“渲染质量设置”对话框，在其中设置“光线和材质精度”“渲染持续时间”等参数。
- 输出设置：默认选择“分辨率”的类型为“屏幕”，可以输出分辨率较低的图像，如图15-69所示。选择“打印机”选项，通过设置分辨率，可以得到更高分辨率的图像，如图15-70所示。

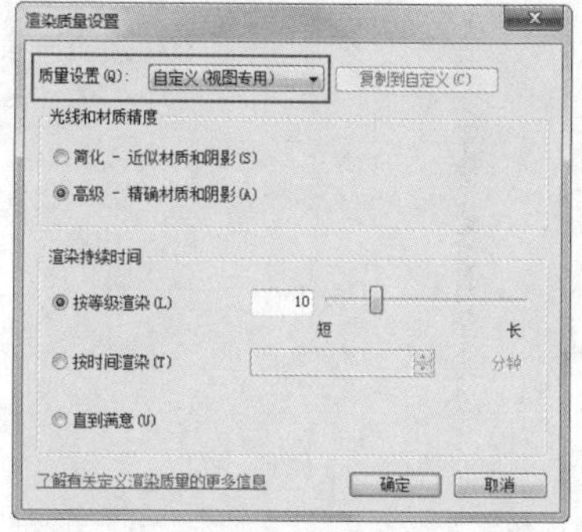

图 15-68　“渲染质量设置”对话框

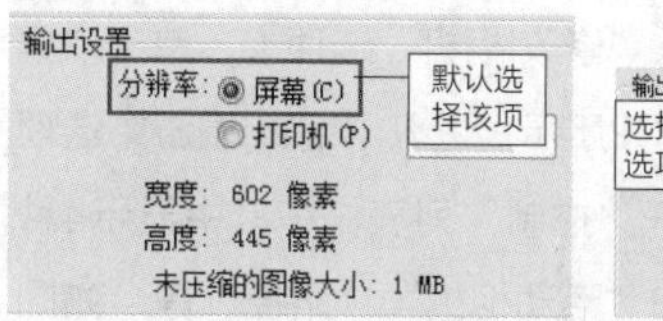

图 15-69　默认选择该项

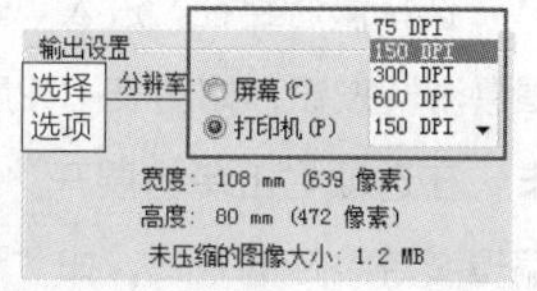

图 15-70　选择“打印机”选项

◆ 方案：单击选项弹出列表，如图15-71所示，显示各种照明方案，选择其中的一种，指定为模型的光源。

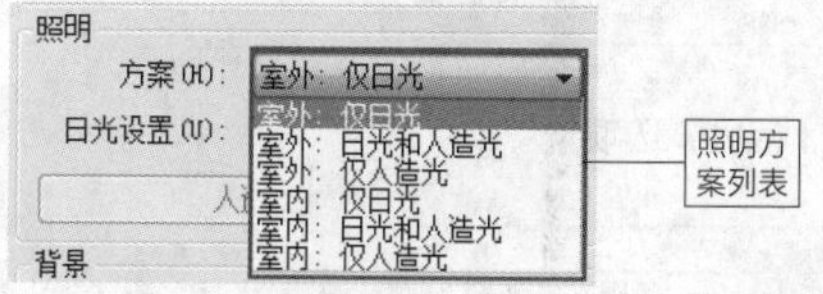

图 15-71　照明方案列表

◆ 日光设置：在选项中显示日光类型，默认选择“<在任务中，照明>”类型。单击选项后的矩形按钮，弹出图15-72所示的“日光设置”对话框。在其中选择日光类型，同时自定义参数。

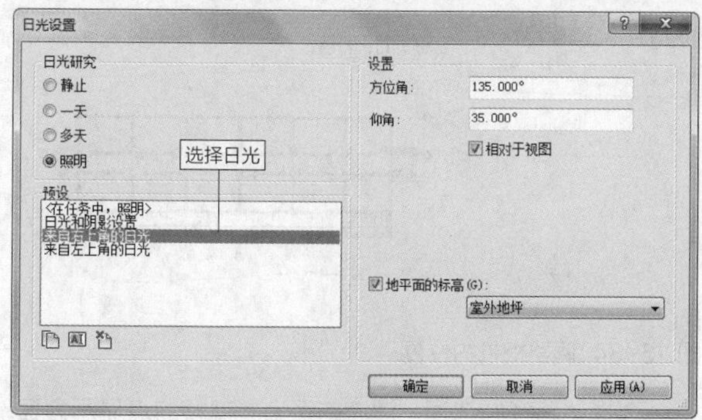

图 15-72　“日光设置”对话框

◆ 样式：在选项中显示背景样式，默认选择“天空：少云”。打开样式列表，在其中显示多种类型的背景样式，如图15-73所示。不同的云量，会影响日光照射到模型上的效果。

◆ 模糊度：调整矩形滑块的位置，如图15-74所示，可以设置背景的显示效果。越清晰，渲染所耗费的时间越长。

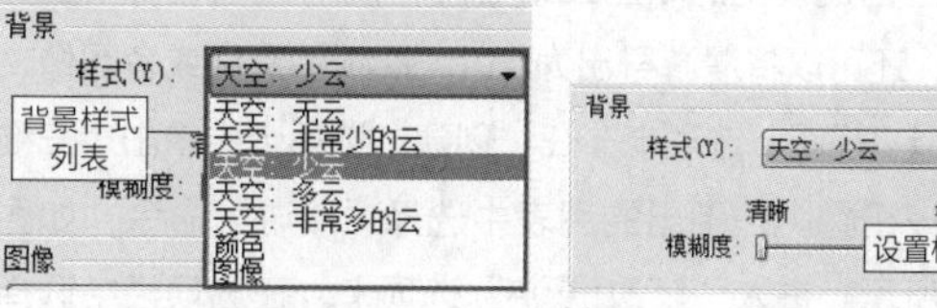

图 15-73　背景样式列表　　图 15-74　“模糊度”选项

◆ 调整曝光：单击按钮，弹出图15-75所示的“曝光控制”对话框。设置参数控制图像的曝光效果，单击“重设为默认值”按钮，可以撤销所做的设置，恢复默认值。

◆ 保存到项目中：单击按钮，弹出图15-76所示的“保存到项目中”对话框。在“名称”选项中设置名称，单击“确定”按钮完成存储操作。在项目浏览器的“渲染”列表中显示图像名称。

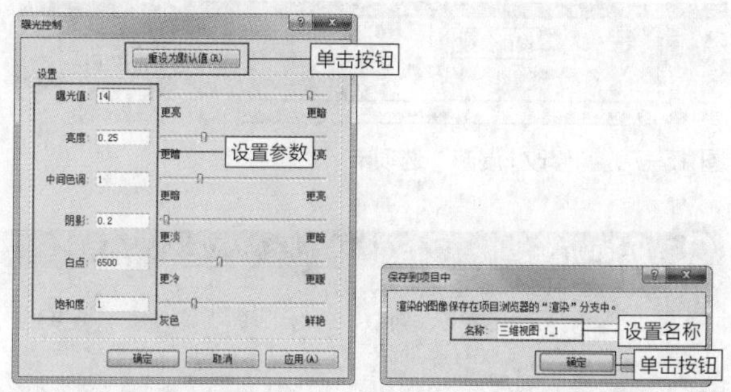

图 15-75　“曝光控制”对话框　　图 15-76　“保存到项目中”对话框

◆ 导出：单击按钮，弹出“保存图像”对话框，在“文件名”选项中设置名称，设置“文件类型”为“JPEG文件”，如图15-77所示。单击“保存”按钮，将图像存储到计算机。

◆ 显示渲染/显示模型：单击按钮，可以在渲染效果与模型效果之间切换。

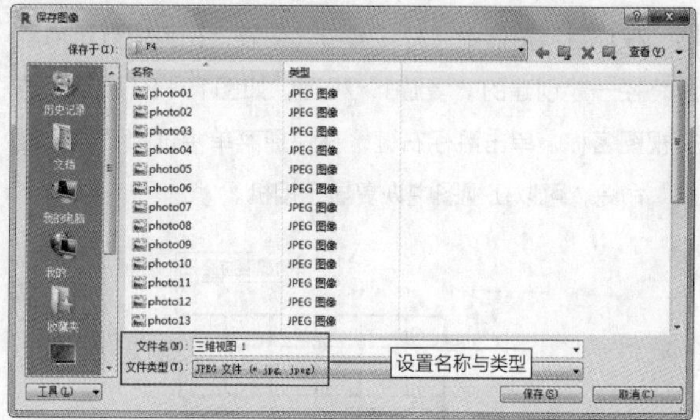

图 15-77　“保存图像”对话框

15.3 创建漫游动画

通过创建模型的动画三维漫游，能动态地观察模型各个方面，还可以将漫游导出为AVI（视频）文件或者图像文件。选择“视图”选项卡，在“创建”选项卡中单击“三维视图”按钮，在弹出的列表中选择“漫游”命令，如图15-78所示。进入“修改|漫游”选项卡，在选项栏中选择“透视图”选项，保持“偏移”值不变，在“自”选项中选择平面视图，如选择F1，如图15-79所示。

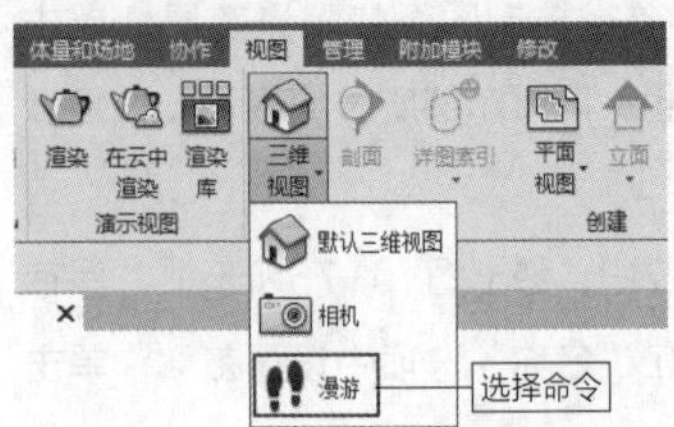

图 15-78 选择“漫游”命令

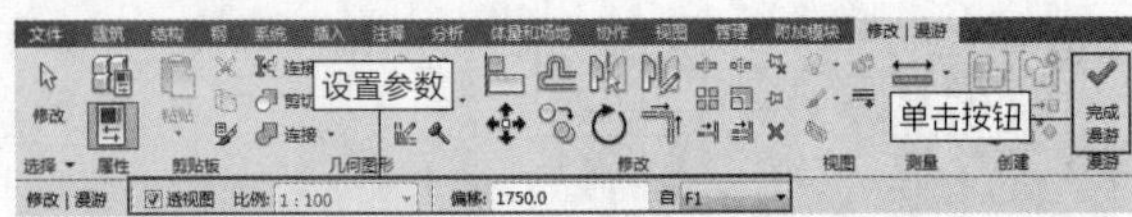

图 15-79 “修改 | 漫游”选项卡

延伸讲解：

“比例”选项显示的视图比例，不可以在“修改|漫游”选项栏中更改。

此时鼠标指针显示为相机图标，单击指定相机的位置点，拖动鼠标，单击指定关键帧的位置点。连续单击，在关键帧之间显示平滑的路径线，在每一个关键帧的位置被放置了一个相机。在合适的位置单击，结束漫游路径的绘制。在“修改|漫游”选项卡的“漫游”面板中单击“完成漫游”按钮，退出命令。创建漫游路径的效果如图15-80所示。

与此同时，系统创建一个名称为“漫游1”的漫游视图。在项目浏览器中展开“漫游”列表，在其中显示与漫游路径一起创建的“漫游1”视图，如图15-81所示。选择视图名称，单击鼠标右键，在快捷菜单中选择“显示相机”命令，可以在视图中恢复显示相机。

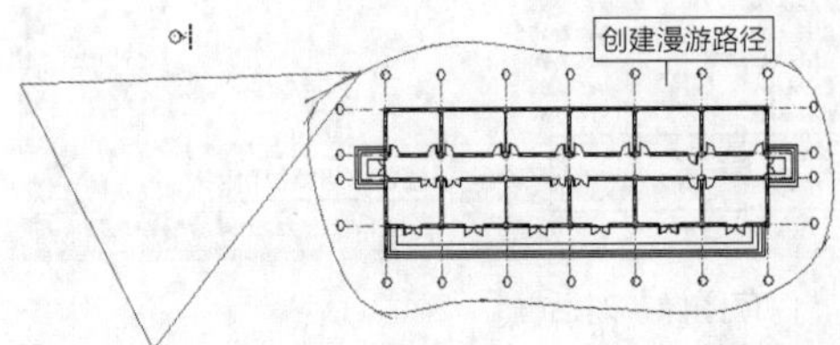

图 15-80 创建漫游路径

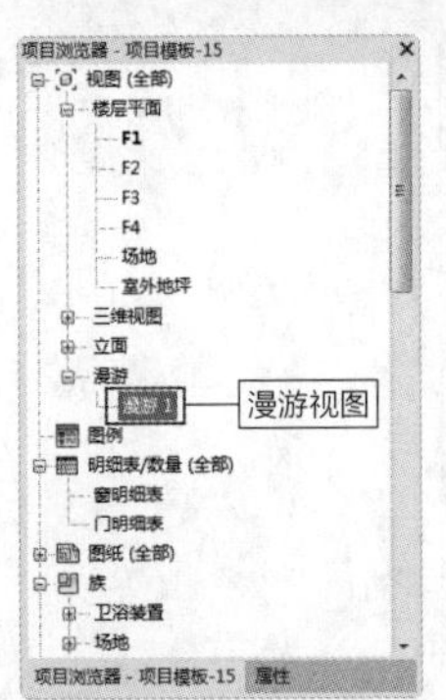

图 15-81 显示漫游视图

选择漫游路径，进入“修改|相机”选项卡，单击“编辑漫游”按钮，如图15-82所示。进入“编辑|漫游”选项卡，在选项栏上单击展开“控制”列表，在其中显示4种编辑漫游路径的方式，如“活动相机”“路径”等，如图15-83所示。

图 15-82 “修改 | 相机”选项卡

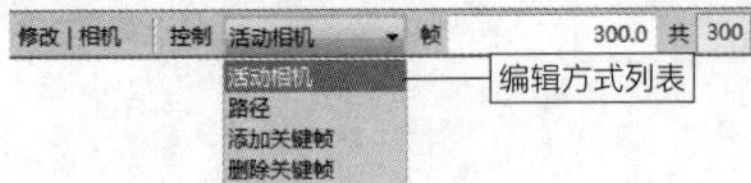

图 15-83 编辑方式列表

将鼠标指针置于相机上，按住并拖动鼠标，调整相机的位置，更改模型在漫游视图中的显示样式，同时可以影响漫游效果，如图15-84所示。

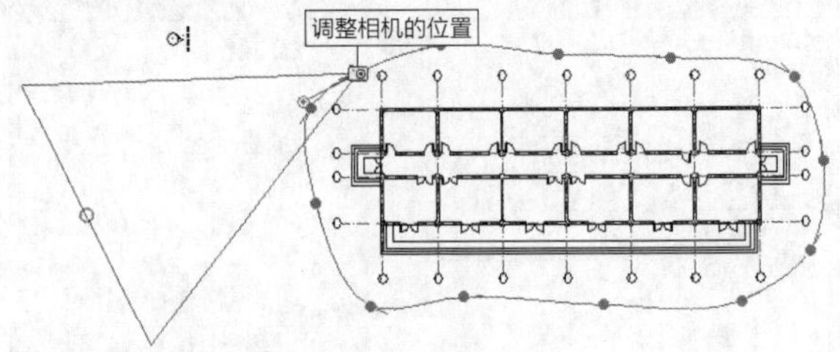

图 15-84 调整相机的位置

选择“路径”选项，漫游路径上关键帧的点显示为蓝色，如图15-85所示。单击激活蓝色圆形端点，移动鼠标指针调整端点的位置，改变路径的显示样式。因为在播放漫游动画的时候是沿着路径进行的，修改路径的样式，就是修改漫游动画的显示效果。

选择“添加关键帧”选项，路径上关键帧的点显示为红色，将鼠标指针置于路径线上，预览蓝色的圆形端点，如图15-86所示。单击可以在该位置添加关键帧。在播放漫游动画时，在每一个关键帧上停留一定的时间，方便展示位于该位置时模型的效果。

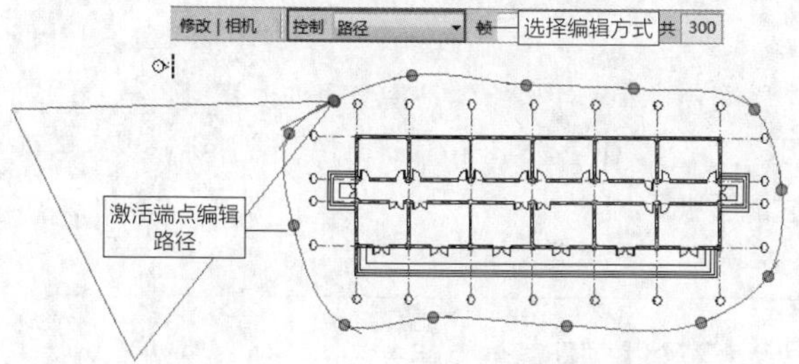

图 15-85 编辑路径

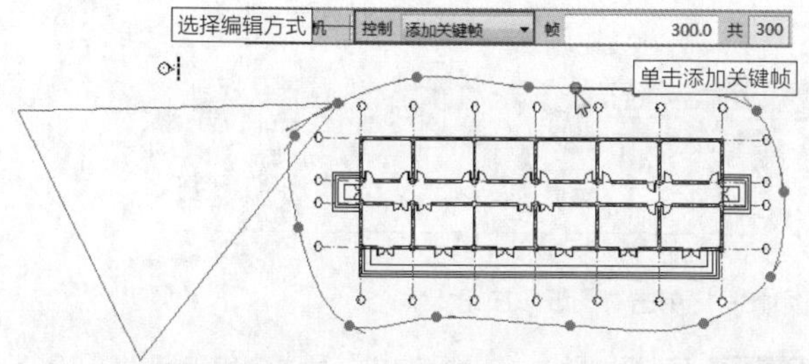

图 15-86 添加关键帧

选择“删除关键帧”选项，将鼠标指针置于路径上的任意关键帧，可以将该关键帧删除，如图15-87所示。删除关键帧后，在播放漫游动画时，将不在该位置停留。

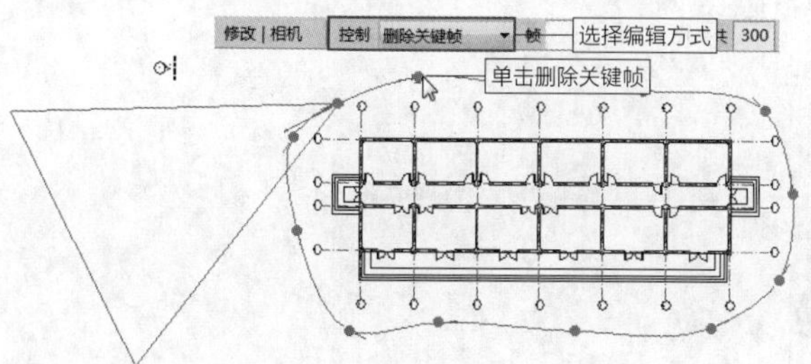

图 15-87 删除关键帧

参数设置完毕后，在“漫游”面板上单击“播放”按钮，开始播放漫游动画，如图15-88所示。选项栏中的“帧”选项中显示当前关键帧的编号，如显示为1，表示关键帧的编号为1，将从该关键帧开始播放。

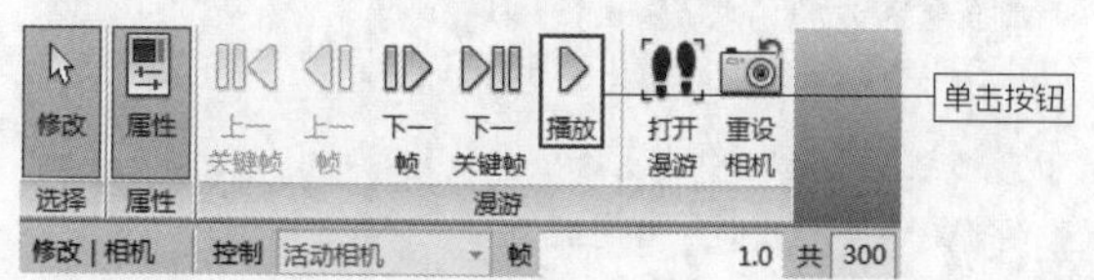

图 15-88 单击“播放”按钮

“共”选项中显示漫游路径所包含的关键帧帧数，默认显示为300，表示路径中一共包含300个关键帧。修改“帧”选项值，如修改为200，即可以从编号为200的关键帧开始播放，播放至编号为300的关键帧时停止。

在漫游视图中观察播放效果，如图15-89所示。通过修改“视觉样式”，可以在不同的显示样式下观察播放效果。

图 15-89 播放效果

单击“共”选项按钮，弹出“漫游帧”对话框。通过修改“总帧数”和“帧/秒”选项参数，可以控制整个漫游动画的播放帧数和播放时间。默认情况下选择“匀速”选项，各关键帧的播放时间都一样。取消选择该项，可以单独编辑每一帧的播放时间，如图15-90所示。

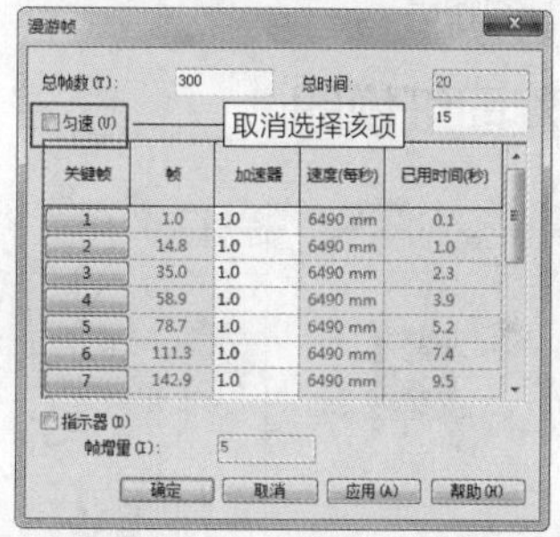

图 15-90 “漫游帧”对话框

单击“文件”选项卡，在弹出的列表中选择“导出”→“图像和动画”→“漫游”命令，如图15-91所示。弹出“长度/格式”对话框，在其中分别设置“输出长度”与“格式”选项参数。单击“确定”按钮，弹出“导出漫游”对话框，设置名称和保存路径，单击“保存”按钮，可以将漫游动画保存到计算机。

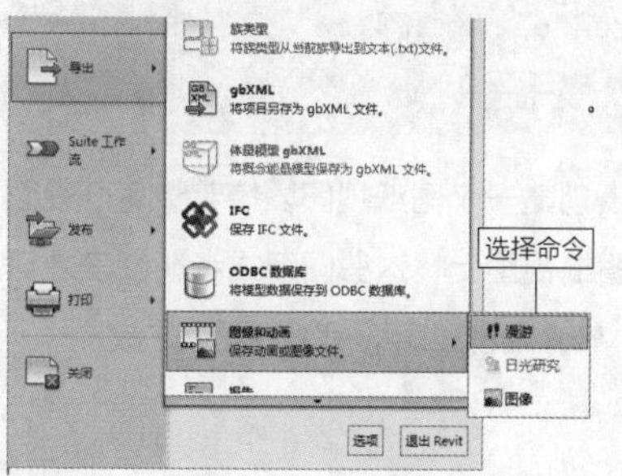

图 15-91 选择命令

延伸讲解：

帧数与播放时间的关系可以用公式表示，播放总时间=总帧数÷帧率（帧/秒）。

第16章

布图、打印与导出

在Revit中制作完成项目图纸后，还需要打印输出图纸，方便与其他人交流。在打印之前，需要设置打印参数，如创建页面、设置项目信息、设置打印信息等。经过这一系列的操作，才可以打印符合使用要求的图纸。

学习目标

16.1 图纸布图 重点

Revit中为布置图纸、放置视图、添加标题栏等提供了专门工具。通过启用这些工具，可以将选中的视图布置在图纸中，并按照设定的参数打印输出。

16.1.1 实战——创建图纸视图

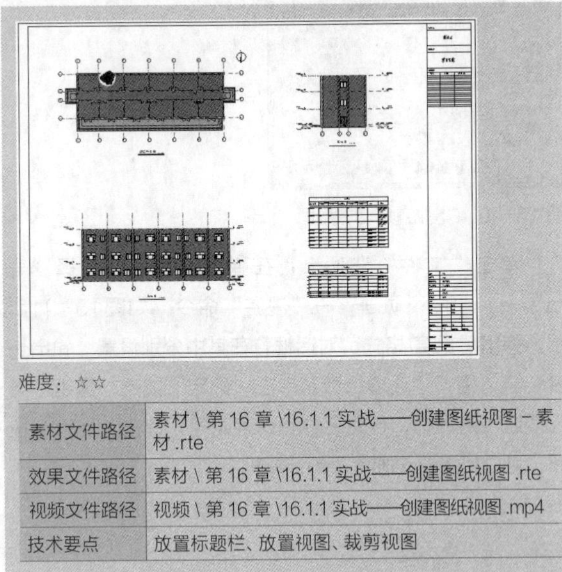

难度：☆☆

素材文件路径	素材 \ 第 16 章 \16.1.1 实战——创建图纸视图 - 素材 .rte
效果文件路径	素材 \ 第 16 章 \16.1.1 实战——创建图纸视图 .rte
视频文件路径	视频 \ 第 16 章 \16.1.1 实战——创建图纸视图 .mp4
技术要点	放置标题栏、放置视图、裁剪视图

需要为每张图纸创建一个图纸视图，接着将多个视图或者明细表放置在图纸视图上，这些图纸或者明细表才可以被打印输出。本小节介绍创建图纸视图的操作方法。

1. 放置标题栏

Step 01 打开资源中的“第16章\16.1.1 实战——创建图纸视图-素材.rte”文件。

Step 02 选择“视图”选项卡，在“图纸组合”面板中单击“图纸”按钮，如图16-1所示。随即弹出“新建图纸”对话框。

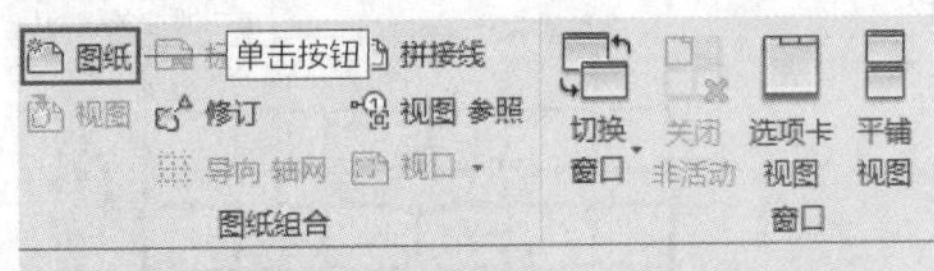

图 16-1 单击“图纸”按钮

Step 03 在对话框的“选择标题栏”列表中单击选择“A0公制”选项，如图16-2所示。单击“确定”按钮，执行新建图纸的操作。

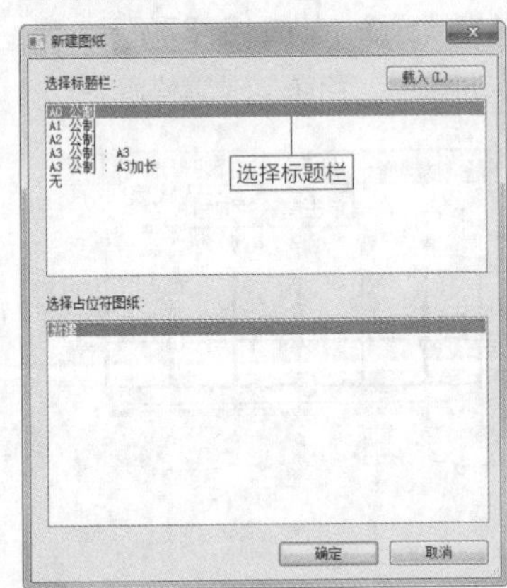

图 16-2 “新建图纸”对话框

答疑解惑：为什么有的用户弹出“新建图纸”对话框没 有看到“A0 公制”的标题栏?

项目模板中没有提供标题栏，需要用户单击“载入”按钮，从外部文件中载入标题栏为自己所用。图16-2中“新建图纸”对话框中除了模板默认创建的标题栏之外，其余的都是从外部文件中载入的。

Step 04 项目模板已经默认创建了两个图纸视图，分别命名为“001-总平面图”“002-一层平面图”，新建的图纸视图被命名为“003-未命名”。在项目浏览器中单击展开“图纸（全部）”列表，显示项目文件中所包含的图纸类型，如图16-3所示。

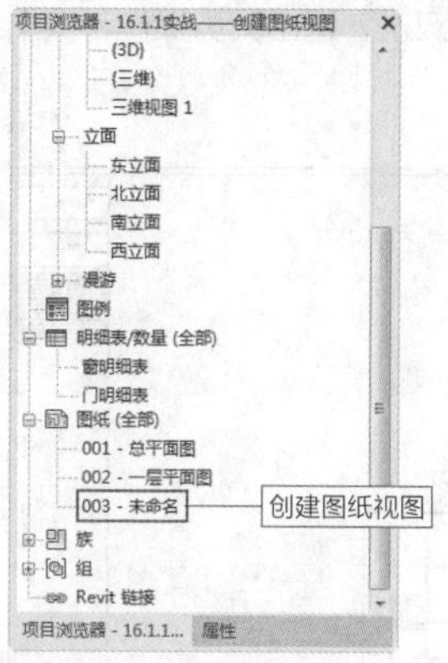

图 16-3 创建图纸视图

Step 05 系统自动切换到图纸视图，观察标题栏的创建效果，如图16-4所示。

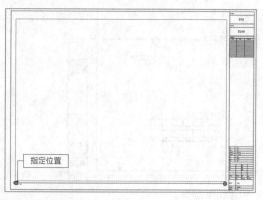

图 16-4 放置标题栏

2. 放置视图

Step 01 在“图纸组合”面板上单击“视图”按钮，如图16-5所示。随即弹出“视图”对话框。

Step 02 在对话框中选择“楼层平面：F1”选项，如图16-6所示。单击“在图纸中添加视图”按钮关闭对话框，执行放置视图的操作。

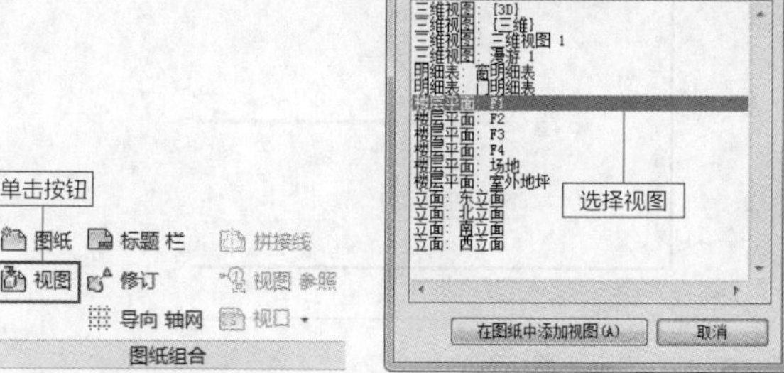

图 16-5 单击“视图”按钮 图 16-6 “视图”对话框

Step 03 将鼠标指针置于标题栏内，显示矩形框，移动鼠标指针指定位置来放置视图，如图16-7所示。

图 16-7 指定位置

Step 04 在合适的位置单击，放置视图的效果如图16-8所示。

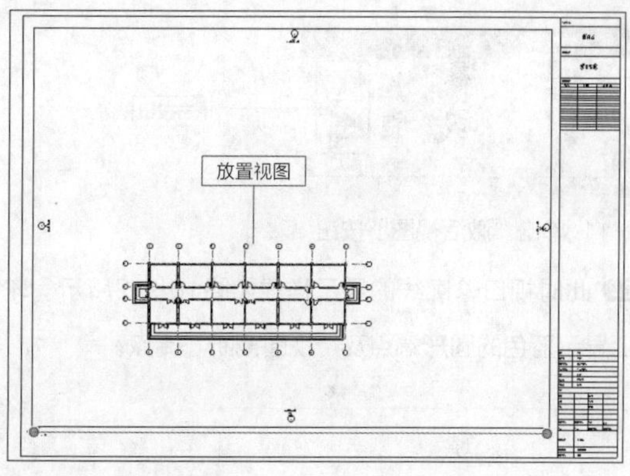

图 16-8 放置视图

3. 裁剪视图

Step 01 选择视图，在“属性”选项板中选择“裁剪视图”和“裁剪区域可见”选项，执行裁剪视图操作，剪掉多余的图元信息，如图16-9所示。

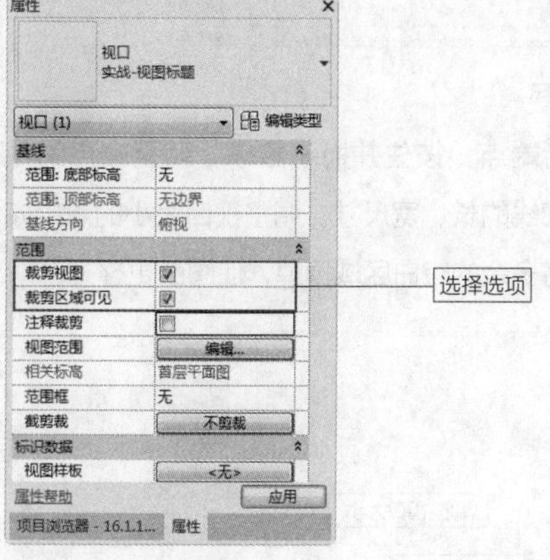

图 16-9 选择选项

Step 02 F1视图的周围显示黑色的轮廓线，如图16-10所示。通过调整轮廓线的长、宽尺寸，可以剪掉冗余的内容。

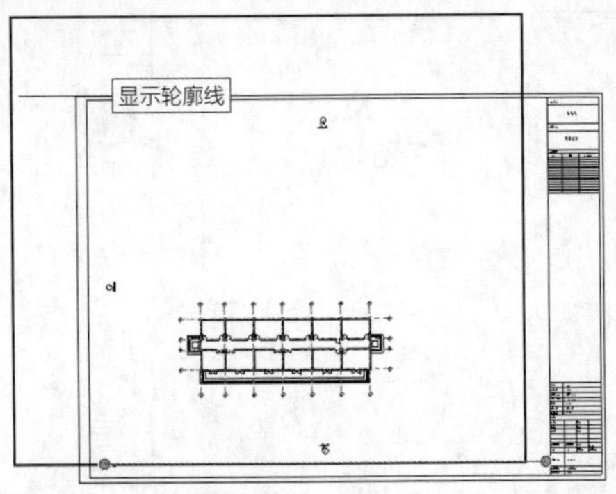

图 16-10 显示轮廓线

Step 03 在“修改|视口”选项卡的“视口”面板中单击“激活视图”按钮，进行裁剪视口的操作，如图16-11所示。

图 16-11 单击“激活视图”按钮

Step 04 此时视口轮廓线的显示样式如图16-12所示。轮廓线上显示蓝色的圆形端点及“视图截断”端点。

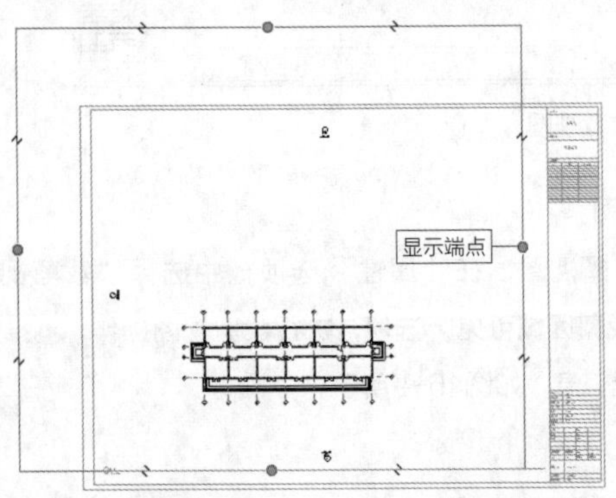

图 16-12 显示端点

Step 05 单击激活端点，按住并拖动鼠标，调整端点的位置，最终影响轮廓线的长、宽尺寸。调整视口大小的效果如图16-13所示。将多余的空白区域剪掉，使图面更整齐。

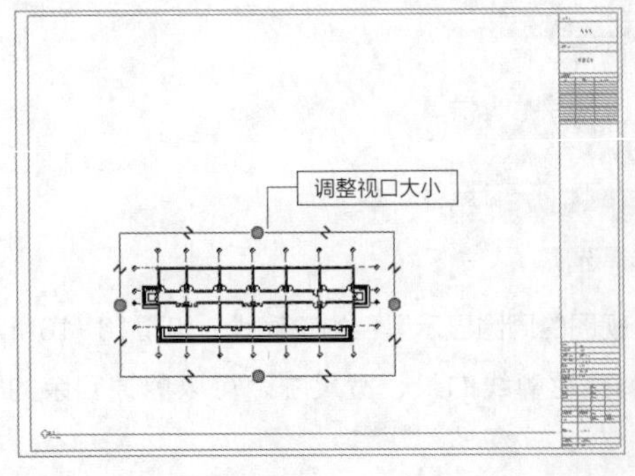

图 16-13 调整视口大小

Step 06 在标题栏外的空白区域双击，退出裁剪操作，效果如图16-14所示。

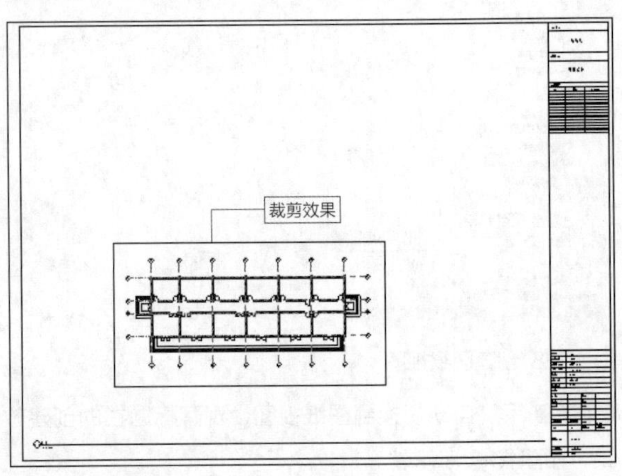

图 16-14 裁剪效果

答疑解惑：有没有其他裁剪视图的方式?

在“修改|视口”选项卡的“裁剪”面板中单击“尺寸裁剪”按钮，如图16-15所示。打开“裁剪区域尺寸”对话框，在对话框中设置“模型裁剪尺寸”和“注释裁剪偏移”选项组中的参数，如图16-16所示。单击“确定”按钮关闭对话框，可以按照设定的参数来裁剪视图。

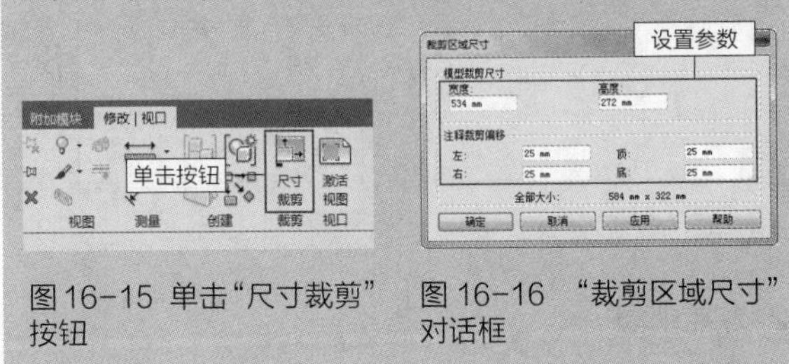

图 16-15 单击“尺寸裁剪”按钮

图 16-16 “裁剪区域尺寸”对话框

4. 设置视图标题样式

Step 01 滚动鼠标滚轮，放大视图，在标题栏的左下角显示视图标题，默认视图标题的样式如图16-17所示。

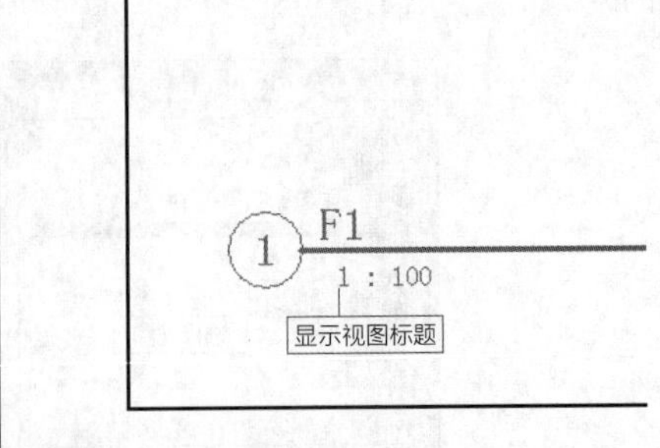

图 16-17 显示视图标题

Step 02 单击选中视图标题，在“属性”选项板中单击“编辑类型”按钮，如图16-18所示。随即进入“类型属性”对话框。

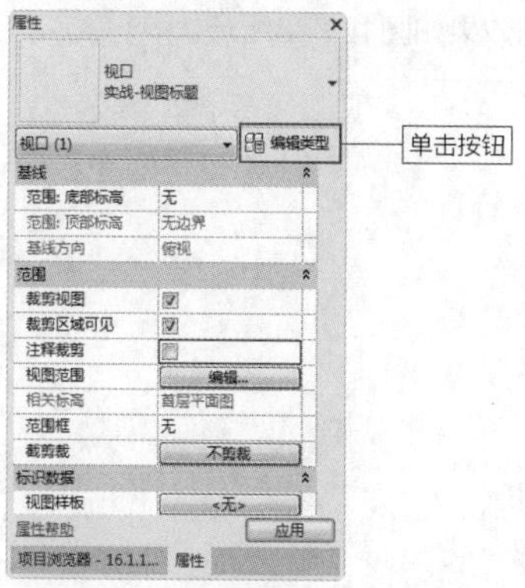

图16-18 单击按钮

知识链接：

在视图标题中，在视图名称（F1）与视图比例（1：100）之间的水平线段称为“延伸线”。

Step 03 在“类型属性”对话框中单击右上角的“复制”按钮，在弹出的“名称”对话框中设置名称，单击“确定”按钮完成复制视图标题新类型的操作。打开“标题”列表，选择“实战-视图标题”选项，取消选择“显示延伸线”选项，如图16-19所示。

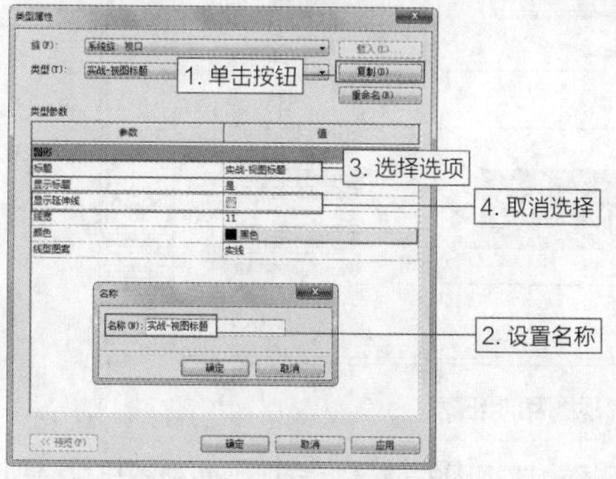

图16-19 新建“视图标题”类型

Step 04 单击“确定”按钮关闭对话框，观察修改视图标题样式的效果，如图16-20所示。由视图名称（F1）、视图比例（1:100）和下划线组成。

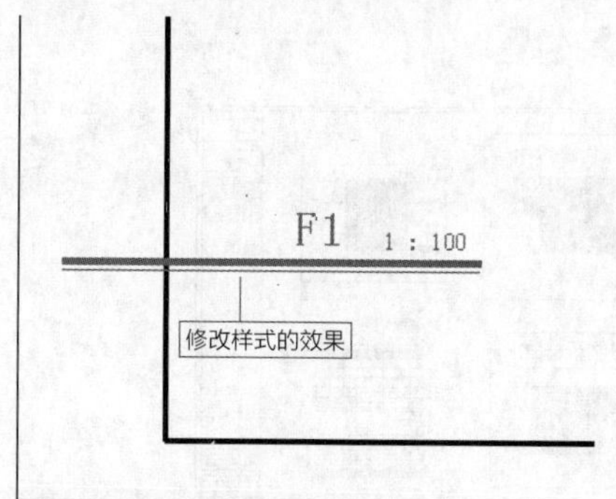

图16-20 修改样式的效果

延伸讲解：

在“标题”列表中提供了多种样式的视图标题，用户可以自由调用。在本例中，选择从外部调入的“实战-视图标题”作为当前的视图标题样式。

Step 05 默认的视图名称与标高相同，即F1。保持视图标题的选择，在“属性”选项板中定位到“视图名称”选项，输入视图名称为“首层平面图”，如图16-21所示。

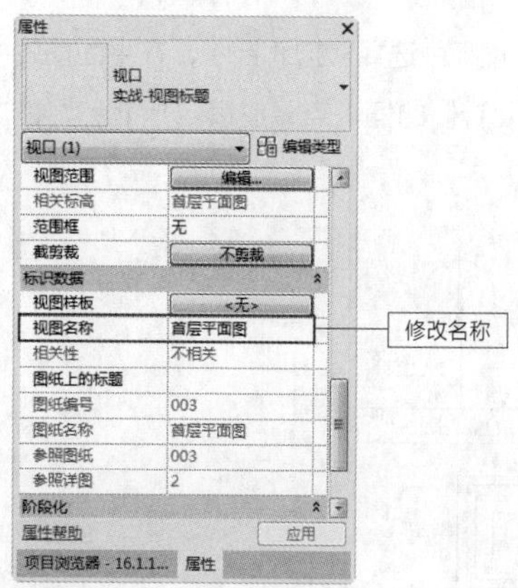

图16-21 修改视图名称

Step 06 此时弹出图16-22所示的提示对话框，单击“是”按钮，可以重命名相对应的标高及视图；单击“否”按钮，仅修改图纸视图的名称。

图16-22 提示对话框

知识链接：

在“属性”选项板中输入名称后，单击“应用”按钮或者移动鼠标指针至绘图区，系统都可以执行修改视图名称的操作。

Step 07 选择视图标题，按住并拖动鼠标，调整视图标题至平面图的下方，效果如图16-23所示。

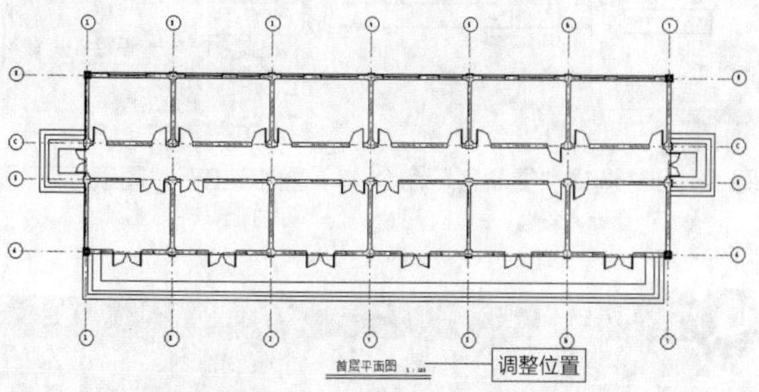

图16-23 调整位置

5. 放置符号与重命名视图

Step 01 选择“注释”选项卡，在“符号”面板上单击“符号”按钮，如图16-24所示。随即进入“修改|放置 符号”选项卡。

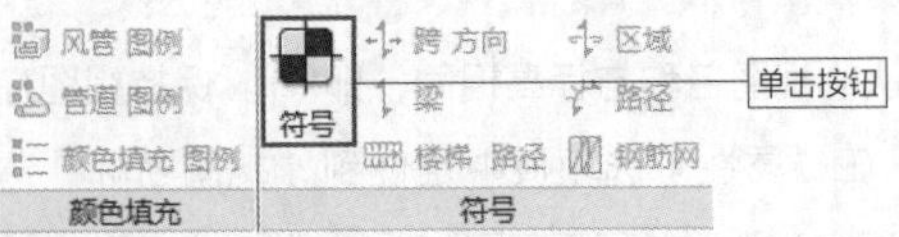

图 16-24 单击“符号”按钮

Step 02 在“属性”选项板中选择“指北针”，在平面图的右上角单击指定“指北针”的插入点，放置“指北针”的效果如图16-25所示。

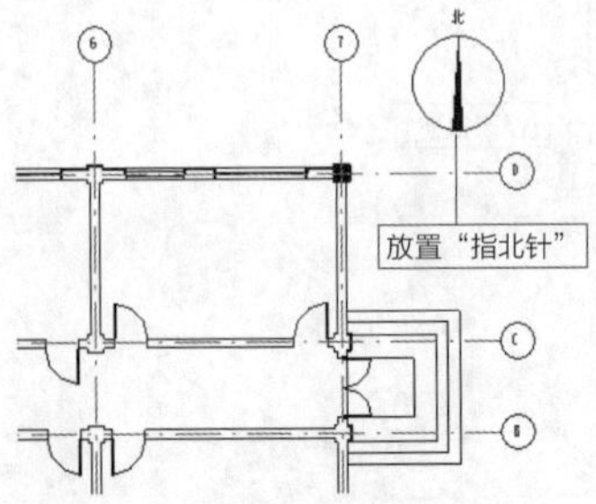

图 16-25 放置“指北针”

Step 03 在项目浏览器中单击展开“图纸（全部）”列表，选择“003-未命名”视图，单击鼠标右键，在快捷菜单中选择“重命名”命令，如图16-26所示。随即弹出“图纸标题”对话框。

Step 04 保持“编号”为003不变，修改“名称”为“首层平面图”，如图16-27所示。单击“确定”按钮关闭对话框，完成重命名操作。

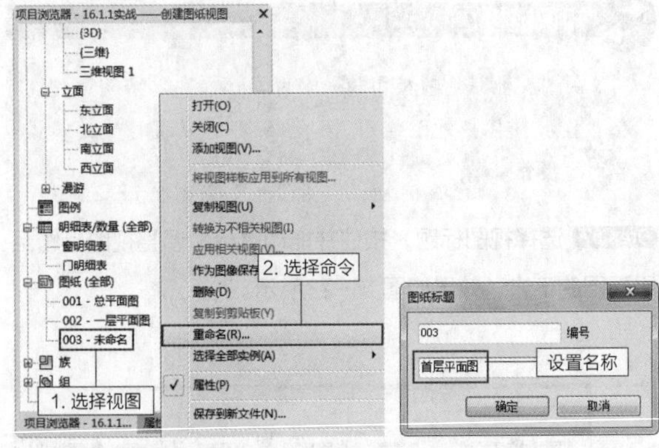

图 16-26 选择“重命名”命令　　图 16-27 “图纸标题”对话框

> **延伸讲解：**
>
> 选择“003-未命名”视图，按F2键，也可以弹出“图纸标题”对话框。

Step 05 修改视图名称的效果如图16-28所示。

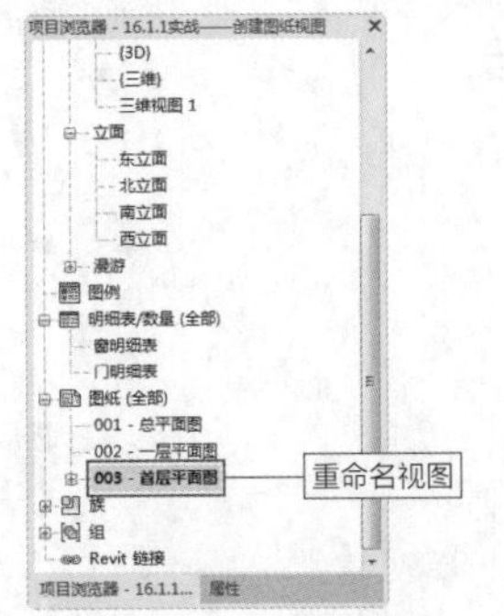

图 16-28 重命名视图

6. 放置其他类型的视图

Step 01 参考上述的操作方法，在“图纸组合”面板中调用“视图”命令，在“视图”对话框中选择其他视图，如西立面、南立面，将其放置到标题栏中。假如项目中包含门/窗明细表，同样可以将明细放置到标题栏中，效果如图16-29所示。

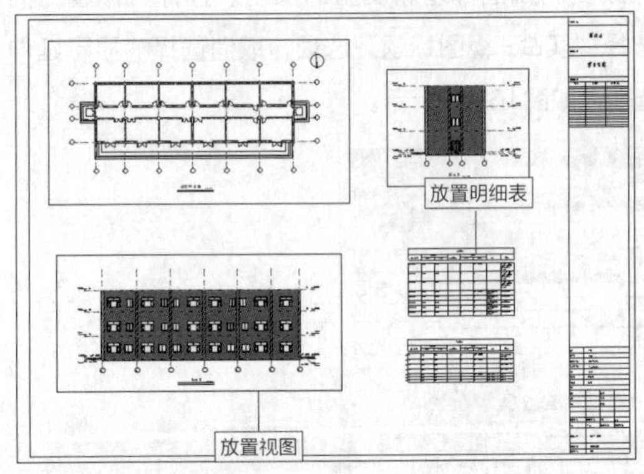

图 16-29 放置视图和明细表

Step 02 仔细观察放置视图的效果，发现平面视图与立面视图的显示样式不一样。平面视图的显示样式为“隐藏线”，立面视图的显示样式为“真实”。在同一图纸视图中，应该为各视图设置一致的显示样式。返回到F1视图，修改其显示样式为“真实”，修改视图显示样式的效果如图16-30所示。

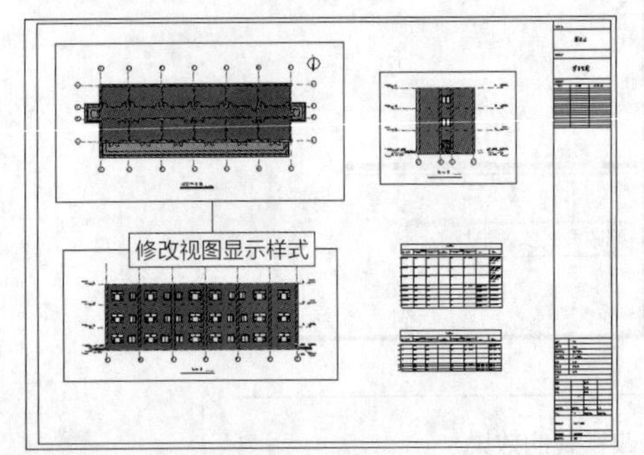

图 16-30 修改视图显示样式

Step 03 标题栏中显示视图的“裁剪区域”轮廓线，可以将其隐藏。选择视图，定位到“属性”选项板的“裁剪区域可见”选项，单击取消选择该项，可以发现轮廓线已经被取消显示，效果如图16-31所示。

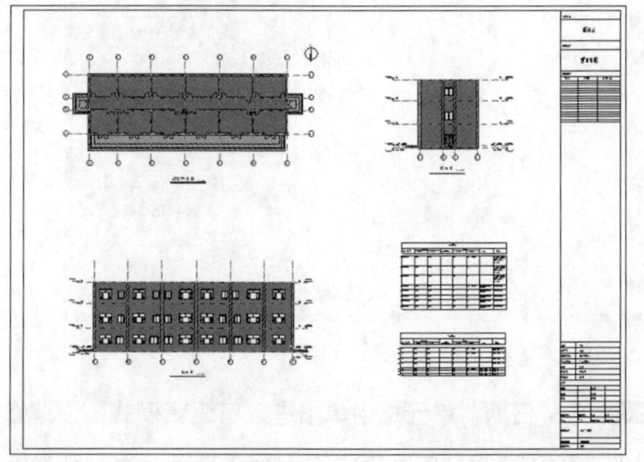

图 16-31 隐藏“裁剪区域”轮廓线

知识链接：

各视口中视图的显示样式，需要回到视图中修改。在标题栏中选择明细表，显示控制端点，可以控制明细表的列宽。单击“拆分明细表”按钮，还可以对明细表执行拆分操作。

16.1.2 实战——设置项目信息

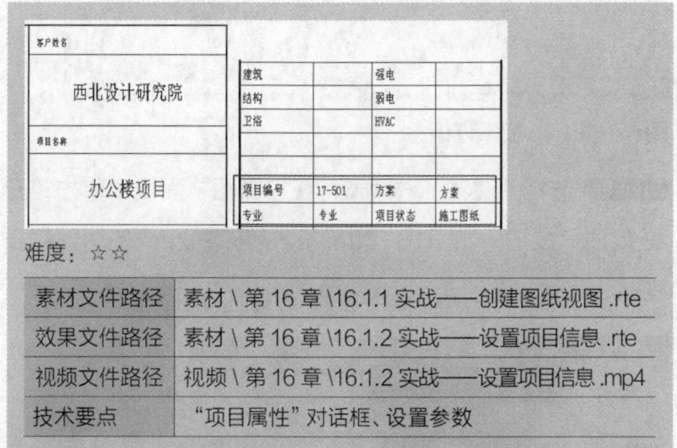

难度：☆☆

素材文件路径	素材 \ 第 16 章 \16.1.1 实战——创建图纸视图 .rte
效果文件路径	素材 \ 第 16 章 \16.1.2 实战——设置项目信息 .rte
视频文件路径	视频 \ 第 16 章 \16.1.2 实战——设置项目信息 .mp4
技术要点	“项目属性”对话框、设置参数

项目信息包括能量数据、项目状态和客户信息等，这些项目信息会显示在图纸集的每一个标题栏中。项目信息设置完毕后，可以到标题栏中查看设置效果。本小节在16.1.1小节的基础上，介绍设置项目信息的操作方法。

Step 01 打开资源中的“第16章\16.1.1 实战——创建图纸视图.rte”文件。

Step 02 选择“管理”选项卡，在“设置”面板上单击“项目 信息”按钮，如图16-32所示。随即打开“项目属性”对话框。

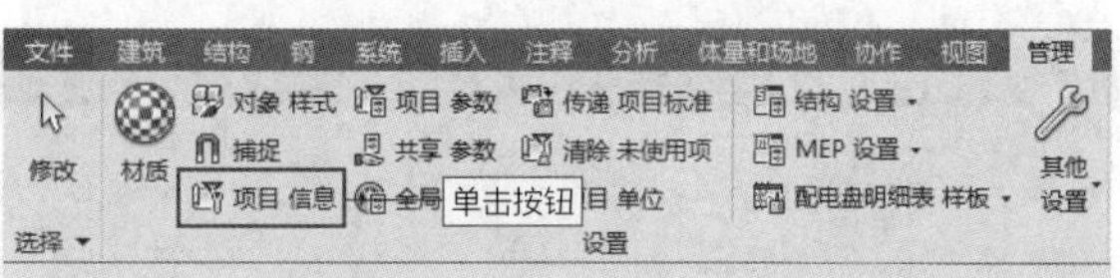

图 16-32 单击“项目 信息”按钮

Step 03 在对话框的“其他”选项组下显示项目信息的类型，如“项目发布日期”“项目状态”等，在未执行设置操作之前，显示默认值，如图16-33所示。

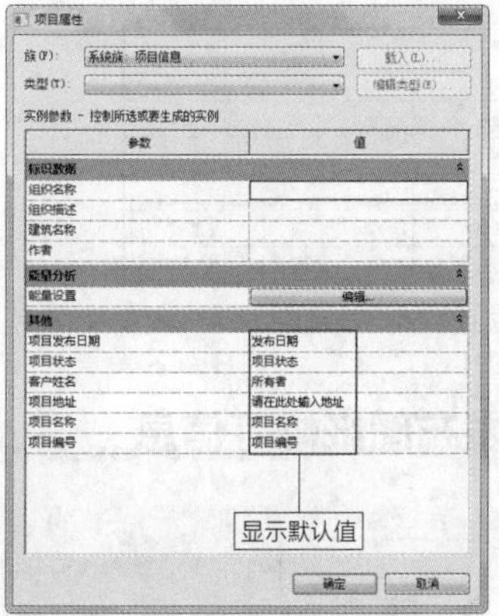

图 16-33 “项目属性”对话框

延伸讲解：

单击“能量设置”选项中的“编辑”按钮，弹出“能量设置”对话框，在其中设置“建筑类型”“位置”等参数。

Step 04 将鼠标指针定位在“项目地址”选项中，单击选项中的矩形按钮，弹出“编辑文字”对话框，输入项目地址，如陕西西安，如图16-34所示。单击“确定”按钮关闭对话框。

Step 05 在“其他”选项组中设置其他选项信息，效果如图16-35所示。

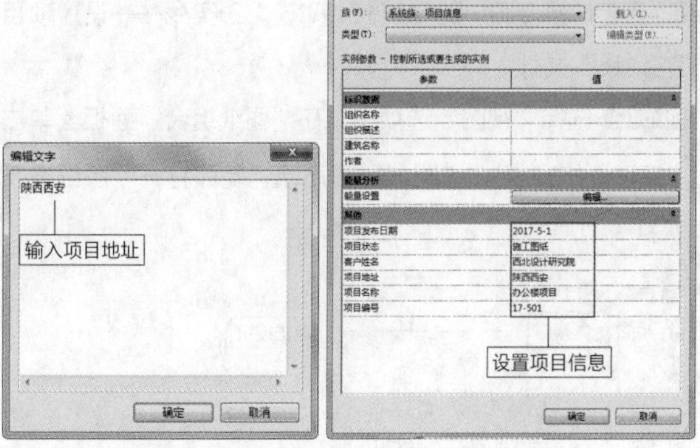

图 16-34 输入项目地址　　图 16-35 设置项目信息

知识链接：

标题栏的信息，如“审定者”“设计者”及“审图员”等，在“属性”选项板的“标识数据”选项组中设置。

Step 06 单击“确定”按钮关闭对话框，在标题栏的“客户姓名”“项目名称”等字段中显示项目信息，效果如图16-36所示。

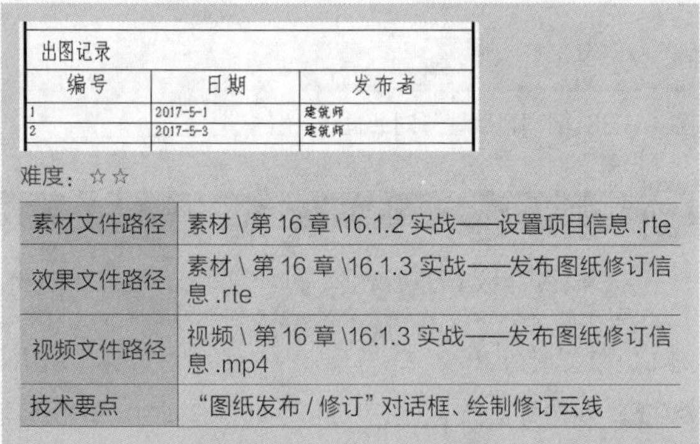

图 16-36 显示项目信息

16.1.3 实战——发布图纸修订信息

出图记录		
编号	日期	发布者
1	2017-5-1	建筑师
2	2017-5-3	建筑师

难度：☆☆

素材文件路径	素材\第16章\16.1.2 实战——设置项目信息.rte
效果文件路径	素材\第16章\16.1.3 实战——发布图纸修订信息.rte
视频文件路径	视频\第16章\16.1.3 实战——发布图纸修订信息.mp4
技术要点	“图纸发布/修订”对话框、绘制修订云线

在审核图纸的过程，会发现一些需要修订的问题。添加修订来标示需要修订的问题，可以方便开展修订工作。发布修订信息后，在标题栏中可以看到需要修订信息的内容。本小节在16.1.2小节的基础上介绍发布图纸修订信息的操作方法。

Step 01 打开资源中的“第16章\16.1.2 实战——设置项目信息.rte”文件。

Step 02 选择“视图”选项卡，在“图纸组合”面板上单击“修订”按钮，如图16-37所示。随即打开“图纸发布/修订”对话框。

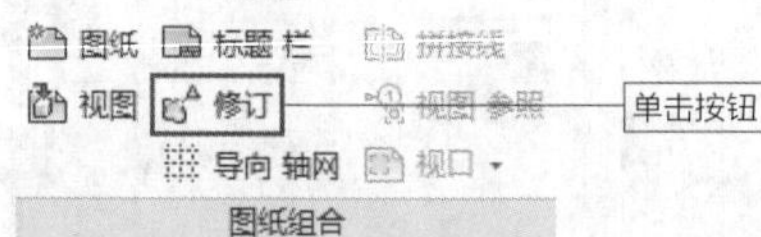

图 16-37 单击“修订”按钮

Step 03 在对话框中显示项目模板自动创建的一个修订信息，包含“编号”“日期”“说明”等内容，如图16-38所示。单击“添加”按钮，添加新的修订信息。

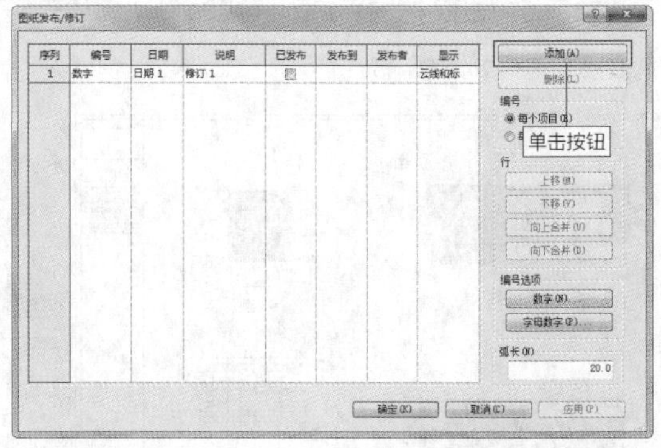

图 16-38 “图纸发布/修订”对话框

Step 04 在“日期”单元格中单击进入可编辑模式，设置修订日期；在“说明”单元格中输入标注文字，再分别设置“发布到”和“发布者”名称，如图16-39所示。单击“确定”按钮关闭对话框，完成添加修订信息的操作。

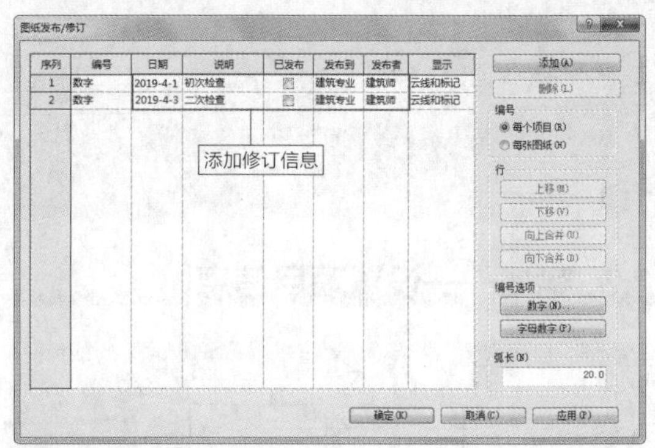

图 16-39 添加修订信息

Step 05 选择“注释”选项卡，在“详图”面板中单击“云线 批注”按钮，如图16-40所示。随即进入“修改|创建云线批注草图”选项卡。

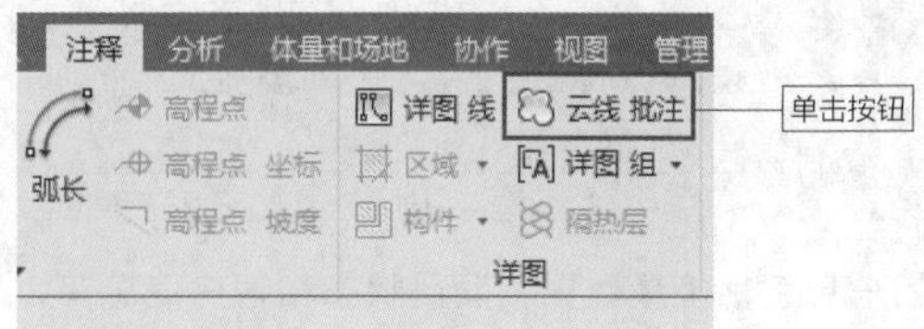

图 16-40 单击“云线 批注”按钮

Step 06 在“绘制”面板中单击“矩形”按钮，保持“偏移”值为0不变，如图16-41所示。

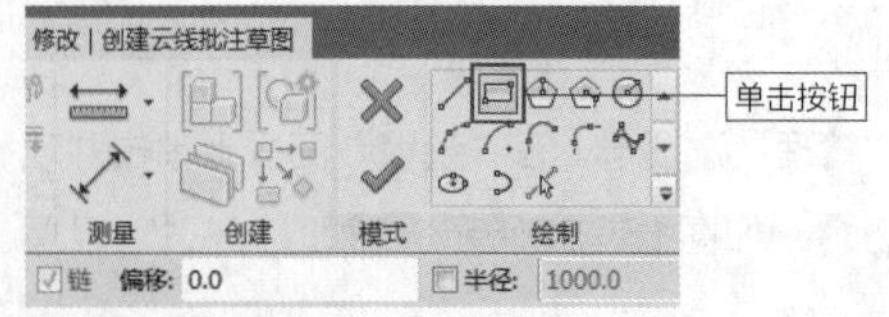

图 16-41 选择绘制方式

Step 07 指定插入点，按住并拖动鼠标，绘制修订云线，在合适的位置单击，绘制修订云线的效果如图16-42所示。

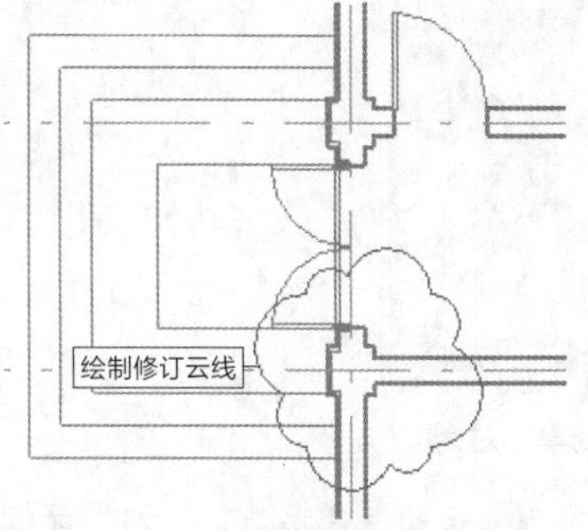

图 16-42 绘制修订云线

知识链接：

也可以选择其他类型的绘制方式，如“线”“多边形”“圆形”等，根据修订区域的不同，选用不同的方式来绘制修订云线。

Step 08 保持修订云线的选择状态，在选项栏中打开“修订”列表，在其中选择“序列1-初次检查”选项，如图16-43所示。重复操作，继续绘制修订云线，标示需要修订的区域。

图 16-43 选择选项

Step 09 在“图纸组合”面板上单击“修订”按钮，重新弹出“图纸发布/修订”对话框。将鼠标指针定位在“已发布”选项中，单击选择该项，可以发布修订内容，如图16-44所示。

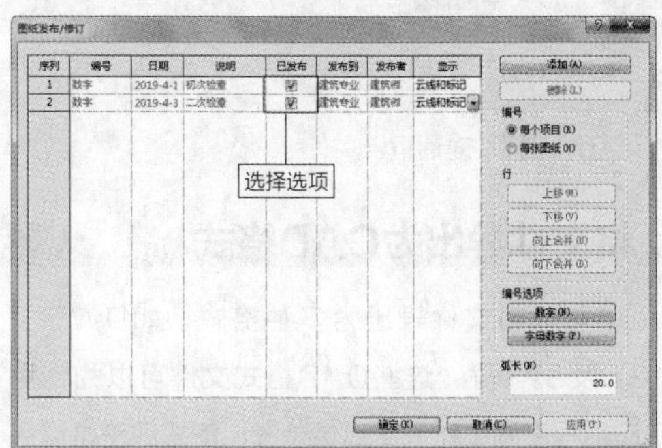

图 16-44 选择“已发布”选项

Step10 选择已创建的修订云线，在选项栏中其修订选项显示为灰色，表示已发布的修订中添加或者删除云线批注，如图16-45所示。

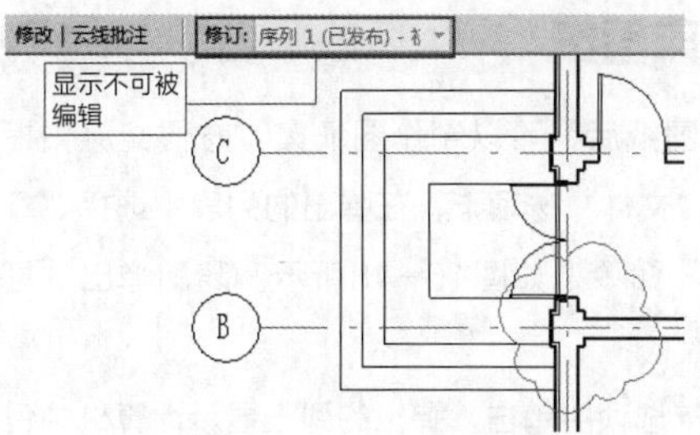

图 16-45 显示为不可被编辑状态

知识链接：

在“图纸发布/修订”对话框中取消选择“已发布”选项，修订信息就变得可被编辑。

Step11 同时在“属性”选项板中显示修订云线的“标识数据”信息，如图16-46所示，同样显示为灰色表示不可被编辑。

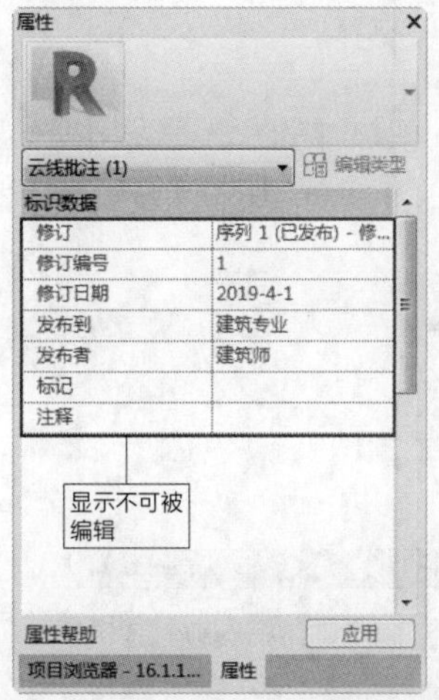

图 16-46 显示为不可被编辑状态

Step 12 在标题栏中定位到“出图记录”表格，在表行中显示已发布的修订信息，效果如图16-47所示。

出图记录		
编号	日期	发布者
1	2017-5-1	建筑师
2	2017-5-3	建筑师

图 16-47 已发布的修订信息

16.2 打印与导出

连接打印机后，可以将在Revit中创建的图纸打印输出。为了满足使用要求，需要在输出前设置打印参数。也可以将Revit图纸导出为CAD格式，方便在AutoCAD应用程序上查看，并与其他合作伙伴交流设计成果。

16.2.1 打印图纸 重点

打印输出图纸后，可以制作图纸集，方便交流和指导施工。单击“文件”选项卡，在弹出的列表中选择“打印”→“打印”命令，如图16-48所示。随即弹出“打印”对话框。

在“名称”选项中单击，弹出的列表显示计算机中包含的打印机名称。在“打印范围”选项组中选择需要打印的视图或者图纸，默认选择“当前窗口”选项，此处选择“所选视图/图纸”选项，激活下方的“选择”按钮，如图16-49所示。单击“选择”按钮，弹出“视图/图纸集”对话框。

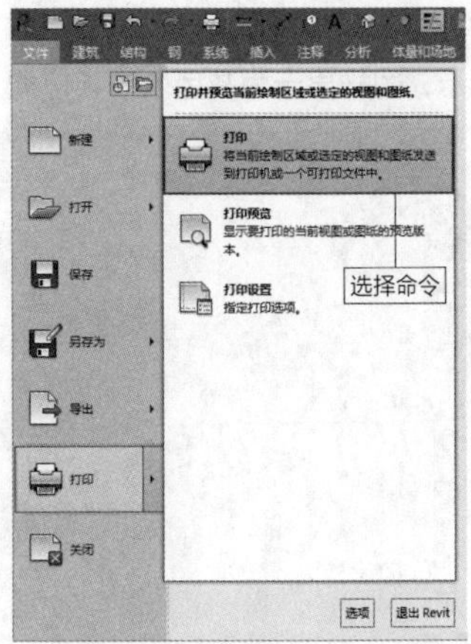

图 16-48 选择命令

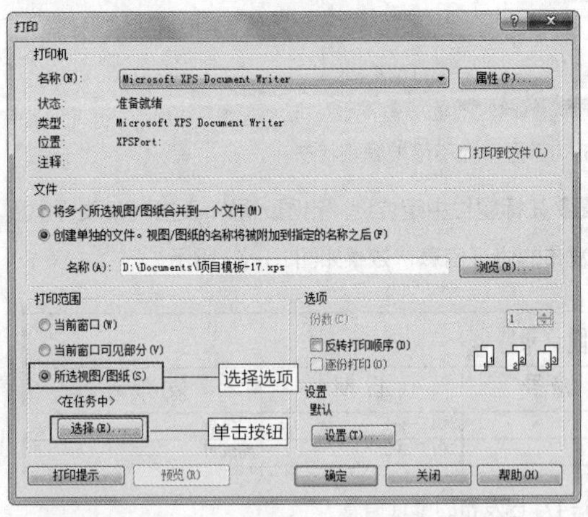

图 16-49 “打印”对话框

在对话框中显示项目中所有的视图及图纸，在列表的右下角取消选择“视图”选项，所有的视图被隐藏，仅显示图纸名称，如图16-50所示。选择需要打印的图纸，单击“确定”按钮返回“打印”对话框。

图 16-50 “视图/图纸集”对话框

单击右下角的“设置”按钮，弹出图16-51所示的“打印设置”对话框。在“尺寸”选项中选择页面尺寸，在“方向”选项组中选择打印方向，通常选择“横向”。在“缩放”及“外观”选项组中设置打印的缩放比例和外观质量。在“选项”选项组中选择选项，设置打印参数，影响打印效果。

单击“文件”选项卡，在列表中选择“打印”→“打印预览”命令，显示预览窗口，单击左上角的“打印”按钮，将所选的视图发送到打印机，即可按照所设置的参数打印输出。

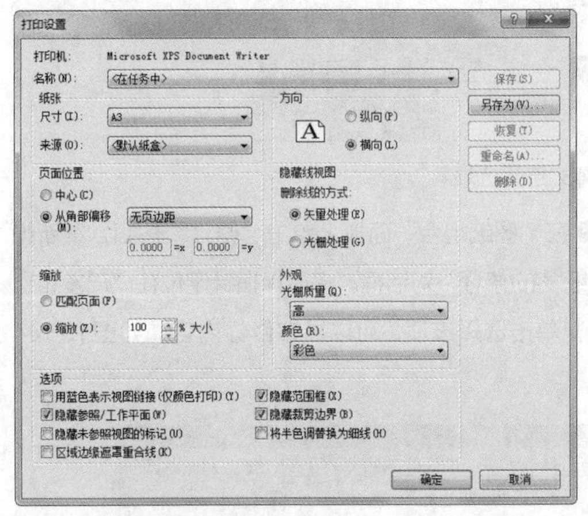

图 16-51 “打印设置”对话框

16.2.2 将文件导出为CAD格式 难点

Revit中可以将文件导出为多种格式，如DWG、DXF、DGN及SAT等，这些CAD格式文件可以为使用AutoCAD应用程序的工作人员提供参考，使得即使是运用不同的应用程序来绘制图纸，也可以开展交流工作。

单击“文件”选项卡，在弹出的列表中选择“导出”→“选项”→“导出设置DWG/DXF”命令，如图16-52所示。在将文件导出为CAD格式之前，要先设置选项参数，使得导出的图纸可以使用，尽量避免出现错误。

图 16-52 选择命令

选择命令之后，弹出图16-53所示的“修改DWG/DXF 导出设置”对话框。默认选择“层”选项卡，“根据标准加载图层”选项中显示国际图层映射标准，默认选择“美国建筑师学会标准（AIA）”标准。在列表中选择“从以下文件加载设置”选项，弹出“载入导出图层文件”对话框。选择配置文件，单击“打开”按钮，可以载入图层并替换所有的现有图层设置。

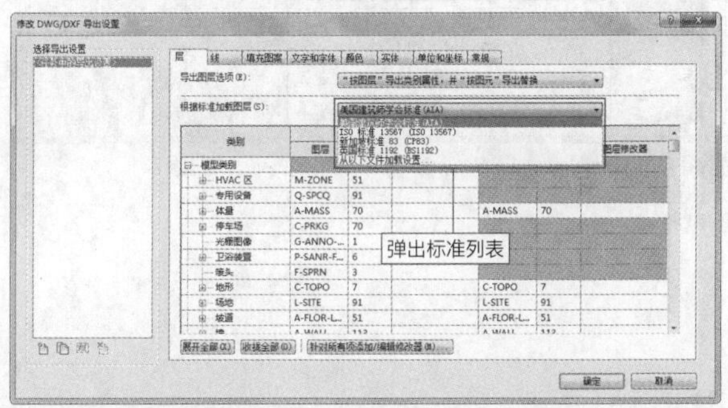

图 16-53 “修改 DWG/DXF 导出设置”对话框

选择“线”选项卡，其中显示线型映射列表，如图16-54所示。在“DWG中的线型”列表中显示线型的样式为“{自动生成线型}”，即是保持Reivt中的线型参数不变。为了避免在导出文件后，AutoCAD中对Revit的线型出现无法识别的情况，可以在线型列表中选择AutoCAD线型。

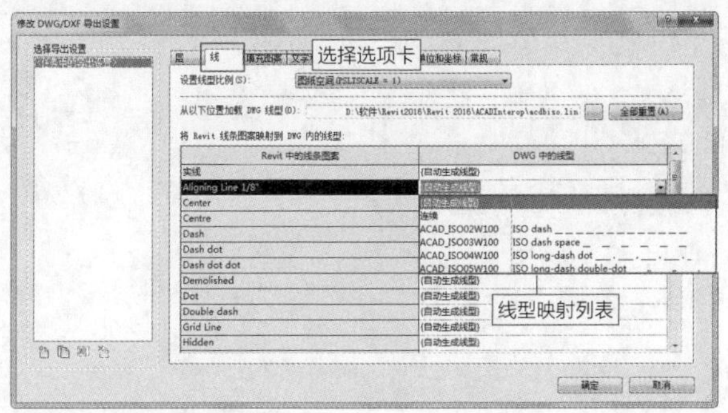

图 16-54 选择“线”选项卡

选择“填充图案”选项卡，列表中显示图案名称和图案的填充效果，如图16-55所示。假如保持参数不变，图纸导出为CAD格式后，会依然使用Revit填充图案。但是AutoCAD中会发生无法识别Revit填充图案的情况，增加识图的难度。所以在“DWG中的填充图案”选项中单击，弹出图案列表，选择AutoCAD内部填充图案，可以避免不能识别图案的情况。

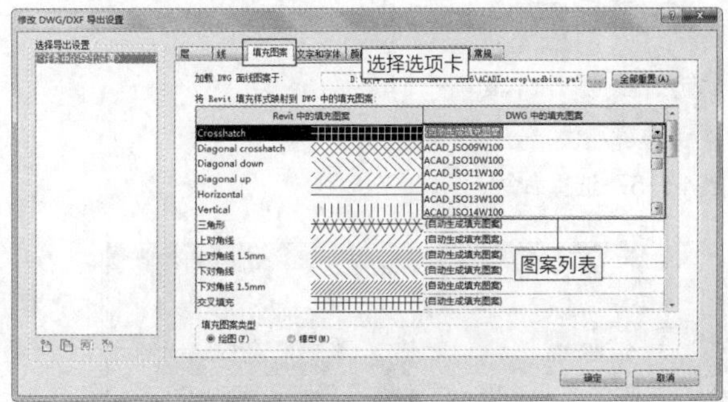

图 16-55 选择“填充图案”选项卡

选择“文字和字体”选项卡，列表中显示字体映射列表，如图16-56所示。默认情况下，保持Revit字体不变，直接导出为CAD文件。在AutoCAD中打开导出的文件时，有时候会弹出提示对话框，提醒用户无法识别字体。图纸是需要注释文字辅助识读的，假如缺失文字说明，会造成不能理解甚至误解图纸信息的情况。为了尽量避免上述情况的出现，可以在“DWG中的文字字体”列表中选择AutoCAD格式的字体。

在“颜色”“实体”“单位和坐标”等选项卡中还可以继续设置导出参数，用户可以根据需要来自定义参数。单击“确定”按钮关闭对话框，完成设置参数的操作。

图 16-56 选择“文字和字体”选项卡

单击“文件”选项卡，在列表中选择“导出”→“CAD格式”→“DWG”命令，如图16-57所示。弹出“DWG导出”对话框，在“导出”选项中选择“<任务中的视图/图纸集>”选项，在列表中显示项目文件中所包含的图纸。选择图纸，可以在左侧的窗口中预览图纸，如图16-58所示。

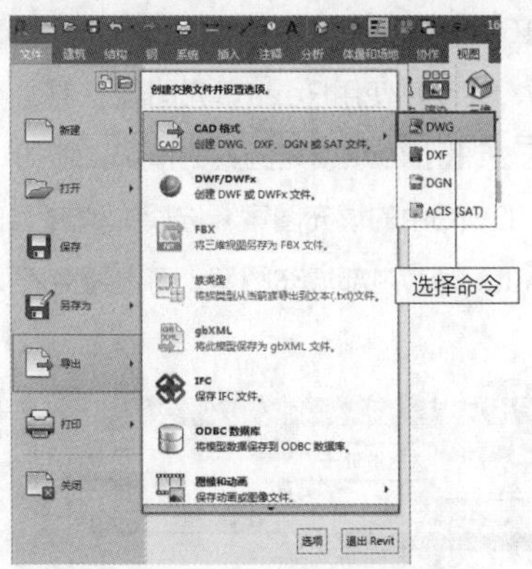

图 16-57 选择命令

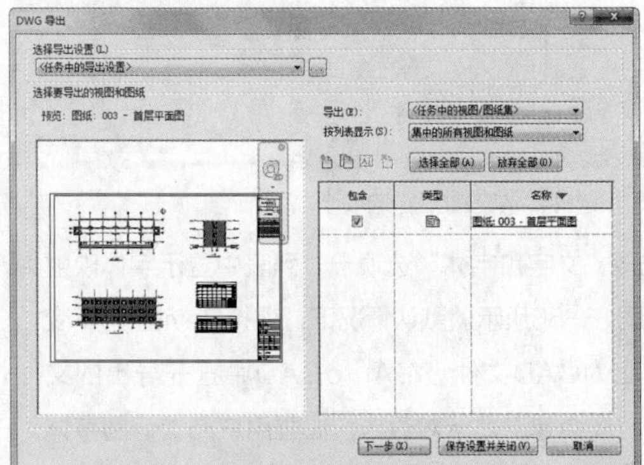
图 16-58 “DWG 导出”对话框

单击“下一步”按钮，弹出图16-59所示的“导出CAD格式-保存到目标文件夹”对话框。在“文件名/前缀”选项中设置名称，打开“文件类型”列表，选择AutoCAD应用程序的版本。默认选择“将图纸上的视图和链接作为外部参照导出”选项，表示除了将每个视图导出为独立的DWG文件之外，还会单独导出与图纸视图相关的视口作为独立的DWG文件，最终以外部参照的方式链接至与图纸视图同名的DWG文件中。

单击“确定”按钮，将图纸视图以DWG的格式导出至指定的目标文件夹。

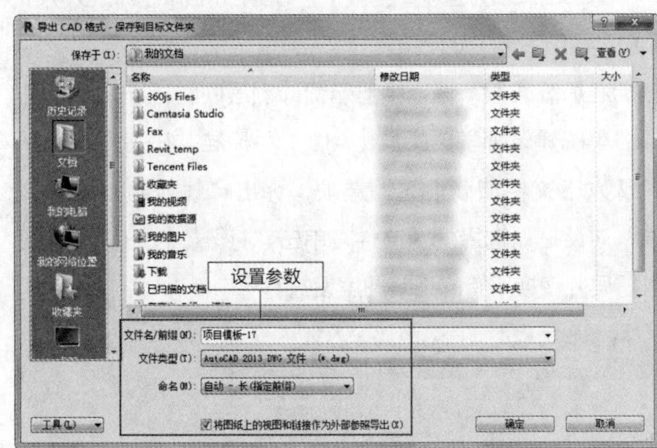

图 16-59 设置参数

第17章 协同设计

建筑工程项目被分为几种类型，如建筑、结构、给排水、设备等。在开展建筑设计的过程中，参与各个不同类型项目的人员需要共同工作，发现问题并提出解决问题的方法。Revit提供了与外部开展交流的工具。在“插入”选项卡中提供“链接”与“导入”工具，可以将外部文件导入Revit中辅助在Revit中进行的设计工作，还可以使用工作集的方式开展协同工作，共享设计资源。

学习目标

17.1 使用链接

通过执行“链接”操作，可以链接外部文件，如Revit模型、CAD文件等。将这些外部文件链接到Revit中，不会影响当前项目的设计工作，但是可以提供相关的信息，帮助用户更好地开展工作。

17.1.1 实战——链接Revit文件

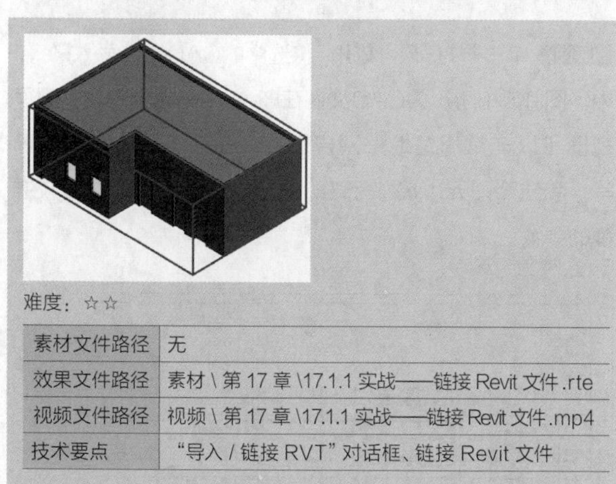

难度：☆☆

素材文件路径	无
效果文件路径	素材\第17章\17.1.1 实战——链接Revit文件.rte
视频文件路径	视频\第17章\17.1.1 实战——链接Revit文件.mp4
技术要点	“导入/链接RVT”对话框、链接Revit文件

将其他模型（如结构模型、设备模型等）链接到Revit中，可以帮助用户将当前项目与外部模型相结合，协同开展设计工作。本小节介绍链接Revit文件的操作方法。

Step 01 打开资源中的“第17章\17.1.1 实战——链接Revit文件.rte”文件。

Step 02 选择“插入”选项卡，在“链接”面板上单击“链接Revit”按钮，如图 17-1所示。随即打开“导入/链接RVT”对话框。

Step 03 在对话框中选择将要链接的文件，如选择“Revit模型”作为链接文件；在“定位”选项中选择“自动-原点到原点”的对齐方式，如图17-2所示。单击“打开”按钮，执行链接操作。

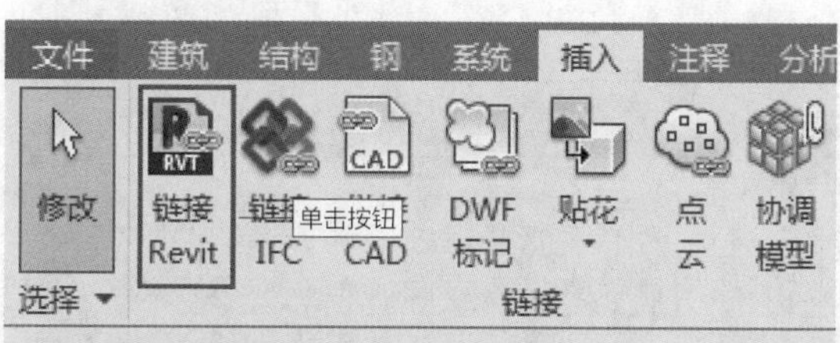

图 17-1 单击“链接 Revit”按钮

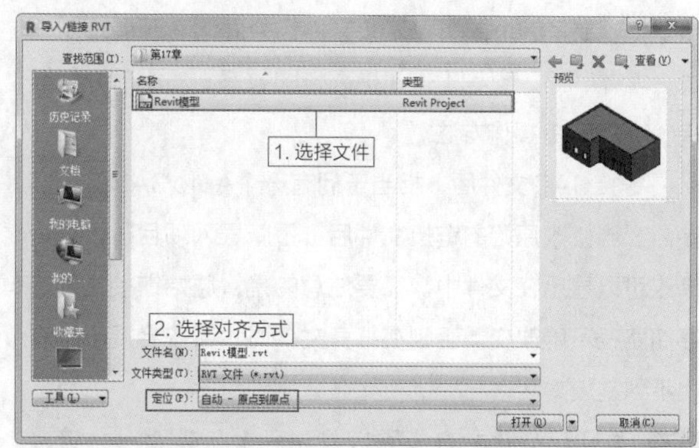

图 17-2 选择文件

延伸讲解：

在选择链接模型时，必须是项目文件，即文件类型为RVT文件（*.rvt）。项目样板文件，即文件类型为RTE文件（*.rte），是不能作为外部文件链接到Revit中的。

Step 04 绘图区中显示链接进来的Revit模型，单击选择模型，发现模型是一个整体，并且不可以在绘图区中编辑修改模型，如图 17-3所示。

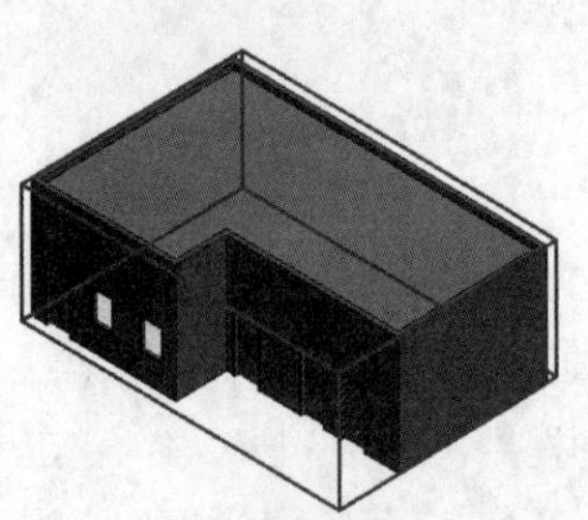

图 17-3 单击选中模型

17.1.2 实战——链接CAD文件

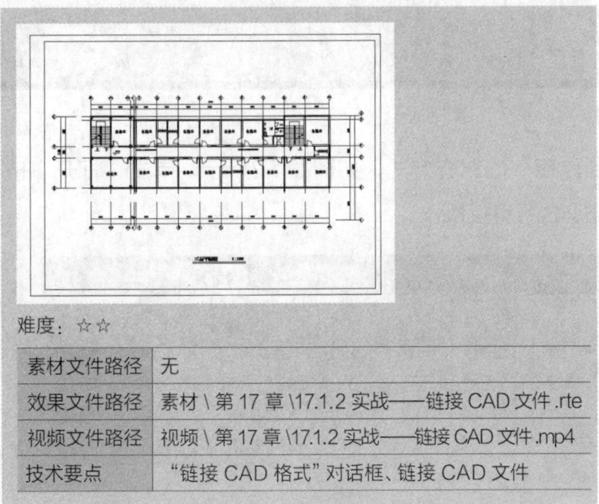

难度：☆☆

素材文件路径	无
效果文件路径	素材\第 17 章\17.1.2 实战——链接 CAD 文件.rte
视频文件路径	视频\第 17 章\17.1.2 实战——链接 CAD 文件.mp4
技术要点	"链接 CAD 格式"对话框、链接 CAD 文件

Revit文件可以导出为CAD格式，CAD格式的文件也可以链接到Revit中。以CAD文件作为底图，开展绘制轴线、墙体、门、窗等工作，提高作图效率。本小节介绍链接CAD文件的操作方法。

链接CAD文件后，相当于拥有一个AutoCAD的外部参照。当修改原始的链接文件后，重新导入项目时，这些修改可以显示在文件中。需要注意的是，原始链接文件的存储路径不能改变。否则在打开文件时，系统会提示用户找不到链接文件。

Step 01 打开资源中的"第17章\17.1.2 实战——链接CAD文件.rte"文件。

Step 02 选择"插入"选项卡，在"链接"面板上单击"链接CAD"按钮，如图 17-4所示。随即打开"链接CAD格式"对话框。

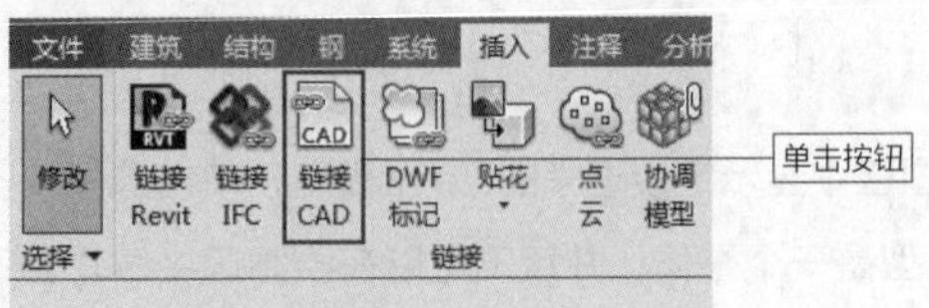

图 17-4 单击"链接 CAD"按钮

Step 03 在对话框中选择CAD文件，在"颜色"列表中选择"黑白"选项，设置"导入单位"为"自动检测"，指定"定位"为"自动-原点到原点"，选择"定向到视图"选项，如图 17-5所示。

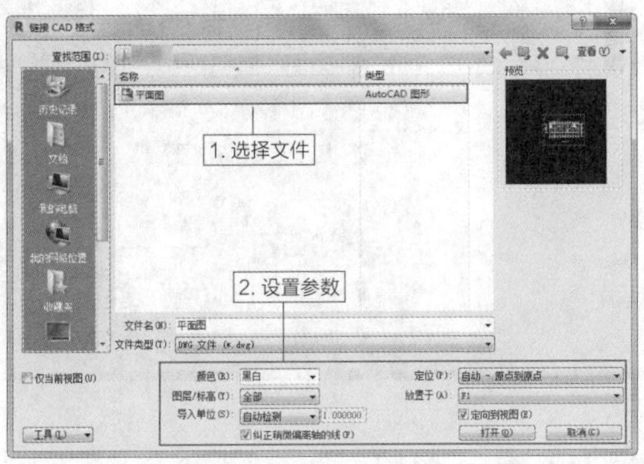

图 17-5 "链接 CAD 格式"对话框

延伸讲解：

在绘制CAD图纸的时候，通常在黑色的背景上绘制图元，为了方便识别图元，会使用各种不同颜色的线来绘制对象。在导入CAD文件时，将"颜色"样式设置为"黑白"，以"黑白"样式替换CAD文件中的"多颜色"样式，方便在Revit白色背景上识别图元。

Step 04 单击"打开"按钮，将选中的CAD文件导入Revit中。图 17-6所示为CAD文件在Revit中的显示效果。观察视图可以非常清楚地识别建筑构件图元（墙体、门、窗等）和注释图元（尺寸标注、文字标注等），能提供较准确的参考。

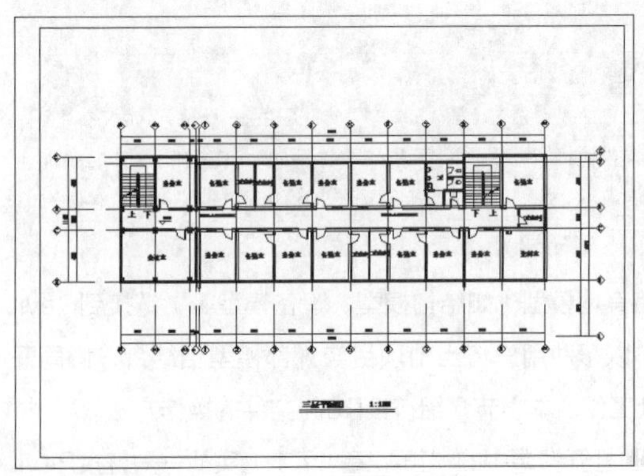

图 17-6 链接 CAD 文件

17.1.3 管理链接 难点

Revit中提供多种工具，用来管理链接进来的Reivt模型、CAD文件。本小节介绍通过使用对话框、选项卡中的工具来管理链接的操作方法。

1. “管理链接”对话框

选择“插入”选项卡，在“链接”面板上单击“管理链接”按钮，如图17-7所示。打开“管理链接”对话框，在对话框中选择“Revit”选项卡，其中显示当前外部Reivt文件的信息，如图 17-8所示。

图 17-7 单击“管理链接”按钮

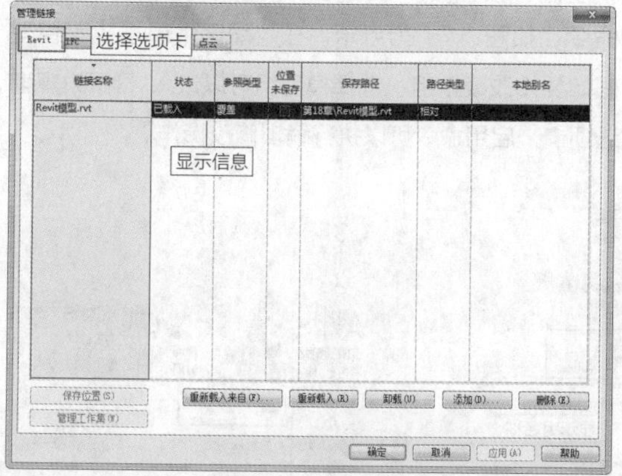

图 17-8 “管理链接”对话框

“链接名称”选项中显示文件的名称，如显示名称为“Revit模型.rvt”，同时显示“状态”“参照类型”等信息。单击选择文件信息，激活列表下方的选项按钮。

单击“重新导入来自”按钮，弹出“添加链接”对话框，在对话框中选择.RVT文件，单击“打开”按钮，将文件链接到项目中。单击“重新导入”按钮，再次导入选中的链接文件。

延伸讲解：

选择链接进来的Reivt模型，进入“修改|RVT链接”选项卡，在“链接”面板中单击“管理链接”按钮，也可以打开“管理链接”对话框。

启用“卸载”与“删除”命令的结果是不同的。单击“卸载”按钮，弹出图17-9所示的“卸载链接”对话框，提醒用户无法撤销操作，但是保留链接信息，启用“重新导入”命令可以导入该文件。单击“删除”按钮，弹出图17-10所示的“删除链接”对话框，提醒用户不仅操作无法恢复，连链接信息也会被删除，需要再次执行“链接”命令将文件链接到项目中。

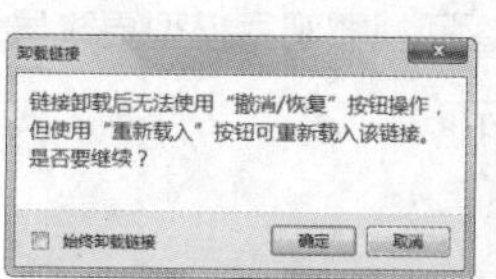

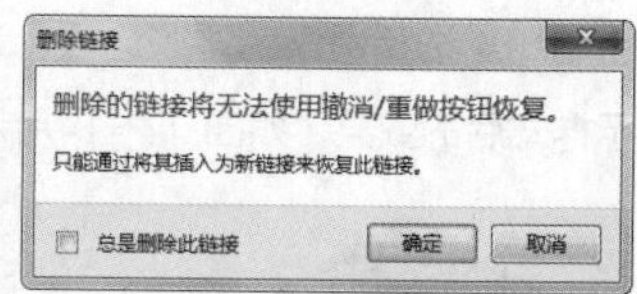

图 17-9 “卸载链接”对话框　图 17-10 “删除链接”对话框

在“管理链接”对话框中选择“CAD格式”选项卡，显示CAD文件的信息，如图 17-11所示。在对话框中管理CAD文件的操作方法与管理Reivt文件的操作方法一致，都可以执行“重新导入”“卸载”“删除”等操作。

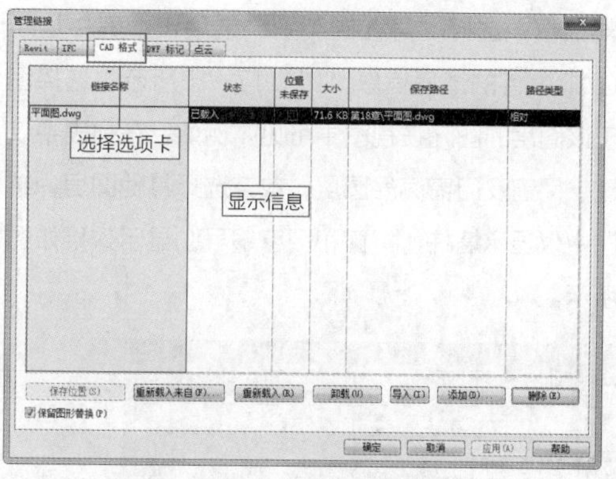

图 17-11 选择“CAD 格式”选项卡

2. “可见性/图形替换”对话框

选择“视图”选项卡，在“图形”面板上单击“可见性/图形”按钮，如图17-12所示。弹出“楼层平面：F1的可见性/图形替换”对话框，在对话框中选择“Revit 链接”选项卡，在表格中显示链接模型的信息，如图17-13所示。

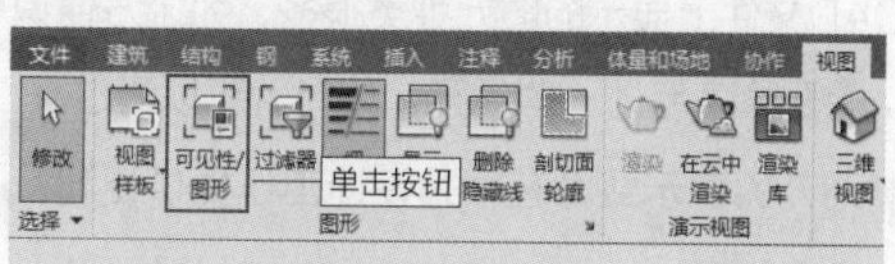

图 17-12 单击“可见性 / 图形”按钮

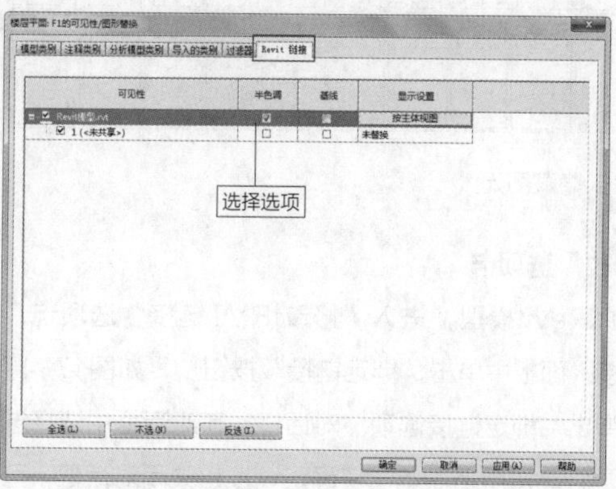

图 17-13 选择“Revit 链接”选项卡

在表格中控制链接模型的显示样式和是否在视图中显

示基线。选择“半色调”选项，返回视图观察模型更改显示样式后的效果，如图 17-14所示。

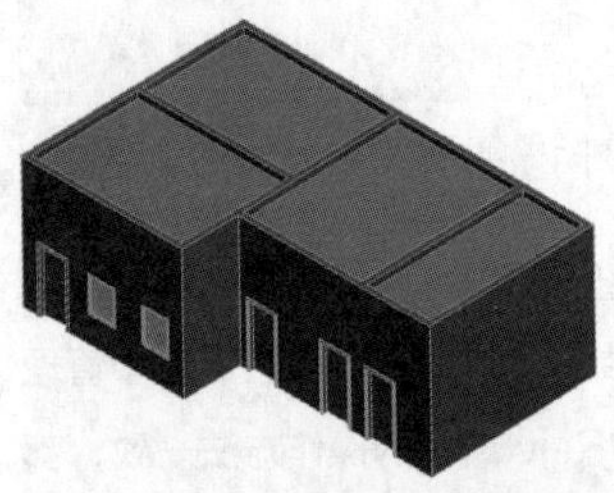

图 17-14 “半色调”显示样式

在对话框中选择“导入的类别”选项卡，其中显示链接的CAD文件的图层信息，如图17-15所示。选择图层，位于该图层的图元在视图中可见。例如，在列表中仅选择墙柱、门窗及门窗编号图层，放弃选择其他图层，结果在视图中仅显示墙柱、门窗和门窗编号，显示效果如图17-16所示。

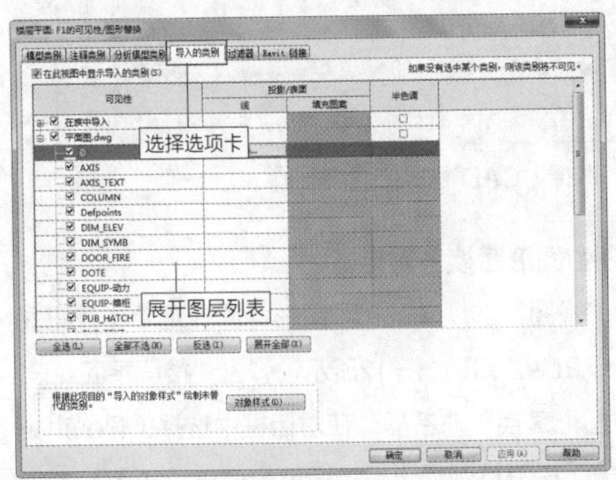

图 17-15 选择“导入的类别”选项卡

有时候CAD文件上显示的图元种类很多，为了方便识别某些图元，需要隐藏另外一些图元。此时就可以通过开/关图层来控制图元的显示或隐藏，为设计工作提供便利。

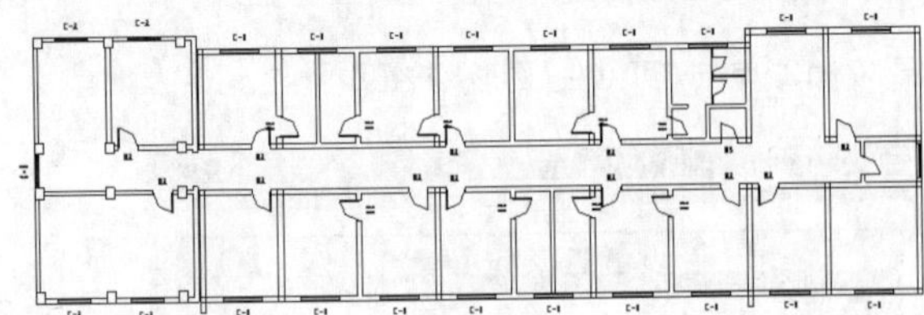

图 17-16 隐藏图元

3. “修改”选项卡

选择Revit模型，进入“修改|RVT链接”选项卡，在“链接”面板中单击“绑定链接”按钮，如图17-17所示。弹出“绑定链接选项”对话框，在对话框中选择选项，如图17-18所示。单击“确定”按钮关闭对话框，可以将选定的模型绑定为组。

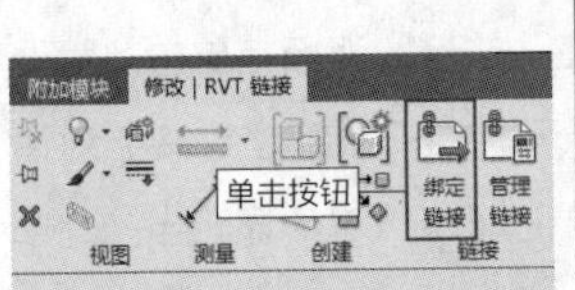

图 17-17 单击“绑定链接”按钮

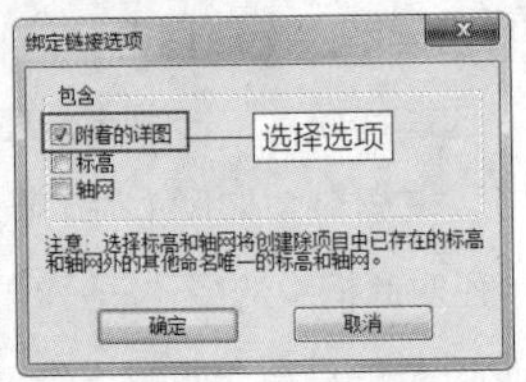

图 17-18 “绑定链接选项”对话框

创建组后，链接文件被转换为模型组文件。在项目浏览器中单击展开“组”，列表中显示组的名称，如图17-19所示。选择“建筑”选项卡，在“模型”面板上单击“模型组”按钮，在弹出的列表中选择“放置模型组”命令，如图 17-20所示。在绘图区中单击放置模型组。假如要修改模型组，选择模型组可以进入“修改|模型组”选项卡，启用命令可以执行编辑修改操作。

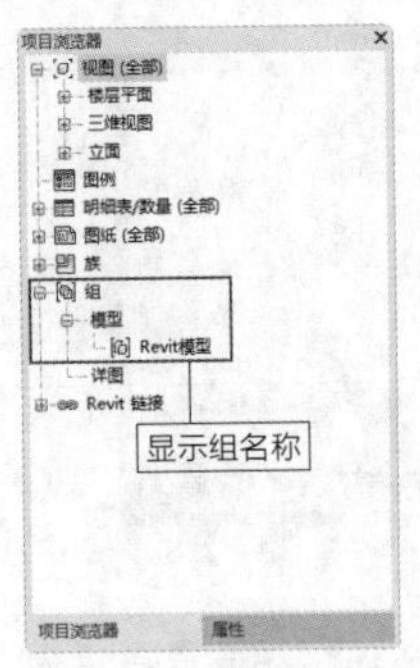

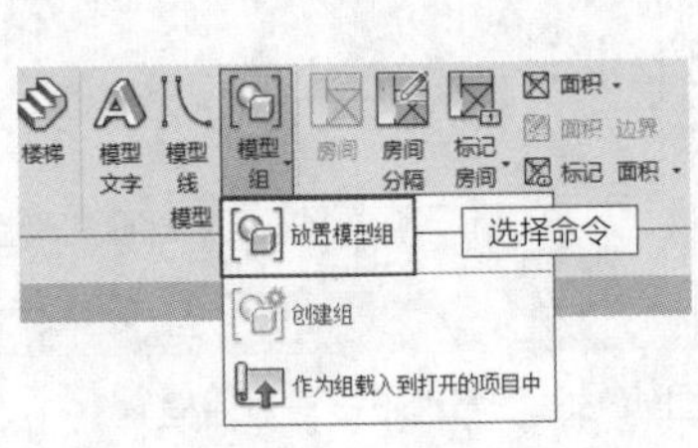

图 17-19 显示组名称 图 17-20 选择“放置模型组”命令

选择链接进来的CAD文件，进入“修改|平面图.dwg”选项卡，如图 17-21所示。在“导入实例”面板中单击“删除图层”按钮，弹出“选择要删除的图层/标高”对话框，在对话框中选择图层，如选择“缩略图”图层，如图 17-22所示。单击“确定”按钮关闭对话框，删除图层的同时位于该图层上的图元也会被删除。

图 17-21 单击“删除图层”按钮

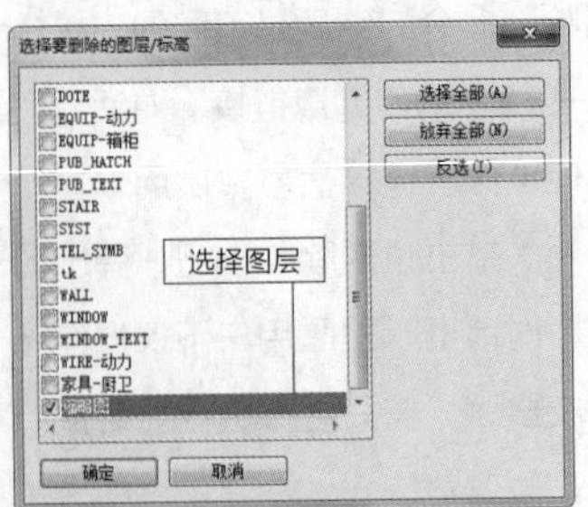

图 17-22 选择图层

延伸讲解：

删除图层后不可恢复，所以通常情况下不要删除图层。可以将不需要的图层暂时隐藏，效果与删除图层相同。不同的是在需要时又可以恢复显示图层上的图元。

在“导入实例”面板上单击“查询”按钮，将鼠标指针置于图元上，如将鼠标指针置于墙线上，显示图元类型名称“线”，如图17-23所示。此时单击，弹出“导入实例查询”对话框，在其中显示与选中图元有关的信息，包括“类型”“块名称”“图层/标高”等，如图 17-24所示。单击“删除”按钮，删除图层。或者单击“在视图中隐藏”按钮，隐藏图层。

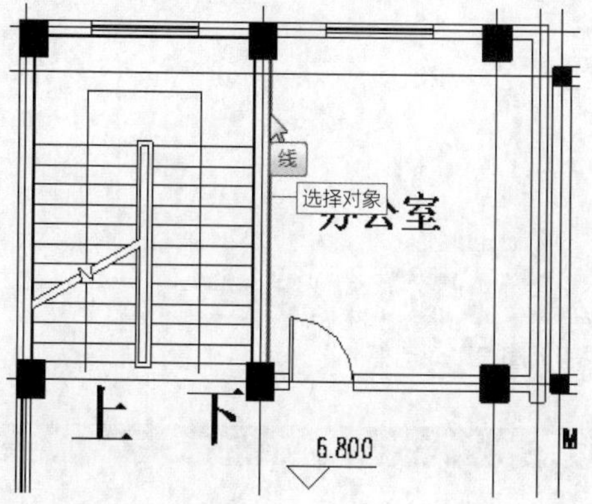

图 17-23 选择对象

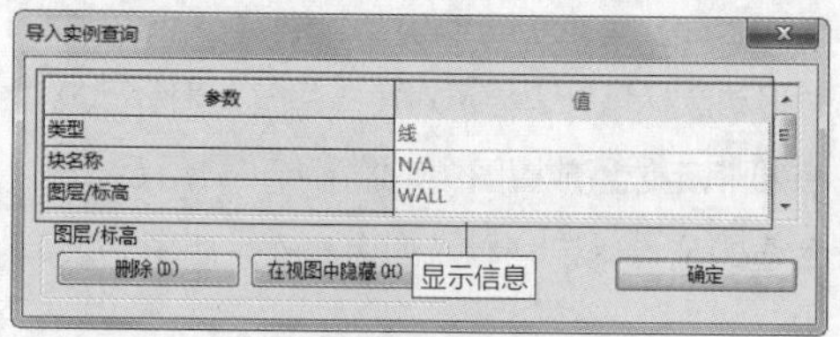

图 17-24 “导入实例查询”对话框

知识链接：

“查询”工具非常实用，不仅可以快速查询指定对象的信息，还可以执行“删除”或者“在视图中隐藏”操作。不需要弹出“可见性/图形替换”对话框，可在其中的图层列表中查找指定的图层，节省时间。

17.2 导入文件

Revit通过从外部导入文件，如CAD文件、图像文件等，可以在这些外部文件的帮助下，更好地展示设计效果。模板文件中所包含的图元对象，无论数量还是类型都不能满足制作项目的需求，可以通过导入外部族文件解决这个问题。

17.2.1 导入CAD文件

通过启用“链接CAD”命令与“导入CAD”命令，都可以从外部导入CAD文件。这两个命令的操作结果有什么不同？在17.1.2小节中有说到，链接进来的CAD文件可以随着原始链接文件的更新而更新。但是导入进来的CAD文件就没有随同更新的功能，无论原始文件发生什么变化，都不会影响已经导入Revit中的文件。

选择“插入”选项卡，在“导入”面板上单击“导入CAD”按钮，如图17-25所示。随即打开“导入CAD格式”对话框，在对话框中选择CAD文件，在对话框的下方设置参数，如“颜色”“导入单位”“定位”等，如图17-26所示。单击“确定”按钮，可以将CAD文件导入项目。

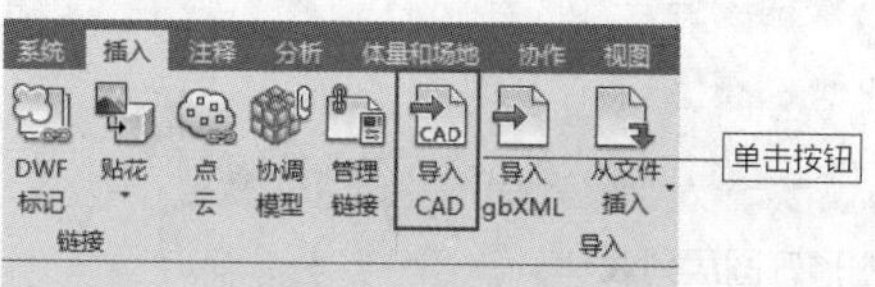

图 17-25 单击“导入 CAD”按钮

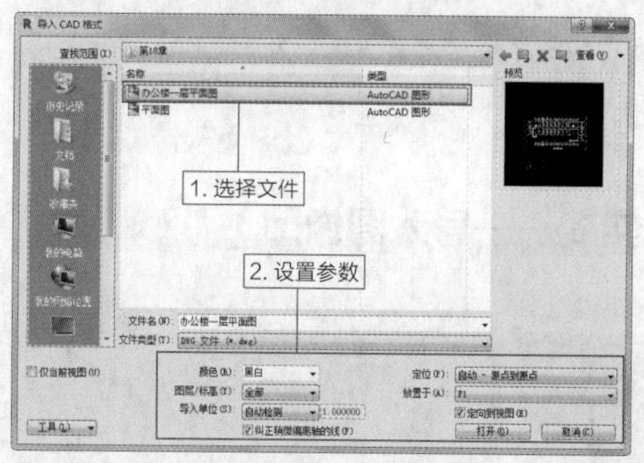

图 17-26 “导入 CAD 格式”对话框

选择导入进来的CAD文件，进入“修改|办公楼一层平面图.dwg”选项卡，在“导入”面板上单击“分解”按钮，在弹出的列表中显示了两种分解方式，分别是“部分分解”与“完全分解”，如图 17-27所示。选择“部分分解”命令，可以将导入的符号分解为仅次于它的最高级别的图元。在分解导入符号时会产生嵌套的导入符号，还可以部分分解这些牵头的导入符号，直到全部的符号都被转换为Revit图元为止。

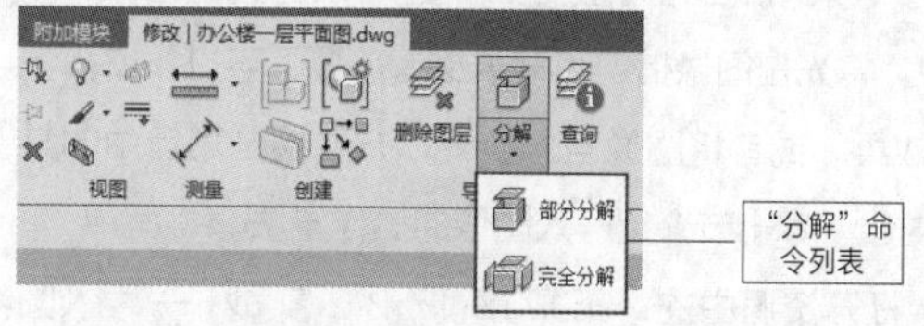

图 17-27 “分解”命令列表

选择“完全分解”命令，可以直接将导入符号完全分解为Revit文字、曲线、线与填充图案。选择“视图”选项卡，在“图形”面板上单击“可见性/图形”按钮，弹出“楼层平面：F1的可见性/图形替换”对话框。定位到“导入的类别”选项卡，单击展开“办公楼一层平面图.dwg”列表，如图 17-28所示。在列表中可以“选择/取消选择”图层，或者“显示/隐藏”图元对象。

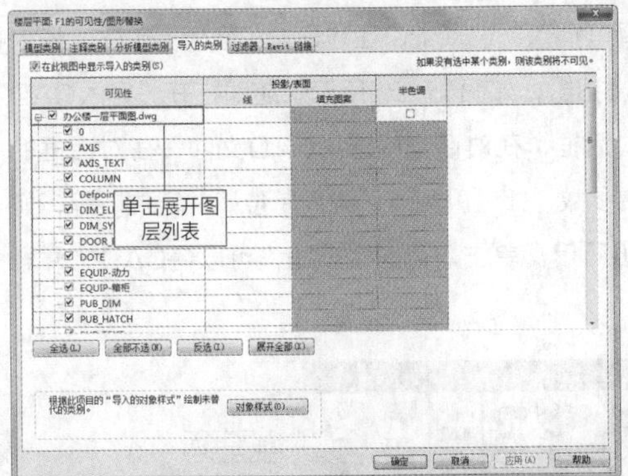

图 17-28 单击展开图层列表

延伸讲解：

“分解”工具是专门用来编辑导入文件的，链接进来的文件不能使用该工具执行分解操作。

17.2.2 实战——导入图像

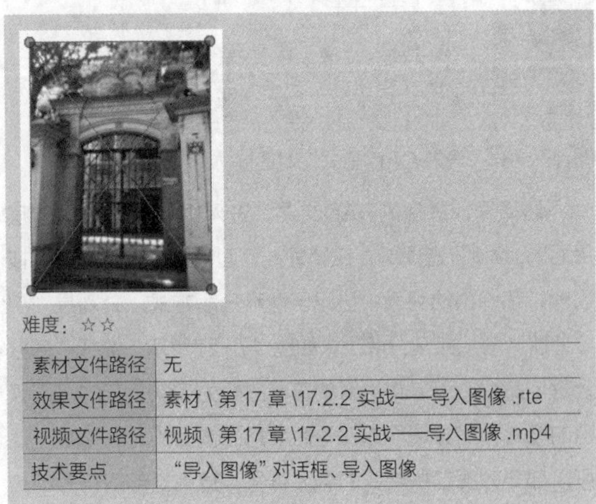

难度：☆☆

素材文件路径	无
效果文件路径	素材 \ 第 17 章 \17.2.2 实战——导入图像 .rte
视频文件路径	视频 \ 第 17 章 \17.2.2 实战——导入图像 .mp4
技术要点	“导入图像”对话框、导入图像

除了导入图纸或者模型之外，还可以将光栅图像导入Revit中。将光栅图像指定为背景或者前景，可以丰富模型的显示效果。或者将图像当作参考，方便绘制项目中的某些图元对象。本小节介绍导入图像的操作方法。

Step 01 打开资源中的“第17章\17.2.2 实战——导入图像.rte”文件。

Step 02 选择“插入”选项卡，在“导入”面板上单击“图像”按钮，如图17-29所示。随即打开“导入图像”对话框。

图 17-29 单击“图像”按钮

Step 03 在对话框中选择图像文件，如图17-30所示。单击“打开”按钮，将图像导入项目。

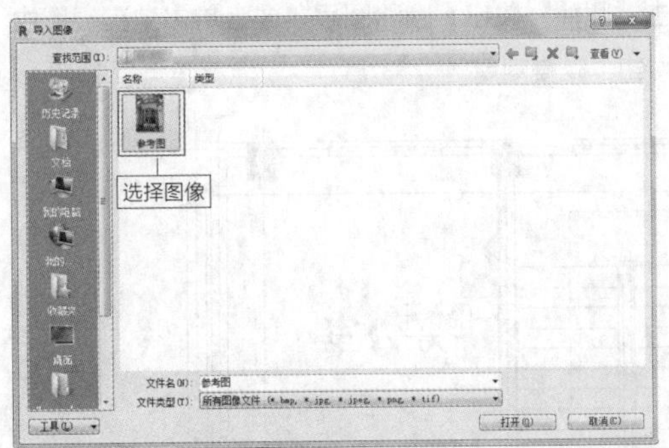

图 17-30 “导入图像”对话框

延伸讲解：

在导入图像的时候，需要切换到二维视图或者图纸视图，在三维视图中不能导入图像。

Step 04 此时移动鼠标指针，显示对角线图案，表示已成功导入图像，需要指定位置放置图像，如图17-31所示。

Step 05 在合适的位置单击，导入图像的效果如图17-32所示。

图 17-31 指定位置　　图 17-32 导入图像

知识链接：

在开展建筑设计的过程中，常常需要参考众多的建筑资料来辅助设计。图17-32所示的门头与门柱的设计样式可以为设计提供参考。

Step 06 将鼠标指针置于图像右上角的端点上，按住并拖动鼠标，可以放大或者缩小图片，如图17-33所示。在合适的位置松开鼠标，完成调整图像大小的操作。

Step 07 在选项栏中选择“固定宽高比”选项，在调整图像大小时，宽度与高度会被同时修改。打开“背景”列表，在其中显示“背景”“前景”两项，如图17-34所示，选择选项，指定图像作为背景或前景。

图 17-33 调整图像大小　图 17-34 设置参数

延伸讲解：

一般情况下都保持“固定宽高比”的选择状态，这样在调整图像大小时，就不会发生变形。

Step 08 在“修改|光栅图像”选项卡单击“排列”面板上的“放到最前”按钮，在弹出的列表中选择命令，设置图像向前移动的方式；单击“放到最后”按钮，选择列表中的选项，设置向后移动图像的方式，如图17-35所示。

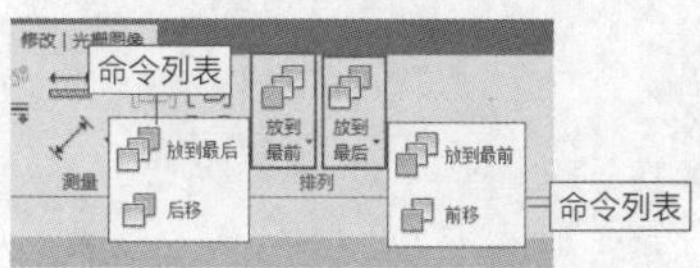

图 17-35 “修改 | 光栅图像”选项卡

Step 09 选择图像，“属性”选项板中显示图像的属性参数，如图17-36所示。因为选择了“固定宽高比”选项，在修改“高度”参数时，“宽度”参数也会随同更新。

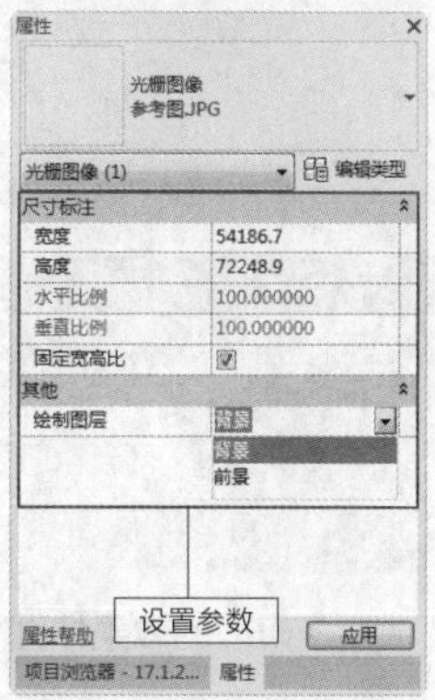

图 17-36 “属性”选项板

17.2.3 管理图像 重点

选择“插入”选项卡，在“导入”面板上单击“管理图像”按钮，如图17-37所示。打开“管理图像”对话框，对话框中显示已导入项目的图像的信息，如图17-38所示。选择图像，激活图像下方的命令按钮，单击按钮，可以对图像执行编辑操作；单击“添加”按钮，弹出“导入图像”对话框。

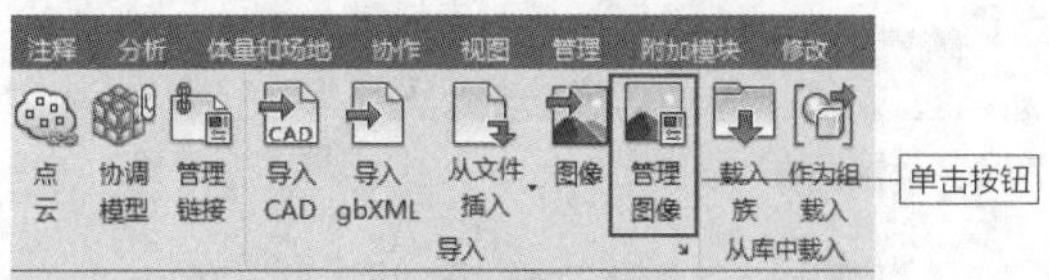

图 17-37 单击“管理图像”按钮

图 17-38 “管理图像”对话框

其中选择图像文件，如图17-39所示。单击“打开”按钮，可导入选中的图像，“管理图像”对话框中显示新导入的图像的信息，结果如图17-40所示。

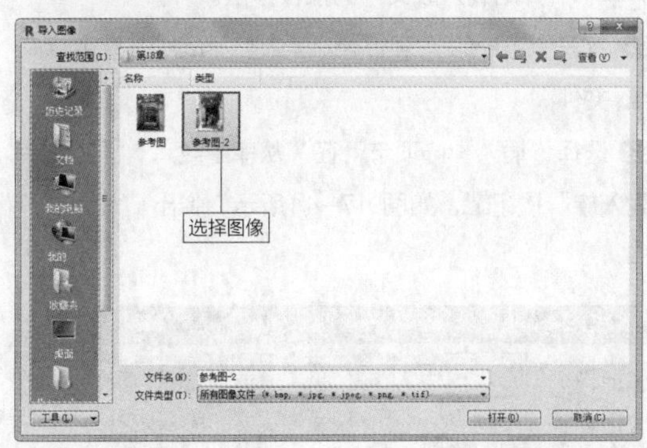

图 17-39 选择图像

单击“删除”按钮，删除选中的图像文件。单击“重新导入来自”按钮，弹出“导入图像”对话框，选择图像文件，执行重新导入操作。单击“确定”按钮关闭对话框，结束管理图像文件的操作。

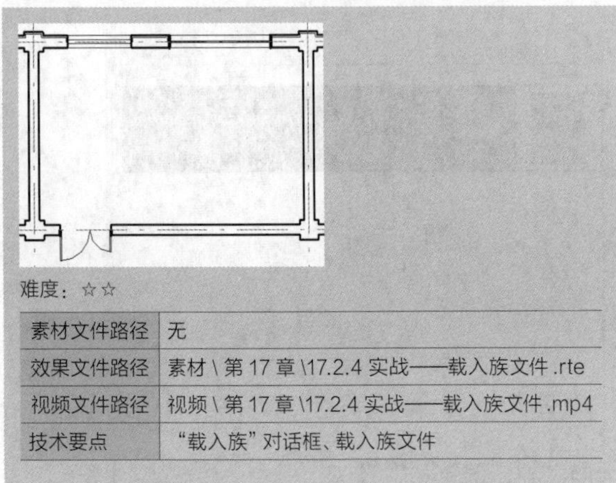

图 17-40　添加图像

17.2.4　实战——载入族文件

难度：☆☆

素材文件路径	无
效果文件路径	素材 \ 第 17 章 \17.2.4 实战——载入族文件 .rte
视频文件路径	视频 \ 第 17 章 \17.2.4 实战——载入族文件 .mp4
技术要点	“载入族”对话框、载入族文件

绘制图纸的过程中，需要使用各种各样的图元，通过载入族文件，可以解决需求。以门图元为例，一个项目中会需要使用多种类型的门，双开门、单扇门、旋转门、推拉门等，通过载入族文件，可以轻松地将各种门图元调入项目。本小节介绍载入族文件的操作方法。

Step 01 打开资源中的“第17章\17.2.4 实战——载入族文件.rte”文件。

Step 02 选择“插入”选项卡，在“从库中载入”面板中单击“载入族”按钮，如图 17-41所示。弹出“载入族”对话框。

图 17-41　单击“载入族”按钮

Step 03 在对话框中选择族文件，如“子母门”，如图 17-42所示。单击“打开”按钮，将其载入项目。

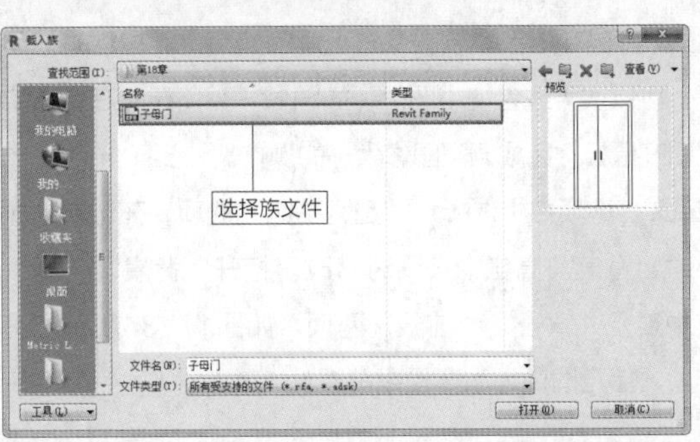

图 17-42　选择族文件

延伸讲解：

假如载入的族文件的版本比当前使用的Reivt版本要低，系统会自动升级族文件的版本，适应当前的软件版本。

Step 04 选择“建筑”选项卡，在“构建”面板上单击“门”按钮，如图 17-43所示。随即进入放置门图元的状态。

图 17-43　单击“门”按钮

Step 05 在“属性”选项板中打开类型列表，在其中选择“子母门”类型，如图 17-44所示。

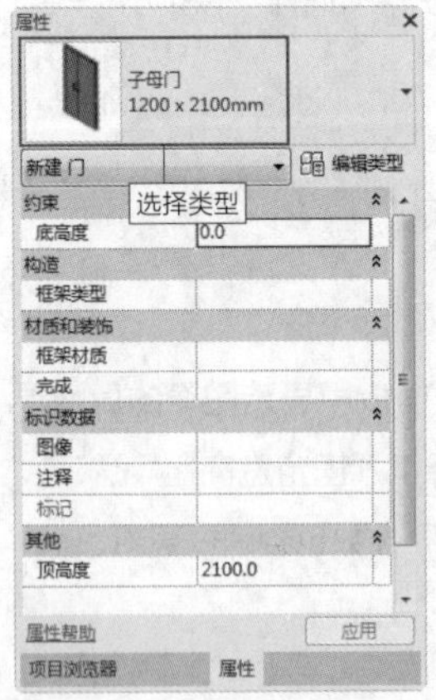

图 17-44　“属性”选项板

知识链接：

载入族文件后，需要启用命令才可以调用族文件。如载入门图元，就需要启用“门”命令才可调用族文件。同理，载入窗图元，也需要启用“窗”命令才可以调用族文件。

Step 06 在墙体上单击指定插入点，放置子母门的效果如图 17-45所示。

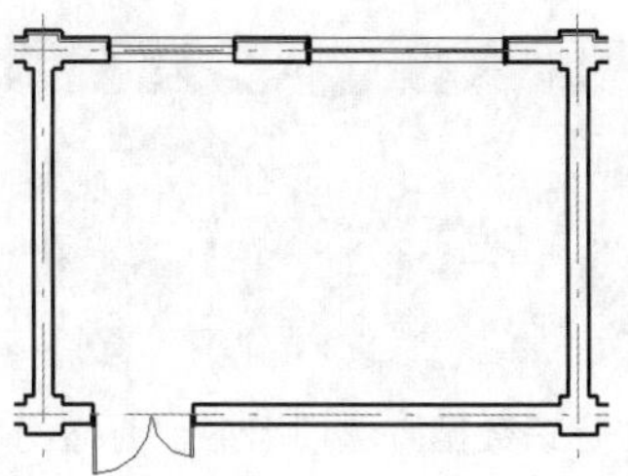

图 17-45 放置子母门

17.3 运用工作集

Revit通过工作集来实现共享功能，开展与其他各专业的协同设计。使用工作集，可以将所有人的工作成果以共享文件夹的方式存储在中央服务器上。相关人员可以访问文件夹，查看他人的设计成果。关于设计成果的变更，也可以通过工作集实时反馈给他人。

17.3.1 设置工作集

工程项目管理者设置工作集，就可以开始使用工作集进行协同工作。将工作集保存在指定的共享文件夹中，对相关的用户开放访问权限，确保各专业人员能访问文件夹中的内容。本小节介绍设置工作集的操作方法。

在计算机中新建一个文件夹，命名为“中心文件”。选择文件夹，单击鼠标右键，在快捷菜单中选择“属性”选项，弹出“中心文件 属性”对话框。选择“共享”选项组，在“网络文件和文件夹共享”选项组中单击“共享”按钮，开放文件夹的访问权限。

在Revit中选择“协作”选项卡，在“管理协作”面板上单击“工作集”按钮，如图 17-46所示。打开“工作共享”对话框，在对话框中系统将按照图元类型来划分工作集。“将标高和轴网移动到工作集”选项中显示“共享标高和轴网”，表示“标高和轴网”被划分到“共享标高和轴网”工作集。因为标高与轴网是基础图元，为建筑设计提供基本的定位参考，将其划分到一个工作集，方便提供参考或者编辑管理。

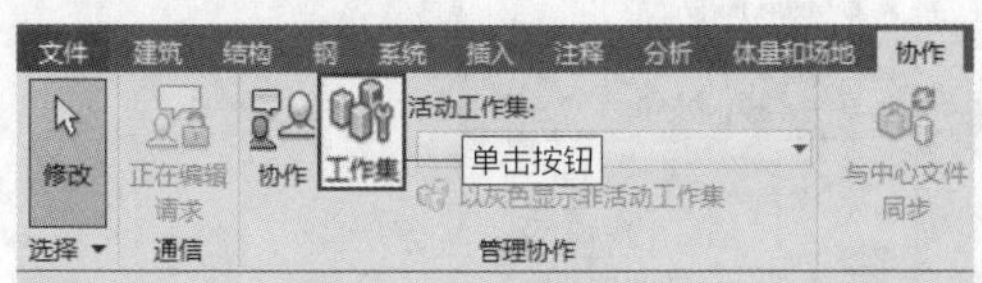

图 17-46 单击“工作集”按钮

除了“标高与轴网”以外的图元，被系统划分到另一个工作集，并自动命名工作集的名称为“工作集1”，如图 17-47所示。

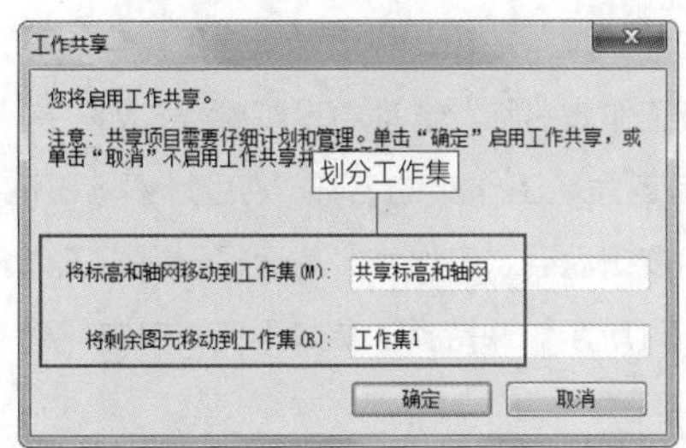

图 17-47 “工作共享”对话框

延伸讲解：

在项目样板文件，即文件类型为RTE文件（*.rte）中，“工作集”命令不可调用。只有在项目文件，即文件类型为RVT文件（*.rvt）中才可以启用“工作集”命令，开展设置工作集的操作。

为了方便其他专业人员在参考工作集内容时能够更快速地搜索到指定的内容，可以自定义工作集的名称，如可以将“工作集1”修改为“建筑设计”，如图17-48所示。单击“确定”按钮，弹出“工作集”对话框。在对话框中显示已存在的工作集的信息，如图17-49所示，包括“共享标高和轴网”和“建筑设计”工作集。

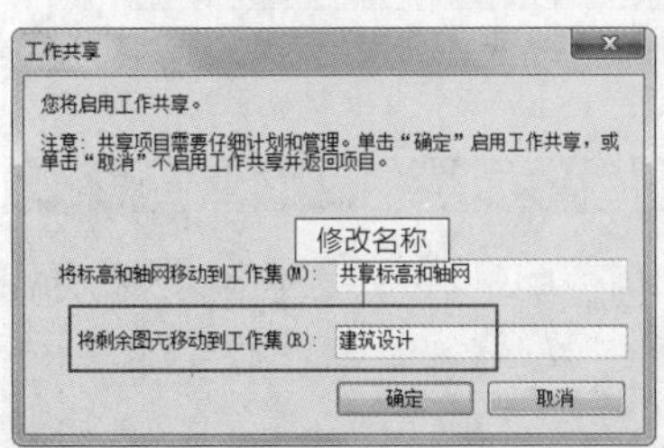

图 17-48 修改名称

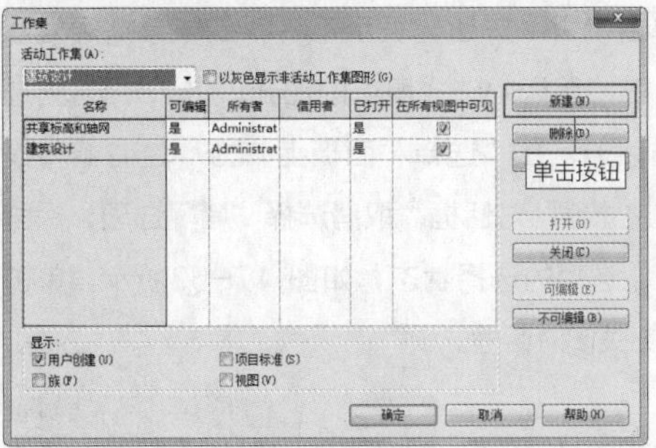

图 17-49 “工作集”对话框

知识链接：

在“显示”选项组中，显示工作集的类型，如选择“用户创建”选项，可以在列表中显示所有由用户创建的工作集。选择“项目标准”选项，可以在列表中显示所有与“项目标准”有关的工作集。为了方便查看及编辑指定类型的工作集，可以按类型在列表中显示工作集。

单击右上角的“新建”按钮，弹出“新建工作集”对话框。在“输入新工作集名称”选项中设置参数，如“构件布置”，将其指定为新工作集的名称，如图17-50所示。单击“确定”按钮返回“工作集”对话框，新建工作集的效果如图17-51所示。保持默认参数不变，单击“确定”按钮关闭对话框。

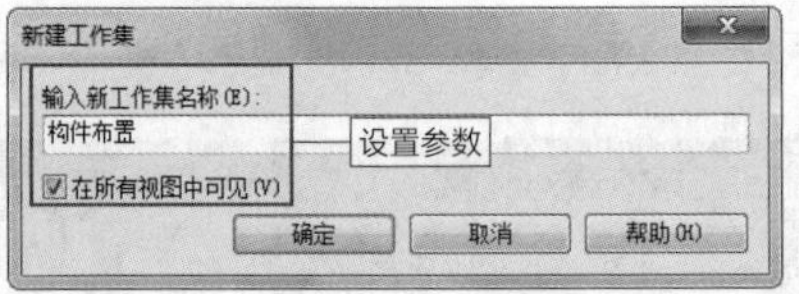

图 17-50 “新建工作集”对话框

图 17-51 新建工作集

延伸讲解：

在对话框的右侧，显示各类命令按钮，如“新建”“删除”“重命名”等。启用命令，可以对选中的工作集开展编辑操作。

此时系统弹出图17-52所示的“指定活动工作集”对话框，单击“否”按钮，表示不将新工作集指定为活动工作集。在绘图区中选择所有的图元，进入“修改|选择多个”选项卡，在“选择”面板上单击“过滤器”按钮，弹出“过滤器”对话框。取消选择“墙”选项，保留“窗”“门”选项的选择状态，如图 17-53所示。单击“确定”按钮关闭对话框。

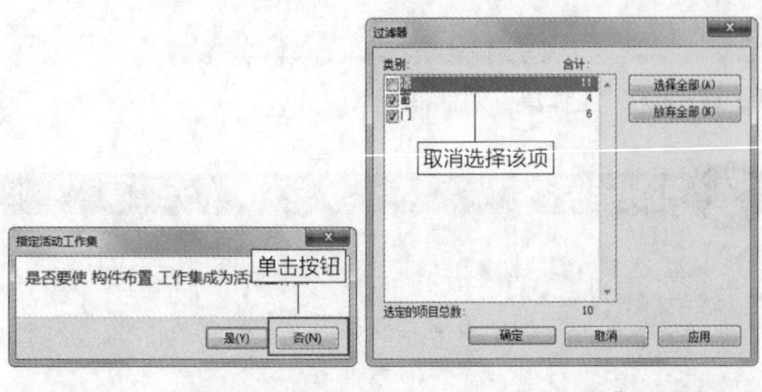

图 17-52 “指定活动工作集”对话框　图 17-53 “过滤器”对话框

延伸讲解：

在众多的图元中选择指定的图元时，常常使用“过滤器”工具，帮助去除不必要的图元。在本例中，通过“过滤器”对话框，可以快速地选中所有的门、窗图元。

“属性”选项板的“标识数据”选项组下，新增两个选项，分别是“工作集”与“编辑者”，如图17-54所示。将鼠标指针定位在“工作集”选项中，单击在弹出的列表中显示项目中所有工作集的名称，在其中选择“构件布置”选项，如图17-55所示。将目前选中的门、窗图元划分到“构件布置”工作集。

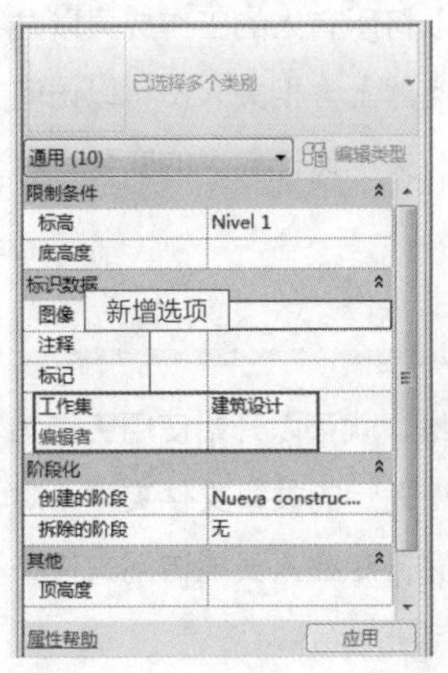

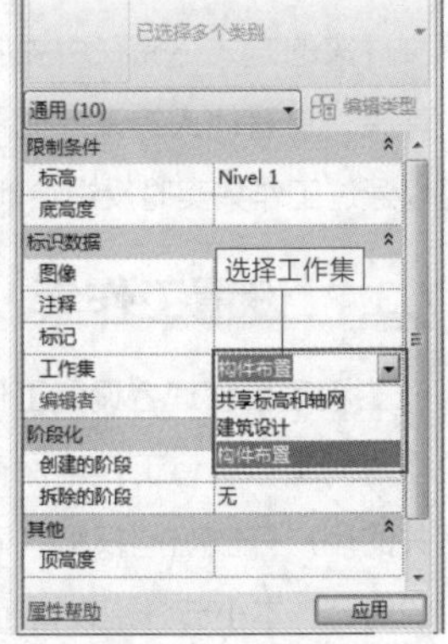

图 17-54 “属性”选项板　图 17-55 选择工作集

延伸讲解：

“工作集”选项中显示“建筑设计”，表示选中的门、窗图元位于该工作集中。因为系统将标高与轴网以外的所有图元全部划分到了“建筑设计”工作集中。

单击“文件”选项卡，在弹出的列表中选择“另存为”→“项目”命令，如图 17-56所示。弹出“另存为”对话框，在对话框中定位到“中心文件”文件夹，单击右下角的“选项”按钮，如图 17-57所示，弹出“文件保存选项”对话框。

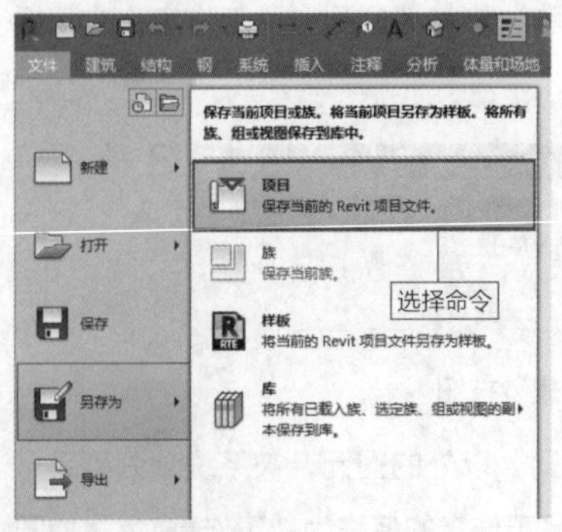

图 17-56 选择命令

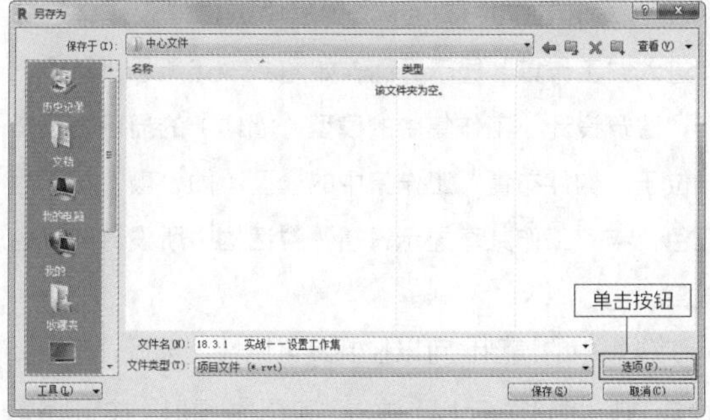

图 17-57 “另存为”对话框

设置“最大备份数”选项参数，默认值为20；分别选择“保存后将此作为中心模型”和“压缩文件”选项，如图17-58所示。单击“确定”按钮关闭对话框，完成存储文件的操作。在“管理协作”面板上单击“工作集”按钮，弹出“工作集”对话框。在“可编辑”表列中设置参数，选择“否”选项，如图17-59所示。单击“确定”按钮关闭对话框。

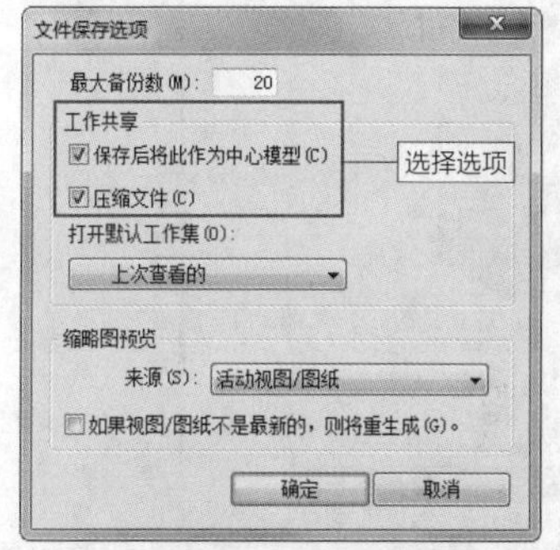

图 17-58 “文件保存选项”对话框

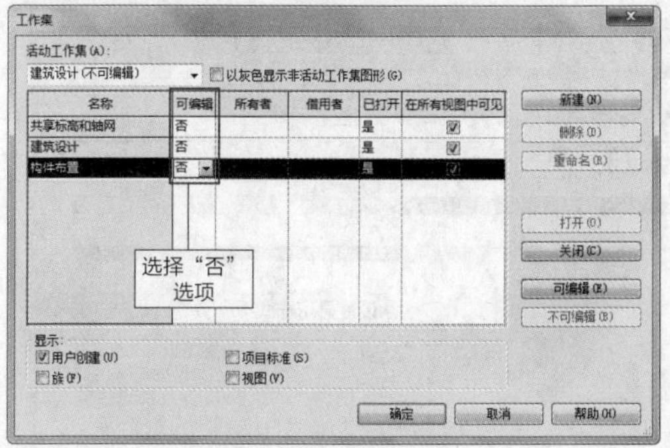

图 17-59 “工作集”对话框

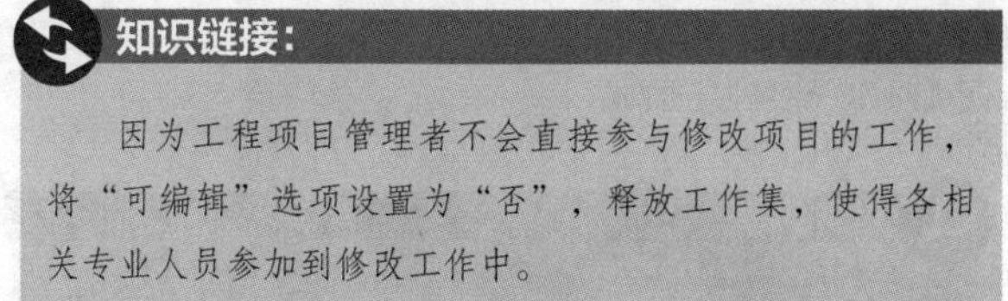
知识链接：

因为工程项目管理者不会直接参与修改项目的工作，将“可编辑”选项设置为“否”，释放工作集，使得各相关专业人员参加到修改工作中。

在“协作”选项卡中单击“同步”面板上的“与中心文件同步”按钮，如图17-60所示。弹出“与中心文件同步”对话框，“中心模型位置”选项中显示其存储路径，在“注释”选项中输入注释信息，如图 17-61所示。单击“确定”按钮关闭对话框，设置工作集与中心文件同步。

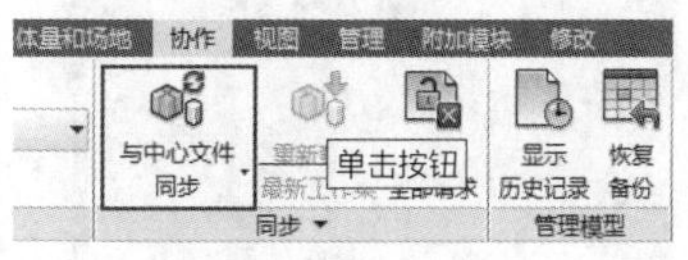

图 17-60 单击按钮

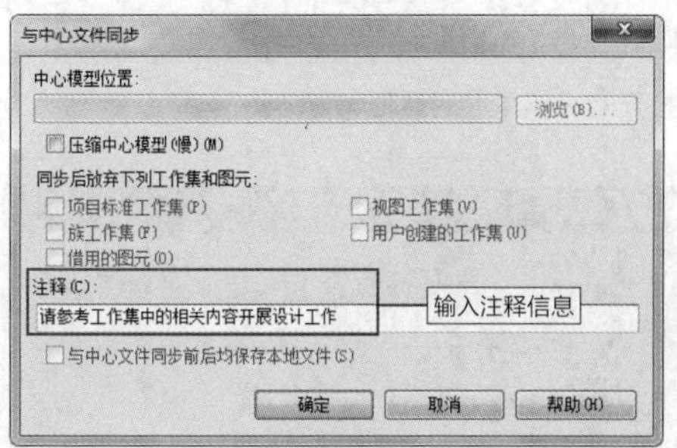

图 17-61 “与中心文件同步”对话框

17.3.2 调用工作集 重点

在快速访问工具栏上单击“打开”按钮，弹出“打开”对话框。选择已创建的工作集文件，单击“打开”按钮右侧的向下箭头，在弹出的列表中显示各种工作集的类型，如“全部”“可编辑”“上次查看的”等，如图17-62所示。选择选项，如选择“指定”选项，可以打开指定的工作集。

在创建大型项目时，常常会创建多个工作集，达到划分各种模型的目的，并方便与各领域合作伙伴开展交流。如果启用所有的工作集，会拖慢计算机的运行速度。打开指定的工作集，可以使其他工作集处于关闭状态，提高系统的处理速度。

在“打开”列表中选择“指定”选项，弹出“打开的工作集”对话框，显示所有的工作集名称，如图17-63所示，单击“确定”按钮，执行打开工作集的操作。

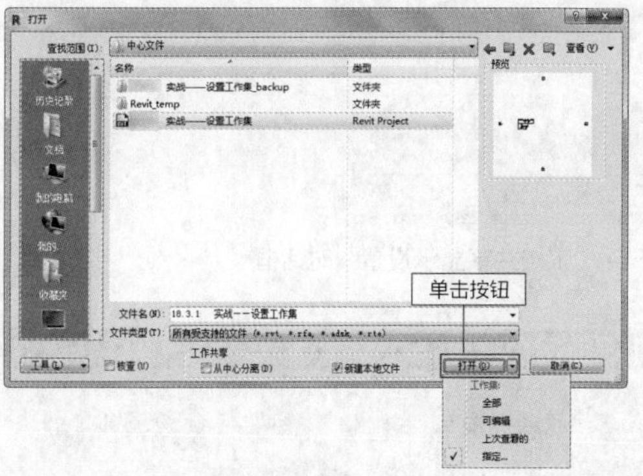

图 17-62 “打开”对话框

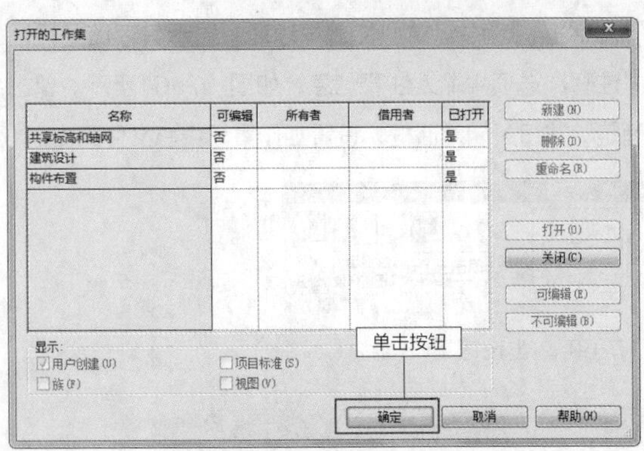

图 17-63 “打开的工作集”对话框

延伸讲解：

在“打开”对话框中选择“从中心分离”选项，打开项目文件后，所有已创建的工作集从项目文件中被分离出去，项目文件恢复未创建工作集的状态。

打开工作集后，在视图控制栏中新增一个命令按钮，即“关闭工作共享显示”按钮。单击按钮，在弹出的列表中显示各种观察工作集的方式，如图 17-64所示。选择“工作共享显示设置”选项，弹出“工作共享显示设置”对话框。选择“工作集”选项卡，在列表中显示工作集的名称，如图 17-65所示。选择“显示颜色”选项，将以指定的颜色显示工作集中的模型。

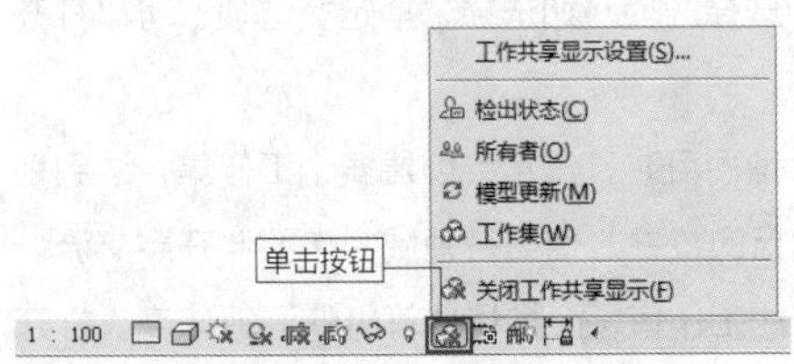

图 17-64 弹出列表

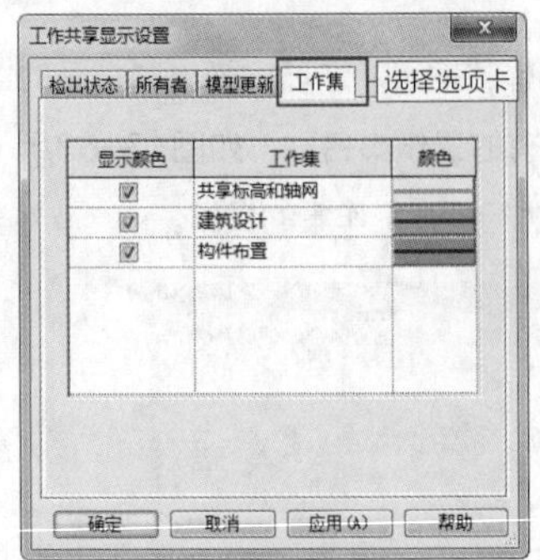

图 17-65 “工作共享显示设置”对话框

知识链接：

单击“颜色”按钮，弹出“颜色”对话框，在其中设置模型的显示颜色。

在“关闭工作共享显示”列表中选择“工作集”命令，进入“工作集”显示界面，如图17-66所示。其中，位于“建筑设计”工作集中的模型（墙体）的显示为淡紫色，位于“构件布置”工作集中的模型（门、窗）显示为粉红色，与“工作共享显示设置”对话框中所设置的颜色相对应。

工作集中的模型也可以控制其可见性。选择“视图”选项卡，在“图形”面板上单击“可见性/图形”按钮，弹出图17-67所示的对话框，在对话框中新增了一个名称为“工作集”的选项卡。选择该选项卡，在“工作集”列表中显示工作集的名称，在“可见性设置”选项中单击弹出列表，其中包含3种显示模型的样式，如“使用全局设置（可见）”“显示”“隐藏”，选择其中的一种，设置模型的显示样式。

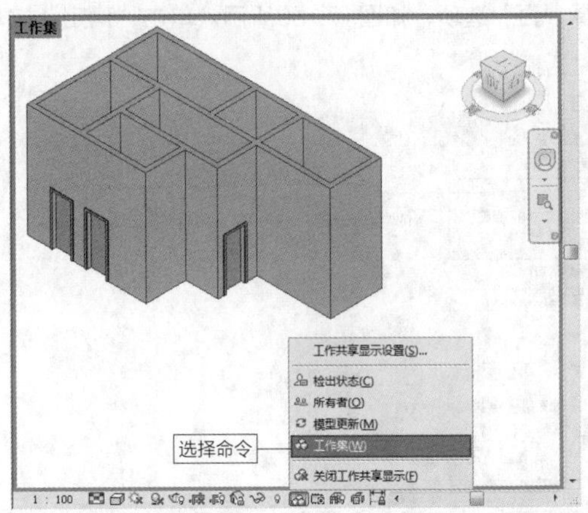

图 17-66 显示模型

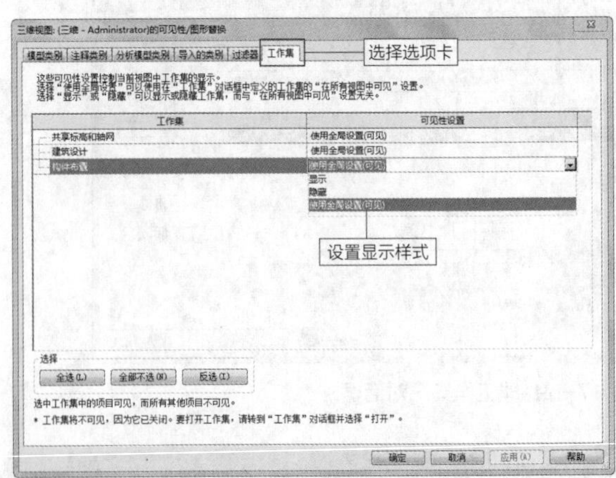

图 17-67 设置显示样式

延伸讲解：

在“关闭工作共享显示”列表中选择“关闭工作共享显示”命令，退出显示样式，恢复模型的正常显示样式。

第18章 族

应用Revit中的族，可以实现参数化的设计。通过修改构件参数，如墙体的构件参数，实现修改墙体厚度、高度及材质的目的。不同的族参数可以显示不同样式的族模型，所以用户可以自定义参数来创建注释符号和三维模型，达到“定制”模型的效果。本章介绍族知识，包括创建族、编辑族等。

学习目标

18.1 族简介

Revit中包含两种不同样式的族，一种是系统族，另一种是可载入族。系统族由Revit默认创建，在调用项目模板时，就已经包含在项目模板中，如墙体、楼板、天花板、楼梯、坡道等。通过启用这些系统族，可以创建项目的基本图元。系统族包含系统默认设置的参数，如在墙体“属性”选项板中显示了墙体的属性参数，如图18-1所示。其中，“基本墙”是族名称，“砖墙240mm-外墙-带饰面”是族类型名称。在“约束”“结构”等选项组中显示属性参数，如“定位线”为“墙中心线”“底部约束”为F1等。

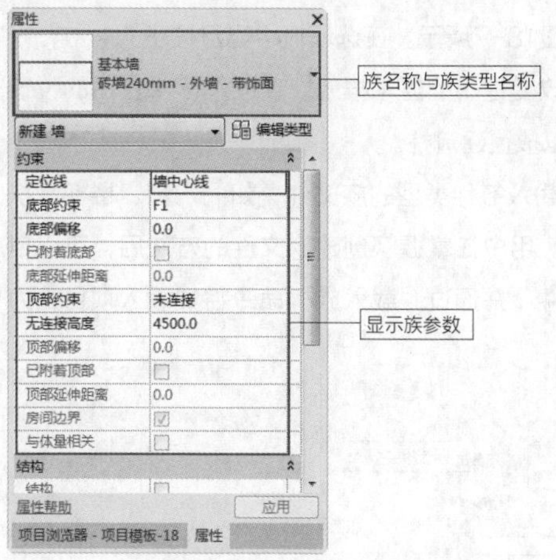

图 18-1 “属性”选项板

在“类型属性”对话框可以更好地理解系统族与族类型之间的关系。在“族”列表中显示族名称，如“系统族：叠层墙”“系统族：基本墙”等都是族名称。选定一个系统族后，如选择“系统族：基本墙”，在“类型”列表中就显示该系统族中所包含的族类型，如图18-2所示。“砖墙240mm-外墙-带饰面”“填充墙240mm”等都是“系统族：基本墙”中所包含的族类型。

单击“复制”按钮，弹出“名称”对话框。修改名称，可以得到一个族类型的副本。修改副本参数，得到一个新的族类型，并显示在“类型”列表中，用户可以随时调用。

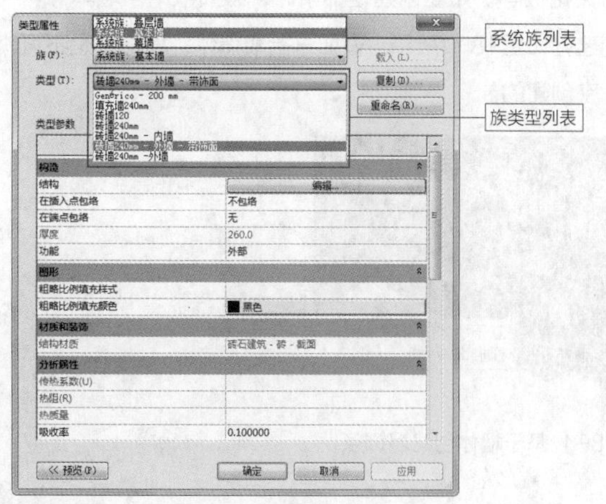

图 18-2 “类型属性”对话框

延伸讲解：

系统族不可以被创建、复制、修改或删除，但是可以复制、修改族类型，在一个系统族中可以包含多个族类型。

为解决系统族的局限性，Revit提供了另外一种族，即可载入族。用户完成创建族的操作后，可以将族保存为RFA的格式。在“插入”选项卡中启用“载入族”命令，可以载入外部族。因为可载入族有很大的灵活性，所以在创建项目的过程中，会使用大量的可载入族。可以在族编辑器中修改可载入族，用户可以根据项目需求，实时修改族。

可载入族有3种类别，依次是体量族、模型族、注释族，最常用的是后两种类别。模型族用来创建项目中的模型图元，如门、窗等；注释族用来注释模型族的参数信息，如窗标记可以注释窗信息，通过识读窗标记，可以了解窗的相关信息，如图18-3所示。

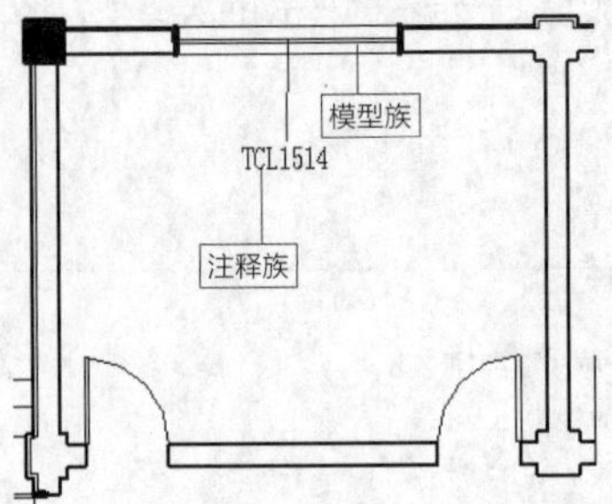

图 18-3 模型族与注释族

模型族又可以分为独立个体族、基于主体的族。创建独立个体族，不需要依赖任何主体构件。如在创建墙体时，只需要指定起点、终点就可以创建墙体。独立个体族还包括楼板、天花板、楼梯、坡道等。

在创建基于主体的族时必须拾取主体，如墙体、楼板、天花板等。如在创建墙饰条时，必须依附于墙体才可以创建，如图18-4所示。假如未拾取墙体，墙饰条是不可以凭空创建的。

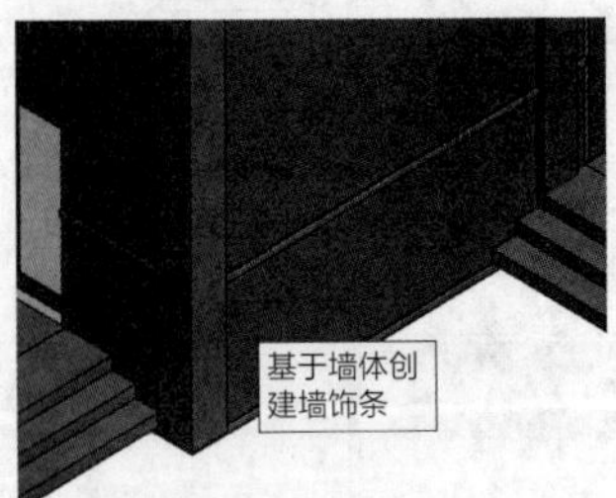

图 18-4 基于墙体创建墙饰条

18.2 使用族

在创建项目的过程中需要使用系统族和可载入族来辅助设计，所以有必要了解如何使用族。本节介绍载入族、放置族和编辑族类型等的操作方法。

18.2.1 载入族 重点

外部族不会保存在项目模板中，模板中仅包含系统族。当需要使用外部族时，需要执行“载入族”的操作，将选定的族载入项目文件。

打开项目文件后，切换至“插入”选项卡，在“从库中载入”面板中单击“载入族”按钮，如图18-5所示。打开“载入族”对话框，在对话框中定位到保存外部族的文件夹，选中要载入的文件，如图18-6所示。单击“打开”按钮，就可以将选中的文件载入项目。

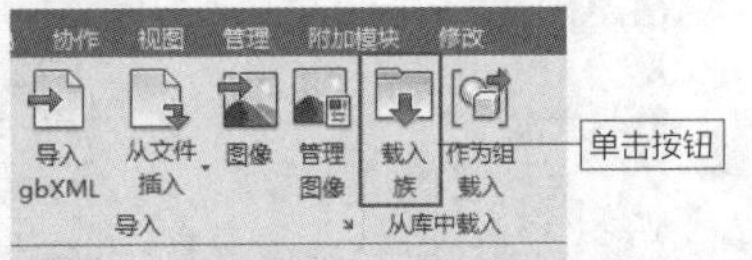

图 18-5 单击“载入族”按钮

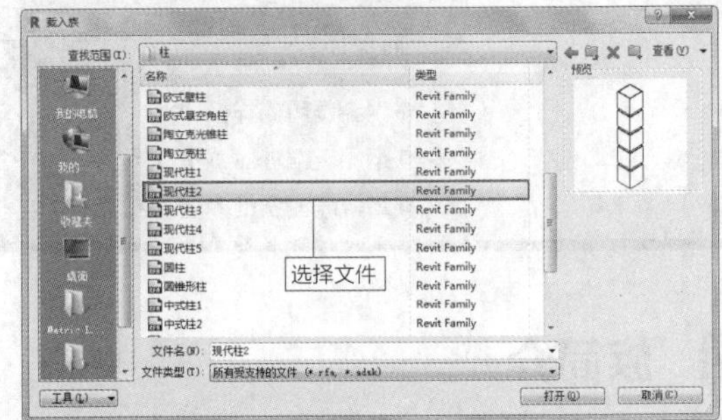

图 18-6 “载入族”对话框

延伸讲解：

应该将族文件分门别类地存储在指定的文件夹中，在载入文件的时候，可以快速地定位到文件夹，并查找到需要的族文件。

想要查看载入的族文件，还需要启用相应的命令。在本例中选择载入的族文件名称为“现代柱2”，调用“柱：建筑”命令，在“属性”选项板中就可以观察到新载入的族文件，如图18-7所示。在选项板中显示柱子的参数，修改参数可以改变柱子的显示样式。在绘图区中合适的位置单击，就可以放置建筑柱。

还可以载入各种类型的族文件，如门、窗、楼梯、扶手、幕墙等。用户在掌握了创建族文件的方法后，可以自行创建族文件，并通过“载入族”命令将其载入项目，为自己所用。

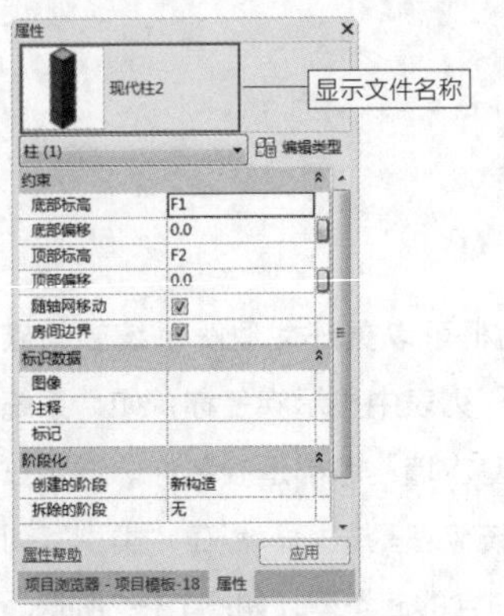

图 18-7 “属性”选项板

18.2.2 实战——放置族

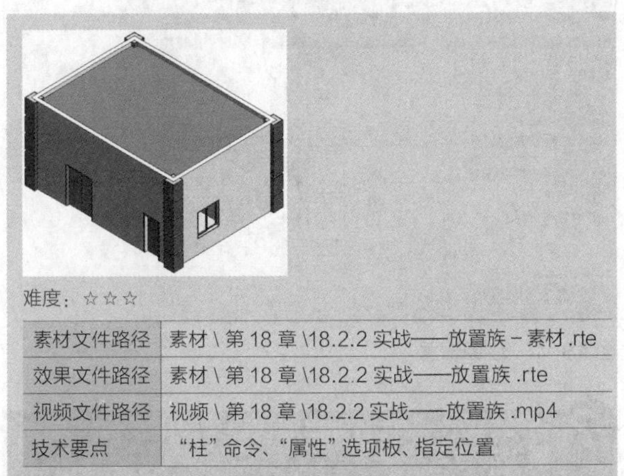

难度：☆☆☆

素材文件路径	素材 \ 第 18 章 \18.2.2 实战——放置族 - 素材 .rte
效果文件路径	素材 \ 第 18 章 \18.2.2 实战——放置族 .rte
视频文件路径	视频 \ 第 18 章 \18.2.2 实战——放置族 .mp4
技术要点	“柱”命令、“属性”选项板、指定位置

载入外部族后，就可以调用族文件，将其放置在项目的指定位置。本小节在18.2.1小节的基础上，介绍放置已载入的“现代柱2”的操作方法。

1. 通过命令按钮放置族

Step 01 打开资源中的“第18章\18.2.2 实战——放置族-素材.rte”文件，如图18-8所示。

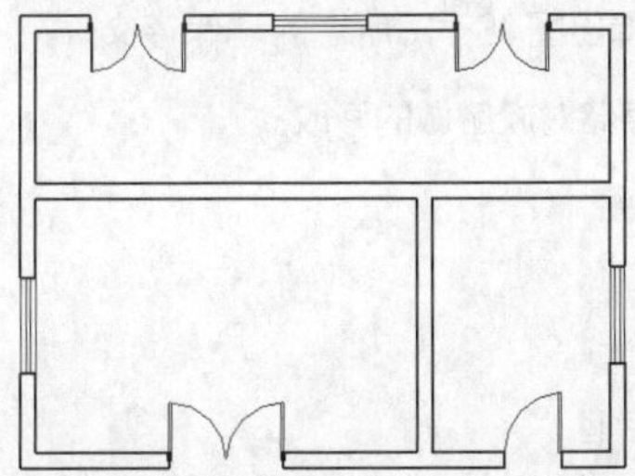

图 18-8 打开素材

Step 02 切换至“建筑”选项卡，在“创建”面板上单击“柱”按钮，在弹出的列表中选择“柱：建筑”命令，如图18-9所示。

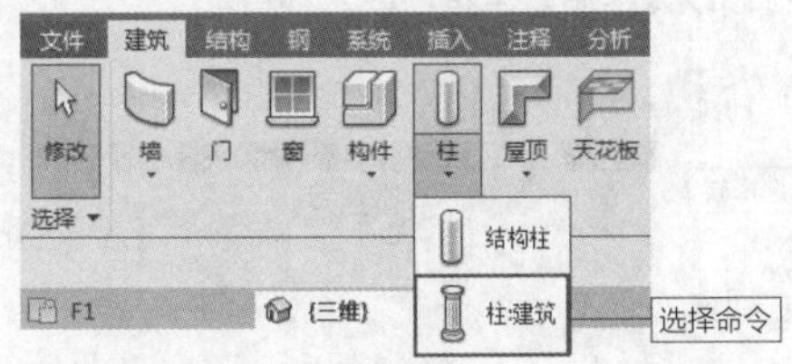

图 18-9 选择命令

Step 03 在“属性”选项板中显示“现代柱2”的参数，默认“底部标高”为F1不变，修改“顶部标高”为F2，设置“顶部偏移”为1000，表示在F2标高的基础上向上延伸1000mm，如图18-10所示。

Step 04 将鼠标指针置于素材中，根据显示的蓝色辅助线，在合适的位置单击，放置“现代柱2”，效果如图18-11所示。

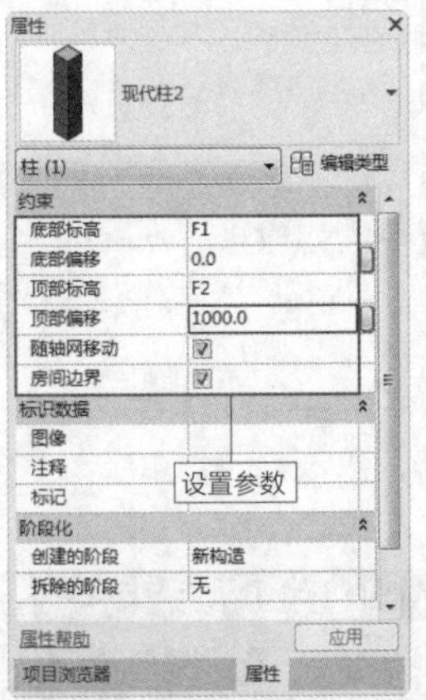

图 18-10 设置参数

> **延伸讲解：**
>
> 通常情况下，调用命令后，在“属性”选项板中显示的都是新载入的族模型，方便用户直接调用。

2. 通过项目浏览器放置族

Step 01 在项目浏览器中单击“族”选项前的⊞，展开族列表，其中显示项目文件中包含的所有族。展开“柱”列表，显示几种柱类型，分别是“现代柱2”“矩形建筑柱”“矩形柱”等。

Step 02 选择“现代柱2”，在绘图区按住并拖动鼠标，进入放置柱子的状态。在合适的位置单击，可以放置“现代柱2”，最终效果如图18-11所示。

Step 03 选择“现代柱2”，单击鼠标右键，在快捷菜单中选择“类型属性”命令，如图18-12所示。弹出“类型属性”对话框，在“尺寸标注”选项组下设置尺寸参数，如图18-13所示。

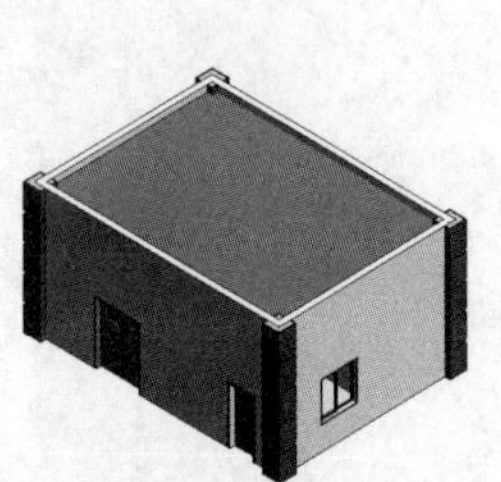

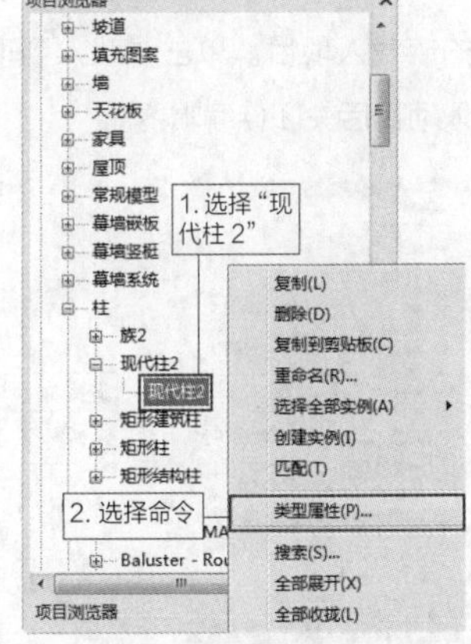

图 18-11 放置“现代柱 2”　图 18-12 选择“现代柱 2”

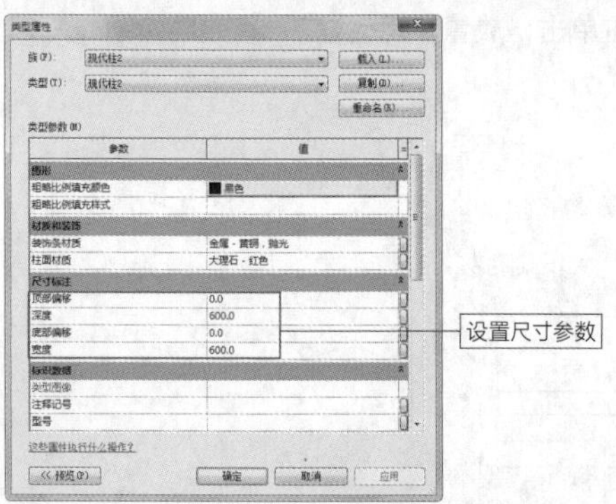

图 18-13 设置尺寸参数

知识链接：

在项目浏览器中双击“现代柱2”，也可以弹出“类型属性”对话框。

18.2.3 编辑族 难点

进入族编辑器，可以修改族的属性参数，执行“保存”操作后可替换原来的族。本小节介绍编辑族的操作方法。

1. 通过项目浏览器编辑族

以已载入的“现代柱2”为例，介绍编辑族的操作方法。在项目浏览器中单击展开“族”列表，选中“柱”列表中的“现代柱2”族名，单击鼠标右键，在弹出的快捷菜单中选择“编辑”命令，如图18-14所示。随即进入族编辑器。

族编辑器的工作界面与平常的绘图界面有所不同，显示效果如图18-15所示。通过启用其中的各项命令执行编辑操作，达到编辑族的目的。在“属性”选项板中显示族参数，在其中也可以修改族的属性参数。

修改完毕之后，选择“创建”选项卡，单击“族编辑器”面板上的“载入到项目”按钮，可以将修改参数后的族载入项目。单击“载入到项目并关闭”按钮，族载入项目后关闭族编辑器。

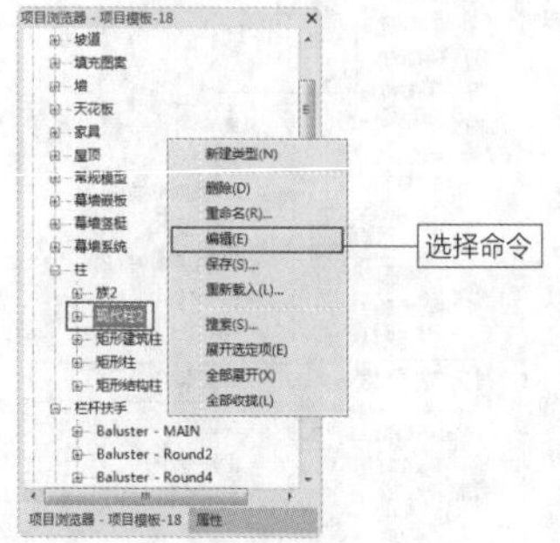

图 18-14 选择命令

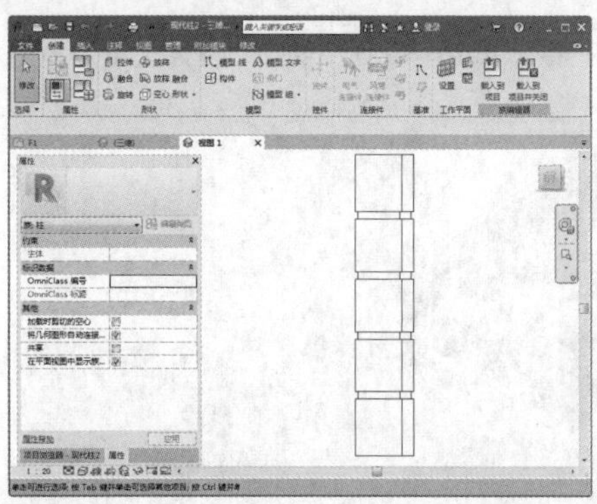

图 18-15 族编辑器

答疑解惑：为什么弹出的快捷菜单中没有“编辑”命令？

在项目浏览器中必须选择族名，在弹出的快捷菜单中才会显示“编辑”命令。例如，“现代柱2”族中包含一个名称为“现代柱2”的族类型，在折叠“现代柱2”族列表的情况下，名称为“现代柱2”的族类型被隐藏。选定“现代柱2”族名称，才可在其快捷菜单中选择“编辑”命令进入族编辑器。

无论是单击“载入到项目”按钮还是“载入到项目并关闭”按钮，系统都会弹出图18-16所示的“保存文件”对话框，询问用户是否存储对族所做的修改。

图 18-16 “保存文件”对话框

2. 通过命令按钮编辑族

选择绘图区中的“现代柱2”，如图18-17所示。进入“修改|柱”选项卡，在“模式”面板中显示“编辑族”按钮，如图18-18所示，单击按钮，可以进入族编辑器。在其中执行修改操作后，再将族载入项目。

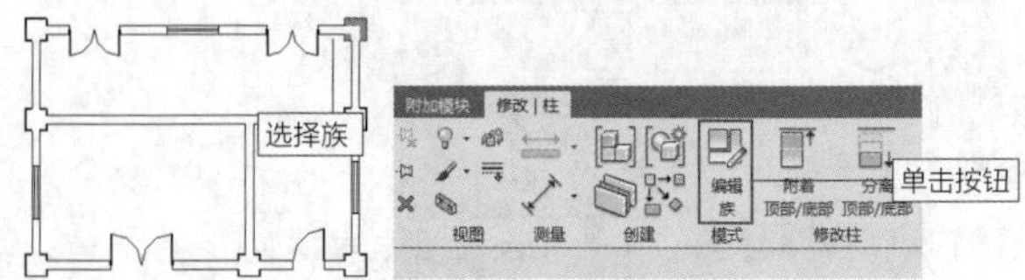

图 18-17 选择族　　图 18-18 单击“编辑族”按钮

3. 通过快捷菜单编辑族

选择已放置到项目中的“现代柱2”，单击鼠标右键，在快捷菜单中选择“编辑族”命令，如图18-19所示，同样可以进入族编辑器。

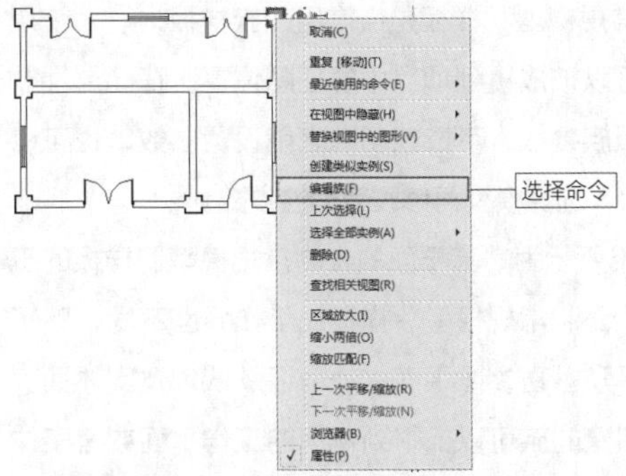

图 18-19 选择“编辑族”命令

知识链接：

在族编辑器中只能修改可载入族，系统族是不能使用族编辑器进行编辑的。

18.2.4 编辑族类型 重点

每个族中都包含若干族类型，修改族类型参数，可以控制族类型实例在项目中的显示样式。本小节介绍编辑族类型的操作方法。

1. 通过项目浏览器编辑族类型

在项目浏览器中单击展开“族”列表，选定“楼梯”族名称，单击名称前的⊞，展开“楼梯”列表。选定其中一个族类型名称，如选择“中式木楼梯”族类型，单击鼠标右键，在快捷菜单中选择“类型属性”命令，如图18-20所示。随即打开“类型属性”对话框。

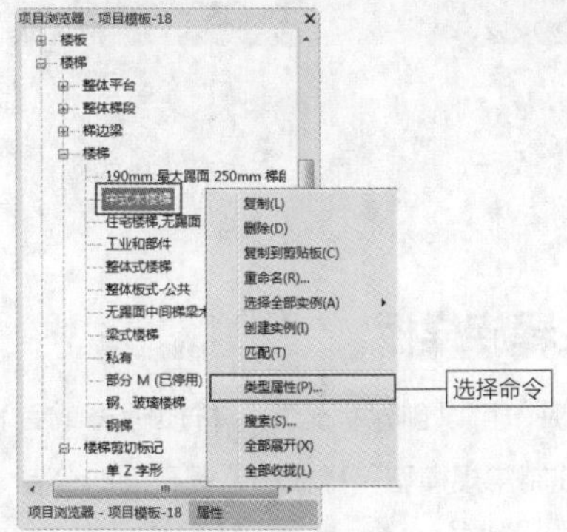

图 18-20 选择“类型属性”命令

在对话框的“族”选项中显示族名称为“系统族：楼梯”，“类型”选项中显示族类型名称为“中式木楼梯”，如图18-21所示。“类型参数”列表中包含“计算规则”“构造”“图形”等选项组，修改选项组中的参数，可以控制“中式木楼梯”的显示样式。

单击“复制”按钮，可以复制一个“中式木楼梯”的副本，修改类型参数，可以得到一个新的族类型。单击“重命名”按钮，重命名“中式木楼梯”的名称。

参数修改完毕后，单击“确定”按钮关闭对话框，完成编辑族类型参数的操作。

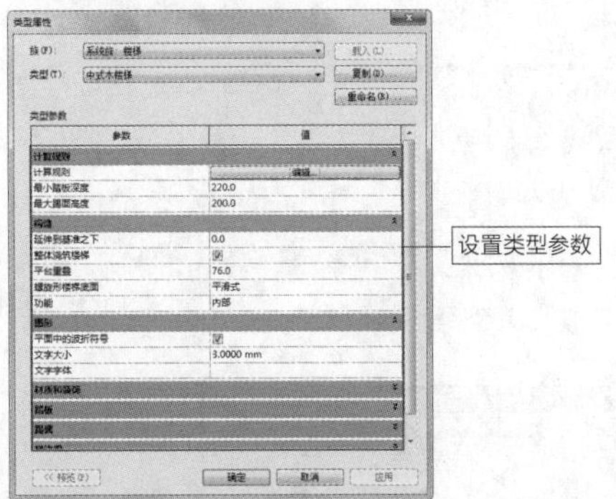

图 18-21 “类型属性”对话框

延伸讲解：

在“楼梯”列表中双击“中式木楼梯”族类型名称，同样可以打开“类型属性”对话框。

2. 通过“属性”选项板编辑族类型

在执行放置族的操作（如执行放置楼梯的操作）时，在“属性”选项板中单击“编辑类型”按钮，如图18-22所示。弹出“类型属性”对话框，在其中修改楼梯的类型参数，如图18-21所示。

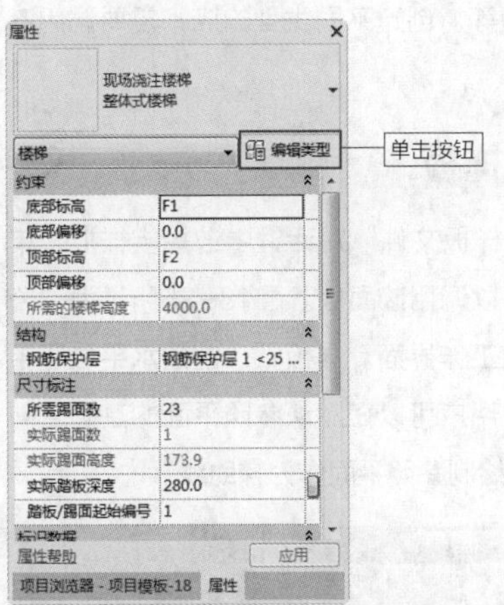

图 18-22 单击“编辑类型”按钮

18.2.5 导出族 重点

Revit中提供了导出族的命令。单击“文件”选项卡，在弹出的列表中选择“另存为”→“族”命令，如图18-23所示，弹出“另存为”对话框，在对话框中选择存储路径，设置族名称，如图18-24所示。单击“保存”按钮，存储族文件到指定的路径。

图 18-23 选择“族”命令

图 18-24 设置族名称

18.3 族样板

在创建族之前，要先调用族样板。Revit中提供多种族样板供用户调用，如“公制常规模型”样板、“基于面的公制常规模型”样板等。创建不同类型的族，需要调用不同的族样板。

18.3.1 常规族样板 重点

在“新族-选择样板文件”对话框中选择族样板，单击“打开”按钮，可以调用该面板。图18-25所示为“公制常规模型”样板的工作界面。样板默认创建水平参照平面与垂直参照平面，用户可以在默认参照平面的基础上创建模型，也可以自行绘制参照平面作为辅助线。

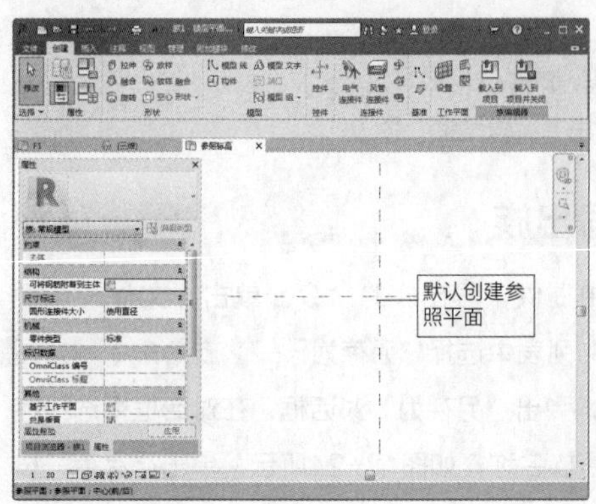

图 18-25 样板工作界面 1

“公制常规模型”样板是最常用的族样板之一，使用它创建的族可以被放置到项目中的任意位置。在“属性”选项板中编辑族参数，可以在创建之前设置参数，也可以在创建完毕后，选择模型再修改其属性参数。

图18-26所示为“基于面的公制常规模型”样板的工作界面。与“公制常规模型”样板的工作界面不同，除了默认创建水平及垂直参照平面之外，还默认创建实体面。使用该样板创建的族可以依附到任何的工作平面或者实体表面，但是不能独立放置。

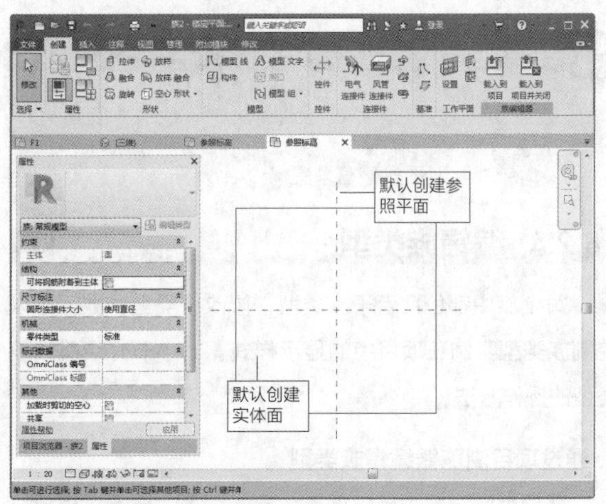

图 18-26 样板工作界面 2

除了上述这两个族样板之外，还有多种类型的族样板可以调用，用户可以到“新族-选择样板文件”对话框中选择需要的族样板。

延伸讲解：

打开指定的族样板，族样板的平面视图、立面视图、三维视图等会一起被开启，用户可将不需要的视图关闭，以免拖慢计算机的运行速度。

18.3.2 调用注释族样板 重点

调用注释族样板，可以创建标记族、材质标签或者符号族。与调用“公制常规模型”样板和“基于面的公制常规模型”样板相同，都是在“新族-选择样板文件”对话框中选择样板类型。本小节介绍调用注释族样板的操作方法。

打开项目文件，单击“文件”选项卡，在弹出的列表中选择“新建”→“族”命令，如图18-27所示。弹出“新族-选择样板文件”对话框，在对话框中显示各种类型的族样板，选择左上角的文件夹，名称为“Annotations”，如图18-28所示。

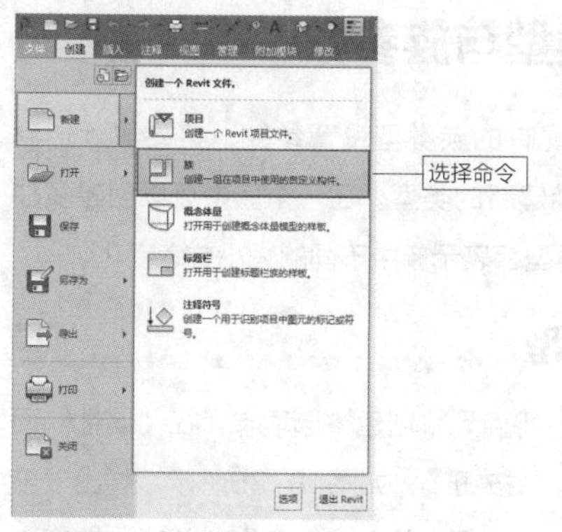

图 18-27 选择“族”命令

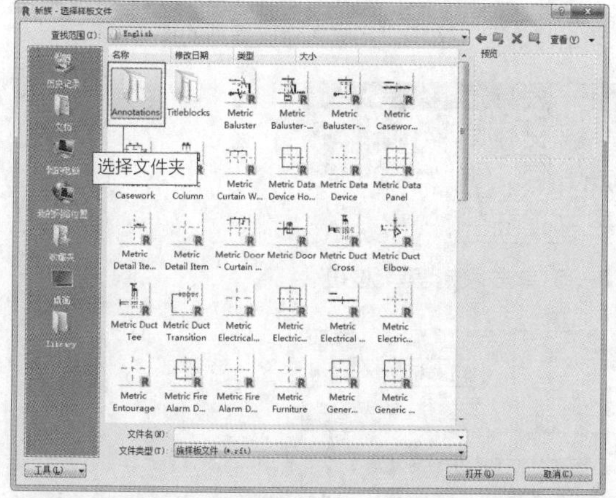

图 18-28 “新族 - 选择样板文件”对话框

延伸讲解：

族样板的名称显示为英文，在调用族样板之前，仔细阅读英文名称，才能选中想要的样板。

双击打开文件夹，在文件夹中显示多种类型的注释族样板，选择族样板，如图18-29所示。单击“打开”按钮，调用该样板。注释族样板工作界面如图18-30所示，系统默认在绘图区中创建水平及垂直参照平面，并显示说明文字，选择说明文字，按快捷键DE可以将其删除。

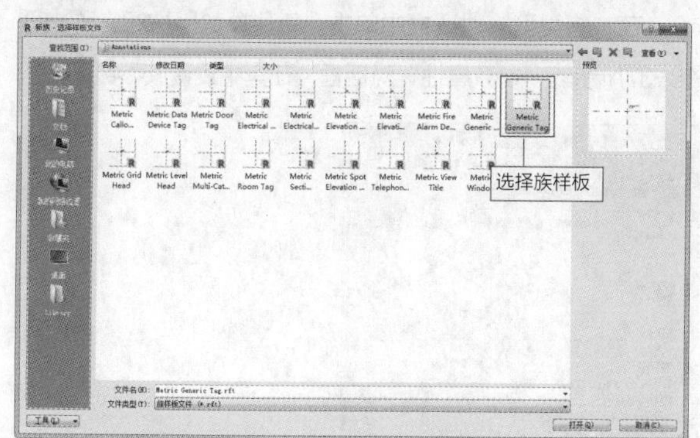

图 18-29 选择族样板

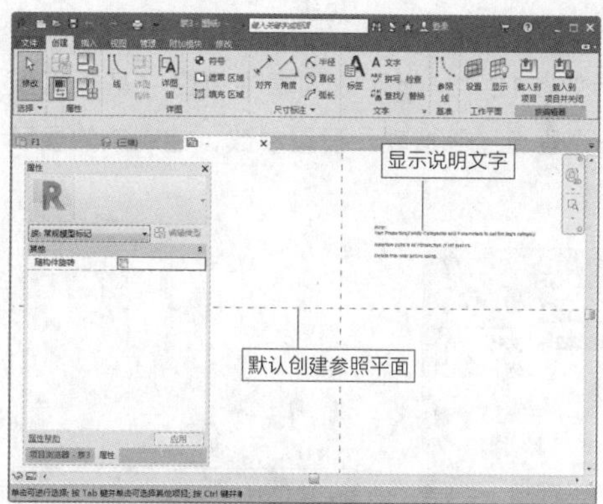

图 18-30 工作界面

知识链接：

注释族样板被单独放置在独立的文件夹内，初次使用族样板的用户常常找不到注释族样板，请参考本小节介绍的内容。

18.4 族类别与族参数 难点

调用族样板后，应该先定义族类别与族参数，方便将族划分到指定的类别。在族编辑器中定位到“创建”选项卡，单击“属性”面板上的“族类别和族参数”按钮，如图18-31所示。随即打开“族类别和族参数”对话框。

在“过滤器列表”中显示5种规程，包括“建筑”“结构”“机械”等。选择选项，可将族划分到指定的规程。不同的规程包含的族类别是不一样的，如选择“建筑”规程，包含的族类别有“场地”“家具”“柱”等，如图18-32所示。选择其他规程，如选择“结构”规程，族类别会发生变化，包含的族类别有“结构加强板”“结构基础”“结构柱”等，如图18-33所示。

图 18-31 单击按钮

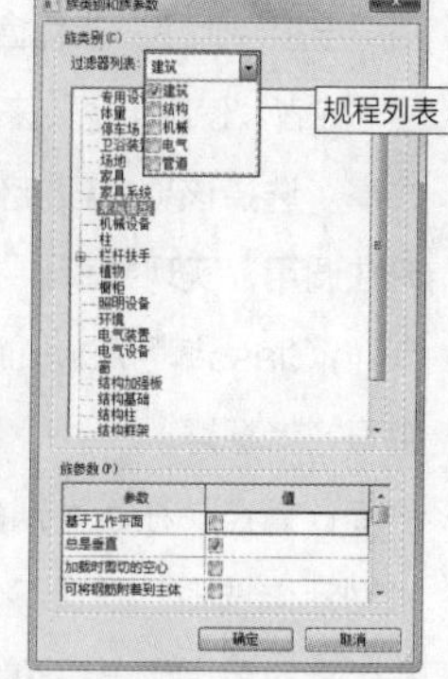

图 18-32 “族类别和族参数”对话框

指定规程和族类别后，“族参数”列表中显示各参数选项，参数选项根据族类别不同而有所不同。选择

“建筑”规程，指定族类别为“常规模型”，“族参数”列表的显示如图18-34所示。列表中包含“基于工作平面”“总是垂直”等选项，设置参数，控制族的显示样式。

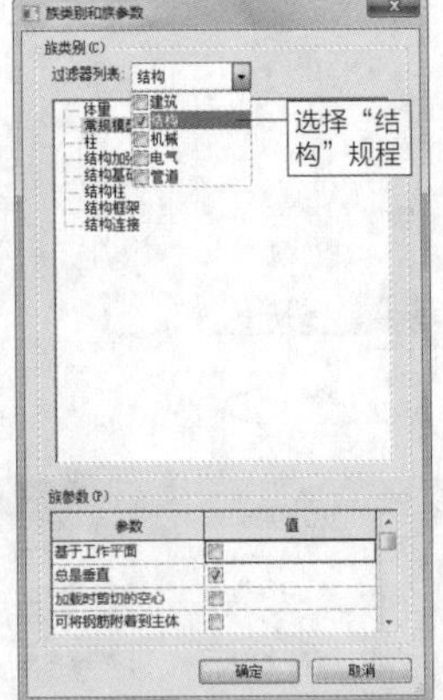

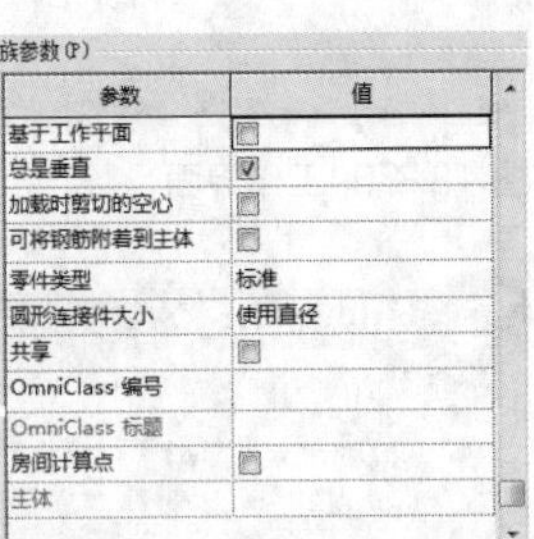

图 18-33 选择“结构”规程 图 18-34 “族参数”列表

“族参数”列表中各选项的含义介绍如下。

- ◆ 基于工作平面：选择该项，可以将族放置在工作平面或者实体表面。
- ◆ 总是垂直：选择该项，族相对于水平面垂直。取消选择该项，族将会垂直于某个工作平面，而不一定是垂直面。
- ◆ 加载时剪切的空心：选择该项，载入包含空心实体的族后，空心实体可以剪切实体，如墙体、楼板和天花板等。
- ◆ 可将钢筋附着到主体：选择该项，载入族后，族内部是可以放置钢筋的。取消选择该项，则不能放置钢筋。
- ◆ 零件类型：可以将“零件类型”理解为一个族类别中的子类别，“常规模型”的“零件类型”只有一个类型，即“标准”。但是不同的族类别会有不同的“零件类型”。
- ◆ 圆形连接件大小：族包含圆形连接件时，选择是“使用直径”或者“使用半径”来控制圆形连接件的大小。
- ◆ 共享：选择该项，该族作为嵌套族被载入项目，也可被单独调用，实现共享。
- ◆ OmniClass编号/OmniClass标题：显示OmniClass的编号或者标题。
- ◆ 房间计算点：在族类别列表中选择门、窗等类别时，可以激活该选项。默认不勾选，选择该选项后，在项目中布置族时考虑所选房间的相关参数。
- ◆ 主体：选项中显示族是以什么部件作为主体的。因为“常规模型”没有任何主体，所以该项为空。

18.5 族类型与族参数

用户需要为现有的族类型设置参数，将参数添加到族，或者在族中创建新的类型。在一个族中可以创建多种族类型，每种族类型都表示族中不同的大小或者变化。

18.5.1 族类型 重点

在族编辑器中切换到“创建”选项卡，在“属性”面板上单击“族类型”按钮，如图18-35所示。弹出“族类型”对话框，在对话框中单击右上角的“新建”按钮，弹出“名称”对话框，设置“名称”参数，如图18-36所示。单击“确定”按钮，完成新建族类型的操作。

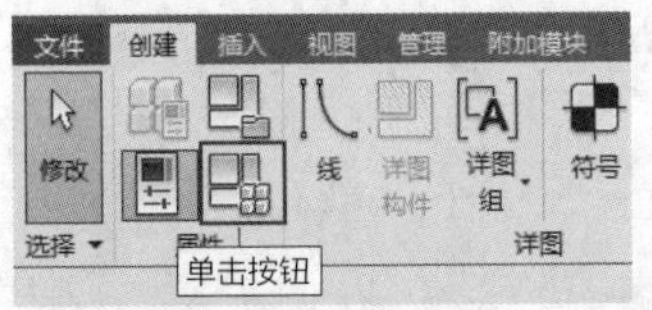

图 18-35 单击“族类型”按钮

图 18-36 “族类型”对话框

选择族类型，单击“重命名”按钮，再次弹出“名称”对话框，重新输入名称，可以重命名族类型。单击“删除”按钮，可以删除族类型。

18.5.2 族参数 难点

在“族类型”对话框中单击“新建参数”按钮，弹出图18-37所示的“参数属性”对话框，在其中设置族参数。

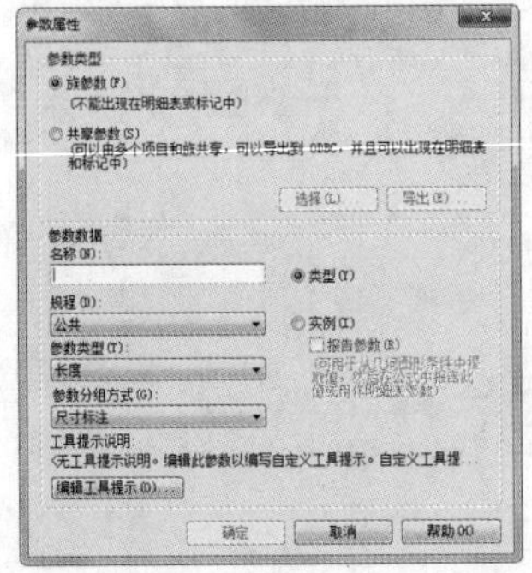

图 18-37 “参数属性”对话框

1. 参数类型

在“参数类型”选项组中显示两个选项，分别是“族参数”与“共享参数”。

选择“族参数”选项，载入项目文件后，族参数不能在明细表或者标记中显示。默认选择该项。选择“共享参数”选项，参数类型由多个项目和族共享，载入项目文件后，族参数可以在明细表或者标记中显示。

2. 参数数据

用户在“名称”选项中自定义名称，前提是不能设置重复的名称。单击“规程”选项弹出“规程”列表，在其中显示规程名称，如“公共”“结构”“HAVC”等。

在“参数类型”列表中，显示多种参数类型，如“文字”“整数”“数值”等，如图18-38所示。

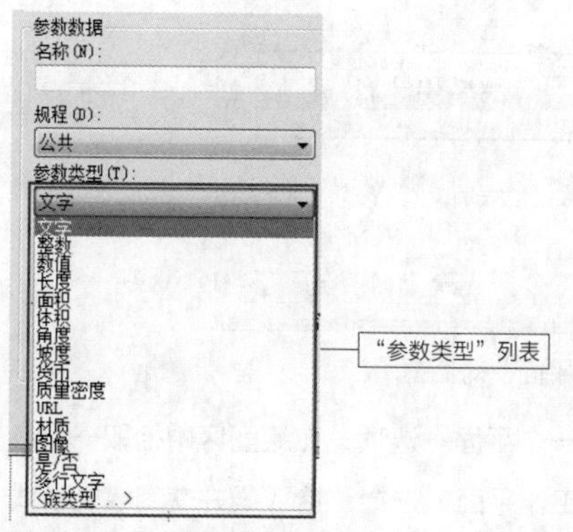

图 18-38 “参数类型”列表

在“参数分组方式”列表中提供多种分组方式，选择其中的一种，可以决定参数的组别，使得族参数在“族类型”对话框中按不同的组来显示。用户通过查找组，可以快速地定位到指定的参数。参数的分组方式不会影响参数的性质。

选择“类型”选项，将多个相同的族类型载入项目文件，修改类型参数，所有类型实例都受到影响。选择“实例”选项，将多个相同的族类型载入项目文件，修改其中一个实例类型的参数，不会影响其他实例类型。

18.6 族编辑器

族编辑器中包含多种命令，在开始创建族之前，应该了解各种命令的使用方法，方便创建或者编辑族。本节介绍调用这些命令的方法。

18.6.1 参照平面 重点

在族编辑器中切换至“创建”选项卡，在“基准”面板上单击“参照平面”按钮，如图18-39所示。随即进入“修改|放置 参照平面”选项卡，在“绘制”面板中选择绘制方式，如图18-40所示。选择“线”绘制方式，通过指定起点与终点绘制参照平面。选择“拾取线”绘制方式，通过拾取现有的墙、线或者边来创建参照平面。

图 18-39 单击“参照平面”按钮

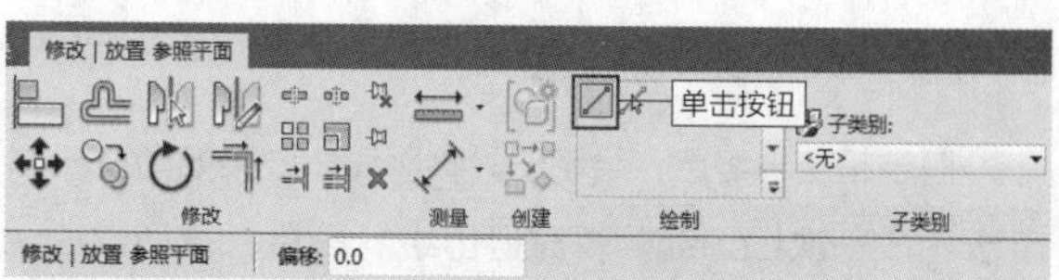

图 18-40 “修改 | 放置 参照平面”选项卡

延伸讲解：

图18-39、图18-40所示的面板显示样式是经过调整的，工作界面中面板的显示样式不是这样的，只是为了在放置图形时少占用页面空间。

在绘图区中指定起点与终点，完成一段参照平面的创建。在“属性”选项板中显示参照平面的属性参数，如图18-41所示。当项目中创建了多个参照平面时，为了区分可以为参照平面设置名称。在“名称”选项中输入名称，将其赋予选定的参照平面。

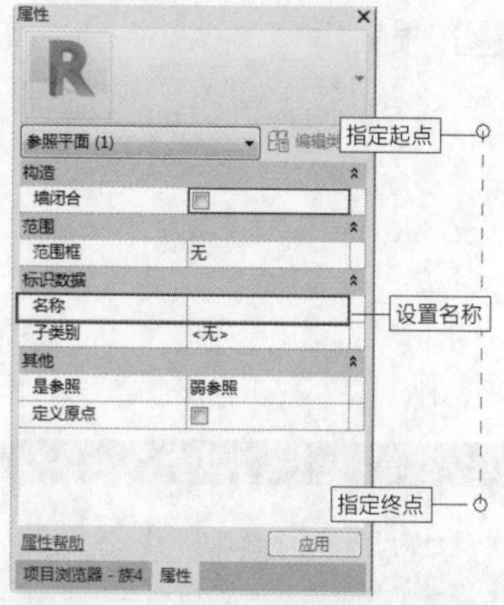

图 18-41 绘制参照平面并设置名称

知识链接：

设置参照平面的名称后就不可以被清除，但是可以重命名。

18.6.2 参照线 重点

在族编辑器中切换至“创建”选项卡，在“基准”面

板上单击“参照线”按钮，如图18-42所示。进入“修改|放置 参照线”选项卡，在“绘制”面板中提供了多种绘制参照线的方式，有“线”“矩形”“多边形”等，如图18-43所示。在选项栏中选择“链”选项，可以连续绘制多段参照线。保持“偏移”值为0，使得参照线的端点与指定的起点重合。

图 18-42 单击“参照线”按钮

指定起点与终点，绘制一段参照线，效果如图18-44所示。按一次Esc键，暂时退出绘制命令；按两次Esc键，完全退出绘制命令。选择参照线，显示临时尺寸标注，并显示参照线的长度和与相邻参照平面的间距。根据创建族的需要，用户可以绘制多段参照线，也可以绘制各种样式的参照线作为辅助线。

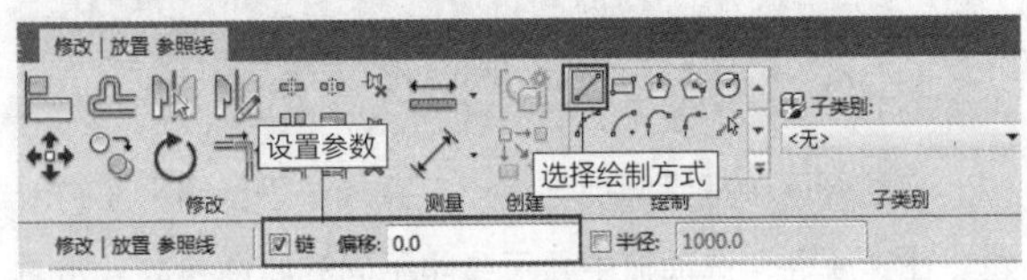

图 18-43 “修改 | 放置 参照线”选项卡

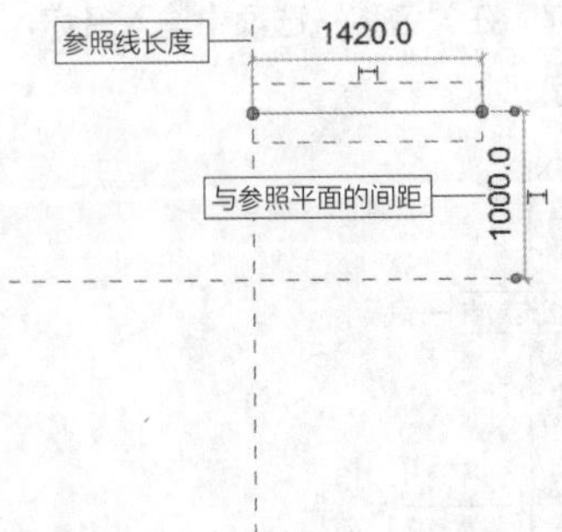

图 18-44 绘制参照线

知识链接：

将鼠标指针置于参照线的临时尺寸标注文字上，单击进入可编辑模式。输入参数，按回车键可以调整参照线的长度或者与相邻参照平面的间距。

18.6.3 工作平面 重点

用户在绘图区中创建模型时，会发现除了绘图背景之外，绘图区是空无一物的。但其实创建的每一个实体，都处于某一个工作平面上。因为系统默认隐藏工作平面，所以一般情况下工作平面是不可见的。

1. 设置工作平面

在族编辑器中定位到“创建”选项卡，单击“工作平面”面板上的“设置”按钮，如图18-45所示。弹出“工作平面”对话框，在“当前工作平面”选项组下显示当前工作平面的名称；在“指定新的工作平面”选项组下单击“名称”选项，在弹出的列表中选择已经命名的参照平面的名字，将其指定为工作平面，如图18-46所示。

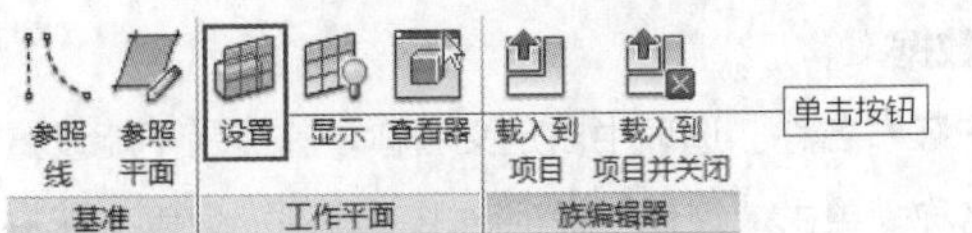

图 18-45 单击“设置”按钮

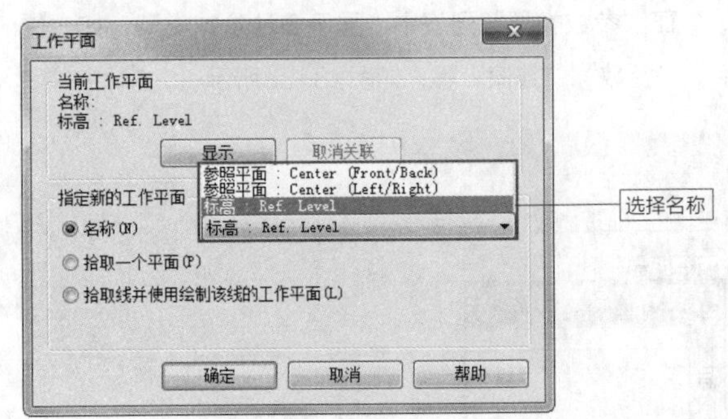

图 18-46 “工作平面”对话框

选择“拾取一个平面”选项，在绘图区中拾取一个参照平面，指定为工作平面。选择“拾取线并使用绘制该线的工作平面”选项，在绘图区中选定一条线，并将这条线所在的平面指定为当前工作平面。

在绘图区中显示工作平面，以红色的轮廓线显示工作平面的边界线，效果如图18-47所示，值得注意的是，选择不同的方式来指定工作平面，工作平面的显示效果是不同的。在“名称”列表中选择水平参照平面的名称，可以将水平参照平面所在的平面指定为工作平面，工作平面的显示样式为一条水平线；同理，指定垂直参照平面为工作平面时，工作平面的显示样式为一条垂直线，效果如图18-48所示。

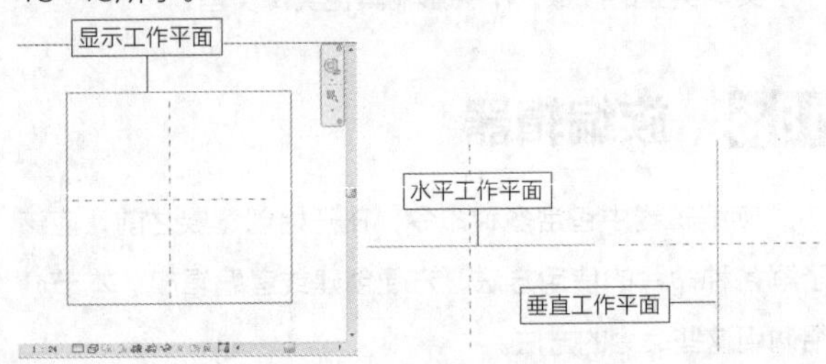

图 18-47 显示工作平面 图 18-48 工作平面的不同显示样式

延伸讲解：

在开启“工作平面”对话框的情况下，工作平面显示在绘图区中。关闭对话框后，工作平面被隐藏。

2. 显示工作平面

在“工作平面”面板上单击“显示”按钮，可以在绘图区中显示工作平面。图18-49所示为在二维视图中显示工作平面的效果。切换至三维视图，工作平面的显示样式自动调整，显示效果如图18-50所示。

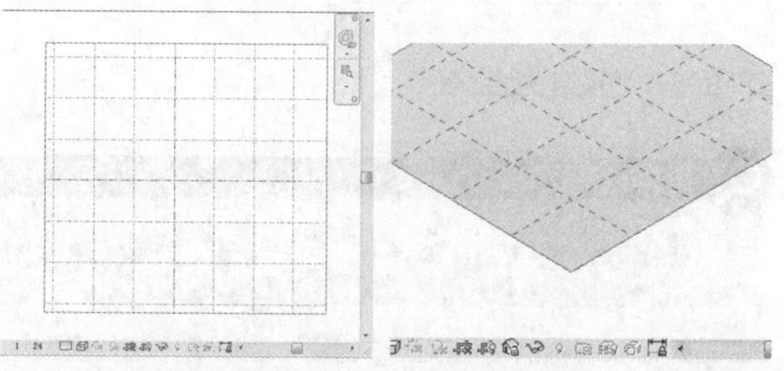

图 18-49 工作平面的二维样式 图 18-50 工作平面的三维样式

知识链接：

单击“显示”按钮后即可显示工作平面，在未取消“显示”按钮的选择状态前，工作平面会一直在绘图区中显示。

3. 查看工作平面

在“工作平面”面板上单击“查看器”按钮，弹出“查看器”窗口，在其中显示工作平面。选择工作平面，在轮廓线上显示蓝色的圆形端点。单击激活端点，按住并拖动鼠标，可以调整工作平面的大小，如图18-51所示。

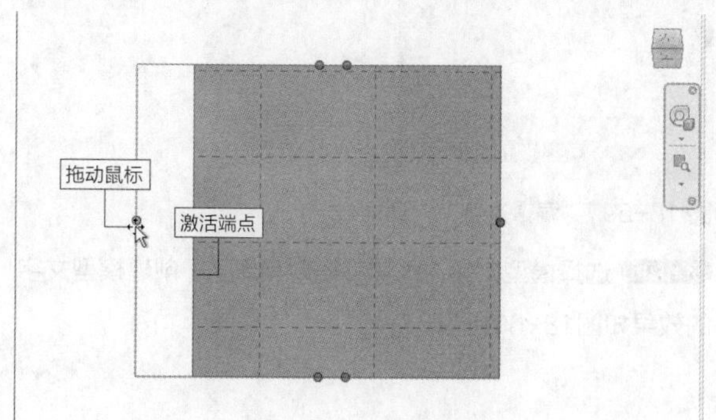

图 18-51 调整工作平面的大小

选择工作平面，“属性”选项板的“工作平面网格间距”选项中显示水平网格与垂直网格的间距，如图18-52所示。修改选项参数，可以调整网格间距。

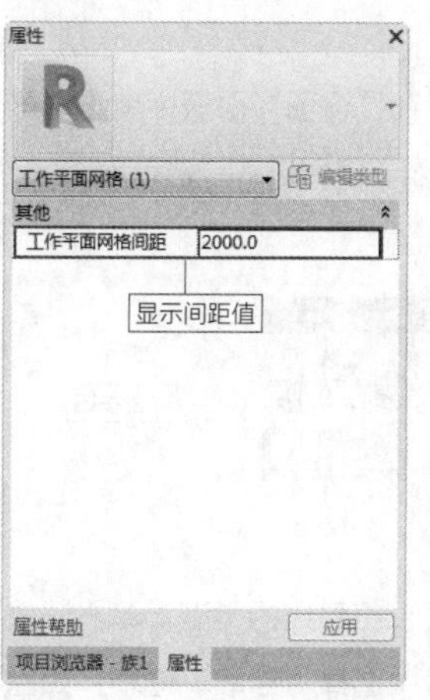

图 18-52 “属性”选项板

延伸讲解：

保持“查看器”按钮的选择状态，“查看器”窗口会一直显示，直至取消选择“查看器”按钮。

18.6.4 模型线与符号线 难点

在创建族的过程中使用模型线和符号线，可以作为辅助线，帮助绘制模型。但是模型线与符号线各有特点，在使用的过程中需要注意。

1. 模型线

在族编辑器中选择“创建”选项卡，在“模型”面板中单击“模型线”按钮，如图18-53所示。随即进入“修改|放置 线”选项卡。

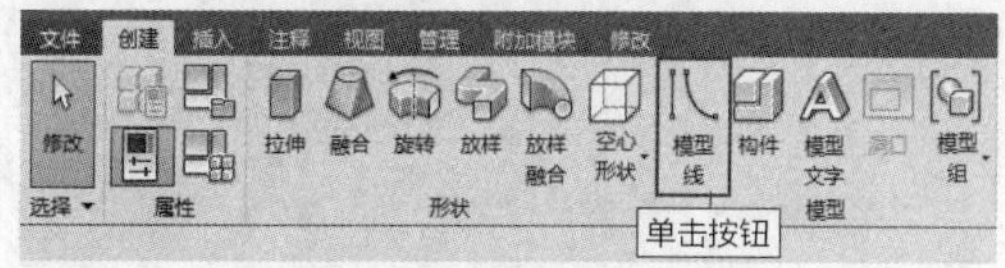

图 18-53 单击“模型线”按钮

在“绘制”面板中选择绘制方式，如选择“线”方式。在选项栏中显示“放置平面”的名称，选择“链”选项，可以连续绘制多段模型线。保持“偏移”的默认值不变，单击“子类别”选项，在列表中选择模型线的类型，如图18-54所示。

在绘图区中指定起点与终点，并在指定方向上绘制模型线。值得注意的是，无论在哪个视图中绘制模型线，切换到其他视图，模型线依然是可见的。

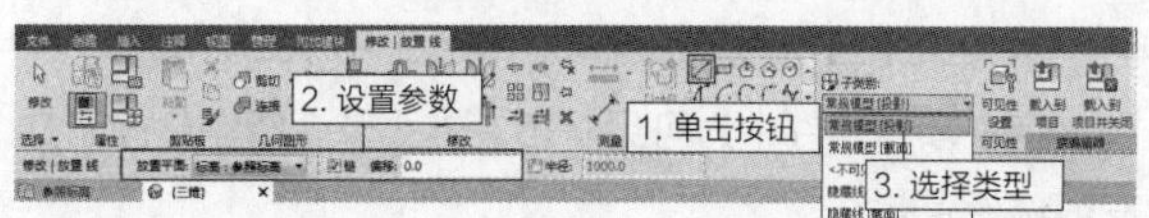

图 18-54 “修改|放置 线”选项卡

2. 符号线

切换至“注释”选项卡，在“详图”面板中单击“符号线”按钮，如图18-55所示。随即进入“修改|放置 符号线”选项卡。

图 18-55 单击“符号线”按钮

在选项栏中选择绘制方式、符号线的类型。单击“放置平面”选项，在弹出的列表中选择“拾取”选项，如图18-56所示。随即弹出“工作平面”对话框，在其中选择工作平面，将其指定为符号线的放置平面。

与模型线不同的是，符号线只能在所绘制的视图中可见，如在平面视图中绘制符号线，切换至立面视图，符号线便不可见。

图 18-56 “修改 | 放置 符号线”选项卡

符号线没有“高度”“厚度”的属性参数，不具备创建三维模型的条件，所以不能在三维视图中创建。

18.6.5 实战——创建模型文字

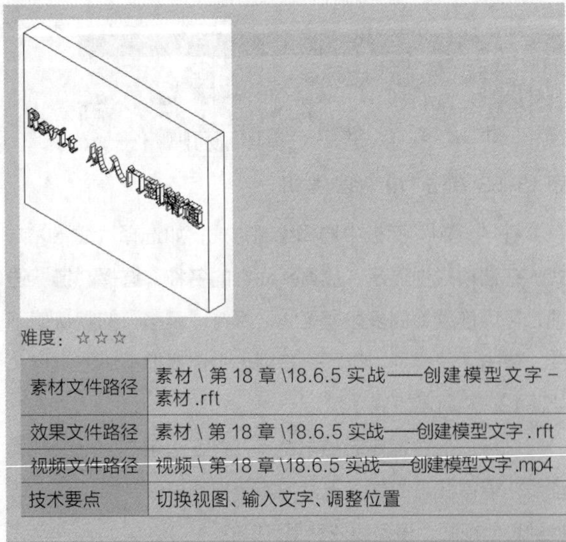

难度：☆☆☆

素材文件路径	素材 \ 第 18 章 \18.6.5 实战——创建模型文字 - 素材 .rft
效果文件路径	素材 \ 第 18 章 \18.6.5 实战——创建模型文字 . rft
视频文件路径	视频 \ 第 18 章 \18.6.5 实战——创建模型文字 .mp4
技术要点	切换视图、输入文字、调整位置

模型文字显示为三维样式，载入外部族后，族中的模型文字在项目文件中为可见状态。本小节介绍创建模型文字的操作方法。

Step 01 打开资源中的“第18章\18.6.5 实战——创建模型文字-素材.rte”文件。

Step 02 在项目浏览器中双击立面视图名称，切换至立面视图，效果如图18-57所示。注意在绘图区中已经事先创建了一个实体。

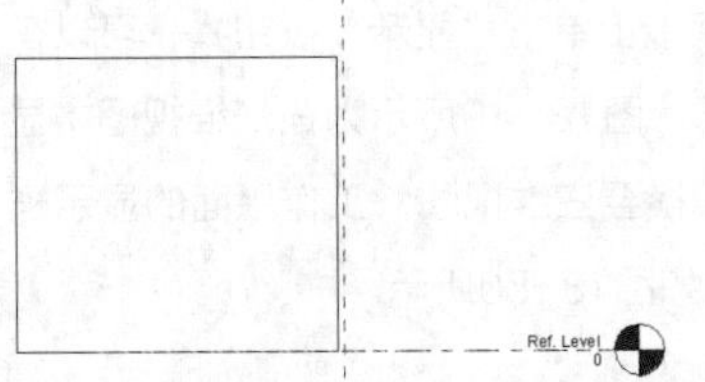

图 18-57 切换至立面视图

延伸讲解：

切换至立面视图，可以更好地确定模型文字的位置。

Step 03 在族编辑器中切换至“创建”选项卡，在“模型”面板中单击“模型文字”按钮，如图18-58所示。随即打开“编辑文字”对话框。

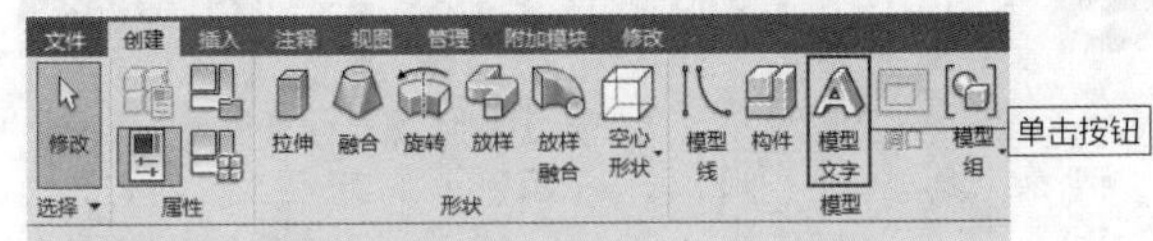

图 18-58 单击“模型文字”按钮

Step 04 在对话框中输入文字，如图18-59所示。单击“确定”按钮关闭对话框。

图 18-59 “编辑文字”对话框

Step 05 选择模型文字，将其移动到实体上，创建模型文字的效果如图18-60所示。

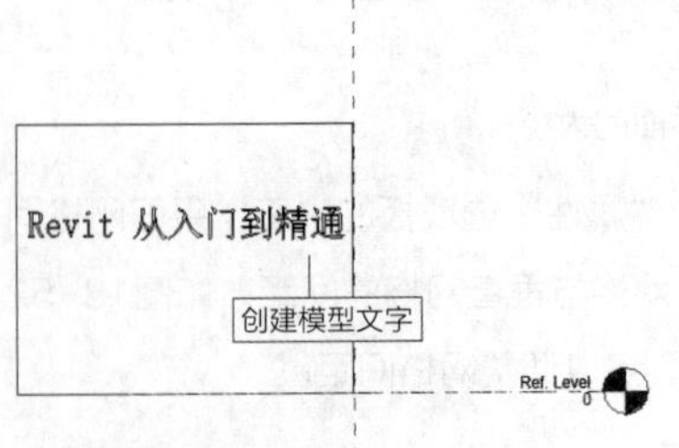

图 18-60 创建模型文字

Step 06 切换至三维视图，观察模型文字的三维样式，如图18-61所示。此时发现模型文字的“深度”值过大，影响视觉效果。

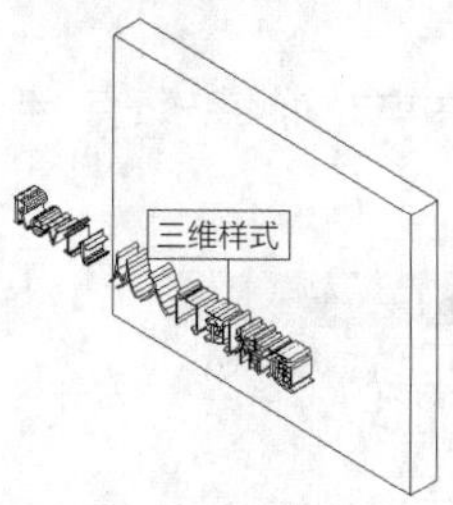

图 18-61 三维样式

Step 07 在“属性”选项板中定位至“深度”选项，修改参数值为50，如图18-62所示。单击“应用”按钮，完成修改操作。

Step 08 返回绘图区中，发现模型文字的深度已被修改，效果如图18-63所示。

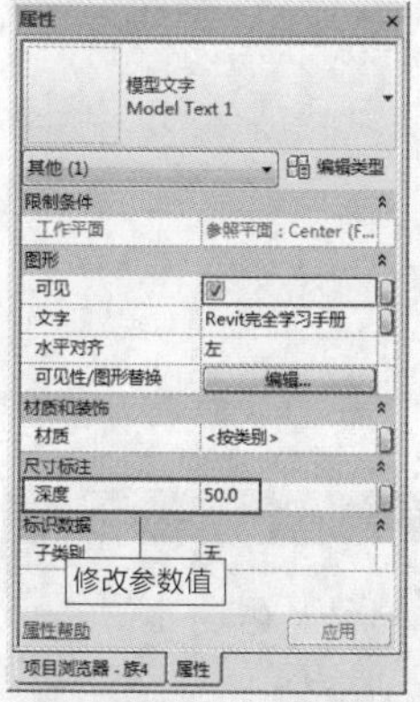

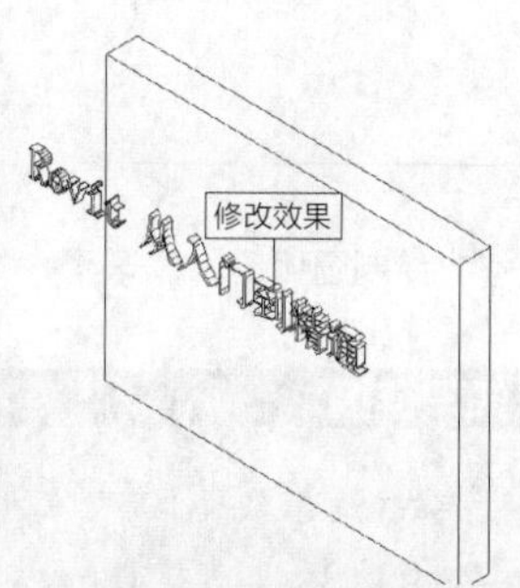

图 18-62 修改参数值　　图 18-63 修改效果

知识链接：

在“文字”选项中可以更改模型文字的内容；在“水平对齐”选项中可以设置文字的对齐方式；在“材质”选项中可以设置文字的材质。

Step 09 选择模型文字，按住并拖动鼠标，调整其在实体上的位置，最后的效果如图18-64所示。

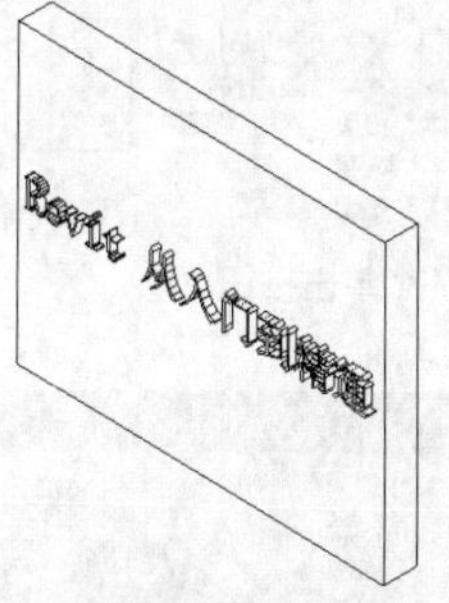

图 18-64 最后的效果

18.6.6 文字标注 重点

与模型文字不同，文字标注只能在族编辑器中可见。在项目中载入族后，文字标注被隐藏。在族编辑器中切换到“注释”选项卡，在“文字”面板中单击“文字”按钮**A**，如图18-65所示。随即进入“修改|放置 文字”选项卡。

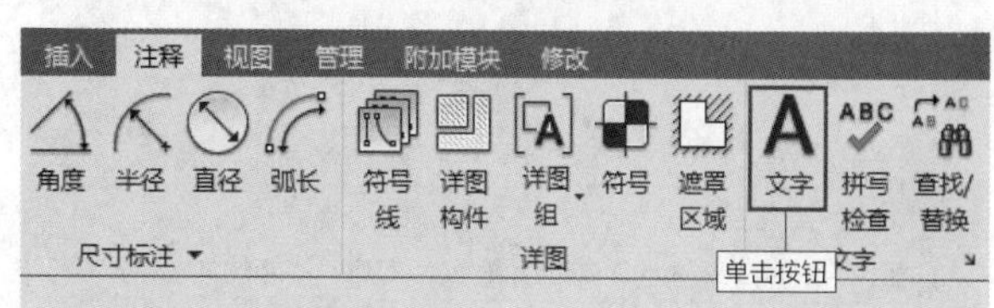

图 18-65 单击“文字”按钮

在绘图区中的合适位置单击，进入可编辑模式，输入标注文字后，可以启用“对齐”或“文字”面板上的命令编辑文字，如图18-66所示。编辑完成后，在空白区域单击，结束输入标注文字的操作。

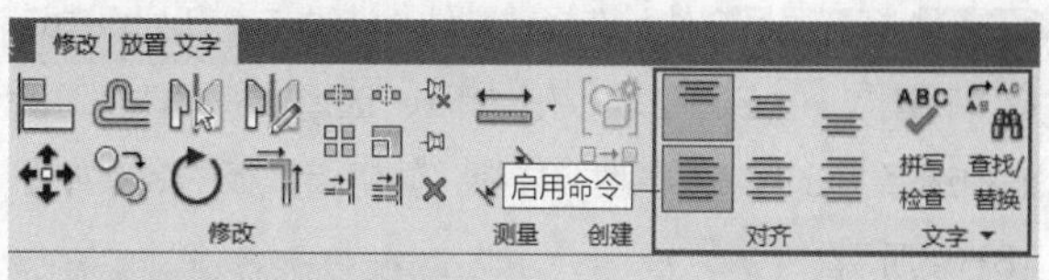

图 18-66 “修改 | 放置 文字”选项卡

18.6.7 尺寸标注 难点

族编辑器也可以绘制尺寸标注。切换至“注释”选项卡，在“尺寸标注”面板中显示多种尺寸标注命令，包括“对齐”“角度”“半径”等，如图18-67所示。单击“尺寸标注”面板名称右侧的向下箭头，在弹出的列表中显示编辑尺寸标注的命令，如“线性尺寸标注类型”“角度尺寸标注类型”等。选择命令，弹出“类型属性”对话框，在其中设置尺寸标注的参数。

关于创建与编辑尺寸标注的操作方法，请参考“第12章 注释”中的内容，在此不赘述。

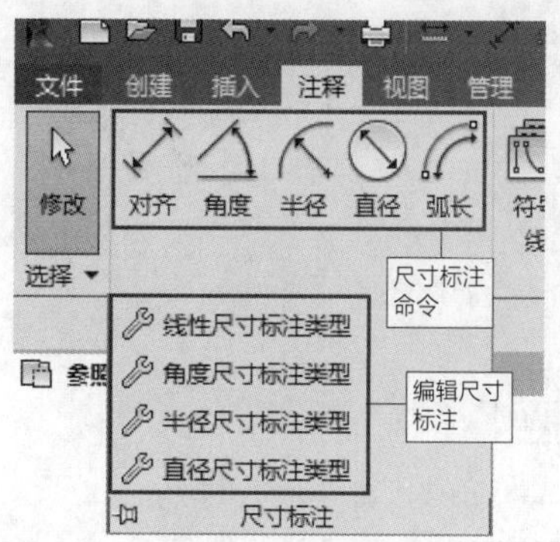

图 18-67 尺寸标注命令

18.6.8 实战——添加控件

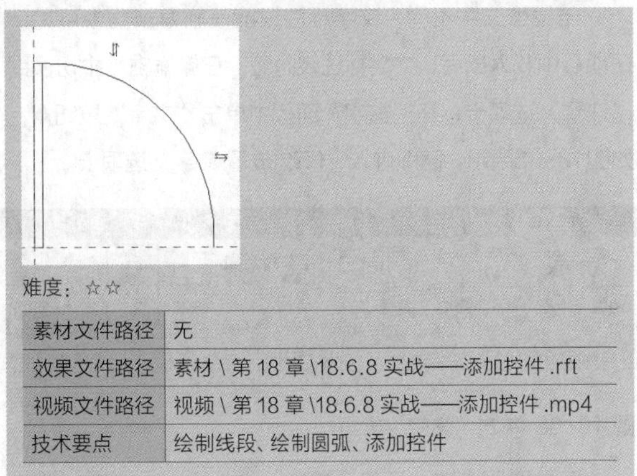

难度：☆☆

素材文件路径	无
效果文件路径	素材 \ 第 18 章 \18.6.8 实战——添加控件 .rft
视频文件路径	视频 \ 第 18 章 \18.6.8 实战——添加控件 .mp4
技术要点	绘制线段、绘制圆弧、添加控件

为族添加控件，可以使得族在指定的方向翻转。翻转方向有两种，分别是水平方向与垂直方向。本小节以为门添加控件为例，介绍添加控件的操作方法。

Step 01 打开项目文件，选择“文件”选项卡，在列表中选择“新建”→“族”选项，在“新族-选择样板文件”对话框中选择“公制常规模型”样板，调用族样板的效果如图18-68所示。

Step 02 在族编辑器中切换至“创建”选项卡，在“模型”面板上单击“模型线”按钮，在绘图区中绘制图18-69所示的图形。

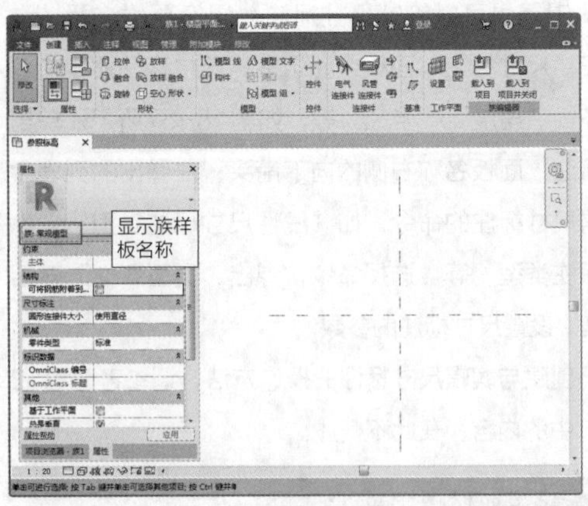

图 18-68 调用族样板

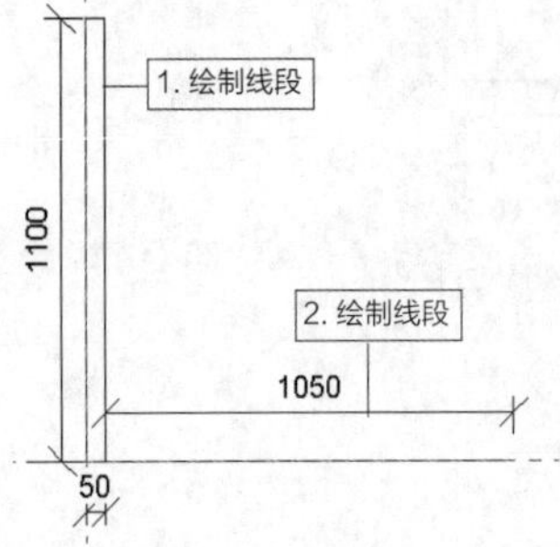

图 18-69 绘制图形

延伸讲解：

在对话框中选择名称为“Generic Model.rtf”的样板，即“公制常规模型”样板。

Step 03 在“修改|放置 线”选项卡中单击“起点-终点-半径弧”命令，如图18-70所示。

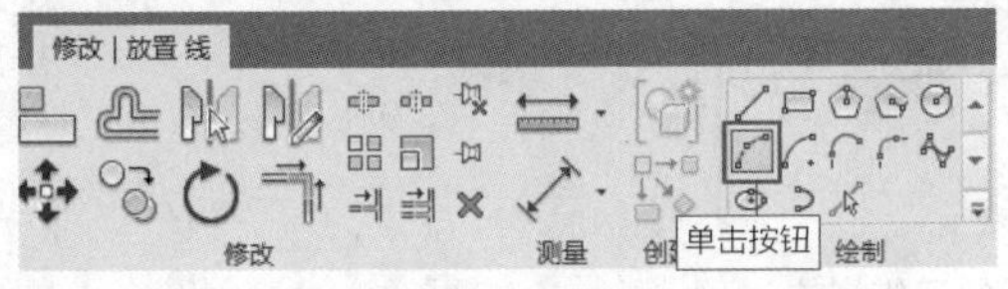

图 18-70 “修改 | 放置线”选项卡

Step 04 指定起点、终点与半径位置，绘制圆弧的效果如图18-71所示。

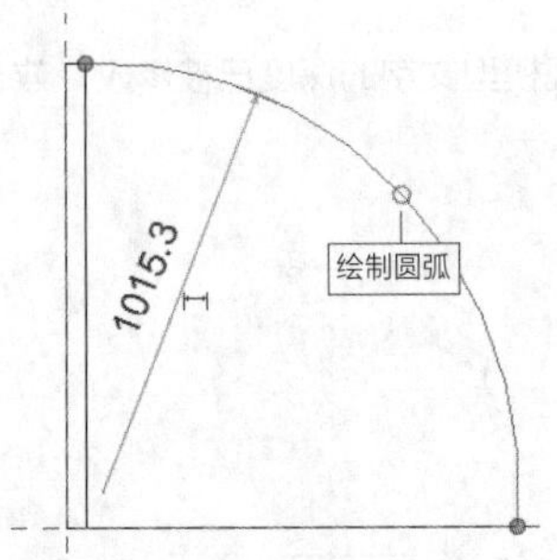

图 18-71 绘制圆弧

知识链接：

指定右侧垂直线段上部端点为起点，水平线段右侧端点为终点，移动鼠标指针指定半径，单击完成圆弧的绘制。

Step 05 选择水平线段，按快捷键DE将其删除，如图18-72所示。

Step 06 在“控件”面板中单击“控件”按钮，如图18-73所示。随即进入“修改|放置 控制点”选项卡。

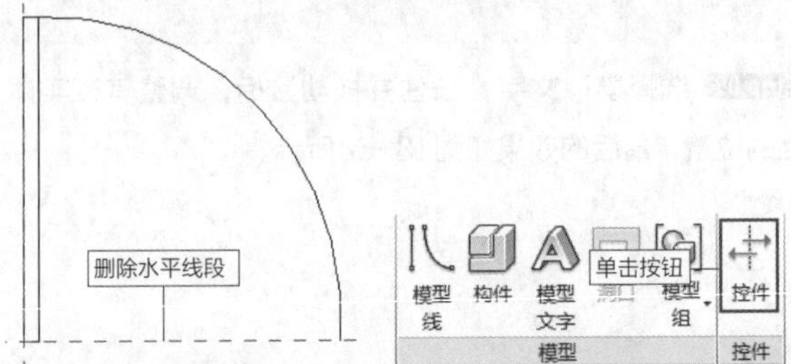

图 18-72 删除水平线段　　图 18-73 单击按钮

延伸讲解：

水平线段作为辅助线来帮助确定圆弧的终点位置，所以在绘制圆弧后，应将其删除。

Step 07 在“控制点类型”面板中单击“双向垂直”按钮，如图18-74所示。在合适的位置单击，可以放置“双向垂直”控件符号。

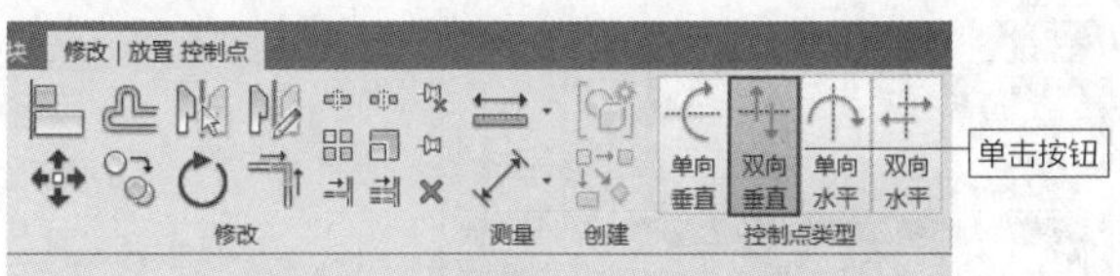

图 18-74 “修改 | 放置 控制点”选项卡

Step 08 单击“双向水平”按钮，在圆弧的右侧单击，添加控件的效果如图18-75所示。

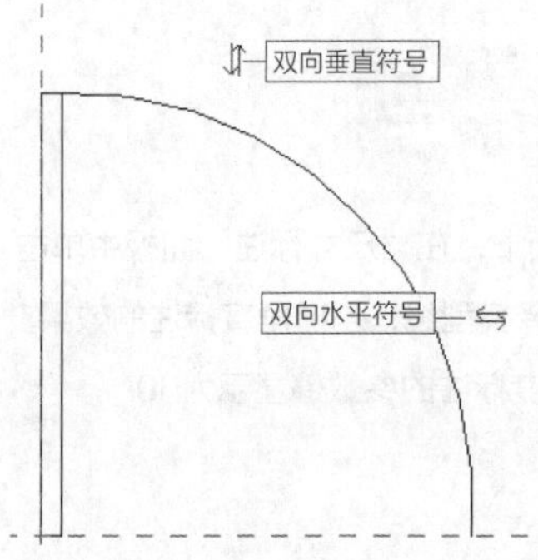

图 18-75 添加控件

知识链接：

执行“载入到项目”操作后，系统自动切换到项目文件，在绘图区中单击可以放置族。

Step 09 单击“族编辑器”面板上的“载入到项目”按钮，将已添加控件的族载入项目。载入族后，在项目文件中选择族，可以显示控件符号。单击“双向垂直”符号，图形在垂直方向上翻转；单击“双向水平”符号；图形在水平方向上翻转，如图18-76所示。

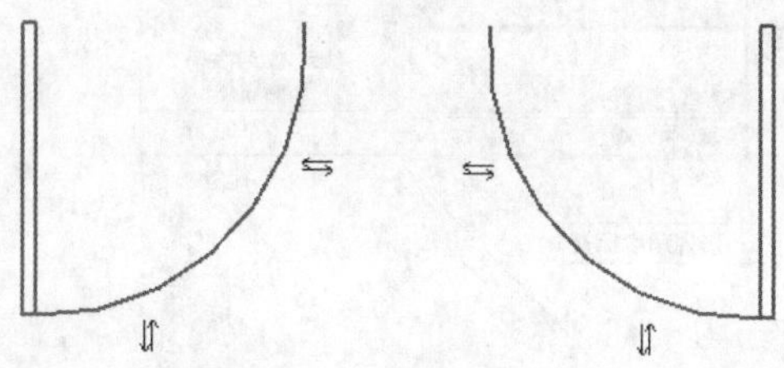

图 18-76 翻转图形

18.6.9 实战——设置族图元可见性

族编辑器中的族图元的可见性可以通过两种方式来设置，一种是设置条件参数来控制可见性，另一种是在“族图元可见性设置”对话框中设置。本小节依次介绍这两种方式的操作方法。

1. 设置条件参数

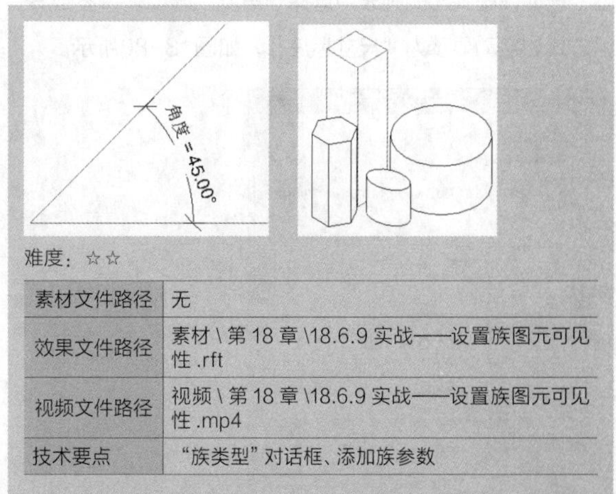

难度：☆☆

素材文件路径	无
效果文件路径	素材 \ 第 18 章 \18.6.9 实战——设置族图元可见性 .rft
视频文件路径	视频 \ 第 18 章 \18.6.9 实战——设置族图元可见性 .mp4
技术要点	“族类型”对话框、添加族参数

Step 01 在族编辑器中调用“模型线”命令，在绘图区中绘制图18-77所示的模型线。

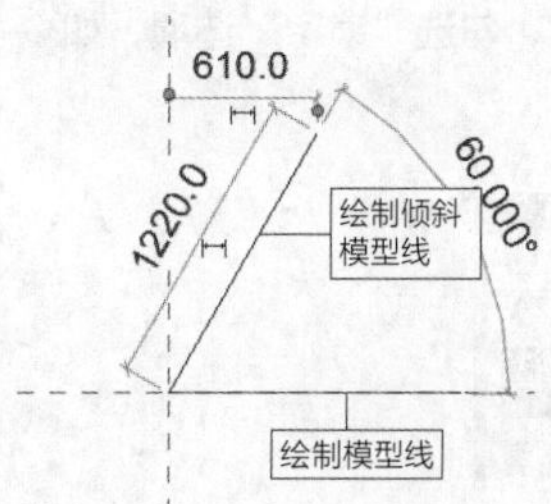

图 18-77 绘制模型线

Step 02 在“属性”面板上单击“族类型”按钮，如图18-78所示。随即弹出“族类型”对话框。

图 18-78 单击“族类型”按钮

Step 03 在未添加参数之前，“标识数据”列表显示为空白，如图18-79所示。单击左下角的“新建参数”按钮，弹出“参数属性”对话框。

图 18-79 “族类型”对话框

Step 04 在“名称”选项中输入“角度”，单击“参数类型”选项，在弹出的列表中选择“角度”选项，“参数分组方式”自动显示为“尺寸标注”，如图18-80所示。

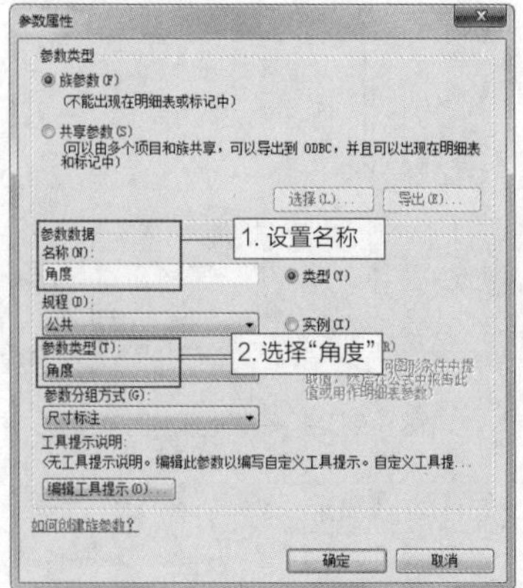

图 18-80 “参数属性”对话框

Step 05 单击“确定”按钮返回“族类型”对话框，在“值”选项中输入“45.00°”，勾选“锁定”选项，如图18-81所示。

图 18-81 设置参数

Step 06 再次单击“新建参数”按钮弹出“参数属性”对话框，设置“名称”为“可见性”，在“参数类型”列表中选择“是/否”选项，“参数分组方式”列表中选择“其他”选项，如图18-82所示。

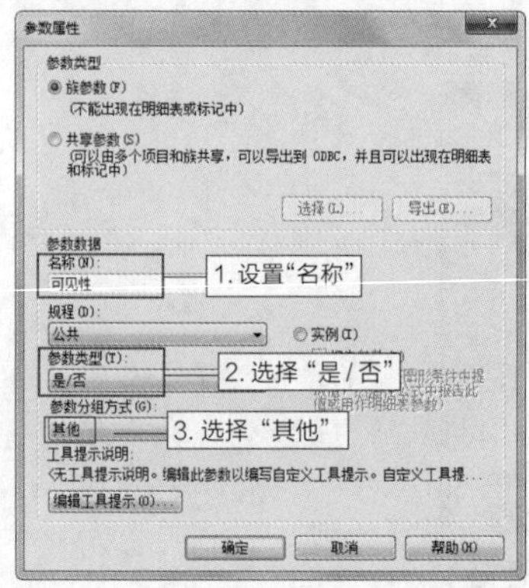

图 18-82 “参数属性”对话框

Step 07 单击“确定”按钮返回“族类型”对话框，在“公式”选项中输入“角度<45°”，如图18-83所示。单击“确定”按钮关闭对话框，完成添加参数的操作。

图 18-83 设置公式

Step 08 选择“注释”选项卡，在“尺寸标注”面板中单击“角度”按钮，依次选择模型线，创建角度标注的效果如图18-84所示。此时角度标注的参数值显示为60°。

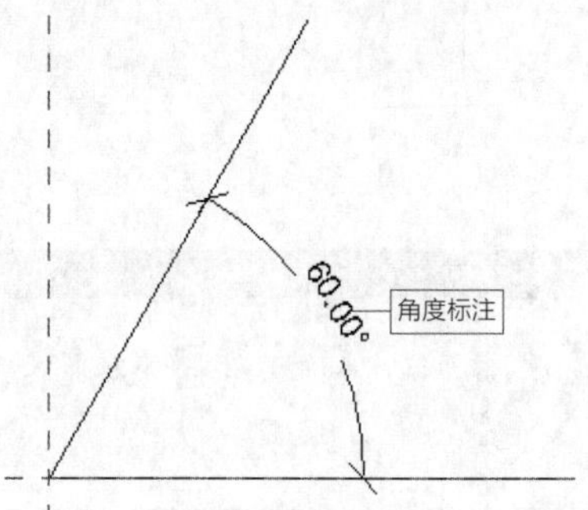

图 18-84 创建角度标注

Step 09 选择角度标注，进入“修改|尺寸标注”选项卡，在“标签尺寸标注”面板中单击“标签”选项按钮，在弹出的列表中选择“角度=45.00°”选项，如图18-85所示。

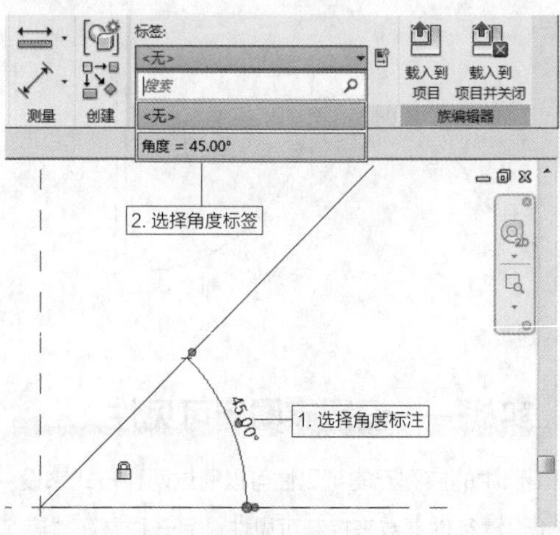

图 18-85 选择角度标签

Step 10 为角度标注添加标签的效果如图18-86所示。

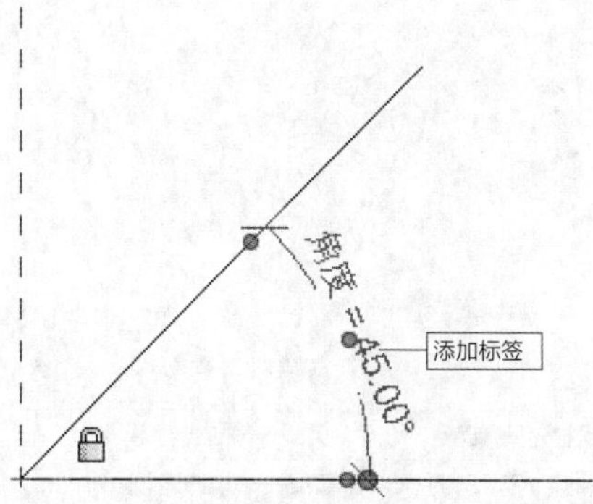

图 18-86 添加标签

知识链接：

在“参数属性”的对话框中创建的“角度”参数，显示在“标签”列表中，只能应用到角度标注。

Step 11 选择模型线，在“属性”选项板中单击“可见”选项右侧的“关联族参数”按钮，如图18-87所示。随即弹出“关联族参数”对话框。

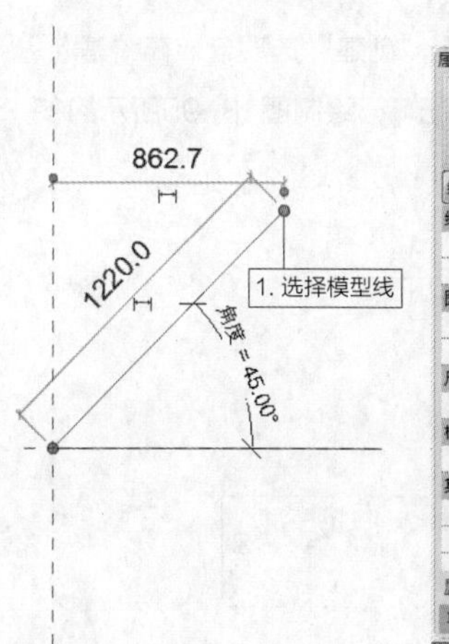

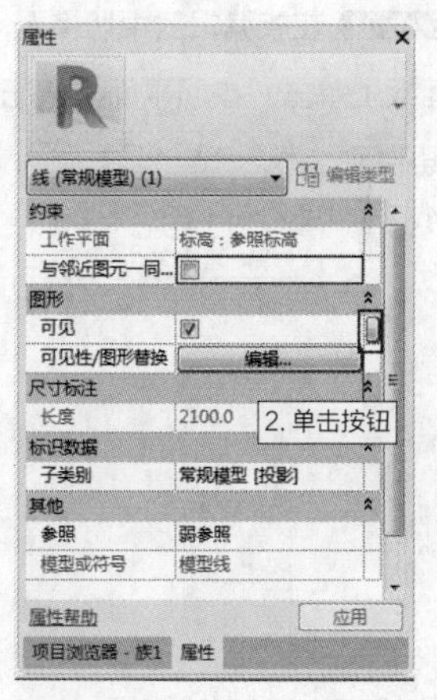

图 18-87 单击“关联族参数”按钮

Step 12 在对话框中选择已添加的“可见性”族参数，如图18-88所示。单击“确定”按钮关闭对话框。

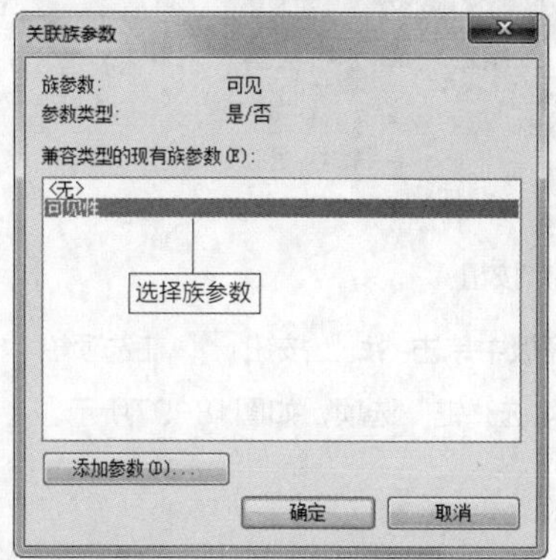

图 18-88 选择族参数

Step 13 与未添加“可见性”族参数的另一模型线相比，已添加族参数的模型线显示为灰色，如图18-89所示。

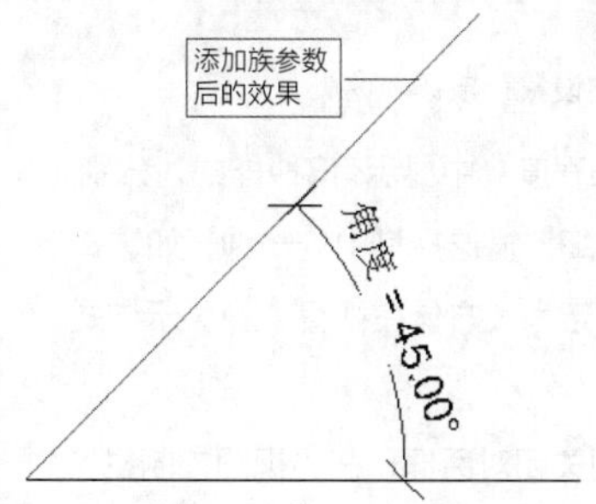

图 18-89 添加“可见性”族参数 1

Step 14 选择另一模型线，为其添加“可见性”族参数，效果如图18-90所示。

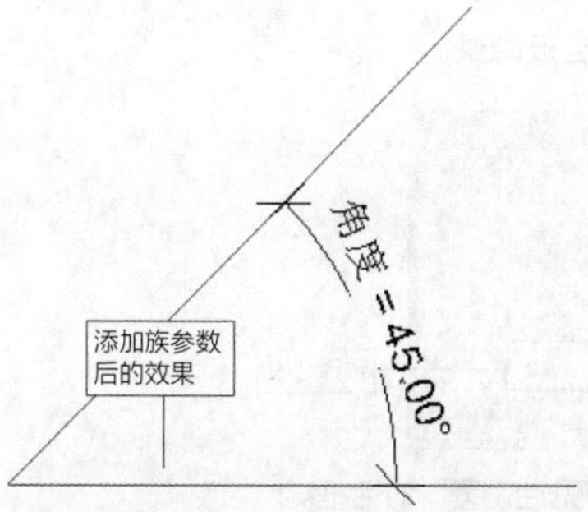

图 18-90 添加“可见性”族参数 2

延伸讲解：

在完成本部分操作后，将族载入项目后，角度小于45° 时模型线才可见，不然模型线就不可见。

2. “族图元可见性设置”对话框

族图元在创建完毕后，都以相同的样式在视图中显示，如图18-91所示。选择其中一个图元，如选择长方体，进入“修改|拉伸”选项卡。在“模式”面板中单击“可见性设置”按钮，如图18-92所示。随即打开“族图元可见性设置”对话框。

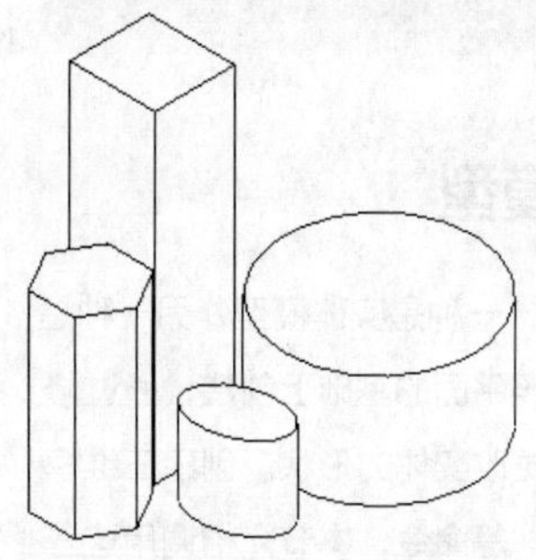

图 18-91 族图元的显示样式

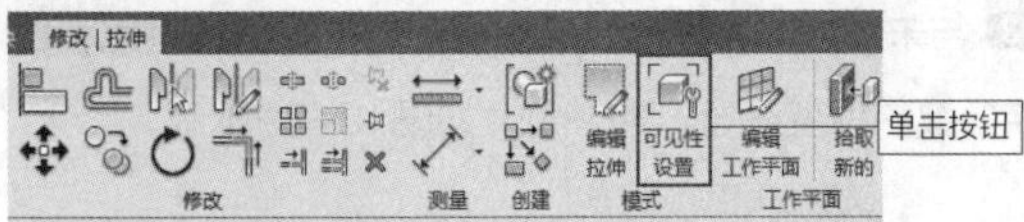

图 18-92 单击“可见性设置”按钮

在对话框的“详细程度”中显示有3种样式，分别是“粗略”“中等”“精细”。选择其中的一种，如选择“精细”选项，将其指定为长方体在视图中的显示样式，如图18-93所示。

单击“确定”按钮关闭对话框，在“视图控制栏”中单击“详细程度”按钮，在弹出的列表中选择显示样式，如选择“粗略”选项，此时可以发现长方体的显示样式发生了变化，图元显示为灰色，如图18-94所示。将族图元载入项目后，假如当前视图的“详细程度”不是“精细”，则长方体会完全被隐藏。

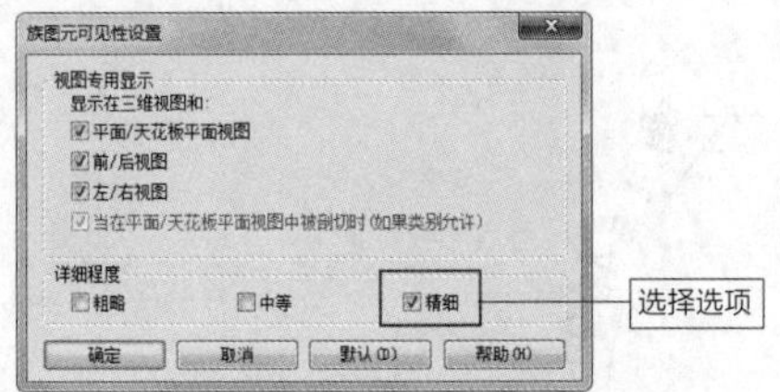

图 18-93 “族图元可见性设置”对话框

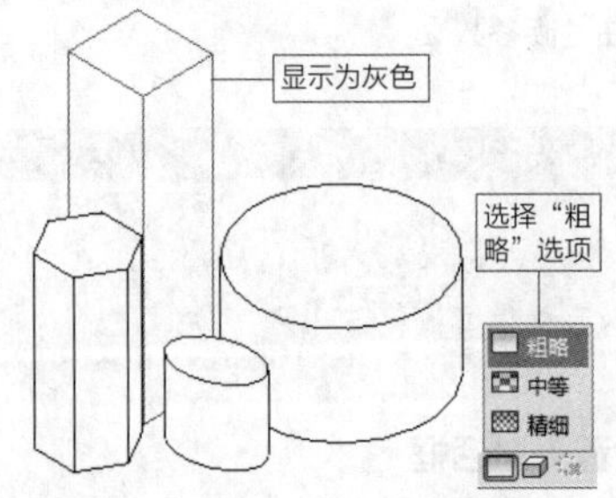

图 18-94 显示为灰色

延伸讲解：

在对话框的“视图专用显示”选项组中选择选项，设置族图元在各视图中的可见性。若取消选择“前/后视图”选项，则图元在“前/后视图”不可见。

18.7 创建三维模型

族三维模型有两种类型，一种是实体模型，另一种是空心模型。这两种模型在参照平面的基础上创建，通过修改参照平面上的尺寸标注来更改实体的形状。创建三维模型需要调用“拉伸”“融合”等命令，本节介绍调用这些命令的操作方法。

18.7.1 实战——拉伸建模

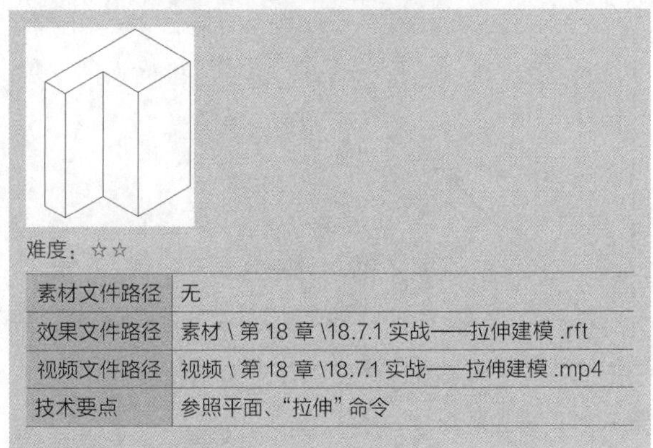

难度：☆☆

素材文件路径	无
效果文件路径	素材 \ 第 18 章 \18.7.1 实战——拉伸建模 .rft
视频文件路径	视频 \ 第 18 章 \18.7.1 实战——拉伸建模 .mp4
技术要点	参照平面、“拉伸”命令

启用“拉伸”命令，创建一个端面，为其指定“深度”值后，可以得到一个三维模型。本小节介绍创建拉伸模型的操作方法。

Step 01 打开项目文件，选择“文件”选项卡，在列表中选择“新建”→“族”命令，在“新族-选择样板文件”对话框中选择“公制常规模型”样板，单击“打开”按钮调用样板。

Step 02 在族编辑器中切换至“创建”选项卡，在“基准”面板上单击“参照平面”按钮，绘制图18-95所示的参照平面。

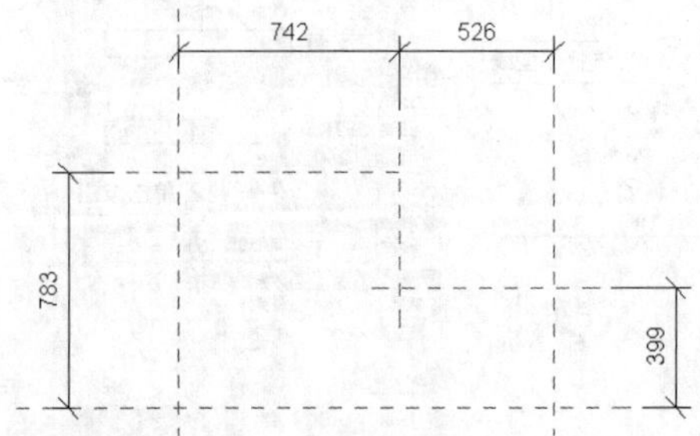

图 18-95 绘制参照平面

Step 03 在“形状”面板上单击“拉伸”按钮，如图18-96所示。随即进入“修改|创建拉伸”选项卡。

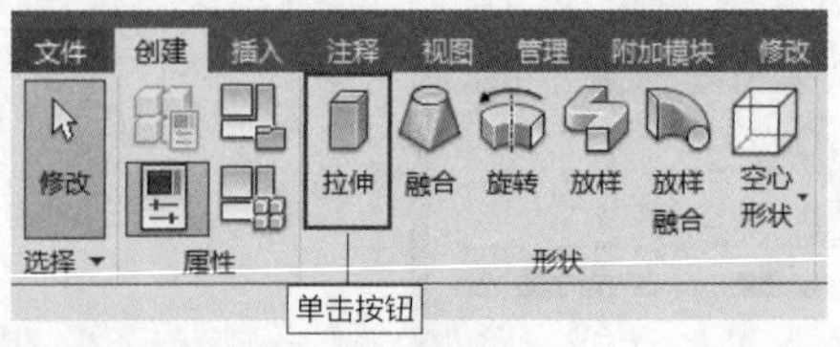

图 18-96 单击“拉伸”按钮

Step 04 在“绘制”面板中单击“线”按钮，在选项栏中设置“深度”值，勾选“链”选项，如图18-97所示。

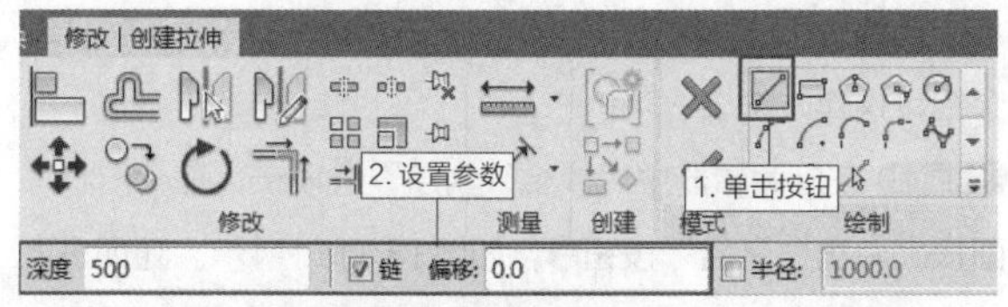

图 18-97 “修改 | 创建拉伸”选项卡

Step 05 在绘图区中单击指定轮廓线的起点、终点，绘制图18-98所示的轮廓线。

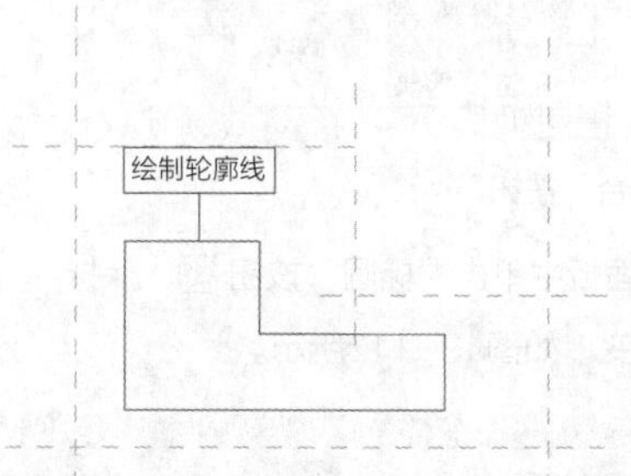

图 18-98 绘制轮廓线

Step 06 绘制完毕后，单击“模式”面板上的“完成编辑模式”按钮，退出命令，绘制轮廓线的效果如图18-99所示。

Step 07 选择轮廓线，进入“修改|拉伸”选项卡，在“修改”面板中单击“对齐”按钮，如图18-100所示。

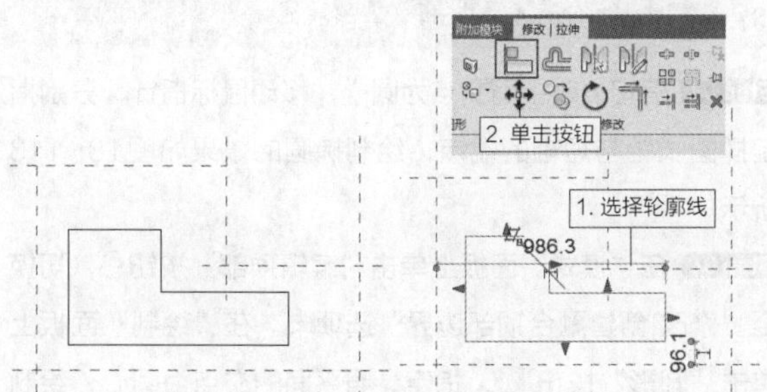

图 18-99 轮廓线效果　　图 18-100 单击“对齐”按钮

Step 08 将鼠标指针置于参照平面上，单击选择参照平面，随即显示蓝色的对齐虚线，如图18-101所示。

Step 09 接着选择拉伸轮廓线，可以调整轮廓线的位置，使其与参照平面对齐，如图18-102所示。

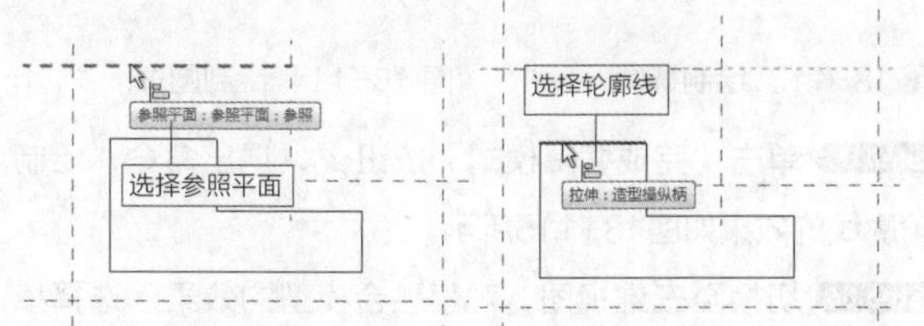

图 18-101 选择参照平面　　图 18-102 选择轮廓线

延伸讲解：

闭合的轮廓线为一个整体，但是可以分别对每一段轮廓线执行“对齐”操作。

Step 10 执行对齐操作的效果如图18-103所示，并显示“锁定/解锁”符号。

Step 11 单击“锁定/解锁”符号，锁定轮廓线与参照平面，效果如图18-104所示。

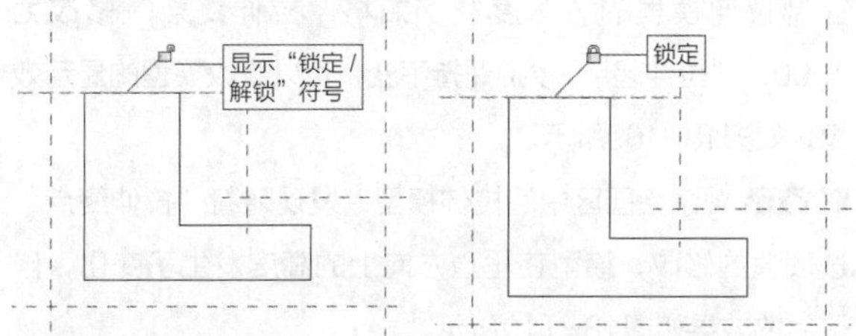

图 18-103 显示“锁定/解锁”符号　　图 18-104 锁定

知识链接：

锁定轮廓线与参照平面后，通过修改参照平面上的尺寸标注，可以驱动轮廓线发生改变。

Step 12 重复上述的“对齐”操作，分别对齐各段轮廓线与参照平面，同时不要忘记单击“锁定/解锁”符号，锁定对齐效果，如图18-105所示。

Step 13 选择参照平面，显示临时尺寸标注，单击标注数字，进入可编辑模式，输入尺寸参数，如图18-106所示。

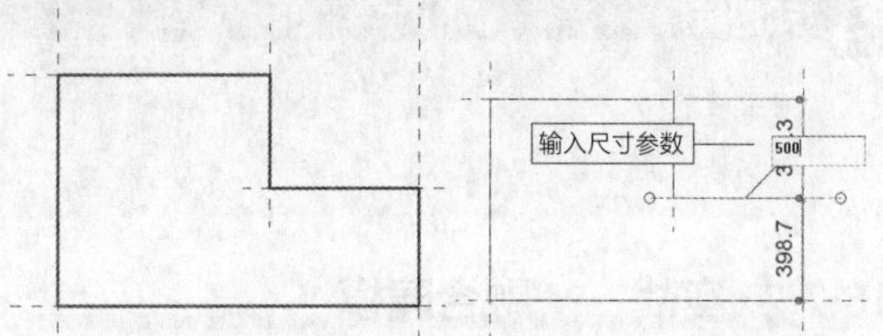

图 18-105 锁定对齐效果　　图 18-106 输入尺寸参数

Step 14 在空白位置单击，退出修改尺寸标注的操作。观察图形的显示效果，发现在参照平面的间距发生改变后，轮廓线的形状也发生了改变，效果如图18-107所示。

Step 15 切换至三维视图，观察拉伸模型的三维样式，如图18-108所示。在绘制轮廓线时可以按照“深度”值同步生成三维模型。

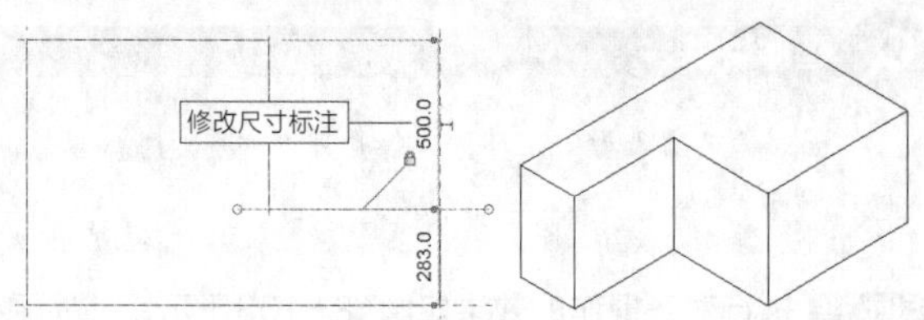

图 18-107 修改尺寸标注　　　图 18-108 三维样式

Step 16 选择拉伸模型，在“属性”选项板中显示模型的属性参数。在“拉伸起点”与“拉伸终点”选项中设置参数，控制拉伸模型的“深度”，如将“拉伸终点”修改为1500，“拉伸起点”为0保持不变，可以修改模型的显示效果，如图18-109所示。

Step17 观察绘图区中的拉伸模型，发现随着“拉伸终点”选项值的修改，模型在垂直方向上的高度发生了变化，修改后的效果如图18-110所示。

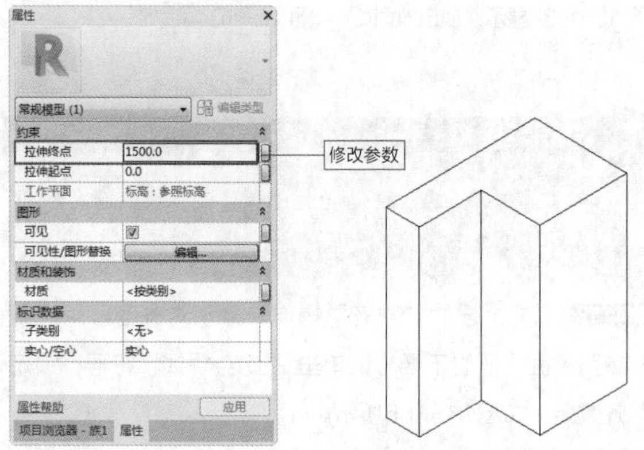

图 18-109 修改参数　　　　　　图 18-110 修改后的效果

> **知识链接：**
>
> 通常情况下，通过修改“拉伸终点”来调整模型的高度，如无特殊情况，“拉伸起点”值保持0就可以。

18.7.2 实战——融合建模

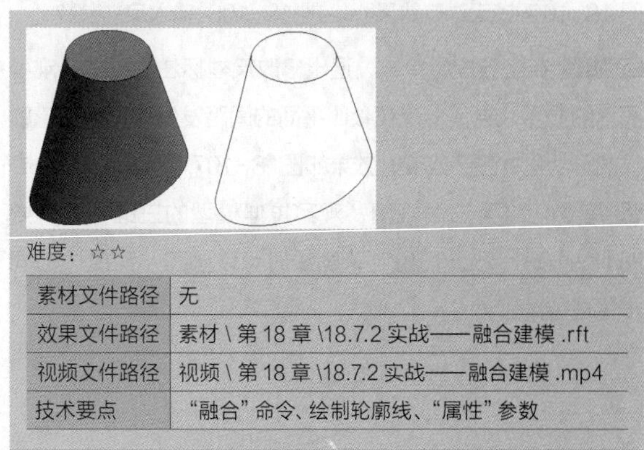

难度：☆☆

素材文件路径	无
效果文件路径	素材 \ 第 18 章 \18.7.2 实战——融合建模 .rft
视频文件路径	视频 \ 第 18 章 \18.7.2 实战——融合建模 .mp4
技术要点	“融合”命令、绘制轮廓线、“属性”参数

启用“融合”命令，可将两个平行平面（即“底部”与“顶部”）上的不同形状轮廓线进行融合建模。本小节介绍其操作方法。

Step 01 在族编辑器中切换至“创建”选项卡，在“形状”面板上单击“融合”按钮，如图18-111所示。随即进入“修改|创建融合底部边界”选项卡。

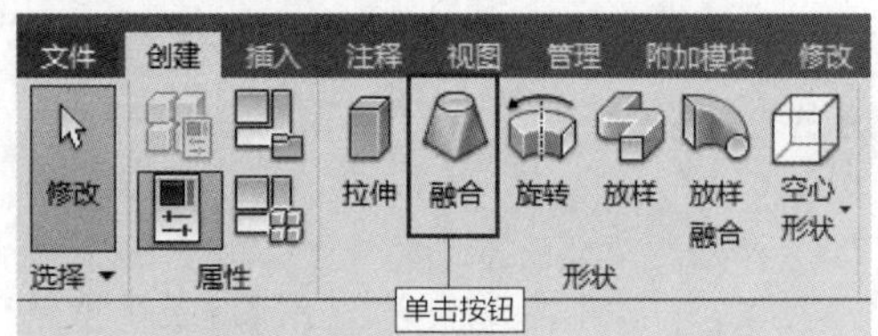

图 18-111 单击“融合”按钮

Step 02 在“绘制”面板中单击“椭圆”按钮，保持“深度”值为250不变，如图18-112所示。

图 18-112 “修改 | 创建融合底部边界”选项卡

> **延伸讲解：**
>
> 系统默认将“深度”值设置为250，用户可以在创建模型之前设置该值，也可以在模型创建完毕之后修改。

Step 03 指定参照平面交点为圆心，移动鼠标指针，分别指定椭圆长轴与短轴的端点，绘制椭圆的效果如图18-113所示。

Step 04 在“模式”面板上单击“编辑顶部”按钮，切换至“修改|创建融合顶部边界”选项卡。在“绘制”面板上单击“圆形”按钮，指定参照平面的交点为圆心，绘制圆形如图18-114所示。

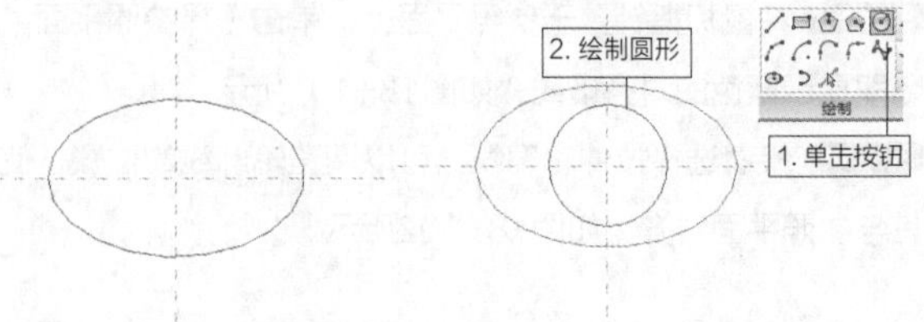

图 18-113 绘制椭圆　　　　图 18-114 绘制圆形

Step 05 单击“完成编辑模式”按钮✔，退出命令，绘制轮廓线的效果如图18-115所示。

Step 06 切换至三维视图，观察融合模型的效果。选择模型，在“属性”选项板中修改“第二端点”选项值，如图18-116所示。单击“应用”按钮，可以调整模型在垂直方向上的高度。

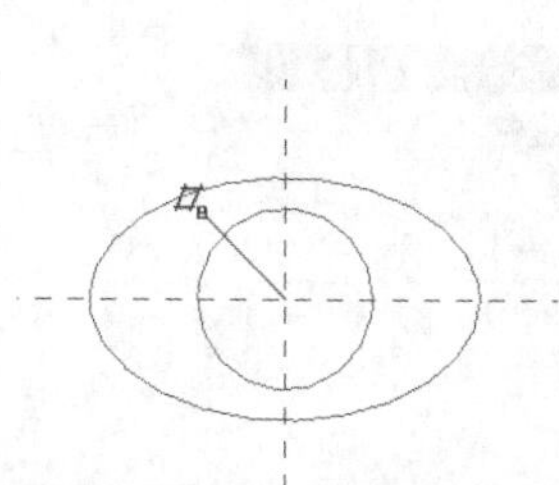
图 18-115 绘制轮廓线

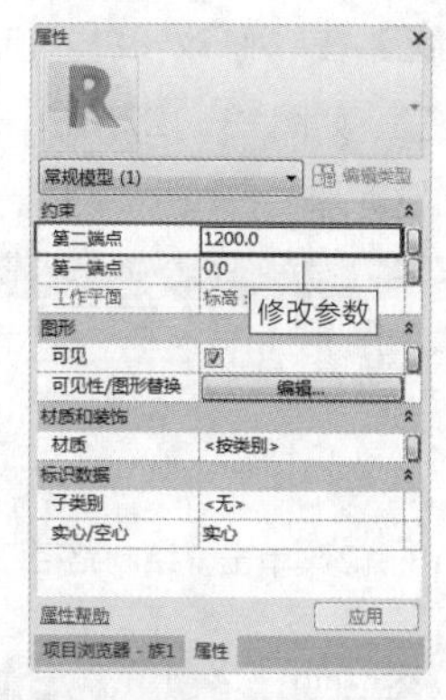

图 18-116 修改参数

知识链接：

选择融合模型后，在选项栏中修改“深度”值，同样可以修改模型的高度。

Step 07 融合建模的最终效果如图18-117所示。

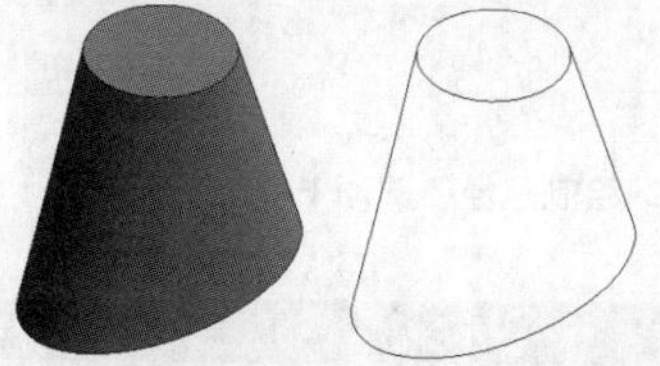
图 18-117 融合建模

18.7.3 实战——旋转建模

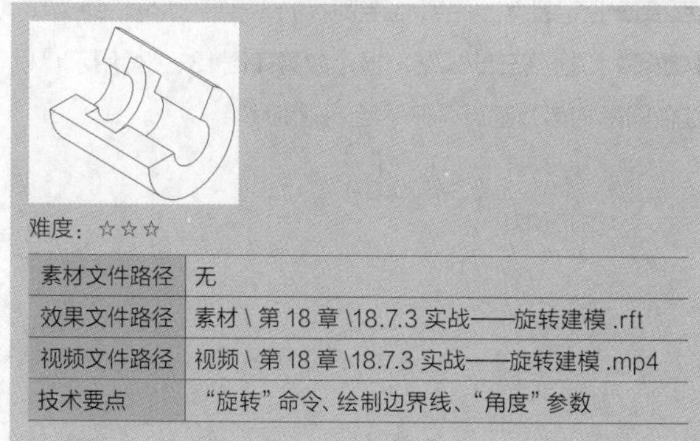

难度：☆☆☆

素材文件路径	无
效果文件路径	素材 \ 第 18 章 \18.7.3 实战——旋转建模 .rft
视频文件路径	视频 \ 第 18 章 \18.7.3 实战——旋转建模 .mp4
技术要点	“旋转”命令、绘制边界线、“角度”参数

启用“旋转”命令，绘制二维边界线，可以绕轴旋转生成三维图形。本小节介绍其操作方法。

Step 01 在族编辑器中选择“创建”选项卡，在“形状”面板上单击“旋转”按钮，如图18-118所示。随即进入“修改|创建旋转”选项卡。

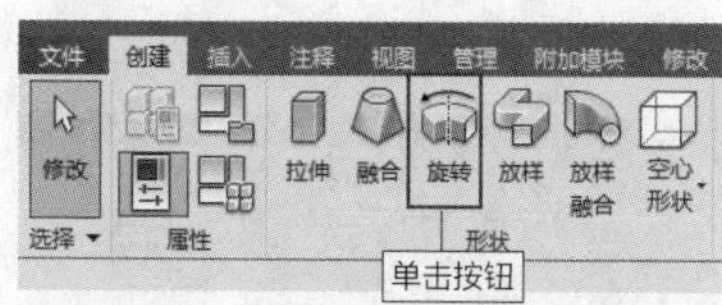

图 18-118 单击“旋转”按钮

Step 02 在选项卡中默认选择“边界线”按钮，在“绘制”面板中单击“线”按钮，在选项栏中勾选“链”选项，保持“偏移”值为0不变，如图18-119所示。

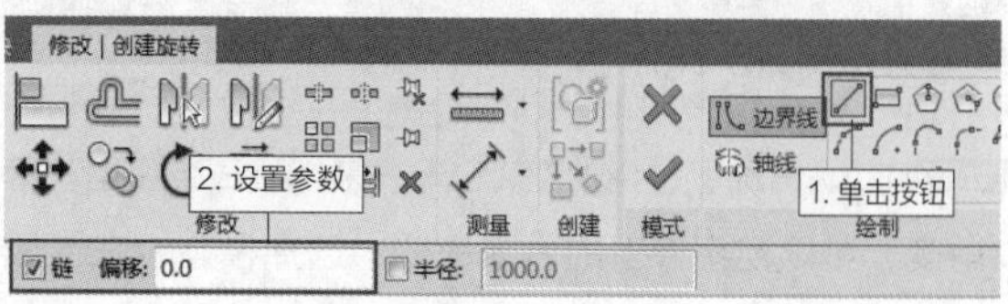

图 18-119 “修改 | 创建旋转”选项卡

延伸讲解：

执行旋转建模的步骤是先绘制边界线，再绘制轴线，接着绕轴创建模型。

Step 03 在绘图区中依次单击起点、终点，绘制图18-120所示的二维边界线。

Step 04 在“绘制”面板中单击“轴线”按钮，指定绘制方式为“线”，单击起点与终点，绘制轴线的效果如图18-121所示。

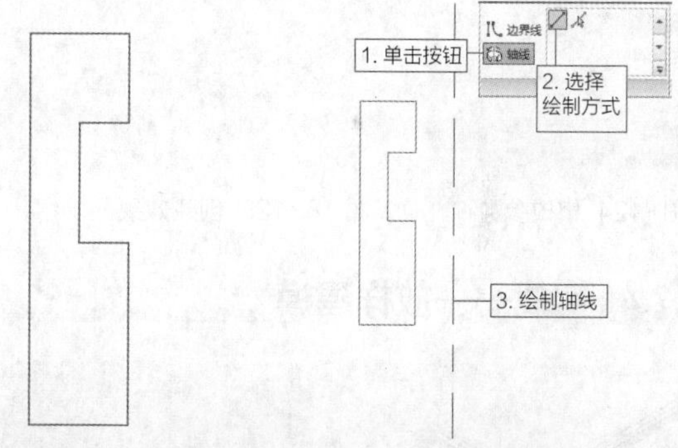

图 18-120 绘制边界线　　图 18-121 绘制轴线

知识链接：

单击“拾取线”按钮，可以拾取边或者线作为旋转轴。

Step 05 单击“完成编辑模式”按钮，系统开始执行旋转放样操作，在平面视图中观察模型的效果如图18-122所示。

Step 06 切换至三维视图，观察旋转建模的效果，如图18-123所示。

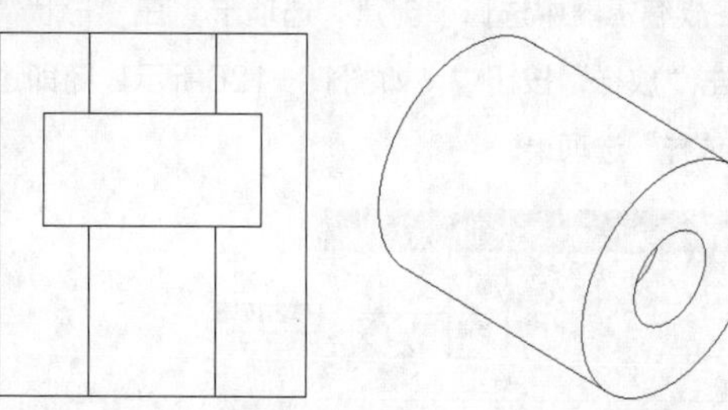
图 18-122 二维效果　　图 18-123 三维效果

延伸讲解：

一般情况下都在平面视图中绘制边界线和旋转轴，与在三维视图中绘制相比较，在平面视图中能够更准确地确定边界线的形状。

Step 07 默认情况下是绕轴旋转360° 来创建三维模型，修改角度，可以观察模型的内部构造。选择模型，在“属性”选项板中修改“结束角度”选项参数，如图18-124所示。

Step 08 单击“应用”按钮，模型重新按照所定义的角度执行旋转放样操作，此时可以清晰地观察模型的内部结构，效果如图18-125所示。

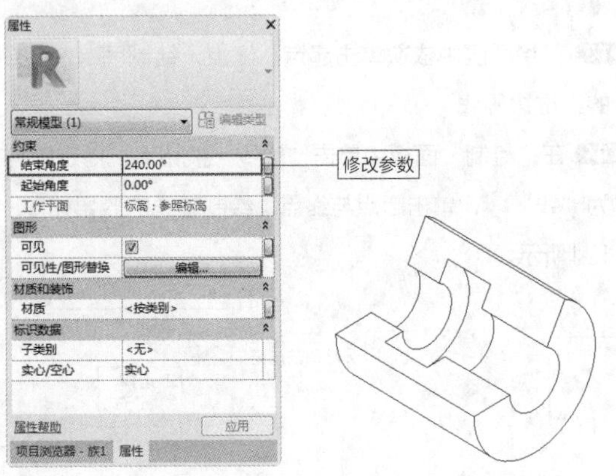

图 18-124 修改参数　　图 18-125 创建效果

18.7.4 实战——放样建模

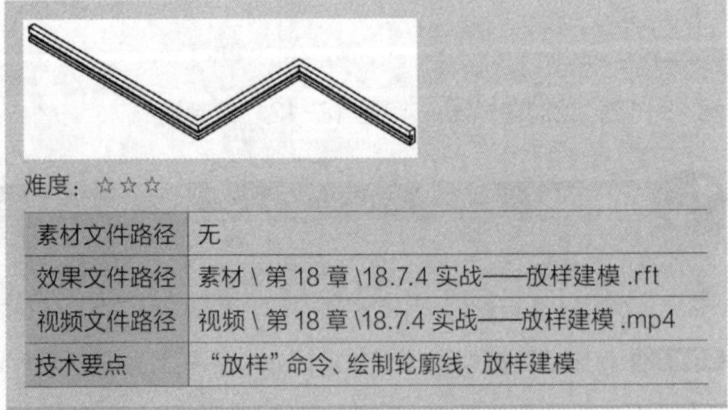

难度：☆☆☆

素材文件路径	无
效果文件路径	素材 \ 第 18 章 \18.7.4 实战——放样建模 .rft
视频文件路径	视频 \ 第 18 章 \18.7.4 实战——放样建模 .mp4
技术要点	“放样”命令、绘制轮廓线、放样建模

启用“放样”命令，通过绘制二维轮廓线，可以沿着指定的路径放样创建三维模型。本小节介绍其操作方法。

Step 01 在族编辑器中选择“创建”选项卡，在“形状”面板上单击“放样”按钮，如图18-126所示。随即进入“修改|放样”选项卡。

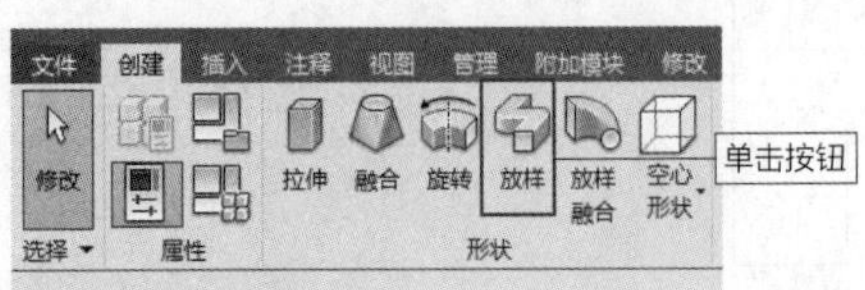

图 18-126 单击“放样”按钮

Step 02 在“修改|放样”面板中单击“绘制路径”按钮，如图18-127所示。随即进入“修改|放样>绘制路径”选项卡。

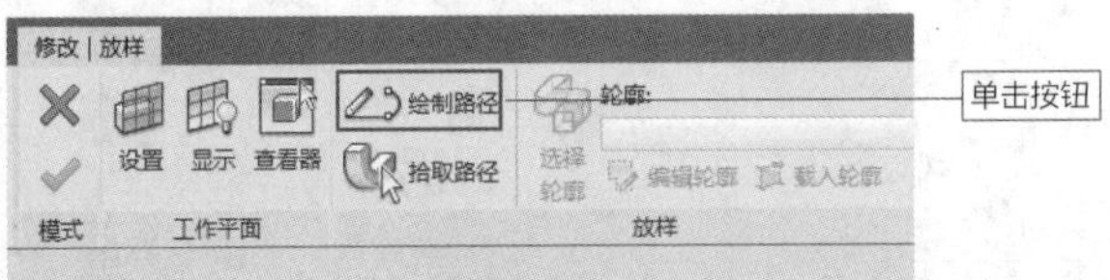

图 18-127 单击“绘制路径”按钮

延伸讲解：

单击“拾取路径”按钮，拾取已有的线作为放样路径。

Step 03 在选项卡的“绘制”面板中单击“线”按钮，指定绘制路径的方式；在选项栏中选择“链”选项，保持“偏移”值为0不变，如图18-128所示。

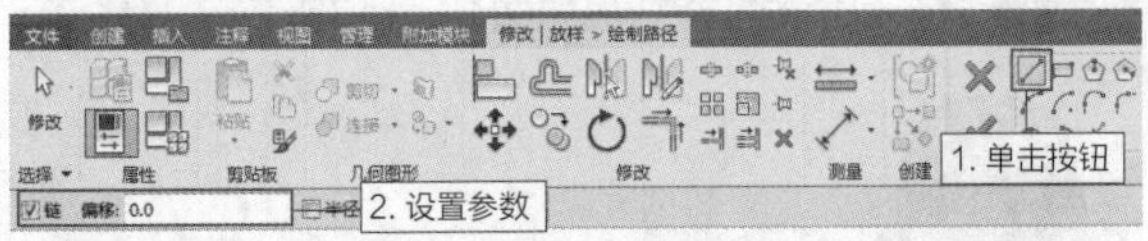

图 18-128 “修改 | 放样 > 绘制路径”选项卡

知识链接：

“线”最常用来绘制路径，选择其他绘制方式，如“矩形”、“内接多边形”等，可以绘制闭合的路径。

Step 04 指定起点与终点，绘制路径的效果如图18-129所示。

Step 05 切换至三维视图，显示效果如图18-130所示。以红色圆形端点为基点，开始绘制轮廓线。

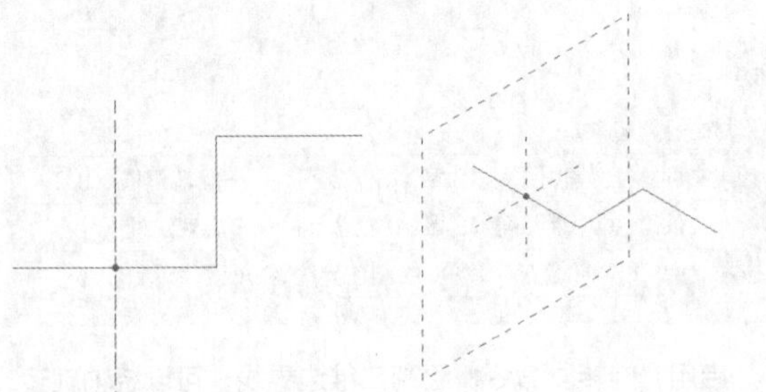

图 18-129 绘制路径　　图 18-130 三维视图

Step 06 绘制完路径后，单击“模式”面板上的“完成编辑模式”按钮，返回“修改|放样”选项卡。在“放样”面板上单击“编辑轮廓”按钮，如图18-131所示。随即进入“修改|放样>编辑轮廓”选项卡。

图 18-131 单击“编辑轮廓”按钮

延伸讲解：

完成绘制路径的操作后，需要结束该操作，才可以开始绘制轮廓线。

Step 07 在“绘制”面板中单击“线”按钮，勾选“链”选项，其他参数设置如图18-132所示。

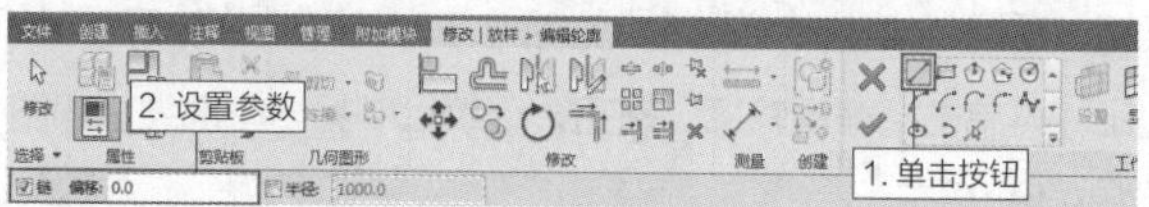

图 18-132 “修改 | 放样 > 编辑轮廓”选项卡

Step 08 以参照平面为基准线，绘制轮廓线的效果如图18-133所示。

Step 09 单击“完成编辑模式”按钮✔，返回“修改|放样”选项卡。在选项卡中单击“完成编辑模式”按钮✔，退出命令，放样建模的效果如图18-134所示。

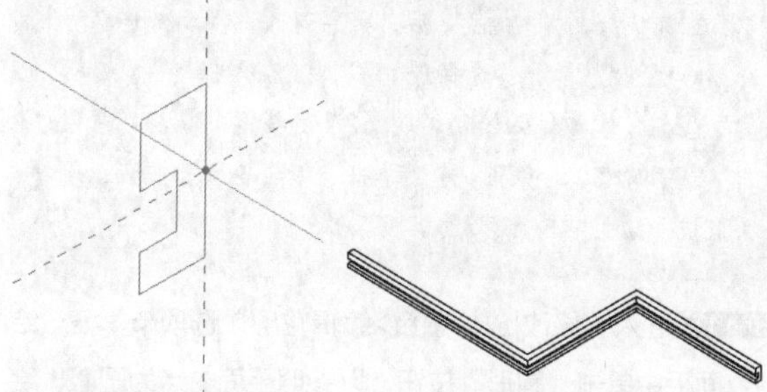

图 18-133 绘制轮廓线　图 18-134 放样建模

知识链接：

在绘制轮廓线时，可以仅使用“线”工具来绘制，也可以结合“矩形”工具与“线”工具来绘制，将多余的线段删除就可以了。

18.7.5 实战——放样融合建模

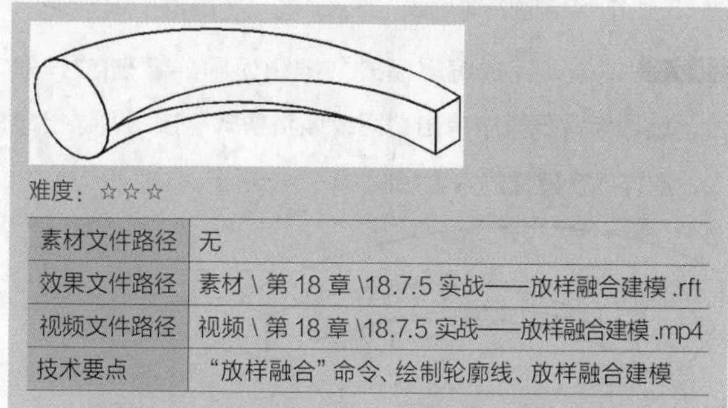

难度：☆☆☆

素材文件路径	无
效果文件路径	素材 \ 第 18 章 \18.7.5 实战——放样融合建模 .rft
视频文件路径	视频 \ 第 18 章 \18.7.5 实战——放样融合建模 .mp4
技术要点	“放样融合”命令、绘制轮廓线、放样融合建模

启用“放样融合”命令，不仅需要指定放样路径，还要选定两个放样轮廓线，系统将沿路径执行放样融合操作，创建三维模型。本小节介绍其操作方法。

Step 01 在族编辑器中切换至“创建”选项卡，在“形状”面板上单击“放样融合”按钮，如图18-135所示。随即进入“修改|放样融合”选项卡。

Step 02 在选项卡的“放样融合”面板上单击“绘制路径”按钮，如图18-136所示。随即进入“修改|放样融合>绘制路径”选项卡。

图 18-135 单击“放样融合”按钮

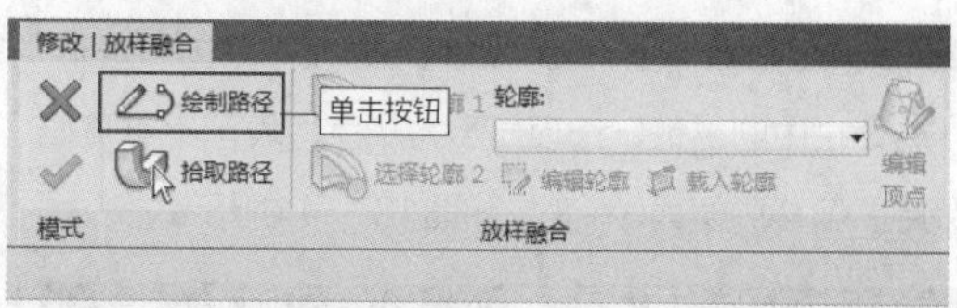

图 18-136 单击“绘制路径”按钮

Step 03 在“绘制”面板中单击“圆心-端点弧”按钮，设置“偏移”值为0，选择“改变半径时保持同心”选项，如图18-137所示。

图 18-137 “修改 | 放样融合 > 绘制路径”选项卡

Step 04 单击参照平面的交点，以其为圆心，移动鼠标指针，指定圆弧的起点与终点，绘制圆弧路径的效果如图18-138所示。

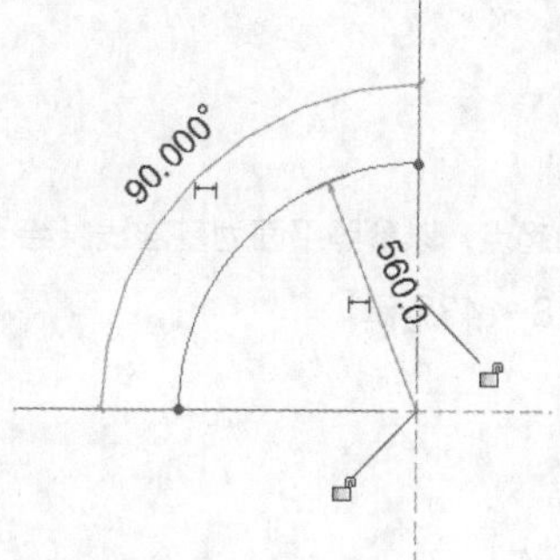

图 18-138 绘制圆弧路径

Step 05 切换至三维视图，观察到在路径的两端同时显示红色圆形端点，如图18-139所示，表示需要在两个端点绘制轮廓线才可执行“放样融合”操作。

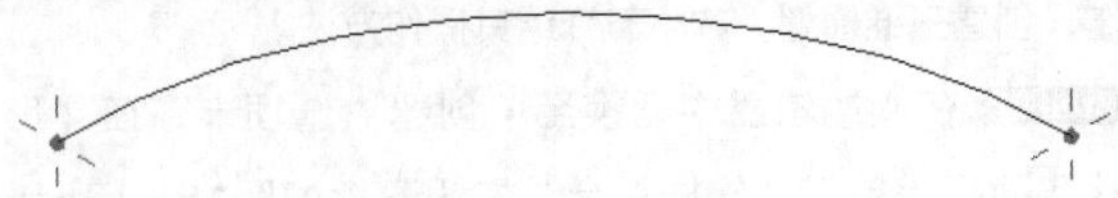

图 18-139 三维视图

Step 06 单击“完成编辑模式”按钮返回“修改|放样融合”选项卡，在“放样融合”面板上首先单击“选择轮廓1”按钮，接着单击“编辑轮廓”按钮，如图18-140所示。随后进入“修改|放样融合>编辑轮廓”选项卡。

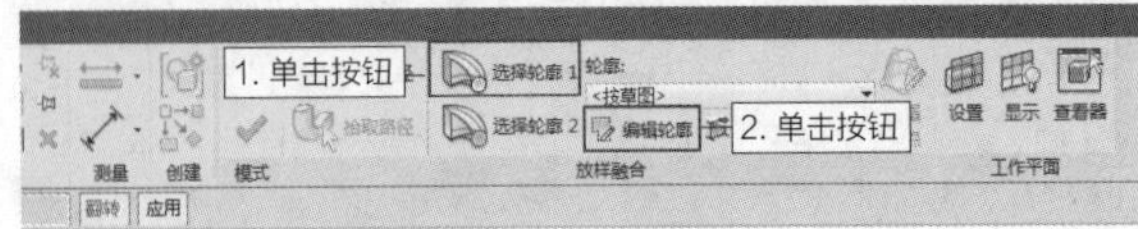

图 18-140 “修改 | 放样融合”选项卡

Step 07 切换至三维视图，在“绘制”面板中单击“矩形”按钮，选项栏中的“链”选项显示为灰色，表示不可被编辑，保持“偏移”值为0不变，如图18-141所示。

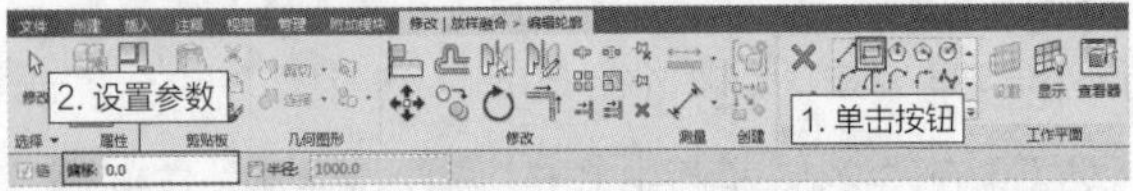

图 18-141 “修改 | 放样融合 > 编辑轮廓”选项卡

延伸讲解：

因为启用“矩形”命令会绘制闭合的轮廓线，不需要选择“链”选项也可以绘制首尾相连的线段，所以“链”选项显示不可被编辑。

Step 08 高亮显示路径一端的端点，同时另一端端点暗显，如图18-142所示。

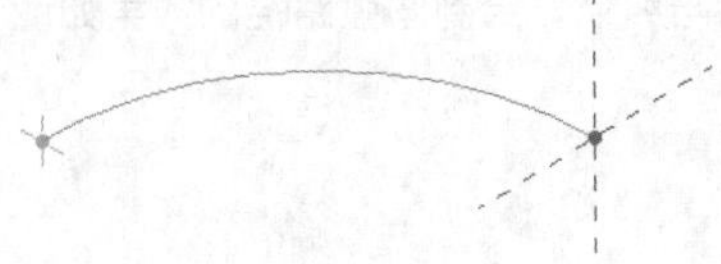

图 18-142 显示端点

Step 09 以红色圆形端点为起点，以参照平面为基准线，绘制矩形轮廓线的效果如图18-143所示。

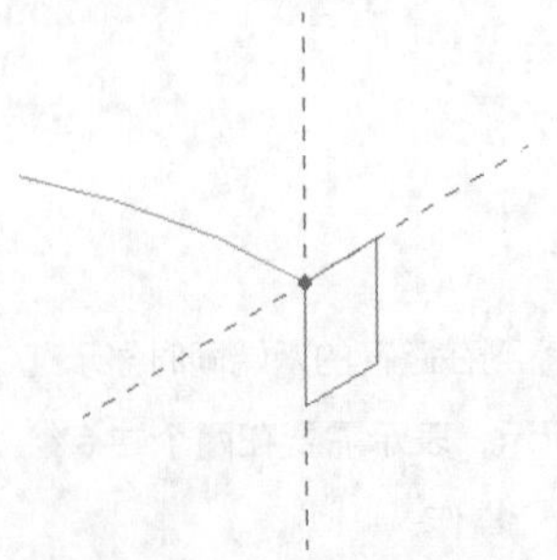

图 18-143 绘制矩形轮廓线

延伸讲解：

应该切换至三维视图后再开始绘制轮廓线，否则系统会弹出“转到视图”对话框，提醒用户切换视图后再开始执行绘制操作。

Step 10 绘制完矩形轮廓线后，单击“完成编辑模式”按钮，返回“修改|放样融合”选项卡。单击“选择轮廓2”按钮，再单击“编辑轮廓”按钮，继续绘制另一轮廓线，如图18-144所示。

图 18-144 “修改 | 放样融合”选项卡

答疑解惑 为什么有的用户不能进入绘制“轮廓2”的模式？

在完成绘制“轮廓1”后，需要返回“修改|放样融合”选项卡，首先单击“选择轮廓2”按钮，再单击“编辑轮廓”按钮，才能进入绘制“轮廓2”的模式。有的用户仅单击“选择轮廓2”按钮，忘记单击“编辑轮廓”按钮，所以不能进入绘制“轮廓2”的模式。

Step 11 进入“修改|放样融合>编辑轮廓”选项卡，在“绘制”面板中单击“圆形”按钮，以参照平面交点为圆心，绘制圆形轮廓线，效果如图18-145所示。

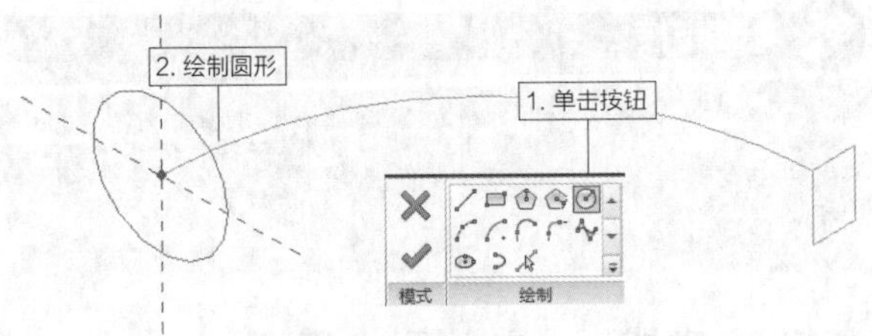

图 18-145 绘制圆形轮廓线

Step 12 单击“完成编辑模式”按钮返回“修改|放样融合”选项卡，在其中单击“完成编辑模式”按钮，退出命令，放样融合建模的效果如图18-146所示。

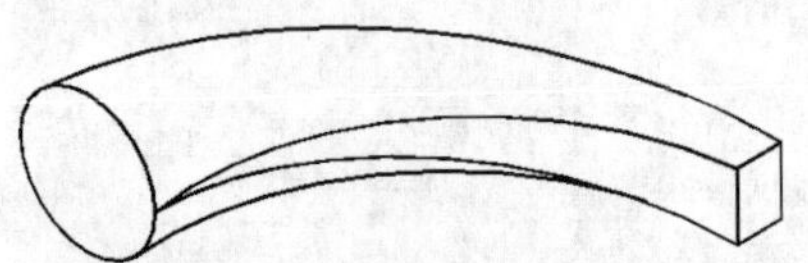

图 18-146 放样融合建模

延伸讲解：

系统每次仅高亮显示一端的端点，方便用户绘制轮廓线。

18.7.6 空心模型

重点

在“形状”面板上单击“空心形状”按钮，在弹出的列表中显示各种形状的空心模型，包含“空心拉伸”“空心融合”等，如图18-147所示。空心模型与实心模型的创建方法相同，不同之处是模型的样式为空心。

在列表中选择“空心拉伸”命令，进入“修改|创建空心拉伸”选项卡，在“绘制”面板中选择绘制方式，设置选项栏中的“深度”值为1000，如图18-148所示。

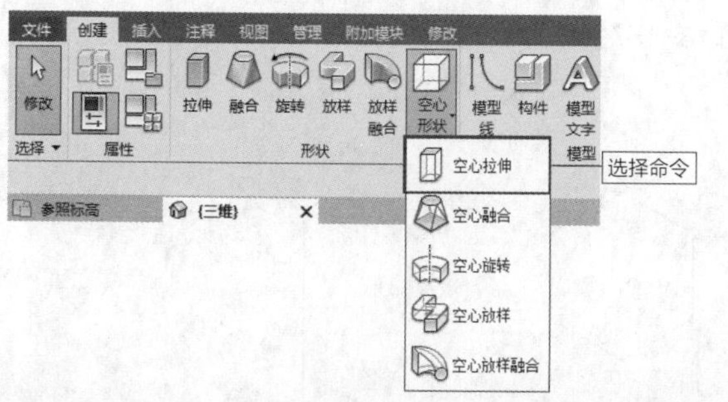

图 18-147 “空心形状”列表

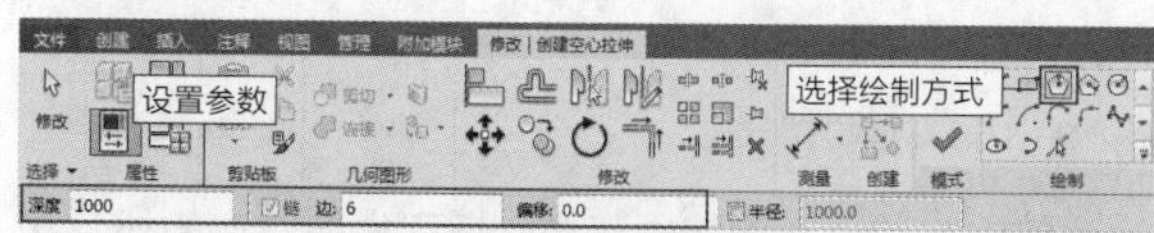

图 18-148 “修改 | 创建空心拉伸”选项卡

延伸讲解：

因为在“绘制”面板中选择了“内接多边形”的绘制方式，所以在选项栏中显示“边”选项，用户设置多边形的边数。如果选择其他绘制方式，如“线”“矩形”绘制方式，是没有“边”这一选项的。

在绘图区中指定多边形的起点与终点，单击“完成编辑模式”按钮，退出命令，创建“空心拉伸”模型的效果如图18-149所示。空心模型可以更改样式，使其转换为实体模型。

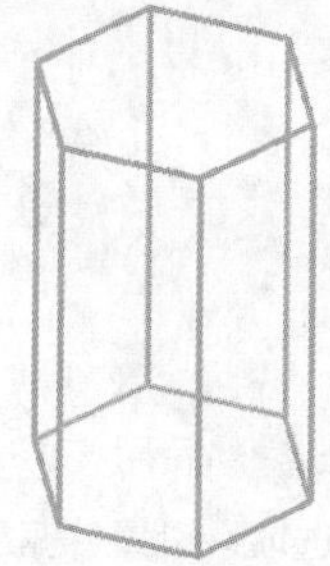

图 18-149 创建“空心拉伸”模型

选择空心模型，在“属性”选项板中单击“实心/空心”选项，在弹出的列表中选择“实心”选项，可将空心模型转换为实心模型，如图18-150所示。也可以选择实心模型，通过在“属性”选项板中更改参数使其转换为空心模型。

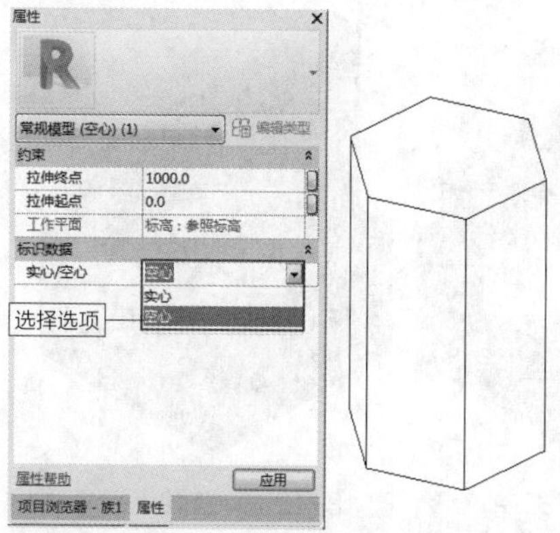

图 18-150 转换为实心模型

18.8 编辑三维模型

在族编辑器中可以对三维模型执行各类编辑操作，如连接、剪切、对齐和偏移等。本节介绍调用这些命令的操作方法。

18.8.1 布尔运算

重点

布尔运算包含两个命令，一个是“连接”命令，另一个是“剪切”命令。本小节依次简要地介绍这两个命令的操作方法。

1. “连接”命令

在族编辑器中选择“修改”选项卡，在“几何图形”面板中单击“连接”按钮，在弹出的列表中选择“连接几何图形”命令，如图18-151所示。单击要连接的实心模型，可以在共享公共面的两个或者更多主体图元之间创建清理连接。

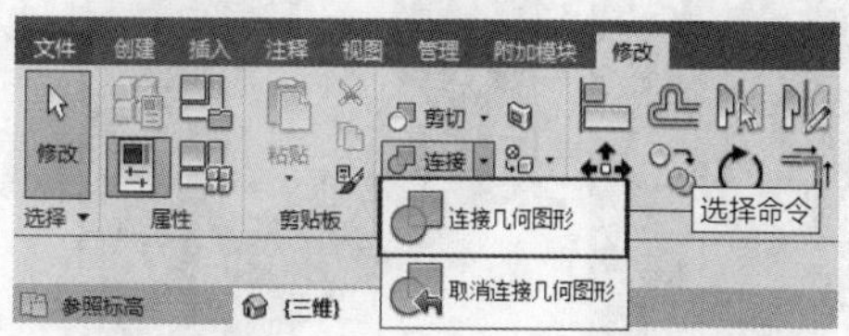

图 18-151 选择“连接几何图形”命令

以拉伸实心模型为例，假如要对两个长方体执行“连接”操作，需要依次单击选择两个模型，结果是在两个模型之间创建连接，效果如图18-152、图18-153所示。创建“连接”后，模型之间的可见边缘被删除，连接模型共享相同的线宽和填充样式。

选择已连接的模型，在“连接”选项列表中选择“取消连接几何图形”选项，可以撤销“连接”，恢复模型的本来样式。

图 18-152　“连接”前　　图 18-153　“连接”后

2. “剪切”命令

启用“剪切”命令，可以从实心形状中减去空心形状，在实心形状中保留空心形状的外轮廓，但是模型会被删除。在“几何图形”面板上单击“剪切”按钮，在弹出的列表中选择“剪切几何图形”命令，如图18-154所示。

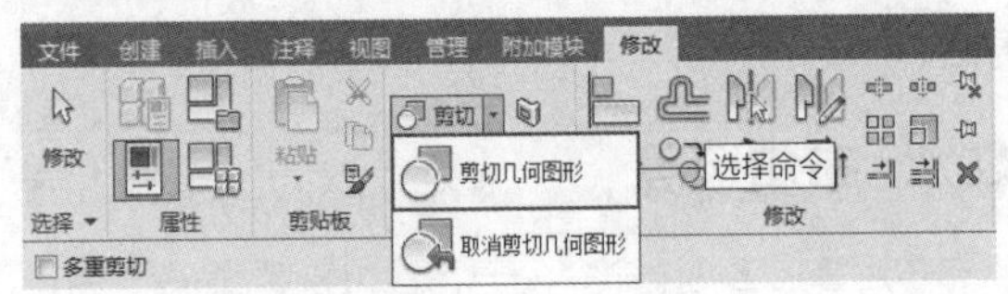

图 18-154 选择“剪切几何图形”命令

首先选择实心模型，即长方体，接着选择空心模型，即六边形，剪切效果如图18-155、图18-156所示。即在长方体上得到一个六边形的洞口。当需要在模型上创建洞口时，常常调用“剪切”命令。

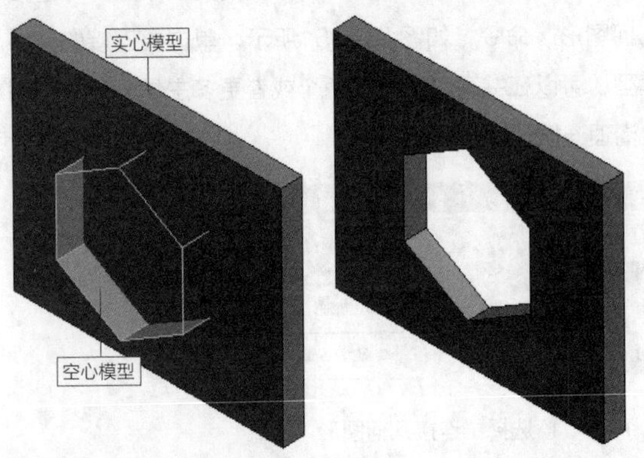

图 18-155　“剪切”前　　图 18-156　“剪切”后

18.8.2　对齐与偏移　重点

调用“对齐”命令与“偏移”命令，可以改变模型的位置以适应其他模型。本小节介绍调用这两个命令的操作方法。

1. “对齐”命令

在族编辑器中切换至“修改”选项卡，在“修改”面板上单击“对齐”按钮，如图18-157所示，可执行“对齐”操作。在执行“对齐”操作之前，两个模型均独立存在，互不影响，如图18-158所示。

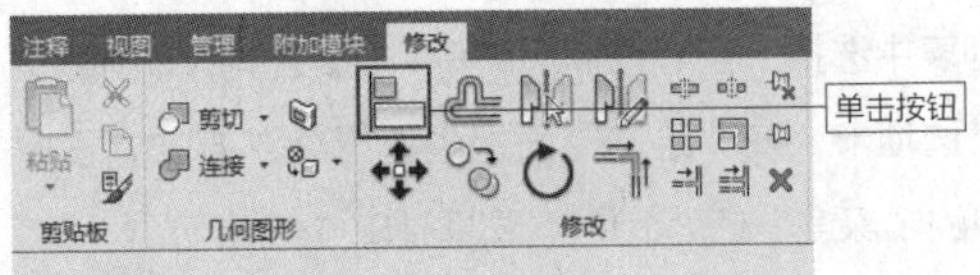

图 18-157 单击“对齐”按钮

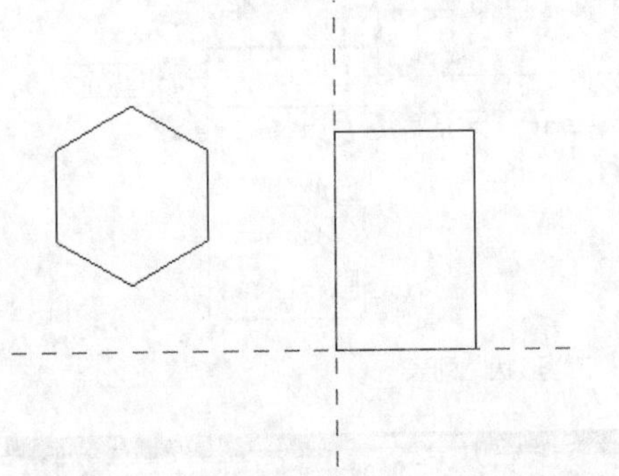

图 18-158　“对齐”前

单击六边形右侧的垂直边，指定为要对齐的线，移动鼠标指针，单击矩形的左侧边，指定矩形为要对齐的实体。此时矩形边向左移动，与六边形的垂直边对齐，效果如图18-159所示。同时显示“锁定/解锁”符号，单击符号，切换为“锁定”样式，表示六边形与矩形为关联状态，可以一起联动。

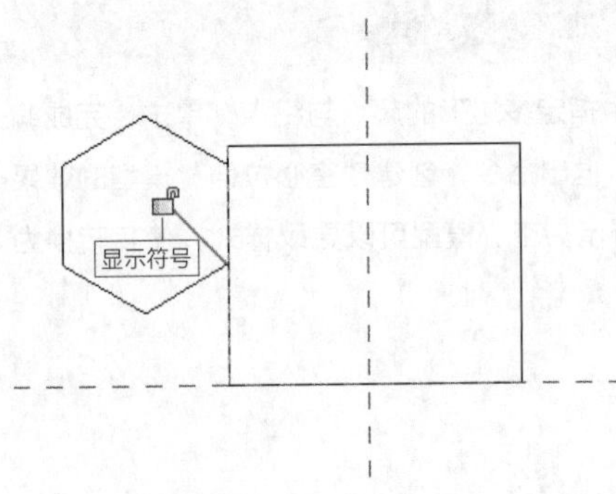

图 18-159 对齐操作

2. “偏移”命令

在“修改”面板上单击“偏移”按钮，启用“偏移”命令。在选项栏中选择“数值方式”选项，设置“偏移”参数，选择“复制”选项，在执行“偏移”操作后，可以得到图元副本。选择要偏移的图元，如选择模型线，可以预览偏移模型线的效果。在模型线的一侧，在指定的间距（即在“偏移”选项中设置的间距值）显示虚线样式的模型线，如图18-160所示。

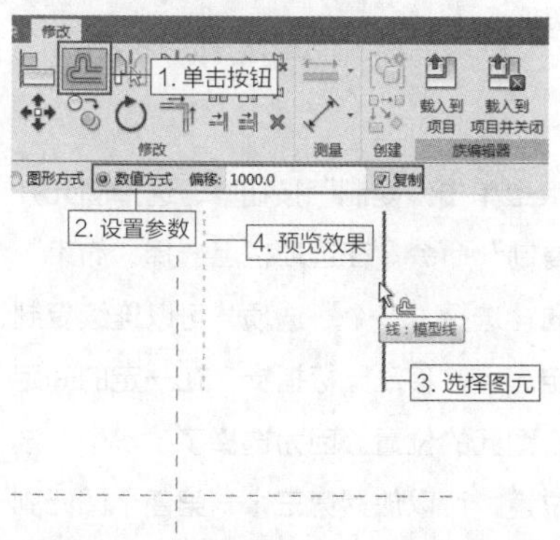

图 18-160　偏移操作

延伸讲解：

在“偏移”选项栏中选择“图形”选项，“偏移”选项暗显，表示不可被编辑。移动鼠标自定义偏移起点与终点，偏移复制图元。

18.8.3　修剪/延伸与拆分　难点

调用“修剪/延伸”命令或“拆分”命令，可以改变模型的显示样式，本小节介绍调用这些命令的操作方法。

1. “修剪/延伸”命令

Revit中有3种类型的“修剪/延伸”命令，分别是“修剪/延伸为角”“修剪/延伸单个图元”“修剪/延伸多个图元”。

单击“修剪/延伸为角”按钮，通过对图元执行修剪或延伸操作，使得图元形成一个角。以图18-161所示的操作结果为例，单击垂直模型线将其指定为边界线，再单击水平模型线，可以使得模型修剪成角。

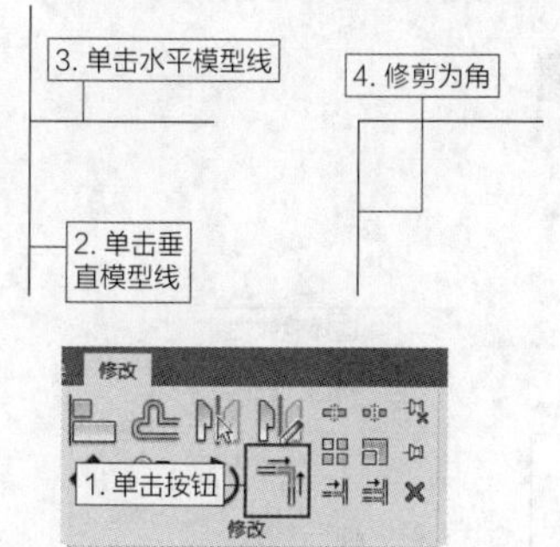

图 18-161　修剪为角

单击“修剪/延伸单个图元”按钮，修剪或延伸一个图元至其他图元的边界。以图18-162所示的操作结果为例，单击垂直模型线将其指定为边界线，再单击水平模型线，可以修剪水平模型线，使其端点位于垂直线上。

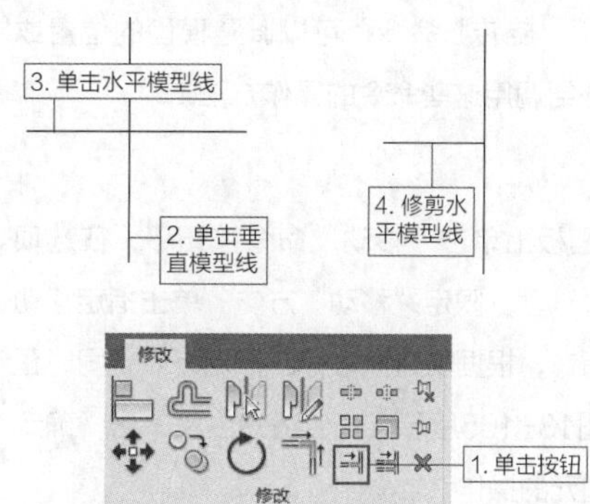

图 18-162　修剪水平模型线

值得注意的是，在指定修剪对象时，单击的对象会被保留。如将水平模型线指定为修剪对象时，单击左侧的水平线段，则右侧的水平线段被删除，保留左侧的线段。

单击“修剪/延伸多个图元”按钮，可以同时修剪或者延伸多个图元。以图18-163所示的操作结果为例，指定垂直模型线为修剪/延伸边界，在修剪长边的同时，还可以延伸短边至边界线上。

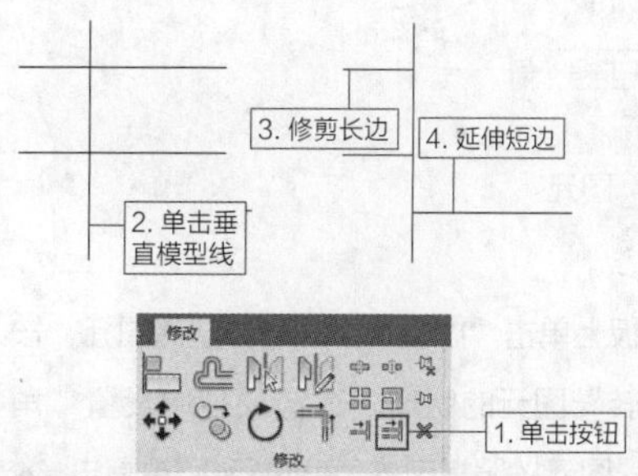

图 18-163　修剪 / 延伸线段

2. “拆分”命令

在“修改”面板上单击“拆分图元”按钮，在图元对象上指定两点，位于两点之间的部分图元从整体中被拆分出来，可以单独编辑而不会影响其他图元。

以图18-164所示的拆分操作为例，在线上指定两点，位于两点之间的线段为一个独立的部分，执行“删除”或“移动”等操作均不会影响相邻的线段。

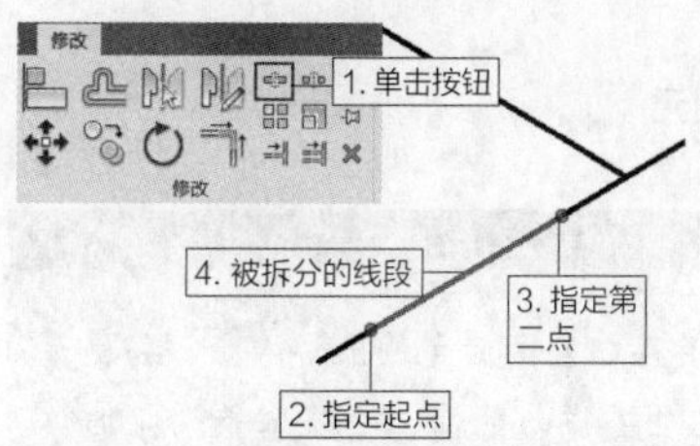

图 18-164　拆分操作

18.8.4 移动与旋转 重点

启用“移动”“旋转”命令，可以调整模型的位置或者角度。本小节介绍调用这些命令的操作方法。

1. “移动”命令

在“修改”面板上单击“移动”命令按钮，在选项栏上选择“约束”选项，限定“移动”方向。单击指定移动起点，移动鼠标指针，根据临时尺寸标注指定终点，同时预览移动效果，如图18-165所示。在合适的位置单击，确定终点，完成移动图元的操作。

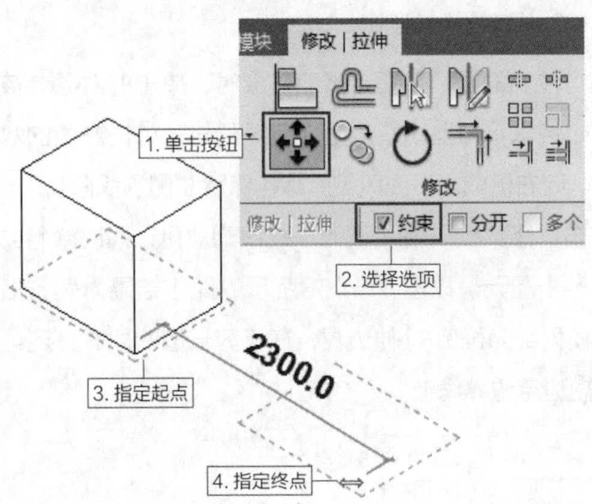

图 18-165 “移动”图元

2. “旋转”命令

在“修改”面板上单击“旋转”按钮，选择图元，按回车键，进入“旋转”图元的状态。在选项栏中设置“角度”值，按回车键，图元按照指定的角度执行旋转操作，效果如图18-166所示。

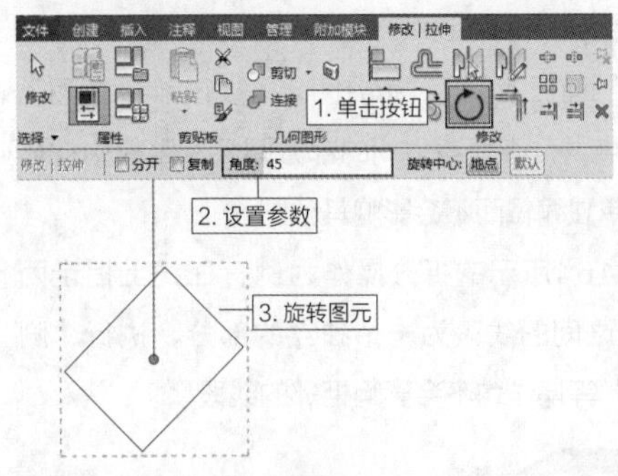

图 18-166 “旋转”图元

延伸讲解：

进入“旋转”命令后，显示蓝色的圆形端点，将鼠标指针置于端点上，按住并拖动鼠标，可以调整端点的位置。该端点即旋转基点，图元以该点为基础，执行“旋转”操作。

18.8.5 复制、镜像和阵列 难点

启用“复制”“镜像”“阵列”命令，可以得到一个或者多个图元副本。本小节介绍调用这些命令的操作方法。

1. “复制”命令

在“修改”面板上单击“复制”按钮，选择图元并按空格键，进入“复制”命令。在选项栏上选择“约束”选项，限定复制方向；选择“多个”选项，可以连续复制多个图元。单击指定起点，移动鼠标指针，在一定的间距处单击，指定第二个图元的位置。因为选择了“多个”选项，所以再次指定位置，可以放置第三个、第四个图元副本。按Esc键退出命令，效果如图18-167所示。

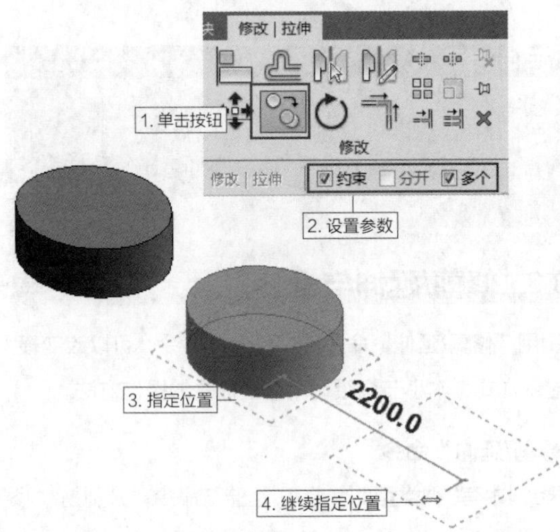

图 18-167 “复制”图元

2. “镜像”命令

在“修改”面板上单击“镜像-拾取轴”按钮，选择图元并按空格键，进入“镜像”命令。在选项栏中选择“复制”选项，选择镜像轴（如本例中的参照平面），可以在镜像线的一侧得到图元副本，效果如图18-168所示。

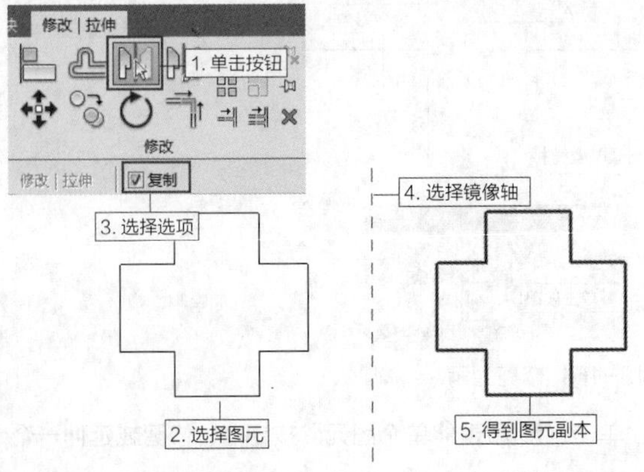

图 18-168 “镜像”图元

在“修改”面板上单击“镜像-绘制轴”按钮，需要临时绘制一条线作为镜像轴，才可以执行“镜像”操作。

知识链接：

选择“复制”选项，才可以得到图元副本。取消选择该项，图元只是被移动到镜像轴的一侧。

3. “阵列”命令

在“修改”面板上单击“阵列”按钮，选择图元并按空格键，进入“阵列”命令。在选项栏中选择“线性”按钮，选择“成组并关联”选项，设置“项目数”，设置“移动到”为“第二个”。单击指定起点，移动鼠标指针，在合适的位置单击，将其指定为第二个图元副本的位置。接着系统按照第一个与第二个图元的间距来阵列复制剩下的图元副本，效果如图18-169所示。

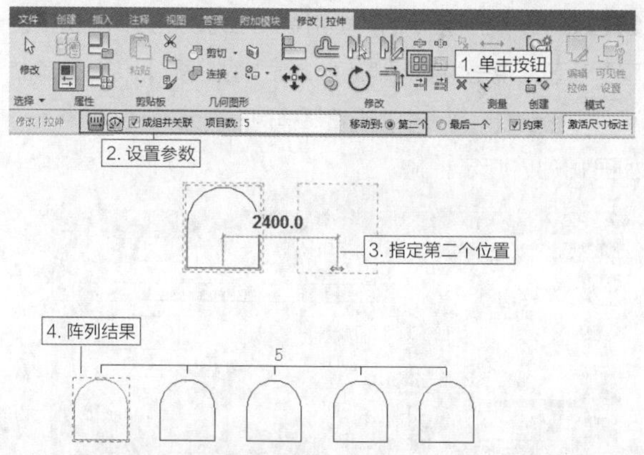

图 18-169 线性“阵列”图元

在选项栏中单击“径向”按钮，设置“项目数”，激活蓝色圆形端点，将其移动到参照平面线的交点。指定“角度”为360，径向“阵列”图元的效果如图18-170所示。

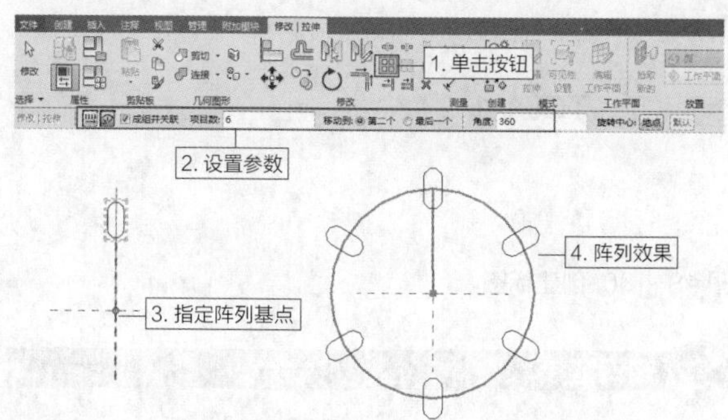

图 18-170 径向“阵列”图元

18.9 实战——创建窗标记

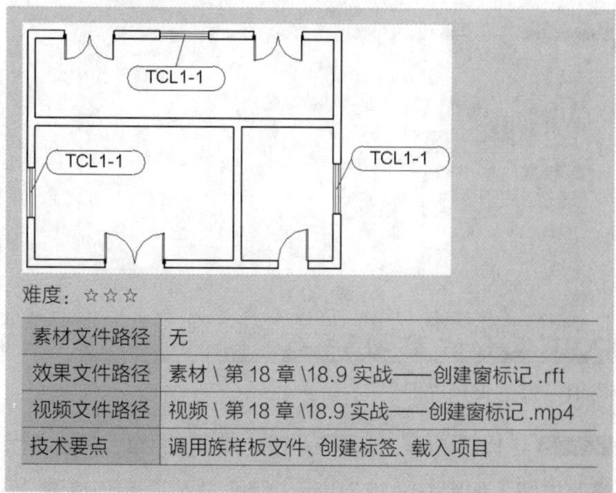

难度：☆☆☆

素材文件路径	无
效果文件路径	素材\第18章\18.9 实战——创建窗标记.rft
视频文件路径	视频\第18章\18.9 实战——创建窗标记.mp4
技术要点	调用族样板文件、创建标签、载入项目

创建窗标记，需要调用Revit提供的“窗标记”族样板。创建完成的窗标记调入项目文件使用。本节介绍创建窗标记的操作方法。

Step 01 选择“文件”选项卡，在弹出的列表中选择“新建”→“族”命令，弹出“新族-选择样板文件”对话框。单击注释文件夹，在其中选择“公制窗标记”族样板，如图18-171所示。

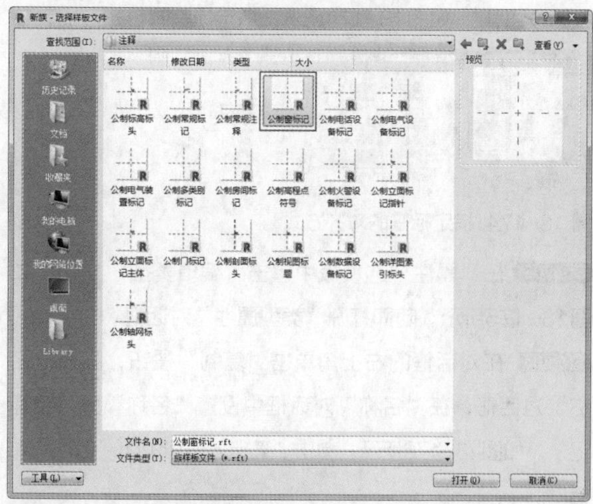

图 18-171 选择族样板

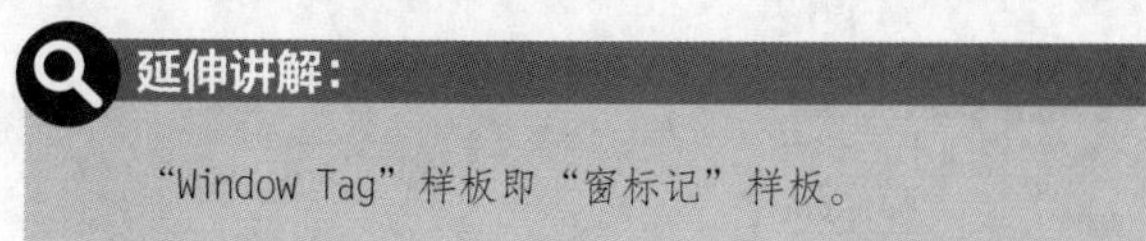

延伸讲解：

“Window Tag”样板即“窗标记”样板。

Step 02 单击“打开”按钮调用族样板。在族编辑器中显示相交的水平与垂直参照平面，在“属性”选项板中显示族样板名称“族：窗标记”，如图18-172所示。

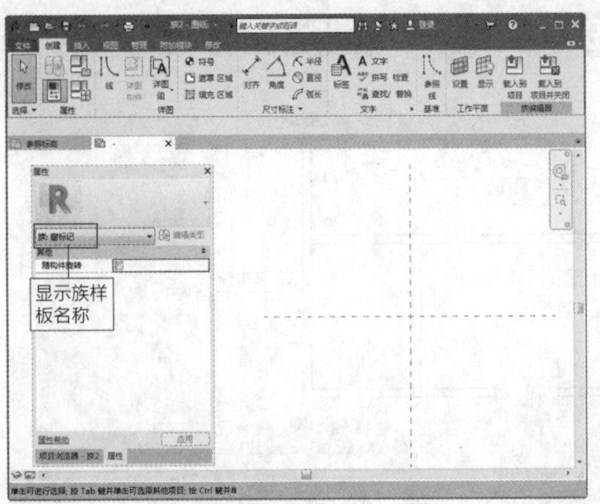

图 18-172 调用样板

Step 03 选择“创建”选项卡，在“文字”面板上单击“标签”按钮，如图18-173所示。随即进入“修改|放置 标签”选项卡。

图 18-173 单击“标签”按钮

Step 04 在“对齐”面板中单击“居中对齐”按钮、“正中”按钮，如图18-174所示，指定标签的对齐方式。

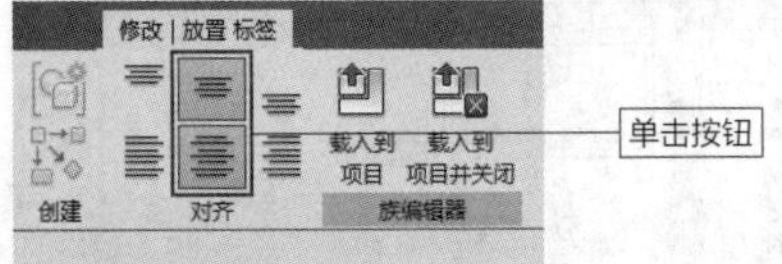

图 18-174 指定标签的对齐方式

Step 05 在“属性”选项板中单击“编辑类型”按钮，如图18-175所示。随即打开“类型属性”对话框。

Step 06 在对话框的右上角单击“复制”按钮，打开“名称”对话框，在“名称”对话框中设置“名称”为“窗标记”，如图18-176所示。单击“确定”按钮关闭“名称”对话框。

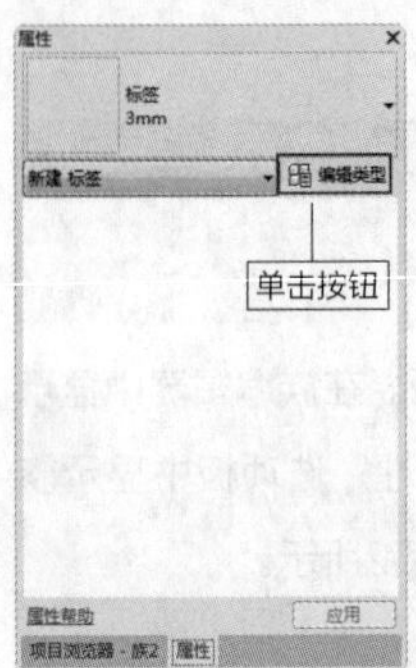

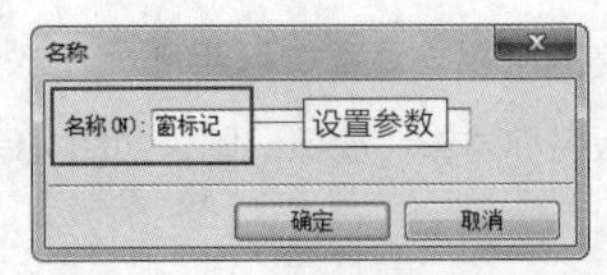

图 18-175 单击“编辑类型”按钮　图 18-176 “名称”对话框

Step 07 在对话框中单击“背景”选项，在弹出的列表中选择“透明”选项，设置“文字大小”为4mm，其他参数保持默认值，如图18-177所示。

Step 08 单击“确定”按钮关闭对话框，将鼠标指针置于参照平面的交点后单击，如图18-178所示。随即弹出“编辑标签”对话框。

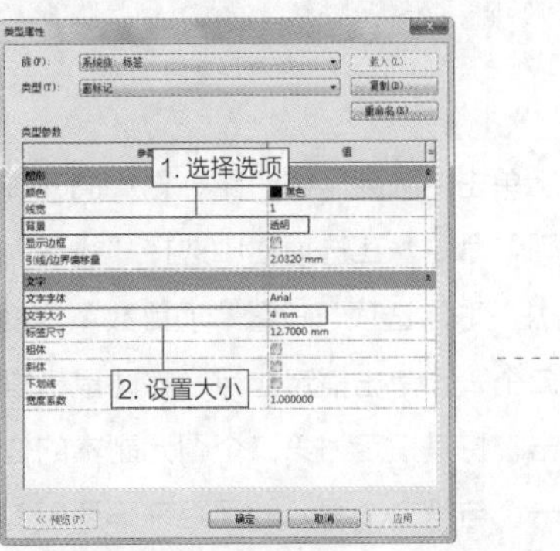

图 18-177 设置参数　图 18-178 单击鼠标

Step 09 在对话框左侧的“类别参数”列表中选择“类型注释”选项，单击中间的“添加参数”按钮，将参数添加至“标签参数”列表中。设置“样例值”为“TCL1-1”，如图18-179所示。

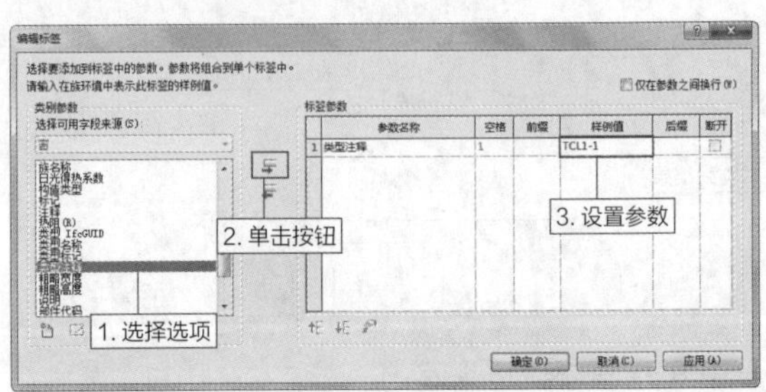

图 18-179 “编辑标签”对话框

Step 10 单击“确定”按钮关闭对话框，创建标签的效果如图18-180所示。

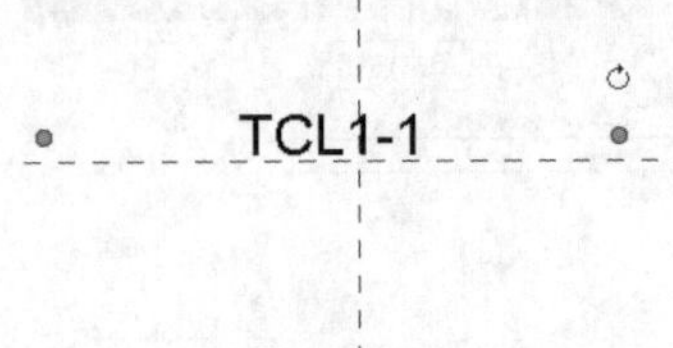

图 18-180 创建标签

知识链接：

“样例值”即标签的内容，用户可以自定义。

Step 11 按Esc键，退出“标签”命令。选择标签，按住并向上拖动鼠标，调整标签的位置，如图18-181所示。

Step 12 选择"创建"选项卡，在"详图"面板上单击"线"按钮，如图18-182所示。随即进入"修改|放置线"选项卡。

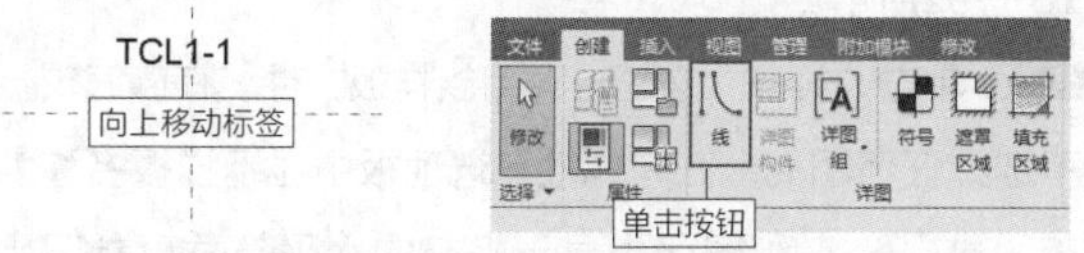

图 18-181 向上移动标签　图 18-182 单击"线"按钮

Step 13 在选项卡中单击"矩形"按钮，保持"偏移"值为0，如图18-183所示。

图 18-183 "修改 | 放置 线"选项卡

Step 14 在标签的左上角单击，指定矩形的起点；移动鼠标指针，在标签的右下角单击，指定矩形的对角线，绘制矩形的效果如图18-184所示。

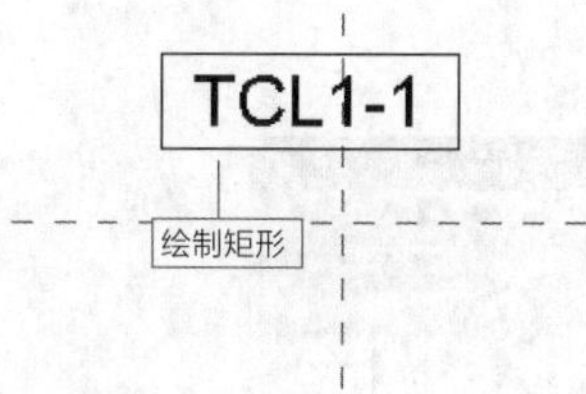

图 18-184 绘制矩形

Step 15 在"绘制"面板中单击"起点-终点-半径弧"按钮，指定各点，绘制圆弧的效果如图18-185所示。

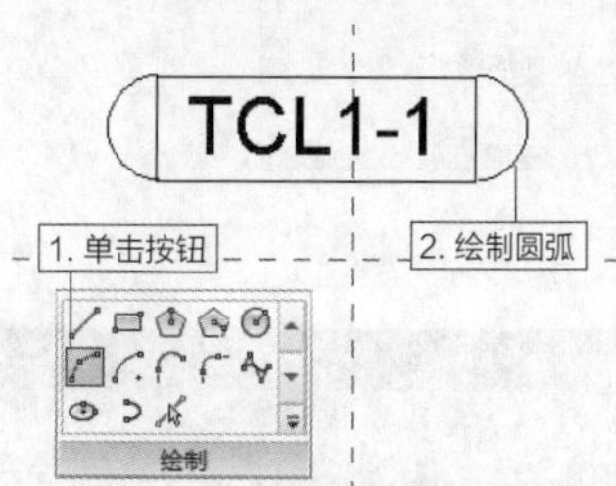

图 18-185 绘制圆弧

Step 16 按Esc键，退出命令，选择矩形的垂直边，按快捷键DE，删除线段的效果如图18-186所示。

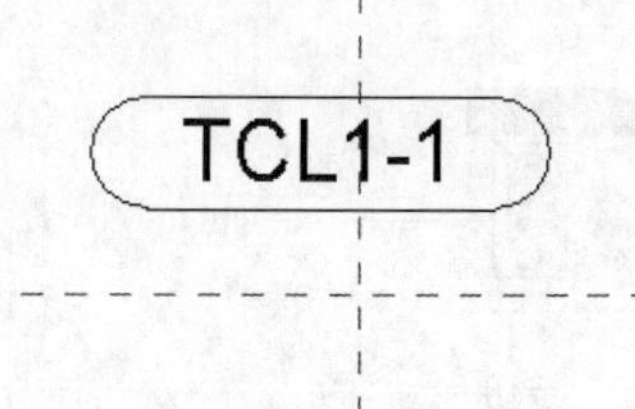

图 18-186 删除线段

Step 17 执行"保存"命令，弹出"另存为"对话框，将"文件名"设置为"窗标记"，如图18-187所示。单击"保存"按钮，保存"窗标记"文件。

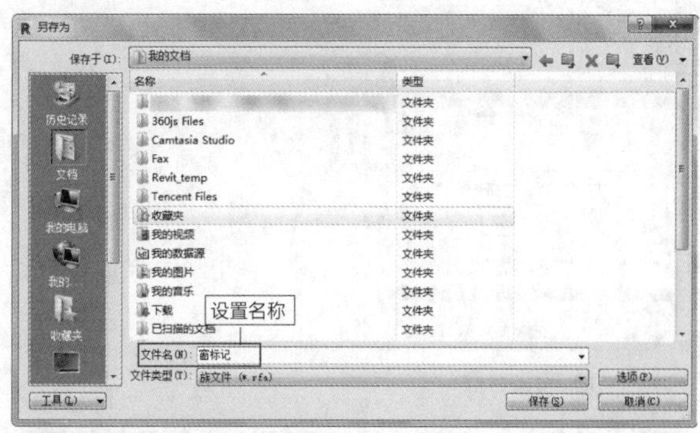

图 18-187 "另存为"对话框

延伸讲解：

用户可以自定义标签轮廓线的样式，在放置标签时可以显示轮廓线；也可以不绘制轮廓线，在放置标签时仅显示注释文字。

Step 18 选择"创建"选项卡，在"族编辑器"面板中单击"载入到项目"按钮，弹出"载入到项目中"对话框，在列表中选择样板，如图18-188所示。单击"确定"按钮，将"窗标记"载入项目。

Step 19 单击窗图元以放置窗标记，此时发现窗标记的显示为空白。选择窗，在"属性"选项板上单击"编辑类型"按钮，弹出"类型属性"对话框。在"标识数据"选项组中查看"类型注释"选项值，显示为空白，如图18-189所示。

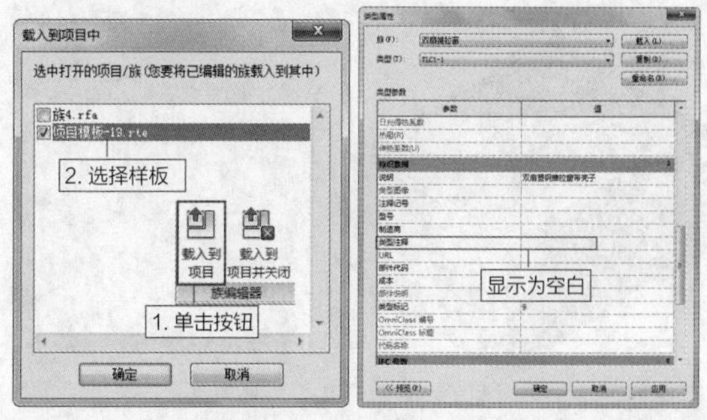

图 18-188 "载入到项目中"对话框　图 18-189 "类型属性"对话框

延伸讲解：

"窗标记"提取窗的"类型注释"值来创建注释文字，假如"类型注释"选项为空白状态，"窗标记"没有提取到任何信息，自然也显示为空白。

Step 20 在“类型注释”选项中设置参数值，如图18-190所示。单击“确定”按钮关闭对话框。

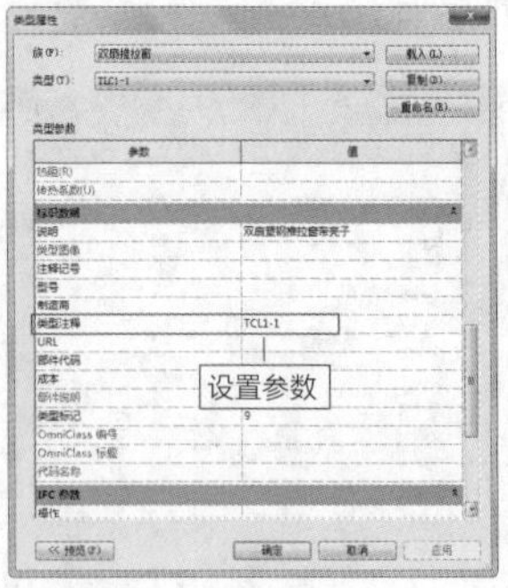

图 18-190 设置参数

Step 21 再次为窗创建标记，窗标记的显示效果如图18-191所示。其中包含标签文字及其轮廓线。

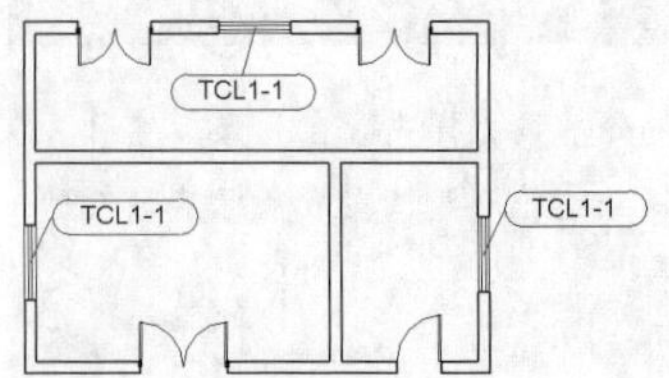

图 18-191 创建窗标记

知识链接：

设置完成“类型注释”值后，选择“注释”选项卡，在“标记”面板中单击“按类别标记”按钮，拾取窗图元，为其创建标记。

18.10 实战——创建矩形柱

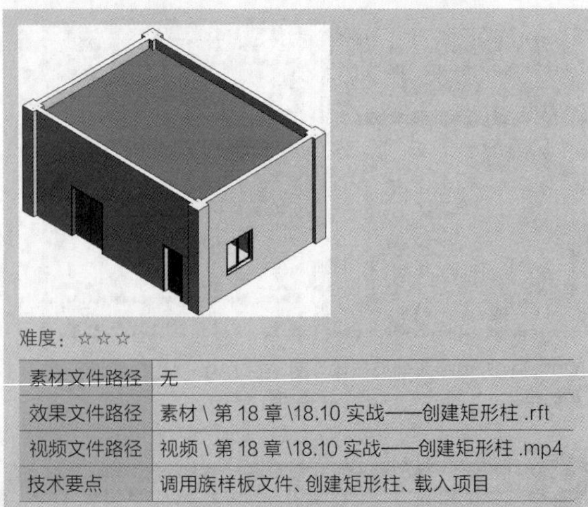

难度：☆☆☆

素材文件路径	无
效果文件路径	素材 \ 第 18 章 \18.10 实战——创建矩形柱 .rft
视频文件路径	视频 \ 第 18 章 \18.10 实战——创建矩形柱 .mp4
技术要点	调用族样板文件、创建矩形柱、载入项目

在创建矩形柱时，需要调用“柱”族样板，Revit中提供了“柱”族样板供用户调用。本节介绍调用族样板创建矩形柱的操作方法。

Step 01 选择“文件”选项卡，在弹出的列表中选择“新建”→“族”命令，弹出“新族-选择样板文件”对话框。在其中选择“Matric Column”，即“公制柱”样板，如图18-192所示。

Step 02 单击“打开”按钮，调用族样板文件。在族编辑器中不选择任何图元，在“属性”选项板中显示样板名称为“族：柱”。在绘图区中显示相交的水平与垂直参照平面，如图18-193所示。

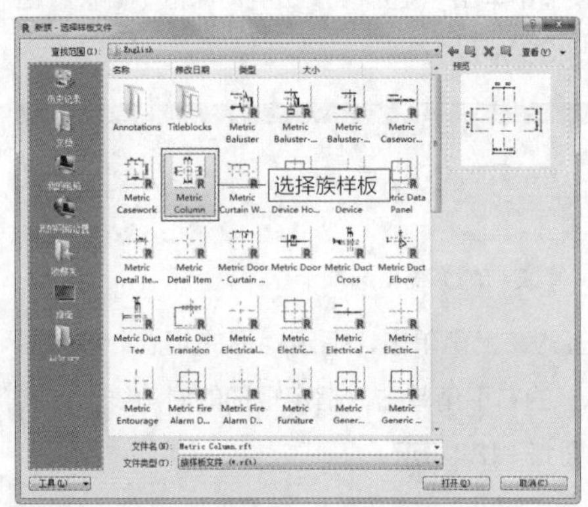

图 18-192 选择族样板

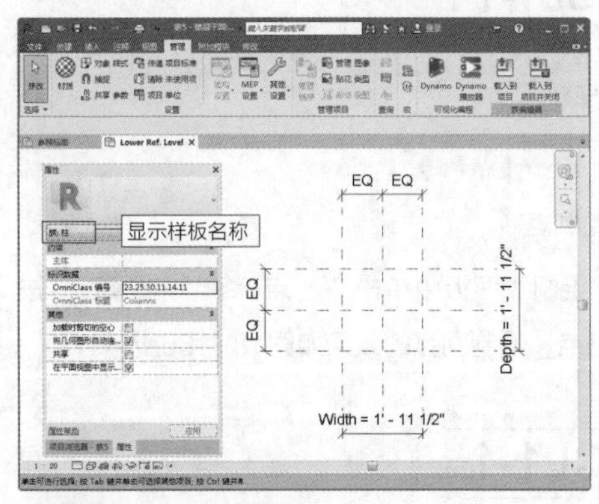

图 18-193 进入族编辑器

延伸讲解：

EQ表示“等分”，Depth表示“深度”，Width表示“宽度”。

Step 03 选择“管理”选项卡，在“设置”面板中单击“项目单位”按钮，如图18-194所示。随即弹出“项目单位”对话框。

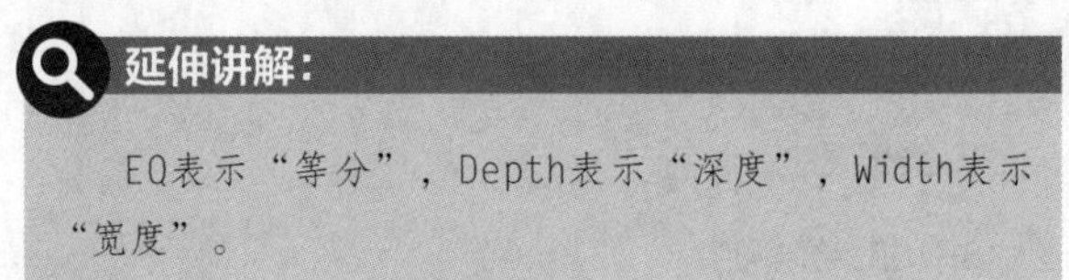

图 18-194 单击“项目单位”按钮

Step 04 在对话框中单击“长度”按钮，如图18-195所示。随即弹出“格式”对话框。

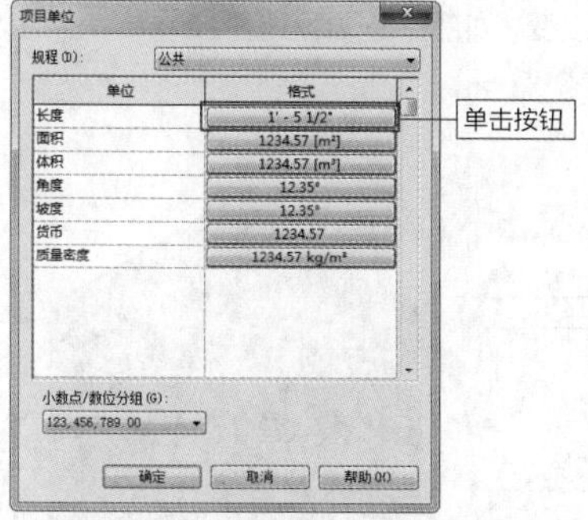

图 18-195 “项目单位”对话框

Step 05 在对话框中单击“单位”选项，在列表中选择“毫米”，在“单位符号”选项中选择“无”，表示不在视图中显示单位符号，如图18-196所示。

图 18-196 “格式”对话框

Step 06 单击“确定”按钮关闭对话框，观察视图中尺寸标注的格式已转换，如图18-197所示。“Depth=610”表示柱子的“深度”是610mm，“Width=610”表示柱子的“宽度”为610mm。系统默认为参照平面绘制尺寸标注，并添加等分约束，使用EQ表示，用来约束垂直与水平参照平面。

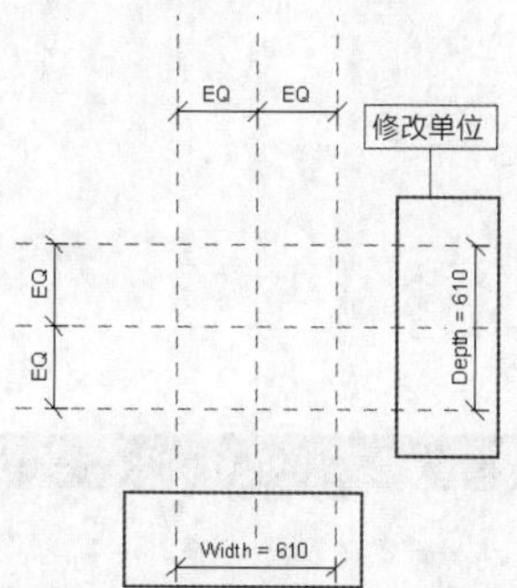

图 18-197 修改单位的效果

Step 07 在“项目浏览器”中单击展开“楼层平面”列表，在其中显示当前视图的名称为“Lower Ref.Level”，表示当前视图是“低于参照标高楼层平面视图”，如图18-198所示。

Step 08 不选择任何图元，在“属性”选项板中取消选择“在平面视图中显示族的预剪切”选项，如图18-199所示。当将矩形柱载入项目后，可以按照项目中的实际视图截图位置显示柱的剖切截面。

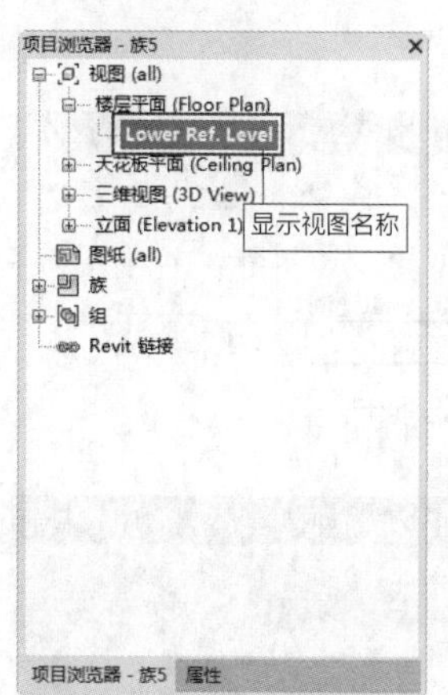

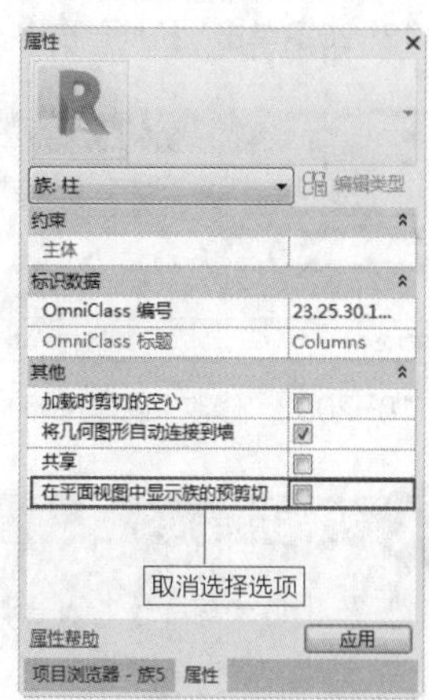

图 18-198 显示视图名称　　图 18-199 取消选择选项

Step 09 切换至“创建”选项卡，在“属性”面板上单击“族类型”按钮，如图18-200所示。随即打开“族类型”对话框。

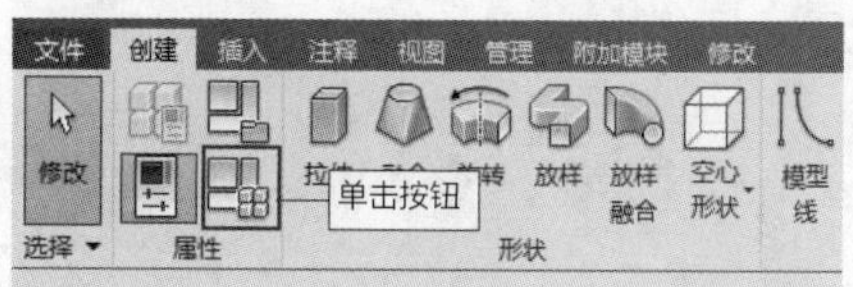

图 18-200 单击“族类型”按钮

Step 10 在“尺寸标注”列表中显示柱的族参数，“Width”（宽度）为610，“Depth”（深度）为610，如图18-201所示。用户可自定义柱子的尺寸参数，在本例中保持默认值不变。

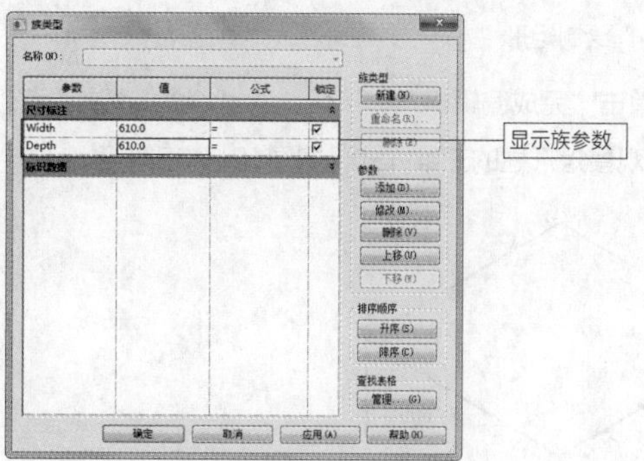

图 18-201 “族类型”对话框

Step 11 在“形状”面板中单击“拉伸”按钮，如图18-202所示。随即进入“修改|创建拉伸”选项卡。

Step 12 在选项卡的“绘制”面板上单击“矩形”按钮，保持“深度”值为250不变，设置“偏移”值为0，如图18-203所示。

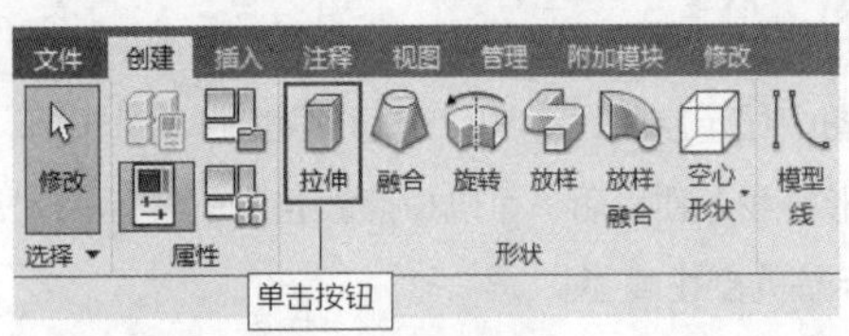

图 18-202 单击“拉伸”按钮

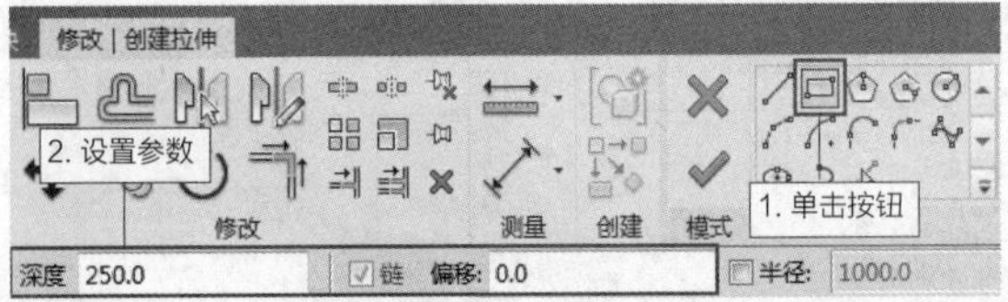

图 18-203 “修改 | 创建拉伸”选项卡

延伸讲解：

不使用“模型线”来绘制柱子轮廓，因为“模型线”不能创建三维模型。

Step 13 以参照平面为基准线，依次指定矩形柱的对角点，绘制矩形的效果如图18-204所示。

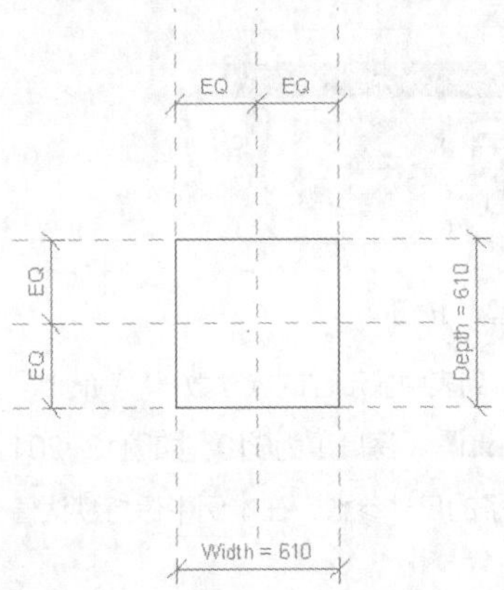

图 18-204 绘制矩形

Step 14 单击“完成编辑模式”按钮，退出命令，切换至三维视图，观察矩形柱的三维样式，如图18-205所示。

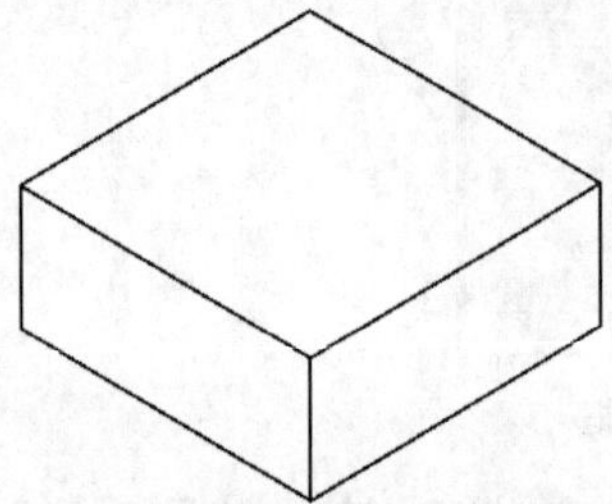

图 18-205 矩形柱的三维样式

Step 15 选择矩形柱，在“属性”选项板中显示“拉伸终点”选项参数，表示矩形柱的高度。默认值为250，表示矩形柱的高度为250mm。修改参数为1000，如图18-206所示。单击“应用”按钮将参数应用到矩形柱。

Step 16 在视图中观察矩形柱，可以发现柱高已随着“拉伸终点”参数的改变而改变，如图18-207所示。

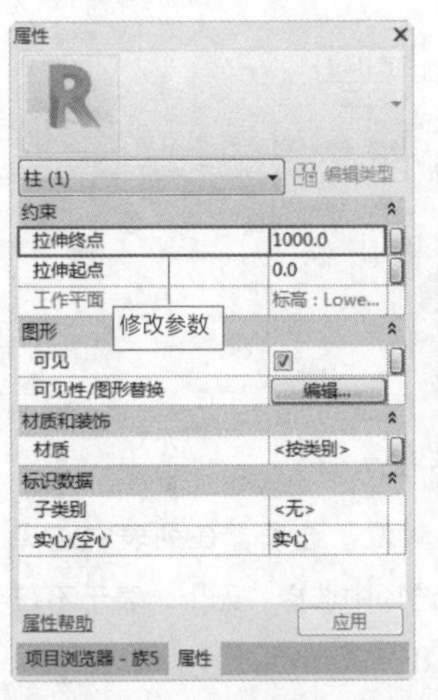

图 18-206 修改参数　　图 18-207 修改效果

知识链接：

修改视图的“视觉样式”为“着色”，观察矩形柱的着色效果。

Step 17 切换至立面视图，观察视图中矩形柱的立面样式，其顶部轮廓线位于“高于参照标高”之下，如图18-208所示。

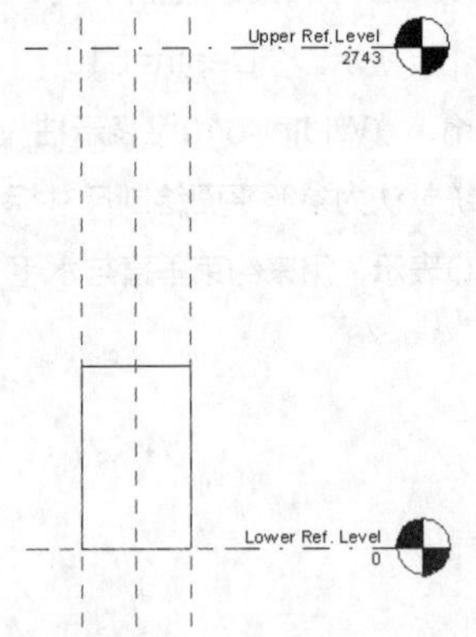

图 18-208 立面视图

延伸讲解：

“Upper Ref. Level”表示“高于参照标高”，“Lower Ref. Level”表示“低于参照标高”。

Step 18 选择矩形柱，激活顶部轮廓线的端点，按住并向上拖动鼠标，在“高于参照标高”标高线上松开鼠标，使得柱子顶部轮廓线与标高线重合，如图18-209所示。

Step 19 执行拉伸操作后，显示“解锁”符号；单击符号，转换为“锁定”状态🔒。锁定柱顶面与“高于参照标高”标高平面位置，如图18-210所示。

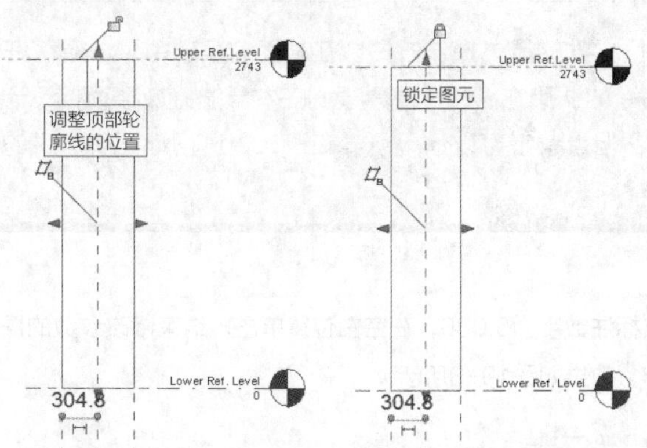

图 18-209 调整顶部轮廓线的位置　图 18-210 锁定图元

Step 20 执行“保存”命令，弹出“另存为”对话框，在“文件名”选项中设置文件名称为“矩形柱”，如图18-211所示。单击“保存”按钮，保存族文件。

图 18-211 “另存为”对话框

Step 21 在“族编辑器”面板中单击“载入到项目中”按钮，将矩形柱载入项目文件。单击指定基点，放置矩形柱的效果如图18-212所示。

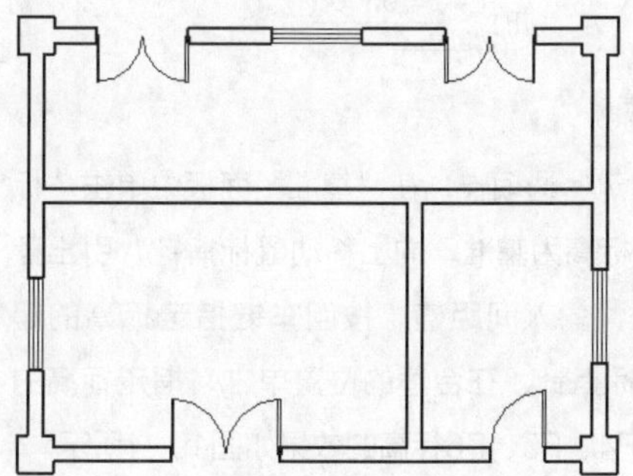

图 18-212 放置矩形柱

Step 22 切换至三维视图，观察矩形柱的三维样式，发现矩形柱的顶部与墙顶部并未齐平，如图18-213所示。需要修改矩形柱的“顶部偏移”值。

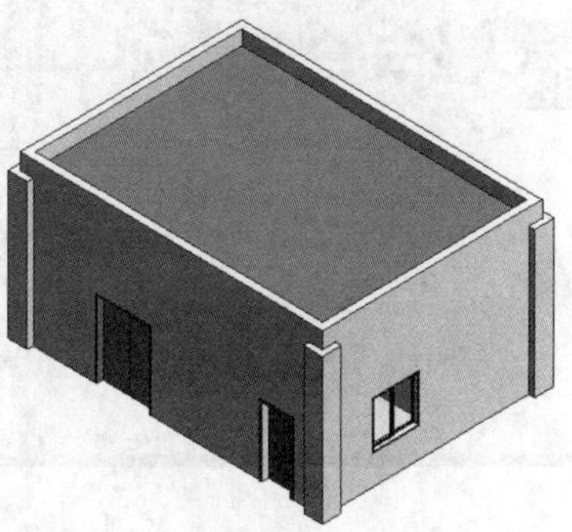

图 18-213 三维样式

Step 23 选择矩形柱，在“属性”选项板中修改“顶部偏移”值，如图18-214所示。

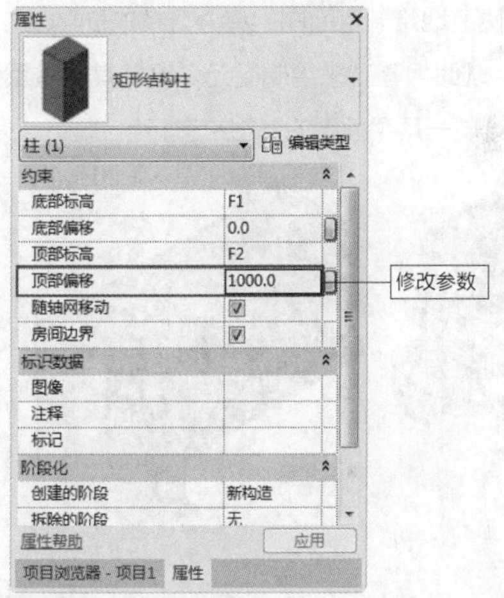

图 18-214 修改参数

Step 24 单击“应用”按钮，修改参数后矩形柱顶部与墙顶部齐平，效果如图18-215所示。

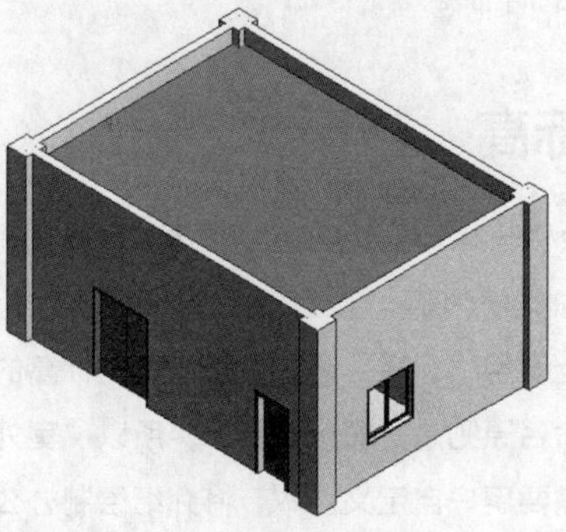

图 18-215 修改效果

延伸讲解：

将矩形柱载入项目文件后，因为项目中墙体的参数各有不同，还是需要根据实际情况来修改柱参数，使其符合使用要求。

第4篇
综合实战篇

第19章

综合实例——创建办公楼项目文件

本章以办公楼为例，介绍创建项目文件的具体操作方法。在前面的章节中，介绍了在Revit中开展建筑项目设计所需命令的调用方法和注意事项。在本章的办公楼项目设计中，不会全部使用已介绍的命令，但是读者可以运用所学知识，更透彻地理解本章的内容。

本章选用的办公楼一共有5层，其中一层的墙体布置与其他4层不相同，并在东西两侧布置了坡道，如图19-1所示。本章将以绘制一层平面图为例，介绍绘制楼层平面图的方法。为了更加快速地绘制平面图，将办公楼的DWG文件链接到Revit中，以此为基础来绘制图元。绘制其他楼层平面图时可以参考绘制一层平面图的方法来进行绘制。

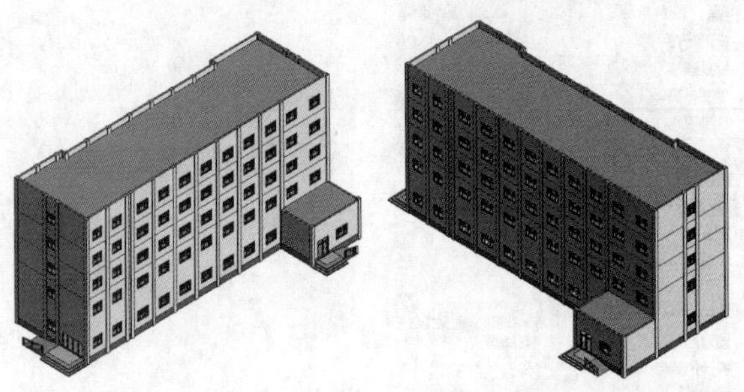

图 19-1 办公楼项目

因为项目模板默认创建了门/窗明细表，在项目设计的过程中，门/窗明细表会实时记录项目中门/窗构件的“添加/删除”情况。在已有门/窗明细表的基础上进行编辑操作，可以得到符合使用要求的明细表。

19.1 绘制标高

本例选用的办公楼一共有5层，在绘制标高的时候，需要绘制包括F1至F6的楼层标高。项目模板包含F1、F2标高，用户在此基础上调用“标高”命令，执行绘制标高的操作。因为系统的命名原则是“顺序命名”，所以“室外地坪”标高的名称需要用户自定义。本节将介绍绘制办公楼项目标高的操作方法。

Step 01 打开“素材\第19章\项目模板2019.rte”文件，切换至南立面视图，在视图中可以观察到模板包含的F1、F2标高，如图19-2所示。

Step 02 选择F2标高，单击标注文字，进入可编辑模式，修改标注数字为5.000，在空白位置单击，结束修改参数的操作，效果如图19-3所示。

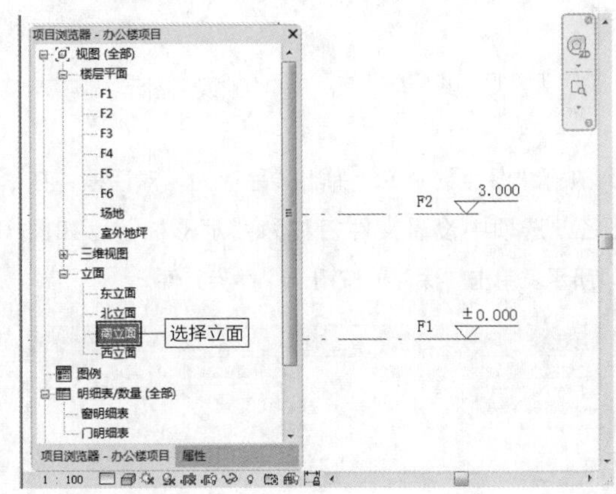

图 19-2 南立面视图

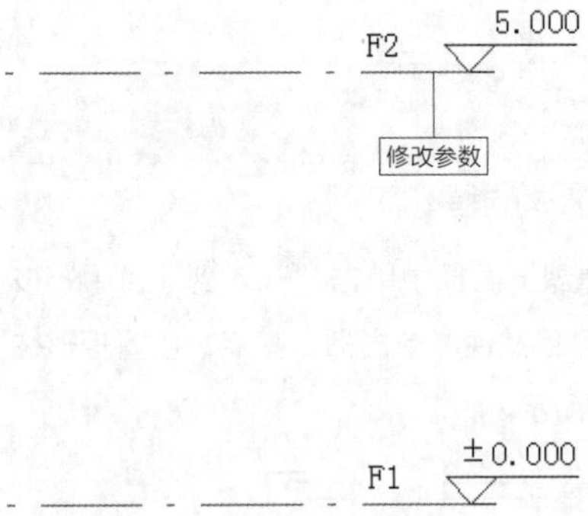

5.000
F2
修改参数
±0.000
F1

图 19-3 修改参数

Step 03 选择“建筑”选项卡，在“基准”面板中单击“标高”按钮，以F2标高为基准，向上移动鼠标指针，引出蓝色的对齐参照线，输入间距值，按回车键指定标高的起点；向左移动鼠标指针，在合适的位置单击，指定标高的终点，绘制F3、F4、F5、F6标高的效果如图19-4所示。

Step 04 继续执行“标高”命令，在F1标高之下再绘制一个标高，并修改名称为“室外地坪”，如图19-5所示。

Step 05 执行完毕上述操作后，结束办公楼项目标高的绘制。

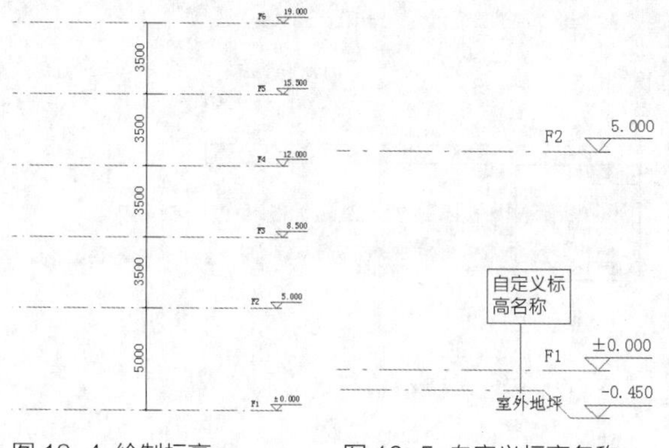

图 19-4 绘制标高　　图 19-5 自定义标高名称

19.2 链接CAD文件

链接CAD文件到Revit中，在绘制轴线、墙体，添加门、窗等构件时，可以提供定位，减少作图时间。选择“插入”选项卡，在“链接”面板中单击“链接CAD”按钮，弹出“链接CAD格式”对话框。

在对话框中选择“素材\第19章\办公楼平面图.dwg”文件，设置“颜色”为“黑白”，设置“定位”方式为“自动-原点到原点”，设置“放置于”为F1，如图19-6所示。单击“打开”按钮，CAD文件被链接到Revit中的效果如图19-7所示。

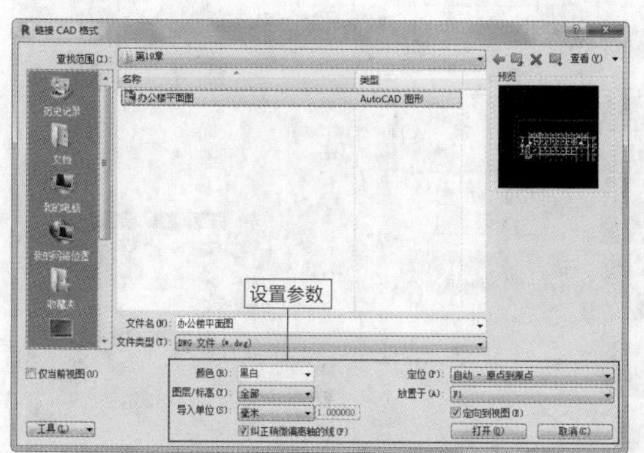

图 19-6 “链接 CAD 格式”对话框

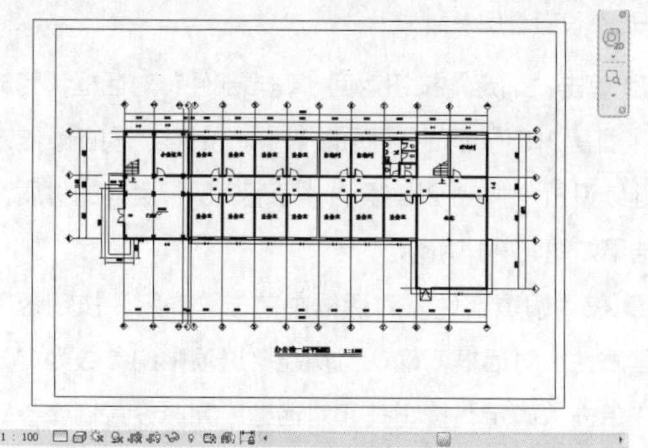

图 19-7 链接 CAD 文件

19.3 绘制轴网

当链接CAD文件后，就能以链接文件为基础，开始绘制轴网。选择“建筑”选项卡，在“基准”面板上单击“轴网”按钮，进入“修改|放置 轴网”选项卡。在“绘制”面板上单击“拾取线”按钮，在选项栏中设置“偏移”值为0，如图19-8所示。

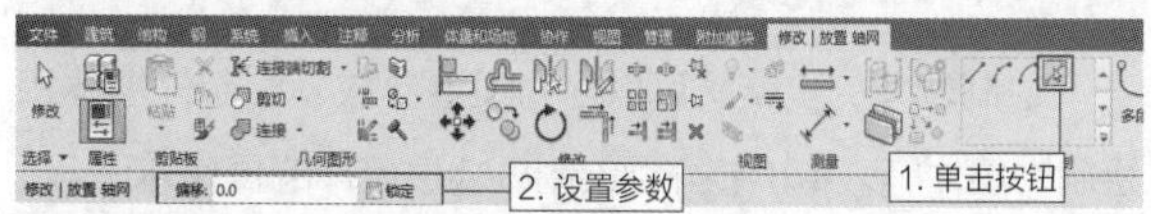

图 19-8 单击“拾取线”按钮

延伸讲解：

选用“拾取线”工具按钮，可以在链接CAD文件上单击已有的轴线创建Revit轴线。

在创建水平方向上的轴线时，需要修改轴号，以大写字母来表示轴号。为了观察轴网的绘制效果，需要先暂时关闭链接文件。选择“视图”选项卡，在“图形”面板上单击“可见性/图形”按钮，弹出“楼层平面：F1的可见性/图形替换”对话框。

在对话框中切换至“导入的类别”选项卡，取消选择“办公楼平面图.dwg”选项，如图19-9所示。单击“确定”按钮关闭对话框，隐藏链接文件后，轴网的显示效果如图19-10所示。

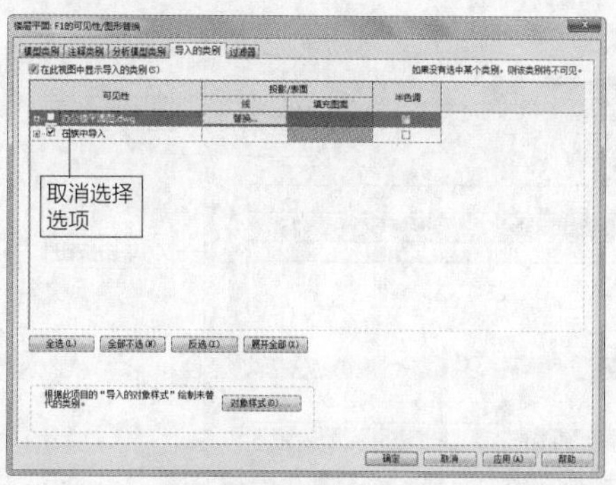

图 19-9 取消选择选项

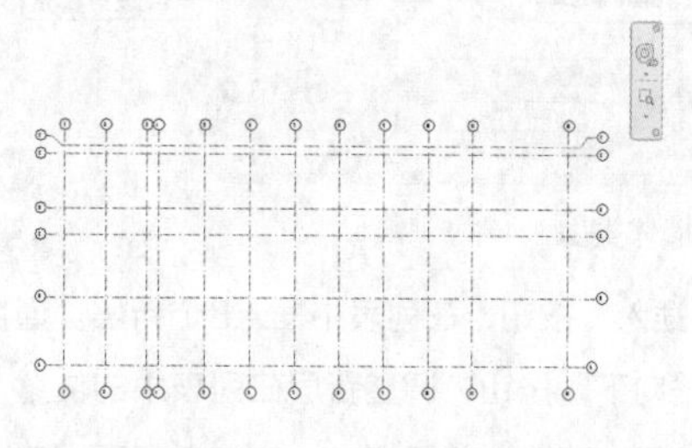

图 19-10 显示效果

19.4 绘制一层平面图

绘制完成标高、轴网后，就可以在此基础上开展项目设计工作。本节介绍绘制一层平面图的操作方法，包括墙体、建筑柱、门、窗、楼板等。其他楼层的绘制方法请参考本节内容的介绍。

19.4.1 绘制墙体

绘制墙体的步骤又可以分为设置参数、绘制外墙体和绘制内墙体等，本小节介绍绘制办公楼墙体的操作方法。

1. 设置参数

通过前面章节的学习可以知道，在绘制墙体之前，应该先定义墙体的结构参数。因为墙体的类型有多种，如外墙、内墙、隔墙等。本例办公楼外墙面的装饰材料是外墙漆，宽度为240mm。在链接的CAD文件上绘制墙体，可以帮助定位墙体的位置。

Step 01 选择“建筑”选项卡，在“构建”面板上单击“墙”按钮，进入“修改|放置 墙”选项卡。在“属性”选项板中单击“编辑类型”按钮，打开“类型属性”对话框。在“类型”列表中选择“砖墙-240mm”选项，单击“复制”按钮，弹出“名称”对话框。在对话框中设置“名称”为“办公楼-外墙-240mm”，单击“确定”按钮，新建墙体类型，在“结构”选项中单击“编辑”按钮，弹出“编辑部件”对话框，如图19-11所示。

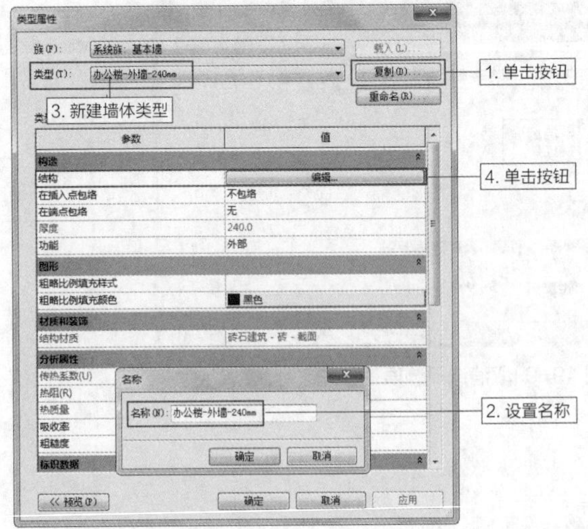

图 19-11 新建墙体类型

Step 02 单击“插入”按钮，在列表中插入3个新层。通过单击“向上”“向下”按钮，调整新层在列表中的位置。将鼠标指针定位在“功能”单元格中，依次指定新层的功能类型，结果如图19-12所示。

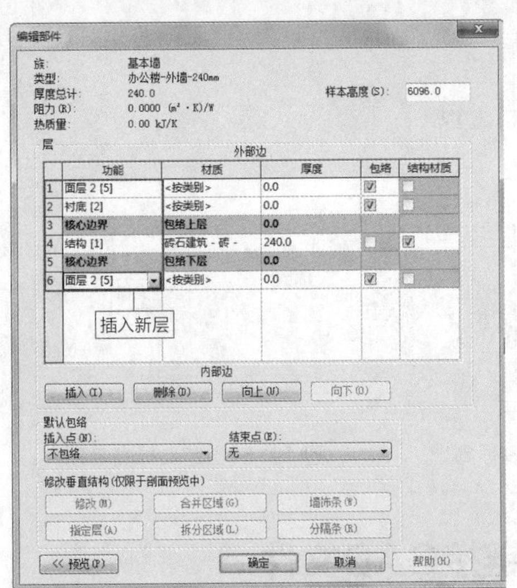

图 19-12 “编辑部件”对话框

Step 03 将鼠标指针定位在第1行“面层2[5]”的“材质”单元格中，单击右侧的矩形按钮，弹出“材质浏览器”对话框。在材质列表中选择“默认”材质，复制并重命名材质，将材质命名为“粉刷-办公楼外墙”。

Step 04 在右侧的界面中单击“颜色”按钮，弹出“颜色”对话框。设置颜色参数后，单击“确定”按钮返回“材质浏览器”对话框，如图19-13所示。

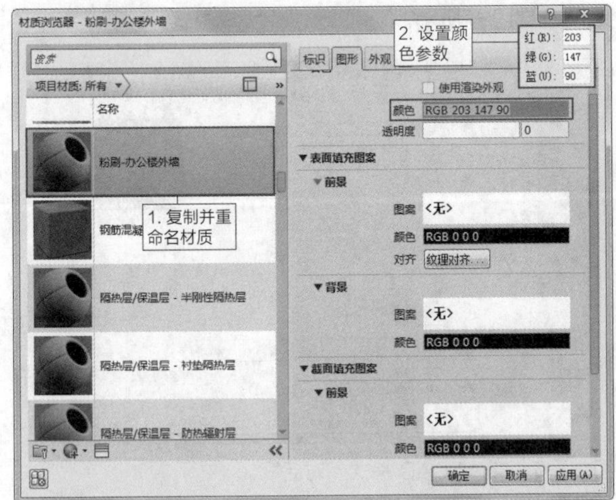

图 19-13 设置材质参数

Step 05 单击“确定”按钮返回“编辑部件”对话框，完成设置“面层2[5]”层的材质的操作。按照上述的操作方法，继续设置“衬底[2]”层、“面层2[5]”层等的材质，设置结果如图19-14所示。

Step 06 在“编辑部件”对话框中单击“确定”按钮返回“类型属性”对话框，确认“功能”选项中的参数为“外部”，单击“确定”按钮关闭对话框，完成设置墙体参数的操作。

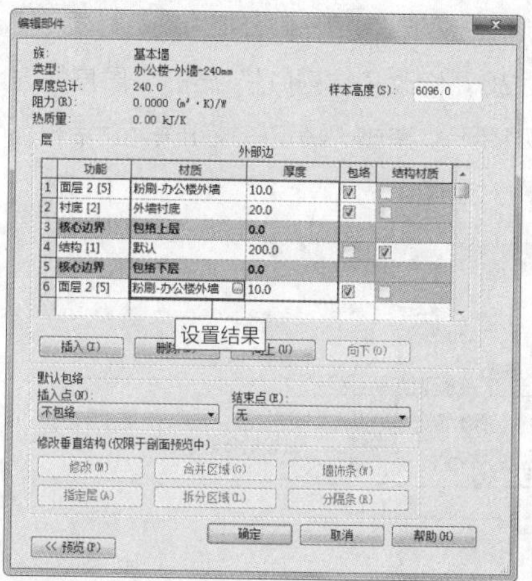

图 19-14 设置结果

延伸讲解：

因为墙体参数的设置方法在前面的章节中已有详细的介绍，所以此处就不再赘述，请读者翻阅前面章节内容，自行完成设置墙体材质的操作。

2. 绘制外墙体

Step 01 墙体的参数设置完毕，此时仍然处于放置墙体的状态。在“属性”选项板中设置“定位线”为“墙中心线”“底部约束”为“F1”，“顶部约束”为“直到标高：F2”，将“底部偏移”与“顶部偏移”值均设置为0，表示在标高F1与标高F2之间绘制外墙体，如图19-15所示。

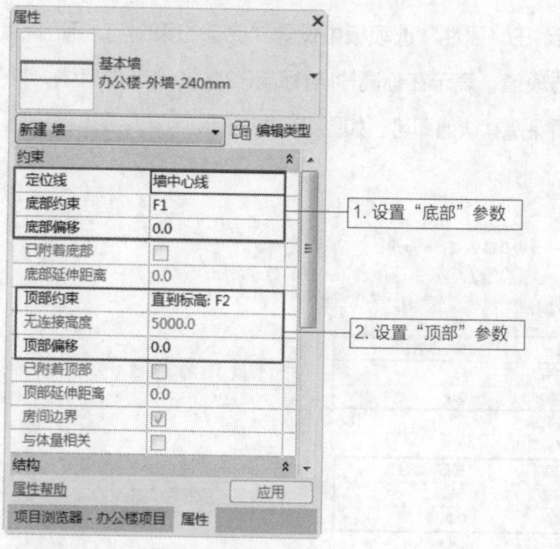

图 19-15 “属性”选项板

Step 02 以链接CAD文件为参照，在绘图区中指定墙体的起点、下一点和终点，完成外墙体的绘制。

Step 03 选择“视图”选项卡，在“图形”面板上单击“可见性/图形”按钮，弹出“楼层平面：F1的可见性/图形替换”对话框。在“导入的类别”选项卡中取消选择“办公楼平面图.dwg”选项的选择状态，单击“确定”按钮关闭对话框。关闭链接CAD文件可以清晰地观察外墙体的绘制效果，如图19-16所示。

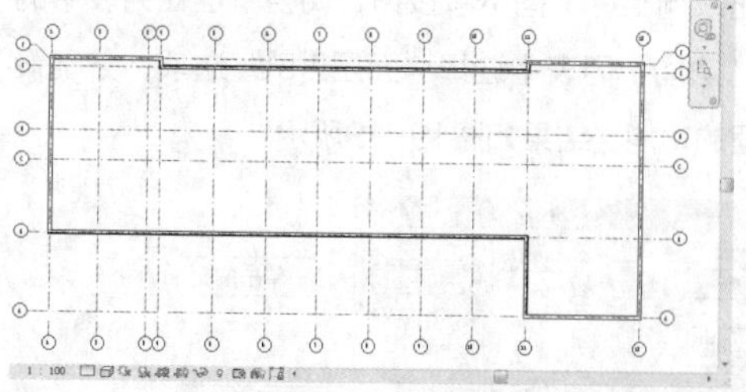

图 19-16 绘制外墙体

知识链接：

通过以CAD图纸上的墙体轮廓线为基础，可以快速准确地绘制墙体。假如用户觉得CAD图纸上的其他图元阻碍了绘制墙体的操作，可以关闭图元所在的图层。

Step 04 单击快速访问工具栏上的“默认三维视图”按钮，切换至三维视图，观察一层外墙体的三维样式，如图19-17所示。

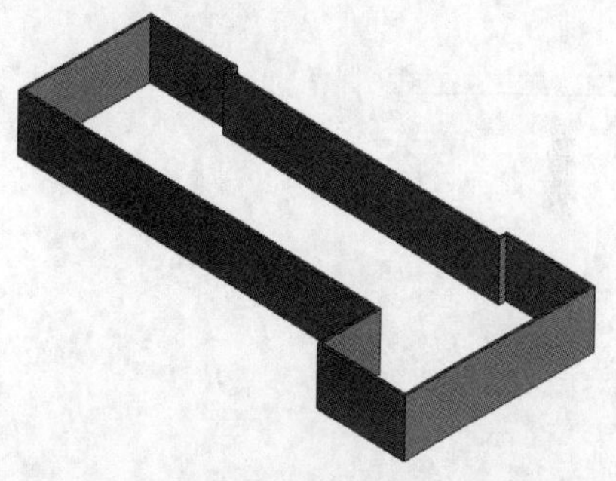

图 19-17 外墙体的三维样式

延伸讲解：

将当前的“视觉样式”设置为“真实”，在着色的状态下观察墙体的三维样式。

3. 绘制内墙体

绘制内墙体的方法与绘制外墙体的方法大致相同，但是内墙体的结构组成与外墙体稍有区别。本部分将介绍绘制内墙体的操作方法。

Step 01 启用“墙体”命令，在“属性”选项板中单击“编辑类型”按钮，弹出“类型属性”对话框。在“类型”列表中选择“砖墙-240mm”墙体类型，单击“复制”按钮，在弹出的“名称”对话框中设置内墙体名称为“办公楼-内墙-240mm”，如图19-18所示。单击“确定”按钮关闭“名称”对话框，在“结构”选项中单击“编辑”按钮，弹出“编辑部件”对话框。

Step 02 在对话框中单击“插入”按钮，在列表中插入两个新层。单击“向上”“向下”按钮，调整新层在列表中的位置。在“功能”列表中选择“面层2[5]”选项，分别设置新插入层的功能，结果如图19-19所示。

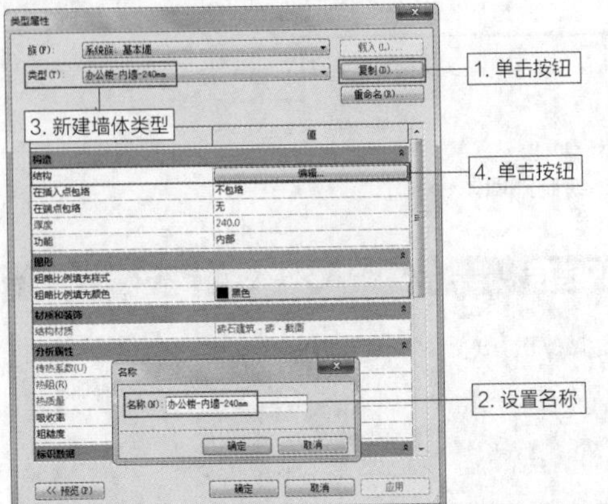

图 19-18 新建墙体类型

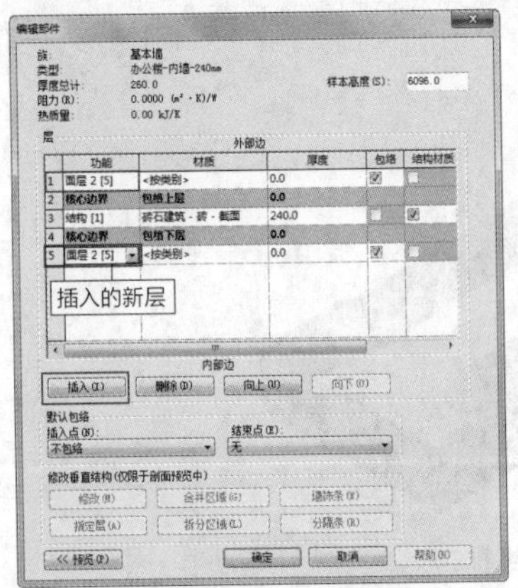

图 19-19 “编辑部件”对话框

Step 03 在“材质”单元格中单击矩形按钮，弹出“材质浏览器”对话框。在材质列表中选择“默认”材质，以此为基础，复制并重命名材质，将材质副本命名为“粉刷-办公楼内墙”，设置“颜色”为白色，如图19-20所示。单击“确定”按钮返回“编辑部件”对话框。

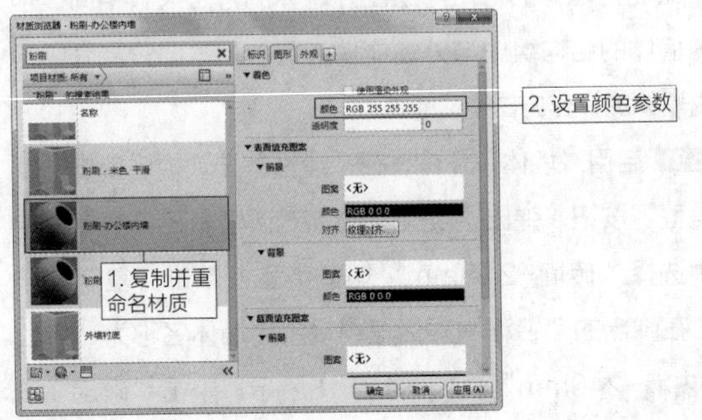

图 19-20 设置材质参数

Step 04 为另一新层也赋予“粉刷-办公楼内墙”材质，将“厚度”设置为20。修改“结构[1]”层的“厚度”为200，如图19-21所示。单击“确定”按钮关闭对话框，返回“类型属性”对话框。

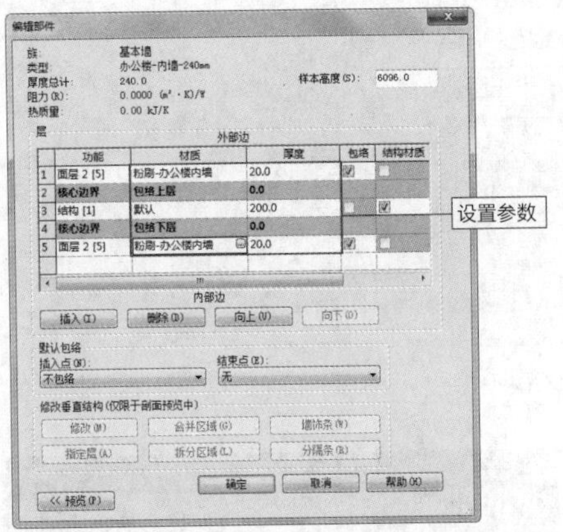

图 19-21 设置参数

Step 05 在“类型属性”对话框中确认“功能”选项中的参数为“内部”，单击“确定”按钮关闭对话框。

Step 06 在“修改|放置 墙”选项卡的“绘制”面板中单击“线”按钮，选择绘制墙体的方式。在选项栏中设置参数如图19-22所示。选择“链”选项，可以连续绘制多段墙体。

图 19-22 “修改|放置 墙”选项卡

Step 07 在“属性”选项板中设置“底部约束”与“顶部约束”选项值，表示在标高F1与标高F2之间绘制内墙体，其他选项保持默认值即可，如图19-23所示。

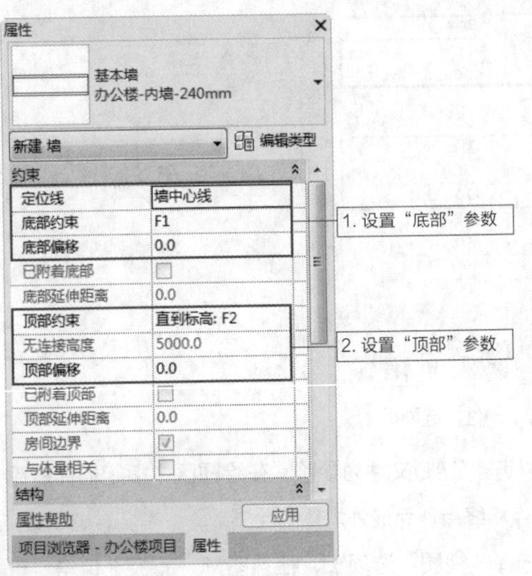

图 19-23 “属性”选项板

Step 08 在绘图区中指定墙体的起点、终点，绘制内墙体的效果如图19-24所示。

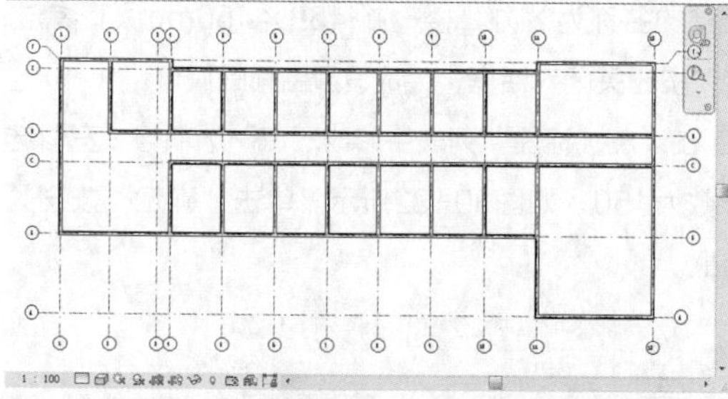

图 19-24 绘制内墙体

延伸讲解：

在观察外墙体的绘制效果时，已将链接的CAD文件暂时隐藏。为了方便绘制内墙体，需要再次显示CAD文件。在绘制完毕内墙体后，再隐藏CAD文件，以便观察绘制内墙体的效果。

Step 09 切换至三维视图，观察内墙体的三维样式，效果如图19-25所示。

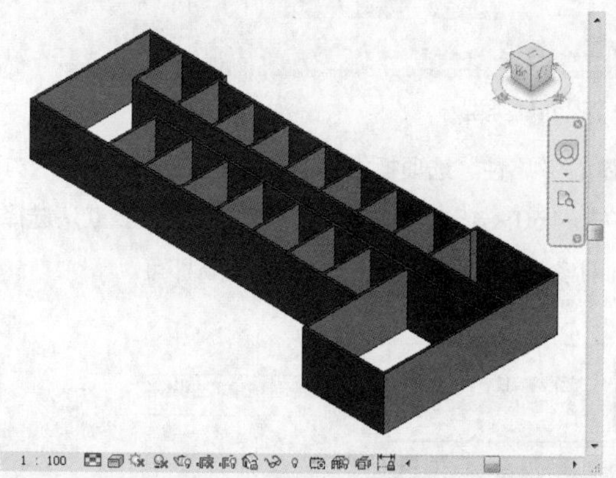

图 19-25 内墙体的三维样式

4. 绘制内部隔墙

通过绘制内部隔墙可以再次划分室内空间，如在卫生间内绘制隔墙，将空间划分为盥洗区、贮藏区、卫生区。本部分将介绍绘制内部隔墙的操作方法。

Step 01 选择"修改"选项卡，在"修改"面板上单击"修剪/延伸为角"按钮，如图19-26所示。

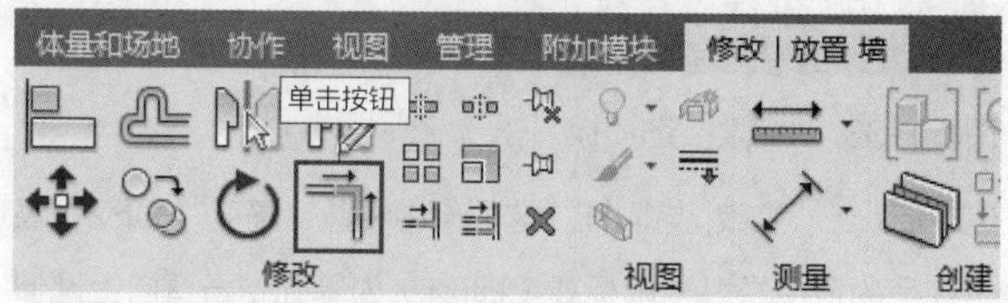

图 19-26 单击"修改/延伸为角"按钮

Step 02 依次单击位于轴11上的垂直墙体和位于轴D上的水平墙体，修剪墙体的效果如图19-27所示。

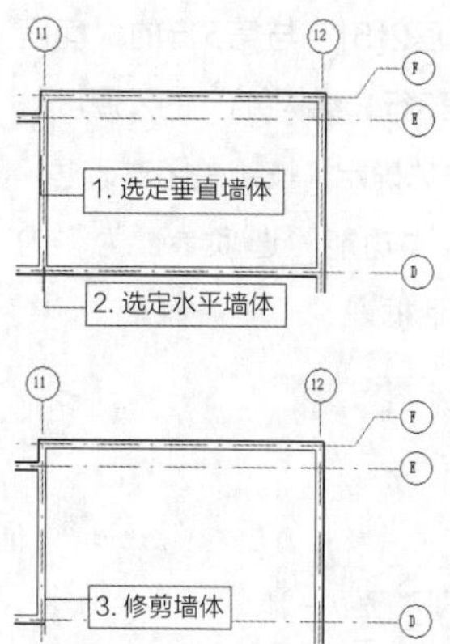

图 19-27 修剪墙体

Step 03 调用"墙"命令，选择墙体类型为"办公楼-内墙-240mm"，依次绘制水平墙体和垂直墙体，绘制效果如图19-28所示。

Step 04 不退出"墙"命令，在"属性"选项板上单击"编辑类型"按钮，弹出"类型属性"对话框。单击"复制"按钮，在"名称"对话框中设置名称为"办公楼卫生间-隔墙-180mm"，如图19-29所示。单击"确定"按钮返回"类型属性"对话框，单击"结构"选项中的"编辑"按钮，弹出"编辑部件"对话框。

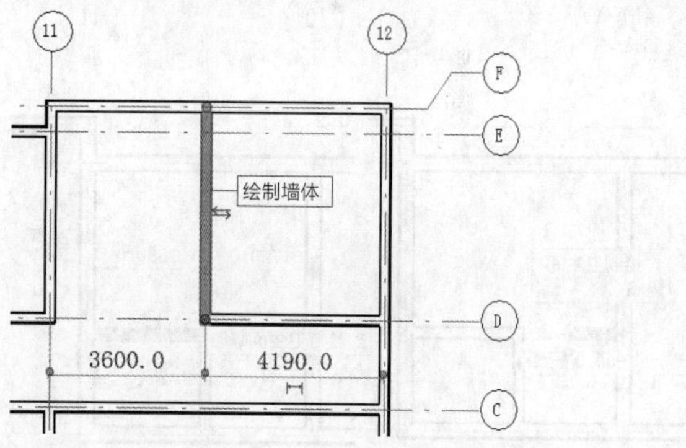

图 19-28 绘制墙体

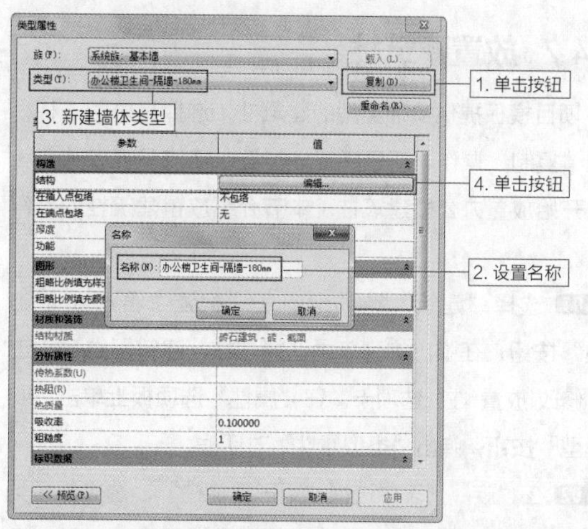

图 19-29 新建墙体类型

Step 05 分别修改第1行的“面层2[5]”与第5行的“面层2[5]”的“厚度”为10，修改第3行“结构[1]”的“厚度”为160，如图19-30所示。单击“确定”按钮关闭对话框。在“类型属性”对话框中确认“功能”选项参数为“内部”，单击“确定”按钮关闭对话框。

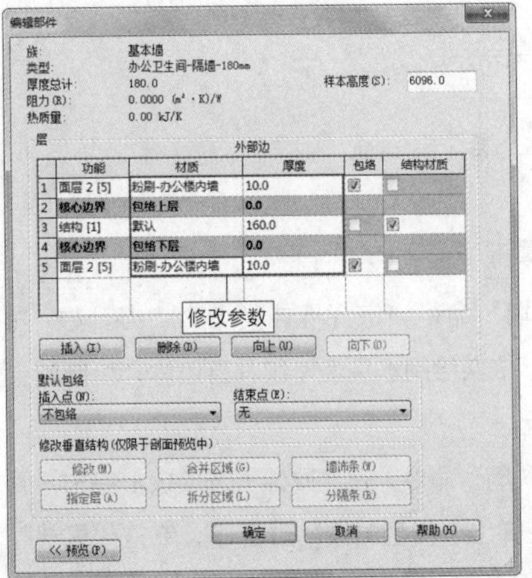

图 19-30 修改参数

Step 06 在绘图区中指定起点与终点，绘制卫生间隔墙的效果如图19-31所示。

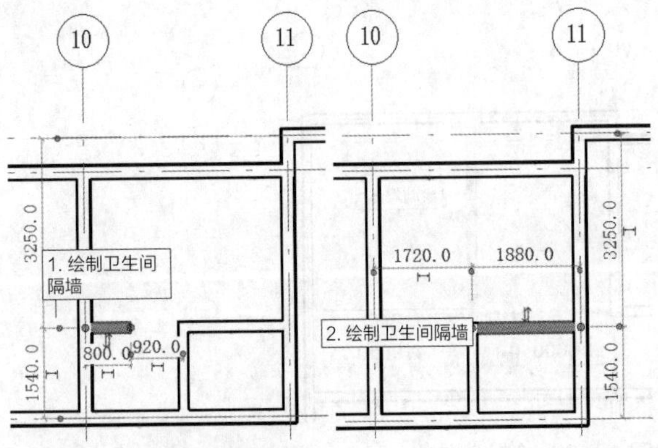

图 19-31 绘制卫生间隔墙

19.4.2 放置建筑柱

项目模板提供多种类型的建筑柱，选择其中的一种，执行“复制”操作，新建建筑柱类型，修改尺寸参数，就可以开始放置办公楼建筑柱。本节介绍放置建筑柱的操作方法。

Step 01 选择“建筑”选项卡，在“构建”面板上单击“柱”按钮，在弹出的列表中选择“柱：建筑”选项，进入“修改|放置 柱”选项卡。在“属性”选项板上单击“编辑类型”按钮，弹出“类型属性”对话框。

Step 02 在“族”列表中选择“矩形建筑柱”，选择任意类型，单击“复制”按钮，弹出“名称”对话框。在其中设置建筑柱的名称为“办公楼-柱-450×450mm”，单击“确定”按钮关闭对话框，完成设置名称的操作。

Step 03 在“尺寸标注”列表中修改“深”选项与“宽”选项的参数为450，如图19-32所示。单击“确定”按钮关闭对话框。

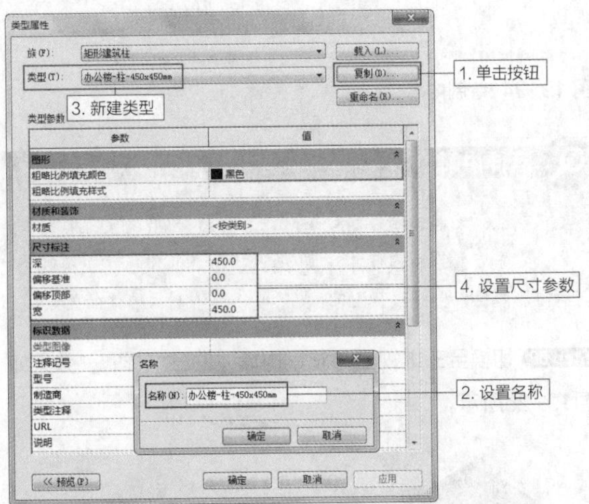

图 19-32 新建类型

Step 04 在“属性”选项板中显示当前的建筑柱类型为“办公楼-柱-450×450mm”，如图19-33所示。默认选择“随轴网移动”与“房间边界”，保持默认即可。

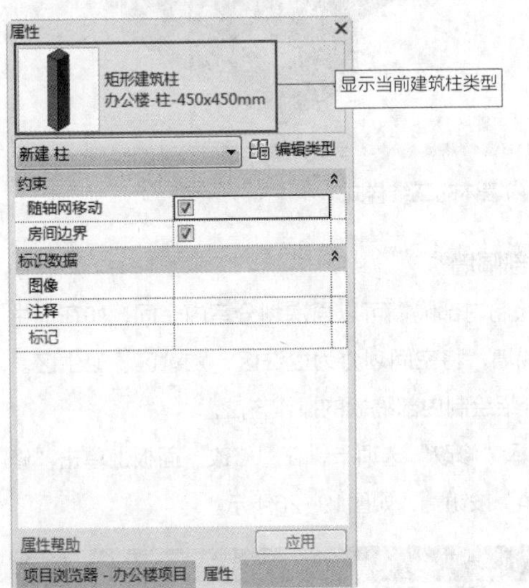

图 19-33 “属性”选项板

Step 05 在“修改|放置 柱”选项卡中设置“高度”为F2，表示柱子的范围是以当前标高（即F1）为基础，一直向上延伸到标高F2，如图19-34所示。

图 19-34 “修改 | 放置 柱”选项卡

Step 06 单击轴网的交点放置建筑柱，如图19-35所示。

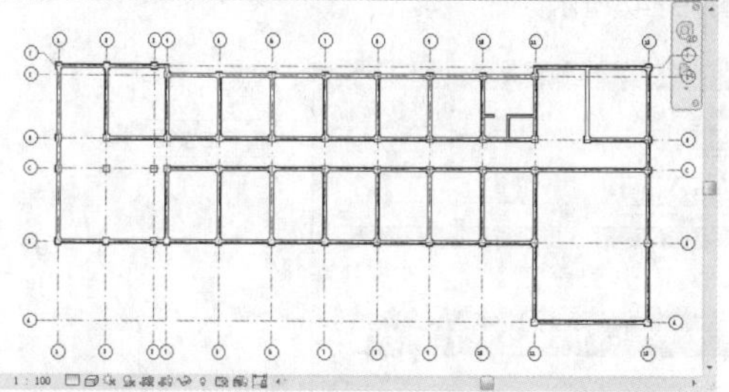

图 19-35 放置建筑柱

Step 07 切换至三维视图，观察建筑柱的三维样式，如图19-36所示。

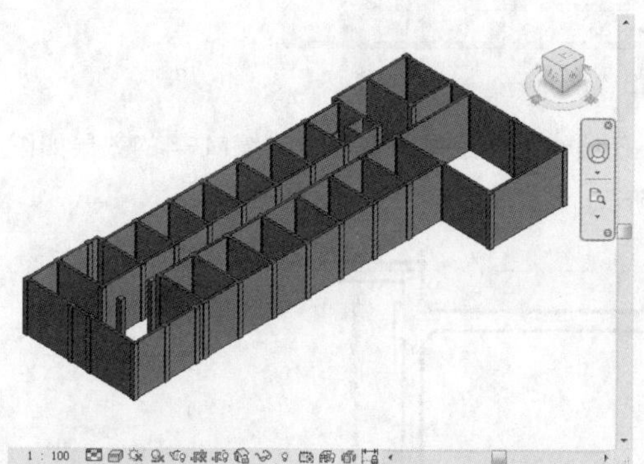

图 19-36 三维样式

19.4.3 放置门

办公楼项目中有单扇门、双扇门。在放置门图元时，假如项目模板中提供的门图元不能满足使用要求，就需要从外部文件中载入族。本小节介绍为办公楼添加门图元的操作方法。

Step 01 选择“插入”选项卡，在“从库中载入”面板中单击“载入族”按钮，弹出“载入族”对话框，选择名称为“双扇平开连窗玻璃门3.rfa”“双扇平开镶玻璃门3-带亮窗.rfa”“单扇平开木门11.rfa”的文件，单击“打开”按钮，载入项目文件。

Step 02 选择“建筑”选项卡，在“构建”面板上单击“门”按钮，进入“修改|放置 门”选项卡。在“属性”选项板中弹出类型列表，在其中选择“双扇平开连窗玻璃门3”选项。单击“编辑类型”按钮，进入“类型属性”对话框。

Step 03 在对话框的右上角单击“复制”按钮，打开“名称”对话框，设置“类型”为M-1。单击“确定”按钮关闭对话框，在“尺寸标注”选项组下设置参数，如图19-37所示。单击“确定”按钮，完成设置门类型的属性参数的操作。

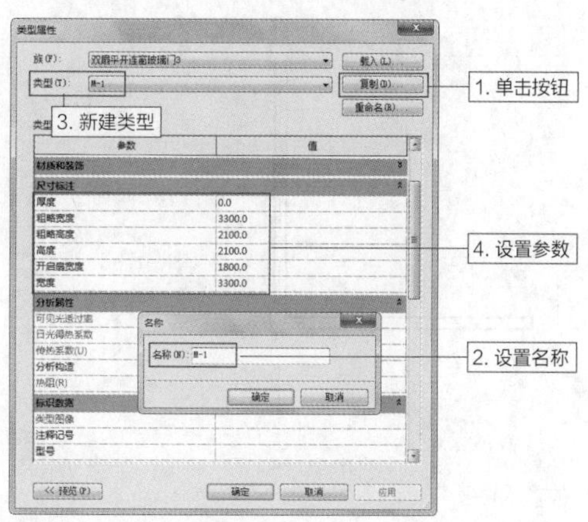

图 19-37 新建 M-1

Step 04 在“修改|放置 门”选项卡中单击“在放置时进行标记”按钮，在墙体上拾取位置，单击放置M-1，效果如图19-38所示。

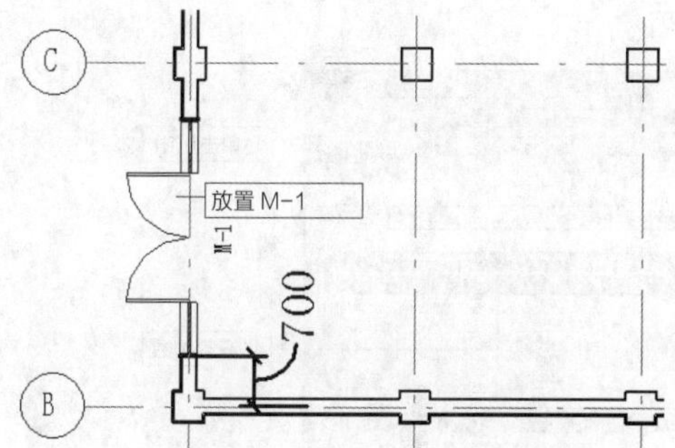

图 19-38 放置 M-1

Step 05 放置完M-1后，不退出命令，在“属性”选项板中选择名称为“双扇平开镶玻璃门3-带亮窗”的门图元。单击“编辑类型”按钮，在“类型属性”对话框中“复制”族类型，设置“类型”为M-2，设置参数如图19-39所示。

Step 06 在墙体上单击拾取位置，放置M-2的效果如图19-40所示。

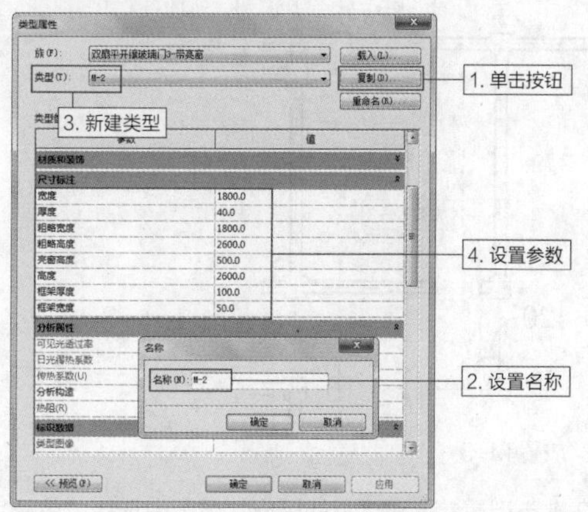

图 19-39 新建 M-2

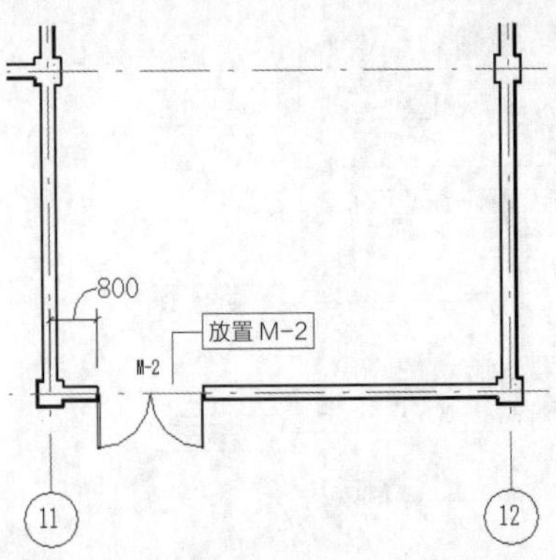

图 19-40 放置 M-2

Step 07 重复上述操作，在“类型属性”对话框中选择名称为“单扇平开木门11”的族类型，执行“复制”族类型的操作，将新建族类型命名为M-3，在“尺寸标注”选项组中设置“宽度”为900，“高度”为2100，其他参数设置如图19-41所示。

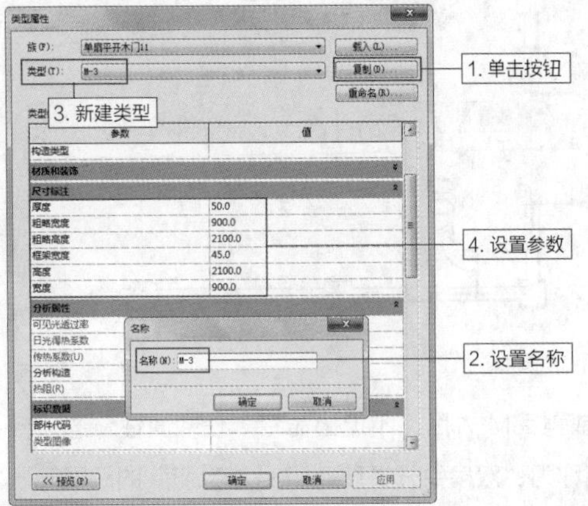

图 19-41 新建 M-3

Step 08 在内墙体上指定插入点，放置M-3的效果如图19-42所示。

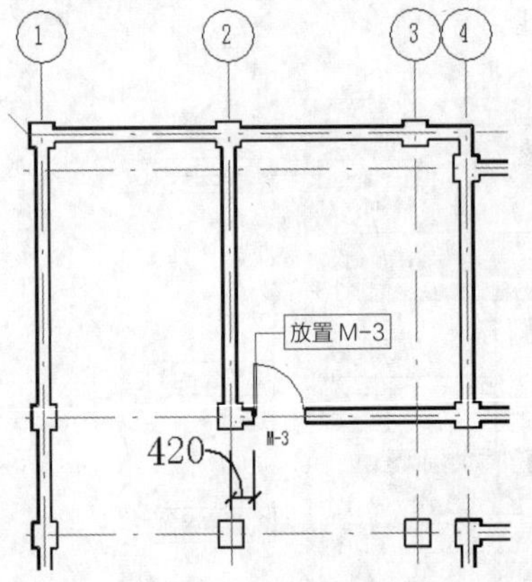

图 19-42 放置 M-3

Step 09 在“类型属性”对话框的“族”列表中选择“单扇平开木门11”选项，执行“复制”操作，将新建门类型命名为M-4，设置“宽度”为800，“高度”为2100，其他参数设置如图19-43所示。

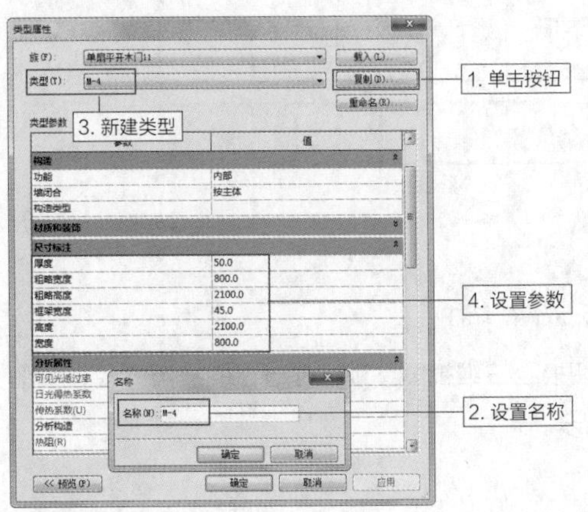

图 19-43 新建 M-4

Step10 在墙体上指定插入位置，放置M-4的效果如图19-44所示。

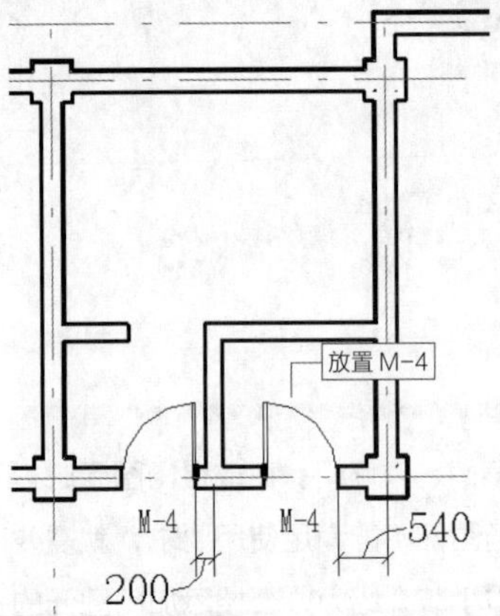

图 19-44 放置 M-4

Step 11 重复上述的操作，继续在平面图中指定位置来放置门图元，完成效果如图19-45所示。

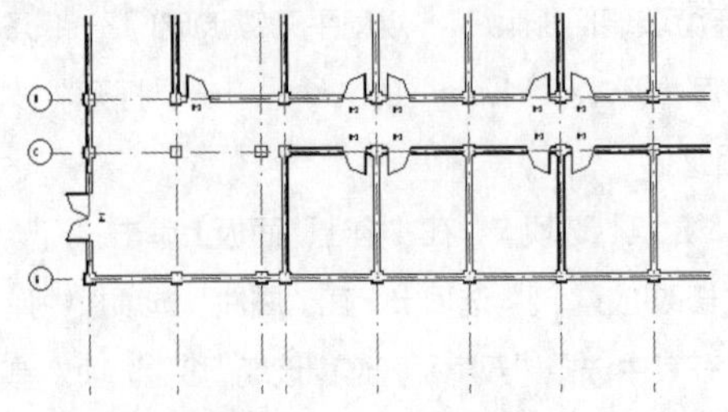

图 19-45 放置门

19.4.4 放置窗

放置窗图元与放置门图元的方法基本相同，本小节介绍为办公楼项目放置窗图元的操作方法。

Step 01 选择“插入”选项卡，在“从库中载入”面板中单击“载入族”按钮，弹出“载入族”对话框，选择名称为

“推拉窗3-带贴面.rfa”“推拉窗4-带贴面.rfa”“推拉窗6.rfa”的文件，单击“打开”按钮，载入项目文件。

Step 02 选择“建筑”选项卡，在“构建”面板上单击“窗”按钮，进入“修改|放置 窗”选项卡。在“属性”选项板中打开类型列表，在其中选择“推拉窗3-带贴面”选项，单击“编辑类型”按钮，进入“类型属性”对话框。

Step 03 在对话框中单击“复制”按钮，在“名称”对话框中设置“名称”为C-1；在“尺寸标注”选项组中设置“宽度”为1800，“高度”为1500，其他参数设置如图19-46所示。

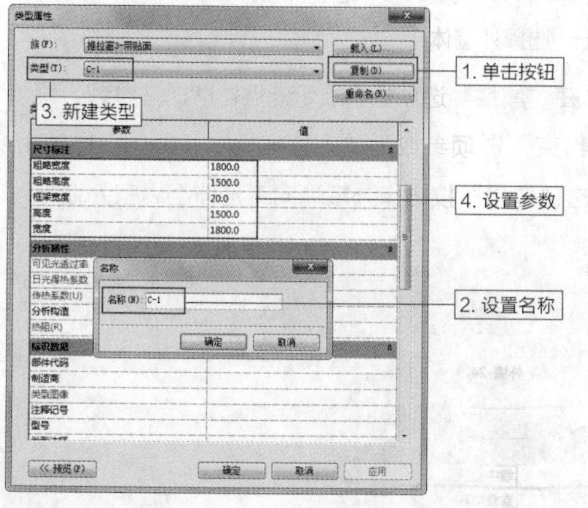

图 19-46 新建 C-1

Step 04 在“修改|放置 窗”选项卡中单击“在放置时进行标记”按钮，在墙体上单击指定插入点，放置C-1的效果如图19-47所示。

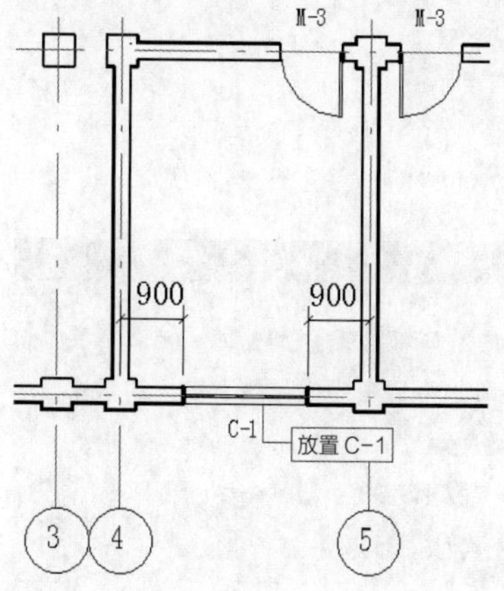

图 19-47 放置 C-1

Step 05 不退出“窗”命令，在“属性”选项板中选择“推拉窗4-带贴面”选项，单击“编辑类型”按钮进入“类型属性”对话框。单击“复制”按钮，设置新建窗类型的名称为C-2，修改“宽度”参数为1500，“高度”参数为1500，其他参数设置如图19-48所示。

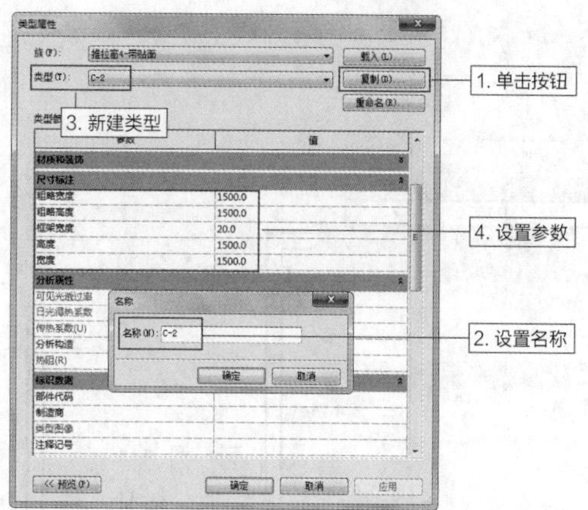

图 19-48 新建 C-2

Step 06 在墙体上单击，放置C-2的效果如图19-49所示。

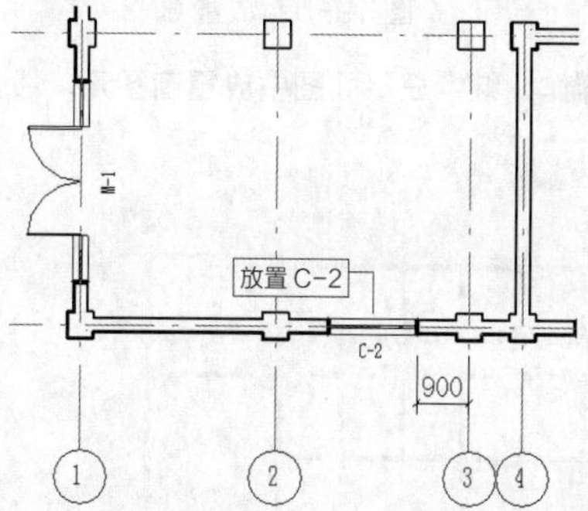

图 19-49 放置 C-2

Step 07 在“类型属性”对话框的“族”列表中选择“推拉窗6”选项，单击“复制”按钮，设置新建窗类型为C-3；修改“宽度”为900，“高度”为1500，其他参数设置如图19-50所示。单击“确定”按钮关闭对话框。

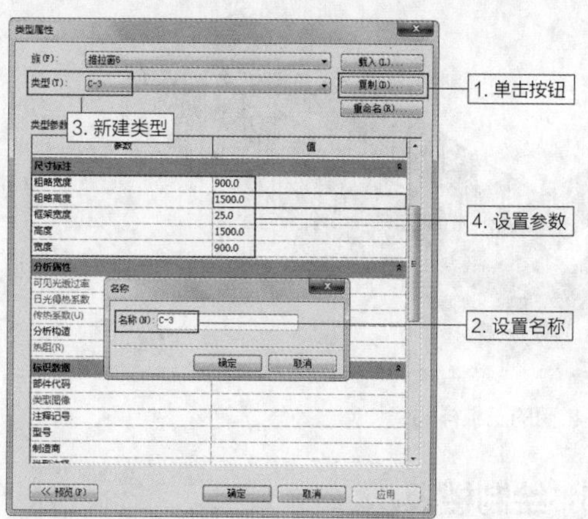

图 19-50 新建 C-3

Step 08 在“属性”选项板的“底高度”选项中修改参数为1100，如图19-51所示。

Step 09 在墙体上指定插入点，放置 C-3 的效果如图 19-52 所示。

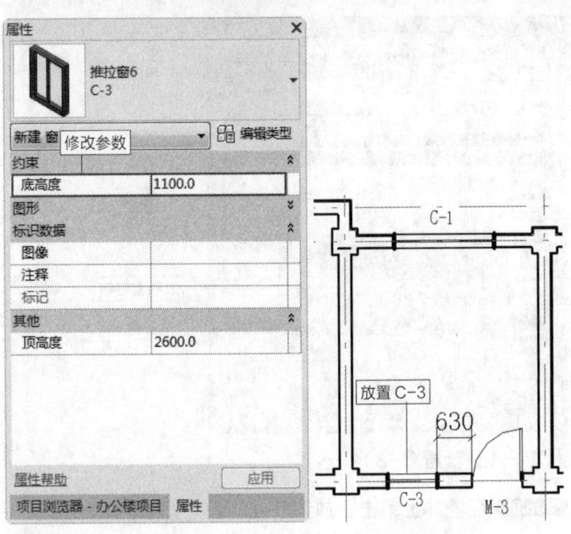

图 19-51 修改参数 图 19-52 放置 C-3

Step 10 重复上述操作，继续在平面图中放置窗图元，最终效果如图19-53所示。

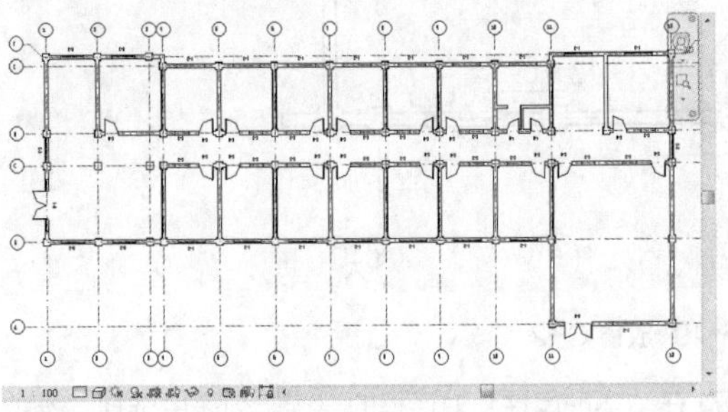

图 19-53 放置窗

Step 11 切换至三维视图，观察窗的三维样式，如图19-54所示。

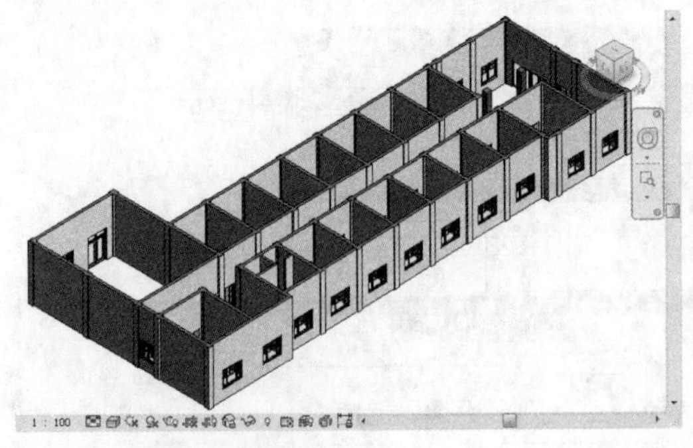

图 19-54 窗的三维样式

19.4.5 绘制楼板

在绘制楼板之前，要先设置楼板的结构参数。与设置墙体结构参数相同，需要弹出“编辑部件”对话框来设置。本小节介绍绘制办公楼楼板的操作方法。

Step 01 切换至三维视图，将鼠标指针置于外墙体上，按住Tab键，循环选中外墙体，被选中的外墙体显示为红色，如图19-55所示。

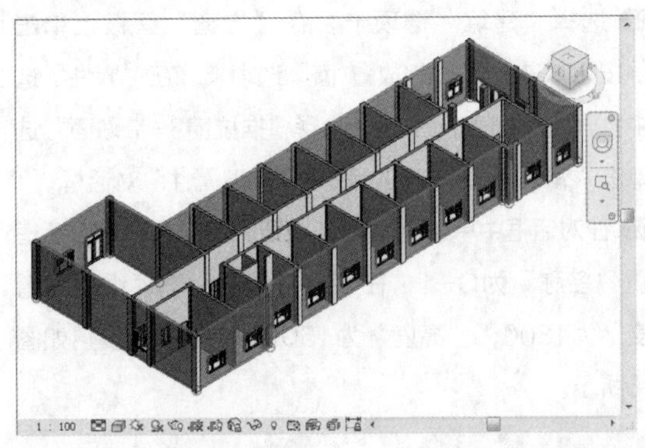

图 19-55 选择外墙体

Step 02 在“属性”选项板中显示外墙体的属性参数，修改“底部约束”选项参数为“室外地坪”，如图19-56所示。单击“应用”按钮，外墙体向下延伸至“室外地坪”标高。

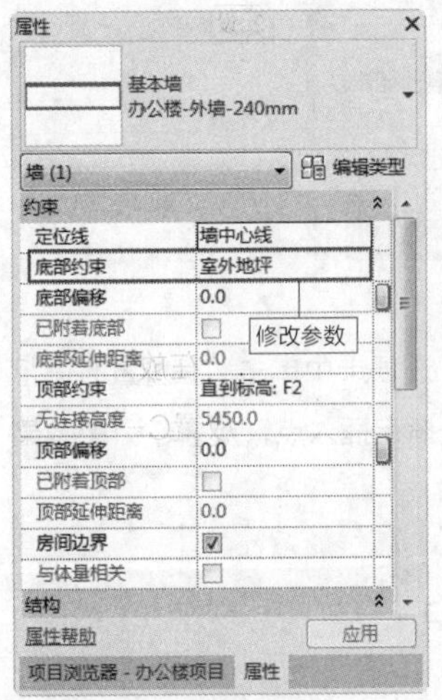

图 19-56 修改参数

延伸讲解：

修改完毕外墙体的“底部约束”之后，紧接着需要修改建筑柱的“底部标高”为“室外地坪”。在绘图区中选择一个建筑柱，单击鼠标右键，在弹出的快捷菜单中选择“选择全部实例”→“在视图中可见”命令，可以选择全部的建筑柱，方便统一修改柱子参数。

Step 03 选择“建筑”选项卡，在“构建”面板上单击“楼板”按钮，进入“修改|创建楼层边界”选项卡。在“属性”选项板中打开类型列表，在列表中选择“混凝土 120mm”选项，如图19-57所示，单击“编辑类型”按钮，弹出“类型属性”对话框。

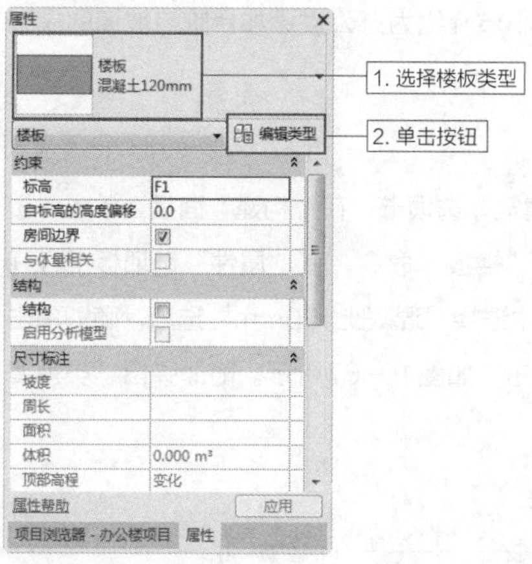

图 19-57 "属性"选项板

Step 04 在对话框中单击"复制"按钮，弹出"名称"对话框，设置"名称"为"办公楼-室内-150mm"，如图19-58所示。在"结构"选项中单击"编辑"按钮，弹出"编辑部件"对话框。

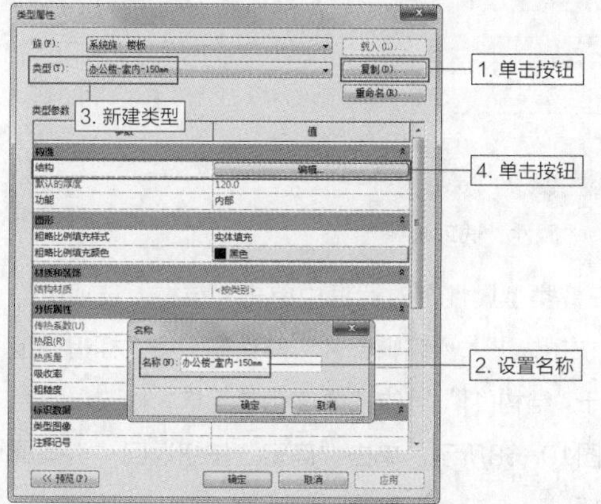

图 19-58 新建类型

Step 05 在对话框中单击"插入"按钮，在列表中插入两个新层，系统默认将新层命名为"结构[1]"，如图19-59所示。

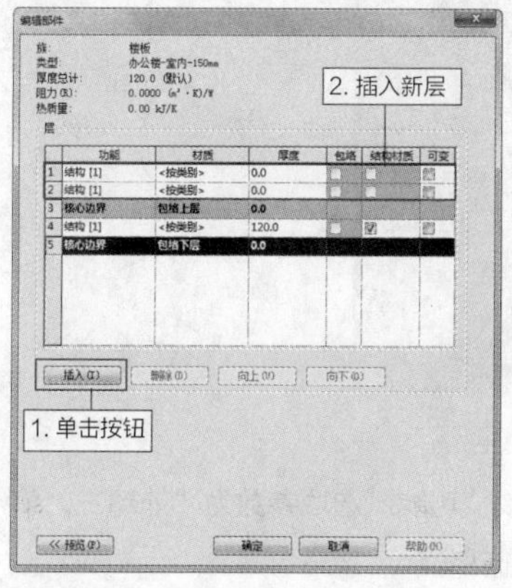

图 19-59 插入新层

Step 06 在"功能"单元格中设置新层功能类型分别为"面层2[5]""衬底2[5]"，如图19-60所示。

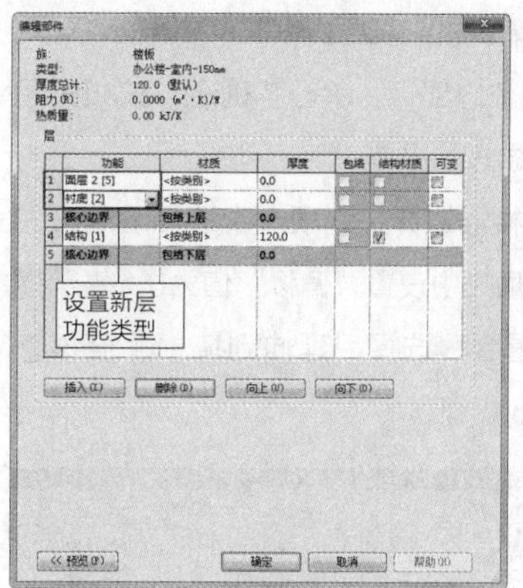

图 19-60 设置新层功能类型

Step 07 将鼠标指针定位在第1行的"材质"单元格，单击右侧的矩形按钮，弹出"材质浏览器"对话框。在材质列表中选择"默认楼板"材质，单击鼠标右键，选择"复制"命令，复制一个材质副本。

Step 08 执行完"复制"操作后，材质副本名称处于可编辑模式，设置材质名称为"楼板面层"，如图19-61所示。单击"确定"按钮返回"编辑部件"对话框。

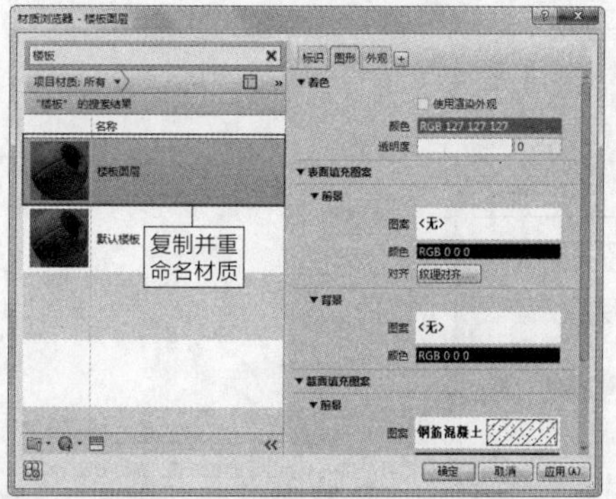

图 19-61 设置材质

Step 09 重复上述操作，为第2行的"衬底[2]"、第4行的"结构[1]"设置材质，并修改"结构[1]"层的"厚度"值，设置结果如图19-62所示。

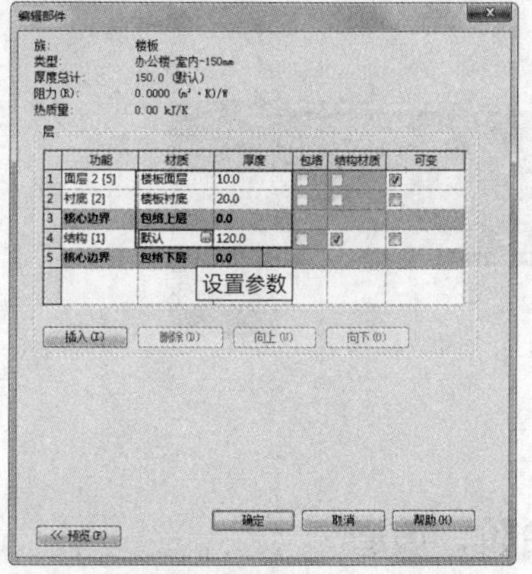

图 19-62 设置结果

Step 10 单击“确定”按钮返回“类型属性”对话框，在对话框中确认“功能”为“内部”，单击“确定”按钮关闭对话框，开始执行绘制楼板的操作。

Step11 在“修改|创建楼层边界”选项卡中选择绘制方式为“拾取边”，在选项栏中设置“偏移”值为0，表示楼板边界线与绘制起点重合，选择“延伸到墙中（至核心层）”选项，如图19-63所示。

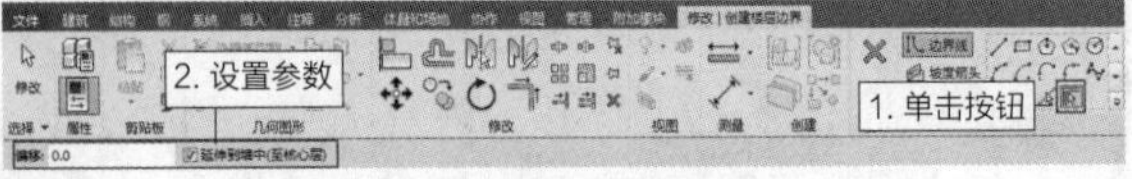

图 19-63 “修改 | 创建楼层边界”选项卡

Step 12 在“属性”选项板中显示当前楼板名称，设置“标高”为F1，“自标高的高度偏移”值为0，如图19-64所示。

Step 13 依次拾取办公楼外墙体，系统可以创建首尾相连的洋红色楼板边界线。确定完毕楼板边界线后，单击“完成编辑模式”按钮，退出命令。在弹出的对话框中询问用户是否希望连接几何图形并从墙中剪切重叠的体积，如图19-65所示。单击“是”按钮关闭对话框。

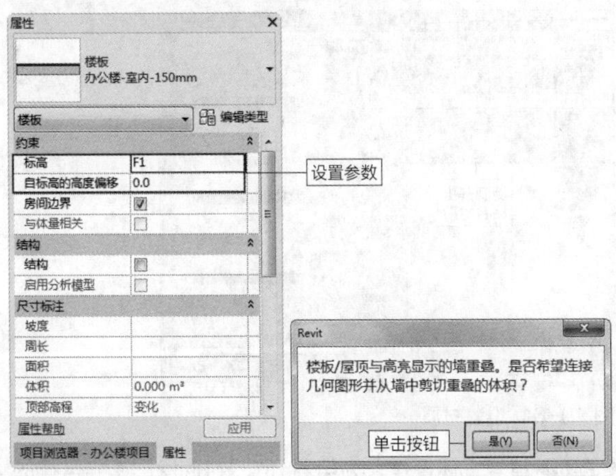

图 19-64 设置参数 图 19-65 提示对话框

Step 14 选中楼板，显示为蓝色填充图案，绘制楼板的效果如图19-66所示。

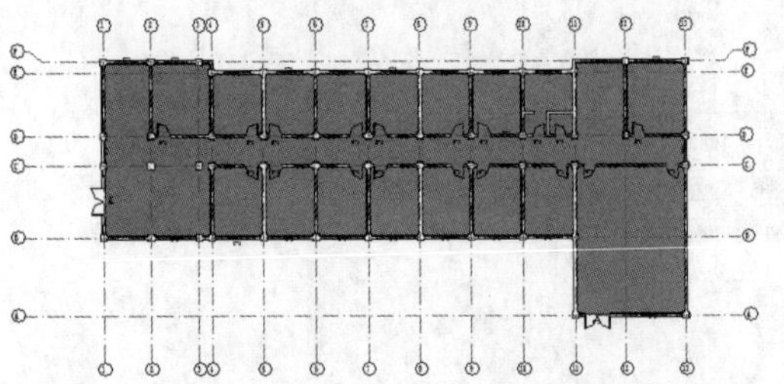

图 19-66 绘制楼板

19.4.6 添加台阶、坡道

台阶与坡道是重要的建筑构件之一，为人们进出建筑物提供便利。本小节介绍为办公楼添加台阶与坡道的操作方法。

1. 添加台阶

Step 01 选择“建筑”选项卡，在“构建”面板上单击“楼板”按钮，启用“楼板”命令。在“属性”选项板上打开类型列表，在其中选择“混凝土120mm”选项。随即单击“编辑类型”按钮，如图19-67所示。随即弹出“类型属性”对话框。

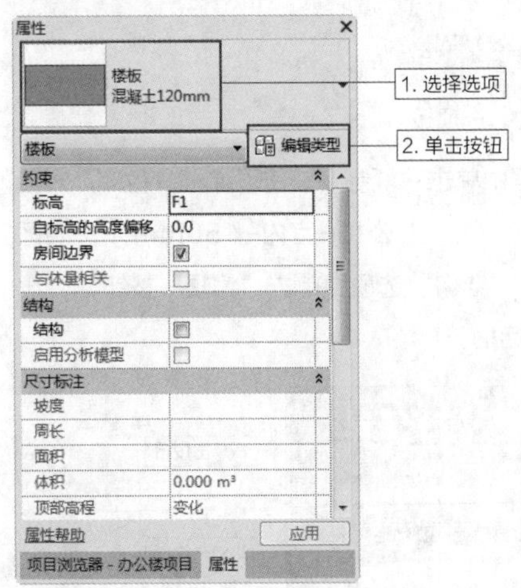

图 19-67 “属性”选项板

Step 02 在“类型属性”对话框中单击“结构”选项中的“编辑”按钮，进入“编辑部件”对话框。将鼠标指针定位在第2行“结构[1]”层的“厚度”单元格，修改参数为450，如图19-68所示。单击“确定”按钮返回“类型属性”对话框。

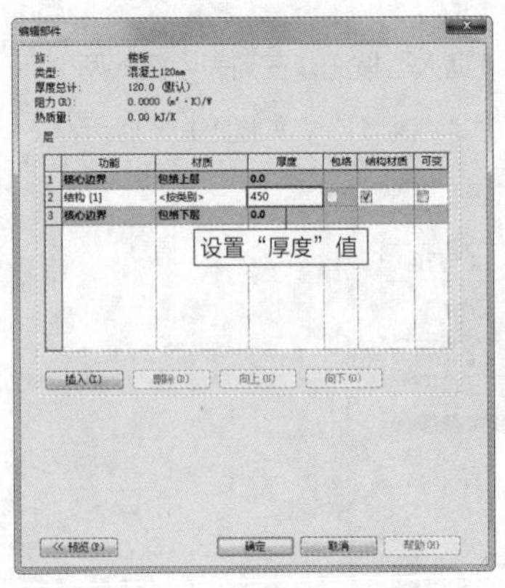

图 19-68 设置“厚度”值

Step 03 在对话框中修改“功能”选项参数为“外部”，单击“确定”按钮关闭对话框。

Step 04 在“修改 | 创建楼层边界”选项卡中单击“线”按钮，确定绘制方式；在选项栏中选择“链”选项，设置“偏移”值为 0，如图 19-69 所示。

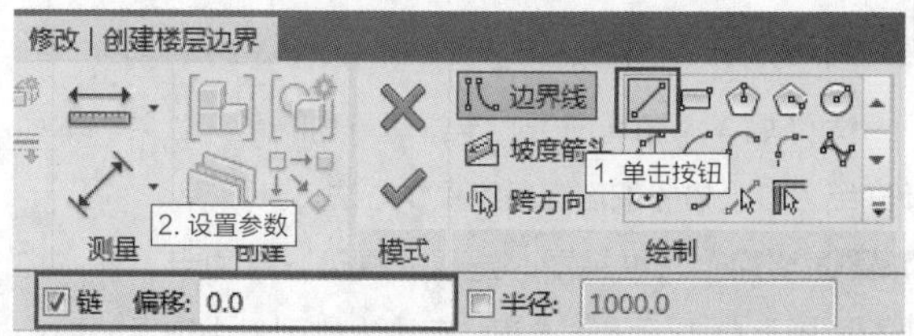

图 19-69 “修改 | 创建楼层边界”选项卡

Step 05 在“属性”选项板中设置“标高”为“室外地坪”，修改“自标高的高度偏移”值为450，如图19-70所示。

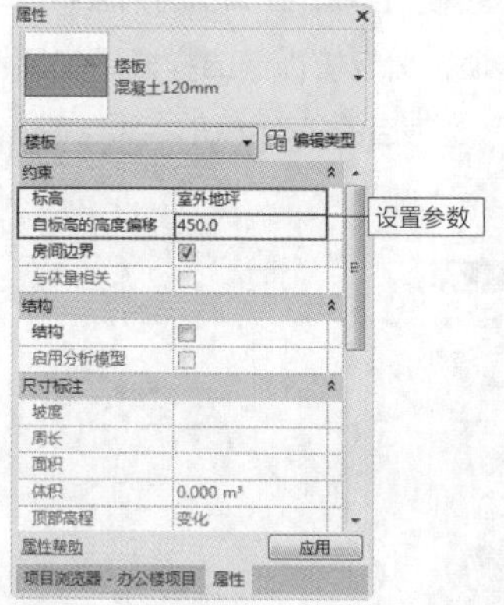

图 19-70 设置参数

知识链接：

将“自标高的高度偏移”值设置为450，表示将要绘制的楼板在“室外地坪”标高的基础上向上偏移450mm。

Step 06 在绘图区中指定起点、终点，绘制闭合的楼板轮廓线，效果如图19-71所示。

Step 07 单击“完成编辑模式”按钮，退出命令，切换至三维视图，观察楼板的三维样式，如图19-72所示。

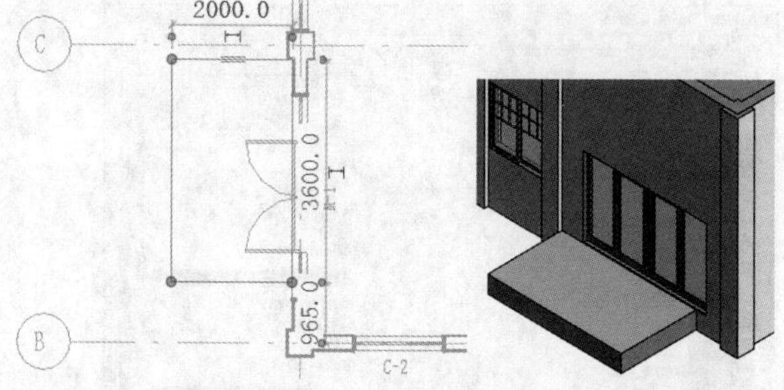

图 19-71 绘制楼板轮廓线　　图 19-72 三维样式

Step 08 在“构建”面板上单击“楼板”按钮，在弹出的列表中选择“楼板：楼板边”命令，进入“修改|放置楼板边缘”选项卡。在“属性”选项板中选择“三步台阶”选项，如图19-73所示。

Step 09 在三维视图中依次拾取楼板边缘线，创建三步台阶的效果如图19-74所示。

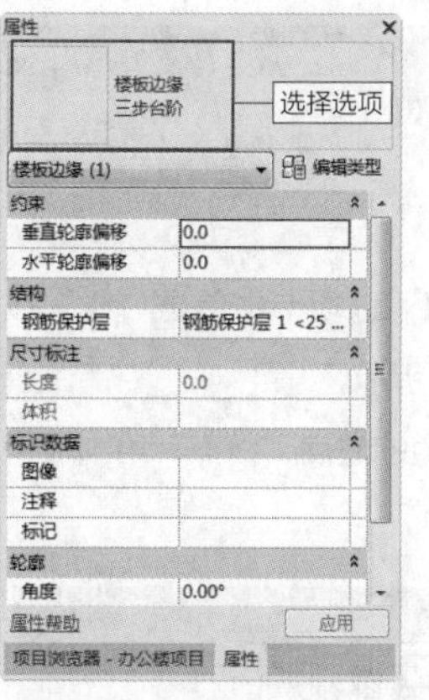

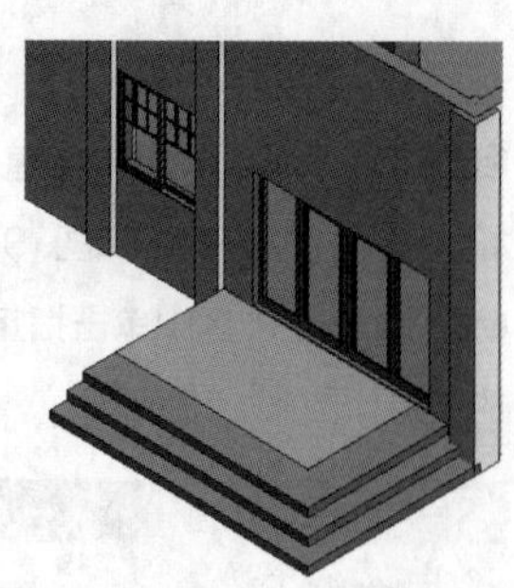

图 19-73 选择选项　　图 19-74 创建三步台阶

2. 添加坡道

Step 01 在“楼梯坡道”面板上单击“坡道”按钮，进入“修改|创建坡道草图”选项卡。在“属性”选项板中单击“编辑类型”按钮，弹出“类型属性”对话框。单击“复制”按钮，弹出“名称”对话框，设置名称为“办公楼-坡道”，单击“确定”按钮关闭“名称”对话框。在“构造”“图形”和“尺寸标注”选项组中设置坡道参数，如图19-75所示。

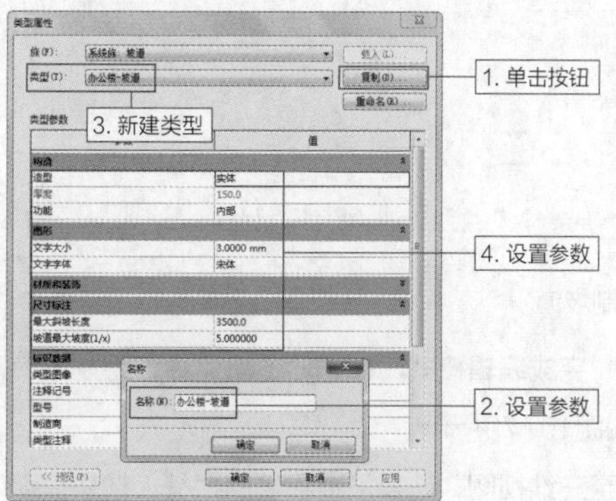

图 19-75 新建类型

Step 02 单击“确定”按钮关闭对话框，在“属性”选项板中设置坡道的标高和宽度参数，如图19-76所示。

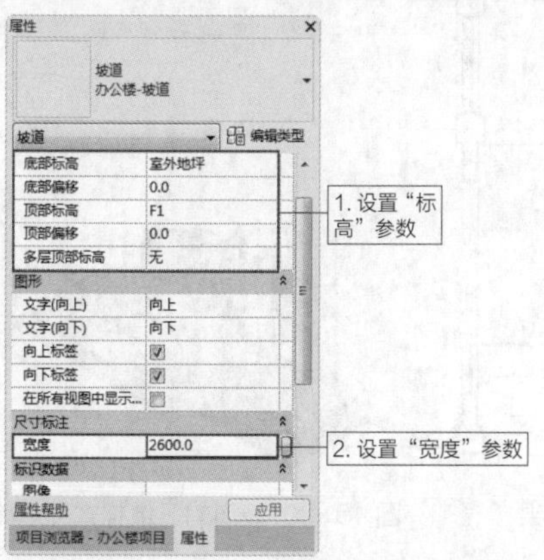

图 19-76 设置参数

延伸讲解：

在“类型属性”对话框中，“坡道最大坡度（1/x）”选项值越小，坡度的倾斜面越陡。

Step 03 在“修改|创建坡道草图”选项卡中单击“线”按钮，设置绘制方式，如图19-77所示。

Step 04 在绘图区中单击指定坡道的起点、终点，绘制坡道的效果如图19-78所示。

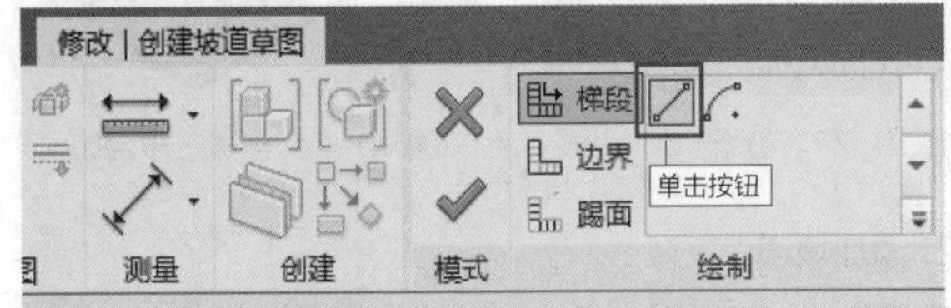

图 19-77 “修改 | 创建坡道草图”选项卡

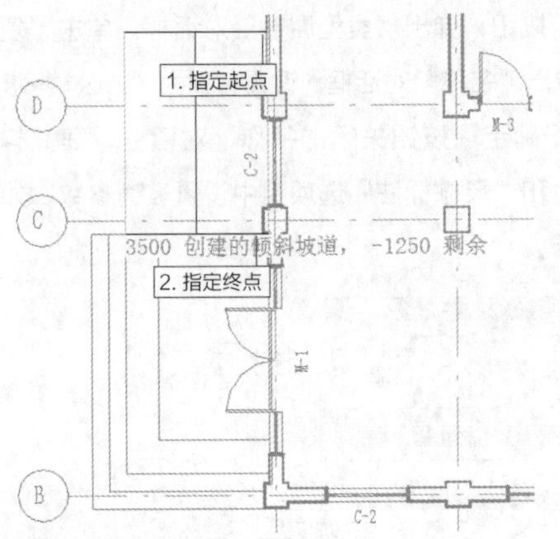

图 19-78 绘制坡道

Step 05 单击“完成编辑模式”按钮，退出命令，绘制坡道的最终效果如图19-79所示。

Step 06 切换至三维视图，选择坡道靠墙的栏杆，按快捷键DE将其删除，坡道的三维样式如图19-80所示。

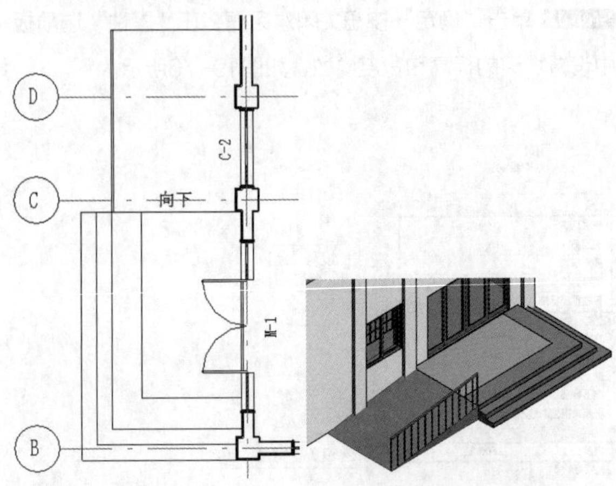

图 19-79 最终效果　　图 19-80 坡道的三维样式

19.4.7 添加墙饰条

为外墙体添加墙饰条，丰富建筑物的装饰效果。本小节介绍为办公楼添加墙饰条的操作方法。

Step 01 切换至三维视图，选择“建筑”选项卡，在“构建”面板上单击“墙”按钮，在弹出的列表中选择“墙：饰条”命令，进入“修改|放置 墙饰条”选项卡。在“属性”选项板上单击“编辑类型”按钮，弹出“类型属性”对话框。

Step 02 在对话框中单击“轮廓”选项，在弹出的列表中选择“Panel：Panel”选项，指定墙饰条的样式，如图19-81所示。单击“材质”选项后的矩形按钮，弹出“材质浏览器”对话框。

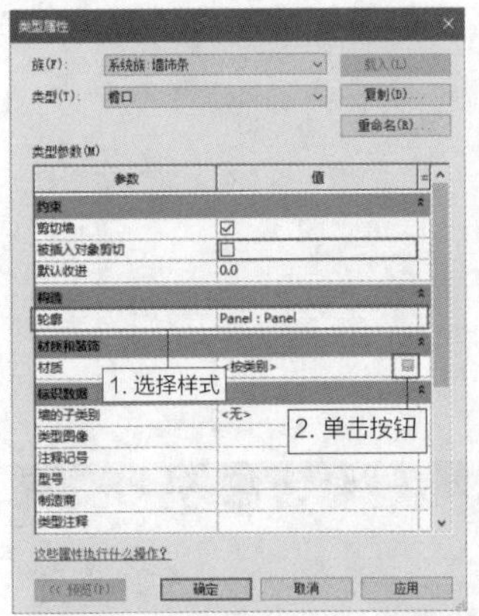

图 19-81 选择样式

Step 03 在“材质”列表中选择名称为“默认”的材质，单击鼠标右键，在快捷菜单中选择“复制”命令，复制材质副本，并将材质重命名为“墙饰条-金属材质”，如图19-82所示。

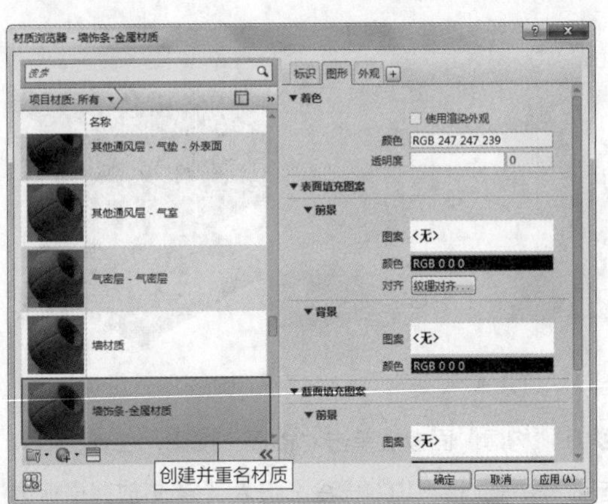

图 19-82 创建并重命名材质

Step 04 在“图形”选项卡的“着色”选项组下单击“颜色”按钮，打开“颜色”对话框。在对话框中设置颜色参数，如图19-83所示。

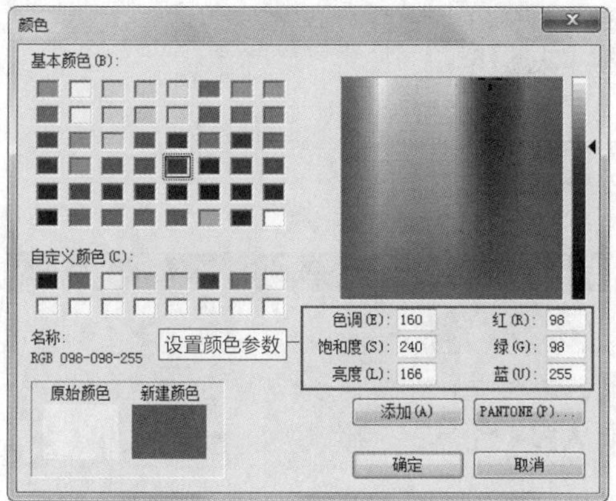

图 19-83 设置颜色参数

Step 05 单击“确定”按钮返回“材质浏览器”对话框，操作结果如图19-84所示。

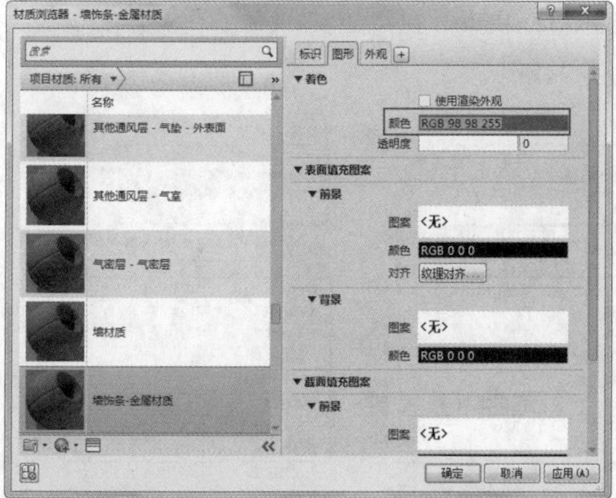

图 19-84 操作结果

Step 06 单击“确定”按钮返回“类型属性”对话框，选择“被插入对象剪切”选项，如图19-85所示。“材质”选项中显示材质名称，单击“确定”按钮关闭对话框，完成设置“墙饰条”类型属性参数的操作。

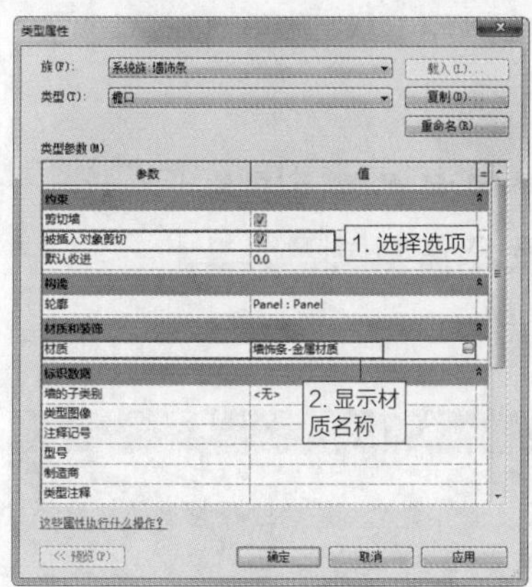

图 19-85 选择选项

Step 07 在“修改|放置 墙饰条”选项卡的“放置”面板上单击“水平”按钮，将鼠标指针置于外墙体上，水平添加墙饰条的效果如图19-86所示。

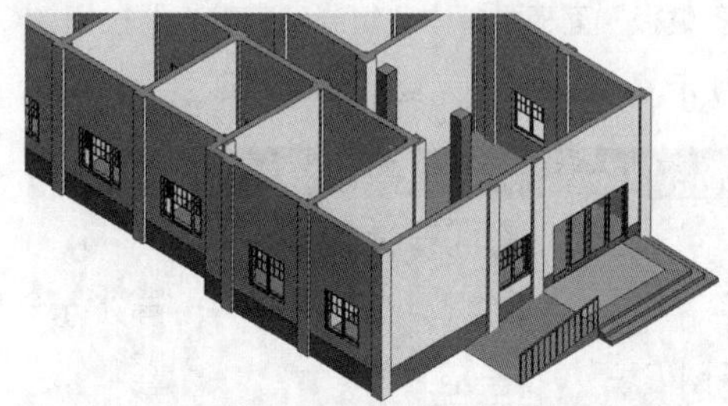

图 19-86 添加墙饰条

延伸讲解：

因为在“类型属性”对话框中选择了“被插入对象剪切”选项，所以在添加墙饰条时，可以在门洞位置自动断开。

19.5 绘制二层平面图

通过复制一层平面图，再执行编辑修改操作，就可以得到二层平面图。本节介绍通过复制、编辑，绘制二层平面图的操作方法。

Step 01 在F1视图中选择平面视图图元，进入“修改|选择多个”选项卡，在“选择”面板中单击“过滤器”按钮，如图19-87所示。随即弹出“过滤器”对话框。

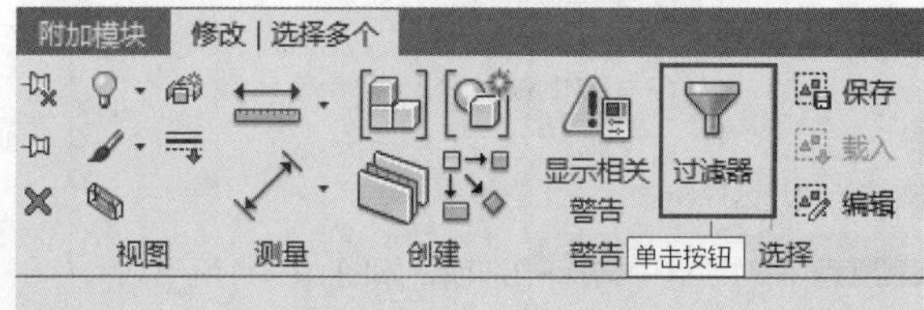

图 19-87 单击“过滤器”按钮

Step 02 在对话框中单击“放弃全部”按钮，取消选择“类别”列表中的所有选项，接着选择“墙”选项，如图19-88所示。

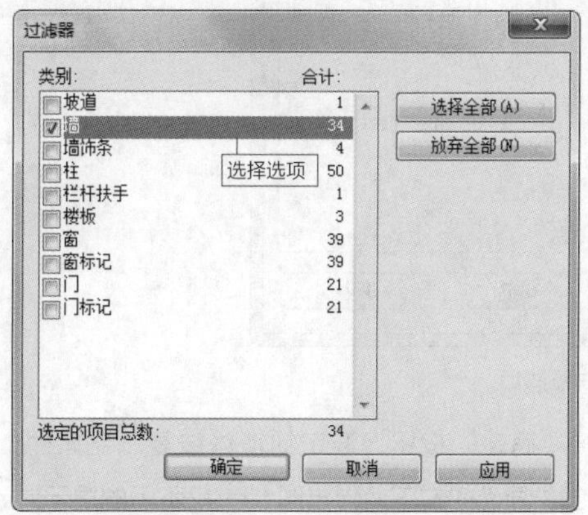

图 19-88 “过滤器”对话框

Step 03 单击“确定”按钮关闭对话框，切换至“修改”选项卡，在“剪贴板”面板中单击“复制到剪贴板”按钮，如图19-89所示，将选中的图元复制到剪贴板。

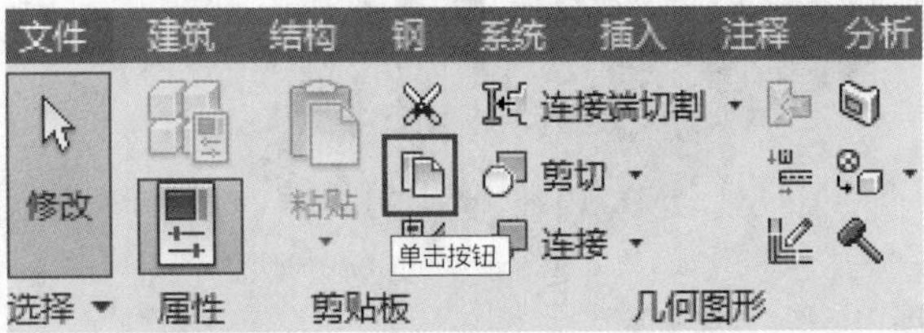

图 19-89 单击按钮

Step 04 单击“粘贴”按钮，在弹出的列表中选择“与选定的标高对齐”命令，如图19-90所示。随即弹出“选择标高”对话框。

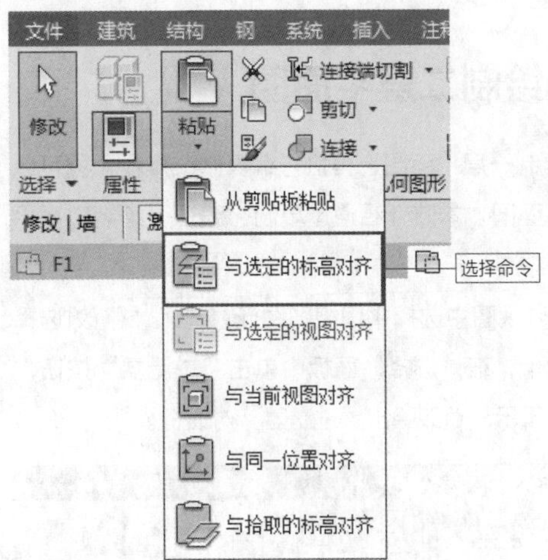

图 19-90 选择命令

Step 05 在对话框中选择F2选项，如图19-91所示。

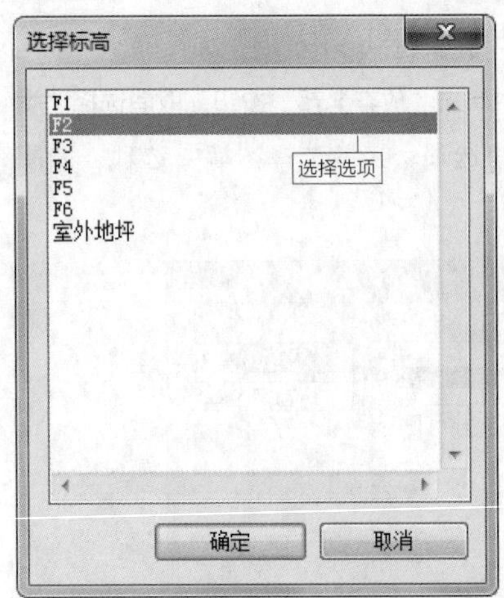

图 19-91 选择选项

Step 06 单击“确定”按钮，选定的墙体被复制到F2视图。此时在工作界面的右下角弹出图19-92所示的提示对话框，单击“关闭”按钮关闭对话框即可。

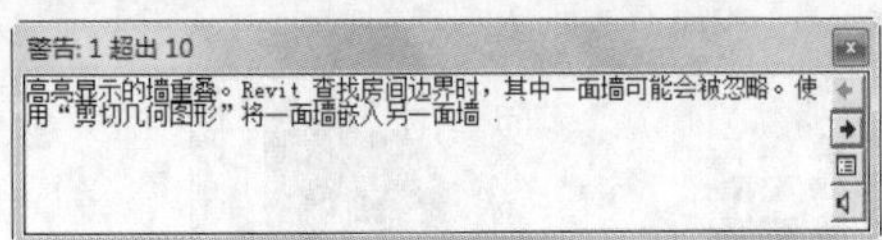

图 19-92 提示对话框

延伸讲解：

F1至F2之间的距离是5000mm，F2至F3之间的距离是3500mm，所以在将F1视图中的墙体复制到F2视图时，会产生“一面墙嵌入另一面墙”的结果。

Step 07 在F2视图中选择外墙体，在“属性”选项板中修改“底部约束”为“F2”，“底部偏移”选项值为0；“顶部约束”为“直到标高：F3”，“顶部偏移”选项值为0，如图19-93所示。单击“应用”按钮，修改外墙体的标高。

Step 08 选择内墙体，在“属性”选项板中修改内墙参数，如图19-94所示。

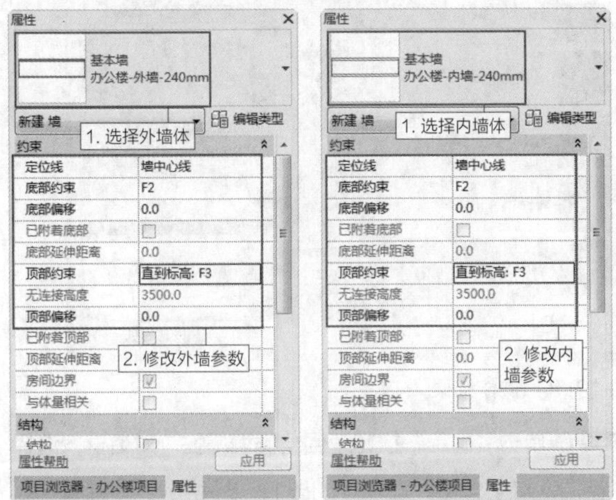

图 19-93 修改外墙参数　图 19-94 修改内墙参数

Step 09 分别修改内外墙体的标高后，切换至立面视图中观察复制墙体的效果，发现墙体被限制在F2与F3标高之间，如图19-95所示。

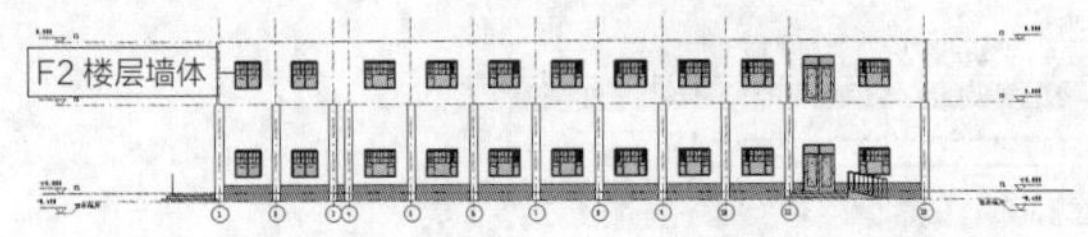

图 19-95 立面视图

知识链接：

因为建筑柱并未向上复制，所以仍然保持原始参数不变。在所有楼层的平面视图绘制完毕后，修改建筑柱的“底部标高”与“顶部标高”即可。

Step 10 因为F2视图中墙体的放置与F1视图稍有差别，所以需要删除其中的某些墙体，并新增墙体，在新增的墙体上还需要添加门、窗图元。图19-96所示为修改效果，具体的修改效果请到“素材\第19章\办公楼项目.rte”文件中查看。

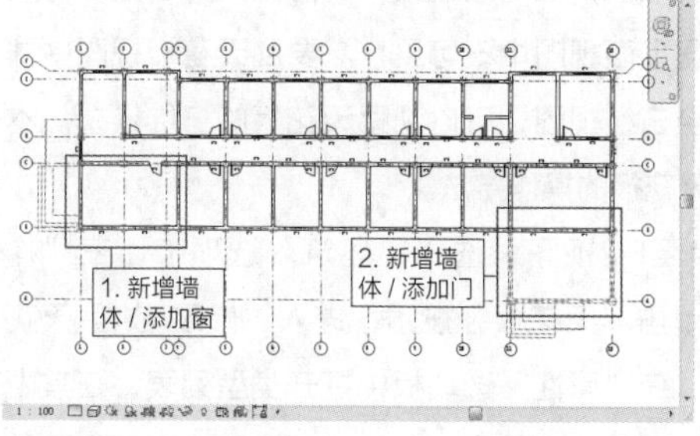

图 19-96 修改效果

Step 11 启用“楼板”命令，在“属性”选项板中选择名称为“办公楼-室内-150mm”的楼板，在F2视图中创建楼板。切换至三维视图，观察楼板的三维样式，发现由于在F2视图中修改了墙体，所以导致所创建的楼板不能覆盖办公楼一层某个房间，如图19-97所示。单独为该房间创建楼板就可以解决问题。

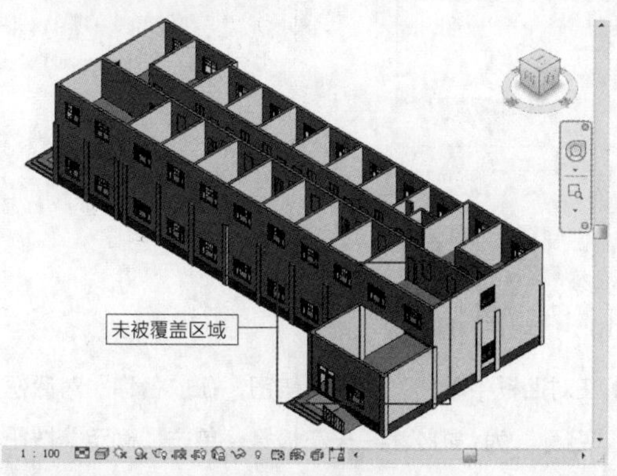

图 19-97 三维样式

Step 12 切换至F2视图，滚动鼠标滚轮，放大需要另外绘制楼板的区域，如图19-98所示。在轴11与轴12、轴A与轴B围成的区域需要单独绘制楼板。

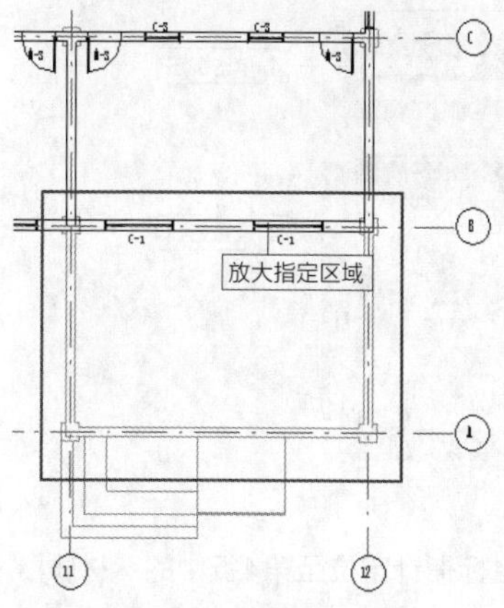

图 19-98 放大指定区域

Step 13 启用“楼板”命令，在该区域绘制楼板的效果如图19-99所示。

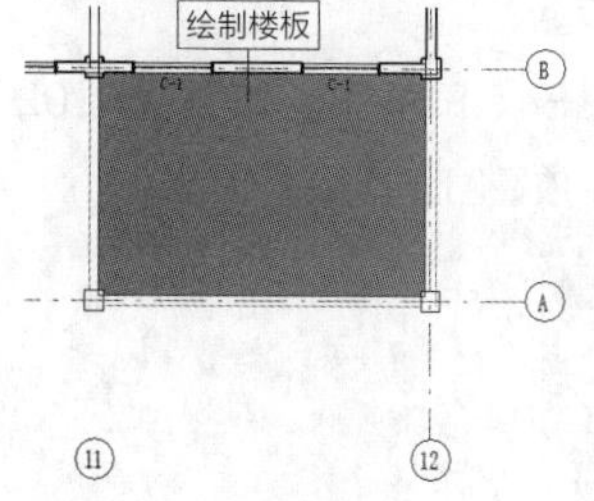

图 19-99 绘制楼板

Step 14 切换至三维视图，观察楼板的三维样式，如图19-100所示。

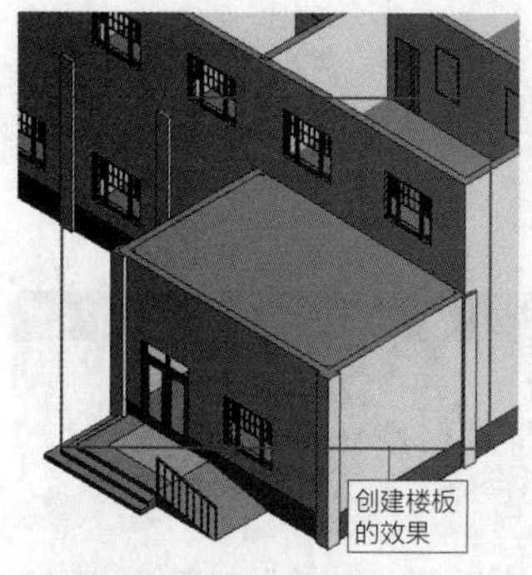

图 19-100 三维样式

19.6 绘制其他楼层平面图

其他楼层平面图可以通过复制F2平面图得到。本节介绍绘制其他楼层平面图的操作方法。

Step 01 切换至F2视图，在视图中选择图元；在“选择”面板中单击“过滤器”按钮，弹出“过滤器”对话框；在“类别”列表中选择要复制的图元类别，如图19-101所示。

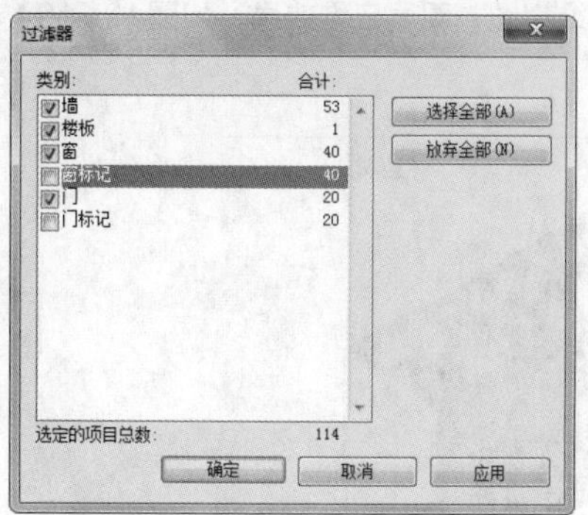

图 19-101 选择类别

Step 02 单击“确定”按钮关闭对话框，在“修改”选项卡中单击“剪贴板”面板上的“复制到剪贴板”按钮；单击“粘贴”按钮，在列表中选择“与选定的标高对齐”选项，弹出“选择标高”对话框。

Step 03 在对话框中选择F3、F4、F5标高，如图19-102所示，表示将在选中的视图中放置图元。

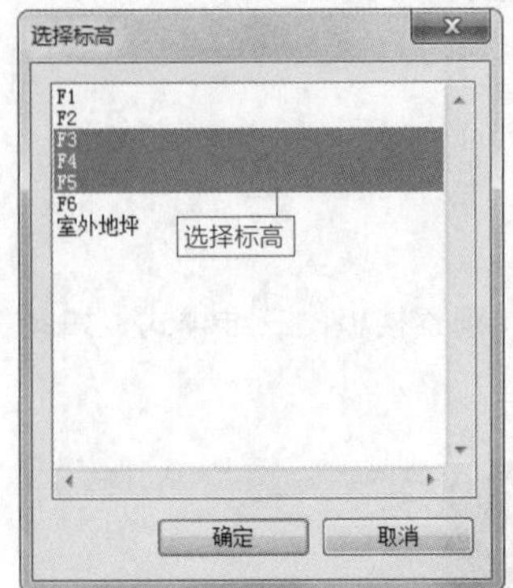

图 19-102 选择标高

知识链接：

门、窗标记不能执行复制操作，需要用户到视图中单独创建。

Step 04 单击“确定”按钮关闭“选择标高”对话框，系统执行向上复制图元的操作。切换至立面视图，观察复制效果，如图19-103所示。

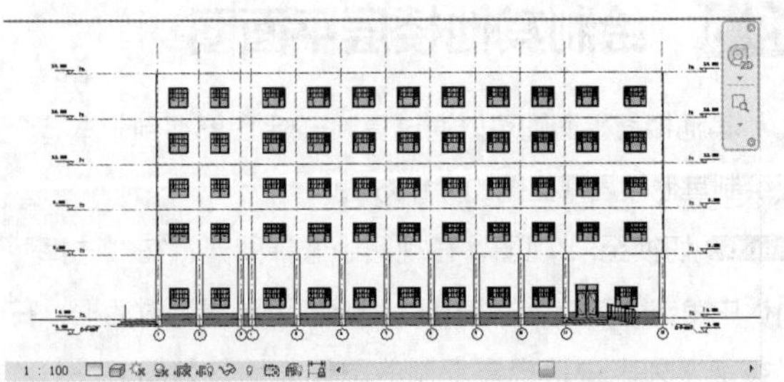

图 19-103 立面视图

Step 05 切换至三维视图，观察三维效果，如图19-104所示。

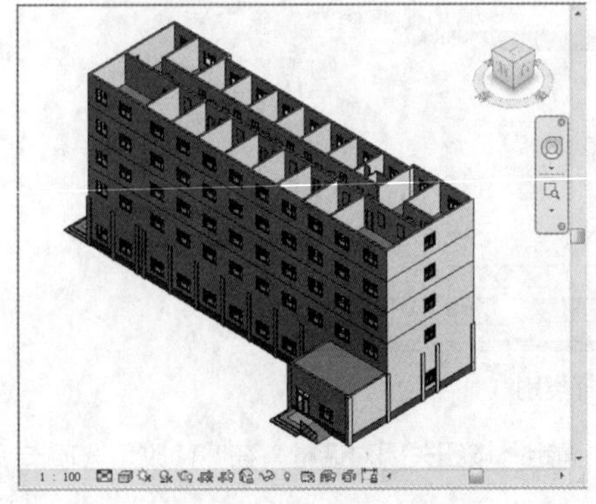

图 19-104 三维视图

19.7 绘制天花板

绘制天花板的方法与绘制楼板的方法大体一致，但是天花板在楼层平面视图中不可见，需要到天花板视图中才可见。切换至三维视图，可以观察天花板的三维样式。本节介绍绘制天花板的操作方法。

Step 01 切换至F2视图，选择“建筑”选项卡，在“构建”面板上单击“天花板”按钮，进入“修改|放置 天花板”选项卡。在“属性”选项板中打开类型列表，在其中选择“600×600mm轴网”选项，如图19-105所示，单击“编辑类型”按钮，弹出“类型属性”对话框。

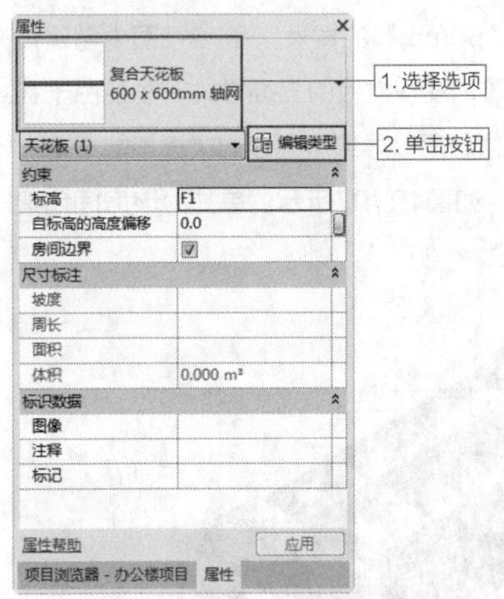

图 19-105 “属性”选项板

Step 02 在对话框中单击“复制”按钮，在“名称”对话框中设置“名称”为“办公楼-天花板”，单击“确定”按钮关闭“名称”对话框；单击“结构”选项中的“编辑”按钮，如图19-106所示。随即弹出“编辑部件”对话框。

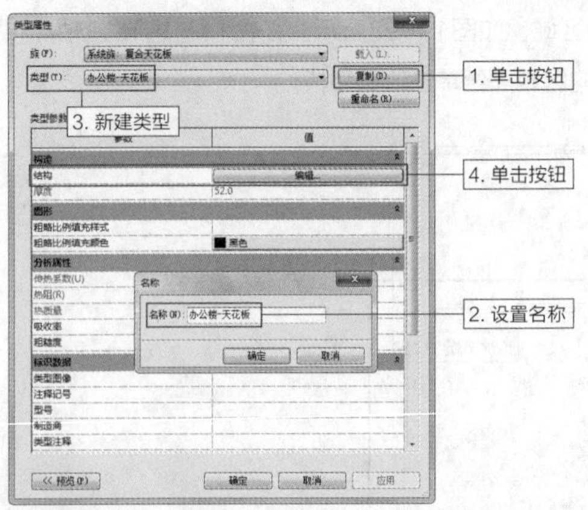

图 19-106 新建类型

Step 03 在对话框中将鼠标指针定位至第4行中的“材质”单元格，单击矩形按钮，弹出“材质浏览器”对话框。在材质列表中选择“默认楼板”材质，单击鼠标右键，选择

“复制”命令，复制一个材质副本，重命名为“天花板材质”，如图19-107所示。单击“确定”按钮返回“编辑部件”对话框。

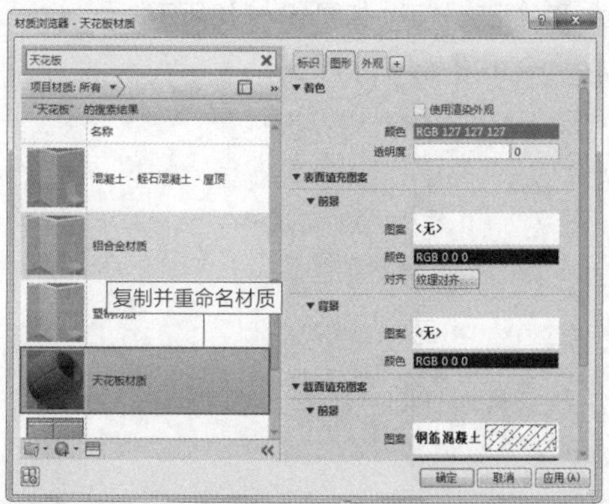

图 19-107 复制并重命名材质

Step 04 分别修改第2行与第4行中的“厚度”值，如图19-108所示。单击“确定”按钮返回“类型属性”对话框。

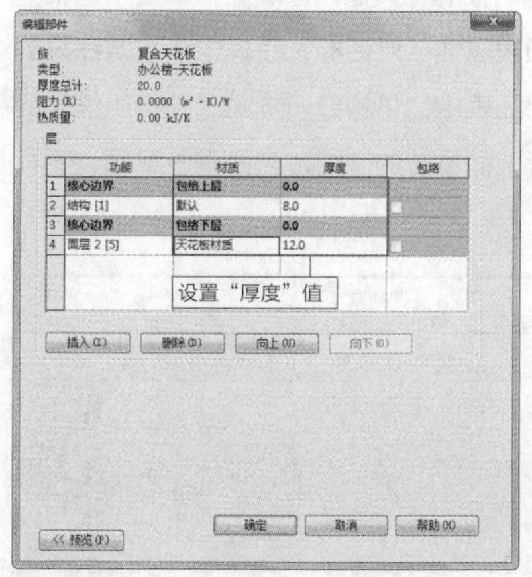

图 19-108 “编辑部件”对话框

Step 05 单击“确定”按钮关闭“类型属性”对话框，开始绘制天花板。在“修改|放置 天花板”选项卡中单击“绘制天花板”按钮，进入“修改|创建 天花板边界”选项卡。在“绘制”面板中单击“线”按钮，在选项栏中选择“链”选项，设置“偏移”值为0，如图19-109所示。

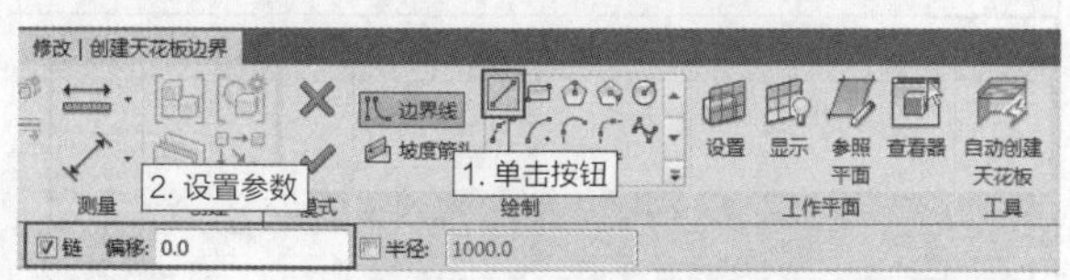

图 19-109 “修改 | 创建天花板边界”选项卡

Step 06 在“属性”选项板中显示当前天花板的默认参数，即“标高”为F2，“自标高的高度偏移”值为2600，如图19-110所示。

Step 07 在“属性”选项板中选择“标高”为F6，修改“自标高的高度偏移”值为200，表示天花板距F6的距离为200mm，如图19-111所示。

Step 08 在绘图区中单击，指定起点、下一点、终点，绘制闭合的天花板轮廓线，单击“完成编辑模式”按钮，结束绘制操作。

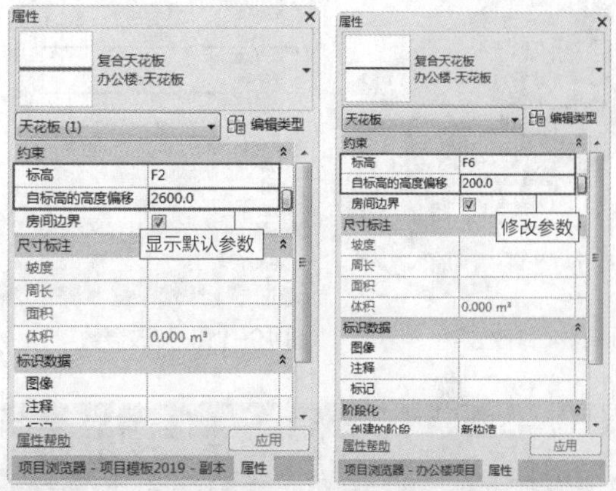

图 19-110 显示默认参数　　图 19-111 修改参数

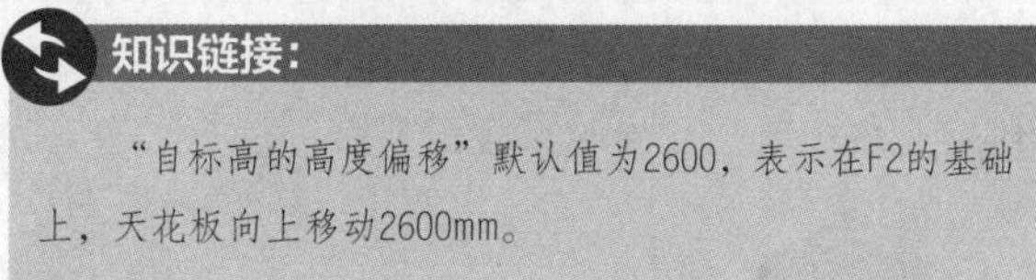

知识链接：

“自标高的高度偏移”默认值为2600，表示在F2的基础上，天花板向上移动2600mm。

Step 09 切换至三维视图，观察天花板的绘制效果，如图19-112所示。

Step 10 在视图中选择建筑柱，单击鼠标右键，在快捷菜单中选择“选择全部实例”→“在视图中可见”命令，选择视图中的所有建筑柱。在“属性”选项板中修改“顶部标高”为F6，其他参数保持不变，如图19-113所示。

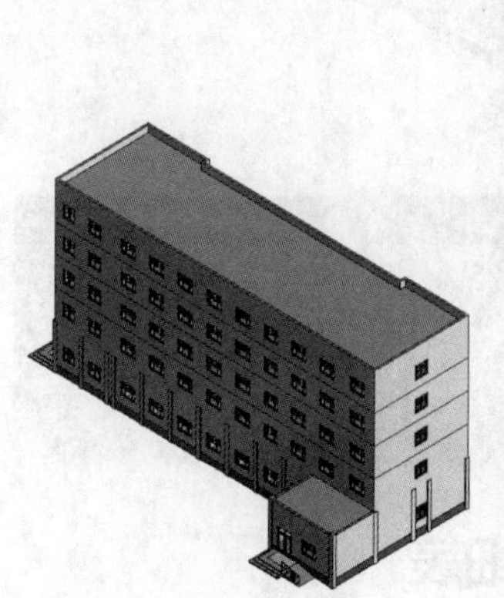

图 19-112 绘制天花板　　图 19-113 修改参数

Step 11 建筑柱向上延伸至F6标高的效果如图19-114所示。

Step 12 选择没有墙体依附的两根建筑柱，在“属性”选项板中修改“顶部标高”为F2，设置“顶部偏移”选项值为200，如图19-115所示。

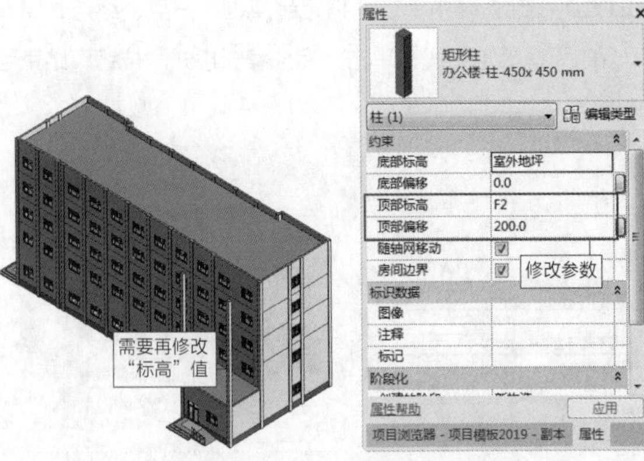

图 19-114 修改效果　　图 19-115 修改参数

延伸讲解：

将“顶部偏移”设置为200，表示建筑柱在F2标高的基础上，向上延伸200mm。

Step 13 单击“应用”按钮，修改建筑柱标高的效果如图19-116所示。

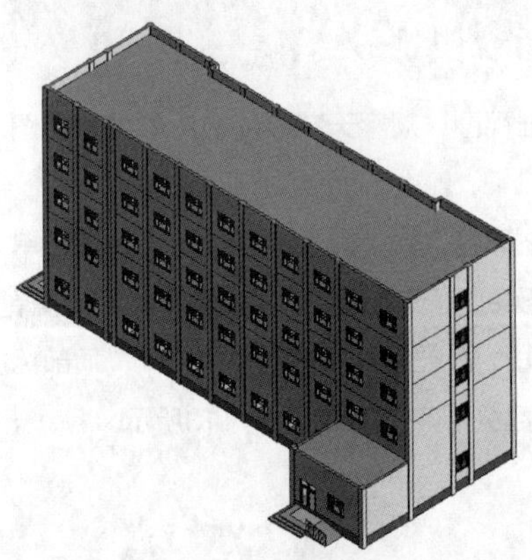

图 19-116 修改建筑柱标高

知识链接：

因为是通过“选择全部实例”的方式来选择建筑柱，所以当批量修改参数后发现有不合适的，需要单独修改其属性参数。

19.8 门/窗明细表

创建门/窗明细表后，在编辑项目的过程中，明细表会自动记录门/窗图元的信息。当项目创建完成后，进入明细表视图查看门/窗明细表，可以了解项目的门、窗信息。

在项目浏览器中单击展开“明细表/数量（全部）”列表，在其中显示已创建的“窗明细表”与“门明细表”，如图19-117所示。双击“门明细表”选项，进入明细表视图，在其中显示门图元的详细信息，包括“设计编号”“高度”和“宽度”等，如图19-118所示。

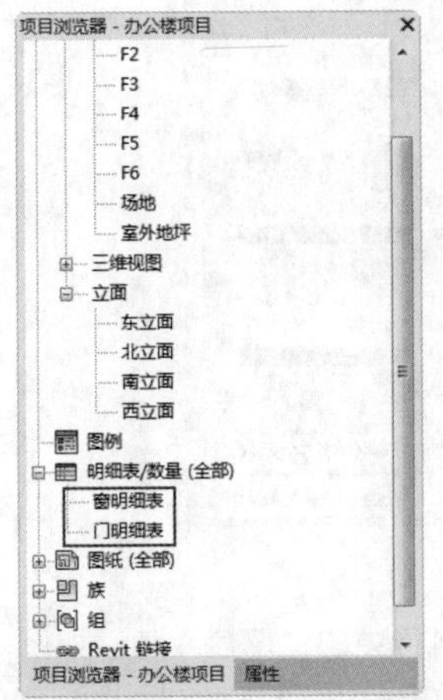

图 19-117 “明细表 / 数量（全部）”列表

在“属性”选项板的“其他”选项组下单击“编辑”按钮，弹出“明细表属性”对话框，在其中修改明细表的属性参数，调整明细表中信息的显示方式。关于明细表的详细介绍，请参考前面章节的介绍，在此限于篇幅，不再赘述。

<门明细表>

A	B	C	D	E	F	G	H
	洞口尺寸			樘数			
设计编号	高度	宽度	参照图集	总数	标高	备注	类型
M-1	2100	3300		1	F1		双扇平开连窗玻
M-2	2600	1800		1	F1		双扇平开镶玻璃
M-3	2100	900		17	F1		单扇平开木门11
M-3	2100	900		18	F2		单扇平开木门11
M-3	2100	900		18	F3		单扇平开木门11
M-3	2100	900		18	F4		单扇平开木门11
M-3	2100	900		16	F5		单扇平开木门11
M-4	2100	800		2	F1		单扇平开木门11
M-4	2100	800		2	F2		单扇平开木门11
M-4	2100	800		2	F3		单扇平开木门11
M-4	2100	800		2	F4		单扇平开木门11
M-4	2100	800		2	F5		单扇平开木门11

图 19-118 门明细表

双击“窗明细表”选项，在明细表视图中显示“窗明细表”，如图19-119所示。在项目中修改窗图元的相关信息，明细表会实时更新，根据图元的变化而调整信息的显示方式。

<窗明细表>

A	B	C	D	E	F	G	H
	洞口尺寸			樘数			
设计编号	高度	宽度	参照图集	总数	标高	备注	类型
C-1	1500	1800		17	F1		推拉窗3-带贴面
C-1	1500	1800		18	F2		推拉窗3-带贴面
C-1	1500	1800		18	F3		推拉窗3-带贴面
C-1	1500	1800		18	F4		推拉窗3-带贴面
C-1	1500	1800		18	F5		推拉窗3-带贴面
C-2	1500	1500		6	F1		推拉窗4-带贴面
C-2	1500	1500		6	F2		推拉窗4-带贴面
C-2	1500	1500		6	F3		推拉窗4-带贴面
C-2	1500	1500		6	F4		推拉窗4-带贴面
C-2	1500	1500		6	F5		推拉窗4-带贴面
C-3	1500	900		16	F1		推拉窗6
C-3	1500	900		16	F2		推拉窗6
C-3	1500	900		16	F3		推拉窗6
C-3	1500	900		16	F4		推拉窗6
C-3	1500	900		16	F5		推拉窗6

图 19-119 窗明细表

附录

常用命令快捷键

为了方便用户查阅和使用快捷键进行图像操作，现给出常用的命令和快捷键。

命令	快捷键
墙	WA
门	DR
窗	WN
放置构件	CM
房间	RM
房间标记	RT
轴网	GR
文字	TX
对齐标注	DI
标高	LL
高程点标注	EL
绘制参照平面	RP
模型线	LI
按类别标记	TG
详图线	DL
图元属性	PP/Ctrl+1
删除	DE
移动	MV
复制	CO
旋转	RO
定义新的旋转中心	R3/空格键
阵列	AR
镜像－拾取轴	MM
创建组	GP
锁定位置	PN
解锁位置	UP
匹配对象类型	MA
线处理	LW
填色	PT
拆分表面	SF
对齐	AL
拆分图元	SL
修剪/延伸	TR
偏移	OF
选择整个项目中的所有实例	SA

（续）

命令	快捷键
重复上一个命令	RC/Enter
恢复上一次选择集	Ctrl+←（左方向键）
捕捉远距离对象	SR
象限点	SQ
垂足	SP
最近点	SN
中点	SM
交点	SI
端点	SE
中心	SC
捕捉到云点	PC
点	SX
工作平面网格	SW
切点	ST
关闭替换	SS
形状闭合	SZ
关闭捕捉	SO
区域放大	ZR
缩放配置	ZF
上一次缩放	ZP
动态视图	F8/Shift+W
线框显示样式	WF
隐藏线框显示样式	HL
带边框着色显示样式	SD
细线显示样式	TL
视图图元属性	VP
可见性 / 图形	VV/VG
临时隐藏图元	HH
临时隔离图元	HI
临时隐藏类别	HC
临时隔离类别	IC
重设临时隐藏 / 隔离	HR
隐藏图元	EH
隐藏类别	VH
取消隐藏图元	EU
取消隐藏类别	VU
切换显示隐藏图元样式	RH
渲染	RR
快捷键定义窗口	KS
视图窗口平铺	WT
视图窗口重叠	WC